奶与奶制品化学及生物化学

（第二版）

［爱尔兰］FOX P. F.　UNIACKE-LOWE T.
MCSWEENEY P. L . H .　O'MAHONY J. A .　编著
王加启　张养东　郑　楠　编译

Dairy Chemistry and Biochemistry

(Second Edition)

中国农业科学技术出版社

图书在版编目（CIP）数据

奶与奶制品化学及生物化学／（爱尔兰）福克斯（Fox P. F.）等编著；王加启等编译．—2 版．—北京：中国农业科学技术出版社，2019. 12

书名原文：Dairy Chemistry and Biochemistry（2nd Ed）

ISBN 978-7-5116-4395-7

Ⅰ．①奶…　Ⅱ．①福…②王…　Ⅲ．①乳制品-化学-高等学校-教材　Ⅳ．①TS252. 1

中国版本图书馆 CIP 数据核字（2019）第 205451 号

责任编辑　金　迪　崔改泵
责任校对　贾海霞

出 版 者　中国农业科学技术出版社
　　　　　北京市中关村南大街 12 号　邮编：100081
电　　话　（010）82109194（编辑室）（010）82109702（发行部）
　　　　　（010）82109709（读者服务部）
传　　真　（010）82106650
网　　址　http://www.castp.cn
经 销 者　各地新华书店
印 刷 者　北京科信印刷有限公司
开　　本　787mm×1 092mm　1/16
印　　张　30. 5
字　　数　718 千字
版　　次　2019 年 12 月第 1 版　2019 年 12 月第 1 次印刷
定　　价　118. 00 元

《奶与奶制品化学及生物化学》
译校者名单

主 编 译：王加启　张养东　郑　楠

主编译单位：中国农业科学院北京畜牧兽医研究所

编 译 人 员（按姓氏笔画排序）：

王连群　王梦芝　兰欣怡　刘妍妍　刘慧敏

李　明　李松励　李慧颖　张佩华　张俊瑜

林树斌　金　迪　单吉浩　孟　璐　赵圣国

南雪梅　哈斯·额尔敦　姜雅慧　高艳霞

郭同军　韩荣伟　臧长江

校　　对：顾佳升　林树斌

致　谢

奶业创新团队在科研和本书编译工作中得到以下资助和支持，在此衷心感谢。

农业农村部奶产品质量安全风险评估实验室（北京）
农业农村部奶及奶制品质量监督检验测试中心（北京）
农业农村部奶及奶制品质量安全控制重点实验室
国家奶业科技创新联盟
动物营养学国家重点实验室
国家奶产品质量安全风险评估重大专项
中国农业科学院科技创新工程
中国农业科学院农业科技创新工程重大产出科研选题
国家奶牛产业技术体系
农产品（生鲜奶）质量安全监管专项

译者的话

一直以来，我们都有这样的认知：牛奶超过任何单一食物，成为维护人类健康最重要的营养源。

中国对于奶的记载已经有2500年的历史，国际上专门以“奶”为科学研究对象，也已经有150年的历史。近年来，随着生物化学、组学、分析化学、微生物学、营养学等学科方面的巨大进步，对奶类的认识，也从传统的只关注乳脂肪、蛋白质、乳糖等基础营养物质，延展到小分子物质、生物活性物质等发挥重要生理生化功能的物质。本书以哺乳动物的生命科学为基本视角，侧重于生物化学领域，综述了当前对奶和奶制品的科学认知，包含生物活性物质等前沿学科的最新成果，又深入浅出地阐述了奶制品中水、乳脂肪、蛋白质等主要物质的化学性质、生理功能及其实际应用。

组织编译此书籍的目的，一是希望从事奶业研究的科研人员以及奶制品生产的行业人士，从根本上理解和掌握奶的基础生物化学知识，为研制和生产优质奶制品打牢基础；二是希望为食品科学专业的本科生和研究生增加一本教科书，系统学习奶制品生物化学知识；三是弥补我国在“奶制品生物化学”方面出版物的空缺，在奶业全产业链上有系列可以学习参考的出版物。

但愿此书能帮助读者多掌握奶与奶制品的基础知识，并激发读者从事奶业研究和生产的兴趣。鉴于编译者水平有限，译文中难免存在偏误，恳请读者批评指正。

编译者

2019年8月

前言（第一版）

奶作为科学研究的对象已经有近150年的历史了。就人类的主要食物来说，从化学的角度来看，奶是最佳的。同时奶又是最为复杂的一种食品原料，由它衍生出了一个庞大的现代食品工业大家庭。而乳品科学作为一门学科跻身于高等教育之列，也已经超过了100年之久。除了酿酒之外，它是最古老的一门食品科学技术了。由于乳品化学是乳品科技的一个重要组成部分，许多人以为在这个领域里应该有许多的出版物，不过事实并非如此。在过去的40年里，以英文公开出版的一共只有寥寥6种，即：

《乳品化学原理》（Jenness 和 Patton，1959）；

《乳品化学和乳品物理学》（Walstra 和 Jenness，1984）；

《乳品化学基础》（Webb 和 Johnson，1964；Webb 等，1974；Wong 等，1988）；

《乳品化学发展》（Fox，4卷，1982，1983，1985，1989）；

《高级乳品化学》（Fox，3卷，1995，1992，1997）；

《牛奶成分手册》（Jensen，1995）。

其中，前2种书适合于高中年级的学生阅读，其余的都是以大学教师、研究人员以及高级研究生为阅读对象。因此，目前缺乏适合大学本科生和初级研究生学习的专业出版物。本书正是为填补这个空缺而编写的，当然也可作为本科毕业已经从事乳品工作的专业人员的参考书，因为他们依然需要进修和提高。

本书的内容不以乳品的化学和物理学为限，如书名所示，更侧重于生物化学。相当深入地阐述了牛奶的主要化学组成即水、乳糖、脂肪、蛋白质（包括酶）、矿物质和维生素的化学性质及其实际应用。如加热发生的变化、酶在奶酪和其他高蛋白成分制品的制作过程中的作用等。

本书也不以乳品的制造技术为主，只是为了便于讨论，才引用了不少其他教科书的有关产品的加工工艺方面的资料。本书还简略地讨论了养殖过程中牛奶的生成理论，目的是让读者了解养殖技术对牛奶的组成和性质，以及对奶制品的影响。为此也引用了相关的分析化学、微生物学、营养学等方面的资料。

尽管作者假设读者已经具备了较为扎实的化学和生物化学基础，但是为了方便读者阅读，书后的附录不仅给出了常见成分的分子结构，还给出了主要奶制品的化学成分。

希望本书能够回答读者遇到的有关奶与奶制品的生物化学方面的问题，如果能够激发读者对这些问题进一步研究的兴趣，那更是作者的荣幸。

感谢干练和热情的 Anne 女士和 Brid 女士在书稿整理工作中的帮助；感谢医学教授 Mulvihill 博士和 Brien 博士对全书严格并富有建设性的审阅。

P. F. Fox
P. L. H. McSweeney
爱尔兰　科克

前言（第二版）

自从本书第一版在 1998 年由 Chapman 和 Hall 出版以来，后由 Kluwer 学术出版社未经修改重印过一次之外，没有再出版印刷过。事实上，第一版内容所涉及的方方面面已经发生了长足的进步，所以在保留第一版的原有章节标题的前提下，对内容进行了更新和扩充，形成了现在呈现给大家的第二版。其中，第 11 章“奶中的生物活性物质（Biologically Active Compounds in milk）”是新增加的；原标题是“干酪和发酵奶的化学与生物化学（Chemistry and Biochemistry of Cheese and Fermented Milk）”的章节，经扩充后分为两章，分别为第 12 章“奶酪的化学和生物化学（Chemistry and Biochemistry of Cheese）”和第 13 章“发酵奶制品的化学和生物化学（Chemistry and Biochemistry of Fermented Milk Products）”。

对于测定牛奶中的乳糖、脂类、蛋白质和盐的主要分析原理，虽然在书中多有涉及，但只限于原则性的讨论而没有详细描述操作方法。本书较多地讨论了奶与奶制品的营养学和微生物学方面的内容，因为它们明显受到牛奶的化学和生物化学的影响。为了让读者了解养殖技术对牛奶的成分和性质，以及对奶制品的影响，本书还简略地讨论了养殖过程中牛奶的生成理论。

作者假定阅读本书的读者已经具有良好的物理化学和生物化学基础。本书既适用于相关专业的本科生和研究生，也适合从事乳品/食品科学/技术的教学研究人员和行业人士，以及意图转换专业方向的人员。

但愿本书能够帮助你解开有关奶与奶制品的化学和生物化学的疑惑，并激发你深入探究其间奥秘的兴趣！

P. F. Fox

T. Uniacke-Lowe

P. L. H. McSweeney

J. A. O' Mahony

爱尔兰　科克

目　录

第 1 章　奶的生产与利用

1.1　引言

奶是所有雌性哺乳动物分泌的一种液体，地球上有超过 4 000 种的哺乳动物。奶的主要功能是满足其新生动物的全部营养需要。此外，奶对新生动物还有一定生理功能。奶的大部分非营养功能是通过蛋白质类和肽类来实现的，包括免疫球蛋白、酶或酶抑制剂、结合蛋白或载体蛋白、生长因子和抗菌剂。由于每一物种的营养和生理需求具有或多或少的独特性，所以奶成分表现出很明显的种间差异。4 000多种哺乳动物中只有约 180 种物种的奶被分析过，其中仅有约 50 种动物的数据被认为是可靠的（有足够的样本数量，取样有代表性，充分覆盖不同哺乳期）。当然主要的乳用动物（如牛、山羊、绵羊和水牛）和人类的奶得到了最好的表征。表 1.1 列出了部分动物的奶成分。Jensen（1995）的文献中有奶和人奶成分的详细数据。

表 1.1　部分动物的奶成分

物种	总固形物（%）	脂肪（%）	蛋白质（%）	乳糖（%）	灰分（%）	总能（KJ/kg）	达到出生重 2 倍的天数
人	12.2	3.8	1.0	7.0	0.2	2 763	120~180
牛	12.7	3.7	3.4	4.8	0.7	2 763	30~47
山羊	12.3	4.5	2.9	4.1	0.8	2 719	12~19
绵羊	19.3	7.4	4.5	4.8	1.0	4 309	10~15
猪	18.8	6.8	4.8	5.5	0.9	3 917	9
马	11.2	1.9	2.5	6.2	0.5	1 883	40~60
驴	11.7	1.4	2.0	7.4	0.5	1 966	30~50
驯鹿	33.1	16.9	11.5	2.8	1.5	6 900	22~25
家兔	32.8	18.3	11.9	2.1	1.8	9 581	4~6
野牛	14.6	3.5	4.5	5.1	0.8		100~115
印度象	31.9	11.6	4.9	4.7	0.7	3 975	100~260
北极熊	47.6	33.1	10.9	0.3	1.4	16 900	2~4
灰海豹	67.7	53.1	11.2	0.7	0.8	20 836	5

1.2 奶的组成成分及差异性

除了表1.1中列出的主要成分外，奶中还含有几百种微量成分，其中有许多成分如维生素、金属离子和风味化合物等对奶与奶制品的营养、加工工艺和感官特性有较大影响。其中许多这样的影响会在后面的章节中被讨论。

奶是一种差异非常大的生物液体。除了种间差异（表1.1），每一特定物种的奶也随个体、品种（如专用的乳用动物）、健康（乳房炎或其他疾病）、营养状况、泌乳阶段、年龄、挤奶间隔等因素而变化。不同物种乳蛋白含量差异相当大，与幼仔的生长速度密切相关。Bernhart（1961）发现12种哺乳动物乳蛋白供能的百分比与体重达到出生重2倍的天数的对数之间有线性相关性。人类是生长和成熟最缓慢的物种之一，需要120~180天体重才能达到初生重的2倍，来自蛋白质的能量只有7%。然而食肉动物最快可在出生后7天即达到初生重的2倍，其来自蛋白质的能量>30%。马属动物达到初生重的2倍需要30~60天，其乳蛋白含量也跟人奶一样特别低（表1.1）。有些物种如北极熊和灰海豹的乳热值非常高，主要是由于乳脂含量高的缘故。

乳品厂收购的散装奶，由上述许多因素产生的差异会互相抵消，但仍会有些差异，特别是季节性生产时，差异可能比较大。不仅主要成分和微量成分的浓度随着上述因素的变化而变化，而且一些成分的化学组成也有变化，如脂肪酸的组成就受日粮的强烈影响。奶成分和组分的差异有些可通过加工工艺如乳脂标准化加以调整或消除，但有些差异无法改变。奶成分的差异及随之带来的挑战将在后面的章节里阐述。

从物理化学的角度来看，奶是一种非常复杂的液体。奶的组分存在于3个不同的相中。从数量上来说，占奶质量大部分的是乳糖、有机盐和无机盐、维生素和其他小分子物质溶于水的真溶液。在这个水溶液中是分散存在的蛋白质和以乳化状态存在的脂类。这些蛋白质有些为分子水平的蛋白质（乳清蛋白），有些为直径50~600nm的大的胶体聚合物（酪蛋白）；而脂类则以直径0.1~20μm的球状体存在。因此，胶体化学在奶的研究中非常重要，如表面化学、光散射和流变性质和相稳定性。

奶是一个动态系统，这是因为：其许多结构具有不稳定性，如乳脂球膜；许多组分的构象和溶解度随温度和pH值的变化而改变，尤其是无机盐，蛋白质也是如此；存在许多酶，可通过脂解、蛋白水解或氧化/还原作用对组分进行修饰；微生物可直接通过其生长使奶的性质如pH值或氧化还原电位发生改变，或通过其分泌的酶的作用而导致奶产生大的变化；与大气发生气体交换，如CO_2。奶本来是要给动物后代直接吮吸且要频繁吮吸的。但在奶业生产中，奶的贮存期从几小时到几天都有，贮存期间会对奶进行冷却（也可能加热）和搅拌。这些处理至少会导致奶产生一些物理变化，同时也会发生一些酶和微生物的变化而导致奶性质的改变。不过人们可采取技术手段来消除这些处理引起的变化。

1.3 哺乳动物的分类

哺乳动物区别于其他动物的本质特征是雌性动物能在特殊的器官（乳腺）中分泌乳汁为幼仔提供营养。

哺乳纲分为三个亚纲：

原兽亚纲

这个亚纲只有一个目，即单孔目，为卵生哺乳动物，仅产于大洋洲，如鸭嘴兽和针鼹鼠。它们有很多乳腺（可能有 200 个）分布在腹部两个区域；这些腺体不是集中通向一个乳头，幼仔是从腺体的表面舔食分泌物（奶）的。

后兽亚纲（有袋类）

有袋类动物妊娠期很短，为胎生动物，出生时几乎都存在不同程度的“早产”，各个物种各不相同。幼仔出生后转到一个袋里直到成熟，如袋鼠和沙袋鼠。

有袋动物的乳腺数量各不一样，乳腺位于袋里，最后通向乳头。雌性有袋动物可同时哺育两个年龄相差很大的后代，它们能同时从不同的乳腺分泌出成分迥异的奶，以满足每个后代不同的特殊需求。

真兽亚纲

约 95%的哺乳动物属于这个亚纲。胚胎在子宫内发育，胎盘通过血液循环获得营养（它们被称为胎盘哺乳动物），在高度成熟的状态下（但不同物种各不一样）出生。所有胎盘哺乳动物都分泌乳汁，乳汁对后代的生长发育几乎是必不可少的，但也因物种而异；有些物种的后代生下来就足够成熟，不用吃乳就能生存和发育。

乳腺的数量和位置因物种而异，从 2 个（如人类、山羊和绵羊）到 14～16 个（猪）。每个腺体在解剖学上和生理学上是独立的，通过一个乳头排出乳汁。

奶成分和奶化学组分上存在巨大的种间差异（表 1.1）（这将在其他地方讨论），使奶具有物种特异性，即目的是满足物种后代各自的营养需要。奶产量和母体体重之间有极显著的相关性（图 1.1）；专门化选育的乳用动物如奶牛和奶山羊也遵循这一规律。

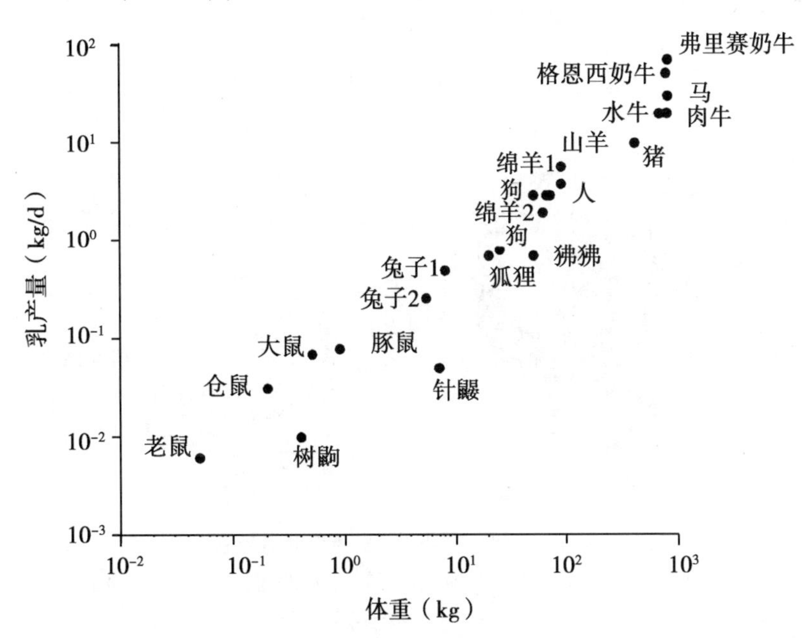

图 1.1　一些物种的日奶产量与母体体重的相关性（改自 Linzell，1972）

1.4 乳腺组织的结构与发育

所有物种的乳腺都具有相同的基本结构，并且都位于体腔外（这对奶的生物合成研究极为有利）。奶组分是由特殊的上皮细胞（分泌细胞或乳腺细胞，图 1. 2d）从血液中摄取的物质合成的。分泌细胞聚集形成一个单层中空近似球形或梨形的结构，称为腺泡（图 1. 2c）。乳汁由这些细胞分泌进入腺泡腔中。当腺泡腔充满时，在催产素的作用下，每个腺泡外周的肌上皮细胞收缩，乳汁通过树枝状的管道系统流向乳窦或乳池（图 1. 2a），乳窦或乳池是哺乳或挤奶间隔期奶的主要汇集点。乳池通过乳头管通向体外。一组组的腺泡分泌的乳汁都汇入一条小管，形成一个小叶；相邻小叶由结缔组织隔开（图 1. 2b）。这些分泌单元被称为“小叶腺泡系统”从而与小管系统相区别。整个腺体见图 1. 2a。

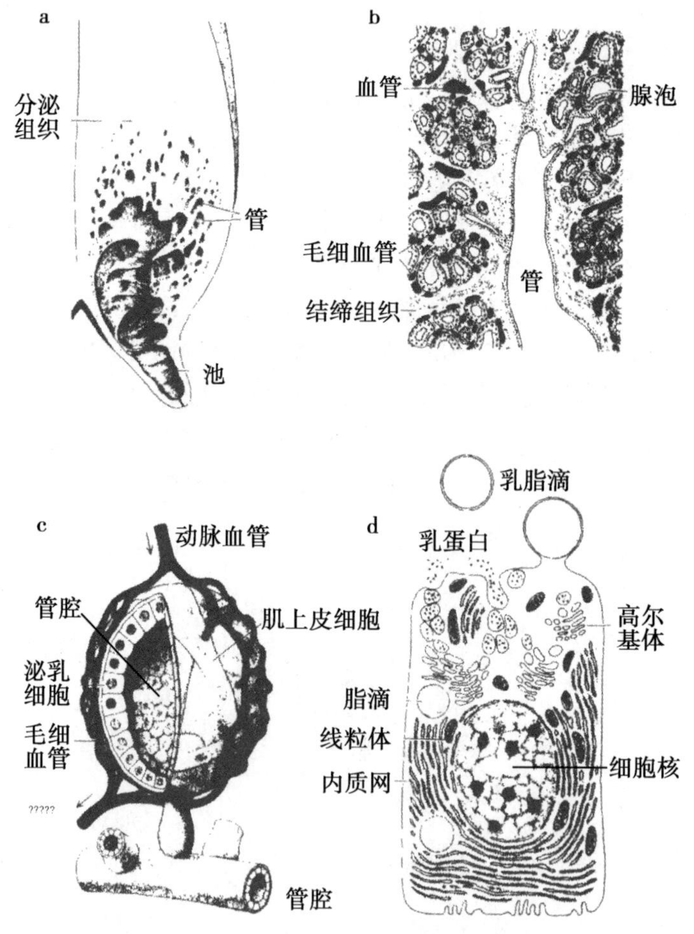

图 1. 2 奶牛产奶组织，逐渐扩大比例

（a）乳腺的一个乳区的纵切面；（b）腺泡和输奶管系统剖面图；（c）一个腺泡由分泌细胞环绕腺泡腔形成一个椭圆形结构，腺泡腔与乳腺的输奶管系统相通；（d）一个分泌细胞；部分细胞膜变成包裹脂肪小滴的膜；高尔基体液泡中的黑圆形体是蛋白质颗粒，被排入腺泡腔内（引自 Patton，1969 ）。

奶组分是由从血液中摄取的成分合成的；因此，乳腺有充足的血液供应和复杂的神经系统来调节分泌。

奶合成的底物穿过基底膜（外）进入分泌细胞，在底物向内通过细胞时被利用、转化和互换，合成的奶成分通过顶膜分泌到腺泡腔中。肌上皮细胞（纺锤状）形成一个笼状体环绕在每个腺泡外周（图 1.2c），它在接收到电和激素介导的刺激时会收缩，从而使奶从乳腺泡腔排进输乳管内。

乳腺组织在出生前就开始发育，但出生时乳腺发育仍不全。之后一直保持这种状态，直到青春期一些物种的乳腺才出现非常显著的发育。经过青春期后所有物种的乳腺已完全发育。大多数物种乳腺发育最快的阶段是在受孕时，并持续整个妊娠期和分娩期，直至泌乳高峰期达到最大值。图 1.3 示出了大鼠乳腺的发育模式，在这方面大鼠研究最为透彻。

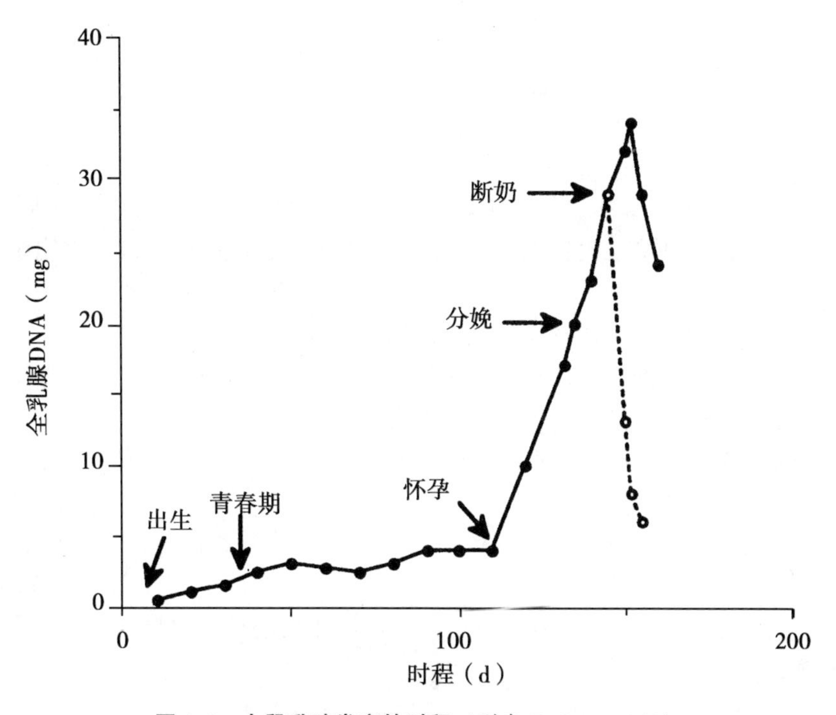

图 1.3　大鼠乳腺发育的时程（引自 Tucker，1969）

乳腺的发育是在一系列复杂的激素协同调控下完成的。内分泌腺切除研究（摘除不同的内分泌器官）表明主要的激素包括雌激素、孕酮、生长激素、催乳素和糖皮质激素（图 1.4）。

《乳品科学百科全书》第 3 卷第 328～351 页（Fuquay 等，2011）有一系列文章对乳腺的解剖、生长、发育、退化及调控这些过程的基因网络进行了论述。

1.5　分泌细胞的超微结构

分泌细胞的结构基本与其他真核细胞相似。在正常状态下，分泌细胞近似于立方

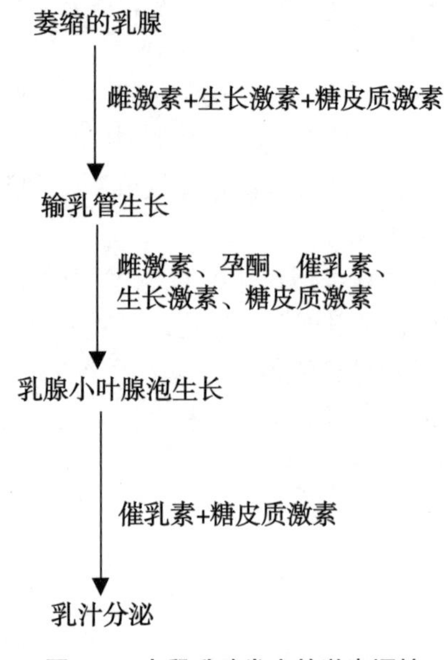

图 1.4　大鼠乳腺发育的激素调控

体，横截面长约为 10μm。据估计，泌乳奶牛的乳房大约有 5×10^{12} 个乳腺细胞。图 1. 2d 是分泌细胞的示例，细胞核比较大，靠近细胞的基底部，被质膜包围。细胞质中有常规的细胞器。

线粒体：主要参与能量代谢（三羧酸循环）。

内质网：位于细胞的基底部，由于附着核糖体，表面粗糙，而被称为粗面内质网。细胞的许多生物合成反应都发生于粗面型内质网。

高尔基体：是一个光滑的膜系统，位于细胞的顶端区域，是完成细胞分泌物组装和“包装”的场所。

溶酶体：是一种内含酶类（大多数是水解酶）的囊状细胞器，较为均匀地分布于整个胞质中。

脂肪小滴和分泌物小泡通常在细胞的顶端区域比较明显，顶膜上有微绒毛，可大大增加其表面积。

1.6　研究奶合成的方法

1.6.1　动、静脉血液浓度差法

流经乳腺的动、静脉血管（图 1. 5）都易于安装插管，便于采集血样进行分析。通过测定动、静脉血液成分的差异可得出用于合成奶组分的数量。如果知道血液的流量，就可计算出每种组分的总用量。血液流量的测定并不困难，可通过向静脉灌注已知体积的冷生理盐水，测定下游不远处静脉血的温度来估测。血液温度降低程度与血液流量呈一定的比例关系。

1.6.2　同位素法

通过向血管中注射放射性标记底物（如同位素标记葡萄糖），可对奶中含有该底物

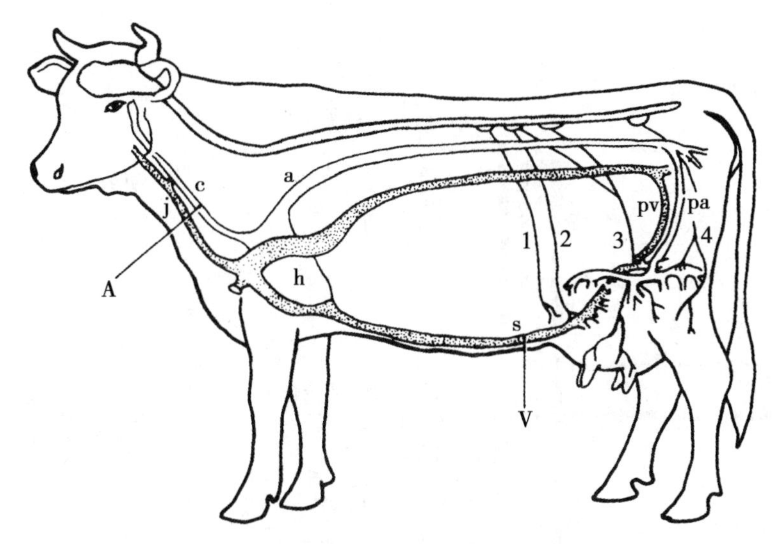

图 1.5　奶牛乳腺血管和神经系统示意

血液循环系统（无色为动脉；有斑点为静脉）：h：心脏，a：腹主动脉，pa：阴部外动脉，pv：阴部外静脉，s：腹部皮下静脉，c：颈动脉，j：颈静脉。神经：1. 第一腰椎神经，2. 第二腰椎神经，3. 精索外神经，4. 会阴神经。A 和 V 分别代表用于测定动静脉（AV）浓度差的血液样品的采集位点（引自 Mepham，1987）。

的组分进行研究，也可对生物合成的中间代谢产物进行研究。

1.6.3　离体乳腺灌注法

许多物种整个乳腺的结构相对独立，容易进行完整无损的离体切除，通过动静脉插管与人造血液循环相连（图 1.6）；如有需要，血液可以通过人工肾脏进行过滤。整个离体乳腺可存活数小时并能同时分泌乳汁，这样就很容易在血液中加入底物进行研究。

1.6.4　组织切片

组织切片法是代谢生物化学各方面研究的常规技术。组织被制成很薄的切片，使组织内外具有充分的扩散率。将切片浸泡在生理盐水中，生理盐水可添加底物或其他化合物。

切片和/或培养液成分的变化一定程度上表明代谢活动的变化，但是，切片过程会对细胞造成广泛的损伤，这种方法的人为因素太多，得到的数据可能与生理条件下的状态无关。但这种技术仍被广泛应用，至少在基础性、探索性试验中是这样。

1.6.5　细胞匀浆法

细胞匀浆法是组织切片技术的延伸，即对组织进行均质化。由于组织结构完全被破坏，所以采用这种方法只能对单个生物合成反应进行研究。利用组织匀浆法可开展一些前期研究工作。

1.6.6　组织培养法

组织培养可用于前期研究或特殊的研究工作，但此法并不完善。

总的来说，奶组分是由从血液吸收的小分子物质合成的。这些前体物穿越基底膜被吸收，但跨膜转运机制仍然知之甚少。因为细胞膜富含脂质，前体物大多数为脂溶性差

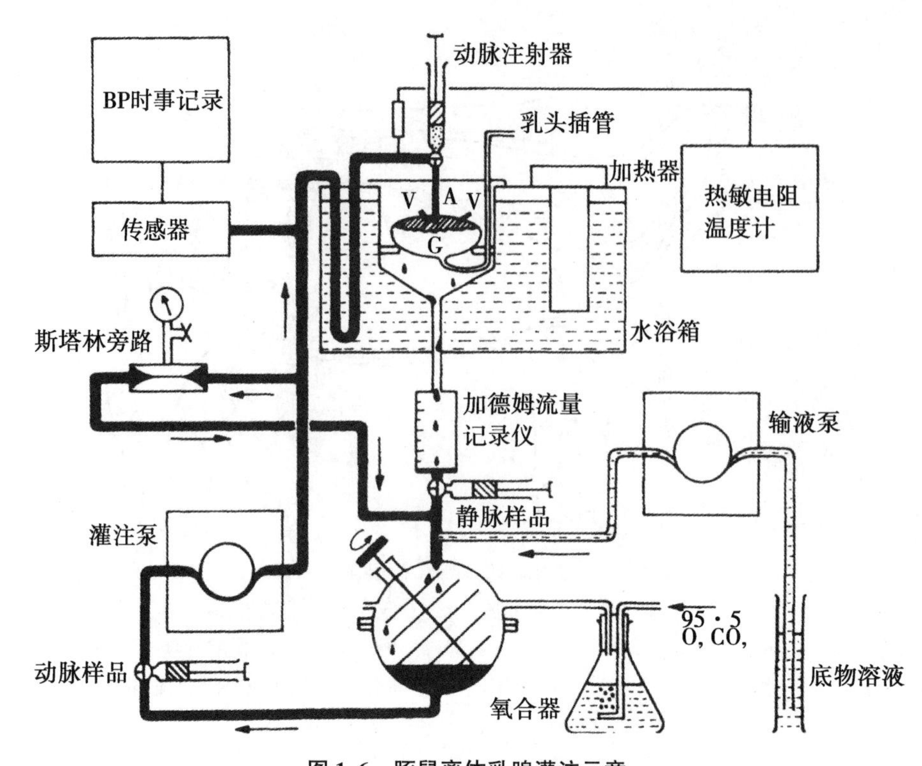

图 1.6　豚鼠离体乳腺灌注示意

G 乳腺，A 动脉，V 静脉（引自 Mepham，1987）

的极性分子，所以，前体物不太可能通过简单扩散的方式进入细胞。很可能与其他组织一样具有专门的转运系统来转运这些小分子前体物穿越细胞膜；这些转运载体很可能是蛋白质。

许多物种的成熟雌性动物泌乳期的乳腺是体内代谢最为活跃的器官。许多小型哺乳动物一天泌乳所需的能量可能超过子宫内所有胎儿生长发育所需的能量。一头泌乳高峰期日产奶 45kg 的奶牛每天分泌约 2kg 的乳糖及各约 1. 5kg 的脂肪和蛋白质。而一头肉牛每天增重仅有 1～1. 5kg，且其中 60%～70%是水分。在很大程度上，高产哺乳动物的第一需要是满足乳腺的营养需求，这就要求机体不仅要为乳腺合成奶组分提供足够的前体物，而且还要提供足够的高能底物（ATP、UTP 等）来推动所需的合成反应。另外，还必须提供泌乳所需的微量组分（维生素和矿物质）。

1.7　奶成分的生物合成

奶成分可以根据其来源分为四大类：

-具有器官（乳腺）和物种特异性（如大多数蛋白质和脂肪）；

-具有器官特异性但是没有物种特异性（乳糖）；

-具有物种特异性但是没有器官特异性（一些蛋白质）；

-既没有器官特异性也没有物种特异性（水、矿物质、维生素）。

奶中的主要成分（乳糖、脂质和大多数蛋白质）是由乳腺吸收血液相关成分合成的，然而，这些前体物在乳腺中发生了很大程度修饰；从血液吸收的成分穿过基底膜，然后在乳腺细胞内（主要是在内质网中）被修饰（如果有必要）并合成为最终的分子物质（乳糖、甘油三酯、蛋白质），然后再穿越顶膜从乳腺细胞排到腺泡腔中。主要奶成分的生物合成已经在《乳品科学百科全书》第 3 卷第 352～380 页（Fuquay 等，2011）及相关章节中的一系列文章中有所论述。

1.8　奶的生产及利用

早在 8 000 至 10 000 年前的农业革命时期，绵羊和山羊已经被人类驯养。牛虽然被驯养的时间比较晚，但却成为主要的乳用动物，特别是奶业最密集地区的普通牛。乳用绵羊和山羊在干旱地区，特别是地中海周边地区也非常重要并有广泛饲养。水牛在一些地区也很重要，特别是在印度和埃及。单峰骆驼是北非和中东地区重要的乳用动物。马奶在中亚地区广泛使用，由于其成分比牛奶更接近人奶，在欧洲正受到人们的关注，被作为一种特殊膳食原料来开发。在欧洲的少数国家、中国和埃塞俄比亚，驴也有少量用于产奶。牦牛被用于运输，产奶、产肉和产皮毛，在中国西部和蒙古国特别重要。驯鹿在亚北极地区有重要作用。牛奶、水牛奶、山羊奶、绵羊奶分别约占世界奶产量的 85%、14%、2%和 1.5%（原书这些比例相加超过 100%），骆驼、牦牛、马、驴和驯鹿等动物奶只占很小比例。

《乳品科学百科全书》第 1 卷第 284～380 页和第 3 卷第 478～631 页（Fuquay 等，2011）分别对乳用动物种类和部分动物乳的成分及特性做了介绍。

奶与奶制品在世界大多数地区乃至全世界均有消费，但在欧洲、北美洲、南美洲、澳大利亚、新西兰和一些中东国家，奶与奶制品是主要的食品。2013 年全世界总产奶量为 780×10^6t，其中 156×10^6t、100×10^6t、100×10^6t 和 29×10^6t 分别产自欧盟、东欧、北美洲和太平洋地区。欧盟和其他一些国家通过配额生产来限制奶产量的增长，欧盟将在 2015 年取消配额制，该地区的奶产量估计会上升。

国际奶业联盟成员国的奶与奶制品消费量见表 1.2，还有几个国家奶与奶制品也十分重要，但由于它们不是 IDF 成员国，所以在表中并未列出。

由于奶易腐败变质，加上传统来说奶的生产具有季节性，所以将不能马上消耗掉的过剩奶加工为更加稳定易储的产品，传统的制品有黄油、酥油、发酵乳和奶酪；有少量奶粉是用传统晒干方法制成的。这些传统奶制品目前仍然十分重要，由这些传统奶制品也推出了许多新的品种。除了这些奶制品外，过去 150 年，人们也开发出几种新产品，如甜炼奶、灭菌浓缩奶、各种奶粉制品、超高温灭菌（UHT）奶、冰激凌、婴儿食品和乳蛋白制品。

近年来，乳品加工技术的一个重要进步是奶主要成分的分级分离，如分离出乳糖、乳脂级分和乳蛋白质产品（酪蛋白、酪蛋白酸盐、乳蛋白浓缩物、乳清蛋白浓缩物、乳清蛋白分离物），主要用作功能性乳蛋白，但近年来，一些乳蛋白如乳清蛋白分离物、乳铁蛋白、乳过氧化物酶、免疫球蛋白被当作保健品，即具有特殊生理学和营养学功能的蛋白来销售。奶作为一种原料，具有很多有吸引力的特性。

（1）奶是为哺乳后代提供营养的，所以含有易于消化的必需营养素（尽管奶的营养平衡是为各自的后代定制的），且不含毒素。除了动物的整个屠体（包括骨骼）之外，没有任何一种食物含有的营养素如此全面，并且含量如此之高。

（2）主要奶成分（即脂肪、蛋白质和碳水化合物）可通过相对简单的方法进行分离提纯，用作食品辅料。

（3）奶本身易于加工成具有十分理想的感官和物理特性的产品，奶的组分具有许多非常理想的理化特性和一些独特的理化（功能）特性。

表 1.2　各个国家液态奶、奶酪、奶油和发酵奶的消费量

国家和地区	液态奶［L/(人·年)］	奶酪［kg/(人·年)］	奶油［kg/(人·年)］	发酵奶［kg/(人·年)］
欧盟				
奥地利	75.2	19.2	5.0	21.8
比利时	48.9	15.3	2.5	10.5
克罗地亚	71.2	9.6	1.0	16.9
塞浦路斯	97.9	18.1	1.9	12.4
捷克共和国	56.7	16.6	5.2	16.3
丹麦	87.2	16.1	1.8	48.2
爱沙尼亚	120.9	20.8	4.1	—
芬兰	128.3	23.7	4.5	38.6
法国	52.6	26.2	7.4	29.9
德国	53.3	24.3	6.2	30.5
希腊	47.6	23.4	0.7	—
匈牙利	49.0	11.5	1.0	13.9
爱尔兰	135.6	6.7	2.4	—
意大利	52.7	20.9	2.3	8.8
拉脱维亚	91.9	16.0	2.8	—
立陶宛	29.5	16.3	2.8	—
卢森堡	36.8	24.4	6.1	—
荷兰	47.5	19.4	3.3	45.0
波兰	40.9	11.4	4.1	7.8
葡萄牙	78.5	9.6	1.8	26.6
斯洛伐克	53.2	10.1	2.9	13.8
西班牙	80.6	9.3	0.6	29.1
瑞典	89.2	19.7	1.8	36.4

（续表）

国家和地区	液态奶［L/(人·年)］	奶酪［kg/(人·年)］	奶油［kg/(人·年)］	发酵奶［kg/(人·年)］
英国	102.9	11.2	3.4	—
其他欧洲国家				
冰岛	96.0	25.2	4.9	37.9
挪威	83.9	17.7	3.2	25.5
瑞士	64.9	21.1	5.2	31.4
俄罗斯	70.0	6.6	2.8	—
乌克兰	19.3	4.2	2.1	11.7
非洲和亚洲				
中国	15.4	0.1	0.1	1.9
埃及	23.7	9.4	0.7	—
印度	40.0	2.4[a]	3.6	—
伊朗	18.4	4.7	0.3	47.3
以色列	53.7	17.1	0.9	23.3
日本	30.6	2.1	0.6	—
哈萨克斯坦	25.6	2.5	1.1	—
蒙古国	8.9	0.3	0.6	—
南非	23.1	1.5	0.3	1.8
韩国	34.9	2.0	0.2	9.3
土耳其	16.0	7.2	0.7	—
美洲				
阿根廷	41.1	11.2	1.4	12.8
巴西	57.2	3.6	0.4	—
加拿大	77.0	12.1	2.8	8.2
智利	22.3	8.1	1.2	—
哥伦比亚	59.4	0.9	0.1	—
墨西哥	34.8	3.1	0.3	5.3
乌拉圭	67.1	6.0	1.6	—
美国	74.0	15.2	2.5	—
大洋洲				
澳大利亚	105.9	11.8	4.0	6.7

（续表）

国家和地区	液态奶 ［L/（人·年）］	奶酪 ［kg/（人·年）］	奶油 ［kg/（人·年）］	发酵奶 ［kg/（人·年）］
新西兰	6.0	6.7	4.7	—

注：奶、奶酪和奶油的数据来源于 IDF（2010，2011）和加拿大统计局（2012）；
发酵奶的数据来源于 IDF（2009）；
[a]数据来源于 Jayadevan（2013）。

4. 现代奶牛的饲料转化率非常高。如在美国和以色列，全国奶牛年均产奶量约为 8 000 kg，个别奶牛年产奶量超过 20 000 kg。从每公顷*土地生产的蛋白质的千克数来看，产奶，特别是饲养现代奶牛产奶比产肉的效率要高得多（图 1.7），但产奶的效率

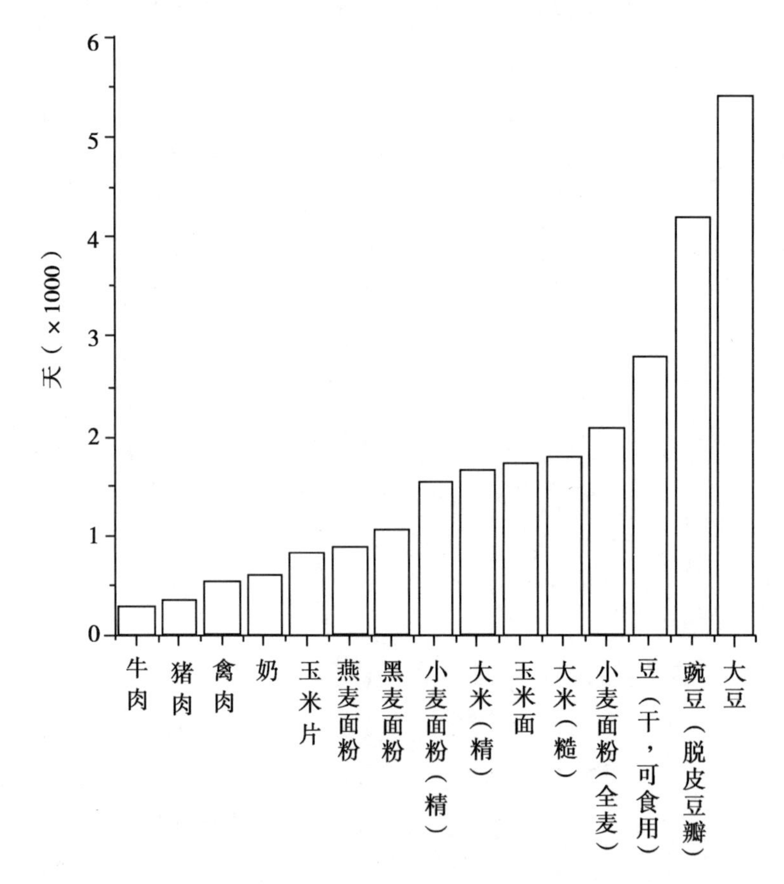

图 1.7 每公顷土地生产不同食物的蛋白质产量足以满足中度活动量的男性蛋白需要的天数

又比一些作物（如谷物和大豆）低。可是，乳蛋白的功能和营养特性优于大豆蛋白，同时由于牛，特别是绵羊和山羊能在不适合种植谷物或大豆的条件下很好生长，所以奶畜不一定会与人争地，尽管高产奶牛也喂人可食用的粮食。无论如何，奶制品都能改善

* 1 公顷 = 15 亩，1 亩≈667m²，全书同。

“生活质量”，这本身就是一个很好的目标。

奶作为原料的一个局限是易腐败变质，它既是人很好的营养来源也是微生物极佳的营养来源。但这个易变质的缺点很容易通过管理良好和高效的乳品加工技术加以克服。

在所有的食品原料中，奶可能是适应性最强，灵活度最高的原料，这很容易从表 1.3 中看出。表 1.3 展示出乳基食品的主要类型，其中有些类型可有几百种不同的产品。

许多加工过程导致产品成分（表 1.4）、物理状态、稳定性、营养和感官特性发生较大变化，这些变化有的将在以后的章节讨论。

表 1.3　品种繁多的奶制品

加工方法	初级产品	深加工产品
离心分离	稀奶油	奶油、无水奶油、酥油、脱水乳脂肪；各种脂肪含量的稀奶油：咖啡稀奶油、掼奶油、甜点稀奶油、稀奶油干酪
	脱脂奶	奶粉、酪蛋白、干酪、蛋白浓缩物和婴儿配方奶粉
热处理		高温短时巴氏杀菌（HTST）奶或超巴杀菌奶、UHT 灭菌奶或保持灭菌奶
浓缩、热蒸发或膜过滤		浓缩或甜炼奶
浓缩和干燥		全脂奶粉、婴幼儿配方奶粉、配餐奶粉
酶凝固	奶酪	1 000多个品种，深加工产品如：再制奶酪、奶酪酱、奶酪醮料
	酶凝酪蛋白	奶酪替代品
	乳清	乳清粉、脱盐乳清粉、乳清蛋白浓缩物、乳清蛋白分离物、单一乳清蛋白、乳清蛋白水解物、保健品
		乳糖及乳糖衍生物
酸凝固	奶酪	新鲜奶酪和新鲜奶酪为基础的产品
	酸凝酪蛋白	功能性方面的应用，如咖啡稀奶油、肉类填充剂；营养剂；稀奶油利娇酒
	乳清	乳清粉、脱盐乳清粉、乳清蛋白浓缩物、乳清蛋白分离物、单一乳清蛋白、乳清蛋白水解物、保健品
发酵		各种发酵奶制品，如酸奶、酪奶、嗜酸菌奶、生物酸奶
冷冻		冰激凌（类型和配方很多）、冷冻酸奶
其他方法		巧克力产品

表 1.4　一些奶制品的近似成分（%）

产品	水分	蛋白质	脂肪	糖	灰分
低脂掼奶油	63.5	2.2	30.9	3.0	0.5
黄油	15.9	0.85	81.1	0.06	2.1
无水奶油	0.2	0.3	99.5	0.0	0.0
冰激凌[b]	60.8	3.6	10.8	23.8	1.0
浓缩全脂奶	74.0	6.8	7.6	10.0	1.5
甜炼奶	27.1	7.9	8.7	54.4	1.8
全脂奶粉	2.5	26.3	26.7	38.4	6.1
脱脂奶粉	3.2	36.2	0.8	52.0	7.9
乳清粉[c]	3.2	12.9	1.1	74.5	8.3
酪蛋白粉	7.0	88.5	0.2	0.0	3.8
农家干酪，搅成奶油状	79.0	12.5	4.5	2.7	1.4
脱脂凝奶	72.0	18.0	8.0	3.0	–
卡门培尔奶酪	51.8	19.8	24.3	0.5	3.7
蓝纹奶酪	42.4	21.4	28.7	2.3	5.1
切达干酪	36.7	24.9	33.1	1.3	3.9
瑞士（多孔）干酪	36.0	28.9	30.0	–	–
帕尔玛干酪	29.2	35.7	24.8	3.2	6.0
马苏里拉奶酪	54.1	19.4	31.2	2.2	2.6
再制奶酪[d]	39.2	22.1	31.2	1.6	5.8
酸乳清	93.9	0.6	0.2	4.2	–

[a]总碳水化合物；

[b]硬质香草味，脂肪含量 19%；

[c]切达（淡味）乳清；

[d]美国巴氏杀菌再制奶酪。

1.9　奶制品贸易

奶与奶制品贸易已有几千年的历史，是目前的重要贸易商品。奶制品的国际贸易量相当大，主要包括全脂奶粉、脱脂奶粉、奶酪、黄油、乳清蛋白粉和婴儿配方奶粉。表 1.5 是 2012 年全世界奶生产量、进口量和出口量的统计数（折合百万吨奶），数据由世界粮农组织（2013）提供。

奶制品（奶酪、发酵奶、黄油）传统上的生产方式是手工生产，在欠发达地区目前仍是这样，在奶业高度发达的国家某种程度上也是如此。乳品的工业化生产始于 19

世纪，当今乳品生产加工行业是一个组织管理良好的产业。过去几十年奶制品行业的一个特点是较小的乳品企业不断被兼并，开始是在国内的兼并，最近是国际上的兼并。表1.6 中列出了 20 个最大的乳品企业。这些数据的一个显著特点是排名前 20 的公司的合计加工量仅占世界总奶量的 24.2%，最大的公司仅占有 3%。这样的发展在生产效率和产品质量的标准化方面有明显的优势，但是产生过度标准化的风险，导致产品多样性减少。奶酪的品种最多，值得庆幸的是在这种情况下，奶酪产品的多样性被保留了下来，甚至得到了拓展。

表 1.5 2012 年的产量、进口量和出口量（折合成奶，百万吨）（FAO，2013）

地区	产量	进口量	出口量
亚洲	90.2	27.8	5.7
非洲	45.8	8.8	1.2
中美洲	16.5	4.4	0.5
南美洲	68.2	3.8	3.8
北美洲	99.3	1.7	5.4
欧洲[a]	216.3	5.9	16.2
大洋洲	29.3	0.85	20.7
全世界	765.6	53.4	53.4

[a]不包括欧盟国家之间的贸易量。

表 1.6 2011 年全球奶制品加工企业排名（引自 Jesse，2013）

排名	公司名称	所属国家	营业额（美元）	收奶量（百万吨）	市场占有率（占世界产奶%）
1	雀巢	瑞士	19.1	14.9	2.1
2	帕玛拉特	法国	16.9	15.0	2.1
3	恒天然	新西兰	16.4	21.6	3.0
4	达能集团	法国	15.6	8.2	1.1
5	菲仕兰	荷兰	13.4	10.1	1.4
6	DFA[a]	美国	13.0	17.1	2.4
7	迪安食品	美国	13.0	12.1	1.7
8	阿尔拉集团	丹麦	12.0	12.0	1.7
9	卡夫食品	美国	7.5	7.8	1.1
10	萨普托	加拿大	7.0	6.3	0.9
11	Müller	德国	6.5	4.4	0.6
12	DMK[b]	德国	6.4	6.9	1.0

（续表）

排名	公司名称	所属国家	营业额（美元）	收奶量（百万吨）	市场占有率（占世界产奶%）
13	蒙牛乳业集团	中国	5.8	4.1	0.6
14	伊利乳业集团	中国	5.8	4.0	0.6
15	索迪雅集团	法国	5.7	4.1	0.6
16	保健然集团 Bongrain SA	法国	5.5	3.6	0.5
17	蓝多湖公司 Land O' Lakes, Inc.	美国	4.3	5.9	0.8
18	哥兰比亚集团	爱尔兰	3.9	6.0	0.8
19	加利福尼亚乳品股份有限公司	美国	3.0	4.6	0.6
20	Amul（合作社）	印度	2.5	4.0	0.6

[a]美国奶农公司；

[b]德国乳品股份有限公司 Deutsches Milchkontor GmbH。

参考文献

Bernhart, F. W. 1961. Correlations between growth-rate of the suckling of various species and the percentage of total calories from protein in the milk. *Nature*, 191, 358-360.

FAO. 2013. *Food outlook*. Rome: FAO.

Fuquay, J., Fox, P. F., & McSweeney, P. L. H. (Eds.) 2011. *Encyclopedia of dairy sciences* (Vol. 3, pp. 328-351, 352-380, 478-631). Oxford: Elsevier Academic Press.

IDF. 2009. *The world dairy situation*. Bulletin 438/2009. International Dairy Federation, Brussels.

IDF. 2010. *The world dairy situation*. Bulletin 446/2010. International Dairy Federation, Brussels.

IDF. 2011. *The world dairy situation*. Bulletin 451/2011. International Dairy Federation, Brussels.

Jayadevan, G. R. 2013. A strategic analysis of cheese and cheese products market in India. *Indian Journal of Research*, 2, 247-250. http://theglobaljournals.com/paripex/file.php?val=March_2013_1363940771_5f9c2_83.pdf.

Jensen, R. G. (Ed.). 1995a. *Handbook of milk composition*. San Diego, CA: Academic.

Jesse, E. V. 2013, February. *International dairy notes*. The Babcock Institute Newsletter. College of Agricultural and Life Sciences, University of Wisconsin, Madison, USA.

Linzell, J. L. 1972. Milk yield, energy loss, and mammary gland weight in different species. *Dairy Science Abstracts*, 34, 351-360.

Mepham, T. B. 1987a. *Physiology of lactation*. Milton Keynes, UK: Open University Press.

Patton, S. 1969. Milk. *Scientifi c American*, 221, 58-68.

Statistics Canada. 2012. *Dairy statistics*. Ottawa: Government of Canada.

Tucker, H. A. 1969. Factors affecting mammary gland cell numbers. *Journal of Dairy Science*, 52, 720-729.

推荐阅读文献

Cowie, A. T. , & Tindal, J. S. 1972. *The physiology of lactation* . London, UK: Edward Arnold.

Fuquay, J. , Fox, P. F. , & McSweeney, P. L. H. (Eds.). 2011b. *Encyclopedia of dairy sciences* (2nded. , Vol. 1-4). Oxford, UK: Academic.

Jensen, R. G. (Ed.) . 1995b. *Handbook of milk composition* . San Diego, CA: Academic.

Larson, B. L. & Smith, V. R. 1974-1979. *Lactation: A comprehensive treatise* (Vols. 1-4). New York: Academic Press.

Mepham, T. B. 1975. *The secretion of milk* (Studies in biology series, Vol. 60). London, UK: Edward Arnold.

Mepham, T. B. (Ed.). 1983. *Biochemistry of lactation* . Amsterdam: Elsevier.

Mepham, T. B. 1987b. *Physiology of lactation* . Milton Keynes, UK: Open University Press.

Park, Y. W. , & Haenlein, G. F. W. (Eds.). 2013. *Milk and dairy products in human nutrition.* Chichester, UK: Wiley Blackwell.

Singh, H. , Boland, M. , & Thompson, A. (Eds.). 2014. *Milk proteins: From expression to food* (2nd ed.). Amsterdam: Academic.

第2章 乳 糖

2.1 引言

乳糖是大多数哺乳动物乳汁中的主要碳水化合物，但加州海狮和冠海豹是例外，其乳汁几乎不含乳糖。乳汁中其他种类的糖含量甚微，包括葡萄糖（50mg/L）和果糖，还有参与合成糖蛋白和糖脂的氨基葡萄糖、氨基半乳糖和N-乙酰神经氨酸。经过研究得知，所有哺乳动物的乳汁都含有寡糖。寡糖是某些哺乳动物（包括人）乳汁的主要成分。本章将重点讨论乳糖的化学性质，另外有一节是讨论寡糖的化学性质。

不同哺乳动物乳汁中乳糖的含量相差很大（表2.1）。牛奶的乳糖含量也因牛的品种、个体、乳房感染（乳房炎）和哺乳阶段等而异。整个泌乳期乳糖浓度呈先逐渐降低后显著降低的变化趋势（图2.1），这与乳脂和乳蛋白的变化趋势不同。乳脂和乳蛋白虽在泌乳早期也降低，但在泌乳后半期则有较大幅度上升。奶中乳糖含量与乳脂和乳

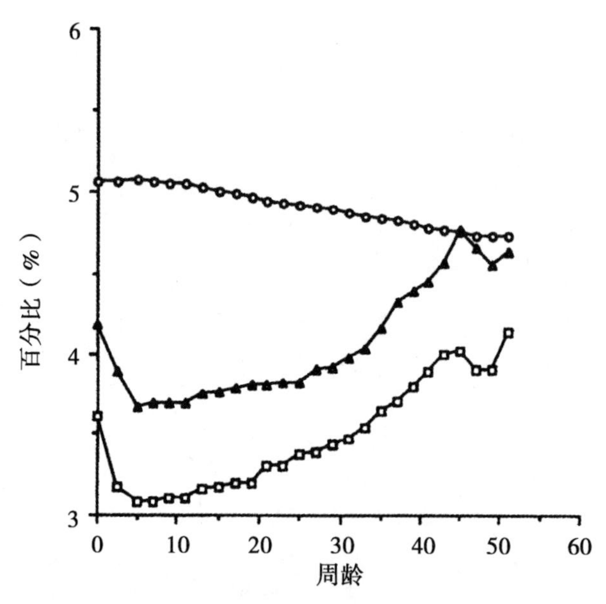

图2.1 泌乳期奶中乳脂（实心三角形）、乳蛋白（空心方形）和乳糖（空心圆）浓度的变化

蛋白的含量成反比（图2.2）（Jenness和Sloan 1970；Jenness和Holt，1987）。乳糖和乳脂的主要功能是提供能量。由于乳脂的能值比乳糖高约2.2倍，所以当动物需要高热能的乳汁时，比如生长在寒冷地区的动物（海洋哺乳动物和北极熊），就会增加乳脂含量来提高奶的能值。乳糖与乳脂和乳蛋白的浓度成反比，说明乳糖合成过程会将水吸入高

尔基体囊泡中，从而对乳蛋白和乳脂浓度起到稀释作用（Jenness 和 Holt，1987）。

乳房炎可导致奶中 NaCl 浓度升高，并可抑制乳糖的分泌。乳糖与钠、钾和氯离子在维持泌乳系统的渗透压中起重要作用。因此，乳糖含量（在乳腺内合成并分泌的成分，与血液等渗）升高或降低都会通过增加或减少可溶性盐离子的分泌进行代偿（图 2.3）。这种渗透压平衡关系可部分解释为什么乳糖含量高的奶灰分含量比较低，反之亦然（表 2.2）。

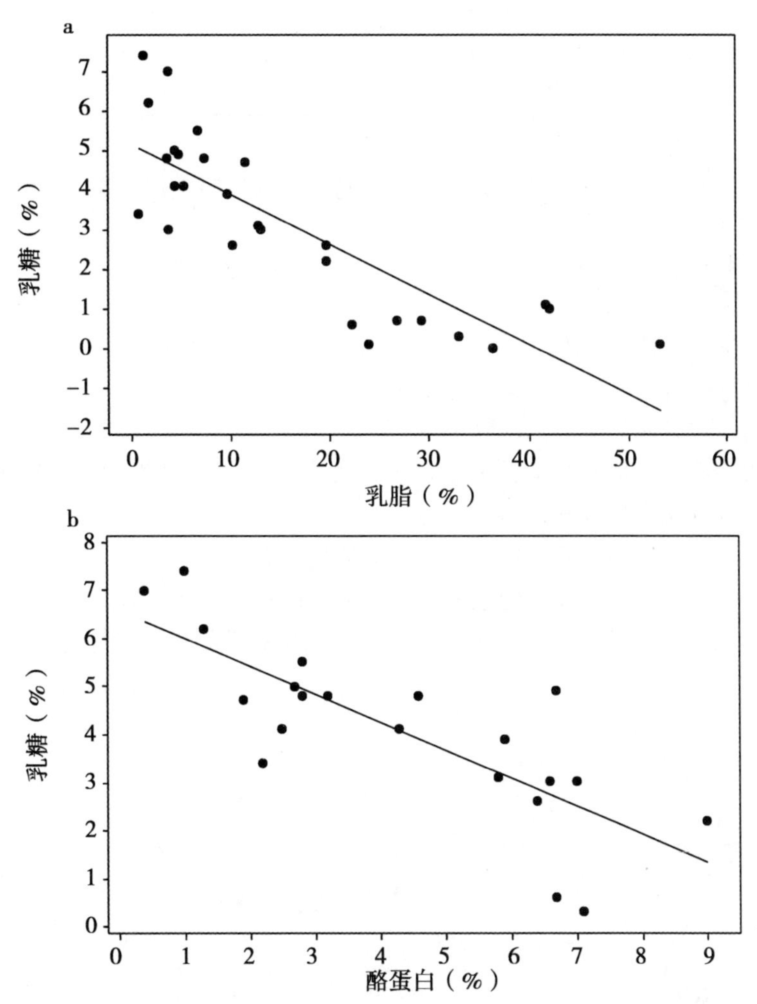

图 2.2 23 种动物乳汁中乳糖与乳脂（a）和酪蛋白（b）的相关性

［基于 Jenness 和 Sloan（1970）的数据］

表 2.1 不同哺乳动物乳汁中乳糖的浓度

种类	乳糖（%）	种类	乳糖（%）	种类	乳糖（%）
加州海狮	0.0	家鼠	3.0	家猫	4.8
冠海豹	0.0	豚鼠	3.0	猪	5.5
黑熊	0.4	家狗	3.1	马	6.2
海豚	0.6	梅花鹿	3.4	黑猩猩	7.0

（续表）

种类	乳糖（%）	种类	乳糖（%）	种类	乳糖（%）
针鼹	0.9	山羊	4.1	猕猴	7.0
蓝鲸	1.3	大象（印度）	4.7	人	7.0
兔子	2.1	牛	4.8	驴	7.4
马鹿	2.6	绵羊	4.8	斑马	7.4
灰海豹	2.6	水牛	4.8	绿猴	10.2
大鼠（挪威）	2.6				

与此相似，乳糖与氯化物的浓度存在反比关系，这是用于检测常乳的 Koestler 氏氯化物-乳糖试验的依据：

$$\text{Koestler 值}=\frac{\%\text{氯化物}\times 100}{\%\text{乳糖}}$$

Koestler 值<2 表示正常乳，Koestler 值>3 表示异常奶。

乳糖在奶与奶制品中起着重要作用：

（1）它是生产发酵奶制品的必需成分。

（2）它提高了奶与奶制品的营养价值，但许多非欧洲人成年后消化乳糖的能力有限或为零，因而导致乳糖不耐症。

（3）它对某些浓缩奶制品和冷冻奶制品的质地有影响。

（4）它与高温加工奶制品中因热诱导产生的颜色和风味变化有关。

（5）其形态变化（无定形与晶态）对许多脱水奶制品的生产和稳定性有重要影响。

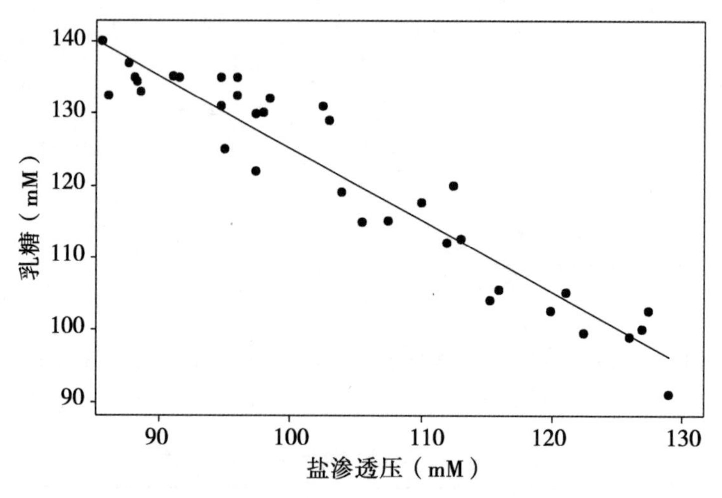

图 2.3 乳糖浓度（mM）与盐渗透压（mM）之间的关系［基于 Holt（1985）的数据］

表 2.2 某些哺乳动物奶中乳糖和灰分的平均含量

物种	水（%）	乳糖（%）	灰分（%）
人类	87.4	6.9	0.21

（续表）

物种	水（%）	乳糖（%）	灰分（%）
牛	87.2	4.9	0.70
山羊	87.0	4.2	0.86
骆驼	87.6	3.26	0.70
马	89.0	6.14	0.51
驯鹿	63.3	2.5	1.40

2.2 乳糖的理化性质

2.2.1 乳糖的结构

乳糖是由半乳糖和葡萄糖组成的二糖，通过β1-4糖苷键连接（图2.4）。其系统名称是0-β-D-吡喃半乳糖基-(1-4)-α-D-吡喃葡萄糖(α-乳糖）或0-β-D-吡喃半乳糖基-(1-4)-β-D-吡喃葡萄糖(β-乳糖)。葡萄糖的半缩醛基可能是游离的（即乳糖是

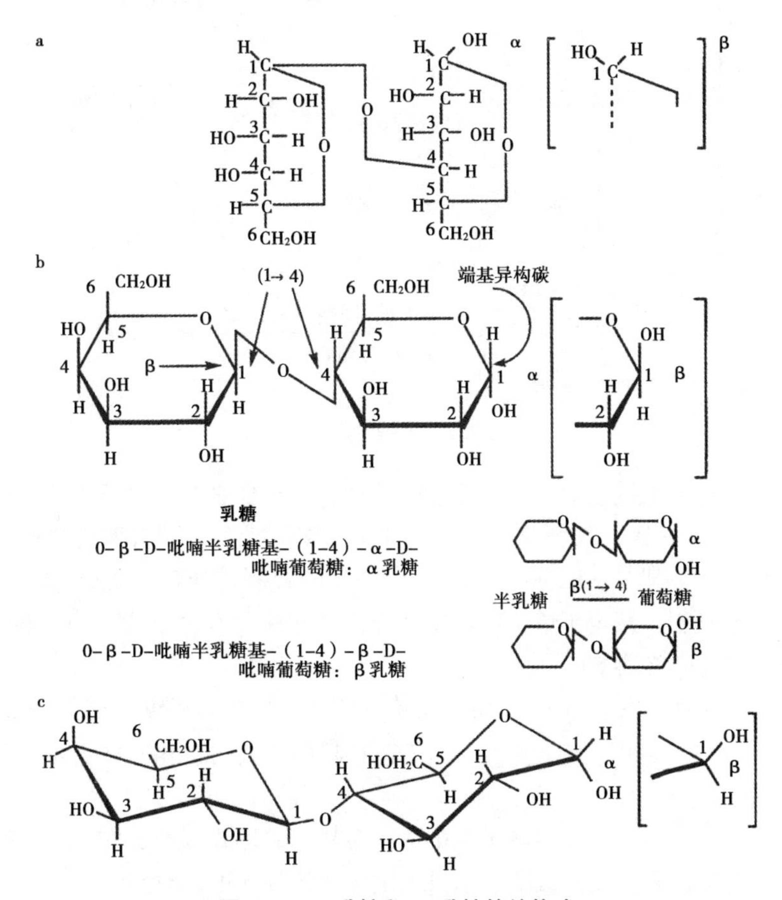

图 2.4 α-乳糖和β-乳糖的结构式

（a）开链结构，（b）平面环状结构，（c）键线式，（d）构象式。

还原糖)，且可以 α-或 β-端基异构体两种形式存在。在 α-型乳糖的结构式中，葡萄糖 C_1上的羟基与 C_2上的羟基在同一侧（朝下）。

2.2.2 乳糖的生物合成

乳糖只存在于乳腺分泌物中。它由来自血液的葡萄糖合成。一分子葡萄糖通过 4 种酶参与的 Leloir 途径异构化为 UDP-半乳糖（图 2.5），然后再在乳糖合成酶，一种有两个亚基的酶的催化下，与另一分子的葡萄糖结合。A 亚基是一种非特异性半乳糖基转移酶（EC 2.4.1.22），可将半乳糖从 UDP-半乳糖转移至多种受体。在 B 亚基，即 α-乳白蛋白的存在下，该转移酶变得对葡萄糖高度特异（其 KM 降低为原来的 1/1 000），从而使反应向乳糖合成方向进行。因此，α-乳白蛋白是乳糖合成酶的修饰亚基，其在奶中的浓度与乳糖的浓度直接相关（图 2.6）；有些海洋哺乳动物的乳汁既不含 α-乳白蛋白，也不含乳糖。

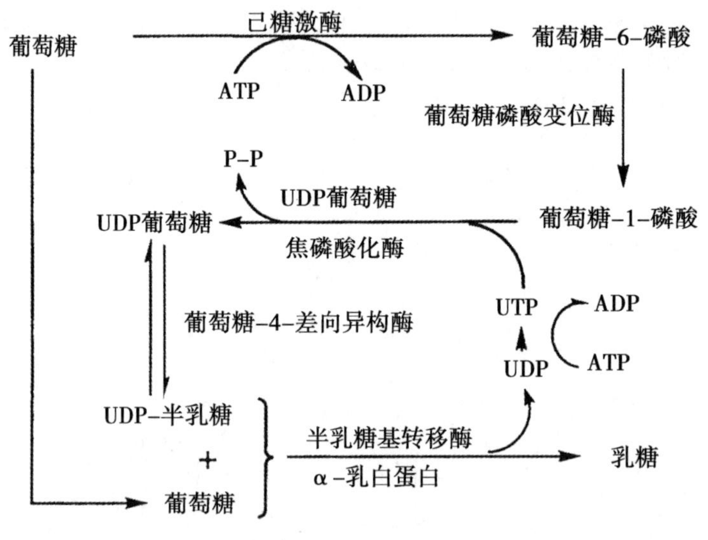

图 2.5 乳糖合成途径

有人认为这种控制机制的作用，是使哺乳动物能够在必要时终止乳糖合成，即当有过多 NaCl 流入时，比如在乳房炎或泌乳后期（乳糖和 NaCl 是乳汁渗透压的主要影响因素，奶与血液等渗，其渗透压基本恒定）。渗透压的控制是非常重要的，因而才需要有这种复杂的调控机制，甚至不惜采用酶的修饰亚基这种看似“浪费”的机制。

2.2.3 乳糖在溶液中的平衡

当葡萄糖在溶液中时，其 C_1（即端基异构 C）上的基团结构不稳定，很容易从 α-型转变（变旋）成 β-型，反之亦然。由于两种异构形式可以相互转变，结果半缩醛形式与开链醛形式形成了平衡（图 2.4）。

当任何一种异构形式的糖溶解于水中时，会从一种形式逐渐转变为另一种形式，直到达到平衡，也即旋光性发生改变。通过测定糖溶液旋光度随时间的变化，就可监测到这些变化。达到平衡时的比旋光度为+ 55.4°。

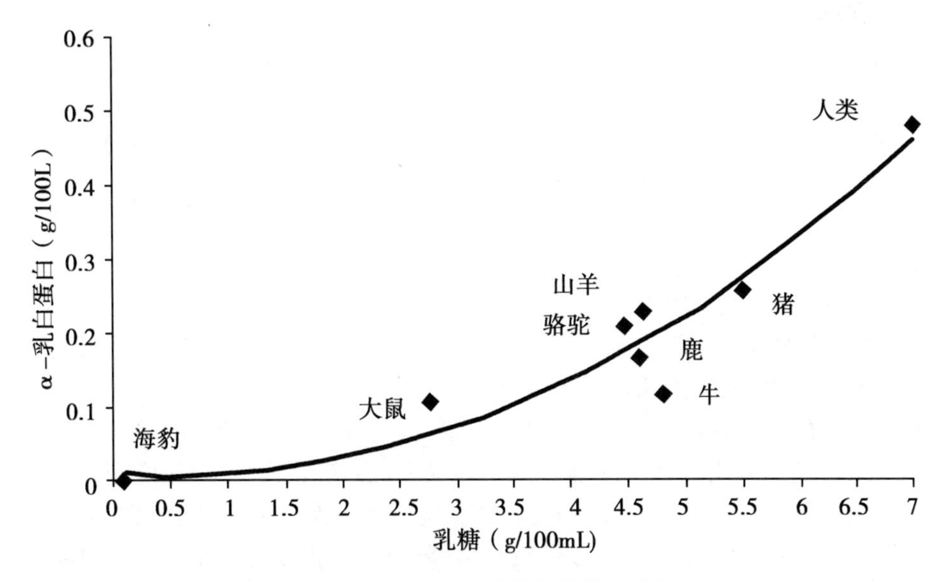

图 2.6 8个物种奶中乳糖和α-乳白蛋白浓度的相关性（改自 Ley 和 Jenness，1970）

达到平衡时混合物组成的计算方法如下：

比旋光度：$[\alpha]_D^{20}$
A-型+ 89.4°
B-型+ 35.0°
平衡混合物+ 55.4°
设平衡混合物=100
设 α-型乳糖为 x%
则 β-型乳糖为（100-x）%
达到平衡时：
$89.4x + 35(100-x) = 55.4\times100$
$x = 37.5$
$100-x = 62.5$

这样，20℃时的平衡混合物就含有62.7%的β-乳糖和37.3%的α-乳糖。平衡常数β/α在20℃时为1.68。随着温度的升高，α-乳糖的比例增加，平衡常数也随之降低。平衡常数不受pH值影响，但转旋率取决于温度和pH值。在25℃，15℃和0℃下，α-乳糖在1h内分别有51.1%、17.5%和3.4%变为β-乳糖。在约75℃时几乎可以瞬间完成转变。

转旋速率在pH值5.0时最慢，在更高的酸度或碱度下快速增高；在pH值9.0时几分钟内即可达到平衡。

2.2.4 变旋的作用

α-乳糖和β-乳糖在以下各方面有所不同：

溶解性；

晶体的形状和大小；

结晶形态的水合能力（使其有吸湿性）；

比旋光度；

甜度。

下面各节将对这些特性进行讨论。

2.2.5 乳糖的溶解度

α异构体和β异构体的溶解度特性明显不同。当向20℃的水中加入过量α-乳糖时，100g水约有7g乳糖立即溶解。其中有些α-乳糖变旋成为β-乳糖，最后达到62.7β：37.3α的平衡比；这样，相对于α-乳糖来说，溶液就变得不饱和，又可溶解更多的α-乳糖，其中有些又可变旋成β-乳糖。这两个过程（α-乳糖的变旋和溶解）一直进行下去，直到每100g溶液中约有7g的α-乳糖，且β/α比为1.6：1.0为止。由于在20℃下两种构型达到平衡时的β/α比约为1.6，最终溶解度即为100g水中7g+(1.6×7) g = 18.2g乳糖。

当β-乳糖溶于水时，在20℃每100g水的最初溶解度约为50g。一部分β-乳糖变旋为α-乳糖，最后在1.6：1时达到平衡。达到平衡时，溶液中将含有30.8g β-乳糖和19.2g α-乳糖/100mL；这样，溶液中α-乳糖达到过饱和状态，其中有些形成结晶析出，平衡被打破，又可使更多β-乳糖变为α-乳糖。α-乳糖的结晶和β-乳糖的变旋这两个过程一直进行下去，直至每100克溶液中约有7g的α-乳糖，且β/α比为1.6：1为止。同样，最终溶解度约为18.2g乳糖/100g水。由于β-乳糖的溶解度比α-乳糖大得多，且变旋缓慢，所以β-乳糖可形成浓度更高的溶液，α-乳糖则不行。但在两种情况下，乳糖的最终溶解度都一样（18.2g/100g水）。

乳糖的溶解度与温度的函数关系归纳于图2.7。α-乳糖溶解度对温度的依赖性比β-乳糖更强，两条溶解度曲线在93.5℃处相交。60℃时溶液含有约59g乳糖/100g水。假设将60℃的50%乳糖溶液（约30g β-乳糖和20g α-乳糖）冷却至15℃，在该温度下，该溶液在平衡时每100g水中仅含有7g α-乳糖，两种乳糖总共才18.2g。这样，乳糖就会慢慢从溶液中析出，形成不规则结晶，产生有砂质的口感。

2.2.6 乳糖的结晶

如2.2.5小节所述，乳糖的溶解度具有温度依赖性，其溶液在乳糖自发结晶析出前，可达到高度过饱和状态，即使在结晶析出后，结晶析出速度可能也很缓慢。通常任一温度下的过溶度等于比该温度高30℃时的饱和度（溶解度）。乳糖溶解性能差，加上易形成过饱和溶液，这在浓缩奶制品生产中具有相当大的实用价值。

在不存在晶核和不搅拌的条件下，乳糖溶液能够在自发结晶发生前形成高度过饱和。即使在这样的溶液中，结晶也难以析出。乳糖的溶解度曲线如图2.8所示，可分为不饱和区、亚稳态区和不稳定区。冷却饱和溶液，或超过饱和点后继续浓缩，可导致过饱和，并形成一个不容易发生结晶的亚稳态区。在较高的过饱和度下，可见到一个易于

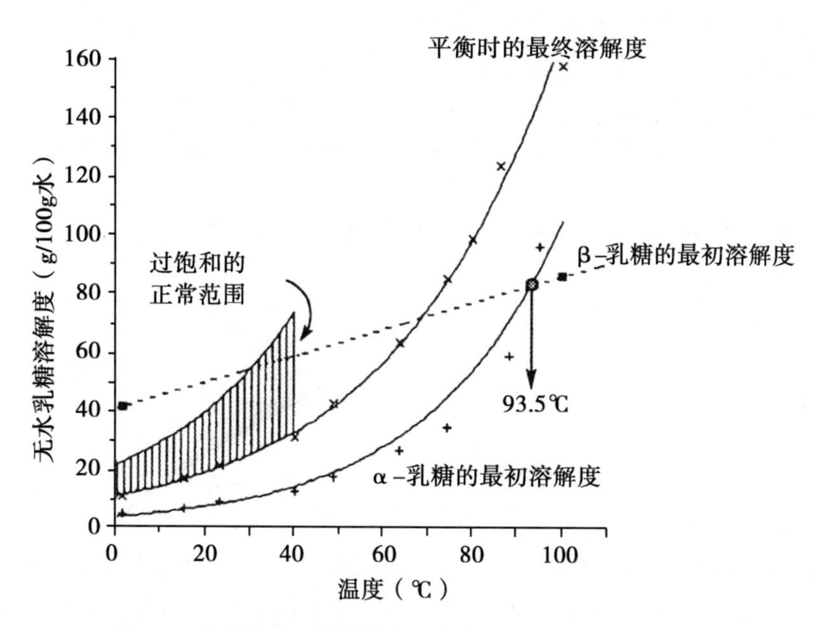

图 2.7 乳糖在水中的溶解度（改自 Jenness 和 Patton，1959）

析出结晶的不稳定区域。与过饱和及结晶相关的问题是：

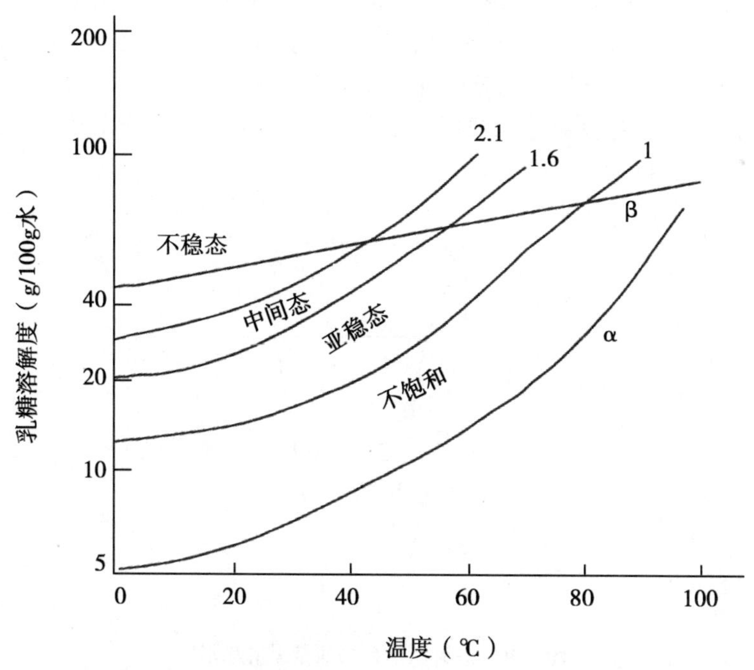

图 2.8 α-乳糖和 β-乳糖的最初溶解度，平衡时的最终溶解度（1 线）及过饱和度，系数为 1.6 和 2.1（不含结晶水的 α-乳糖）（改自 Walstra 和 Jenness，1984）

（1）在不饱和区域中，成核和晶体生长均不发生。

（2）在亚稳态和不稳定区域中，晶体生长可以发生。

(3) 在亚稳态区域中，只有在添加晶种（晶体生长的中心）时，才发生成核。

(4) 在不稳定区域，不用加入晶种材料，自发结晶也可发生。

在低水平的过饱和溶液及高度过饱和溶液中，由于溶液黏度高，成核速度比较慢。乳糖晶体之所以能保持稳定（第2.2.6.4节），是由于在非常高的浓度下成核的可能性低的缘故。

一旦形成了足够数量的核，晶体的生长速率即受下面因素影响：

(a) 过饱和度；

(b) 可供晶体沉积的表面积；

(c) 黏度；

(d) 搅拌；

(e) 温度；

(f) 变旋，在低温下速度较慢。

2.2.6.1 α-水合物

α-乳糖以含有5%结晶水的一水合物形式形成结晶，可通过将乳糖水溶液浓缩至过饱和状态，再让结晶在低于93.5℃的温度析出。在常温条件下和有少量低于93.5℃的水存在的条件下，α-水合物是稳定的固体形式，所有其他形式都会变成α-水合物。α-单水合物在20℃的水中的比旋光度为+89.4°。在20℃其溶解度仅为7g/100g水。它因结晶条件不同可形成多种晶体形状，最常见的一种充分发育的晶形呈斧头状（图2.9）。乳糖晶体质地坚硬，且在水中溶解缓慢。在人嘴里，小于10μm的晶体是感觉不出来的，但大于16μm就有轻微的砂砾感，而大到30μm，就有非常明显的砂砾感。有砂状结晶析出是炼奶，冰激凌或涂抹型再制奶酪的一种缺陷，主要是由于生产技术差形成较大的乳糖晶体的缘故。

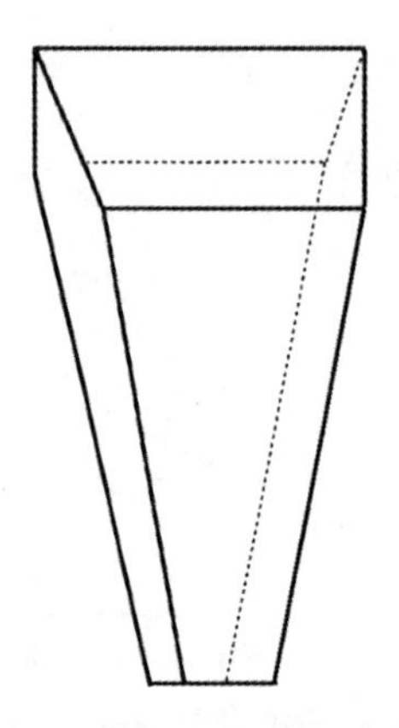

图2.9 α-乳糖水合物最常见的晶形

2.2.6.2 无水α-乳糖

无水α-乳糖可由α-乳糖水合物在65~93.5℃真空脱水制得；它只在无水条件下才稳定。

2.2.6.3 无水 β-乳糖

高于 93.5℃时，β-乳糖溶解度低于 α-乳糖，此时，从溶液中析出的晶体是无水 β-乳糖，其比旋光度为 35°。β-乳糖甜度虽高于 α-乳糖，但并不明显高于常见于溶液中平衡状态的 α-乳糖和 β-乳糖的混合物的甜度。

表 2.3 中归纳了 α-乳糖和 β-乳糖的一些性质。在某些条件下，α-乳糖和 β-乳糖可以形成混合晶体，如 $\alpha_5\beta_3$。乳糖不同晶形之间的关系见图 2.10。

表 2.3 两种常见形态乳糖的一些物理性质

属性	α-水合物	β-无水物
熔点[a]（℃）	202	252
比旋光度（$[\alpha]_D^{20}$）	+89.4°	+35°
20℃水溶度（g/100mL）	8	55
比重（20℃）	1.54	1.59
比热	0.299	0.285
燃烧热（kJ/mol）	5 687	5 946

2.2.6.4 乳糖玻璃态

快速干燥乳糖溶液时（如喷雾干燥含乳糖的浓缩物），黏度快速增大，没有足够的时间形成结晶。所得的非晶态无定形乳糖有 α-型和 β-型两种形态，其比例与其在溶液中的比例相同。如果不接触空气，喷雾干燥奶粉中的乳糖以稳定的浓缩糖浆或无定形玻璃态存在，但极易吸湿，可迅速从空气吸收水分而变黏。

2.2.7 与乳糖结晶相关的问题

乳糖容易形成不易析出结晶的过饱和溶液，如果不适当控制，可导致许多奶制品出现质量缺陷。问题主要是形成较大的结晶体，导致产品有砂砾感，或形成乳糖玻璃态，进而导致产品容易吸湿和结块（图 2.11）。

2.2.7.1 奶粉和乳清粉

乳糖是干奶制品的主要成分。全脂奶粉、脱脂奶粉和乳清粉分别含约 30%、50%和70%的乳糖。在这些产品中，蛋白质、脂肪和空气散布在无定形固态乳糖的连续相中。因此，乳糖的特性对干奶制品的性质有较大影响（Schuck，2011）。在刚生产出来的粉状产品中，乳糖以无定形状态存在，α：β 比例为 1：1.6。这种无定形的乳糖玻璃态是一种高度浓缩糖浆，因为在快速干燥时来不及形成结晶。玻璃态乳糖蒸汽压低，且有吸湿性，与空气接触时吸收水分速度极快。乳糖吸水后被稀释，乳糖分子从而有足够的活动空间可以排列成 α-乳糖一水合物晶体。这些晶体很小，通常小于 1μm。晶体的边缘有裂隙和裂缝，有利于排出其他组分。这些空隙中存在有利于酪蛋白凝结的条件，因为酪蛋白胶束的紧密堆积和被浓缩的盐离子有减稳定作用。形成结晶后，脂肪球膜可能被机械作用损坏，乳糖和蛋白质的氨基之间的美拉德褐变反应也快速进行。

奶粉中的乳糖形成结晶可导致奶粉结成硬块。如果新生产的奶粉中的乳糖大部分是以结晶存在，就可避免奶粉与水分接触时出现结块现象，从而使奶粉具有良好的分散

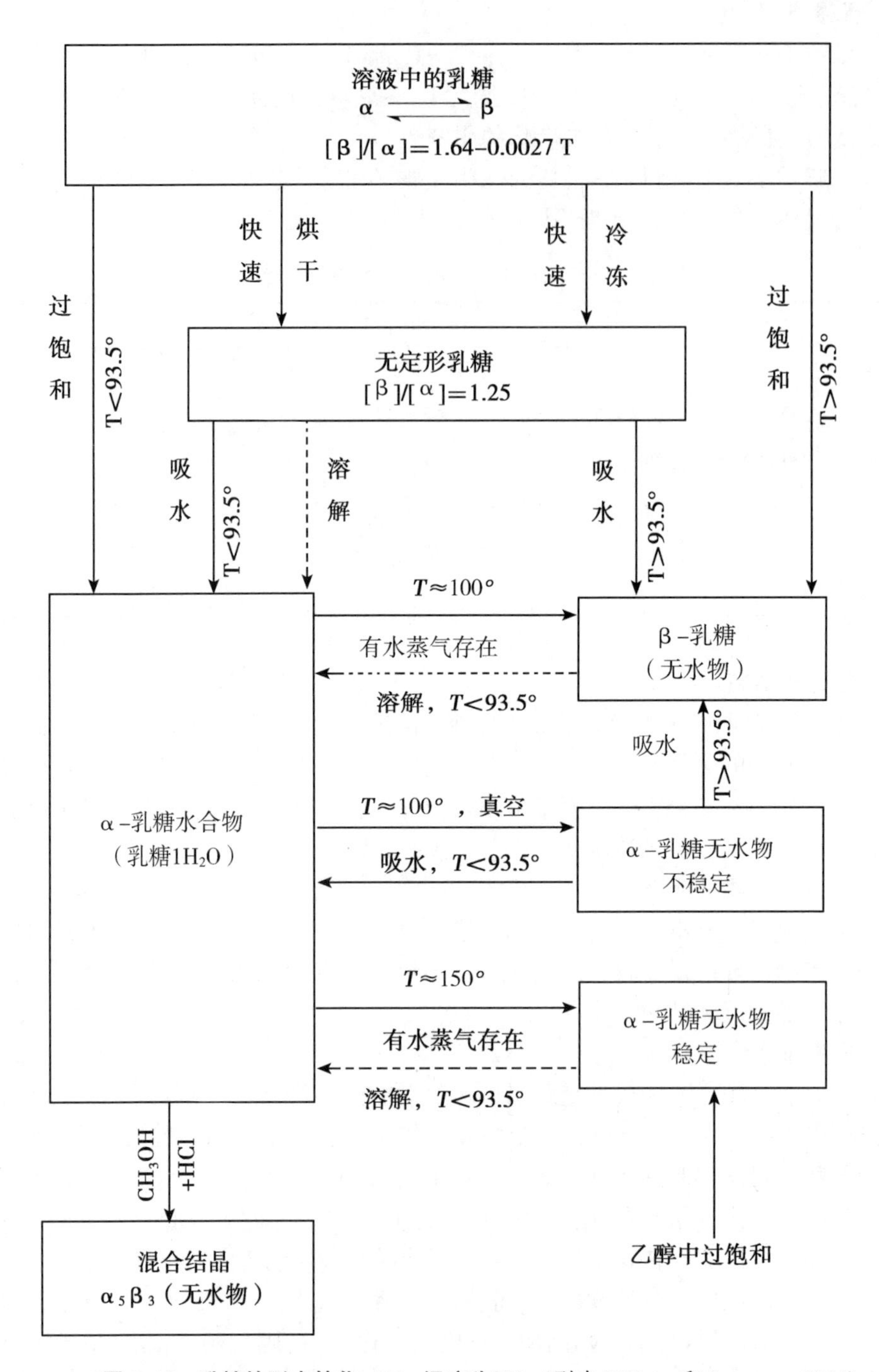

图 2.10　乳糖的形态转化（T，温度为℃）（引自 Walstra 和 Jenness，1984）

性。让乳糖结晶的做法是，将刚生产的奶粉置于水分饱和空气中，让其水合至约含10% 的水，再重新干燥，或者在其完全干燥之前将其从主干燥室中取出，在流化床上将其完全干燥。该方法在商业上用于生产“速溶”奶粉。这种奶粉的颗粒可聚集成松

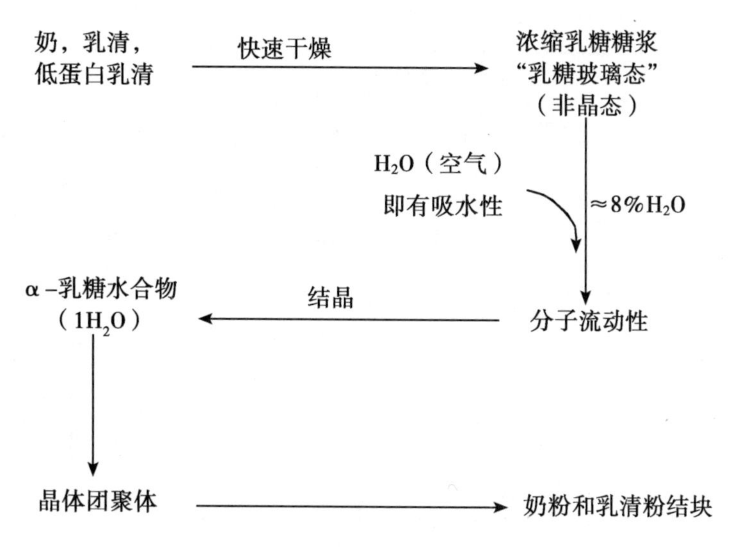

图 2.11 乳糖玻璃态的形成和结晶

散的海绵状团聚体，易于润湿和分散。它们表现出良好的毛细管作用，水容易渗入颗粒中，使颗粒下沉和分散。而非速溶奶粉的颗粒，由于密度低而向上浮，不利于其克服表面张力。此外，由于传统喷雾干燥奶粉的颗粒小，紧密堆积在一起，造成奶粉颗粒之间没有足够的空隙可产生毛细管作用，从而不利于其均匀润湿。结果，外层大量奶粉颗粒被润湿，形成一层高浓度的屏障物，阻碍里层奶粉被润湿，导致形成大块的未分散奶粉团。这个问题可通过团聚作用来解决。在这方面，乳糖的结晶非常关键，因为它有利于形成具有良好的毛细管作用和润湿性的海绵状大团聚集。

传统喷雾干燥方法（即预热、浓缩至含约50%总固形物，再干燥至水分小于4%）制备的乳清粉，其性质受乳糖的形态影响很大。这种乳清粉扬尘性较高且极易吸潮，由于乳糖含量非常高（约70%），与空气接触时具有很明显的结块倾向。

奶粉和乳清粉中的乳糖结晶引起的产品质量问题，也可以通过预结晶乳糖来避免或控制。实质上，可以投入微细的乳糖粉末，让其作为过饱和乳糖结晶的核。在含有1t乳糖的浓缩产品（全脂奶、脱脂奶或乳清）中加入0.5kg磨得很细的乳糖，即可诱导形成约10^6个晶体/mL，其中约95%小于10μm，100%小于15μm。由于晶体颗粒小，不至于引起产品出现缺陷。

附有速溶化的喷雾干燥器的示意图如图2.12和图2.13所示。

2.2.7.2 乳糖的热塑性

在干燥乳清和其他含乳糖浓度高的溶液过程中，除非采取某些预防措施，否则半干的热粉末可黏附到干燥器的金属表面，形成沉积物，这种现象被称为热塑性。乳清粉中乳酸、无定形乳糖和水分的含量是影响发生热塑性温度（"黏着温度"）的主要因素。

乳酸浓度由0升到16%，黏着温度出现线性降低（图2.14）。乳糖的预结晶程度也影响黏着温度。含有45%预结晶乳糖的产品黏着温度为60℃，而含有80%预结晶乳糖的相同产品黏着温度为78℃（图2.15）。因此，对投入干燥器的浓缩物进行预结晶处

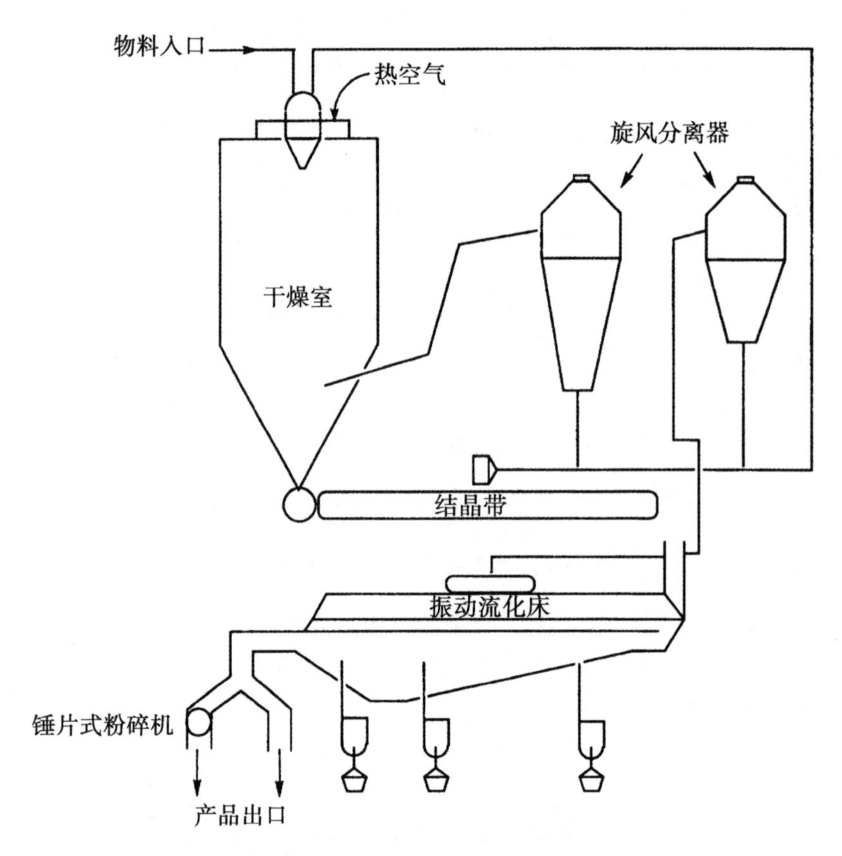

图 2.12　乳清低温干燥设备示意图（改自 Hynd，1980）

理，就可采用高得多的进料浓度和干燥温度。预结晶处理常用于高乳糖产品如乳清粉和脱盐乳清粉的干燥。

在实际生产中，最容易控制的因素是乳清粉的水分含量，它取决于干燥器出料口的温度（t_0，图 2.15）。但由于蒸发的冷却作用，干燥器中乳清粉颗粒的温度低于出口温度（t_p，图 2.15），并且 t_0 和 t_p 之间的温差随着水分含量的增加而增加。同一种乳清粉的黏着温度随水分含量的升高而降低（t_s，图 2.15），其中两条曲线（t_s 和 t_p）相交处（TPC 点，图 2.15）是干燥器工作时不出现产品黏着现象可允许的最大产品含水量。出口温度曲线（TOC）上的对应点表示可以使用且不会导致黏着的最大干燥器出口温度。

2.2.7.3　甜炼奶

甜炼奶中的乳糖可形成结晶，想要生产出口感好的产品，就必须控制结晶的大小。甜炼奶从蒸发器出来时，乳糖几乎已达饱和状态。当冷却至 15～20℃时，40%～60%的乳糖将最终形成 α-乳糖水合物结晶。在甜炼奶中，每 100 份水就有 40～47 份乳糖，其中约有 40%为 α-乳糖，60%为 β-乳糖（蒸发器外）。为获得光滑的口感，结晶颗粒必须小于 10μm，结晶的最佳温度为 26～36℃。可用磨碎的 α-乳糖或者最好是磨碎的玻璃态乳糖作晶种诱发结晶。连续真空冷却结合添加晶种，可生产出最好的产品。

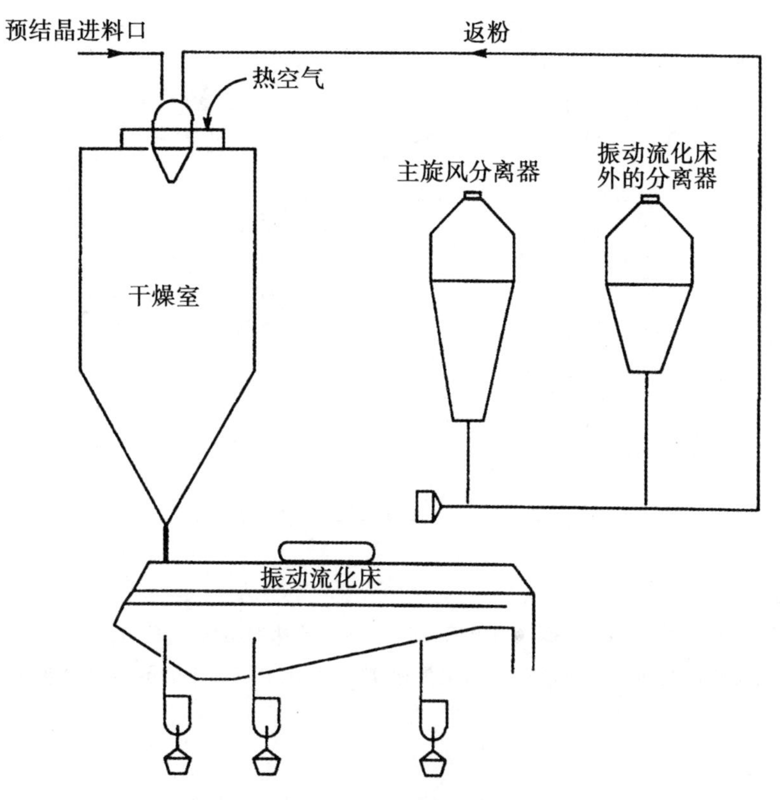

图 2.13 直通式乳清干燥设备示意图（改自 Hynd，1980）

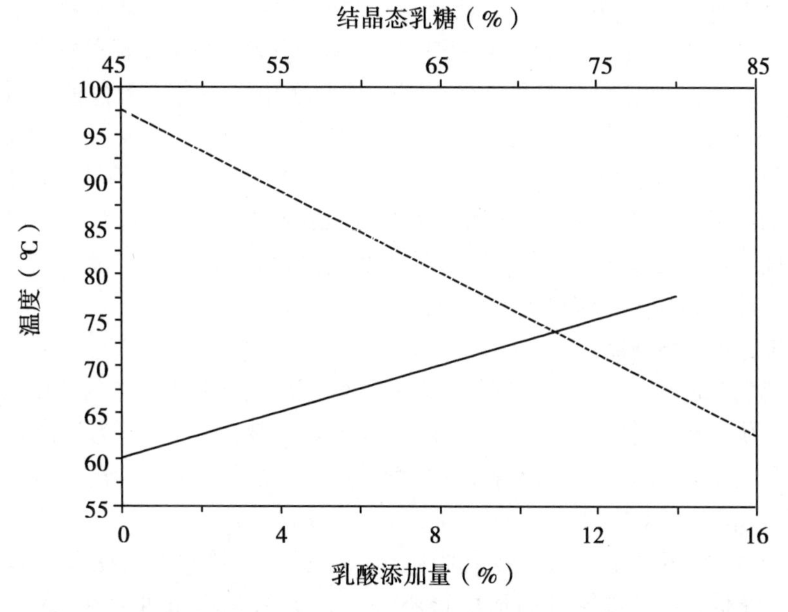

图 2.14 乳酸添加量（短画线）和乳糖结晶程度（点虚线）对乳清粉黏着温度（1.5%~3.5%水分）的影响

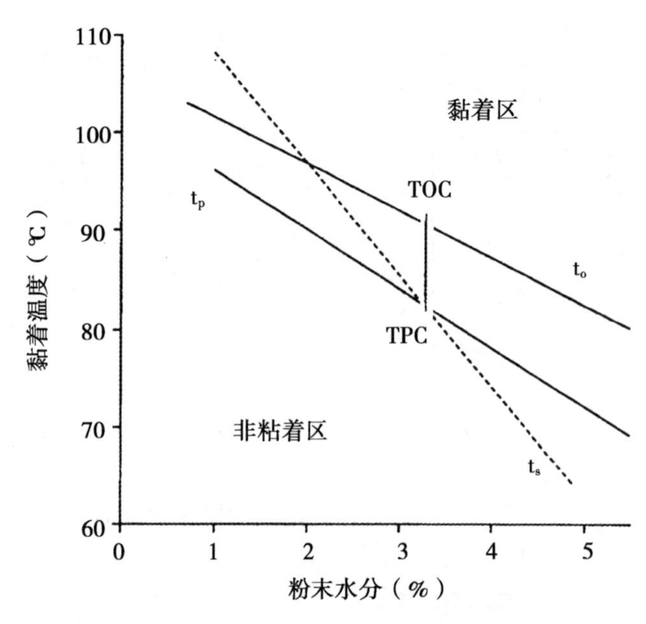

图 2.15　水分含量对喷雾干燥器中粉末温度（t_p）、干燥器出口温度（t_o）和黏着温度（t_s）的影响。避免出现黏着问题所需的最低产品温度是在 TPC 处，相应的干燥器出口温度在 TOC 处（改自 Hynd，1980）。

2.2.7.4　冰激凌

冰激凌中的乳糖结晶会导致砂砾感的出现。在刚硬结的冰激凌中，α-乳糖和 β-乳糖的平衡混合物处于“玻璃”态，只要能保持恒定低温，该状态即是稳定的。冰激凌冻结过程中，乳糖溶液迅速通过低温不稳态区，很少会发生乳糖结晶的情况。

如果冰激凌受热或温度出现波动，有部分冰会融化，将出现无数种不同的乳糖浓度，其中有些将处于不稳态区，即可发生自发结晶，而其余一些将处于亚稳态区，如果有合适的晶核，如乳糖晶体，即可形成结晶。在低温条件下，结晶的倾向较小，通常不会形成大量的结晶。但所形成的晶核可作为晶种，在有合适的条件时再诱导结晶发生。这些晶核有随时间慢慢变大的趋势，最后导致产品出现砂砾感。这个缺陷可通过限制乳固形物含量，或通过用 β-半乳糖苷酶水解乳糖来控制。

2.2.7.5　其他冷冻奶制品

虽然牛奶偶尔间也会意外出现冻结的现象，然而冷冻并非生产上的常用做法。但有时为了将乳品供应到偏远地区（作为奶粉或 UHT 奶的替代品），或为了储存季节性生产的绵羊奶和山羊奶，或者为了储存用于应急情况下喂养婴儿的人奶（母乳库），也会在生产上对浓缩乳或未浓缩的乳进行冷冻。

第 3 章中将要讨论的，冷冻会令乳脂肪球膜受损，导致“游离脂肪”释出。酪蛋白也因 pH 值降低，Ca^{2+} 浓度升高而变得不稳定，这两者均由可溶性 CaH_2PO_4 和/或 Ca_2HPO_4 以 $Ca_3(PO_4)_2$ 的形式形成沉淀并伴随释放 H^+ 引起（第 5 章）；奶制品受冷冻时就会形成 $Ca_3(PO_4)_2$ 沉淀，就是因为冷冻后纯水形成结晶，导致可溶性磷酸钙浓度升高，而奶中的可溶性磷酸钙本来就已经处于饱和状态。在冷冻储存期间，乳糖以 α-水合物形式形成结晶，也使可用作溶剂的水减少，导致这个问题进一步加剧。

冷冻奶制品中的乳糖结晶会导致酪蛋白变得不稳定。在冷冻时，形成乳糖的过饱和溶液，如在-8℃的浓缩奶中，有 25%的水未被冻结，且每 100g 水含有 80g 乳糖，而乳糖在-8℃下的溶解度仅约为 7%。在低温储存期间，乳糖慢慢形成一水合物结晶，因此产品中游离水也慢慢减少。

乳糖形成过饱和乳糖溶液可抑制冻结的进行，因此对溶液中溶质的浓度也起到稳定作用。但乳糖结晶时，水就发生冻结，其他溶质的浓度就显著增加（表 2.4）。

钙和磷酸盐浓度升高导致磷酸钙沉淀析出，pH 值降低：

$3Ca^{2-}+2H_2PO_4^- \leftrightarrow Ca_3(PO_4)_2+4H^+$

Ca^{2+}浓度和 pH 值的变化导致酪蛋白胶束不稳定。

凡是能加速乳糖结晶的因素都会缩短产品的储存期。但在非常低的温度（<-23℃）下，即便经长期贮存，也不会发生乳糖的结晶或酪蛋白絮凝。在冷冻之前采用 β-半乳糖苷酶水解乳糖，可延迟或防止乳糖结晶和酪蛋白沉淀的形成，其作用大小与乳糖的水解程度成比例（图 2.16）。

表 2.4　液态脱脂奶和冷冻脱脂奶超滤液的比较

组分	脱脂奶超滤液	冷冻浓缩奶液体部分的超滤液
pH 值	6.7	5.8
氯化物（mM）	34.9	459
柠檬酸（mM）	8.0	89
磷酸盐	10.5	84
钠（mM）	19.7	218
钾（mM）	38.5	393
钙（mM）	9.1	59

2.3　乳糖的生产

与蔗糖（年产量为 175×10^6t，美国农业部）和葡萄糖或葡萄糖-果糖糖浆相比，乳糖的产量非常少。但因为乳糖有一些独特的特性，且容易从生产奶酪或酪蛋白的副产品——乳清中获得，因而引起业界的关注。全世界奶酪生产量约 19×10^6t，其副产品乳清中含有约 8×10^6t 的乳糖；酪蛋白生产产生的乳清含有约 0.3×10^6t 的乳糖。据 Affertsholt-Allen（2007）报道，每年欧盟仅利用约 325 000 t 乳糖，美国只用约 130 000 t 乳糖，即只占可利用量的约 7%。更大部分是用以生产乳清粉和脱盐乳清粉。

乳糖的生产实际上是在真空下对乳清或超滤渗透液进行浓缩，使乳糖结晶从浓缩物中析出，再通过离心回收乳糖晶体并加以干燥（图 2.17）。最初析出的晶体通常因含有

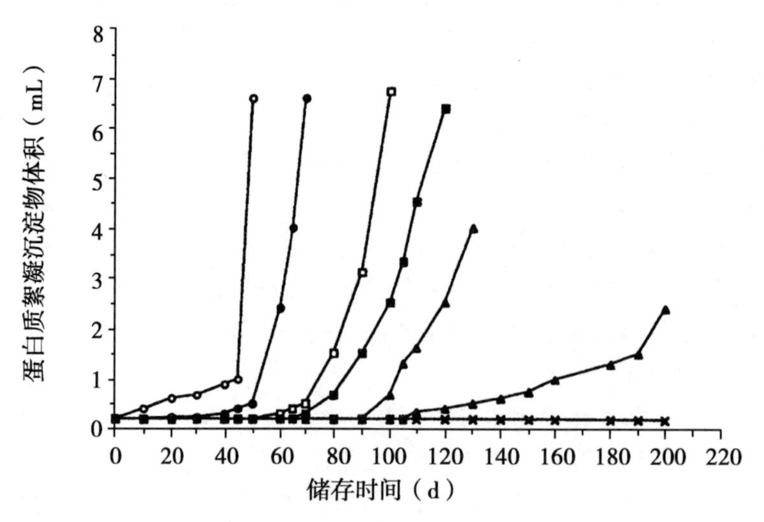

图 2.16　乳糖水解对乳汁冻结稳定性的影响（改自 Tumerman 等，1954）

核黄素而呈微黄色，其等级和利用价值更高；粗乳糖可以通过再溶解和重结晶进行提纯获得纯乳糖（表 2.5）。乳糖也可以用氢氧化钙沉淀后回收获得，尤其是在有乙醇、甲醇或丙酮存在的条件下（Paterson 2009，2011）。

表 2.5　各种等级乳糖的一些典型的理化指标（引自 Nickerson，1974）

成　分	发酵用	粗制	食用	U. S. P.[b]
乳糖（%）	98.0	98.4	99.0	99.85
水分，非水合物（%）	0.35	0.3	0.5	0.1
蛋白质（%）	1.0	0.8	0.1	0.01
灰分（%）	0.45	0.40	0.2	0.03
脂质（%）	0.2	0.1	0.1	0.001
酸度，乳酸（%）	0.4	0.4	0.06	0.04
比旋光度 $[\alpha]_D^{20}$	[a]	[a]	52.4°	52.4°

[a] 通常不检测；

[b] USP 美国药典等级。

乳糖在食品中有多种用途（表 2.6），最重要的可能是用于生产母乳化婴儿配方食品。在制药工业中它还被用作药片的稀释剂（要求进一步提纯成优质的特纯级乳糖，因此价格更高），也用作塑料的基础材料。

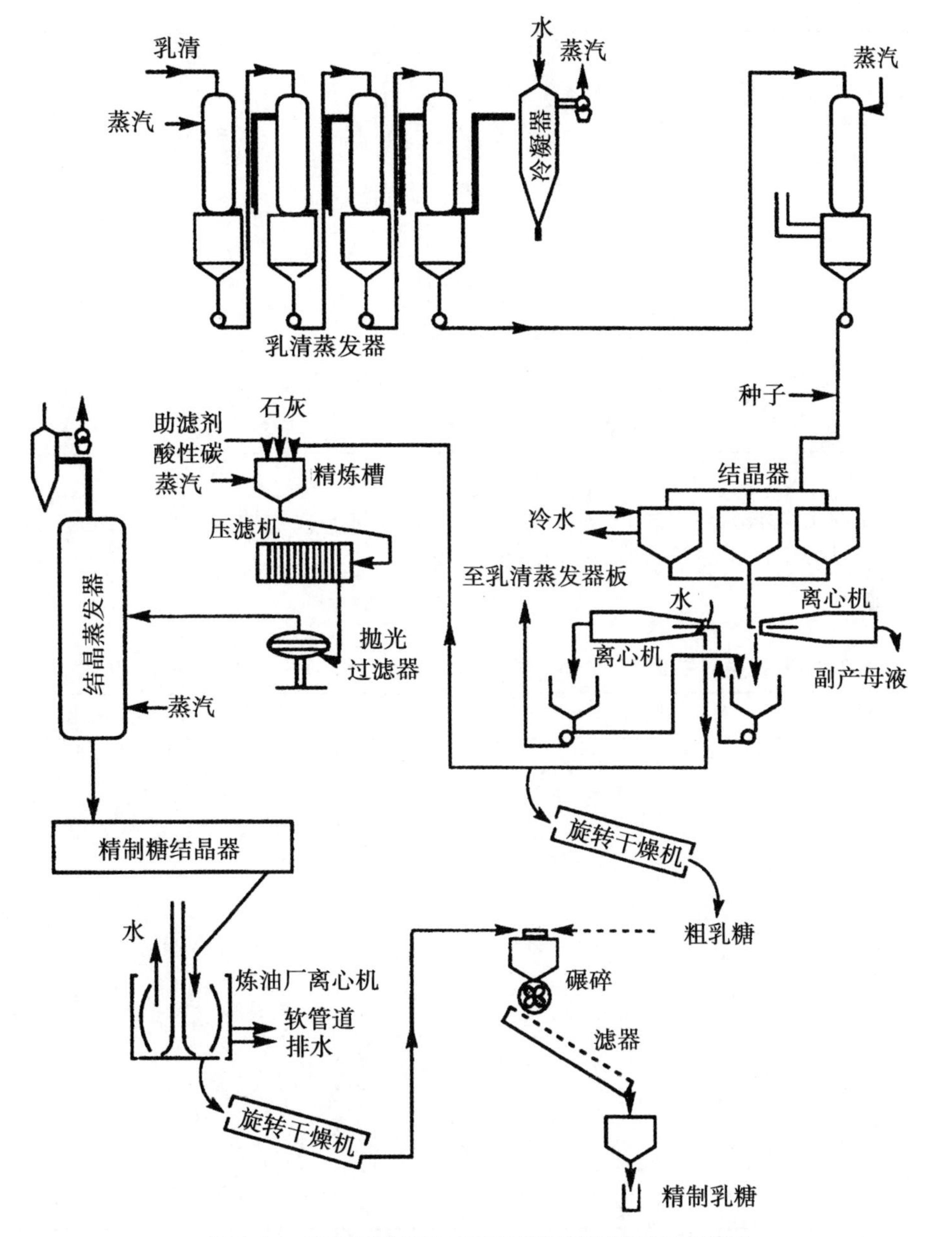

图 2.17 利用淡乳清生产粗乳糖和精制乳糖工艺简图

表 2.6 乳糖在食品中的应用

乳糖在食品中的应用
母乳化的婴儿食品
脱盐乳清粉或乳糖
食品中的速溶剂/自由流动剂
由乳糖结晶引起凝集
糖果产品

（续表）

改进起酥油的功能
高相对湿度下的防结块剂
某些类型的糖衣
产生美拉德褐变，如果需要
强化其他香味（巧克力）
风味吸附剂
吸附挥发性香味物质
增强风味
酱汁，酱菜，沙拉酱，馅饼馅

在各种糖中乳糖的甜度较低（表 2.7），通常情况下这是缺点，但在某些情况下又是优点。结晶方法正确时，乳糖的吸湿性比较低（表 2.8），人们喜欢将其加到糖果产品的糖衣中。

表 2.7　糖的相对甜度（以达到相同甜度的浓度计，%）（引自 Nickerson，1974）

蔗糖	葡萄糖	果糖	乳糖
0.5	0.9	0.4	1.9
1.0	1.8	0.8	3.5
2.0	3.6	1.7	6.5
2.0	3.8	—	6.5
2.0	3.2	—	6.0
5.0	8.3	4.2	15.7
5.0	8.3	4.6	14.9
5.0	7.2	4.5	13.1
10.0	13.9	8.6	25.9
10.0	12.7	8.7	20.7
15.0	17.2	12.8	27.8
15.0	20.0	13.0	34.6
20.0	21.8	16.7	33.3

表 2.8　蔗糖、葡萄糖和乳糖的相对保湿性（在 20℃下吸收的水分，%）

糖	相对湿度		
	60%		100%
	1h	9d	25d
乳糖	0.54	1.23	1.38

（续表）

糖	相对湿度		
	60%		100%
葡萄糖	0.29	9.00	47.14
蔗糖	0.04	0.03	18.35

2.4 乳糖的衍生物

近年来乳糖市场需求一直强劲，但不可能所有可供利用的乳糖利用起来生产的产品都能有好的市场。由于乳清和超滤渗透液已不许再采取直接排入下水道的做法，几年来人们一直在寻找如何利用乳糖的方法。多年来，有人认为最有希望的方法是将乳糖水解成葡萄糖和半乳糖，但是其他修饰方法正在引起越来越多的关注。

2.4.1 乳糖的酶修饰

乳糖可被酶（β-半乳糖苷酶，通常称为乳糖酶）或被酸水解成葡萄糖和半乳糖。商业生产中的β-半乳糖苷酶来源于霉菌（尤其是曲霉）和酵母（克鲁维酵母），分别产生酸性最适酶和中性最适酶。β-半乳糖苷酶面市时，曾被认为具有很大的商业潜力，可用来解决“乳清污染问题”和预防乳糖不耐症（第2.6.1节），但由于多种原因，其商业化应用规模并未如预期的那么大。Mahoney（1997）、Playne和Crittenden（2009）的文章对与β-半乳糖苷酶各个方面有关的，以及与游离形式或固化形式的酶制剂应用效果有关的大量文献进行了综述，生产葡萄糖-半乳糖糖浆的技术难题已被解决，但是该方法在商业上不太成功。生产葡萄糖-半乳糖糖浆与由玉米淀粉水解产生葡萄糖或葡萄糖-果糖糖浆相比并不具有经济竞争力，除非对后者课以重税。正如2.6.1节所述，估计70%的成年人肠道β-半乳糖苷酶活性较弱而对乳糖不耐；亚洲和非洲人种这个问题尤为严重。有人认为乳糖的预水解为这些国家开发奶制品新市场提供了可能。可供选择的方案有多种，包括消费者自己在乳中加β-半乳糖苷酶；在工厂用游离酶或固化酶预处理牛奶，或者在UHT乳中无菌添加灭菌的游离β-半乳糖苷酶，这似乎也是一种特别有效的方法。但这种方法并没有得到广泛应用，现在有人认为用β-半乳糖苷酶处理牛奶仅在特定客户群市场上有商业价值。

葡萄糖-半乳糖糖浆的甜度约是乳糖（甜度为蔗糖的70%）的3倍，因此，乳糖水解的奶可用于生产冰激凌、酸奶或其他甜味奶制品，能减少蔗糖用量，降低产品热能含量。然而，其在商业上的成功应用很有限。

葡萄糖可以通过公认的葡萄糖异构化过程异构化为果糖，产生甜度较高的半乳糖-葡萄糖-果糖糖浆。另一种可能的方法是，将乳糖异构化为乳果糖（半乳糖-果糖），再用某些β-半乳糖苷酶将其水解成半乳糖和果糖。

β-半乳糖苷酶具有转移酶活性，还具有水解酶活性，可催化底物生成寡糖（低聚半乳糖，图2.18），寡糖随后再被水解（图2.19）。这可能是它的一个缺点，因为寡糖不能被人消化，到了大肠，被细菌发酵，可导致与乳糖不耐相同的问题。但寡糖可刺激肠道下段双歧杆菌生长，日本益力多公司就生产了一种可添加到婴儿配方食品的产品（低聚半乳糖，6′-半乳糖基乳糖）。低聚半乳糖（GOS）的其他商业产品包括荷兰菲仕兰公司生产的 Vivinal®GOS。GOS 与低聚果糖（FOS）联合使用时，已被临床证明具有某些保健作用，如对缓解湿疹、过敏和胃肠道不适有辅助作用。英国克拉萨多生物科技公司也生产基于 GOS 的类似产品。有些低聚半乳糖具有令人关注的功能特性，可能会在商业上得到应用（Ganzle，2011b）。

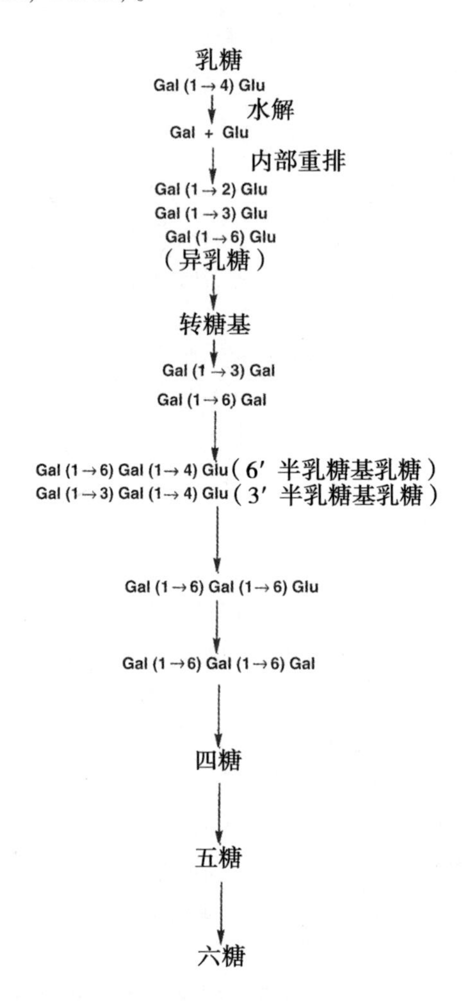

图 2.18 β-半乳糖苷酶作用于乳糖可能产生的反应产物（引自 Smart，1993）

2.4.2 化学改性

由乳糖可以产生几种引人关注的衍生物（Ganzle，2011a）。

2.4.2.1 乳果糖

乳果糖是乳糖的差向异构体，其中葡萄糖异构化为果糖（图 2.20）。乳果糖在自然界并不存在，是由 Montgomery 和 Hudson 在 1930 年首次合成。它可以在温和的碱性条件下通过 Lobry de Bruyn-Alberda van Ekenstein 反应产生，也可以是 β-半乳糖苷酶作用于乳糖的副产物，但生成数量不多。奶加热至灭菌温度下也会产生乳果糖，它也是反映奶经受热处理严重程度的常用指标，例如，用于区分容器内灭菌奶和 UHT 奶（图 2.21）。原料奶和 HTST 巴氏杀菌奶中不含乳果糖。

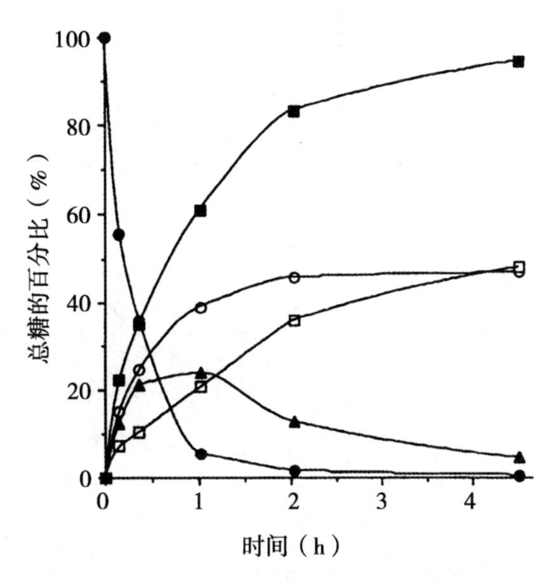

图 2.19 乳糖被 β-半乳糖苷酶水解产生寡糖（改自 Mahoney，1997）

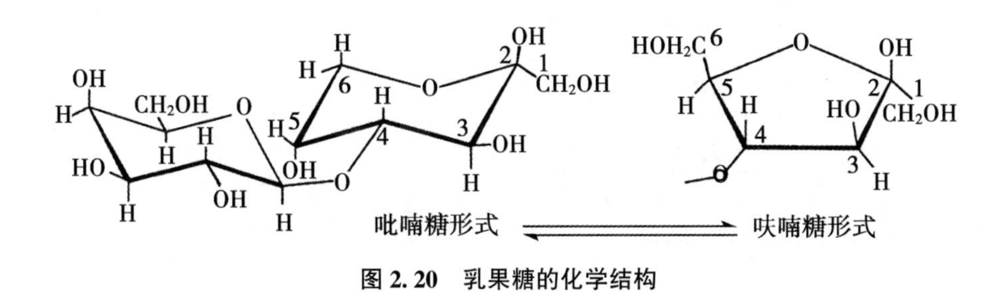

图 2.20 乳果糖的化学结构

乳果糖甜度比乳糖高，约为蔗糖甜度的 60%。它不被口腔细菌代谢，因此没有致龋性。它也不被肠道的 β-半乳糖苷酶水解，因此可到达大肠，被乳酸细菌，包括双歧杆菌代谢，起到双歧因子的作用。因此，作为调节肠道微生物群落，降低肠道 pH 值和防止有害腐败菌生长的手段，乳果糖已经引起了相当大的关注（图 2.22）。目前，常将乳果糖添加到婴儿配方食品中以模拟人奶的双歧特性。据说，每年用于此类产品和相近产品的乳果糖就有 2 万 t。也有人报道，乳果糖有抑制某类肿瘤细胞生长的作用（Tamura 等，1993）。

常用的乳果糖是 50% 的糖浆，不过也有一种结晶态乳果糖三水合物，其吸湿性非常低。

2.4.2.2 乳糖醇

乳糖醇（4-O-β-D-吡喃半乳糖基-D-山梨醇）是乳糖还原产生的一种糖醇（图 2.23），通常使用雷尼镍催化；乳糖醇在自然界中不存在。它可以单水或二水合物形成

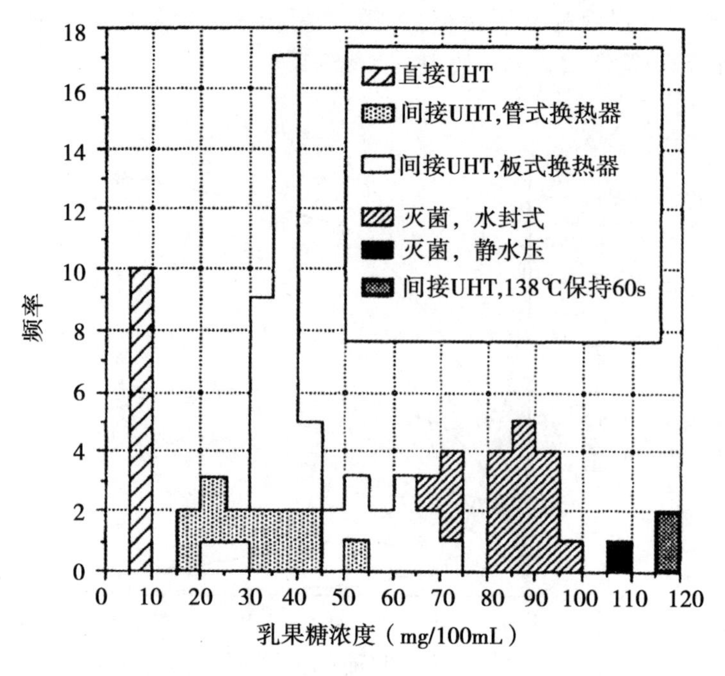

图 2.21　奶制品受热处理后乳果糖浓度的变化（改自 Andrews，1989）

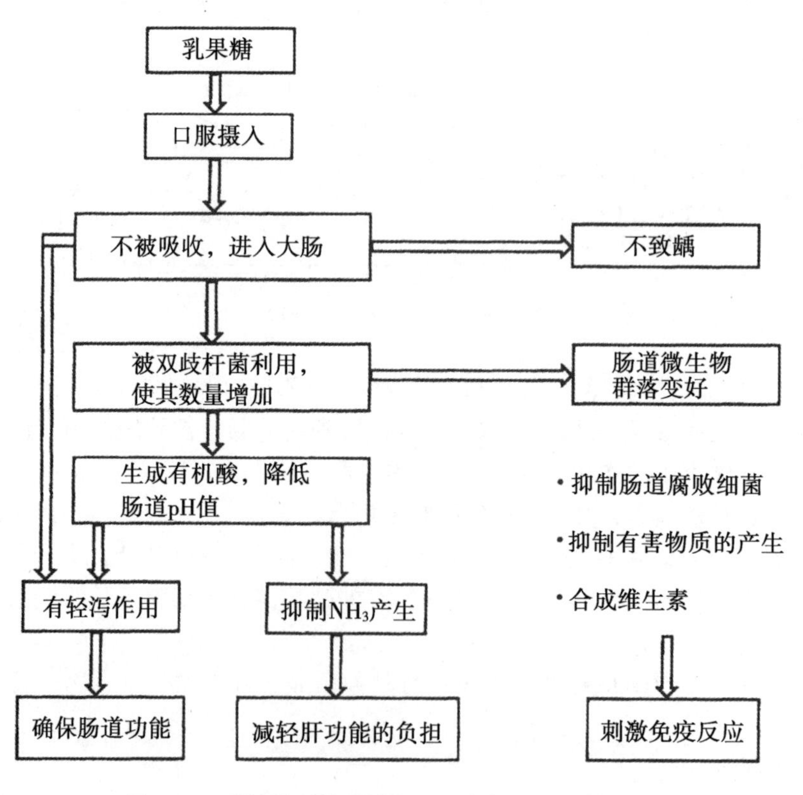

图 2.22　乳果糖对健康的作用（改自 Tamura 等，1993）

结晶。乳糖醇不被高等动物代谢，其甜度较高，有作为非营养性甜味剂的潜力。据称，乳糖醇能够减少蔗糖吸收，降低血液和肝脏胆固醇水平，并且可以抗龋齿。它适用于生产低热量食品（甜果酱、酸果酱、巧克力、烘焙食品）；乳糖醇因为不吸湿，可以用于涂覆对水气敏感的食品，如糖果。

乳糖醇可被一种或多种脂肪酸酯化（图2.23），生成一类食品乳化剂，类似于由山梨醇生产的脱水山梨醇。

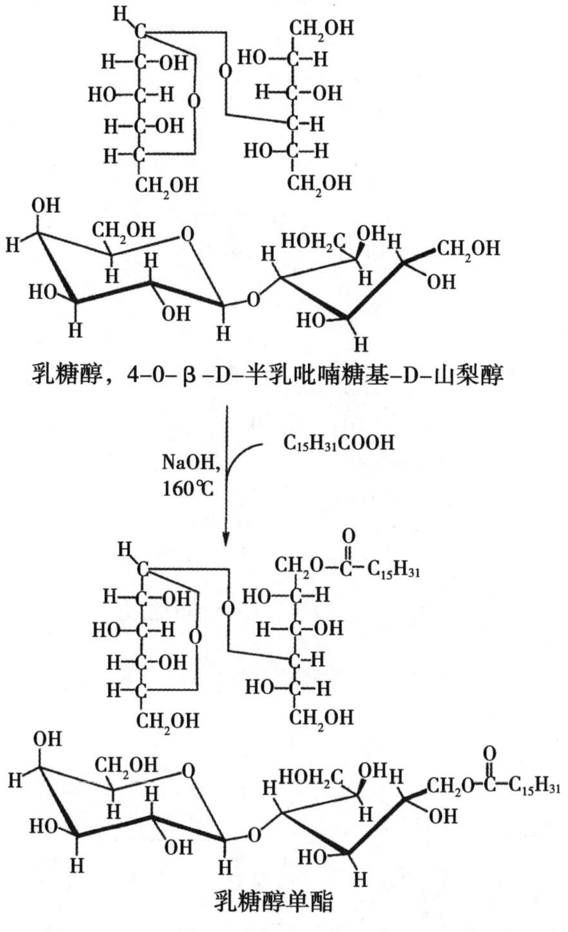

乳糖醇，4-0-β-D-半乳吡喃糖基-D-山梨醇

NaOH，160℃ $C_{15}H_{31}COOH$

乳糖醇单酯

图2.23 乳糖醇的结构及生成棕榈酸乳糖醇酯的反应

2.4.2.3 乳糖酸

该衍生物是乳糖的游离羰基通过化学（Pt，Pd或Bi）、电解、酶促或发酵作用氧化而成（图2.24）。它具有甜味，这对酸来说实属少见。其内酯容易结晶。乳糖酸目前的应用很有限。其内酯可用作酸化剂（acidogen），但其与葡萄糖酸-δ-内酯在成本方面可能不具竞争性。它被用于移植前器官的保存液中（防止器官肿胀）和护肤品中。

2.4.2.4 乳糖酰基脲

尿素可作为牛的廉价氮源，但其使用很有限，因为尿素的 NH_3 释放太快，导致血

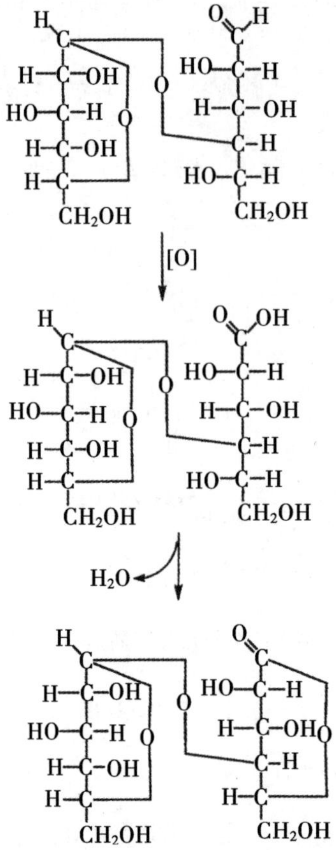

图 2.24　乳糖酸及其 δ-内酯的结构

NH_3达到毒性水平。尿素与乳糖反应生成乳糖酰基脲（图 2.25），可使 NH_3释放更为缓慢。

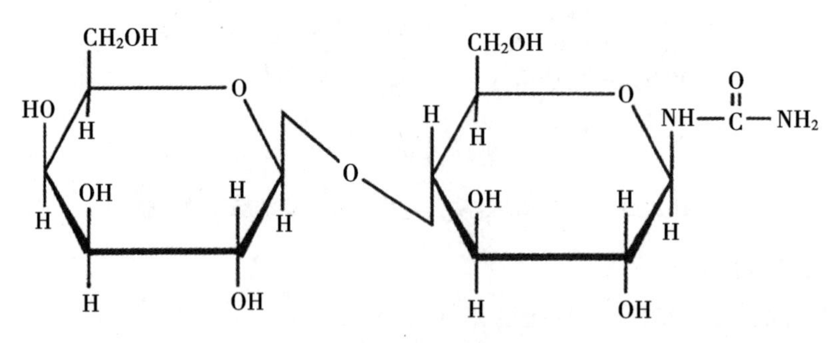

图 2.25　乳糖酰基脲结构

2.4.3　发酵产品

乳糖容易被乳酸细菌，特别是乳球菌（*Lactococcus* spp.）和乳杆菌（*Lactobacillus* spp.）发酵生成乳酸，也容易被某些酵母菌如克鲁维酵母（*Kluyveromyces*）发酵为乙醇（图 2.26）。乳酸可用作食品酸化剂、塑料生产原料，或用于生产乳酸铵，作为给动物提供营养的氮源。乳酸可被丙酸杆菌转化为丙酸，丙酸可用于许多食品中。由乳清或超滤渗透物中的乳糖可商业化生产食用乙醇。乙醇也可用于工业上或用作燃料，但多数情况下，与用蔗糖发酵或化学方法生产乙醇相比，可能不具成本竞争力。乙醇也可氧化成乙酸。生产乳酸或乙醇残留的母液，可厌氧发酵生产甲烷（CH_4）作燃料。目前已有几个这样的沼气发酵工厂投入运行。

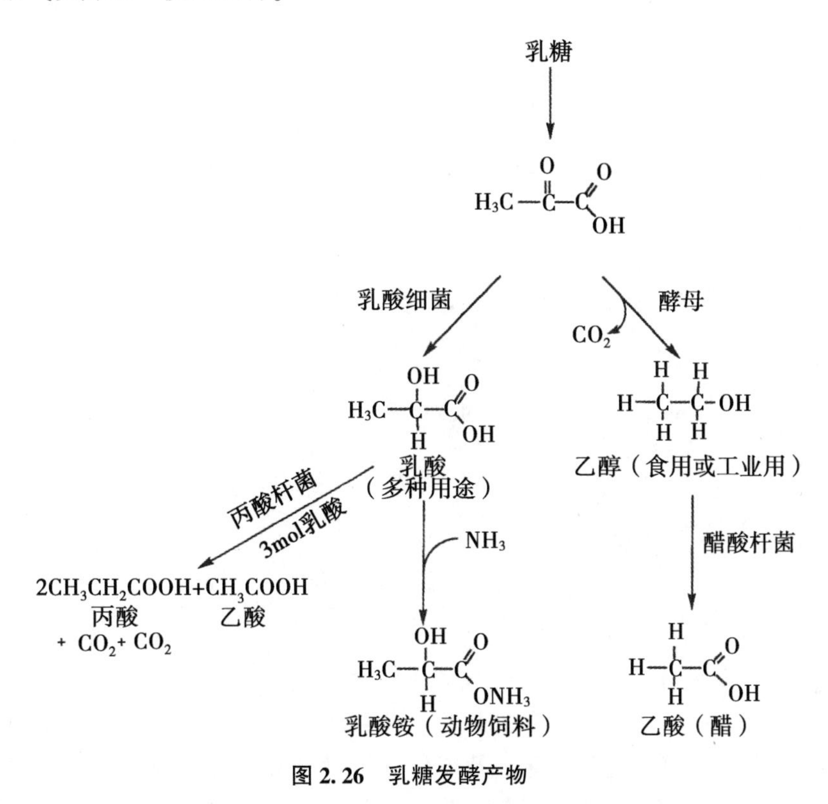

图 2.26 乳糖发酵产物

乳糖还可用作野生油菜黄单孢菌的底物，发酵生产黄原胶（图 2.27），在食品生产和工业上有一些用途。

所有基于发酵对乳糖进行修饰来生产其衍生物的做法可能都不合算，因为跟其他发酵底物，尤其是糖蜜中的蔗糖或用淀粉生产的葡萄糖相比，乳糖不具成本竞争力。除非在特殊情况下，这些方法都不被认为是处理乳清废水最经济有效的办法。

2.5 乳糖和美拉德反应

作为一种还原糖，乳糖可参与美拉德反应，导致非酶促褐变（O′Brien，1997，2009；Nursten，2011）。美拉德反应是由羰基（这里是来自乳糖）和氨基（在食品中，主要是蛋白质中赖氨酸的 ε-NH_2）相互作用生成葡萄糖胺（乳糖胺）（图 2.28）。葡萄糖胺经过阿马多利重排可形成 1-氨基-2-酮糖（阿马多利化合物）（图 2.29）。

该反应是碱催化反应，是一级反应。阿马多利化合物可通过两种途径降解成各种活性醇、羰基和二羰基化合物，取决于 pH 值高低，并最终再降解成褐色的聚合物，蛋白黑素（图 2.30）。许多中间产物有异味。二羰基可以通过 Strecker 降解途径与氨基酸反

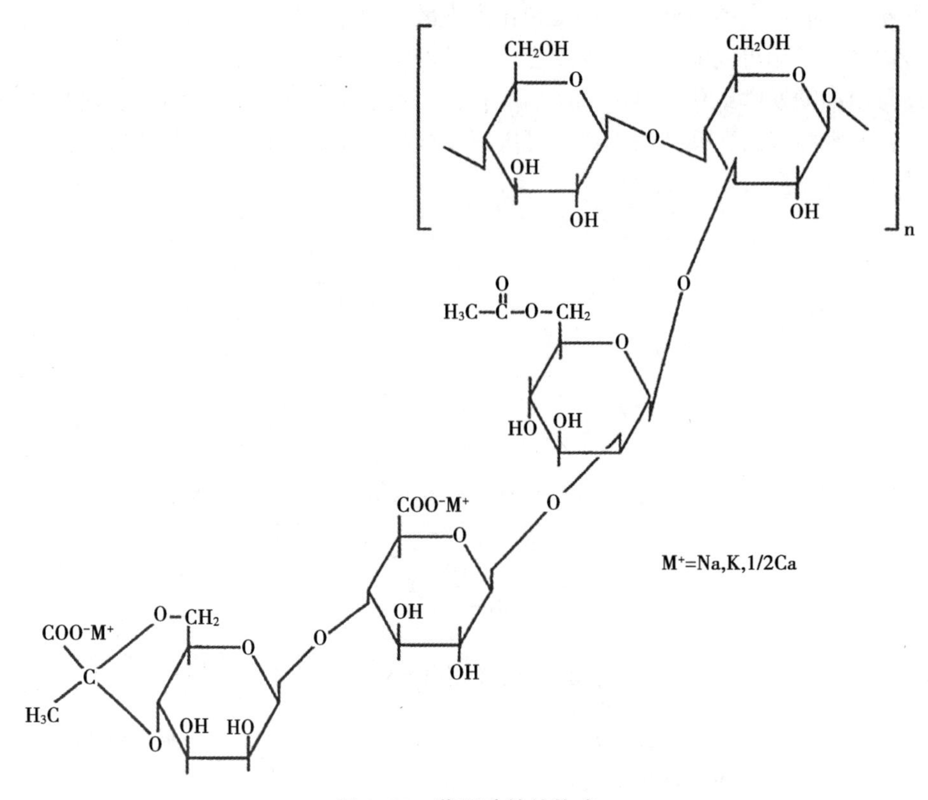

图 2.27　黄原胶的结构式

应（图 2.31），产生另一类有很大气味的化合物。虽然美拉德反应可在许多食品如咖啡、面包皮、烤面包、法式油炸马铃薯条中产生理想的效果，但其在奶制品中的影响却是负面的，如导致褐变，产生异味，营养价值（赖氨酸）轻度损失，乳粉溶解度降低(尽管它似乎可预防或延缓 UHT 奶制品的老化变稠)。美拉德反应产物有抗氧化性，生产这类产品或许是乳糖生产另一出路。

2.6　乳糖的营养作用

大多数哺乳动物乳汁中含有乳糖，因此有理由认为乳糖或组成乳糖的单糖具有某些营养作用。在奶中分泌双糖而不是单糖的好处是，在同一渗透压条件下可提供 2 倍的能量。半乳糖可能也很重要，因为半乳糖及其衍生物如半乳糖胺是一些糖蛋白和糖脂的组分，而糖蛋白和糖脂是细胞膜的重要组分。幼龄哺乳动物半乳糖合成能力很有限。

乳糖似乎可促进钙吸收，但可能是肠渗透压非特异性升高的结果，这是许多糖和其他碳水化合物的共性，而不是乳糖的特异作用。

然而，乳糖在营养方面有两大负面效应——乳糖不耐受和半乳糖血症。乳糖不耐症由肠内 β-半乳糖苷酶不足引起，导致乳糖在小肠中不能被充分水解或完全不水解。由于二糖不能被吸收，向后进入大肠，从而导致大肠水分大量增加而发生腹泻；同时又可被肠道微生物发酵，引起肠胃痉挛和胀气。

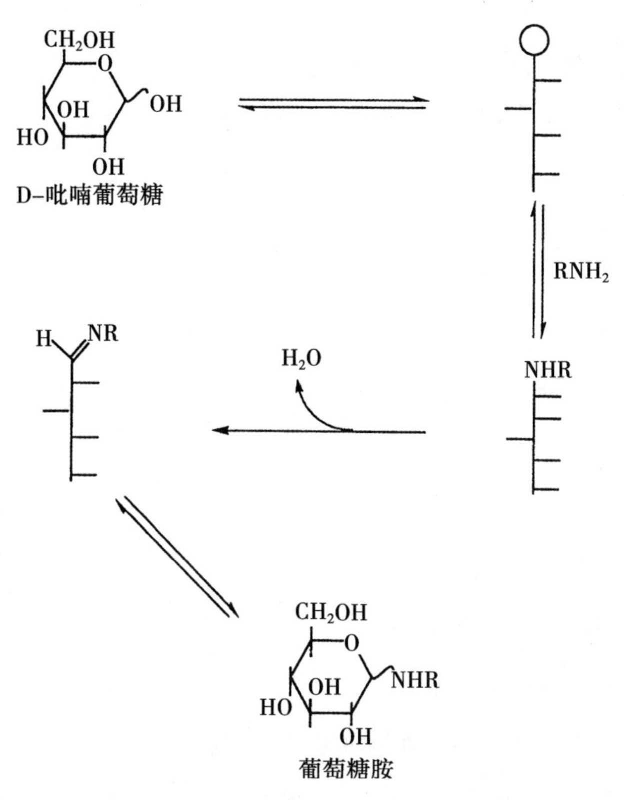

图 2.28　形成葡萄糖胺是美拉德反应的初级步骤

2.6.1　乳糖不耐症

少数婴儿出生后会缺乏 β-半乳糖苷酶（先天性代谢缺陷），所以从出生后就不能消化乳糖。正常婴儿（和新生哺乳动物）肠道 β-半乳糖苷酶的比活力在分娩时上升至最大值（图 2.32），虽然产后一段时间由于肠道面积增大，总的酶活力还会继续增大。但在童年晚期，总活力开始下降。估计世界上约有 70%的人，到成年期总活力将降到可导致乳糖不耐受的水平。只有北欧人种和几个非洲部落，如 Fulami 人，可以消化奶而不受影响。不能消化乳糖在人类和其他动物中似乎反而是一种正常现象，北欧人有能力消化乳糖大概是正向选择压力下进化的结果，这使他们具有利用奶类作为钙源（改善骨骼发育）的能力（Ingram 和 Swallow，2009；Swallow，2011）。

乳糖不耐受可通过以下方法进行诊断：①空肠活检，测定 β-半乳糖苷酶；②服用一个口服剂量的乳糖，再跟踪监测血糖水平或呼出气体中 H_2 水平。通常的做法是让禁食患者口服 50g 乳糖的水溶液（相当于 1L 奶），服用剂量相当大，禁食者的胃排空比进食者更快——膳食中其他成分的存在会延缓胃排空。服用乳糖或含乳糖产品不久后，乳糖耐受者的血糖水平将会升高；如果受试者缺乏 β-半乳糖苷酶，则血糖不升高（图 2.33）。乳糖不耐受者由于乳糖在大肠中被细菌代谢，产生的 H_2 被吸收并通过肺部呼出，所以呼出的气体中 H_2 就增加了。

对于乳糖不耐受者，可以通过以下方法对奶进行适当处理改进：

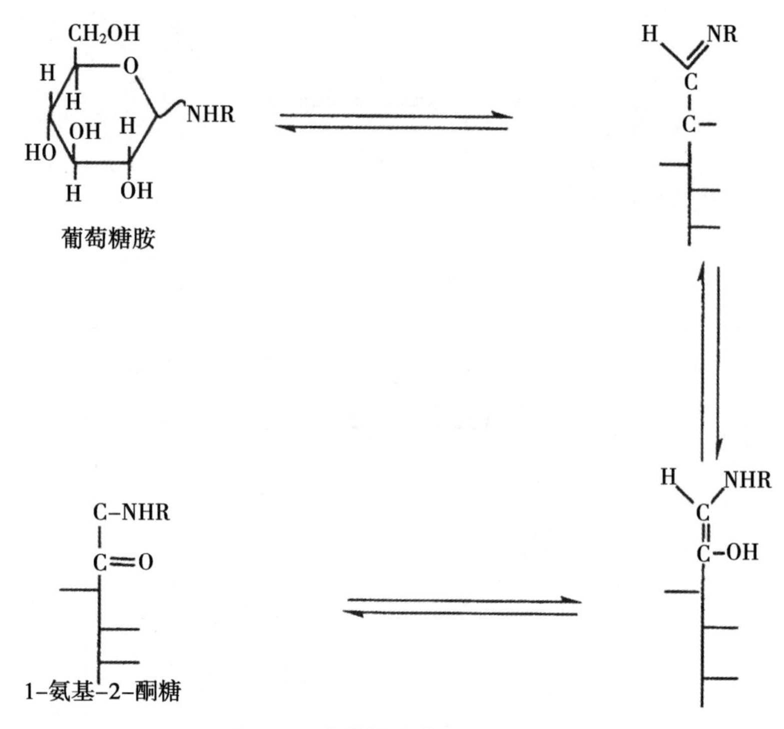

图 2.29　葡萄糖胺的阿马多重排

（1）超滤，但超滤也去掉了宝贵的矿物质和维生素，所以必须再添加这些营养素。

（2）发酵制成酸奶或其他发酵产品，其乳糖约 25%被乳酸细菌代谢，而且产品中含有细菌的 β-半乳糖苷酶，另外，由于其结构特点从胃排出的速度也更慢。

（3）制成奶酪，基本上不含乳糖。

（4）用外源性 β-半乳糖苷酶进行处理，可由消费者在家处理或由乳品厂用游离酶或固化酶处理。目前已经研究出几种处理方案（图 2.34）。乳糖水解乳技术上可行且市场上已有产品销售，但是在乳糖不耐症普遍存在的国家中，乳类消费并没有因此而大量增加，这可能是由于文化和经济的因素。然而，这些产品对特殊客户群体可能会有市场。

2.6.2　半乳糖血症

半乳糖血症是由于遗传性缺乏半乳糖激酶或半乳糖-1-磷酸（Gal-1-P）：尿苷酰转移酶，不能代谢半乳糖而引起（图 2.35）。缺乏前一种酶将导致半乳糖的积聚，半乳糖通过其他途径代谢，导致半乳糖醇和其他产物在眼睛晶状体内积聚。如果持续摄入含半乳糖食物（奶、豆类），可在 10~20 年内引起白内障（人类）。这种病发病率约为 1∶40 000。缺乏半乳糖-1-磷酸：尿苷酰转移酶可导致半乳糖和半乳糖-1-磷酸的积聚。积聚的半乳糖-1-磷酸干扰糖蛋白和糖脂（是细胞膜的重要组分，如在脑中）的合成，如果持续食用含半乳糖的食物，则在 2~3 个月内可导致出现不可逆的智力障碍。这种病通常称为“经典半乳糖血症”，其发病率约为 1∶60 000。

进入老年期后（70 岁后）半乳糖代谢能力降低，易导致白内障。再加上哺乳动物通常只在哺乳期才能吃到乳糖这一点，可能解释了很多人成年后失去乳糖利用能力的原因。

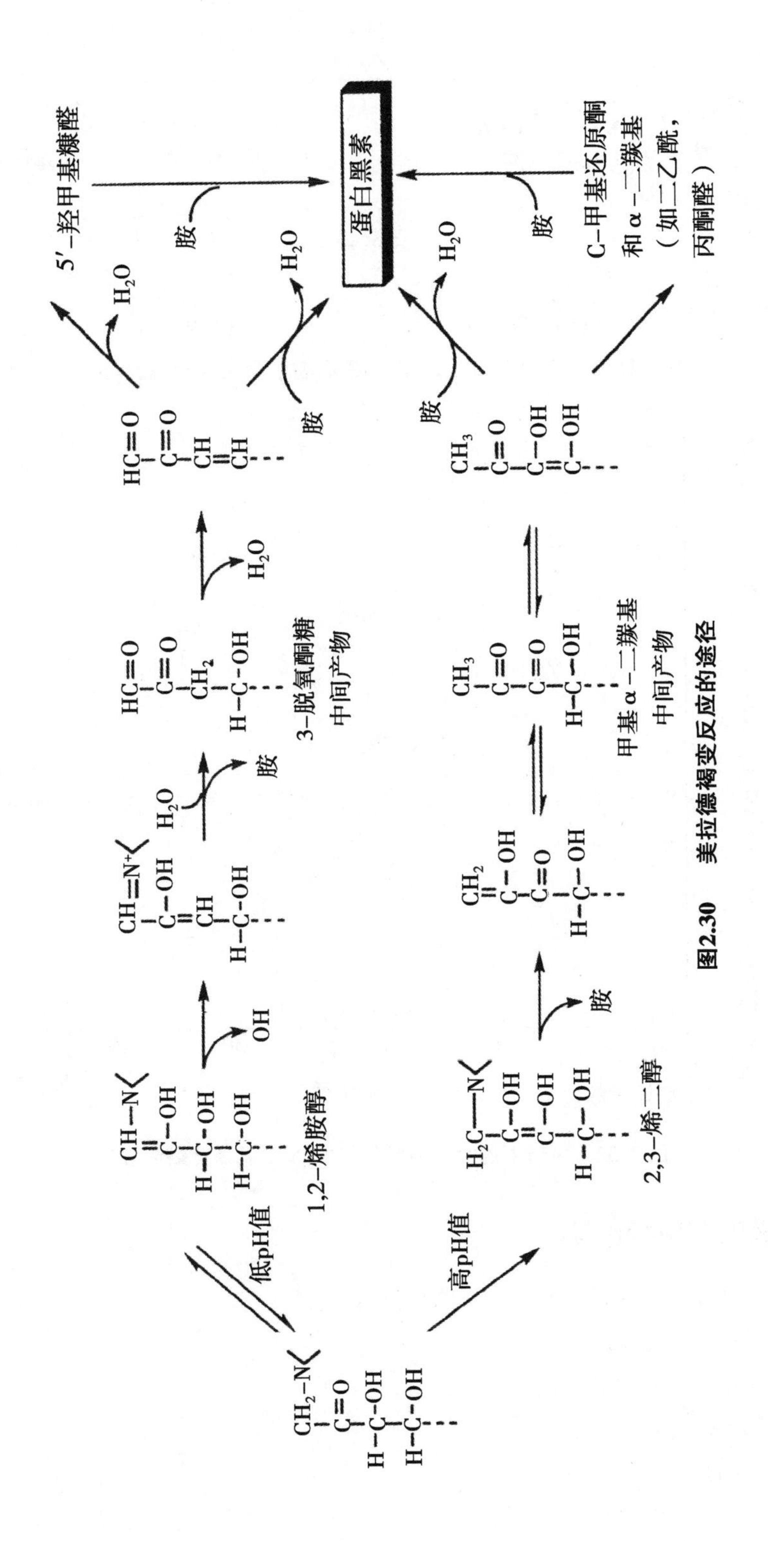

图2.30 美拉德褐变反应的途径

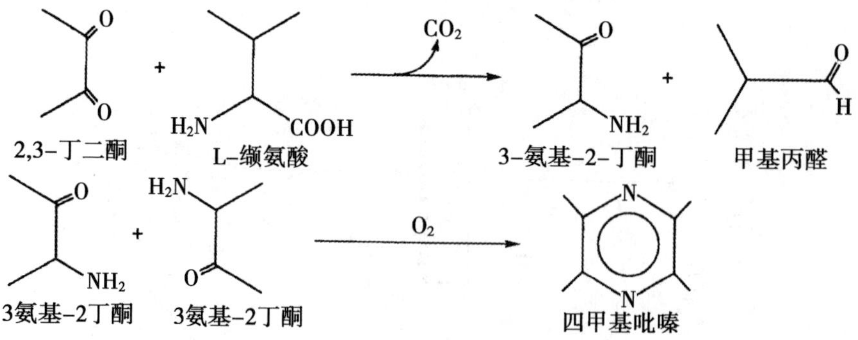

2,3-丁二酮 + L-缬氨酸 $\xrightarrow{-CO_2}$ 3-氨基-2-丁酮 + 甲基丙醛

3氨基-2丁酮 + 3氨基-2丁酮 $\xrightarrow{O_2}$ 四甲基吡嗪

图 2.31　L-缬氨酸与 2,3-丁二酮反应的 Strecker 降解反应

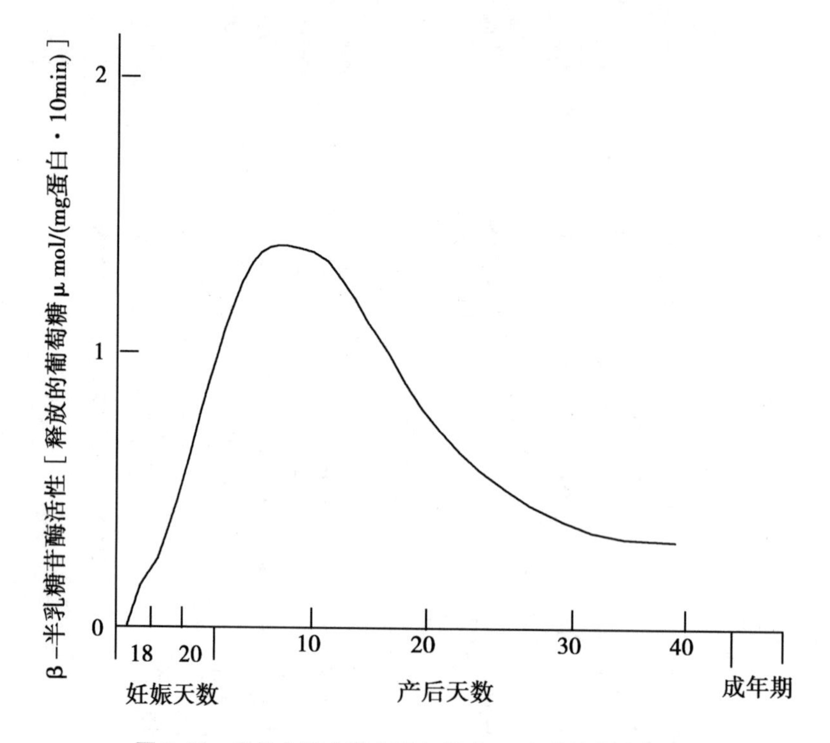

图 2.32　生长中的大鼠小肠匀浆中 β-半乳糖苷酶活性

2.7　乳糖浓度的测定

乳糖可以通过以下任何一种方法定量测定：

（1）旋光测定（法）；

（2）氧化还原滴定（法）；

（3）比色法；

（4）色谱法；

（5）酶法。

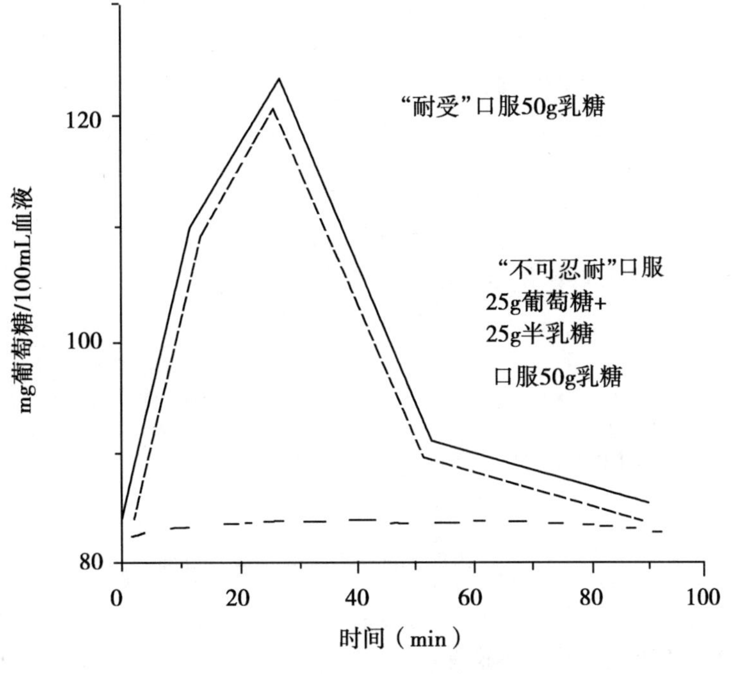

图 2.33 “乳糖不耐症”试验实例

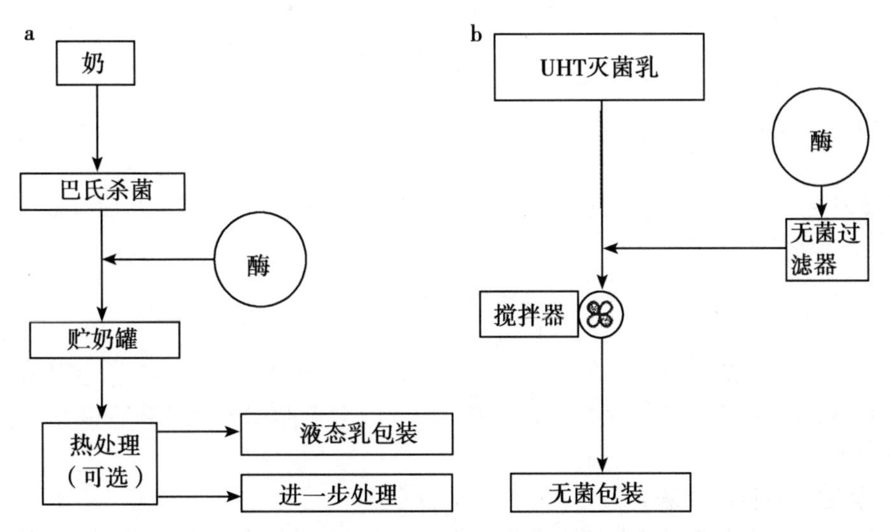

图 2.34 (a) 加入“高”可溶性β-半乳糖苷酶生产低乳糖奶的方案；(b) UHT 灭菌奶加入低水平可溶性β-半乳糖苷酶生产低乳糖奶的方案（改自 Mahoney，1997）。

2.7.1 旋光测定（法）

乳糖在平衡溶液中的比旋光度 $[\alpha]_D^{20}$ 以无水乳糖计为 55.4°（以一水合物计为 52.6°）。比旋光度是 1dm 长的旋光管中浓度为 1g/mL 的溶液的旋光度，它受温度和波长的影响。通常使用的测定温度为 20℃，用上标表示；使用的光源是钠光 D 线（589.3

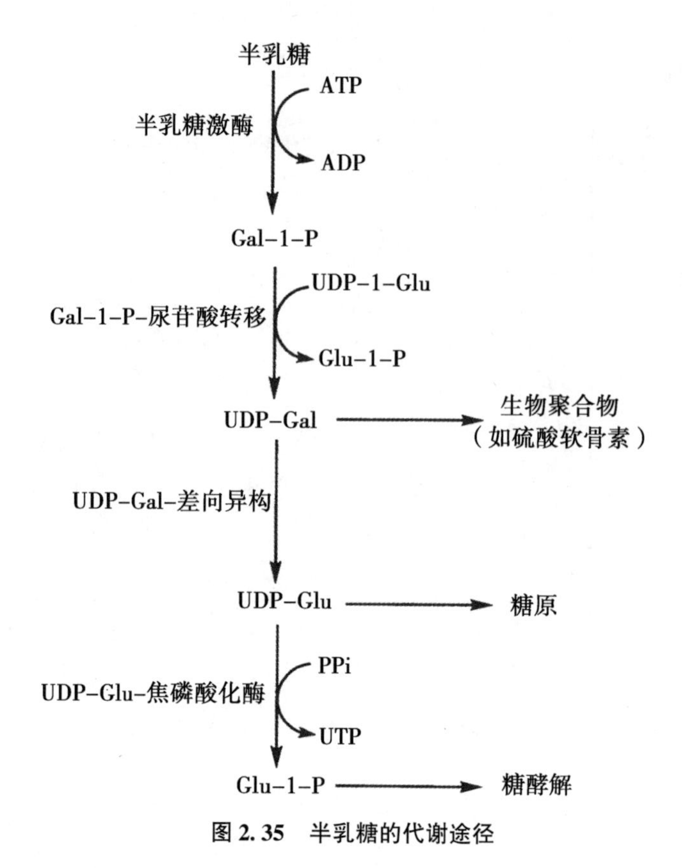

图 2.35　半乳糖的代谢途径

nm)，用下标表示。

$$[\alpha]_{D}^{20}=a/lc$$

上式中：a 是测得的旋光值，l 是旋光管的长度（dm），c 是溶液浓度（g/mL）。

通常以下式表示：

$$[\alpha]_{D}^{20}=100a/lc$$

上式：c=g/100mL

奶样品必须先脱脂和脱蛋白，通常是用硝酸汞［$Hg(NO_3)_2$］处理。在计算乳糖浓度时，应对沉淀中脂肪和蛋白质的浓度进行校正，对全脂奶校正系数为 0.92，对脱脂奶则为 0.96。

2.7.2　氧化还原滴定（法）

乳糖是一种还原糖，具有还原某些氧化剂的能力，通常使用的两种氧化剂是碱性硫酸铜（$CuSO_4$与酒石酸钠钾的混合溶液；斐林试液）和氯胺-T（2.1）。

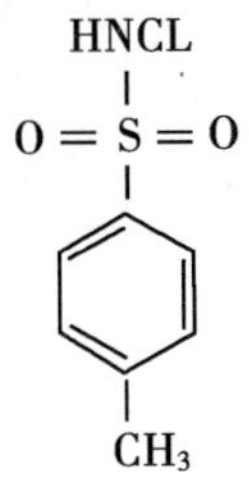

HNCL
|
O = S = O
|
(苯环)
|
CH_3

(2.1)

用斐林试剂进行滴定分析，需用乙酸铅处理样品，从而沉淀蛋白质和脂肪，然后过滤并在加热的同时用碱性 $CuSO_4$滴定滤液。图 2.36 概括了所涉及的反应。

释出的 Cu_2O 沉淀可过滤回收并称重。这样就可通过计算得出乳糖的浓度，因为 1mol 乳糖（360g）氧化产生 1mol Cu_2O（143g）。但更为方便的方法是将过量 $CuSO_4$标准溶液加到含乳糖的溶液中，待溶液冷却后，加入 KI 与其反应，并以淀粉作为指示剂，用硫代硫酸钠（$Na_2S_2O_3$）标准溶液滴定释放的 I_2，以测定过量的 $CuSO_4$。

$$2CuSO_4+4KI \rightarrow CuI_2+2K_2SO_4+I_2$$

$$I_2+2Na_2S_2O_3 \rightarrow 2NaI+Na_2S_2O_6$$

乳糖：O=C(H)—HO—C—H—H—C—OH—半乳糖—C—H—HO—C—H—CH_2OH

碱 →

烯二醇：H—C—OH ‖ C—OH—H—C—OH—半乳糖—C—H—HO—C—H—CH_2OH

Cu^{2+} ↓

COOH—HO—C—H—H—C—OH—半乳糖—C—H—HO—C—H—CH_2OH + Cu^+

Cu^+ → CuOH →(热) Cu_2O 红

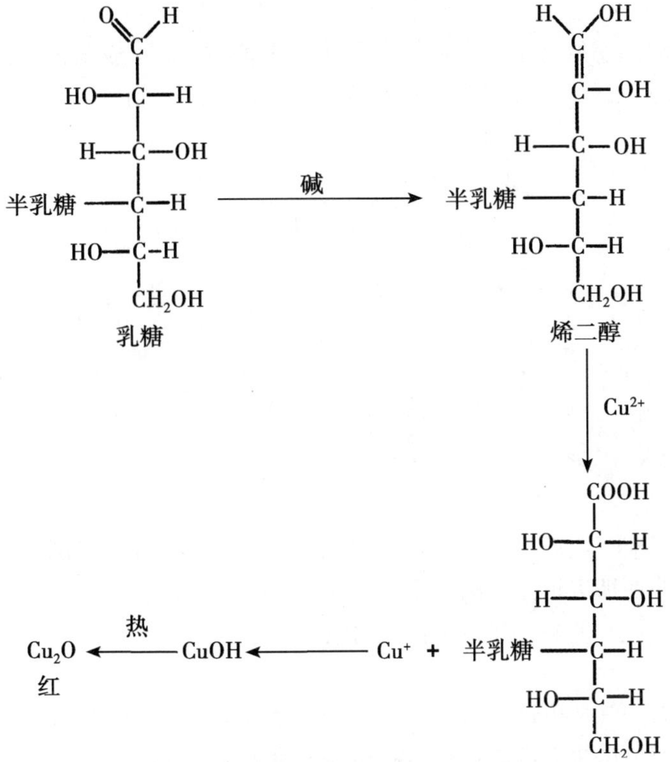

图 2.36 用碱性硫酸铜（斐林试剂）氧化乳糖

由于在斐林试液中滴定终点不灵敏，所以现在乳糖的氧化还原测定通常用氯胺-T 而不用 $CuSO_4$作为氧化剂。

其所涉及的反应如下：

$$CH_3C_6H_4SO_2NClH+H_2O+KI\text{（过量的）}$$
$$\leftrightarrow CH_3C_6H_4SO_2NH_2+HCl+KIO\text{（次碘酸钾）}$$
$$kIO+\text{乳糖（}-CHO\text{）}\rightarrow KI+\text{乳糖酸（}-COOH\text{）}$$
$$KI+KIO\rightarrow 2KOH+I_2$$

I_2用 $Na_2S_2O_3$标准溶液滴定：

$$I_2+2Na_2S_2O_3\rightarrow 2NaI+Na_2S_4O_6$$

硫代硫酸盐

1mL 0.04 N 硫代硫酸盐相当于 0.0072g 乳糖一水合物或 0.0064g 无水乳糖。

样品要用磷钨酸脱去蛋白和脂肪。

2.7.3 红外光谱法

用 9.5μm 的红外辐射拉伸乳糖（和其他糖）的-O-H 键，可对乳糖进行定量测定。如第 3 章和第 4 章所述，甘油三酯的酯键可吸收 5.7μm 的红外辐射，而蛋白质的肽键可吸收 6.46μm 的红外辐射。因此，用红外奶成分分析仪（IRMA）通过红外光谱法，只需一次照射，就可测定奶中脂肪、蛋白质和乳糖的浓度。

这种仪器现在已在乳品工业中广泛使用。

2.7.4 比色法

包括乳糖在内的还原糖都可在沸腾条件下与苯酚（2.2）或蒽酮（2.3）的强酸性溶液（70%，v/v，H_2SO_4）反应，得到有色溶液（2.1 和 2.3）。

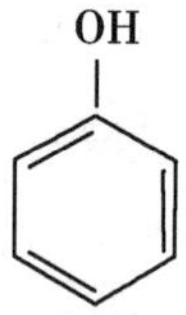

OH

苯酚 (2.2)

O

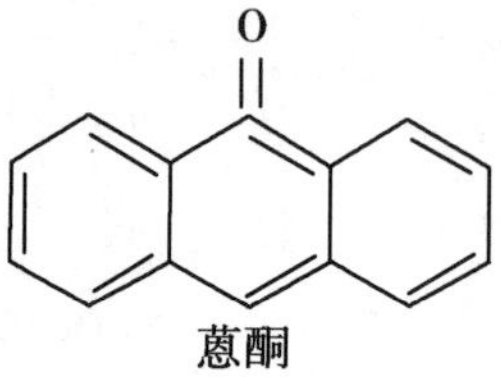

蒽酮 (2.3)

蒽酮与糖类反应形成的复合物吸收峰在 625nm。可用不同浓度的乳糖溶液制作一条标准曲线，由此曲线即可求出待测样品乳糖的浓度。

该方法非常灵敏，但必须在精确控制的条件下进行。

2.7.5 色谱法

尽管乳糖可以用气液色谱法测定，但是现在通常还是用高效液相色谱法（HPLC）来测定。高效液相色谱法采用离子交换柱和折光检测器进行检测。

2.7.6 酶法

酶法非常灵敏，但检测费用相当高，尤其是样品数量少时。

先用β-半乳糖苷酶将乳糖水解成葡萄糖和半乳糖，再通过与以下物质反应对葡萄糖进行定量测定：

(1) 葡萄糖氧化酶，用铂电极；或用过氧化物酶和合适的染料受体对产生的 H_2O_2 进行定量测定；

(2) 葡萄糖-6-磷酸脱氢酶（G-6-P-DH）：

$$\text{D-葡萄糖+ATP} \xrightarrow{\text{己糖激酶}} \text{葡萄糖-6-磷酸} \xrightarrow{\text{G-6-DH, NADP}^+} \text{葡萄糖-6-磷酸+NADPH+H}^+$$

产生的 NADPH 的浓度可以通过测定在 334nm、340nm 或 365nm 处的吸光度的变化定量。

另外，也可用半乳糖脱氢酶（Gal-DH）定量所产生的半乳糖。

$$\text{D-半乳糖+NAD}^+ \xrightarrow{\text{Gal-DH}} \text{半乳糖酸+NADH+H}^+$$

产生的 NADH 可以通过测定在 334nm、340nm 或 365nm 处的吸光度的变化定量。

2.8 寡糖

大多数物种，甚至可能是所有物种的乳汁都含有其他游离糖，主要是寡糖，其浓度、比例和种类有很大的种间差异。初乳中寡糖的浓度高于常乳。Newburg 和 Newbauer（1995）、Mehra 和 Kelly（2006）及 Urashima 等（2001，2009，2011）分别对奶中的寡糖进行了综述。

几乎所有的寡糖在非还原端都有一个乳糖，它们含有 3~8 个单糖，可以是直链或支链的，并且含有两种特别的单糖，岩藻糖（6-脱氧己糖）和 *N*-乙酰神经氨酸中的任一种或两种。岩藻糖广泛存在于哺乳动物和其他动物的组织中，在其中发挥各种各样的作用（Becker 和 Lowe，2003）。但寡糖在乳中的作用还不太明确，也许是为新生幼仔提供预先生成的岩藻糖。

寡糖在乳腺中合成，由特定的转移酶催化，将半乳糖基、唾液酸基、*N*-乙酰氨基葡萄糖基或岩藻糖基残基从糖核苷酸转移到核心结构上。这些转移酶不受 α-乳白蛋白影响，可能类似于催化脂质和蛋白质糖基化的转移酶。

所有动物的乳汁都含有寡糖，但其浓度差异很大。浓度最高的是单孔目动物、有袋动物、海洋哺乳动物、人类、大象和熊的乳。除了人和大象外，上述这些动物的奶只含有很少乳糖或不含乳糖，寡糖是主要的碳水化合物。

针鼹鼠的奶主要含有三糖，即岩藻糖基乳糖；而鸭嘴兽的奶主要含有四糖，即二岩糖基乳糖。在有袋类动物中，研究最多的是澳洲塔马尔沙袋鼠；其泌乳规律和奶成分可能具备有袋动物的典型特征。泌乳初期乳糖含量比较低，但产后约 7d，开始出现第二种半乳糖基转移酶并产生含三个至五个单糖的寡糖，它们在产后约 180d 前是主要的糖类。在此期间，糖含量高，约为总固形物的 50%，而乳脂较低（约为总固形物的 15%）。在产后约 180d，碳水化合物降低到非常低的水平，且主要由单糖组成，而乳脂增加到占总固形物的约 60%（Sharp 等，2011）。

人奶含有约 130 种寡糖，总浓度约为 15g/L。这些寡糖被认为对新生儿大脑发育有重要作用。熊的乳汁乳糖含量很低，但总糖（主要是寡糖）含量甚高，分别为 1.7g/kg 和 28.6g/kg（Oftedal，2013）。大象产后几天的乳汁分别含有约 50g/kg 和 12g/kg 的乳糖和寡糖，但是随着泌乳天数增加，乳糖浓度逐渐降低，而寡糖的浓度逐渐升高（在

47 天分别为 12g/kg 和 18g/kg）（Osthoff 等，2005）。冠海豹的乳汁含有乳糖和寡糖，但加州海狮、北方海狗和澳洲海狗的乳汁都不含乳糖和寡糖，可能是因为它们不含 α-乳白蛋白的缘故（Urashima 等，2001）。

研究表明，牛、绵羊、山羊和马奶寡糖含量比较低（Urashima 等，2001，2009，2011）。山羊奶寡糖含量约为牛奶和绵羊奶的 10 倍，有人报道了采用纳米过滤分离这些寡糖的方法（Martinez-Ferez 等，2006）。Mehra 和 Kelly（2006）及 O′Mahony 和 Touhy（2013）对可用于生产类似于人奶中的寡糖的方法进行了讨论，这些方法包括发酵，通过转基因动物生产，或从牛奶的乳清或超滤渗透物中回收等。

早期哺乳动物乳腺分泌物中的糖类可能是有杀菌性质的寡糖；单孔目动物和有袋动物乳汁寡糖含量高，与早期进化动物乳腺分泌物的特点相符。有人认为，哺乳动物的第一个共同祖先的原始乳腺可合成溶菌酶（α-乳白蛋白的前体）和多种糖基转移酶，但不能合成 α-乳白蛋白或者仅合成很少量的 α-乳白蛋白。这就导致合成乳糖的量少，主要用于合成寡糖而没有积累（Urashima 等，2009）。最初，寡糖主要用作杀菌剂，但后来就变为新生幼仔的能量来源。但对单孔目动物、有袋动物和一些有胎盘的哺乳动物如熊、大象和海洋哺乳动物，寡糖这两个功能仍然保留着。然而，大多数有胎盘的哺乳动物在进化过程中，由于 α-乳白蛋白合成水平的提高，就变成主要分泌乳糖作为能量来源，而寡糖则继续发挥杀菌作用。人类和大象的乳汁乳糖和寡糖含量都很高，这似乎很反常。要解释这一现象，还需进一步对更多物种的寡糖进行研究。

虽然寡糖的功用还不清楚，但是在以下方面可能有重要作用：在同一能量水平下，寡糖对渗透压的影响比分子量较小的糖类小，寡糖不被 β-半乳糖苷酶水解，而且肠道不分泌岩藻糖苷酶和神经氨酸酶。因此，寡糖不在胃肠道中水解和吸收，而是起到可溶性纤维和益生元的作用，对大肠微生物群落产生好的影响。研究认为寡糖可防止病原菌在肠中的黏附。半乳糖，特别是 N-乙酰神经氨酸，对于糖脂和糖蛋白的合成很重要。糖脂和糖蛋白对脑的发育至关重要。因此，有人认为寡糖对大脑发育有重要作用（Kunz 和 Rudloff，2006）。

目前，人们对用牛奶开发寡糖的强化剂相当感兴趣（O′Mahony 和 Touhy，2013），这些强化剂主要用于婴幼儿配方食品生产中。因为寡糖已被证明在人体有生物活性功能，从而激发了人们的这种兴趣（Kunz 和 Rudloff，2006）。

除了乳糖和游离寡糖之外，所有动物的乳汁还含有少量单糖和一些乳蛋白，特别是糖基化的 κ-酪蛋白，另外，乳汁中含有少量高度糖基化的糖蛋白（特别是黏蛋白）和少量存在于脂肪球膜中的糖脂。

参考文献

Affertsholt-Allen，T. 2007. Market developments and industry challenges for lactose and lactose derivatives. IDF lactose symposium，14-16 May. Moscow，Russia.

Andrews，G. 1989. Lactulose in heated milk. In P. F. Fox（Ed.），Heat-induced changes in milk，bulletin 238（pp. 45-52）. Brussels：International Dairy Federation.

Becker, C. J., & Lowe, J. R. 2003. Fucose: Biosynthesis and biological function in mammals. Glycobiology, 13, 41R-53R.

Ganzle, M. G. 2011a. Lactose derivatives. In J. W. Fuquay, P. F. Fox, & P. L. H. McSweeney (Eds.), Encyclopedia of dairy sciences (2nd ed., Vol. 3, pp. 202-208). Oxford: Academic Press.

Ganzle, M. G. 2011b. Galactooligosaccharides. In J. W. Fuquay, P. F. Fox, & P. L. H. McSweeney (Eds.), Encyclopedia of dairy sciences (2nd ed., Vol. 3, pp. 209 - 216). Oxford: Academic Press.

Holt, C. 1985. The milk salts. Their secretion, concentrations and physical chemistry. In P. F. Fox (Ed.), Developments in dairy chemistry (Lactose and minor constituents, Vol. 3, pp. 143 - 181). London: Elsevier Applied Science.

Hynd, J. 1980. Drying of whey. Journal of the Society of Dairy Technology, 33, 52 - 54. Ingram, C. J. E., & Swallow, D. M. 2009. Lactose intolerance. In P. L. H. McSweeney & P. F. Fox (Eds.), Advanced dairy chemistry (Lactose, water, salts and minor constituents 3rd ed., Vol. 3, pp. 203-229). New York: Springer.

Jenness, R., & Holt, C. 1987. Casein and lactose concentrations in milk of 31 species are negatively correlated. Experimentia, 43, 1015-1018.

Jenness, R., & Patton, S. 1959. Lactose. In Principles of dairy chemistry (pp. 73 - 100). New York: Wiley

Jenness, R., & Sloan, R. E. 1970. The composition of milk of various species: A review. Dairy Science Abstracts, 32, 599-612.

Kunz, C., & Rudloff, S. 2006. Health promoting aspects of milkoligosaccharides. A review. International Dairy Journal, 16, 1341-1346.

Ley, J. M., & Jenness, R. 1970. Lactose synthetase activity of α - lactalbumins from several species. Archives of Biochemistry and Biophysics, 138, 464-469.

Mahoney, R. R. 1997. Lactose: Enzymatic modification. In P. F. Fox (Ed.), Advanced dairy chemistry-3-lactose, water, salts and vitamins (2nd ed., pp. 77-125). London: Chapman & Hall.

Martinez-Ferez, A., Rudloff, S., Gaudix, A., Henkel, C. A., Pohlentz, G., Boza, J. J., Gaudix, E. M., & Kunz, C. 2006. Goats' milk as a natural source of lactose-derived oligosaccharides: Isolation by membrane technology. International Dairy Journal, 16, 173-181.

Mehra, R., & Kelly, P. 2006. Milk oligosaccharides: Structural and technological aspects. International Dairy Journal, 16, 1334-1340.

Newberg, D. S., & Newbauer, S. H. 1995. Carbohydrates in milk: Analysis, quantities and significance. In R. G. Jensen (Ed.), Handbook of milk composition (pp. 273-349). San Diego: Academic Press.

Nursten, H. 2011. Maillard reaction. In J. W. Fuquay, P. F. Fox, & P. L. H. McSweeney (Eds.), Encyclopedia of dairy sciences (2nd ed., Vol. 3, pp. 217-235). Oxford: Academic Press.

O' Brien, J. 1997. Reaction chemistry of lactose: Non-enzymatic degradation pathways and their significance in dairy products. In P. F. Fox (Ed.), Advanced dairy chemistry (Lactose, water, salts and vitamins 2nd ed., Vol. 3, pp. 155-231). London: Chapman & Hall.

O' Brien, J. 2009. Non-enzymatic degradation pathways of lactose and their significance in dairy products. In P. L. H. McSweeney & P. F. Fox (Eds.), Advanced dairy chemistry (Lactose, water, salts and minor constituents 3rd ed., Vol. 3, pp. 231-294). New York: Springer.

Oftedal, O. T. 2013. Origin and evolution of the major constituents in milk. In P. L. H. McSweeney & P. F. Fox (Eds.), Advanced dairy chemistry (4th edn, Vol. 1A, pp. 1-42). New York: Springer.

O' Mahony, J. A., & Touhy, J. J. 2013. Further applications of membrane filtration in dairy processing. In A. Tamime (Ed.), Membrane processing: Dairy and beverage applications (pp. 225-261). West Sussex: Blackwell.

Osthoff, G., de Waal, H. O., Hugo, A., de Wit, M., & Botes, P. 2005. Milk composition of a free ranging African elephant (Loxodonta Africana) cow in early lactation. Comparative Biochemistry and Physiology, 141, 223-229.

Paterson, A. H. J. 2009. Lactose: Production and applications. In J. W. Fuquay, P. F. Fox, & P. L. H. McSweeney (Eds.), Encyclopedia of dairy sciences (2nd ed., Vol. 3, pp. 196-201). Oxford: Academic Press.

Paterson, A. H. J. 2011. Production and uses of lactose. In P. L. H. McSweeney & P. F. Fox (Eds.), Advanced dairy chemistry (Lactose, water, salts and minor constituents 3rd ed., Vol. 3, pp. 105-120). New York: Springer.

Playne, M. J., & Crittenden, R. G. 2009. Galactosaccharides and other products derived from lactose. In P. L. H. McSweeney & P. F. Fox (Eds.), Advanced dairy chemistry (Lactose, water, salts and minor constituents 3rd ed., Vol. 3, pp. 121-201). New York: Springer.

Schuck, P. 2011. Lactose crystallization. In J. W. Fuquay, P. F. Fox, & P. L. H. McSweeney (Eds.), Encyclopedia of dairy sciences (2nd ed., Vol. 3, pp. 182-195). Oxford: Academic Press.

Sharp, J. A., Menzies, K., Lefevre, C., & Nicholas, K. R. 2011. Milk of monotremes and marsupial. In J. W. Fuquay, P. F. Fox, & P. L. H. McSweeney (Eds.), Encyclopedia of dairy sciences (2nd ed., Vol. 1, pp. 553-562). Oxford: Academic Press.

Smart, J. B. 1993. Transferase reactions of β-galactosidases-new product opportunities. In Lactose hydrolysis, bulletin 239 (pp. 16-22). Brussels: International Dairy Federation.

Swallow, D. M. 2011. Lactose intolerance. In J. W. Fuquay, P. F. Fox, & P. L. H. McSweeney (Eds.), Encyclopedia of dairy sciences (2nd ed., Vol. 3, pp. 236-240). Oxford: Academic Press.

Tamura., Y., Mizota, T., Shimamura, S., & Tomita, M. 1993. Lactulose and its application to food and pharmaceutical industries. In Lactose hydrolysis, bulletin 239 (pp. 43 - 53) Brussels: International Dairy Federation.

Tumerman, L., Fram, H., & Cornely, K. W. 1954. The effect of lactose crystallization on protein stability in frozen concentrated milk. Journal of Dairy Science, 37, 830-839.

Urashima, T., Saito, T., Nakarmura, T., & Messer, M. 2001. Oligosaccharides of milk and colostrums in non-human mammals. Glycoconjugate Journal, 18, 357-371.

Urashima, T., Kitaoka, M., Asakuma, S., & Messer, M. 2009. Indigenous oligosaccharides in milk. In P. L. H. McSweeney & P. F. Fox (Eds.), Advanced dairy chemistry (Lactose, water, salts and minor constituents 3rd ed., Vol. 3, pp. 295-349). New York: Springer.

Urashima, T., Asakuma, S., Kitaoka, M., & Messer, M. 2011. Indigenous oligosaccharides in milk. In J. W. Fuquay, P. F. Fox, & P. L. H. McSweeney (Eds.), Encyclopedia of dairy sciences (2nd ed., Vol.3, pp.241-273). Oxford: Academic Press.Walstra, P., & Jenness, R.1984a. Dairy chemistry and physics. New York: Wiley.

推荐阅读文献

Fox, P. F. (Ed.). 1985. Developments in dairy chemistry-3-lactose and minor constituents. London:

Elsevier Applied Science Publishers.

Fox, P. F. (Ed.). 1997. Advanced dairy chemistry - 3 - lactose, water, salts and vitamins (2nd ed.). London: Chapman & Hall.

Fuquay, J. W., Fox, P. F., & McSweeney, P. L. H. (Eds.). 2011. Encyclopedia of dairy sciences (2nd ed., Vol. 3, pp. 173-273). Oxford: Academic Press.

Holsinger, V. H. 1988. Lactose. In N. P. Wong (Ed.), Fundamentals of dairy chemistry (pp. 279-342). New York: Van Nostrand Reinhold Co.

IDF. 1993. Proceedings of the IDF workshop on lactose hydrolysis, bulletin 289. Brussels: International Dairy Federation.

Jenness, R., & Patton, S. 1959. Lactose. In Principles of dairy chemistry (pp. 73-100). New York: Wiley.

Labuza, T. P., Reineccius, G. A., Monnier, V. M., O'Brien, J., & Baynes, J. W. (Eds.). 1994.
Maillard reactions in chemistry, food and health. Cambridge: Royal Society of Chemistry.

McSweeney, P. L. H., & Fox, P. F. (Eds.). 2009. Advanced dairy chemistry (Lactose, water, salts and minor constituents 3rd ed., Vol. 3). New York: Springer.

Nickerson, T. A. 1965. Lactose. In B. H. Webb & A. H. Johnson (Eds.), Fundamentals of dairy chemistry (pp. 224-260). Westport, CT: AVI Publishing Co. Inc.

Nickerson, T. A. 1974. Lactose. In B. H. Webb, A. H. Johnson, & J. A. Alford (Eds.), Fundamentals of dairy chemistry (pp. 273-324). Westport, CT: AVI Publishing Co. Inc.

Walstra, P., & Jenness, R. 1984b. Dairy chemistry and physics. New York: Wiley.

Walstra, P., Geurts, T. J., Noomen, A., Jellema, A., & van Boekel, M. A. J. S. 1999. Dairy technology: Principles of milk processing and processes. New York: Marcel Dekker, Inc.

Walstra, P., Wouters, J. F., & Geurts, T. J. 2006. Dairy science and technology. Boca Raton, FL: CRC Press.

Yang, S. T., & Silva, E. M. 1995. Novel products and new technologies for use of a familiar carbohydrate, milk lactose. Journal of Dairy Science, 78, 2541-2562.

第3章　乳脂类

3.1　引言

所有哺乳动物的乳汁均含有脂类，其含量种属间差异很大，从2%～>50%（表3.1）。乳脂的首要作用是为新生动物提供能量，而乳脂含量主要反映该种属新生动物的能量需要，如生长在寒冷环境的陆生和海洋哺乳动物乳脂含量就很高。

表3.1　不同动物乳中脂肪含量（引自Christie，1995）

物种	脂肪含量（g/L）	物种	脂肪含量（g/L）
牛	33～47	狨猴	77
水牛	47	兔	183
绵羊	40～99	豚鼠	39
山羊	41～45	雪兔	71
麝牛	109	麝鼠	110
戴尔绵羊	32～206	貂	134
麋鹿	39～105	南美栗鼠	117
羚羊	93	大鼠	103
大象	85～190	红袋鼠	9～119
人	38	海豚	62～330
马	19	海牛	55～215
猴	10～51	小抹香鲸	153
狐猴	8～33	格陵兰海豹	502～532
猪	68	熊（4种）	108～331

乳脂还有两个重要作用，①是必需脂肪酸（即高等动物体内不能合成的脂肪酸，尤其是亚油酸$C_{18:2}$）和脂溶性维生素（A、D、E、K）的来源；②对奶制品和其他含乳食品风味和流变特性也有重要作用。因为乳脂的脂肪酸种类繁多，其风味也优于其他脂肪。在某些产品中和经某些加工后，脂肪酸作为生成风味物质（如甲基酮和内酯）

的前体物。但同时，脂类也是导致产品产生异味缺陷（水解和氧化酸败）复合物的前体，且可作为环境中脂溶性物质的溶剂，导致产生异味。

直至不久前，奶仍然主要或完全按乳脂含量来计价，目前在某些情况下依然如此。当奶主要用于或只用于生产黄油时，采用该计价方法还不错。奶之所以按乳脂计价，除了它能用于生产黄油之外，可能还由于人们发明较为简便的乳脂定量分析方法比较早，而发明乳蛋白和乳糖的简便分析方法时间比较晚。在该评价体系下，由于乳脂价值高，所以长期存在着通过营养或遗传途径不断提高单头奶牛乳脂产量的经济压力。

为便于阅读，作者将最重要的脂肪酸和脂类的命名、结构和特性归纳于附录 A、附录 B 和附录 C 中。脂溶性维生素 A、维生素 D、维生素 E 和维生素 K 的结构、特性和功能将在第 6 章介绍。

3.2　影响牛奶乳脂含量的因素

牛奶中脂肪含量通常在 3.5%左右，但变幅较大，主要的影响因素包括：品种、动物的个体差异、泌乳阶段、季节、营养状况、饲料种类、动物的健康状况和年龄、挤奶间隔时间以及挤奶过程中采样的时间点。

在常见的欧洲品种中，娟姗（Jersey）牛乳脂含量最高，而荷斯坦牛最低（图 3.1）。从图 3.1 可看出不同奶牛个体的奶样乳脂含量变幅很大。

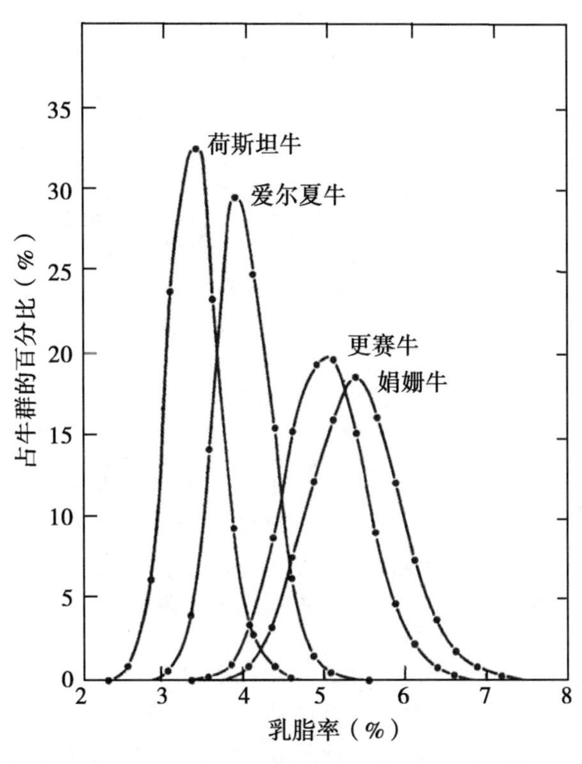

图 3.1　四个奶牛品种不同个体乳脂含量的变动范围（引自 Jenness 和 Patton，1959）

奶牛产犊后 4~6 周内，乳脂含量降低，随后持续平稳升高，尤其接近泌乳末期时

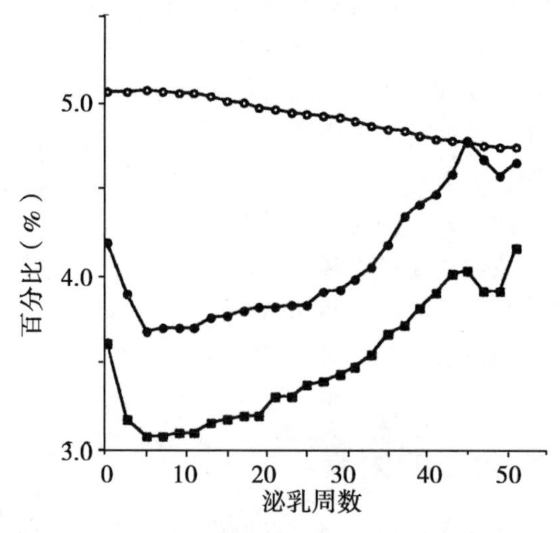

图 3.2　泌乳期牛奶中脂肪（实心圆），乳蛋白（实心方）和乳糖（空心圆）浓度典型变化

(图 3.2)。对一个特定牛群来说，冬季乳脂含量最高，夏季最低，部分是受环境温度影响的结果。爱尔兰、新西兰和澳大利亚部分地区的奶业生产极具季节性；泌乳阶段、季节因素，可能还有营养因素，综合起来导致乳脂含量有较大的季节变化（图 3.3），乳蛋白和乳糖含量也是这样。

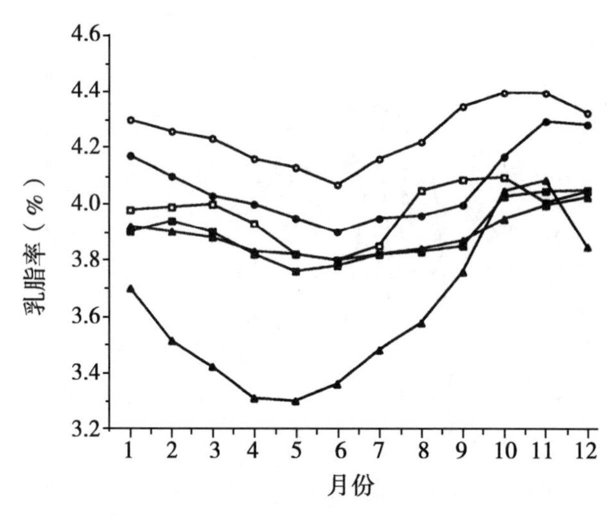

图 3.3　一些欧洲国家牛奶脂肪含量的季节性变化—丹麦（空心圆）、荷兰（实心圆）、英国（空心方）、法国（实心方）、德国（空心三角）、爱尔兰（实心三角）（引自 An Foras Taluntais，1981）

同一个体在其整个泌乳寿命（约 5 个泌乳期）中，随胎次增加，乳脂含量较前一个泌乳期降低约 0.2%。实际生产中，这对整罐牛奶的乳脂含量没什么影响，因为牛群一般有不同年龄的泌乳牛。感染乳房炎时，由于乳腺组织合成代谢能力受损，乳脂浓度（以及其他奶成分）显著下降。这在发生临床乳房炎时尤其明显，但在亚临床感染阶段则没那么明显。

饲喂不足时奶产量降低，但乳脂浓度通常会升高，因而对乳脂产量影响很小。日粮粗饲料比例低时乳脂含量明显降低，但对产奶量无显著影响。

反刍动物主要采用碳水化合物衍生前体物合成乳脂；日粮添加脂肪通常会略微提高产奶量和乳脂产量，但对乳脂含量影响很小。饲喂某些鱼油（比如以提高奶中维生素A和维生素D为目的添加鱼肝油）有显著降低（约25%）乳脂含量的效应，其主要原因是鱼油中含有高水平的多不饱和脂肪酸（该效应可经氢化作用消除）。有些鱼品种的鱼油并不会产生该效应。

奶牛四个乳区在解剖上是相互独立的，各乳区分泌的奶成分显著不同。在整个挤奶过程中乳脂含量持续升高，而其他非脂组分含量无明显变化；乳脂球似乎有部分被留在乳腺泡里，其外流受阻。如果奶牛挤奶不完全，该次挤奶的奶中乳脂含量会有所降低；残留的脂肪会在下一次挤奶中挤出，从而人为造成当次牛奶乳脂含量较高。

如果挤奶间隔时间不同（生产实际通常如此），在较长时间间隔后，奶产量较高而乳脂率较低；非脂乳固体含量不受挤奶间隔长短的影响。

3.3　乳中脂类的分类

多数动物乳脂中97%~98%为甘油三酯（表3.2）。存在少量甘油二酯多数情况下可能表明脂肪合成不完全，但大鼠乳脂中的甘油二酯可能也包括甘油三酯部分水解的产物，因为奶中含有较高浓度的游离脂肪酸，说明乳脂球膜在挤奶和贮藏过程中受损。貂的奶中含有极高浓度的磷脂，可能说明奶中存在乳腺细胞膜。

表3.2　某些动物奶中各种单脂和总磷脂的组成（%总脂类重量）

脂质种类	牛	水牛	人	猪	大鼠	貂
甘油三酯	97.5	98.6	98.2	96.8	87.5	81.3
甘油二酯	0.36	0.7	0.7	2.9	—	1.7
甘油一酯	0.027	T	0.1	0.4	—	T
胆固醇酯	T	0.1	T	0.06	—	T
胆固醇	0.31	0.3	0.25	0.6	1.6	T
游离脂肪酸	0.027	0.5	0.4	0.2	3.1	1.3
磷脂	0.6	0.5	0.26	1.6	0.7	15.3

引自Christie（1995）；T表示痕量。

虽然磷脂占总乳脂的不足1%，但有特别重要的作用，在奶中主要以乳脂球膜和其他膜材料的形式存在。其中最重要的磷脂包括磷脂酰胆碱、磷脂酰乙醇胺和鞘磷脂（表3.3）。此外，还有微量的其他极性脂类，包括神经酰胺、脑苷脂类和神经节苷脂。在酪奶（白脱牛奶）和脱脂奶的总脂肪中磷脂占比相当大（表3.4），说明这些奶制品中膜材料的比例比较大。

表 3.3 不同动物奶中磷脂组成（以 mol%总磷脂表示）

种类	磷脂酰胆碱	磷脂酰乙醇胺	磷脂酰丝氨酸	磷脂酰肌醇	鞘磷脂	溶血磷脂[a]
牛	34.5	31.8	3.1	4.7	25.2	0.8
绵羊	29.2	36.0	3.1	3.4	28.3	
水牛	27.8	29.6	3.9	4.2	32.1	2.4
山羊	25.7	33.2	6.9	5.6[b]	27.9	0.5
骆驼	24.0	35.9	4.9	5.9	28.3	1.0
驴	26.3	32.1	3.7	3.8	34.1	
猪	21.6	36.8	3.4	3.3	34.9	
人	27.9	25.9	5.8	4.2	31.1	5.1
猫	25.8	22.0	2.7	7.8[b]	37.9	3.4
大鼠	38.0	31.6	3.2	4.9	19.2	3.1
豚鼠	35.7	38.0	3.2	7.1[b]	11.0	2.0
兔	32.6	30.0	5.2	5.8[b]	24.9	0.4
小鼠[c]	32.8	39.8	10.8	3.6	12.5	
貂	52.8	10.0	3.6	6.6	15.3	8.3

引自 Chiristie（1995）；

[a]溶血磷脂酰胆碱为主，但也包括溶血磷脂酰乙醇胺；

[b]也包含溶血磷脂酰乙醇胺；

[c]乳脂球膜磷脂分析结果。

表 3.4 部分奶制品中总脂类和磷脂的含量

产品	总脂肪（%，w/v）	磷脂（%，w/v）	磷脂（%，w/w，占总脂肪）
全脂奶	3~5	0.02~0.04	0.6~1.0
奶油	10~50	0.07~0.18	0.3~0.4
黄油	81~82	0.14~0.25	0.16~0.29
无水黄油	≈100	0.02~0.08	0.02~0.08
脱脂奶	0.03~0.1	0.01~0.06	17~30
酪奶	2	0.03~0.18	10

胆固醇（附录 C）是奶中主要的固醇（占总固醇的 95%以上）；与许多食物相比，奶的胆固醇含量比较低（约占总脂肪的 0.3%），大部分胆固醇以游离态存在，胆固醇酯含量低于 10%。其他几种固醇含量甚微，包括类固醇激素。

奶中含有微量的碳氢化合物，其中类胡萝卜素最为重要。从数量角度来看，奶中胡萝卜素含量极其微量（通常约200μg/L），但占奶中维生素A活性的10%~50%（表3.5），同时也是乳脂呈黄色的原因。不同奶牛品种乳中类胡萝卜素含量各异（英属海峡群岛奶牛品种奶中β-胡萝卜素含量是其他品种的2~3倍），并显著受季节因素影响（图3.4）。奶中类胡萝卜素含量可反映其在日粮中的含量（由于其全部源于日粮）；新鲜牧草尤其是富含三叶草和苜蓿，相较于干草和青贮（由于贮存期的氧化作用破坏胡萝卜素）或谷物为主的精料，更富含类胡萝卜素。日粮中类胡萝卜素含量越高，奶和乳脂颜色越黄。比如，放牧奶牛所得黄油相比吃冬季饲料所得的黄油颜色更黄，尤其当草地中富含三叶草时（新西兰黄油比爱尔兰黄油更黄，而后者则比欧洲大陆和美国的黄）。由于绵羊、山羊和水牛不能将类胡萝卜素转移至奶中，导致其奶较牛奶更白。对习惯食用山羊、绵羊或水牛奶制品的消费者，这可能会降低他们对牛奶制品（如奶酪、黄油、奶油、冰激凌）的接受度。为改善色泽，可用过氧化氢（H_2O_2）或过氧化苯甲酰对类胡萝卜素进行漂白，或用叶绿素或二氧化钛遮蔽颜色。

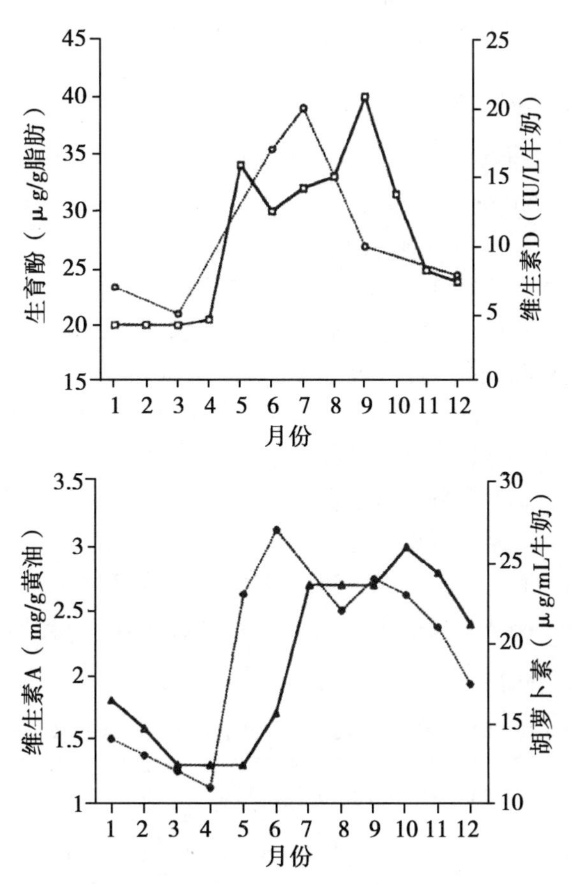

图3.4　奶与奶制品中β-胡萝卜素（空心菱形）和维生素A（实心三角）、维生素D（空心圆）和维生素E（空心方）浓度随季节的变化（引自Gremin和Power，1985）

奶中含有较多的脂溶性维生素（表3.5；图3.4），所以在西方国家，奶与奶制品是膳食所需脂溶性维生素的一个重要来源。奶中脂溶性维生素的存在形式似乎不是一成不变的，其浓度也依动物品种、饲料和泌乳阶段不同而有较大差异，如初乳中维生素 A 的活性就比常乳高约 30 倍。

表 3.5 不同品种奶牛奶中维生素 A 活性和 β-胡萝卜素含量

	英属海峡群岛品种		非英属海峡群岛品种	
	夏季	冬季	夏季	冬季
视黄醇（μL/L）	649	265	619	412
β-胡萝卜素（μL/L）	1 143	266	315	105
视黄醇/β-胡萝卜素（比值）	0.6	11.0	2.0	4.0
β-胡萝卜素占维 A 活性（%）	46.8	33.4	20.3	11.4

奶中也存在几种前列腺素，但其是否具有生理作用仍不得而知。这些前列腺素可能会在贮存和加工过程中失去生物活性。人奶中前列腺素 E 和 F 浓度比血浆高 100 倍以上，这些激素可能具有生理功能，比如刺激肠道运动。

3.4 乳脂脂肪酸组成

乳脂，尤其反刍动物的乳脂所含脂肪酸种类非常多，其中牛奶和人乳脂肪中已探知的脂肪酸分别多达 400 多种和 184 种（Christie，1995）。但其中绝大多数脂肪酸浓度甚微。不同动物乳脂中主要脂肪酸的浓度列于表 3.6。

乳脂脂肪酸组成主要特性包括：

（1）反刍动物乳脂中含有高水平的丁酸（C4：0）和其他短链脂肪酸。表 3.6（%，质量比）低估了短链脂肪酸的占有比例，如果以摩尔百分数（mol%）表示，丁酸约占总脂肪酸 10%（部分样品可高达 15%），即约占总量 30%的甘油三酯上有丁酸残基。反刍动物乳脂中高浓度丁酸直接源于 β-羟基丁酸（由碳水化合物在瘤胃被微生物降解产生并经血液运输至乳腺，再在乳腺还原为丁酸）。非反刍动物乳脂中不含丁酸和其他短链脂肪酸；部分猴子和棕熊乳脂中发现含有低浓度丁酸，但仍有待确认。

乳脂的丁酸浓度是广泛用于对黄油是否掺杂其他脂肪进行定性和定量检验的指标，即雷-迈氏值（Reichert Meissl）和普伦斯基值（Polenski），分别是水溶性和非水溶性挥发性脂肪酸的测定值。

表 3.6 不同动物乳甘油三酯或总脂类中主要脂肪酸组成（重量%）（引自 Christie，1995）

物种	4：0	6：0	8：0	10：0	12：0	14：0	16：0	16：1	18：0	18：1	18：2	18：3	C20–C22
牛	3.3	1.6	1.3	3.0	3.1	9.5	26.3	2.3	14.6	29.8	2.4	0.8	T
水牛	3.6	1.6	1.1	1.9	2.0	8.7	30.4	3.4	10.1	28.7	2.5	2.5	T
绵羊	4.0	2.8	2.7	9.0	5.4	11.8	25.4	3.4	9.0	20.0	2.1	1.4	—
山羊	2.6	2.9	2.7	8.4	3.3	10.3	24.6	2.2	12.5	28.5	2.2	—	—

（续表）

物种	4：0	6：0	8：0	10：0	12：0	14：0	16：0	16：1	18：0	18：1	18：2	18：3	C20–C22
麝牛	T	0.9	1.9	4.7	2.3	6.2	19.5	1.7	23.0	27.2	2.7	3.0	0.4
戴尔绵羊	0.6	0.3	0.2	4.9	1.8	10.6	23.0	2.4	15.5	23.1	4.0	4.1	2.6
麋鹿	0.4	T	8.4	5.5	0.6	2.0	28.4	4.3	4.5	21.2	20.2	3.7	—
印度黑羚	6.7	6.0	2.7	6.5	3.5	11.5	39.3	5.7	5.5	19.2	3.3		
大象	7.4	—	0.3	29.4	18.3	5.3	12.6	3.0	0.5	17.3	3.0	0.7	—
人	—	T	T	1.3	3.1	5.1	20.2	5.7	5.9	46.4	13.0	1.4	T
猴（6种的平均值）	0.4	0.6	5.9	11.0	4.4	2.8	21.4	6.7	4.9	26.0	14.5	1.3	—
狒狒	—	0.4	5.1	7.9	2.3	1.3	16.5	1.2	4.2	22.7	37.6	0.6	—
黑狐猴	—	—	0.2	1.9	10.5	15.0	27.1	9.6	1.0	25.7	6.6	0.5	—
马	—	T	1.8	5.1	6.2	5.7	23.8	7.8	2.3	20.9	14.9	12.6	—
猪	—	—	—	0.7	0.5	4.0	32.9	11.3	3.5	35.2	11.9	0.7	—
大鼠	1.1	7.0	7.5	8.2	22.6	1.9	6.5	26.7	16.3	0.8	1.1	1.1	7.0
豚鼠	—	T	—	—	—	2.6	31.3	2.4	2.9	33.6	18.4	5.7	T
狨猴	—	—	—	8.0	8.5	7.7	18.1	5.5	3.4	29.6	10.9	0.9	7.0
兔—T	22.4	20.1	2.9	1.7	14.2	2.0	3.8	13.6	14.0	4.4	T		
棉尾兔	—	—	9.6	14.3	3.8	2.0	18.7	1.0	3.0	12.7	24.7	9.8	0.4
欧洲野兔	—	T	10.9	17.7	5.5	5.3	24.8	5.0	2.9	14.4	10.6	1.7	T
貂	—	—	—	—	0.5	3.3	26.1	5.2	10.9	36.1	14.9	1.5	—
南美栗鼠	—	—	—	—	T	3.0	30.0	—	—	35.2	26.8	2.9	—
红袋鼠	—	—	—	—	0.1	2.7	31.2	6.8	6.3	37.2	10.4	2.1	0.1
鸭嘴兽	—	—	—	—	—	1.6	19.8	13.9	3.9	22.7	5.4	7.6	12.2
袋食蚁兽	—	—	—	—	0.1	0.9	14.1	3.4	7.0	57.7	7.9	0.1	0.2
宽吻海豚	—	—	—	—	0.3	3.2	21.1	13.3	3.3	23.1	1.2	0.2	17.3
海牛	—	—	0.6	3.5	4.0	6.3	20.2	11.6	0.5	47.0	1.8	2.2	0.4
小抹香鲸	—	—	—	—	—	3.6	27.6	9.1	7.4	46.6	0.6	0.6	4.5
格陵兰海豹	—	—	—	—	—	5.3	13.6	17.4	4.9	21.5	1.2	0.9	31.2
北象海豹	—	—	—	—	—	2.6	14.2	5.7	3.6	41.6	1.9	—	29.3
北极熊	—	T	—	T	0.5	3.9	18.5	16.8	13.9	30.1	1.2	0.4	11.3
大灰熊	—	T	—	—	0.1	2.7	16.4	3.2	20.4	30.2	5.6	2.3	9.0

短链脂肪酸具有浓烈、特有的风味和气味。当奶与奶制品中的脂肪酶催化释放这些短链脂肪酸时，可产生强烈气味导致奶或黄油出现异味（造成水解酸败），但这种味道反而赋予某些奶酪，如蓝纹奶酪（Blue）、罗马诺干酪（Romano）、帕玛森奶酪（Parmigiano Regiano）以独特的风味。

（2）反刍动物乳脂中多不饱和脂肪酸（PUFAs）的含量比单胃动物低。这是由于单胃动物乳脂中较高比例的脂肪酸直接源于日粮脂类，经消化和吸收，再经过血液运输至乳腺。反刍动物日粮中的不饱和脂肪酸，如未经包被保护，极易被瘤胃微生物氢化（见 3.16.1 节）。牛乳脂中 PUFAs 含量较低，从膳食营养角度来看是一个缺点。

（3）海洋哺乳动物乳脂中长链多不饱和脂肪酸含量很高，这可能是这些动物的乳脂必须在低温环境下保持液态的反映。

（4）反刍动物乳脂中也含有丰富的中链脂肪酸。这些脂肪酸是在乳腺通过丙二酰 CoA 途径（见 3.5 节）从头合成并被硫代酰化酶从合成酶复合体上释放出来。反刍动物乳脂中链脂肪酸含量比单胃动物高，可能是其乳腺组织内硫代酰化酶活力较高的反映。

（5）牛乳脂的脂肪酸组成明显受季节的影响，尤其是在夏季放牧饲养时。图 3.5 展示出爱尔兰乳脂脂肪酸的数据，其中变化特别显著的包括 $C_{4:0}$、$C_{16:0}$和 $C_{18:1}$。上述变化影响了用这些牛奶生产的黄油的雷-迈氏值、普伦斯基值和碘值（测量不饱和度的一种方法）（图 3.6）以及熔点和硬度（铺展性）：冬季的黄油含 $C_{4:0}$和 $C_{18:1}$少，含 $C_{16:0}$多，硬度比夏季的黄油大得多（图 3.7）。

（6）不饱和脂肪酸具有顺式和反式异构体；反式异构体与相应的顺式异构体比较，具有较高的熔点，在膳食营养上被认为是不好的。牛乳脂与化学氢化（硬化）植物油比较，反式脂肪酸含量较低（约 5%），而后者由于不定向氢化，反式脂肪酸含量可高达 50%。

（7）牛乳脂中含有低浓度的酮酸和羟基酸（分别约占总脂肪酸的 0.3%）。酮酸的羰基（C=O）可存在于不同位置。3-酮酸加热时可变为甲基酮（蓝纹奶酪熟化过程中在娄地青霉的氧化作用下可产生高浓度的甲基酮）。羟基酸的羟基位置也有变化；一些羟基可形成内酯，如 4-羟基酸和 5-羟基酸可分别形成 γ 内酯和 δ 内酯。

内酯具有强烈风味；生鲜奶中含有微量 δ-内酯，参与形成乳脂的正常风味，但在经加热处理或长期保存的奶粉或无水黄油中其浓度可能升高导致出现异味。

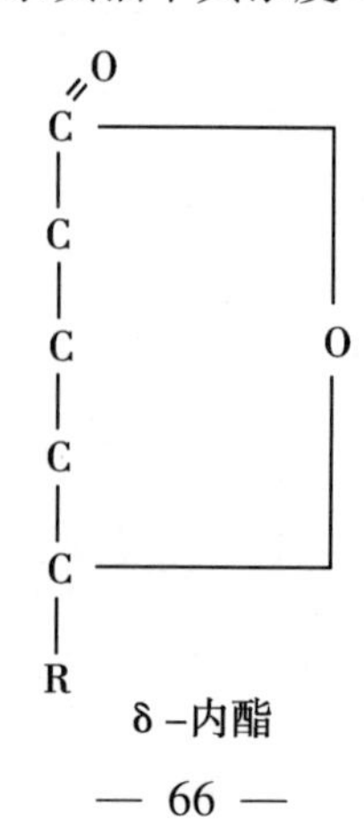

δ-内酯

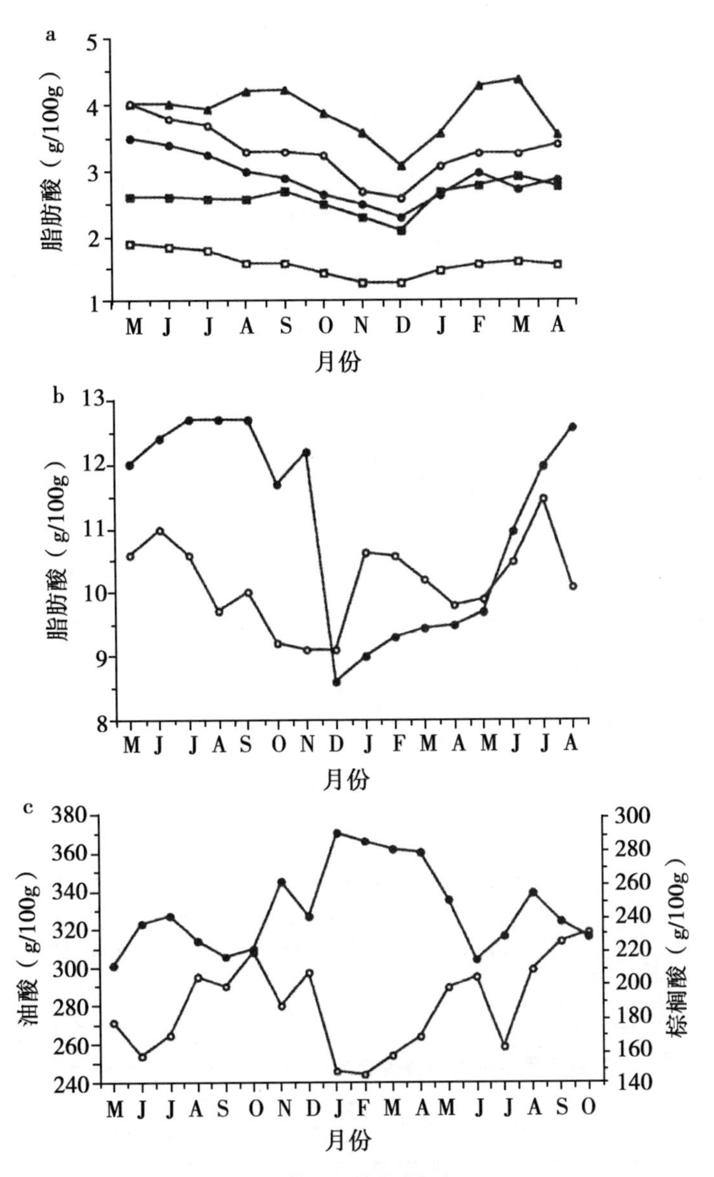

图3.5　爱尔兰牛乳脂中各种脂肪酸浓度的季节性变化情况

（a）$C_{4:0}$（实心三角）、$C_{6:0}$（实心方）、$C_{8:0}$（空心方）、$C_{10:0}$（实心圆）、$C_{12:0}$（空心圆）；（b）$C_{14:0}$（空心圆）、$C_{18:0}$（实心圆）；（c）$C_{16:0}$（实心圆）、$C_{18:1}$（空心圆）（引自 Cullinabe 等，1984a）

各种极性脂类和胆固醇酯中的脂肪酸主要是长链饱和脂肪酸和长链不饱和脂肪酸，碳链短于12的脂肪酸很少或几乎没有（表3.7；详见 Christie，1995）。

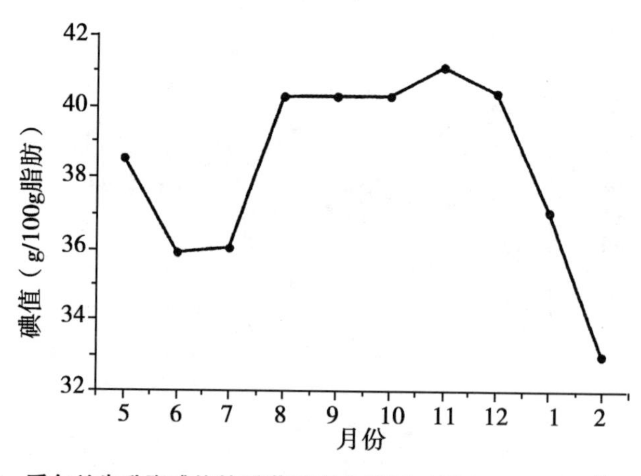

图 3.6　爱尔兰牛乳脂碘值的季节性变化情况（引自 Cullinane 等，1984a）

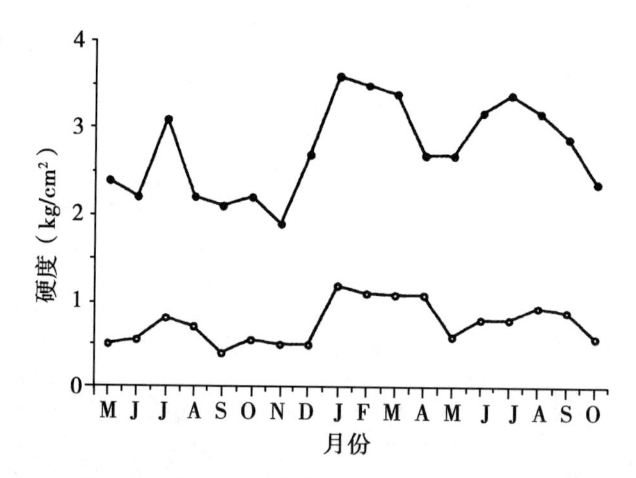

图 3.7　在 4℃（实心圆）或 15℃（空心圆）下爱尔兰牛乳脂硬度的季节性变化（引自 Cullinane 等，1984b）

表 3.7　部分动物奶中胆固醇酯、磷脂酰胆碱、磷脂酰乙醇胺的脂肪酸组成

脂肪酸	脂肪酸组成（占总重量%）												
	牛			人			猪		貂			小鼠	
	CE	PC	PE	CE	PC	PE	PC	PE	CE	PC	PE	PC	PE
12∶0	0.2	0.3	0.1	3.2	—	—			0.3	—	—	—	—
14∶0	2.3	7.1	1.0	4.8	4.5	1.1	1.8	0.4	1.1	1.3	0.8	—	4.5
16∶0	23.1	32.2	11.4	23.8	33.7	8.5	39.9	12.4	25.4	26.4	20.6	20.3	8.9
16∶1	8.8	3.4	2.7	1.5	1.7	2.4	6.3	7.3	4.4	1.1	1.2	—	2.7
18∶0	10.6	7.5	10.3	8.0	23.1	29.1	10.3	12.3	14.7	20.8	29.3	30.0	18.0
18∶1	17.1	30.1	47.0	45.7	14.0	15.8	21.8	36.2	35.7	31.7	27.8	13.9	19.8
18∶2	27.1	8.9	13.5	12.4	15.6	17.7	15.9	17.8	13.5	17.4	19.1	22.8	17.2
18∶3	4.2	1.4	2.3	T	1.3	4.1	1.5	1.9	2.6	2.2	0.5	—	—

（续表）

脂肪酸	脂肪酸组成（占总重量%）												
	牛			人			猪		貂			小鼠	
	CE	PC	PE	CE	PC	PE	PC	PE	CE	PC	PE	PC	PE
20：3	0.7	1.0	1.7	—	2.1	3.4	0.3	0.7		—	—	—	—
20：4	1.4	1.2	2.7	T	3.3	12.5	1.3	6.6		—	—	8.9	20.0
22：6	—	—	0.1	—	0.4	2.6	0.2	1.6		—	—	1.8	6.3

CE =胆固醇酯，PC =磷脂酰胆碱，PE =磷脂酰乙醇胺，T =痕量（引自 Christie，1995）。

3.5　乳脂脂肪酸合成

对非反刍动物，血糖是乳脂脂肪酸的主要前体物；葡萄糖在乳腺中被转化为乙酰 CoA。在反刍动物，瘤胃微生物产生的乙酸和 β-羟基丁酸是主要的前体物，这些前体物经血液运输至乳腺；事实上反刍动物乳腺组织内用于从葡萄糖合成脂肪酸的“ATP 柠檬酸裂解酶”活性较低。反刍动物血糖水平较低，主要用来合成乳糖。由于脂肪酸的前体物不同，所以不同物种间乳脂肪酸组成也有显著差异。限制反刍动物日粮中的粗饲料可导致乳脂合成降低，可能是因为乙酸和 β-羟基丁酸浓度降低了。

对于所有物种，合成脂肪酸的首要前体物是乙酰 CoA，在单胃动物源于葡萄糖，而反刍动物源于乙酸或 β-羟基丁酸的氧化。在细胞质中，乙酰 CoA 首先转变为丙二酰 CoA：

$$\underset{\text{乙酰CoA}}{CH3\overset{\overset{O}{\|}}{C}\text{-}S\text{-}CoA} + CO_2 + ATP \xrightarrow[\text{乙酰CoA羧化酶}]{Mn^{2+}} \underset{\text{丙二酰CoA}}{\begin{matrix} \overset{O}{\overset{\|}{C}}\text{-}OH \\ | \\ CH_2 \\ | \\ \underset{\underset{O}{\|}}{C}\text{-}S\text{-}CoA \end{matrix}} + ADP + Pi$$

当降低碳酸氢盐（CO_2来源）供给时会抑制脂肪酸合成。

一部分 β-羟基丁酸被还原为丁酸并直接参与合成乳脂，因此，反刍动物乳脂中含有高水平的丁酸。

在非反刍动物，丙二酰 CoA 与“酰基载体蛋白”（ACP）结合，该蛋白位于细胞质内，是六酶复合体（分子量约 500 kDa）的一个组成部分。随后脂肪酸合成的每个步骤均在该酶复合体上进行；经过一系列步骤和重复循环，脂肪酸在每个循环延长两个碳单位（图 3.8，Lhninger 等，1993；Palmquist，2006）。

下面是净合成一分子脂肪酸的反应式：

$$n\ \text{乙酰}\ CoA + 2(n-1)NADPH + 2(n-1)H^{+} + (n-1)ATP + (n-1)CO_2 \longrightarrow$$

$$CH_3CH_2(CH_2CH_2)_{n-1}CH_2C\text{-}\overset{\overset{O}{/\!/}}{C}\text{-}oA + (n-1)CoA + (n-1)ADP + (n-1)P_i +$$

$$2(n-1)NADP + (n-1)CO_2$$

上述反应中大量的 NADPH 的供给源于戊糖途径中葡萄糖-6-P 的代谢过程。

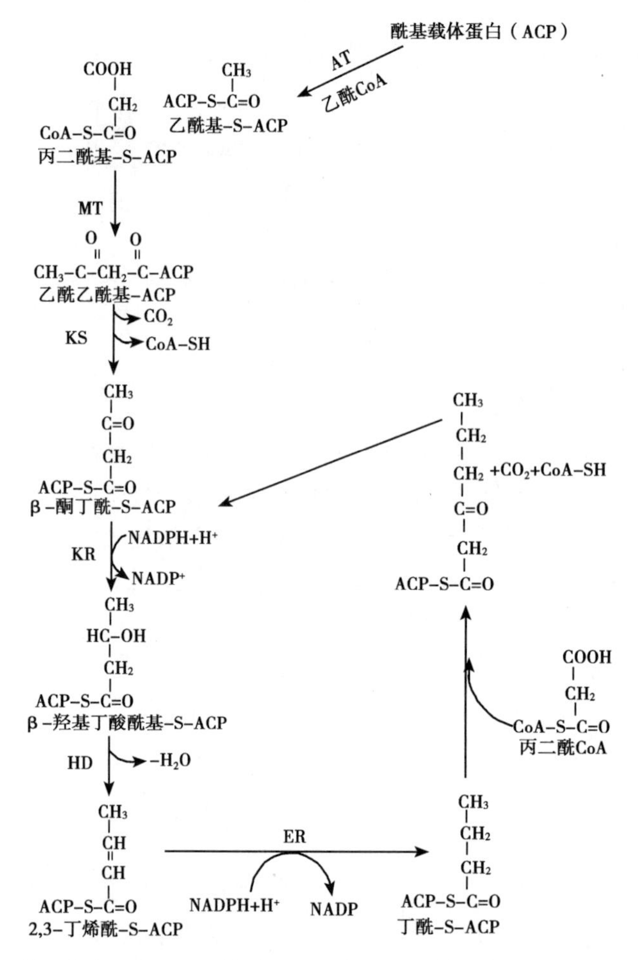

图 3.8　脂肪酸合成过程的一个完整循环及下个循环的第一步。*ACP* 酰基载体蛋白，一种六酶复合体，包括：*AT* 乙酰 CoA-ACP 乙酰转移酶，*MT* 丙二酰-CoA-ACP 转移酶，*KS* β-酮-ACP 合成酶，*KR* β-酮乙酰-ACP 还原酶，*HD* β-羟脂酰-ACP 脱氢酶，*ER* 烯酰基-ACP 还原酶

在反刍动物，脂肪酸合成多由β-羟基丁酸开始（标记的β-羟基丁酸以末端四个碳出现在短链和中链脂肪酸中），即脂肪酸合成的第一个循环始于β-羟基丁酸-S-ACP。

经丙二酰 CoA 途径合成的脂肪酸，链长止于棕榈酸（$C_{16:0}$）而乳腺组织内含有一种酶，硫代酰化酶，可在任何阶段从载体蛋白上释放 C_4～C_{16}的酰基脂肪酸。不同动物硫代酰化酶活性的差异较大，这也是导致乳脂肪酸组成不同的部分原因。

标记试验表明，反刍动物乳脂中 100%的 C_{10}、C_{12}和 C_{14}及 50%的 $C_{16:0}$源自丙二酰 CoA 途径（图 3.9）。但 C_4、C_6和 C_8是由β-羟基丁酸和乙酸通过其他两个途径合成，并非通过丙二酰 CoA 途径。

在乳腺组织中，基本上 100%的 $C_{18:0}$、$C_{18:1}$、$C_{18:2}$和约 50%的 C_{16}源于血脂（乳糜微粒、游离甘油三酯、游离脂肪酸和胆固醇酯）。血液脂类被乳腺泡毛细血管内脂蛋白脂酶水解，该酶活性在开始泌乳时骤升 8 倍之多。水解产物甘油单酯、游离脂肪酸和一些甘油经基底细胞膜运输至乳腺细胞内重新合成甘油三酯（图 3.10）。

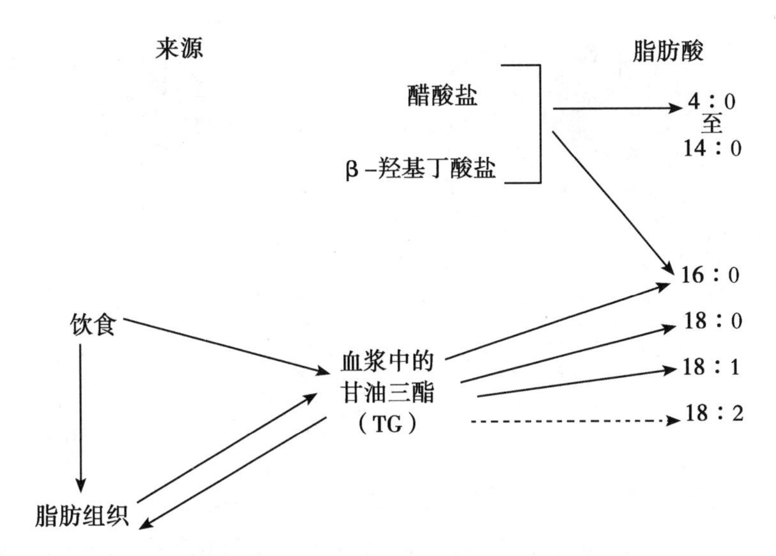

图3.9　牛乳脂中脂肪酸的来源。*TG* 甘油三酯（引自 Hawke 和 Taylor，1995）

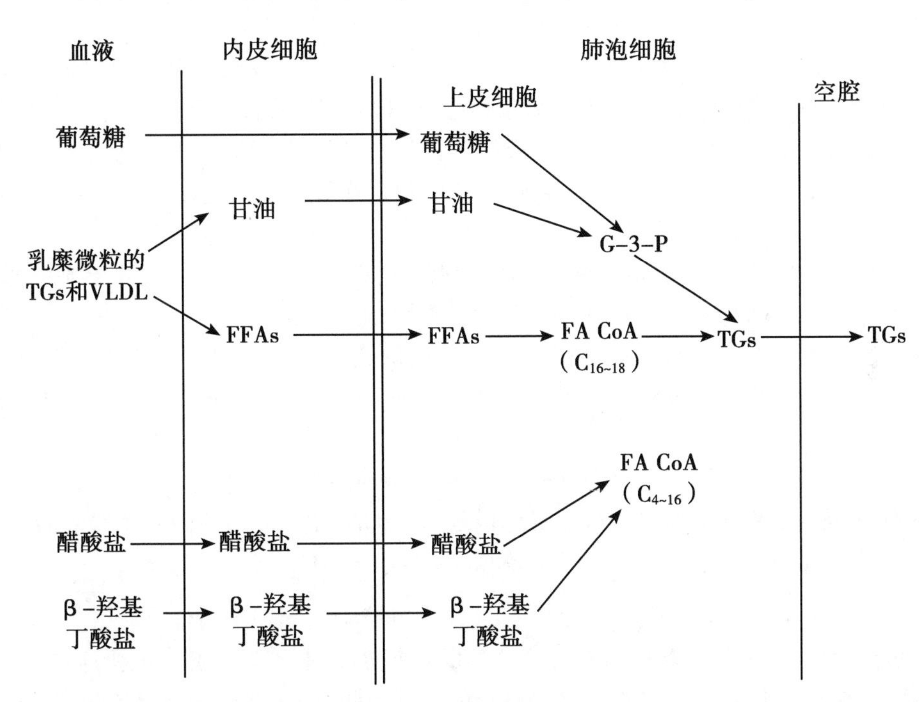

图3.10　乳腺摄取血液组分过程。CoA 辅酶 A，G-3-P 甘油-3-磷酸，FFA 游离脂肪酸，FA 脂肪酸，TG 甘油三酯，VLDL 极低密度脂蛋白（引自 Hawke 和 Taylor，1995）

脂类在血液中以脂蛋白微粒的形式存在，其主要作用是在机体不同组织器官间运输脂类。由于与人类健康，尤其肥胖症和心血管疾病发生有密切关系，血液脂蛋白引起人们对它产生了浓厚兴趣。根据密度不同（基本上与甘油三酯的含量成比例），可将脂蛋白分为四类，即乳糜微粒、极低密度脂蛋白（VLDL）、低密度脂蛋白（LDL）和高密度脂蛋白（HDL），依次含有约98%、90%、77%和45%的总脂类（图3.11）。

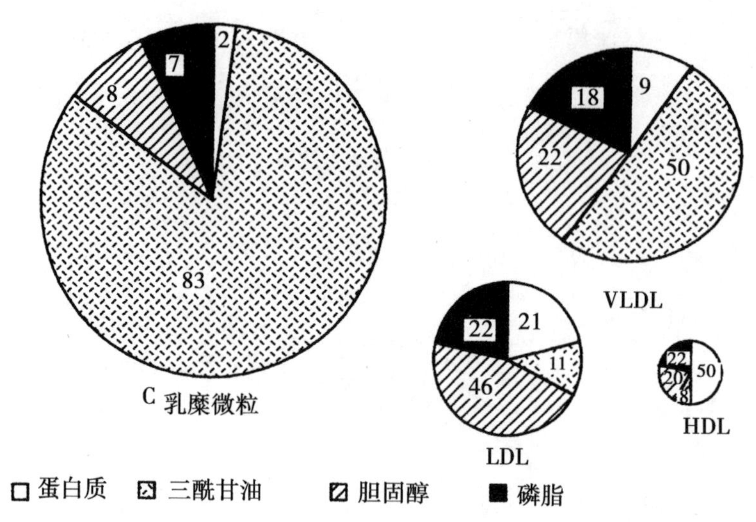

图 3.11 人血清脂蛋白组成（%）。VLDL 极低密度脂蛋白，LDL 低密度脂蛋白，HDL 高密度脂蛋白

人进食后，血液中的脂蛋白，特别是乳糜微粒的水平会升高，可使血清呈乳白色，食用高脂肪餐后尤为明显。在人处于紧张状态或过后，脂蛋白也会升高（如赛车手综合征）。乳糜微粒在小肠黏膜合成后，分泌入淋巴，再经胸导管进入血液循环。VLDL 小肠黏膜和肝脏合成。LDL 可在不同场所合成，包括在乳腺，通过由 VLDL 去掉部分甘油三酯后形成。

由于反刍动物乳脂中约 50%的 $C_{16:0}$和 100%的 $C_{18:0}$、$C_{18:1}$、$C_{18:2}$源于血液脂类，因此约 50%的总脂肪酸来自日粮或其他组织经血液运送至乳腺。

在肝脏线粒体内，棕榈酸以棕榈酸 CoA 酯的形式经逐次增加一个乙酰 CoA 得以延长。肝脏还有一种肝微粒体酶可经增加乙酰 CoA 或丙二酰 CoA 分别延长饱和和不饱和脂肪酸。

主要的单不饱和脂肪酸，油酸（$C_{18:1}$）和棕榈油酸（$C_{16:1}$）源自血液脂类，但约有 30%分别由硬脂酸和棕榈酸被分泌细胞内的微粒体酶（在内质网内）去饱和后产生：

$$\text{硬脂酰 CoA}+NADPH+O_2 \xrightarrow[\text{脱氢酶}]{} \text{油酰 CoA}+NADP^++2H_2O$$

碳链较短的不饱和脂肪酸（$C_{10:1}$~$C_{14:1}$）也可能是由同一种酶催化产生。

亚油酸（$C_{18:2}$）和亚麻酸（$C_{18:3}$）在哺乳动物体内无法合成，必须通过日粮供给，被称为必需脂肪酸（亚油酸是唯一真正的必需脂肪酸）。这两种多不饱和脂肪酸可继续延长和/或进一步脱饱和，生成种类更多的多不饱和脂肪酸，其途径与硬脂酸脱饱和成为油酸相似。上述反应的总结见图 3.12a 和图 3.12b。

δ-羟基酸由脂肪酸的 δ-氧化产生，而 β-酮酸可能是由不完全合成或 β-氧化产生。

3.6 乳脂的结构

合成乳脂的甘油部分来自血液脂类水解（游离甘油和甘油单酯），部分来自葡萄糖，少量来自血液游离甘油。细胞内合成甘油三酯是由位于内质网的酶催化发生的，参见图3.13。

脂肪酸的酯化并非随机进行：C_{12}～C_{16}主要酯化于*sn*-2位，而C_4和C_6主要在*sn*-3位（表3.8）。C_4和C_{18}的浓度似乎具有限速作用，这是因为要使乳脂在体温条件下保持液体状态。除此之外，还有一些值得注意的结构特性：

（1）丁酸和己酸几乎全部酯化于*sn*-3位，辛酸和癸酸大多数酯化于*sn*-3位。

（2）随着碳链延长至$C_{16:0}$时，在*sn*-2位的酯化比例增加；这种现象在人乳脂中比牛乳脂更明显，尤其是棕榈酸（$C_{16:0}$）。

（3）硬脂酸（$C_{18:0}$）主要酯化于*sn*-1位。

（4）不饱和脂肪酸主要酯化于*sn*-1和*sn*-3位，二者比例大致相当。

从两个角度来看，脂肪酸的位置分布特性有重要作用：

（1）位置分布对脂肪的熔点和硬度有影响。通过使脂肪酸随机分布可降低脂肪的熔点和硬度。在特定条件下，用$SnCl_2$或酶处理，可发生酯交换反应；其中，酶处理方法正受到越来越多的关注，有希望成为可被人们接受、能改变黄油硬度的方法。

（2）胰脂酶特异作用于*sn*-1和*sn*-3位的脂肪酸。在其作用下，乳脂中的$C_{4:0}$～$C_{8:0}$脂肪酸迅速释出；这些水溶性脂肪酸很容易被小肠吸收。中链和长链脂肪酸以2-甘油一酯的形式吸收效率高于游离脂肪酸；这对幼儿消化脂肪十分重要，因为幼儿消化道内胆盐分泌不足，致使消化脂肪能力有限。由于人母乳中$C_{16:0}$在*sn*-2位酯化率非常高，因此婴儿更容易代谢母乳中的脂肪。有关酯基移位对婴幼儿对乳脂消化率的影响仍有待进一步研究。

表3.8　不同动物乳脂甘油三酯不同酯化位置上的脂肪酸组成（总含量的mol%）

脂肪酸	奶牛			人			大鼠			猪			兔子			海豹			针鼹鼠		
	sn-1	*sn*-2	*sn*-3	*sn*-1	*sn*-2	*sn*-3	*sn*-1	*sn*-2	*sn*-3	*sn*-1	*sn*-2	*sn*-3	*sn*-1	*sn*-2	*sn*-3	*sn*-1	*sn*-2	*sn*-3	*sn*-1	*sn*-2	*sn*-3
4:0	—	—	35.4	—	—	—	—	—	—	—	—	—	—	—	—	—	—	—	—	—	—
6:0	—	0.9	12.9	—	—	—	—	—	—	—	—	—	—	—	—	—	—	—	—	—	—
8:0	1.4	0.7	3.6	—	—	3.7	5.7	10.0	—	—	—	—	19.2	33.7	38.9	—	—	—	—	—	—
10:0	1.9	3.0	6.2	0.2	0.2	1.1	10.1	20.0	26.0	—	—	—	22.5	22.5	26.1	—	—	—	—	—	—
12:0	4.9	6.2	0.6	1.3	2.1	5.6	10.4	15.9	15.1	—	—	—	—	3.5	28	1.8	0.3	0.2	—	—	—
14:0	9.7	17.5	6.4	3.2	7.3	6.9	9.6	17.8	8.9	2.4	6.8	3.7	2.7	2.1	26	0.7	23.6	3.8	1.7	0.9	0.4
16:0	34.0	32.3	5.4	16.1	58.2	5.5	20.2	28.7	12.6	21.8	5.76	15.4	24.1	12.7	23.8	6.1	31.0	1.0	31.5	9.0	27.9
16:1	2.8	3.5	1.4	3.6	4.7	7.6	1.8	2.1	1.8	6.5	11.2	10.4	4.1	1.3	1.5	1.1	10.8	14.1	—	—	—
18:0	10.3	9.5	1.2	15.0	3.3	1.8	4.9	0.8	1.5	6.9	1.1	5.5	6.9	3.5	0.9	1.9	0.7	1.0	16.8	2.1	14.3
18:1	30.0	8.9	23.1	46.1	12.7	50.4	24.2	3.3	11.8	49.5	13.9	51.7	40.8	16.6	3.8	11.4	19.4	45.4	33.1	57.6	39.8
18:2	1.7	3.5	2.3	11.0	7.3	15.0	14.1	5.2	11.6	11.3	3.4	11.5	15.6	15.1	6.4	9.7	2.3	2.8	4.1	18.3	4.9
18:3	—	—	—	0.4	0.6	1.7	1.2	0.5	0.7	1.4	1.0	1.8	3.4	3.5	2.0	2.3	0.5	0.7	1.0	2.9	2.0
C_{21}～C_{22}	—	—	—	—	—	—	—	—	—	—	—	—	—	—	—	—	0.8	28.7	—	—	—

引自Christie（1995）。

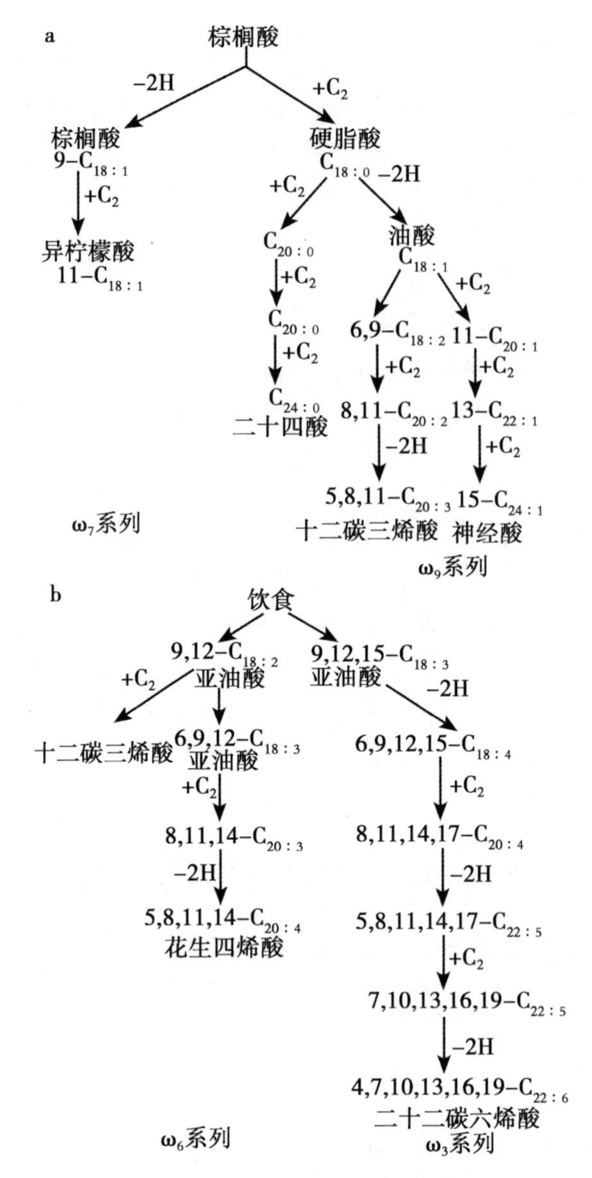

图 3.12　乳腺内脂肪酸延长和/或去饱和

3.7　乳脂的乳化剂作用

早在 1674 年，Van Leeuwenhoek 即报道乳脂肪以微小的球体形式存在。奶是一种油分散在水中的乳化液，其特性对奶的许多特性有显著的影响，比如色泽、口感和黏稠性。牛奶中脂肪球的直径介于 0.1～20μm，平均约 3.5μm（变动范围和平均值因奶牛品种、健康状况、泌乳阶段等因素不同而异）。乳脂球的大小和分布情况可用光学显微镜或光散射检测，比如用马尔文激光粒度仪（Malvern Mastersizer）或电子计数仪，如库尔特计数仪（Coulter counter）。牛奶中不同直径的乳脂球按数量或容积计算占所有乳脂

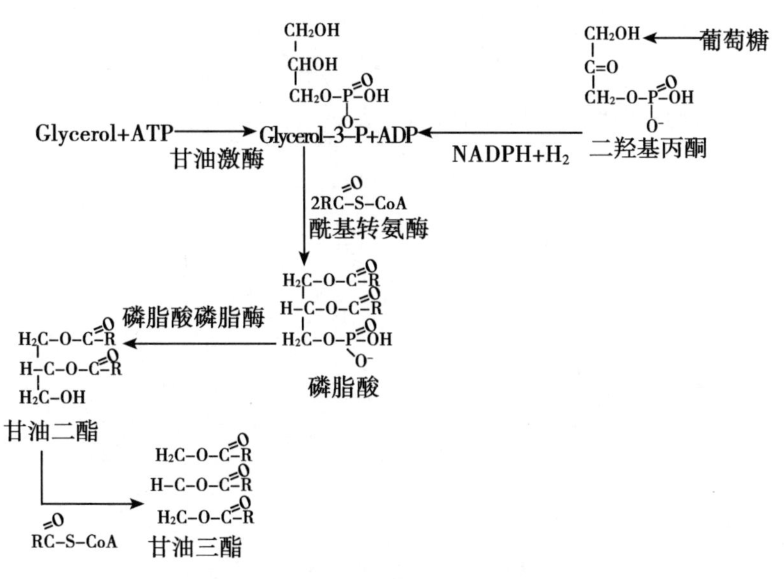

图 3.13 乳腺中甘油三酯的生物合成

球的比例的分布情况列于图 3.14。虽然直径较小的乳脂球数量很多（直径小于 1μm 的约占总数的 75%），但按容积或质量计算，仅占总脂肪的一少部分。乳脂球直径按数量计算平均约仅为 0.8μm。海峡群岛①奶牛（娟姗和更赛牛）乳脂球平均尺寸大于其他品种牛（前者乳脂率也高），并且平均乳脂球直径在整个泌乳期随泌乳天数增加而变小（图 3.15）。

每毫升奶中含有约 15×10^9 个乳脂球，每克脂肪的总表面积在 $1.2\sim2.5m^2$。

例：假设乳脂率 4.0%，w/v，平均乳脂球直径为 3μm。

$$乳脂球体积=\frac{4}{3}\Pi r^3$$

$$=\frac{4}{3}\times\frac{22}{7}\times\frac{(3)^3}{2}\mu m^3$$

$$\approx 14\mu m^3$$

1mL 的牛奶包含：0.04g 脂肪

$$=4.4\times10^{10}\mu m^3$$

1mL 的牛奶包含：$\frac{4.4\times10^{10}}{14}\sim3.14\times10^9$ 乳脂球

$$乳脂球的表面积=4\Pi r^2$$

$$=4\times\frac{22}{7}\times\frac{9}{4}\mu m^2$$

$$=28.3\mu m^2$$

每毫升牛奶的界面面积 $=28.3\times(3.14\times10^9)\mu m^2$

① 海峡群岛，欧洲的一个地名。指英国海峡中的一组不列颠群岛，位于法国北部海岸附近。

$$= 88.9 \times 10^9 \mu m^2$$
$$= 889 cm^2 \approx 0.09 m^2$$

每克牛奶脂肪的界面面积 $= 88.9 \times 10^{-3} \times \frac{1}{0.04} m^2$

$$= 2.22 m^2$$

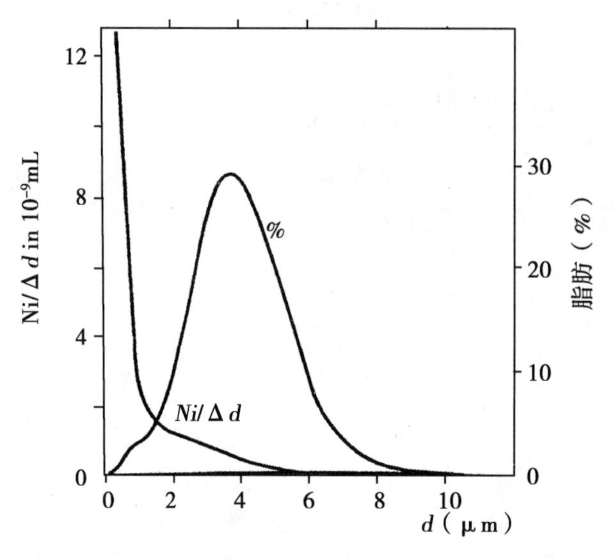

图 3.14　牛乳脂球大小分布。每 10^{-9}毫升中的数量为 N，体积为 V（%脂肪）
（改编自 Walstra 和 Jenness，1984）

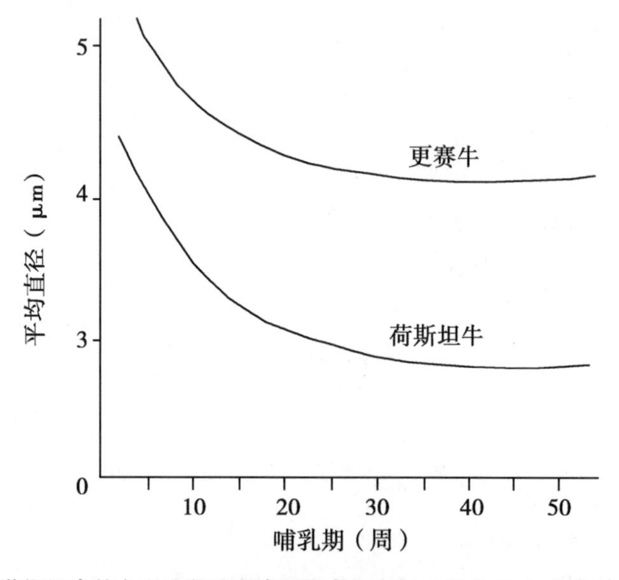

图 3.15　更赛牛和荷斯坦牛整个泌乳期乳脂球平均直径变化（引自 Walstra 和 Jenness，1984）

3.8　乳脂球膜

脂类不溶于水，当将脂类分散（乳化）于水介质时（或反过来），各相间存在表面张力。考虑到乳化液的界面面积一般都非常大，所以这种张力合起来也是非常大的（第3.7节）。受表面张力的作用，油相和水相会迅速混在一起，然后再分开。然而，通过使用乳化剂（表面活性剂），在每个脂肪球（或在水分散于油中的乳化液中，则是每个水滴）外面形成一层薄膜，使表面张力变小，就可防止脂肪球发生融合（而不上浮；见第3.9.2节）。与"人工"乳化液相比，在未加工的奶中，其乳化膜更为复杂，被称为乳脂球膜（MFGM）。

1840年，Ascherson发现奶中的脂肪球表面包着一层有稳定作用的乳化膜，并认为这层膜是聚集于脂肪与乳清交界面的"浓缩"乳清蛋白（来自脱脂乳相）。19世纪80年代，Babcock也觉得乳脂的乳化剂是被吸附的血清蛋白。19世纪末，有人试图采用组织染色法和光学显微镜法确定该膜由什么材料组成，但很快遇到难题，因为乳脂球很容易被脱脂奶内的成分污染。经过对洗涤后的乳脂球进行分析，发现乳脂球膜中含有磷脂和与脱脂奶中的蛋白不同的蛋白质（Brunner，1974）。

3.8.1　乳脂球膜的分离

准确定义乳脂球膜的构成具有一定难度和不确定性。据推测，最外层是由与乳脂球一起在奶中缓慢运动的所有物质构成，但膜的最外层结合松散，在运动过程中可能有部分或全部会丢失，这主要取决于乳脂球受机械损伤的程度。内层界面的构成定义也并非统一，主要取决于制备的方法；主要的争论在于紧挨着膜里面的一层高熔点甘油三酯是否属于膜的一部分。膜上的一些疏水组分，可能会扩散进入脂肪球核心，而乳清的组分可吸附在脂肪球外表。由于膜内含有多种酶，酶促反应也可发生。

有几种方法可以全部或部分分离乳脂球膜。通常第一步是通过离心（可能会对膜造成一些损伤）或利用重力分离出乳脂。乳脂再经水或者稀缓冲液进行数次（3~6次）洗涤（通过稀释和重力分离）；可溶性盐和其他小分子物质可能会在清液中损失。机械损伤可能会使松散结合的最外层物质脱落，甚至可能会发生部分均质作用和乳清组分的吸附现象；小的脂肪球在每次洗涤过程中均可能被损失。

洗涤过的乳脂经搅拌或冷冻或使用洗涤剂处理使其不稳定，随后加热熔化脂肪（甘油三酯为主），再离心使其与膜材料分离。乳脂球膜容易与脂核的物质发生交叉污染，因此必须认真做好操作方法的标准化。Brunner和他的同事研究出对乳脂球膜进行分离与分类的详细方法（Brunner，1974）。

用表面活性剂（通常为脱氧胆酸盐钠）处理经洗涤过的乳脂，会释出膜的部分组分，据认为只是膜的最外层。但如果处理控制不好，一些里层组分也会被释出。

3.8.2　脂肪球膜（FGM）总化学组分

有人报道，每100g脂肪中含有0.5~1.5g的乳脂球膜，变动范围比较大，反映出其在温度历程、洗涤技术、保存时间、搅拌等方面的差异。膜的化学成分已经相当清楚，各报道差异较小，一般认为是所用的分离和分类方法不同所至。表3.9引自Mulder和Walstra（1974），它是以许多研究者的研究结果为基础的，表中给出了乳脂球膜化学成分的合理估测值。Keenan 等（1983）（表 3.10）给出了更详细的成分分析数据。其他更详细的化学成分资料可参考 Brunner（1965，1974）、Mulder 和 Walstra（1974 a，b）、Patton 和 Keenan（1975）、Keenan 等（1983）、Keenan 和 Dylewski（1995）、Keenan 和 Mathur（2006）。

表 3.9　乳脂球膜的概略成分

成分	mg/100g 脂肪球	mg/m^2脂肪球表面	%（w/w）总面积
蛋白质	900	4.5	41
磷脂	600	3.0	27
脑	80	0.4	3
胆固醇	40	0.2	2
中性甘油酯	300	1.5	14
水	280	1.4	13
总计	2 200	11.0	100

引自 Mulder 和 Walstra（1974）。

表 3.10　牛乳脂球膜的成分

组别	量
蛋白质	25%～60% 的干重
总脂质	0.5～1.2mg/mg 蛋白质
磷脂	0.13～0.34mg/mg 蛋白质
磷脂酰胆碱	脂质磷的 34%
磷脂酰乙醇胺	脂质磷的 28%
鞘磷脂	脂质磷的 22%
磷脂酰肌醇	脂质磷的 10%
磷脂酰丝氨酸	脂质磷的 6%
中性脂质	总脂质的 56%～80%
碳水化合物	总脂质的 1.2%
固醇	总脂质的 0.2%～5.2%
甾醇酯	总脂质的 0.1%～0.8%
甘油酯	总脂质的 53%～74%
游离脂肪酸	总脂质的 0.6%～6.3%
脑	3.5nmol/mg 蛋白质
神经节苷脂	6～7.4nmol 唾液酸/mg 蛋白质

（续表）

组别	量
总的唾液酸	63nmol/mg 蛋白质
己糖	0.6μmol/mg 蛋白质
己糖胺	0.3μmol/mg 蛋白质
细胞色素 b5+p-420	30pmol/mg 蛋白质
糖醛酸	99ng/mg 蛋白质
RNA	20μg/mg 蛋白质

引自 Keenan 等（1983）。

3.8.3　乳脂球膜的蛋白质

膜内可能含有脱脂奶所含的蛋白（如酪蛋白和清蛋白），也可能不含，这取决于所用的前处理方法。如果膜在分离前即已受损，则这些蛋白的含量可能会相当多。膜内含有膜特有的蛋白质，这些蛋白质不在脱脂乳相出现。这些蛋白多数是糖蛋白并且含有相当数量的碳水化合物（己糖 2.8%～4.15%；氨基己糖 2.5%～4.2%；唾液酸 1.3%～1.8%）。

采用十二烷基硫酸钠聚丙烯酰胺凝胶电泳（sodium dodecylsulphate-polyacrylamide gel electrophoresis，SDS-PAGE），用银染色凝胶，可将乳脂球膜的蛋白质分离出分子量在 11～250kDa 间的多达 60 条带（Keenan 和 Dylewski，1995；Mather，2000；Keenan 和 Mathur，2006）。这些蛋白质多数浓度很低（许多只在凝胶用银染色时才能测出，而用考马斯蓝染色时则不能测出）。其中一些蛋白质可能是遗传性变体，并且由于乳脂球膜中含有一种纤溶酶样蛋白酶，因此一些小的多肽可能是较大蛋白质的碎片。用 SDS-PAGE 分离出的三个主要的蛋白质是黄嘌呤氧化还原酶、嗜乳脂蛋白（butyrophilin）和糖蛋白 B，其分子量依次为 155kDa、67kDa 和 48kDa。用希夫试剂（Schiff′s reagent）染色后曾检测到 5 个或 6 个糖蛋白。黄嘌呤氧化还原酶需 Fe、Mo 和 FAD 作为辅因子，可通过产生超氧游离基氧化脂类（见第 10 章）。它约占乳脂球膜蛋白质的 20%，有些容易从膜上脱离，比如在冷却过程中；等电聚焦电泳结果表明它在 7.0～7.5 的等电点间至少存在 4 种变体。

嗜乳脂蛋白也是乳脂球膜的主要蛋白，因其与乳脂具有很高的亲和力而得名。该蛋白是一种有极强的疏水性、难溶解（不溶或仅微量溶于多数蛋白溶剂，包括洗涤剂）的糖蛋白。等电聚焦电泳结果表明它至少有 4 种变体（等电点 5.2～5.3）。经对嗜乳脂蛋白氨基酸序列进行分析及基因克隆，结果表明，该蛋白中有一个信号肽；该蛋白含有 526 个氨基酸，无碳水化合物，分子量为 56460Da。此蛋白始终与磷脂结合，甚至可能含有共价键结合脂肪酸。嗜乳脂蛋白只存在于乳腺上皮细胞顶端细胞的表面，说明它在脂肪球的包膜过程中起了作用。

乳脂球膜中含量较少的几种蛋白质也被分离出来，并且其部分特性也已确定（见 Keenan 和 Dylewski，1995；Keenan 和 Mathur，2006）。Mather（2000）根据蛋白质在

SDS-PAGE 的相对电泳淌度，提出了一种对乳脂球膜蛋白质的系统命名方法。乳脂球膜中的蛋白质约占奶中总蛋白的1%。

3.8.4 乳脂球膜的脂类

乳脂球膜中的脂类占奶中总脂类的0.5%~1.0%，主要由磷脂和中性脂类组成，二者比例约为2∶1，还有少量其他脂类（表3.9和表3.10）。脂肪球核心脂类的污染问题比较大。磷脂主要是磷脂酰胆碱、磷脂酰乙醇胺和鞘磷脂，比例约为2∶2∶1。磷脂中的主要脂肪酸组成为$C_{14:0}$约5 %、$C_{16:0}$约25 %、$C_{18:0}$约14 %、$C_{18:1}$约25 %、$C_{18:2}$约9 %、$C_{22:0}$约3 %和$C_{24:0}$约3 %。可见，乳脂球膜多不饱和脂肪酸含量通常比乳脂高，因而也更容易氧化。脑苷脂富含碳链非常长的脂肪酸，可能有助于保持膜的稳定性。乳脂球膜内也有几种糖脂（表3.11）。

乳脂球膜内中性脂类的数量与性质目前仍不确定，主要原因在于膜的内层界限很难准确界定。通常认为，中性脂类中含有83%~88%的甘油三酯，5%~14%的甘油二酯和1%~5%的游离脂肪酸。甘油二酯的含量显著高于乳脂中的含量；甘油二酯相对而言极性比较强，因此具有表面活性作用。中性脂类的脂肪酸碳链比乳脂的脂肪酸长，其主要脂肪酸组成依含量高低包括棕榈酸、硬脂酸、肉豆蔻酸、油酸和月桂酸。

多数固醇和固醇酯、维生素A、胡萝卜素和鲨烯（三十碳六烯酸）溶解于脂肪球的核心部分，但一些可能也存在于膜上。

表3.11 牛乳脂球膜鞘糖脂的结构（引自Keenan等，1983）

鞘糖脂	结构
葡萄糖神经酰胺	β-葡萄糖-(1→1)-神经酰胺
乳糖神经酰胺	β-葡萄糖-(1→4)-β-葡萄糖-(1→1)-神经酰胺
GM_3（血糖苷脂）	神经氨酸半乳糖-(2→3)-半乳糖-葡萄糖-神经酰胺
GM_2	N-acetylgalactosamminyl-(神经氨酸)-半乳糖-葡萄糖-神经酰胺
GM_1	半乳糖-N-acetylgalactosamminyl-(神经氨酸)-半乳糖-葡萄糖-神经酰胺
GD_3（双唾液酸血糖苷脂）	神经氨酸半乳糖-(2→8)-(神经酰胺-神经酰胺)半乳糖-葡萄糖-神经酰胺
GD_2	N-acetylgalactosamminyl-(神经氨酸)-半乳糖-葡萄糖-神经酰胺
GD_{1b}	半乳糖-N-acetylgalactosamminyl-(神经酰胺-神经酰胺)半乳糖-葡萄糖-神经酰胺

3.8.5 膜的其他组分

微量金属元素：脂肪膜中的Cu和Fe分别占其在奶中的固有含量的5%~25%和30%~60%，同时也含有微量的其他元素，如Co、Ca、Na、K、Mg、Mn、Mo、Zn、Se；这些金属元素多数是酶的组分，如Zn和Mg是碱基磷酸酶的组分，Fe和Mo是黄嘌呤氧化还原酶的组分，Fe是过氧化氢酶和奶过氧化物酶的组分。

酶：乳脂球膜中含有多种酶（表3.12）。这些酶源自分泌细胞的胞质和膜，因为脂肪球是从分泌细胞分泌出来的（3.8.7）而存在于乳脂球膜中。

3.8.6 膜的结构

早期有些研究者试图描述乳脂球膜的结构，包括 King（1995）、Hayashi 和 Smith（1965）、Peereboom（1969）、Prentice（1969）和 Wooding（1971）。尽管这些研究者提出的膜结构不正确，但激发了该领域的探索热情。近期可参考的相关综述有 Keenan 和 Dylewski（1995）、Keenan 和 Patton（1995）、Keenan 和 Mathur（2006）和 Mather（2011）。

要了解乳脂球膜的结构，首先需要了解三个过程：即在基底细胞的浆液性内质网里面或上面合成的甘油三酯形成小脂滴的过程；小脂滴（球）在细胞内的运动过程；以及脂肪球从细胞内分泌至乳腺泡腔内的过程。

乳脂球膜源自顶端浆膜区域和内质网，也可能源自其他细胞器。来自顶端浆膜的那部分乳脂球膜被称为初级乳脂球膜，具有典型的双层膜结构，内膜表面是富含电子的物质。来自内质网的乳脂球膜似乎是由蛋白质和极性脂类构成的单层结构，在脂肪球分泌前将其富含甘油三酯的核心脂类包裹住。该单层材料或包被物质在细胞内将脂核隔开，可再在细胞内经过融合，使脂肪球变大。这一包被层的组分也可能参与小脂滴与细胞质膜的互作。

表 3.12　从牛乳脂球膜样品中检测到的各种酶的活性（引自 Keenan 和 Dylewski，1995）

酶	EC 编号
硫辛酰胺脱氢酶	1. 6. 4. 3
黄嘌呤氧化酶	1. 2. 3. 2
硫醇氧化剂	1. 8. 3. 2
NADH 氧化酶	1. 6. 99. 3
NADPH 氧化酶	1. 6. 99. 1
过氧化氢酶	1. 11. 1. 6
γ-谷氨酰转肽酶	2. 3. 2. 1
半乳糖基转移酶	2. 4. 1
碱性磷酸酶	3. 1. 3. 1
酸性磷酸酶	3. 1. 2
N_1-核苷酸	3. 1. 3. 5
磷酸二酯酶 I	3. 1. 4. 1
无机焦磷酸酶	3. 6. 1. 1
核苷酸焦磷酸酶	3. 6. 1. 9
磷脂酸磷酸酶	3. 1. 3. 4
腺苷三磷酸酶	3. 6. 1. 15
胆碱酯酶	3. 1. 1. 8
UDP-糖基水解酶	3. 2. 1
葡萄糖-6-磷酸酶	3. 1. 3. 9
纤溶酶	3. 4. 21. 7
β- 葡萄糖苷酶	3. 2. 1. 21

（续表）

酶	EC 编号
β-半乳糖苷酶	3. 2. 1. 23
核糖核酸 I	3. 1. 4. 22
醛缩酶	4. 1. 2. 13
乙酰-CoA 羧基	6. 4. 1. 2

乳脂球以小脂滴的形式产生于内质网。脂类（可能主要是甘油三酯）似乎聚集在内质网膜内或膜上的重点位置上。这些脂类聚集在一起可能是由于它们是在重点位置局部合成的，也可能是由分散的或均匀分布的生物合成位点合成后再不断堆积而成的。有人认为，甘油三酯聚集在双层膜的间隙中，然后从内质网以小脂滴形式释放进入细胞浆中，包被材料就是内质网双层膜的外层（即胞质面）。有人研究出一种体外无细胞培养技术，用从泌乳乳腺分离所得的内质网可诱导释放小脂滴，其形态特征和成分与体内形成的小脂滴极为相似。在该无细胞体系中，只有当培养混合物中加入的细胞质分子量大于 10 kDa 时，小脂滴才能形成，这表明某些胞内因子参与了小脂滴在内质网形成或释放的过程。

无论在内质网中或表面形成并释放的机制怎么样，乳脂球前体物首先要在胞质内以直径小于 0. 5μm 的小脂滴形式存在，富含甘油三酯的脂核外面包着颗粒状的外壳，不过它没有双层膜结构，但在某些区域似乎变厚，呈三层样结构。这些小滴称为微脂滴，它们似乎可通过融合变成大的小脂滴。经融合后直径大于 1μm，称为胞质小脂滴。

从牛乳腺中已经分离出各种不同密度、脂类和蛋白质比介于 1. 5 ∶ 1 至 40 ∶ 1 的小脂滴。在所有小脂滴中甘油三酯均为主要的脂类，并且小脂滴的密度越低，其含量越高。小脂滴表面包被物质中含有胆固醇和一些存在于奶中的主要的磷脂类，包括鞘磷脂、磷脂酰胆碱、磷脂酰乙醇胺、磷脂酰肌醇和磷脂酰丝氨酸。

SDS-PAGE 结果表明微脂滴和胞质小脂滴均具有类似的复杂多肽组成图谱。乳脂球内也存在电泳淌度与细胞内小脂滴相同的许多多肽。乳脂球膜和细胞内小脂滴的一些多肽具有相同的抗原反应性。综合现有信息可知，乳脂球的小脂滴前体物源自内质网，并在其分泌为乳脂球的过程中至少保留小脂滴的部分表面物质。小脂滴表面的蛋白质和极性脂类外壳对富含甘油三酯的小脂核起到稳定作用，以免它们在细胞质中融合。除了起到稳定作用外，外壳的组分也可能参与小脂滴的融合过程以及小脂滴质膜的互作过程。如果细胞骨架的作用是引导小脂滴从细胞的合成位点转移至分泌位点，则外壳组分可能还参与跟丝状或管状细胞骨架的互作。

乳腺上皮细胞中有种机制可使微脂滴融合形成小脂滴。微脂滴同样可与胞质小脂滴融合，为小脂滴不断增大提供甘油三酯。奶中脂球大小尺寸的变动范围比较大，至少有部分原因是由于小脂滴是通过相互融合不断增大的。小的乳脂球可能是由于微脂滴未经融合或只经少数融合即被分泌，而较大的小脂滴则可由微脂滴经不断融合形成。

虽然现在已有证据支持小脂滴是通过融合变大这个观点，但并无证据说明该过程中是如何调控以控制乳脂球最终大小的分布。不能排除这样的可能，即融合过程是纯粹的随机事件，只受分泌前小脂滴之间相互接触的概率所控制。目前无充足证据表明融合是小脂滴增大的唯一机制或主要机制。也不能排除还有其他的可能机制，如由脂类转运蛋白将甘油三酯从合成位点转运至不断增大的小脂滴上。

现有证据表明，小脂滴从合成位点，主要在细胞基底部，通过胞质迁徙至顶端细胞区。这一过程似乎是乳腺细胞独有的，明显有别于其他细胞类型中脂类的转运。在其他类型的细胞中甘油三酯被隔绝在内质网和高尔基体内并以脂蛋白或乳糜微粒形式分泌，通过分泌囊泡运输至细胞的表面。

小脂滴的单向运输机制仍不明确。有证据表明细胞骨架系统上的微管和微丝可能与这种单向转运有关，但证据并不充分，而且有些情况下互相矛盾。泌乳细胞中有大量胞质微管，且在泌乳开始前乳腺内微管蛋白含量大幅度增加。微管在胞质内的大致作用，以及具有产生力的特性的蛋白质跟微管的关联，可能可以支持微管参与小脂滴的运输过程这种假设。泌乳细胞中有大量微丝，它们似乎集中在顶端细胞区。

3.8.7　乳脂球的分泌

乳腺细胞分泌小脂滴的机理在1959年由Bargmann和Knoop首次提出，随后又被其他几个研究者所证实（Keenan和Dylewski，1995；Keenan和Mathur，2006）。小脂滴被挤压穿过顶膜，并逐渐被顶膜包裹，直到最后完全被顶膜包围，从细胞中释放出来(图3.16)。根据现有认识，我们将小脂滴生成、增大和分泌的途径归纳总结列于图3.17。

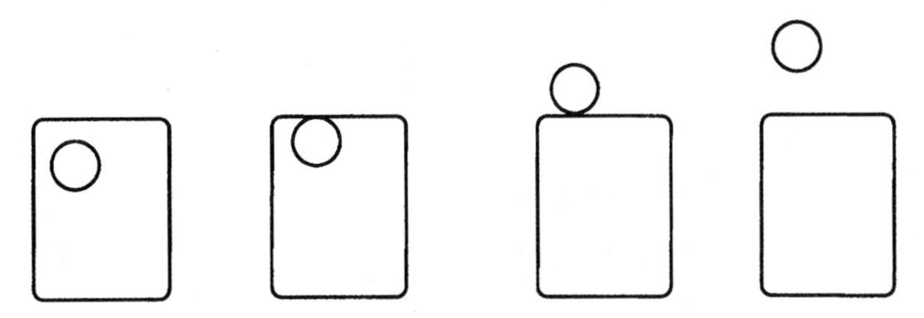

图3.16　乳脂球从乳腺细胞顶膜分泌的过程图示

小脂滴在质膜胞质面上存在富含电子物质的区域与质膜相连。但小脂滴表面不与质膜直接接触，而是与胞质面富含电子的物质接触；至于在这些富含电子的物质中究竟是什么成分识别小脂滴表面的组分并与其互作仍未可知。一些免疫学和生物化学研究显示，乳脂球膜上的两种主要蛋白质，嗜乳脂蛋白和黄嘌呤氧化还原酶，是顶端质膜胞质面上富含电子物质的主要组分。嗜乳脂蛋白，是泌乳细胞特有的一种疏水性跨膜糖蛋白，集中于泌乳细胞的腔面；嗜乳脂蛋白与磷脂紧密结合，且可能参与介导小脂滴与顶端质膜间的互作。黄嘌呤氧化还原酶分布于整个胞质，但似乎在顶端细胞表面呈现富集。

在分泌过程中，乳脂球通常被顶端质膜紧密包围，但从膜上分离后，偶尔会在后方带出部分胞质，即在膜与小脂滴间，出现月牙形或印章状的胞质。这些月牙形的胞质大小相差很大，可能只是细胞质的小碎片，也可能体积比乳脂球的脂核还要大。月牙形胞质中几乎含有除了泌乳细胞核以外的所有膜和细胞器。月牙形胞质比例比较高的乳脂球，其蛋白质模式更复杂（如SDS-PAGE结果所示）。在电泳试验中多出的许多小条带可能就是由月牙形胞质中的胞质成分产生的。迄今为止的检测均证实，所有物种的乳脂球均含有月牙形胞质，但有月牙形胞质的乳脂球的比例在物种间和物种内都有差异；牛奶中约1%的乳脂球带有月牙形胞质。

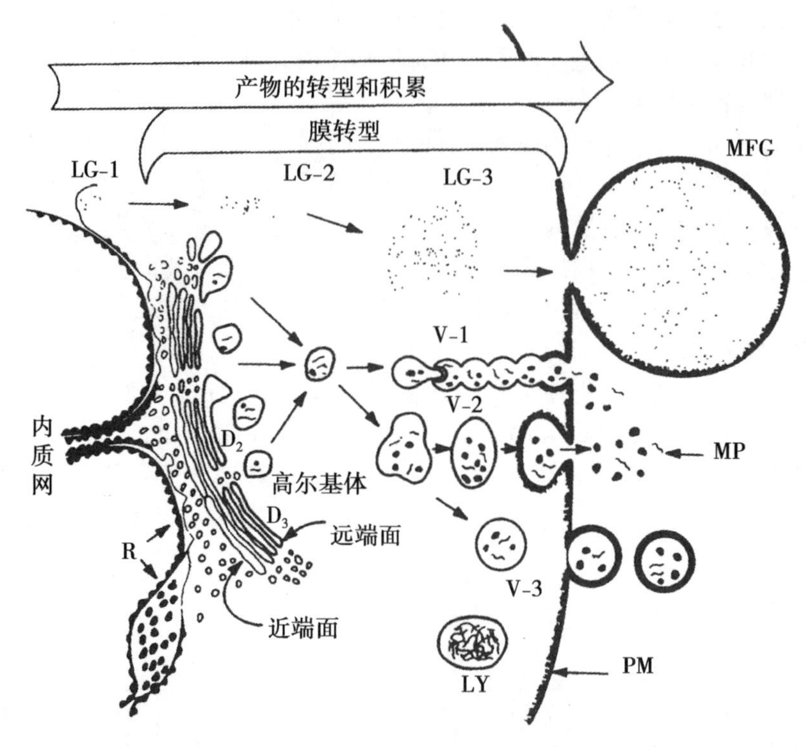

图 3.17　乳腺上皮细胞内膜系统合成和分泌奶成分概要图

细胞内脂肪球（LG-1、LG-2、LG-3）。脂肪球从顶端质膜区域被逐渐包裹并释放。MFG表示脂肪球正被质膜包裹。乳蛋白（MP）在内质网多核蛋白体上合成并被转运（可能在由内质网生成的小囊泡内）至高尔基体（D1、D2、D3）。这些小囊泡可融合成高尔基体的近核池。乳蛋白被包含入由高尔基体远核面上的池膜形成的分泌囊泡内。乳糖在高尔基体的池腔内合成并被包含入囊泡内。奶中某些离子也出现于分泌囊泡内。分泌囊泡与顶端质膜胞吐互作的三个不同机制：①通过形成融合的囊泡链（V-1）；②由单一囊泡与顶端质膜的融合（V-2），囊泡膜集和质膜连成一体；③通过顶端质膜直接包裹分泌囊泡（V-3）。溶酶体（LY）可能具有降解多余分泌囊泡膜的作用（引自Keenan等，1988）

因此，脂肪球至少最初是被一种典型的原核细胞膜所包围。膜是所有细胞具有的显著特性，有些细胞的膜可占细胞干重的80%。膜起到将含水细胞器与不同溶质隔开的屏障作用，也为许多酶和转运系统提供了结构位点。典型的膜由约40%脂类和约60%蛋白质组成，但也存在较大差异。其中脂类多为极性脂（几乎所有极性脂类均位于膜上），主要为磷脂和胆固醇，比例各异。膜上含有几种蛋白质，复杂的膜中可能含有高达100种蛋白质。其中一些蛋白质松散地结合于膜表面，较缓和的提取方法也很容易使其脱落，这些蛋白质被称为外在蛋白或外周蛋白。固有蛋白或内在蛋白约占总蛋白质的

70%，这些蛋白质与脂类紧密结合，只有在极为强烈处理条件才能使其移除，比如用SDS或尿素处理。

电子显微镜观察表明，膜的厚度有7~9nm，呈现三层样结构（一层亮的疏电子夹在两层暗的富电子层之间，图3.18）。磷脂分子排布成双层结构（图3.18）；非极性的碳氢化合物链朝内，可自由“扭动”，形成一个连续的碳氢化合物基底；亲水区域朝外，相对比较坚硬。在该双层结构中单个脂类分子可作侧向运动，从而使双层结构具有流动性、柔韧性、高电阻性和对极性分子的低渗透性。有些膜蛋白部分镶嵌于膜内，即从任一侧穿入脂相，有些完全埋在膜内，还有一些则跨膜存在。蛋白质穿入脂相的程度取决于其氨基酸组成、序列、二级和三级结构。综上，膜蛋白在本来呈液态的磷脂双层结构中形成一种镶嵌式结构，即液态镶嵌模型（图3.18）。

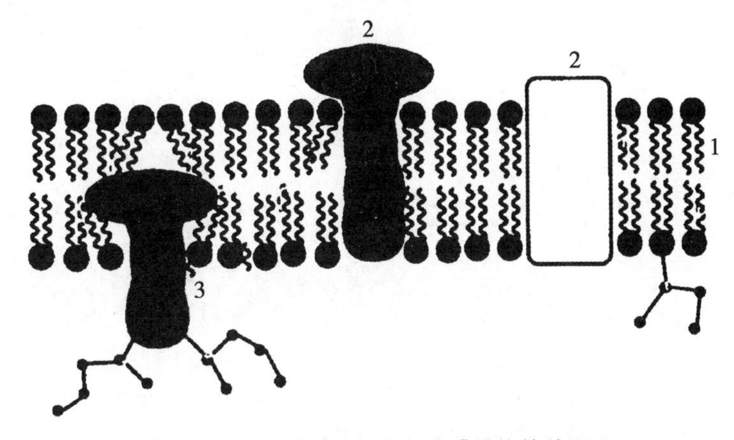

图3.18　乳脂球膜和三层细胞膜结构简单图示

这种三层膜结构源自乳腺细胞顶端膜并在乳汁从乳腺细胞分泌出来后形成乳脂肪球的外膜，在贮存久了之后会不同程度受损。1. 磷脂/糖脂；2. 蛋白质；3. 糖蛋白。改自Mather（2011）。

可见，乳脂肪球被三层顶端膜结构（而蛋白质和乳糖分泌后则被高尔基体膜包围）所包围，并趋于稳定。膜的内层是一个高密度蛋白质层，可能是脂肪球从细胞基底部的粗面内质网（甘油三酯在此合成）向顶端移动的过程中从分泌细胞内获得。在蛋白质层内可能存在一个高熔点甘油三酯层。在奶陈化过程中大量乳脂膜会受损，尤其是经搅拌后；脱落的乳脂膜在脱脂乳中以小囊泡（或微粒体）形式存在，这也是脱脂奶含有较高比例磷脂的原因。许多人先后提出了乳脂球膜的结构模型，包括McPherson和Kitchen（1983）、Keenan等（1983）、Keenan和Dylewski（1995）、Keenan和Patton（1995）、Keenan和Mathur（2006）、Mather（2011）（图3.19）。由于乳脂球膜是一种动态、不稳定结构，因此可能无法提出一种适用于所有情况的结构模式。

3.9　乳脂肪乳化稳定性

乳脂肪乳化液的稳定性或不稳定性与奶与奶制品的许多理化特性紧密相关。乳化液的稳定性很大程度依赖于乳脂球膜的完整性，但正如第3.8.7节所述，该膜极为脆弱，在乳品加工过程中多少会受损。

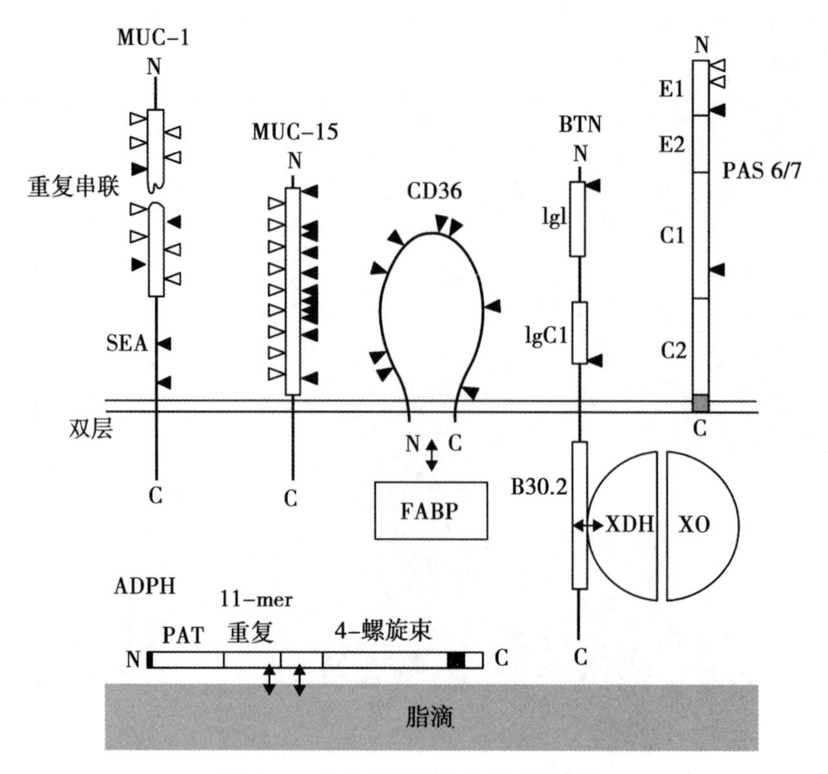

图 3.19　牛乳脂球膜上的主要蛋白质

显示 MUC-1、MUC-15、C36、BTN 和 PAS 6/7 在双分子层内，以及 XDH/XO、FABP 和 ADPH 在双分子层和小脂滴表面之间的位置。改自 Mather（2011）。

以下主要对与乳脂肪乳化液的稳定性相关的几个主要方面或由其引发的一些问题进行探讨。其中有些与乳化液通常固有的不稳定性相关，有些则只与乳体系相关。

3.9.1　乳化液稳定性的共性

脂类的乳化液是内在不稳定的体系，原因是：

（1）脂相和水相密度有差异，导致脂肪球上浮或分层，该过程可用 Stokes 的公式推算：

$$V=\frac{2r^2(\rho_1-\rho_2)g}{9\eta}$$

式中：V 为脂肪球上浮速率；

r 为脂肪球的半径；

ρ_1，ρ_2分别为持续相和分散相的密度；

g 为重力加速度；

η 为系统的黏稠度。

如果脂肪上浮未发生其他变化，则很容易经轻微搅拌而复原。

（2）水、油两相间的界面张力。虽然乳化剂可降低界面张力，但界面的膜可能并不完整。当两个脂肪球相撞时，它们可能会相互粘连（絮凝），比如通过共享乳化剂的方式，或因为 Laplace 原理而相互融合。该原理认为小脂肪球内部压力大于大脂肪球，因此大脂肪球（或者气泡）具有合并掉小脂肪球而增大的趋势。如上述过程不断进行，最极端的情况可导致形成脂肪团块。

图 3.20 是乳化液失稳过程的概要图。失稳速率受脂肪含量、剪切速率（流动速率）、固液的脂肪比例、空气含量和脂肪球大小的影响。

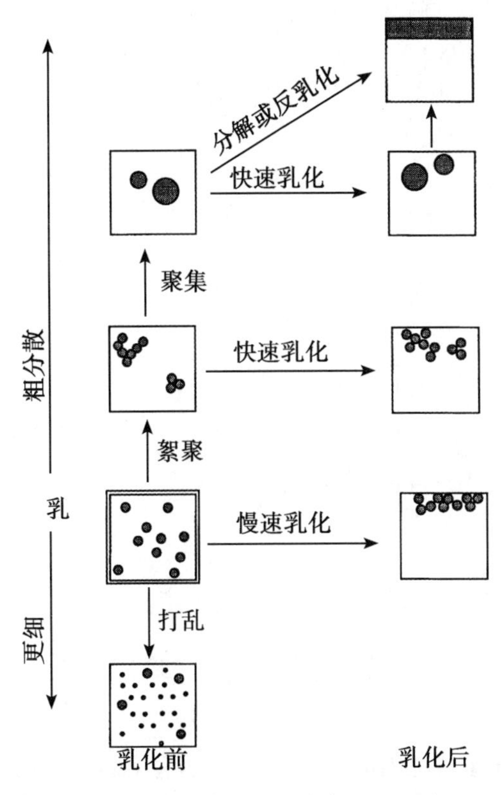

图 3.20　乳化液不同失稳形式图示（改自 Mulder 和 Walstra，1974）

3.9.2　奶中脂肪上浮过程

挤奶后 20min 后乳表面即可出现一层奶油。根据 Stokes 的公式计算，如果是由每个直径 4μm 的脂肪球上浮而形成奶油层，则约需 50h 才会出现奶油层。奶中奶油上浮速率之所以远快于 Stokes 公式推测值，是因为脂肪球簇集成直径范围在 10~800μm 的近似球体。牛奶从牛乳腺挤出之后，牛奶中的脂肪以单个脂肪球的形式存在，乳脂的起始上浮速率与单个乳脂球的半径（r^2）呈比例关系。奶中乳脂球大小不均促使了脂肪球簇的形成。开始时大脂肪球上升速率比小脂肪球快好几倍，结果超过缓慢上浮的小脂肪球并与其相撞，形成脂肪球簇，使其上浮速率加快，再簇集更多脂肪球，以与其增大的半径相对应的速率继续上浮。脂肪球簇上浮的速度仅近似于 Stokes 公式的估测值，因为其几何形状不规则且内含一定数量的乳清，因此 $\Delta\rho$ 并非固定不变，且应小于单个脂肪球的相应值。

1889 年，Babcock 提出牛奶奶油上浮是由类似于血红细胞的凝集型反应所致的假设。该假设已被证实。添加血清或初乳可加快奶油上浮速度，其主要相关因素为免疫球蛋白（Ig，初乳中含量高），尤其是 IgM。因为这些免疫球蛋白在低温条件（< 37℃）下发生凝集和沉淀，而在升温时再溶解散开，所以通常又被称为冷球蛋白。凝集也受离子强度和 pH 值的影响。当在冷环境时，冷球蛋白发生聚集时，可能沉淀在大颗粒，比如脂肪球的表面，可能是通过降低表面（电动）电位使其凝集。冷沉球蛋白也可形成一种包裹有脂肪球的网状结构。这种凝聚物经轻微搅拌可重新分散，并可在加热至 37℃以上的温度下完全分散。奶油是否上浮强烈依赖于温度，温度高于 37℃则不会发生（图 3.21）。水牛、绵羊和山羊奶不表现絮聚作用，有些牛的奶中没有或只发生极少的絮聚作用，这显然是一种遗传性状。

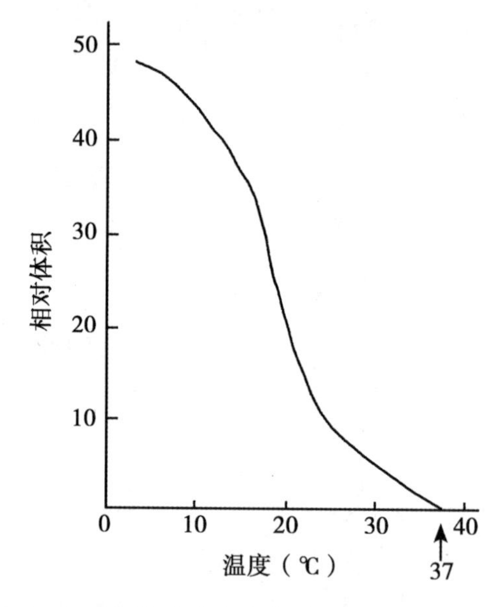

图 3.21　温度对 2h 后上浮奶油体积的影响（改自 Mulder 和 Walstra，1974a，b）

奶油上浮速率和所形成奶油层厚度均有很大变异。冷球蛋白浓度可能会影响奶油上浮速率。虽然初乳（富含免疫球蛋白）奶油易上浮，泌乳末期乳不易上浮，但泌乳中期奶的奶油上浮速率跟其免疫球蛋白含量无关。一个特性不明的脂蛋白与冷球蛋白可协作促使凝集的发生。奶油上浮速率随离子强度升高而升高，而酸化会使其延缓。高脂乳，趋于含有更高比例的大脂肪球，因此其奶油上浮速率快，可能是由于脂肪球间的撞击概率更高，而且大脂肪球易于聚集为更大的脂肪球簇。高脂乳形成的奶皮也比预测的更厚，可能是由于大脂肪球形成的团聚体里的“空腔”更大。

加工方法显著影响奶油上浮速率和奶油层厚度。在低温下奶油上浮速率更快、更彻底（<20℃；图 3.21），可能是冷球蛋白的沉淀与温度有依赖关系。奶油上浮早期，轻微搅拌（但持续不太久）可促进并加快脂肪球簇的形成和奶油的分层，可能是撞击概率增大的缘故。按道理，搅拌低温奶应使所有冷球蛋白沉积到乳脂球表面，一旦停止搅拌，马上就应发生奶油快速分层。可是实际上，这样处理后奶油根本就不分层，或过了很久后才产生轻微分层。如果轻微搅拌奶油已分层的冷乳，脂肪球簇就会散开，且不会

重新集聚，除非将奶重新升温至约 40℃后再冷却，即整个过程要再重复一遍。剧烈搅拌可能会导致冷球蛋白变性或改变脂肪球的表面结构，所以对奶油上浮不利。如果在≥40℃条件下对奶进行分离，冷球蛋白主要出现于乳清中，但在低温条件则主要在奶油中。加热使冷球蛋白变性，使凝集和奶油分层作用受损或受阻（如 70℃ × 30 min 或 77℃ × 20 s）；在热处理的奶中添加免疫球蛋白可使其重新出现奶油分层（除非经极端加热处理，如 95℃持续 2 min 或同等的热处理强度）。均质处理可避免奶油分层，不仅因为降低了脂肪球的尺寸，同时还有一些其他因素，因为生奶油和均质化脱脂乳相混合后奶油分层效果欠佳。事实上似乎有两种优球蛋白（euglobulin）参与凝聚过程，其中一种因加热变性，另一种在均质处理过程中变性。综上一系列因素，包括温度变化、搅拌、均质处理均会影响奶油分层速率和程度。

3.10　加工过程对乳脂球膜的影响

正如 3.8.7 中所述，乳脂球膜相对脆弱，在各种加工过程中容易受损，因此通过搅拌、均质、加热、浓缩、干燥或冷冻等方法破坏乳脂球膜，就可使乳化液的稳定性降低。膜的重排会使乳脂水解酸败及产生光激化异味和浮油现象的可能性增大，但会使发生金属催化的氧化作用可能性减小。以下将讨论主要的乳品加工工序对乳脂球膜的影响及其造成的相应产品缺陷。

3.10.1　奶供应：水解酸败

奶在牧场生产及运输至加工厂的过程是乳脂球膜损伤的主要潜在环节。挤奶过程的几个不同阶段可导致膜的损伤：因从挤奶杯吸入空气而产生泡沫；由垂直输乳管（立管）产生的搅拌作用；在管线、奶泵（尤其未满负荷工作时）、表面冷却器和储奶罐中的搅拌器中受到压缩和/或膨胀作用；在储奶罐壁上出现结冰现象。虽然脂肪球膜由此受损可造成一些浮油析出，并可能对乳脂乳状液造成其他物理损伤，但更为严重的后果是可导致水解酸败的发生。脂解的程度通常用“酸值”（ADV）表示，即每 100 g 脂肪中含有游离脂肪酸的毫摩尔数；ADV > 1 表示不好，多数人可凭品尝感知。

牛奶（包括水牛奶）中主要的脂酶是脂蛋白酯酶（LPL；见第 8 章）。该酶多数与酪蛋白胶束结合，并与其底物乳脂肪相隔，即乳脂球膜将酶和其底物分隔在两个区域。但即使膜有微小损伤也可使酶和底物接触，从而产生水解酸败。该酶在约 37℃和约 pH 值 8.5 条件下活性最佳，并且被二价阳离子激活，如 Ca^{2+}（Ca^{2+}的游离脂肪酸复合物是强抑制剂）。奶 LPL 的初始酶促速率约为3 000/s，即每摩尔 LPL（每升奶中通常含有 1~2mg 脂酶，即 10~20nM）每秒可释放约3 000分子脂肪酸。如果这些酶被完全激活，足以在约 10s 内诱发酸败。但这种现象在乳中决不会发生，原因包括：pH 值和离子强度加上通常温度都不会在最佳范围；脂酶与酪蛋白胶束相结合；底物不容易得到；奶中可能含有脂酶抑制剂，包括酪蛋白。由于各种抑制和不利因素的存在，奶中脂酶活性与其浓度并不相关。

机器挤奶，尤其是管道挤奶系统，明显提高水解酸败的发生率，除非采取充足预防措施。影响因素是集奶器和从集奶器将奶送至管线的软管；调节适当的进气量可将集奶器内的膜损伤减至最小。低位管道挤奶装置对膜的损伤要比高位挤奶系统小，但价格较高且操作不方便。大直径管线（如 5cm）可降低酸败的发生率，但难以清洁，浪费奶量也多。其他一些装置或生产流程，包括接收罐、奶泵（隔膜泵或离心泵，假如操作得当的话），储奶罐包括罐内搅拌器的类型，奶罐车的运输过程或预处理过程（如泵送或冷藏）等对酸败发生的贡献较小。

在泌乳末期脂解发生频率增加，脂解程度加剧，原因可能是乳脂球膜变弱和产奶量较低（可使搅拌作用加剧）。牛奶生产有季节性时这个问题尤其突出，如爱尔兰或新西兰。

刚挤出的乳降温至 5℃，然后升温至 30℃，再降温至 5℃也可激活脂肪酶系。这样的温度变化循环有可能在牧场实际生产中出现，比如在少量冷却奶中加入大量温奶。所以，每次收奶应该把储奶罐的奶完全排干净（这也是保持良好卫生状况的重要环节）。目前有关温度激活脂解的机理仍无满意的解释，但有人认为乳脂物理状态（液/固比例）随温度改变而改变可能是一个原因；此外脂肪球表面的损伤或变化以及与脂蛋白辅因子结合可能也有关。

有些奶牛生产的牛奶容易出现“因发酸败”的缺陷，无须任何激活，只要是冷却牛奶，就会出现酸败；这一现象的发生频率可能占牛群高达 30%。发生自发酸败的可能原因包括：

（1）可能除了酪蛋白胶束上的脂酶之外，乳脂膜上还有另一种脂酶；但目前仍无证据，也不大可能得到证据。

（2）可能是脂肪球膜太脆弱，不能充分保护脂肪不被正常的 LPL 分解。

（3）高水平的脂蛋白辅因子或蛋白際蛋白胨 3 有利于 LPL 在脂肪表面附着；这似乎是可能性最大的原因。

将正常牛奶和易酸败牛奶按 4：1 比例混合可避免自发酸败的发生，因此除了一些小牛群和特殊牛群之外，该问题并不严重。自发酸败发生率随奶牛泌乳天数的增加而增加，只喂干饲料不喂青饲料发生率也会增高。

3.10.2 乳的机械分离

重力分离奶油的效率是比较高的，尤其是在寒冷环境下（脱脂乳的脂肪可降至 0.1%）。但这种方法用在工业生产上就显得太慢且不便操作。在 19 世纪 60 年代人们就知道了离心分离乳脂的优点，在 19 世纪 60 年代和 70 年代就分离器的研发进行了某些尝试。世界上第一个分离器由瑞典人利拉伐（Gustav de Laval）在 1878 年生产出来，他的公司至今仍兴旺不衰。奶分离器自从研发出来后已经发生显著的变化；图 3.22 和图 3.23 是现代的分离器。

在离心分离中，Stokes 公式中的 g 由离心力 $\omega^2 R$ 替代，

式中

ω = 离心速度，弧度每秒（2^{Π} 弧度 = 360°）

R = 颗粒至旋转轴的距离（cm）

或者

$$\frac{(2\pi S)^2 R}{(60)^2}$$

式中 S=转速，单位为 rpm。

用此值替换 Stokes 公式的 g，再进行简化得出：

$$V=\frac{0.00244\ (\rho_1-\rho_2)\ r^2S^2R}{\eta}$$

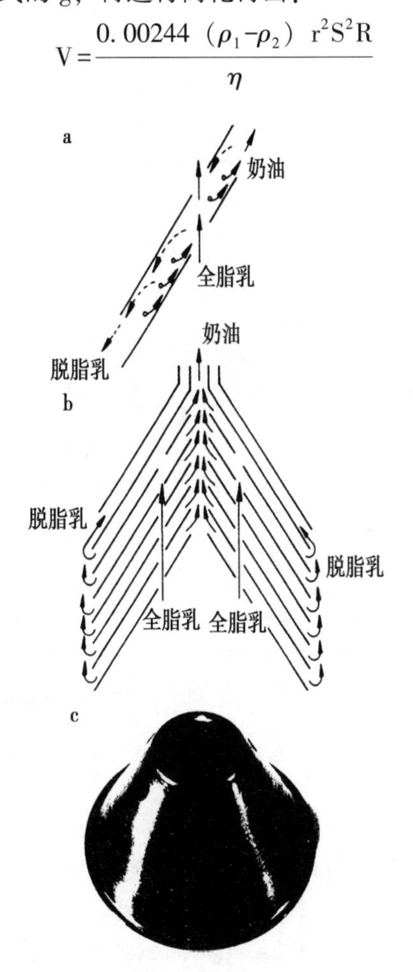

图 3.22　在离心式分离机中奶油和脱脂奶在一对碟片间流动的情况(a)；一叠碟片(b)（引自 Towler，1994）

因此，分离速率受脂肪球半径、分离器转子的半径和速度、奶的持续相和分散相间的密度差和黏度的影响。而温度对 r、(ρ1-ρ2) 和 η 有影响。

直径小于 2μm 的脂肪球奶油分离器不能完全分离出来，而由于脂肪球平均尺寸随泌乳天数增加而降低（图 3.15），故分离效率也随之降低。通过调整奶油和脱脂乳从分离器流出的比例，可调节奶油的脂肪含量，这实际上就是对回压进行调整。对任何一种分离器在大致固定不变的条件下运行的情况下，温度是影响分离效率的最重要因素。因为温度对 r、(ρ1-ρ2) 和 η 有影响。分离效率随温度升高而升高，尤其是在 20~40℃范围内。以前通常在≥40℃条件下进行分离，但现在的分离器即便在低温度下分离效率也非常高。

正如第 3.9.2 节所述，温度高于约 37℃时冷球蛋白全部存在于乳清相中，因此在该温度条件下分离所得的奶油的分层自然特性较差，而脱脂奶则因含有冷球蛋白而产生

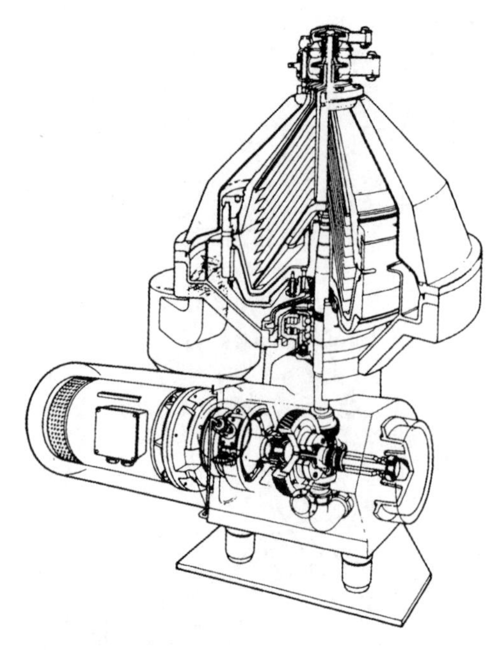

图 3.23　现代奶油分离机剖面图（引自 Towler，1994）

大量泡沫。在低温（<10℃至 15℃）下分离后，多数冷球蛋白存在于奶油相中。分离过程中常会混入相当多空气并形成显著泡沫，尤其是旧式的机器，从而对乳脂球膜造成损伤。低温分离的奶油黏度大大高于高温分离的奶油，因为前者含有冷球蛋白，且乳脂球凝聚成团聚物。

离心机也可用于对牛奶进行净化和离心除菌。净化处理主要用于去除体细胞和杂质，而离心除菌除了可去除上述物质外，还可除掉 95%～99% 的细菌。离心除菌的一个主要用途是去除奶中的梭菌芽孢，用于制作瑞士奶酪、荷兰式奶酪和意大利硬质奶酪，这些细菌可导致这些奶酪出现后期产气。在奶油自然分离过程中奶中大部分细菌和体细胞（约 90%）被包在脂肪球簇里，出现于奶油层中；它们可能是被冷球蛋白凝集。

3.10.3　均质化

均质化广泛应用于液态奶及液态奶制品加工中。均质化实际上是将奶以高压（13～20M/Nm^2）推送通过一个小孔（图 3.24），通常是在 40℃（在此温度下脂肪呈液态；低温时脂肪呈半固态，均质化效率降低）。均质化的主要目的是将脂肪球的平均直径降至小于 1μm（均质奶的绝大多数乳脂球直径小于 2μm）（图 3.25）。这是通过剪切、撞击、膨胀和空化作用的联合作用来实现的。乳第一次通过均质机后脂肪球成块出现，导致黏度增高；经第二次在较低压力（如 3.5M/Nm^2）均质后脂肪团块散开，黏度降低。结块源自在奶瞬间通过均质机阀门后，奶化液的界面面积大大增加，造成脂肪球因覆盖不完全而凝集成团，导致相邻的脂肪球共同与酪蛋白胶束结合。

乳品行业使用的均质机以阀式均质机为主，但也有其他几个类型的均质机，可用于某些产品的生产中（Huppertz，2011），包括：

- 高速搅拌机，如 Silverston 型，其原理是利用高速旋转叶片的剪切作用使脂肪球

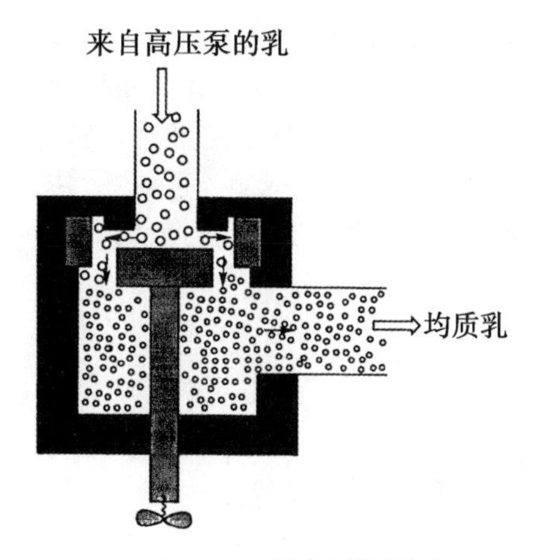

图 3.24　奶均质机简图

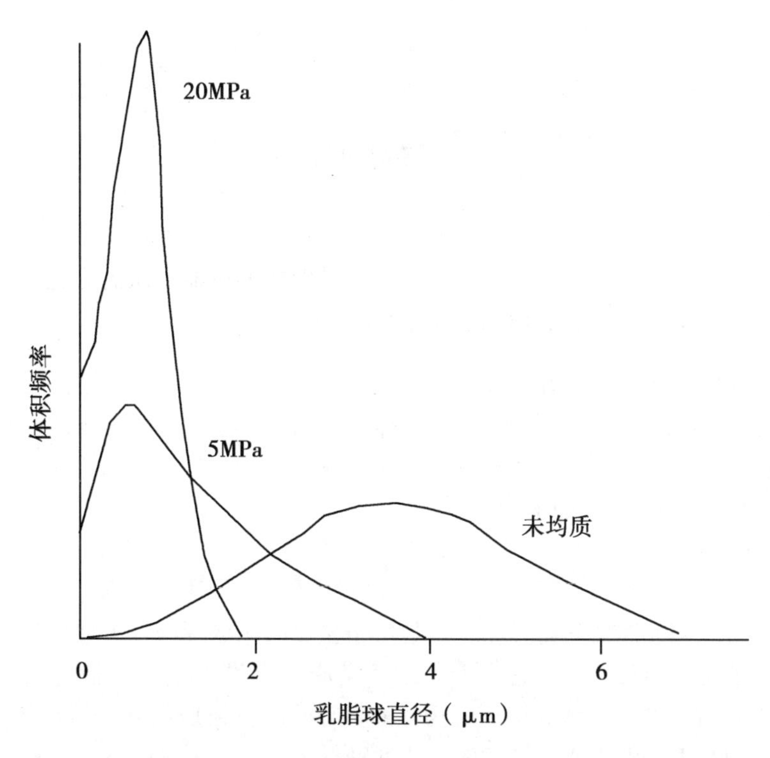

图 3.25　均质化对乳脂球尺寸（体积分布）的影响（改自 Mulder 和 Walstra，1974）

变小。

- 胶体磨，特别适用于极为黏稠的物质。
- 微射流均质机，在压力高至 300MPa 条件下，让两股液流，如油相和水相，在反应室内以 180°角强力撞击。
- 超声波均质机，工作频率在 20~100kHz。
- 膜式均质机。

把脂肪球的平均直径降至 1μm，可使脂肪/乳清之间的界面面积增加 4~6 倍。由于没有足够的天然生物膜可将新形成的表面完全包裹起来，或者由于时间太短不能完全包裹，因而均质奶中的脂肪球被一种主要由酪蛋白形成的膜（酪蛋白占干物质重的93%，同时含有一些乳清蛋白，乳清蛋白吸附效率低于酪蛋白）所包裹（图3.26）。均质奶的脂肪球膜含2.3g蛋白质/100g脂肪（约10mg蛋白质/m^2），远高于天然乳脂球膜中蛋白质的含量（0.5~0.8g/100g脂肪），其厚度估计约为15nm。均质奶的乳清相中酪蛋白含量降低了6%~8%。

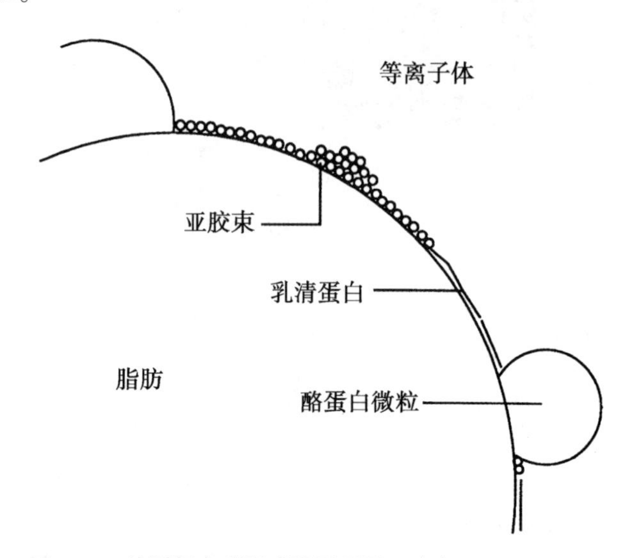

图3.26　均质奶中乳脂球膜原理图（改自Walstra，1983）

均质化使奶的性质发生了几大变化：

（1）均质奶奶油无法自然分层，机械分离效果也很差。其原因部分是由于脂肪球的平均尺寸比较小，但均质奶的脂肪球又无法形成团聚物才是主要的原因，主要是由于为搅拌作用已使一些免疫球蛋白变性。

（2）正如第3.10.1节所述，均质奶中因加工后产生的膜无法将脂肪球与脂酶隔开，使其极易发生水解酸败，因此均质奶必须在均质前或均质后立刻进行杀菌处理。均质奶也更容易出现阳光照射氧化异味，这是由于蛋氨酸生成甲硫基丙醛所致。但均质奶不易发生金属催化的脂类氧化，这可能是由于磷脂（高度不饱和）极易氧化，原来大量存在于天然乳脂球膜上（含有助氧化物，如黄嘌呤氧化还原酶和金属离子），但在均质后分布更均匀，因此促进脂类氧化的可能性降低。

（3）因为均质乳脂肪球更小（因此光散射增强），所以颜色更白，而且味道比较淡。

（4）均质化后全乳的热稳定性降低，由皱胃凝乳酵酶诱导形成的胶体的强度（凝乳张力）也降低；这些变化将在第9章和第12章进行详细讨论。均质化后黏度增大。均质奶的泡沫形成特性提升，这一特性可能是由于从天然乳脂球膜上释放出了促成泡沫的蛋白质或者与脂肪球尺寸减小有关，因为较小的乳脂球似乎不易损伤泡沫薄片。均质化可降低表面张力，可能是由于均质生成的膜中含有极具表面活性的蛋白质，并且脂肪球的表面发生了变化。均质奶在玻璃瓶或玻璃杯壁的流痕比较干净（挂壁少）。原料奶均质化前应先进行净化，以免贮存期间产生白细胞沉淀。

均质化的效率可用显微镜检测或用效率更高的粒度分析仪检测，如 Malvern Mastersizer。

3.10.4　加热处理

常规高温短时巴氏杀菌对脂肪球膜无影响，对乳脂的性质（对乳脂球膜有依赖作用）影响也很小。但过高的杀菌温度会导致冷球蛋白变性，使脂肪球的凝集作用和奶油分层受损或甚至不会发生。极端热处理，比如 80℃×15min，可造成膜上的脂类和蛋白质脱落，使脂肪球部分裸露，可能使脂肪球相互融合，形成较大的脂肪团块，导致产品出现缺陷，如在奶或奶油中结出奶皮（第 3.11 节）。

热蒸发处理也会导致膜的受损，尤其是由于在高速加热系统中同时伴有强烈搅拌。由于生产浓缩或脱水奶制品的原料乳通常都要进行均质化处理，因此天然乳脂球膜受损也没关系。

3.11　奶和稀奶油的物理缺陷

除风味缺陷外，乳脂球膜受损会引起奶尤其是稀奶油的多种物理缺陷，主要的缺陷有：析出浮油、结奶皮和贮存期稠化。

析出浮油，其特征是当把奶尤其是稀奶油倒入咖啡或者茶中时其表面会漂出小油滴或小脂滴。这是由于在加工过程中乳脂球膜受破坏，使被膜包被的脂肪裸露出来；低压均质化可使裸露脂肪再乳化从而消除这种缺陷。

结出奶皮，其特征是装在瓶中的稀奶油或奶表面会形成一层固态脂肪。这种缺陷是由于裸露脂肪含量高，在冷却时形成交联晶体引起，这种现象在高脂稀奶油中最常见。非均质奶、巴氏杀菌奶和泌乳后期的奶易发生该现象，可能是由于其乳脂球膜比较脆弱的原因。

贮存期稠化实际上是由裸露脂肪含量高所致，高脂稀奶油尤易出现这个问题。产品在贮存期间由于裸露脂肪晶体相互交联而变得非常黏稠。

稀奶油出现白斑和稀奶油出现微粒是两个有些相关的影响奶稳定性的问题。出现白斑的表现是将奶或者稀奶油倒入热咖啡中会出现白斑，这是一种热诱导的凝结作用，白斑主要为不稳定的蛋白。可使稀奶油热稳定性降低，容易出现白斑的因素包括：

（1）单级均质处理；

（2）低温高压均质化；

（3）稀奶油或水中 Ca^{2+} 浓度高；

（4）脂肪与乳清固形物的比值高，即高脂稀奶油；

（5）咖啡温度高、pH 值低。

均质处理会增强蛋白质和脂肪的相互作用，而高温、低 pH 值和高浓度的二价阳离子会引起被酪蛋白包裹的脂肪球凝集成肉眼可见的大颗粒。下面做法可提高稳定性：

（1）使用鲜奶；

（2）添加磷酸二钠或柠檬酸钠可以结合 Ca^{2+}，增加蛋白质电荷和解离酪蛋白胶束；

（3）用酪奶对稀奶油进行标准化，因酪奶富含磷脂是一种优质乳化剂。

“稀奶油微粒”是乳脂球膜上的磷脂在细菌尤其是蜡样芽孢杆菌，也可以是嗜冷菌分泌的磷脂酶作用下发生水解所引起；当乳脂球密集堆积（如在稀奶油或奶中的奶油层中）时，半裸露的脂肪球会聚集成团聚体，而不是形成固态脂肪块。

裸露脂肪

“裸露脂肪”是膜部分脱落或全部脱落的脂肪球。乳脂球膜的破坏程度可以通过测定裸露脂肪的含量来确定。未受损的乳脂球在膜的保护下不能用极性溶剂提取，膜受损后就可用极性溶剂提取，被极性溶剂提取出来的脂肪即称为“裸露脂肪”。

裸露脂肪可以采用改进的罗兹-哥特里（Rose-Gottlieb）法或四氯化碳提取测定。在标准的罗兹-哥特里（Rose-Gottlieb）脂肪测定方法中，利用氨-乙醇溶液破坏乳化液的稳定性，再用乙醚-石油醚提取裸露脂肪。同样也可以不经过第一步乳化液的去稳定过程而直接用脂肪溶剂提取裸露脂肪，最后用裸露脂肪占样品的百分比或者占总脂肪的百分比来表示。此外，待测样也可以用四氯化碳抽提。两种方法中待测样和脂肪溶剂混合后都要经过摇晃，摇晃时间和力度要严格标准化，才能保证测定结果具有较高重复性。

裸露脂肪的其他测定方法还有：采用巴布科克（Babcock）或盖勃氏（Gerber）测脂器在40~60℃离心测定（在测脂器刻度尺上直接读取裸露脂肪量）；通过测定与膜结合的酶如黄嘌呤氧化还原酶或碱性磷酸酶的释放量，或者通过测定乳脂对添加脂酶（如白地霉的脂酶）引起水解反应的敏感性来测定。

3.12 搅拌

早在史前时代人们就知道乳和稀奶油经搅拌后，脂肪就会聚集成颗粒，再经压炼就可变成奶油（图3.27）。长久以来制作奶油已成为温带地区人们保存乳脂的一个传统方法；但在热带地区则是加热去除奶油粒或稀奶油的水分，得到的产品称为酥油（Ghee），是无水奶油的一种粗制品。全球每年奶油产量约为9.3×10^6t（USDA，2014）。

制造奶油可以用新鲜稀奶油（pH值约为6.6），也可以用成熟稀奶油（发酵的，pH值约为4.6），可分别生产出淡奶油和酸奶油。淡奶油在说英语的国家较为常见，酸奶油则在其他国家更为普遍。传统上制作酸奶油的稀奶油一般是用土著微生物区系进行发酵的，菌种差异比较大。直到19世纪80年代，经优选的乳酸细菌培养物（菌种）投入使用之后，产品质量和稳定性才得到改善。乳酸细菌可将乳糖发酵生成乳酸，将柠檬酸发酵生成双乙酰（酸奶油中的主要风味物质）。现在酸奶油的工业生产中常用一种含有乳酸和双乙酰的香料，以达到加快生产进度和提高产品一致性的目的。

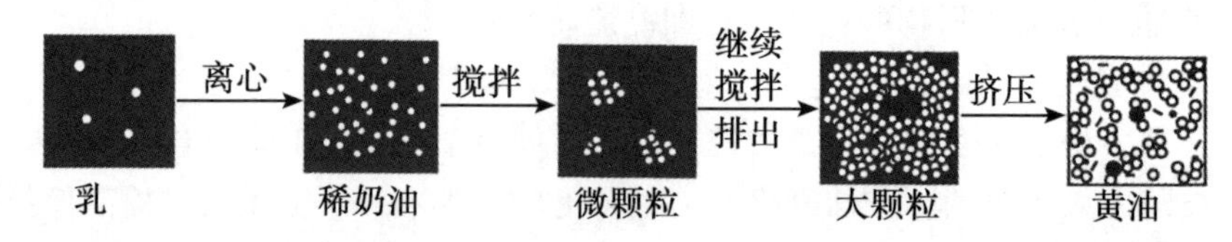

图3.27 生产奶油各阶段示意图。图中黑色代表连续水相，白色代表连续脂肪相（改编自Mulder和Walstra，1974）

奶油的制作或搅拌过程实质上就是乳状液转相，即由水包油的稀奶油乳状液变成油包水乳状液的过程。转相是借助某种形式的机械搅拌来实现的，通过搅拌使部分对脂肪球有稳定作用的膜脱落，让裸露的脂肪球互相融合形成奶油粒，包裹住一些球状的脂肪；然后奶油粒经过压炼，在室温下释出液态脂肪。释出的液态脂肪可占总脂肪含量50%~95%，这取决于温度，也取决于压炼的方法和程度。液态脂肪形成的连续相中分布着脂肪球、脂肪晶体、球膜物质、水滴和小气泡（图 3.28，表 3.13）。添加 NaCl（加至约 2%）可以改善奶油的风味，更重要的是还有防腐作用，加入的食盐溶于水滴中（使水滴食盐含量约为 12%），水滴中也含有细菌。酸奶油一般不加食盐。

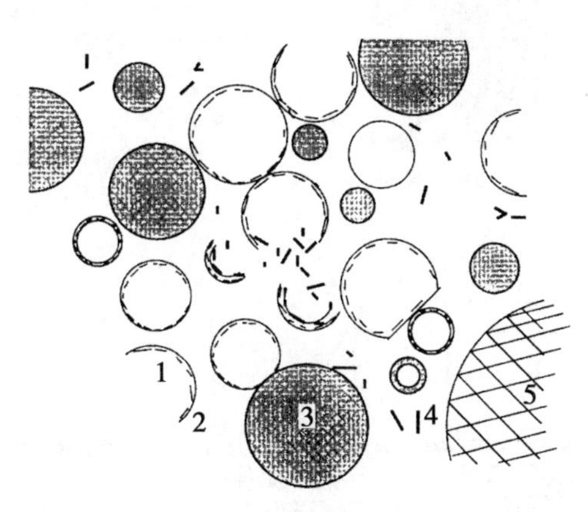

图 3.28 奶油结构示意图

（1. 脂肪球；2. 膜；3. 水滴；4. 脂肪晶体；5. 气泡，改编自 Mulder 和 Walstra，1974a,b）

奶油制作的转相过程很受人关注［详见 McDowall（1953）、Wilbey（1994）和 Mortensen（2011a，b,2014）］，搅拌方法大致可分为传统批次法和连续法。

表 3.13 传统奶油的结构成分（改编自 Mulder 和 Walstra，1974）

成分	数量（mL^{-1}）	奶油比例（%，v/v）	维度	备注（μm）
脂肪球	10^{10}	10~50	2~8	成分有差异；球膜完整或不完整
脂肪晶体	10^{13}	10~40	0.01~2	数量取决于温度；主要出现于脂肪球中；低温下形成固体网络结构
水分	10^{10}	16	1~25	水滴成分有差异
气泡	10^{7}	—	5	>20

（1）传统批次法是将含 30%~40%脂肪的稀奶油投入慢速旋转的搅拌装置（有各种形状和设计，如图 3.29）。搅拌过程中，不断掺入空气，形成大量小气泡，脂肪球被气泡片层包围。当气泡逐渐变大时，气泡片层变薄，对脂肪球产生剪切效应。一些脂肪球的膜脱落，相互集聚，聚合的脂肪球通过从乳脂球挤出的液态脂肪胶合在一起。一部分液态脂肪分散到气泡表面，导致气泡破裂释放出奶油粒和酪奶（主要为乳清相和脂肪球的膜）。

当乳脂球出现一定程度的失稳时，泡沫突然消失而奶油粒达到所需大小，把酪奶排

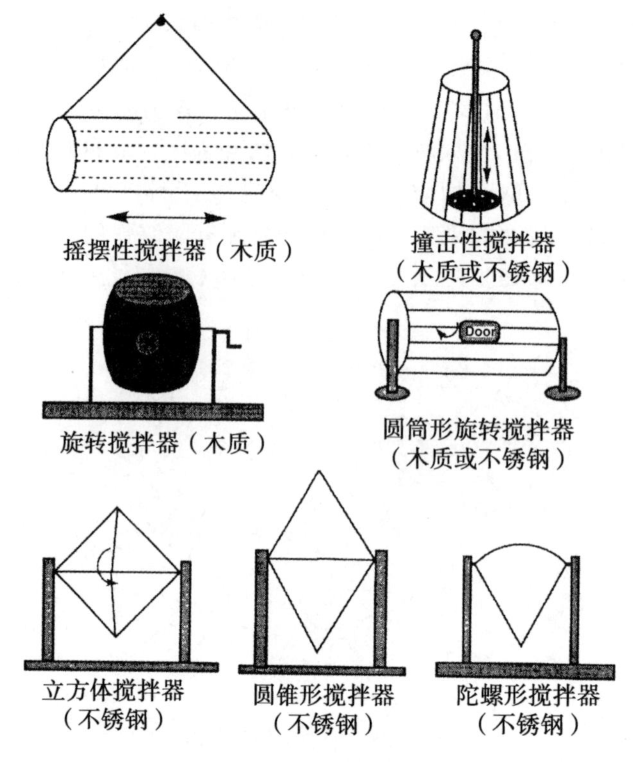

图 3.29　常见的奶油搅拌器

掉，将奶油粒压炼成整块的奶油。压炼恰到好处对生产优质奶油是非常重要的，水滴的均匀分布可以降低微生物增殖的风险和其他引起变质反应的风险（多数水滴<5μm）。通过压炼也可使含水量降至法定值，即≤16%。稀奶油搅拌所需的时间、从酪奶中损失的脂肪量和奶油的含水量受各种因素影响，包括温度、pH 值、稀奶油中脂肪含量、脂肪球大小和搅拌器的转速。酸奶油所需的搅拌时间比淡奶油短。稀奶油的温度对奶油的含水量影响很大（图 3.30）。

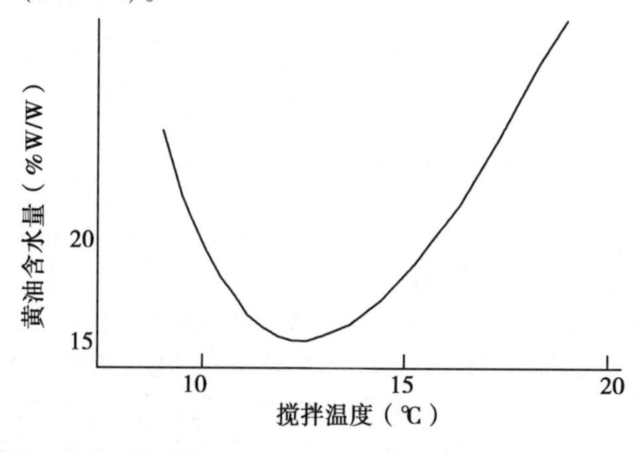

图 3.30　搅拌温度与传统奶油含水量的关系，其他条件都一样（Mulder 和 Walstra，1974）

（2）现代的连续式搅拌机可连续工作，主要有两种加工工艺：

（a）用含约40%脂肪的稀奶油的工艺［即弗里茨法（Fritz），如韦斯伐里亚（Westfalia）分离机AG］，在螺旋式热交换器中通过搅打使空气进入稀奶油薄层中（图3.31）。在该工艺中转相过程与传统奶油制作方法基本类似。

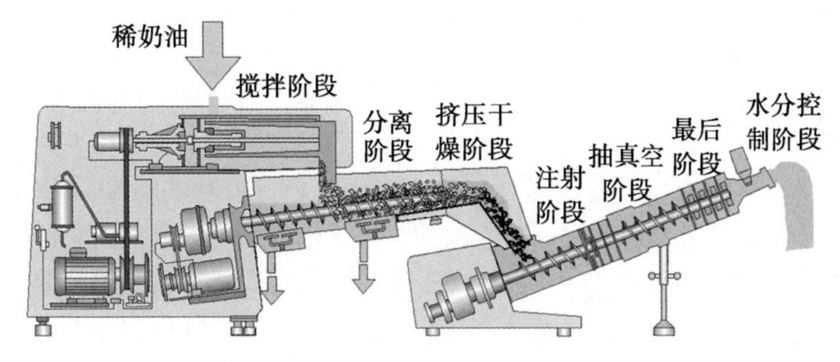

图3.31　韦斯伐里亚（westfalia）连续式奶油制作系统示意

（b）用高脂稀奶油（含80%脂肪）的工艺，尽管含80%脂肪稀奶油中的脂肪仍以水包油乳状液形式存在，但这种乳状液极不稳定，易因冷藏和搅拌失稳。

现代奶油加工厂的生产工艺流程见图3.32。

在生产奶油的各种工艺中脂肪球膜都会被完全或部分去除，进入酪奶中，所以酪奶是磷脂和其他乳化剂的良好来源。

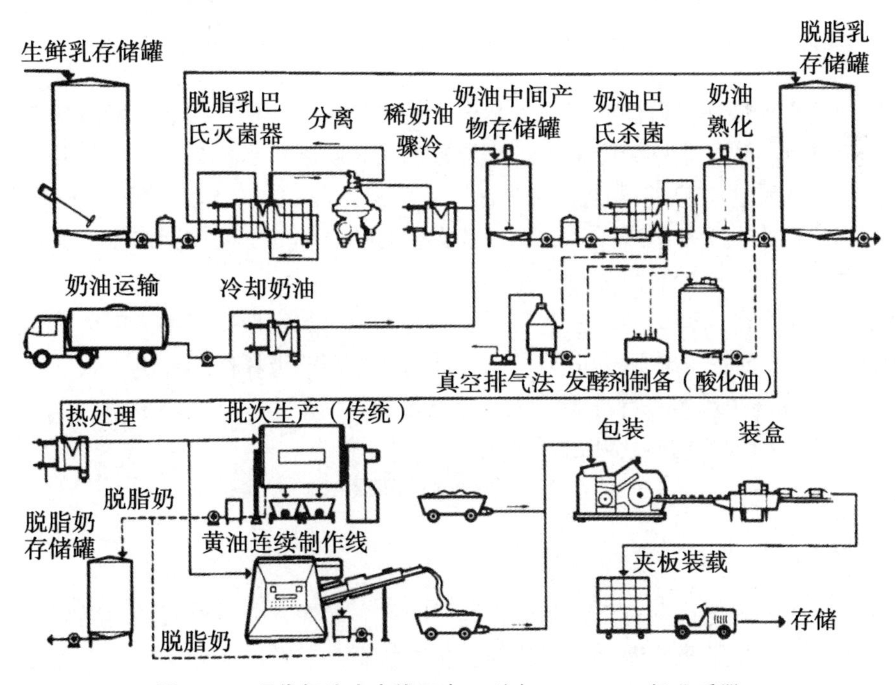

图3.32　现代奶油生产线示意（引自Alfa-Laval奶业手册）

3.12.1 酪奶

若用含40%脂肪的稀奶油制作奶油，会产生等量的酪奶，即酪奶每年产量达9.3×10^6t。传统酪奶（要区别于发酵的脱脂奶）的典型成分与脱脂奶成分大致相同，仅脂肪含量略高，即含4.9%乳糖、3.4%乳蛋白、0.8%灰分和0.6%脂肪。蛋白主要是酪蛋白和乳清蛋白，还有少量乳脂球膜蛋白。脂类富含来自乳脂球膜的磷脂（酪奶中磷脂含量比脱脂奶多7倍），使酪奶成为一种很好的乳化剂，也赋予它理想的营养特性，即酪奶是一种宝贵的乳品原料。从淡稀奶油、酸稀奶油和乳清稀奶油得到的酪奶的成分和性质各不相同。

酪奶一部分被用于与脱脂奶混合生产成脱脂奶粉，但酪奶粉是一种宝贵的乳品原料，主要用于烘焙和乳品行业中。在烘焙业中，添加酪奶可以增加面包体积、增强吸水性、提高松软度和改善面包老化。在乳品业中，酪奶可以增加披萨奶酪的产量，加快风味形成、改善低脂奶酪的口感、质感和融化性。酪奶还可以降低巧克力的黏性，避免其脂肪结晶，而且也是调味酱汁制作中一种重要的乳化剂。

脂肪球膜中的部分脂类具有良好的生理效应，如有抗癌、抗菌和抗抑郁等作用（Ward等，2006；Eyzaguirre和Corredig，2011）。

酪奶中的许多胶体性质和理化性质，如蛋白表达谱、热稳定性、乙醇稳定性、皱胃凝乳酶凝结性和胶束特性（大小、电势、水合作用和蛋白质表达谱）在O'Connell和Fox（2000）的研究中有所报道。Sodini等（2006）也对淡酪奶、酸酪奶和乳清酪奶的成分、黏性、乳化性和起泡性进行了研究。

3.13 制冷

制冷和脱水干燥往往可使人工或天然的脂蛋白复合物失稳。因此，对鲜奶尤其是稀奶油进行冷藏可导致乳脂球膜受损，进而导致产品在解冻后出现失稳。失稳效应大部分是脂蛋白复合物脱水引起理化性质的变化所致，但冰晶的生成也会造成一些物理性破坏。受破坏的具体表现是出现浮油和形成裸露脂肪。破坏的程度与脂肪浓度成正比，中高脂稀奶油（50%）制冷时可完全失稳。

商业上也生产冷冻稀奶油，主要用于生产对乳化液稳定性要求不高的汤羹、无水奶油和奶油等产品。通过采取以下措施可以降低制冷引起的破坏作用：

（1）速冻成薄片或者在冷冻滚筒上连续速冻；

（2）在制冷前进行均质化和巴氏杀菌；

（3）贮存在超低温（-30℃）下并在贮存期间保持温度的稳定。

3.14 脱水

乳粉中脂肪的理化状态对奶粉制成再制奶时的润湿性、分散性有显著影响，影响程度取决于生产工艺。脂肪或者以高度均匀乳化的状态，或者以部分集聚，去乳化的状态存在。出现去乳化状态时，乳脂球膜已破裂或完全脱落，导致脂肪球聚集在一起形成裸露脂肪池。去乳化的裸露脂肪的数量取决于生产工艺和贮存条件。乳粉中裸露脂肪的含量（占总脂肪百分含量）一般为：喷雾干燥奶粉3.3%~20%，滚筒干燥奶粉91.6%~

5.8%，冷冻干燥奶粉43%~75%，泡沫干燥奶粉不足10%。

滚筒干燥奶粉裸露脂肪含量高，是因为奶在滚筒表面受高温的影响，同时也受刮刀机械效应的影响。滚筒干燥全脂奶粉中的裸露脂肪能与可可脂发生共混物结晶作用而改善牛奶巧克力的质地（Liang 和 Hartel，2004）。在生产和保存得当的喷雾干燥奶粉中，乳脂球均匀分布在奶粉颗粒上，裸露脂肪的数量取决于总脂肪含量，可占总脂肪约25%。均质化预干燥（Homogenization pre-drying）可降低裸露脂肪的含量。

在贮存条件不好时还会再释放更多的裸露脂肪。奶粉吸水会变黏湿，乳糖形成结晶，导致其他奶成分从乳糖晶体内被排到晶体间的空隙中。乳糖晶体锋利的边角对乳脂球膜的机械作用会导致脂肪的去乳化。当乳脂球膜破裂时乳脂肪为液态或者在存储过程中变为液态时，乳脂肪便会吸附在奶粉颗粒上，并在颗粒的表面形成一层防水膜。

奶粉中脂肪的状态对奶粉的润湿性，即奶粉颗粒与水接触的难易程度的影响很大。适度的润湿性是奶粉分散性好的先决条件。溶解奶粉时裸露脂肪的防水性使奶粉颗粒不易溶解。再制奶粉表面会出现脂肪块和油斑（oily patches），容器壁上会有一层油膜。奶粉颗粒表面的裸露脂肪使脂肪更易被氧化。再制奶表面可能会出现一层脂肪蛋白复合物的浮沫；高温贮存可增大形成浮沫的倾向。

3.15　脂质氧化

脂质氧化会导致氧化酸败，是奶与奶制品变质的重要原因。Richardson 和 Korycka-Dahl（1983），O'Connor 和 O'Brien（1995，2006）曾对该问题进行综述。

3.15.1　自催化机制

脂质氧化是自催化的自由基链式反应，一般分为三个阶段：引发，增长和终止（图3.33）。

引发阶段从脂肪酸分子上夺走一个氢原子，形成一个脂肪酸自由基，如：

CH_3-----CH_2-CH=CH-$\dot{C}$H-CH=CH-CH_2----COOH

虽然饱和脂肪酸可失去一个氢原子而发生氧化作用，但发生氧化反应的主要是不饱和脂肪酸，尤其是多不饱和脂肪酸（PUFA），双键间的亚甲基（$-CH_2-$）尤为敏感：C18：3>>C18：2>>C18：1>C18：0。乳脂中极性脂质的PUFA含量高于中性脂质，且集中在乳脂球膜上与几种助氧化剂处于毗邻位置，因此特别容易发生氧化反应。

引发反应是由单态氧（$^1O_2$，在电离辐射等因素的作用下产生）、多价金属离子（能发生单价氧化还原反应（$M^{n+1}\rightarrow M^n$），尤其是铁和铜（可以是游离金属离子也可以是与黄嘌呤氧化还原酶、过氧化物酶、过氧化氢酶和细胞色素等有机物结合的金属离子）或光，特别在光敏剂存在下，如核黄素（在植物产品中，脂肪氧化酶是主要的助氧化剂，但这种酶不存在于奶与奶制品）催化发生的。

脂肪酸自由基可从氢的供体如抗氧化剂（AH）上夺走一个氢而结束氧化反应；也可以与分子氧$^3O_2$反应形成不稳定的过氧自由基。过氧自由基又可夺取抗氧化剂的一个氢而终止反应，或者从另一个脂肪酸上夺走一个氢，形成过氧化氢物和一个新的脂肪酸自由基，使反应继续进行下去。

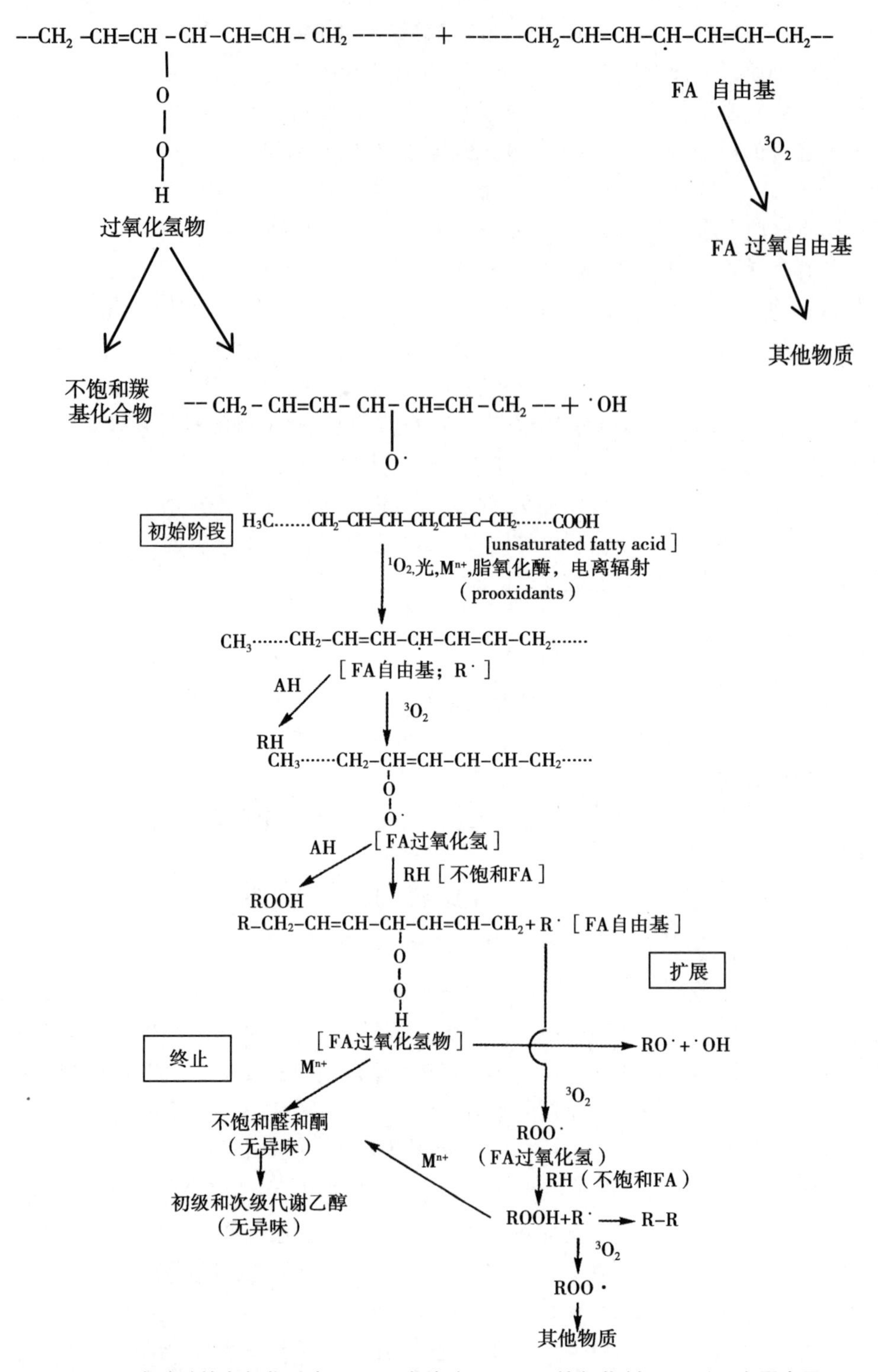

图 3.33　脂肪酸的自氧化反应，FA（脂肪酸）；AH（抗氧化剂），M^{n+}（金属离子）

如图 3.34 所示，脂质氧化的中间产物本身就是自由基，每个氧化循环不止产生一个自由基。因而脂质氧化反应是一个自催化反应，氧化速率随时间而升高，如图 3.34 所示。因此，即使在外部因素的诱导下仅形成很少的自由基（理论上只需一个自由基），就可引发反应的进行。反应有一个诱导期，其长短取决于存在的助氧化剂和抗氧化剂。

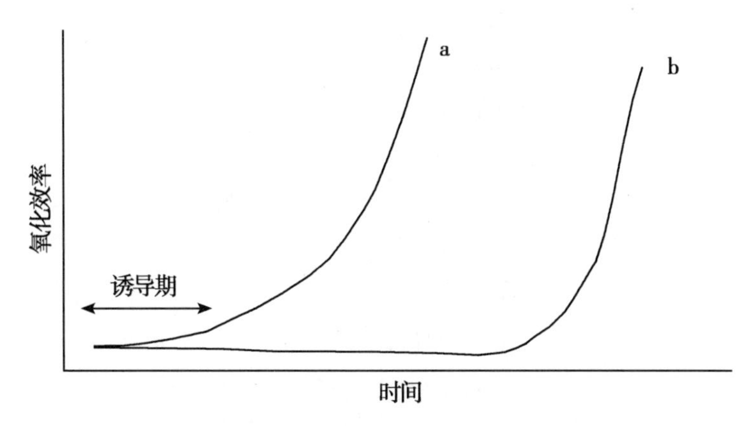

图 3.34　在抗氧化剂不存在（a）和存在（b）条件下氧化效率曲线图

脂质氧化过程中产生的氢过氧化物不稳定，可分解成各种产物，包括不饱和羰基化合物，是氧化脂质异味（脂肪酸自由基、过氧自由基和氢过氧化物均无味）产生的主要原因。不同的羰基化合物对风味的影响不同，产生羰基化合物的种类取决于被氧化的脂肪酸的种类，因此，氧化奶制品的气味也各不一样（表 3.14）。

表 3.15 归纳总结了影响奶与奶制品中脂质氧化的主要因素。

表 3.14　与常见的脂质氧化异味有关的化合物（Richarson 和 KoryckaDahl，1983）

化合物	风味	化合物	风味
C_6 ~ C_{11}烷醛	生牛油味	2,6/3,6-壬二烯醛	黄瓜味
C_6 ~ C_{10} 2-烯醛	生油味	2,4,7-十二烷三烯醛	鱼腥味，切青豆味
C_7 ~ C_{10} 2，4-二烯醛	油炸味	1-十二烷烯-3-酮	金属味
3-己烯醛（顺）	臭青味	1,5-十二烷烯-3-酮	金属味
4-庚烯醛（顺）	奶油味/油灰味	1-十二烷烯-3-醇	蘑菇味

3.15.2　奶与奶制品中的助氧化剂

奶与奶制品的主要助氧化剂为金属离子如铜和铁（铁的助氧化程度比铜弱）以及光。金属离子可能是内源性的，如作为黄嘌呤氧化还原酶、乳过氧化物酶、过氧化氢酶或细胞色素的组成成分，也可能来自设备、水和土壤等的污染。使用不锈钢设备可减少这些金属离子的污染。

乳过氧化物酶、过氧化氢酶和细胞色素等含金属的酶之所以具有助氧化作用，是由于其所含金属离子的作用，而不是酶的作用；这些酶的助氧化作用在加热条件下会增强（尽管存在有冲突的报道）。但含有铁和钼的黄嘌呤氧化还原酶可以发挥酶的助氧化作用，也可以作为助氧化金属离子的来源。

表 3.15　影响奶与奶制品脂质氧化的主要因素

类别	名称
A	潜在的助氧化剂 1. 氧气和活性氧 　体细胞的活性氧系统？ 2. 核黄素和光 3. 与各种配体结合的金属（如铜和铁） 　金属蛋白 　脂肪酸盐 4. 金属酶（变性？） 　黄嘌呤氧化酶 　乳过氧化物酶、过氧化氢酶（变性） 　细胞色素 P-420 　细胞色素 b_5 　硫基氧化酶？ 5. 抗坏血酸（？）和硫醇（？）（通过金属离子的还原活化？）
B	潜在的抗氧化剂 1. 生育酚 2. 乳蛋白 3. 类胡萝卜素（β-胡萝卜素，胭脂树橙） 4. 金属助氧化剂的某些配体 5. 抗坏血酸和硫醇 6. 美拉德反应产物 7. 抗氧化酶（超氧化物歧化酶、硫基氧化酶）
C	环境和物理因素 1. 惰性气体或真空包装 2. 包装材料的透气性和的不透明性 3. 光 4. 温度 5. pH 值 6. 水活度 7. 还原电势

（续表）

类别	名称
	8. 表面积
D	处理和贮存
	1. 均质化
	2. 热处理
	3. 发酵
	4. 蛋白水解

注：这些因素许多相互关联，甚至可能对脂质氧化起到两种相反的影响（如抗坏血酸和硫醇）（改编自 Richardson 和 KoryckaDahl，1983）

核黄素是一种强光敏剂，催化奶中多种氧化反应，如脂肪酸、蛋白（由蛋氨酸形成 3-甲基硫代丙醛，是产生光诱导异味的主要物质）和抗坏血酸的氧化。奶与奶制品应该用不透明材料（如纸板箱或铝箔纸）避光包装，紫外线暴露应减至最低程度。

抗坏血酸是一种非常有效的抗氧化剂，但它和铜同时存在则有可能有助氧化作用，这取决于抗坏血酸和铜的相对浓度。抗坏血酸似乎可将 Cu^{2+} 还原为 Cu^{+}。

3.15.3　奶中的抗氧化剂

抗氧化剂分子上有容易丢失的氢，可为脂肪酸自由基或脂肪酸过氧自由基提供氢原子，避免脂肪酸自由基或脂肪酸过氧自由基从其他脂肪酸上夺取氢，形成新的脂肪酸自由基。失去氢原子的抗氧化剂分子较为稳定，因此抗氧化剂可终止自催化反应链。

奶与奶制品中含有多种抗氧化剂，其中最重要的可能有如下这几种：

生育酚（维生素 E）：其主要功能将在第 6 章讨论。生育酚在体内最主要的功能是作为抗氧化剂。在动物日粮中添加维生素 E，奶和肉品中生育酚含量会随之增加。

抗坏血酸（维生素 C）：在含量较低时（奶中含量较低），是一种有效的抗氧化剂，含量高时则是一种助氧化剂。

超氧化物歧化酶（SOD）：存在于各种机体组织和体液包括奶中，能消除有强烈促氧化作用的超氧自由基。SOD 的功能将在第 10 章讨论。

类胡萝卜素可以作为自由基的清道夫，但奶中的类胡萝卜素是否起着抗氧化剂作用还存在争议。

β-乳球蛋白和乳脂球膜上的蛋白中的巯基在加热后会被激活。许多证据表明巯基具有抗氧化性，但在某些情况下巯基也会产生具有促氧化作用的活性氧。酪蛋白也是有效的抗氧化剂，可能是通过与铜螯合而发挥作用。

美拉德反应的一些产物也是有效的抗氧化剂。

大多数国家禁止在奶制品中添加合成抗氧化剂，如 β-茴香醚（BHA）或丁基羟基甲苯（BHT）等。

3.15.4　自然氧化作用

有 10%～20%的奶牛的生鲜奶会立即发生氧化反应，而其他牛则不会。根据乳脂发生氧化倾向的大小可将奶分为3类：

自发氧化奶：不用加入铜或铁也很容易氧化的奶。

氧化敏感奶：在添加铜或铁时易发生氧化反应的奶。

氧化不敏感奶：即使添加铜或铁也不发生氧化反应的奶。

有人认为，自发氧化奶黄嘌呤氧化酶（XOR）含量高（为正常奶含量的10倍）。尽管向氧化不敏感奶中添加外源XOR可引起氧化酸败，但奶中内源性XOR含量与氧化酸败的敏感性并无相关性。在氧化敏感奶中，铜-抗坏血酸系统似乎是主要的助氧化剂。奶中主要的抗氧化剂α-生育酚（见第6章）和XOR的相对浓度可能决定奶的氧化稳定性。奶中的超氧化物歧化酶（SOD）可能也是另一个影响因素，但其浓度与氧化酸败倾向无相关性。

3.15.5 影响奶与奶制品中脂质氧化的其他因素

与许多其他反应一样，脂类氧化也受系统中水活度（a_w）的影响。水活度约为0.3时极少发生脂质氧化。一般认为，水活度低（低于0.3）可促进氧化发生，因为水含量太低不能“盖住”在单分子层a_w值（a_w约0.3）下出现的助氧化剂。水活度值增大可增加助氧化剂的流动性，然而活度值太高时，水对助氧化剂可能有稀释效应。

脂质氧化过程必须有氧气。当氧分压小于10kPa（≈0.1个标准大气压；氧气含量约为10mg/kg脂肪），脂质氧化程度与氧气含量成正比。充入惰性气体（如氮气）、使用葡糖氧化酶（见第10章）或通过发酵均可以降低氧气浓度。

脂质氧化还会随pH值降低而升高（最适pH值约为3.8），可能是因氢离子（H^+）和金属离子（M^{n+}）竞争配体，造成M^{n+}的释放。主要原因可能是铜的分布发生了变化，如在pH值为4.6时，30%~40%的铜与脂肪球结合在一起。

均质化可显著降低脂质氧化酸败的倾向，可能是因均质化会使乳脂球膜上的敏感性脂类和助氧化剂重新分布排列；但均质化会使出现水解酸败和光诱导的氧化异味（因蛋白中的蛋氨酸变成蛋氨醛）的倾向增大。

NaCl能降低淡奶油中脂肪的自动氧化速率，但会增加发酵奶油（pH值约为5）自动氧化速率，具体机制还不清楚。

加热奶除了通过激活巯基和金属酶而影响脂质氧化速率之外，也可通过铜的重新分配（加热会使铜向乳脂球膜迁移），同时可能通过形成一些能螯合金属离子且具有抗氧化作用的美拉德反应产物而影响脂质氧化。

自动氧化速率随温度的升高（Q_{10}为2）而增大，但低温可促进生鲜奶和高温瞬时巴氏杀菌奶（HTST）的氧化，而UHT灭菌奶则刚好相反（即温度的效应是正常的）。这种反常现象的具体机制还不清楚。

3.15.6 脂质氧化的测定

脂质氧化的测定除感官评价外，已研究出几种理化评价方法，包括过氧化值、硫代巴比妥酸值（TBA）、紫外吸收（233nm）、硫氰酸铁、克雷斯（Kreis）实验法、化学发光分析、耗氧量和通过高效液相色谱（HPLC）分析羰基等（Rossell，1986；O′Connor和O′Brien，2006）。

3.16　奶脂的流变特性

奶制品的流变性受脂肪数量和熔点的强烈影响。脂肪含量对奶酪的感官特征影响很大，对奶油的影响更大，因为奶油的硬度和涂抹性是很重要的指标。脂肪的硬度取决于固态脂肪与液态脂肪的比例，这受脂肪酸组成、脂肪酸分布和加工处理过程等的影响。

3.16.1　脂肪酸组成与分布

反刍动物的脂肪（乳脂和脂肪组织）的脂肪酸组成是相对稳定的，因为瘤胃微生群落能修饰从日粮摄入的脂类，可起到“缓冲”作用。然而，乳脂中各种脂肪酸的比例随季节、营养条件和泌乳天数的不同而有差异（图 3.35），这可从不同季节乳脂肪硬度不同反映出来（图 3.37）。

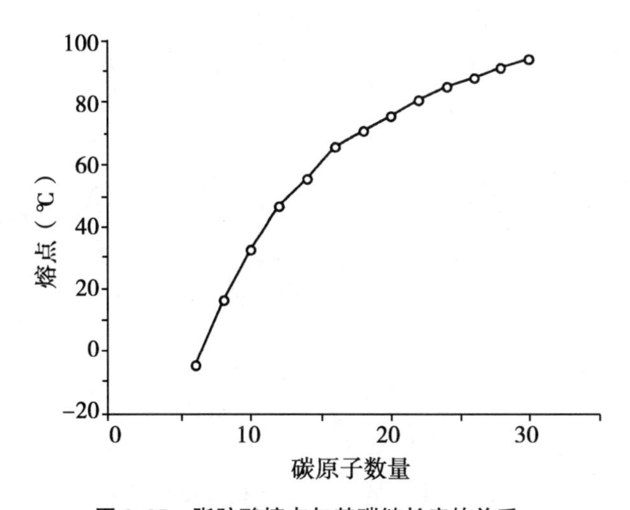

图 3.35　脂肪酸熔点与其碳链长度的关系

通过给牛饲喂包被（保护的）的多不饱和脂肪酸，可相当程度上改变脂肪酸的组成。不饱和油可以包被在用甲醛处理的蛋白质膜内或是富含油脂的压碎籽实。包被蛋白在皱胃里被消化释放出不饱和脂类，其中很大部分被用于合成乳脂（和体脂）。这种做法的技术可行性已得到证实但未被广泛使用。

甘油三酯的熔点受其脂肪酸的组成和位置的影响。脂肪酸的熔点随碳链增长（图 3.35）而升高。脂肪酸熔点随分子中双键数量增加而降低（图 3.36）。不饱和脂肪酸顺式异构体的熔点低于反式异构体（图 3.37）。顺式和反式不饱和脂肪酸异构体的熔点随双键位置由羧基向 ω-碳方向移动而升高。

含有相同脂肪酸的甘油三酯，结构对称的熔点高于结构不对称的甘油三酯（表 3.16）。

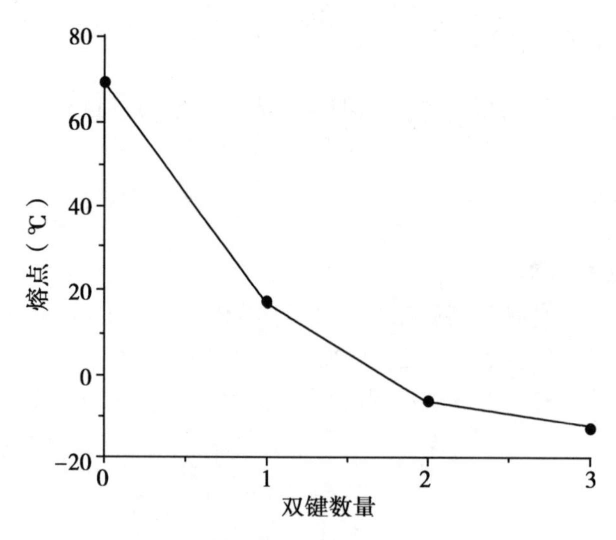

图 3.36　双键数量对十八碳烯酸熔点的影响

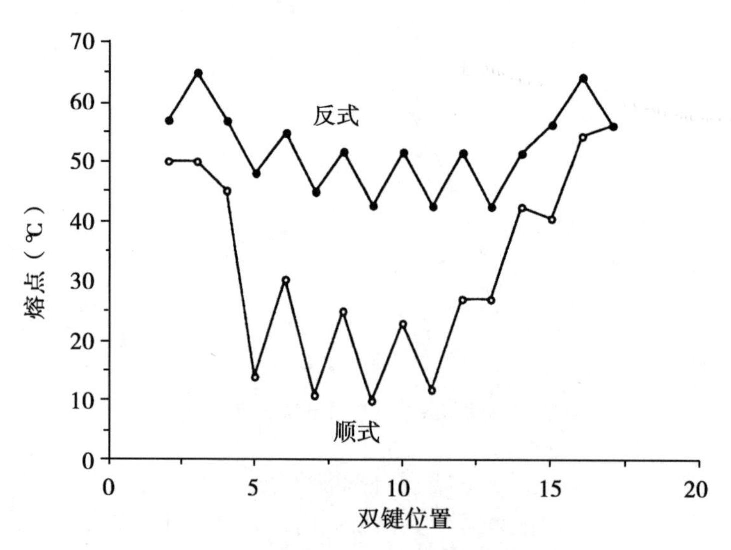

图 3.37　双键位置对十八碳烯酸熔点的影响

表 3.16　十八碳甘油三酯碳链缩短和酯化位点（对称和非对称）对熔点的影响

对称结构		非对称结构	
甘油酯	熔点 MP（℃）	甘油酯	熔点 MP（℃）
18-18-18	73.1	18-18-18	73.1
18-16-18	68	18-18-16	65
18-14-18	62.5	18-18-14	62
18-12-18	60.5	18-18-12	54
18-10-18	57	18-18-10	49

（续表）

对称结构		非对称结构	
甘油酯	熔点 MP（℃）	甘油酯	熔点 MP（℃）
18-8-18	51.8	18-18-8	47.6
18-6-18	47.2	18-18-6	44
18-4-18	51	18-18-4	—
18-2-18	62	18-18-2	55.2
18-0-18	78	18-18-0	68

如第 3.6 节所述，乳脂中的脂肪酸不是随机分布的。通过使脂肪酸随机分布可改变脂肪的熔点。利用脂肪酶和化学催化剂可促进酯交换反应而使脂肪酸呈随机分布。

3.16.2 工艺参数

3.16.2.1 稀奶油的处理温度

脂类的熔点受晶型（α，β 和 β[1]）的强烈影响，而晶型又受甘油三酯结构和产品的热历史的影响。稀奶油加工制作奶油时有许多种处理温度可降低奶油的硬度，该过程可自动操作。最经典的例子是 Alnarp 处理，一般是先将稀奶油巴氏杀菌后冷却至约 8℃，保持 2h，然后加热至 20℃，保持 2h，又冷却至约 10℃再进行搅拌。在某些情况下可能需要采用更复杂的处理程序。

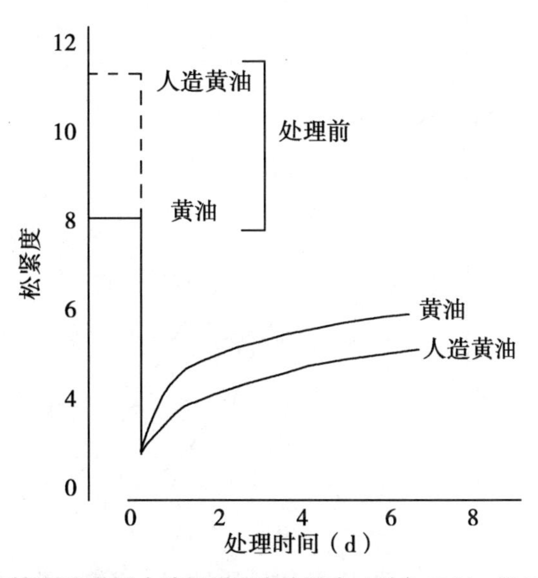

图 3.38 微固定对奶油和普通人造奶油硬度的影响（引自 Mulder 和 Walstra，1974）

所有这些处理工艺都通过控制晶体生长而发挥作用，如晶体较大、较少，吸附的液态脂肪就比较少，而且由于过冷却减少使形成的混合（液-固态）晶体也减少。

3.16.2.2 压炼软化（微固定）

在制造后的冷藏过程中奶油中的液态脂肪会生成结晶，形成连锁的晶体网络结构，导致奶油硬度增大。通过破坏这种晶体网络结构，或使奶油的硬度降低50%~55%，例如将产品通过小孔压出即可破坏这种网络结构（图3.38），这种处理工艺被称为“微固定”（类似的处理过程可使人造奶油的硬度降低70%~75%，破坏晶体网络结构对人造奶油的影响更大，使人造奶油的涂抹性似乎比奶油更好，尽管两者的固体脂肪比例是一样的）。在形成牢固的晶体网络后，即放置到后期阶段，如在5℃贮存7d后，微固定降低奶油硬度的效果比较好。微固定的效应在存储后或通过升温/冷却发生逆转，即这实际上是一个可逆的现象（图3.38）。

3.16.2.3 分馏

通过分级结晶，即控制熔化脂肪的结晶或从溶于有机溶剂（如乙醇和丙酮）的脂肪溶液中结晶脂肪，可改变奶油的熔解性和涂抹性。后一方法可获得的分馏物更完全，分辨度也更高，但在食品生产中有机溶剂可能难被接受。结晶产物可通过离心（已开发出专用的离心机）或过滤收集。早期分级结晶的研究是将高熔点脂肪分离出来以作别用，剩下的母液再用于制造改良的涂布奶油。该方法可使熔点-温度曲线向较低的温度方向移动，而其形状不会显著改变（图3.39）。虽然这样生产出来的奶油在低温下的涂抹性还可接受，但其硬度太差，即温度太低时奶油完全变为液态。有一种更好的方法是将高熔点和低熔点的分馏物相混，从而得到理想的熔解曲线。但怎样为中间熔点脂肪找到经济可行的去路，仍然是个问题。

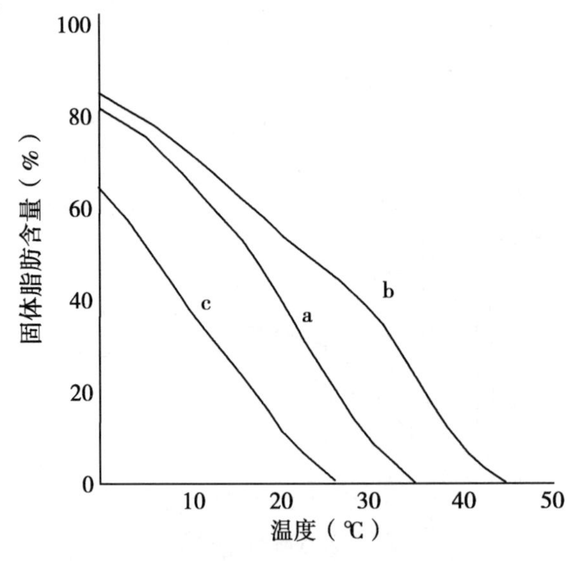

图3.39 未分馏乳脂（a），25℃分馏的固态脂肪（b）25℃分馏的液态脂肪（c）的熔点曲线（引自Mulder和Walstra，1974）

3.16.2.4 混合

植物油和乳脂混合可有效解决奶油硬度的问题，这样可以得到所需的任何硬度的奶油。这类产品在20世纪60年代就开始生产，现在在许多国家广泛使用。生产这类产品时可将植物油乳化液和稀奶油相混，也可将植物油与奶油直接混合搅拌。

乳脂和植物油的混合物除了可改良奶油的流变性外，也可降低生产成本（取决于乳脂的价格），并能增加其可能具有营养优势的多不饱和脂肪酸的含量。可在混合物中加入富含被认为对人体有益的营养功能的ω-3脂肪酸的油，但这类油容易发生氧化酸败。

3.16.2.5　低脂涂抹脂

含40%脂肪（乳脂或乳脂与植物油混合物）、3%~5%蛋白和乳化剂的涂抹脂现在在许多国家通常都有供应。这些产品具有良好的涂抹性而且热量含量也比较低（Keogh，1995）。

3.16.2.6　高熔点产品

有时候奶油可能太软，使应用范围受限制；将奶油和猪油或和牛脂相混可生产出适用范围更广的产品。

3.17　乳脂定量分析方法

当奶是在农场进行加工（奶油或奶酪）时，乳脂含量的测定并不重要。但随着19世纪中期奶制品加工厂的产生和发展，牛奶是按其能制作成奶油的数量，即其乳脂含量来计价的。最初，牛奶的奶油产出量是通过搅拌牛奶样品，称量所得的奶油来进行估计的，程序非常烦琐。1879年Franz Soxhlet首次研究出测定食物和类似物质脂肪含量的分析方法，这种方法现在仍是脂肪含量测定的标准参照方法。将待测物称重后置于一个厚实的滤纸筒中，用乙醚不断浸提，直到把脂肪抽提干净，浸提时间可长达24h。再把乙醚蒸发掉后，对烧瓶中残留脂肪进行称量。索氏脂肪测定仪如图3.40a所示。

索氏抽提法不适于液体物质（包括奶）中脂肪的测定，现在已研究出几种乙醚抽提测定奶与奶制品脂肪含量的方法。其中第一种方法是1884年由B. Rose发明，后经E. Gottlieb在1892年作了改进，这种方法又称为罗兹-哥特里（Röse-Gottlieb）法，是测定奶与奶制品脂肪含量的标准参照方法。罗兹-哥特里测定仪如图3.40b所示。测定奶的脂肪含量时，脂肪球在NH_4OH和乙醇的作用下发生去乳化，再用乙醚和石油醚的混合物抽提裸露的脂肪。

罗兹-哥特里法又费时又烦琐（需约8h才能完成分析），Timothy Mojonnier在1922年发明了一种特别的装置，使分析过程更为简便快捷。Mojonnier和Hugh Troy一起创立了Mojonnier公司，专门生产专用的玻璃器具（图3.40c）和离心机，以加快不同相分离、蒸发和干燥。1925年Mojonnier和Troy在芝加哥合著出版了《奶制品的技术控制》一书。罗兹-哥特里法的Mojonnier改进法是奶制品行业通常使用的方法。

罗兹-哥特里法和Mojonnier改进法不适于像乳品厂要求的大量奶样的分析工作。为提高检测效率，两种快速容积测定法应运而生。1890年，S. M. Babcock博士研究出一种测定奶与奶制品脂肪含量的方法，该方法用浓硫酸溶解乳蛋白，然后用特制的标定刻

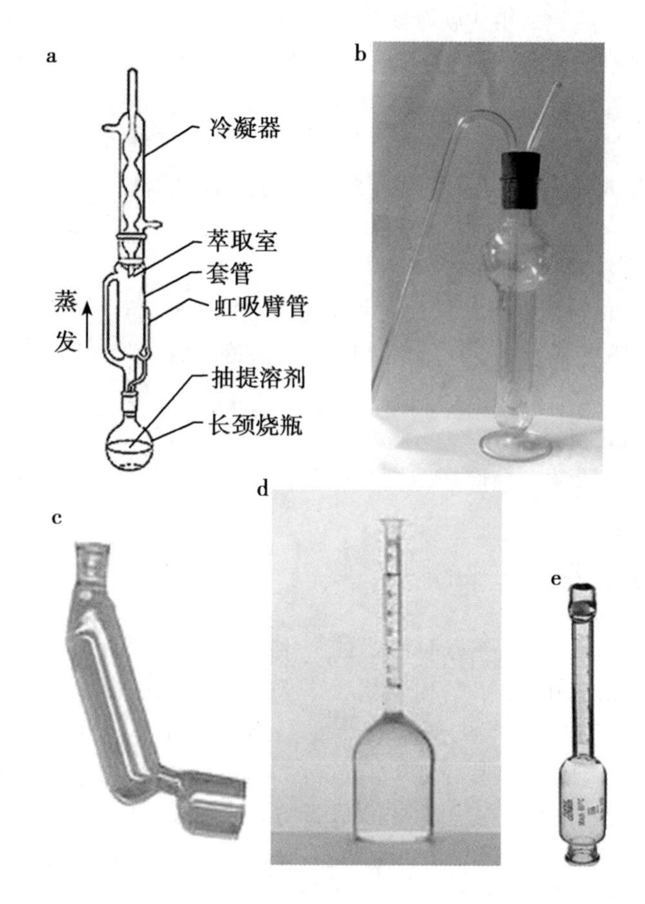

图 3.40　乳脂含量测定仪器（a）索氏测定仪，（b）罗兹-哥特里测定仪，（c）Mojonnier 法测脂器，（d）Babcock 法测脂器，（e）Gerber

度玻璃管，即测脂器（见图 3.40d）来测定脂肪的体积。直到不久以前，Babcock 法在美国和许多其他国家仍是测定乳脂的常用方法。

1891 年，N. Gerber 博士研究出一种与 Babcock 法原理相似的方法，他增加了一个用正丁醇净化脂肪柱的步骤，并且所用的测脂器（图 3.40e）也不一样。Gerber 法成为欧洲测定乳脂的常用方法。

由于浓硫酸有很强的腐蚀性，所以有人又用各种试剂，尤其是洗涤剂来取代浓硫酸，但这些方法都是昙花一现。1960 年前后，有人研究出用光散射法（浊度分析法），如 Milkotester（乳脂肪分析仪）测定乳脂的方法。这些方法一段时期内得到广泛应用，但到 1970 年前后就被红外光谱法取代。甘油三脂的酯键可在 5.7μm 吸收红外辐射，蛋白的肽键可在 6.46μm 吸收红外辐射（酰胺Ⅱ带），乳糖的-O-H 键可在 9.5μm 吸收红外辐射。因而，只需一次红外照射就可对奶的三大成分脂肪、蛋白质和乳糖进行定量测定，从而使红外光谱法成为奶成分分析广泛使用的方法。

3.18 附录A

乳脂中主要脂肪酸

缩写名	结构	系统名	通用名	熔点（℃）	气味阈值（mg/kg）
饱和脂肪酸					
$C_{4:0}$	$CH_3(CH_2)_2COOH$	丁酸	丁酸	-7.9	0.5~10
$C_{6:0}$	$CH_3(CH_2)_4COOH$	己酸	羊油酸	-3.9	3
$C_{8:0}$	$CH_3(CH_2)_6COOH$	辛酸	羊脂酸	16.3	3
$C_{10:0}$	$CH_3(CH_2)_8COOH$	癸酸	羊蜡酸	31.3	10
$C_{12:0}$	$CH_3(CH_2)_{10}COOH$	十二烷酸	月桂酸	44.0	10
$C_{14:0}$	$CH_3(CH_2)_{12}COOH$	十四烷酸	肉豆蔻酸	54.0	
$C_{16:0}$	$CH_3(CH_2)_{14}COOH$	十六烷酸	棕榈酸	62.9	
$C_{18:0}$	$CH_3(CH_2)_{16}COOH$	十八烷酸	硬脂酸	69.6	
不饱和脂肪酸					
ω-9脂肪酸家族					
16∶1	$CH_3(CH_2)_5CH=CH-CH_2-(CH_2)_6-COOH$	Δ9-十六碳烯酸	棕榈油酸	0.5	
18∶1	$CH_3(CH_2)_7CH=CH-CH_2-(CH_2)_6-COOH$	Δ9-十八碳烯酸	油酸	13.4	
ω-6脂肪酸家族					
18∶2	$CH_3(CH_2)_4-(CH=CH-CH_2)_2-(CH_2)_6-COOH$	Δ9,12-十八碳二烯酸	亚油酸	-5.0	
18∶3	$CH_3(CH_2)_4-(CH=CH-CH_2)_3-(CH_2)_3-COOH$	Δ6,9,12-十八碳三烯酸	γ-亚麻酸		
20∶4	$CH_3(CH_2)_4-(CH=CH-CH_2)_4-(CH_2)_2-COOH$	Δ5,8,11,14-二十碳四烯酸	花生四烯酸	-49.5	
ω-3脂肪酸家族					
18∶3	$CH_3-CH_2-(CH=CH-CH_2)_3-(CH_2)_6-COOH$	Δ9,12,15-十八碳三烯酸	α-亚麻酸	-11.0	

3.19 附录 B

$H_2C-O-C(=O)-R^1$
$HC-O-C(=O)-R^2$
$H_2C-O-P(=O)(OH)-O^-$

磷脂酸

$H_2C-O-C(=O)-R^1$
$HC-O-C(=O)-R^2$
$H_2C-O-P(=O)(O^-)-O-CH_2CH_2\overset{+}{N}(CH_3)_3$

磷脂酸（卵磷脂）

$H_2C-O-C(=O)-R^1$
$HC-O-C(=O)-R^2$
$H_2C-O-P(=O)(O^-)-O-CH_2CH_2\overset{+}{N}H_3$

磷脂酰乙醇胺

$H_2C-O-C(=O)-R^1$
$HC-O-C(=O)-R^2$
$H_2C-O-P(=O)(O^-)-O-CH_2-CH(\overset{+}{N}H_3)-COO^-$

磷脂酰丝氨酸

$H_2C-O-C(=O)-R^1$
$HC-O-C(=O)-R^2$
$H_2C-O-P(=O)(O^-)-O-CH_2-CH(OH)-CH_2OH$

磷脂酰甘油

$H_2C-O-C(=O)-R^1$
$HC-O-C(=O)-R^2$
$H_2C-O-P(=O)(O^-)-O-CH_2-CH(OH)-CH_2-O-P(=O)(O^-)-O-CH_2$
$^3R-C(=O)-O-CH_2$
$^4R-C(=O)-O-CH$

双磷脂酰甘油（心磷脂）

$HO-CH-CH=CH-(CH_2)_{12}CH_3$
$C-\overset{+}{N}H_3$
H_2C-OH

鞘氨酸

$HO-CH-CH=CH-(CH_2)_{12}CH_3$
$C-NH-C(=O)-R$
H_2C-OH

神经酰胺（R=脂肪酸残基）

$HO-CH-CH=CH-(CH_2)_{12}CH_3$
$C-NH-C(=O)-R$
$H_2C-O-P(=O)(O^-)-O-CH_2CH_2\overset{+}{N}(CH_3)_3$

鞘磷脂

$HO-CH-CH=CH-(CH_2)_{12}CH_3$
$C-NH-C(=O)-R$
H_2C-O-glucose

脑苷脂

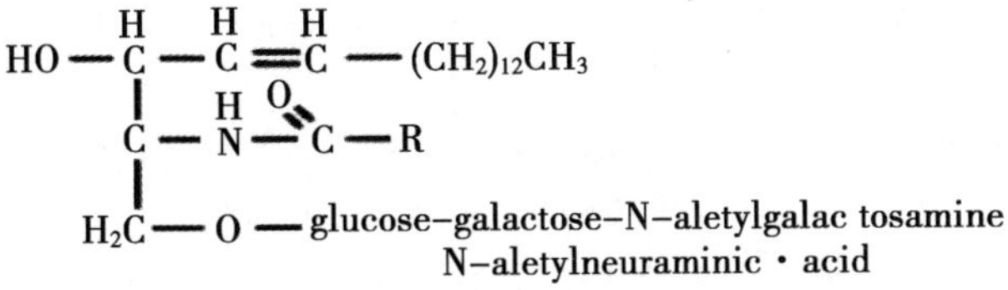

H　H　H
HO — C — C ═ C — $(CH_2)_{12}CH_3$
C — N — C — R (N–H; C═O)
H_2C — O — glucose–galactose–N–aletylgalac tosamine
N–aletylneuraminic · acid

神经节苷脂

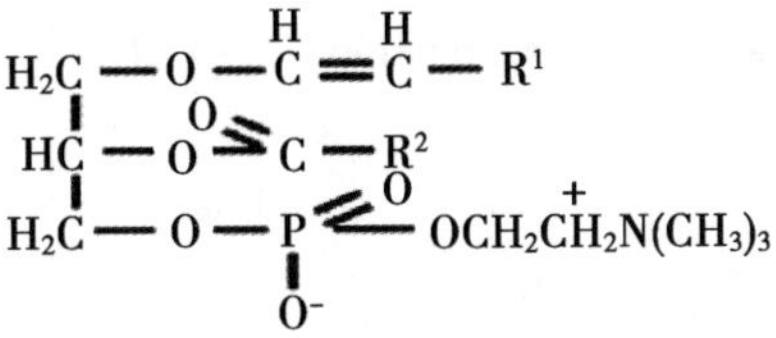

H_2C — O — C(H) ═ C(H) — R^1
HC — O — C(═O) — R^2
H_2C — O — P(═O)(O⁻) — $OCH_2CH_2\overset{+}{N}(CH_3)_3$

R^1 和 R^2 为从脂肪醇和脂肪酸中衍生而来的长链烷基
缩醛磷脂

3.20　附录 C

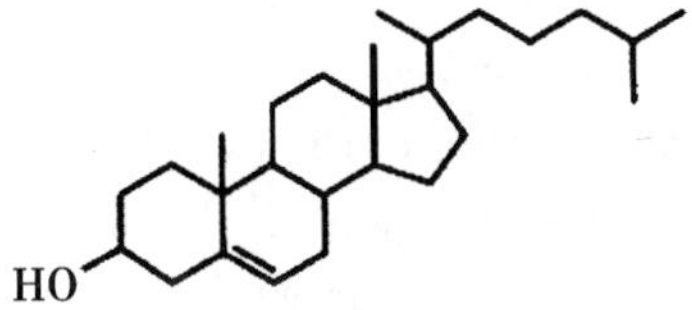

HO

胆固醇

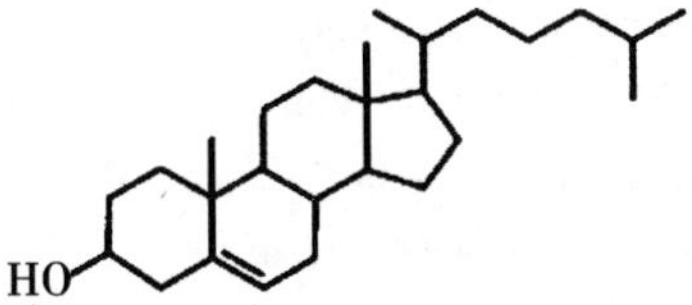

HO

7–脱氢胆甾醇

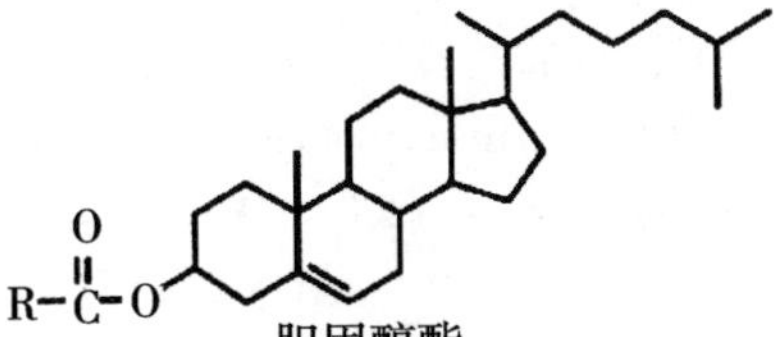

R–C(═O)–O

胆固醇酯

参考文献

An Foras Taluntais. 1981. Chemical composition of milk in Ireland. Dublin：An Foras Taluntais.

Brunner，J. R. 1965. Physical equilibria in milk：The lipid phase. In B. H. Webb & A. H. Johnson (Eds.)，Fundamentals of dairy chemistry (pp. 403 – 505). Westport，CT：AVI Publishing Co.，Inc.

Brunner, J. R. 1974. Physical equilibria in milk: The lipid phase. In B. H. Webb, A. H. Johnson, & J. A. Alford (Eds.), Fundamentals of dairy chemistry (2nd ed., pp. 474–602. Westport, CT: AVI Publishing Co., Inc.

Christie, W. W. 1995. Composition and structure of milk lipids. In P. F. Fox (Ed.), Advanced dairy chemistry – 2 – lipids (2nd ed., pp. 1–36). London: Chapman & Hall.

Cremin, F. H., & Power, P. 1985. Vitamins in bovine and human milks. In P. F. Fox (Ed.), Developments in dairy chemistry – 3 – lactose and minor constituents (pp. 337–398). London: Elsevier Applied Science Publishers.

Cullinane, N., Aherne, S., Connolly, J. F., & Phelan, J. A. 1984a. Seasonal variation in theTriglyceride and fatty acid composition of Irish butter. Irish Journal of Food Science and Technology, 8, 1–12.

Cullinane, N., Condon, D., Eason, D., Phelan, J. A., & Connolly, J. F. 1984b. Influence of season and processing parameters on the physical properties of Irish butter. Irish Journal of Food Science and Technology, 8, 13–25.

Eyzaguirre, R. Z., & Corredig, M. 2011. Buttermilk and milk fat globule membrane fractions. In J. W. Fuquay, P. F. Fox, & P. L. H. McSweeney (Eds.), Encycliopedia of dairy sciences (2nd ed., Vol. 3, pp. 691–697). Oxford: Academic.

Hawke, J. C., & Taylor, M. W. 1995. Influence of nutritional factors on the yield, composition and physical properties of milk fat. In P. F. Fox (Ed.), Advanced dairy chemistry – 2 – lipids (2nd ed., pp. 37–88). London: Chapman & Hall.

Hayashi, S., & Smith, L. M. 1965. Membranous material of bovine milk fat globules. 1. Comparison of membranous fractions released by deoxycholate and by churning. Biochemistry, 4, 2550–2557.

Huppertz, T. 2011. Other types of homogenizer. In J. W. Fuquay, P. F. Fox, & P. L. H. McSweeney (Eds.), Encyclopedia of dairy sciences (2nd ed., Vol. 2, pp. 761 – 764). Oxford: Academic Press.

Jenness, R., & Patton, S. 1959. Principles of dairy chemistry. New York: Wiley.

Keenan, T. W., & Dylewski, D. P. 1995. Intracellular origin of milk lipid globules and the nature and structure of the milk lipid globule membrane. In P. F. Fox (Ed.), Advanced dairy chemistry–2–lipids (2nd ed., pp. 89–130). London: Chapman & Hall.

Keenan, T. W., & Mathur, I. H. 2006. Intracellular origin of milk lipid globules and the nature of the milk lipid globule membrane. In P. F. Fox & P. L. H. H. McSweeney (Eds.), Advanced dairy chemistry – 2 – lipids (3rd ed., pp. 137–171). New York: Springer.

Keenan, T. W., & Patton, S. 1995. The structure of milk: Implications for sampling and storage. A. The milk lipid globule membrane. In R. G. Jensen (Ed.), Handbook of milk composition (pp. 5–50). San Diego: Academic Press, Inc.

Keenan, T. W., Dylewski, D. P., Woodford, T. A., & Ford, R. H. 1983. Origin of milk fat globules and the nature of the milk fat globule membrane. In P. F. Fox (Ed.) Developments in dairy chemistry – 2 – lipids (pp. 83–118). London: Applied Science Publishers.

Keogh, M. K. 1995. Chemistry and technology of milk fat spreads. In P. F. Fox (Ed.), Advanced dairy chemistry – 2 – lipids (2nd ed., pp. 213–245). London: Chapman & Hall.

King, N. 1955. The milk fat globule membrane. Farnham Royal, Bucks, UK: Commonwealth Agricultural Bureau.

Lehninger, A. L. , Nelson, D. L. , & Cox, M. M. 1993. Principles of biochemistry (2nd ed.). New York: Worth Publishers.

Liang, B. , & Hartel, R. W. 2004. Effects of milk powders on milk chocolate. Journal of Dairy Science, 87, 20-31.

Mather, I. H. 2000. A review and proposed nomenclature of the major milk proteins of the milk fat globule membrane. Journal of Dairy Science, 83, 203-247.

Mather, I. H. 2011. Milk fat globule membrane. In J. W. Fuquay, P. F. Fox, & P. L. H. McSweeney (Eds.), Encyclopedia of dairy sciences (2nd ed. , pp. 680-690). OxfordAcademic.

McDowall, F. H. 1953. The buttermakers manual (Vol. I and II). Wellington: New Zealand University Press.

McPherson, A. V. , & Kitchen, B. J. 1983. Reviews of the progress of dairy science: The bovine milk fat globule membrane - its formation, composition, structure and behaviour in milk and dairy products. Journal of Dairy Research, 50, 107-133.

Mortensen, B. K. 2011a. Butter and other milk fat products. In J. W. Fuquay, P. F. Fox, & P. L. H. McSweeney (Eds.), Encyclopedia of dairy sciences (2nd ed. , Vol. 1, pp. 492-499). Oxford: Academic.

Mortensen, B. K. 2011b. Modified butters. In J. W. Fuquay, P. F. Fox, & P. L. H. McSweeney (Eds.), Encyclopedia of dairy sciences (2nd ed. , Vol. 1, pp. 500-505). Oxford: Academic.

Mulder, H. , & Walstra, P. 1974. The milk fat globule: Emulsion science as applied to milk products and comparable foods. Wageningen: Podoc.

O'Connell, J. E. , & Fox, P. F. 2000. Heat stability of buttermilk. Journal of Dairy Science, 83, 1728-1732.

O'Connor, T. P. , & O' Brien, N. M. 1995. Lipid oxidation. In P. F. Fox (Ed.), Advanced dairy chemistry - 2 - lipids (2nd ed. , pp. 309-347). London: Chapman & Hall.

O' Connor, T. P. , & O' Brien, N. M. 2006. Lipid oxidation. In P. F. Fox & P. L. H. McSweeney (Eds.), Advanced dairy chemistry - 2 - lipids (3rd ed. , pp. 557-600). New York: Springer.

Palmquist, D. L. 2006. Milk fat: Origin of fatty acids and influence of nutritional factors thereon. In P. F. Fox & P. L. H. McSweeney (Eds.), Advanced dairy chemistry - 2 - lipids (3rd ed. , pp. 43-92). New York: Springer.

Patton, S. , & Keenan, T. W. 1975. The milk fat globule membrane. Biochimica et Biophysica Acta, 415, 273-309.

Peereboom, J. W. C. 1969. Theory on the renaturation of alkaline milk phosphates from pasteurized cream. Milchwissenschaft, 24, 266-269.

Prentice, J. H. 1969. The milk fat globule membrane 1955 - 1968. Dairy Science Abstracts, 31, 353-356.

Richardson, T. , & Korycka-Dahl, M. 1983. Lipid oxidation. In P. F. Fox (Ed.), Developments in dairy chemistry - 2 - lipids (pp. 241-363). London: Applied Science Publishers.

Rossell, J. B. 1986. Classical analysis of oils and fats. In R. J. Hamilton & J. B. Rossell (Eds.), Analysis of oils and fats (pp. 1-90). London: Elsevier Applied Science.

Sodini, I. , Morin, P. , Olabi, A. , & Jimenez - Flores, R. 2006. Compositional and functional properties of buttermilk: A comparison between sweet, sour and whey buttermilk. Journal of Dairy Science, 89, 525-536.

Towler, C. 1994. Developments in cream separation and processing. In R. K. Robinson (Ed.), Modern dairy technology (2nd ed., Vol. 1, pp. 61–105). London: Chapman & Hall.

USDA. 2014. Dairy: World markets and trade. United States Department of Agriculture, Foreign Agricultural Service, Washington, DC.

Walstra, P. 1983. Physical chemistry of milk fat globules. In P. F. Fox (Ed.), Developments in dairy chemistry - 2 - lipids (pp. 119–158). London: Applied Science Publishers.

Walstra, P., & Jenness, R. 1984a. Dairy chemistry and physics. New York: Wiley.

Ward, R. E., Greman, J. B., & Corredig, M. 2006. Composition, applications, fractionation, technological and nutritional significance of milk fat globule material. In P. F. Fox & P. L. H. McSweeney (Eds.), Advanced dairy chemistry - 2 - lipids (3rd ed., pp. 213–244). New York: Springer.

Wilbey, R. A. 1994. Production of butter and dairy based spreads. In R. K. Robinson (Ed.), Modern dairy technology (2nd ed., Vol. 1, pp. 107–158). London: Chapman & Hall.

Wooding, F. B. P. 1971. The structure of the milk fat globule membrane. Journal of Ultrastructure Research, 37, 388–400.

推荐阅读文献

Bauman, D. E., & Luck, A. J. 2006. Conjugated linoleic acid: Biosynthesis and nutritional significance. In P. F. Fox & P. L. H. McSweeney (Eds.), Advanced dairy chemistry - 2 - lipids (3rd ed., pp. 93–136). New York: Springer.

Deeth, H. C., & Fitz-Gerald, C. H. 2006. Lipolytic enzymes and hydrolytic rancidity. In P. F. Fox & P. L. H. McSweeney (Eds.), Advanced dairy chemistry - 2 - lipids (3rd ed., pp. 481–556). New York: Springer.

Fox, P. F. (Ed.). 1983. Developments in dairy chemistry - 2 - lipids. London: Applied Science Publishers.

Fox, P. F. (Ed.). 1995. Advanced dairy chemistry - 2 - lipids (2nd ed.). London: Chapman & Hall.

Fox, P. F., & McSweeney, P. L. H. (Eds.). 2006. Advanced dairy chemistry - 2 - lipids (3rd ed.). New York: Springer.

第 4 章　乳蛋白

4.1　引言

常乳含有约 3.5%的蛋白质。在泌乳期间，蛋白质浓度会发生显著变化，尤其是在产后头几天（图 4.1）；其中乳清蛋白的变化幅度最大（图 4.2）。乳蛋白的基本功能是为幼龄动物提供必需氨基酸，满足其肌肉组织和其他含有蛋白质组织的生长发育的需要，同时提供各种生物活性蛋白，如免疫球蛋白、维生素结合蛋白、金属结合蛋白以及各种蛋白激素。不同物种的幼龄动物出生时的发育程度不一样，因此具有不同的营养需要和生理需要。这些差异反映在乳蛋白含量上，不同物种的乳蛋白含量介于 1%~20%（表 4.1）。乳蛋白含量与该物种幼龄动物的生长速度密切相关（图 4.3），反映了生长对蛋白质需要量的高低。

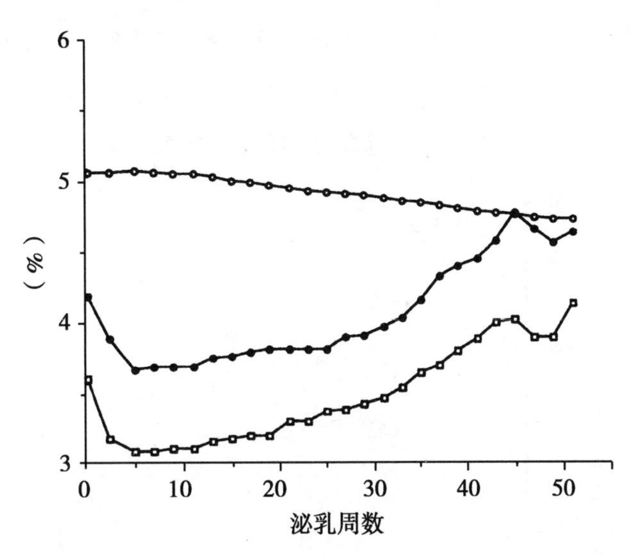

图 4.1　泌乳期内牛奶中乳糖（空心圆）、脂肪（实心圆）和蛋白质（空心方）浓度的变化

许多奶制品的特性，是由乳蛋白的特性所决定的，尽管脂肪、乳糖，尤其是盐分发挥了很大的修饰作用。事实上许多奶制品之所以能够存在，也有赖于乳蛋白独特的性质。酪蛋白制品几乎完全是乳蛋白，而大多数奶酪品种都是通过采用蛋白质水解酶或等电点沉淀法对蛋白质进行一定的修饰来生产。由于奶中的主要乳蛋白即酪蛋白热稳定性特别高，许多奶制品才能采用高热处理。传统上，奶主要根据脂肪含量定价，但是现在

通常根据乳脂和乳蛋白的含量综合定价。许多奶制品的标签上都标出蛋白质含量。蛋白质性质的改变，如奶粉热变性造成溶解性能差，或奶酪的蛋白质在熟化过程中可溶性增加，都是这些奶制品在工业生产中的重要特征。

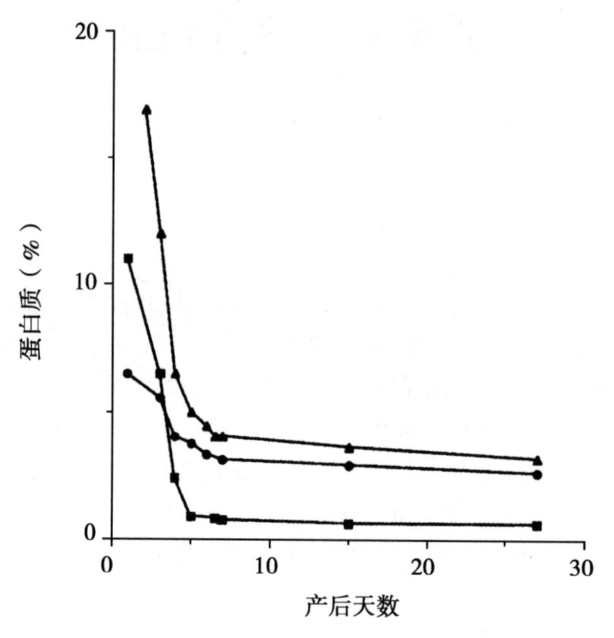

图 4.2　泌乳早期牛奶总蛋白（实心三角）、酪蛋白（实心圆）和乳清蛋白（实心方）浓度的变化

假设读者已熟悉蛋白质的结构；为方便查阅，在附件 4A 中列出奶中出现的氨基酸的结构。本章中，用胱氨酸表示由二硫键连接的两个半胱氨酸。

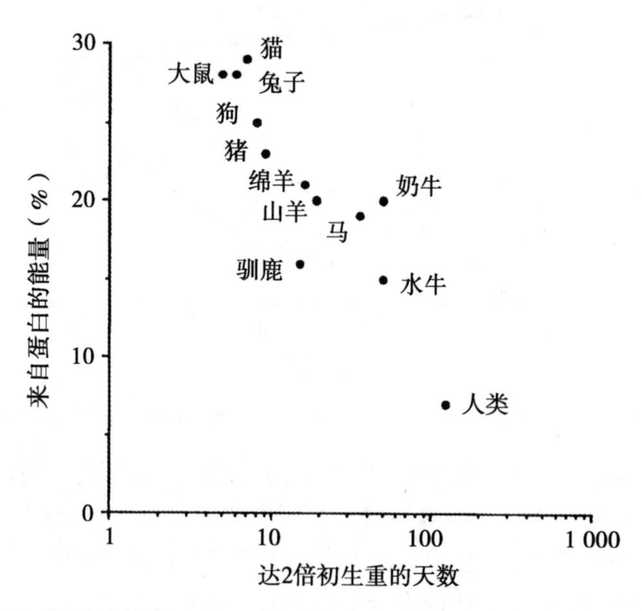

图 4.3　一些哺乳动物幼仔生长速度（达 2 倍初生重的天数）与蛋白质含量（来自蛋白质的能量占总能量的%）的关系（引自 Bernhart，1961）

表 4.1　一些动物奶的蛋白质含量

种类	酪蛋白（%）	乳清蛋白（%）	合计（%）
北美野牛，欧洲野牛	3.7	0.8	4.5
黑熊	8.8	5.7	14.5
水牛	3.5~4.2	0.92	4.42~5.12
骆驼（双峰驼）	2.9	1.0	3.9
猫	—	—	—
牛	2.8	0.6	3.4
家兔	9.3	4.6	13.9
驴	1.0	1.0	2.0
针鼹	7.3	5.2	12.5
山羊	2.5	0.4	2.9
灰海豹	—	—	11.2
豚鼠	6.6	1.5	8.1
野兔	—	—	19.5
马	1.3	1.2	2.5
家鼠	7.0	2.0	9.0
人	0.4	0.6	1.0
亚洲象	1.9	3.0	4.9
猪	2.8	2.0	4.8
北极熊	7.1	3.8	10.9
红袋鼠	2.3	2.3	4.6
驯鹿	8.6	1.5	10.1
猕猴	1.1	0.5	1.6
绵羊	4.6	0.9	5.5

4.2　乳蛋白的异质性

最初，人们认为奶中仅含有一种类型的蛋白质，直到 1880 年前后，瑞典科学家 Olav Hammarsten 才发现，奶中的蛋白质可以分为两种界限明确的类型。在 30℃左右将乳酸化至pH值4.6（等电点pH）时，奶中总蛋白约80%可以沉淀出来；这部分蛋白目前被称为等电点（酸）酪蛋白，也称Nach Hammarsten酪蛋白。在这些条件下保持可溶的蛋白质称为乳清蛋白或非酪蛋白氮。酪蛋白与乳清蛋白之比的种间差异较大；在人奶中，二者的比例大约为40：60，马（母马）奶中为50：50，在牛、山羊、绵羊和水牛奶的比例约为80：20。据推测，这些差异可能是这些物种的幼龄动物营养和生理需要存在差异的反映。酪蛋白和乳清蛋白有几大差异，其中下面几个可能是最明显的，尤其是从工业或技术角度来看：

（1）与酪蛋白相比，当将奶的pH值调至4.6时，乳清蛋白并不发生沉淀。这个特征被用作酪蛋白的常用操作性定义。人们利用这两类蛋白质的这一差异在工业上生产酪蛋白和某些品种的奶酪（如农家奶酪，夸克奶酪和奶油奶酪）。通常这些产品中只含有酪蛋白，乳清蛋白则随乳清流走。

（2）凝乳酶（Chymosin）和其他一些蛋白酶（被称为皱胃酶rennets）可引起酪蛋白发生非常轻微的特异性变化，导致其在Ca^{2+}的存在下发生凝结。乳清蛋白则不发生这种变化。在大多数奶酪品种和酪蛋白的生产中，都利用了酪蛋白可在皱胃酶作用下发生凝结的特性，而乳清蛋白则随乳清流走。皱胃酶对奶的凝结作用将在第12章中讨论。

（3）酪蛋白对高温非常稳定，奶在其天然pH值（约6.7）下可在100℃加热24h而不发生凝结，可在140℃下加热达20min而不凝结。这种剧烈的热处理可导致奶中发生许多变化，例如由乳糖产生酸，导致pH值降低和盐平衡的改变，最终导致酪蛋白的沉淀。而乳清蛋白是相对热不稳定的，在90℃下加热10min会完全变性。奶的热诱导变化将在第9章中讨论。

（4）酪蛋白是磷酸蛋白，平均含有0.85%的磷，而乳清蛋白不含磷。磷酸根与酪蛋白的许多重要特性相关，尤其是它能够结合大量的钙，这使其成为非常有营养价值的蛋白质，特别是对于幼龄动物。磷酸根通过丝氨酸的羟基与蛋白质酯化结合，这样的磷酸盐通常称为有机磷酸盐。奶中的一部分无机磷也与酪蛋白以胶体磷酸钙形式（占无机磷约57%）结合（第5章）。酪蛋白的磷酸化是其高热稳定性和在皱胃酶作用下钙诱导凝结的重要原因（尽管这两种情况还涉及许多其他因素）。

（5）酪蛋白含硫量低（0.8%），而乳清蛋白含硫量较高（1.7%）。如果考虑来自各种含硫氨基酸的硫的含量，差异就更加明显。酪蛋白的硫主要存在于甲硫氨酸中，半胱氨酸含量非常低。实际上，主要的酪蛋白仅含有甲硫氨酸而不含半胱氨酸。乳清蛋白除了甲硫氨酸外还含有大量半胱氨酸和胱氨酸，并且这些含硫氨基酸也与奶加热过程中产生的许多变化有部分关系，如蒸煮味的产生、皱胃酶凝结时间的延长（由于β-乳球蛋白和κ-酪蛋白的相互作用）以及在灭菌前进行预热可提高奶的热稳定性。

（6）酪蛋白仅在乳腺中合成，自然界其他地方都未发现有酪蛋白。有些乳清蛋白（β-乳球蛋白和α-乳白蛋白）也在乳腺中合成，而其他乳清蛋白（如牛血清白蛋白和一些免疫球蛋白）则源自血液。

（7）乳清蛋白以分子状态分散在溶液中或具有简单的四级结构，而酪蛋白则具有复杂的四级结构，并且在奶中以大颗粒胶体聚集体（称为胶束，颗粒质量106~109Da）的形式存在。

（8）酪蛋白和乳清蛋白都不是单一的，均包含几种不同的蛋白质。

4.2.1　其他蛋白

除了酪蛋白和乳清蛋白之外，奶还含有其他两类蛋白质或蛋白样物质，即蛋白脲-蛋白胨和非蛋白氮（NPN）组分。这两部分早在1938年就被S. J. Rowland发现，但直到最近人们对它们也知之甚少。Rowland观察到当将奶加热至95℃并保持10min后，之后将加热过的奶pH值调至4.6，乳清中80%的含氮化合物即发生变性并与酪蛋白共沉淀。他认为热变性乳清蛋白包括乳球蛋白和乳清蛋白两部分，并将剩余的20%命名为“蛋白脲-蛋白胨”。蛋白脲-蛋白胨的异质性相当大（第4.4.2节），在12%三氯乙酸作用下发生沉淀，但有些含氮化合物溶于12%三氯乙酸，这些含氮化合物被称为非蛋白氮。Rowland的乳蛋白分类方法如图4.4所示。

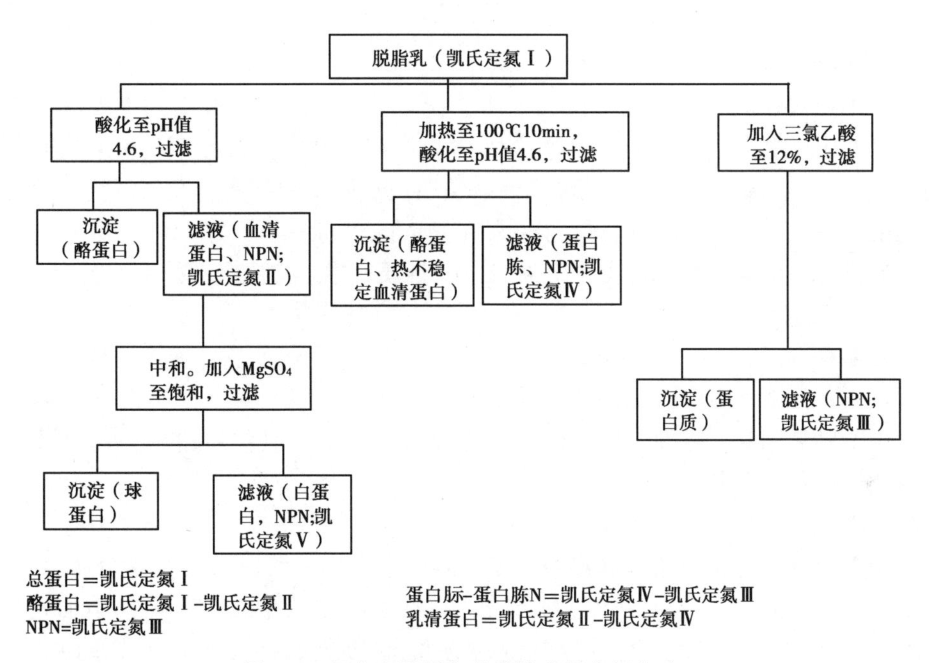

图4.4　奶中主要蛋白种类的定量分析方法

4.3　酪蛋白和乳清蛋白的制备

用离心分离（第3章）得到的脱脂奶作为制备酪蛋白和乳清蛋白的原料。

4.3.1　酸性（等电位）沉淀

将奶酸化至pH值约为4.6时会引起酪蛋白的凝结。酪蛋白在任何温度下均可发生凝结，温度低于6℃时，聚集体很小且处于悬浮状态，但可以通过低速离心沉降。在较高温度（30~40℃）下，聚集体比较粗大，容易从溶液中析出沉淀。在高于50℃温度下，沉淀物比较黏且难以处理。

在实验室生产酪蛋白，通常会用HCl进行酸化，有时也会用乙酸或乳酸。工业上通常也用HCl，偶尔也会用H_2SO_4，但所得的乳清不宜用于饲喂动物（$MgSO_4$是一种轻泻剂）。也可以通过在奶中接种乳酸菌产生乳酸进行酸化。

正常奶中与酪蛋白结合的胶体磷酸钙在酸化至 pH 值 4.6 时发生溶解，如有充分的溶解时间，则等电位酪蛋白基本上不含磷酸钙。在实验室中，在 2℃下将脱脂奶酸化至 pH 值 4.6，保持约 30min，然后升温至 30～35℃，可以获得最佳效果。因为在 2℃下形成的聚集体很微细，有足够时间让磷酸钙胶体发生溶解（第 5 章）。最好选择适度稀释的酸（1M），因为浓酸可能会引起局部凝结。细菌培养产酸较为缓慢，因此有足够的时间供磷酸钙胶体溶解。通过过滤或离心回收酪蛋白，并用水反复洗涤以去除乳糖和矿物盐。必须彻底去除乳糖，因为即使痕量的乳糖也会在加热时与酪蛋白发生美拉德褐变反应（第 2 章），产生不良的结果。

除了许多工艺方面的差异（第 4.18.1 节）之外，工业生产酸凝（等电位）酪蛋白的程序基本上与实验室所用的相同。乳清蛋白可以通过盐析、透析或超滤从乳清中回收。

4.3.2 离心分离

因为酪蛋白在奶中是以大颗粒聚集体、胶束的形式存在，所以奶中大部分酪蛋白（90%～95%）可以通过100 000×g 离心 1h 进行沉降。在较高温度下（30～37℃）比在低温下（2℃）沉降更完全。在低温下一些酪蛋白从胶束中解离，无法沉淀。通过离心制备的酪蛋白，其胶体磷酸钙含量与原来在奶中的含量一样，并且可以再分散（通过用研钵研磨并在低温下搅拌过夜）为胶束，其性质基本上与原来在奶中的胶束相似。

4.3.3 加钙离心分离

添加氯化钙至约 0.2M 会引起酪蛋白的凝结，使其可以通过低速离心回收。如果在 90℃下加入钙，则酪蛋白形成易于沉淀的粗大聚集体。在一些“酪蛋白共沉淀物”的商业化生产中会用到此原理，奶加热至 90℃保持 10min，变性的乳清蛋白与酪蛋白共沉淀。这类产品灰分含量非常高。

4.3.4 盐析法

酪蛋白可以通过矿物盐从溶液中沉淀。向奶中添加硫酸铵至浓度为 260g/L 会引起全部酪蛋白和部分乳清蛋白（免疫球蛋白，Ig）的沉淀。在 37℃下向奶中加入 $MgSO_4$ 或 NaCl 至饱和水平，可使全部酪蛋白和免疫球蛋白沉淀，而大部分乳清蛋白只要不变性，依然保持可溶。在商业性检测工作中，可以利用该特性对含有不同水平变性乳清蛋白的奶粉进行热分类。

4.3.5 超滤

酪蛋白和乳清蛋白不能通过分子量在 10～20kDa 的超滤膜，而乳糖和可溶性盐则可以通过。用这种方法可以制备乳蛋白浓缩物（MPC），其方法是通过超滤膜对巴氏杀菌脱脂奶的所有蛋白（即酪蛋白和乳清蛋白）进行浓缩以生产 MPC，然后再蒸发和喷雾干燥。生产过程中所用的体积浓缩系数（VCF）和膜渗滤程度（如果有的话）决定了乳蛋白粉的最终蛋白质浓度。MPC 的蛋白质含量介于 35%～85%，一旦产品蛋白质含量超过 90%，则通常称为乳蛋白分离物（MPI′s）。市场上销量最大的 MPC 原辅料蛋白质含量介于 80%～90%，可以用于配制再制加工奶酪、婴儿营养品、临床营养品和老年营养品。MPC 原辅料越来越受人关注，因为它们为食品加工提供一种功能广泛、在营养方面受人关注的可溶性乳蛋白来源（即非蛋白氮较少，天然乳矿物质的良好来源）。

MPC的复水性和热稳定性较差，是影响其吸收的主要因素，目前许多研究正针对这些问题展开。

4.3.6 微滤

酪蛋白胶束可以用孔径为0.1~0.8μm的微滤膜从脱脂奶中回收。通过微滤，可把天然酪蛋白胶束留在微滤膜上，而乳糖、矿物质和乳清蛋白等可溶性组分则随滤过液排走。细菌和脂肪也会留在这种孔径的微滤膜上，因此，通常是用脱脂奶来进行这种蛋白质分级分离处理。与用脱脂奶进行超滤一样，在微滤期间，制造过程所用的体积浓缩系数和膜渗滤程度（如果有的话）决定了过滤滞留物的最终蛋白含量和酪蛋白与乳清蛋白的比例。通过高度浓缩和膜渗滤，可以生产富含酪蛋白的高蛋白滞留物。通常干燥该滞留物即可得到富含天然酪蛋白胶束（>90%的总蛋白）的粉状产品。这些粉状产品有许多名称，如磷酸酪酸盐、天然胶束酪蛋白、胶束酪蛋白浓缩物或胶束酪蛋白分离物。这些原辅料有多种用途，如用作奶酪用奶和临床营养品的强化剂。由微滤方法产生的滤过液是生产富含乳清蛋白原辅料的极佳原料，因为这种方法实际上绕过了传统奶酪或酪蛋白制造过程。脱脂奶微滤后的滤过液不含发酵培养物、皱胃酶和添加的色素（例如胭脂树橙），不会因发酵引起pH值发生变化，所以与传统淡乳清相比蛋白质质量更高。因此，这种富含乳清蛋白的滤过液经常被认为是理想的天然、无掺杂原始乳清，越来越多被用作生产营养饮料和婴儿配方奶粉等产品的高功能天然乳清蛋白原辅料（如乳清蛋白浓缩物/分离物）。在奶制品加工业中，这种微滤技术（通常使用的微滤膜孔径介于0.8~2.0μm）也用于除去奶中的细菌以生产保质期较长的巴氏杀菌奶（ESL）。现在市场上可买到供实验室、中试规模或工业规模生产使用的各种分级分离蛋白质的微滤膜。在工业生产上，通过对乳清进行超滤（以及其他可接受的膜渗滤），除去乳糖和矿物盐，再进行喷雾干燥制备出乳清蛋白产品。这些产品含30%~85%的蛋白，被称为乳清蛋白浓缩物/分离物。

4.3.7 凝胶过滤（凝胶渗透色谱法）

通过交联葡聚糖（如瑞典乌普萨拉市Pharmacia公司的Sephadex牌交联葡聚糖凝胶）过滤可以对奶中的成分，包括蛋白质进行商业规模的分级分离。虽然通过凝胶过滤可以分离出酪蛋白和乳清蛋白，但是该方法在工业生产上并不经济可行。

4.3.8 乙醇沉淀

添加浓度约40%的乙醇可使酪蛋白从奶中沉淀析出，而乳清蛋白仍保持可溶状态。在较低pH值下，所用乙醇浓度可降低。

4.3.9 冷沉淀

酪蛋白主要以胶束形式存在，将奶，最好是浓缩奶冷冻至-10℃左右，酪蛋白就会失稳并析出沉淀。通过此法制备的酪蛋白具有一些特殊的性质。

4.3.10 皱胃酶凝结

通过用特定的蛋白酶（皱胃酶）对奶进行处理，可使酪蛋白凝结并以酶凝酪蛋白的形式回收。但有一种酪蛋白，即κ-酪蛋白在凝结期间发生水解，因此皱胃酶酪蛋白的性质与酸凝酪蛋白的性质根本不同。皱胃酶酪蛋白含有胶体磷酸钙，在pH值7时不溶于水，但加入钙螯合剂（通常为柠檬酸盐或多聚磷酸盐）可以使其溶解。酶凝酪蛋白具有良好的功能特性，可用在某些食品，如替代奶酪的生产上。

4.3.11 其他制备乳清蛋白的方法

在工业生产上可通过离子交换层析从乳清中制备高纯度乳清蛋白制剂，这种制剂被称为乳清蛋白分离物（含90%~95%蛋白质）。变性的（不溶性）乳清蛋白（也称为乳白蛋白）可以用下面方法制备，在pH值约为6.0下将乳清加热至95℃并保持10~20min使乳清蛋白凝结，再通过离心回收凝结的乳清蛋白。乳清蛋白也可以用$FeCl_3$或多聚磷酸盐沉淀（第4.18.6节）。

4.4 酪蛋白的异质性和分级分离

起初人们认为酪蛋白是一种结构单一的蛋白质。20世纪20年代Linderstrøm-Lang及其同事通过采用乙醇-HCl进行分级分离，首次证明其存在异质性。1936年该结论被K. O. Pedersen采用超速离心分析所证实，1939年又被O. Mellander用自由流动电泳法再次证实。他们发现有3种不同的酪蛋白，并按电泳迁移率从大到小的顺序命名为α-酪蛋白、β-酪蛋白、γ-酪蛋白，分别占总酪蛋白的75%，22%和3%。1952年N. J. Hipp及其合作者根据酪蛋白在pH值约为4.6的尿素溶液中或在乙醇/水混合物中的溶解度不同，成功分离出这3种酪蛋白。前一种分离方法曾被广泛使用，但是酪蛋白可能会与从尿素产生的氰酸盐相互作用形成新的产物，这是一个令人担忧的问题。

1956年，D. F. Waugh和P. H. von Hippel证明Hipp等人分类的α-酪蛋白包含2种蛋白质，其中一种蛋白质可以被低浓度Ca^{2+}沉淀，称为α_s-酪蛋白（s=敏感），而另一种对Ca^{2+}不敏感，称为κ-酪蛋白。α_s-酪蛋白后来被证明包括2种蛋白质，目前称为α_{s1}-酪蛋白和α_{s2}-酪蛋白。因此，牛的酪蛋白就含有4种不同的蛋白：α_{s1}-酪蛋白，α_{s2}-酪蛋白，β-酪蛋白和κ-酪蛋白，分别约占总酪蛋白的37%、10%、35%和12%。

人们研究出许多化学方法来分级分离酪蛋白，但没有一种方法能得到结构单一的酪蛋白制剂。现在通常采用缓冲液含尿素的离子交换层析（如DEAE-纤维素层析）来分离酪蛋白。通过该方法可分离出相当大量（比如10g）的酪蛋白酸盐，分离效果极好（图4.5 a,b）。在2~4℃下使用缓冲液无尿素的离子交换层析也能获得良好的结果。对于少量样品，高效离子交换层析（如用Mono Q或Mono S作填料的Pharmacia公司的快速蛋白液相色谱FPLC™）具有良好的结果（图4.5 c，d）。也可以使用反相HPLC或疏水相互作用层析，但分离效率不如离子交换层析。

酪蛋白可以通过光密度扫描聚丙烯酰胺凝胶电泳图谱（第4.4.1节）进行定量分析，但是使用缓冲液含尿素的离子交换层析可得到更好的定量结果。但人们应该知道，不同酪蛋白的吸光度差异很大（表4.2）。

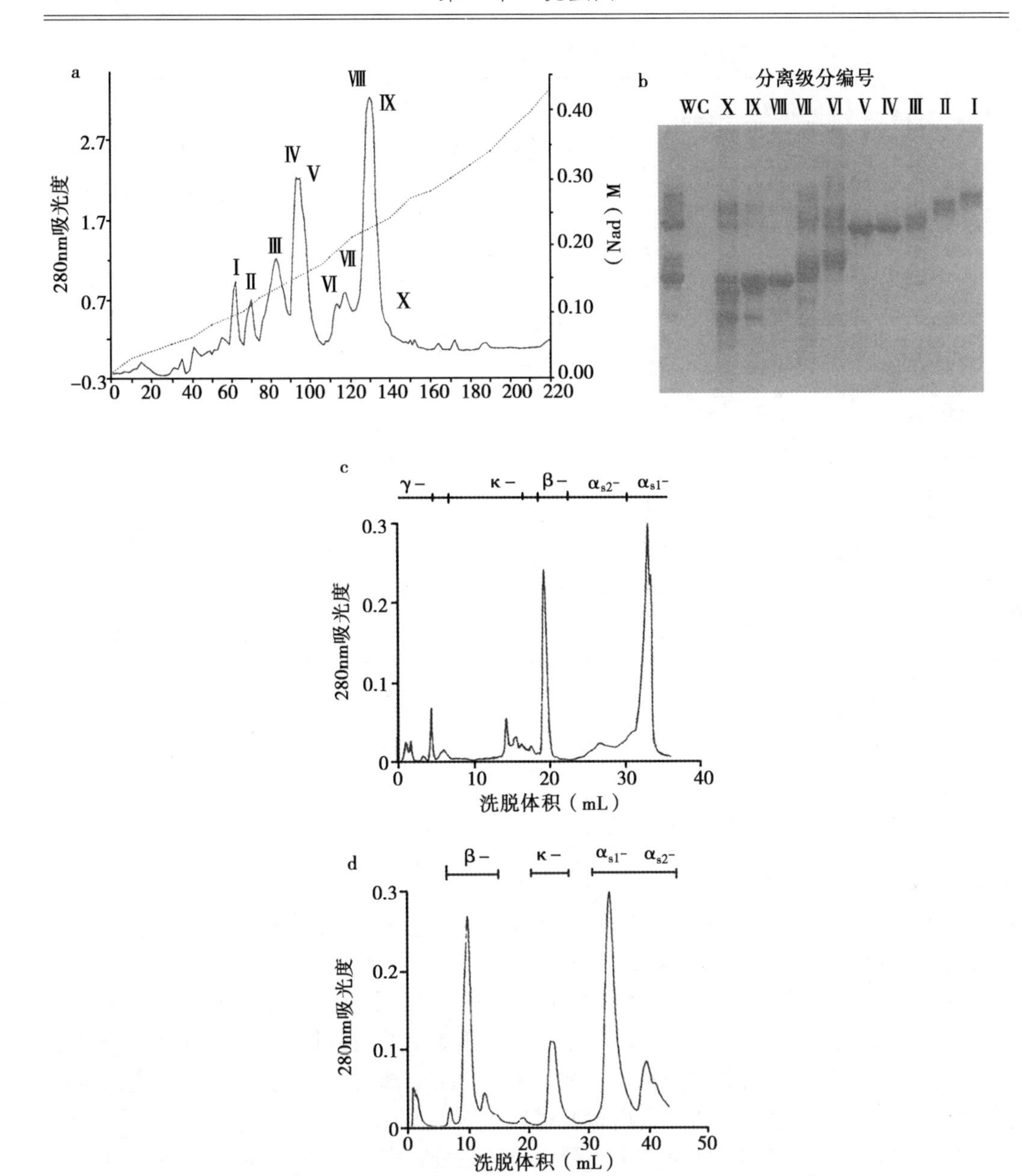

图 4.5　（a）酪蛋白酸钠在 DEAE 纤维素阴离子交换剂开放柱上的色谱图。缓冲液：以咪唑-HCl 为缓冲液的 5M 尿素溶液，pH 值 7.0；梯度：0~0.5M NaCl。

（b）来自（a）的分离组分的脲聚丙烯酰胺凝胶电泳图。

（c）酪蛋白酸钠在 Pharmacia 公司 Mono Q HR5/5 阴离子交换柱上的色谱图。缓冲液：在 5mM 3-3-丙烷/ 7mM HCl 中的 6M 尿素溶液，pH 值 7；梯度：0~0.5M NaCl。

（d）酪蛋白酸钠在 Pharmacia 公司 Mono S HR5/5 阳离子交换柱上的色谱图。缓冲液：20mM 乙酸盐为缓冲液的 8M 尿素溶液，pH 值 5；梯度：0~1。

表 4.2 部分乳蛋白质的性质（改编自 Walstra and Jenness，1984）

性质	酪蛋白				乳清蛋白		
	α_{s1}-B 8P	α_{s1}-A 11P	β-A^2 5P	κ-B 1P	α-La-B	β-Lg-B	血浆白蛋白
分子量	23614	25230	23983	19023	14176	18363	66267
残基数/分子							
氨基酸	199	207	209	169	123	162	582
脯氨酸	17	10	35	20	2	8	34
半胱氨酸	0	2	0	2	8	5	35
二硫化物[a]	0	0	0	0	4	2	17
磷酸根	8	11	5	1	0	0	0
碳水化合物	0	0	0	[b]	[c]	[d]	0
疏水性（kJ/残基）	4.9	4.7	5.6	5.1	4.7	5.1	4.3
带电残基/mol	34	36	23	21	28	30	34
A_{280}	10.1	14.0[e]	4.5	10.5	20.9	9.5	6.6

[a]分子内的二硫键；
[b]多少不一，见正文；
[c]少部分分子有；
[d]除 Dave 变异体之外都为零；
[e]A_{290}。

4.4.1 电泳分离酪蛋白

R. G. Wave 和 R. L. Baldwin 在 1961 年用含有 7M 尿素的淀粉凝胶进行区带电泳将酪蛋白分离成约 20 个带（区），两个主要条带是 α_{s1}-和 β-酪蛋白。许多分子间的疏水键需要加入尿素才能解离。1963 年 R. F. Peterson 首次推出了含有尿素或十二烷基硫酸钠（SDS）的聚丙烯酰胺凝胶（PAGE）电泳，其分辨率与淀粉凝胶（SGE）相近，但更便捷，因此目前已经成为分析酪蛋白的标准方法。牛奶全部酪蛋白的尿素 PAGE 电泳示意图如图 4.6 所示。一些物种乳汁的尿素 PAGE 如图 4.7 所示。

尿素 PAGE 主要是根据电荷来分离蛋白质，是分离酪蛋白的首选基质。SDS-PAGE 主要根据分子量大小分离蛋白质，对酪蛋白的分离效率不太好，因为 4 种酪蛋白的分子量相当接近，并且由于 β-酪蛋白疏水性高，结合的 SDS 分子比 α_{s1}-酪蛋白多，因此尽管它分子量较大，却具有较高的迁移率。用 SDS-PAGE 分离乳清蛋白效果好于尿素-PAGE。

由于 κ-酪蛋白分子间存在二硫键，在 SGE 或 PAGE 上分离效果非常差，除非用 2-巯基乙醇（$HSCH_2CH_2OH$）或通过烷基化将其还原。增加积层凝胶可以提高尿素-PAGE 和 SDS-PAGE 的分辨率。Swaisgood（1975），Strange 等（1992），O'Donnell 等（2004）和 Chevalier（2011a,b）曾对分析酪蛋白的电泳方法进行了综述。

电泳图中的蛋白条带可在酸性 pH 值条件下用氨基黑显色/染色，但用考马斯亮蓝

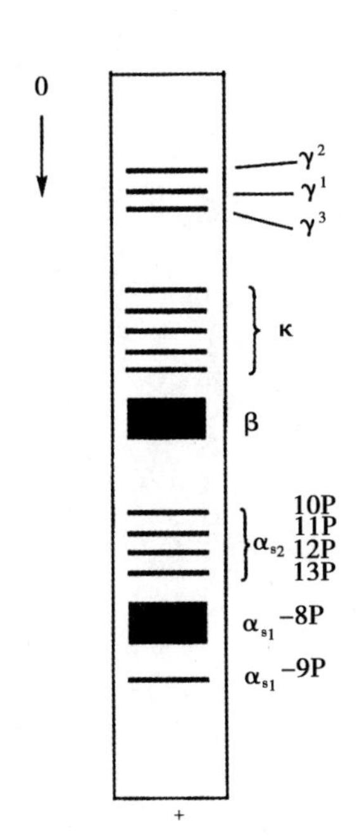

图 4.6 酪蛋白酸钠在以三羟甲基胺为缓冲液（pH 值 8.9），含 5M 尿素的聚丙烯酰胺凝胶中的电泳图示意图。0 表示起点。

G250 效果更好并且更为便捷（Shalabi 和 Fox，1987）。二维电泳（第一向 SDS-PAGE 电泳和第二向等电聚焦电泳）效果极好（图 4.8）。二维电泳与质谱联用，通常称为蛋白质组学方法，对蛋白质在混合物中的定性和定量分析效果都非常好（Chevalier 2011b）。

4.4.2 酪蛋白的微观异质性

四种酪蛋白（α_{s1}-酪蛋白、α_{s2}-酪蛋白、β-酪蛋白和 κ-酪蛋白）均表现出可变性，人们将其称为微观异质性，其原因有 5 个：

磷酸化程度的可变性。各种酪蛋白磷酸化（第 4.5.1 节）水平各不一样，各有特点：

种类	磷酸残基数
α_{s1}-酪蛋白	8，偶尔为 9
α_{s2}-酪蛋白	10，11，12 或 13
β-酪蛋白	5，偶尔为 4
κ-酪蛋白	1，偶尔为 2 或 3

分子中磷酸基的数目用 α_{s1}-CN 8P 或 α_{s1}-CN 9P 等来表示（CN =酪蛋白）。

二硫键。两种主要酪蛋白 α_{s1}-和 β-酪蛋白不含半胱氨酸和胱氨酸，但其他两种酪蛋白 α_{s2}-和 κ-酪蛋白每摩尔含有两个半胱氨酸残基，通常以分子间二硫键相连。在非还原条件下，α_{s2}-酪蛋白以二硫键连接的二聚体形式（以前称为 α_{s5}-酪蛋白）存在，

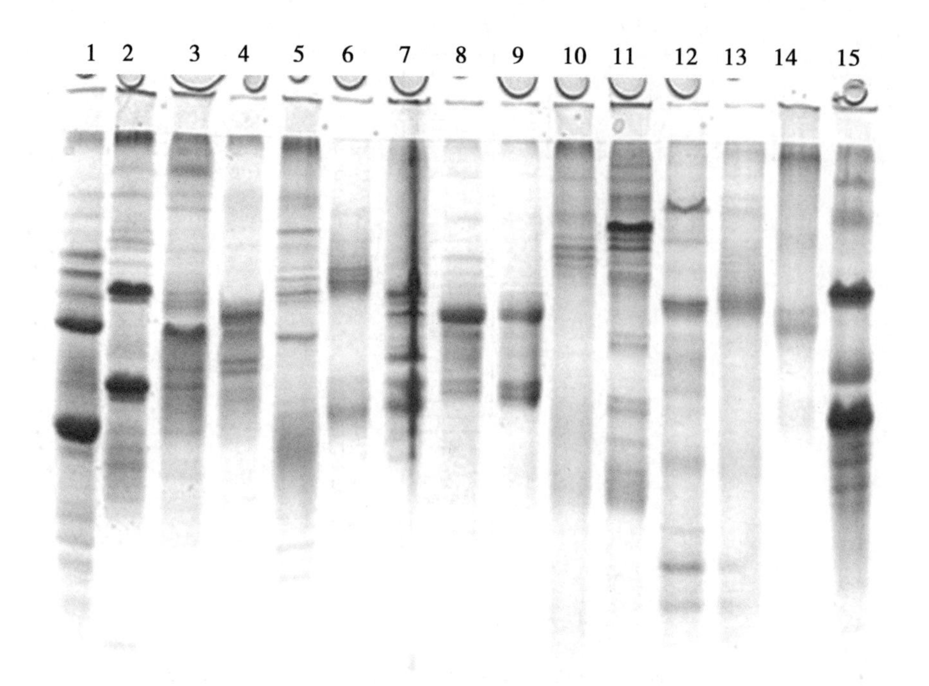

图 4.7　不同物种乳汁的聚丙烯酰胺凝胶电泳图

1. 牛；2. 骆驼；3. 马；4. 驴；5. 人类；6. 犀牛；7. 猪；8. 山羊；9. 绵羊；10. 亚洲大象；11. 非洲大象；12. 黑脸猴；13. 猕猴；14. 大鼠（酪蛋白）；15. 狗

而 **κ**-酪蛋白形成一系列以二硫键连接的二聚体至十聚体分子。

表 4.3　γ-酪蛋白的新旧命名法对照

旧命名法	新命名法
γ-CN	β-CN-A^1，A^2，A^3，B（f29-209）
TS-A^2-CN	β-CN A^2（f106-209）
S-CN	β-CN B（f106-209）
R-CN	β-CN A^2（f108-209）
TS-B-CN	β-CN B（f108-209）

主要酪蛋白被纤溶酶水解。1969 年，M. L. Groves 及其同事证明，Hipp 等人所分离的 γ-酪蛋白级分异质性非常大，至少含有 4 种不同的蛋白质，分别命名为：γ-酪蛋白，温敏性酪蛋白（TS，溶于冷水，但在 20℃ 以上时形成沉淀），R-酪蛋白和 S-酪蛋白。这 4 种蛋白质已被证明是 β-酪蛋白的 C-末端片段。1976 年，人们对 γ-酪蛋白组的命名方法进行了修改，如图 4.9 和表 4.3 所示。

γ-酪蛋白是由 β-酪蛋白在纤溶酶［奶中的一种内源性蛋白酶（第 10 章）］的催化

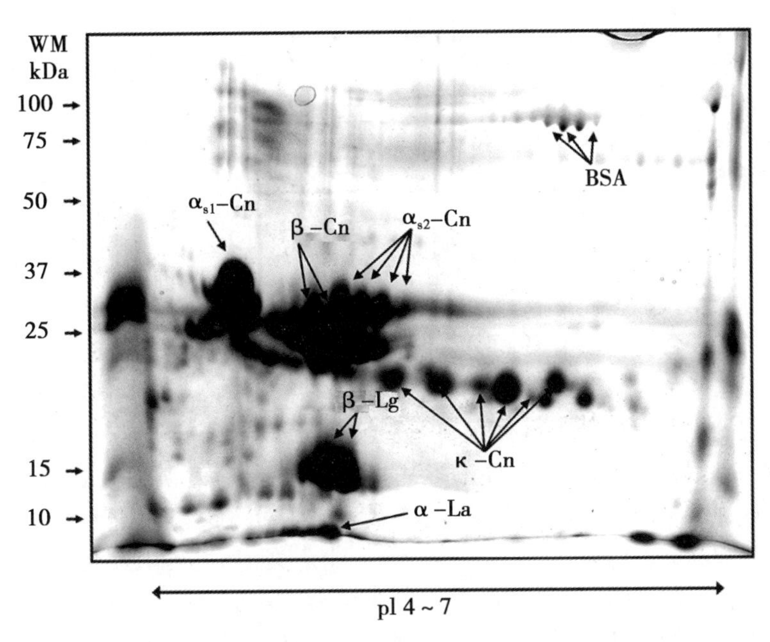

图 4.8　牛奶在还原条件下进行等电聚焦的二维电泳图，第 1 维 pH 值在 4~7 范围内，第 2 维用 12%丙烯酰胺凝胶

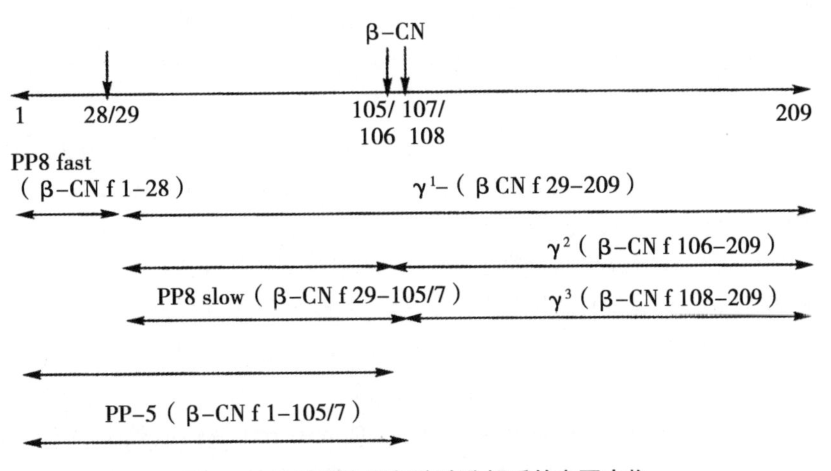

图 4.9　β-酪蛋白经纤溶酶分解后的主要产物

下水解产生。相应的 N-末端片段是蛋白胨（PP）级分的主要组分，即 PP5（β-CN f1-105/107），PP8 slow（β-CN f29-105 / 107）和 PP8 fast（β-CN f1-28）。通常，γ-酪蛋白仅占全部酪蛋白的约 3%，但在泌乳晚期或乳房炎奶中的水平可能高得多（高达 10%）。由于 γ-酪蛋白等电点高（pH 值 6 左右），一些可能会在等电沉淀时损失。γ-酪蛋白很容易通过 DEAE-纤维素层析来制备，因为当 pH 值 = 6.5 时，即使在低离子强度（0.02M）条件下，γ-酪蛋白也不会被吸附。pH 值 = 8.5 时 γ^1 酪蛋白吸附，但 γ^2-酪蛋白和 γ^3-酪蛋白不吸附。

分离出的α_{s2}-酪蛋白在溶液中对纤溶酶也非常敏感，8个肽键被水解，产生14种肽。纤溶酶也能水解奶中的α_{s2}-酪蛋白，但是所形成的肽尚未被确定，但其中至少有一些是蛋白脲-蛋白胨级分的组分。

虽然分离出的α_{s1}-酪蛋白在溶液中对纤溶酶不像β-酪蛋白和α_{s2}-酪蛋白那么敏感，但也容易被纤溶酶水解。酪蛋白中有少量不明确的级分，被称为λ-酪蛋白，它也含有纤溶酶水解α_{s1}-酪蛋白所产生的片段。

糖基化程度有差异。κ-酪蛋白是主要的乳蛋白中唯一一个通常是糖基化的蛋白，糖基化程度高低不一，因而κ-酪蛋白也存在几种不同的分子形式，详见第4.5.1节。

遗传多态性。1956年，R. Aschaffenburg和J. Drewry发现乳清蛋白β-乳球蛋白(β-lg)以两种形式存在，A和B两种形式彼此只有一个氨基酸不同——在A和B两种β-lg中118位上的氨基酸分别为丙氨酸和缬氨酸。任何动物个体的奶中可能含有β-lg A或β-lgB或两者都有，可根据β-lg的形式将奶标为AA、BB或AB奶。这种现象被称为遗传多态性，后来的研究证明所有乳蛋白均存在这种现象。目前已通过PAGE电泳证明牛奶酪蛋白和乳清蛋白总共约有60个变体。由于PAGE电泳是根据电荷进行分离的，因此仅能检测出电荷不同的多形体，即其中带电荷的残基被不带电的残基所替代或不带电荷的残基被带电的残基所替代。因此，很可能存在远远超过30种多形体。这些遗传变体一般用拉丁字母表示，如α_{s1}-CN A-8P，α_{s1}-CN B-8P，α_{s1}-CN B-9P等。

某些遗传变体的出现频率具有品种特异性，所以遗传多态性在牛和其他物种的亲缘系统分类方面已得到广泛应用。乳蛋白在加工工艺方面的各种重要性质，如奶酪制造性质和乳蛋白含量，与某些多形体相关（有关系），目前很多人正在这方面进行研究。Jakob和Puhan（1992），Ng-Kwai-Hang和Grosclaude（1992，2003）及Martin等(2013a,b)先后对乳蛋白的遗传多态性进行了全面的综述 。绵羊奶和山羊奶的乳蛋白，可能还有其他物种的乳蛋白也具有的广泛的多态性（参见Martin等，2013a,b）。

4.4.3 酪蛋白的命名

在对酪蛋白进行分级分离研究期间，特别是在20世纪60年代，人们给分离的蛋白质起了各种名称（希腊字母）。为了使乳蛋白的命名更为合理，美国奶制品科学协会成立了一个命名委员会，于1956年发表了首份报告（Jenness等人，1956），之后又对该报告进行定期修正（Brunner等，1960；Thompson等，1965；Rose等，1970；Whitney等，1976；Eigel等，1984；Farrell等，2004）。现以一个实例说明该委员会推荐的命名法：α_{s1}-CN A-8P，其中α_{s1}-CN是基因型，A是遗传变体，8P是磷酸残基数。委员会建议，在只用希腊字母可能引起混淆的情况下，可在括号中标注相对电泳迁移率以示区别，如α_{s2}-CN A-12P（1.00）。牛奶中酪蛋白的异质性和命名如图4.10。

除了对乳蛋白的命名进行简化和标准化外，上述文章也总结概括了各种酪蛋白和乳清蛋白的特点，是非常有价值的参考文献。

4.5 酪蛋白的一些重要性质

4.5.1 化学组成

表4.2中概括了主要乳蛋白的重要化学和物理性质。下面将对酪蛋白的一些性质作

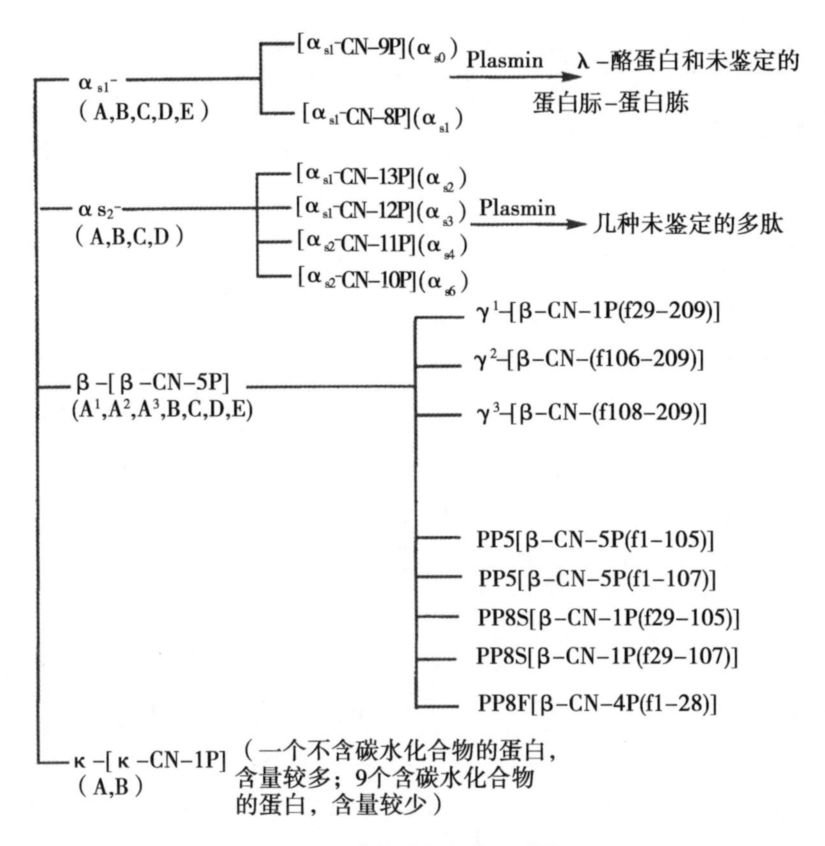

图 4.10　牛奶酪蛋白的异质性

更详细的讨论（Swaisgood，1992，2003；Huppertz，2013）。

表 4.4　牛奶主要蛋白的氨基酸组成（改编自 Swaisgood，1982）

	α_{s1}-CN B	α_{s2}-CN A	κ-CN B	β-CN A^2	γ_1CN A^2	γ_2CN A^2	γ_3CN A	β-Lg-A	α-La-B
氨基酸									
天冬氨酸	7	4	4	4	4	2	2	11	9
天冬酰胺	8	14	7	5	3	1	1	5	12
苏氨酸	5	15	14	9	8	4	4	8	7
丝氨酸	8	6	12	11	10	7	7	7	7
丝氨酸 P	8	11	1	5	I	0	0	0	0
谷氨酸	24	25	12	18	11	4	4	16	8
谷氨酰胺	15	15	14	21	21	11	11	9	5
脯氨酸	17	10	20	35	34	21	21	8	2
甘氨酸	9	2	2	5	4	2	2	3	6
丙氨酸	9	8	15	5	5	2	2	14	3

（续表）

	α_{s1}-CN B	α_{s2}-CN A	κ-CN B	β-CN A^2	γ_1CN A^2	γ_2CN A^2	γ_3CN A	β-Lg-A	α-La-B
半胱氨酸	0	2	2	0	0	0	0	5	8
缬氨酸	11	14	11	19	17	10	10	10	6
蛋氨酸	5	4	2	6	6	4	4	4	1
异亮氨酸	11	11	13	10	7	3	3	10	8
亮氨酸	17	13	8	22	19	14	14	22	13
酪氨酸	10	12	9	4	4	3	3	4	4
苯丙氨酸	8	6	4	9	9	5	5	4	4
色氨酸	2	2	1	1	1	1	1	2	4
赖氨酸	14	24	9	11	10	4	3	15	12
组氨酸	5	3	3	5	5	4	3	2	3
精氨酸	6	6	5	4	2	2	2	3	1
焦谷氨酸	0	0	1	0	0	0	0	0	0
总残基数	199	207	169	209	181	104	102	162	123
分子量	23，612	25，228	19，005	23，980	20，520	11，822	11，557	18，362	14，174
疏水度	4.89	4.64	5.12	5.58	5.85	6.23	6.29	5.03	4.68

CN＝酪蛋白，β-Lg＝β-乳球蛋白，α-La＝α-乳白蛋白，分子量（Da），疏水度（kJ/残基）

氨基酸组成。表 4.4 给出了主要酪蛋白的氨基酸近似组成。从蛋白质的一级结构可以推断出主要遗传变异体氨基酸的取代情况（图 4.11，图 4.12，图 4.13 和图 4.14）。氨基酸组成有以下 4 个特点值得注意：

（1）所有酪蛋白都含有较多（35%～45%）非极性氨基酸（缬氨酸、亮氨酸、异亮氨酸、苯丙氨酸、酪氨酸、脯氨酸），因此理论上应难溶于水，但是 κ-酪蛋白磷酸基多，含硫氨基酸少，碳水化合物含量高，可以抵消非极性氨基酸的影响。实际上酪蛋白相当易溶于水，在 80～90℃ 的水中可以制备含有高达 20% 酪蛋白的溶液。黏度是制备酪蛋白酸盐溶液的限制因素，必须用高温抵消高黏度的影响。黏度高是酪蛋白亲水力高（约 2.5g H_2O/g 蛋白）的反映。亲水力高赋予酪蛋白非常有用的功能特性，使它可用于各种各样的食品中，例如香肠和其他碎肉制品、即食甜品、合成发泡稀奶油等。商业生产上大量的酪蛋白都被用于这几个方面。

（2）所有酪蛋白的脯氨酸含量都非常高：每摩尔 α_{s1}-、α_{s2}-、β-和 κ-酪蛋白（分别共含有 199、207、209 和 169 个氨基酸残基）分别含有 17、20、35 和 20 个脯氨酸残基。脯氨酸含量高导致酪蛋白 α-螺旋或 β-折叠结构比例非常低。因此，在未因酸或加热而导致变性之前，酪蛋白易于水解。这个特性在新生儿营养中可能很重要。

（3）酪蛋白都缺乏含硫氨基酸，使其生物学价值（80；蛋清＝100）受到限制。α_{s1}-

和 β-酪蛋白不含半胱氨酸和胱氨酸，而每摩尔 α_{s2}-和 κ-酪蛋白含有两个半胱氨酸残基，通常以分子间二硫化物形式存在。牛奶中主要的含巯基蛋白质是乳清蛋白 β-乳球蛋白（β-lg），它含有两个分子内二硫键和一个巯基；通常，巯基被埋在分子内，难以发生反应。在酪蛋白变性后，例如加热到 75℃以上，β-Ig 的-SH 基团暴露出来，有了活性，可以与 κ-酪蛋白（也可能还与 α_{s2}-酪蛋白和 α-乳清蛋白）进行巯基-二硫化物交换，这对乳品加工工艺方面的一些重要理化性质，比如热稳定性和皱胃酶凝固性有很大影响（第 9 章和第 12 章）。

（4）酪蛋白（特别是 α_{s2}-酪蛋白）富含赖氨酸，这是许多植物蛋白所缺乏的一种必需氨基酸。因此，对于缺乏赖氨酸的谷物蛋白，酪蛋白和脱脂奶粉是非常好的营养补充剂。由于赖氨酸含量高，酪蛋白和含有酪蛋白的产品在有还原糖存在的条件加热时就可能会发生强烈的非酶促美拉德褐变反应（第 2 章）。

在低于其等电点的 pH 值下，蛋白质携带净正电荷，可与阴离子染料（例如氨基黑或耐光橙 G）反应，形成不溶性蛋白—染料复合物。这是快速染料结合法的原理，可用于奶与奶制品中蛋白质的定量分析，也可用于凝胶电泳图谱蛋白质条带的染色显现；染料结合通常在 pH 值 2.5～3.5 下进行。另一种常用的染料是考马斯亮蓝（R250 或 G250），常用于电泳图谱的染色或蛋白质的定量分析，它可与蛋白质形成稳定的非共价复合物，两者可能是靠范德华力和静电相互作用结合在一起。蛋白质/染料复合物的形成使带负电荷的阴离子染料趋于稳定，呈现出可在膜上或凝胶中看到的蓝色。跟蛋白质结合的染料分子数与每个条带存在的蛋白数量约成正比。赖氨酸是酪蛋白中的主要阳离子残基，其次还有精氨酸和组氨酸（pKa=6），不过含量比较少。各种酪蛋白的赖氨酸含量不一样（α_{s1}-，α_{s2}-，β-和 κ-酪蛋白分别有 14、24、11 和 9 个残基），因而具有不同的染料结合能力。如果不同动物个体奶中各种酪蛋白的比例不一样的话（可能是不一样），那么各种酪蛋白有不同的染料结合能力这一特点可能对利用染料结合方法来分析蛋白质就具有一些商业价值。在计算用这些染料染色的电泳图谱条带的蛋白质浓度时，也应该考虑到这个特点。

α_{s1}-、α_{s2}-、β-和 κ-酪蛋白的 1%溶液在 1cm 光程、280nm 处的吸光度分别为 10.1、14.0、4.4 和 10.5。由于色谱柱洗脱液的蛋白质浓度通常是通过测定 280nm 处的吸光度进行检测，因此在计算样品中各种酪蛋白的浓度时，必须明白其比吸光度是不一样的。

一级结构。牛奶 4 种酪蛋白的一级结构如图 4.11、4.12、4.13 和图 4.14 所示。目前也已确定了其他一些动物酪蛋白的序列（Martin 等，2013a，b）。所有酪蛋白的一级结构都有一个引人注意的特点：极性和非极性残基不是均匀分布，而是以团簇的形式存在，形成疏水区和亲水区（图 4.15 和 4.16）。这个特点使酪蛋白具有良好的乳化性。与丝氨酸结合的有机磷酸根由于发生磷酸化的机制而以团簇的形式存在。磷酸根簇与 Ca^{2+}牢固结合。脯氨酸残基分布相当均匀，使酪蛋白形成一种多聚脯氨酸螺旋。β-酪蛋白是疏水性最强的酪蛋白，α_{s2}-酪蛋白是亲水性最强的酪蛋白。κ-酪蛋白的 C-末端区域由于含糖量高（在某些情况下），非极性残基含量极少并且没有芳香族残基，因而是强亲水性的，而 N 末端是强疏水性的。这种类似洗涤剂的结构可能对 κ-酪蛋白的胶束稳定性质有重要作用。κ-酪蛋白的亲水性片段在皱胃酶的作用下被切除，使得残留的酪蛋白可被 Ca^{2+} 凝结（第 12 章）。从进化的角度来看，酪蛋白是哺乳动物蛋白质家族中差异最大的家族之一。由于酪蛋白主要是起营养作用，出现少数氨基酸的替代或缺失并不太重要。Holt 和 Sawyer（1993）曾对公开发表的不同物种 α_{s1}-、β-和 κ-酪蛋白的序列进行比对，发现其同源性非常小。尽管牛、绵羊、小鼠、大鼠、兔和人的 β-酪蛋白的序列可以容易地比对，但是 6 种物种之间的同源性显然非常小（图 4.17）：唯一较长的同源序列是信号肽，成熟蛋白的两个 N 末端残基和 S. S. E. E 序列（成熟蛋白第 18~21 位置处的残基，是其主要的磷酸化位点）。α_{s1}-和 κ-酪蛋白的信号肽序列也表现出高度的物种间同源性，但是需要插入几个长片段才能对成熟蛋白的序列进行中等程度的比对。

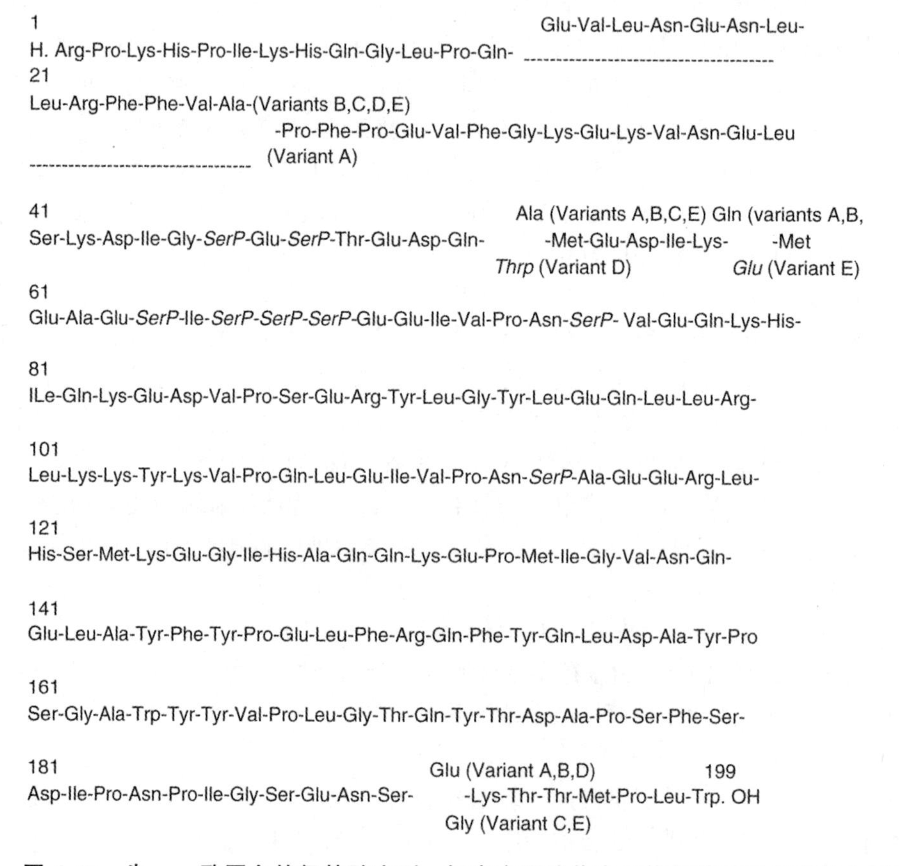

图 4.11 牛 α_{s1}-酪蛋白的氨基酸序列，标出主要遗传变异体氨基酸取代或缺失情况（Swaisgood，1992）

酪蛋白磷。每升奶大约含 900mg 磷，以 6 种含磷酸根的化合物的形式存在（见第 5 章）：

- 无机磷：可溶性胶体磷酸盐；
- 有机磷：磷脂、酪蛋白、磷酸糖、核苷酸（ATP、UTP 等）。

1
H. Lys-Asn-Thr-Met-Glu-His-Val-*SerP*-*SerP*-*SerP*-Glu-Glu-Ser-Ile-Ile-*SerP*-Gln-Glu-Thr-Tyr-

21
Lys-Gln-Glu-Lys-Asn-Met-Ala-Ile-Asn-Pro-Ser-Lys-Glu-Asn-Leu-Cys-Ser-Thr-Phe-Cys-

41
Lys-Glu-Val-Val-Arg-Asn-Ala-Asn-Glu-Glu-Glu-Tyr-Ser-Ile-Gly-*SerP*-*SerP*-*SerP*-Glu-Glu-

61
SerP-Ala-Glu-Val-Ala-Thr-Glu-Glu-Val-Lys-Ile-Thr-Val-Asp-Asp-Lys-His-Tyr-Gln-Lys-

81
Ala-Leu-Asn-Glu-Ile-Asn-Gln-Phe-Tyr-Gln-Lys-Phe-Pro-Gln-Tyr-Leu-Gln-Tyr-Leu-Tyr-

101
Gln-Gly-Pro-Ile-Val-Leu-Asn-Pro-Trp-Asp-Gln-Val-Lys-Arg-Asn-Ala-Val-Pro-Ile-Thr-

121
Pro-Thr-Leu-Asn-Arg-Glu-Gln-Leu-*SerP*-Thr-*SerP*-Glu-Glu-Asn-Ser-Lys-Lys-Thr-Val-Asp-

141
Met-Glu-*SerP*-Thr-Glu-Val-Phe-Thr-Lys-Lys-Thr-Lys-Leu-Thr-Glu-Glu-Glu-Lys-Asn-Arg-

161
Leu-Asn-Phe-Leu-Lys-Lys-Ile-Ser-Gln-Arg-Tyr-Gln-Lys-Phe-Ala-Leu-Pro-Gln-Tyr-Leu-

181
Lys-Thr-Val-Tyr-Gln-His-Gln-Lys-Ala-Met-Lys-Pro-Trp-Ile-Gln-Pro-Lys-Thr-Lys-Val-
(Leu)

201　　　　　　207
Ile-Pro-Tyr-Val-Arg-Tyr-leu. OH

图 4.12　牛 α_{s2}-酪蛋白 A 的氨基酸序列，标出 10~13 个磷酸化位点中的 9 个（Swaisgood，1992）

全酪蛋白含有约 0.85% 的磷；α_{s1}-、β-和 κ-酪蛋白分别含有 1.1%、0.6% 和 0.16%的磷；如以摩尔计，α_{s1}-、α_{s2}-、β-和 κ-酪蛋白每摩尔分别含有 8（9）、10~13、5（4）和 1（2，3）摩尔的磷。磷酸根非常重要，原因是：

- 磷酸根本身在营养上就非常重要，而且因为它能结合大量钙离子、锌离子，可能还有其他多价金属离子；
- 磷酸根能增加酪蛋白的溶解性；
- 磷酸根可能对酪蛋白的高热稳定性有帮助；
- 在皱胃酶催化反应的第二阶段中，磷酸根在被皱胃酶改变了结构的酪蛋白胶束的凝结过程中发挥重要的作用（第 12 章）。

磷与蛋白质共价结合，只有通过非常剧烈的热处理，高 pH 值或一些磷酸酶的作用才会分开。磷酸根主要与丝氨酸（可能少数与苏氨酸）酯化生成单酯：

$$\text{Ser}-\text{O}-\text{P}(=\text{O})(-\text{OH})-\text{O}^-$$

磷酸化发生在乳腺细胞的高尔基体膜中，由两种丝氨酸特异性酪蛋白激酶催化。只有某些丝氨酸残基能够被磷酸化；主要识别位点是 Ser / Thr. X. Y，其中 Y 是谷氨

1
H.Arg-Glu-Leu-Glu-Glu-Leu-Asn-Val-Pro-Gly-Glu-Ile-Val-Glu-*SerP*-Leu*SerP*-*SerP*-*SerP*-Glu-

→ γ1-caseins (Variant C)
21 Ser Lys
Glu-Ser-Ile-Thr-Arg-Ile-Asn-Lys-▼Lys-Ile-Glu-Lys-Phe-Gln- -Glu- -Gln-Gln-Gln-
SerP Glu
(Variants A, B)

41
Thr-Glu-Asp-Glu-Leu-Gln-Asp-Lys-Ile-His-Pro-Phe-Ala-Gln-Thr-Gln-Ser-Leu-Val-Tyr-

61 Pro (Variants A^2, A^3)
Pro-Phe-Pro-Gly-Pro-Ile- -Asn-Ser-Leu-Pro-Gln-Asn-Ile-Pro-Pro-Leu-Thr-Gln-Thr-
His (Variants C A^1, and B)

81
Pro-Val-Val-Val-Pro-Pro-Phe-Leu-Gln-Pro-Glu-Val-Met-Gly-Val-Ser-Lys-Val-Lys-Glu-

→ γ3-caseins
101(Variants A^1, A^2, B, C) His
Ala-Met-Ala-Pro-Lys- -Lys-▼Glu-Met-Pro-Phe-Pro-Lys-Tyr-Pro-Val-Glu-Pro-Phe-Thr-
(Variant A^3) ▲Gln

121 Ser(Variants A, C) → γ2-caseins
Glu- -Glu-Ser-Leu-▼Thr-Leu-Thr-Asp-Val-Glu-Asn-Leu-His-Leu-Pro-Leu-Pro-Leu-Leu-
Arg (Variant B)

141
Gln-Ser-Trp-Met-His-Gln-Pro-His-Gln-Pro-Leu-Pro-Pro-Thr-Val-Met-Phe-Pro-Pro-Gln-

161
Ser-Val-Leu-Ser-Leu-Ser-Gln-Ser-Lys-Val-Leu-Pro-Val-Pro-Gln-Lys-Ala-Val-Pro-Tyr-

181
Pro-Gln-Arg-Asp-Met-Pro-Ile-Gln-Ala-Phe-Leu-Leu-Tyr-Gln-Glu-Pro-Val-Leu-Gly-Pro-

201 209
Val-Arg-Gly-Pro-Phe-Pro-Ile-Ile-Val.OH

图 4.13 牛 β-酪蛋白的氨基酸序列，标出遗传变异体氨基酸取代情况以及纤溶酶的主要切割位点（倒三角形）（Swaisgood，1992）

酰基，偶尔也可以是天冬氨酰残基；一旦丝氨酸残基被磷酸化后，SerP 就可以作为识别位点。X 可以是任何一个氨基酸，但如果是碱性氨基酸或体积庞大的氨基酸残基，则会降低磷酸化程度。然而，在一个合适的序列中并非所有的丝氨酸残基都能被磷酸化，这表明可能存在进一步的拓扑要求，如丝氨酸要位于蛋白质构象中的表面位置。

酪蛋白碳水化合物。α_{s1}-、α_{s2}-和 β-酪蛋白不含碳水化合物，而 κ-酪蛋白含有约 5%，由 N-乙酰神经氨酸（唾液酸）、半乳糖和 N-乙酰半乳糖胺组成。碳水化合物以三糖或四糖存在，位于分子的 C-末端，通过 O-苏氨酰连接，主要与 κ-酪蛋白的 Thr_{131} 连接（图 4.18）。每个 κ-酪蛋白分子的寡糖数目在 0~4。糖基化程度不同导致 κ-酪蛋白至少有 9 种分子形式（表 4.5）。初乳中的 κ-酪蛋白糖基化程度更高，存在更多的糖，并且结构更复杂和不确定。

1
Pyro-Glu-Glu-Gln-Asn-Gln-Glu-Gln-Pro-Ile-Arg-Cys-Glu-Lys-Asp-Glu-Arg-Phe-Phe-Ser-Asp-

21
Lys-Ile-Ala-Lys-Tyr-Ile-Pro-Ile-Gln-Tyr-Val-Leu-Ser-Arg-Tyr-Pro-Ser-Tyr-Gly-Leu-

41
Asn-Tyr-Tyr-Gln-Gln-Lys-Pro-Val-Ala-Leu-Ile-Asn-Asn-Gln-Phe-Leu-Pro-Tyr-Pro-Tyr-

61
Tyr-Ala-Lys-Pro-Ala-Ala-Val-Arg-Ser-Pro-Ala-Gln-Ile-Leu-Gln-Trp-Gln-Val-Leu-Ser-

81
Asn-Thr-Val-Pro-Ala-Lys-Ser-Cys-Gln-Ala-Gln-Pro-Thr-Thr-Met-Ala-Arg-His-Pro-His-

101 105↓106
Pro-His-Leu-Ser-Phe-**M**et-Ala-Ile-Pro-Pro-Lys-Lys-Asn-Gln-Asp-Lys-Thr-Glu-Ile-Pro-

121 Ile (Variant B)
Thr-Ile-Asn-Thr-Ile-Ala-Ser-Gly-Glu-Pro-*Thr*-Ser-*Thr*-Pro-*Thr*- -Glu-Ala-Val-Glu-
Thr (Variant A)

141 Ala (Variant B)
Ser-Thr-Val-Ala-Thr-leu-Glu- -*SerP*-Pro-Glu-Val-Ile-Glu-Ser-Pro-Pro-Glu-Ile-Asn-
Asp (Variant A)

161 169
Thr-Val-Gln-val-Thr-Ser-Thr-Ala-Val. OH

图 4.14 牛 κ-酪蛋白的氨基酸序列，标出 A 和 B 基因多形体氨基酸取代情况以及纤溶酶的切割位点 ↓。翻译后磷酸化和糖基化位点用斜体表示（Swaisgood，1992）

表 4.5 牛乳 κ-酪蛋白糖和磷酸根数量的差异

级分	半乳糖	N-乙酰半乳糖胺	N-神经氨酸	磷酸根
B-1	0	0	0	1
B-2	1	1	1	1
B-3	1	1	2	1
B-4	0	0	0	2
B-5	2	2	3	1
B-6	0	0	0（4）	3（1）
B-7	3	3	6	1
B-8	4	4	8	1
B-9	5	5	10	1

碳水化合物与 κ-酪蛋白经皱胃酶水解产生的（糖）巨肽结合。碳水化合物使 κ-酪蛋白具有相当高的溶解度和亲水性，还与糖巨肽在 12%三氯乙酸（TCA）中的溶解度比较高有关（第 12 章）。尽管糖可以增加酪蛋白的亲水性，但与 κ-酪蛋白的胶束稳定性无关，无碳水化合物的 κ-酪蛋白胶束稳定性与有碳水化合物的 κ-酪蛋白并无差别。

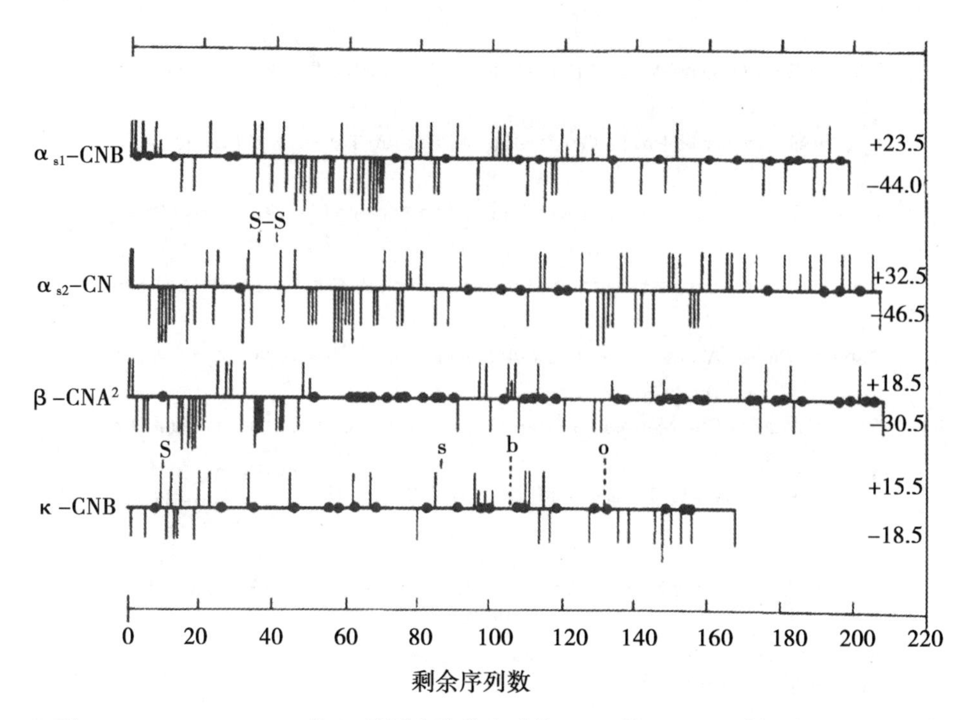

图 4.15 α_{s1}-、α_{s2}-、β-和 κ-酪蛋白中带电残基（pH 值 6~7）、脯氨酸（实心圆）和半胱氨酸（S）的分布。a. 寡糖部分的位置；b. 凝乳酶在 κ-酪蛋白上的切割位置（Walstra 和 Jenness，1984）

4.5.2 二级和三级结构

通过旋光色散和圆二色谱等物理方法已证明酪蛋白几乎没有二级结构和三级结构，这可能是由于其脯氨酸残基含量太高，特别是 β-酪蛋白，因为脯氨酸残基太多可破坏 α-螺旋和 β-折叠。然而，理论计算（Kumosinski 等，1993a，b；Kumosinski 和 Farrell，1994；Huppertz，2013；Farrell 等，2013）表明，虽然 α_{s1}-酪蛋白的 α-螺旋很少，但它可能包含一些 β-转角和 β-折叠。具有 C-末端的半个 αs_2-酪蛋白可能具有球状构象（即是一个含有部分 α-螺旋和部分 β-折叠的紧密结构），而 N-末端区域可能形成随机结构的亲水尾部。理论计算表明 β-酪蛋白可能有 10%的残基在 α-螺旋中，有 17%的残基在 β-折叠中，有 70%的残基处于无序结构中。κ-酪蛋白似乎是结构化程度最高的酪蛋白，其残基可能有 23%在 α-螺旋中，31%在 β-折叠中，24%在 β-转角中。α_{s1}-，β-和 κ-酪蛋白的能量最小化模型如图 4. 19a-c 所示（Farrell 等，2013）。为避免使用描述不到位的“随机卷曲”这个术语，Holt 和 Sawyer（1993）造了一个叫“流变性”（rheomorphic）的新词，将酪蛋白描述成具有开放性、柔软性、易变性构象的蛋白质。

酪蛋白缺乏二级和三级结构可能有重要的作用，原因如下。

（1）酪蛋白易于水解，相比之下，球蛋白，如乳清蛋白在天然状态下通常对蛋白水解耐受性非常强。这显然有利于提高酪蛋白的消化率，酪蛋白所起的自然功能就是营养功能，因此在“天然”状态下的易消化性十分重要。奶酪中的酪蛋白也容易水解，这对于奶酪风味和质地的形成很重要（第 12 章）。然而，由于酪蛋白疏水性氨基酸含

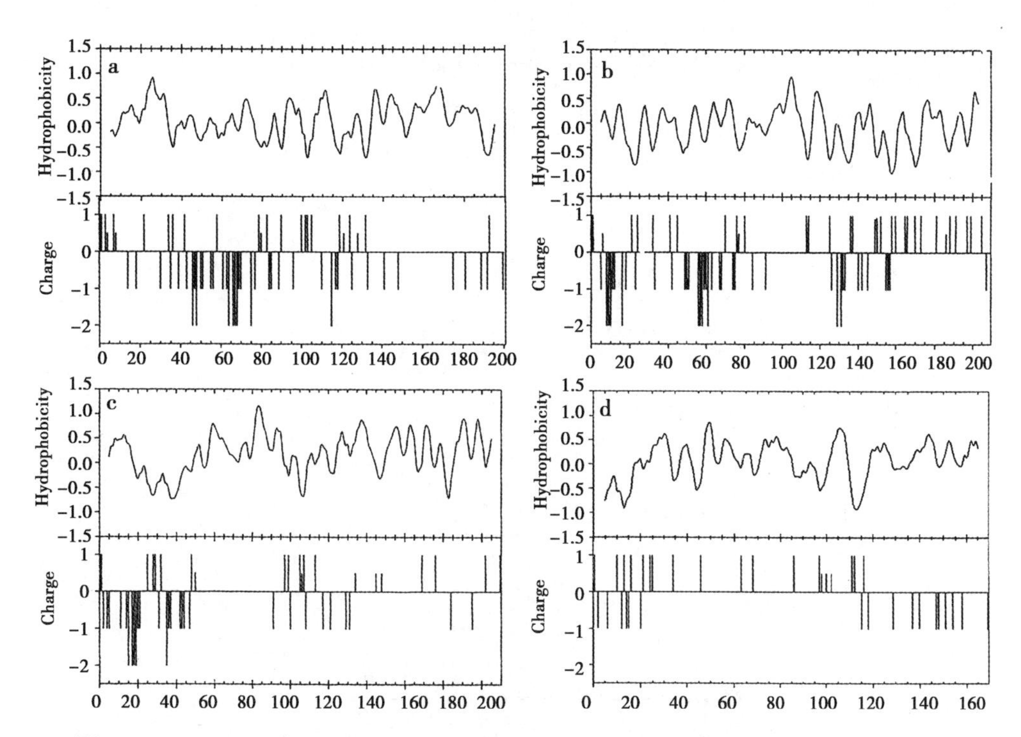

图 4.16　α_{s1}-CN B-8P（a），α_{s2}-CN A-11P（b），β-CN A^2-5P（c）和 κ-CN A-1P（d）氨基酸链上疏水性残基（上面）和带电残基（下面）的分布（改编自 Huppertz，2013）

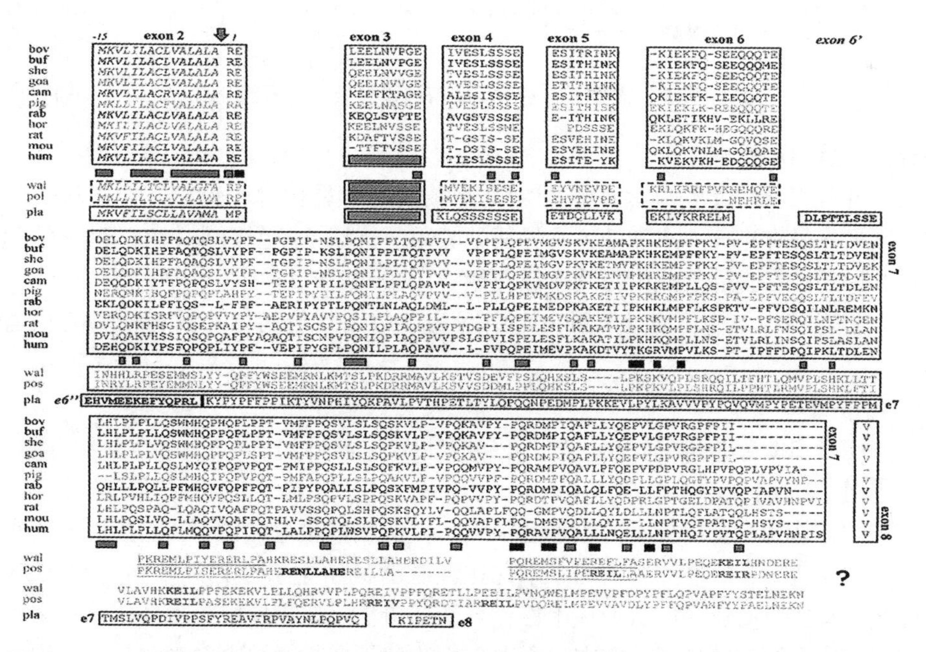

图 4.17　11 个真兽亚纲动物 β-酪蛋白的氨基酸序列的多重比对（Martin 等，2013a，b）

量高（疏水性小肽往往带有苦味），所以其水解产物可能有苦味。酪蛋白容易被腐败微

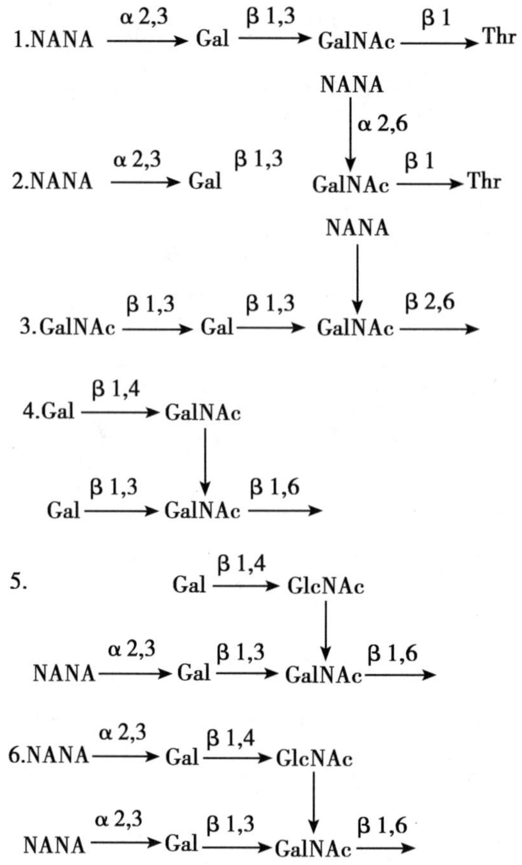

1.NANA —α 2,3→ Gal —β 1,3→ GalNAc —β 1→ Thr

2.NANA —α 2,3→ Gal β 1,3 GalNAc —β 1→ Thr
（NANA —α 2,6↓ GalNAc）

3.GalNAc —β 1,3→ Gal —β 1,3→ GalNAc —β 2,6→
（NANA ↓ GalNAc）

4.Gal —β 1,4→ GalNAc
（GalNAc ↓）
Gal —β 1,3→ GalNAc —β 1,6→

5. Gal —β 1,4→ GlcNAc
（GlcNAc ↓）
NANA —α 2,3→ Gal —β 1,3→ GalNAc —β 1,6→

6.NANA —α 2,3→ Gal —β 1,4→ GlcNAc
（GlcNAc ↓）
NANA —α 2,3→ Gal —β 1,3→ GalNAc —β 1,6→

图 4.18　牛奶（1 和 2）或初乳（1~6）中与酪蛋白结合的寡糖（Eigelet 等，1984）

生物分泌的蛋白酶水解。

（2）由于酪蛋白结构开放，非极性氨基酸残基含量相对比较高，且氨基酸分布不均匀，因而容易在空气—水和油—水界面处吸附。这赋予酪蛋白非常好的乳化性和发泡性，这两种特性在食品工业中得到广泛应用。

（3）缺乏高级结构可能是酪蛋白对引起变性的因素包括加热具有很高的稳定性的原因。

4.5.3　分子量

所有酪蛋白的分子量都较小，约为 20~25kDa（表 4.2）。

4.5.4　疏水性

人们常常认为酪蛋白分子的疏水性很强。但从氨基酸组成来看，酪蛋白的疏水性并非特别强。事实上，有些酪蛋白的亲水性比乳清蛋白 β-乳球蛋白还要强（表 4.2）。然而，酪蛋白确实具有较高的表面疏水性，乳清球蛋白刚好相反，疏水性残基很多被埋在分子内，而大多数亲水性残基露在表面上。由于酪蛋白相对缺少二级和三级结构，无法形成像乳清球蛋白那样的结构，因此疏水性残基很多露在表面。

因此，酪蛋白是分子量比较小，疏水性比较强，兼有亲水和疏水基团，二级和三级

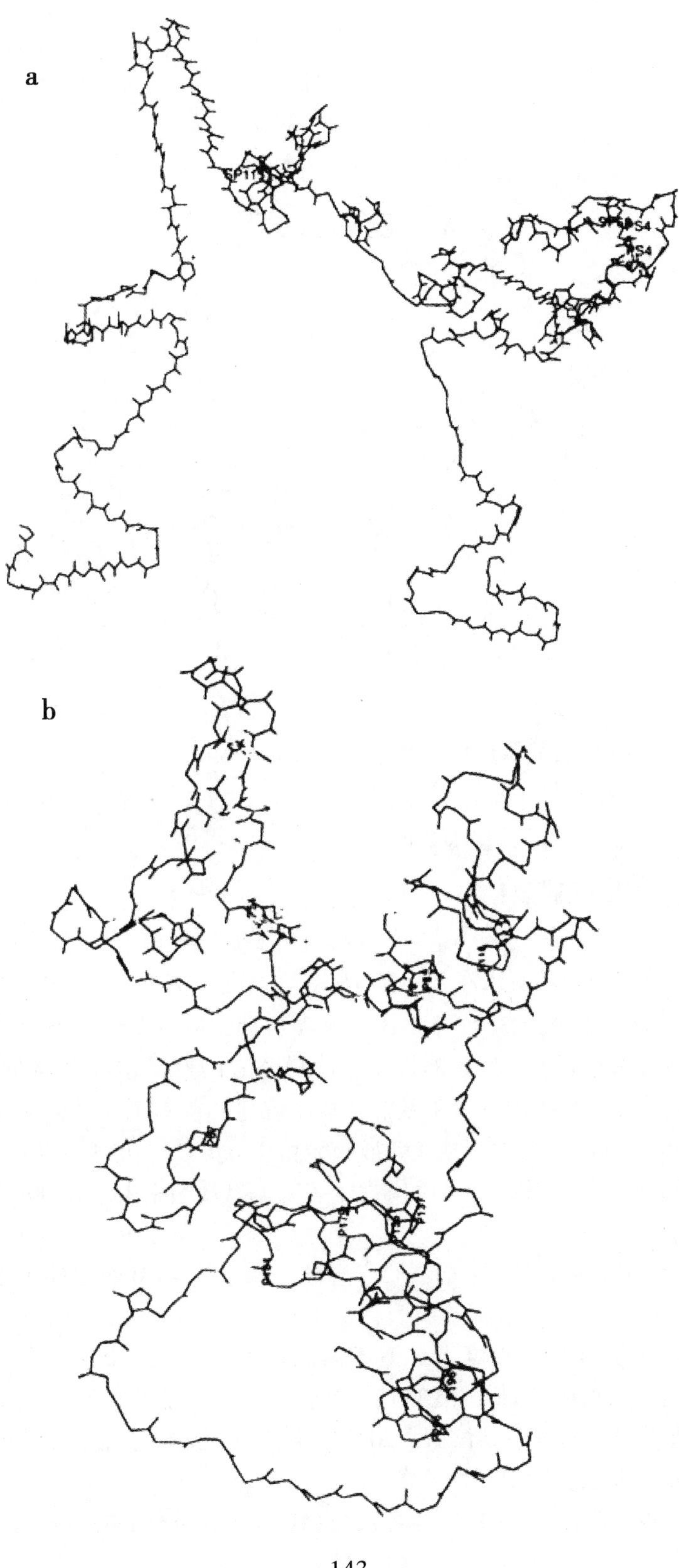
a
b

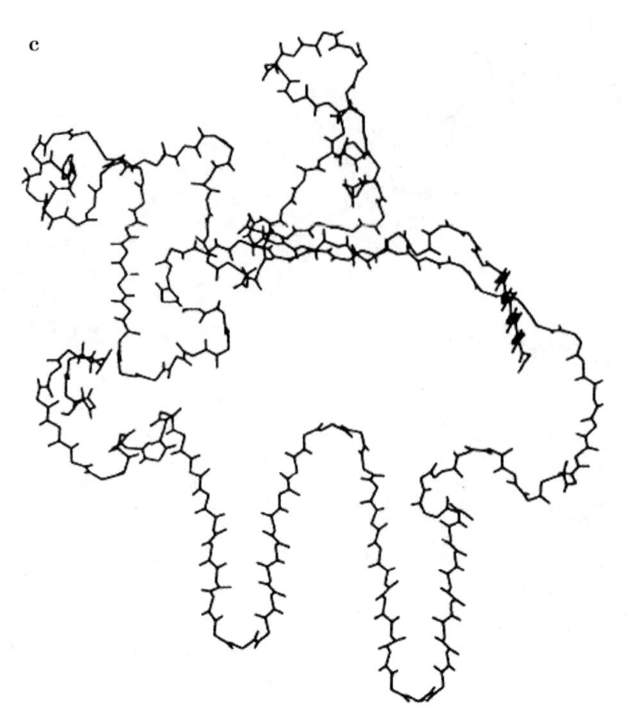

图 4.19　牛 α_{s1}-（a）、β-（b）和 κ-（c）酪蛋白三级结构的能量最小化模型（Kumosinski 等，1993a, b；Kumosinski 和 Farrell，1994）

结构水平比较低的随机或柔性结构的分子。

4.5.5　钙离子对酪蛋白的影响

在任何温度下，α_{s1}-CN B 和 α_{s1}-CN C 均不溶于含钙溶液，在 Ca^{2+}浓度约大于 4mM 时会形成粗沉淀物。缺少强疏水序列残基 13-26 的 α_{s1}-CN A 在 1～33℃的温度下可溶于低于 0.4M Ca^{2+}溶液。高于 33℃时，α_{s1}-CN A 沉淀，但在冷却至 28℃时会重新溶解。α_{s1}-CN A 的存在改变了 α_{s1}-CN B 的性质，使得两者的等摩尔混合物在 1℃下可溶于 0.4 M Ca^{2+}溶液；α_{s1}-CN B 在 18℃下从混合物中沉淀，在 33℃下，α_{s1}-CN A 和 B 均沉淀。α_{s1}-CN A 不能与 κ-酪蛋白形成正常胶束。由于 α_{s1}-CNA 出现的频率非常低，这些异常变异体对乳品加工没有影响，但如果 α_{s1}-CN A 出现频率由于育种而增高，可能就会产生较大的影响。

α_{s2}-酪蛋白在任何温度下均不溶于 Ca^{2+}溶液（高于约 4mM），但目前尚未对其性质进行详细研究。

β-酪蛋白在低于 18℃的温度下可溶于高浓度 Ca^{2+}溶液（0.4M），但是温度高于 18℃时，则很难溶，即使只有低浓度的 Ca^{2+}溶液（4mM）也不能溶解。Ca 沉淀的 β-酪蛋白在冷却至低于 18℃时容易再溶解。20℃也是 β-酪蛋白发生温度依赖性聚合的临界温度，这两种现象可能存在相关性。

κ-酪蛋白可溶于任意浓度的 Ca^{2+}溶液，直到 Ca^{2+}达到正常的盐析浓度为止。溶解度与温度和 pH 值（在发生等电沉淀的 pH 值范围之外）无关。κ-酪蛋白不仅在 Ca^{2+} 存在下可溶，而且能够抑制 α_{s1}-、α_{s2}-和 β-酪蛋白在 Ca^{2+} 存在下的沉淀（第 4.6 节）。

4.5.6　皱胃酶对奶酪的作用

这个问题将在第 12 章中讨论。这里只说明的是，κ-酪蛋白是在凝乳的第一阶段唯一被皱胃酶水解的酪蛋白，凝乳的第一阶段是大多数奶酪品种生产过程的第一步。

4.5.7　酪蛋白的键合

所有的主要酪蛋白相同种类、不同种类之间均能相互结合。非还原态 κ-酪蛋白主要以二硫键连接的聚合物存在。κ-酪蛋白可与本身和其他酪蛋白形成氢键和疏水键，但是目前尚未对这些键合作用进行详细研究。

在 4℃时，β-酪蛋白在溶液中以分子量 25kDa 左右的单体形式存在。随着温度升高至 8.5℃，这些单体聚合形成约有 20 个单体的线状长链，温度继续升高时可形成更大的聚集体。键合的程度取决于蛋白质浓度。形成线状聚合物的能力可能对于形成胶束结构很重要。β-酪蛋白还发生过温度依赖性构象变化，在此过程中其聚-L-脯氨酸螺旋的含量随温度升高而降低。转变温度约为 20℃，即非常接近 β-酪蛋白从 Ca^{2+} 溶液中析出的温度。

α_{s1}-酪蛋白聚合形成分子量约 113kDa 的四聚体，其聚合度随蛋白质浓度和温度升高而增加。

主要的酪蛋白彼此间相互作用，在 Ca^{2+} 存在下，这些键合作用对酪蛋白胶束的形成起决定性作用。

4.6　酪蛋白胶束

4.6.1　组成和基本特性

约 95%的酪蛋白以粗大的胶体颗粒的形式存在于奶中，称为胶束。按干物质计算，酪蛋白胶束含有约 94%的蛋白质和 6%的低分子量物质，称为胶体磷酸钙，主要由钙、镁、磷酸盐和柠檬酸盐组成。胶束是高度水合的，每克蛋白结合约 2.0g H_2O。酪蛋白胶束的一些主要性质总结在表 4.6 中。

表 4.6　牛奶酪蛋白胶束的性质（改编自 McMahon 和 Brown，1984）

特征	值
直径	120nm（范围：50~500）
表面积	8×10^{-10} cm^2
体积	2×10^{-15} cm^3
密度（含水）	1.0632 g/cm^3
质量	2.2×10^{-15}g
含水量	63%
水化	3.7g H_2O/g protein
容积度	4.4 cm^3/g

（续表）

特征	值
摩尔质量，含水	1.3×10^9Da
摩尔质量，脱水	5×10^8Da
肽链数目	10^4
每毫升牛奶的微粒数	$10^{14}\sim10^{16}$
每毫升牛奶中微粒的表面积	5×10^4cm^2
微粒间平均距离	240nm

自19世纪后期人们已经知道，酪蛋白以粗大的胶体颗粒存在，不能通过巴斯德-班伯兰（Pasteur-Chamberland）陶瓷过滤器（大致相当于现代的陶瓷微滤膜）。电子显微镜显示酪蛋白胶束通常为球形，直径为50~500nm（平均约120nm），质量为$10^6\sim10^9$ Da（平均约10^8Da）。虽然小胶束的数量非常多，但只占所有胶束体积或质量的一小部分（图4.20）。每毫升奶含$10^{14}\sim10^{16}$个胶束；胶束的间距大约相当于其直径（240nm）的2倍，即是说胶束堆积相当紧密。胶束表面（界面）面积非常大，为5×10^4cm^2/mL。因此，胶束的表面性质对其性质至关重要。

由于胶束具有胶体维度，所以对光有散射作用，奶呈白色主要是由酪蛋白胶束的光散射造成的。如果胶束被破坏，如通过去除胶体磷酸钙（用柠檬酸盐、乙二胺四乙酸（EDTA）或草酸盐），升高pH值（至大于9），或在70℃下添加尿素、SDS或乙醇至70%，则白色会消失。

4.6.2 稳定性

（1）酪蛋白胶束在常见的奶的主要的处理过程中是稳定的（除了那些旨在破坏胶束的稳定性的处理方法，如皱胃酶和酸诱导的凝结）。胶束在高温下非常稳定，在奶的正常pH值下，仅在140℃加热15~20min后才会凝结。这种凝固不是由于狭义上的变性，而是由这种剧烈热处理下奶中发生的主要变化所致，这些变化包括乳糖热解为各种酸（主要是甲酸）导致的pH值降低，酪蛋白的去磷酸化，κ-酪蛋白的裂解，乳清蛋白的变性及其与酪蛋白胶束的结合，胶束上可溶性磷酸钙的沉淀，水合程度的降低（第9章）。

（2）酪蛋白胶束具有抗压性，可以通过超速离心沉降，如以100 000×g离心1h，然后再经压碎并轻微搅拌又很容易再分散。

（3）酪蛋白胶束在工业生产的均质过程中很稳定，但均质压力非常高时（500MPa）略有变化。

（4）胶束对高浓度Ca^{2+}是稳定的，在高达50℃的温度下，至少高至200mM的Ca^{2+}浓度，仍能保持稳定。

（5）当将pH值调至酪蛋白的等电点（pH值=4.6）时，胶束就会凝集并从溶液中沉淀。在该pH值下，沉淀的发生具有温度依赖性（即在温度低于5~8℃下不发生，在较高温度如70℃下，可在较宽的pH值范围（可能为3.0~5.5）析出沉淀），随着pH

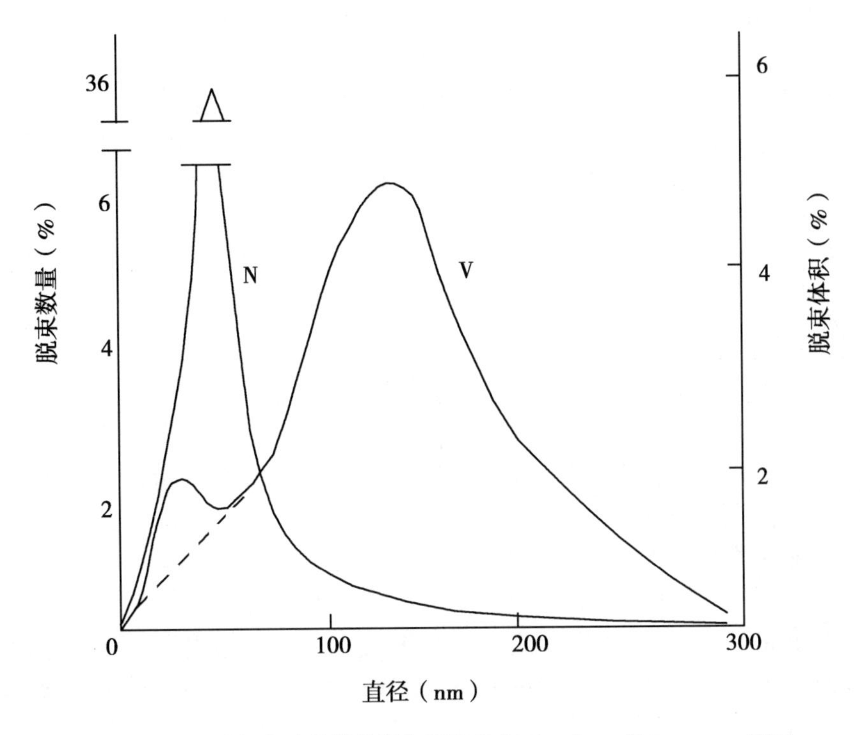

图 4.20　牛奶中酪蛋白胶粒的数量和频率分布（Walstra 和 Jenness，1984）

值接近 4.6，由于不存在净正电荷或净负电荷而发生沉淀。

（6）通过超滤，蒸发和喷雾干燥浓缩乳液可导致酪蛋白胶束失稳，失稳程度一般随着浓缩倍数的增加而增大。酪蛋白胶束的紧密堆积，由 CaH_2PO_4、$CaHPO_4$ 生成 $Ca_3(PO_4)_2$ 沉淀（释放 H^+）引起 Ca^{2+} 浓度升高和 pH 值的降低，是导致酪蛋白胶束在浓缩时失稳的主要因素。

（7）随着奶 pH 值的降低，胶体磷酸钙开始溶解并且在 pH 值 4.9 下完全溶解（第 5 章）。在调整 pH 值后对原料奶进行透析，是一种广泛使用的改变奶的胶体磷酸钙含量的方法。随着胶体磷酸钙浓度的降低，胶束的性质也发生变化。但是即使在失去 70%的胶体磷酸钙之后，胶束仍然保留原来的一些结构，并且在恢复到原来的 pH 值时又能复性。除去的胶体磷酸钙超过 70%可导致胶束分解成较小的颗粒（聚集体）。

（8）许多蛋白酶可水解 κ-酪蛋白特定的键，其结果是胶束在 Ca^{2+} 存在下发生凝聚作用或形成凝胶。这是大多数奶酪品种制造过程中的关键步骤（第 12 章）。

（9）将脱脂奶冷却至 0~5℃时，从胶束中解离出来的 β-酪蛋白可占总 β-酪蛋白的约 20%，其他酪蛋白解离的数量则比较少，可能是由于 β-酪蛋白之间或与其他酪蛋白分子之间的疏水相互作用减弱了。

（10）在室温下，在 pH 值 6.7 时，浓度约 40%的乙醇即可令胶束失稳，如果降低 pH 值，则需要的乙醇浓度也会降低。但若将系统加热至约 70℃，沉淀物便会再溶解，并且系统变为半透明。当系统重新冷却时，又可恢复牛奶的白色外观，并且若将乙醇-乳混合物保持在 4℃下，特别是若用浓缩奶（> 2 倍）时，则可形成凝胶。如果通过蒸发除去乙醇，则会形成非常大的聚集体（平均直径约3 000nm），其性质与天然胶束不同。聚集体可以分散成平均直径约 500nm 的颗粒。升高 pH 值或加入 NaCl 可促进乙醇对胶束的解离效应（在 20℃下 pH 值=7.3 时，35%乙醇即可引起解离）。甲醇和丙酮具有类似于乙醇的解离效应，但是丙醇可在 25℃左右引起解离。乙醇和类似化合物引起酪蛋白胶束解离的机制尚未确定，但不是由于胶体磷酸钙的溶解，胶束的胶体磷酸钙含量并没有改变。

（11）冷冻可使酪蛋白胶束失稳（冷失稳），因为冷冻会引起奶的未冻结相 pH 值降低，Ca^{2+}升高（第 2 章和第 5 章）。

4.6.3 胶束的主要特性

酪蛋白胶束的结构已经引起科学家很长时间的关注。了解胶束的结构是重要的，因为胶束的稳定性和特性对许多乳品加工工艺是至关重要的，比如奶酪制造，灭菌奶、甜炼奶、复原奶和冷冻奶制品的稳定性。在不了解酪蛋白胶束的结构和性质的情况下，要解决乳品业中所面临的许多技术难题只能凭经验，并不具普遍适用性。从学术角度来看，酪蛋白胶束在蛋白质的四级结构方面给我们提出了一个有趣而复杂的问题。

自从 1958 年 Waugh 开展了开创性研究以来，科学家们已进行了大量研究，希望阐明酪蛋白胶束的结构，目前已经提出了几种模型。第 4.6.4 节引用的一些参考文献已对这项研究工作进行了综述。下面列出了酪蛋白胶束的一些主要性质，第 4.6.4 节将对最符合这些要求的模型进行简单的讨论。

（1）κ-酪蛋白大约占总酪蛋白的 12%，它是胶束结构和稳定性的关键特征。κ-酪蛋白在胶束上的位置必须能够对钙敏感性 α_{s1}-酪蛋白、α_{s2}-酪蛋白和 β-酪蛋白起到稳定作用，因为这些钙敏感性酪蛋白约占总酪蛋白的 85%。

（2）酪蛋白胶束中 κ-酪蛋白的含量与其大小成反比，而胶体磷酸钙的含量与其大小直接相关。

（3）超离心沉降的胶束每克蛋白的水合 H_2O 为 1.6~2.7g，但是通过黏度法和特定流体动力学体积的计算发现容积度为 3~7mL/g。从这些数值可看出胶束具有多孔结构，在多孔结构中蛋白质约占总体积的 25%。

（4）凝乳酶和类似的蛋白酶分子相对比较大（约 36kDa），能够快速、特异性地水解大部分 κ-酪蛋白胶束。

（5）当在乳清蛋白存在下（如在正常奶中）加热时，κ-酪蛋白和 β-乳球蛋白相互作用形成二硫键连接的复合物，这可改变胶束的许多性质，包括皱胃酶凝结性和热稳定性。

（6）Cheryan 等（1975）报道不溶性羧肽酶（通过用甲醛处理）可以解离出三种酪蛋白的 C 端氨基酸，表明在胶束表面上含有全部种类的酪蛋白。然而，Chaplin 和 Green（1982）使用葡聚糖和胃蛋白酶的缀合物或葡聚糖和羧肽酶的缀合物研究发现，κ-酪蛋白绝大多数位于胶束的表面，并且固定化皱胃酶不能使乳凝固。

（7）去除胶体磷酸钙导致胶束分解成质量约 3×10^6 Da 的颗粒。无胶体磷酸钙乳系统的性质与正常奶差异很大，例如，比较低浓度的 Ca^{2+}就能使其沉淀，具有更高的温度稳定性，在 140℃下仍能保持稳定，且不被皱胃酶凝结。这些性质许多可以通过增加钙离子浓度而恢复，至少是部分恢复。

（8）用尿素（5M）或 SDS（表明氢和疏水键与胶束的完整性有关系）或将 pH 值升高至 9 以上，也可使胶束解离。在这些条件下，胶体磷酸钙并不溶解；事实上，提高 pH 值反而会使胶体磷酸钙的含量升高。如果对过量的原料奶进行透析把尿素除去，胶束会复性，但这些没有得到充分的表征。

（9）醇、丙酮及类似溶剂可使胶束失稳，这表明静电相互作用在胶束结构中起着重要的作用。

（10）随着温度降低，酪蛋白，特别是 β-酪蛋白，会从胶束中解离；10%～50%的 β-酪蛋白在 4℃下以非胶束状态存在，具体比例因测量方法不同而异。

（11）电子显微镜观察显示胶束内部的电子密度不均匀。

（12）胶束在 pH 值 6.7 下表面电势（ζ）约为 -20mV。

4.6.4　胶束的结构

酪蛋白胶束的结构多年来一直吸引着科学家们的关注。了解胶束结构很重要，因为胶束经历的反应对于许多乳品加工工艺（如奶酪制造，灭菌奶、甜炼奶、复原奶和冷冻奶制品的稳定性）至为重要。从学术角度来看，酪蛋白胶束在蛋白质四级结构方面给人们提出了一个有趣而复杂的问题。

人们早就认识到奶中的酪蛋白以粗大的胶体颗粒形式存在，并且对这些颗粒的结构以及它们如何保持稳定作了一些推测（Fox 和 Brodkorp，2008）。但是在未分离出 κ-酪蛋白并描述其特征（Waugh 和 von Hippel，1956）之前，研究不可能有显著进展。D. F. Waugh 在 1958 年首次提出了酪蛋白胶束的结构模型，之后，人们进行了大量的研究以阐明酪蛋白胶束的结构。这里将对这项研究工作做个总结。

胶束的任何结构模型都必须符合以下几个主要特征：

（1）κ-酪蛋白占总酪蛋白的约 12%，必须确定 κ-酪蛋白在胶束的位置，这样才能使钙敏感性 α_{s1}-酪蛋白，α_{s2}-酪蛋白和 β-酪蛋白保持稳定，这 3 种酪蛋白大概占总酪蛋白的 85%。

（2）凝乳酶和类似的蛋白酶的分子质量相对比较大（约 36kDa），能够快速、特异性地水解大部分 κ-酪蛋白。

（3）在乳清蛋白存在下（如在正常奶中）加热时，κ-酪蛋白和 β-乳球蛋白（奶中的分子量 = 36 kDa）相互作用形成二硫键连接的复合物，这可改变胶束的性质，如皱胃酶凝结和热凝结。

最符合这些要求的结构是，κ-酪蛋白形成一个包围 Ca-敏感性酪蛋白的表面层，有点类似于脂质乳化液中乳化剂薄膜包围甘油三酯。去除胶体磷酸钙导致胶束分解成分子质量约 10^6Da 的颗粒，表明胶体磷酸钙是胶束中的主要整合因子。无胶体磷酸钙乳体系的性质与正常奶的性质差异很大（例如，较低浓度的 Ca^{2+}能使其沉淀，对热诱导凝固更加稳定，且不能被皱胃酶凝结）。通过增加钙浓度，这些性质许多可以恢复，至少是部分恢复。然而，胶体磷酸钙不是唯一的整合因子，这都可由温度、尿素、SDS、乙醇和碱性 pH 值对胶束具有解离作用证明。随着温度降低，酪蛋白，特别是 β-酪蛋白从胶束中解离。据测定，解离的 β-酪蛋白可占 10%～50%，具体解离比例因测定方法不同而异。在 pH 值 5.2 左右时解离度最大。

在过去 50 年中，人们已经提出了许多酪蛋白胶束结构模型。随着信息越来越丰富，这些结构模型也不断得到修改完善。这方面的进展也一直有定期的综述（Walstra，1999；Horne，2006，2011；de Kruif，Holt，2003；Fox，Brodkorb，2008；McMahon，Oommen，2008，2013；Dalgleish，2011；O′Mahony and Fox，2013；de Kruif，2014）。

目前提出的模型可分成三大类，尽管其中有一些重叠：

（1）核壳结构模型；

（2）内部结构模型；

（3）亚单元（逊胶束）结构模型。在这类模型中，有许多个模型认为逊胶束具有核壳结构。

多年以来，有很多人支持胶束是由质量约 10^6Da，直径 10~15nm 的逊胶束组成的观点。该模型由 Morr 在 1967 年提出，他认为子逊胶束通过胶体磷酸钙连接在一起，使胶束具有开放的多孔结构。通过酸化/透析，添加 EDTA，柠檬酸盐或草酸盐等方法除去胶体磷酸钙后，可使胶束分解。在 70℃或 pH 值大于 9 时添加尿素、SDS、35%乙醇进行处理，也可以使胶束分解。这些处理并不能溶解胶体磷酸钙，这表明胶束结构的维持也要依赖其他力的作用，如疏水键和氢键。

逊胶束模型已几经修改完善（Schmidt，1982；Walstra 和 Jenness，1984）。目前的观点是，逊胶束的 κ-酪蛋白含量不同，缺乏 κ-酪蛋白的逊胶束位于胶束的内部，富含 κ-酪蛋白的逊胶束集中在表面，形成 κ-酪蛋白富集层，但一些 α_{s1}-酪蛋白，α_{s2}-酪蛋白和 β-酪蛋白也暴露在表面上。有人认为，κ-酪蛋白的亲水性 C 末端区域从表面向外突出，形成一个 5~10nm 厚的绒毛层，使胶束呈现毛状外观（图 4.21）。由于这个绒毛层对 ζ 电位（约 20mV）和空间稳定性有重要贡献，因此对维持胶束的稳定性也起着重要作用。如果去除绒毛层，如对 κ-酪蛋白进行特异性水解，或用乙醇使酪蛋白崩解，则胶束的胶体稳定性即受破坏而发生凝结或沉淀。

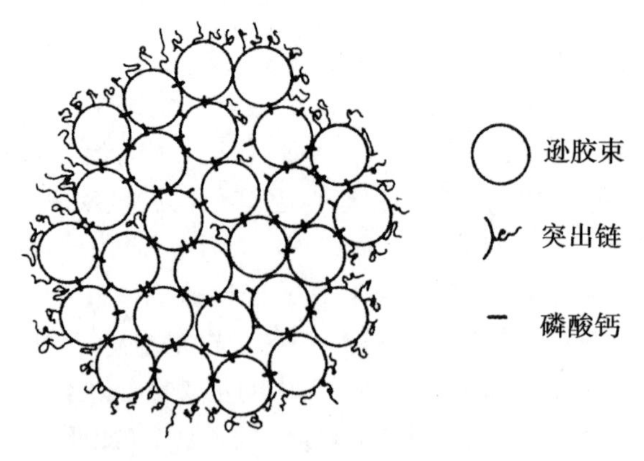

图 4.21 酪蛋白胶束的逊胶束模型（Walstra 和 Jenness，1984）

尽管酪蛋白胶束的逊胶束模型很容易地解释了胶束的许多主要特性和发生的理化反应，且得到广泛认可，但从未得到一致的支持。最近，有人又提出了两种替代模型。

Visser（1992）提出，胶束是由一个个酪蛋白分子随机聚集而成的球形聚集体，酪蛋白分子一部分通过非结晶磷酸钙盐桥，一部分通过其他力（如疏水键）结合成聚集体，聚集体外面再包着一层 κ-酪蛋白。据 Holt（1992，1994）所描述，酪蛋白胶束是柔软的酪蛋白分子卷曲缠绕形成一种凝胶状结构，胶体磷酸钙微粒也是这种胶状结构不可缺少的组成部分，κ-酪蛋白的 C-末端区域从其表面向外突出，形成绒毛层（图 4.22）。这些模型具有逊胶束模型的两个重要特征，即胶体磷酸钙的胶结作用和 κ-酪蛋白主要位于胶束的表面。

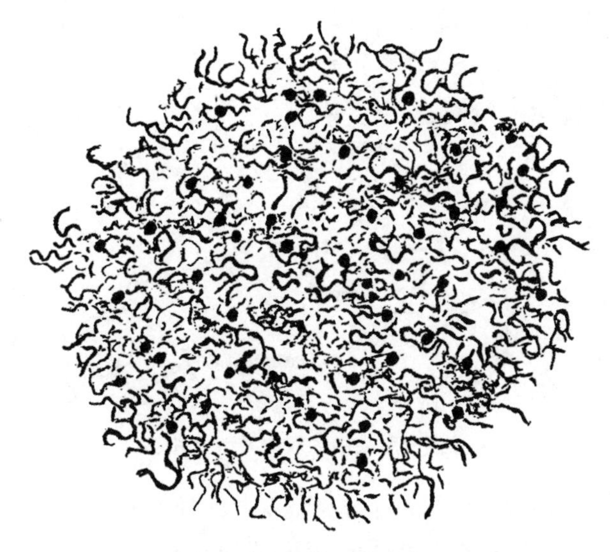

图 4.22　酪蛋白胶束模型（改编自 Holt，1994）

Dalgleish（1998）认为胶束表面仅部分覆盖有 κ-酪蛋白，并且分布并不均匀。覆盖在表面的 κ-酪蛋白为胶束提供空间稳定性，使其他大颗粒（例如其他胶束）难以接近，但是由于 κ-酪蛋白分子存在细小的异质性，κ-酪蛋白分子之间存在间隙，使大小相当于单个蛋白质或比单个蛋白质更小的分子比较容易接近胶束。

逊胶束结构的许多证据都来自电子显微镜研究，这些研究表明电子密度有差异，其解释是这表明逊胶束结构，即树莓状结构的存在。然而，由于在固定、水被乙醇置换、干燥和喷镀金属膜等操作过程的问题，电子显微镜中可能会出现伪像。McMahon 和 McManus（1998）采用新的冷冻制备电子显微镜立体成像技术，没有发现能支持亚胶束模型存在的证据，因此得出结论，如果胶束确实由亚胶束组成，这些逊胶束应该小于 2 nm 或者堆积密度没之前推测的那么大。TEM 显微照片看起来与 Holt（1994）制备的模型非常相似。冷透射电子层析成像也未显示亚胶束结构的存在（Marchin 等，2007；Trejo 等，2011）。Holt（1998）断定，酪蛋白胶束结构的所有逊胶束模型都不能解释通过去除胶体磷酸钙或通过用尿素解离的胶束用凝胶渗透色谱法测定得到的结果。de. Kruif（1998）对 Holt 所提出的酪蛋白胶束的结构模型（1992，1994）表示支持，并用“黏性硬球”来描述胶束的性质和特征。

更新的酪蛋白胶束结构模型是 Horne 提出的“双键”模型（1998，2002，2006，

2011，2014)。该模型认为胶束结构是由疏水力和胶体磷酸钙介导的亲水区域交联之间的平衡来控制（图 4.23)。

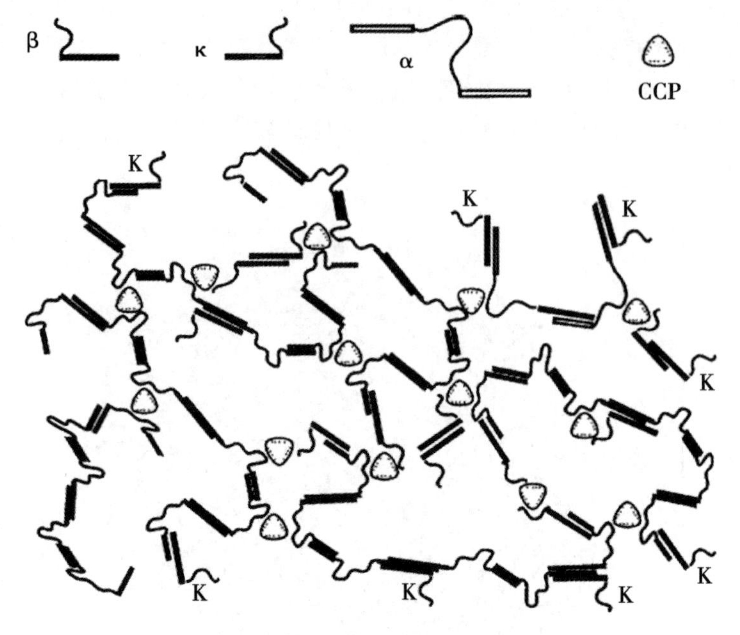

图 4.23 酪蛋白胶束中的双键模型（Horne，1998)

酪蛋白胶束结构的研究仍然是一个非常活跃、前景乐观的研究领域，研究与分析方法的发展给人们提供了更多有关酪蛋白胶束结构和稳定性的新信息（Bouchoux 等，2010)。与牛奶的胶束相比，人们对于其他物种的乳汁酪蛋白胶束的研究仅停留在表面；推测所有物种的酪蛋白胶束结构基本相似，但其深入研究仍具有进一步探讨的广阔前景。

Holt（1992，1994）还认为，除了提供氨基酸之外，人们应该考虑酪蛋白还有其他生物学功能，即使高浓度的钙能在奶中以稳定的形式存在，如果没有酪蛋白的稳定作用，磷酸钙将会在乳腺细胞中沉淀，导致异位性矿化，这可能导致乳腺细胞甚至是动物的死亡。肾结石、胆结石和关节液、唾液钙化也存在类似的情况（第 5 章)。

由于胶束紧密堆积，胶束间碰撞频繁；然而，胶束通常在碰撞后不会结合在一起。有两个主要因素使胶束能够保持稳定：①在 pH 值 = 6.7 时存在约 20mV 的表面（ζ）电势，但这个电势太小，单靠它可能还不足以维持胶束的稳定；②胶束表面突出的 κ-酪蛋白绒毛的空间稳定作用。

4.7 乳清蛋白

牛奶中约 20%的蛋白是乳清蛋白，也称为非酪蛋白氮。加酸乳清和皱胃酶乳清还含有来自酪蛋白的肽；两类乳清都含有由纤溶酶产生的主要来自 β-酪蛋白的蛋白胨-蛋白胨，皱胃酶乳清还含有由皱胃酶水解 κ-酪蛋白产生的（糖）巨肽。这些肽不在本次讨论的范围之内。

4.7.1　制备

用第 4.3 节所述的任何一种方法，都能轻而易举地从奶中制备出整组乳清蛋白，这些方法包括：

（1）在 pH 值=4.6 时保持可溶的蛋白质；

（2）在氯化钠饱和溶液中可溶的蛋白质；

（3）皱胃酶凝结酪蛋白后的可溶性蛋白质；

（4）通过凝胶渗透色谱法；

（5）通过添加或不添加 Ca^{2+} 的超速离心法；

（6）微滤。

通过上述方法（除了第 4 种方法）制备的乳清都含有乳糖和可溶性矿物盐。总乳清蛋白可通过对乳清进行透析再干燥滞留物来制备。采用各种方法制备的产品成分有些差异：酸乳清含有一些 γ-酪蛋白和蛋白肝-蛋白胨；用饱和 NaCl 制备时，免疫球蛋白会与酪蛋白发生共沉淀；皱胃酶乳清含有由皱胃酶作用产生的 κ-CN 巨肽，可能还有微量的其他种类的酪蛋白；超速离心后较小的酪蛋白胶束仍残留在上清液中，特别是在不加 Ca 的情况下残留更多。通过各种方法制备的乳清，矿物盐的组成差异非常大。

在工业生产上，一般通过以下方法制备富含乳清蛋白的产品：

（1）对酸乳清或皱胃酶乳清进行超滤/膜渗滤以除去或多或少的乳糖，再喷雾干燥生产出乳清蛋白浓缩物（30%~85%蛋白）。

（2）离子交换色谱：将蛋白质吸附在离子交换剂上，洗涤除去乳糖和盐，然后调整 pH 值进行洗脱。洗脱液经超滤脱盐再喷雾干燥，得到含有约 95%蛋白质的乳清蛋白分离物。

（3）通过电渗析和/或离子交换、水的热蒸发和乳糖的结晶脱盐。

（4）热变性，通过过滤/离心回收沉淀的蛋白质，喷雾干燥得到溶解度极低、功能有限的“乳白蛋白”。

还有一些其他方法可除去乳清中的乳清蛋白，但工业生产上并不使用。目前已经开发出工业生产上用以纯化主要乳清蛋白和次要乳清蛋白的几种方法，这些方法将在 4.18.6 节中简单介绍。

4.7.2　乳清蛋白的异质性

大约在 1890 年，人们已经知道，通过任何上述方法制备的乳清都包含两组界限清楚的蛋白质，可通过饱和 $MgSO_4$或半饱和 $(NH_4)_2SO_4$分离，沉淀的蛋白（约占 20%的总 N）被称为乳球蛋白，可溶性蛋白质被称为乳白蛋白。乳球蛋白主要包括免疫球蛋白（Ig），特别是 IgG_1，此外还有较少量的 IgG_2，IgA 和 IgM（第 4.12 节）。牛奶的乳白蛋白部分包含 3 种主要蛋白质，β-乳球蛋白（β-lg），α-乳清蛋白（α-la）和血清白蛋白（BSA），它们分别占总乳清蛋白的约 50%，20%和 10%，此外还有微量的几种其他蛋白质，主要包括乳铁蛋白，血清转铁蛋白和几种酶。绵羊、山羊和水牛奶中的乳清蛋白和奶牛大致相似。人奶不含 β-lg，某些种类的奶含有 α-la 和乳清酸性蛋白（WAP）。β-lg，α-la 和 WAP 在乳腺中合成并且仅存在于奶中的；乳清中的大多数其他蛋白质来源于血液或乳腺组织。

自20世纪30年代以来，已经开发了几种用于分离已经结晶的同类乳清蛋白的方法（McKenzie，1970，1971）。如今，同类的乳清蛋白通常通过DEAE纤维素离子交换层析来制备。

4.8 β-乳球蛋白

4.8.1 分布和微观异质性

β-乳球蛋白是牛奶中的主要蛋白质，占总乳清蛋白的约50%或乳总蛋白的12%。它是最先结晶的蛋白质之一，由于结晶性被认为是同质性的良好指标，目前典型的球状蛋白β-lg已经得到广泛研究，并且获得充分的表征（McKenzie，1971；Hambling等，1999；Sawyer，2003，2013）。

β-lg是牛、羊、山羊和水牛奶主要的乳清蛋白，但存在微小的种间差异。几年前，人们认为β-lg仅出现在反刍动物的奶中，但现在已知它出现在猪、马、袋鼠、海豚、海牛和其他物种的奶中。然而，人、大鼠、小鼠和豚鼠奶中不含β-lg，这些动物的主要乳清蛋白是α-la。

牛β-lg的两个主要遗传变体是A和B，其他11个变体较少出现。目前已在澳大利亚的抗旱王品种中发现含有碳水化合物的A变体。还有些变体出现在牦牛和巴厘牛奶中。其他物种的β-lg也具有遗传多态性（Sawyer，2013；Martin等，2013a,b）。

4.8.2 氨基酸组成

一些β-lg变体的氨基酸组成如表4.4所示。β-lg富含含硫氨基酸，因此生物学价值高达110。每个18kDa的单体含有2mol的胱氨酸和1mol的半胱氨酸。半胱氨酸特别重要，因为它在热变性后能与κ-酪蛋白的二硫化物反应，对皱胃酶凝结和奶的热稳定性有显著影响；半胱氨酸热变性也是热处理后的奶有蒸煮味的原因。有些β-lg，如猪β-lg，不含游离巯基。牛β-lg的等电点pH值约为5.2。

4.8.3 一级结构

每个单体β-lg的氨基酸序列由162个氨基酸残基组成；牛β-lg B的序列以及牛和其他反刍动物的其他β-lg变体的取代如图4.24。

4.8.4 二级结构

β-lg是一种高度结构化的蛋白质：旋光色散和圆二色谱测定表明，在pH值为2~6的范围内，β-lg以10%~15% α-螺旋，43% β-折叠和47%无序结构（包括β转角）的形式存在。

4.8.5 三级结构

目前已经使用X射线晶体学对β-lg的三级结构进行了相当详细的研究（Sawyer，2013）。它具有非常紧密的球形结构，其中β-折叠呈反向平行形成β-桶型结构或花萼形结构（图4.25和4.26）。每个单体几乎呈现为直径约3.6nm的球体。

4.8.6 四级结构

早期的工作表明，牛β-lg的单体分子量约为36kDa，但S. N. Timasheff及其同事发现，pH值低于3.5时，β-lg解离成约18kDa的单体。pH值在5.5~7.5时，所有牛β-lg变体形成分子量为36kDa的二聚体，但它们不形成混合二聚体，即A和B单体不形

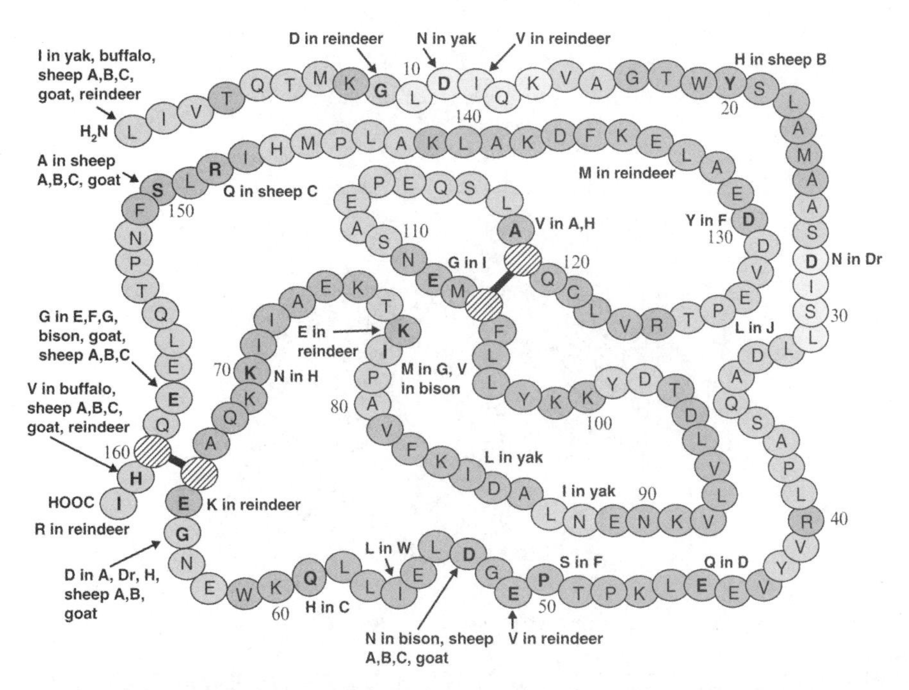

图 4.24　不同反刍动物 β-乳球蛋白与牛 β-乳球蛋白遗传变体 B 氨基酸序列的差异（Sawyer，2013）

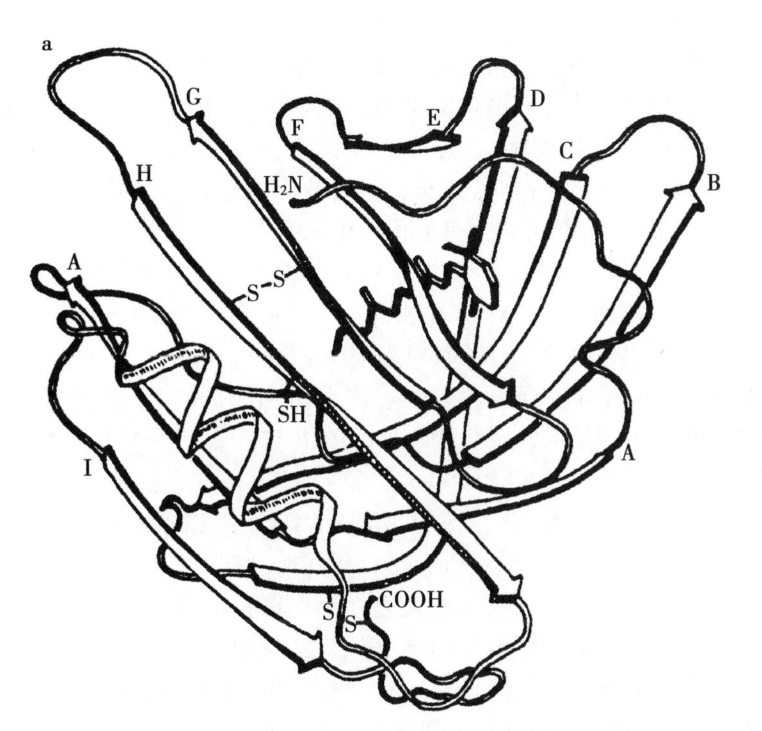

图 4.25　牛 β-乳球蛋白三级结构的示意图，包括视黄醇的结合；箭头表示反向平行的 β-折叠结构（Papiz 等，1986）

成二聚体，这可能是因为 β-lg A 和 β-lg B 在 118 位分别含有缬氨酸和丙氨酸。由于缬

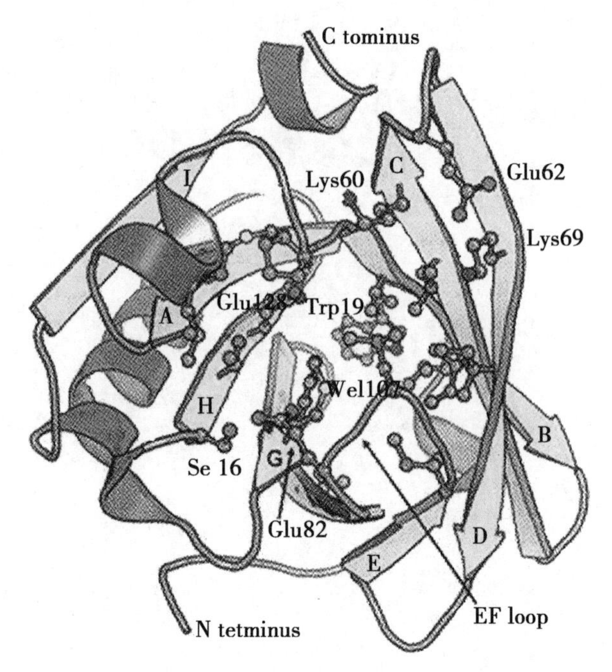

图 4.26　牛 β-乳球蛋白的结构，可以观察到中心与配体结合的花萼结构，其底部是 Trp19（Sawyer，2013）

氨酸分子大于丙氨酸，因而有人认为氨基酸残基大小的差异足以使其不能形成适于疏水相互作用的结构。猪和其他动物不含游离巯基的 β-lg 不形成二聚体；但缺少巯基可能不是无法形成二聚体的直接原因。

pH 值在 3.5 到 5.2 时，特别是当 pH 值=4.6 时，牛 β-1g 形成分子量为约 144kDa 的八聚体。β-lg A 比 β-lg B 结合力更强，这可能是因为其每个单体多含一个天冬氨酸（β-lg B 是甘氨酸）；多出的 Asp 能够在它未解离的 pH 值范围内形成额外的氢键。抗旱王肉牛的 β-lg 氨基酸组成与牛 β-lg A 相同，但是因为是糖蛋白，因而不能形成八聚体，这大概是由于碳水化合物部分的具有空间阻碍作用。

pH>7.5 时，牛 β-lg 的构象发生变化（称为 N↔R Tanford 跃迁），解离为单体，巯基外露，并具有活性，能够与二硫化物互变。图 4.27 中总结了 β-lg 的结合方式。

4.8.7　生理机能

由于其他主要乳清蛋白都具有生物学功能，因此长期以来人们一直认为 β-lg 可能也具有生物活性作用，这种作用似乎是作为视黄醇（维生素 A）的载体。β-lg 能在一个疏水窝与视黄醇结合（图 4.25），使其免受氧化并将其从胃运输到小肠，在小肠将视黄醇转给视黄醇结合蛋白，该蛋白结构与 β-lg 类似。β-lg 能与许多疏水性分子结合，当然也应该能与视黄醇结合。人们目前还未了解视黄醇是如何从奶中的乳脂球的脂核转移到 β-lg 上，以及人和啮齿动物是如何进化到不含 β-lg 的。

β-lg 还能与游离脂肪酸结合，因此可以促进脂质分解（减少了游离脂肪酸对脂肪酶的抑制作用）；这也许是它的一个生理功能。血清白蛋白也能结合疏水性分子，包括脂肪酸，或许血清白蛋白在缺乏 β-lg 的物种中起到与 β-lg 类似的作用。

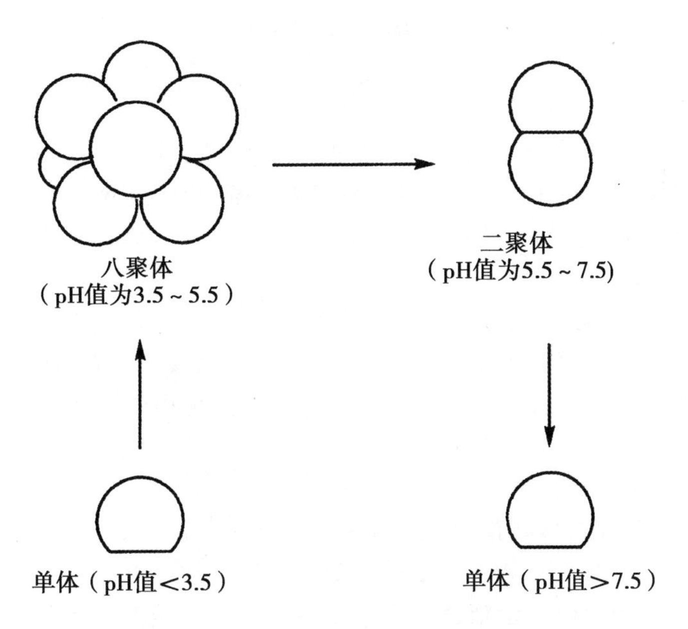

图 4.27　pH 值对 β-lg 四级结构的影响

4.8.8　变性

乳清蛋白变性在工艺方面有很大作用，将在第 9 章详细讨论。

4.9　血清酸性蛋白

乳清酸性蛋白（WAP）首先在小鼠的奶中发现，随后发现大鼠、兔、猪、骆驼、沙袋鼠、负鼠、针鼹和鸭嘴兽的奶中也有。由于所有这些种类的奶缺乏 β-lg，因此人们认为 WAP 和 β-lg 是相互排斥不能兼有的。然而，最近发现猪奶含 β-lg 也含有 WAP（Simpson 等，1998）。WAP 分子量为 14～30kDa（差异可能由糖基化程度不同引起），并且其包含 2 个（真兽亚纲动物）或 3 个（在单孔目和有袋目动物中）4-二硫键结构域。由于人奶缺乏 β-lg，因此很可能应含有 WAP，但目前尚无关于这种效应的报道。在人和反刍动物中，WAP 基因是移码突变的，并且是个假基因。WAP 具有蛋白酶抑制功能，参与乳腺的终末分化并具有抗菌活性（Simpson 和 Nicholas，2002；Hajjoubi 等，2006；Martin 等，2011）。

4.10　α-乳白蛋白

α-乳清蛋白（α-la）占牛乳清蛋白的约 20%（占总乳蛋白的 3.5%）；它是人奶中的主要蛋白质。α-La 是一种小蛋白质，分子量约为 14kDa。最近对 α-La 相关文献进行综述的包括 Kronman（1989），Brew 和 Grobler（1992）及 Brew（2003，2013）。

4.10.1　氨基酸组成

氨基酸组成如表 4.4 所示。α-la 相对富含色氨酸（每摩尔 4 个残基），也富含硫（1.9%），硫存在于胱氨酸（每摩尔有 4 个分子内二硫键）和蛋氨酸中；但 α-la 不含半胱氨酸（巯基）。α-la 不含磷或碳水化合物，但一些次要形式可能含有其中一种或两种兼有。α-la 的等电点约为 pH 值=4.8，也是在该 pH 值下，其在 0.5M NaCl 中的溶解度最小。

4.10.2 遗传变体

西方奶牛品种的奶主要含有 α-la B，但是瘤牛和抗旱王肉牛分泌 A 和 B 两种变体。α-la A 不含精氨酸，α-la B 的那个 Arg 残基被谷氨酸取代。有人报道，在巴厘牛奶中发现了 C 和 D 两种罕见的变异体。

4.10.3 一级结构

α-la 的一级结构如图 4.28 所示。许多物种的 α-la 与溶菌酶的氨基酸序列存在相当大的同源性。α-la 和鸡蛋清溶菌酶的一级结构非常相似。在 α-la 总共 123 个残基中，54 个与溶菌酶中的相应残基相同，还有 23 个残基在结构上类似（如 Ser/Thr，Asp/Glu）。

4.10.4 二级和三级结构

α-la 是一种紧密的球状蛋白，在溶液中以维度为 2.3nm×2.6nm×4.0nm 的长椭球存在。它以 26%α-螺旋，14%β-结构和 60%无序结构的形式存在。Kronman（1989）详细讨论了 α-la 与金属离子结合的性质（详见 4.10.8 节）及其分子构象性质。α-la 的三级结构与溶菌酶非常相似。目前已经报道了几个物种 α-la 的 X 射线晶体学研究结果（Brew 2013）；其分子的三维结构如图 4.29 所示。

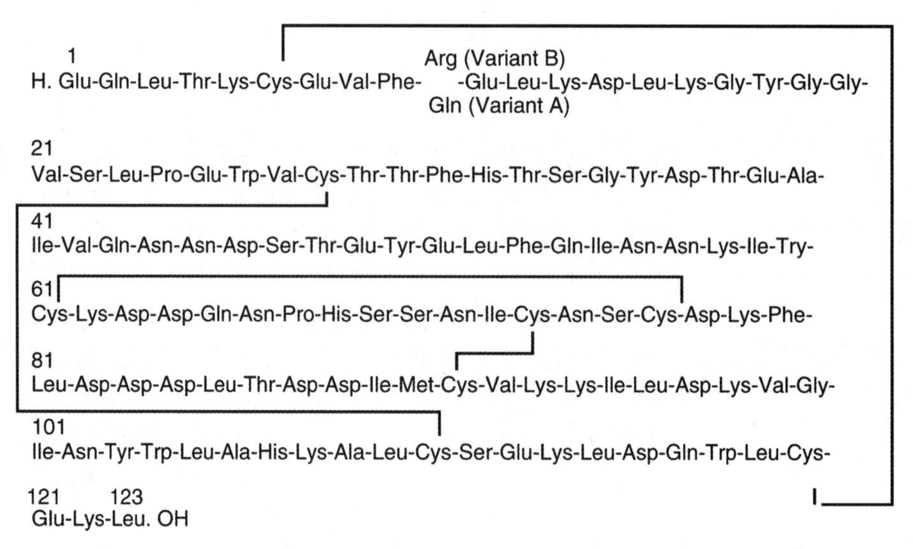

图 4.28 α-乳白蛋白的氨基酸序列，展示出分子内二硫键（虚线）和遗传变异体中的氨基酸取代（Brew 和 Grobler，1992）

4.10.5 四级结构

α-la 在许多环境条件下可发生键合，但键合过程还没有很好地研究过。

4.10.6 其他物种

有人已经从牛、绵羊、山羊、猪、人、水牛、大鼠和豚鼠等几种物种中分离出 α-la。据报道，其氨基酸序列和性质存在一些细微的种间差异（Brew，2013）。有几种海

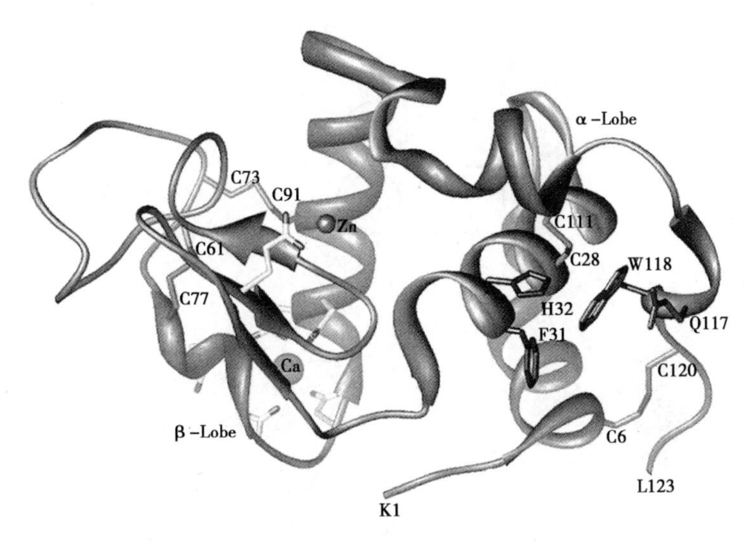

图 4.29　人 α-la 与 Ca/Zn 的复合物的三维结构

洋哺乳动物的奶中 α-la 的含量很少甚至不含 α-la（Oftedal，2011）。

4.10.7　生物功能

α-la 最引人关注的功能是其在乳糖合成中的作用。

4.10.8　金属离子结合和热稳定性

α-la 是金属蛋白，每摩尔能结合一个 Ca^{2+}，结合位置是一个含有 4 个 Asp 残基的"窝"（图 4.29 和图 4.30）；这些残基在所有 α-la 和溶菌酶中具有高度保守性。含钙蛋白质热稳定性相当高（是热稳定性最强的乳清蛋白），更准确地说，是这种蛋白热变性后容易复性（发生变性的温度比较低，这可由差示扫描量热法分析证明）。当 pH 值降至约 5 以下时，Asp 残基被质子化，丧失结合 Ca^{2+} 的能力。无金属蛋白质在相当低的温度下变性，并且冷却后不能复性；这个性质已被用于从乳清中分离 α-la。

4.10.9　对肿瘤细胞凋亡的影响

最近，人们发现一种令人关注的非天然状态 α-乳白蛋白与油酸结合形成的稳定复合物能够选择性诱导肿瘤细胞的凋亡，这种复合物被称为 HAMLET（使肿瘤细胞凋亡的人 α-乳白蛋白）。该复合物可以用油酸预处理的离子交换柱对 α-乳白蛋白进行层析而产生。该复合物可以由人（即 HAMLET）或牛（即 BAMLET）的脱辅基 α-la（Liskova 等，2010）产生，据报道，两种类型的复合物对 3 种不同癌细胞系具有相近的细胞毒活性（Brinkmann 等，2011）。这种复合物将来有可能用作高级功能性食品的原辅料（Brew，2013 和第 11 章）。

4.11　血清白蛋白

正常牛奶含有低水平的血清白蛋白（BSA）（0.1～0.4g/L；占总 N 的 0.3%～1.0%），可能是从血液漏进去的。BSA 分子量约 65kDa，含 582 个氨基酸残基、17 个二硫键和一个巯基。所有二硫键都是在多肽链中较相近的半胱氨酸形成的，因此形成一系

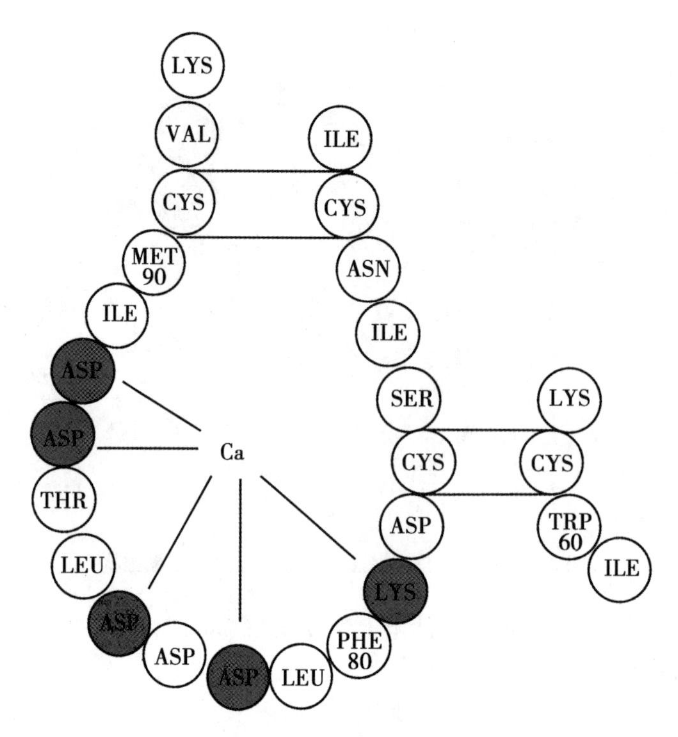

图 4.30 人 α-la 与 Ca^{2+} 的结合

列比较短的环（图 4.31）。BSA 分子呈椭圆形，分成 3 个结构域。由于 BSA 具有生物学功能，因而得到广泛的研究；Carter 和 Ho（1994）以及 Nicholson 等（2000）曾做过这方面研究的综述。在血液中，BSA 具有多种功能：调节血液渗透压（从而调节对组织液的吸收），运输甲状腺激素等激素、脂肪酸和许多药物，与 Ca^{2+} 结合，对 pH 值起缓冲作用。BSA 在奶中的作用可能很小，甚至没什么作用，但是通过与金属离子和脂肪酸结合，可能有提高脂肪酶活性的作用。

4.12 免疫球蛋白（Ig）

常乳含 0.6~1g/L 的免疫球蛋白（约占总氮的 3%），但初乳含有高达 100g/L，其含量在产后迅速下降（图 4.32）。

免疫球蛋白是非常复杂的蛋白质，这里不再赘述（Hurley 和 Theil，2013 及生物化学、生理学或免疫学的教科书）。有五类免疫球蛋白：IgA、IgG、IgD、IgE 和 IgM。IgA、IgG 和 IgM 存于奶中。这些免疫球蛋白存在亚类，例如 IgG 包括 IgG1 和 IgG2。IgG 是由两长（重）两短（轻）四条多肽链通过二硫键连接而成（图 4.32）。IgA 由两个这样的单元（即 8 个链）通过分泌组分（SC）和连接（j）组分组成，而 IgM 由 5 个相连的四链单元组成（图 4.33）。每种免疫球蛋白的重链和轻链各不一样。有关牛奶中免疫球蛋白的综述，可参见 Larson（1992），Hurley（2003），以及 Hurley 和 Theil（2011，2013）。

免疫球蛋白的功能是给机体提供各种类型的免疫能力。牛奶中的主要免疫球蛋白是

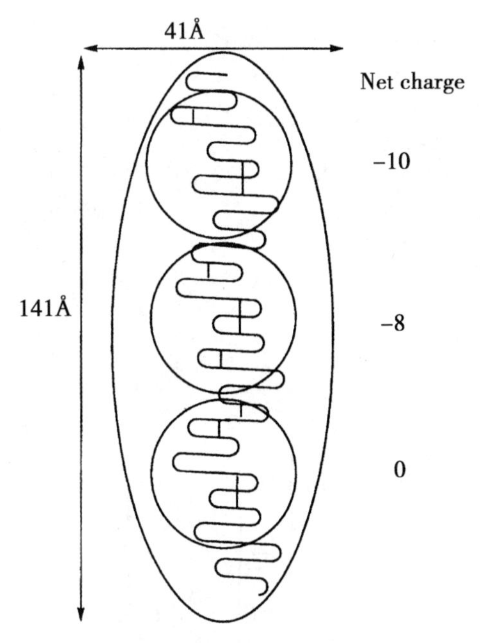

图 4.31　牛血清白蛋白的模型

IgG_1，人奶中主要的类型是 IgA。犊牛（和其他幼龄反刍动物）出生时血清中没有免疫球蛋白，因此非常易受感染。但在产后大约 3d 的时间内，蛋白质大分子可以透过犊牛的肠道直接吸收，因此可以完整地吸收初乳中的免疫球蛋白并保留其活性；在摄入初乳后约 3h 内来自初乳的免疫球蛋白就出现在犊牛的血液，且可维持约 3 个月，尽管犊牛自身在 2 周左右的时间内就能合成免疫球蛋白。因此，小牛在出生后几小时内就应该吃上初乳，这是非常重要的。婴儿可在子宫内获得免疫球蛋白，因此不像小牛那样要依赖来自奶中的免疫球蛋白（事实上免疫球蛋白不能透过婴儿肠道）。然而，人初乳中的免疫球蛋白对于婴儿也有好处，如可以降低肠道感染的风险。

根据初乳中免疫球蛋白的类型和功能，可将哺乳动物分为三组（图 4.34）——（Ⅰ）牛，其他反刍动物，猪和马，（Ⅱ）人和兔，（Ⅲ）小鼠，大鼠和狗。第三组兼具其他两个组的特征（Larson，1992）。

初乳与常乳明显不同，McGrath（2014）已经对其组成和性质进行综述。现代奶牛生产的初乳要比小牛的需要量多得多。产后约 6d 的初乳不能作为原料奶，过剩的初乳经常用于喂养大一些的小牛或猪，有些加工成液态产品或奶酪样产品供人食用。

4.13　蛋白脲蛋白胨 3

乳蛋白的蛋白脲-蛋白胨（PP）是成分非常复杂的肽混合物，其中大部分是通过自身纤溶酶（见上文）的作用产生的，但是也有一些是奶本身所固有的。只有一部分蛋白脲蛋白胨被表征。O′Mahony 和 Fox（2013）已描述了目前的研究进展。PP5、PP8slow 和 PP8fast 在加工工艺上作用很小或甚至没什么作用，蛋白脲-蛋白胨 3（PP3）在工艺方面具有几个引人注意的作用。

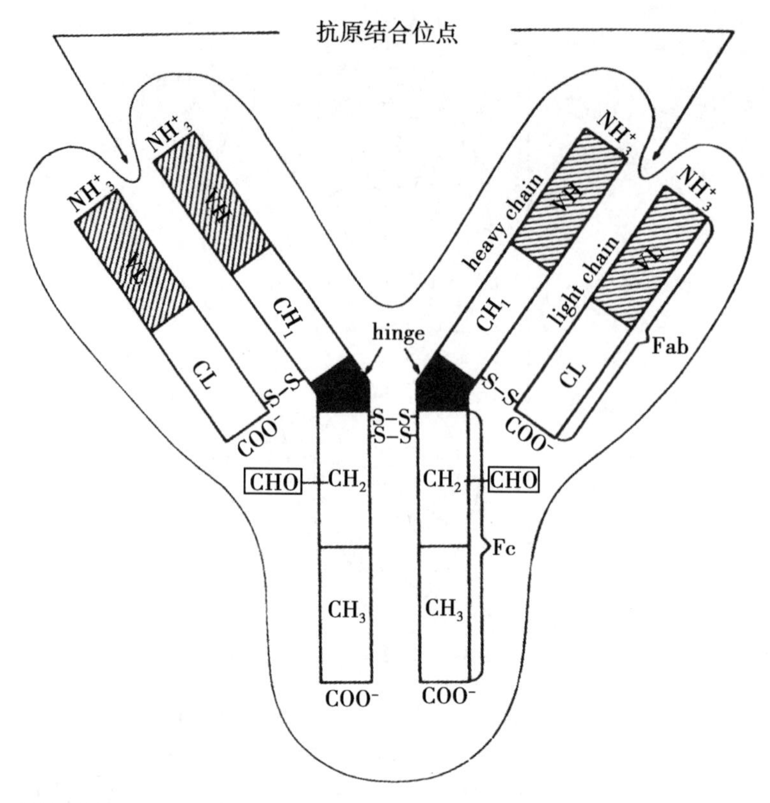

图 4.32　最简单的 7S 免疫球蛋白（Ig）分子的模型，显示出两条重链和两条轻链通过二硫键连接：V 可变区，C 不变区；L 轻链，H 重链，下标 1，2 和 3 是指重链的三个不变区，CHO 碳水化合物基团，Fab 是指 Ig 分子的（顶部）抗原特异性部分，Fc 是指 Ig 分子的细胞结合效应子部分（Larson，1992）

牛蛋白胨-蛋白胨 3（PP3）是一种热稳定的磷酸糖蛋白，最早发现于牛乳的蛋白胨-蛋白胨（热稳定，酸溶）。与蛋白胨-蛋白胨里的其他肽不同，PP3 是一种奶中固有的乳蛋白，在乳腺中合成。牛 PP3 由 135 个氨基酸残基组成，含有 5 个磷酸化和 3 个糖基化位点。当从奶中分离时，PP3 级分含有至少 3 个组分，分子质量分别约为 28、18 和 11kDa；其中最大的是 PP3，而较小的组分是由其纤溶酶产生的片段（Girardet 和 Linden，1996）。PP3 主要存在于酸乳清中，但有些存在于乳脂球膜中。Girardet 和 Linden（1996）建议将其名称改为 lactophorin（乳磷酸蛋白）或 lactoglycophorin（乳磷酸糖蛋白）；它也被称为蛋白胨-蛋白胨的疏水性级分。

由于具有较强的表面活性，PP3 可以防止乳脂肪酶与其底物之间接触，因此能防止脂肪的自发分解，并且其在冰激凌和重组稀奶油（recombined dairy cream）等奶制品中的乳化性质也已有人做过评估等（Vanderghem 等，2007；Innocente 等，2011）。虽然 PP3 的氨基酸组成表明它不是一种疏水蛋白，但它实际上却表现出疏水性，可能是因为它形成两亲性 α-螺旋，一侧含有亲水性残基，而另一侧是疏水性的。目前尚不了解 PP3 的生物学作用。

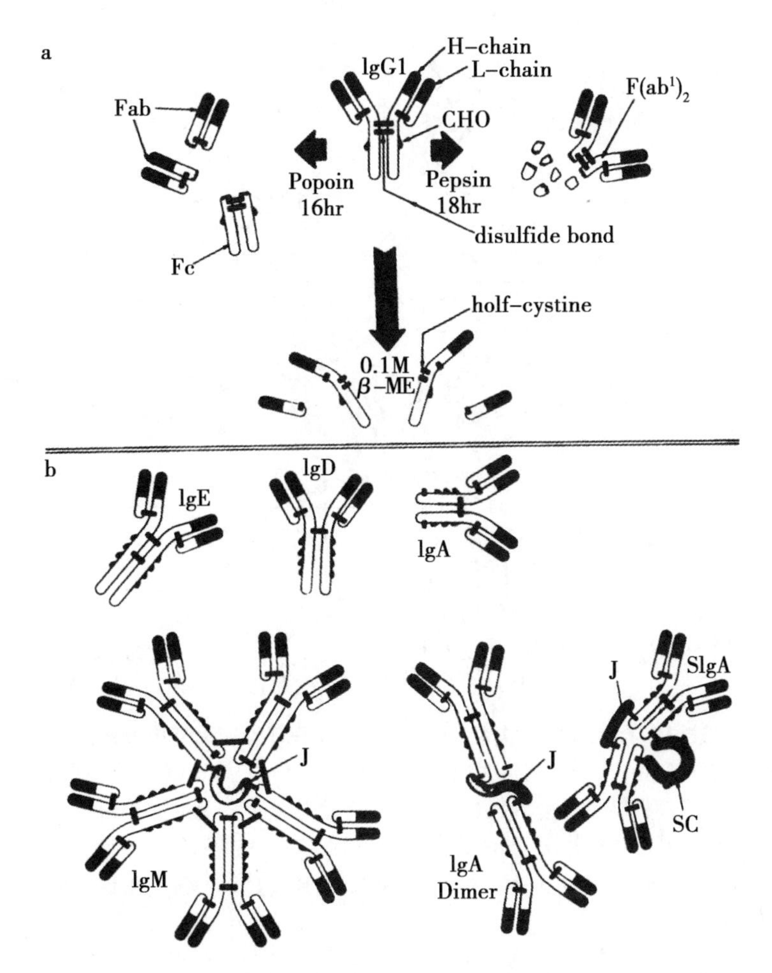

图 4.33　IgG，IgA，IgD，IgE 和 IgM 的模型。（a）IgG_1用胃蛋白酶和木瓜蛋白酶水解和用巯基试剂还原前后的结构模型。实心黑链部分 = 可变区；轻链部分 = 不变区。小黑线代表二硫键和半个胱氨酸（-SH）基团。Fc 区中的小黑点表示结合的碳水化合物基团。模型的各个部分都做了标记。（b）用单体 IgA，二聚体（dimeric）IgA 和分泌型 IgA（SIgA）显示四类免疫球蛋白的结构。J 链，分泌组分（SC）和碳水化合物的位置是近似位置。（Larson，1992）

4.14　含量甚微的乳蛋白

奶含有许多含量甚微的蛋白质，包括约 60 种内源酶，其中一些在生产加工中具有重要作用，如脂蛋白脂肪酶、蛋白酶、磷酸酶、乳过氧化物酶和黄嘌呤氧化还原酶（第 10 章）。这些蛋白质大多数具有生物学功能，可能发挥非常重要的作用（Wynn 和 Sheehy，2013 和第 11 章）。

4.15　非蛋白氮

在 12%三氯乙酸（TCA）中溶解的氮被称为非蛋白氮（NPN）。牛奶 NPN 含量为 250~300mg/L，即总乳氮的 5%~6%。NPN 包括多种非蛋白含氮物（表 4.7）。

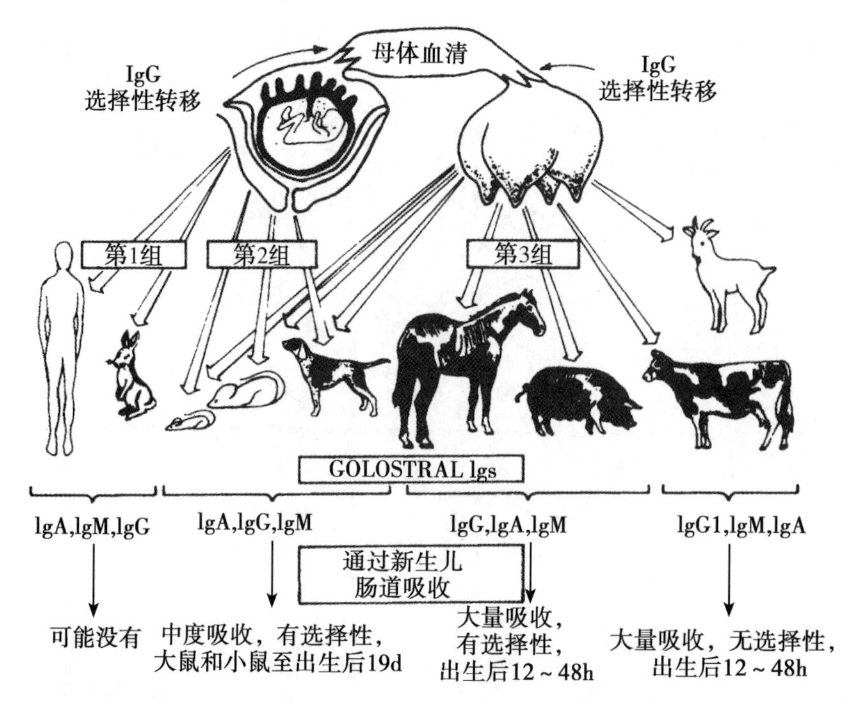

图 4.34　几种有代表性的哺乳动物向胎儿和新生儿转移母体免疫球蛋白图示。第 1 组动物出生前在子宫内转运免疫球蛋白。第 2 组动物出生前在子宫内转运免疫球蛋白，也在出生后通过初乳获得免疫球蛋白。第 3 组动物仅在出生后通过初乳获得免疫球蛋白。免疫球蛋白符号（IgA、IgM、IgG、IgG1）的大小表示初乳中免疫球蛋白组成的相对百分比。第 2 组物种初乳中的主要免疫球蛋白可能为 IgG。有些第 3 组的动物初乳中可能也含有较多 IgG2。图片还显示了新生儿肠道对免疫球蛋白的相对吸收率。（Larson，1992）。

表 4.7　牛奶中的 NPN

成分	N（mg/L）
氨	6.7
尿素	83.8
肌酐	4.9
肌酸	39.3
尿酸	22.8
α-氨基氮	37.4
其他 NPN	88.1

其他 NPN 包括一些磷脂，氨基糖，核苷酸，马尿酸和乳清酸。α-氨基氮包括游离氨基酸和小肽；在牛奶中已发现包括鸟氨酸在内的几乎所有氨基酸，但数量最多的是谷氨酸。

血液中含有所有这些 NPN 组分，因此这些 NPN 可能是从血液转移到奶中的。NPN 在加工工艺和营养方面的作用目前尚不了解，但氨基酸可能对菌种的微生物，尤其是弱蛋白水解菌株的营养有重要作用。尿素是 NPN 的主要成分（6mmol/L），它与牛奶的热稳定性密切相关。放牧饲养奶牛奶中的尿素含量是饲喂干饲料奶牛的两倍，因此前者的热稳定性高得多。刚挤出的牛奶中的 NPN 水平相当稳定，但是随着时间推移 NPN 的确会增加，尤其是嗜冷细菌会大量繁殖，因为这些细菌水解蛋白的能力非常强。

4.16　乳蛋白的种间比较

本节讨论的主要是牛奶的蛋白质，因为它在商业生产上显然是最重要的。然而，地球上大约有 4 500 种哺乳动物，它们均可分泌乳汁，其组成和性质具有或多或少的物种特异性。可惜的是，大多数物种的奶根本没人研究过，被研究过的大约只有 180 个物种。但其中大约只有 50 个物种的数据被认为是可靠的，因为分析的样品数足够多，样品采集方法可行、得当，覆盖泌乳期的各个阶段。在商业生产上比较重要的物种，如牛、山羊、绵羊、水牛、牦牛、马和猪的乳汁都得到相当充分的表征。由于医学和营养的原因，人奶，还有一些实验室动物，特别是大鼠和小鼠的乳汁也得到详细的研究。有关牛奶之外的其他乳汁的综述见 O'Mahony 和 Fox（2013）以及 Fuquay 等的一系列文献（2011）。

这些目前已有数据的物种的乳汁蛋白质含量差异非常大，大约从 1%~20%。蛋白质含量反映了该物种新生儿的生长速率，即其对必需氨基酸的需求。所有这些已有乳汁数据的物种的奶均包含两类蛋白质，酪蛋白和乳清蛋白。这两类蛋白质均具有属间甚至种间特异性，这可能反映出该物种幼儿的一些独特的营养或生理需要。有趣的是，在乳汁已经得到表征的物种中，人奶和牛奶这两类蛋白质的组成几乎是截然不同的。

在种间比较中，相较于总奶成分间的比较，各种乳蛋白间的比较方面的数据要多得多，也好得多。这并不奇怪，因为只需从一只动物采一个奶样，就足以提供一个特定的蛋白质，既可用于 DNA 同源性进展研究，又可用于进行表征研究。来自许多物种的两种主要的奶特有的乳清蛋白 α-la 和 β-lg 已经得到表征，大体上显示出高度的同源性（Sawyer，2013；Brew，2013）。然而，酪蛋白表现出更大的种间多样性，特别是 α-酪蛋白级分。所有已经研究过的物种似乎均含有一种电泳迁移率与牛 β-酪蛋白相近的蛋白质（图 4.7）。但已经测序的 β-酪蛋白的同源性较差（Holt 和 Sawyer，1993；Martin 等，2003，2013a，b）。人 β-酪蛋白以多磷酸化形式存在（0~5mol P/mol 蛋白质；见 Atkinson 和 Lonnerdal，1989），马 β-酪蛋白也一样（Ochirkuyag 等，2000）。考虑到 κ-酪蛋白的作用至关重要，所有酪蛋白系统都应该含有这种蛋白质。人 κ-酪蛋白是高度糖基化的，含有 40%~60%的碳水化合物（牛 κ-酪蛋白仅含约 10%），以低聚糖形式存在，比牛奶中的更加复杂和多样化（Atkinson 和 Lonnerdal，1989）。

α_s-酪蛋白级分存在显著的物种差异（图 4.7）；人奶缺少 α_s-酪蛋白，而马和驴奶中的 α-酪蛋白部分异质性非常大。目前仅对约 10 个物种的酪蛋白进行了较为详细的研究。除了本节前面引用的参考文献之外，还有 Martin 等（2003，2013a，b）的文献综述。Martin 等（2013a，b）对几个物种蛋白质和乳蛋白基因的许多相关文献进行了综述。奶的次要蛋白质存在相当大的种间差异。已对其乳汁进行过比较深入研究的那些物种的乳汁中包含的次要蛋白质种类大致相同，但是含量存在非常明显的差异。奶中的大多数次要蛋白质具有一些生化或生理功能，其含量的种间差异可能是这些物种新生儿的需求有差异的反映。次要乳蛋白质将在第 11 章中进行讨论。

在所有物种的奶中，酪蛋白可能以胶束形式存在（至少奶均呈白色），但是奶中酪蛋白胶束的性质得到研究的仅仅是少数物种。Ono 和 Creamer（1986）研究了山羊奶中的胶束。水牛是第二大最重要的乳用家畜，在印度尤为重要。水牛奶的组成和许多理化性质与牛奶相关较大（Patel 和 Mistry，1997）。水牛奶的其他性质在其他章节进行比较时将会提到。Attia 等（2000）描述了骆驼奶中酪蛋白胶束的一些性质。可能因为猪奶相对容易获得，而且也因为它具有特殊的性质，所以猪奶的理化性质已经研究得相当彻底，Gallagher 等（1997）曾对文献进行综述。马奶和驴奶在过去 20 年也是一些详细研究的主题（Oftedal 和 Jenness，1988；Salimei 等，2004；Uniacke-Lowe 等，2010；Uniacke-Lowe 和 Fox，2011）。

表 4.8　牛奶和人奶的一些重要差异

成分	牛	人类
蛋白质（%）	3.5	10
酪蛋白：NCN	80：20	40：60
酪蛋白类型	$\alpha_{s1}=\beta>\alpha_{s2}=\kappa$	$\beta>\kappa$；no α_{s1}
β-乳球蛋白	NCN 的 50%	无
乳铁蛋白	痕量	总 N 的 20%
溶菌酶	痕量	非常高（总 N 的 6%，3 000头牛）
糖肽	痕量	高
NPN（占总氮%）	3	20
牛磺酸	痕量	高
乳过氧化物酶	高	低
免疫球蛋白（Ig）（初乳）	非常高	低
免疫球蛋白类型	$IgG_1>IgG_2>IgA$	$IgA>IgG>IgG_2$

NCN 非酪蛋白氮，NPN 非蛋白氮；

[a]据 Martin 等（1996）报道，人奶的 α_{s1}-酪蛋白含量较低。

人奶和牛奶之间的一些更重要的差异总结在表 4.8 中。这些差异至少有些可能在营养和生理方面有重要作用。可是具有讽刺意味的是，在所有物种中，婴儿是最有可能不能获得本来专门为他们提供的母乳的。

4.17　乳蛋白的合成与分泌

目前，人们对乳蛋白的合成和分泌已经有了相当详细的研究，这方面的综述包括

Mercier 和 Gaye（1983），Mepham（1987），Mepham 等（1982，1992），Violette 等（2003，2013）。

4.17.1　氨基酸的来源

通过动静脉（AV）差异研究和乳房血流量测量的研究（第 1 章），人们发现反刍动物和非反刍动物合成乳蛋白所需的氨基酸均源于血浆，但是存在一些氨基酸的相互转化。这些氨基酸可分为两大类：

1. 从血液的摄取量足以满足乳蛋白合成需要的氨基酸，大致相当于必需氨基酸；
2. 从血液的摄取量不能满足需要的氨基酸，即非必需氨基酸。

利用动静脉差异测量、同位素和灌注乳腺制备物的研究表明必需氨基酸可以细分为从血液的摄取量与乳蛋白产出量几乎完全平衡的必需氨基酸（第 1 组）和从血液的摄取量显著超过产出量的氨基酸（第 2 组）。第 2 组氨基酸在乳腺中代谢并通过转氨作用提供氨基，用于合成无法完全从血液中摄取的那些氨基酸（第 1 组），它们的碳骨架被氧化为 CO_2。总的来看，乳腺从血液摄取和产出的所有氨基酸是乳特异性蛋白质（即酪蛋白，β-乳球蛋白和 α-乳清蛋白）的主要或唯一前体。

- 第 1 组氨基酸：蛋氨酸、苯丙氨酸、酪氨酸、组氨酸和色氨酸。
- 第 2 组氨基酸：缬氨酸、亮氨酸、异亮氨酸、赖氨酸、精氨酸和苏氨酸。
- 第 3 组氨基酸：天冬氨酸、谷氨酸、甘氨酸、丙氨酸、丝氨酸、半胱氨酸/胱氨酸、脯氨酸。

氨基酸的碳和氮之间的相互关系如图 4. 35。

4.17.2　氨基酸转运至乳腺细胞

由于细胞膜主要由脂质组成，因此氨基酸（亲水性的）不能通过扩散进入细胞，要通过特殊的载体系统转运（Violette 等，2013）。

4.17.3　乳蛋白合成

主要乳蛋白的合成发生于乳腺中。但也有例外，主要包括血清白蛋白和一些从血液转运而来的免疫球蛋白。氨基酸聚合作用发生在附着于分泌细胞糙面内质网上的核糖体上，聚合方法所有细胞都一样。

细胞核内的脱氧核糖核酸（DNA）含有蛋白质氨基酸序列的主要模板。遗传信息在细胞核中转录为核糖核酸（RNA）。RNA 有 3 种类型：信使 RNA（mRNA），转运 RNA（tRNA）和核糖体 RNA（rRNA）。这些 RNA 被转运到细胞质中，各自在蛋白质合成中发挥特定的作用。

蛋白质合成实际上在含有 rRNA 的糙面内质网（RER）的核糖体中进行。每个氨基酸都对应一个特定的 tRNA，并与之形成酰基复合物。

$$\text{氨基酸}+\text{tRNA}+\text{ATP}\xrightarrow[\text{Mg}^{+}]{\text{氨酰 tRNA 合成酶}}\text{氨基酰 tRNA}+\text{AMP}+\text{PPi}$$

每种氨基酸都有一个特定的氨基酰 tRNA 合成酶。这些酶具有两个特异性结合位点，一个结合氨基酸，另一个结合相应的 tRNA。tRNA 的特异性由反密码子的序列决定，反密码子能识别与其互补的 mRNA 密码子并通过氢键与之结合。tRNA 与对应氨基酸之间的相互作用发生在细胞质中，但蛋白质合成中的其他反应发生在核糖体中。核糖

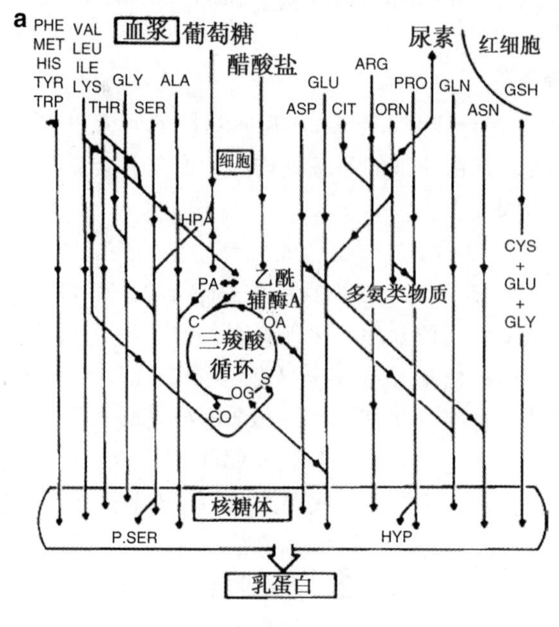

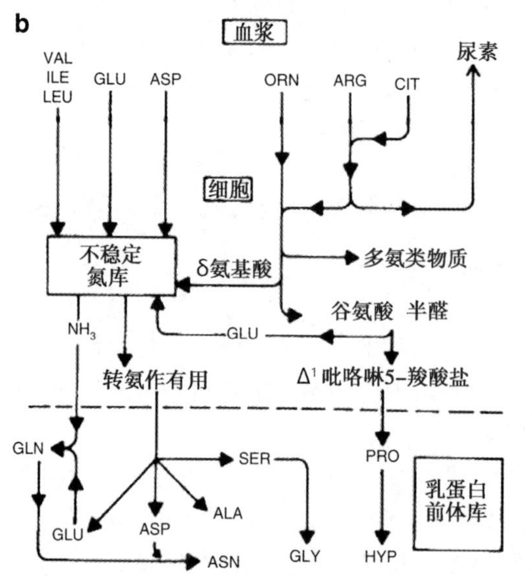

图 4.35　乳腺组织氨基酸代谢概图。

（a）氨基酸碳相互关系，（b）氨基酸氮相互关系（引自 Mepham 等，1982）

体是 rRNA 和多种蛋白质（包括酶，启动子和控制因子）构成的复杂结构。动物细胞的核糖体直径约为 22nm，沉降系数为 80S。它们由两个主要亚基组成：60S 大亚基和 40S 小亚基。mRNA 穿过 60S 和 40S 亚基之间的一条沟槽或隧道；mRNA 在槽中免受核糖核酸酶的作用（图 4.36）。氨基酸序列的信息包含在 mRNA 中。

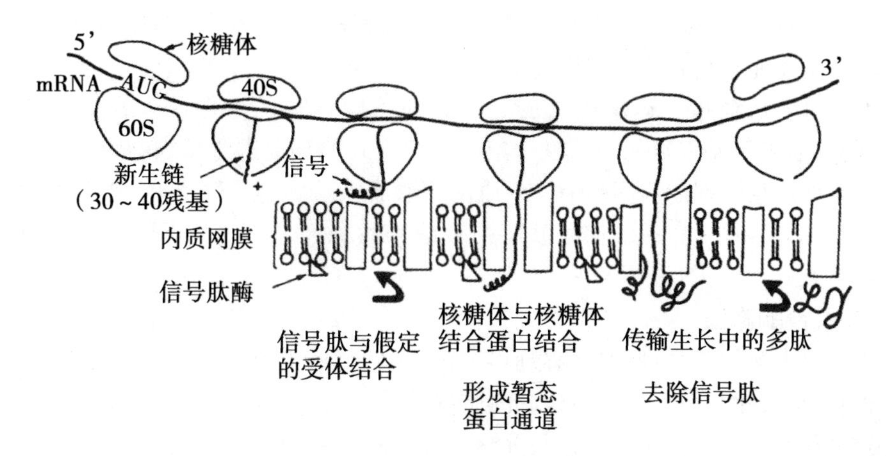

图 4.36　核糖体与 mRNA 结合示意图，揭示出生长中的多肽和粗面内质网膜共翻译转运假设的机制（引自 Mercier 和 Gaye，1983）

合成从 mRNA 的起始密码子开始，因为有一种特殊的氨基酸衍生物，N－甲酰甲硫氨酸：

$$
\begin{array}{c}
\mathrm{H} \\
| \\
\mathrm{C{=}O} \\
| \\
\mathrm{NH} \\
| \\
\mathrm{H_3CSCH_2CH_2C{-}COOH} \\
| \\
\mathrm{H}
\end{array}
$$

与一个特定的特异性密码子结合并形成蛋白质的临时 N 末端残基。随后 N－甲酰甲硫氨酸与疏水性短信号肽一起被水解掉，暴露出永久性的 N－末端残基。酰基氨基酸－tRNA 刚好在核糖体外面与 mRNA 上相应的密码子结合，据推测，细胞内可能含有全部氨基酸的氨基酸－tRNA，但只有具有相应反密码子的 tRNA 才能与 mRNA 结合。结合过程需要有 GTP 和多种特异性细胞质蛋白因子。

在核糖体中，新结合的氨基酸的氨基通过亲核取代与肽链的 C 末端羰基碳反应，在该过程中，肽被转移给刚与核糖体结合的 tRNA，释放出刚刚脱掉氨基酸的 tRNA 。缩合作用由肽酰转移酶催化，这种酶是核糖体亚基的一部分。

进入下一个循环，新的酰基氨基酸－tRNA 与 mRNA 结合，核糖体沿着 mRNA 移动，然后脱掉氨基酸的 tRNA 被排出。随着链长的延伸，多肽链形成了二级和三级结构（图 4.36）。

合成的终止由一个与核糖体结合的特异性蛋白 TB 3－1 控制，该蛋白释放因子（RF）可以识别三个“终止密码子”UAG，UAA 和 UGA 中的任意一个。释放因子促进连接多肽与 tRNA 之间酯键的水解。

一条 mRNA 链从头至尾可同时容纳几个核糖体，例如，血红蛋白（150 个氨基酸残基/分子）的 mRNA 含有 450 个核苷酸，长约 150nm。每个核糖体直径约为 20nm，因此可以容纳 5～6 个核糖体。核糖体通过 mRNA 链彼此连接，形成多核糖体，如果特别小心的话，可以将它完整地分离出来。多核糖体中的每个核糖体处于蛋白质分子合成中的不同阶段，从而能够更有效地利用 mRNA（图 4.36）。

乳蛋白是要从细胞中运输出去的。与其他跨膜运输的蛋白质一样，信号肽序列（生长中的多肽链氨基末端的 15-29 个氨基酸序列）能够促进跨越细胞膜的转运。这个序列引导核糖体结合到内质网膜上，内质网膜形成一条“隧道”，让生长中的肽链进入内质网腔（图 4.36）。随后，信号肽序列被信号肽酶（位于内质网膜腔面的酶）从多肽链上切下来。

4.17.4　多肽链的修饰

除了蛋白水解加工（即切掉信号肽）外，多肽链还要经过其他共价修饰：N-和 O-糖基化和 O-磷酸化。在合成后转运进内质网腔后，蛋白质转移到高尔基体，并且从那里通过分泌囊泡到达顶膜。因此，共价修饰可能在该路径的某些位点进行。这样的共价修饰可以和翻译同时进行（在链长正在延伸时发生），也可以在翻译结束后进行。

信号肽的蛋白水解切割是和翻译同时进行的，N-糖基化似乎也如此，在多肽链中含有 Asn-X- Thr / Ser 结构（其中 X 是除脯氨酸外的任一氨基酸）时，与多萜醇结合的寡糖被酶促转移到肽链的天冬酰氨酰残基上。大的寡糖组分在穿越分泌路径的过程中可能被“修剪”过。在链的相邻区段之间或在相邻链之间（如在 κ-酪蛋白中）二硫键的形成也有一部分是和翻译同时进行的。

相比之下，O-糖基化和 O-磷酸化似乎是翻译后进行的。目前认为奶中主要的特异性糖蛋白，酪蛋白的糖基化是通过位于高尔基体中的膜结合糖基转移酶（已报道有 3 种这样的酶）实现的。O-磷酸化是将 ATP 的 γ-磷酸根转移到 Ser / Thr-XA 序列（其中 X 可以是任一氨基酸残基，A 是酸性残基，如天冬氨酸或谷氨酸或磷酸化氨基酸）的丝氨酸（或苏氨酸，频率较低）残基上。磷酸化是由主要存在于高尔基体膜中的酪蛋白激酶催化的。除了特定的三联体之外，蛋白质的局部构象对于丝氨酸的磷酸化也是重要的，因为并非酪蛋白中所有这种序列中的丝氨酸都被磷酸化。β-lg 中的一些丝氨酸残基也出现在 Ser-X-A 序列中，但并不发生磷酸化，这可能是由于该蛋白质高度折叠的缘故。

高尔基复合物也是酪蛋白胶束形成的场所。在高尔基体囊泡中大量累积的钙的共同作用下，多肽链先缔合形成逊胶束，再形成胶束，最后再分泌出去。

4.17.5　乳蛋白基因的结构和表达

现在人们已经对乳蛋白基因的结构、组织和表达有了较为详细的认识。这些内容不在本书的讨论范围之内，感兴趣的读者可参考 Mepham 等（1992），Martin 等（2013a, b），Oftedal（2013）和 Singh 等（2014）的研究结果。掌握这些知识，我们就能在以下各方面开展乳蛋白质的遗传工程研究：如物种间的基因转移，特定功能性蛋白的过表达，某些不良蛋白的剔除，通过点突变改变氨基酸序列以改变蛋白质的功能性质，或者将乳蛋白基因转移到植物或微生物宿主上等。这些内容也不在本书的讨论范围之内，感兴趣的读者可参考 Richardson 等（1992）和 Leaver 和 Law（2003）的文献。

4.17.6　奶特异性蛋白的分泌

多肽链在核糖体中合成并进入内质网腔，随后转移至高尔基体腔内。从内质网到高尔基体的转运途径尚不明确。有可能内质网腔和高尔基体腔是相通的，也有可能内质网出芽生成小囊泡，随后又与高尔基体膜融合。但无论在哪一种情况下，酪蛋白分子都以胶束的形式聚集在高尔基体池腔中（Violette等，2013）。

高尔基体核面的腔（图4.37）被称为顺面池，顶膜面的腔称为反面池。蛋白质似乎从顺面进入高尔基复合体，并且在翻译修饰后，再向反面转移。相邻高尔基体池之间的转移被认为是通过出芽形成囊泡，随后囊泡互相融合而实现的。

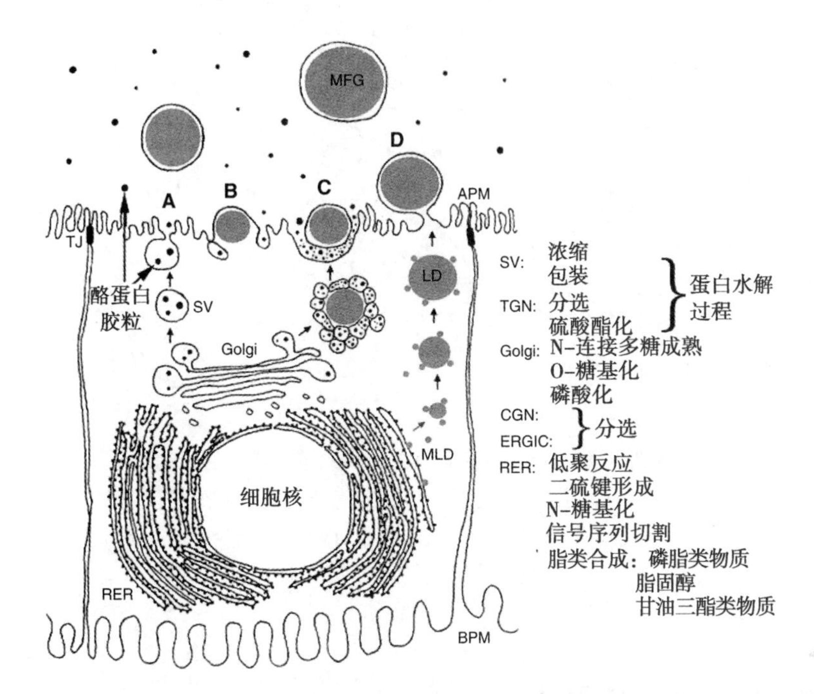

图4.37　乳腺分泌细胞示意图：BPM基底膜，RER粗面内质网，SV分泌囊泡，APM顶端膜，MLD微脂滴，CLD细胞质脂滴，CGN顺面高尔基体网络，ERGIC内质网-高尔基体中间区室脂滴，MFG乳脂球，TJ紧密连接，TGN反面高尔基体网络（引自Violette等，2013）。

在顶端膜面的细胞质（apical cytosol）中有许多含蛋白质的分泌囊泡（图4.37）。电子显微镜（EM）研究表明，它们移动到顶端质膜并与其融合，通过胞吐作用释放其内含物。关于囊泡的细胞内转运，当前研究认为有细胞骨架元件——微管和微丝的参与。在乳腺细胞中，这些结构从基底膜朝向顶端膜，这表明它们可能可为囊泡的运动提供“引导”作用。或许还有一种可能，在新囊泡从高尔基复合体出芽形成时，囊泡的运输可能只是简单的物理位移，或者涉及依赖于跨细胞电位梯度的“电泳”过程。

分泌囊泡似乎附着在顶端膜细胞质面上。囊泡的外表面有一层独特的包衣，似乎能与顶端膜上的适当受体反应，形成一系列间隔规则的桥。据推测，这些桥以及紧邻的囊泡和顶端膜材料随后被分解，释放出囊泡的内容物，但是该过程似乎非常快，并且难以通过电子显微镜观察到序列的细节。由于发生胞吐作用，分泌囊泡膜与顶端膜融为一体，尽管时间非常短暂。

或者，蛋白质颗粒通过一连串紧邻的囊泡的腔输送，只有最靠近顶端膜的囊泡与顶端膜融合（图 4.38）。该过程称为复合胞吐作用。

因此，乳蛋白的合成和分泌涉及八个步骤：转录，翻译，分离，修饰，浓缩，包装，储存和胞吐，如图 4.39。

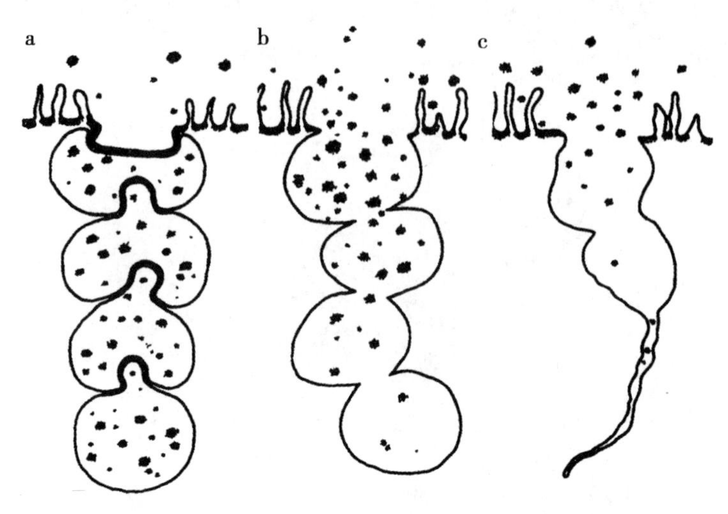

图 4.38　胞吐释放分泌囊泡内容物的较为明确的机制示意

（a）囊泡通过球和窝相互作用组装成链。出口的囊泡通过囊泡凹陷与顶端膜相互作用。

（b）相连的囊泡互相融合，显然是融合区域的膜被分解，小泡腔连成一体。

（c）囊泡链排出内容物似乎导致膜的崩解，最后成为碎片。

（引自 Keenan 和 Dylewski，1985）。

4.18　功能性乳蛋白产品

虽然脂肪能够影响奶制品的性质，大多数奶制品的理化性质仍主要取决于蛋白质，唯一的例外是无水乳脂肪（或酥油）和奶油，某种程度上还包括稀奶油。许多奶制品之所以存在就是因为乳蛋白具有某些特性的缘故。奶酪和发酵奶制品的理化性质以及牛奶的热稳定性分别在第 9 章第 9.12 节和第 13 章讨论。下面将介绍“功能性乳蛋白产品”的生产，性质和应用。

在食品加工上，“蛋白质的功能特性”是指蛋白质对食品的功能性有影响的那些理化性质，食品的功能性包括质地（流变性），颜色，风味，水吸附/结合和稳定性等。最重要的理化性质可能是溶解度，水合作用，流变性，表面活性和凝胶化，其相对重要性取决于食品的种类；这些性质至少在某种程度上是相互依存的。许多食物，特别是动物来源的食物的物理性质主要由其组成的蛋白质决定，但这些性质不是本节讨论的主题。相反，人们关注的是为了特定的目的加到食物中的已经分离的，几乎是纯的蛋白质。近年来这些蛋白质的重要性大大增强，一部分是因为这些蛋白质已经能够工业化生产，一部分是因为配方食品，即由富集/纯原辅料（蛋白质，脂肪/油，糖/多糖，香料，色素）制造的食品，生产的增长为功能性蛋白质提供了市场。也许人们应该反过

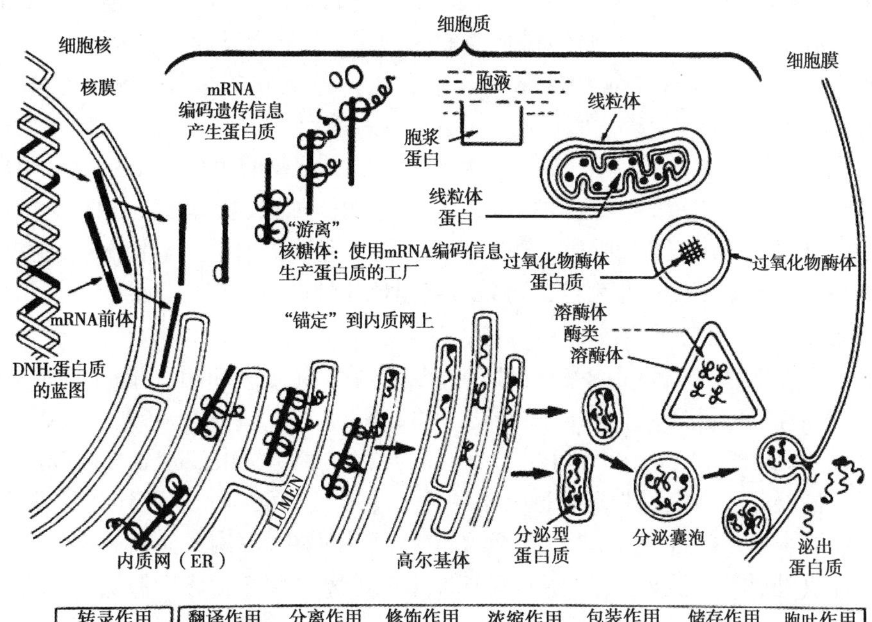

图 4.39　乳腺细胞内蛋白质转运示意

来说，因为有了合适的功能性蛋白质，才促进了配方食品的发展。一些功能性蛋白质已经在食品生产中应用了很长时间，如用于各种类型发泡产品中的蛋清或凝胶产品中的明胶。功能性食品的主要功能性蛋白质主要来自奶（酪蛋白和乳清蛋白）或大豆；其他重要来源包括蛋清、血液、结缔组织（明胶）和小麦（面筋蛋白）。可能是由于采用皱胃酶或等电法凝乳和洗涤凝乳的方法，可以很容易地从脱脂奶生产出基本上不含脂肪，乳糖和盐的酪蛋白，所以，从 20 世纪初起，人们就开始工业化生产酸凝酪蛋白和皱胃酶凝酪蛋白。但是酪蛋白早期仅用于工业上，如用于生产胶，塑料和纤维或用作纸张上光的染料黏合剂。尽管目前仍然有一些酪蛋白是用于工业生产上，但全世界生产的酪蛋白绝大多数是用于食品生产上（例如稀奶油利口酒，加工奶酪和替代奶酪）。这种变化产生的原因一部分是因为酪蛋白在工业上的应用已被价格更低廉、性能可能更好的材料所取代，而配制食品生产的增长使市场对功能性蛋白质的需求不断增加，造成其价格高于工业级酪蛋白产品。显然，生产食品级蛋白质的卫生标准比工业级蛋白质更高。这方面的开创性工作主要在澳大利亚进行，新西兰在 20 世纪 60 年代也开展了部分工作。虽然许多年来，一直都有生产供应用于食品加工的热变性乳清蛋白（被称为乳白蛋白），但并没什么实际意义，主要是因为生产的产品难溶于水（类似于酸凝酪蛋白），因此功能有限。

20 世纪 60 年代，随着超滤在美国的发展，功能性乳清蛋白的商业化生产成为可能。现在通过超滤和膜渗滤生产的含 30%~85%蛋白质的乳清蛋白浓缩物（WPC）在商业上具有重要的地位，在特定食品生产上有许多用途（如冰激凌、婴儿配方食品、富含蛋白质的饮料）。使用较高体积浓缩系数进行膜渗滤和微滤（以除去脂肪）生产蛋白质含量≥90%的乳清蛋白富集原辅料（即乳清蛋白分离物，WPI），可进一步增加乳清蛋白富集的程度。近年来WPI原辅料在商业上的重要性进一步提高，因为它们是营养性优质蛋白质（即支链氨基酸含量高和非蛋白氮含量低）的极好来源，碳水化合物（即乳糖）含量非常低，使得它们在优质高蛋白配制食品［如营养饮料（如"蛋白质强化水"，即含有高达5%的乳清蛋白）］的生产中扮演了重要的角色。WPI也可用离子交换色谱法制备，但是与超滤、膜渗滤、微滤相比，由于加工成本较高，用这种方法生产的WPI数量有限。如第11章所述，许多乳清蛋白具有重要的生物学特性。现在已可以实现乳清蛋白的大规模工业化生产，可以分离出比较纯的有特定用途的单一乳清蛋白。

4.18.1 酪蛋白的工业生产

目前，工业上生产酪蛋白主要有两种方法：等电沉淀法和酶（皱胃酶）凝固法。这方面有许多详尽的综述（例如，Muller，1982；Mulvihill，1989，1992；Fox和Mulvihill，1992；Mulvihill和Ennis，2003；O'Regan等，2009；O'Regan和Mulvihill，2011）可供参考。酸凝酪蛋白由脱脂奶通过直接酸化（通常用HCl）或接种乳球菌发酵使pH值降至约4.6来生产。将凝乳/乳清煮至约50℃，用倾斜式筛网或倾析离心机分离，用水彻底洗涤（通常以逆流模式），通过压榨脱水，干燥（用流化床干燥器，摩擦干燥器或环形干燥器）并磨碎。该工艺的流程图和工厂生产流程图如图4.40，图4.41和图4.42所示。酸凝酪蛋白不溶于水，但可将酸凝酪蛋白分散在水中并用NaOH（通常），KOH，Ca（OH）$_2$或NH_3调节pH值至6.5~7.0以形成可溶性酪蛋白酸盐（图4.42）。酪蛋白酸盐通常是喷雾干燥的。酪蛋白酸盐形成非常黏稠的溶液，并且只能制备出仅含约20%酪蛋白的溶液。蛋白质浓度低增加了干燥成本并且导致粉末密度比较低。酪蛋白酸钙形成高度聚集的胶体分散液。

酸凝酪蛋白生产方面新近的发展是用离子交换剂来酸化。其中一种方法是，先用强酸性离子交换剂处理，将一部分奶在10℃下酸化至pH值为2左右，再与未酸化奶按比例混合使混合物的pH值为4.6。然后通过常规技术处理酸化奶。据称这种方法产量可提高约3.5%，显然是由于有些蛋白胨-蛋白脨沉淀析出。所得乳清含盐量比正常处理方法低，更适合于进一步加工。由于不用强酸，降低了氯离子（Cl^-）腐蚀的风险，因此可以使用更廉价的设备。然而，尽管有这些优点，但该方法还没有被广泛接受。

而其他一些方法，则是用离子交换剂酸化的脱蛋白乳清或乳超滤的滤过液，使脱脂奶或脱脂奶浓缩物中的酪蛋白发生酸沉淀。显然，这些方法尚未在工业生产中应用。

酶凝酪蛋白是用某些蛋白水解酶（如皱胃酶）处理脱脂奶来生产。奶的酶凝作用及相关问题将在第12章讨论。除了凝乳机理不一样外，酶凝酪蛋白的生产流程基本上类似于酸凝酪蛋白，但对温度和/或压力的增塑/压实作用更敏感，因此必须控制好温度和压力。酶凝酪蛋白不溶于水或碱溶液，但可通过用各种结合钙的盐如柠檬酸盐和磷酸盐处理使其溶解。在热能和剪切力的共同作用下，这些盐类与钙结合，使蛋白质可以发生水合作用，与水结合和并对油起到乳化作用。这个方法被广泛用于替代奶酪（如制作披萨饼的浇头）的生产中。由于具有优异的水结合性，质地改良性，乳化性，发泡性和营养特性，酪蛋白和酪蛋白酸盐被广泛用于食品生产中，包括奶酪、咖啡奶精、乳饮料、冰激凌、冷冻甜点、碎肉制品、汤料、酱汁和可食用膜/包衣等。目前全球酪蛋

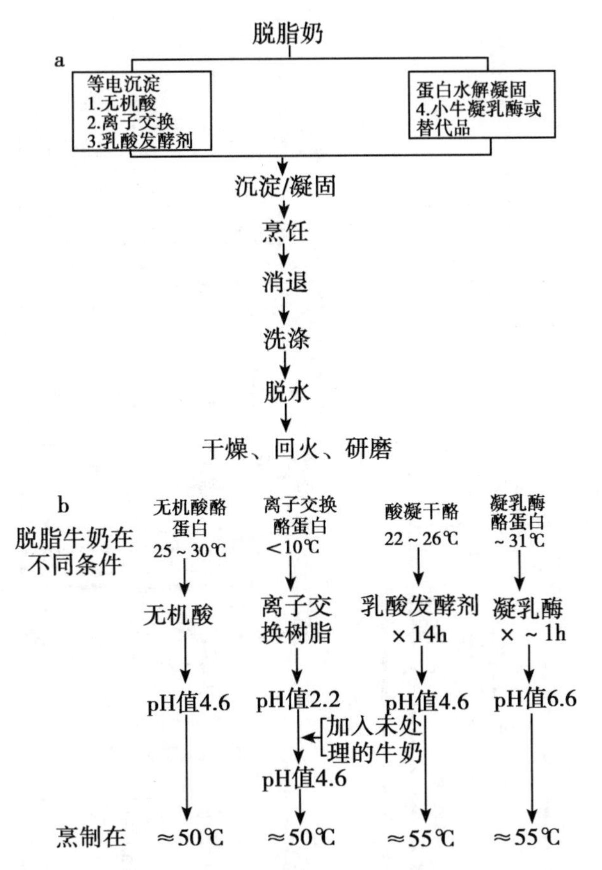

图 4.40 （a）工业化生产酸凝和酶凝酪蛋白工艺流程图。（b）沉淀的条件（时间，温度和 pH 值）（修改自 Mulvihill，1992）。

白和酪蛋白酸盐原辅料年产量约为 25 万 t，但过去近 10 年，总产量一直逐步下降，主要是由于在用作配制食品的功能性成分时，酪蛋白和酪蛋白酸盐被一些新的原辅料如乳蛋白浓缩物/分离物所取代。

4.18.2 生产酪蛋白的新方法

冷沉淀。牛奶在冷冻并储存在约-10℃时，液相的离子强度随着［Ca^{2+}］的升高和 pH 值的同时降低［由于磷酸钙沉淀同时释放出氢离子（H^+），pH 值降至 5.8 左右（第 5 章）］而增大。这些变化使酪蛋白胶束失稳，导致牛奶解冻时胶束发生沉淀。酪蛋白的冷失稳使冷冻奶在工业生产上的应用受到限制，某些情况下冷冻奶可能是有吸引力的。但冷失稳酪蛋白在商业生产上可能是行得通的，特别是用于稳定性低于正常奶的超滤浓缩奶中的话。冷失稳酪蛋白可以以常规方式加工。该产品可分散于水中，并可在 40℃水中重新形成酪蛋白胶束。这些胶束的热稳定性和皱胃酶凝固性总体上类似于正常胶束，通过冷失稳生产的酪蛋白适合用于生产快速成熟奶酪，如马苏里拉奶酪或卡门培尔奶酪，在新鲜奶供应不足时就可采用这种办法。但据我们所知，目前商业生产上用冷失稳这种方法来生产酪蛋白。

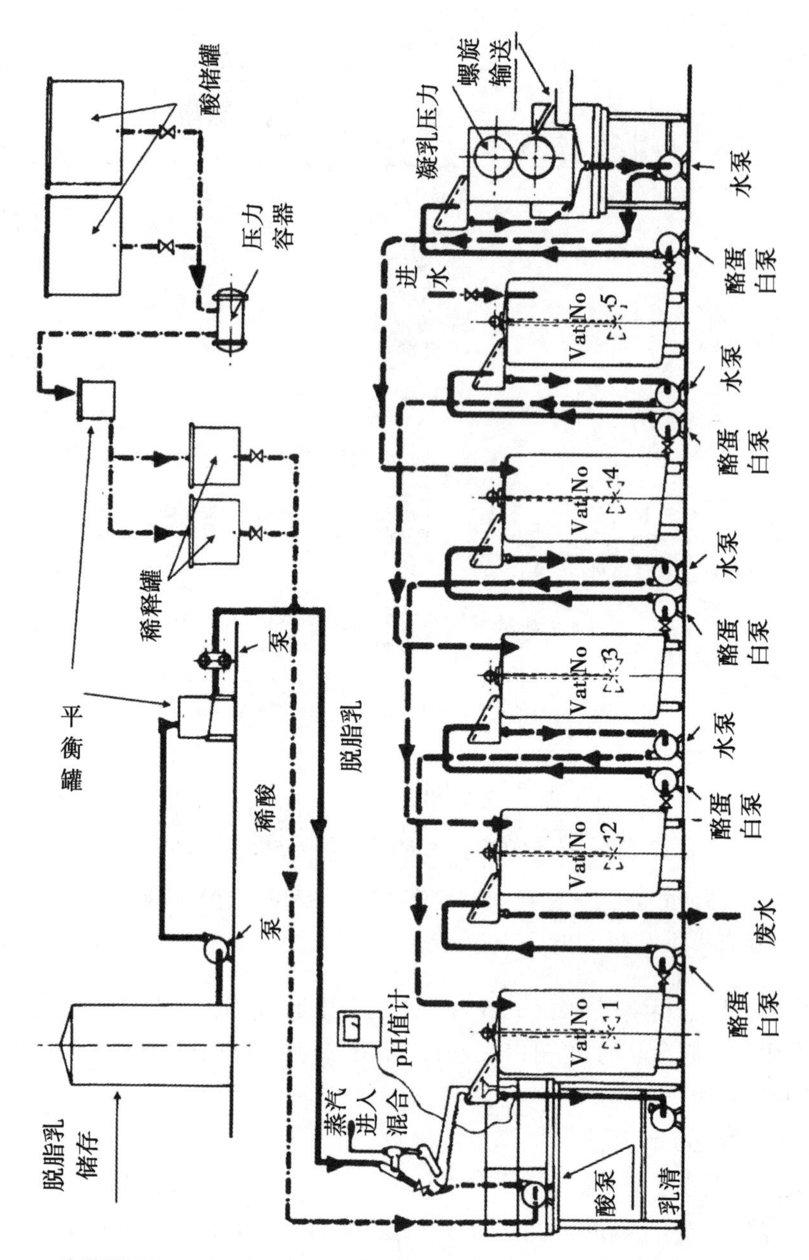

图 4.41　酸凝酪蛋白工厂生产流程：实线：乳/酪蛋白流程线；粗虚线：水流程线；点划线：酸流程线（Muller，1982）

乙醇沉淀。加入乙醇至约40%时，奶中的酪蛋白在pH值=6.6时凝结；当pH值降低时，稳定性急剧下降，在pH值=6时，仅10%~15%的乙醇就可使其凝结。乙醇沉淀的酪蛋白可以以胶束形式分散并具有非常好的乳化性能。生产乙醇沉淀酪蛋白在经济上可能可行，但目前该方法并未在工业生产上使用。

膜处理。目前通过超滤生产乳清蛋白浓缩物/分离物（WPC/WPI）已是一种得到

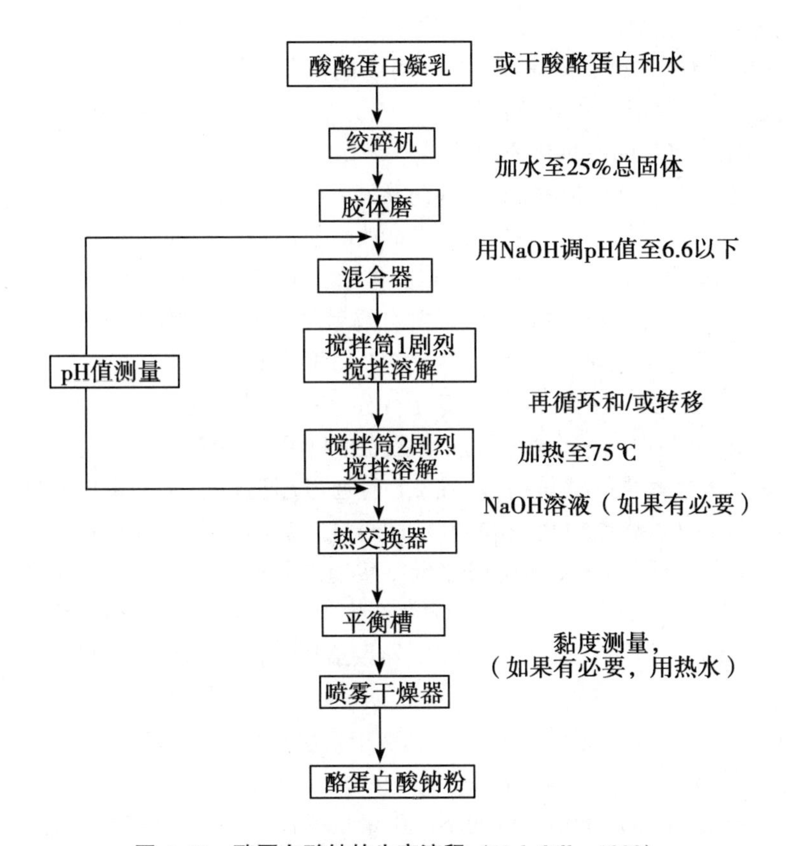

图 4.42　酪蛋白酸钠的生产流程（Mulvihill，1992）

广泛认可的办法，这种技术近来被商业生产上用于生产以总乳蛋白质为主的原辅料，如乳蛋白浓缩物/分离物（MPC/MPI）。也有人用微滤从脱脂奶的乳清相组分（即乳清蛋白，矿物质和乳糖）中分离出酪蛋白胶束，用于生产一系列富含天然酪蛋白胶束的原辅料，如磷酸酪酸盐和胶束酪蛋白分离物（见前面小节）。

高速离心。酪蛋白胶束可通过在大于100 000×g 条件下离心 1h 沉降，这种方法在实验室中被广泛使用。目前已经有人提出合并使用超滤和超速离心来实现“天然”磷酸酪酸盐的工业化生产。脱脂奶或超滤滞留物中的酪蛋白几乎全部可在 50℃ 以大于75 000×g 离心 1h 而沉降。

天然酪蛋白。“天然”酪蛋白的成功生产是一个振奋人心的新发展。目前有关该方法的细节还不清楚，但包括在 10℃ 下对脱脂奶进行电渗析，使 pH 值降低至 5 左右，然后将酸化奶离心，将沉淀的酪蛋白分散在水中，通过超滤进行浓缩和干燥。该产品容易分散在水中，据称有类似天然酪蛋白胶束的性质。

4.18.3　酪蛋白的分馏

正如第 4.4 节所述，在实验室中，可以根据在 pH 值约为 4.6 的尿素溶液中溶解度的差异，用 $CaCl_2$选择性沉淀，或者通过各种形式的层析，特别是离子交换或反相高效液相色谱法（RP-HPLC），对各种酪蛋白进行分离。显然，这些方法不适于工业生产上。因此人们正在努力研发适合于工业化生产的分级分离酪蛋白的技术，以分离出具有特殊用途的酪蛋白。例如：

- β-酪蛋白具有非常高的表面活性，可以用作乳化剂或发泡剂。
- 人奶含有β-酪蛋白和κ-酪蛋白，不含α_{s1}-酪蛋白；因此，β-酪蛋白应该是基于牛奶的婴儿配方奶粉的一种优质原辅料。
- 据报道β-酪蛋白能够增加皱胃酶诱导的乳凝胶的强度。
- 研究表明，降低奶中β-酪蛋白水平能改善奶酪的熔融性和流动性。
- κ-酪蛋白具有维持酪蛋白胶束稳定的作用，可能可用作某些奶制品的稳定剂。
- 如第11章所述，所有主要的乳蛋白水解后都可产生具有生物学特性的序列。目前研究最透彻的是β-酪啡肽。生物活性肽的制备要求对蛋白质进行纯化。

目前已经有人公开了有潜力大规模分离β-酪蛋白的方法（留下富含α_{s1}-酪蛋白，α_{s2}-酪蛋白和κ-酪蛋白的残余物）。该方法主要利用了β-酪蛋白的温度依赖缔合特性（β-酪蛋白是疏水性最强的酪蛋白）。在2℃时通过超滤可以从酪蛋白酸钠回收到高达80%的β-酪蛋白，β-酪蛋白也可在40℃时通过超滤从滤液（permeate）中回收（图4.43）。也有人在2℃下用微滤从奶或酪蛋白酸钠中分离酪蛋白。这些早期方法在用于工业生产时受到以下因素的阻碍：侧流中会产生很大一部分不含β-酪蛋白的难溶性物质，或者β-酪蛋白须从富集流中热沉淀，导致最后生产出的原辅料的工艺——功能性受损。最近，有人研究出一种方法，在4~6℃下对脱脂奶进行冷微滤，成功地分离出多达20%的β-酪蛋白，β-酪蛋白在生成的滤液中发生热可逆性凝集作用，这样就可将β-酪蛋白跟乳清蛋白、矿物质和乳糖中分开来并进行富集。该方法的优点是可用标准的膜过滤技术并保持β-酪蛋白的溶解度而不产生聚集/沉淀侧流。目前工业上已有生产用于婴儿配方奶粉的富含β-酪蛋白的产品。

4.18.4 酪蛋白的功能性（理化功能）

溶解性。流体产品中，溶解性本身就是重要的功能特性，并且对于其他功能也是必需的，因为不溶性蛋白质不能在食品中发挥有效的物理功能。根据定义，酪蛋白在等电点时不溶，即在pH值3.5~5.5的范围内不溶；难溶范围随温度升高而增大。在等电区域的难溶性对酸凝酪蛋白的生产显然是有利的，有两大类奶制品，即发酵奶和鲜奶酪生产就用到这个性质。然而，这种不溶性使酪蛋白不能用于酸性液态食品如蛋白质饮料或碳酸饮料中。通过有限的蛋白水解或通过与某些类型的果胶相互作用，可以制备出酸溶性酪蛋白。

流变性。黏度是许多食物的一种重要的物理化学性质，黏度可被蛋白质或多糖修饰。酪蛋白能够形成相当黏稠的溶液，这是因为它们具有相当开放的结构和较高的水结合能力。虽然酪蛋白酸盐的高黏度在由酪蛋白起稳定作用的乳状液（如奶油利口酒）中可能起到一些作用，但它在生产中会产生问题；例如，由于黏度非常高，即使在高温下酪蛋白酸钠的溶解度也不超过20%。酪蛋白酸盐溶液蛋白质含量低增加了干燥的成本，并且生产的粉末密度低，难以处理。

水合性质。在许多食品，如碎肉制品中，蛋白质与水结合和保持水而不发生脱水收缩的能力是至关重要的。尽管酪蛋白相对疏水，但每克蛋白质能结合约2g H_2O，这是蛋白质的典型性质。水合作用随pH值的升高而增加，同NaCl浓度关系不大，这对酪

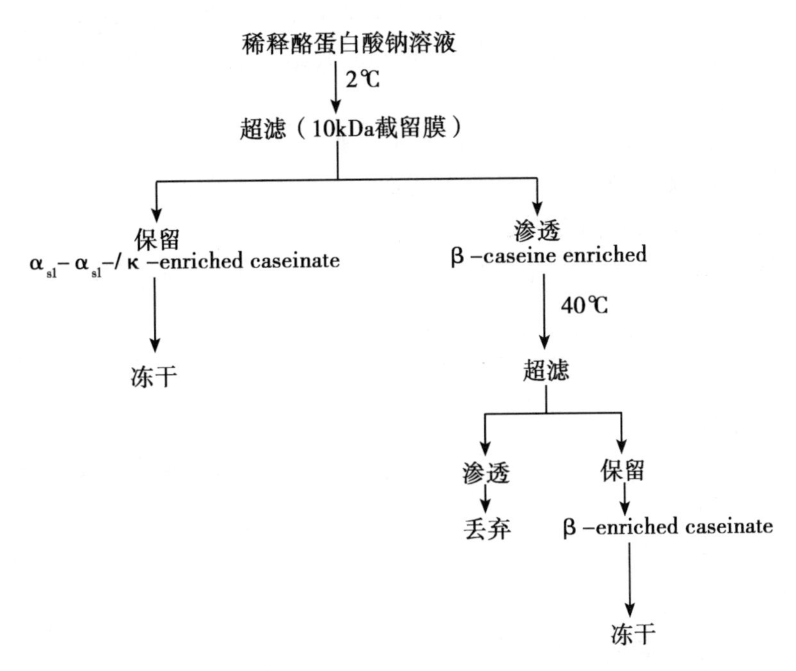

图 4.43　通过超滤制备富集 α_{s1}–/α_{s2}–/κ–和 β–酪蛋白级分的方法（Murphy 和 Fox，1991）

蛋白在肉制品中的作用尤为重要。酪蛋白酸钠的保水能力高于酪蛋白酸钙或胶束酪蛋白。

凝胶特性。蛋白质一个主要功能性作用就是形成凝胶。当环境条件改变时，奶中的酪蛋白可发生凝结作用。改变环境条件的方法有好多种，但最重要的是皱胃酶诱导的用于生产奶酪的凝结（将在第 12 章讨论）和酸化至等电点（pH 值 4.6）的凝结，后者主要用于生产发酵奶制品和等电点酪蛋白。除此之外，有机溶剂和长时间的热处理也可使酪蛋白凝结，高温灭菌产品在贮存期间也会发生凝结，这些变化通常都是不好的。许多食品加工过程中都用到热诱导凝结，但正如第 9 章所述，酪蛋白具有非常好的热稳定性，除非是在极其剧烈的条件下，都不会发生热诱导凝结。酪蛋白的热稳定性在奶类加工中是一个重要优点。

表面活性。就其在食品中的功能性而言，酪蛋白最突出的特性可能是表面活性。良好的表面活性使酪蛋白成为良好的发泡剂，特别好的乳化剂。表面活性剂是具有亲水和疏水区域的分子，可与乳化液和泡沫的水相和非水相（空气或脂质）相互作用，从而降低界面或表面张力。酪蛋白是食品加工中可获得的表面活性最强的蛋白质之一，其中β–酪蛋白尤其突出。要表现出良好的表面活性，蛋白质必须具有三个结构特征：

1. 应该比较小，因为迁移到界面的速率与分子质量成反比。在实际食品加工操作中，扩散速率不是特别重要，因为乳状液和泡沫的形成往往会伴随剧烈的搅拌，使蛋白质迅速向界面移动。

2. 蛋白质分子必须能够吸附在油—水或空气—水界面，因此必须具有相对高的表面疏水性。酪蛋白，特别是 β–酪蛋白，非常符合这一要求。

3. 一旦被吸附，分子必须展开并铺覆在界面上，因此，蛋白质必须具有开放、柔性的结构，这是很重要的。酪蛋白的二级和三级结构水平比较低，且不含分子内二硫键，因此很容易展开和铺展。

虽然酪蛋白是非常好的乳化剂和发泡剂，但实际上形成的泡沫并不是非常稳定，因为泡沫的气泡层很薄，很快就流走，相对而言卵清蛋白形成的泡沫则比较厚。

4.18.5 酪蛋白和乳清蛋白的用途

酪蛋白/酪蛋白酸盐和乳清蛋白在食品工业中用途非常广泛，如表 4.9 所概述。

表 4.9 乳蛋白在食品中的用途（修改自 MulVihill，1992）

烘烤食品	
酪蛋白/酪蛋白酸盐/共沉淀物	
用于	面包，饼干/曲奇，早餐即食谷物，糕饼混合材料，糕点，冷冻蛋糕，糕点，糕点的奶浆
作用	营养，感官，乳化剂，面团稠度，质地，体积/产量
乳清蛋白	
用于	面包，蛋糕，松饼，牛角糕
作用	营养，乳化剂，替代鸡蛋
奶制品	
酪蛋白/酪蛋白酸盐/共沉淀物	
用于	仿奶酪（植物油，酪蛋白/酪蛋白酸盐，盐和水）
作用	脂肪和水的连接剂，优化质地，熔化性，黏性和切丝性
用于	咖啡奶精（植物脂肪，碳水化合物，酪蛋白酸钠，稳定剂和乳化剂）...
作用	乳化剂，增白剂，赋予质感和质地，减少出现白斑的可能性，感官性能
用于	发酵奶，如酸奶
作用	增加凝胶硬度，减少脱水收缩
用于	乳饮料，仿制牛奶，液体奶的强化，奶昔
作用	营养，乳化剂，发泡性能
用于	高脂粉末，起酥油，打发浇头和黄油状涂抹酱
作用	乳化剂，优化质地，感官性能
乳清蛋白	
用于	酸奶、脱脂凝乳、意大利乳清干酪
作用	产量，营养，黏稠度，凝乳黏性
用于	奶油奶酪，奶油奶酪涂抹酱，可切片/挤压式奶酪，奶酪馅料和奶酪蘸酱
作用	乳化剂，胶凝，感官特性

（续表）

饮料	
酪蛋白/酪蛋白酸盐/共沉淀物	
用于	饮用巧克力，碳酸饮料和水果饮料
作用	稳定剂，打发和起泡性能
用于	奶油利口酒，葡萄酒开胃酒
作用	乳化剂
用于	葡萄酒和啤酒行业
作用	去除杂质，澄清，减少颜色和涩味
乳清蛋白	
用于	软饮料，果汁，粉状或冷冻橙饮料
作用	营养
用于	乳基调味饮料
作用	黏度，胶体稳定性
甜品生产	
酪蛋白/酪蛋白酸盐/共沉淀物	
用于	冰激凌，冷冻甜食
作用	打发性能，质感和质地
用于	慕斯，即食布丁，打发浇头
作用	打发性能，成膜剂，乳化剂，质感和风味
乳清蛋白	
用于	冰激凌，冷冻果汁棒，冷冻甜食涂料
作用	替代脱脂乳固体，打发性能，乳化，质感/质地
糖果	
酪蛋白/酪蛋白酸盐/共沉淀物	
用于	太妃糖，焦糖，软糖
作用	坚实，有弹性，耐嚼的质地；结合水，乳化剂
用于	棉花糖和牛乳糖
作用	起泡，高温稳定性，提高风味和棕色
乳清蛋白	
用于	充气糖果混合物，蛋白甜饼，海绵蛋糕
作用	打发性，乳化剂

（续表）

意大利面	
用于	通心粉，意大利面和仿制面食
作用	营养，质地，冻融稳定性，适合微波炉烧煮的
肉类	
酪蛋白/酪蛋白酸盐/共沉淀物	
用于	碎肉制品
作用	乳化剂，水结合，改善黏稠度，释放肉蛋白质以形成凝胶并与水结合
乳清蛋白	
用于	法兰克福香肠，午餐肉
作用	预乳化，明胶
用于	强化纯肉制品的注射盐水
作用	胶凝，产率
方便食品	
用于	肉汁混合物，汤料混合物，调味汁，罐装奶油汤和调味汁，脱水奶油汤和调味汁，沙拉酱，适合微波炉烧煮的食品，低脂方便食品
作用	美白剂，乳品香精，增味剂，乳化剂，稳定剂，黏度控制剂，冻融稳定性，替代蛋黄，替代脂质
有质地的产品	
用于	膨化快餐食品，强化蛋白质的小吃类产品，肉类填充剂
作用	结构，质地，营养
医药产品	
特殊膳食制剂	
病人或恢复期病人	
节食患者/节食者	
运动员	
宇航员	
婴儿食品	
营养强化	
“母乳化”婴儿配方奶粉	
低乳糖婴儿配方奶粉	
特种矿物平衡婴儿配方食品	
酪蛋白水解物：用于患有腹泻，胃肠炎，半乳糖血症，吸收不良，苯丙酮酸尿症	

（续表）

用于低过敏性优质配方制剂的乳清蛋白水解产物
营养强化
肠外营养剂
患有代谢性疾病，术后肠道功能紊乱的患者
特殊膳食制剂
癌症，胰腺疾病或贫血患者
特定药物制剂
用于调节睡眠或饥饿感或胰岛素分泌的 β-酪蛋白吗啡（酪啡肽）
用于治疗胃溃疡的磺化糖肽
其他产品
牙膏
化妆品
伤口处理制剂

4.18.6　酪蛋白乳清蛋白共沉淀

在酸化至 pH 值 4.6 或在 90℃下加入 $CaCl_2$时，脱脂乳中的乳清蛋白变性后与酪蛋白共沉淀，生成一系列称为酪蛋白-乳清蛋白共沉淀物的产物（图 4.44）。生产这种产品的主要优点是产量增加约 15%，并且产品还具有令人感兴趣的功能性质。然而，它们还未在商业上成功应用。

最近有人开发了新的共沉淀物，称为可溶性乳蛋白或总乳蛋白，具有更好的溶解性（图 4.45）。在对奶进行酸化将 pH 值降至 4.6 使乳清蛋白变性，并与酪蛋白共沉淀之前，先将奶调节至碱性。这对酪蛋白的功能性并没有不良影响，可能是因为在碱性 pH 值下乳清蛋白变性后不与酪蛋白胶束复合。

4.19　食品中蛋白质的定量方法

4.19.1　凯氏定氮法

1883 年，Johan Kjeldahl 在丹麦哥本哈根嘉士伯实验室成功地研究出第一个测定食品和组织中蛋白质含量的方法，用于测定大麦的蛋白质含量（啤酒大麦蛋白质含量太高会导致啤酒混浊不清）。凯氏定氮法目前仍然是测定食品中蛋白质含量的标准参照方法。

凯氏定氮法是用浓 H_2SO_4在 370~400℃下消化（湿灰化）样品中的有机物（脂质、蛋白质、碳水化合物），分析中要加入 K_2SO_4 以提高 H_2SO_4 的沸点，再加入催化剂 [Cu($CuSO_4$)，Hg（不推荐用，因为有剧毒），或者硒]。在消化过程中，样品中 C 变

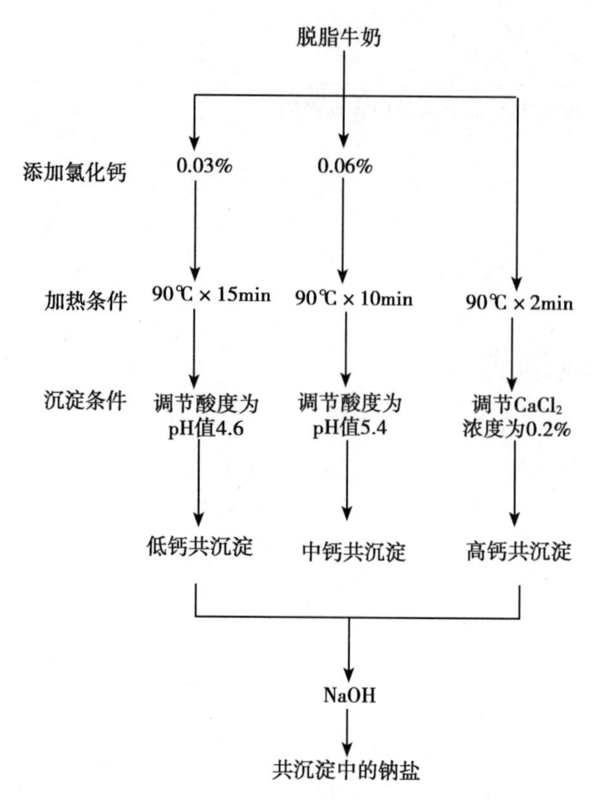

图 4.44　制备常规酪蛋白–乳清蛋白共沉淀的流程（引自 Mulvihill，1992）

成 CO_2，O 变成 CO_2和 H_2O，H 变成 H_2O，N 转化为（NH_4）$_2SO_4$。有些 H_2SO_4降解为有刺激性气味的有毒气体 SO_2。样品变澄清（如用 $CuSO_4$作催化剂则呈淡蓝色，可能需几小时），表明消化过程已经完成，加入浓 NaOH 使溶液呈强碱性。在这些条件作用下，$(NH_4)_2SO_4$会转化为 NH_3，通过加热系统用蒸汽蒸馏出来，被酸吸收。可用一定量的标准 HCl 或者 H_2SO_4溶液，再用标准 NaOH 溶液返滴定，这样就可计算出被 NH_3中和的酸的数量。也可用 2%~4 % 的硼酸，用 0.2%甲基红、0.1%亚甲蓝作指示剂（颜色由蓝变绿）。随着 NH_3的吸收，溶液 pH 值快速上升（硼酸在酸性条件下无缓冲作用），导致指示剂变色。蒸馏结束时，用标准 HCl 溶液回滴硼酸，使指示剂恢复为原来的颜色。这种方法只需要一种标准溶液就是 HCl 标准溶液。

因为蛋白质一般含有 16%的氮，样品的蛋白质含量可用含氮量乘以 6.25 算出。乳蛋白的含氮量是 15.7%（而不是 16%），所以氮换算成蛋白质的系数是 6.38 而不是 6.25.

样品计算：

样品重量=10g

回滴所需的 0.1M HCL=15ml

1mol HCl ≡ 1mol NH_3≡ 1mol N

1L 1M HCl ≡ 17g NH_3≡ 14g N

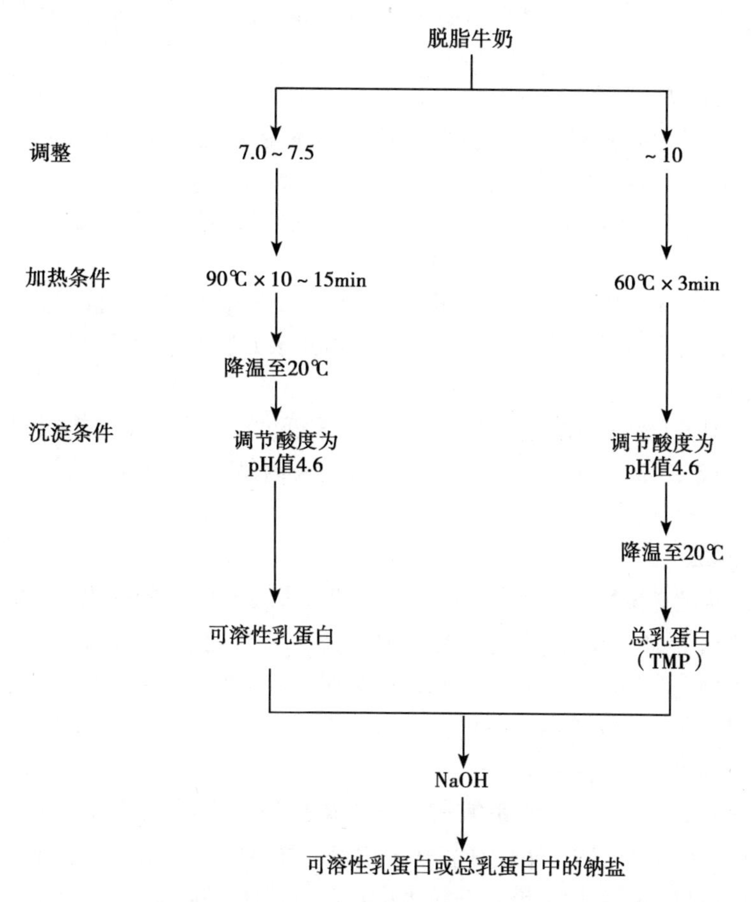

图 4.45　制备可溶性乳蛋白和总乳蛋白的流程（引自 Mulvihill，1992）

1mL 0.1M HCl = 0.0014g N

15mL 0.1M HCl ≡ 0.0014 × 15g N

蛋白质% = 0.0014 × 15 × 100/10 × 6.38 = 1.34 %

凯氏定氮法很耗时，并且有潜在的危险，需有专用设备，比如需要通风橱来排除有刺激性气味的有毒气体 SO_2，所以不适于对大量样品进行分析。为找到简便、快捷而又准确的替代方法，人们进行了不懈的努力，研究出许多方法，其中有些是专门用于奶样分析的，这些方法包括：

4.19.2　甲醛滴定法

用 0.1M 的 NaOH 把奶样滴定至酚酞终点（pH 8.4），然后加入甲醛使赖氨酸的伯胺基团 $R-NH_3$（pKa 为 9.5，即高于酚酞终点）变为叔胺 $R-(NH_3)_2$（pKa 约为 6.5，低于指示剂终点）。等红色消褪后，再次用 NaOH 滴定样品。第二次滴定所需 NaOH 的体积与赖氨酸的含量成正比，因而也与样品的蛋白质成正比。甲醛滴定值（FT）是第二次滴定中每 100mL 奶样所需 1M NaOH 的体积，FT 对蛋白质（凯氏定氮法）的斜率是 1.74。因此：

$$蛋白质含量（\%）= FT \times 1.74$$

目前甲醛滴定法已被研究机构使用，但在乳品行业上并不使用，因为不够精确、灵敏。

4.19.3 紫外吸收法

芳香族氨基酸酪氨酸和色氨酸强烈吸收 280nm 紫外光，这个性质可用来测定样品蛋白质浓度。0.1%的普通蛋白质溶液在 1cm 比色皿中的 A_{280}为 1.0。

如果稀释 10 倍的蛋白质溶液吸光度为 0.8，则样品的蛋白质浓度就是：

$$8 \div 10 = 0.8\ (\%)$$

在生物化学中紫外吸收法广泛用于测定色谱柱洗脱液的蛋白质含量，但是由于酪蛋白胶束和脂肪球对光有散射作用而产生干扰，因此该方法不适用于奶样，当然，也不适用于固体样品。

肽键能强烈吸收波长 180nm 的光线，但在该低波长进行测定在技术上有困难，所以改用 210nm 或 220nm 的吸光度。A_{220}的灵敏度大约是 A_{280}下的 20 倍。这种方法不用于食品工业，但用于食品研究机构。

4.19.4 缩二脲法

蛋白质的肽键在碱性条件下与 Cu^{2+}反应，生成 λ_{max}540nm 的蓝色复合物，颜色强度与蛋白质浓度成正比。该反应称为缩二脲反应，因为缩二脲 $H_2NC(O)NHC(O)NH_2$也可发生同样的反应。现在已经开发了各种优化方法，通常使用的是 Lowry 法。但这种方法只用于乳品研究机构，不用于食品工业上。

4.19.5 Folin-Ciocalteau（F-C）法

酚基（例如酪氨酸）与磷钼酸—磷钨酸盐反应，生成蓝色复合物，它的 λ_{max} = 660nm，颜色强度与酪氨酸的浓度成正比，因而与样品的蛋白质也成正比。在 Lowary 方法中，F-C 试剂与 Cu^{2+}合用能够提高灵敏度。该方法比二缩脲法灵敏 50～100 倍，比测定 280nm 的吸光度灵敏 10～20 倍。但该方法只用于乳品研究机构，不用于乳品工业上。

4.19.6 染料结合法

正如第 4.5 节所述，蛋白质在酸性 pH 值下带正电并可与阴离子染料结合。在 20 世纪 60 年代初，有人研究出定量检测乳蛋白的方法。常用的有氨基黑 10B（λ_{max} = 615nm）、耐光橙 G（λ_{max} = 475nm）或者酸性橙（λ_{max} = 475nm）。蛋白质—染料复合物发生沉淀，通过离心或过滤去除沉淀。结合的染料量与样品的蛋白质含量成正比，可由原染料溶液与上清液/滤液的吸光度之差计算得出。分析在标准条件下进行（应包括一个已用凯氏定氮法测定了蛋白含量的奶样），用蛋白质含量（凯氏定氮法测得）与结合染料的量作为横纵坐标绘制标准曲线，由标准曲线即可得出蛋白质的浓度。

染料结合法在 20 世纪 60 年代在奶制品工业上得以广泛应用，但很快就被红外光谱法取代。

4.19.7 Bradford 方法

考马斯亮蓝 G250 这种染料与蛋白质结合后，由淡红色变成蓝色，最大吸收峰从 465nm 移到 595nm。A_{595}的变化与样品的蛋白质浓度成正比。

这个方法用于乳品业的研究机构，但不用于乳品工业。

4.19.8　红外光谱法

如第 2、3 章所述，肽键吸收 6.46μm 的红外辐射，利用这一性质可很容易地测得蛋白质的浓度，还可同时测得脂肪和乳糖的浓度。

现在红外吸收分析是测定奶和许多奶制品蛋白质含量的常规方法，但所用设备比较昂贵，须小心维护。

4.19.9　Dumas 方法

实际上，第一种测定样品（包括食品）氮含量的方法是由 Jean-Baptiste-Dumas 于 1826 年研究出来的，但由于缺少合适的设备，所以直到最近才成为常规使用的方法。

该方法是在纯氧中将样品加热至 900℃，即热解。样品变成 CO_2、H_2O 和 N_2。CO_2 被 KOH 吸收，剩下的气体通过热导检测器，对 N_2 的浓度进行测定。该方法需要用一个已知氮含量的化合物对仪器进行标定。

样品的氮含量采用与凯氏法相同的方法换算成蛋白质。此方法快捷方便，检测每个样品只需几分钟，最适用于固体样品，包括奶粉的测定，因而在乳品行业得到广泛应用。

附件 4A 出现于蛋白质中的氨基酸的结构

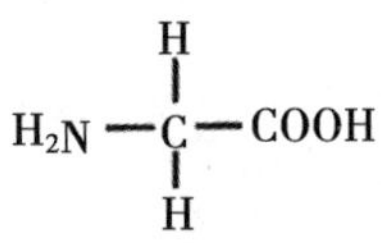

甘胺酸 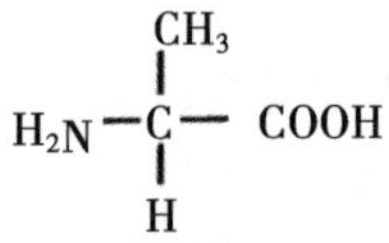 丙胺酸 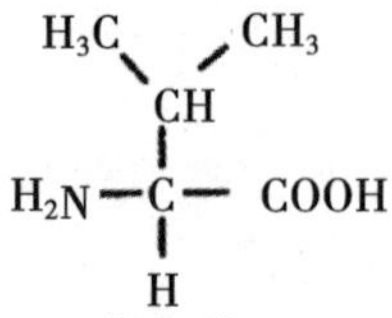 缬氨酸 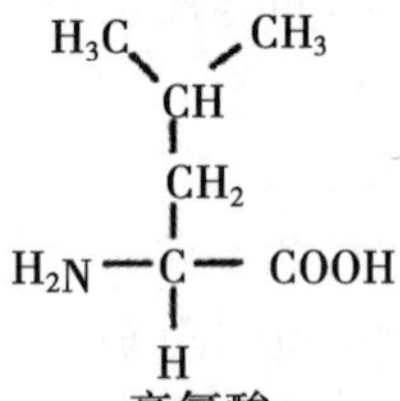 亮氨酸 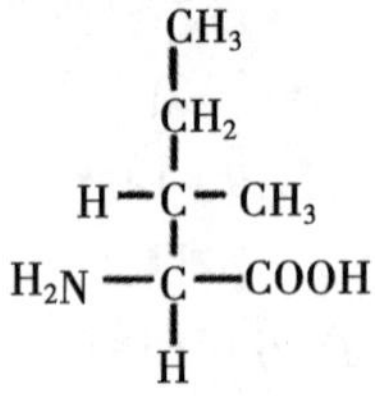 异亮氨酸

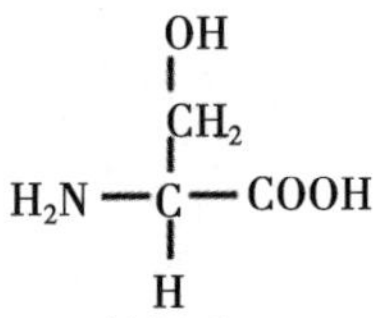

丝氨酸 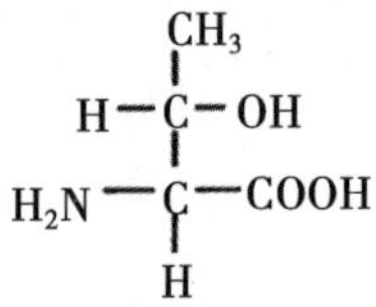 苏氨酸 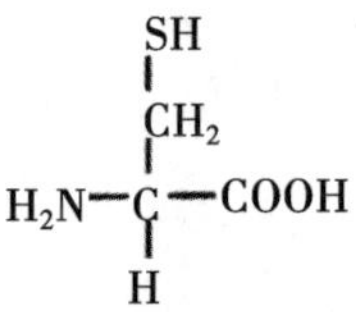 半胱氨酸 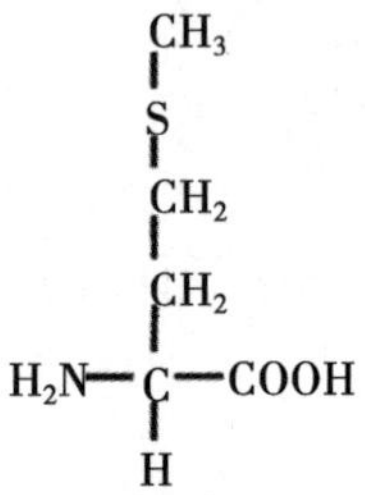 蛋氨酸 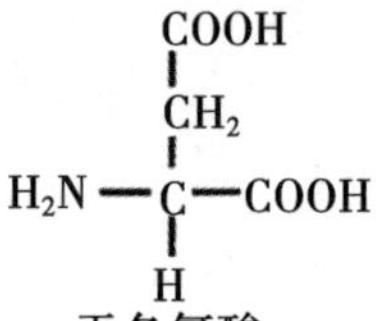 天冬氨酸

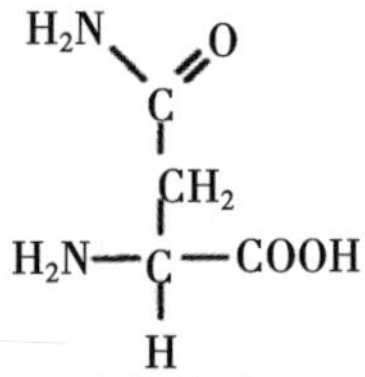

天冬酰胺 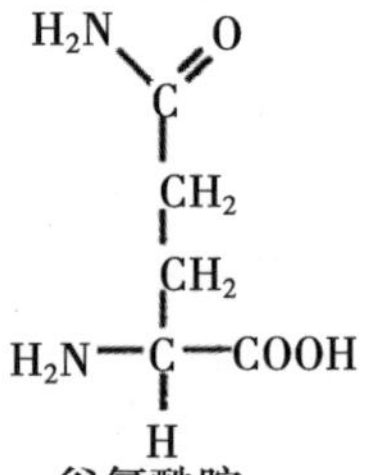 谷氨酰胺 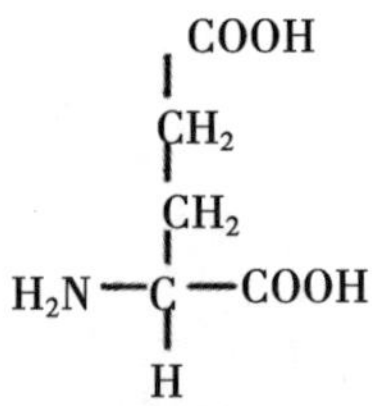 谷氨酸 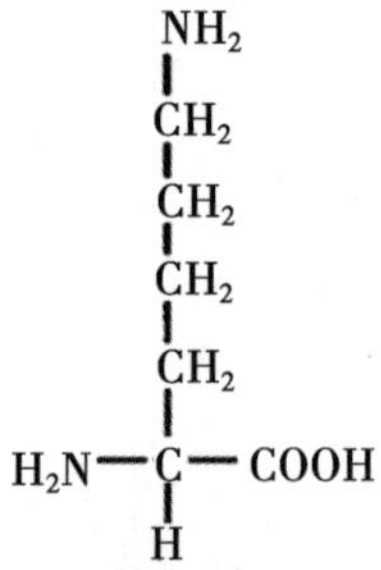 赖氨酸 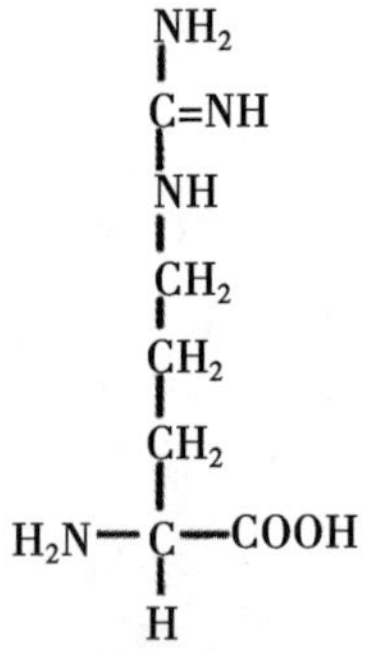 精氨酸

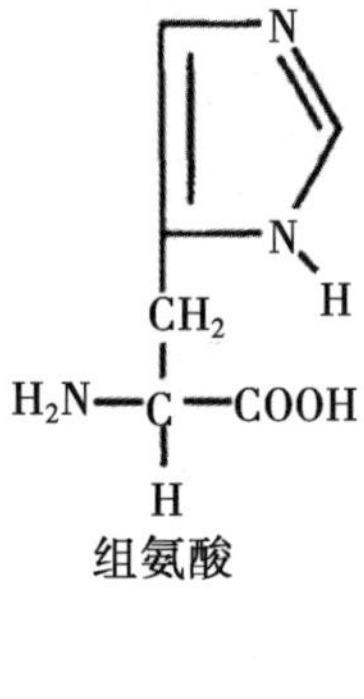

组氨酸 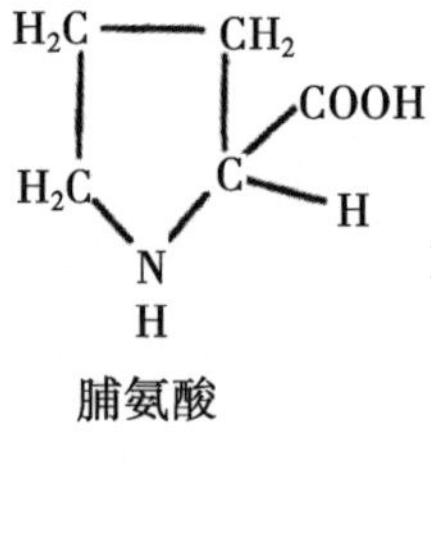 脯氨酸 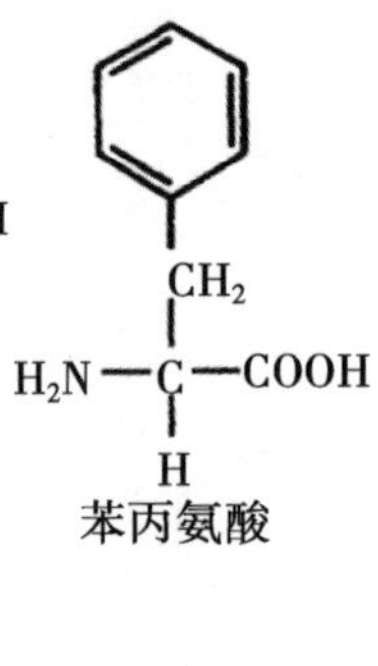 苯丙氨酸 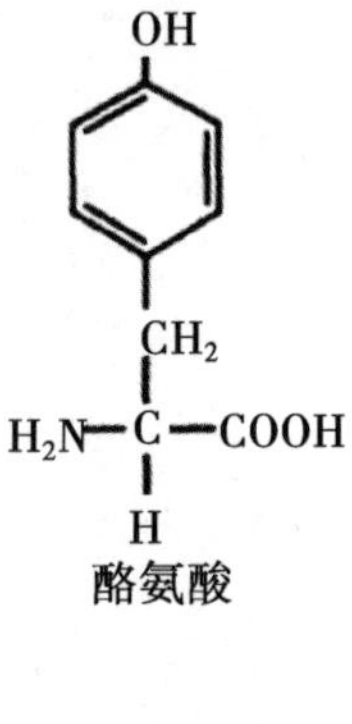 酪氨酸 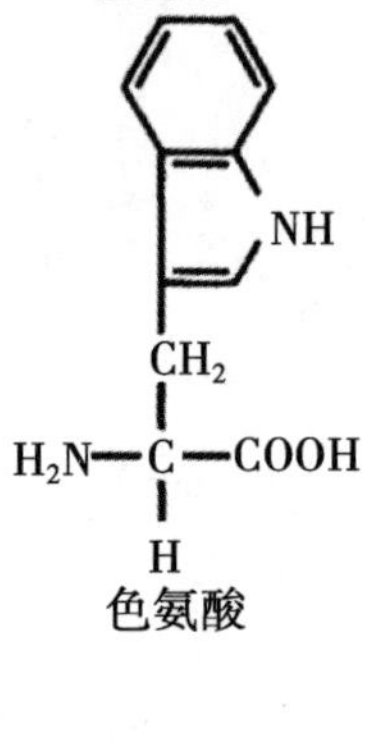 色氨酸

参考文献

Atkinson, S. A. , & Lonnerdal, B. 1989a. Protein and non-protein nitrogen in human milk. Boca Raton, FL: CRC Press.

Attia, H. , Kherouatou, N. , Nasri, M. , & Khorcheni, T. 2000. Characterization of the dromedary milk casein micelle and study of its changes during acidification. Le Lait, 80, 503-515.

Berliner, L. J. , Meinholtz, D. C. , Hirai, Y. , Musci, G. , & Thompson, M. P. 1991. Functional implications resulting from disruption of the calcium binding loop in bovine α-lactalbumin. Journal of Dairy Science, 74, 2394-2402.

Bernhart, F. W. 1961. Correlation between growth - rate of the suckling of various species and the percentage of total calories from protein in the milk. Nature, 191, 358-360.

Bouchoux, A. , Gesan-Guizou, G. , Perez, J. , & Cabane, B. 2010. How to squeeze a sponge: casein micelles under osmotic stress, a SAXS study. Biophysical Journal, 99, 3754-3762.

Brew, K. 2003. α-Lactalbumin. In P. F. Fox & P. L. H. McSweeney (Eds.), Advanced dairy chemistry (Protein: Part A 3rd ed. , Vol. 1, pp. 387-419). New York, NY: Kluwer Academic/Plenum.

Brew, K. 2013. α-Lactalbumin. In P. L. H. McSweeney & P. F. Fox (Eds.), Advanced dairy chemistry (Protein: Basic aspects 4th ed. , Vol. 1A, pp. 261-273). New York, NY: Springer.

Brew, K. , & Grobler, I. A. 1992. α - Lactalbumin. In P. F. Fox (Ed.), Advanced dairy chemistry (Proteins, Vol. 1, pp. 191-229). London, UK: Elsevier Applied Science.

Brinkmann, C. R. , Hergaard, C. W. , Petersen, T. E. , Jensenius, J. C. , & Thiel, S. 2011. The toxicity of BAMLET is highly dependent on oleic acid and induces killing in cancer cell lines and non-cancer derived primary cells. FEBS Journal, 278, 1955-1967.

Brunner, J. R. , Ernstrom, C. A. , Hollis, R. A. , Larson, B. L. , Whitney, R. M. L. , & Zittle, C. A. 1960. Nomenclature of the proteins of bovine milk—First revision. Journal of Dairy Science, 43, 901-911. Carter, D. C. , & Ho, J. X. (1994). Structure of serum albumin. Advances in Protein Chemistry, 45, 153-203. Chaplin,

B. , & Green, M. L. 1982. Probing the location of casein fractions in the casein micelle using enzymes and enzyme - dextran complexes. Journal of Dairy Research, 49, 631 - 643. Cheryan, M. , Richardson, T. , & Olson, N. F. (1975). Structure of bovine casein micelles elucidated with immobilized carboxypeptidase. Journal of Dairy Science, 58, 651-659.

Chevalier, F. 2011a. Analytical methods: Electrophoresis. In J. W. Fuquay, P. F. Fox, & P. L. H. McSweeney (Eds.), Encyclopedia of dairy sciences (2nd ed., Vol. 1, pp. 185-192). Oxford, UK: Academic Press.

Chevalier, F. 2011b. Milk proteins: Proteomics. In J. W. Fuquay, P. F. Fox, & P. L. H. McSweeney (Eds.), Encyclopedia of dairy sciences (2nd ed. , Vol. 3, pp. 843-847). Oxford, UK: Academic Press.

Dalgleish, D. G. 1998. Casein micelles as colloids: Surface structures and stabilities. Journal of Dairy Science, 81, 3013-3018. Dalgleish, D. G. 2011. On the structural models of bovine casein micelles—Review and possible improvements. Soft Matter, 7, 2265-2272.

De Kruif, C. G. 1998. Supra-aggregates of casein micelles as a prelude to coagulation. Journal of Dairy Science, 81, 3019-3028.

De Kruif, C. G. 2014. The structure of casein micelles: A review of small-angle scattering data. Journal of

Applied Crystallography, 47, 1479-1489.

De Kruif, C. G., & Holt, C. 2003. Casein micelle structure, functions and interactions. In P. F. Fox & P. L. H. McSweeney (Eds.), Advanced dairy chemistry (Proteins: Part A 3rd ed., Vol. 1, pp. 233-276). New York, NY: Kluwer Academic/Plenum.

Eigel, W. N., Butler, J. E., Emstrom, C. A., Farrell, H. M., Jr., Harwalkar, V. R., Jenness, R., et al. 1984. Nomenclature of proteins of cow' s milk: Fifth revision. Journal of Dairy Science, 67, 1599-1631.

Farrell, H. M., Jr., Brown, E. M., & Malin, E. L. 2013. Higher order structures of the caseins; a paradox. In P. F. Fox & P. L. H. McSweeney (Eds.), Advanced dairy chemistry (Proteins: Basic aspects 4th ed., Vol. 1A, pp. 161-184). New York, NY: Springer.

Farrell, H. M., Jimenez - Flores, R., Bloch, G. T., Brown, E. M., Butler, J. E., Creamer, L. K., et al. 2004. Nomenclature of proteins of cow' s milk: Sixth revision. Journal of Dairy Science, 87, 1641-1674.

Fox, P. F., & Brodkorp, A. 2008. The casein micelle: Historical aspects, current concepts andsignificance. International Dairy Journal, 18, 677-684.

Fox, P. F., & Mulvihill, D. M. 1992. Developments in milk protein processing. Food Science andTechnology Today, 7, 152-161.

Fuquay, J. W., Fox, P. F., & McSweeney, P. L. H. (Eds.). 2011. Encyclopedia of dairy sciences (Vol. 3, pp. 458-590). Oxford, UK: Academic Press.

Gallagher, D. P., Cotter, P. F., & Mulvihill, D. M. 1997. Porcine milk proteins: A review. International Dairy Journal, 7, 99-118.

Girardet, J. -M., & Linden, G. 1996. PP3 component of bovine milk: A phosphorylated glycoprotein. Journal of Dairy Research, 63, 333-350.

Hajjoubi, S., Rival - Gervier, S., Hayes, H., Floriot, S., Eggen, A., Pivini, F., et al. 2006. Ruminantsgenome no longer contains acidic whey protein gene but only a pseudo-gene. Gene, 370, 104-112.

Hambling, S. G., McAlpine, A. S., & Sawyer, L. 1992. β-Lactoglobulin. In P. F. Fox (Ed.), Advanced dairy chemistry (Proteins, Vol. 1, pp. 141-190). London, UK: Elsevier AppliedScience.

Holt, C. 1992. Structure and stability of bovine casein micelles. Advances in Protein Chemistry, 43, 63-151.

Holt, C. 1994. The biological function of casein. Yearbook 1994, The Hannah Institute, Ayr, Scotland, pp. 60-68.

Holt, C. 1998. Casein micelle substructure and calcium phosphate interactions studied bySephacryl column chromatography. Journal of Dairy Science, 81, 2994-3003.

Holt, C., & Sawyer, L. 1993. Caseins as rheomorphic proteins: Interpretation of primary andsecondary structures of α_{s1}-, β- and κ-caseins. Journal of the Chemical Society, FaradayTransactions, 89, 2683-2692.

Horne, D. S. 1998. Casein interactions: Casting light on the black boxes, the structure of dairyproducts. International Dairy Journal, 8, 171-177.

Horne, D. S. 2002. Casein structure, self assembly and gelation. Current Opinion in Colloid andInterface Science, 7, 456-461.

Horne, D. S. 2006. Casein micelle structure: Models and muddles. Current Opinion in Colloidand

Interface Science, 11, 148-153.

Horne, D. S. 2011. Casein, molecular structure. In J. W. Fuquay, P. F. Fox, & P. L. H. McSweeney (Eds.), Encyclopedia of dairy sciences (2nd ed., Vol. 3, pp. 772-779). Oxford, UK: Academic-Press.

Horne, D. S. 2014. Casein micelle structure and stability. In H. Singh, M. Boland, & A. Thompson (Eds.), Milk proteins: From expression to food (2nd ed., pp. 169 - 200). Amsterdam, Netherlands: Elsevier.

Huppertz, T. 2013. Chemistry of the caseins. In P. L. H. McSweeney & P. F. Fox (Eds.), Advanceddairy chemistry (Proteins: Basic aspects 4th ed., Vol. 1A, pp. 135-160). New York, NY: Springer.

Hurley, W. L. 2003. Immunoglobulins in mammary secretions. In P. F. Fox & P. L. H. McSweeney (Eds.), Advanced dairy chemistry (Proteins, Part A 3rd ed., Vol. 1, pp. 421-447). New York, NY: Kluwer Academic/Plenum.

Hurley, W. L., & Theil, P. K. 2011. Perspectives on immunoglobulins in colostrum and milk. Nutrients, 3, 442-474.

Hurley, W. L., & Theil, P. K. 2013. Immunoglobulins in mammary secretions. In P. L.

H. McSweeney & P. F. Fox (Eds.), Advanced dairy chemistry (Protein: Basic aspects 4th ed., Vol. 1A, pp. 275-294). New York, NY: Springer.

Innocente, N., Biasutti, M., & Blecker, C. 2011. HPLC profile and dynamic surface properties ofthe proteose peptone fraction from bovine milk and from whey protein concentrate. International Dairy Journal, 21, 222-228.

Jakob, E., & Puhan, Z. 1992. Technological properties of milk as influenced by genetic polymorphismof milk proteins—A review. International Dairy Journal, 2, 157-178.

Jenness, R., Larson, B. L., McMeekin, T. L., Swanson, A. M., White, C. H., & Whitnay, R. M. L. 1956. Nomenclature of the proteins of bovine milk. Journal of Dairy Science, 39, 536-541.

Keenan, T. W., & Dylewski, D. P. 1985. Aspects of intracellular transit of serum and lipid phasesof milk. Journal of Dairy Science, 68, 1025-1040.

Kronman, M. J. 1989. Metal - ion binding and the molecular conformational properties ofα - lactalbumin. Critical Reviews in Biochemistry and Molecular Biology, 24, 565-667.

Kumosinski, T. F., Brown, E. M., & Farrell, H. M., Jr. 1993a. Three-dimensional molecular modelingof bovine caseins: An energy - minimized β - casein structure. Journal of Dairy Science, 76, 931-945.

Kumosinski, T. F., Brown, E. M., & Farrell, H. M., Jr. 1993b. Three-dimensional molecular modelingof bovine caseins: A refined, energy-minimized κ-casein structure. Journal of DairyScience, 76, 2507-2520.

Kumosinski, T.F., & Farrell, H.M., Jr.1994. Solubility of proteins: Salt-water interactions.InN.S.Hettiarachchy & G. R. Ziegler (Eds.), Protein functionality in food systems (pp. 39-77). New York, NY: Marcel Dekker.

Larson, B. L. 1992. Immunoglobulins of the mammary secretions. In P. F. Fox (Ed.), Advanceddairy chemistry (Proteins, Vol. 1, pp. 231-354). London, UK: Elsevier Applied Science.

Leaver, J., & Law, A. J. R. 2003. Genetic engineering of milk proteins. In P. F. Fox & P. L. H. McSweeney (Eds.), Advanced dairy chemistry (Proteins, Part B 3rd ed., Vol. 1, pp. 817-837). New York, NY: Kluwer Academic/Plenum.

Liskova, K., Kelly, A. L., O' Brien, N., & Brodkorb, A. 2010. Effect of denaturation ofα-lactalbumin on the formation of BAMLET (bovine α-lactalbumin made lethal to tumorcells). Journal of Agricultural and Food Chemistry, 58, 4421-4427.

Marchin, S., Putaux, J. L., Pignon, E., & Lenoil, J. 2007. Effects of environmental factors on thecasein micelle structure studied by cryotransmission electron microscopy and small-angleX-ray scattering/ultrasmall-angle X-ray scattering. Journal of Chemical Physics, 126 (4), 1-10.

Martin, P., Blanchi, L., Cebo, C., & Miranda, G. 2013a. Genetic polymorphism of milk proteins. In P. L. H. McSweeney & P. F. Fox (Eds.), Advanced dairy chemistry (Proteins: Basic aspects4th ed., Vol. 1A, pp. 463-514). New York, NY: Springer.

Martin, P., Cebo, G., & Miranda, G. 2013b. Inter-species comparison of milk proteins: Quantitative variability and molecular diversity. In P. L. H. McSweeney & P. F. Fox (Eds.), Advanced dairy chemistry (Proteins: Basic aspects 4th ed., Vol. 1A, pp. 387-429). New York, NY: Springer.

Martin, P., Brignon, G., Furet, J. P., & Leroux, C. 1996. The gene encoding αs1-casein is expressedin human mammary epithelial cells during lactation. Le Lait, 76, 523-535.

Martin, P., Cebo, G., & Miranda, G. 2011. Inter-species comparison of milk proteins: Quantitativevariability and molecular diversity. In J. W. Fuquay, P. F. Fox, & P. L. H. McSweeney (Eds.), Encyclopedia of dairy sciences (2nd ed., Vol. 3, pp. 821-842). Oxford, UK: Academic Press.

Martin, P., Ferranti, P., Leroux, C., & Addeo, F. 2003. Non-bovine caseins: Quantitative variabilityand molecular diversity. In P. F. Fox & P. L. H. McSweeney (Eds.), Advanced dairychemistry (Proteins: Part A 3rd ed., Vol. 1, pp. 277-317). New York, NY: Kluwer Academic/Plenum.

McGrath, B. A. 2014. Generation and characterisation of biologically active milk-derived proteinand peptide fractions. Ph. D. Thesis, National University of Ireland, Cork.

McKenzie, H. A. (Ed.). 1970a. Milk proteins: Chemistry and molecular biology (Vol. 1). New York, NY: Academic Press.

McKenzie, H. A. 1971a. β-Lactoglobulin. In H. A. McKenzie (Ed.), Milk proteins. Chemistryand molecular biology (Vol. 11, pp. 257-330). New York, NY: Academic Press.

McMahon, D. J., & Brown, R. J. 1984. Composition, structure and integrity of casein micelles: A review. Journal of Dairy Science, 67, 499-512.

McMahon, D. J., & McManus, W. R. 1998. Rethinking casein micelle structure using electronmicroscopy. Journal of Dairy Science, 81, 2985-2993.

McMahon, D. J., & Oommen, B. S. 2008. Supramolecular structure of the casein micelle. Journalof Dairy Science, 91, 1709-1721.

McMahon, D. J., & Oommen, B. S. 2013. Casein micelle structure, functions and interactions. InP. L. H. McSweeney & P. F. Fox (Eds.), Advanced dairy chemistry (Proteins: Basic aspects 4thed., Vol. 1A, pp. 185-209). New York, NY: Springer.

Mepham, T. B. 1987. Physiology of lactation. Milton, Keynes, UK: Open University Press.

Mepham, T. B., Gaye, P., Martin, P., & Mercier, J.-C. 1992. Biosynthesis of milk proteins. In P. F. Fox (Ed.), Advanced dairy chemistry (Proteins, Vol. 1, pp. 491-543). London, UK: ElsevierApplied Science.

Mepham, T. B., Gaye, P., & Mercier, J.-C. 1982. Biosynthesis of milk proteins. In P. F. Fox (Ed.), Developments in dairy chemistry (Proteins, Vol. 1, pp. 115-156). London, UK: Elsevier-Applied Science.

Mercier, J. - C., & Gaye, P. - C. 1983. Milk protein syntheses. In T. B. Mepham (Ed.), Biochemistryof lactation (pp. 177-227). Amsterdam, Netherlands: Elsevier.

Muller, L. L. 1982. Manufacture of casein. Caseinates and casein co-precipitates. In P. F. Fox (Ed.), Developments in dairy chemistry (Proteins, Vol. 1, pp. 315-337). London, UK: AppliedScience.

Mulvihill, D. M. 1989. Casein and caseinates: Manufacture. In P. F. Fox (Ed.), Developments indairy chemistry (Functional milk proteins, Vol. 4, pp. 97-130). London, UK: Elsevier AppliedScience.

Mulvihill, D. M. 1992. Production, functional properties and utilization of milk proteins. In P. F. Fox (Ed.), Advanced dairy chemistry (Proteins, Vol. 1, pp. 369-404). London, UK: ElsevierApplied Science.

Mulvihill, D. M., & Ennis, M. P. 2003. Functional milk proteins: Production and utilization. InP. F. Fox & P. L. H. McSweeney (Eds.), Advanced dairy chemistry (Proteins, Part B 3rd ed., Vol. 1, pp. 1175-1228). New York, NY: Kluwer Academic/Plenum.

Murphy, J. F., & Fox, P. F. 1991. Fractionation of sodium caseinate by ultrafiltration. FoodChemistry, 39, 27-38.

Ng-Kwai-Hang, K. F., & Grosclaude, F. 1992. Genetic polymorphism of milk proteins. In P. F. Fox (Ed.), Advanced dairy chemistry (Proteins 2nd ed., Vol. 1, pp. 405 - 455). London, UK: Elsevier Applied Science.

Ng-Kwai-Hang, K. F., & Grosclaude, F. 2003. Genetic polymorphism of milk proteins. In P. F. Fox & P. L. H. McSweeney (Eds.), Advanced dairy chemistry (Part B: Proteins 3rd ed., Vol. 1, pp. 739-816). New York, NY: Kluwer Academic/Plenum.

Nicholson, J. P., Wolmarans, M. R., & Park, G. R. 2000. The role of albumin in critical illness. British Journal of Anaesthesia, 84, 599-610.

O'Donnell, R., Holland, J. W., Deeth, H. C., & Alewood, P. 2004. Milk proteomics. InternationalDairy Journal, 14 (1013), 1023.

O' Mahony, J. A., & Fox, P. F. 2013. Milk proteins: Introduction and historical aspects. In P. L. H. McSweeney & P. F. Fox (Eds.), Advanced dairy chemistry (Proteins: Basic aspects 4th ed., Vol. 1A, pp. 43-85). New York, NY: Springer.

O' Regan, J., Ennis, M. P., & Mulvihill, D. M. 2009. Milk proteins. In G. O. Phillips & P. A. Williams (Eds.), Handbook of hydrocolloids (2nd ed., pp. 298 - 358). Cambridge, UK: Woodhead.

O'Regan, J., & Mulvihill, D. M. 2011. Casein and caseinates, industrial production, compositional-standards, specifications, and regulatory aspects. In J. W. Fuquay, P. F. Fox, & P. L. H. McSweeney (Eds.), Encyclopedia of dairy sciences (2nd ed., Vol. 3, pp. 855-863). Oxford, UK: Academic Press.

Ochirkuyag, B., Chobert, J. M., Dalgalarrondo, M., & Haertle, T. 2000. Characterization of mare-casein: Identification of αs1- and αs2-caseins. Le Lait, 80, 223-235.

Oftedal, O. T. 2011. Milk of marine mammals. In J. W. Fuquay, P. F. Fox, & P. L. H. McSweeney (Eds.), Encyclopedia of dairy sciences (2nd ed., Vol. 3, pp. 563-580). Oxford, UK: Academic-Press.

Oftedal, O. T. 2013. Origin and evolution of the major milk constituents of milk. In P. L. H. McSweeney & P. F. Fox (Eds.), Advanced dairy chemistry (Proteins: Basic aspects 4th ed., Vol. 1A, pp. 1-42). New York, NY: Springer.

Oftedal, O. T. , & Jenness, R. 1988. Interspecies variation in milk composition among horses, zebras and asses (Perissodactyla: Equidae). Journal of Dairy Research, 55, 57-66.

Ono, T. , & Creamer, L. K. 1986. Structure of goat casein micelles. New Zealand Journal of DairyScience and Technology, 21, 57-64.

Papiz, M. Z. , Sawyer, L. , Eliopoulos, E. E. , North, A. C. T. , Finlay, J. B. C. , Sivaprasadaro, R. , et al. 1986. The structure of β - lactoglobulin and its similarity to plasma retinol - binding protein. Nature, 324, 383-385.

Patel, R. J. , & Mistry, V. V. 1997. Physicochemical properties of ultrafiltered buffalo milk. Journal of Dairy Science, 80, 812-817.

Richardson, T. , Oh, S. , Jimenez - Flores, R. , Kumosinski, T. F. , Brown, E. M. , & Farrell, H. M. , Jr. 1992. Molecular modeling and genetic engineering of milk proteins. In P. F. Fox (Ed.), Advanced dairy chemistry (Proteins, Vol. 1, pp. 545-577). London, UK: Elsevier AppliedScience.

Rose, D. , Brunner, J. R. , Kalan, E. B. , Larson, B. L. , Melnychyn, P. , Swaisgood, H. E. , et al. 1970. Nomenclature of the proteins of cow' s milk: Third revision. Journal of Dairy Science, 53, 1-17.

Salimei, E., Fantuz, F., Coppola, R., Chiolfalo, B., Polidori, P., & Varisco, G.2004. Compositionand characteristics of ass' milk.Animal Research, 53, 67-78.

Sawyer, L. 2003. β-Lactoglobulin. In P. F. Fox & P. L. H. McSweeney (Eds.), Advanced dairychemistry (Protein: Part A 3rd ed. , Vol. 1, pp. 319-386). New York, NY: Kluwer Academic/Plenum.

Sawyer, L. 2013. β-Lactoglobulin. In P. L. H. McSweeney & P. F. Fox (Eds.), Advanced dairychemistry (Proteins: Basic aspects 4th ed. , Vol. 1A, pp. 211-259). New York, NY: Springer.

Schmidt, D. G. 1982. Association of caseins and casein micelle structure. In P. F. Fox (Ed.), Developments in dairy chemistry (Proteins, Vol. 1, pp. 61-86). London, UK: Applied Science.

Shalabi, S. I. , & Fox, P. F. 1987. Electrophoretic analysis of cheese: Comparison of methods. Irish Journal of Food Science and Technology, 11, 135-151.

Simpson, K. J., Bird, P., Shaw, D. , & Nicholas, K. 1998. Molecular characterisation and hormone-dependentexpression of the porcine whey acidic protein gene. Journal of MolecularEndocrinology, 20, 27-34.

Simpson, K. J. , & Nicholas, K. 2002. Comparative biology of whey proteins. Journal ofMammary Gland Biology and Neoplasia, 7, 313-326.

Singh, H. , Boland, M. , & Thompson, A. 2014a. Milk proteins: From expression to food (2nd ed.). Amsterdam, Netherlands: Academic Press.

Strange, D. E. , Malin, E. L. , van Hekken, D. L. , & Basch, J. J. 1992. Chromatographic and electrophoreticmethods used for analysis of milk proteins. Journal of Chromatography, 624, 81-102.

Swaisgood, H. E. (Ed.). 1975. Methods of gel electrophoresis of milk proteins. Champaign, IL: American Dairy Science Association. 33 pp.

Swaisgood, H. E. 1982. Chemistry of milk proteins. In P. F. Fox (Ed.), Developments in dairychemistry (Proteins, Vol. 1, pp. 1-59). London, UK: Applied Science.

Swaisgood, H. E. 1992. Chemistry of the caseins. In P. F. Fox (Ed.), Advanced dairy chemistry (Proteins 2nd ed. , Vol. 1, pp. 63-110). London, UK: Elsevier Applied Science.

Swaisgood, H. E. 2003. Chemistry of the caseins. In P. F. Fox (Ed.), Advanced dairy chemistry (Proteins: Part A 3rd ed. , Vol. 1, pp. 139-201). London, UK: Elsevier Applied Science.

Thompson, M. P., Tarassuk, N. P., Jenness, R., Lillevik, H. A., Ashworth, U. S., & Rose, D. 1965. Nomenclature of the proteins of cow's milk—Second revision. Journal of Dairy Science, 48, 159-169.

Trejo, R., Dokland, T., Jurat-Fuentes, J., & Harte, F. 2011. Cryo-transmission electron tomographyof native casein micelles from bovine milk. Journal of Dairy Science, 94, 5770-5775.

Uniacke-Lowe, T., & Fox, P. F. 2011. Equid milk. In J. W. Fuquay, P. F. Fox, & P. L. H. McSweeney (Eds.), Encyclopedia of dairy sciences (2nd ed., Vol. 3, pp. 518-529). Oxford, UK: AcademicPress.

Uniacke - Lowe, T., Huppertz, T., & Fox, P. F. 2010. Equine milk proteins: Chemistry, structureand nutritional significance. International Dairy Journal, 20, 609-629.

Vanderghem, D., Danthine, S., Blecker, C., & Deroanne, C. 2007. Effect of proteose peptoneaddition on some physico - chemical characteristics of recombined dairy creams. InternationalDairy Journal, 17, 889-895.

Violette, J. - L., Chanat, E., Le Provost, F., Whitelaw, C. B. A., Kolb, A., & Shennan, D. B. 2013. Genetics and biosynthesis of milk proteins. In P. L. H. McSweeney & P. F. Fox (Eds.), Advanceddairy chemistry (Proteins: Basic aspects 4th ed., Vol. 1A, pp. 431 - 461). New York, NY: Springer.

Violette, J. -L., Whitelaw, C. B. A., Ollivier-Bousquet, M., & Shennan, D. B. 2003. Biosynthesisof milk proteins. In P. F. Fox & P. L. H. McSweeney (Eds.), Advanced dairy chemistry (Proteins: Part A 3rd ed., Vol. 1, pp. 698-738). New York, NY: Kluwer Academic/Plenum.

Visser, H. 1992. A new casein micelle model and its consequences for pH and temperatureeffects on the properties of milk. In H. Visser (Ed.), Protein interactions (pp. 135 - 165). Weinheim, Germany: VCH.

Walstra, P. 1999. Casein sub-micelles: Do they exist? International Dairy Journal, 9, 189-192.

Walstra, P., & Jenness, R. 1984a. Dairy chemistry and physics. New York, NY: John Wiley &Sons.

Waugh, D. F., & von Hippel, P. H. 1956. κ-Casein and the stabilisation of casein micelles. Journalof the American Chemical Society, 78, 4576-4582.

Whitney, R. M. L., Brunner, J. R., Ebner, K. E., Farrell, H. M., Jr., Josephson, R. U., Morr, C. V., et al. 1976. Nomenclature of cow's milk: Fourth revision. Journal of Dairy Science, 59, 795-815.

Wynn, P. C., & Sheehy, P. A. 2013. Minor proteins, including growth factors. In P. L. H. McSweeney & P. F. Fox (Eds.), Advanced dairy chemistry (Proteins: Basic aspects 4th ed., Vol. 1A, pp. 317-335). New York, NY: Springer.

推荐阅读文献

Atkinson, S. A., & Lonnerdal, B. 1989b. *Protein and non-protein nitrogen in human milk*. BocaRaton, FL: CRC Press.

Fox, P. F. 1982. *Developments in dairy chemistry* (Proteins, Vol. 1). London, UK: Applied Science.

Fox, P. F. (Ed.). 1989. *Developments in dairy chemistry* (Functional milk proteins, Vol. 4). London, UK: Applied Science.

Fox, P. F. (Ed.). 1992. *Advanced dairy chemistry* (Milk proteins, Vol. 1). London, UK: Elsevier

Applied Science.

Fox, P. F., & Mc Sweeney, P. L. H. (Eds.). 2003. *Advanced dairy chemistry* (Proteins 3rd ed., Vol. 1A & B). New York, NY: Kluwer Academic/Plenum.

Kinsella, J. E. 1984. Milk proteins: Physicochemical and functional properties. *CRC Critical Reviews in Food Science and Nutrition*, 21, 197–262.

McKenzie, H. A. (Ed.). 1970b. *Milk proteins: Chemistry and molecular biology* (Vol. 1). New York, NY: Academic Press.

McKenzie, H. A. (Ed.). 1971b. *Milk proteins: Chemistry and molecular biology* (Vol. 2). New York, NY: Academic Press.

第 5 章　奶中的盐类

5.1　引言

奶中的盐类主要是钠、钾、钙、镁的磷酸盐、柠檬酸盐、氯化物、硫酸盐、碳酸盐和碳酸氢盐。奶中还有约 20 种含量甚微的其他元素，包括铜、铁、铅、硼、锰、锌、碘等。严格地说，奶中的蛋白质应该是盐类系统的一部分，因为它们有带正电荷和负电荷的基团，可以与相反离子结合成盐，然而一般情况下，蛋白质并不被视为盐系统的一部分。新鲜奶中不含有乳酸，但在经过储存的奶或奶制品中则可能会存在。很多无机元素在营养、奶制品制备、加工、储存中发挥重要的作用，因为其对乳蛋白，尤其是酪蛋白的构象和稳定性，一些内源酶的活性有显著影响，对脂类的稳定性也有一定的影响。

5.2　分析方法

测定食物矿物质含量通常是先将样品放入马弗炉在 500～600℃加热 4h 以氧化样品中的有机物质，再从制得的灰分测定矿物质的含量。奶的粗灰分并不能真实地反映盐系统，因为：①灰分是存在于食物的无机元素的碳酸盐和氧化物的混合物，并非原来的盐类。②蛋白质和脂质所含的磷和硫还存在于灰分中，但像柠檬酸根等有机离子则在灰化过程中就消失了。③灰化所用的温度通常也会使一些挥发性元素如钠、钾等汽化掉。因此，食物中的灰分含量是很难精确测定的。某些矿物质元素的灰分分析值，要低于完整食物的直接分析值。各种矿物质成分可以通过滴定法、比色法、极谱法、火焰光度法、原子吸收光谱法、电感耦合离子体原子发射光谱法和电感耦合等离子体质谱技术进行测定。然而，干扰离子的存在常常使混合物中各种离子的定量测定变得很复杂。主要的元素/离子可通过以下具体方法进行测定。

（a）无机磷酸盐通常是用 Fiske 和 Subbarow 法测定，具体见 AOAC 或 IDF 的官方分析方法。

（b）钙是用 EDTA 滴定法或用 12%三氯乙酸滤液的原子吸收光谱测定。

（c）镁是用 EDTA 滴定法测定（Davies 和 White，1962）。

（d）柠檬酸是用经 White 和 Davies（1963）修改的 Marier 和 Boulet（1958）的比色法、柠檬酸络合铜离子法（Pierre 和 Brule，1983）或包括柠檬酸裂解酶、苹果酸脱氢酶、乳酸脱氢酶和 NADH（Mutzelburg，1979）的酶法测定。

（e）离子钙通常是用经 Tessier 和 Rose（1958）修改的 Smeets 法（1955）测定，或

用钙离子（Ca^{2+}）选择性电极（DeMott，1968）进行测定。

（f）钠和钾可以用火焰光度法、原子吸收光谱法或离子选择性电极法测定。

（g）氯化物是用硝酸银滴定法测定，以电位法或指示剂法指示终点。

（h）硫酸根通常是用 $BaCl_2$ 沉淀，再用重量法测定。

（i）乳酸可通过与 $FeCl_2$ 或酶（乳酸脱氢酶）反应后用分光光度法进行测定（可检测出 D-异构体和 L-异构体），或用高效液相色谱法测定。

关于奶中矿物质分析方法的全面概述可见 Gaucheron（2010）。

5.3　奶中盐类的组成

牛奶的粗灰分含量相对稳定，一般是 0.7%~0.8%，但各种离子的相对浓度变化很大。表 5.1 显示了奶中主要离子的平均浓度、常见的范围和极端范围。极端范围无疑包括非正常乳，如初乳、泌乳后期奶或感染乳房炎母牛的奶。

人奶的灰分含量仅为约 0.2%，牛奶中所有主要离子和几种次要离子的浓度均高于人乳（表 5.2）。一般不建议（也没人这样做）婴儿食用未经调整成分的牛奶，至少有部分原因是由于牛奶比人奶含有更多的盐，可增加肾脏负担，对健康不利。电透析技术适于作为液态乳清工业化脱盐（专门去除钠和氯）的一个单元加工操作，这项技术在 20 世纪 60 年代的应用使以乳清蛋白为主的婴儿营养食品的商业化生产成为可能。现在，诸如纳米过滤和离子交换色谱法等其他技术也用于乳基脱盐原辅料的工业化生产上，这些原辅料大部分用于婴儿营养食品的配制中。

表 5.1　每升奶中盐类成分含量的波动范围（多种来源）

组分	平均含量	常见范围	极端值
钠	500	350~600	110~1 150
钾	1 450	1 350~1 550	1 150~2 000
钙	1 200	1 000~1 400	650~2 650
镁	130	100~150	20~230
总磷（total）[a]	950	750~1 100	470~1 440
无机磷（inorganic）[b]	750		
氯	1 000	800~1400	540~2 420
硫	100		
碳酸盐（以二氧化碳形式）	200		
柠檬酸盐（以柠檬酸形式）	1 750		

[a] 总磷包括胶体无机磷酸盐、酪蛋白磷酸盐（有机）、可溶性无机磷酸盐、磷酸酯和磷脂质。

[b] 无机磷包括胶体无机磷酸盐和可溶性无机磷酸盐。

表 5.2 （A）几个物种奶中具有重要营养作用的常量元素（mmol/L）；（B）人和牛的常乳中微量元素组成的差异（μg/L）

（A）	奶牛	人	绵羊	山羊	猪	马
钙	29.4	7.8	56.8	23.1	104.1	16.5
镁	5.1	1.1	9.0	5.0	9.6	1.6
钠	24.2	5.0	20.5	20.5	14.4	5.7
钾	34.7	16.5	31.7	46.6	31.4	11.9
磷	20.9	2.5	39.7	15.6	51.2	6.7
柠檬酸盐	9.8	2.2	4.9	5.4	8.4	3.1
氯	30.2	6.2	17.0	34.2	28.7	6.6

（B）	人的常乳		牛的常乳	
成分	均值	范围	均值	范围
铁	760	620～930	500	300～600
锌	2 950	2 600～3 300	3 500	2 000～6 000
铜	390	370～430	200	100～600
镁	12	7～15	30	20～50
碘	70	20～120	260	—
氟	77	21～155	—	30～220
硒	14	8～19	—	5～67
钴	12	1～27	1	0.5～1.3
铬	40	6～100	10	8～13
钼	8	4～16	73	18～120
镍	25	8～85	25	0～50
硅	700	150～1 200	2 600	750～7 000
钒	7	tr-15	—	tr-310
锡	—	—	170	40～500
砷	50	—	45	20～60

5.4 奶中盐类的分泌

人们对乳盐的分泌机理了解并不太透彻，Holt（1985）对此进行了综述和总结。尽管乳盐对决定牛奶的加工特性很重要，人们对乳盐组分的营养调控关注还是较少。

在讨论乳盐体系时须考虑三大原则：

（1）需保持电中性；

（2）奶与血液需保持等渗，因此，乳糖、钠、钾和氯存在一系列相关。

（3）需形成对 pH 值和 Ca^{2+}浓度有约束作用的酪蛋白胶束，并且要求酪蛋白与磷酸钙形成络合物。

脱脂奶可视为一种酪蛋白胶体磷酸钙与无机盐和蛋白质水溶液的准平衡的双相体系；由于磷酸钙和酪蛋白之间的密切结合（磷酸化蛋白），相的边界并不明确。

高尔基体膜突起形成囊泡，并在囊泡中形成无脂肪的初级分泌物。囊泡穿过细胞质移动到顶膜，在此处发生胞吐作用。囊泡含有酪蛋白（在乳腺细胞基底部的粗面内质网合成）；完整的酪蛋白胶束在高尔基体中出现。囊泡也含有乳糖合成酶（UDP：半乳糖基转移酶和α-乳白蛋白），有证据表明乳糖在囊泡中合成，合成所需的葡萄糖和UDP-半乳糖从细胞液转运而来。

钠、钾可以渗过囊泡膜，胞内钠、钾浓度是由Na/K激活的三磷酸腺苷酶确定的。激活UDP：半乳糖基转移酶可能需要钙，钙由钙/镁三磷酸腺苷酶运送，该酶能逆电势梯度将钙从微摩尔浓度的细胞质中浓缩到毫摩尔浓度的囊泡中。无机磷可在囊泡中由UDP-半乳糖与葡萄糖合成乳糖过程中形成的UDP生成。UDP不能穿过膜，但可水解为UMP和无机磷，UMP和无机磷可再次进入细胞质（以免出现产物抑制作用）。但是，部分无机磷与钙离子形成络合物。钙离子也可与柠檬酸根螯合成大体可溶的未解离络合物，也可与酪蛋白螯合形成酪蛋白胶束。

通过囊泡膜的水扩散受渗透压因素影响，如乳糖的合成的控制。因此，奶中的可溶盐和胶体盐的浓度受乳糖浓度及其合成机制的强烈影响。

现将主要乳盐生物合成的相互关系总结归纳于图5.1。在泌乳期的早期和晚期以及在乳腺感染期间，细胞膜通透性增加，有几种离子出现细胞旁运输。

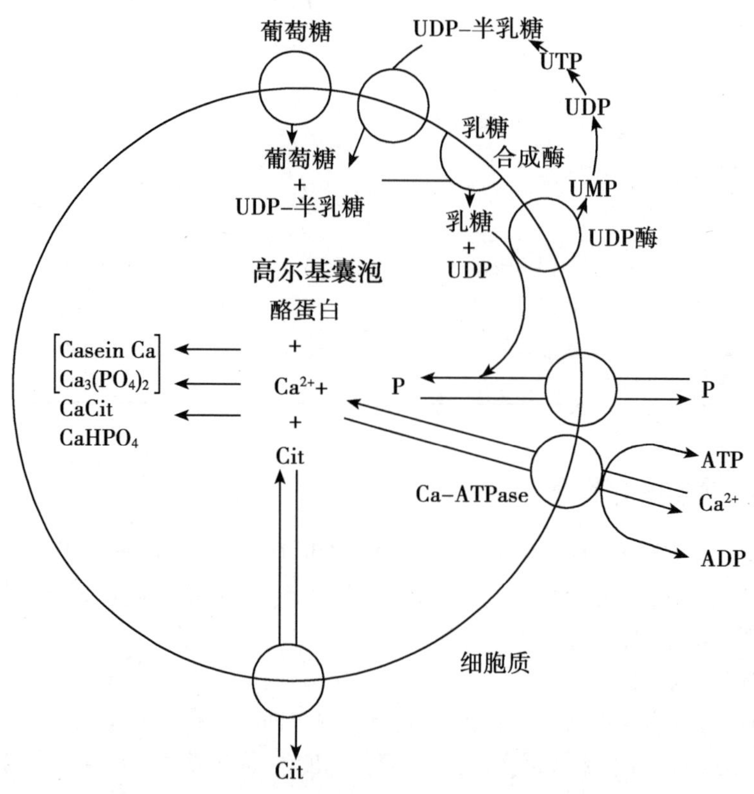

图5.1　钙、磷酸根和柠檬酸根从分泌细胞的细胞质运输到高尔基体囊泡内的一些转运机制（引自Holt，1985）

5.5 影响盐成分变化的因素

乳盐的组成受许多因素的影响，包括品种、奶牛个体、泌乳期、饲料、乳房炎感染和季节等。下面对较为重要的影响因素进行讨论。

5.5.1 牛的品种

与包括荷斯坦奶牛在内的其他奶牛品种相比，娟姗牛的奶中钙和磷的含量通常比较高，但钠和氯的含量一般则较低。

5.5.2 泌乳期

一般泌乳早期和晚期总钙浓度较高，但泌乳中期钙浓度与泌乳阶段没有关系（图 5.2）。磷浓度的总体趋势是随泌乳期的进行而下降（图 5.2）。胶体钙和无机磷酸根的浓度在泌乳早期最低，晚期最高。钠和氯的浓度在泌乳早期最高（图 5.3），随后急剧下降，然后逐渐升高，直到泌乳期即将结束时再快速上升。

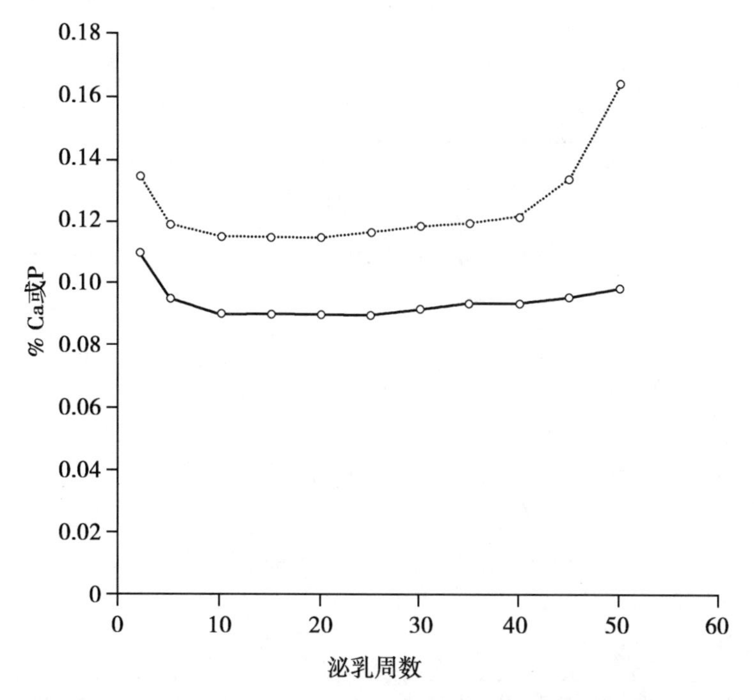

图 5.2　泌乳期牛奶中钙（虚线）磷（实线）浓度的变化

在整个泌乳期钾的浓度逐渐下降。柠檬酸盐的浓度对钙的分布有显著影响，其浓度表现出显著的季节性变化（图 5.4）。奶的 pH 值也表现出明显的季节性变化趋势（图 5.5）。初乳的 pH 值是 6 左右，泌乳早期奶 pH 值急剧升高，分娩后不久即达到正常值约 6.7，此后直到泌乳后期变化都很小。泌乳后期由于乳腺细胞膜衰退，奶 pH 值升至 7.2，接近血液的 pH 值（7.4）。

5.5.3 乳房感染

乳房炎感染的牛奶总固形物较少，尤其是乳糖，但钠和氯含量较高，其浓度呈现正相关（图 5.6a）。钠离子和氯离子来自血液，乳房炎感染后乳糖合成受抑制，乳汁渗透

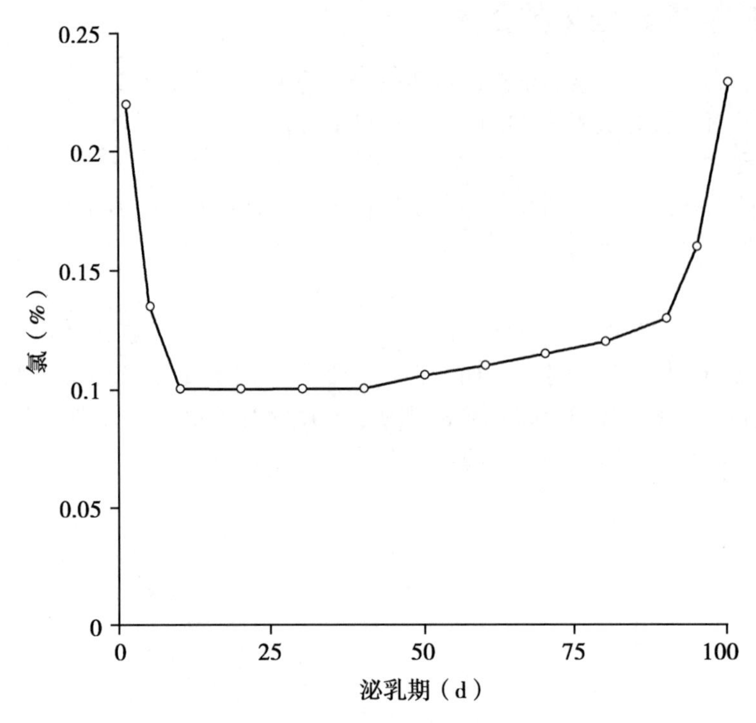

图 5.3 泌乳期牛奶中氯浓度的变化

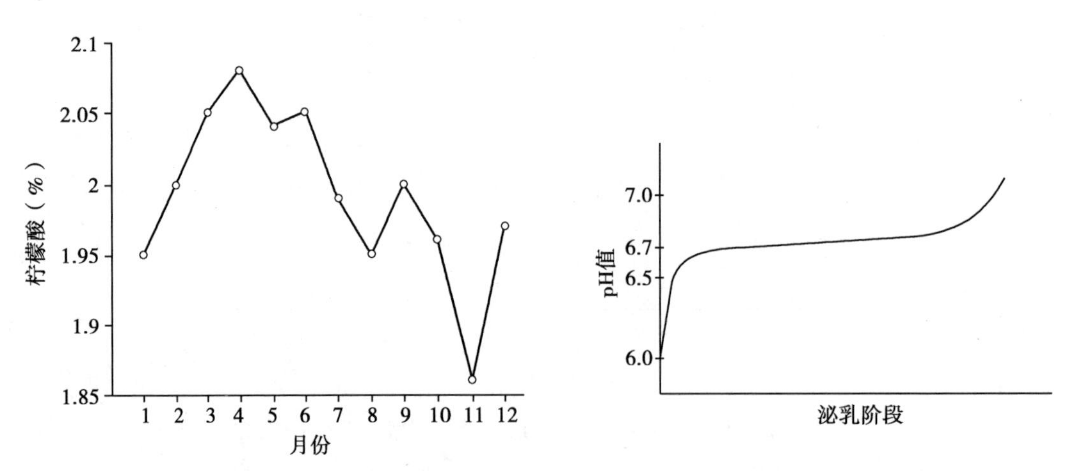

图 5.4 牛奶中柠檬酸浓度的季节性变化

图 5.5 泌乳期奶 pH 值变化示意图

压低于血液渗透压，血液的钠离子和氯离子会渗入乳汁以维持渗透压的平衡。

氯离子与乳糖的关系可用凯斯特勒值来表示：

$$凯斯特勒值=\frac{100\times\%Cl}{\%乳糖}$$

凯斯特勒值正常值是 1.5~3.0，感染乳房炎时此值增大，因此常用来作为乳房炎的指标（现在还有很多更好的方法，例如，测定体细胞数、某些酶的活性，尤其是过氧

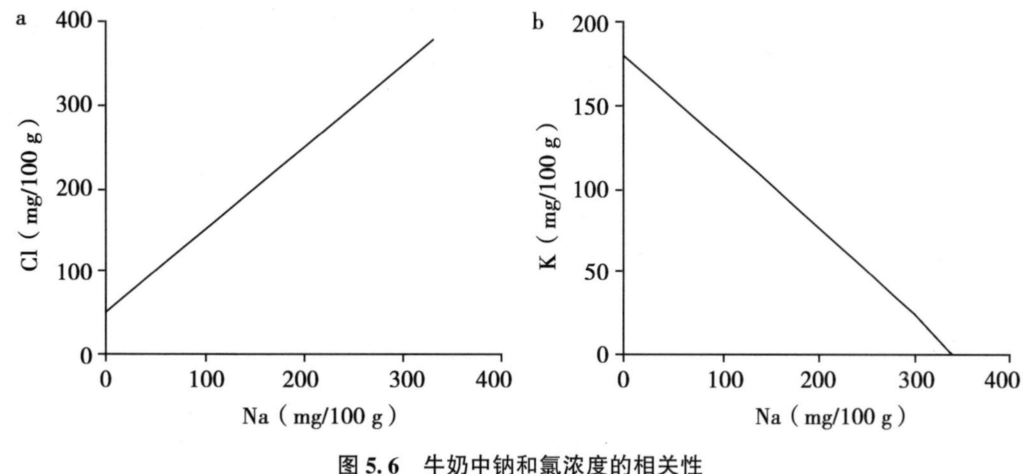

图 5.6 牛奶中钠和氯浓度的相关性

（a）钠和钾浓度（b）的相关性

化氢酶和 N-乙酰氨基葡萄糖胺酶）。乳房炎感染时，牛奶 pH 值升至接近血液的 pH 值。钾和钠的浓度呈负相关（图 5.6b）。

5.5.4 饲料

饲料对牛奶中大多数元素的浓度的影响相对较小，因为动物的骨胳起到钙（和其他矿物质）库的作用。当奶牛耗尽骨骼中的钙去维持奶中钙的含量时，就会发生产乳热。产乳热主要发生于在鲜嫩的草地上放牧的母牛，因为牧草矿物质含量可能比较低，通过在草地上施用镁肥的方式补充镁可预防产乳热的发生。当粗饲料严重不足，牛奶中柠檬酸盐水平会降低并导致“乌得勒支现象”的出现，即由于奶中柠檬酸盐水平降低导致钙离子浓度升高，造成牛奶热稳定性非常低。奶中的盐分，特别是钙、磷酸盐和柠檬酸盐的较小变化，都可对奶的加工特性产生非常显著的影响。因此，通过改变饲养水平和饲料类型可以改变奶的加工特性，但这方面还缺乏完整可靠的研究。

5.6 奶中盐成分的相互关系

各种乳盐是相互关联的，其相互关系受 pH 值的影响（表 5.3）。

那些浓度与 pH 值的相关关系相同的组分也彼此有正相关，如总可溶性钙的浓度和离子钙的浓度，而那些与 pH 值的相关关系相反的组分则呈负相关，如钾和钠的浓度。

一些更重要的离子/分子之间的关系如图 15.7 所示。可以确定乳盐浓度的 3 个相关系列：

（1）多年前人们就知道乳糖、K^+、Na^+和 Cl^-（图 5.7a）浓度之间存在相关关系，这是因为奶必须与血液保持等渗，即乳糖浓度与［K^+］浓度呈负相关，而细胞旁通路，即［Na^+］浓度与［Cl^-］浓度呈正相关。

（2）由于各种盐的浓度与 pH 值存在相关，这样就产生了其他相关关系。可扩散 Ca（和可扩散 Mg）与可扩散柠檬酸盐之间有直接相关（图 5.7b）；在 pH 值保持恒定的条件下这种相关非常强，因为柠檬酸根对 Ca^{2+}的螯合作用比磷酸根强得多。

表 5.3　奶的 pH 值和某些乳盐成分的浓度之间的关系

与 pH 值呈负相关	与 pH 值呈正相关
可滴定酸度	胶体无机钙
总可溶性钙	酪蛋白酸钙
可溶性非离子钙	胶体无机磷
离子钙	胶体磷酸钙
可溶镁	钠
可溶性柠檬酸盐	氯化物
总磷	
可溶性无机磷	
磷脂磷	
钾	

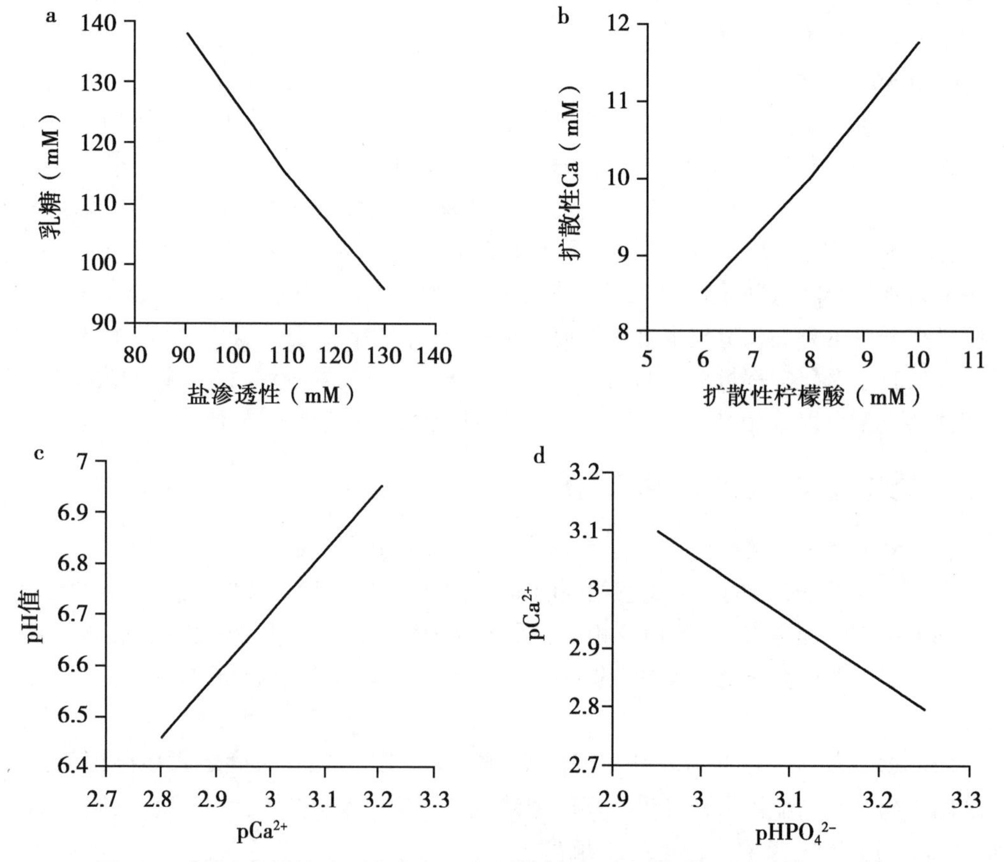

图 5.7　乳糖和可溶性盐（渗透压）之间和牛奶中一些可溶性盐之间的相互关系

（引自 Holt，1985）

（3）HPO_4^{2-}/H_2PO_4 的比例对 pH 值有强烈的依赖关系，$Ca_3(PO_4)_2$ 的溶解度也是如此（参见下文）。随着 pH 值降低，胶体 CaPi 转化为可溶性 CaPi，但随着 pH 值降低，$HPO_4^{2-} \rightarrow H_2PO_4^-$，因此［$Ca^{2+}$］和可溶性无机磷都与 pH 值呈正相关（图 5.7c），［HPO_4^{2-}］与［Ca^{2+}］呈负相关（图 5.7d）。

5.6.1　奶中胶态相和可溶相盐类的划分

某些乳盐，如氯化盐，以及钠盐和钾盐溶解度都比较高，几乎都存在于溶解相中。在奶的正常 pH 值下，其他盐类尤其是磷酸钙的浓度比较高，不能全部溶于溶液中。因此，这些盐部分以可溶的形式存在，部分以不溶性形式或与酪蛋白结合的胶态形式存在。Pyne（1962）、Holt（1985）和 Gaucheron（2010，2011）已经对这些盐的状态和分布做了详细的综述。

可溶性盐和胶体盐的划分有些主观，其确切的存在状态很大程度取决于相的划分方法。然而，将这两种相相当清楚地划分开来并不难，因为不溶性盐主要以与胶态的酪蛋白胶束结合的形式存在。

5.6.2　区分胶态相和可溶相的方法

区分两种相的方法包括渗析、超滤、高速离心法，Donnan 膜技术和皱胃酶诱导的凝乳。所用的方法不能改变两相之间的平衡。有两个最重要的预防措施，是不要改变 pH 值（降低 pH 值会使胶体磷酸钙溶解，见下文）和温度（降低温度可使胶体磷酸钙溶解，反之亦然）。由于牛奶刚挤出时的温度接近 40℃，在 20℃环境下加工，4℃下保存，将会导致磷酸钙在两相的平衡出现显著的改变。

在 20℃、103.5kPa（1 034.6mBar）的压力下用玻璃纸或用更先进的聚砜膜进行过滤可得到相当不错的超滤液，但是由于高压加重了筛分作用导致柠檬酸盐和钙的浓度稍低。用少量的水（水：奶比例 1：50）作扩散液，在 20℃持续 48h 对奶（加少量氯仿或者叠氮化合物作为防腐剂）进行渗析，是一个十分满意的分离方法，其结果和采用超滤和酶凝技术分离的结果接近，尽管用酶凝技术分离的钙含量略高。如上所述，渗析的温度是非常重要的，例如，在 3℃下对奶进行渗析得到的扩散液中的总钙、离子钙和磷酸盐含量要高于在 20℃下所得到的扩散液。乳盐在可溶相和胶态相之间的划分方法概括于表 5.5。

总的来说，几乎所有的钠盐、钾盐和氯化物都可溶解，几乎所有的柠檬酸盐、1/3 的钙，2/3 的镁和 40%无机磷酸盐都存在于真溶液中。

表 5.4　温度对渗析扩散液成分的影响

组成	mg/100g 奶	
	20℃	3℃
总钙量	37.8	41.2
离子钙	12.0	12.9
镁	7.7	7.9
无机磷	32.0	32.6

（续表）

组成	mg/100g 奶	
	20℃	3℃
柠檬酸	177.0	175.0
钠	58.0	60.0
磷	133.0	133.0

表 5.5　乳盐在可溶相和胶态相之间的分布情况

成分	牛奶中的含量	扩散液	胶体相
		mg/L 奶	
总钙	1 142	381（33.5%）	761（66.5%）
离子钙	117		
镁	110	74（67%）	36（33%）
钠	500	460（92%）	40（8%）
钾	1 480	1 370（92%）	110（8%）
总磷含量	848	377（43%）	471（57%）
无机磷	318		
柠檬酸	1 660	1 560（94%）	100（6%）
氯化物	1 063	1 065（100%）	0（0%）

奶中的磷出现于五类化合物中：

有机磷	无机磷
1. 脂质	4. 可溶性
2. 酪蛋白	5. 胶体
3. 可溶性小分子酯类	

总磷在这五类化合物的分布情况见图 5.8。

5.6.3　可溶性盐

可溶性盐以各种离子、络离子和非离子化合物的形式存在。钠和钾完全以阳离子的形式存在。同样地，氯化物和硫酸盐，即强酸的阴离子，在奶的 pH 值下则以阴离子形式存在。弱酸盐（磷酸盐、柠檬酸盐和碳酸盐）以多种离子形式存在，从乳清的成分分析和磷酸、柠檬酸和碳酸的离解常数，可大致计算出各种形式的比例，但要考虑钙和镁与柠檬酸根结合成阴离子化合物，和与磷酸盐结合成非解离盐。各种离子形式的分布也能根据 Henderson-Hasselbalch 公式计算出来。

$$pH = pK_a + \log \frac{[salt]}{[acid]}$$

磷酸的解离如下：

$$H_3PO_4 \leftrightarrow H^+ + H_2PO_4^- \leftrightarrow H^+ + HPO_4^{2-} \leftrightarrow H^+ + PO_4^{3-}$$

$$pK_{a1} = 1.96 \quad pK_{a2} = 6.83 \quad pK_{a3} = 12.32$$

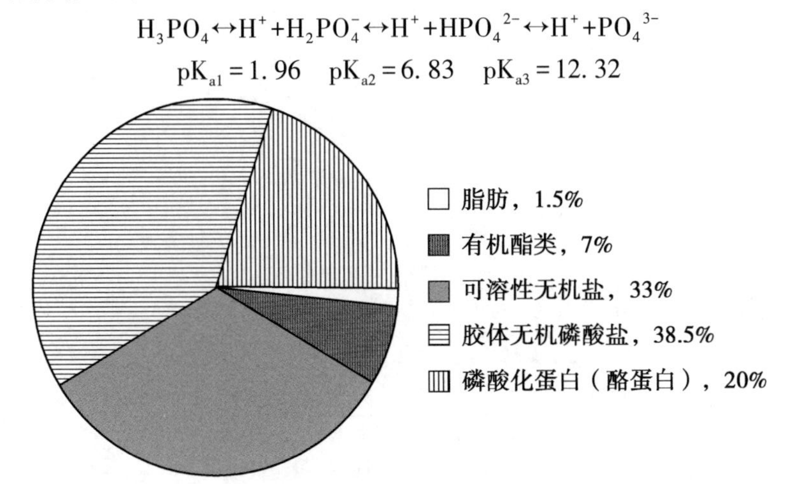

图 5.8　奶中磷在不同化合物中的分布

用 NaOH 滴定 H_3PO_4 的滴定曲线如图 5.9 所示。$H_2PO_4^-$、HPO_4^{2-} 和 PO_4^{3-} 分别称为磷酸二氢盐、磷酸一氢盐和正磷酸盐。

柠檬酸也是三元酸：

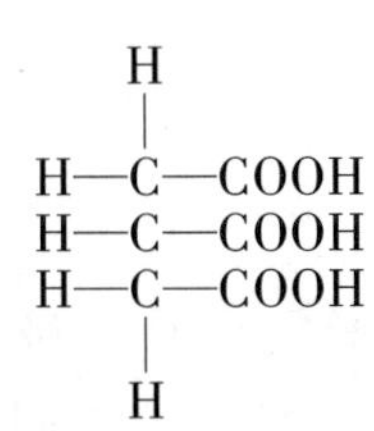

碳酸是双质子酸。解离常数的准确值由总离子浓度所决定。因此，我们所用的解离常数仅仅是酸在奶中解离常数的大概值。下面是通常使用的解离常数值：

酸	pK_1	pK_2	pK_3
柠檬酸	3.08	4.74	5.4
磷酸	1.96	6.83	12.32
碳酸	6.37	10.25	

在奶中，至关重要的解离常数是柠檬酸的 pK_3，磷酸的 pK_2 和碳酸的 pK_1。要注意上述数据的局限性和假定条件，可以用下面公式计算 pH 值为 6.7（奶的平均 pH 值）的奶中各种离子的浓度：

（a）磷酸

$$pH = pK_{a1} + \log \frac{[salt]}{[acid]}$$

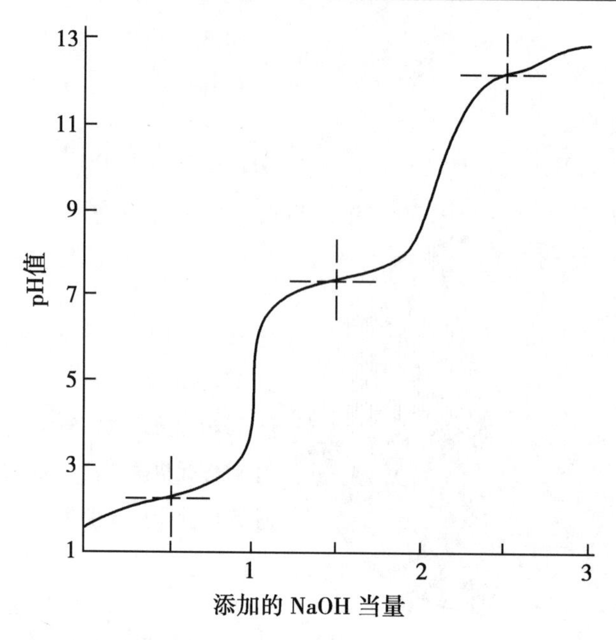

图 5.9　磷酸（H_3PO_4）的滴定曲线；加号表示 pK_{a1}（1.96），pK_{a2}（6.8）和 pK_{a3}（12.3）

$$6.7 = 1.96 + \log \frac{[\text{salt}]}{[\text{acid}]}$$

$$\frac{[\text{salt}]}{[\text{acid}]}，即 \frac{H_2PO_4^-}{H_3PO_4} = 43.700$$

因此，奶中实际上不存在 H_3PO_4。

对于二级解离，即

$$H_2PO_4^- \rightarrow HPO_4^{2-} + H^+，pK_{a2} = 6.83$$

$$6.6 = 6.83 + \log \frac{[\text{salt}]}{[\text{acid}]}$$

$$\log \frac{[\text{salt}]}{[\text{acid}]} = -0.23$$

$$\frac{[\text{salt}]}{[\text{acid}]}，即 \frac{HPO_4^{2-}}{H_2PO_4^-} = 0.59$$

磷酸二氢盐和磷酸一氢盐是主要的存在形式，两者的比例为 60：40 或 1：0.74 即 57% $H_2PO_4^-$和 43% HPO_4^{2-}。

（b）类似地，柠檬酸的 pK 分别为 3.08，4.74 和 5.4。

$$\frac{H_2\text{Citrate}^-}{H_3\text{Citric acid}} = 3.300$$

$$\frac{H\text{Citrate}^{2-}}{H_2\text{Citric}^-} = 72$$

$$\frac{\text{Citrate}^{3-}}{H\text{Citric}^{2-}} = 16$$

因此，三价的柠檬酸根离子和二价的柠檬酸根离子的比例为 16∶1，这是两种主要的存在形式。少量的碳酸主要以碳酸氢根 HCO_3^- 的形式存在。奶中的一些钙和镁以未解离的柠檬酸盐、磷酸盐、碳酸氢盐的络离子的形式存在，如 $CaCitr^-$，$CaPO_4^-$，$CaCO_3$。

用 Smeets（1955）的方法计算，可得出在可溶相中的各种离子形式的分布如下：

- 钙和镁：35%以离子形式存在，55%与柠檬酸根结合，10%与磷酸根结合。
- 柠檬酸盐：14%以三价的柠檬酸根离子（cit^{3-}），1%以二价形式（$H\ cit^{2-}$）存在，85%与钙和镁结合。
- 磷酸盐：51%以磷酸二氢盐（$H_2PO_4^-$），39%次以磷酸一氢盐（HPO_4^{2-}），10%与钙和镁结合。

将上述数据与各种盐类在胶体相和溶解相之间的分布情况（表 5.5）结合起来，可得出奶中盐类的数量分布情况如下（表 5.6）：

用离子交换层析法，可测出乳中 Cl^-，PO_4^{3-} 和 Cit^{3-} 等阴离子的浓度。测定通常是采用能够抑制洗脱液产生的信号的电导率，以使信噪比最大化，使检测具有更大的灵敏性（buldini 等，2002）。也有人证明毛细血管电泳法也是分析奶与奶制品中阴离子的有效方法（Izco 等，2003）。同样明显的是，由于最近在分析技术和化学计量学的能力进步，核磁共振（NMR）光谱将在表征奶和其他奶制品中的矿物质和蛋白质之间的相互作用中发挥越来越重要的作用。同样明显的是，鉴于最近的分析和计量化学的进步，核磁共振（NMR）特征光谱将在牛奶和其他奶制品中的矿物质和蛋白质之间的相互作用中发挥着越来越重要的作用（Rulliere 等，2013；Sundekilde 等，2013）。

在作出某些假设并对奶中各种离子的状态作出粗略估计的情况下，Lyster（1981）和 Holt 等（1981）已开发出可计算出典型的乳汁扩散液中各种离子和可溶络合物的电脑程序。两个程序得出的计算结果相当吻合，同样也与有试验测定值的那些离子相当吻合。奶的离子强度约为 0.08M。

表 5.6　乳盐的分布情况

种类	浓度（mg/L）	溶解度（%）	形式	胶体（%）
钠	500	92	完全电离	8
钾	1 450	92	完全电离	8
氯化物	1 200	100	完全电离	—
硫酸盐	100	100	完全电离	—
磷酸盐	750	43	10%与 Ca 和 Mg 结合	57
			51% $H_2PO_4^-$	
			39% HPO_4^{2-}	
柠檬酸盐	1 750	94	85%与 Ca 和 Mg 结合	
			14% Cit^{3-}	
			1% $HCit^{2-}$	

（续表）

种类	浓度（mg/L）	溶解度（%）	形式	胶体（%）
钙	1 200	34	35% Ca^{2+} 55%与柠檬酸根结合 10%与磷酸根结合	66
镁	130	67	可能类似于钙	33

5.6.4 钙离子和镁离子的测定

钙离子和氢离子在酪蛋白酸盐系统的稳定性及其在奶加工过程的性质，特别是在凝乳酶、加热或乙醛作用下的凝乳作用中发挥非常重要的作用，这两种离子的浓度也与胶状磷酸钙的溶解度有关系。因此，人们对测定钙和氢离子的浓度产生很大的兴趣。其测定方法有如下 3 种。

（1）离子交换法：将钙离子和镁离子吸附到加到奶中的离子交换树脂上，取出树脂，解吸钙离子和镁离子。这里假定这种方法不会改变奶中的离子平衡。

（2）紫脲酸铵方法：钙离子和紫脲酸铵形成络合物。

$$Ca^{2+} + M \leftrightarrow CaM$$

游离的染料（M）的吸收峰在 520nm 处，而 Ca M 的吸收峰在 480nm 处。钙离子浓度可从钙离子浓度为横轴，E480 为纵轴的标准曲线计算得出，或者最好是从钙离子浓度为横轴，（E520-E480）为纵轴的标准曲线计算得出，这种曲线弯曲程度较小但更灵敏（图 5. 10）。用这种方法测得奶中钙离子浓度为 2. 5~3. 4mM。紫脲酸铵方法只能测定钙离子，在奶中的浓度水平下，镁对指示剂没有明显影响。知道钙和镁的总量（用 EDTA 滴定法测得），就可计算出镁离子的浓度。这是基于这样的假定：即钙和镁以离子形式存在的比例是一样的，这是一个合理的假设，因为钙和镁的柠檬酸盐和磷酸盐的解离常数几乎相等。相反，用比色法测得的钙离子浓度似乎比其他方法测得的高 0. 8mM。

（3）用离子选择电极可以快速准确地测出钙离子的活度（不是浓度）。必须注意确保电位计要用模拟乳清成分的溶液进行标定，即在配制合适的标准溶液时必须模拟出待测钙离子（如奶中）背景离子强度（Crowley 等，2014b）。钙离子活度大约比用紫脲酸铵滴定法测得的钙离子浓度低 2mM。详见 Lewis（2011）有关奶中离子钙的测定及其重要性的全面综述。

5.6.5 胶体乳盐

如表 5. 5 所示，奶中的主要离子除了 Cl^- 外，都分布在溶解相和胶体相之间，但胶体盐主要是磷酸钙；分别有约 67%的总钙和 57%的总磷酸根存在于胶体相中。所以尽管胶体相中也存在一些钠、钾、镁和柠檬酸根，胶体无机盐还是通常被称为胶体磷酸钙（CCP）。CCP 与酪蛋白胶束紧密结合，有两个与其性质有关的主要问题：

（1）CCP 的组成

（2）其与酪蛋白缔合的性质

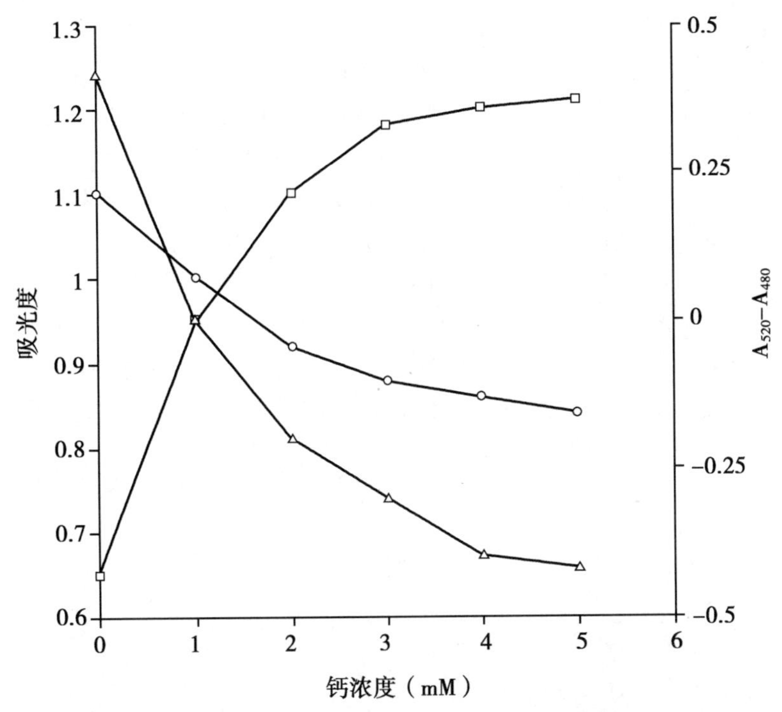

图 5.10　紫脲酸铵在 520nm（空心圆）、紫脲酸铵-钙在 480nm（空心正方形）和 A520-A480（空心三角形）的吸光度的标准曲线

5.6.5.1　组成

与酪蛋白结合的所有的胶态钠（40mg/L）、胶态钾（110mg/L）和大部分胶态镁（30mg/L）可能是作为蛋白质中带负电荷的有机磷酸根和羧酸基团的反离子。据计算，约 30%的胶体钙（约 250mg/L）也直接跟这些基团结合。大多数学者研究表明（Pyne，1962），每 10^5g 酪蛋白可以结合 25～30mol 的钙（即约 1 160g Ca/10^5g 酪蛋白）。假设每升牛奶含 25g 酪蛋白，则每升牛奶酪蛋白结合钙的能力大概是 300mg。由于 Na^+和 K^+的中和能力是 Ca^{2+}和 Mg^{2+}的一半，则 300mg/L 的结合能力已与上面给出的数值相当接近。

根据上面计算，则每升牛奶中约有 500mg 钙和 350mg 磷酸根以胶体相的形式存在。现有的证据表明，目前，剩下的 CCP 大部分以磷酸钙 $Ca_3(PO_4)_2$ 或类似的盐类的形式存在。

所谓的凌草酸滴定表明 CCP 由 80%的 $Ca_3(PO_4)_2$ 和 20%的 $CaHPO_4$ 组成，总的钙磷比为 1.4∶1（Pyne，1962）。然而，由于许多假设的真实性存在问题，草酸滴定法已被质疑。Pyne 和 McGann（1960）研究出一种测定 CCP 的组成新方法。先将约为 2℃的牛奶酸化至 pH 值为 4.9，再用过量的散装奶对酸化奶进行彻底的渗析。这个方法可使酸化奶的各种指标恢复正常，只是 CCP 不能再形成。对普通牛奶及不含 CCP 牛奶的分析（假设两种牛奶中只有 CCP 不同）表明，CCP 中钙磷比为 1.7∶1。这种测定方法得到的数值与草酸滴定测得的数值不同，有人认为这种差异是由 CCP 中存在柠檬酸根导致的，因为草酸滴定法并没有测定柠檬酸根。Pyne 和 McGann（1960）认为 CCP 含有一个磷灰石结构，其化学式为：

$$3Ca_3(PO_4)_2 \cdot CaHCitr^- 或 2.5Ca_3(PO_4)_2 \cdot CaHPO_4 \cdot 0.5Ca_3Citr_2^-$$

基于与酪蛋白直接结合的钙的数量等于磷酸酯基团的数量的假设，Schmidt（1982）认为，CCP 很有可能是非晶态磷酸钙 $Ca_3(PO_4)_2$。其理由如下：酪蛋白的磷酸丝氨酸残基很有可能是 CCP 潜在的结合位点。这些磷酸丝氨酸残基与钙结合的重要性也在牙本质和唾液中的磷蛋白质上得到证明。一个分子量为 108 的酪蛋白胶束中，含 93.3%酪蛋白，0.83%的酯结合磷，有 25 000个磷酸酯基团。在这样的一个胶束中，有 70 600个钙原子和 30 100无机磷酸根残基，它们可形成 5 000个 $Ca_9(PO_4)_6$ 簇，但仍剩下 25 500个钙原子。这意味着有每个磷酸酯基团大概有一个钙原子，这些磷酸酯基团约有 40%可以通过 $Ca_9(PO_4)_6$ 簇结合成对，如图 5.11 所示。酪蛋白与酪蛋白带负电荷的磷酸酯基团以及 $Ca_9(PO_4)_6$ 簇之间的静电相互作用。$Ca_9(PO_4)_6$ 带正电荷，通过吸附两个钙原子很容易与晶格合为一体。CCP 的结构和与酪蛋白胶束结合的假设如图 5.11 所示。

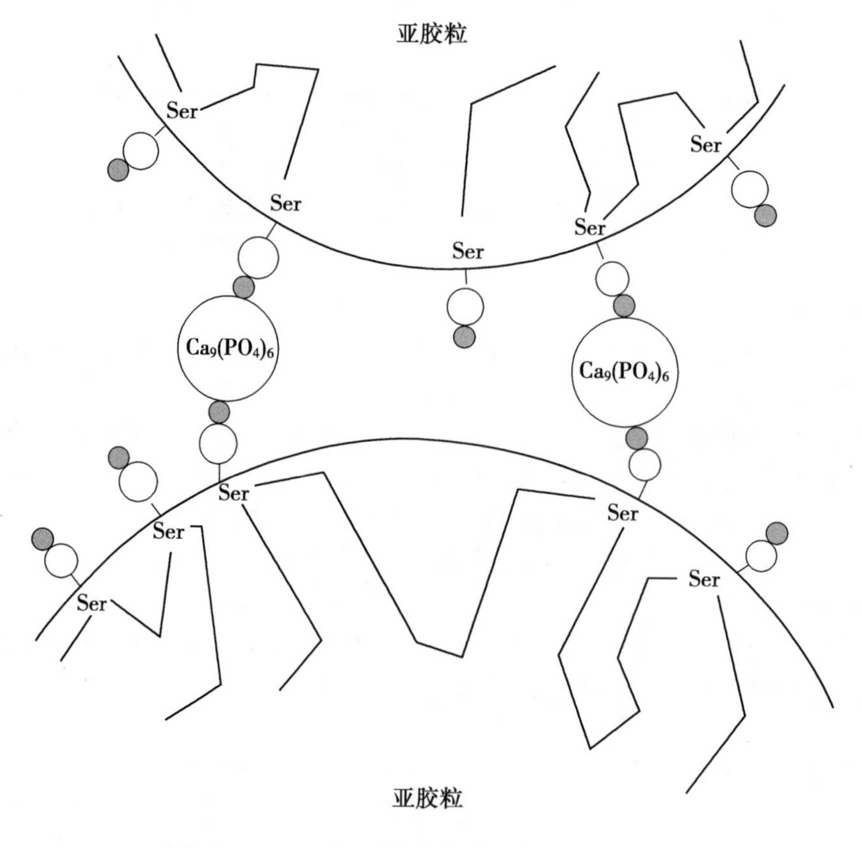

图 5.11 胶体磷酸钙［$Ca_3(PO_4)_2$］与酪蛋白的磷酸丝氨酸基团结合

（引自 Schmidt，1982）

Holt 及其合作者（Holt，1985；Holt 等，1998；2013；2014），利用 X 射线吸收光

谱、红外光谱、中子小角散射和核磁共振波谱对 CCP 的结构进行了研究。他们从研究中得出结论，认为 CCP 有透钙磷石结构 $CaHPO_4 \cdot 2H_2O$，Holt 等（1998）曾对其结构及它与酪蛋白的磷酸丝氨酸残基的相互作用进行描述。Holt 解释了分析测得的 Ca：P 比（1.5~1.6）与 $CaHPO_4$ 中的 Ca：P 比（1.0）不一样的原因，认为这是由于磷酸丝氨酸的磷酸根基团对磷酸氢钙型晶格表面位点的取代能力不同导致的。多年来，已经使用许多不同的方法对纳米团的大小和组成进行了研究，包括使用链霉蛋白酶酪蛋白进行深度水解从 CCP 中水解 Ca、PO_4、柠檬酸盐、Mg 和 Zn（McGann 等，1983），研究结合在酪蛋白磷酸肽上的 CCP，并利用 β-酪蛋白 f1-25 稳定 CCP 纳米团簇（Holt 等，1998）。最近的研究旨在利用体积排除色谱与多角度激光散射检测器测定 CCP 的分子量（MW）；使用这种方法，假设四个酪蛋白磷酸肽稳定一个 CCP，每个磷酸肽的分子量约为 2 500 Da，则 CCP 的分子量约为 7 450 Da。

5.6.5.2　与酪蛋白的结合

胶体磷酸钙（CCP）与酪蛋白紧密结合，在溶液中不沉淀，有人认为它是在酪蛋白的保护下才不沉淀，可能有两种保护形式：

（i）物理性保护；

（ii）CCP 与酪蛋白的化学缔合。

试验证据有力支持化学缔合的观点：

（a）在用蛋白解离剂，如尿素或蛋白水解处理后，CCP 仍然不与酪蛋白分离。

（b）通过对正常牛奶和无 CCP 牛奶电位滴定曲线进行对比，显示后者有机磷酸基团活性更高，表明 CCP 是与酪蛋白有机磷酸基团结合，从而使其不活跃。

（c）甲醛滴定值不会受去除 CCP 的影响，这也表明与 ε-氨基无关。

Schmidt 和 Holt 对 CCP 与酪蛋白之间的缔合的看法是，两者通过共享一个钙离子（Schmidt）或磷酸丝氨酸而结合，也就是说，磷酸丝氨酸是 CCP 晶格的一部分（Holt），他们的观点支持化学缔合假说。

虽然 CCP 只占酪蛋白胶束干重约 6%，但它对酪蛋白胶束的结构和性质以及奶的性质发挥重要作用；它是酪蛋白胶束的集成因素，没有它奶就不会被皱胃酶凝结，并且其热稳定性和钙稳定性也会明显改变。事实上，如果没有 CCP，奶就会变成完全不一样的液体。奶中可溶性盐和胶体盐之间的平衡受很多因素的影响，下面将对其中一些较为重要，可影响奶的加工特性的因素进行讨论。

5.7　不同处理诱导盐平衡的变化

乳清是磷酸钙的过饱和溶液，过剩的盐存于胶体相中，如上所述。胶体相和溶解相之间的平衡可能会被各种因素破坏，包括温度的变化，稀释或浓缩，添加酸、碱、盐，热处理或其他处理，如高静水压力。

5.7.1　添加酸或碱

奶的酸化伴随着 CCP 和酪蛋白溶解的其他胶体盐渐进的增溶作用（图 5.12），增溶作用在 pH 值约低于 4.9 即完成（图 5.13）。碱化的效果则相反，pH 值在 11 左右时几乎所有可溶性磷酸钙以胶体形式存在。如果之后再用未经处理的奶进行渗析，则碱化过程发生的变化是不可逆的。奶在较宽的 pH 值范围内有较强的缓冲能力（Lucey 等，1993；Salaun 等，2005）。

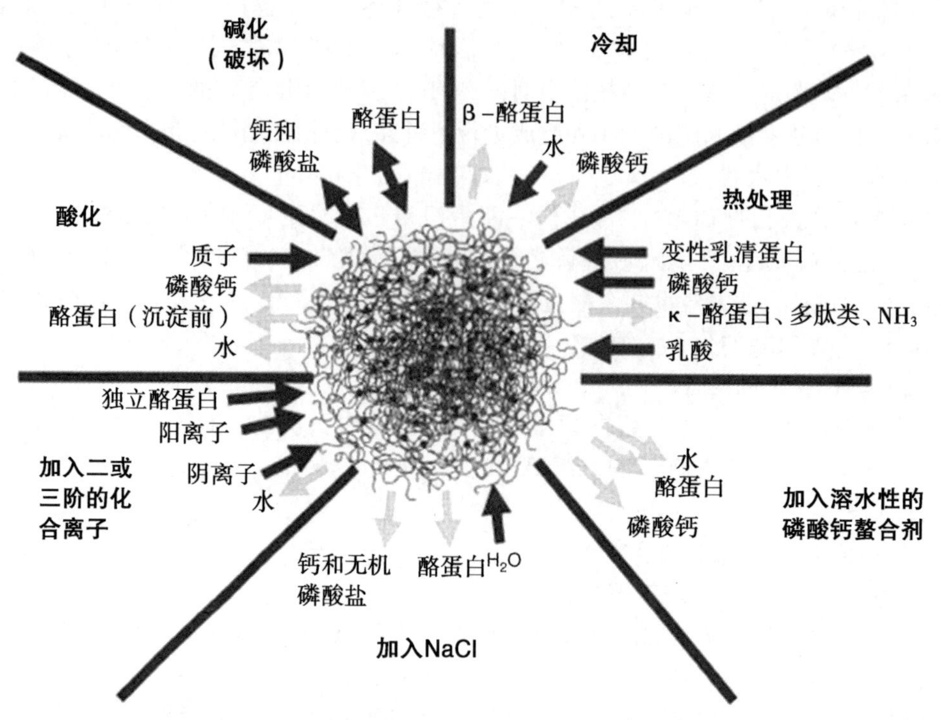

图 5.12　加盐，改变 pH 值和温度（即冷却或热处理）对乳盐在胶体相和乳清相之间分布的影响示意图（引自 Gaucheron，2011）

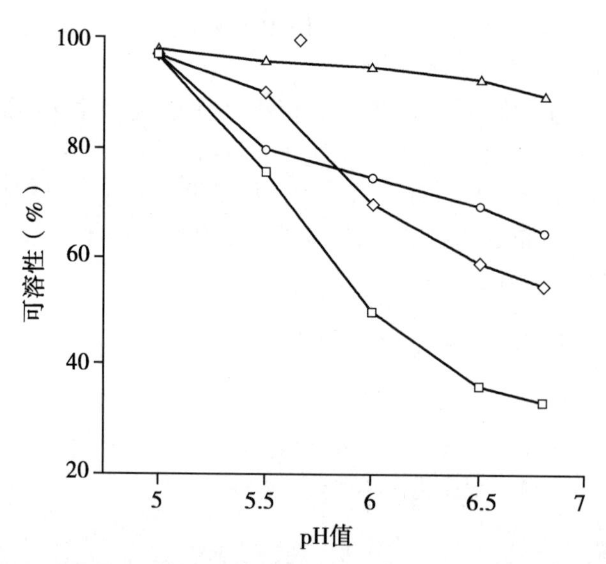

图 5.13　pH 值对牛奶中钙（空心四方形）、无机磷（空心菱形）、镁（空心圆）和柠檬酸根（空心三角形）在胶体相和溶解相之间的分布的影响

主要的缓冲基团有：β/γ 羧基、有机磷酸基团、柠檬酸根、CCP、ε-NH_2 和胍基。奶在 pH 值 4.8 左右的酸滴定曲线（图 5.14）的缓冲峰主要是由于 CCP 所起的缓冲作用，这一峰值在用氢氧化物的反向滴定曲线中是不存在的，因为在酸化过程溶解的 CCP 在用碱滴定时不能复性。在奶酪和发酵奶制品的生产中，pH 值 6.7~4.5 范围内的缓冲能力是非常重要的。超滤对奶的胶体相，包括 CCP 有浓缩作用，因而可提高缓冲能力。高度浓缩的截留液的缓冲能力很高，以至于乳酸菌不能将 pH 值降低至所需的值，所以必须对奶进行预酸化。pH 值 6.7~8.4 范围内的缓冲能力对可滴定酸度（TA）的测定很重要，以前可滴定酸度是乳酸度，也即是牛奶质量的一个重要指标。TA 的测定是用氢氧化钠标准溶液对奶样进行滴定，从奶的自然 pH 值开始，滴定到酚酞为指示终点的 pH 值（8.4）。典型的鲜奶 TA 是 0.14mL 0.1M NaOH /10mL 奶，这是 pH 值在 6.7~8.4 的缓冲能力。

5.7.2　各种盐类的添加

5.7.2.1　二价阳离子

加入奶中的钙与可溶性磷酸盐发生反应，导致胶体磷酸钙的沉淀（图 5.12），钙离子浓度升高，可溶性磷酸盐浓度和 pH 值降低。

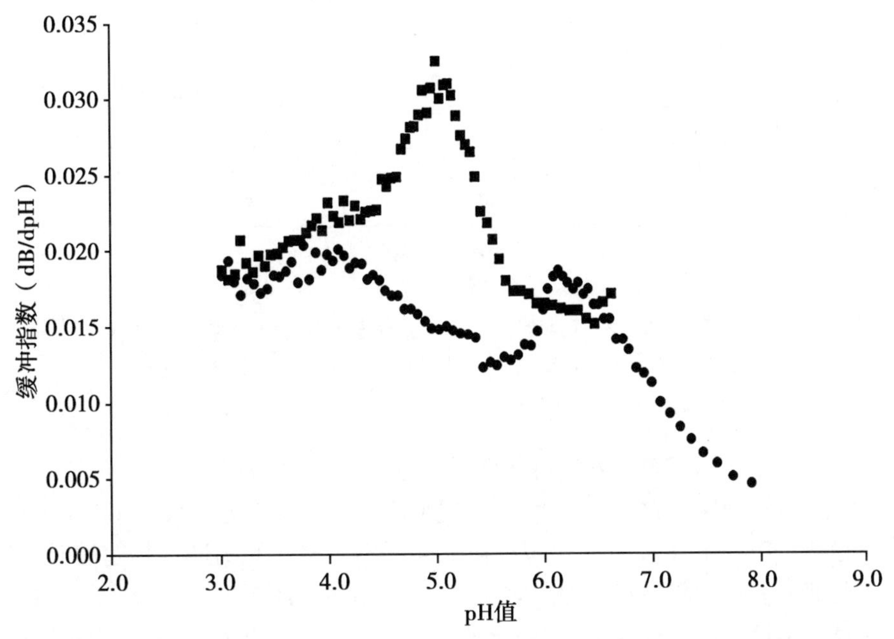

图 5.14　用 0.1mol/L HCl（实心正方形）将起始 pH 值为 6.7 的奶滴定到 pH 值 3.0，再用 0.1mol/L NaOH（实心圆）反滴定至 pH 值为 8.0 的缓冲曲线

（O'Mahony，未发表资料）

5.7.2.2　磷酸盐

添加磷酸氢二钠或磷酸氢二钾导致胶体磷酸钙沉淀，同时降低可溶性钙和钙离子的浓度。多聚磷酸盐，如六偏磷酸钠具有很强的螯合 Ca 的能力，可溶解 CCP。

5.7.2.3 柠檬酸盐

添加柠檬酸盐可降低钙离子和胶态磷酸盐的浓度，提高可溶性钙、可溶性磷酸盐浓度和 pH 值。

5.7.3 温度变化的影响

磷酸钙的溶解度有明显的温度依赖性，与大多数化合物不同，磷酸钙的溶解度随温度升高而降低，因此，加热会使磷酸钙沉淀，而温度降低可使 CCP 减少，可溶性钙和磷酸盐的浓度升高（图 5.15）。

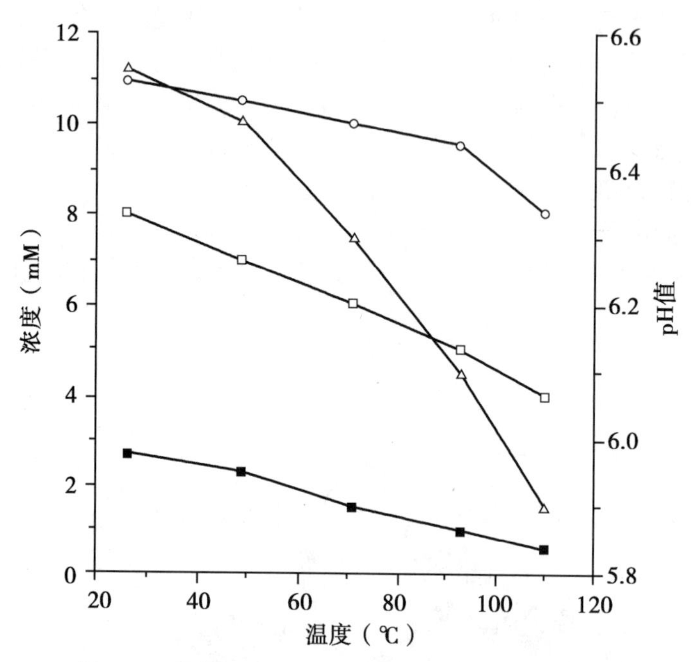

图 5.15 不同温度下由奶制备的超滤液总钙（空心正方形）、钙离子（实心正方形）、磷酸根（空心圆）以及 pH 值（空心三角形）的变化

低温下，离子平衡很容易发生可逆变化，但是高温加热后，可逆变化变得非常缓慢且不完全。相对轻微的变化（20~3℃）可使平衡发生很大变化（表 5.4），但这种变化是完全可逆的。Rose 和 Tessier（1959）用加热到不同温度的奶进行热超滤对高温处理的影响进行研究。钙和磷酸根在加热时发生沉淀，沉淀的程度取决于加热时间的长短和温度的高低，但钠、钾、镁及柠檬酸根的分布不受影响。温度降低时，这些变化是部分可逆的。近期有人将这种方法推广应用到乳的热处理研究，从超高温（UHT）灭菌奶加工厂保温段的奶获得超滤液，以研究矿物质平衡变化对奶的热稳定性的作用。

5.7.4 温度引起的 pH 值变化

加热后，由于两个盐体系的变化，奶的 pH 值也发生变化。鲜奶含 CO_2 约 200mg/L（即占容积的 10%），其中约 50%在静置过程中损失，这导致可滴定酸度降低和 pH 值升高。加热过程中胶体磷酸钙的形成超量补偿了 CO_2 的损失。温度对 pH 值的影响情况如表 5.7 和图 5.15 所示。

表 5.7　不同温度下牛奶的 pH 值

温度（℃）	牛奶的 pH 值
20	6.64
30	6.55
40	6.45
50	6.34
60	6.23

pH 值的变化解释如下：

$$3Ca^{2+}+2HPO_4^{2-} \underset{降温}{\overset{加热}{\longleftrightarrow}} Ca_3(PO_4)_2+2H^+$$

在加热至中等温度后再降温时，反应是可逆的，但是在剧烈加热后只有部分可逆。奶在浓缩时，磷酸氢钙平衡变化程度增大，且 pH 值升高。

5.7.5　稀释和浓缩的影响

因为奶中饱含钙和磷酸根，稀释降低 Ca^{2+} 和 HPO_4^{2-} 的浓度，引起一些胶体磷酸钙的溶解，使奶碱性升高。浓缩导致胶体磷酸盐的沉淀，使奶的 pH 值变为酸性，如浓缩倍数为 2.1∶1 的浓缩可使 pH 值降至约 6.2。

（1）稀释　$Ca_3(PO_4)_2 \xrightarrow{H_2O} 3Ca^{2+}+2HPO_4^{2-}+2OH^-$

（2）浓缩　$3Ca^{2+}+2HPO_4^{2-} \longrightarrow Ca_3(PO_4)_2+2H^+$

5.7.6　冷冻的影响

冷冻会导致奶中水的结晶，使未冻结的液体中各种盐的浓度变得更高。部分磷酸钙以 Ca_3PO_4的形式沉淀析出，同时释放出氢离子，pH 值也降低（如在−20℃时降至 5.8）。

正如第 2 章所述，乳糖以 α-一水合物的形式结晶使这种现象变得更严重。钙离子浓度增加，再加上 pH 值降低，导致酪蛋白胶束的失稳。

5.7.7　超滤的影响

在乳品加工行业中超滤被广泛用于制造乳蛋白浓缩物（MPC）和乳蛋白分离物（MPI）等原辅料。超滤的目的是让乳清相/可扩散盐通过半渗透膜（除了乳糖和可溶性溶质外），以便使蛋白在滞留级分中富集。经常会对奶原料进行酸化或添加钙结合盐（如柠檬酸盐），因为这样具有溶解更多钙、镁和磷酸盐的作用，使它们溶解后通过渗透膜，这对滞留物的加工性能（如黏度、凝胶特性和热稳定性）有重要的作用。

5.7.8　高压加工的影响

高压加工对提高奶的卫生质量（即抑制微生物），改善奶的加工性能（如加快皱胃酶诱导的凝乳作用和增加奶酪产量）有帮助。大约 300MPa 的高压处理会导致牛奶乳清相中矿物质含量增加，主要是因为维持酪蛋白胶束稳定的疏水和离子相互作用被部分破坏。高压处理时奶的胶体相和乳清相之间矿物分布的这些变化具有物种特异性（已研究的奶至少有牛、山羊、绵羊和人奶），不同物种间的差异主要来自酪蛋白胶束对高压处理诱导的解离作用的敏感性的差异。

5.8 用无机元素强化奶的营养成分

奶是许多国家人们矿物质的重要营养来源，对消费者来说，奶与矿物质摄入之间关系密切，因此，矿物质强化奶日趋普遍。最常见的强化矿物质是钙。乳一般含钙1 100~1 200mg/L，市场上有许多钙强化产品供应，其钙的强化水平高达800mg/L。钙可以多种形式加到这些产品中，包括乳钙（一般是通过热-酸沉淀法从乳/乳清渗过液制备）、磷酸钙、柠檬酸钙、碳酸钙、氯化钙、葡萄糖酸钙、苹果酸钙、草酸钙、氢氧化钙、甘油磷酸钙。各种钙盐在溶液或分散液中有不同的钙含量、溶解度和pH值，因此对加工过程和保质期间的热稳定性和物理稳定性等工艺性能的影响也各不一样。目前蛋白质和矿物质相互作用方面知识还存在一些空白，使得难以开发出钙含量超过2g/L、而又容易被消费者接受、且在加工和贮存过程中能保持稳定的钙强化奶。其他盐类会影响矿物质强化奶基产品的感官质量，具体例子有：添加硫酸亚铁强化铁会导致产生氧化作用，添加碳酸钙强化钙会出现沉淀，导致口感粗糙。奶制品强化矿物质是一个复杂的过程，要综合营养学、乳品化学和乳品工艺等方面的知识，才能成功开发出营养均衡、价格低廉、性能稳定而又美味可口的产品。

5.9 合成奶的超滤液

脱脂奶的扩散液或超滤液含有乳清相的所有组分（表5.5），是研究乳蛋白的化学和工艺性质的一种非常合适的分散剂。然而，在用于这些研究时，并不总是能够得到新鲜的奶扩散液/超滤液，而且制备过程也很耗时。Jenness 和 Koops 研发出一种盐溶液，用于模拟奶扩散液/超滤液的乳清/盐体系，被称为模拟奶超滤液（SMUF）。这种模拟奶超滤液已被研究人员广泛用于与乳蛋白的溶解和分散有关的研究中以研究几种因素，包括乳蛋白粉的复水，不同处理对蛋白质颗粒大小的影响；也被广泛用作化学反应的介质/缓冲液，在乳蛋白质热稳定性的研究中也广泛使用。模拟奶超滤液中除了含有氯化钙和乳糖之外，如有必要，一般还含有磷酸盐、柠檬酸盐、碳酸盐和硫酸盐。值得注意的是，模拟奶超滤液仅模拟了牛奶的盐/乳清相，要研发出模拟其他物种（如人类，特别是用于婴幼儿配方食品原辅料的研究）的盐/乳清相的模拟奶超滤液，还须进行进一步的研究。

参考文献

Buldini, P. L., Cavalli, S., & Sharma, J. L. 2002. Matrix removal for the ion chromatographic determination of some trace elements in milk. *Microchemical Journal*, 72, 277-284.

Choi, J., Horne, D. S., & Lucey, J. A. 2011. Determination of molecular weight of a purified fraction of colloidal calcium phosphate derived from the casein micelles of bovine milk. *Journal of Dairy Science*, 94, 3250-3261.

Crowley, S. V., Kelly, A. L., & O'Mahony, J. A. 2014a. Fortification of reconstituted skim milk powder with different calcium salts: Impact of physicochemical changes on stability to processing. *International Journal of Dairy Technology*, 67, 474-482.

Crowley, S. V., Megemont, M., Gazi, I., Kelly, A. L., Huppertz, T., & O' Mahony, J. A.

(2014b). Heat stability of reconstituted milk protein concentrate powders. *International Dairy Journal*, 37, 104-110.

Davies, D. T., & White, J. C. D. 1962. The determination of calcium and magnesium in milk and milk diffusate. *Journal of Dairy Research*, 29, 285-296.

Demott, B. J. 1968. Ionic calcium in milk and whey. *Journal of Dairy Science*, 51, 1008-1012.

Gaucheron, F. 2010. *Analysing and improving the mineral content of milk.* Cambridge: Woodhead Publishing.

Gaucheron, F. 2011. Milk salts: Distribution and analysis. In*Encyclopedia of dairy sciences* (2nd ed., pp. 908-916). Academic Press, Oxford, UK.

Holt, C. 1985. The milk salts: Their secretion, concentration and physical chemistry. In P. F. Fox (Ed.), *Developments in dairy chemistry*, *volume* 3, *lactose and minor constituents* (pp. 143-181). London: Elsevier Applied Science.

Holt C., Dalgleish, D. G. and Jenness, R. 1981. Calculation of the ion equilibria in milk diffusate and comparison with experiment. *Analytical Biochemistry*, 113, 154-163.

Holt, C., Timmins, P. A., Errington, N., & Leaver, J. 1998. A core-shell model of calcium phosphate nanoclusters stabilised by β-casein phosphopeptides, derived from sedimentation equilibrium and small-angle X-ray and neutron-scattering measurements. *European Journal of Biochemistry*, 252, 73-78.

Holt, C., Carver, J. A., Ecroyd, H., & Thorn, D. C. 2013. Caseins and the casein micelle: Their biological functions, structures, and behaviour in foods. *Journal of Dairy Science*, 96, 6127-6146.

Holt, C., Lenton, S., Nylander, T., Søensen, E.S., & Teixeira, S.C.M.2014. Mineralisation of soft and hard tissues and the stability of biofluids. *Journal of Structural Biology*, 185, 383-396.

Izco, J. M., Tormo, M., Harris, A., Tong, P. S., & Jimenez-Flores, R. 2003. Optimisation and validation of a rapid method to determine citrate and inorganic phosphate in milk by capillary electrophoresis. *Journal of Dairy Science*, 86, 86-95.

Jenness, R., & Koops, J. 1962. Preparation and properties of salt solution which simulates milk ultrafiltrate. *Netherlands Milk and Dairy Journal*, 16, 153-164.

Lewis, M. J. 2011. The measurement and significance of ionic calcium in milk-a review. *International Journal of Dairy Technology*, 1, 1-13.

Lucey, J. A., Hauth, B., Gorry, C., & Fox, P. F. 1993. The acid-base buffering properties of milk. *Milchwissenschaft*, 48, 268-272.

Lyster, R. L. J. 1981. Calculation by computer of individual concentrations in a simulated milk salt solution. II. An extension to the previous model. *Journal of Dairy Research*, 48, 85-89.

McGann, T. C. A., Buchheim, W., Kearney, R. D., & Richardson, T. (1983). Composition and ultrastructure of calcium phosphate - citrate complexes in bovine milk systems. *Biochimica et Biophysica Acta*, 760, 415-420.

Mutzelburg, I. D. 1979. An enzymatic method for the determination of citrate in milk. *Australian Journal of Dairy Technology*, 34, 82-84.

Pierre, A., & Brule, G. 1983. Dosage rapide du citrate dans l' ultrafiltrat de lait par complexation cuivrique. *Le Lait*, 63, 66-74.

Pyne, G. T. 1962. A review on the progress of dairy science. Some aspects of the physical chemistry of the salts in milk. *Journal of Dairy Research*, 29, 101-130.

Pyne, G. T., & McGann, T. C. A. 1960. The colloidal phosphate of milk. II. Influence of citrate. *Journal of Dairy Research*, 27, 9-17.

Rose, D., & Tessier, H. 1959. Composition of ultra-filtrates from milk heated at 80 to 220°F in relation to heat stability. *Journal of Dairy Science*, 42, 969-980.

Rulliere, C., Rondeau - Mouro, C., Raouche, S., Dufrechou, M., & Marchesseau, S. 2013. Studies of polyphosphate composition and their interaction with dairy matrices by ion chromatography and 31P NMR spectroscopy. *International Dairy Journal*, 28, 102-108.

Salaun, F., Mietton, B., & Gaucheron, F. 2005. Buffering capacity of dairy products. *International Dairy Journal*, 15, 95-109.

Schmidt, D. G. 1982. Association of caseins and casein micelle structure. In P. F. Fox (Ed.), Developments in Dairy Chemistry, Vol. 1. Protein (pp. 61-86). London: Elsevier Applied Science.

Smeets, W. J. G. M. 1955. The determination of the concentration of calcium ions in milk ultrafiltrate. *Netherland Milk and Dairy Journal*, 9, 249-260.

Sundekilde, U. K., Poulsen, N. A., Larsen, L. B., & Bertram, H. C. 2013. Nuclear magnetic resonance metabonomics reveals strong association between milk metaolites and somatic cell count in bovine milk. *Journal of Dairy Science*, 96, 290-299.

Tessier, H., & Rose, D. 1958. Calcium ion concentration in milk. *Journal of Dairy Science*, 41, 351-359.

White, J. C. D., & Davies, D. T. 1963. The determination of citric acid in milk and milk sera. *Journal of Dairy Research*, 30, 171-189.

推荐阅读文献

Considine, T., Flanagan, J. and Loveday, S. M. 2014. Interations between Milk Proteins and Micronutrients. Milk Proteins: From Expression to Food. 2nd Edition. H. Singh, M. Boland, A. Thompson, eds. Academic Press, London. pp. 421-449.

Davies, D. T., & White, J. C. D. 1960. The use of ultrafiltration and dialysis in isolating the aqueous phase of milk and in determining the partition of milk constituents between the aqueous and disperse phases. *Journal of Dairy Research*, 27, 171-190.

de la Fuente, M. A. 1998. Changes in the mineral balance of milk submitted to technological treatments. *Trends in Food Science and Technology*, 9, 281-288.

Edmonson, L. F., & Tarassuk, N. P. 1956. Studies on the colloidal proteins of skim milk. II. The effect of heat and disodium phosphate on the composition of the casein complex. *Journal of Dairy Science*, 49, 123-128.

Fiske, C. H., & Stubbarow, J. J. 1925. The colorimetric determination of phosphorus. *Journal of Biological Chemistry*, 66, 375-400.

Gao, R., Temminghoff, E. J. M., van Leeuwen, H. P., van Valenberg, H. J. F., Eisner, M. D., & van Boekel, M. A. J. S. 2009. Simultaneous determination of free calcium, magnesium, sodium and potassium ion concentrations in simulated milk ultrafiltrate and reconstituted skim milk using the Donnan Membrane Technique. *International Dairy Journal*, 19, 431-436.

Gaucheron, F. (2000). Iron fortification in dairy industry. *Trends in Food Science and Technology*, 11, 403-409.

Greenwald, I., Redish, J., & Kibrick, A. 1940. The dissociation of calcium phosphates. *Journal of Biological Chemistry*, 135, 65–76.

Hastings, A. B., McLean, F. C., Eichelberger, L., Hall, J. L., & DaCosta, E. 1934. The ionization of calcium, magnesium, and strontium citrates. *Journal of Biological Chemistry*, 107, 351–370.

Jenness, R., & Patton, S. 1959. The effects of heat on milk. In*Principles of dairy chemistry* (pp. 329–334). New York: John Wiley & Sons.

Marier, J. R., & Boulet, M. 1958. Direct determination of citric acid in milk with an improved pyridine–acetic anhydride method. *Journal of Dairy Science*, 41, 1683–1692.

McMeckin, J. L., & Groves, M. L. 1964. In B. H. Webb, A. H. Johnson, & J. A. Alford (Eds.), *Fundamentals of dairy chemistry* (2nd ed.). Westport, CT: AVI Publication Corporation.

Mekmene, O., Le Graet, Y. L., & Gaucheron, F. 2009. A model for predicting salt equilibria in milk and mineral–enriched milks. *Food Chemistry*, 116, 233–239.

Miller, P. G., & Sommer, H. H. 1940. The coagulation temperature of milk as affected by pH 值, salts, evaporation and previous heat treatment. *Journal of Dairy Science*, 23, 405–421.

On–Nom, N., Grandison, A. S., & Lewis, M. J. 2010. Measurement of ionic calcium, pH 值 and soluble divalent cations in milk at high temperature. *Journal of Dairy Science*, 93, 515–523.

Pyne, G. T., & Ryan, J. J. 1950. The colloidal phosphate of milk. I. Composition and titrimetric estimation. *Journal of Dairy Research*, 17, 200–205.

Rose, D. 1965. Protein stability problems. *Journal of Dairy Science*, 48, 139–146.

Tabor, H., & Hastings, A. B. 1943. The ionization constant of secondary magnesium phosphate. *Journal of Biological Chemistry*, 148, 627–632.

Verma, T. S., & Sommer, H. H. 1957a. Study of the naturally occurring salts in milk. *Journal of Dairy Science*, 40, 331.

Verma, T. S., & Sommer, H. H. 1957b. Study of the naturally occurring salts in milk. *Journal of Dairy Science*, 40, 331.

White, J. C. D., & Davies, D. T. 1958. The relation between the chemical composition of milk and the stability of the caseinate complex. I. General introduction, description of samples, methods, and chemical composition of samples. *Journal of Dairy Research*, 25, 236–255.

第 6 章　奶与奶制品中的维生素

6.1　引言

维生素是机体必需但自身不能合成的微量有机物。各种物种生长和维持健康所需的维生素有所不同，有些化合物被认为是某个物种需补充的维生素，但别的物种自身却可合成足够的量。例如，仅灵长类动物和豚鼠须从食物中获得抗坏血酸（维生素 C，见第 6.4 节），而其他物种可合成维生素 C 所必需的葡萄糖酸内酯氧化酶。维生素的化学结构相互之间没有关联。维生素可按在水中的溶解性进行分类。水溶性维生素有 B 族维生素（硫胺素、核黄素、烟酸、生物素、泛酸、叶酸、吡哆醇（和相关化合物，维生素 B_6）、钴胺素（及其衍生物，维生素 B_{12}）和抗坏血酸（维生素 C），而脂溶性维生素有视黄醇（维生素 A）、钙化醇（维生素 D）、生育酚（和相关化合物，维生素 E）和叶绿醌（和相关化合物，维生素 K）。水溶性维生素和维生素 K 作为辅酶，维生素 A 在视觉方面有很重要的作用，维生素 D 的功能类似于激素，维生素 E 主要起抗氧化作用。

从生命早期阶段直到断奶，奶是哺乳动物新生儿营养的唯一来源。因此，除了提供常量营养素（蛋白质、碳水化合物和脂质）和水，奶也必须提供足够的维生素和矿物质来维持新生儿的生长。人类从出生至成年一直摄入乳，因此，奶与奶制品一直是全世界很多人饮食中重要的营养来源。奶中常量营养素和矿物质的含量在第 1 章和第 5 章中已经讨论过了；本章将讨论奶与奶制品中维生素的含量。奶在消费前通常都会经过一定程度的加工处理。因此，必须考虑加工过程对奶与奶制品中维生素状态的影响，这是很重要的。

维生素的推荐膳食供给量（RDA）是确保大多数正常人（97.5%）维持身体健康所需维生素的摄入量。摄入相当于 RDA 的营养素出现维生素缺乏的风险就非常小。

6.2　脂溶性维生素

6.2.1　视黄醇（维生素 A）

维生素 A（视黄醇，图 6.1）是多种类视黄醇化合物的母体，这些化合物具有维生素 A 的生物活性。一般而言，动物性食物提供已合成的维生素 A，视黄酯（图 6.5，在胃肠道中容易水解），而植物性食物提供维生素 A 的前体物，即类胡萝卜素。仅含有β-紫罗兰酮环的类胡萝卜素（如 β-胡萝卜素）才能作维生素 A 的前体。每摩尔 β-胡萝卜素（图 6.6）在中间被 β-胡萝卜素-15，15′-单加氧酶（存在于肠黏膜中）切割，产生 2mol 视黄醇。但若在其他键的部位切割，每分子 β-胡萝卜素仅产生 1 分子视黄醇。β-胡萝卜素在人体中转化为维生素 A 的转化率在 60%~75%，其中约 15%的 β-胡萝卜素被完整吸收。由于类胡萝卜素的吸收不稳定，1μg 视黄醇活性当量（RAE）定义为膳食中的 1μg 视黄醇或 12μg 全反式 β-胡萝卜素。

视黄醇可被氧化成视黄醛（图 6.2），并进一步被氧化成视黄酸（图 6.3）。视黄醇也可发生顺-反异构化，例如，全反式视黄醛转化为 11-顺-视黄醛（图 6.4），其对视力很重要。

维生素 A 在体内有许多作用：它参与视觉过程；参与细胞分化，胚胎发生、繁殖和生长；参与免疫系统。维生素 A 的 RDA 为：男性 900μg RAE/d；女性 700μg RAE/d。

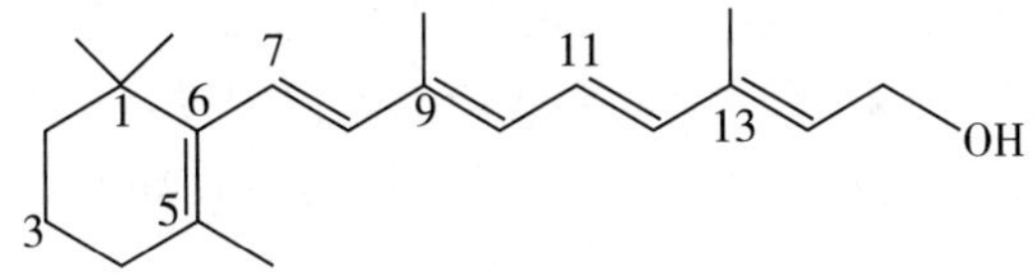

图 6.1　维生素 A

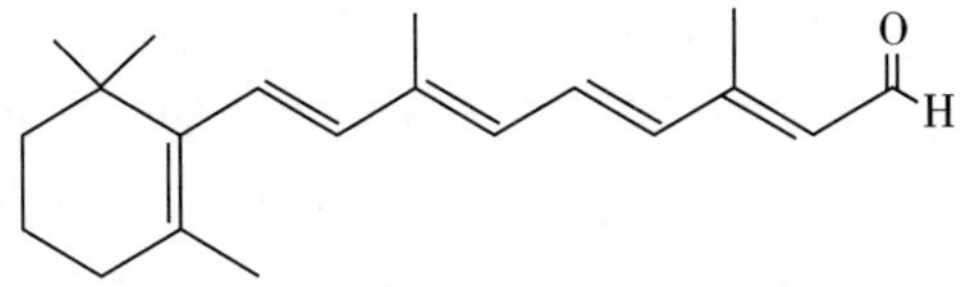

图 6.2　维生素 A

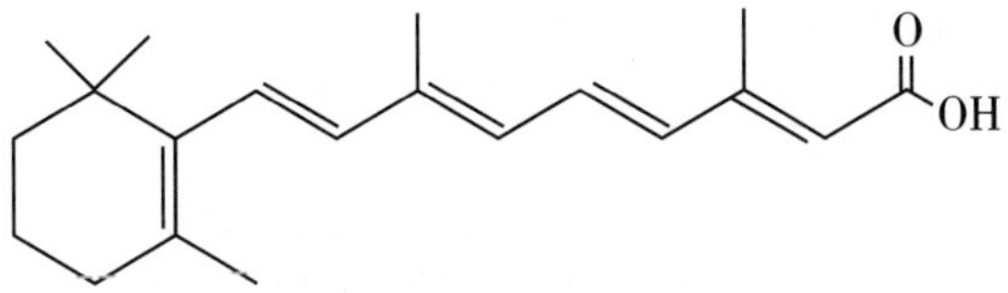

图 6.3　视黄酸

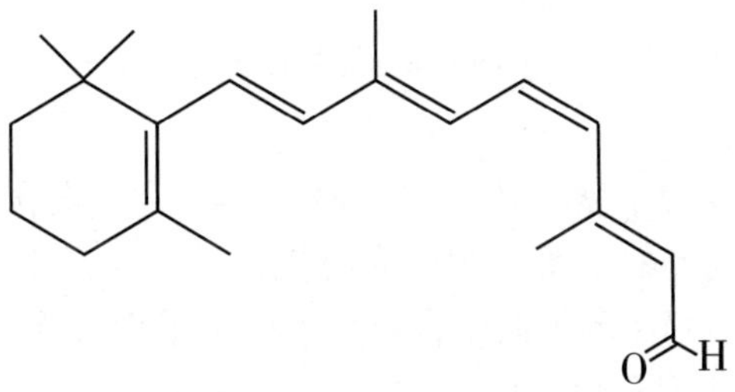

图 6.4　11-顺-视黄醛

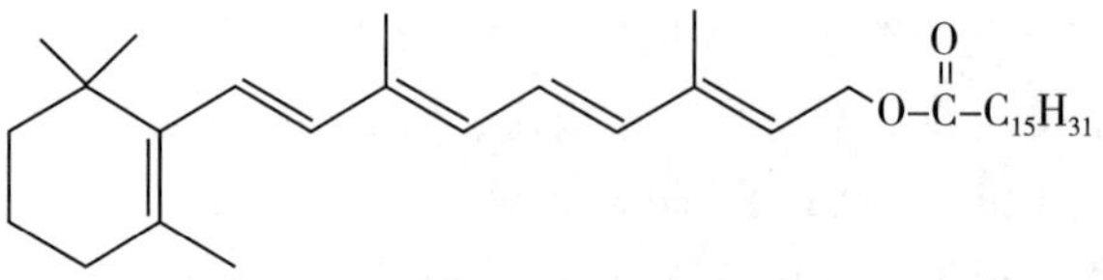

O
‖
O-C-$C_{15}H_{31}$

图 6.5 棕榈酸视黄酯

维生素 A 在欧洲人群中的参考摄入量（PRI）值为：成年男性 700μg RAE/d；成年女性 600μg RAE/d。人类身体能够接受的维生素 A 摄入量范围很宽（500~15 000 μg RAE/d），但摄入不足或过量摄入会导致疾病发生。维生素 A 缺乏（<500μg RAE/d）导致夜盲症、干眼症（由眼角膜干燥引起的进行性失明）、角质化（角蛋白在消化道、呼吸道和泌尿生殖道组织中的积累）最终衰竭和死亡。摄入过量（>成人推荐摄入量的 100 倍，儿童推荐摄入量的 20 倍）维生素 A 时可发生中毒。摄入过量维生素 A 的症状包括头痛、呕吐、脱发、嘴唇开裂、共济失调和厌食、骨和肝损伤；13-顺-视黄酸也是人的一种致畸剂。

视黄醇的主要膳食来源是奶制品、蛋类和动物肝脏，而 β-胡萝卜素的重要来源是菠菜等深绿色叶菜类蔬菜、深橙色水果（杏、哈密瓜等）和蔬菜（南瓜、胡萝卜、甘薯、南瓜等）。维生素 A 最丰富的天然来源的是鱼肝油，特别是大比目鱼和鲨鱼。

维生素 A 活性以视黄醇、视黄酯和胡萝卜素形式存在于奶中（图 6.1~6.6）。每 100g 牛奶平均含有 40μg 视黄醇和 20μg 胡萝卜素（Morrissey 和 Hill，2009）。视黄醇在生绵羊奶和巴氏杀菌山羊奶中的浓度分别为 83μg/100g 和 44μg/100g，但据报道（Holland 等，1991）这两种羊奶仅含有微量胡萝卜素。每 100g 人奶和初乳分别平均含有 57μg 和 155μg 视黄醇。奶中的类胡萝卜素除了作为维生素 A 的前体物之外，也对乳脂起到赋色作用（见第 8 章）。

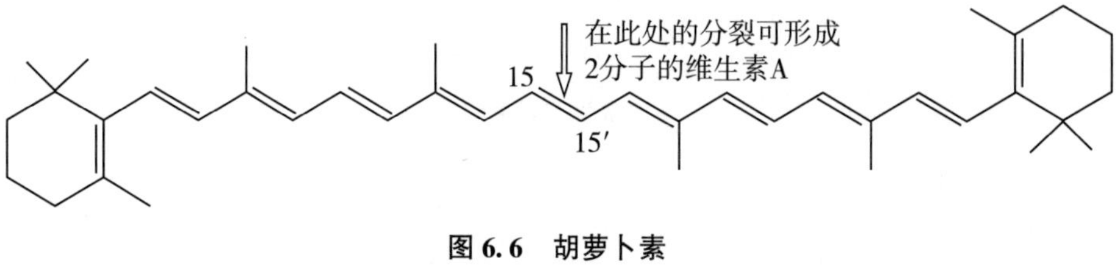

在此处的分裂可形成
2分子的维生素A
15
15′

图 6.6 胡萝卜素

奶中维生素 A 和类胡萝卜素的浓度受饲料中类胡萝卜素含量的很大影响。饲喂牧草的牛产的奶比饲喂精饲料的牛所产的奶含有更多的类胡萝卜素。维生素 A 的浓度也有很强的季节性，夏季的奶比冬季的奶含有更多的维生素 A 和 β-胡萝卜素。牛的品种也对牛奶中维生素 A 的浓度有影响。

其他奶制品也是维生素 A 的重要来源。打发稀奶油（39%脂肪）每 100g 含有约 565μg 视黄醇和 265μg 胡萝卜素。奶酪中维生素 A 的含量随脂肪含量变化而变化（表

6.1)。卡门奶酪（Camembert）（23.7%脂肪）每100g含有230μg视黄醇和315μg胡萝卜素，而切达奶酪（34.4%脂肪）每100g含有325μg视黄醇和225μg胡萝卜素。全脂酸奶（3%脂肪，未调味）每100g含有约28μg视黄醇和21μg胡萝卜素，而冰激凌（9.8%脂肪）每100g的相应值分别为115μg和195μg。维生素A对于大多数乳品加工操作相对稳定，维生素A活性的损失主要通过自氧化作用或几何异构化发生（Morrissey和Hill，2009）。在100℃以下加热（如巴氏杀菌）对奶中维生素A含量的影响不大，但温度在100℃以上可能会发生一些损失（如用黄油煎炸食物）。UHT奶在室温下久存可发生维生素A的损失。在避光冷藏的条件下，巴氏杀菌乳中的维生素A是稳定的，但也可能因采用透明包装材料和在荧光灯下储存造成大量损失。低脂奶经常会强化维生素A以提高其营养价值。添加的维生素A对光的稳定性比内源性维生素低，外源维生素脂质载体的成分对其稳定性有影响。保护性化合物（如抗坏血酸棕榈酸酯或β-胡萝卜素）会降低外源维生素A暴露于光照下时的损失速率。含水果的酸奶通常比天然酸奶具有更高浓度的类胡萝卜素。奶制品制造过程中采用了乳脂浓缩工艺的产品（如奶酪、黄油），其维生素A浓度与浓缩倍数呈正比。干奶制品表面积的增加加速维生素A的损失；奶粉添加维生素A并在低温下储存可使这些损失降至最小程度。

表6.1　奶制品中维生素A、胡萝卜素以及维生素E、D和C的浓度（每100g）

（修改自Holland等，1991）

产品	视黄醇（μg）	胡萝卜素（μg）	维生素D（μg）	维生素E（μg）	维生素C（mg）
脱脂奶					
巴氏杀菌	1	Tr	Tr	Tr	1
UHT，强化	61	18	0.1	0.02	35[a]
全脂奶					
巴氏杀菌奶	52	21	0.03	0.09	1
夏季	62	31	0.03	0.10	1
冬季	41	11	0.03	0.07	1
灭菌奶（罐中）	52	21	0.03	0.09	Tr
脱脂奶粉[b]（强化）	350	5	2.10	0.27	13
用植物脂肪（强化）	395	15	10.50	1.32	11
淡炼奶，全脂	105	100	3.95[c]	0.19	1
山羊奶，巴氏杀菌	44	Tr	0.11	0.03	1
巴氏杀菌					
人奶，初乳	155	(135)	N	1.3	7
过渡奶	85	(37)	N	0.48	6
常乳	58	(24)	0.04	0.34	4
生绵羊奶	83	Tr	0.18	0.11	5
鲜打发稀奶油（39.3%脂肪）	565	265	0.22	0.86	1
巴氏杀菌					

（续表）

产品	视黄醇（μg）	胡萝卜素（μg）	维生素 D（μg）	维生素 E（μg）	维生素 C（mg）
奶酪					
布里干酪	285	210	0.20	0.84	Tr
卡门贝尔	230	315	(0.18)	0.65	Tr
切达，平均	325	225	0.26	0.53	Tr
农家干酪					
原味	44	10	0.03	0.08	Tr
脱脂（1.4%脂肪）	16	4	0.01	0.03	Tr
奶油干酪	385	220	0.27	1.00	Tr
丹麦青纹干酪	280	250	(0.23)	0.76	Tr
荷兰形干酪	175	150	(0.19)	0.48	Tr
羊奶酪	220	33	0.50	0.37	Tr
帕尔马干酪	345	210	(0.25)	0.70	Tr
加工干酪，原味	270	95	0.21	0.55	Tr
斯第尔顿奶酪，蓝色	355	185	0.27	0.61	Tr
全脂酸奶					
原味	28	21	0.04	0.05	1
水果味	39	16	(0.04)	(0.05)	1
冰激凌					
牛奶冰激凌，香草味	115	195	0.12	0.21	1

Tr：微量；N：含量较大但没有可靠的含量信息；（ ）表示估计值。

a. 非强化奶仅含微量维生素 C。

b. 非强化脱脂奶粉每 100g 约含 8μg 视黄醇、3μg 胡萝卜素，Tr 维生素 D 和 0.01mg 维生素 E。有些品牌每 100g 含 755μg 视黄醇，10μg 胡萝卜素和 4.6μg 维生素 D。

c. 这是强化产品的数据。非强化淡炼奶每 100g 约含 0.09μg 维生素 D。

6.2.2 钙化醇（维生素 D）

“维生素 D”是指一组结构密切相关的开环类固醇衍生物。从动物性食物来源中获得的维生素 D 主要是胆钙化醇（维生素 D_3，图 6.8）；麦角钙化醇（维生素 D_2）源自真菌和原生动物。胆钙化醇可以由皮肤中的类固醇前体，7-脱氢胆固醇（图 6.7）在暴露于阳光下合成。若能保证充分的日晒，则不需从膳食中获得预先合成的维生素 D。

紫外线（290~320nm）使 7-脱氢胆固醇发生光转化，变成前维生素 D_3。这种维生素原可进一步光转化为速固醇和光固醇，也可发生温度依赖性异构化，变为胆钙化醇（维生素 D_3，图 6.8）。在体温下，将 50%的前维生素 D_3 转化为维生素 D_3 需约 28h。因此，皮肤合成维生素 D_3 可能需要几天的时间。预先合成的维生素 D_3 是从膳食中获得的。维生素 D_3 储存在全身各种脂肪沉积物中。不管什么来源的维生素 D_3 都必须经过两次羟基化才能变成完全有活性。维生素 D_3 由特异性结合蛋白通过循环系统转运到肝脏经 25-羟化酶作用，将其转化为 25-羟基胆钙化醇［25(OH)D_3，图 6.9］，这是维生素

D 的主要循环形式和维生素 D 状态的常用指标。25(OH)D_3再经肾脏中 1-羟化酶作用，转化为1,25-二羟基胆化醇［1,25(OH)$_2$ D_3 或骨化三醇，图6.10］，1,25(OH)$_2D_3$是维生素 D 的主要活性代谢物。或者，25(OH)D_3可以在 24 位上羟基化，形成没有代谢活性的 24,25-二羟基胆钙化醇［24,25(OH)$_2$ D_3］。人们已研究过的维生素 D_2 和 D_3 的代谢产物大约有 50 种。

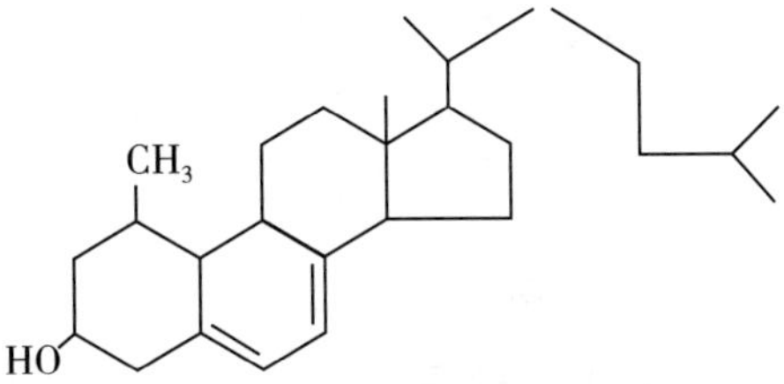

图 6.7　7-脱氢胆固醇

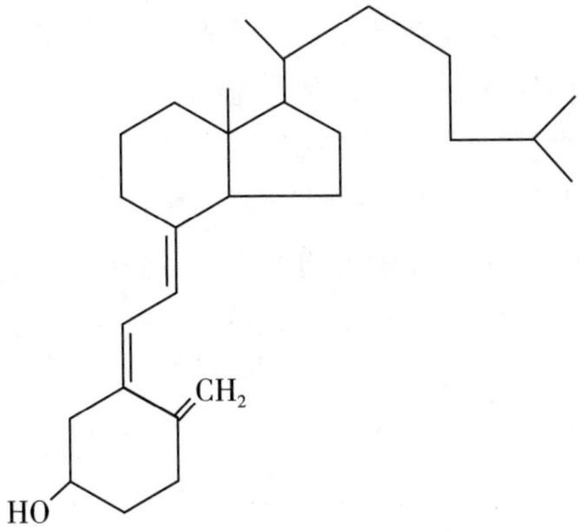

图 6.8　胆钙化醇，维生素 D_3

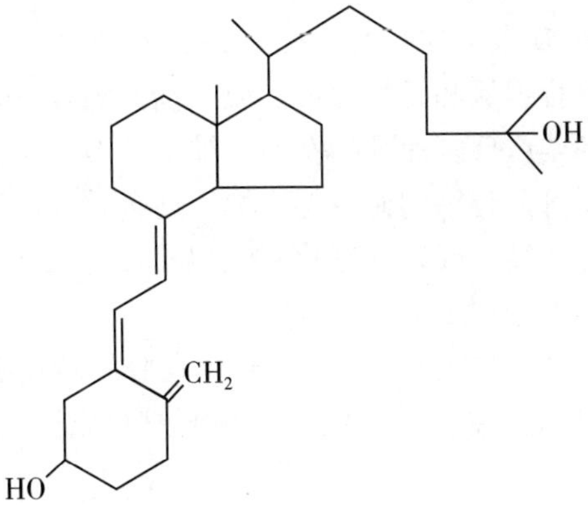

图 6.9　25-羟基胆钙化醇

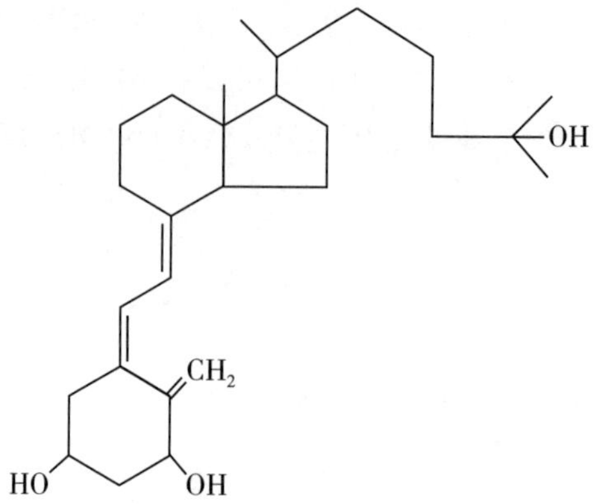

图 6.10　1,25-二羟基胆化醇

维生素 D_2（麦角钙化醇）通过麦角固醇（存在于某些真菌和酵母中的固醇）的光转化而形成，与胆钙化醇不同之处在于其 24 碳多一个甲基，22 碳和 23 碳之间多一个双键。麦角钙化醇作为一种治疗剂被广泛使用多年。

维生素 D 在体内的主要生理作用是通过促进胃肠道对钙的吸收，促进肾脏对钙的重吸收，促进钙由骨胳向血液的转移来维持血浆钙水平。维生素 D 与其他维生素、激素和营养素共同配合，在骨矿化过程中发挥作用。此外，维生素 D 在体内的其他组织，包括大脑和神经系统、肌肉和软骨、胰腺、皮肤、生殖器官和免疫细胞中具有更广泛的生理作用。

维生素 D 膳食需要量的确定比较困难，因为日晒对血液 25-(OH)D_2和 25-(OH)D_3的水平有很大影响，这两种形式的维生素 D 被用作维生素 D 状况的指标。在美国，维生素 D 足够的摄入量被认为是：儿童 5μg/d，18~50 岁的成年人 0~10μg/d，50~70 岁的成人 10μg/d，>70 岁 15μg/d。除了幼童、高龄老人和其他高危人群，英国没有给出膳食维生素 D 的营养参考摄入量（RNI），因为证据表明大多数人并不是靠食物的维生素 D 来维持血液的维生素 D 水平的。维生素 D 缺乏的经典综合征是佝偻病，其原因是骨矿化不足，导致生长发育迟缓和骨骼畸形。成人佝偻病或骨软化症最常见于钙摄入量低、很少晒太阳、反复怀孕或反复哺乳的女性。维生素 D 过多症（过量摄入维生素 D）的特征是钙的吸收和钙从骨骼转移到血液都增加。这会导致血清钙浓度过高，造成钙在体内各个部位沉淀，引起肾结石或动脉钙化。仅以小幅超过 RDA 的量连续摄取维生素 D，即有可能会产生这些毒性作用。

只有少数食物含有较多的维生素 D。除了身体自身的转化之外，维生素 D 的主要来源是动物性食物来源，包括蛋黄、多脂鱼和动物肝脏。未强化的牛奶并不是维生素 D 的重要来源。

牛奶和人奶中维生素 D 的主要形式是 25-(OH)D_3。据报道，纯母乳喂养婴儿血清中的维生素 D 大部分是 25-(OH)D_3。全脂牛奶每升仅含有 0.1~1.5μg 维生素 D。因此，奶通常用维生素 D 强化（约 10μg/L 的水平）。强化奶、奶制品或人造奶油是维生素D的重要膳食来源。未强化奶制品维生素D的浓度一般相当低。

与其他脂溶性维生素一样，脂肪浓缩（如在黄油或奶酪的生产中）会使奶制品中维生素D的浓度按比例增加。维生素D在储存和大多数乳品加工操作过程中相对稳定。对强化奶中维生素D降解的研究表明，维生素D可因暴露于光下而降解。然而，在现实条件下不可能遇到可引起维生素D出现严重损失所必需的条件。维生素D要长时间暴露于光和氧中才会出现严重损失。

6.2.3　生育酚及相关化合物（维生素E）

具有维生素E活性的化合物有8种，其中4种是生育酚的衍生物（图6.11），4种是三烯生育酚的衍生物（图6.12）。它们都是6-苯丙二氢吡喃醇的衍生物。三烯生育酚类与生育酚类不同之处在于其烃侧链有3个不饱和双键。α-生育酚、β-生育酚、γ-生育酚、δ-生育酚生育酚和三烯生育酚在苯丙二氢吡喃环上的甲基的数目和位置不同。不同形式的生育酚和三烯生育酚的生物活性随它们的结构而变化。维生素E的对映异构体在生物活性上也不同。维生素E活性可用生育酚当量（TE）表示，1TE相当于1mg α-生育酚的维生素E活性。β-生育酚、γ-生育酚和δ-三烯生育酚的生物活性分别是α-生育酚的50%、10%和33%。

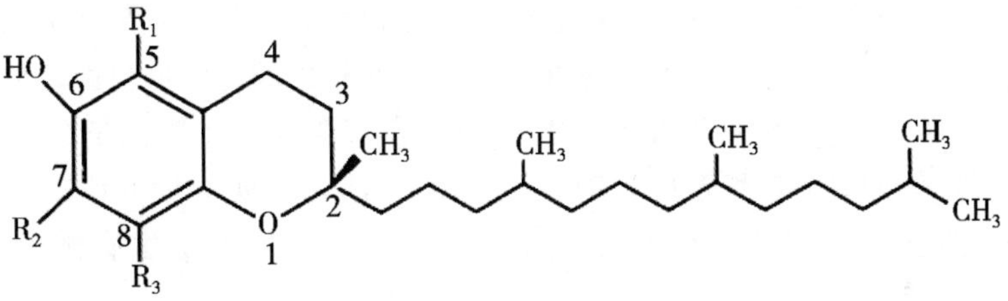

HO　R_1　5　4　6　3　CH_3　CH_3　CH_3　CH_3　7　2　O　CH_3　R_2　8　1　R_3

图6.11　生育酚

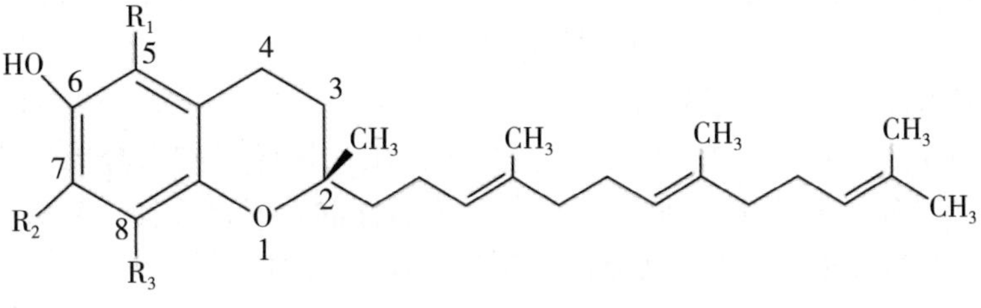

HO　R_1　5　4　6　3　CH_3　CH_3　CH_3　CH_3　7　2　O　CH_3　R_2　8　1　R_3

$\alpha - R_1 = CH_3, R_2 = CH_3, R_3 = CH_3$
$\beta - R_1 = CH_3, R_2 = H, R_3 = CH_3$
$\gamma - R_1 = H, R_2 = CH_3, R_3 = CH_3$
$\delta - R_1 = H, R_2 = H, R_3 = CH_3$

图6.12　生育酚

维生素E是一种非常有效的抗氧化剂。它很容易将苯丙二氢吡喃环上酚羟基中的氢提供给自由基。由此产生的维生素E自由基很不活泼，因为不成对电子移位到芳香环中而变得稳定。维生素E因此能保护体内脂质（特别是多不饱和脂肪酸）和膜免受自由基的损害。肺脏细胞接触的空气最多，所以维生素 E 在肺中的作用尤为重要。维生素 E 对红细胞和白细胞也有保护作用。有人认为，维生素 E 发挥了抗氧化作用之后，体内具有再生活性维生素 E 的系统（可能涉及维生素 C）。

维生素 E 缺乏症通常与脂肪吸收障碍的疾病相关，在人类中较罕见。缺乏症的特征是红细胞溶血，长期缺乏可导致神经肌肉功能障碍。尽管维生素 E 补充剂的摄入量增加，但维生素 E 过多症并不常见。极高剂量的维生素 E 可能会干扰凝血过程。

维生素 E 的 RDA 是 15mg α-TE/d。在欧洲没有维生素 E 的人群参考摄入量，因为没有发现由于膳食摄入量低而导致维生素 E 缺乏。维生素 E 的主要食物来源是多不饱和植物油及其衍生的产品（如人造黄油、沙拉酱）、绿色叶菜类蔬菜、小麦胚芽、全谷类制品、动物肝脏、蛋黄、坚果和种子。

牛奶中维生素 E 的浓度很低（每升约 0.2~0.7mg），且夏季奶高于冬季奶。人奶和初乳含量稍高［分别每升约为（3~8）~（14~22）mg］。大多数奶制品的维生素 E 含量都较低（表 6.1），因此奶制品并不是维生素 E 的重要来源。然而，添加植物油的奶制品（如一些冰激凌、仿制稀奶油、加油脱脂奶粉）维生素 E 含量比较高。像其他脂溶性维生素一样，奶制品中维生素 E 的浓度随脂肪含量的增加而相应增加。维生素 E 在 100℃以下相对稳定，但在较高温度下会被破坏（如油炸）。维生素 E 也可在加工过程中因氧化而损失。暴露于光、热或碱性 pH 值中氧化损失会增加，促氧化剂如脂肪氧合酶或微量元素（如 Fe^{3+}、Cu^{2+}）也会促进其氧化。促氧化剂可增加自由基的产生，从而加速了维生素 E 的氧化。补充了维生素 E 的奶粉在室温或低于室温的条件下能长期贮存，其外源维生素 E 似乎是稳定的。有人已经对在饲料添加维生素 E 以提高奶的氧化稳定性的可能性进行研究，也有人对直接向乳脂肪中添加外源生育酚的可能性进行研究。

6.2.4 叶绿醌和相关化合物（维生素 K）

维生素 K 的结构特征是含有 2-甲基-1,4-萘醌环。天然维生素 K 以两种形式存在：叶绿醌（维生素 K_1，是维生素 K 的主要膳食来源，图 6.13）仅存在于植物中，而甲基萘醌（维生素 K_2，图 6.14）是一族侧链由 1~14 个异戊二烯单元组成的化合物。甲基萘醌仅由细菌（定植在人的胃肠道中，因而可提供人体所需的部分维生素 K）合成。甲萘醌（维生素 K_3，图 6.15）是具有维生素 K 活性的合成化合物。与 K_1 和 K_2 不同，甲萘醌是水溶性的，并且直到它在体内被烷基化后才有活性。

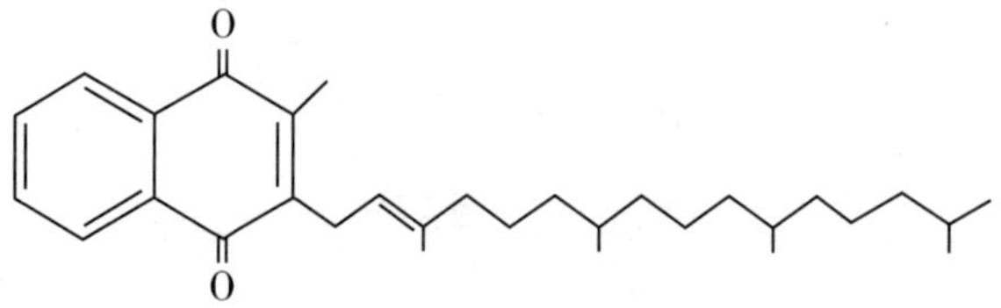

图 6.13 叶绿醌（维生素 K_1）

维生素 K 的生理作用是参与凝血作用，并且至少有 4 种参与凝血作用的蛋白质

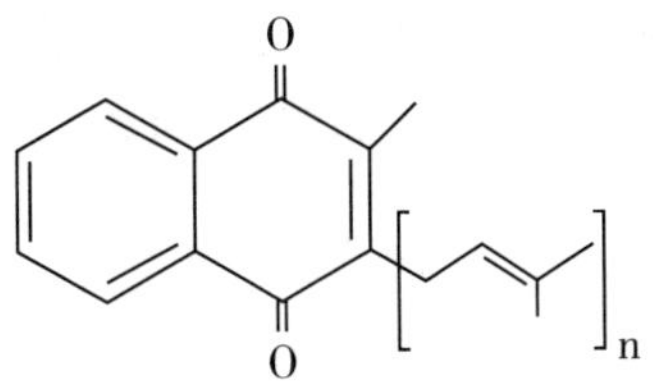

图 6.14　甲基萘醌（维生素 K_2）

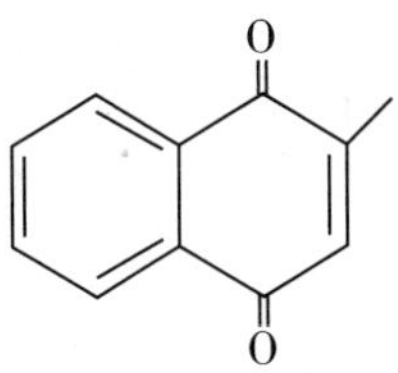

图 6.15　甲萘醌（维生素 K_3）

（包括凝血酶原）的生物合成必须有维生素 K 的参与。维生素 K 在骨骼蛋白（骨钙素和基质 Gla 蛋白）的合成中也起作用。维生素 K 缺乏较罕见，但可以由脂肪吸收受损而引起。如果肠道菌群被杀死，体内维生素 K 的水平也会下降。维生素 K 中毒也很罕见，但可以由过量摄入维生素 K 补充剂而引起。症状包括红细胞溶血、黄疸、脑损伤和抗凝血能力下降。

19~24 岁人群维生素 K 的 RDA，男性为 70μg/d，女性为 60μg/d。25 岁及以上成人男、女的相应值为 80μg/d 和 65μg/d。美国卫生部（1991）认为每天 1μg/kg 的维生素 K 摄入量是安全且充足的。维生素 K 的主要食物来源是动物肝脏、绿叶蔬菜和奶。

全脂牛奶每升含有 3.5~18μg 维生素 K，而母乳含有约 0.25μg/L。人初乳维生素 K 含量高于成熟奶，这是很有必要的，因为合成维生素 K 的细菌需一段时间才能在新生儿肠道中定植。在无氧和非极性条件下放射可导致顺反异构化，从而导致活性的丧失，因为只有反式异构体具有维生素 K 活性。然而，乳品加工中的操作不太可能会影响维生素 K 的稳定性。

6.3　B 族维生素

B 族维生素是结构各异的一族水溶性维生素，大部分是作为辅酶或辅酶的前体。B 族维生素有硫胺素、核黄素、烟酸、生物素、泛酸、吡哆醇（和相关物质，维生素 B_6）、叶酸和钴胺素（及其衍生物，维生素 B_{12}）。

6.3.1　硫胺素（维生素 B_1）

硫胺素（维生素 B_1，图 6.16）由两个杂环（取代嘧啶和取代噻唑）通过亚甲基桥连接而成。硫胺素以硫胺素焦磷酸盐（TPP，图 6.17）的形式作为辅酶，是碳水化合物代谢中许多酶促反应必要的辅因子。在线粒体中 TPP 依赖性丙酮酸脱氢酶催化丙酮酸（$CH_3COCOOH$）转化为乙酰辅酶 A（CH_3CO-CoA）。在该反应中产生的乙酰辅酶 A 进入三羧酸循环，并且还用作脂质和乙酰胆碱合成的底物（因此对于神经系统的正常功能有重要作用）。在三羧酸循环中，α-酮戊二酸脱氢酶复合物将 α-酮戊二酸（$HOOCCH_2CH_2COCOOH$）氧化脱羧成琥珀酰辅酶 A（$HOOCCH_2CH_2CO$-CoA）的过程中，TPP 是必需的。TPP 也在来自支链氨基酸的酮酸的脱羧反应和葡萄糖代谢单磷酸己糖途径的转酮醇酶反应中发挥作用。

长期缺乏硫胺素引起的特征性疾病是脚气病，其症状包括水肿、心脏扩大、心律失常、心力衰竭、消瘦、虚弱、肌肉问题、精神混乱和瘫痪。

硫胺素广泛存在于许多营养价值高的食物中，但猪肉、动物肝脏、谷物类、豆类和坚果是特别丰富的来源。硫胺素的 RDA 约为：男性 1.2mg/d，女性 1.0mg/d。

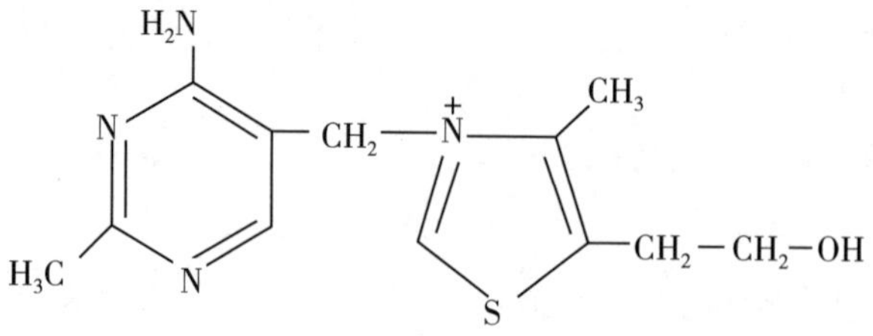

H_2N N N H_3C CH_2—$\overset{+}{N}$ CH_3 S CH_2-CH_2-OH

图 6.16 硫胺素（维生素 B_1）

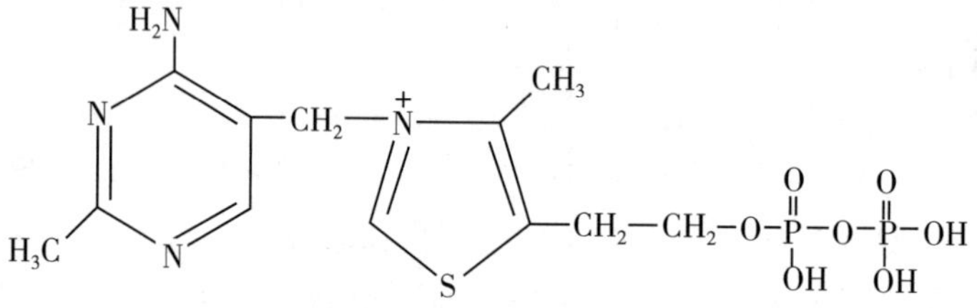

H_2N N N H_3C CH_2—$\overset{+}{N}$ CH_3 S $CH_2-CH_2-O-P(=O)(OH)-O-P(=O)(OH)-OH$

图 6.17 硫胺素焦磷酸盐

每 100g 奶平均含有 37μg 硫胺素。牛奶中的硫胺素大部分（50%~70%）是以游离形式存在，其次是以磷酸化（18%~45%）或与蛋白质结合（7%~17%）的形式存在。成熟人奶硫胺素的浓度略低（约 15μg/100g）。人初乳中仅含微量的硫胺素，但在哺乳期间会增多。牛奶中的硫胺素大多数由瘤胃微生物合成，因此，饲料、牛的品种和季节对牛奶硫胺素的浓度影响相对较小。

奶制品的硫胺素含量（表 6.2）一般都是 20~50μg/100g。由于青霉菌的生长，布里干酪和卡门培尔奶酪的外皮硫胺素含量相对丰富。

表 6.2 奶、奶制品和奶酪中维生素 B_1、B_2、B_3、B_5 的浓度（按字母顺序排列）

（引自 Nohr 和 Biesalski，2009）

食物	B 族维生素			
	硫胺素（μg/100g）	核黄素（μg/100g）	烟酸（μg/100g）	泛酸（μg/100g）
蓝纹干酪（干物质中 50%脂肪）		500	870	2 000
布里干酪（干物质 50%）			1 100	690
酪奶	34	160	100	300
卡门培尔奶酪（干物质中 45%脂肪）	45	600	1 100	800
炼奶（最少 10%脂肪）	88	480	260	840

（续表）

食物	B族维生素			
	硫胺素（μg/100g）	核黄素（μg/100g）	烟酸（μg/100g）	泛酸（μg/100g）
消费牛奶（3.5%脂肪）	37	180	90	350
农家干酪	29			
稀奶油（最少30%脂肪）	25	150	80	300
奶油干酪（干物质中脂肪最少60%）	45	230	110	440
全脂奶粉	270	1 400	700	2 700
高达干酪	30			
林堡干酪（干物质中40%的脂肪）		350	1 200	1 200
帕尔马干酪	20	620		530
夸克/新鲜奶酪（来自脱脂奶）	43	300		740
脱脂奶	38	170	95	280
脱脂牛奶				
灭菌奶	24	140	90	350
淡乳清	37	150	190	340
UHT奶	33	180	90	350
酸奶（最少3.5%脂肪）	37	180	90	350
奶来源				
水牛	50	100	80	370
奶牛	37	180	90	350
驴	41	64	74	
山羊	49	150	320	310
马	30		140	300
人	15	38	170	270
绵羊	48	230	450	350

硫胺素相对不稳定，在其亚甲基碳上容易发生亲核置换裂解反应。氢氧根离子（OH-）是常见的阴离子，它可能导致食物发生亲核置换裂解反应。因此硫胺素在微酸性条件下更稳定。奶制品加工可能导致硫胺素的损失：最小程度的巴氏杀菌损失为3%~4%，煮牛奶的损失为4%~8%，喷雾干燥损失10%，灭菌损失20%~45%，蒸发损失20%~60%。硫胺素的光敏性低于其他光敏性维生素。

6.3.2　核黄素（维生素B_2）

核黄素（维生素B_2；图6.18）由异咯嗪环和核糖醇连接而成。核黄素的核糖侧链可以通过形成磷酸酯（形成黄素单核苷酸，FMN，图6.19）进行修饰。FMN可以与腺嘌呤单磷酸结合形成黄素腺嘌呤二核苷酸（FAD，图6.20）。FMN和FAD作为辅酶可接受或提供两个氢原子，因此参与氧化还原反应。黄素蛋白酶参与许多代谢途径。核黄素是一种黄绿色荧光化合物，除了发挥维生素的作用，它还与乳清的颜色有关（第8章）。

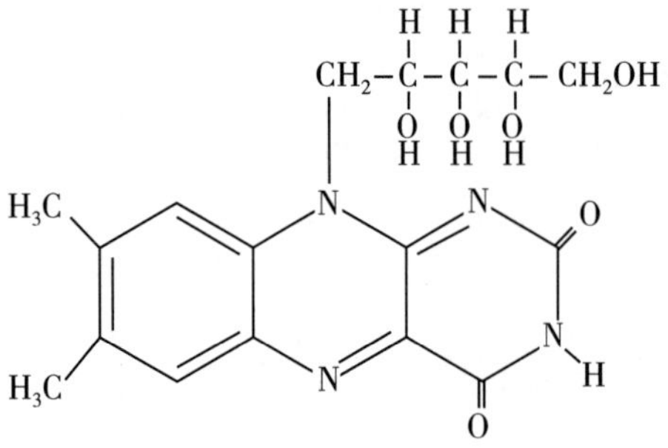

图 6.18　核黄素

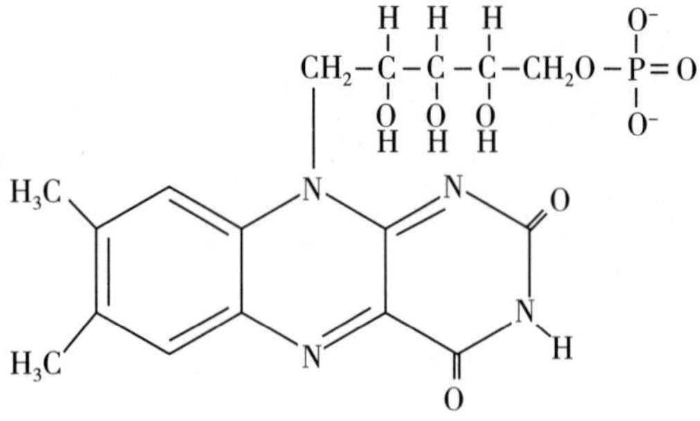

图 6.19　黄素单核苷酸

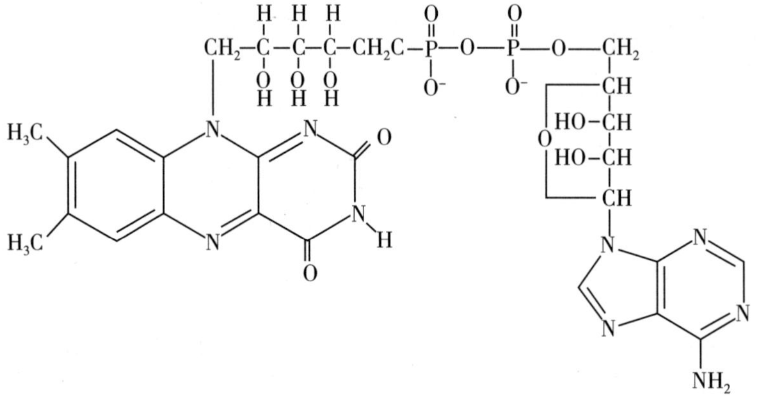

图 6.20　黄素腺嘌呤二核苷酸

核黄素缺乏的症状包括口角干裂（口角开裂，发红），舌炎（疼痛，光滑舌），眼睑炎，眼睛对光敏感，角膜变红，皮疹和脑功能障碍。核黄素的每日推荐摄取量男性约为 1.4mg，女性约 1.2mg。核黄素的重要饮食来源包括奶、奶制品、肉和绿叶蔬菜。谷物的核黄素很少，除非进行强化。没有证据表明过量摄入核黄素会出现中毒。

奶是核黄素的良好来源，全脂奶含有约 0.18mg/100g 核黄素。奶中的核黄素大部分（65%~95%）以游离形式存在，其余部分以 FMN 或 FAD 的形式存在。奶中还含有少量（约总黄素的 11%）的相关化合物，即 10-(2′-羟乙基）黄素，它是一种抗维生素。在评价奶中核黄素的活性时，必须考虑该化合物的浓度。牛奶中核黄素的浓度受奶牛品种（娟姗牛和更赛牛奶中核黄素含量比荷斯坦牛多）的影响。夏季牛奶的核黄素水平通常略高于冬季牛奶。物种间差异也很明显。生绵羊奶含有 0.23mg/100g，而山羊奶的平均值（0.15mg/100g）较低；人奶含有 0.015mg/100g。奶制品也含有大量的核黄素（表 6.2）。奶酪约含 0.3~0.5mg/100g，酸奶约 0.3mg/100g。乳汁的乳清蛋白中含有一种核黄素结合蛋白（RfBP），这种蛋白可能来源于血浆，但它在奶中的功能还不清楚（第 11 章）。

核黄素在有氧、加热和酸性条件下是稳定的，但是在碱性条件容易发生热分解。奶中核黄素的浓度不受巴氏杀菌的影响，据报道在UHT奶中核黄素损失很少。影响奶制品中核黄素稳定性的最重要参数是光暴露（特别是在415～455nm波长范围内）。在碱性pH值下，放射线照射可切掉核黄素分子的核糖醇，剩下部分是一种强氧化剂，光黄素（图6.21）。在酸性条件下进行放射线照射可形成光黄素和一种蓝色荧光化合物，光色素。光黄素能够氧化其他维生素，特别是抗坏血酸（第6.4节和第11章）。采用非遮光材料包装的牛奶，核黄素的损失可能由太阳光或零售网点的灯光引起。采用纸盒包装是减少此类损失的最有效方法，但也有人采用深色玻璃容器来减少损失。核黄素在高脂乳比在低脂奶或脱脂奶中更稳定，可能是由于乳脂中存在抗氧化剂（例如维生素E），可保护核黄素免受光氧化。

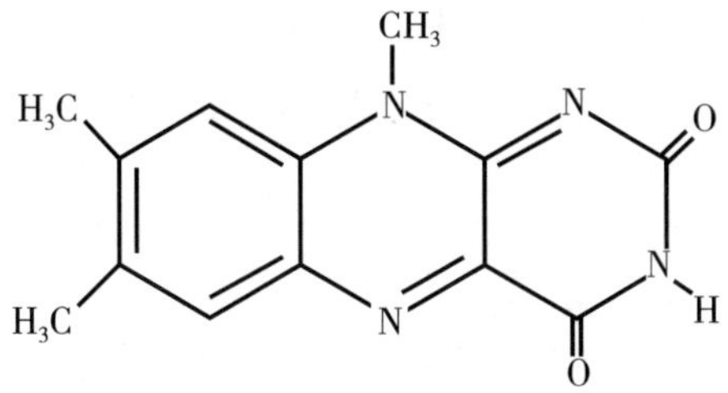

图6.21　光黄素

6.3.3　烟酸

烟酸是两种相关的化合物，尼克酸（图6.22）和尼克酰胺（图6.23）的通称。这两种都是吡啶的衍生物。尼克酸是化学合成的，容易转化成酰胺，尼克酸在体内以酰胺的形式存在。烟酸可以从食物获得或由色氨酸合成（60mg膳食色氨酸的代谢效应相当于1mg烟酸）。烟酸是两种重要辅酶，尼克酰胺腺嘌呤二核苷酸（NAD）和尼克酰胺腺嘌呤二核苷酸磷酸（NADP）的组成部分，它们是参与各种代谢途径和在电子传递中起作用的许多辅酶因子。

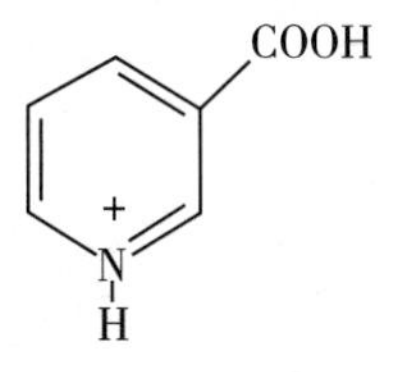

图6.22　尼克酸

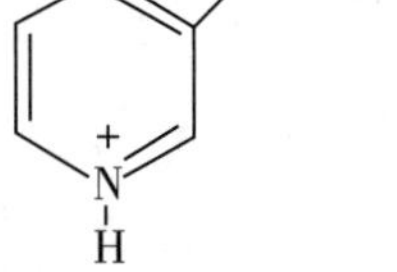

图6.23　尼克酰胺

典型的烟酸缺乏症是糙皮病，其特征包括腹泻、皮炎、痴呆，甚至死亡。高蛋白饮食很少缺乏烟酸，因为除了含有预先合成的维生素，这样的饮食提供足够的色氨酸以满足其膳食需要。大剂量的烟酸可引起毛细血管扩张，导致产生刺痛感。

烟酸的RDA大约相当于男性和女性每天分别为15mg和13mg烟酸当量（NE）。烟酸最丰富的饮食来源是肉、鱼和全谷物。

每100g牛奶含有约0.09mg烟酸，因此不是预先合成维生素的丰富来源。每100g

牛奶中的色氨酸提供约 0.7mg NE。在牛奶中，烟酸主要以烟酰胺的形式存在，其浓度不会受到母牛品种、饲料、季节或哺乳期阶段的很大影响。巴氏杀菌的山羊奶（每 100g 含约 0.3mg 烟酸和来自色氨酸的 0.7mg NE）和生绵羊奶（100g 含约 0.45mg 烟酸和来自色氨酸的 1.3mg NE）的烟酸比牛奶中含量更丰富。每 100g 人奶中的烟酸水平为 0.17mg 和 0.5mg 来自色氨酸的 NE。大多数奶制品中烟酸的浓度较低（表 6.2），但蛋白质水解后释放的色氨酸可起到一定程度的补偿作用。

烟酸在大多数食品加工操作中相对稳定。它在空气中是稳定的，可耐高压灭菌（因此对巴氏杀菌和 UHT 处理稳定）。烟酰胺中的酰胺键可通过用酸处理水解成游离羧酸（尼克酸），但维生素活性不受影响。与其他水溶性维生素一样，烟酸可通过浸出而损失。

6.3.4 生物素

生物素（维生素 B_7；图 6.24）由咪唑环与具有戊酸侧链的四氢噻吩环结合而成。生物素充当羧化酶的辅酶，羧化酶参与脂肪酸的合成和分解代谢，支链氨基酸分解代谢以及糖异生。

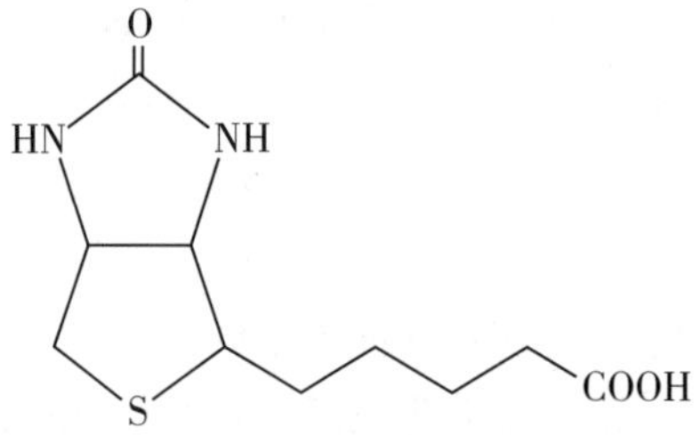

图 6.24 生物素

生物素缺乏很罕见，但在实验室条件下，可以通过给受试者喂饲大量含有抗生物素蛋白的生蛋清来诱导生物素缺乏。抗生物素蛋白具有生物素咪唑部分的结合位点，能与生物素结合使其失去活性。加热可使抗生物素蛋白变性，因此，只有生蛋清中的抗生物素蛋白才能与生物素结合。生物素缺乏的症状包括鳞状皮炎、脱发、食欲不振、恶心、幻觉和萎靡不振。

生物素广泛存在于食物中，但其利用率一定程度上受到结合蛋白的影响。生物素的需要量很少。美国 RDA 值虽尚未确定，但据估计安全和足够的生物素摄入量为成人每天 30~60μg。英国卫生部（1991）认为生物素摄入量在每天 10~200μg 是安全和充足的。据报道生物素每天摄入量超过 10mg 也未发现有毒副作用。

每 100g 牛奶含有 4μg 生物素，显然是以游离形式存在。山羊、绵羊和人奶分别含有 4μg/100g、9μg/100g 和 1μg/100g。奶酪中生物素的浓度范围为 1.4(Gouda)~7.6(Camembert)μg/100g。全脂奶粉生物素含量较高（24μg/100g），因为在制造过程中奶的水相被浓缩了（表 6.3）。生物素在食品加工和储存期间是稳定的，巴氏杀菌对其无影响。

6.3.5　泛酸

泛酸（图6.25）是与β-丙氨酸相连的丁酸的二甲基衍生物。泛酸盐是辅酶A（CoA）的一个组成部分，因此是脂质和碳水化合物代谢中许多酶促反应中非常重要的的辅因子。

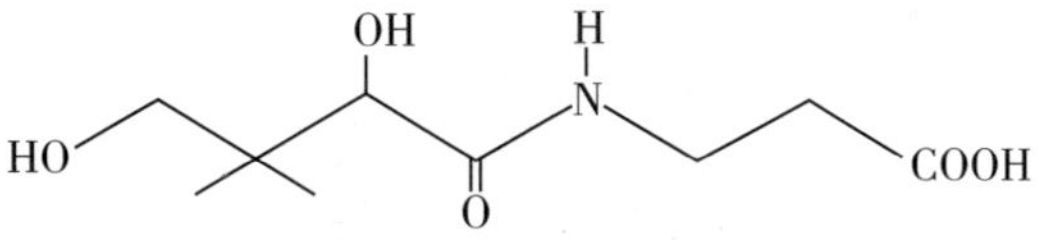

图6.25　泛酸

泛酸缺乏症是罕见的，仅在严重营养不良的情况下发生；特征症状包括呕吐、肠道不适感、失眠、疲劳，偶尔出现腹泻。泛酸盐广泛存在于食物中，肉、鱼、禽肉、全谷物和豆类是特别好的来源。尽管还未确定泛酸的RDA或RNI值，但成年人安全且充足的摄入量估计为3~7mg/d。泛酸10g/d仍不会出现中毒。

每100g牛奶平均含有0.35mg泛酸。泛酸在牛奶中部分游离或部分结合，其浓度受品种、饲料和季节的影响。每100g绵羊和山羊奶分别含有0.35mg和0.31mg。人奶中泛酸含量约为0.27mg/100g。奶酪中泛酸盐的平均浓度从约0.3mg（稀奶油奶酪）/100g到约2mg（蓝纹奶酪）/100g（表6.2）。泛酸盐在中性pH值下是稳定的，但在高温下易被酸或碱水解。据报道泛酸对巴氏杀菌是稳定的。

6.3.6　吡哆醇及相关化合物（维生素B_6）

维生素B_6以3种相关形式天然存在：吡哆醇（图6.26；吡哆醇），吡哆醛（图6.27；吡哆醛）和吡哆胺（图6.28；吡哆胺）。三种形式在结构上都与吡啶相关。该维生素的活性辅酶形式是磷酸吡哆醛（PLP；图6.29），是催化氨基转移的转氨酶的辅因子（图6.29）。PLP对氨基酸脱羧酶也很重要，在糖原代谢和神经系统中神经鞘磷脂的合成中也发挥作用。此外，PLP参与从色氨酸生成烟酸（见第6.3.3节）和血红素合成的起始过程。

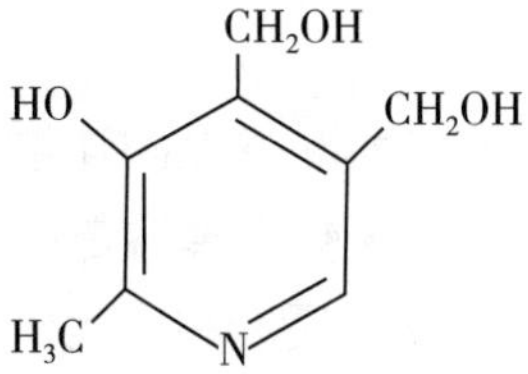

图6.26　吡哆醇

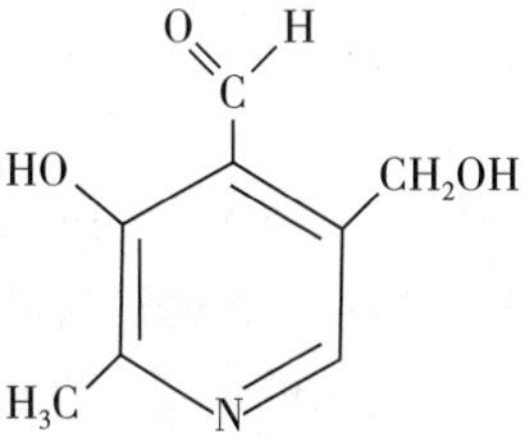

图6.27　吡哆醛

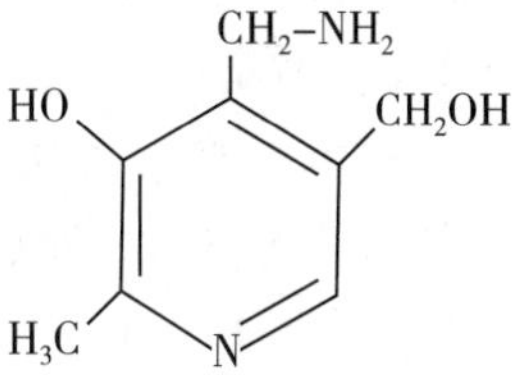

图6.28　吡哆胺

维生素B_6缺乏的特征是虚弱、易怒和失眠，之后会出现抽搐和生长发育、运动功能和免疫应答障碍。高剂量的维生素B_6是有毒的，通常与过量摄入补充剂有关，可引起腹胀、抑郁、疲劳、易怒、头痛和神经损伤。

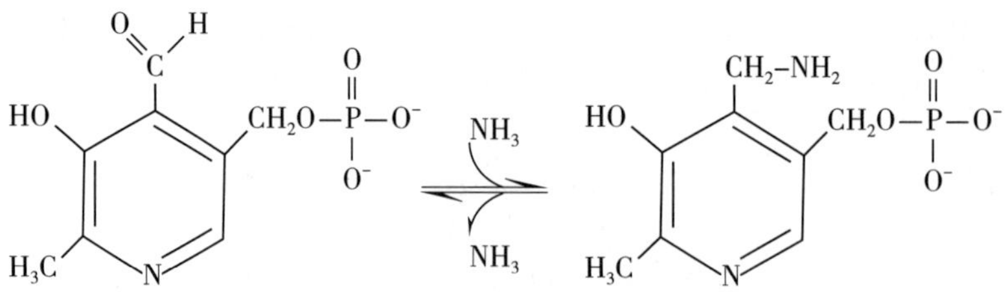

图 6.29　磷酸吡哆醛和磷酸吡哆胺

由于氨基酸（蛋白质）代谢必须有维生素 B_6，因此男性和女性维生素 B_6 的每日推荐摄入量分别为约 1.5mg 和 1.2mg。维生素 B_6 的重要来源包括绿叶菜类、肉类、鱼类和禽肉、贝类、豆类、水果和全谷物。

每 100g 全脂奶平均含有 36μg 维生素 B_6，主要是以吡哆醛（80%）的形式存在；其余主要是吡哆胺（20%），以及痕量的磷酸吡哆胺。生绵羊奶和巴氏杀菌山羊奶中的浓度与牛奶中的浓度相似。维生素 B_6 的浓度随泌乳期而变化，初乳含量低于常乳。有报道称芬兰牛奶维生素 B_6 的含量存在季节差异，牛放牧饲养时维生素 B_6 的含量高于（14%）舍饲时的含量。每 100g 成熟人奶含有约 14μg 维生素 B_6。

一般来说，奶制品不是膳食中维生素 B_6 的主要来源。奶酪和相关产品中维生素 B_6 的浓度从约 40μg(fromage frais,稀奶油奶酪)/100g 至约 250μg(卡门培尔 Camembert 奶酪)/100g（表 6.3）。全脂酸奶每 100g 含有约 46μg 维生素 B_6，全脂奶粉每 100g 含有约 200μg 维生素 B_6。

所有形式的维生素 B_6 都对紫外光敏感，可被其分解为无生物活性的化合物。维生素 B_6 也可以通过加热分解。吡哆醛的醛基和吡哆胺的胺基在奶加工过程中可能遇到的条件下表现出一定程度的反应性。1952 年爆发的维生素 B_6 缺乏症究其原因是由于食用高温处理的奶制品造成的。吡哆醛和/或其磷酸盐可以直接与蛋白质中的半胱氨酸残基的巯基反应，形成无活性的噻唑烷衍生物（图 6.30）。巴氏杀菌和 UHT 处理期间的损失相对较小，但是 UHT 奶在保质期内可能发生高达 50%的损失（有人报道，巴氏杀菌、UHT 处理、灭菌和蒸发的损失分别为 0~8%、<10%、20%~50%和 35%~50%）。

6.3.7　叶酸

叶酸（维生素 B_9）由一个取代蝶啶环通过亚甲基桥与对氨基苯甲酸和谷氨酸连接而成（图 6.31）。通过 γ-羧基键连接的谷氨酸残基可多达 7 个，产生叶酸多聚谷氨酰胺（图 6.31），它是叶酸在饮食和细胞内的主要存在形式。蝶啶环上发生还原和取代作用产生四氢叶酸（H_4 叶酸；图 6.32）和 5-甲基四氢叶酸（图 6.33）。叶酸是许多代谢途径，包括嘌呤、嘧啶的生物合成（合成 DNA 和 RNA 所必需的）和氨基酸的相互转化中的酶催化转移碳原子的辅因子。在酶催化的甲硫氨酸合成过程中和 5-甲基四氢叶酸活化为四氢叶酸的反应中，叶酸与维生素 B_{12}（第 6.3.8 节）相互作用。四氢叶酸参与一系列复杂且相互关联的代谢反应（Nohr 和 Biesalski，2009）。

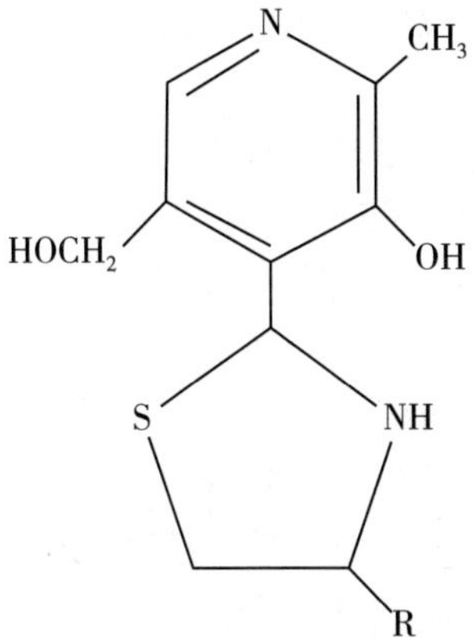

图 6.30　吡哆醛的噻唑烷衍生物

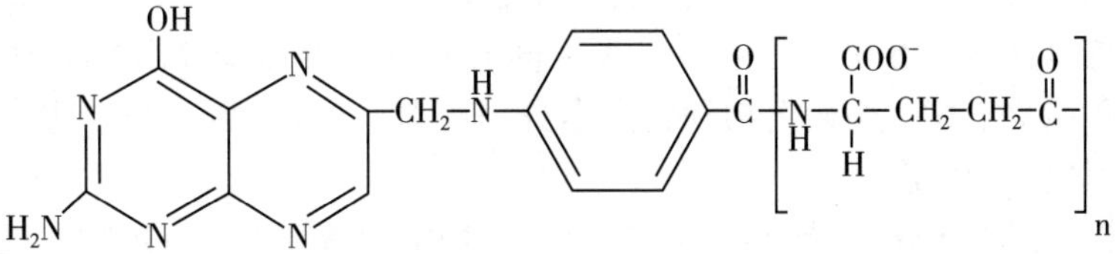

图 6.31　叶酸

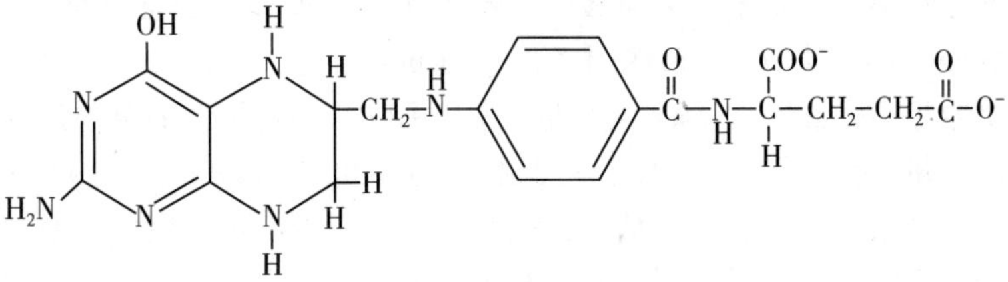

图 6.32　四氢叶酸

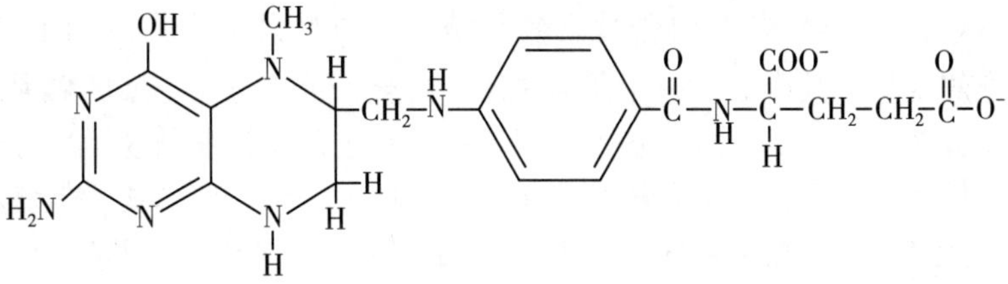

图 6.33　5-甲基四氢叶酸

缺乏叶酸会使细胞分裂和蛋白质生物合成受到损害；症状包括巨核细胞性贫血，消化系统问题（胃灼热、腹泻和便秘），免疫系统抑制，舌炎和神经系统问题（抑郁、晕厥、疲劳、精神错乱)。对男性和女性,叶酸的每日推荐摄取量分别为 39μg/MJ 和 51μg/MJ(相当于约 400μg/d)。对于育龄妇女,建议摄入更多叶酸以防止胎儿在发育中出现神经管缺陷。

富含叶酸的膳食来源包括绿叶蔬菜、豆类、种子和肝脏。每 100g 奶含有 7μg 叶酸。奶中叶酸的主要存在形式是 5-甲基四氢叶酸。奶中的叶酸主要与叶酸结合蛋白结合,约 40%以共轭聚谷氨酸的形式存在。已经表征了各种动物乳汁的叶酸结合蛋白(Nohr 和 Biesalski,2009)。每 100g 人奶约含叶酸 8μg。表 6.3 列出一些奶制品的叶酸含量。每 100g 稀奶油约含 4μg 叶酸,而奶酪中的含量变化较大,含量高者可达 65μg/100g;霉菌成熟奶酪和表面涂抹成熟奶酪叶酸含量较高,可能说明微生物合成了叶酸。酸奶中叶酸的浓度约为 13μg/100g。酸奶叶酸比奶高是由于细菌,特别是嗜热链球菌生物合成了叶酸,也有可能添加的一些原辅料含叶酸。

叶酸是一种较不稳定的营养素。食物中有些形式的叶酸易被氧化,所以能促进叶酸氧化的加工和贮存条件特别值得关注。还原形式的叶酸(二氢叶酸和四氢叶酸)被氧化为对氨基苯甲酰谷氨酸和蝶呤-6-羧酸,维生素随之失去活性。5-甲基四氢叶酸也可以被氧化。抗氧化剂(在奶中特别是抗坏血酸)可保护叶酸免受破坏。食品中叶酸的氧化降解速率取决于存在的衍生物和食品本身,特别是其 pH 值、缓冲能力和催化性微量元素与抗氧化剂的浓度。

叶酸对光敏感,可能会受光分解。热处理对奶中叶酸水平也有影响。巴氏杀菌和巴氏杀菌奶贮存过程对叶酸的稳定性的影响相对较小,但 UHT 处理可造成很大损失。UHT 奶的含氧量(来自奶上方的空气或通过包装材料扩散而来)对 UHT 奶在贮存期间叶酸的稳定性影响很大,奶中抗坏血酸的含量和奶在热处理前的含氧量的影响也很大。叶酸和抗坏血酸(第 6.4 节)是奶粉中最不稳定的维生素。

在考虑奶制品中叶酸的含量时,还应考虑奶中叶酸结合蛋白的热稳定性。母乳喂养的婴儿叶酸需要量(55μg/d)要低于人工喂养的婴儿(78μg/d)。这种差异归因于母奶中存在活性叶酸结合蛋白。叶酸结合蛋白在加工过程中发生热变性。但一个用放射性标记的叶酸和用不同热处理强度制备的奶粉饲喂大鼠的研究显示,叶酸的生物利用率并无差异(Öste 等,1997)。

6.3.8 钴胺素及其衍生物(维生素 B_{12})

维生素 B_{12}由几种含钴的咕啉类化合物组成;咕啉环是一个具有四个还原吡咯环,类似于卟啉环的结构,其中心有一个螯合的 Co 原子,同时与核苷酸的碱基、核糖和磷酸相连接(图 6.34)。许多不同的基团可以连接到钴上的游离配体位点。氰钴胺素在该位置是一个氰根离子,氰钴胺素是维生素 B_{12}的工业生产和药用形式,但膳食中维生素 B_{12}的主要形式是 5’-脱氧腺苷钴胺素(R 位上是 5’-脱氧腺苷),甲基钴胺素($-CH_3$)和羟钴胺素(-OH)。维生素 B_{12}作为甲硫氨酸合成酶和甲基丙二酸单酰 CoA 变位酶的辅因子。前一种酶催化 5-甲基-四氢叶酸的甲基转移到钴胺素,再从钴胺素转至同型半胱氨酸,形成甲硫氨酸。甲基丙二酸单酰 CoA 变位酶在线粒体中催化甲基丙二酰辅酶 A 转化为琥珀酰-CoA。

维生素 B_{12}缺乏通常是由吸收不足而不是饮食摄入不足所引起。维生素 B_{12}缺乏可引

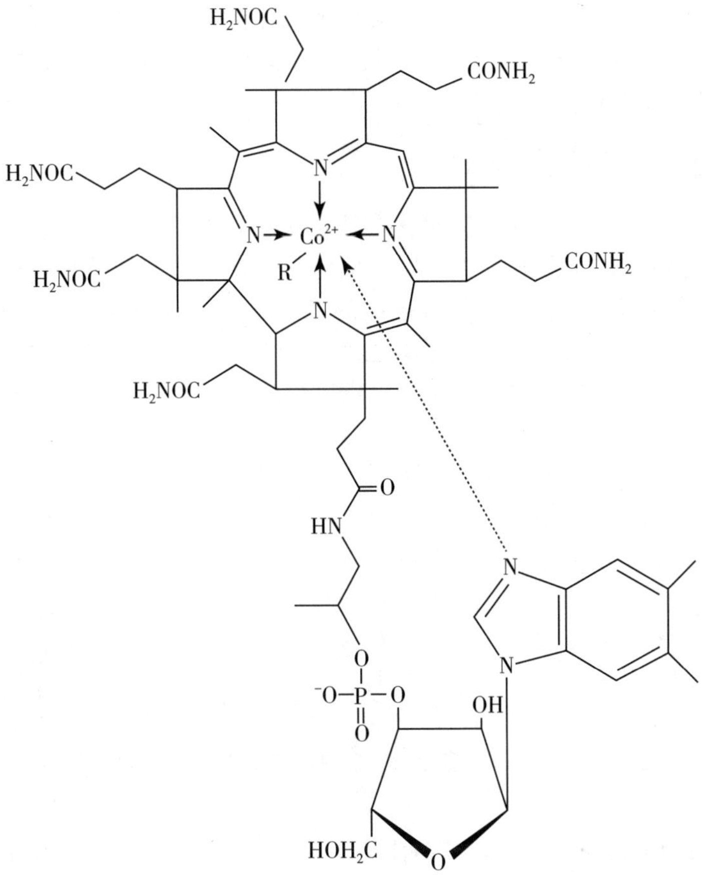

图 6.34　维生素 B_{12}

起恶性贫血，其症状包括贫血、舌炎、疲劳、外周神经系统退变和皮肤过敏。成人（21~51 岁）的 B_{12}推荐日摄取量为 3μg/d。与其他维生素不同，维生素 B_{12}只能从动物食物来源获得，如肉类、鱼类、禽肉、贝类、奶、奶酪和蛋类。这些食物中的维生素 B_{12}与蛋白质相结合，在胃中通过 HCl 和胃蛋白酶的作用释放出来。

每 100g 牛奶中维生素 B_{12}的平均含量小于 1μg（表 6.3），主要存在形式是羟钴胺素，95%以上与蛋白质相结合。牛奶中维生素 B_{12}的浓度受奶牛 Co 摄入量的影响。牛维生素 B_{12}的主要来源，也是维生素 B_{12}在牛奶中的最终来源是瘤胃中生物合成的维生素 B_{12}。因此，牛奶维生素 B_{12}含量受饲料、奶牛品种或季节的影响不大。初乳维生素 B_{12}含量高于常乳。

人奶中的维生素 B_{12}结合蛋白已经有了详细研究（第 11 章）。主要的结合蛋白（R 型 B12 结合蛋白）分子量为 63kDa，约含 35%的碳水化合物。人奶中的大部分或全部的维生素 B_{12}与这种蛋白质结合。另一种蛋白，运钴胺素蛋白 II 的浓度比较低。

维生素 B_{12}在巴氏杀菌和巴氏杀菌奶贮存过程中都较稳定（损失<10%）。UHT 热处

理造成维生素 B_{12}的损失比较大，特别是 UHT 奶在贮存期间的损失更大。贮存温度对 UHT 奶 B_{12}的稳定性影响很大。在 7℃的温度下贮存至 6 个月损失也非常小，但在室温（UHT 奶的正常贮存条件）下只贮存几周，就有较大损失。UHT 奶中的含氧量似乎几乎不影响维生素 B_{12}的稳定性。

6.4 抗坏血酸（维生素 C）

抗坏血酸（图 6.35）是一种碳水化合物，除了灵长类动物、豚鼠、印度果蝠、某些鸟类和鱼类之外，大多数动物均可从 D-葡萄糖或 D-半乳糖合成抗坏血酸。抗坏血酸可以在过渡金属离子、热、光、弱碱存在的条件下可逆地氧化成脱氢抗坏血酸（图 6.36），而维生素活性不损失。脱氢抗坏血酸不可逆地氧化成 2,3-二酮古洛糖酸（图 6.37），失去活性。2,3-二酮古洛糖酸可分解为草酸和 L-苏糖酸，最终分解为褐色颜料。

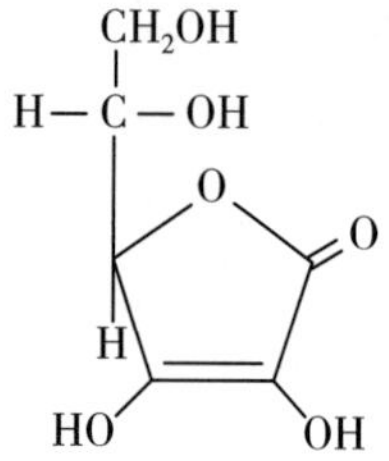

CH_2OH / H—C—OH / O / O / H / HO / OH

图 6.35　抗坏血酸

CH_2OH / H—C—OH / O / O / H / O / O

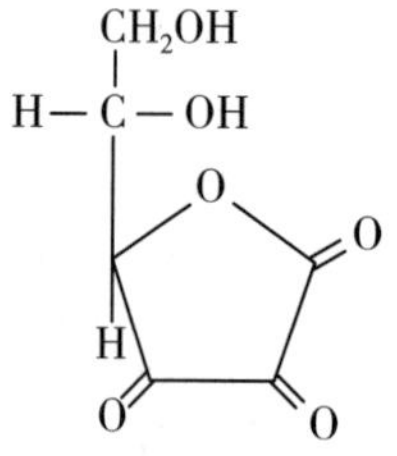

图 6.36　脱氢抗坏血酸

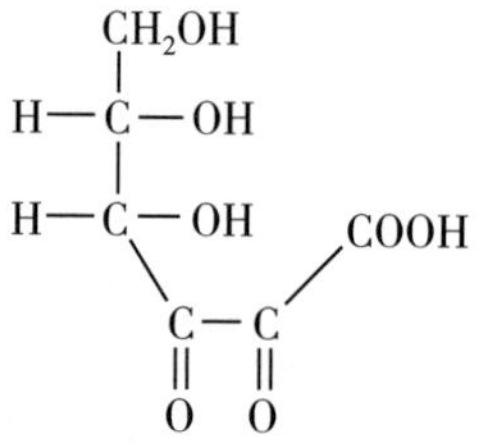

CH_2OH / H—C—OH / H—C—OH / COOH / C—C / O O

图 6.37　2,3-二酮古洛糖酸

抗坏血酸是强还原剂，因而是许多生物系统中重要的抗氧化剂。抗坏血酸对羟化酶的活性也是必要的，这种酶催化脯氨酸向羟脯氨酸和赖氨酸向羟基赖氨酸的翻译后转化。这种翻译后羟基化对于胶原蛋白的形成至关重要，胶原蛋白是结缔组织中的主要蛋白质。抗坏血酸盐的作用是将铁保持在正确的氧化态，并有助于其吸收。维生素 C 还在氨基酸代谢、铁的吸收和增强对感染的抵抗力中起作用。经典的维生素 C 缺乏综合征是坏血病，其症状包括小红细胞性贫血、牙龈出血、牙齿松动、频繁感染、伤口不愈合、肌肉变性、皮肤粗糙、歇斯底里和抑郁症。科普文献认为摄入远远超过 RDA 的抗坏血酸对健康有较大益处。虽然这些说法很多不符事实，但却造成维生素 C 补充剂的广泛使用。维生素 C 的 RDA 为 60mg/d。但抗坏血酸的需要量随性别、身体压力，可能还有年龄的不同而变化。含抗坏血酸的最好来源是水果和蔬菜；奶的维生素 C 含量很少。每 100g 奶含有约 2mg 抗坏血酸盐，报道范围为每 100g 奶中含 1.65~2.75mg。其差异比较大，表明在处理和贮存期间奶的抗坏血酸盐水平可明显降低。有人报道奶中抗坏血酸与脱氢抗坏血酸的比例为 4∶1，但该比例受氧化作用的强烈影响。有些研究者报道奶中维生素 C 的浓度存在季节性差异（冬季牛奶中最高），但是季节因素对维生素 C 浓度的影响目前还不清楚。

每 100g 人奶含有 3~4mg 抗坏血酸盐。抗坏血酸在奶的 pH 值条件下容易氧化。氧化速率受温度、光、氧浓度和催化性微量元素等因素的影响。抗坏血酸对建立与维持奶中的氧化还原平衡（第8章），保护叶酸（第6.3.7节）和防止奶中产生氧化异味有非常重要的作用。核黄素的光化学降解（第6.3.2节）对抗坏血酸的氧化有催化作用。

巴氏杀菌后奶中保留的维生素C至少有75%，贮藏期的损失通常非常小。但据报道采用透明容器包装的牛奶维生素C损失非常大。UHT处理期间的损失程度取决于热处理期间和随后的贮藏期间奶的含氧量以及贮存温度的高低。稀奶油和酸奶中抗坏血酸的浓度类似或略低于奶中的浓度（表6.1）；奶酪只含微量的维生素C。

表6.3　奶、奶制品和奶酪中维生素B_6，B_7，B_9，B_{12}的浓度（引自Nohr和Biesalski，2009）

食物种类或动物种类	B族维生素			
	吡哆醇（μg/100g）	生物素（μg/100g）	叶酸（μg/100g）	钴胺素（μg/100g）
蓝纹奶酪（干物质中50%脂肪）			40	
布里奶酪（干物质50%）	230	6	65	2
酪奶	40	2	5	<1
卡门奶酪（干物质中45%脂肪）	250	5	44	3
炼奶（最少10%脂肪）	77	8	6	<1
普通牛奶（3.5%脂肪）	36	4	6	<1
稀奶油（最少30%脂肪）	36	3	4	<1
奶油奶酪（干物质中脂肪最少60%）	60	4		<1
全脂奶粉	200	24	40	1
大孔奶酪	111			3
林堡干酪（干物质中40%脂肪）		9	60	
夸克/新鲜奶酪（来自脱脂奶）		7	16	
脱脂奶	50	2	5	<1
灭菌奶	23	4	3	<1
淡乳清	42	1		<1
UHT奶	41	4	5	<1
酸奶（最少3.5%脂肪）	46	4	13	<1
奶的来源				
水牛	25	11		<1
奶牛	36	4	7	<1
驴				<1
山羊	27	4	1	<1
马	30			<1
人	14	1	8	<1
绵羊		9		<1

参考文献及推荐阅读文献

Belitz, H. -D., & Grosch, W. 1987. *Food chemistry*. New York, NY: Springer.

Combs, G. T., Jr. 2012. *The vitamins: Fundamental aspects in nutrition and health* (4th ed.). San Diego, CA: Academic Press.

Department of Health. 1991. *Dietary reference values for food energy and nutrients for theUnited Kingdom: Report on health and social subjects* (Vol. 40). London, UK: HMSO.

Fouquay, J. W., Fox, P. F., & McSweeney, P. L. H. (Eds.). (2011). *Encyclopedia of dairy sciences* (2nd ed.). Oxford, UK: Academic Press.

Fox, P. F., & Flynn, A. 1992. Biological properties of milk proteins. In P. F. Fox (Ed.), *Advanceddairy chemistry* (Proteins, Vol. 1, pp. 255-284). London, UK: Elsevier Applied Science.

Garrow, J. S., & James, W. P. T. 1993. *Human nutrition and dietetics*. Edinburgh, UK: Churchill-Livingstone.

Holland, B., Welch, A. A., Unmin, I. D., Buss, D. H., Paul, A. A., & Southgate, D. A. T. 1991. *McCance and Widdowson's the composition of foods* (5th ed.). Cambridge, UK: Royal Societyof Chemistry and Ministry of Agriculture, Fisheries and Food.

Jensen, R. G. (Ed.). 1995. *Handbook of milk composition*. San Diego, CA: Academic Press.

Morrissey, P. A., & Hill, T. R. 2009. Fat-soluble vitamins and vitamin C in milk and dairy products. In P. L. H. McSweeney & P. F. Fox (Eds.), *Advanced dairy chemistry* (Lactose, water, saltsand minor constituents 3rd ed., Vol. 3, pp. 527-589). New York, NY: Springer.

Nohr, D., & Biesalski, H. K. 2009. Vitamins in milk and dairy products: B-group vitamins. InP. L. H. McSweeney & P. F. Fox (Eds.), *Advanced dairy chemistry* (Lactose, water, salts andminor constituents 3rd ed., Vol. 3, pp. 591-630). New York, NY: Springer.

Öste, R., Jägerstad, M., & Andersson, I. 1997. Vitamins in milk and milk products. In P. F. Fox (Ed.), *Advanced dairy chemistry* (Lactose and minor constituents, Vol. 3, pp. 347-402). London, UK: Chapman & Hall.

Whitney, E. N., & Rolfes, S. R. 1996. *Understanding nutrition*. St. Paul, MN: West Publishing.

第7章 奶与奶制品中的水

7.1 引言

奶制品的含水量介于2.5%~94%（表7.1），以重量计，水是奶、奶油、冰激凌、酸奶和奶酪等多数奶制品的主要成分。在食品加工过程中，食品的水分含量（或更准确地说是水分活度，7.3），还有温度和pH值都是非常重要的参数。如7.8所述，即使是含水量比较低的产品，如黄油（约16%水分）或脱水奶粉（2.5%~4%水分），水也起着极其重要的作用。水是食品最重要的稀释剂，对奶制品的理化变化和微生物变化影响很大，是非脂乳固体重要的成形剂。

表7.1 一些奶制品的含水量（修改自Holland等，1991）

产品	含水量（g/100g）
脱脂奶，平均	91
巴氏杀菌奶	91
强化脱脂奶粉	89
UHT灭菌奶	91
全脂牛奶，平均	88
巴氏杀菌奶[a]	88
夏天	88
冬天	88
灭菌奶	88
海峡群岛牛奶	
全脂巴氏杀菌奶	86
夏天	86
冬天	86
半脱脂奶，UHT	89
脱脂奶粉	3.0
添加植物油	2.0
全脂炼奶	69
调味奶	85
巴氏杀菌山羊奶	89
人初乳	88
常乳	87

（续表）

产品	含水量（g/100g）
生鲜绵羊奶	83
打发鲜奶油	55
奶酪	
布里干酪	49
卡蒙伯尔干酪	51
切达干酪，平均	36
素食干酪	34
部分脱脂切达干酪	47
软干酪，原味	53
白软干酪，原味	79
添加辅料	77
低脂	80
奶油奶酪	46
丹麦蓝奶酪	45
Edam 奶酪	44
Feta 羊奶酪	57
清爽干酪，水果	72
原味	78
极低脂	84
全脂软奶酪	58
豪达奶酪 Gouda	40
硬奶酪，平均	37
Lymeswold	41
半脱脂软干酪	70
帕尔玛	18
加工奶酪，原味	46
斯蒂尔顿奶酪，蓝色	39
白奶酪，平均	41
乳清	94
饮用酸奶	84
低脂原味酸奶	85
全脂原味酸奶	82
水果	73
含奶冰激凌，香草味	62
不含奶冰激凌，香草味	65

[a]巴氏杀菌奶的数值与非巴氏杀菌奶相近。

7.2 水的一般性质

表 7.2 列出了水的一些物理性质。与相似的分子相比，水的熔点和沸点比较高，表

面张力、介电常数、热容、热导率和相变热比较大（表 7.3）。但与其他分子相比，水的密度比较小，且在结冰时体积增大，表现出异常的膨胀特性。在同等温度下，冰的热导率约为水的 4 倍，高于其他非金属固体。同样，冰的热扩散率约为水的 9 倍。

表 7.2　水和冰的物理常数（引自 Fennema，1985）

分子量	18.01534			
相变性质				
熔点，101.3kPa（1 个大气压）	0.000℃			
沸点，101.3kPa（1 个大气压）	100.00℃			
临界温度	374.15℃			
临界压力	22.14MPa（22.14 个大气压）			
三相点	0.0099℃和 610.4kPa（4.579 毫米汞柱）			
熔融热，0℃	6.012kJ（1.436 kcal/mol）			
汽化热，100℃	40.63kJ（9.705 kcal/mol）			
升华热，0℃	50.91kJ（12.16 kcal/mol）			
其他属性	20℃	0℃	0℃（冰）	-20℃（冰）
密度（kg/L）	0.9998203	0.999841	0.9168	0.9193
黏度（Pa·s）	1.002×10^{-3}	1.787×10^{-3}	—	—
表面张力，对空气（N/M）	72.75×10^{-3}	75.6×10^{-3}	—	
蒸汽压（Pa）	2.337×10^{-3}	6.104×10^{2}	6.104×10^{2}	1.034×10^{2}
比热（J/kgK）	4.1819	4.2177	2.1009	1.9544
热导率（J/msk）	5.983×10^{2}	5.644×10^{2}	22.40×10^{2}	24.33×10^{2}
热扩散率（m^2/s）	1.4×10^{-5}	1.3×10^{-5}	-1.1×10^{-4}	-1.1×10^{-4}
介电常数				
静态[a]	80.36	80.00	91[b]	98[b]
在 3×10^{9} Hz	76.7	80.5	—	3.2

[a]在低频率的极限值。

[b]与冰的 c 轴平行；垂直于 c 轴时此值约为 15%。

表 7.3　水和其他相似化合物的性质（引自 Roos，1997）

特性	氨（NH_3）	氢氟酸（HF）	硫化氢（H_2S）	甲烷（CH_4）	水（H_2O）
分子量	17.03	20.02	34.08	16.04	18.015
熔点（℃）	-77.7	-83.1	-85.5	-182.6	0.00
沸点（℃）	-33.35	19.54	-60.7	-161.4	100.00
临界温度（℃）	132.5	188.0	100.4	-82.1	374.15
临界压力（bar）	114.0	64.8	90.1	46.4	221.5

水分子（HOH）是由氧的 4 个 sp3 成键轨道中的两个轨道（由 2s、2px、2py 和 2pz 轨道杂化形成）与两个氢原子形成共价键（σ）而成（图 7.1）。氧原子剩下的两个 sp3 轨道有非键电子。中心氧原子周围的轨道呈四面体排列，这个形状在水分子中也几乎完全得以保留。

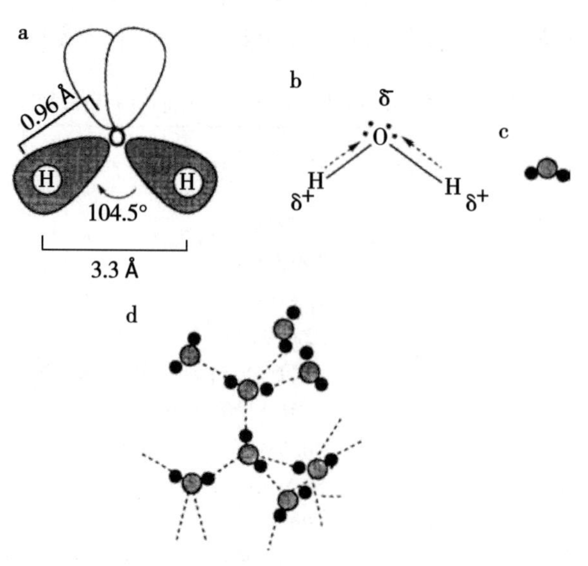

图 7.1　水分子内（a–c）和水分子间的氢键（d）图示

由于氧和氢的电负性相差比较大，水的 O–H 键呈强极性，蒸汽状态偶极矩为 1.84D（德拜）。其他一些小偶极分子的偶极矩是：HF 1.82；HCl 11.08；HBr 0.82；HI 0.44。这样就造成氧原子带有部分负电荷，而氢原子则带有部分正电荷（图 7.1b），氧原子的孤对电子可与其他分子的氢原子形成氢键。由于存在上述电负性差异，氢原子表现出裸质子的特征。这样，每个水分子可以形成 4 个氢键，4 个氢键以四面体的方式排列在氧原子周围（图 7.1d）。水的结构可以说就是水分子以氢键连续缔合起来的三维网络结构，其微观结构往往呈四面体构型，但也有大量的氢键发生应变（strained）或断裂。因而，这个四面体构型通常只能保持在较短距离内。而且这种结构是动态的，水分子可快速变换与其形成氢键的分子，而且可能会有一些非成键的游离水分子存在。

水可结晶形成冰。每个水分子与另 4 个水分子以四面体的方式缔合，这可从冰的晶体的晶胞结构（图 7.2）看出。从上往下看，许多晶胞组合形成了六方形结构（图 7.3）。因为基础平面分子有上下两层，每个分子周围的分子均呈四面体排列（引自 Fennema，1985），所以冰的三维结构（图 7.4）实际是由两个平行、紧挨着的分子平面（“基础平面”）组成。在受到压力的作用时，冰的基础平面是以一个整体移动的。几个基础平面堆叠起来便得到冰的扩展结构。虽然冰可以许多其他晶体形式存在，也可以不定形状态存在，但能够在 0℃、常压下可保持稳定的，唯有这种冰晶形式。上面对冰的描述有点过于简单，实际上，由于有离子水（H_3O^+、OH^-）、同位素变体、溶质和水分子内的振动的存在，这个体系跟上面描述的并不完全一致。

奶制品中的水与水蒸汽和冰不同，因为它还含有许多溶质。水与溶质的相互作用非常重要。亲水化合物与水通过离子–偶极或偶极–偶极相互作用力发生强烈作用，而疏水性物质与水作用较差，倾向于与自身发生作用（疏水作用）。

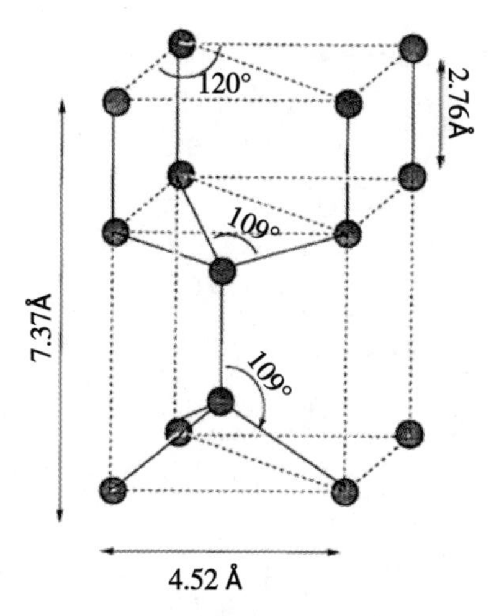

图 7.2　在 0℃时冰的晶体的晶胞结构。圆球代表水分子的氧原子，虚线代表氢键
（修改自 Fennema，1985）

食物中的水可分为自由水和结合水两种。结合水可视为在-40℃食物中不结冰的那部分水，这些水存在于溶质和其他非水相成分附近，其分子流动性降低，其他特性也发生显著改变，与同一系统中的“自由水”不同（Fennema，1985；Roos，1997；Simatos 等，2009）。结合水的实际含量因产品不同而异，实测数也常常因采用的方法不同而不同。结合水并非总是固定不动的，结合水分子也会经常发生交换。

结合水有几种类型。结构水是结合得最紧密的水，是另一个分子不可分割的一部分(如球蛋白结构内的水)。在高水分食物中，结构水只占水的一小部分。附着水或单分子层水是与亲水性最强的基团第一层基团结合的水。多分子层水占据了剩余的亲水基团，在单分子层水之外形成了多个分子层。结构水、单分子层和多分子层水通常没有明显界线，因为它们仅仅是在水分子与食物成分结合的时间长短不同而已。

在水中加入可解离溶质可破坏水的正常四面体结构。许多简单的无机溶质不含氢键供体或受体基团，只能与水通过偶极子相互作用（如图 7.5 氯化钠与水的相互作用）。多分子层水存在于结构紊乱状态，而体相水的性质与稀释盐溶液中水的性质相似。溶液中的离子对水的结构有影响，可破坏其正常的四面体结构。浓溶液可能由于含体相水不多，由离子赋予的结构占主导地位。离子影响水结构的能力受其电场的影响。有些离子(主要是半径小的离子和/或多价离子）电场较强，由这些离子产生的新结构多于水的原有结构的损失，即可使水的结构性增强。而半径大的离子和单价离子由于电场较弱，对水的结构有破坏作用。

水除了与自身形成氢键之外，也可与其他分子的供体基团或受体基团形成氢键。水—溶质之间的氢键通常弱于水—水之间的相互作用。水通过与溶质的极性基团以氢键相互作用，流动性降低了，因而被定义为结构水或单分子层水。一些能够与水形成氢键的溶质，以与水的正常结构不兼容的形式形成氢键，对水的正常结构有破坏作用。因

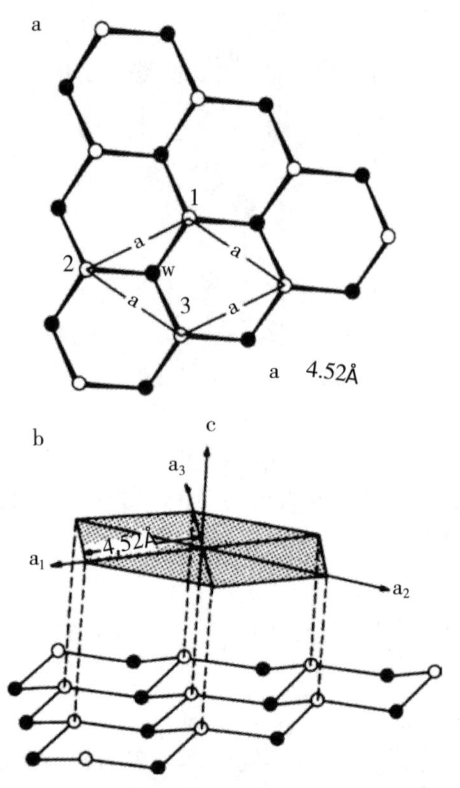

图 7.3 冰的“基础平面”（由两个高度略微不同的平面构成）俯视图。黑球代表位于下平面的氧原子，白球代表位于上平面的氧原子，（a）为俯视图；（b）为侧视图（引自 Fennema，1985）

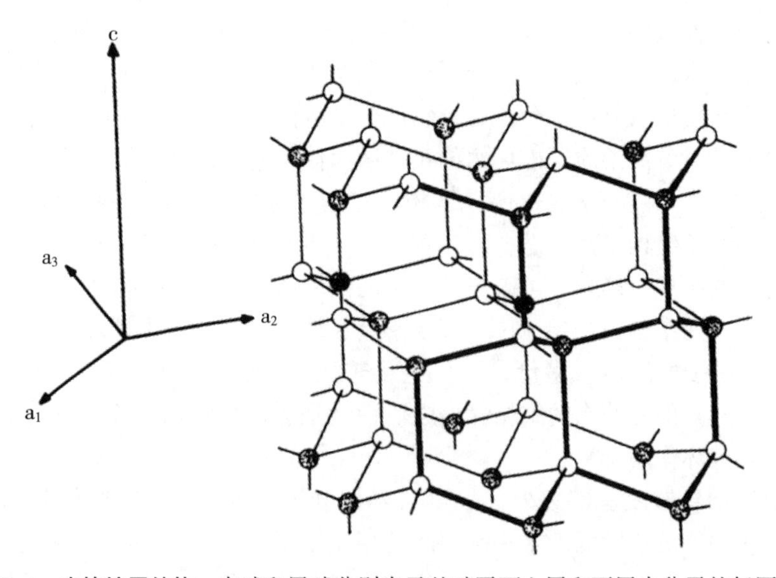

图 7.4 冰的扩展结构 白球和黑球分别表示基础平面上层和下层水分子的氧原子

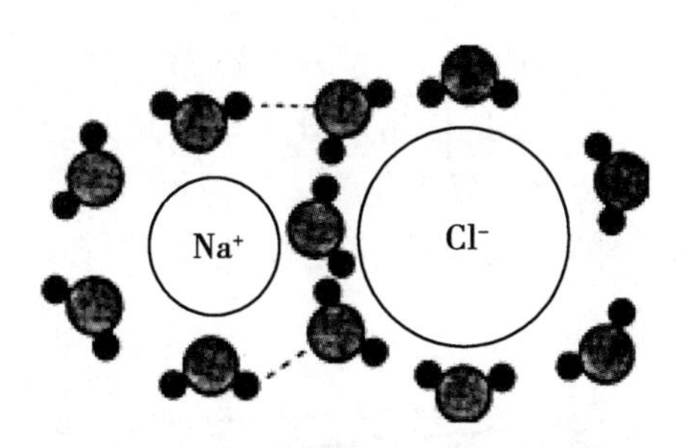

图7.5　水分子在钠离子和氯离子附近的排列（修改自 Fennema，1985）

此，溶质可使水的冰点降低（第8章）。奶制品中的水可与乳糖或蛋白质上的许多基团（如羟基、氨基、羧基、胺基或亚氨基，图7.6）形成氢键。

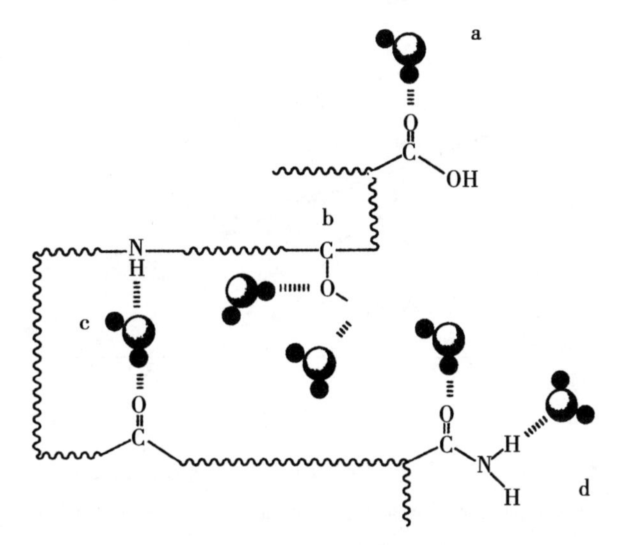

图7.6　水分子与羧酸（a）、乙醇（b）、亚氨基和羰基（c）及酰胺基（d）的相互作用图示

奶中有大量的疏水性物质，尤其是脂类和疏水性氨基酸。由于非极性基团附近水—水形成氢键增加（从而结构性也增强），造成熵减小，导致热力学上不利于水与这些基团发生相互作用。

7.3　水分活度

水分活度（a_w）是在相同温度下食品的水蒸气分压（p）与纯水的蒸气压（p_o）的比值。

$$a_w = \frac{p}{p_o} \tag{7.1}$$

由于食品中的水含有各种溶质，其蒸汽分压总是小于纯水的蒸汽压。水分活度是一个对温度有依从关系的特性，可用于描述食品中水的平衡状态或稳定状态（Roos，1997）。

对于与大气处于平衡状态的食物系统（即系统的水分不会因水蒸汽压有差异而净

增或净减)，平衡相对湿度（ERH）与 a_w 有如下关系：

$$ERH(\%) = a_w \times 100 \tag{7.2}$$

因此，在理想条件下，ERH 就是食品水分不增不减时的大气相对湿度。水分活度与温度和 pH 值一样，都是决定食品发生化学、生物化学和微生物学变化速度的最重要参数。但因为 a_w 是以平衡条件为先决条件，所以仅适用于存在这些条件的食品。

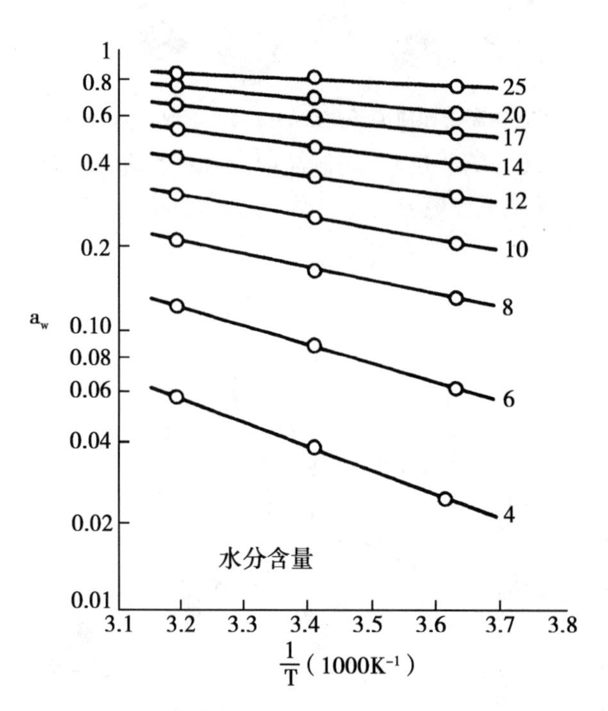

图 7.7 本地马铃薯淀粉水分活度和温度之间的 Clausius-Clapeyron 方程关系。曲线上的数字代表含水量，单位为 g/g 干淀粉（引自 Fennema，1985）

因水分活度受温度影响，所以必须指定测定 a_w 的温度。a_w 对温度的相依性可用经过修正的 Clausius-Clapeyron 关系式进行描述：

$$\frac{d\ln(a_w)}{d(1/T)} = \frac{-\Delta H}{R} \tag{7.3}$$

式中 T 是温度（K），R 是通用气体常数，ΔH 是焓的变化。因此，当含水量恒定时，a_w 的对数值与 1/T 存在线性关系（图 7.7）。在极端温度和开始结冰时，则不遵从这种线性关系。

a_w 的概念可以拓展到低于冰点的温度。此时，a_w 是指相对于过冷纯水的蒸气压 [po(SCW)]，而不是相对于冰的蒸气压的值（Fennema 1985）：

$$a_w = \frac{P_{ff}}{p_{o(SCW)}} = \frac{P_{ice}}{p_{o(SCW)}} \tag{7.4}$$

式中 P_{ff} 是未完全冷冻食品中水的蒸气分压，P_{ice} 是纯冰的蒸汽压。a_w 的对数值与 1/

T 在低于冰点的温度存在线性关系（图 7.8）。在低于样品的冻结温度时，温度对 a_w 的影响更大，通常在冰点处有明显的断点。

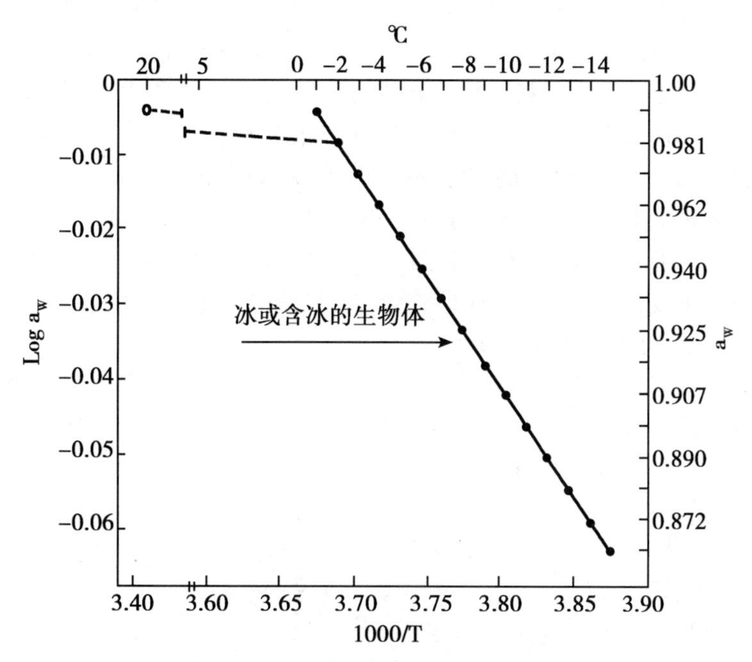

图 7.8　高于或低于冻结温度时样品的水分活度和温度之间的关系（引自 Fennema，1985）

低于冻结温度，a_w不受样品成分的影响，仅受温度的影响。高于冻结温度则不同，a_w是样品成分和温度的函数。因此，不能用低于冻结温度食品的 a_w 值来估测高于冻结温度食品的 a_w。低于冻结温度的 a_w 值在估测食品可能发生的变化方面的价值，要远低于高于冻结温度时的 a_w 值。

水分活度有几种测定方法（Marcos，1993；Simatos 等，2011）。最直接的方法是同时读取食品系统和纯水上压力表的压力读数，并进行比较。稀溶液和液态食品的 a_w 也可用低溶质浓度冰点测定法来测定，因为在某些条件下，a_w可视为一种依数性。在这些情况下，以下 Clausius-Clapeyron 方程式是成立的：

$$a_w = \gamma[n_2/(n_1 + n_2)] \tag{7.5}$$

式中 n_1和 n_2分别是溶质和水的摩尔数，γ 是活度系数（稀溶液约为 1）；n_2可通过测定冰点从下面关系式来估测：

$$n_2 = \frac{G\Delta T_f}{1\,000K_f} \tag{7.6}$$

式中 G 是样品中溶剂的克数，ΔT_f是冰点下降度数（℃），K_f是水的摩尔冰点下降常数，即 1.86。

水分活度也可通过测定食物样品的 ERH，再用（7.2）来计算。ERH 可通过用湿度计或干湿球湿度计（干湿球温度计）测量密闭小容器中食物顶部空间的相对湿度来估算，或用气相色谱法直接测量顶部空间空气的含水量来估算。浸渍了硫氰酸钴

[$Co(SCN)_2$]的试纸，其颜色会随湿度变化而变化，可用这种试纸与已知 a_w的标准物作为参照物来估测 ERH。

a_w值也可通过利用不同盐类吸湿性的差异来估计。将食物样品暴露于一系列已知 a_w的盐类晶体，如果样品的 a_w大于某种晶体，该晶体将从样品吸收水分。a_w也可通过等压平衡来测定。测定方法是，将一种已知水分吸附等温线的脱水吸附剂（如微晶纤维素）暴露于一个密闭容器里与样品接触的空间（第 7.4 节）。等样品和吸附剂达到平衡后，用重量分析法测定吸着剂的水分含量，再计算出样品的 a_w。

还有一种测定 a_w的方法，是将样品暴露在已知一定相对湿度（RH）的不同空气中，达到平衡后，通过重量分析法测定样品吸收或损失的水分，再计算出样品的 a_w。如果样品的重量不变，则环境的 RH 即等于样品的 ERH。而对 RH 值大于或小于样品的 ERH 的食品，其 a_w可用数据外推算出。

有些食品的 a_w可根据其化学成分计算得出。图 7.9 是刚生产的奶酪的 a_w与水分和氯化钠的关系算图。有些研究者也提出奶酪的 a_w与氯化钠、灰分、12%三氯乙酸可溶性 N 和 pH 值的关系式（Marcos，1993）。

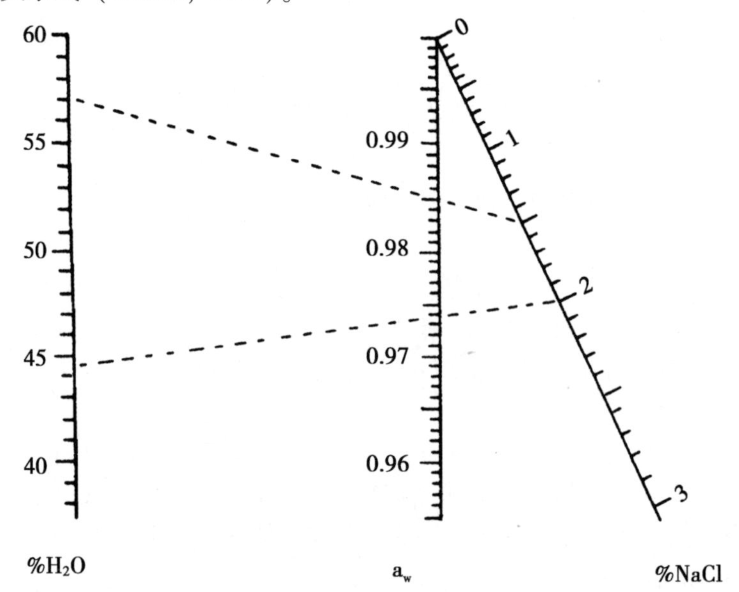

图 7.9　根据奶酪的水分和氯化钠含量直接估算水分活度（a_w）。如含水量=57.0，氯化钠含量=1.5，则 a_w=0.985；如含水量=44，氯化钠=2.0，则 a_w=0.974（引自 Marcos，1993）

7.4　水分吸附

食品是吸附还是散发水蒸气，取决于食品中水的蒸气分压的大小。如果水的蒸气分压小于大气压，吸附作用就一直进行，直到蒸气压力达到平衡为止。相反，如果食品中水的蒸气分压大于大气压，就会出现水蒸气解吸附作用。一般认为吸附是水吸着在固体与环境之间的物理界面上，吸收则是指发生在物体内部的吸附作用（Kinsella 和 Fox，

1986）。

奶制品的水分吸附特性由其非脂成分（主要是乳糖和蛋白质）所决定。但很多奶制品和乳清产品由于结构发生改变和/或溶质发生结晶，使情况变得更为复杂。

在一定温度下，食品含水量（g/g 干物质）与 a_w 的关系曲线称为吸附等温线。将一组预先干燥的样品暴露于高相对湿度的大气中，即可绘制出吸附等温线；等温解吸线可用相似的方法来制作。从等温曲线，可知道食品在脱水过程中脱水的难易程度，也可知道其稳定性的高低，因为脱水的难易程度和稳定性都与 a_w 相关。图 7.10 是典型的吸附等温线。大多数食品的吸附等温线呈 s 形，但含有大量小分子量溶质且多聚物含量比较少的食品，其等温线通常呈 J 形。水的吸附速率具有温度相依性，在一定的蒸气压下，解吸损失的水或回吸得到水的数量可能不相等，因此可能会出现吸着滞后现象（图 7.11）。

Ⅰ区的水（图 7.10）结合得最牢固，是与干燥食品表面裸露的高极性基团相结合的单分子层水。Ⅰ区和Ⅱ区交界处代表食品单分子层的水含量。Ⅲ区的水分除了单分子层水之外，还有多分子层水，而Ⅲ区则还有体相水。

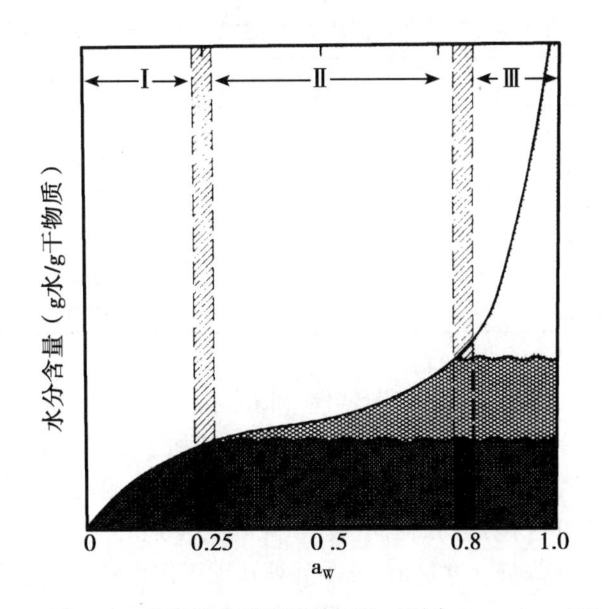

图 7.10　食品的水分吸附等温线（引自 Fennema，1985）

水分吸附等温线可由实验测得，即将已知水分活度的不同盐类的饱和溶液（表 7.4），置于密闭的抽真空干燥器中，等达到平衡状态之后，用重量法测定食品的水分含量。用这种方法测得的值，可与许多理论模型（包括 Braunauer-Emmett -Teller 模型，Kühn 模型和 Gruggenheim-Andersson-De Boer 模型，见 Roos，1997）进行比较，以估测食品的吸附特性。图 7.12 是用 3 个模型估测的脱脂奶的吸附等温线。

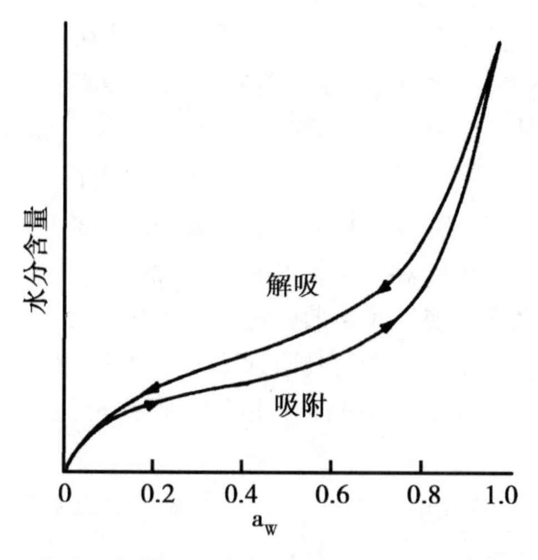

图 7.11 水分吸附等温线的滞后现象（引自 Fennema，1985）

表 7.4 用于测定水的吸附等温线的饱和盐溶液的水分活度，30℃

盐	水分活度，30℃
KOH	0.0738
$MgCl_2 \cdot 6H_2O$	0.3238
K_2CO_3	0.4317
$NaNO_3$	0.7275
KCl	0.8362
$BaCl_2 \cdot 2H_2O$	0.8980

目前我们已知道了许多奶制品的吸附特性（Kinsella 和 Fox，1986）。乳清粉的吸附等温线一般呈 s 形，但等温线的特征受样品成分及其加工史的影响。浓缩乳清蛋白（WPC）、透析浓缩乳清蛋白及其透析液（主要是乳糖）的吸附等温线如图 7.13 所示。a_w值低时，产生吸附作用的主要是蛋白质。a_w值在 0.35~0.50（图 7.13），即乳糖的吸附等温线可观察到a_w大幅降低，这是由于α-乳糖从无固定形状变成结晶，每摩尔含有1摩尔的结晶水（第 2 章）。在a_w大于 0.6 时，水吸附主要受小分子量组分的影响（图 7.13）。

虽然有些证据相互矛盾（Kinsella 和 Fox，1986），乳清蛋白变性似乎对与其结合的水的数量影响甚小。但有可能与变性相伴的其他因素（如美拉德褐变、蛋白质的缔合），可以改变蛋白质的吸附特性。干燥方法会影响浓缩乳清蛋白的水分吸附特性。与辊筒空气或真空干燥样品相比，冷冻干燥或喷雾干燥的浓缩乳清蛋白，在单分子层能结合更多的水，显然是由于后者具有更大的表面积的缘故。如前所述，温度也会影响乳清蛋白制品的水吸附。β-乳球蛋白的吸附等温线在许多球蛋白中具有代表性。

在中、低a_w值时，奶粉中的酪蛋白是主要的水吸着剂。酪蛋白的水分吸附特性受

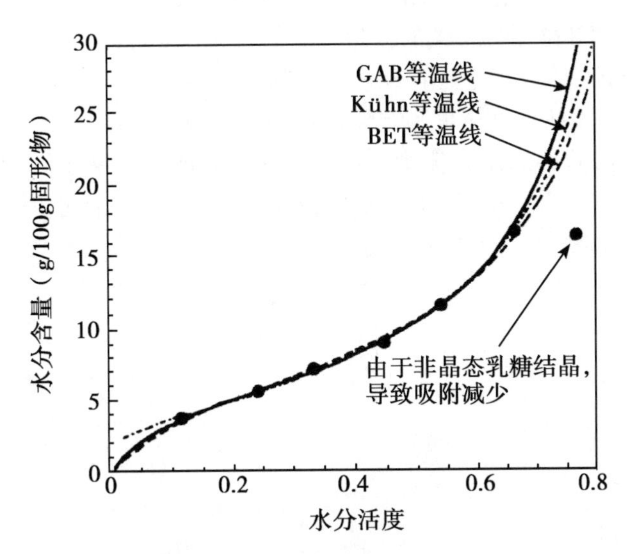

图 7.12　脱脂奶对水的吸附和根据 Braunauer-Emmett-Teller（BET），Kühn 及 Guggenheim - Andersson - DeBoer（GAB）吸附模型估测的吸附等温线（引自 Roos，1997）

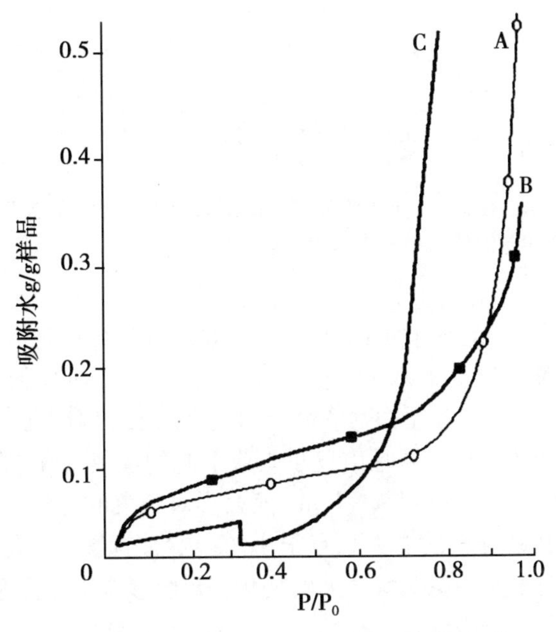

图 7.13　浓缩乳清蛋白（A）、透析浓缩乳清蛋白（B）和浓缩乳清蛋白透析液（乳糖）（C）对水蒸气的吸附（引自 Kinsella 和 Fox，1986）

其胶束状态、自我缔合的倾向、磷酸化程度及其膨胀能力的影响。在 a_w 介于 0.75～0.95 时，酪蛋白胶束和酪蛋白酸钠的吸附等温线（图 7.14）通常呈 s 形，但酪蛋白酸钠的等温线显著升高。这是由于存在某些离子基团，存在与其结合的 Na^+ 或者酪蛋白酸钠的膨胀能力增大的缘故。加热可影响酪蛋白的水分吸附特性，pH 值对其水分吸附特性也有影响。酪蛋白酸钠的水合能力随 pH 值升高而增大，仅在低 pH 值时有些例外（图 7.15 b）。在等电点（4.6）附近吸水量最少。在中 a_w 值、低 a_w 值时，升高 pH 值同时也升高 Na^+ 对水分吸附没什么影响。

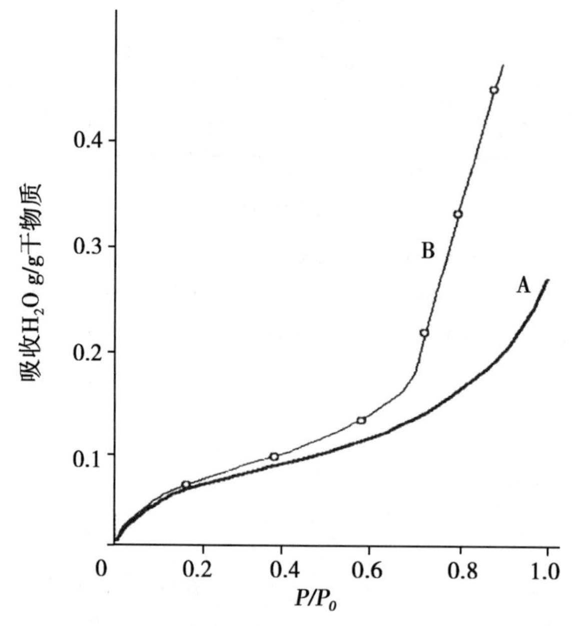

图 7.14　在 24℃、pH 值为 7 时酪蛋白胶束（A）和酪蛋白酸钠（B）的吸附等温线（引自 Kinsella 和 Fox，1986）

a_w 值较低时，水分子与蛋白质上的结合基团牢固结合；a_w 值较高时，蛋白质和 NaCl 就在多分子层吸附可吸附的水。a_w 值较高的情况下，当 pH 值为 6～7 时，酪蛋白胶束吸附水最少（图 7.15）。酪蛋白盐和酪蛋白胶束的水分吸附最小值之所以存在这种差异，是因为酪蛋白盐的水化主要是由离子效应引起的缘故（Na^+ 在这方面比 Cl^- 更有效）。而酪蛋白胶束的水合性质则反映了 pH 值大小对胶束的完整性的影响。κ-酪蛋白被凝乳酶水解似乎对其结合水的能力只有很小的影响，但氨基的化学修饰影响则比较大。遗传多态性引起的酪蛋白氨基酸序列的变化，也会影响水分吸附。在等电酪蛋白中加入氯化钠可大幅增加水分吸附。

奶制品的脱水过程对水分吸附影响最大。除了受相对湿度、温度及其组分的相对含量和内在的吸附特性影响之外，奶粉吸附水分的数量还受加工方法、乳糖的形式、蛋白质构象的变化、盐类等溶质的膨胀和溶解的影响。正如第 2 章所述，非晶态乳糖具有吸湿性，在低相对湿度可吸收大量水分，而结晶乳糖对水的吸附只在高相对湿度才比较明

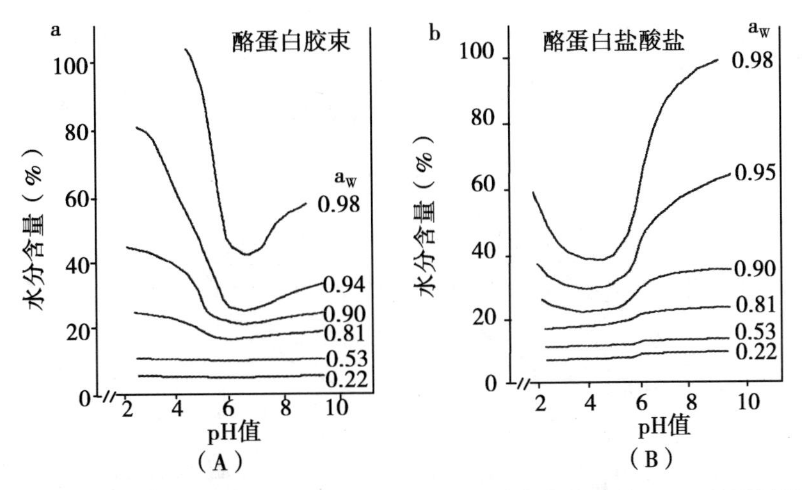

图 7.15　酪蛋白胶束（A）与酪蛋白酸钠和酪蛋白盐酸盐（B）达到平衡的含水量，是 pH 值和水分活度变化的函数（isopsychric 曲线）（引自 Kinsella 和 Fox，1986）

显，所以，含有结晶乳糖的奶制品主要是靠乳蛋白来吸附水分。

7.5　水的玻璃化和增塑作用

低水分奶制品（如奶粉）或冷冻奶制品（因为冷冻时会发生脱水）的非脂固体在大多数奶制品中是无固定形状的（含有预结晶乳糖的除外）。非脂固体以亚稳定、非平衡状态，即以固体玻璃或过冷液体的形态存在。这些状态之间可发生相变，发生相变的温度范围叫玻璃化转变（T_g；Roos，1997，2011）。在玻璃化转变过程中，热容、介电性质、体积、分子淌度和各种机械性质都会发生变化。无固定形状的水开始玻璃化的温度（即从固态、无固定形状的玻璃态变成过冷液体，或反方向转变）约为-135℃。玻璃化转变随着固形物比例增大而升高（图 7.16）。加水导致玻璃化转变大幅降低。

超过临界水分活度之后，奶制品的稳定性急剧下降（第 7.8 节），这与水对玻璃化转变和水作为无固定形状奶成分的增塑剂的影响有关（Roos，1997，2011）。

7.6　非平衡冻结

溶液冷却至低于其冰点即会结冰。如快速冷却糖溶液，即可出现非平衡冻结。这是冷冻奶制品（如冰激凌）最常见的冰的形态。冰激凌原料快速冷冻，可导致乳糖和其他糖浓度的冻结浓缩。如果温度太低，不能形成结晶，则会成为过饱和溶液。乳糖急速降温会导致形成过饱和、冻结浓缩无固定形状的基质。

快速冷却的溶液可发生各种热转变，包括玻璃化转变、脱玻化（快速冷冻的溶液加热时会结冰）和冰的融化。温度、固形物的比例与乳糖溶解度和玻璃化转变的关系如图 7.16 所示。

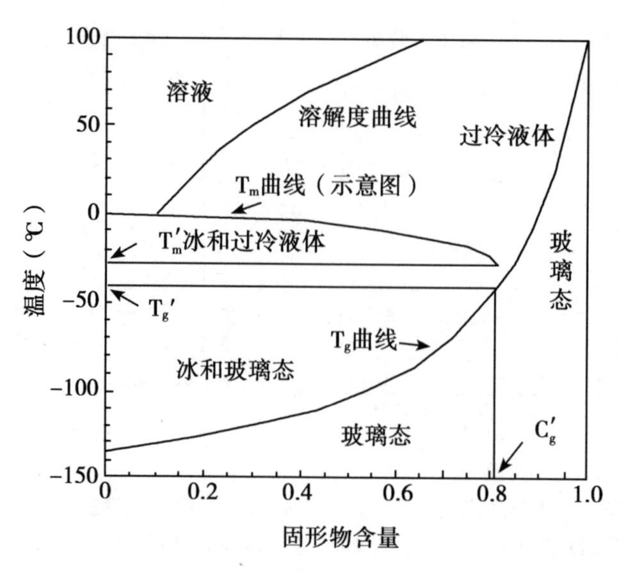

图 7.16　乳糖状态图（引自 Roos，1997）

7.7　水对粉末的黏性和结块的作用及在乳糖结晶中的作用

如第 2 章所述，乳清和其他乳糖浓度高的溶液较难烘干，因为半干粉末会粘在烘干机的金属表面。烘干温度和其他工艺参数对乳清在干燥过程中的黏性的影响已在第 2 章中讨论过。凝集作用在奶制品粉末的润湿和再制过程所起的作用也已经在第 2 章讨论过。

无固定形状的粉末之所以有黏性并容易结块，主要是由于其在加热或置于高相对湿度环境下有增塑作用。如 Roos（1997）所述，加热或加入水可降低表面黏性（因而可以粘附），在粒子表面形成黏性较低的初始液体状态。如果有足够多的液体存在，并通过毛细管作用流动，就可在粒子之间形成足以引起粘结的“桥联”。可影响液体“桥联”的因素包括：水分吸附、组分的融化（如脂类）、化学反应生成的水（如美拉德褐变反应）、释放出结晶水，直接添加水。

玻璃态乳糖的黏度极高，因此需要很长的接触时间才能产生粘结作用。但高于玻璃化转变温度范围，黏度显著降低，因此粘结所需的接触时间缩短了。玻璃化转变与粘结点有关，因此可用作衡量稳定性的指标。在相对湿度高的情况下，水对粉末的组分起到塑化作用，使玻璃化转变降低到低于外界温度时，粉末即可发生粘结。无固定形状的乳糖的结晶作用已经在第 2 章讨论过。

7.8　水与奶制品的稳定性

水在奶制品中最重要的作用，是对其化学、物理和微生物稳定性的影响作用。a_w可影响的化学变化包括：美拉德褐变反应（包括赖氨酸的损失）、脂类氧化、某些维生素的损失、色素稳定性的损失和蛋白质变性。a_w可影响的物理变化包括乳糖的结晶等。降低 a_w可控制微生物的生长，对保持许多奶制品的稳定性有重要意义。图 7.17 总结了食品的稳定性和 a_w之间的关系。

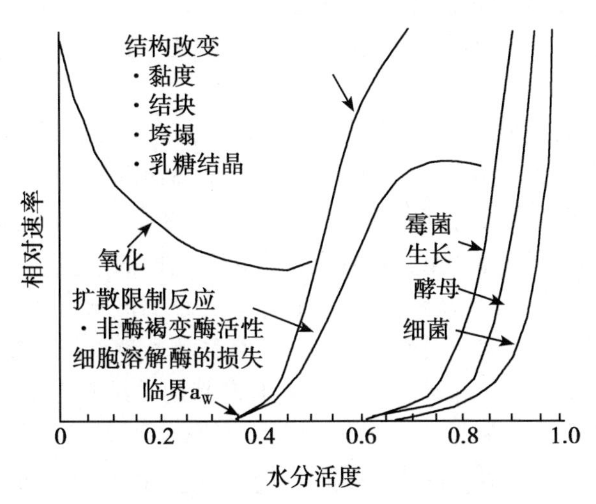

图 7.17　非脂乳固体稳定性图示（说明各种质变和微生物生长与水分活度的函数关系）（引自 Roos，1997）

奶是唯一既富含蛋白质，又含有大量还原糖的天然食物。美拉德褐变反应几乎对所有奶制品都是不好的。乳糖是一种还原糖，可以参加美拉德反应，而且几乎所有奶制品（无水黄油、黄油和涂抹型奶制品除外）都富含蛋白质，可提供褐变反应需要的氨基。美拉德反应的许多阶段（第 2 章）活化能较大，因此高温可加速反应进行。许多奶粉、乳清粉、加工奶酪在生产过程中，还有奶制品在烹饪过程中受热时（如烘烤披萨饼时马苏里拉奶酪发生褐变），都有乳糖和高温同时存在的情况。赖氨酸损失出现在美拉德反应的早期阶段，赖氨酸的 ε-氨基参加了反应。因为赖氨酸是一种必需氨基酸，从营养角度来看，赖氨酸的损失并非无关紧要。可能在肉眼还见不到有明显褐变时，赖氨酸就已有损失。

在特定产品成分和温度下，褐变速度受 a_w的影响。水对美拉德褐变速度的影响取决于许多因素的相对重要性。水赋予反应物以流动性（从而加速褐变速度），但也可稀释反应物（从而降低褐变速度）。a_w值较低时，分子淌度增大最显著，a_w值较高时，则以稀释效应为主。a_w值较低时，水也可溶解新的反应物。褐变反应过程释放出水（产物抑制，初始阶段的葡基胺反应），或加快其他反应（如脱氨反应）。许多食品美拉德褐变速率通常在中等水分含量时达到最大值（$a_w \approx 0.40 \sim 0.80$）。但最大速率受食品其他成分的影响很大，像甘油或其他液体保湿剂能够将最大褐变速率改到较低的 a_w值。乳糖结晶也使奶粉的褐变速度加快。

脂类氧化可导致高脂奶制品出现质量缺陷。脂类氧化的机制已在第 3 章讨论过。在低 a_w，氧化速率随 a_w升高而降低，在接近单分子层值时达到最小值，然后在较高 a_w时又加快。在 a_w 值较低时，水的抗氧化作用归因于氢过氧化物中间体和金属离子的水合作用，金属离子可作为催化剂。在 a_w 较高时，氧化速度加快是反应物的流动性增加的结果。一般来说，水可能会影响脂类的氧化速度，这是通过影响引发氧化的自由基的浓度、接触的程度、反应物的流动性和自由基转运与重组反应的相对重要性来实现的。与脂类氧化有关的副反应（如蛋白质交联、酶被过氧化产物失活、氨基酸分解）也受 a_w 的影响。

a_w 对一些维生素的稳定性也有影响。一般来说，视黄醇（维生素 A）、硫胺素（维生素 B_1）和核黄素（维生素 B_2）的稳定性随 a_w 升高而降低。在低 a_w（$a_w<0.40$），金属离子对抗坏血酸的损失没有催化作用。但随着 a_w 的升高，抗坏血酸的损失速率呈指数式增长。核黄素的光降解（第 6 章）也是随 a_w 升高而加快。

水分活度影响蛋白质包括酶的热变性速率。变性温度通常随 a_w 降低而升高。几乎所有酶催化反应的速率都随 a_w 升高而加快，这是分子淌度增大的结果。

黄油中水的乳化状态（即水滴的大小）对产品的质量非常重要。黄油中的细菌只能在水乳化相才能生长。在水相均匀分布时，小水滴中可利用养分十分有限，细菌生长受限，而且，除非污染细菌比较多，黄油中大多数小水滴很可能是无菌的。

跟 pH 值和温度一样，a_w 对微生物的生长速率也有很大的影响。实际上，通过干燥或添加氯化钠或糖等办法来降低 a_w，是一种重要的传统食品保藏工艺。微生物生长所需的最小 a_w 值约为 0.62，此时嗜干酵母即能生长。随着 a_w 升高，霉菌和其他酵母也可生长，最后（约高于 0.80）细菌也能生长。降低 a_w 也可控制病原微生物的生长。金黄色葡萄球菌在 a_w 低于 0.86 不能生长。a_w 低于 0.92，产单核细胞李斯特菌也不能生长。

奶酪中水分活度的作用与其他奶制品不同，因为奶酪是一种动态产品，其有好多重要特性，如风味和质地，是在奶酪生产的后熟过程中产生的，而其他奶制品的品质特征则在生产结束时是最好的，生产结束后发生变化是不好的。奶酪的 a_w 对其后熟有很大影响。a_w 影响内源酶和添加的外源酶，尤其是凝乳酶的活性，也影响内源微生物和接种微生物的存活、生长和活力。这些酶和微生物的活力对奶酪的风味、质地、稳定性和安全性都有很大的特征性影响。奶酪的 a_w 变化很大（表 7.5），取决于其含水量（表 7.1）和氯化钠的添加量。奶酪的化学和生物化学特性将在第 12 章讨论。

表 7.5　一些常见奶酪在 25℃的水分活度（修改自 Roos，2011）

品种	水分活度
阿彭策尔（Appenzeller）	0.96
布里干酪（Brie）	0.98
Camembert	0.98
蓝干酪	0.94
切达干酪	0.95
Cottage 干酪	0.99
Edam	0.96
豪达（Gouda）	0.95

（续表）

品种	水分活度
瑞士埃曼塔尔奶酪（Emmentaler）	0.97
马苏里拉奶酪（Mozzarella）	0.99
帕尔玛（Parmesan）	0.92

参考文献

Fennema, O. R. (Ed.). 1985. *Food chemistry* (2nd ed.). New York: Marcel Dekker, Inc.

Holland, B., Welch, A. A., Unwin, I. D., Buss, D. H., Paul, A. A., & Southgate, D. A. T. 1991. *The composition of foods* (5th ed.). Cambridge: McCance and Widdowson's, Royal Society of-Chemistry and Ministry of Agriculture, Fisheries and Food.

Kinsella, J. E., & Fox, P. F. 1986. Water sorption by proteins: Milk and whey proteins. *CRCCritical Reviews in Food Science and Nutrition*, 24, 91-139.

Marcos, A. 1993. Water activity in cheese in relation to composition, stability and safety. In P. F. Fox (Ed.), *Cheese: Chemistry, physics and microbiology* (2nd ed., Vol. 1, pp. 439-469). London: Chapman & Hall.

Roos, Y. 1997. Water in milk products. In P. F. Fox (Ed.), *Advanced dairy chemistry - 3 - lactose, water, salts and vitamins* (pp. 306-346). London: Chapman & Hall.

Roos, Y. H. 2011. Water in dairy products: Significance. In J. W. Fuquay, P. F. Fox, & P. L. H. McSweeney (Eds.), *Encyclopedia of dairy sciences* (2nd ed., Vol. 4, pp. 707-714). Oxford: Academic.

Simatos, D., Champion, D., Lorient, D., Loupiac, C., & Roudaut, G. 2009. Water in dairy products. In P. L. H. McSweeney & P. F. Fox (Eds.), *Advanced dairy chemistry, volume 3, lactose, water, salts and minor constituents* (3rd ed., pp. 467-526). New York: Springer.

Simatos, D., Roudaut, D., & Champion, D. 2011. Analysis and measurement of water activity. InJ. W. Fuquay, P. F. Fox, & P. L. H. McSweeney (Eds.), *Encyclopedia of dairy sciences* (2nd ed., Vol. 4, pp. 715-726). Oxford: Academic.

推荐阅读文献

Fennema, O. R., ed. 1985. Food Chemistry, 2nd edn., Marcel Dekker, Inc., New York.

Rockland, L. B. and Beuchat, L. R., eds. 1987. Water Activity: Theory and Applications to Food, Marcel Dekker, Inc., New York.

Roos, Y. 1997. Water in milk products, in, Advanced Dairy Chemistry - 3 - Lactose, Water, Saltsand Vitamins, P. F. Fox, ed, Chapman & Hall, London, pp 306-346.

Simatos, D., Champion, D., Lorient, D., Loupiac, and Roudaut, G. 2009. Water in dairy products, in, Advanced Dairy Chemisry, volume 3, Lactose, Water, Salts and Minor Constituents 3rd edition, P. L. H. McSweeney and P. F. Fox, eds, Springer, New York. pp 467-526.

第 8 章　奶的物理性质

奶的物理性质数据很重要，这些物理性质参数可影响乳品加工设备的设计和运行（如热导率或黏度），可用于测定奶中某种成分的浓度（如用冰点升高程度来检测掺水比例或用比重估测非脂固形物的含量），或评估奶在加工过程发生生化反应的程度（如菌种的酸化能力或研发一种凝乳酶）。表 8.1 概括了奶的一些重要物理性质。McCarthy 和 Singh（2009）曾对奶的物理性质进行了综述。

8.1　离子强度

溶液的离子强度（I）的定义是：

$$I = \frac{1}{2}\sum c_i z_i^2 \tag{8.1}$$

式中，c_i是离子 I 的摩尔浓度，z_i是离子的价数。

奶的离子强度约为 0.08M。

表 8.1　奶的一些物理性质

渗透压	≈700kPa
a_w	≈0.993
沸点升高	≈0.15K
冰点下降	≈0.522K
E_h	+0.20~+0.30V
折射率 n_D^{20}	1.3440~1.3485
折光指数	≈0.2075
密度（20℃）	≈1 030kg/m³
比重（20℃）	≈1.0330
电导率	0.0040~0.0050/(Ω · cm)
离子强度	≈0.08M
表面张力（20℃）	≈52N/m

8.2　密度

物质的密度（ρ）是其单位体积的质量，而比重（SG）或相对密度则是在某一特定温度下该物质与水密度之比。

$$\rho = m/V \quad (8.2)$$

$$SG = \rho/\rho_w \quad (8.3)$$

$$\rho = SG\rho_w \quad (8.4)$$

热膨胀系数决定温度对密度的影响，讨论密度或比重时必须指定温度的高低。奶的密度是一个很重要的参数，因为在市场上液态奶通常是按体积而不是按重量零售的。测定奶的密度可用液体比重计（奶比重计），此法也可用于估测奶的总固形物含量。

大缸奶（4%乳脂、8.95%非脂固形物）在 20℃的密度约为 1 030kg/m^3，其比重是 1.0321。奶脂在 40℃的密度约为 902kg/m^3。一个特定奶样品的密度受其贮藏过程的影响，因为密度一定程度上取决于液体与乳脂固形物之比和蛋白的水化程度。为了最大程度地减少受热史对乳密度的影响，业内通常将奶预热至 40~45℃，使乳脂由固态变为液态，然后再冷却至检测的温度（通常是 20℃）。

奶的密度和比重因品种不同稍有差异。爱尔夏牛奶平均比重为 1.0317，而娟姗牛奶和荷斯坦牛奶平均比重为 1.0330。奶的密度随成分变化而变化，并可以用于估测奶总固形物的含量。一个含有多种成分的混合物（比如奶）的密度与其组成成分的密度有如下关系：

$$1/\rho = \sum (m_x/\rho_x) \quad (8.5)$$

式中 m_x是成分 x 的质量，ρ_x是其在混合物中的表观密度。此表观密度一般与该物质的真密度不一样，因为两种成分混在一起时通常会产生收缩作用，使得物质密度增大。

有学者已提出根据乳脂率和比重（通常用乳比重计测定）来估计奶的总固形物含量的公式。此类经验性公式有几个缺点。详情请见 Jenness 和 Patton（1959）的相关论著。估算时主要问题是奶的热膨胀系数比较高，在冷却时慢慢收缩，因而乳脂的密度（第 3 章）不是恒定不变的。乳脂成分以及奶中其他成分比例的变化对这些公式的影响比乳脂物理状态的影响小。

奶的密度除了可用奶比重计测定之外（测定液体比重计下沉的程度），也可用比重瓶测定法（测定特定体积奶的质量）、膨胀测定法（测量已知质量奶的体积），或通过流体静力称重法（如韦氏比重天平）称量一个浸没在奶中的球的重量，或者通过测量一滴乳汁通过密度梯度柱下落的距离等方法来测定。

8.3　奶的氧化还原性质

氧化还原反应是将电子从电子供体（还原剂）转到电子受体（氧化剂）的反应。人们说失去电子的物质被氧化了，而得到电子的物质被还原了。因为一个系统中实际上并没有电子的净转运，氧化还原反应必须是两两配对的，氧化反应与还原反应同时发生。

一个系统失去或得到电子的趋势可用一个惰性电极（一般是铂电极）来测定。电子可从待测系统转到惰性电极，因而这个惰性电极就是一个半电池。铂电极通过电位计与另一个已知电位的半电池（通常是饱和甘汞电极）相连接。所有电极的电位都是与氢半电池相比较而得出：

$$^{1}/_{2}H_2 \rightleftharpoons H^+ + e^- \quad (8.6)$$

习惯上把压力为 1.013×10^5Pa（1 个大气压）条件下，将惰性电极置于氢离子与氢气达到平衡（即 pH 值=0）的标准活度溶液中的氢半电池的电势定为零电势。一种溶液的氧化还原电位（E_h）即是惰性电极半电池的电势，以伏特（V）表示。E_h不但取决于半电池中存在的物质的种类，也取决于其氧化态和还原态的浓度。E_h与化合物氧化态和还原态的浓度之间的关系可用能斯特方程来描述：

$$E_h = E_o - RT/nF \ln a_{还原}/a_{氧化} \quad (8.7)$$

式中 Eo 是标准氧化还原电位（即反应物和产物都在单位活度的电势），n 是每分子转运的电子数，R 是通用气体常数［8.314J/(K·mol)］，T 是温度（开氏度），F 是法拉第常数［96.5kJ/(V·mol)］，$a_{还原}$和 $a_{氧化}$分别是还原态和氧化态的活力。稀溶液的活度通常以摩尔浓度表示。假定温度为 25℃、只转运一个电子，且活度约等于浓度时，公式 8.7 可以简化为：

$$E_h = E_o + 0.059\log[氧化]/[还原] \quad (8.8)$$

这样，随着氧化态化合物浓度的上升，E_h变得更正。E_h受 pH 值的影响，因为 pH 值对许多半电池的标准电位有影响。上面方程式变为：

$$E_h = E_o + 0.059\log[氧化]/[还原] - 0.059pH \quad (8.9)$$

在 25℃、pH 值为 6.6～6.7、且与空气平衡时，奶的 E_h 通常为+0.25～+0.35V（Singh 等，1997）。pH 值对几个系统氧化还原电位的影响见图 8.1。

溶解氧的浓度是影响奶氧化还原电位的主要因素。刚分泌出来的奶基本上是无氧的，但与空气达到平衡时，其氧气含量约为 0.3mM。在无氧条件下挤出的奶，或者溶解氧被微生物生长耗竭和氧气被其他气体置换出来的奶，与含有溶解氧的奶相比，其氧化还原电位更负。

奶中维生素 C 的浓度（11.2～17.2mg/L）可影响其氧化还原电位。在刚挤出的奶中，所有维生素 C 都以还原形式存在，可被可逆氧化为脱氢抗坏血酸，以水合半缩酮的形式存在于水溶液体系中。脱氢抗坏血酸内酯环的不可逆水解可生成 2，3-二酮古洛糖酸（图 8.2）。

抗坏血酸氧化为脱氢抗坏血酸受氧气分压、pH 值和温度的影响，并受金属离子（尤其是 Cu^{2+}，但也受 Fe^{3+}）的催化。奶中抗坏血酸/脱氢抗坏血酸体系将无氧奶的氧化还原电位稳定在约 0.0V，而有氧奶的氧化还原电位则为+0.20～+0.30V（Sherbon 1988）。核黄素也可被可逆氧化，但一般认为其在奶中的浓度（约 4μM）太低，不足以对氧化还原电位有显著影响。一般认为乳酸-丙酮酸体系（不可逆，除非有酶催化）对奶的氧化还原电位也无显著影响，因为其浓度也非常低。低分子量的硫醇（如游离半胱氨酸）在奶中的浓度也很低，对奶的氧化还原电位也没有显著影响。蛋白质的半胱氨酸残基之间的硫醇与二硫化物的相互作用，对经热处理蛋白质发生变性的牛奶的氧化还原电位有影响。在碱性条件下，乳糖的游离醛基可被氧化，生成羧酸（乳糖酸），但在 pH 值 6.6 的奶中，此体系对其氧化还原性质所起的作用很小。

奶的 E_h受光照和多种加工过程的影响，包括引起奶中氧气浓度发生变化的过程。添加金属离子（尤其是 Cu^{2+}）也可影响其氧化还原电位。加热可使奶的 E_h 降低，主要

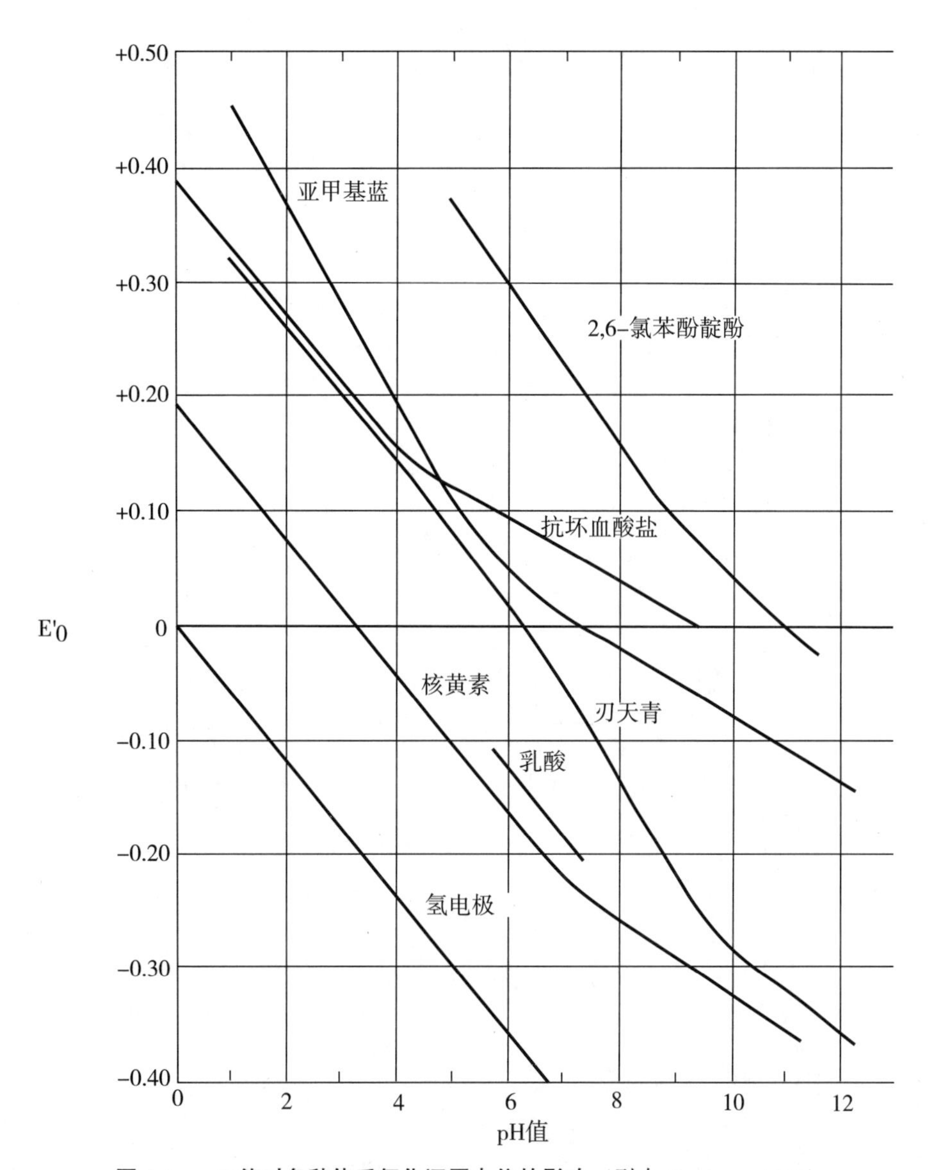

图 8.1　pH 值对各种体系氧化还原电位的影响（引自 Sherbon，1988）

是由于 β-乳球蛋白变性（从而暴露出-SH 基团）与 O_2的损失。乳糖和蛋白质发生美拉德反应，也可影响热处理奶类（尤其是干奶制品）的 E_h。

奶中微生物在生长过程中对乳糖的发酵作用，对奶的氧化还原电位有较大影响。乳酸菌生长可引起奶的 E_h下降，见图 8.3。可利用的氧气被细菌消耗完之后，E_h急剧下降，所以奶酪和发酵奶制品的氧化还原电位是负的。氧化还原指示剂（如刃天青或亚甲基蓝）可作为衡量奶卫生质量的指标，在奶中加入这类染料，在适宜的温度测量其被还原的时间，即可了解奶的卫生质量状况。

核黄素对波长约 450nm 的光线的吸收率最大，吸收光线后可被激发成三重态

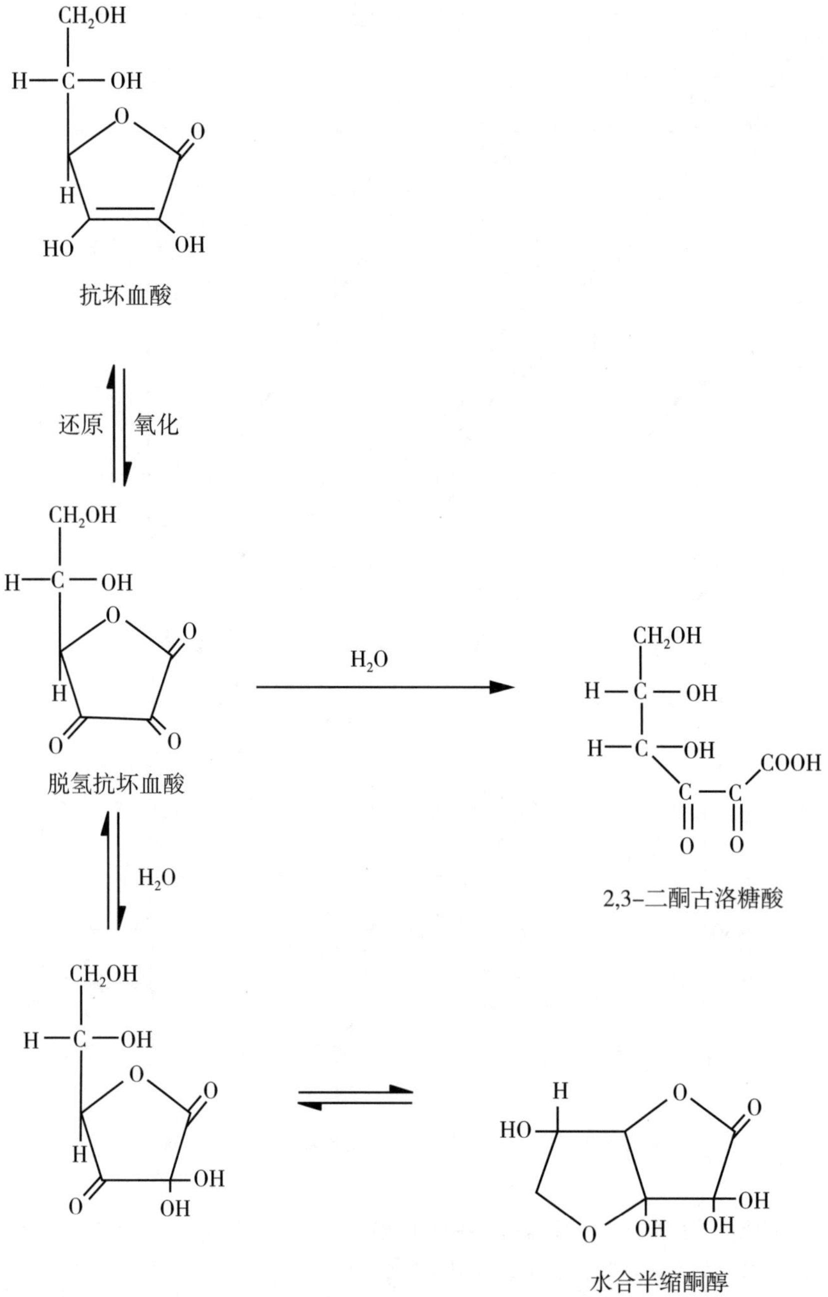

抗坏血酸

还原 氧化

脱氢抗坏血酸

H_2O

2,3-二酮古洛糖酸

H_2O

水合半缩酮醇

图 8.2 抗坏血酸及其衍生物的化学结构

(triplet state)。这种激发态的核黄素可与三重态氧气反应生成过氧化阴离子 O^{2-}（在低 pH 值时则生成 H_2O_2)。激发态核黄素也可氧化抗坏血酸、多种氨基酸、蛋白质和乳清酸。核黄素催化的光氧化反应可生成多种化合物，尤其是甲硫基丙醛（蛋氨醛)：

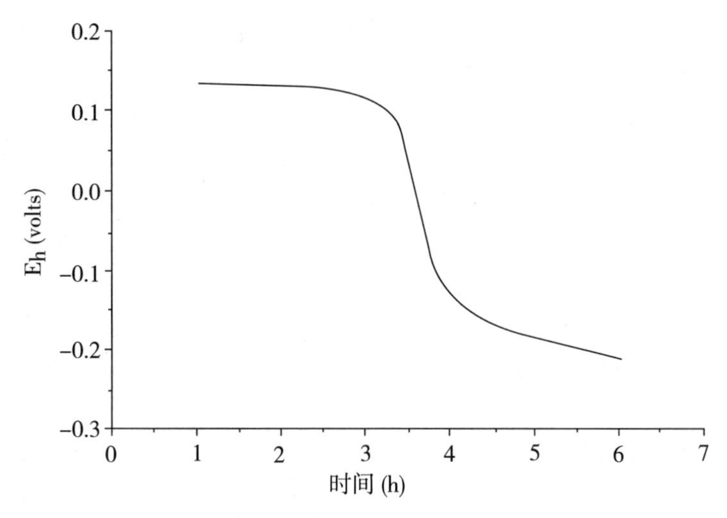

图 8.3　乳酸乳球菌乳酸亚种在 25℃生长引起奶氧化还原电位下降

甲硫基丙醛是引起乳曝光产生异味的主要化合物。

8.4　奶的依数性质

依数性质是取决于溶液中粒子的数量，而不是取决于粒子种类的物理性质。奶的重要依数性质有冰点、沸点（分别约为−0.522℃和 100.15℃）和渗透压（20℃时约 700kPa），三者之间互有关联。因为奶的渗透压受母牛血液渗透压的调控基本保持恒定，所以冰点也相对稳定。

一种水溶液的冰点取决于溶液中各种溶质的浓度。一种简单的水溶液的冰点与溶质浓度的关系根据拉乌尔定律（Raoult's law）可用下面关系式来描述：

$$T_f = K_f\, m \tag{8.10}$$

式中 T_f 是溶液的冰点与溶剂的冰点之差，K_f 是克分子冰点降低常数（水为 1.86℃），m 是溶质的克分子浓度。但此关系式只适用于含非解离型溶质的稀溶液。因此，用拉乌尔定律来估测奶的冰点有一定的局限性。

牛奶的冰点通常介于−0.550～−0.512℃，平均值接近−0.522℃（Sherbon，1988）或−0.540℃（Jenness 和 Patton，1959）。尽管各种溶质的浓度有变化，奶冰点下降相当稳定，因为它与奶的渗透压（20℃时约为 700kPa）成比例，而奶的渗透压受母牛血液渗透压的调控。奶的冰点与母牛乳腺静脉血渗透压的关系比与颈静脉血渗透压的关系更密切。

由于脂肪球、酪蛋白胶粒和乳清蛋白的粒子或分子量较大，对奶的冰点没有显著影响，影响最大的是乳糖。据计算，单是乳糖就使奶的冰点下降了0.296℃。假设冰点平均下降了0.522℃，奶中所有其他成分只使冰点下降了0.226℃。氯对奶的依数性质也有大的影响。假设Cl^-浓度为0.032M，且Cl^-与单价阳离子（即Na^+或K^+）相伴，则由Cl^-及与其结合的阳离子所致的冰点下降为0.119℃。可见，乳糖、氯化物及其相结合的阳离子一起导致的冰点下降占乳冰点下降的约80%。由于奶的总渗透压受母牛血液渗透压的调控，所以乳糖与氯化物的浓度呈强负相关（第5章）。

奶渗透压的自然变化（从而导致冰点的变化）受乳腺生理状态的控制。乳冰点的波动与季节、饲料、泌乳阶段、饮水量、母牛的品种、热应激和一天中的时间点有关。这些因素相互关联，但对奶的冰点影响比较小。同样，乳品加工过程的单元操作并不影响溶液中具有渗透活性分子/离子的净数目，因而对冰点也没影响。冷却或加热导致盐类变成胶体状态，或从胶体状态变成盐。但冷却或轻度加热（如HTST巴氏杀菌或最低的UHT灭菌）对乳冰点的影响的证据互有冲突，可能是这些变化随着时间的推移是慢慢可逆的缘故。直接UHT灭菌法涉及水的加入（加入冷凝蒸汽）。加入的水必须在闪蒸冷却过程中除去，此过程也可除去奶中的气体，如CO_2。除掉气体可使冰点稍微升高。奶的真空处理，即真空杀菌（除掉异味）已被证明可升高奶的冰点，可能是由于可除去奶中的气体缘故。但如果真空处理过度，可导致水显著减少，冰点将会下降，这样就全部或部分抵消CO_2损失引起的冰点升高。奶发酵过程对其冰点也有较大影响，因为1mol乳糖发酵可生成4mol乳酸。同样，柠檬酸发酵对奶的冰点也有影响。

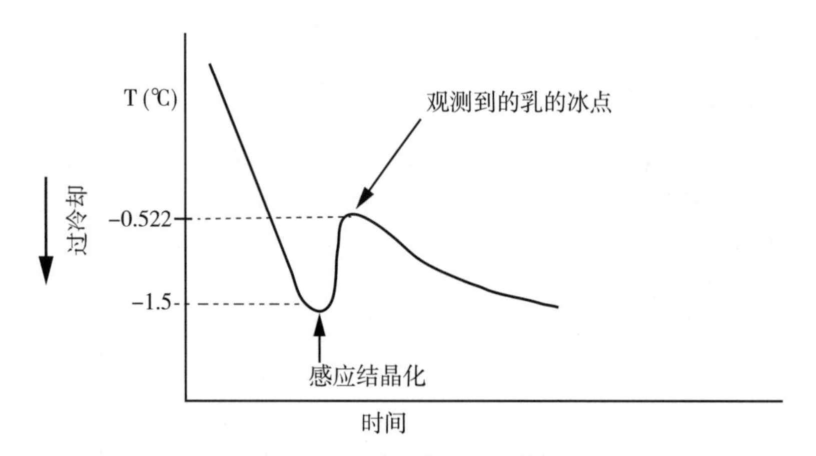

图8.4　奶的冰点—时间曲线

要准确测量奶的冰点有许多注意事项。原则是，将奶样过度冷却（1.0~1.2℃），以诱导结冰，然后再将温度迅速升至该乳样的冰点（图8.4）。对水来说，其冰点温度将保持不变，直到熔化的潜热被全部除掉为止（即直至水全部结冰为止）。但对奶来说，温度只是暂时稳定在最高值，随后将迅速下降，因为冰晶的形成造成溶质浓度升高，导致冰点进一步降低。观察到的奶的冰点（冰结晶开始后的最高温度）跟其真正的冰点不同，因为有些冰晶在还没达到最高温度之前就出现了。对此有人提出了校正的系数，但实际上通常是采用对其他因素（尤其是过度冷却的程度）进行标准化的条件下测得的冰点。因此，观察到的奶冰点是凭经验的，需格外注意做好测定方法的标准化工作。

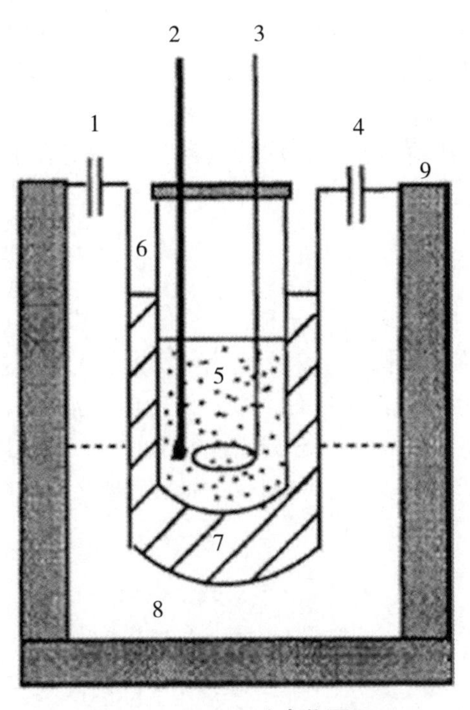

图 8.5　Hortvet 冰点仪图示。

1、4. 空气或真空的出入口；2. 刻度为 0.001℃ 的温度计；3. 搅拌器；5. 奶样；6. 玻璃试管；7. 酒精；8. 蒸发冷却的乙醚；9. 隔热层

Hortvet 冰点测定法（最初报道于 1921 年）曾广泛应用于估测奶的冰点。起初所用的仪器包括一根可装奶样的试管和一支精度 0.001℃ 的温度计。温度计置于杜瓦（真空）瓶的酒精中，真空瓶通过乙醚蒸发间接冷却（通过乙醚抽气或泵气而冷却，图 8.5）。现在已对这个仪器加以改进，增加了机械制冷和各种诱导结冰结晶的搅拌或轻敲装置。早期的 Hortvet 冰点测定仪采用 Hortvet 度（°H，°H 比℃约低 3.7%）标定的温度计。°H 与℃的差异来自用 Hortvet 冰点仪和程序测定的蔗糖溶液冰点及其真正冰点的差异。IDF（1983）提出下面两个换算°H 和℃的公式：

$$℃ = 0.96418°H + 0.00085$$

$$°H = 1.03711℃ - 0.00085$$

但现在有人建议温度计最好用℃标定，最近，有人已用热敏电阻来取代水银温度计。根据露点降低原理生产的冰点测定仪也获准使用。此类冰点测定仪也是采用热敏电阻，并以渗透压的变化为原理来测定冰点的。现在热敏电阻冰点仪比 Hortvet 冰点仪用得更广泛。

奶的冰点可用于估计奶掺水的程度。假设冰点平均值为 -0.550℃，掺水量可由下式算出：

$$掺水\% = \frac{0.550 - \Delta T}{0.550} \times (100-TS) \quad (8.11)$$

式中△T是测得试样的冰点，TS是奶的总固形物%。在分析有掺水嫌疑的牛奶时，解读冰点测定值必须格外小心。冰点≤-0.525℃通常认为没有掺水。由于从不同动物个体挤出的奶的冰点的差异要比大缸奶的大，所以测定大缸奶的冰点的条件要比测定动物个体采取的奶样本更严格。最后应该注意的是，估测奶是否掺水还取决于冰点的稳定性（如上所述）。将等渗压溶液，如超滤渗透液（正考虑批准用于乳蛋白含量的标准化）掺入奶中，用这种方法则不能检测出来。

8.5 界面张力

相可定义为被一个封闭的表面所包围的一个区域，其内部成分、温度、压力和折射率等参数保持稳定，在界面处则发生急剧变化。奶中的主要相是乳清和乳脂，最主要的界面是空气/乳清界面和乳脂/乳清界面。如果有气泡、冰晶、乳脂或乳糖结晶存在，也会构成相。作用于位于相中间的大部分分子或粒子的力，与作用于界面的分子或粒子的力不同，因为前者各个方向所受的引力相等，而后者所受的体相方向的引力大于界面方向的引力（图8.6）。

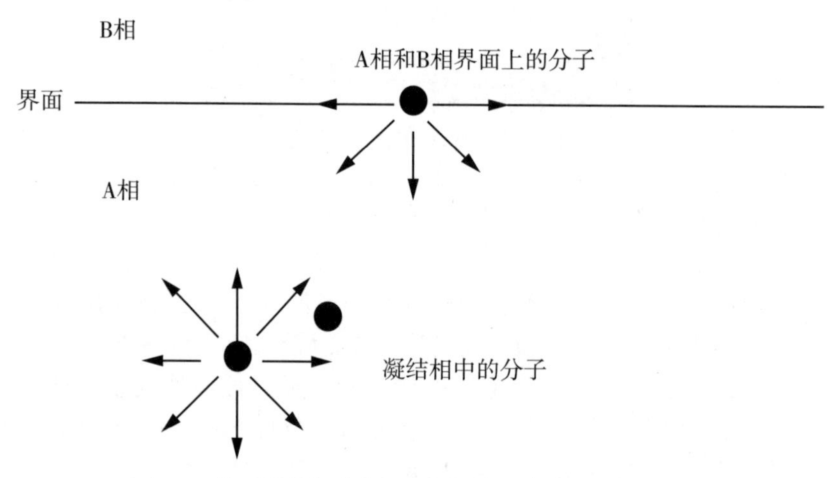

图8.6　作用于体相或作用于界面的一个分子或粒子的力

这种向内的引力作用的结果是使界面的面积减至最小。这种导致表面积减小的力就称为界面张力（γ）。如果其中一个相是空气，则此界面张力又称为表面张力。界面张力可用每单位长度（N/m）的力或使界面积增加一个单位（J/m 或 N/m）所需的能量来表示。

除了温度（可使γ降低）之外，界面的性质还受分子的化学性质、浓度及其相对于界面的排列方向的影响。界面吸收的能够减小界面张力的溶质称为表面活性剂或界面活性剂。表面活性剂可减小界面张力，在理想条件下，根据吉布斯方程可计算出减小的界面张力的大小：

$$d\gamma = -RT\Gamma d \ln a \tag{8.12}$$

式中 Γ 是界面处溶质与体相溶液浓度之差，a 是溶质在体相的活度，R 和 T 分别是通用气体常数和温度（开氏度）。因此，最有效的表面活性剂是那些最容易积聚于界面的表面活性剂。

界面张力可用许多方法来测定，如测定一种溶液在毛细管升高的距离；测定毛细管尖端形成液滴的重量、体积或形状；测定将一个平板或一个圆圈拉离一个表面所需的力；或者测定从一个浸没在溶液中的管嘴吹出一个气泡所需的最大压力。圆圈和平板界面张力测定法是最常用于测定奶界面张力（γ）的方法。

据报道，奶和空气的界面张力为 40~60N/m，在 20℃的平均值约为 52N/m（Singh 等，1997）。在 20~40℃，乳清和空气的界面张力约为 48N/m，而淡奶油奶（sweet cream buttermilk）和空气的界面张力约为 40N/m（Walstra 和 Jenness，1984）。另据报道，凝乳酶乳清、脱脂奶、全脂奶、25%脂肪的奶油和淡奶油奶的表面张力分别为 51~52N/m、52~52.5N/m、46~47.5N/m、42~45N/m 和 39~40N/m（Jenness 和 Patton，1959）。

奶中的主要表面活性剂是蛋白质、磷脂、单甘油酯和二甘油酯，以及游离脂肪酸盐。与其他乳蛋白相比，免疫球蛋白是活性较低的表面活性剂。乳清/空气与奶油乳/空气界面张力之差是高表面活性的蛋白浓度较高和奶油乳的脂肪球膜上的蛋白-磷脂复合物造成的。乳脂肪球与乳清之间的界面张力约为 2N/m，而非球状的液态乳脂与乳清之间的界面张力约为 152N/m，表明乳脂肪球膜的原料对降低界面张力非常有效。全脂奶的表面张力比脱脂奶稍低，可能是由于前者有较高水平的来自脂肪球膜的原料和少量游离脂肪的缘故。表面张力随乳脂含量升高而升高，乳脂百分比达到 4%后则不再遵从此关系。脂解作用由于释放出游离脂肪酸，可降低奶的表面张力。有人曾尝试利用这个原理来估测水解性酸败的程度，但这些方法并不十分成功（Sherbon，1988）。

除了奶的成分之外，各种加工工艺参数也可影响奶的表面张力。全脂奶和脱脂奶的表面张力随温度升高而降低。表面张力也随奶的温度和保存期变化而变化，且随着测定所需的时间变化而改变。对生鲜奶进行均质使表面张力降低，因为均质可激活奶的内源脂肪酶的脂解作用，释放出具有表面活性的脂肪酸。巴氏杀菌对奶的表面张力没什么影响，但将奶加热至灭菌温度可导致表面张力稍为升高，这是蛋白质变性和凝结的结果。蛋白质的表面活性不太强。

8.6　酸碱平衡

一种溶液的酸度通常以其 pH 值来表示，可定义为：

$$pH = -\log_{10} a_{H^+} \tag{8.13}$$

或者：

$$pH = -\log_{10} f_H \ [H^+] \tag{8.14}$$

式中 $a^+_{H^+}$是氢离子的活度，[H⁺] 是氢离子的浓度，f_H是其活度系数。对许多稀释溶液，f_H约等于 1，因而 pH 值可用氢离子浓度的负对数近似逼近法获得。

在 25℃奶的 pH 值一般介于 6.5~6.7，平均值为 6.6。奶的 pH 值受温度的影响远远大于受稀释缓冲液 pH 值的影响，主要是磷酸钙的溶解度受温度的影响的缘故（见第5章）。pH 值随泌乳期而变化，初乳 pH 值可能低至 6.0。乳房炎有使奶 pH 值升高的倾向，因为乳腺的膜渗透性升高，意味着有更多的血液成分可以进到奶中。母牛血液的 pH 值为 7.4。血液和奶 pH 值的差异源于血液中各种离子主动转动进入奶中，在酪蛋白胶粒的合成过程中胶态磷酸钙的沉积（导致氢离子释出），乳中酸性基团浓度较高，加上奶在 pH 值 6~8 的缓冲能力比较低（Singh 等，1997）。

奶的一个重要特征是它具有缓冲能力，即在加入酸或碱时都有抵抗 pH 值改变的能力。pH 缓冲液可抵抗溶液［H^+］（△pH）变化，通常由一个弱酸（HA）和其相应的阴离子（A^-，往往以完全解离盐存在）组成。因而，存在正面的平衡：

$$HA \rightleftharpoons H^+ + A^- \tag{8.15}$$

在此溶液中加入 H^+有利于逆反应，而添加碱有利于正反应。因而，弱酸及其盐组成的混合溶液起到减小 ΔpH 的作用。由弱碱及其盐组成的缓冲溶液也存在类似的情况。缓冲液的 pH 值可以由 Henderson Hasselbach 方程从其组分的浓度计算得出：

$$pH = pK_a + \log \frac{[A^-]}{[HA]} \tag{8.16}$$

式中 pK_a是弱酸解离常数的负对数。当酸和盐的浓度相等，即 HA 酸 $pH = pK_a$时，弱酸及其盐配对能对 pH 值的变化起到最有效的缓冲作用。缓冲溶液的有效性以它的缓冲指数来表示。

$$\frac{dB}{dpH} \tag{8.17}$$

奶中有许多缓冲对，能在比较宽的 pH 值范围起到有效的缓冲作用。奶中的主要缓冲物质是盐类（特别是水溶性的磷酸钙、柠檬酸盐、重碳酸盐）和蛋白质（尤其是酪蛋白）上的酸性氨基酸和碱性氨基酸侧链。Singh 等（1997）、McCarthy 和 Singh（2009）对这些物质对奶的缓冲性质的作用进行了详细讨论。

理论上，通过整合所有缓冲物质的滴定曲线，应该可以计算出奶总的缓冲性能。但实际上并不可能，因为许多奶成分的 Ka 值是不确定的。奶的滴定曲线与所用的滴定方法有很大关系，正、逆向滴定可能出现缓冲指数的明显滞后现象（图 8.7a）。在 pH 值 6.6~11.0 滴定的乳缓冲曲线（图 8.7b），在 pH 值 6.6~9 区段出现缓冲能力下降。奶在高 pH 值（pH 值>10）具有良好的缓冲能力，主要是由于赖氨酸残基和碳酸盐阴离子的作用。当奶从 pH 值 11 反滴定至 pH 值 3 时，则很少出现明显的迟滞现象（图 8.7b）。pH 值低于 6.6，缓冲能力增强，并在 pH 值约为 5.1 时达到最大值。这种缓冲能力的增强，特别是在 pH 值在 5.6 以下，是 CCP 溶解的结果。由此产生的磷酸盐阴离子通过与 H^+结合形成 HPO_4^{2-} 和 $H_2PO_4^-$，起到缓冲 pH 值降低的作用。如果用碱逆向滴定酸化奶样品（图 8.7a），在 pH 值约 5.1，缓冲能力较低，缓冲曲线的最大值出现在较高的 pH 值处（约 6.3），因为可溶性磷酸钙变成 CCP，同时释放出 H^+。超滤导致超滤渗余液缓冲能力稳步增高，因为酪蛋白、乳清蛋白和胶态盐浓度升高，所以用超滤渗余液制作奶酪的过程中，pH 值难以降至适宜水平。

奶中的酸碱平衡受加工操作的影响。巴氏杀菌造成二氧化碳损失和磷酸钙沉淀，导致 pH 值发生改变。较高的热处理（>100℃）使乳糖分解成多种有机酸，特别是甲酸，导致 pH 值降低（见第 9 章）。缓慢冰冻牛奶可导致 pH 值下降，因为在缓慢冷冻过程中冰晶的形成可将溶质浓缩在奶的水相中，导致磷酸钙发生沉淀，同时释放出 H^+。

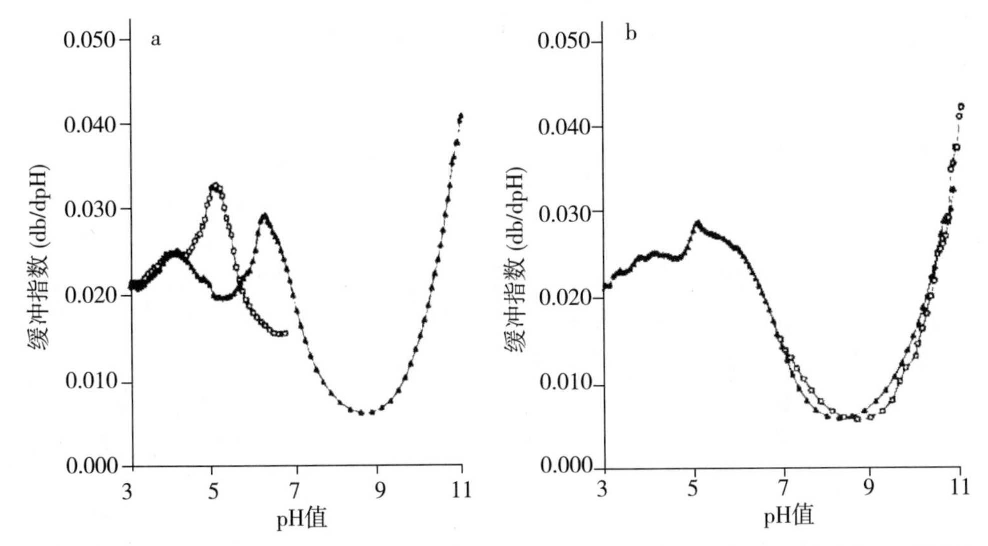

图 8.7　（a）乳用 0.5N HCl 从初始 pH 值（6.6）滴定至 pH 值 3.0（空方框），再用 0.5 N NaOH 逆向滴定至 pH 值 11（实三角形）的缓冲曲线。（b）乳用 0.5 N NaOH 从初始 pH 值（6.6）滴定至 pH 值 11（空方框），再用 0.5N HCl 反向滴定至 pH 值 3.0（实三角形）的缓冲曲线（引自 Singh 等，1997）。

快速冷冻则不会这样，因为没有足够的时间可发生上面的变化。通过蒸发浓缩牛奶，到超过磷酸钙的溶解度时，可导致形成更多的胶态磷酸钙，因而可造成奶的 pH 值下降。相反，稀释导致胶态磷酸钙溶入溶液，造成［H^+］相应下降（第 5 章）。

奶的缓冲能力往往是通过测定其滴定酸来估计，其方法是用 NaOH 滴定加有适宜指示剂（通常是酚酞）的奶样。因此实际就是测量奶在其固有（自然）的 pH 值和酚酞的指示终点之间的缓冲能力（即 pH 值 6.6~8.3）。可滴定酸度常用于估计奶的新鲜度和监控发酵过程中乳酸的生成。100mL 生鲜奶从 pH 值 6.6 滴定至 pH 值 8.3 通常需用 1.3~2.0 毫当量的 OH^-（13~20mL 0.1M NaOH），即以乳酸表示，生鲜奶的滴定酸为 0.14%~0.16%。

生鲜奶滴定酸度高表明蛋白质和/或其他缓冲物质的浓度高。滴定酸度随母牛品种不同仅稍有变化，反而不同奶牛个体的变幅更大些（以乳酸表示为 0.08%~0.25%）。脂解释放的脂肪酸会干扰对高脂产品滴定酸度的估计。滴定过程中可出现磷酸钙沉淀（同时 pH 值降低）和酚酞指示终点褪色的现象，因此所得的滴定酸度值也受滴定速度的影响。

8.7　流变性质

8.7.1　牛顿特性

在一定条件下（例如适中的剪切速率、脂肪含量<40%、温度>40℃，此时脂肪呈液状，无冷凝发生），奶、脱脂奶和奶油实际上是具有牛顿流变性质的流体。牛顿行为可用下面公式来描述：

$$\tau = \eta\dot{\gamma} \tag{8.18}$$

式中 τ 是剪切应力（单位面积的力，Pa），$\dot{\gamma}$ 是剪切速率（各层液体速度变化速率，s^{-1}），η 是黏度系数（Pa·s）。牛顿流体的黏度系数与剪切速率无关，但受温度和压力的影响。

在 20℃且不受脂肪球冷凝影响时，全脂奶的黏滞系数约为 2.127mPa。水和乳浆在 20℃的黏滞系数分别为 1.002mPa 和 1.68mPa。影响乳黏度的主要是酪蛋白和乳脂，乳脂的影响较酪蛋白小。乳清蛋白和低分子量物质影响较小。

奶与奶制品的黏度受成分、浓度、pH 值、温度、加热历程和加工工艺的影响。

在给定的温度下，奶、奶油和某些浓缩奶制品的牛顿黏度系数与各种成分的浓度有关，其关系可由 Eiler 方程描述：

$$\eta = \eta_0 \frac{1+1.25\Sigma\ (\varphi_i)^2}{1-\Sigma\ (\varphi_i)\ /\varphi_{max}} \tag{8.19}$$

式中 η_0是由水和除乳糖以外的低分子量物质组成的那部分液体的黏度系数，φ 是至少比水大一个数量级的所有分散粒子的体积分数。任何成分的体积分数可由下式算出：

$$\varphi_i = V_i c_{v,i} \tag{8.20}$$

式中 V_i是成分 i 的容积度（m^3/kg 干成分），$C_{v,i}$是该成分在产品中的容积浓度（m^3/kg 产品）。脂肪球中脂肪的容积度约为 $1.11\times10^{-3}m^3$/kg，酪蛋白胶粒的容积度约为 $3.9\times10^{-3}m^3$/kg，乳清蛋白约 $1.5\times10^{-3}m^3$/kg，乳糖约 $1\times10^{-3}m^3$/kg。对奶，可用下列公式计算：

$$\varphi = \varphi_f + \varphi_c + \varphi_w + \varphi_l \tag{8.21}$$

式中 φ_f、φ_c、φ_w、φ_l分别是脂肪、酪蛋白、乳清蛋白和乳糖的体积分数。$\varphi_{最大}$是所有分散粒子的最大充填率的假定值 Σ（φ_i）（液态奶制品为 0.9）。

pH 值升高黏度略有增加（可能是胶粒溶胀的结果），pH 值小幅下降黏度也降低，但 pH 值大幅下降则导致酪蛋白胶粒的凝集。黏度与温度呈负相关。奶的黏度有热滞后现象，通常在加热过程中的黏度比在随后的冷却过程中的黏度更大，可能是由于奶中甘油三酯熔化和结晶的缘故。

奶和奶油的黏度随保存期的延长有轻微增大的趋势，部分原因是离子平衡发生变化。加热脱脂奶至乳清蛋白大部分变性，可使其黏度增大约 10%。全脂奶均质化对其黏度影响不大。同质化后脂肪体积分数增大被酪蛋白和乳清蛋白的体积分数的减小所抵消，因为一些脱脂乳蛋白被吸附在脂肪-油界面上。巴氏杀菌对全脂奶的流变性影响不显著。

8.7.2　非牛顿特性

原料奶和奶油保存在有利于脂肪球冷凝集的条件下时（<40℃、低剪切速率），表现出非牛顿流体的流变特性。在这些条件下，它们表现出触变性（剪切变稀）行为，即其表观黏度（η_{app}）与剪切速率成反比。

凝集在一起的脂肪球与包裹在其空隙的乳清，由于其形状不规则，故有较大的有效体积。剪切速率增大会导致作用于凝集团粒的剪切应力增大，造成凝集团粒分散，产生较小或更圆的凝集团粒。解聚使脂肪球之间的间隙变小，从而减小脂肪相的总体积分数，进而使产品的 η_{app} 变小。当作用于流体的剪切力增加至大于将团粒聚集在一起的力时，增加剪切速率引起表观黏度的变化变得越来越小。

因此，流体在高剪切速率时将表现出牛顿行为。增加的脂肪含量和/或降低温度有利于非牛顿行为的表现。低温促进脂肪球冷凝集从而使 η_{app} 升高，也使流体更偏离牛顿行为。分离奶油时的温度也影响所产生的奶油的流变学特性。在高于 40℃ 分离出的奶油，因为脱脂奶的冷球蛋白丢失，造成凝集变少，偏离牛顿行为比较小。表观黏度也受产品剪切历史的影响。聚集体的脂肪球之间形成新的结合键需要时间，因此 η_{app} 与剪切速率（γ）的曲线表现出滞后。剪切停止后 η_{app} 升高（凝集团粒重新形成），但通常不会恢复到其原始值。在有由冷凝集或均质化引起的凝集团粒的产品中，有明显的滞后现象。

脂肪球聚集并不改变 η_{app}，因为脂肪的体积分数没变。然而，脂肪球部分聚结可导致 η_{app} 升高，因为聚集的脂肪球把乳清包在里面。事实上，高脂奶油可表现出流变（剪切增稠）行为，因为剪切可引起脂肪球发生部分聚结。

加热牛奶除了黏度一般随着温度的升高而降低之外，也可以通过热诱导冷球蛋白和/或其他乳清蛋白变性影响其流变学。在加热前对奶进行浓缩，如通过超滤，可令 η_{app} 的升高幅度比加热后再浓缩的奶大。加入亲水性胶体（如卡拉胶、果胶、羧甲基纤维素）作增稠剂，将大大增加产品的表观黏度。某些细菌分泌的胞外多糖也会增加奶制品的黏度。

8.7.3　乳凝胶的流变学

凝胶是一种黏弹体，其流变特性可以用两个参数来描述，储能模量（G'，衡量其弹性的参数），模量（G''，衡量其黏稠性的参数）。综合起来的黏弹性模量（G^*）是衡量凝胶抵抗变形的能力。这些模量往往高度取决于变形的时间长度。屈服应力是食用凝胶的另一个重要参数。

虽然乳清蛋白的胶凝性质在许多食品中有很重要的作用（Mulvihill，1992），可通过形成连续的脂肪球网在奶油中形成弱凝胶。最重要的乳凝胶是酪蛋白胶粒形成的凝胶，酪蛋白胶粒可通过等电点沉淀（酸诱导凝胶）或通过蛋白水解酶的作用（凝乳酶诱导凝胶）形成凝胶基质。这两种类型的凝胶很接近，但经过较长时间的变形之后，凝乳酶诱导凝胶比酸诱导凝胶具有更多的流体性质，这意味着前者可以依靠其自重流动，而酸凝胶更可能保持其形状不变。凝乳酶诱导凝胶也有更大的缩水倾向，因而比酸诱导凝胶的屈服应力更大。

通过延长酪蛋白胶粒聚集时间、提高胶凝温度、提高酪蛋白和磷酸钙的浓度、降低

pH 值（Walstra 和 Jenness，1984）等方法，都可增加酸诱导凝胶和凝乳酶诱导凝胶的硬度。热诱导乳清蛋白变性可减小凝乳酶诱导凝胶的硬度，相反会增加酸诱导凝胶的硬度。脂肪球通过干扰凝胶基质的形成而削弱酪蛋白凝胶。在均质奶中脂肪球表面的酪蛋白分子可参与凝胶网的形成。然而，实际上这受许多因素影响，包括预热、均质的压力和温度以及凝胶类型（Walstra 和 Jenness，1984）。事实上，均质化可减小凝乳酶诱导乳凝胶的屈服应力。

8.7.4 乳脂的流变性能

乳脂的流变特性受固态脂肪与液态脂肪的比例和固体脂肪的晶体形式的影响较大。在室温（20℃），乳脂呈半固态，有塑性稠度，即表现出黏弹性；在变形较小时（<1%），由于脂肪晶体之间相互作用形成一个较弱的网，乳脂几乎是完全弹性的，但在变形较大时就开始流动。决定乳脂硬度的重要参数包括固态脂肪的分数、脂肪晶体的形状和大小、脂肪的异质性和在整团脂肪中脂肪晶体形成网络范围的大小。

黄油和其他奶制品涂酱的结构由于存在水相液滴和完整的脂肪球而更复杂。水滴有削弱结构的倾向，完整的脂肪球内的脂肪晶体不能参与在整个产品中形成网络（第 3 章）。

8.8 电导率

物质的电阻率（ρ，Ω・cm）与其大小有关：

$$\rho=\alpha R/l \tag{8.22}$$

式中 α 是横截面积（cm^2），l 是长度（cm），R 是测得的电阻（Ω）。电导率 K（$\Omega^{-1}\cdot cm^{-1}$）是电阻率的倒数。奶的电导率通常在 0.0040~0.0055$\Omega^{-1}\cdot cm^{-1}$。离子（尤其是 Na^+、K^+和 Cl^-）与奶的电导性关系最大，细菌发酵使乳糖变成乳酸，可升高奶的电导率。测定奶的电导率已被用作隐性乳房炎的一种快速检测方法。浓缩和稀释可改变溶液的电导性。但对奶来说，浓缩或稀释对胶状磷酸钙的沉淀或增溶的影响，使这种特性的用处（如用于检测掺水）大打折扣，所以不适宜用直接测量电导率来检测牛奶的掺水量。

8.9 奶的热性质

物质的比热是使 1kg 该物质的温度升高 1K 所需热能的数量，以千焦（kJ）表示。从 1~50℃，脱脂奶的比热从 3.906 增加到 3.993kJ/(kg・K)。据报道在 80℃，脱脂奶和全脂奶的比热分别为 4.052 和 3.931kJ/(kg・K)（Sherbon，1988）。奶的比热与其总固形物含量呈负相关，但在 70~80℃附近已观察到有不连续性存在。在 18~30℃，脱脂奶粉的比热通常介于 1.172~1.340kJ/(kg・K)。乳脂肪（固态或液态）的比热约为 2.177kJ/(kg・K)。因此，奶和奶油的比热受其脂肪含量的影响很大。在最常见的温度范围内，脂肪熔化吸收的潜热（约 84J/g）使高脂肪奶制品的比热变得更为复杂。因此这些产品在乳脂融化温度观察到的比热，等于真比热和提供给乳脂肪融合的潜热所吸收的能量的总和。因此，影响比热的因素包括开始加热时固相脂肪的比例、脂肪的成分和脂肪的热历史等。高脂肪奶制品的表观比热（“真”比热和脂肪熔化吸收的能量的总

和）通常在15～20℃最大，在约35℃处出现第二最大或一个拐点。传热速率，通过物质的传导是通过热传导傅立叶方程

$$\frac{dQ}{dt}=-kA\frac{dT}{dx} \tag{8.23}$$

式中dQ/dt是单位时间（t）传递热能（Q）的数量，A是热流路径的横截面积，dT/dx是温度梯度，k是介质的热导率。全脂奶（2.9%乳脂）、奶油和脱脂奶的热导率分别约为0.559、0.384和0.568 $m^{-1}K^{-1}$。脱脂奶、全脂奶和奶油的热导率随温度上升而缓慢升高，但随总固形物或脂肪含量的增加而逐渐降低，尤其是在较高的温度下。干奶制品的热导率除了跟其成分有关外，还取决于其容积密度（单位体积重量），因为粉末中空气数量有差异。热扩散率是衡量物体的散热能力的指标。热扩散率α（单位是m^2/s）是热导率（k）与容积比热（密度乘以比热，ρc）之比。

$$\alpha=k/\rho c \tag{8.24}$$

奶的热扩散率（在15～20℃）约为$1.25\times10^{-7}m^2/s$。

8.10　光与奶与奶制品的相互作用

透明物质的折射率（n）用下面关系式表示：

$$n=\frac{\sin i}{\sin r} \tag{8.25}$$

式中i和r分别是入射光与折射光的夹角，垂直于物体表面。由于酪蛋白胶粒和脂肪球对光有散射作用，所以难以估算奶的折射率，但用折光仪可精确地测量出奶的折射率，比如用Abbé折射仪时只需用一层很薄的奶样。在20℃奶的折射率用钠光谱的D线（约589nm），n_D^{20}一般介于1.3440～1.3485。乳脂肪在40℃的折射率通常为1.4537～1.4552。虽然固形物含量（单位体积重量）与折光率之间存在线性关系，但用折光法测定奶中的固形物难度很大，因为不同的奶成分的影响也不同，而且有叠加效应。奶的折射率与总固形物含量之间的关系随乳中溶质的浓度和成分的变化而变化。但有人已经尝试通过估算折射率来测量奶与奶制品中的固形物和酪蛋白胶粒的总贡献（Sherbon，1988；McCarthy和Singh，2009）。折光指数K（折射常数）由下面公式算出：

$$K=\frac{n^2-1}{n^2+2}\cdot\frac{1}{\rho} \tag{8.26}$$

式中n是折射率，ρ是密度。奶的折射率约为0.2075。

奶不仅含有多种溶解性化学成分，而且也是一种具有胶体连续相的乳液。由于有粒子存在，所以奶能吸收各种波长的光，也能散射紫外线（UV）和可见光。由于有蛋白质存在，奶能吸收波长介于200～380nm的光。由于有脂溶性色素（类胡萝卜素），奶也能吸收波长介于400～520nm的光。奶成分的许多官能团吸收光谱红外区的光；乳糖的羟基、蛋白质的酰胺基、脂类的脂羰基分别能吸收约9.61μm、6.465μm、5.723μm的光（Singh等，1997；McCarthy和Singh，2009）。在波长较大的红外区光散射减少，测定特定波长的红外光的吸收程度可以用来测定奶中脂肪、蛋白质和乳糖的浓度。利用此原理生产的仪器现已广泛应用于乳品行业。但是由于

奶含有约 87.5%的水（对红外光有强烈的吸收作用），所以光谱大部分红外区域的红外光不能透过牛奶。

奶中含有约 1.62mg/kg 的核黄素，在被波长 400~500nm 的光激发时发出强烈的荧光，发光波长 $\lambda_{最大}$ = 530nm。乳蛋白由于含有芳香族氨基酸残基也能发荧光；在波长约 280nm 处吸收的光有部分以较大波长发出。

8.11 奶与奶制品的颜色

奶呈白色是酪蛋白胶粒和脂肪球散射可见光的结果。均质化后由于直径变得更小的均质化脂肪球光散射能力增大，使奶变得更白。乳清由于含有核黄素而呈淡绿色，这是乳清的特征性颜色。

黄油和奶酪等奶制品的颜色与脂溶性色素，特别是类胡萝卜素相关。这些色素不是由动物合成的，而是从日粮的植物性饲料获得的。因此，饲料对乳脂肪的颜色影响很大。饲喂牧草的奶牛，其乳脂比饲喂干草或精饲料的奶牛的更黄。不同品种和不同个体的牛将胡萝卜素代谢转化成维生素 A 的能力也不同（第 6 章）。

在奶制品最广泛使用的着色剂胭脂树红（E160b）是一种黄色至橘黄色的色素，含有从热带灌木胭脂树的种皮提取的脱辅基类胡萝卜素。胭脂树红中的主要色素是顺胭脂树橙（甲基 9′-顺-6,6′-阿朴胡萝卜素-6,6′-dioate）与少量的降胭脂树橙（顺-6，6′-diapocarotene-6,6′-二酸）（图 8.8）。提取过程采用的热处理通常可将顺式胭脂树橙变成可溶于油的红色反式胭脂树橙。胭脂树红常用于人造黄油的染色，也用于“红色”切达奶酪和其他奶酪的染色。

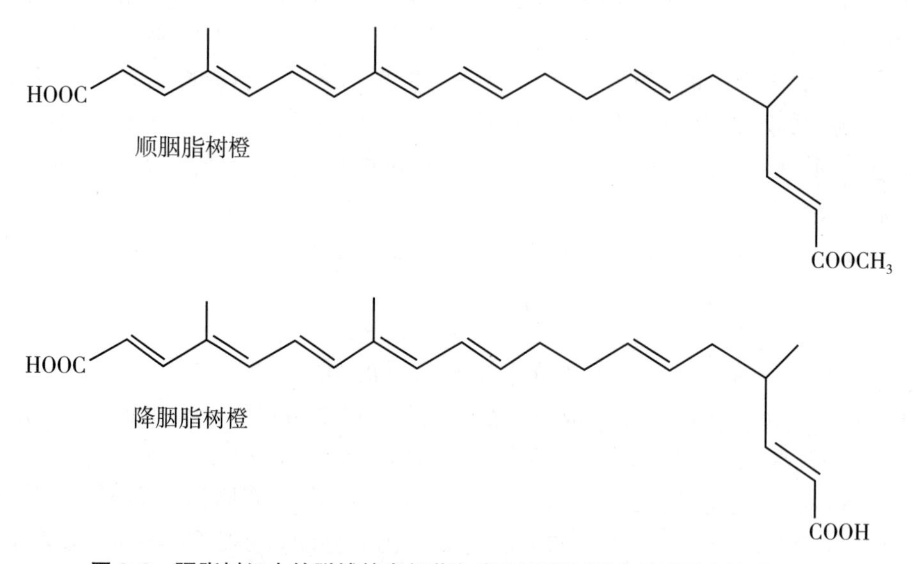

图 8.8 胭脂树红中的脱辅基类胡萝卜素顺胭脂树橙和降胭脂树橙的结构

参考文献

IDF. 1983. *Measurement of extraneous water by the freezing point test*, *Bulletin* 154. Brussels: International Dairy Federation.

Jenness, R., & Patton, S. 1959. *Principles of dairy chemistry*. New York, NY: John Wiley & Sons.

McCarthy, O. J., & Singh, H. 2009. Physico-chemical properties of milk. In P. L. H. McSweeney& P. F. Fox (Eds.), *Advanced dairy chemistry—3—lactose*, *water*, *salts and vitamins* (3rd ed., pp. 691-758). New York, NY: Springer.

Mulvihill, D. M. 1992. Production, functional properties and utilization of milk protein products. In P. F. Fox (Ed.), *Advanced dairy chemistry—1—proteins* (pp. 369-404). London, NY: Elsevier Applied Science.

Sherbon, J. W. 1988. Physical properties of milk. In N. P. Wong, R. Jenness, M. Keeney, & E. H. Marth (Eds.), *Fundamentals of dairy chemistry* (3rd ed., pp. 409-460). New York, NY: Van Nostrand Reinhold.

Singh, H., McCarthy, O. J., & Lucey, J. A. 1997. Physico-chemical properties of milk. InP. F. Fox (Ed.), *Advanced dairy chemistry—3—lactose*, *water*, *salts and vitamins* (2nd ed., pp. 469-518). London: Chapman & Hall.

Walstra, P., & Jenness, R. 1984. *Dairy chemistry and physics*. New York, NY: John Wiley & Sons.

第 9 章　奶中的热诱导变化

9.1　引言

现代乳品加工中，几乎总是要对奶进行热处理。典型的处理方法如下。

预热杀菌	如 65℃/15s
巴氏杀菌	
LTLT（低温长时）	63℃/30min
HTST（高温短时）	72℃/15s
灭菌前预热	如 90℃/2~10min，120℃/2min
灭菌	
UHT（超高温）	130~140℃/3~5s
保持灭菌	110~115℃/10~20min

热处理的目的依产品不同而异。预热杀菌常用于杀死热敏感微生物（如嗜冷菌），从而减少奶中微生物的数量以便进行低温保存。巴氏杀菌的主要目的是杀死致病菌，同时减少引起腐败的非致病性微生物的数量，从而可将乳标准化成各种产品的原材料。巴氏杀菌使奶中多种内源酶（如脂肪酶）失活，从而有助于保持奶的稳定性。灭菌前预热可增加奶对后续灭菌的热稳定性（第 9.7.1 节）。灭菌可延长奶的保质期，尽管在贮存过程中可出现凝胶化和风味的改变，特别是 UHT 灭菌奶。

虽然奶是一种成分非常复杂的生物液体，包含以溶解态、胶态或乳化态存在的非常复杂的蛋白、脂类、碳水化合物、盐、维生素和酶系统，但其热稳定性非常好，经过剧烈热处理后不产生大的变化，其他食物如果经过类似的热处理，则会发生较大变化。但是，在热处理过程中，奶中会发生无数生物、化学和物理化学变化，从而影响奶的营养、感官和工艺特性。这些变化对温度的依赖性相差很大，见图 9.1 和表 9.1。下面将对这些变化中最为重要的变化进行讨论（除了灭菌之外）。总的来说，热处理对奶主要成分的影响是逐一讨论的，尽管许多情况下各种成分之间会有相互作用。

表 9.1　加热后奶中一些反应的发生温度近似值（修改自 Walstra 和 Jenness，1984）

反应	活化能（kJ/mol）	Q_{10}（100℃）
许多化学反应	80~130	2.0~3.0

（续表）

反应	活化能（kJ/mol）	Q_{10}（100℃）
许多酶催化反应	40～60	1.4～1.7
脂类自氧化反应	40～100	1.4～2.5
美拉德反应（褐变）	100～180	2.4～5.0
酪蛋白酸盐去磷酸化	110～120	2.6～2.8
热凝乳	150	3.7
维生素 C 分解	60～120	1.7～2.8
蛋白质热变性	200～600	6.0～175.0
典型酶的失活	450	50.0
乳蛋白酶失活	75	1.9
杀灭细菌繁殖体	200～600	6.0～175.0
杀灭孢子	250～330	9.0～17.0

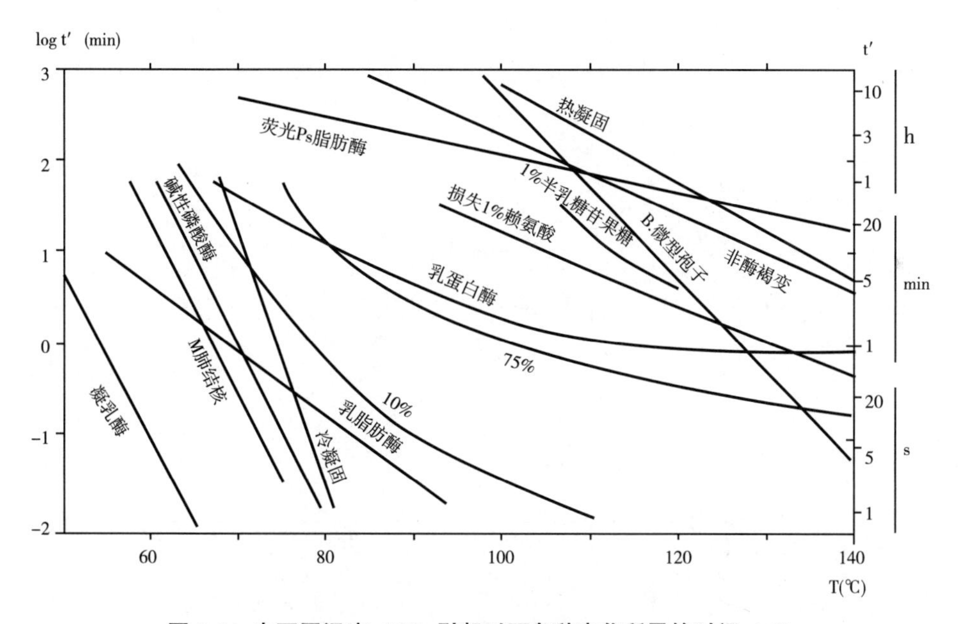

图 9.1　在不同温度（T）引起以下各种变化所需的时间（t′）

使酶和冷凝球蛋白失活；杀灭部分细菌和孢子；引起一定程度的褐变；使 1%乳糖转变成乳果糖；引起热凝乳；使可利用赖氨酸减少 1%；在 pH 值 4.6 使 10%和 75%的乳清蛋白变为不溶蛋白（引自 Walstra 和 Jenness，1984）。

9.2　脂类

在奶的主要组分中，脂类受热的影响最小。但在热处理期间乳脂确实发生了明显变化，特别是物理性质的改变。

9.2.1 理化变化

9.2.1.1 奶油分层

热处理对乳脂的主要影响是脂肪球的上浮。如第 3 章所述，乳脂肪以直径为 0.1~20μm（平均 3~4μm）的脂肪球存在。脂肪球外面包着一层复合膜，对它起到稳定保护作用，这种膜是脂肪球在分泌细胞内和从分泌细胞分泌出来的过程中获得的。由于脂肪和水相密度不同，乳脂球会浮在表面形成一层奶油。牛奶奶油分层要比斯托克斯（Stokes）定律预测的更快，这是因为冷凝球蛋白（一种免疫球蛋白）能促进乳脂球的聚集。水牛奶、绵羊奶和山羊奶不会发生冷凝球蛋白依赖性的乳脂球聚集，因此奶油上浮速度非常慢，形成的奶油层也比较致密。

当奶加热至中温（如 70℃/15min）时，冷凝球蛋白发生不可逆变性，导致奶油分层受阻或不分层，HTST 巴氏杀菌（72℃/15s）对奶油分层能力影响很小或没有影响，但是加热条件稍微剧烈，就会有不良的影响（图 9.2）

均质能将乳脂球直径减至 1μm 以下，由于乳脂球体积减小从而延缓奶油上浮，但更为重要的是因为均质使冷凝球蛋白变性，使脂肪球不能发生聚集。事实上，冷凝球蛋白可能有两类，一类通过热处理变性，另一类通过均质变性。

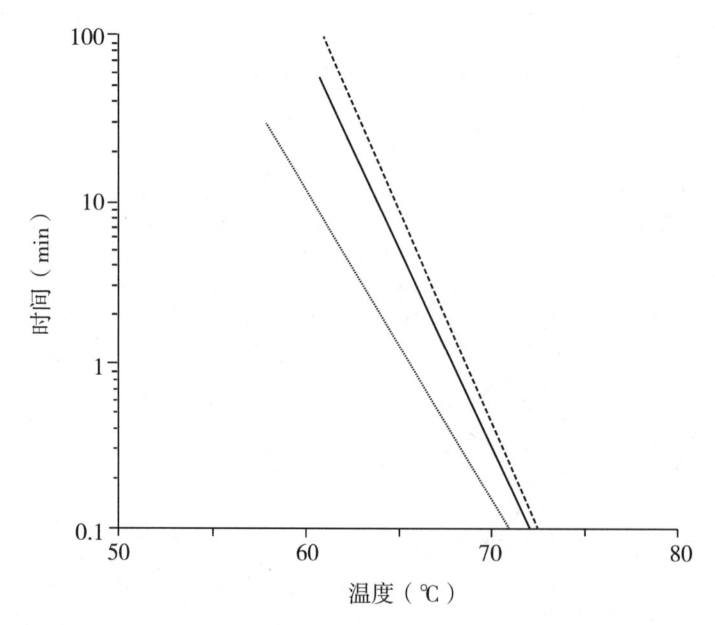

图 9.2 结核病菌灭活（点线）、碱性磷酸酶失活（实线）和乳的脂肪分层能力（虚线）的时间—温度曲线（引自 Webb 和 Johnson，1965）

9.2.1.2 乳脂球膜的变化

乳脂球膜自身会在热处理过程中发生变化。奶加热过程中通常会进行搅拌，可能会产生泡沫。对奶进行搅拌，特别是对乳脂肪呈液态的热奶进行搅拌可能由于脂肪球破裂或聚结而导致乳脂球体积的改变。直接式 UHT 处理过程中，会出现脂肪球明显破裂的现象。起泡可能会使乳脂球膜上一些物质脱落，吸附的脱脂乳蛋白质所取代。在这些情况下，不一定能从处理过程的总效应中分出热处理的影响究竟有多大。

加热温度超过70℃时，膜蛋白会发生变性，暴露并且激活各种氨基酸残基，特别是半胱氨酸。这可能会导致H_2S的释放（引起异味产生）和乳清蛋白发生二硫键交换反应，造成在高温下（>100℃）乳脂球上形成一个变性乳清蛋白层。乳脂球膜和乳清蛋白可能会和乳糖一起参与美拉德反应，半胱氨酸可能会产生β-消除反应形成脱氢丙氨酸，脱氢丙氨酸可与赖氨酸反应形成赖丙氨酸，或者与半胱氨酸残基反应生成羊毛硫氨酸，从而产生蛋白质分子共价交联（第9.6.3节）。在高温下乳脂球膜的组分包括蛋白质和磷脂会从膜上脱落，进入水相中。奶中的内源铜大多与乳脂球膜相结合，其中部分在加热过程中会转移至乳清中。因此，对稀奶油进行剧烈的热处理可改善奶油的氧化稳定性，这是脂相中的助氧化剂铜的浓度降低，外露的巯基具有抗氧化作用的结果。

乳脂球膜这些变化的影响研究甚少，可能是因为剧烈热处理的奶制品通常已经过均质化，形成一层主要由酪蛋白和一些乳清蛋白组成的人造膜，所以，天然膜的变化并不重要。未均质产品的乳脂球膜受损可导致裸露脂肪（非球状）的形成，最后导致释出“浮油”，形成奶皮（第3章）。

剧烈热处理（如辊筒干燥）至少会导致乳脂发生部分去乳化作用，形成裸露脂肪，可引起以下现象（第3章）：

（1）当加入到茶或者咖啡中会出现小油滴。

（2）由于没有膜的保护，使脂肪对氧化的敏感性增加。

（3）使奶粉的润湿性和分散性降低。

（4）粉状产品易于结块。

（5）对生产巧克力来说，辊筒干燥全脂奶粉优于喷雾干燥奶粉，因为裸露脂肪与可可脂形成共结晶，具有改善巧克力质构特性的作用。

9.2.2　化学变化

类似于油炸的剧烈热处理可能会将羟基酸转变成内酯，内酯香味浓厚，使乳脂具有良好的烹调特性。

加热过程中可能也会释放出脂肪酸，并发生部分酯交换反应，但这些变化在奶的正常加工过程中是不可能发生的。

天然存在的多不饱和脂肪酸每对双键之间都隔着一个亚甲基（$-CH_2-$），但在高温下可转变成共轭异构体。共轭亚油酸（CLA）的四种主要异构体见图9.3。据称CLA有抗癌作用（Bauman和Lock，2006；Parodi，2006）。有人发现热处理的奶制品，特别是再制奶酪含有相当高浓度的CLA（表9.2）。有人认为，异构化反应是由乳清蛋白催化的。

反刍动物的脂肪组织和乳脂中含有共轭多不饱和脂肪酸，它们是在瘤胃通过细菌的作用形成的（Bauman和Lock，2006）。

表9.2　不同食品中共轭亚油酸（CLA）异构体的含量（修改自Ha等，1989）

样品	CLA（mg/kg）	脂肪（%）	脂肪中的CLA（mg/kg）
帕玛森干酪	622.3±15.0	32.3±0.9	1 926.7

（续表）

样品	CLA（mg/kg）	脂肪（%）	脂肪中的 CLA（mg/kg）
切达奶酪	440. 6±14. 5	32. 5±1. 7	1 355. 7
罗马诺干酪	356. 9±6. 3	32. 1±0. 8	1 111. 9
蓝纹奶酪	169. 3±8. 9	30. 8±1. 5	549. 8
再制奶酪	574. 1±24. 8	31. 8±1. 1	1 805. 3
稀奶油奶酪	334. 5±13. 3	35. 5±1. 0	942. 3
蓝纹涂抹奶酪	202. 6±6. 1	20. 2±0. 8	1 003. 0
奶（全脂）			
巴氏杀菌奶	28. 3±1. 9	4. 0±0. 3	707. 5
非巴氏杀菌奶	34. 0±1. 0	4. 1±0. 1	829. 3
碎牛肉			
烤制	994. 0±30. 9	10. 7±0. 3	9 289. 7
未烹煮	561. 7±22. 0	27. 4±0. 2	2 050. 0

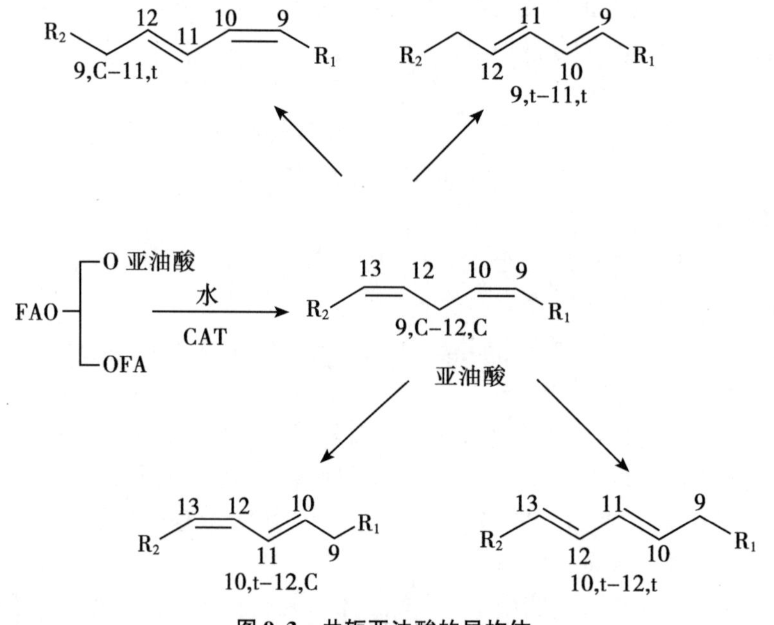

图 9. 3　共轭亚油酸的异构体

9.2.3　内源酶的变性

奶中许多内源酶都集中在乳脂球膜上，在加热过程中可发生变性（第 10 章）。

9.3 乳糖

乳糖是一种还原性二糖，由半乳糖和葡萄糖以 β-(1-4) 键连接而成。乳糖的化学性质和理化特征已在第 2 章介绍过。

当在固态或熔融态剧烈加热时，乳糖与其他糖类一样会发生许多变化，包括变旋、各种异构变化，并形成许多挥发性化合物，包括酸类、糠醛、羟甲基糠醛、CO_2和 CO。在强酸性条件下的溶液中，乳糖加热时降解为单糖和其他产物，包括酸类。在奶的热处理过程中一般不会发生这些变化。但在中温、弱碱性条件下乳糖相当不稳定，会发生 Lobry de Bruyn-Alberda van Ekenstein 重排，从醛糖变成酮糖（图 9.4）。

在奶与奶制品加工和贮存过程中，乳糖至少发生三次热诱导变化。

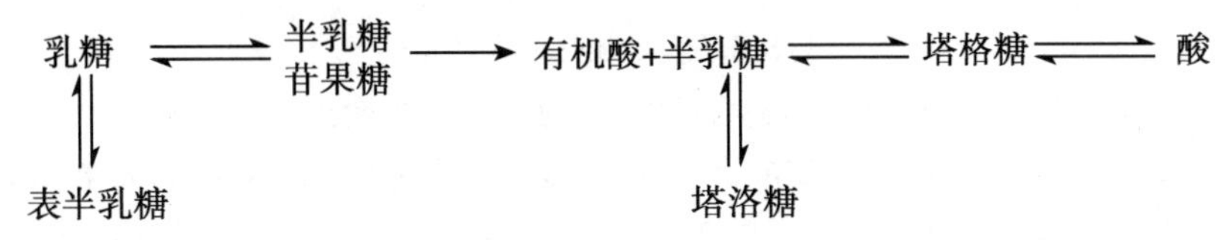

表半乳糖=4-O-β-D-吡喃（型）半乳糖-D-吡喃甘露糖

半乳糖苷果糖=4-O-β-D-吡喃（型）半乳糖-D-吡喃果糖

图 9.4　乳糖在弱碱性条件下发生的热诱导变化

9.3.1 乳果糖的形成

在微碱性条件下低温加热，乳糖中的葡萄糖变成果糖，生成乳果糖，这种产物在自然界中不存在。乳果糖的重要性已在第 2 章讨论过。HTST 加工过程中不会形成乳果糖，但是 UHT 灭菌（间接加热比直接加热多），特别是在保持灭菌过程中会产生乳果糖。因此，奶中乳果糖含量是反映热处理强度的一个重要指标（图 2.21）。乳果糖含量可能是目前区分 UHT 和保持灭菌奶的最佳指标，目前已经利用 HPLC、酶促反应和分光光度原理开发出多种检测乳果糖的方法。

9.3.2 酸的形成

牛奶刚挤出时 CO_2的含量约为 200mg /L。由于空气中 CO_2含量低，牛奶在挤出后静置时 CO_2会迅速且实际上不可逆地逸失，加热、搅拌和真空处理都会加速 CO_2的逸出。CO_2散失可使 pH 值升高 0.1 个单位，使可滴定酸度降低约 0.02%（以乳酸含量表示）。在相对温和的热处理条件下，这种 pH 值的变化或多或少会被 $Ca_3(PO_4)_2$沉淀时释放的 H^+所抵消（第 9.4 节）。

加热温度超过 100℃时，乳糖分解成酸，可滴定酸度随之增大（图 9.5 和图 9.6）。形成的酸以甲酸为主，乳酸仅占约 5%。酸的生成对奶的热稳定性有重要的作用，例如，在 130℃进行检测，发现当乳凝固时（加热约 20min 后）pH 值降至约 5.8（图 9.7）。这种 pH 值降低约有一半是因为乳糖分解成有机酸，剩余部分是由于磷酸钙沉淀和酪蛋白的去磷酸化（如第 9.4 节所述）。

奶在 115℃进行保持灭菌可导致 pH 值降低到 6 左右，但这主要是由磷酸钙沉淀引起，而从乳糖生成的酸并没有准确测定。包括 UHT 灭菌在内的其他工业生产上的热处

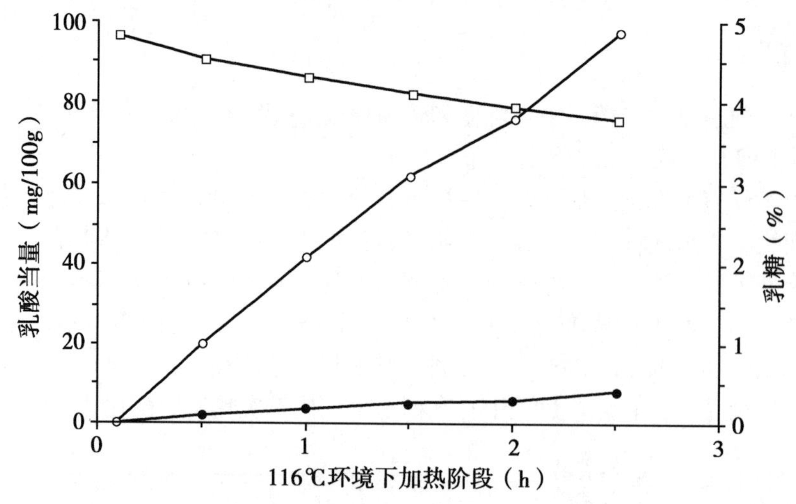

图 9.5　在 116℃加热密封罐装的均质奶可滴定酸度（空心圆）、乳酸（实心圆）和乳糖（空心正方形）的变化。可滴定酸度表示为 mg 乳酸/100 克奶（引自 Gould，1945）。

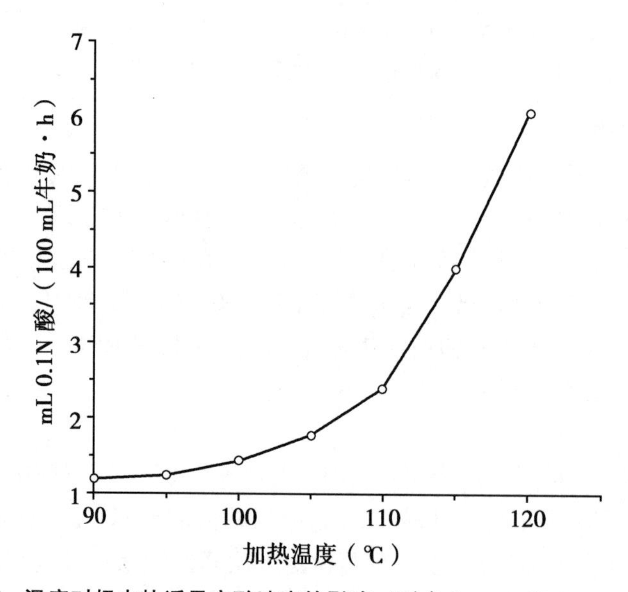

图 9.6　温度对奶中热诱导产酸速率的影响（引自 Jenness 和 Patton，1959）

理方法所致的乳糖分解成酸甚少。

9.3.3　美拉德褐变反应

美拉德反应的原理和影响已在第 2 章中讨论过。美拉德反应在剧烈热加工产品，特别是保持灭菌奶中最为明显。但是，奶粉在高温高湿条件下贮存，也可发生明显的美拉德反应，导致奶粉溶解度降低。如果奶酪残留较多乳糖和半乳糖（因为用了不能利用半乳糖的菌种，第 12 章），也容易发生美拉德反应，尤其是在烹饪过程中，如披萨饼上的马苏里拉奶酪。如果碎奶酪中有残留的糖，那么在贮存过程中也会发生美拉德反

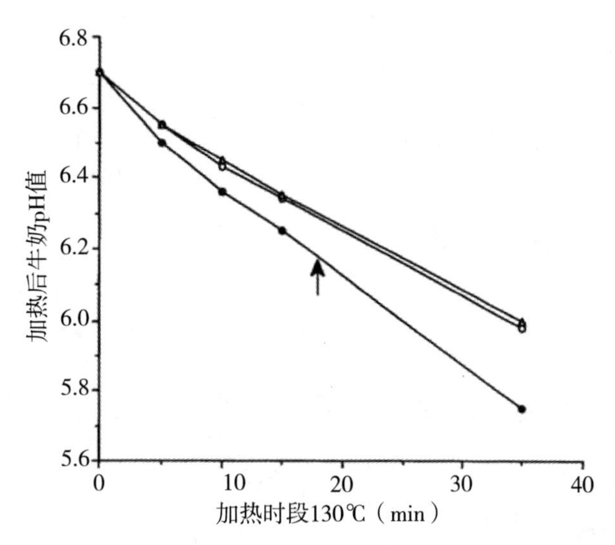

图 9.7　在 130℃加热不同时间后奶 pH 值的变化。加热条件为牛奶上方的气体为空气（空心圆），O_2（实心圆），N_2（空心三角）；↑表示凝固期（引自 Sweetsur 和 White，1975）

应，因为在这种情况下，奶酪的水分活度（a_w ~0.6）有利于美拉德反应发生。漂洗不干净的酪蛋白，特别是乳清蛋白浓缩物（含 30%~60%乳糖）在用作热处理食品的原辅料时，也可能发生美拉德反应。

奶制品的美拉德反应是有害的，原因是：

（1）聚合反应终产物（类黑素）呈褐色，所以发生美拉德反应的奶制品会变色，不美观。

（2）部分美拉德反应副产物气味强烈（如糠醛、羟甲基糠醛），会改变奶的典型风味。

（3）至席夫碱（包括席夫碱）的所有反应都是可逆的，因此生成的产物是可消化的，但是经过 Amadori 重排后，生成的产物就不能代谢利用。因为赖氨酸是最有可能参与美拉德反应的氨基酸，且是一种必需氨基酸，所以美拉德反应降低了蛋白质的生物学价值。赖氨酸与乳糖反应导致相邻的肽键不能被胰蛋白酶水解，从而降低了蛋白质的消化率。

（4）美拉德反应的聚合产物能与金属结合，尤其是 Fe。

（5）有人认为，部分美拉德反应产物有毒和/或有致突变性，但是这些毒性作用很弱，可能是因为褐变反应的其他影响，例如与金属结合的结果。

（6）糖与蛋白质结合增加了蛋白质的亲水性，但是溶解度可能会减小，这可能是由蛋白质分子的交联引起的。

（7）美拉德反应使奶的热稳定性增加，可能是因为生成了羰基化合物。

美拉德反应，特别是在模拟体系中（如葡萄糖—甘氨酸）的美拉德反应形成褐色色素的过程通常遵循零级动力学。但是，有人发现在食品和模拟体系中，反应物的减少

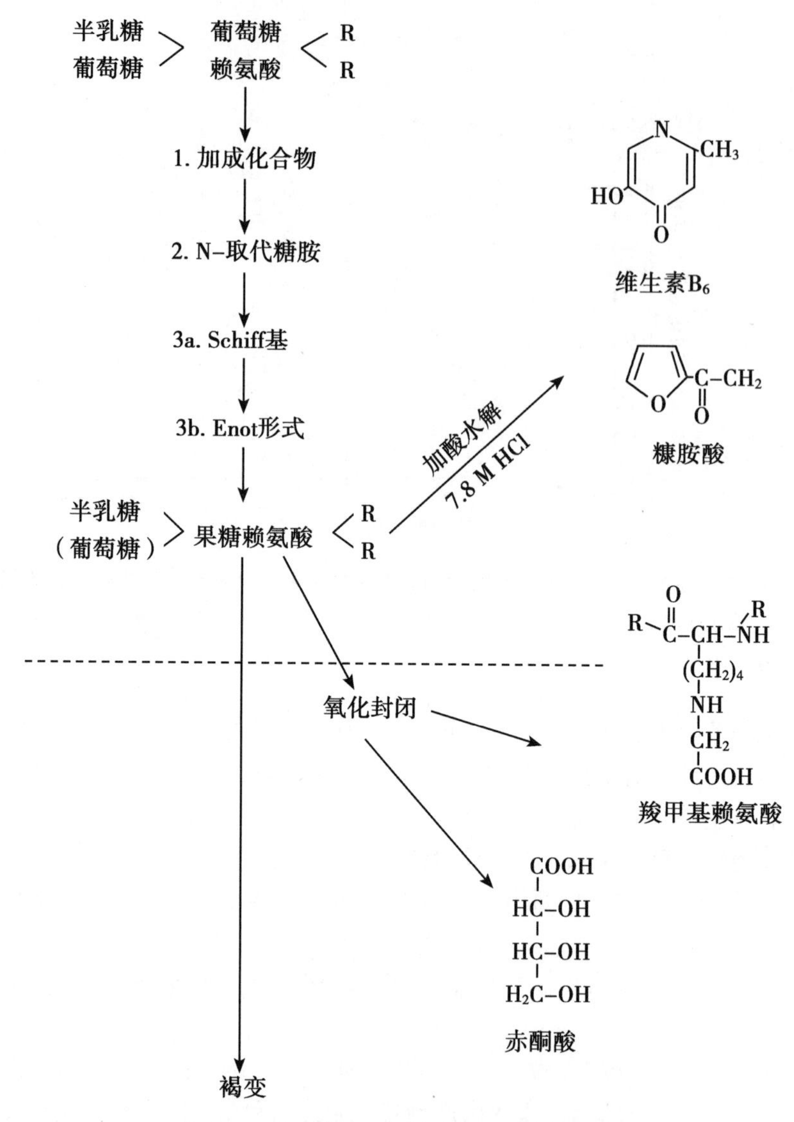

图 9.8　美拉德反应初始阶段，形成糠氨酸

（引自 Erbersdobler 和 Dehn-Müller，1989）

符合一级或二级动力学。有人报道，赖氨酸降解、褐色色素形成和羟甲基糠醛生成的活化能分别为 109kJ/mol、116kJ/mol 和 139kJ/mol。

褐变反应程度可通过测定褐色的强度、羟甲基糠醛生成量（与硫代巴比土酸反应后用分光光度法测定，或用 HPLC 测定）、赖氨酸减少量（如与 2,4-二硝基氟苯反应）和糠氨酸生成量等方法来监测。糠氨酸是乳果糖赖氨酸酸水解形成的（奶加热过程中美拉德反应的主要产物）。在酸水解过程中，乳果糖赖氨酸降解成果糖赖氨酸，果糖赖氨酸再转变成吡哆醇（维生素 B_6）、糠氨酸和羧甲基赖氨酸（图 9.8）。糠氨酸可用离子交换色谱法、GC 法或 HPLC 法测定。糠氨酸被认为是衡量美拉德褐变反应和奶热处理强度的非常好的指标（Erbersdobler 和 Dehn-Müller，1989）。热处理时间和温度对糠氨酸形成的影响见图 9.9。糠氨酸含量与羟甲基糠醛和羧甲基赖氨酸含量高度相关。UHT 乳中糠氨酸含量见图 9.10。

二羰基化合物也是美拉德反应的产物，在 Strecker 反应中二羰基化合物可与胺类反应，生成多种风味物质（图 2.32）。奶酪可发生美拉德反应，特别是 Strecker 反应，且对其风味影响较大；在这种情况下，二羰基化合物可能是通过生物学反应，而非热学反应产生。

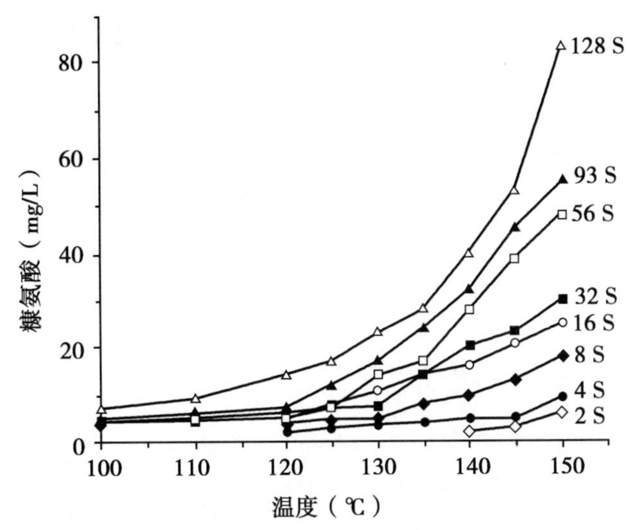

图 9.9　加热温度和时间对直接加热 UHT 灭菌奶中糠氨酸含量的影响

（引自 Erbersdobler 和 Dehn-Müller，1989）

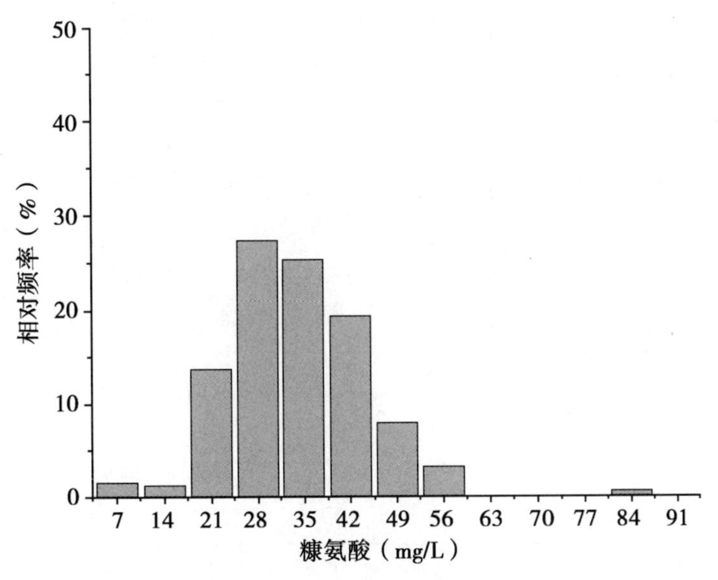

图 9.10　190 种 UHT 奶糠氨酸含量的相对分布情况

（引自 Erbersdobler 和 Dehn-Müller，1989）

9.4 奶中的盐类

虽然奶中有机盐和无机盐含量很少，但对奶的很多特性影响很大（第5章）。加热对乳盐的影响很小，但有两个例外，即碳酸盐和磷酸钙。大部分潜在的碳酸盐以CO_2的形式存在，可在加热时散失，从而导致pH值升高。在奶的盐类中，磷酸钙很奇特，溶解度随温度升高而降低。磷酸钙加热时溶解度降低并且变成胶相，与酪蛋白胶束结合，钙离子浓度和pH值也随之降低（第5章）。如果热处理不剧烈，这些变化在冷却时是可逆的。在剧烈热处理后再进行冷却时，热诱导生成的胶体磷酸钙可能不能溶解，但是一些内源性胶体磷酸钙可溶解，能部分恢复pH值和盐的平衡。奶剧烈加热后，由于乳糖的热降解和酪蛋白的去磷酸化导致pH值下降，情况变得相当复杂。

奶的冷却和冷冻也可导致乳盐平衡的改变，包括造成pH值改变（如第2章和第5章所述）。

9.5 维生素

奶中许多维生素的热稳定性相对比较差（第6章）。

9.6 蛋白质

奶中的蛋白质可能是受热处理影响最大的成分。有些变化涉及与盐类或糖类的相互作用，尽管不总是与其他成分的变化完全无关，本节将对蛋白质的主要热诱导变化进行讨论。

9.6.1 酶类

如第10章所述，奶中所含的60多种内源酶来自乳腺分泌细胞或血液。经过贮存的牛奶也含有微生物产生的酶。内源酶和细菌酶都会对奶与奶制品产生不良影响。虽然酶并非热处理的主要对象，奶中的一些内源酶在热处理过程中会被灭活，但许多内源酶的热稳定性相当高（图9.11）。

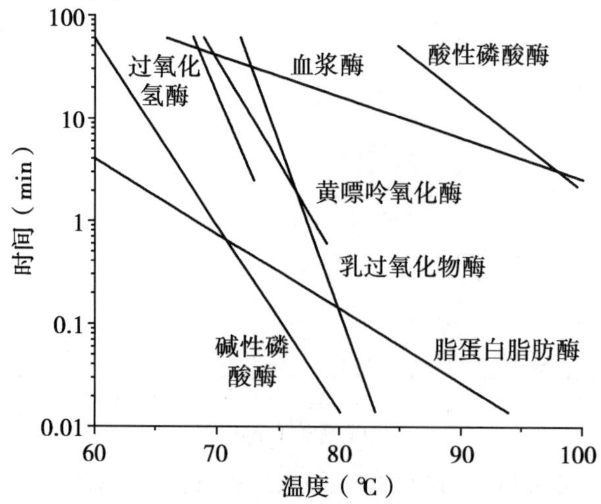

图9.11 使奶中一些内源酶失活的时间—温度组合

（引自Walstra和Jenness，1984）

乳内源酶热变性的重要性主要有以下两点：

1. 增加奶制品的稳定性。这方面，脂蛋白脂肪酶可能是最重要的，因为它可引起水解性酸败。HTST 巴氏杀菌可使其大部分失活，但是要防止脂类分解，须在 78℃/10s 加热。HTST 杀菌实际上可使纤溶酶活性增加，这是由于纤溶酶抑制剂和/或纤溶酶原激活剂的被灭活。

2. 有些酶的活力可以作为热处理的指标，如碱性磷酸酶（HTST 巴氏杀菌）、γ-谷氨转移酶（72~80℃热处理的指标）和乳过氧化物酶（80~90℃）。

9.6.1.1　微生物酶

目前农场和加工厂普遍对奶进行长时间的冷藏贮存，这样会导致嗜冷菌，特别是荧光假单胞菌成为生鲜奶的优势微生物。嗜冷菌热稳定性差，容易通过 HTST 巴氏杀菌，甚至通过预热杀菌杀灭。但嗜冷菌能分泌胞外蛋白酶、脂肪酶和磷脂酶，其热稳定性极强，有些甚至在 140℃加热 1min 都难以完全灭活，所以 UHT 处理后仍有部分有活性。如果生鲜奶中嗜冷菌含量高（$>10^6$/mL），UHT 灭菌后存留的蛋白酶和脂肪酶就可能足以导致产品产生异味，如苦味、不洁臭味和腐臭味，也可能会形成凝胶。

出人意料的是，许多嗜冷菌分泌的蛋白酶和脂肪酶在 50~65℃温度范围内稳定性比较差，见图 9.12（准确值各种酶不一样）。因此，在 UHT 灭菌前后对奶进行低温灭活处理（如 60℃ /5~10min）可以降低这些酶的活性。蛋白酶的低温灭活似乎主要是由蛋白质的水解作用引起的。在自然状态下，酶紧密折叠，不被邻近的其他蛋白酶水解，但在约 60℃条件下，有些酶的构象发生变化，使其容易被仍有活性的蛋白酶水解。温度进一步升高，所有蛋白酶都变性失活，但是冷却后可以复性。由于该机制不适用于纯化的脂肪酶，所以脂肪酶低温灭活机制尚不清楚［有关嗜冷菌分泌的酶的综述见 Driessen（1989）和 McKellar（1989）］。

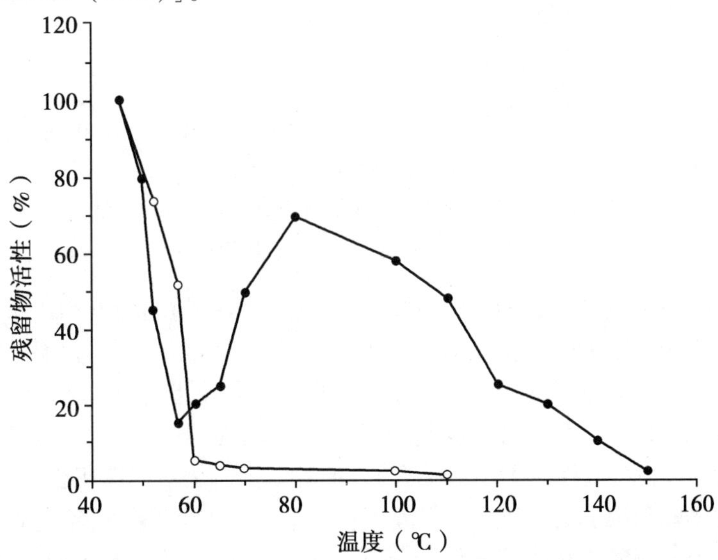

图 9.12　在 0.1M 磷酸盐缓冲液、pH 值 6.6（空心圆）或在合成乳盐缓冲液、pH 值 6（实心圆）中加热 1min 时荧光假单胞菌 AFT 36 蛋白酶的的热灭活情况（引自 Stepaniak 等，1982）

9.6.2 其他生物活性蛋白质的变性

奶中含有许多有生物活性蛋白，如维生素结合蛋白、免疫球蛋白、金属结合蛋白、抗菌蛋白（乳铁蛋白、溶菌酶、乳过氧化物酶）、各种生长因子和激素（第4章和第11章）。这些蛋白质对新生儿具有重要的营养和生理功能。所有这些蛋白质热稳定性都比较差，有些经过HTST巴氏杀菌后会失活，可能全部会在UHT灭菌及更剧烈的热加工序后失活。当乳品是供成年人食用时，这些生物活性蛋白的失活可能并非特别重要，但当用于婴幼儿配方食品时，就非常重要。因而，婴幼儿配方食品可能会补充这些蛋白质，如乳铁蛋白。

9.6.3 乳清蛋白的变性

乳清蛋白约占牛奶蛋白质的20%，是一种具有高水平二级结构和三级结构的典型球状蛋白质。因此，包括热处理在内的多种因素容易使其发生变性。乳清蛋白的变性动力学（通过测定其在pH值4.6饱和NaCl溶液中的溶解度的减少量）见图9.13。热变性是从乳清中回收乳清蛋白的传统方法（最佳凝结条件为pH值6，约90℃加热10min，第4章），也是制作意大利乳清干酪、Queso奶酪和Blanco奶酪的传统方法（第12章）。

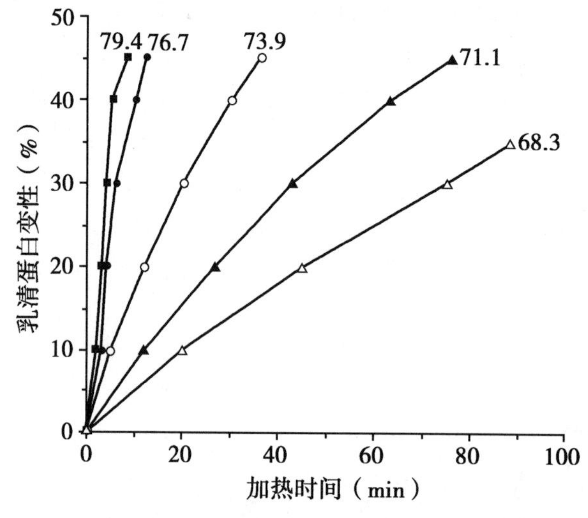

图9.13 不同加热温度下脱脂乳中乳清蛋白的热变性

（引自Jenness和Patton，1959）

乳清蛋白热稳定性（通过测定溶解度）顺序为：α-乳白蛋白（α -la）>β-乳球蛋白(β-lg)>血清白蛋白(BSA)>免疫球蛋白(Ig)（图9.14）。但是，利用差示扫描量热法进行测定，得到的顺序大不一样：免疫球蛋白>β-乳球蛋白>α-乳白蛋白>血清白蛋白。对α-乳白蛋白来说，两种方法的差异似乎是由于它是一种金属（Ca）结合蛋白，在热变性之后可以发生复性。但是，不含Ca的乳白蛋白热稳定性相当差，实际上，α-乳白蛋白的分离就利用了这一特性。钙离子在一个窝与3个天冬氨酸残基的羧基和一个天冬氨酸和一个赖氨酸残基的羰基结合（第4章）。pH值约小于5时，羧酸基团发生质子化，失去结合钙离子的能力；加热至约55℃时，无钙乳白蛋白发生凝集作用，留在溶液中的主要是β-乳球蛋白。与完整的蛋白质相比，无铁乳铁蛋白的热稳定性也要

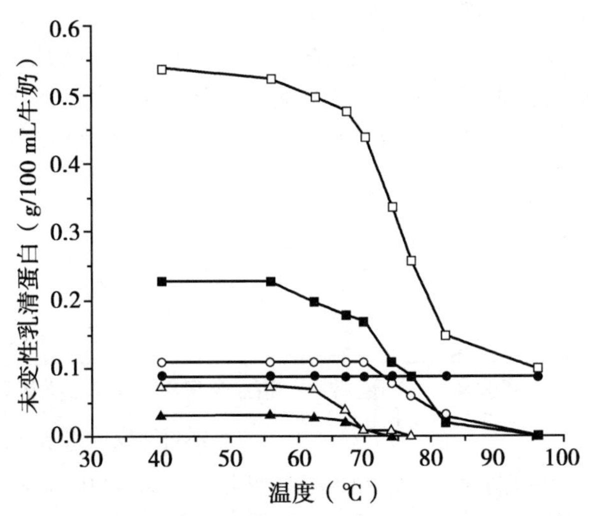

图 9.14　不同温度加热 30min 对奶中乳清蛋白的影响：乳清蛋白总量（空心方形）、β-乳球蛋白（实心方形）、α-乳白蛋白（空心圆形）、蛋白胨蛋白胨（实心圆形）、免疫球蛋白（空心三角形）和血清白蛋白（实心三角形）（引自 Webb 和 Johnson，1965）

弱很多。

奶中 α-乳白蛋白和 β-乳球蛋白变性分别遵循一级和二级动力学（图 9.15）。这两种蛋白的变化都取决于温度，并在约 90℃发生变性（图 9.15）。

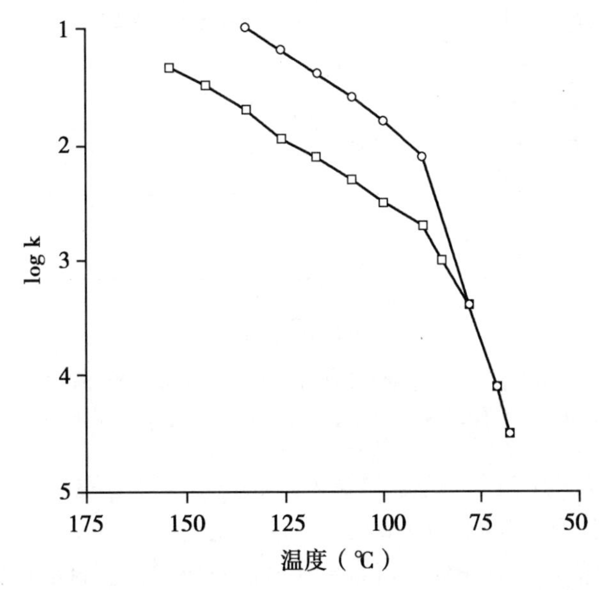

图 9.15　α-乳清蛋白（空心方形）和 β-乳球蛋白（空心圆形）的热处理 Arrhenius plot 曲线（引自 Lyster，1970）

β-乳球蛋白的热变性原理已被广泛研究，变性顺序见图 9.16。温度大约在 20℃，pH 值范围在 5.5~7.0 时，β-乳球蛋白的二聚体（N^2）和单体（2N）形式达成平衡。在 pH 值 7~9 范围内，β-乳球蛋白发生可逆性构象变化，被称为 N↔R 跃迁。当温度升高时，两个平衡向右推移，即 $N_2 \to 2N \to 2R$。温度上升到65℃以上，β-乳球蛋白发生可逆变性（R↔D），但是在约70℃时，通过一系列聚合步骤，变性反应变成不可逆。最开始的Ⅰ类聚合反应包括形成分子间的二硫键，而之后的Ⅱ类聚合反应涉及非特异性交互作用，包括疏水键键合和静电键合，Ⅲ类聚合反应涉及非特异性的交互作用，发生于巯基被屏蔽时。

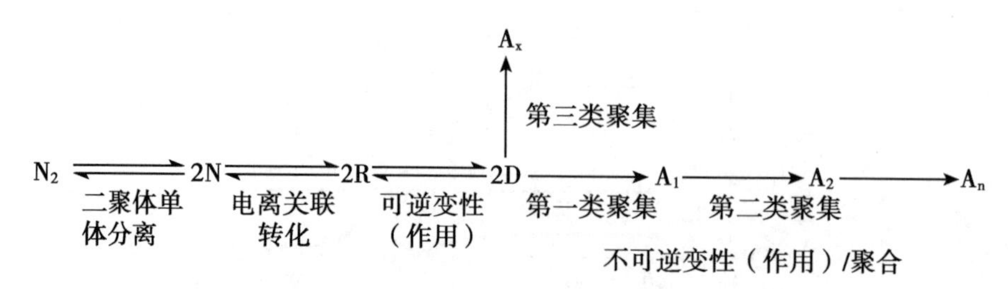

图 9.16　β-乳球蛋白热变性的步骤（引自 Mulvihill 和 Donovan，1987）

乳清蛋白热变性的一些最重要的影响是因为这些蛋白质所含的巯基和/或二硫键残基在加热时会暴露出来（图 9.17）。这些影响之所以重要，至少有以下这些原因：

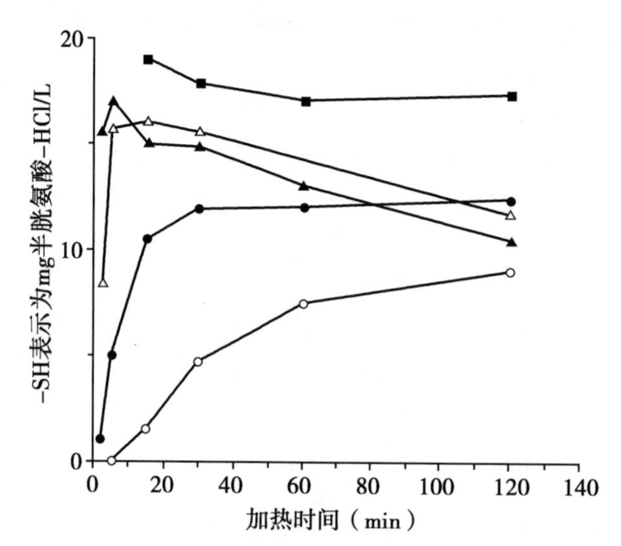

图 9.17　75℃（空心圆形）、80℃（填充圆形）、85℃（空心三角形）和 95℃（填充三角形）加热牛奶以及 85℃加热的真空牛奶的巯基（引自 Jenness 和 Patton，1959）

（1）在奶的正常 pH 值条件下，当温度约超过 75℃时，蛋白质能参与巯基和二硫键的相互转化反应，但 pH 值超过 7.5 时，反应速度更快。这些交互作用导致β-乳球蛋白与κ-酪蛋白，可能还与 α_{s2}酪蛋白和α-乳白蛋白形成以二硫键相连的复合物，对乳蛋白的功能产生巨大影响，如皱胃酶凝结作用和热稳定性。

（2）被激活的巯基可分解形成硫化氢，这是造成 UHT 奶等经过剧烈热处理的乳品带有蒸煮味的主要原因。硫化氢容易挥发且不稳定，在加工后一周左右会消失，因此在加工后头几周 UHT 奶的风味会改善。

（3）丝氨酸、磷酸丝氨酸、糖基化丝氨酸、半胱氨酸和半胱氨酸残基可发生β-消除反应，形成脱氢丙氨酸。脱氢丙氨酸非常活泼，能与各种氨基酸残基反应，特别是与赖氨酸反应，生成赖丙氨酸，也有一些可与半胱氨酸反应生成羊毛硫氨酸（图9.18）。这些反应导致分子内和分子间产生交联，使蛋白质溶解度、消化率和营养价值降低（因为形成的键在肠道中不能水解，而赖氨酸又是一种必需氨基酸）。

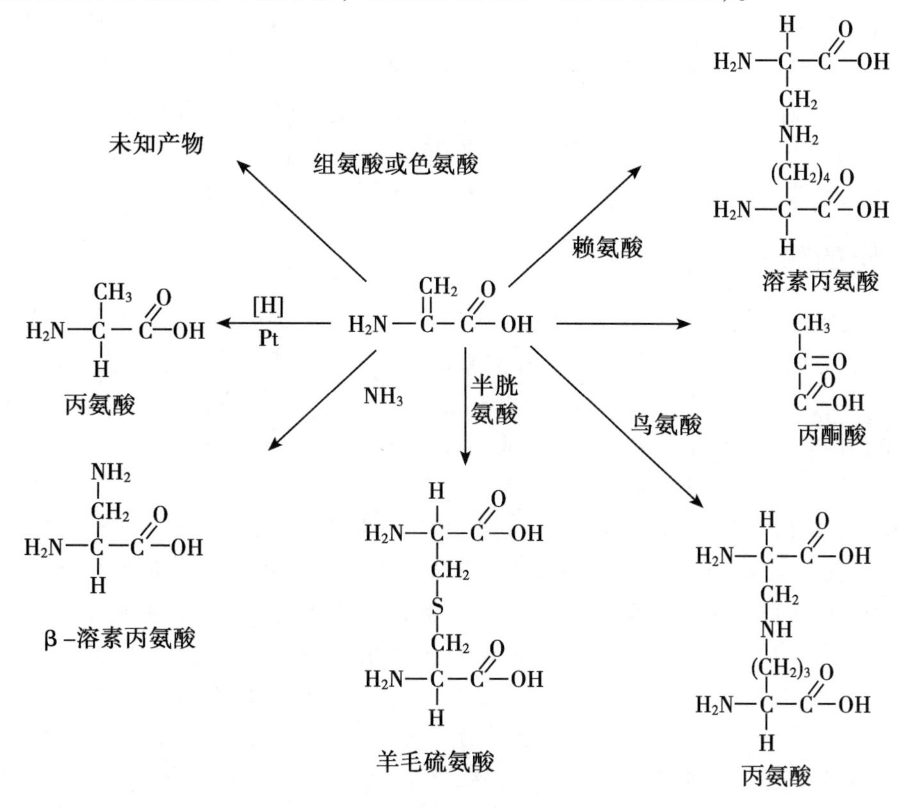

图9.18　脱氢丙氨酸的相互作用

9.6.4　热处理对酪蛋白的影响

如第4章所述，酪蛋白是一种十分特殊的蛋白质。其分子相当小（20~25kDa），疏水性相对较强，较高级的结构很少，二硫键很少（只存在于两种次要酪蛋白，α_{s2}和κ酪蛋白），没有巯基。所有酪蛋白都发生磷酸化（α_{s1}-酪蛋白、α_{s2}-酪蛋白、β-酪蛋白和κ-酪蛋白分别含P 8~9，10~13，4~5和1mol P/mol蛋白质）。由于磷酸化水平高，α_{s1}-酪蛋白、α_{s2}-酪蛋白和β-酪蛋白与钙结合能力强，使之凝集、沉淀，并影响其总体稳定性，包括热稳定性。

严格意义上讲，酪蛋白并不容易发生热变性，如酪蛋白酸钠（pH值6.5~7.0）可在140℃加热1h以上，仍不会发生肉眼可见的理化变化。但是剧烈的热处理确实可导致酪蛋白发生实质性变化，如去磷酸化（140℃加热1h达到100%）、凝集反应（从尿素-PAGE或者凝胶渗透色谱测定值的变化可知），这可能是因为分子间二硫键和异肽键的形成，肽键的断裂（形成pH值4.6或12%三氯乙酸可溶性肽）造成的。剧烈热处理使酪蛋白酸钠和胶束酪蛋白对乙醇和钙的敏感性降低，这可能是因为赖氨酸和精氨酸残基发生变化所致（O′Connell 和 Fox，1999）。丝氨酸、丝氨酸磷酸盐和半胱氨酸残基的β-消除作用也会发生，特别当 pH 值>7 时。这样的热诱导变化在工业性生产的酪蛋白酸钠中是较明显的。

酪蛋白的热稳定性非常高，所以才能生产出物理性质没有明显改变的热处理灭菌奶制品。非浓缩奶的热稳定性几乎总是足以承受其通常受到的热处理，很少出现在 HTST 杀菌时奶发生凝固的现象。这种缺陷是由于饲喂劣质饲料造成奶中柠檬酸浓度低，进而导致钙离子浓度太高引起的。但奶被浓缩时热稳定性急剧降低，通常也不足以承受保持灭菌和 UHT 灭菌，除非进行一定的调整或处理。尽管浓缩奶热稳定性与其原料奶的热稳定性相关性差，但是奶热稳定性的研究大多数是针对非浓缩奶展开的。

9.7 奶的热稳定性

奶热稳定性研究始于 Sommer 和 Hart1919 年的开创性研究。自此以后，在基础研究和应用研究方面已经积累了相当大量的文献资料，不断有人定期对这些文献进行综述，包括：Pyne（1958），Rose（1963），Fox 和 Morrissey（1977），Fox（1981，1982），Singh 和 Creamer（1992）。McCrae 和 Muir（1995），Singh 等（1995），O′Connell 和 Fox（2003），Huppertz（2015）。

前期的许多研究主要是试图寻找热稳定性与奶中各种成分，特别是与乳盐含量的关系。尽管奶的热凝固时间（HCT）与二价阳离子（Ca^{2+}和 Mg^{2+}）浓度呈负相关，与多价阴离子（如磷酸根和柠檬酸根）浓度呈正相关，但相关性差，不能解释奶热凝固时间的自然变化。1961 年，这一现象很大程度上被 Dyson Rose 的相关研究所解释，他的研究证明，在 pH 值约为 6.7 时，大部分奶的热凝固时间对 pH 值的细小变化极为敏感。实际上，在考虑所有因素对奶热凝固时间的影响时，都必须先考虑 pH 值的影响。

对大多数奶牛个体奶样和所有奶罐奶样来说，pH 值在 6.4~6.7，奶热凝固时间随 pH 值的上升而延长，当 pH 值升至 6.9 时，热凝固时间骤降至最低点，之后随着 pH 值的继续上升而不断延长（图 9.19）。pH 值低于 6.4 时，热凝固时间迅速缩短。热稳定性对 pH 值有强烈依赖性的奶称为 A 型奶。有时候个别奶牛的奶热凝固时间随着 pH 值的升高而不断延长，可以想象，这是因为随着 pH 值上升，蛋白质电荷也增加。这一类奶称为 B 型奶。

热凝固时间最大值和热凝固时间—pH 值曲线的形状受到几种组分因素的影响，其中最重要的影响因素有以下这些方面：

（1）pH 值在 6.4~6.7，Ca^{2+}能降低热凝固时间。

（2）钙螯合剂（如柠檬酸盐和多聚磷酸盐）可提高稳定性。

（3）pH 值在 6.4~6.7，β-lg 和 α-la 可提高酪蛋白胶束的稳定性，但是，pH 值在 6.7~7.0，则降低其稳定性；事实上，热凝固时间—pH 值曲线最大值—最小值的出现取决于 β-lg 的存在。

（4）向奶中添加 κ-酪蛋白可提高出现热凝固时间最小值的 pH 值范围内的稳定性，但是 pH 值<热凝固时间最大值时不会出现这种情况。

（5）降低胶体磷酸钙水平可提高热凝固时间最大值范围的稳定性。

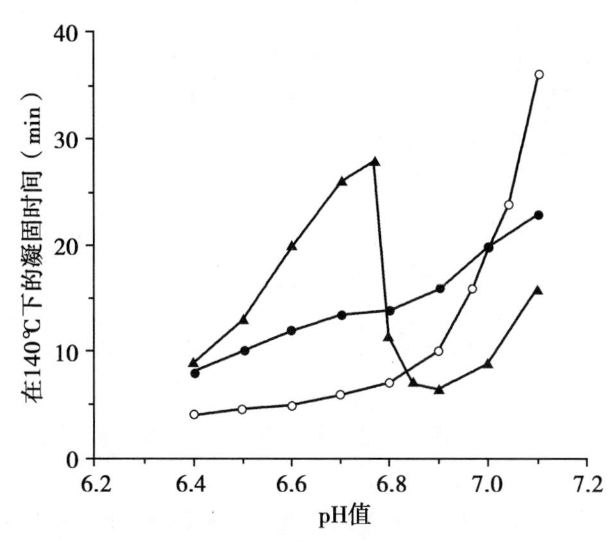

图 9.19　pH 值对 A 型奶（实心三角形）、B 型奶（实心圆）和无乳清蛋白的酪蛋白胶束分散液（空心圆）热稳定性的影响（引自 Fox，1982）

（6）热凝固时间的自然变化主要是由于动物饲料的变化引起内源尿素浓度的变化造成的。

在 HCT-pH 值曲线中，出现最大值、最小值的原因引起很多人的关注。目前的解释是，受热时 κ-酪蛋白脱离酪蛋白胶束；pH 值≤6.7 时，β-lg 可减少 κ-酪蛋白的解离，但是当 pH 值大于 6.7 时，β-lg 又可加速 κ-酪蛋白的解离（Singh 和 Fox，1987）。事实上，稳定性最低的 pH 值范围发生的凝乳作用也包括脱 κ-酪蛋白胶束的聚集作用，其聚集方式有点类似于皱胃酶凝乳，但脱 κ-酪蛋白胶束形成的机制大不一样。

客观热稳定性试验（氮耗曲线）表明，在热稳定性最低的 pH 值的热诱导凝固过程包括两个步骤，首先是脱 κ-酪蛋白大胶束先发生凝集，然后富含 κ-酪蛋白的胶束再发生凝集（O′Connell 和 Fox，2000）。

正如所料，奶在 140℃ 长时间加热会产生非常显著的化学变化和物理变化（O′Connell和 Fox，2000），其中以下变化可能最为明显：

（1）pH 值降低：奶在 140℃加热 20min 后，pH 值降至约 5.8，这是因为乳糖热解产生酸；可溶性磷酸钙以 $Ca_3(PO_4)_2$ 沉淀析出，同时释放出 H^+；酪蛋白去磷酸化，释出的磷酸根以 $Ca_3(PO_4)_2$ 沉淀析出，同时释放出 H^+。热诱导的 $Ca_3(PO_4)_2$ 沉淀在冷却时部分可逆，因此奶在 140℃ 的凝固点的实际 pH 值远低于测量值，有可能<5.0。

（2）可溶性磷酸钙以 $Ca_3(PO_4)_2$ 沉淀析出，同时释放出 H^+：在 140℃ 加热 5～10min 后，大部分（90%以上）可溶性磷酸盐已沉淀析出。

（3）酪蛋白的去磷酸基团作用：符合一级动力学，加热 60min 后，约 90%的酪蛋白磷酸基团发生水解。

（4）美拉德反应：140℃时美拉德反应快速发生，因为美拉德反应中蛋白质的 ε-氨基被封闭，蛋白质电荷随之减少，可以预计的是美拉德反应会使热凝固时间缩短，但是实际上美拉德反应似乎可增加热稳定性，可能是生成了低分子量羰基化合物的缘故。

（5）酪蛋白水解作用：在140℃加热过程中，非蛋白氮（可溶于12%三氯乙酸）大量增加，显然符合零级动力学。κ-酪蛋白似乎对加热特别敏感，在凝固点时，约有25%的N-乙酰神经氨酸（κ-酪蛋白的一种组分）溶于12%三氯乙酸。

（6）蛋白质交联作用：在140℃加热约2min后，酪蛋白共价交联作用仍非常明显（通过凝胶电泳测定），且用尿素或者SDS-PAGE不能使热凝固酪蛋白分解。

（7）乳清蛋白变性：140℃时乳清蛋白迅速变性（第9.6.3节）。在pH值<6.7时，变性的乳清蛋白通过与κ-酪蛋白，可能还有αs2-酪蛋白的巯基-二硫键交互反应跟酪蛋白胶束结合。在电子显微镜照片中可看到乳清蛋白附着在酪蛋白胶束上。

（8）酪蛋白胶束的分解：受热时，酪蛋白（特别是κ-酪蛋白）与胶束分离，解离程度随着pH值和温度的升高而增加，随着胶束大小的减少而增加，并且pH值≥6.7时β-lg存在也会使解离程度增加。

（9）胶束的聚集和分散：电子显微镜镜检显示，酪蛋白胶束先发生聚集，然后又散开，最后又聚集成三维网状结构。

（10）水合程度的变化：从上面讨论的许多变化可以预计，在140℃加热时，酪蛋白胶束水合程度随加热时间延长而降低，这似乎主要是由pH值降低引起，如果样品开始加热后pH值调整到6.7，则加热过程中水合程度明显增大。

（11）表面（zeta）电位：目前还不能测定出酪蛋白胶束在试验温度下的zeta电位，但在冷却后测定胶束的电位，发现zeta电位并没有变化。这确实很奇怪，因为上述许多变化照理应该使表面电荷减少。

可以预料，上述所有热诱导变化会导致酪蛋白胶束发生很大变化，但最显著的是热凝固过程中pH值降低。有时候如果再将牛奶pH值调至6.7，则在140℃加热数小时也不会发生凝固现象。尿素的稳定作用至少部分是由于热诱导形成了NH_3，延缓或推迟了pH值的下降。但是，有人也提出其他尿素稳定作用的机制。

9.7.1 加工对热稳定性的影响

（1）浓缩

热蒸发浓缩使奶的热稳定性显著降低，如含约18%总固体的浓缩脱脂奶在130℃加热约10min就会凝固。浓缩奶的稳定性受pH值影响很大，pH值约为6.6时稳定性最高，但pH值≥6.8稳定性都较低（图9.20）。超滤法浓缩对热凝固时间的影响比热蒸发处理小得多，因为残留物中可溶性盐含量较低。

（2）均质

均质化对脱脂奶的热凝固时间没影响，但会造成全脂奶失稳，失稳程度随着乳脂含量和均质压力的升高而增大（图9.21）。失稳的原因可能是因为均质过程中形成的乳脂球是由酪蛋白来维持稳定的，因此均质后的乳脂球表现得像“酪蛋白胶束”，实际上增加了凝固原料的浓度。

（3）预热

在进行热稳定性分析之前加热非浓缩奶（特别是90℃/10min）使其热稳定性降低，主要是改变了其pH值；最大热稳定性只受轻微影响或者根本不受影响。但是，如果在

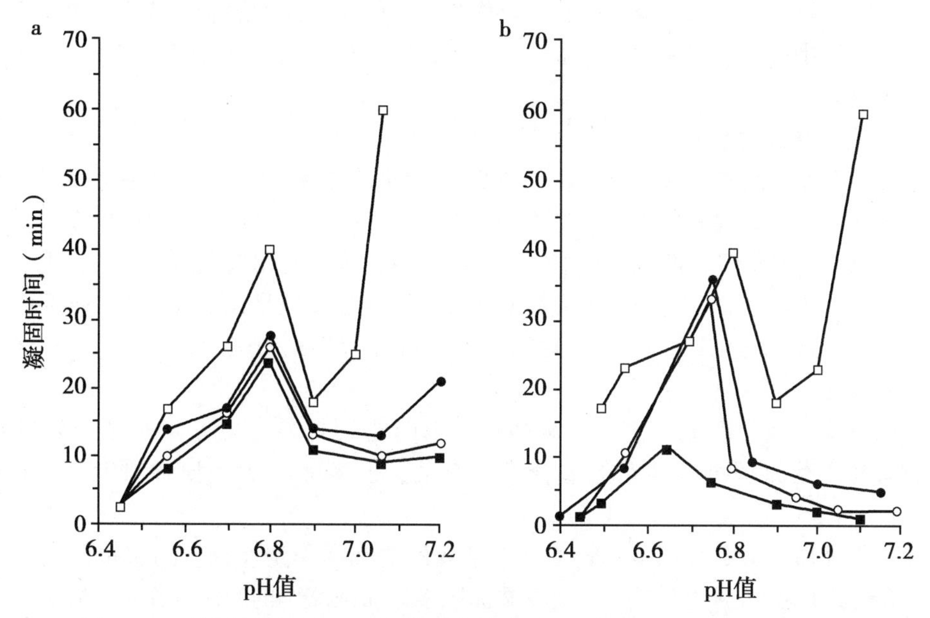

图 9.20　总固形物（TS）含量对脱脂奶空心方形（9.3% TS）、实心圆形（12.0% TS）、空心圆形（15.0% TS）、实心方形（18.4% TS）在 130℃的热稳定性的影响。（a）通过超滤浓缩，（b）通过蒸发浓缩（引自 Sweetsur 和 Muir，1980 年）

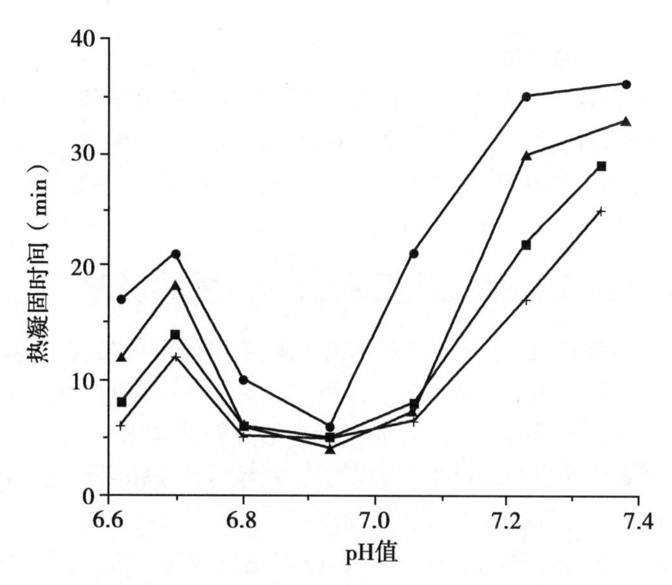

图 9.21　压力（雷尼匀浆机）对牛奶的热凝时间（140℃）、非均匀化（填充圆）或均质 3.5MPa（填充三角形）、10.4MPa（填充方）或 20.7/3.5MPa（PLUS）的影响（引自 Sweetsur 和 Muir，1983）

浓缩前对奶进行预热，可提高浓缩奶的热稳定性。目前所用的预热条件有许多种，如 90℃×10min，120℃×2min 或 140℃×5 s；最后一组条件效果特别好，但并未在工业生产上广泛应用。预热之所以对浓缩奶有稳定作用，可能是上述的热诱导变化如果发生在浓缩前，危害就比较小，如果发生在浓缩过程中，由于浓缩奶本身稳定性比较差，造成的危害就比较大。

（4）调节乳糖含量

在无乳糖乳中渐次加入乳糖，在乳糖浓度达到1%左右时，热稳定性最高，但乳糖浓度再升高，就会导致失稳。在 pH 值 6.4~6.7 范围内，增加正常牛奶的乳糖含量会使 A 型奶失稳。用酶水解乳糖可提高牛奶的热稳定性，特别是在最高值范围内，也可提高用低温至中度热处理脱脂奶粉制备的浓缩奶的热稳定性，但是在 90℃ 预热 10min，乳糖水解就没有稳定作用（Tan 和 Fox，1996；O′Connell 和 Fox，2003）。

（5）添加剂

长期以来工业生产上一直用正磷酸盐，有时也用柠檬酸盐来增加浓缩奶的稳定性。有人认为其原理可能与钙的螯合作用有关，但实际上主要原理可能是 pH 值改变了。

许多化合物（如各种羰基化合物，包括双乙酰和离子洗涤剂）可提高奶的热稳定性，但允许用作添加剂的非常少。尽管添加尿素对非浓缩奶的稳定性作用比较大，但对浓缩乳却无效，但尿素的确能提高羰基化合物的效率。

有几种化合物能提高牛奶的热稳定性，包括 κ-卡拉胶、十二烷基硫酸钠、氧化剂（$KBrO_4$，KIO_3）、多酚类物质（O′Connell 和 Fox，2001）和卵磷脂（O′Connell 和 Fox，2003）。

（6）用转谷氨酰胺酶处理

转谷氨酰胺酶（TGase）可使蛋白质发生交联反应，在赖氨酸和谷氨酰胺残基间形成异肽键，所以该酶可防止 κ-酪蛋白发生解离，并且对非浓缩奶、浓缩奶和脱乳清蛋白奶的热凝固时间-pH 值曲线有很大影响（O′Sullivan 等，2002；Mounsey 等，2005；Huppertz，2015）。

9.8 热处理对皱胃酶凝乳作用及相关性质的影响

生产奶酪和酶凝酪蛋白的第一步是使酪蛋白胶束凝固形成凝胶。凝乳作用包括两个步骤（阶段）：第一步是用酶水解对胶束有稳定作用的 κ-酪蛋白（一般是用皱胃酶）。第二步是在 Ca^{2+} 和≥20℃的条件下，让胶束凝集形成凝乳（第 12 章）。

皱胃酶诱导凝乳的速率受多种因素的影响，包括钙离子浓度、酪蛋白和胶体磷酸钙浓度和 pH 值。加热温度超过 70℃时，热处理对奶的凝结产生不可逆影响，因为变性的 β-乳球蛋白（和 α-乳白蛋白）变性后可与 κ-酪蛋白发生交互反应。皱胃酶凝乳第一阶段，尤其是第二阶段受交互反应的负面影响比较大，如果热处理强度够大的话（如 80℃/5~10min），可导致牛奶不发生皱胃酶凝乳作用。第一阶段的影响可能是由于与 β-乳球蛋白发生交互反应之后，封闭了 κ-酪蛋白上对皱胃酶敏感的化学健。加热对第二阶段的负面影响是由于酪蛋白胶束被乳清蛋白包裹后不能发生正常的交互反应，因为发生聚集的位点（目前还不清楚）被封闭了。

对加热的奶进行酸化或先酸化再中和，或者添加钙离子，可抵消热处理对奶的皱胃酶凝集能力产生的负面影响。酸化可抵消加热的不利影响的机理尚不清楚，但可能与钙离子浓度发生变化有关。

热处理对皱胃酶诱导形成凝胶的强度也有不利影响，也可能是因为酪蛋白胶束被乳清蛋白包裹后无法在凝胶网状结构中发挥正常作用。经剧烈热处理的牛奶形成的凝胶脱水收缩性能差，导致奶酪含水量高，难以正常成熟。但脱水收缩对发酵奶产品（如酸奶）则是不好的，所以要对奶进行剧烈热处理（如 90℃/10min），使凝乳不那么容易脱水收缩。

9.9　灭菌奶的贮存期稠化

UHT 灭菌奶的保质期主要受两个因素的制约：变味和凝胶化。贮存期稠化与牛奶的热稳定性无关（假如产品能承受灭菌过程），保持灭菌浓缩奶有时候也会发生贮存期稠化。但是热处理对贮存期稠化的确有显著影响，如间接加热 UHT 奶比直接加热 UHT 乳（前者热处理程度更高）不易于产生贮存期稠化。优质牛奶生产的非浓缩 UHT 乳发生凝胶化可能与纤溶酶有关。但如果原奶质量差时，可能就与嗜冷菌产生的蛋白酶有关。也有可能还与一些理化性质有关，比如乳清蛋白和酪蛋白胶束的交互作用。

对 UHT 浓缩奶来说，似乎以理化性质方面的影响为主，尽管蛋白质也发生水解，如用高温热处理奶粉复原的 UHT 浓缩奶比用中低温处理奶粉生产的 UHT 浓缩奶不易于产生贮存期稠化，尽管用高温奶粉复原的浓缩奶产生的沉淀最多（Harwalkar，1992）。

9.10　牛奶风味的热诱导变化

风味是食物一个非常重要的属性，加热（烹调）对食物风味影响很大，有正面的也有负面的。优质新鲜液态奶制品应该口感干净、略有甜味，基本无香味，若有与此不符的气味，即可认为出现异味。热处理对奶制品的滋味和气味有很大影响，其中有正面的也有负面的。

正面影响方面，预热杀菌和最低程度巴氏杀菌不会产生不良滋味和香味，实际上由于降低了细菌生长速度和酶的活性（如脂类分解），还改善了产品的风味。如果巴氏杀菌再加上真空处理（真空杀菌），还可消除牛奶原有的异味（即来自牛代谢或饲料的异味），从而改善牛奶的感官品质。

还有，稀奶油剧烈热处理可提高奶油的氧化稳定性，因为加热使抗氧化巯基暴露出来。正如第 9.2.2 节所述，乳脂烹调品质好，主要是因为羟基酸形成了内酯，但这些内酯却会使有些热加工产品（如奶粉）产生异味。

UHT 加工使牛奶感官品质严重恶化。刚加工的 UHT 奶有明显的“蒸煮味”或“卷心菜味”，但经过一定时间的贮存后，这些味道会减弱，几天后产品风味最佳。产生异味是因为乳清蛋白变性，生成含硫化合物（如第 9.6.3 节所述）。过了最佳风味期后，品质又会恶化，牛奶会有陈腐味。UHT 奶中至少已检测出 400 种挥发物，其中 50 种（表 9.3）被认为对风味有明显影响（Manning 和 Nursten，1985；McSweeney 等，1997；Cadwallader 和 Singh，2009）。UHT 奶的保质期常常受贮存期凝胶化和苦味的限制，这些都是蛋白水解所致（如 9.6.1 节所述）。

含硫化合物是导致 UHT 奶产生异味的主要原因，所以有人试图通过减少其浓度来改善 UHT 奶的风味，如添加硫代磺酸盐、硫代硫酸盐或胱氨酸（与硫醇反应）或巯基氧化酶（一种乳内源酶，能将巯基氧化成二硫键，见第 10 章）。

美拉德反应产物对热处理奶制品，特别是对保持灭菌奶和奶粉有明显的负面影响。

表 9.3　对间接加热的 UHT 牛奶的风味有很大贡献的物质，对不同方式热处理的牛奶风味差异的物质，以及在合成 UHT 风味制剂中使用的物质（引自 Manning 和 Nursten，1985）

	UHT- i[a]	UHT-i- LP[b]	UHT-i- UHT-d[c]	UHT 合成奶口感[d]（mg/kg LP）
甲硫醚	+	0	1	
3-甲基丁醛	+	1	1	
2-甲基丁醛	+	0	1	
2-甲基-1-丙硫醇	+	1	1	0.008
戊醛	+	1	1	
3-己酮	+			
己醛	+	1	1	2
2-庚酮	+	4	2	
苯乙烯	+			0.40
Z-4-庚烯醛[e]	+	1	0	
庚烯醛	+			
2-乙酰呋喃	+			
三硫化二甲基硫醚	+	2	0	
苯甲腈	+			
1-庚醇	+			
1，3-辛烯酮	+			
辛醛	+	1	1	
p-异丙醇	+			
苯酚	+			
茚	+			
2-乙基-1-己醇	+			
苯甲醇	+			
未知	+			
苯乙酮	+	1	0	
1-辛醇	+			
2-壬烷酮	+	4	2	0.21
壬醛	+			
p-甲酚	+			
m-甲酚	+			
E-2，Z-6-壬二烯醛	+			
E-2-壬烯醇	+			

（续表）

	UHT-i[a]	UHT-i-LP[b]	UHT-i-UHT-d[c]	UHT 合成奶口感[d]（mg/kg LP）
3-甲基吲哚	+			
甲基吲哚	+			
乙基二甲苯	+			
癸醛	+			
四乙基硫脲	+			
苯并噻唑	+	1	0	0.005
γ-八内酯	+	1	0	0.025
2，3，5-三甲基苯甲醚	+			
δ-八内酯	+	1	0	
1-癸醇	+	1	1	
甲基壬基甲酮	+	2	1	0.18
2-甲基萘	+			
吲哚	+			
δ-癸内酯	+	1	0	0.650
硫化氢		2	1	0.03
二乙酰		2	1	0.005
二甲基二硫化物		2	1	0.002
2-己酮		2	1	
γ-十二内酯		2	1	0.025
δ-十二内酯		2	1	0.1
甲硫醇		1	1	0.002
2-戊酮		1	1	0.29
异硫氰酸甲酯		1	1	0.01
异硫氰酸乙酯		1	1	0.01
糠醛		1	1	
苯甲醛		1	0	
辛酮		1	0	
萘		1	0	
γ-癸内酯		1	0	
2-戊二烷酮		1	0	
乙醛		-1	0	
1-氰基-4-戊烯		-1	0	
2-甲基-1-丁醇		-1	1	
丁酸乙酯		-1	0	
3-丁烯-1-基异硫氰酸酯		-1	0	
E-2，E-4-壬二二烯		-1	0	

（续表）

	UHT- i[a]	UHT-i- LP[b]	UHT-i- UHT-d[c]	UHT 合成奶口感[d]（mg/kg LP）
2，4-二二硫杂戊烷			1	
2，4-二二硫杂戊烷				10.00

a. 间接加热的 UHT 牛奶；+表示是对风味有很大贡献的成分。除了列出的成分外，还有 12 个未知的因素作出了强有力的贡献。

b. 导致间接加热的超高温牛奶和低温巴氏杀菌（LP）牛奶之间的风味差异的成分。差异比例：1=轻微；2=中等；3=强；4=非常强。

c. 导致间接和直接加热的超高温牛奶之间的风味差异的成分。与合成 UHT 风味的成分。差异比例同 C。

d. 成分不同的比例。

e. 暂定标识。

参考文献

Bauman, D. E., & Lock, A. L. 2006. Conjugated linoleic acid: Biosynthesis and nutritional significance. In P. F. Fox & P. L. H. McSweeney (Eds.), *Advanced dairy chemistry* (Lipids 2nd ed., Vol. 2, pp. 93-136). New York, NY: Springer.

Cadwallader, K. K., & Singh, T. K. 2009. Flavour and off-fl avour in milk and dairy products. In P. L. H. McSweeney & P. F. Fox (Eds.), *Advanced dairy chemistry* (Lactose, water, salts andminor constitutes 3rd ed., Vol. 3, pp. 631-690). New York, NY: Springer.

Driessen, F. M. 1989. Inactivation of lipases and proteinases (indigenous and bacterial). In P. F. Fox (Ed.), *Heat-induced changes in milk* (Bulletin, Vol. 238, pp. 71-93). Brussels: International Dairy Federation.

Erbersdobler, H. F., & Dehn-Müller, B. 1989. Formation of early Maillard products during UHT treatment of milk. In P. F. Fox (Ed.), *Heat-induced changes in milk* (Bulletin, Vol. 238, pp. 62-67). Brussels: International Dairy Federation.

Fox, P. F. 1981. Heat-induced changes in milk preceding coagulation. *Journal of Dairy Science*, 64, 2127-2137.

Fox, P. F. 1982a. Heat-induced coagulation of milk. In P. F. Fox (Ed.), *Developments in dairy chemistry* (Proteins, Vol. 1, pp. 189-228). London, UK: Applied Science.

Fox, P. F., & Morrissey, P. A. 1977. Reviews on the progress of dairy science: The heat stability of milk. *Journal of Dairy Research*, 44, 627-646.

Gould, I. A. (1945). Lactic acid in dairy products. III. The effect of heat on total acid and lactic acid production and on lactose destruction. *Journal of Dairy Science*, 28, 367-377.

Ha, Y. L., Grimm, N. K., & Pariza, M. W. 1989. Newly recognized anticarcinogenic fatty acids. Identifi cation and quantifi cation in natural and processed cheeses. *Journal of Agricultural and Food Chemistry*, 37, 75-81.

Harwalkar, V. R. (1992). Age gelation of sterilized milks. In P. F. Fox (Ed.), *Advanced dairy* chemistry (Proteins 2nd ed., Vol. 1, pp. 691-734). London, UK: Elsevier Applied Science.

Huppertz, T. 2015. Heat stability of milk. In P. L. H. McSweeney & J. A. O'Mahony (Eds.), *Advanced dairy chemistry* (Proteins 4th ed., Vol. 1) in press. New York, NY: Springer.

Jenness, R., & Patton, S. 1959. *Principles of dairy chemistry* . New York, NY: John Wiley & Sons.

Liang, D., & Hartel, R. W. 2004. Effects of milk powders in chocolate. *Journal of Dairy Science*, 87 , 20-31.

Lyster, R. L. J. 1970. The denaturation ofα -lactalbumin and β-lactoglobulin in heated milk. *Journal of Dairy Research*, 37 , 233-243.

Manning, D. J., & Nursten, H. E. 1985. Flavour of milk and milk products. In P. F. Fox (Ed.), *Developments in dairy chemistry* (Lactose andminor constituents, Vol. 3, pp. 217 - 238). London, UK: Elsevier Applied Science.

McCrae, C. H., & Muir, D. D. 1995. Heat stability of milk. In P. F. Fox (Ed.), *Heat-induced changes in milk* (Special Issue 2nd ed., 9501, pp. 206-230). Brussels: International Dairy Federation.

McKellar, R. C. (Ed.). 1989. *Enzymes of psychrotrophs in raw food* . Boca Raton, FL: CRC Press.

McSweeney, P. L. H., Nursten, H. E., & Urbach, G. 1997. Flavour and off-fl avour in milk and dairy products. In P. F. Fox (Ed.), *Advanced dairy chemistry* (Lactose, water, salts and vitamins 3rd ed., Vol. 3, pp. 406-468). London, UK: Chapman & Hall.

Mounsey, J. S., O'Kennedy, B. T., & Kelly, P. M. 2005. Infl uence of transglutaminase treatment on properties of micellar casein and products made therefrom. *Le Lait*, 85 , 405-418.

Mulvihill, D. M., & Donovan, M. 1987. Whey proteins and their thermal denaturation—A review. *Irish Journal of Food Science and Technology*, 11 , 43-75.

O′Connell, J. E., & Fox, P. F. 1999. Heat - induced changes in the calcium sensitivity of casein. *International Dairy Journal*, 9 , 839-847.

O′Connell, J. E., & Fox, P. F. 2000. The two-stage coagulation of milk proteins in theminimum of the heat coagulation time-pH 值 profi le of milk: Effect of casein micelle size. *Journal of Dairy Science*, 83, 378-386.

O′Connell, J. E., & Fox, P. F. 2001. Signifi cance and applications of phenolic compounds in the production and quality of milk and dairy products. *International Dairy Journal*, 11 , 103-120.

O′Connell, J. E., & Fox, P. F. 2003. Heat-induced coagulation of milk. In P. F. Fox & P. L. H. McSweeney (Eds.), *Advanced dairy chemistry* (Part B, Proteins 3rd ed., Vol. 1, pp. 879-945). New York, NY: Springer.

O′Sullivan, M. M., Kelly, A. L., & Fox, P. F. 2002. Effect of transglutaminase on the heat stability of milk: A possible mechanism. *Journal of Dairy Science*, 85 , 1-7.

Parodi, P. W. 2006. Nutritional signifi cance of milk lipids. In P. F. Fox & P. L. H. McSweeney (Eds.), *Advanced dairy chemistry* (Lipids 2nd ed., Vol. 2, pp. 136, 601-639). New York, NY: Springer.

Pyne, G. T. 1958. The heat coagulation of milk. II. Variations in the sensitivity of caseins to calciumions. *Journal of Dairy Research*, 25 , 467-474.

Rose, D. 1963. Heat stability of bovine milk: A review. *Dairy Science Abstracts*, 25 , 45-52.

Singh, H., & Creamer, L. K. 1992. Heat stability of milk. In P. F. Fox (Ed.), *Advanced dairy chemistry* (Proteins 2nd ed., Vol. 1, pp. 621-656). London, UK: Elsevier Applied Science.

Singh, H., Creamer, L. K., & Newstead, D. F. 1995. Heat stability of concentrated milk. In P. F. Fox (Ed.), *Heat-induced changes in milk* (Special Issue 2nd ed., Vol. 9501, pp. 256-278). Brussels:

International Dairy Federation.

Singh, H., & Fox, P. F. 1987. Heat stability of milk: Role of β-lactoglobulin in the pH-dependent dissociation of κ-casein. *Journal of Dairy Research*, 54 , 509-521.

Stepaniak, L., Fox, P. F., & Daly, C. 1982. Isolation and general characterization of a heat-stable proteinase from *Pseudomonas fl uorescens* AFT 36. *Biochimica et Biophysica Acta*, 717 , 376-383.

Sweetsur, A. W. M., & Muir, D. D. 1980. Effect of concentration by ultrafi ltration on the heat stability of skim milk. *Journal of Dairy Research*, 47 , 327-335.

Sweetsur, A. W. M., & Muir, D. D. 1983. Effect of homogenization on the heat stability of milk. *Journal of Dairy Research*, 50 , 291-300.

Sweetsur, A. W. M., & White, J. C. D. 1975. Studies on the heat stability of milk proteins. III. Effect of heat-induced acidity in milk. *Journal of Dairy Research*, 42 , 73-88.

Tan-Kintia, R. H., & Fox, P. F. 1996. Effect of the enzymatic hydrolysis of lactose on the heat stability of milk or reconstituted milk. *Netherlands Milk and Dairy Journal*, 50 , 267-277.

Walstra, P., & Jenness, R. 1984a. *Dairy chemistry and physics* . New York, NY: John Wiley & Sons.

Webb, B. H., & Johnson, A. H. 1965. *Fundamentals of dairy chemistry* . Westport, CT: AVI Publishing Company. 9 Heat-Induced Changes in Milk.

推荐阅读文献

Fox, P. F. (Ed.). 1982b. *Developments in dairy chemistry* (Proteins, Vol. 1). London, UK: Applied Science.

Fox, P. F. (Ed.). 1989. *Heat-induced changes in milk* (Bulletin, Vol. 238). Brussels: International Dairy Federation.

Fox, P. F. (Ed.). 1995. *Heat-induced changes in milk* (Special Issue 2nd ed., Vol. 9501). Brussels: International Dairy Federation.

Walstra, P., & Jenness, R. 1984b. *Dairy chemistry and physics* . New York, NY: John Wiley & Sons.

Wong, N. P. (Ed.). 1980. *Fundamentals of dairy chemistry* (3rd ed.). Westport, CT: The AVI Publishing Company.

第 10 章　乳及奶制品酶学

10.1　引言

奶与其他动植物来源的食物均含有多种内源酶。奶的主要成分（乳糖、脂类和蛋白质）可受外源酶作用而发生改变，添加外源酶的目的往往是诱导奶成分产生特定的变化。奶是一种液态食物，比固态食物更易发生酶反应。外源酶也可以用于分析乳中的某些组分。另外，奶和大多数奶制品中存在活的微生物，这些微生物能分泌胞外酶或在细胞溶解后释放胞内酶。其中有些微生物酶可能会导致产品质量发生变化，如奶与奶制品发生水解酸败、UHT 乳出现苦味，产品在贮存期出现稠化，稀奶油出现苦味，液态乳出现麦芽味或苦味。但也可能产生好的风味（如在成熟干酪中）。

本章主要是对奶中内源酶的重要性进行讨论。外源酶在奶制品中的主要用途在其他章节讨论，即皱胃酶和脂肪酶在奶酪生产中的应用将在第 12 章讨论，β-半乳糖酶（用于水解乳糖）在第 2 章讨论。外源酶的一些次要或潜在用途将在本章论述。来自污染菌的酶（在奶和某些奶制品中含量可能较多）本章不予讨论。奶酪成熟过程中微生物分泌的酶的重要性将在第 12 章论述。

10.2　牛奶中的内源酶

10.2.1　引言

正常牛奶中已被报道过的内源酶至少有 60 种。其来源主要有三个：

（1）血液（透过有缺陷的乳腺细胞膜）。

（2）分泌细胞的细胞质。有时有些细胞质被乳脂球膜包裹在脂肪球中（见第 3 章）。

（3）乳脂球膜本身。乳脂球膜外层来自分泌细胞的顶膜，而顶膜来自高尔基体膜。这可能是奶中内源酶的主要来源。

因此，大部分酶进入奶中是由分泌细胞分泌奶成分，尤其是分泌脂肪球的机理特点造成的。奶中许多酶没有底物，而有些酶虽有底物，但由于环境条件（如 pH 值）不适宜而不具有活性。

从五个方面来看，奶中许多内源酶在技术上具有重要作用：

（1）使奶质变差（脂肪酶——可能是奶中最重要的酶，蛋白酶，酸性磷酸酶和黄嘌呤氧化还原酶）或保持乳质（巯基氧化酶、超氧化物歧化酶）。

（2）作为奶热处理程度的指标：碱性磷酸酶、γ-谷氨酰转移酶、乳过氧化物酶。

（3）作为乳房炎感染指标：乳房感染时，几种酶浓度升高，尤其是过氧化氢酶、N-乙酰-β-氨基葡萄糖苷酶和酸性磷酸酶。

（4）抗菌活性：溶菌酶、乳过氧化物酶（被用作奶进行冷杀菌的乳过氧化物酶-硫氰酸盐体系的成分）。

（5）作为商业上生产一些酶的潜在来源：核糖核酸酶、乳过氧化物酶。

除少数酶外（如溶菌酶和乳过氧化物酶），乳内源酶对奶的营养和感官特性并没有好处，因此通过加热使其失活是许多乳品加工过程的目的之一。

奶中主要的内源酶及其催化活性见表 10.1。对乳内源酶的研究始自 1881 年，至今已积累了很多文献，有人已对这些文献进行了综述。本章后面列出其中一些综述。奶内源酶是 2005 年在爱尔兰科克市举行的国际奶业联盟研讨会讨论的主题。

表 10.1　内源酶对奶的重要性

酶	反应	重要性
脂肪酶	甘油三酯+H_2O→脂肪酸+偏甘油酯+甘油	奶的异味；蓝纹干酪风味的形成
蛋白酶（纤溶酶）	肽键的水解，尤其是 β-酪蛋白中的肽键	降低 UHT 产品贮存稳定性；干酪成熟
过氧化氢酶	$2H_2O_2 \rightarrow O_2+2H_2O$	乳房炎指标；促氧化剂
溶菌酶	黏多糖的水解	杀菌剂
黄嘌呤氧化酶	醛+H_2O+O_2→ 酸+H_2O_2	促氧化剂；干酪成熟
巯基氧化酶	$2RSH+O_2 \rightarrow RSSR+H_2O_2$	改善蒸煮味
超氧化物歧化酶	$2O_2^-+2H^+ \rightarrow H_2O_2+O_2$	抗氧化剂
乳过氧化物酶	$H_2O_2+AH_2 \rightarrow 2H_2O+A$	巴氏杀菌程度的指标；杀菌剂；乳房炎指标；促氧化剂
碱性磷酸单酯酶	磷酸酯的水解	巴氏杀菌程度的指标
酸性磷酸单酯酶	磷酸酯的水解	降低乳的热稳定性；干酪成熟

本章将对奶中主要内源酶的种类、分布、分离和表征进行讨论，重点是讨论其在奶与奶制品中的商业重要性。讨论将侧重于牛奶，同时也会提及其他重要动物奶中酶的主要活性。非牛乳酶的研究主要涉及活性的定量、与动物种类相关的各种因素的影响、贮存及热处理的影响等。非牛乳酶已被分离和表征的很少，因此只能假定这些酶与牛奶中相应的酶类似。所有动物奶可能含有与牛奶大致相同的酶类。

人奶的许多酶已得到广泛研究，其在人体营养中的重要性也已阐述，这一点毫不奇怪。人奶含有很高水平的溶菌酶（占总蛋白的约 4%）、胆汁盐激活的脂肪酶（其他奶中缺乏）和 α-淀粉酶。本章末尾也列出了与人奶、水牛奶、山羊奶、马奶和猪奶中内源酶相关的一些综述。

10.2.2　蛋白酶（EC 3.4.-.-）

1897 年，S. M. Babcock 和 H. L. Russell 从奶油分离器的污垢中提取了一种胰岛素样蛋白水解酶，并将它命名为“半乳糖酶”（galactase 一词源于 *gala*，希腊语里的意思是奶，所有格为 *galaktos*）。1917 年 R. W. Tatcher 和 A. C. Dahlberg 证实奶中（主要在奶油分离器污垢中）存在内源酶，直到 1945 年 R. G. Warner 和 E. Polis 报道酸凝酪蛋白中含有低水平的蛋白水解活性，其间鲜有关于乳蛋白酶的报道。1960 年，W. J. Harper 用无菌方法挤奶，细菌数很低并添加了抗生素的乳汁进行研究，证实奶中确实含有内源蛋白酶。

10. 2. 2. 1　纤溶酶（EC 3. 4. 21. 7）

现在已知奶含有几种内源蛋白酶，其中主要是血纤维蛋白溶酶（简称纤溶酶，EC 3. 4. 21. 7）。纤溶酶的生理功能是溶解血凝块。牛奶中含有完整的纤溶酶体系：纤溶酶、纤溶酶原、纤溶酶激活剂（PAs）和纤溶酶抑制剂。纤溶酶体系从血液进入奶中，在乳房感染和泌乳后期纤溶酶的活性上升，因为此时进入奶中的血液成分数量增加。在牛奶中，纤溶酶原的含量大约是纤溶酶的 4 倍，纤溶酶原和纤溶酶，以及纤溶酶激活剂都与酪蛋白胶束结合，当 pH 值降低至约 4. 6 时，又与酪蛋白胶束分离。纤溶酶和纤溶酶原激活剂的抑制剂存在于乳清中。

由于乳品工业实际操作上的变化，如卫生质量的改善、在牧场和工厂贮存期的延长，以及高温处理方法的应用（纤溶酶热稳定性很强），使纤溶酶成为奶中非常重要的酶，因此也成为许多人研究的对象。

纤溶酶和纤溶酶体系中的其他成分都已得到充分表征。牛乳纤溶酶原是一种含有 786 氨基酸残基的单链糖蛋白，分子质量为88 092Da，以 5 个二硫键相连的环状结构。在特定蛋白酶的作用下 Arg557-Ile558 的肽键断裂，纤溶酶原转化为纤溶酶，纤溶酶原激活剂有两种：尿激酶型和组织型。纤溶酶原是一种丝氨酸蛋白酶（可被二异丙基氟磷酸盐、苯甲基磺酰氟、胰蛋白酶抑制剂抑制），对精氨酸和赖氨酸提供羧基的肽键表现出高度特异性。其分子质量约为 81kDa。

纤溶酶通常是在 pH 值 3. 5 时从皱胃酶凝固的酪蛋白中提取，再用 $(NH_4)_2SO_4$沉降法和各种色谱法包括亲和色谱法进行纯化。其最适活性条件为 pH 值 7. 5 和温度 35℃；5℃时的活性约为最大活性的 20%，在 pH 值 4～9 范围内稳定。纤溶酶具有相当强的热稳定性：72℃×15s 条件下部分失活，但在 HTST 杀菌条件下，其奶中活性增强，可能是纤溶酶或纤溶酶原激活剂的内源性抑制剂失活引起的。UHT 灭菌后仍有部分纤溶酶存活，但在 pH 值 6. 8 下加热 80℃×10min 则失活；在 pH 值 3. 5～9. 2 范围内其稳定性随着 pH 值升高而降低。

纤溶酶对 N-端含有赖氨酸或精氨酸的肽键具有高度特异性。纤溶酶对溶液中αs_1-、αs_2-和 β-酪蛋白的特异性已经得到确定；它对 κ-酪蛋白、β-lg 或 α-la（实际上变性 β-lg 是一种抑制剂）活性甚小或不具活性。在奶中，纤溶酶的主要底物是 β-酪蛋白，酶解可产生 γ_1-（β-酪蛋白 f29-209），γ_2-（β-酪蛋白 f106-209）和 γ_3-（β-酪蛋白 f108-209）酪蛋白和蛋白脲蛋白胨（PP）5（β-酪蛋白 f1-105/107）、$PP8_{slow}$（β-酪蛋白 f29-105/107）和 $PP8_{fast}$（β-酪蛋白 f1-29）。

纤溶酶也能快速水解溶液中 αs_2-酪蛋白的这些肽键：Lys21-Gln22、Lys24-Asn25、Arg114-Asn115、Lys149-Lys150、Lys150-Thr151、Lys181-Thr182、Lys187-Thr188 和 Lys188-Ala189，但在奶中 αs_2-酪蛋白是否能被水解尚不清楚。尽管不如 α_{s_2}- 或 β-酪

蛋白那么易被水解，溶液中 α_{s1}-酪蛋白也很容易被纤溶酶水解，奶中的 λ-酪蛋白级分包括几种可能由纤溶酶或组织蛋白酶 D 催化 α_{s1}-酪蛋白水解产生的多肽。尽管 κ-酪蛋白含有几个赖氨酸和精氨酸残基，但对纤溶酶表现出较强的抵抗性，可能是由于其具有较高水平的二级和三级结构。β-乳球蛋白，尤其是变性的 β-乳球蛋白可以通过巯基二硫键的相互作用而使结构上有重要作用的环状结构断裂，从而对纤溶酶产生抑制作用。

纤溶酶活性在奶中的重要性

在用皱胃酶诱导产生凝乳时，纤溶酶、纤溶酶原和酪蛋白胶束一起发生凝结作用，在奶酪中得以浓缩，纤溶酶对奶酪中的蛋白水解占主导作用，尤其是在高温奶酪中，如瑞士奶酪和一些意大利奶酪，其凝乳剂被全部或大部分钝化（第 12 章）。纤溶酶活性可能与 UHT 奶贮存期稠化有关。有人认为，纤溶酶活性较高是造成泌乳后期乳奶酪制造性能较差的原因。根据定义，蛋白际蛋白胨在 pH 值 4.6 时呈溶解状态，所以可以预料，在纤溶酶的作用下奶酪和酪蛋白的得率将会降低。

人乳纤溶酶含量与牛乳大致相同，但纤溶酶原的含量大约比牛奶多 4 倍。人奶中也含有几种其他的蛋白酶和肽酶，包括氨基肽酶和羧基肽酶。

10.2.2.2 组织蛋白酶 D（EC 3.4.23.5）

奶中被确认的第二种蛋白酶是组织蛋白酶 D，它是存在于酸性乳清中的一种溶酶体酶。与纤溶酶一样，组织蛋白酶 D 也是一个复杂体系（包含一个没有活性的酶原）的组成部分。奶中组织蛋白酶 D 的主要形式是组织蛋白酶原 D。奶中组织蛋白酶的水平与体细胞数（SCC）密切相关，但不清楚这是否反映组织蛋白酶 D 产生量增加和/或酶原活化增加。

由组织蛋白酶 D 水解 α_{s1}-酪蛋白产生的主要肽是 α_{s1}-酪蛋白（f24-199），它也是凝乳酶产生的主要多肽。组织蛋白酶 D 对 β-酪蛋白的蛋白水解特异性与凝乳酶的相似。组织蛋白酶 D 也能分解 κ-酪蛋白，但具有较差的乳凝固特性。组织蛋白酶裂解 α-乳白蛋白的两个位点已经得到确认，但天然 β-乳球蛋白对组织蛋白酶 D 有抵抗性。奶酪凝块中至少含有一些组织蛋白酶 D，它可能有助于奶酪蛋白的水解，但其活性与奶酪中含量更高的凝乳酶相比通常就显得无足轻重。

其他蛋白酶

体细胞中含有另外几种蛋白酶，包括组织蛋白酶 B、L、G 和弹性蛋白酶，这些酶所受的关注非常有限。溶体酶除了含有组织蛋白酶 B、L 和 G 之外，还含有另外几种酶，包括组织蛋白酶 S、K、T、N、O，二肽酶 I，果糖-1,6-二磷酸酶（醛缩酶）-转化酶和天冬酰胺内肽酶（豆科植物中）。据推测，上述这些酶大部分可能存在于奶中，但可能由于奶的氧化还原电势较高而没有活性，在这些条件下活性位点巯基基团可能会被氧化。人们不清楚是否有人试过在还原条件下对这些酶进行检测。

10.2.3 脂肪酶和酯酶（EC 3.1.1.-）

奶中含有羧酸酯水解酶（EC 3.1.1.1.1）、甘油酯水解酶、脂肪酶（EC 3.1.1.3）。脂肪酶包括脂蛋白脂肪酶（EC 3.1.1.34），芳香酯酶（EC 3.1.1.2）和胆碱酯酶（EC 3.1.1.7，EC 3.1.1.8）；其中脂蛋白脂肪酶是目前为止最具工艺重要性的一种酶。尽管一些脂肪酶可能对溶解状态的酯具有活性，但脂肪酶通常是水解乳化（即在水/油界面）酯类中的酯键。脂肪酶通常由血清白蛋白和 Ca^{2+} 激活，它们都能与对脂肪酶活性有抑制作用的游离脂肪酸结合。

1902 年 E. Moro 报道奶中存在水解脂肪的活性，这一发现之后几年被一些学者的研究所证实，但因为部分研究采用可溶性酯类作为底物而具有不确定性。1922 年 F. E. Rice 和 A. L. Markley 采用了一种新的分析方法，提供了奶中存在脂肪酶的强有力证据。1963 年 R. C. Chandan 和 K. M. Shahani 从奶油分离器的污垢中纯化得到一种比活力提高了 88 倍的脂肪酶。该酶的分子量仅约为 7kDa，受奶中主要蛋白质的强烈抑制，可能来源于体细胞，被认为是奶中的一种次要脂肪酶。

Fox 和 Tarassuk（1968）从脱脂奶中分离得到一种脂肪酶，这种酶的活性位点含有丝氨酸，分子量约为 210kDa，当 pH 值 9.2、温度 37℃ 时具有最强活性。1958 年 T. N. Quigley 报道奶中含有一种脂蛋白脂肪酶（一种能被血载脂蛋白 C-II 激活的脂肪酶）。T. Egelrud 和 T. Olivecrona 于 1972 年从奶中分离出脂蛋白脂肪酶，它是两个含有 450 个氨基酸残基的单体构成的同型二聚体，分子量约为 90kDa。目前该酶已在分子、遗传学、酶学和生理学水平上得到表征。Fox 和 Tarassuk 分离得到的脂肪酶已经被证实为是一种脂蛋白脂肪酶。乳腺/乳中的脂肪酶/脂蛋白脂肪酶已经得到广泛研究，反映出其在乳脂肪的生物合成以及它在水解酸败中的的重要性。

脂蛋白脂肪酶的最适 pH 值和温度分别为约 9 和 37℃。在最适条件下脂蛋白脂肪酶的 k_{cat} 为约 3 000/s，奶中含有足量的脂蛋白脂肪酶（1~2mg/L；10~20nM）可在 10s 内引发水解酸败。正常情况下奶中几乎没有脂解作用发生，因为脂肪酶大部分（90%）与酪蛋白胶束相结合，而甘油三酯底物被乳脂球膜包裹和保护。当乳脂球膜被搅拌、起泡、冷却/加热、冷冻/均质等处理破坏时，脂肪就会迅速发生水解而导致水解酸败。有些牛所产的奶中不需要有激活步骤就会自发发生脂肪水解。开始有人认为这种牛奶中含有一种不同的（膜）脂肪酶，但现在看起来这种牛奶可能含有较多能激活脂蛋白脂肪酶的载脂蛋白 CII，或者是因为正常牛奶中含有较多能抑制脂蛋白脂肪酶的蛋白朊蛋白胨。用正常奶对脂肪自发水解奶进行稀释可防止自发性酸败的发生，因此通常成群奶牛的混合奶不会存在这个问题，因为正常奶的稀释作用使混合奶中脂蛋白浓度降低至脂肪酶吸附所需要的临界值。正常奶中游离脂肪水平的自然变化以及正常奶脂解作用的易发性可能是由于乳中血清水平不同引起的。

山羊奶的脂肪水解活力仅为牛奶的 4%左右，但易于发生自发酸败，使膻味加重。山羊乳中的脂蛋白脂肪酶集中在脂相（与牛奶不同，牛奶中主要集中在酪蛋白胶束），脂蛋白脂肪酶活性与一种特定的 αs_1-酪蛋白遗传变异体密切相关。绵羊奶脂蛋白脂肪酶活性仅为牛奶的 10%。

10.2.3.1　脂肪酶的重要性

可以说脂肪酶在工艺上是奶中最重要的内源酶。尽管它可能在干酪成熟中起到正面的作用，但毋庸置疑，乳脂肪酶在乳品加工业上最不好的影响是它可导致水解酸败的发生，使液态奶与奶制品味道变差，直至不可销售。正如第 3 章所述，所有的奶中脂肪酶的水平都足以产生快速的脂解作用，但只在脂肪球膜被破坏后才会发生水解酸败。

10.2.3.2 胆汁盐激活脂肪酶

自从20世纪早期人们就已经知道人奶比牛奶中含有更高的脂解活性。实际上，人奶和其他动物奶中除了脂蛋白脂肪酶外还有另外一种脂肪酶，即与广谱特异性胰羧酸酯水解酶（CEH，也称为胆固醇脂水解酶）相似的胆汁盐激活脂肪酶（BSSL），BSSL被认为对于婴儿消化脂类非常重要，婴儿分泌的胰脂肪酶和胆汁盐都比较少。十二指肠前脂肪酶（舌部脂肪酶、胃前酯酶和胃脂肪酶）对婴儿脂肪的消化也是很重要的。

BSSL在乳腺内合成，约占人奶总蛋白的1%，经HTST杀菌可失活，因此早产儿对巴氏杀菌乳脂类的吸收率降低约30%。人BSSL含有722个氨基酸残基，总分子量约为105kDa，包括15%~20%的碳水化合物。BSSL与大鼠胰腺中的溶血磷脂酶，也与乙酰胆碱酯酶，还有CEH具有高度同源性。

10.2.3.3 磷脂酶和酯酶

一些学者报道奶中具有较高的磷脂酶-D活性，但其他学者未能在奶中发现这种酶。

奶中含有几种酯酶，其中最重要的是芳香酯酶（EC 3.1.1.7），胆碱酯酶（EC 3.1.1.8）和羧酸酯酶（EC 3.1.1.1）。芳香酯酶（也称solalase）是最早被报道存在于奶中的酶之一，已经有人从乳中分离出这种酶并对其进行了表征。初乳和乳房炎奶中芳香酯酶活力较高，但它对正常乳可能不具有任何工艺方面的作用。

10.2.4 磷酸酶（EC 3.1.3-）

奶中含有几种磷酸酶，主要是碱性磷酸酶、酸性磷酸单酯胎盘核糖核酸酶。前两者具有技术重要性，后者在乳腺中可能具有重要作用，但在奶中的作用和重要性尚未知晓。奶中的碱性磷酸单酯酶和酸性磷酸单酯酶已经被广泛研究。目前已经从不同来源分离得到碱性磷酸酶（EC3.1.31）并对其进行了表征；它是一种膜结合糖蛋白，广泛存在于动物组织和微生物中；哺乳动物碱性磷酸酶有4种基本类型：肠道碱性磷酸酶、胎盘碱性磷酸酶、生殖细胞碱性磷酸酶和组织非特异性碱性磷酸酶。肠道和胎盘是特别丰富的来源。碱性磷酸酶在临床化学上是一种非常重要的酶，其在不同组织中的活性可作为疾病状态的标识物。碱性磷酸酶是目前比较活跃的研究课题，重点是在临床上。除了分析方法外，最近对奶中碱性磷酸酶的研究相对较少。

10.2.4.1 乳碱性磷酸酶（EC 3.1.3.1）

1925年F. Demuth最早发现奶中存在磷酸酶。后来这种酶被表征为碱性磷酸酶，当有人发现热钝化碱性磷酸酶所需的时温组合略高于杀灭结核杆菌（当时是巴氏杀菌的目标微生物）时，这种酶就变得非常重要了。碱性磷酸酶很容易检测，因此有人根据其灭活开发出一种检测方法，作为对奶进行巴氏杀菌常规质量控制的检测方法。

牛奶中碱性磷酸酶活性在个体、群体间和整个泌乳期，均具有较大差异。活性与奶产量呈反相关，但与脂肪含量、品种和饲料无关。人奶中碱性磷酸酶活性也有差异。

分离和表征

碱性磷酸酶在稀奶油中被浓缩，当搅打奶油时释放到酪奶里，存在于脂蛋白颗粒中（奶中碱性磷酸酶约有50%存于脱脂奶中，但稀奶油中碱性磷酸酶的比活性更高）。用n-丁醇处理，可使碱性磷酸酶从脂蛋白颗粒释出。醇析、盐析、离子交换和凝胶渗透色谱等方法构成了早期奶中碱性磷酸酶分离方法的基础。最近采用的方法是用刀豆球蛋白-A 琼脂糖/Sepharose 4B/聚丙烯酰胺葡聚糖 S-200 凝胶对乳脂球膜的 n-丁醇提取物进行层析。用对硝基苯酚磷酸盐分析时，碱性磷酸酶活性的最适 pH 值为 10.5，而用酪蛋白酸盐分析时最适 pH 值约为 6.8。碱性磷酸酶的最适温度为 37℃左右。碱性磷酸酶是由分子量为 85kDa 的单体构成的同型二聚体，包含 4 个对其活性必不可少的 Zn 原子，也可以被 Mg^{2+}激活，可被金属螯合剂抑制。脱锌的酶蛋白可被 Zn 和其他一些金属离子重新激活，这也是对生物体系内极低浓度的锌进行分析的基本原理。碱性磷酸酶也能被无机磷酸盐抑制。目前已知奶中碱性磷酸酶的氨基酸组成，但其氨基酸序列尚未见报道。

奶中内源碱性磷酸酶与乳腺组织中的碱性磷酸酶相似。人奶中的碱性磷酸酶与人肝脏中的碱性磷酸酶相似（即非组织特异性型），但不完全一样。据称奶中有两种碱性磷酸酶，一种来源于脱落的肌上皮细胞，另一种来源于脂肪小滴且须在细胞内获得，后者很可能就是存在于乳脂球膜中的碱性磷酸酶。奶中碱性磷酸酶的大部分研究或所有研究采用的都是从稀奶油/乳脂球膜中分离得到的碱性磷酸酶，即奶中碱性磷酸酶存在的次要形式。

检测方法

1935 年 H. D. Kay 和 W. R. Graham 发明了一种根据碱性磷酸酶失活来监测奶巴氏杀菌充分程度的方法。这个方法的原理目前仍在全世界使用，据报道有人做了一些修改。常用的底物是磷酸苯酯、对硝基苯酚磷酸盐、磷酸酚酞或 Fluorophos，这些底物分别被分解成无机磷酸根和苯酚、对硝基酚、酚酞或荧光黄（Fluoroyellow）。

$$X{-}O{-}P(=O)(O^-){-}OH \xrightarrow{H_2O} H2PO_4^- + XOH$$

式中 XOH 代表苯酚、对硝基酚、酚酞或荧光黄。释放的磷酸根可以检测到，但相对于奶中高浓度的背景无机磷酸根来说增加量很小；因此，不测释放的磷酸根，而是测释放的 XOH。常规乳品实验室普遍对碱性磷酸酶进行分析，因此发明了许多的分析方法。

碱性磷酸酶的复活

针对磷酸酶的再激活人们已进行了大量研究。1953 年 R. C. Wright 和 J. Tramer 最早发现磷酸酶可复活。他们发现 UHT 奶中的磷酸酶在处理后即刻检测呈阴性，但经过一段时间的贮存后却变成阳性的。他们发现这不是由微生物产生的磷酸酶引起的。HTST 杀菌奶不会出现磷酸酶复活现象，但个别牛只的奶样会发生巴氏杀菌后复活。UHT 处理后再 HTST 杀菌通常也可使碱性磷酸酶不能复活，但从未发现保持灭菌奶磷酸酶会出现复活。将奶加热到 84℃或将稀奶油加热到 74℃会发生碱性磷酸酶的复活。复活的最适贮存温度是 30℃，在此温度下贮存 6h 即可检测到酶的复活，且可能会持续 7 d。稀奶油中再激活的碱性磷酸酶比奶中更多，可能是由于脂肪对磷酸酶有保护作用。

对于碱性磷酸酶复活和机制的解释，有人做了许多尝试。复活的酶是与乳脂球膜结合的酶，目前已明确了影响酶复活的几种因素。Mg^{2+}和 Zn^{2+}对碱性磷酸酶的再激活有强烈促进作用，但 Sn^{2+}、Cu^{2+}、Co^{2+}和 EDTA 有抑制作用，而 Fe^{2+}无影响。巯基（SH）对复活是必需的，也许这就是 UHT 奶中磷酸酶可以复活而 HTST 奶中不能复活的原因。

有人认为，变性乳清蛋白提供的-SH 基团具有螯合重金属的作用，否则这些重金属就会和酶中的 SH 基团（变性时也被激活）结合，从而使酶不能复性。有人提出 Mg^{2+} 或 Zn^{2+} 导致变性酶的构象发生变化，而这对于复活是必需的。处理温度 104℃、pH 值调节至 6.5、含有 64mM Mg^{2+} 并且在 30℃下存储的产品会发生最大程度的碱性磷酸酶复活。热处理前进行均质的产品酶复活程度会降低。

碱性磷酸酶的复活被认为具有很大的实用价值，因为 HTST 巴氏杀菌奶的法规规定奶中不得含有磷酸酶活性。根据加入 Mg^{2+} 前后碱性磷酸酶活性的变化，即可将复活的碱性磷酸酶和残留的天然碱性磷酸酶区分开来。

碱性磷酸酶的重要性

奶中碱性磷酸酶之所以重要，主要是因为它被普遍用作 HTST 巴氏杀菌的指标。但它并不一定是评判巴氏杀菌的最合适指标，因为：

- 在一定条件下发生的碱性磷酸酶复活使检测结果的解读变得很复杂。
- 碱性磷酸酶似乎在低于 HTST 杀菌条件下（如 70℃×16s）就完全失活。
- $\log_{10}$起始活性%和巴氏杀菌强度之间的线性关系不如杀菌程度和乳过氧化物酶或 γ-谷氨酰胺转肽酶活性之间的关系明显。

尽管碱性磷酸酶可在合适的条件下使酪蛋白发生去磷酸化，但就目前所知，该作用在奶中没有直接的工艺价值。可能是因为该反应的最适 pH 值与奶（特别是发酵奶制品）的 pH 值相差太大，尽管有人报道对酪蛋白最适 pH 值为 7。而且，碱性磷酸酶可被无机磷酸根抑制。

蛋白水解是影响奶酪风味和质构的重要因素。奶酪中大多数水溶性小肽是从 α_{s1}-酪蛋白或 β-酪蛋白的 N-末端而来；这些小肽许多都是磷酸化的，有证据表明它们已经受磷酸酶的作用（即它们是部分去磷酸化的），这些磷酸酶可能是内源性的酸性磷酸酶，也有可能是细菌产生的磷酸酶。因此有关内源性碱性和酸性磷酸酶在奶酪中磷酸肽的去磷酸化方面的作用，还需进行进一步的研究。

10.2.4.2 酸性磷酸酶（EC.3.1.3.2）

C. Huggins 和 P. Talaly 于 1948 年首次报道奶中存在酸性磷酸单酯酶（AcP），后来 J. E. C. Mullen 证实了这一结果，并报道 AcP 在 pH 值 4.0 时活性最强，对热稳定（完全失活需在 88℃加热 10min）。AcP 不能被 Mg^{2+} 激活，但能被 Mn^{2+} 轻微激活，被氟化物强列抑制。AcP 在奶中的活性水平只有碱性磷酸酶的 2%，在分娩 5~6d 后活性达到最强。

分离和表征

奶中 80%的 AcP 存在于脱脂乳中，但其比活力在稀奶油中更高。它与脂肪球膜紧密结合，不被非离子型洗涤剂洗脱。通过不同形式的色谱可以将奶中的酸性磷酸酶纯化为单一组分。用 Amberlite IRC50 树脂吸附是纯化中非常有效的第一步，但即便用几个批次的新树脂反复进行提取，吸附到树脂上的酸性磷酸酶也仅占脱脂奶中的 50%，说明脱脂奶中至少含有两种 AcP 同工酶。皱胃酶凝乳时脱脂奶中约有 40%的 AcP 进入乳清中。不能吸附到 Amberlite IRC50 树脂上的酸性磷酸酶已经被部分纯化。脱脂奶中能被 Amberlite IRC50 吸附的 AcP 已经得到充分表征。它是一种分子量约为 42kDa、等电点为 7.9 的糖蛋白，可被多种重金属、F^-、氧化剂、正磷酸盐和多聚磷酸盐抑制，被巯基还原剂和抗坏血酸激活，但不受金属螯合剂影响。它含有较高水平的碱性氨基酸，不含蛋氨酸。

由于奶中的 AcP 对包括酪蛋白在内的磷蛋白具有较强的活性，因此有人认为它是一种磷蛋白磷酸酶。虽然酪蛋白是乳 AcP 的底物，但是当用对硝基苯酚磷酸盐分析时，主要酪蛋白成为竞争性抑制剂，影响力大小依次为 $\alpha_s(\alpha_{s1}+\alpha_{s2})>\beta>\kappa$,可能是因为酪蛋白的磷酸基团与酶结合（酪蛋白的抑制效力与其磷含量相关）。

检测方法

酸性磷酸酶可在 pH 值约为 5 时进行检测，所用底物与检测碱性磷酸酶使用的底物相同。如用对硝基苯酚磷酸盐或磷酸酚酞，恒温培养后必须将 pH 值调节至>8 以诱导对硝基苯酚或酚酞的变色。

AcP 的重要性

尽管奶中酸性磷酸单酯酶（AcP）的含量远低于碱性磷酸酶，但其热稳定性更强，最适 pH 值更低，使得它在技术上具有重要作用。酪蛋白的去磷酸化使其理化性质发生显著变化。正如在碱性磷酸酶部分讨论到的，有人已从奶酪中分离到几种部分去磷酸化的小肽，这些去磷酸化作用可能与 AcP 有关。去磷酸化可能是奶酪成熟过程中蛋白质水解的限速步骤，因为大部分蛋白酶和肽酶对磷蛋白或磷酸肽没有活性。

有人已对 AcP 是否适合作为超巴氏杀菌奶的指示酶进行了评估，发现它这方面还不如 γ-谷氨酰转移酶或乳过氧化物酶。

10.2.5　核糖核酸酶

核糖核酸酶存在于各种组织和分泌物，包括奶中。牛胰脏核糖核酸酶已经被详细研究，它是第一个氨基酸序列被完全测定的酶。它含有 124 个氨基酸残基，分子量为 13 683 Da，最适 pH 值为 7.0~7.5。

最早对奶中内源性核糖核酸酶进行研究的是 1962 年 E. W. Bingham 和 C. A. Zittle 的研究，他们报道牛奶核糖核酸酶含量远高于人、大鼠和豚鼠的血清或尿液，并且其大部分甚至全部活性都在乳清相中；牛奶可以作为核糖核酸酶的潜在商业生产来源。与胰核糖核酸酶一样，奶中的核糖核酸酶在 pH 值 7.5 时活性最强，在酸性 pH 值比 pH 值为 7 时具有更强的热稳定性。在酸性乳清中，将 pH 值调至 7，90℃加热 5min 核糖核酸酶活性损失 50%，加热 20min 全部失活。采用 Amberlite IRC-50 树脂吸附，1 M NaCl 解吸，再用低温（4℃）丙酮（含量 46%~66%）沉淀可将奶中的核糖核酸酶纯化 300 倍。

和分离胰核糖核酸酶条件相同，用 NaCl 梯度洗脱 Amberlite IRC-50 树脂，可分出奶中核糖核酸酶的两种同工酶 A 和 B，其比例跟胰核糖核酸酶两种同功酶的比例一样，都是约 4∶1。氨基酸分析、电泳和免疫学分析均表明乳核糖核酸酶和胰核糖核酸酶完全相同。因此有人推测乳核糖核酸酶可能来源于胰腺，通过肠壁吸收进入血液，再从血液进入奶中；然而，乳核糖核酸酶的活力水平比血清中的高很多，表明这是一种主动运输。

牛奶和水牛奶中核糖核酸酶的含量大致相同，约为人奶中核糖核酸酶含量的 3 倍。绵羊奶、山羊奶和猪奶中核糖核酸酶含量非常低。从人奶中已经分离得到一种高分子量

(80kDa）的核糖核酸酶（人乳核糖核酸酶），并已表征为一种单链糖蛋白，最适 pH 值范围 7.5~8.0。有人认为，人乳核糖核酸酶是在乳腺中合成后进入奶中的，而不是像核糖核酸酶 A 和 B 是由血液中转运而来的。

UHT 灭菌（121℃、10s）后核糖核酸酶存活很少或全部灭活，但在 72℃、2min 或 80℃、15s 加热条件下约有 60%存活。在反复冷冻再解冻，以及冷冻保存至少一年的条件下，生奶和热处理奶中核糖核酸酶的活性都保持稳定。奶中 RNA 含量甚微，虽然核糖核酸酶在奶中没有任何工艺价值，但它可能具有重要的生物学功能。

10.2.6 溶菌酶（EC 3.1.2.17）

Kitasoto 和 Fokker 先后在 1889 年和 1890 年报道生鲜牛奶中含有天然抗菌因子，这些抑制剂现在被称为乳抑菌素，乳过氧化物酶就是其中的一种。1922 年 A. Fleming 在鼻黏液、眼泪、痰、唾液和其他体液中发现一种抗菌因子，并证明这是一种酶，它可导致多种细菌（用溶壁微球菌进行分析）溶解。他把其命名为溶菌酶。鸡蛋清溶菌酶含量最为丰富，占蛋清蛋白的约 3.5%，是溶菌酶最主要的商业来源。Fleming 发现含有溶菌酶的几种液体并不包括奶，但不久就有人发现几种动物奶中含有溶菌酶，人奶中含量相对丰富，但牛奶中含量较少。

溶菌酶（又称胞壁质酶，黏肽 N-乙酰胞壁酰水解酶）能够水解某些细菌细胞壁中胞壁酸和黏多糖的 N-乙酰葡萄糖胺之间的 β-(1,4）糖苷键而使细胞溶解。蛋清溶菌酶已经被广泛研究。

1961 年 P. Jolles 和 J. Jolles 从人奶中分离出溶菌酶，他们认为牛奶中不含溶菌酶。但很快人们就发现好几种动物奶也含有溶菌酶，牛奶、绵羊奶、山羊奶、猪奶和豚鼠奶中都含有少量溶菌酶，但水平各不一样。人奶和马奶中的含量分别为约 400 mg/L 和 800 mg/L（是牛奶的 3 000和 6 000倍），分别占人奶和马奶总蛋白的约 4%和 3%。尽管溶菌酶是溶酶体酶，但在许多体液中（奶、眼泪、黏液、蛋清）都发现了它的可溶形式。奶中溶菌酶通常从乳清中分离。

除了人奶、马奶和牛奶中的溶菌酶，人们已经从狒狒奶、骆驼奶、水牛奶和狗奶中分离出溶菌酶并进行了部分表征工作。这些溶菌酶的特性总体上与人奶溶菌酶相似，但也存在着实质性差异，即使是近缘物种，如奶牛和水牛奶的溶菌酶之间也存在差异。比起奶中任何一种酶，溶菌酶已经从更多种动物的奶中分离出来，这可能反映出溶菌酶作为奶中的一种保护性成分的重要性，也可能是因为从奶中分离溶菌酶相对比较容易。

人乳溶菌酶、牛乳溶菌酶和蛋清溶菌酶的最适 pH 值分别为 7.9、6.35 和 6.2。这三种溶菌酶的分子量都约为 15kDa。人乳溶菌酶和蛋清溶菌酶的氨基酸序列具有高度同源性，但有几处不同。人乳溶菌酶含有 130 个氨基酸残基，与蛋清溶菌酶含 129 个氨基酸残基相比，前者多了一个残基 Val_{100}。马乳溶菌酶也含有 129 个氨基酸残基，但与人奶溶菌酶仅有 51%的同源性，与蛋清溶菌酶仅有 50%的同源性。

溶菌酶的氨基酸序列与 α-乳白蛋白（α-la）高度同源。α-la 是一种乳清蛋白，在乳糖生物合成过程中作为酶调节剂。α-la 的基因序列和三维结构与 c-型溶菌酶也很相似。α-la 富含天冬氨酸的环状结构与一个 Ca^{2+} 结合，但除了马奶和狗奶中的 c-型溶菌酶外，大部分 c-型溶菌酶不与 Ca^{2+} 结合。所有的溶菌酶在酸性 pH 值（3~4）时对热稳定，但当 pH 值>7 时较易发生热变性。在 75℃×15min 或 80℃×15s 条件下加热，牛奶中超过 75%的溶菌酶活力可以存活，HTST 杀菌对其活力影响甚微。

据推断溶菌酶的生理作用可能是作为一种抗菌剂。在奶中，它可能仅仅是一种“泄漏”的酶或者可能具有一定的保护作用。如属后种情况，那么人奶、马奶和驴奶中溶菌酶活性特别高可能就非常重要了。母奶喂养婴儿通常比人工喂养婴儿较少出现肠道问题。尽管牛奶和人奶在组成和理化性质方面存在着许多较大的差异，这些可能会影响其营养特性，但溶菌酶含量的悬殊可能是很重要的。有人已经建议用蛋清溶菌酶强化基于牛奶的婴儿配方食品，尤其是早产儿的配方食品，但对这样做的好处，喂养试验并不能得出明确的结论。蛋清溶菌酶似乎在人的胃肠道中失去活性。

10.2.7　N-乙酰-β-d-氨基葡萄糖苷酶（EC 3.2.1.30）

N-乙酰-β-d-氨基葡萄糖苷酶（NAGase）能将糖蛋白的末端非还原性 N-乙酰-β-d-葡萄糖胺残基水解出来。它是一种溶酶体酶，主要来自体细胞和乳腺分泌上皮细胞。因此，乳房炎奶中 NAGase 活力显著增加，并与乳房炎的严重程度高度相关。有人已经用显色 N-乙酰-β-d-氨基葡萄糖苷-对硝基苯酚作为底物开发出一种基于 NAGase 活力的现场检测乳房炎的方法。水解产生黄色的对硝基苯酚。NAGase 在 50℃、pH 值 4.2 条件下活力最大，HTST 杀菌可使其失活。

10.2.8　γ-谷氨酰转肽酶（转移酶）（EC 2.3.2.2）

γ-谷氨酰转移酶（GGT）可催化含有 γ-谷氨酰基的肽中 γ-谷氨酰残基的转移反应：

$$\gamma\text{-谷氨酰肽} + X \rightarrow \text{肽} + \gamma\text{-谷氨酰-}X$$

式中 X 为一个氨基酸。

GGT 已经从乳脂球膜中分离得到，分子量约为 80kDa，由两个分子量分别为 57kDa 和 26kDa 的亚单元构成。pH 值 8~9 时活力最强，等电点为 3.85，活力受碘乙酸、二异丙基氟磷酸盐和 Cu^{2+}、Fe^{3+} 等金属离子抑制。

它在乳腺内氨基酸转移中起着重要作用。从奶酪中分离出了 γ-谷氨酰肽，但因为在乳蛋白质中没有出现 γ-谷氨酰基键，因此这些肽的合成可能是由 GGT 催化的。GGT 对热相对稳定，有人提议将其作为 72~80℃/15s 巴氏杀菌的标记酶。GGT 在胃肠道内吸收，因此初乳喂养或早期母乳喂养的新生动物血清内 GGT 活力水平较高。

10.2.9　淀粉酶（EC 3.2.1-）

1883 年人们在奶中发现了淀粉酶。在接下来的 40 年，陆续有不同学者报道不同动物奶中都含有淀粉酶。奶中最主要的淀粉酶是 α-淀粉酶（EC 3.2.1.1），含量较少的是 β-淀粉酶（EC 3.2.1.2）；淀粉酶主要分布在脱脂奶和乳清中。E. J. Guy 和 R. Jenness1958 年从乳清中获得了 α-淀粉酶的高倍浓缩物，但似乎后来没人对牛奶中淀粉酶分离进行进一步的研究。淀粉酶对热相当稳定，在 20 世纪 30 年代有人建议将其活力损失作为奶加热强度的指标。

人奶和人初乳中 α-淀粉酶的含量是牛奶中含量的 25~40 倍。有人采用凝胶渗透色谱法从人奶中纯化得到了 α-淀粉酶，并测定了它对 pH 值和胃蛋白酶的稳定性。人奶中 α-淀粉酶含量比血浆中含量高 15~140 倍，表明该酶不是从血液转移而来，而是由乳腺合成的。乳α-淀粉酶与唾液淀粉酶相似。

奶中不含淀粉，因此奶中淀粉酶的作用尚不清楚。人奶中含有多达130种的低聚糖，总含量可达15mg/mL，但α-淀粉酶不能水解奶中的低聚糖。因为婴儿分泌的唾液淀粉酶和胰淀粉酶很少（为成人的0.2%~0.5%），所以人奶中高水平的淀粉酶活力可能使婴儿能够消化淀粉。有人认为，乳淀粉酶可水解细菌细胞壁中的多糖，因而具有抗菌活性。人奶淀粉酶活性是目前的研究热点，但最近很少或几乎没有关于牛奶或其他动物奶中淀粉酶的研究。

10.2.10 过氧化氢酶（EC 1.11.1.6）

过氧化氢酶（H_2O_2：H_2O_2氧化还原酶；EC 1.11.1.6）能催化H_2O_2的分解，反应如下：

$$2H_2O_2 \rightarrow 2H_2O + O_2$$

过氧化氢酶的活性可以通过定量O_2压差变化或滴定法测定H_2O_2的减少量来测定。过氧化氢酶是一种含有血红素的酶，广泛分布在植物、微生物和动物组织及分泌物中，肝脏、红细胞和肾脏中含量特别丰富。过氧化氢酶是Babcock和Russell在1897年首次证实存在于奶中的酶之一，他们报道奶油分离器污垢（体细胞和其他残渣）的一种提取物可以分解H_2O_2。奶中过氧化氢酶的活性随饲料、泌乳阶段而变化，尤其是在乳房炎期间其活性明显增加，使其成为乳房炎的有效指标，但现在已很少用，目前通常多采用测定体细胞数、N-乙酰氨基葡糖苷酶活性和电导率来诊断乳房炎。

奶中约70%的过氧化氢酶分布在脱脂奶中，但稀奶油中的比活力要比脱脂奶中的高12倍，通常使用乳脂肪球膜作为从奶中分离过氧化氢酶的起始原料。尽管奶中过氧化氢酶的活力相对较高且易分析，但直到1983年才将它从奶中分离出来，O. Ito和R. Akuzawa从奶中得到了纯化且结晶的过氧化氢酶，其分子量为225kDa（采用凝胶渗透色谱）。牛肝脏过氧化氢酶是由分子量为60~65kDa的亚基构成的同型四聚体（总分子量约为250kDa），奶中过氧化氢酶的结构似乎与此相似。乳过氧化氢酶是一种分子量为200kDa的血红素蛋白，等电点为5.5；pH值在5~10范围内稳定，但超出此范围则活性迅速损失。乳过氧化氢酶对热相对不稳定，70℃加热1h完全失活。与其他过氧化氢酶一样，乳过氧化氢酶受Hg^{2+}、Fe^{2+}、Cu^{2+}、Sn^{2+}、CN^-和NO_3^-的强烈抑制。通过其血红素铁，过氧化氢酶可作为脂质的促氧化剂。

过氧化氢酶是最初被研究的杀菌标识物之一，最近它已经被视为亚巴氏杀菌奶生产奶酪的标识物。尽管过氧化氢酶的失活是奶预热处理的有用指标之一（65℃加热16s几乎完全失活），但它不适合作为用预热处理奶制造奶酪的指标，因为奶酪在成熟期间中会产生过氧化氢酶，尤其是有棒状杆菌和酵母菌存在的情况下。

10.2.11 乳过氧化物酶（EC 1.11.1.7）

过氧化物酶广泛存在于植物、动物和微生物组织和分泌物中，可催化以下反应：

$$2HA + H_2O_2 \rightarrow A + 2H_2O$$

其中HA是可氧化底物或氢供体。

1881年C. Arnold用“guajaktinctur”作为还原剂首次证实奶中存在乳过氧化物酶（LPO）。他报道奶加热至80℃时LPO即失活。1898年丹麦法律规定所有从奶油厂返回给农民的脱脂奶必须经80℃瞬时杀菌（没有保温阶段）。人们提出多种试验方法，以确保奶得到充分的巴氏杀菌，其中应用最广的方法则是1898年由V. Storch发明的，他使用对苯二胺作为还原剂分析了LPO的活性，这种试验方法目前仍用来鉴别超巴氏杀菌奶，即≥76℃加热15s的奶。

1925年S. Thurlow就开始进行LPO分离的研究，1943年H. Theorell和A. Aokeson分离得到LPO的结晶。它是一种原卟啉Ⅸ的血色素蛋白，含0.069%的铁，在412 nm处出现索雷带，A_{412}：A_{280}比例为0.9，分子量82kDa，有两种同工酶A和B。从那时起发表了许多关于LPO分离的改进方法，对其特性的了解也不断更新。LPO在奶pH值条件下为阳离子蛋白（乳铁蛋白和一些次要的乳蛋白也是），容易被阳离子交换树脂（如Amberlite CG-50-NH_4）从乳或乳清中分离出来。LPO有十种同工酶，区别在于糖基水平和谷氨酰胺或天冬酰胺脱氨基程度不同。LPO由612个氨基酸构成，与人髓过氧化物酶、嗜酸性粒细胞过氧化物酶和甲状腺过氧化物酶分别有55%、54%和45%的同源性。LPO结合一个Ca^{2+}，Ca^{2+}是影响其稳定性包括热稳定性的主要因素，当pH值低于5.0时，失去Ca^{2+}，从而也失去稳定性。

LPO在乳腺中合成，是奶中含量第二丰富的酶（仅次于黄嘌呤氧化还原酶），占总乳清蛋白的约0.5%（总蛋白的约0.1%，30mg/mL）。人奶中主要含有髓过氧化物酶，LPO水平较低。显然，人初乳中来源于白血球的髓过氧化物酶含量比较高，LPO含量比较低。髓过氧化物酶水平在分娩后迅速下降，LPO是人常乳中主要的过氧化物酶。

10.2.11.1　乳过氧化物酶（LPO）的重要性

LPO除了可作为瞬时杀菌或超HTST杀菌的指标外，它在技术上也具有重要意义，原因如下。

（1）可作为乳腺感染的指标，但与体细胞数相关性不太好。

（2）LPO通过其血红素基团作用可引起不饱和脂质的非酶氧化，热变性LPO比天然LPO更活泼。

（3）奶中含有被称为奶抑菌素的抑菌或杀菌物质，其中一种即是LPO，它与H_2O_2和硫氰酸根离子（SCN^-）同时起到抑菌作用。LPO-SCN^--H_2O_2体系的本质、作用机理及特性已经被广泛研究。LPO和硫氰酸根离子（主要由芸苔属植物硫代葡萄糖苷在瘤胃中酶解而来）天然存在于奶中，但H_2O_2不在奶中天然存在。然而，H_2O_2可由过氧化氢酶阴性菌通过外源性葡萄糖氧化酶原位作用于葡萄糖代谢产生，或可以直接加入。

当低水平的H_2O_2和SCN^-同时存在时，LPO表现出很强的杀菌作用；此体系的杀菌效果比H_2O_2单独存在时高50~100倍。已经发现LPO体系对液体的冷杀菌或固定化酶柱的消毒有很好的杀菌效果。有人已经开发出利用奶自含的LPO-SCN^--H_2O_2体系在奶中从乳糖产生H_2O_2的冷杀菌体系，该体系采用固定于多孔玻璃球上的β-半乳糖苷酶和葡萄糖氧化酶，可对硫氰酸根含量高于0.25 mM的奶进行杀菌消毒。也可通过添加次黄嘌呤，让内源性黄嘌呤氧化还原酶作用于次黄嘌呤，产生H_2O_2。在不具冷藏或/和预热杀菌条件的地方，可利用LPO-SCN^--H_2O_2体系的杀菌作用对奶进行冷杀菌。在犊牛或仔猪的代乳料中添加LPO分离物可以减少其肠炎的发生。

（4）有人建议将LPO体系开发用于有色乳清的漂白。

10.2.12 黄嘌呤氧化还原酶（XOR）[EC，1.13.22；1.1.204]

1902 年 F. Schardinger 证明奶中含有一种能将醛氧化成酸并伴有亚甲蓝还原的酶，这种酶当时通常称为"Schardinger 酶"。1922 年，有研究证明奶中含有一种能氧化黄嘌呤和次黄嘌呤同时将 O_2 还原成 H_2O_2 的酶，这种被命名为黄嘌呤氧化酶（XO）。1938 年 V. H. Booth 证明 Schardinger 酶实际上就是黄嘌呤氧化酶并部分纯化了此酶。XO 的催化活性需要 FAD（黄素腺嘌呤二核苷酸）参与。在一定条件下 XO 使黄嘌呤脱氢，目前称为黄嘌呤氧化还原酶（XOR）。XOR 有两种存在形式，黄嘌呤氧化酶（XO；EC 1.1.3.22）和黄嘌呤脱氢酶（XDH；1.1.1.204），两种形式可通过巯基试剂相互转变，XDH 可通过特定蛋白水解不可逆地转变为 XO。

XOR 集中在乳脂球膜中，它是乳脂球膜中含量第二丰富的蛋白质，仅次于嗜乳脂蛋白，占乳脂球膜蛋白的约 20%（乳总蛋白的 0.2%；120mg/mL）。因此，所有的分离方法都使用稀奶油作为初始原料，稀奶油经洗涤、搅拌后得到乳脂球膜制备物粗品。用分离剂和还原剂将 XOR 从膜脂蛋白中释放出来，也可以采用色谱方法进行纯化。奶 XOR 由分子量为 146kDa 的亚基构成的同型二聚体，每个亚基含有约 1 332个氨基酸残基；每个单体含有 1 个 Mo 原子、一分子 FAD（黄素腺嘌呤二核苷酸）和两个 Fe_2S_2 氧化还原中心。NADH 作为一种还原剂，氧化产物是 H_2O_2 和 O_2^-。缺乏 Mo 的奶牛 XOR 活性低。有人已经描述了 XOH 和 XO 的四级结构。奶是 XOR 的良好来源，至少有一部分 XOR 是通过血流转运至乳腺的。

10.2.12.1 在奶中的活性及加工的影响

不同加工处理均会影响 XOR 的活性。在 4℃贮存 24h 活性增加 100%，70℃加热 5min 活性增加 50%~100%，均质后增加 60%~90%。这些处理可引起 XO 从脂相转移到水相，使 XOR 更为活跃。XOR 的热稳定性很大程度上取决于它是脂肪球的成分还是分布在水相中。XOR 在稀奶油中对热最稳定，在脱脂奶中稳定性最差。经 90.5℃/15s 处理的奶制备的浓缩奶，均质后有部分 XOR 复活，且可在干燥浓缩奶的过程中保持活性，但如果热处理更强烈（93℃，15s）则不会发生酶复活。

人奶中 XOR 活性低，因为有 95%~98%的酶分子缺 Mo。山羊奶和绵羊奶中的 XOR 活性也很低，但在日粮中添加 Mo，酶的活性可提高。

10.2.12.2 检测

黄嘌呤氧化酶的活性可采用压差、电势、极谱、分光光度等方法检测。分光光度法可能会涉及将无色的氯化三苯基四氮唑（TTC）还原成红色产物或将黄嘌呤转变成尿酸，尿酸再通过测定 290nm 波长处的吸光度进行定量。

10.2.12.3 黄嘌呤氧化酶的重要性

• 作为热处理的指标：XOR 被认为是在 80~90℃的温度范围内进行热处理的乳品的适宜标识物，但奶中 XOR 活性水平变动太大，所以不适合作为热处理的指标。

• 脂质氧化：XOR 能激发三重态氧（$^3O_2$）生成单重态氧（$^1O_2$），单重态氧是一种强有力的促氧化剂。一些存在自发性氧化酸败的个体牛奶样品 XOR 含量约为正常奶的 10 倍。在常乳中加入 XOR，使其水平为正常水平的 4 倍即可诱导出现自发性氧化。XOR 发生热变性或无 FAD 则没有促氧化作用。

● 动脉硬化：有人认为 XOR 能从均质奶进入血管系统，通过细胞膜内缩醛磷脂的氧化而参与动脉粥样硬化。这个问题在 20 世纪 70 年代早期曾引起很大的关注，但之后这个假说一直没被重视。

● 奶酪硝酸盐的还原作用：许多种类的奶酪在生产中会在其原料奶中添加硝酸钠来防止丁酸梭状牙孢杆菌的生长而引发风味缺陷和后期产气；XOR 将硝酸盐还原成具有杀菌作用的亚硝酸盐，再还原成 NO。

● 产生 H_2O_2：由 XOR 作用而产生的 H_2O_2 可成为过乳氧化物酶的底物，从而发挥杀菌作用。

● 嘌呤分解代谢：XOR 催化嘌呤的分解代谢，可能参与血压的调节。

● 杀菌活性：XOR 可能通过产生过氧化亚硝酸盐（$ONOO^-$）而在人肠道内具有很强的抗菌活性。

● 乳脂肪的分泌：目前人们认为奶中 XOR 最重要的作用可能是在乳脂肪球从乳腺分泌细胞分泌出来的过程中发挥的作用。奶中甘油三酯是在靠近细胞基底膜的内质网中合成的。在内质网内，甘油三酯形成微小的脂肪小滴，并通过包裹着脂肪球的嗜酸菌素这种蛋白质的参与而释放到奶中。被嗜酸菌素包裹的脂肪球可能通过微管/微丝系统向细胞顶膜移动，在这个过程中又获得另外的外膜材料细胞质蛋白和磷脂。嗜酸菌素在顶膜与嗜乳脂蛋白、二聚体 XOR 一起形成以二硫键连接的复合体。在某种程度上，XOR 引起脂肪球穿过膜而起泡，最终被夹断释放到腺泡腔。在乳脂肪球的分泌中，XOR 不是发挥酶的作用（第 3 章）。

● XOR 可催化产生活性氧和活性氮，活性氧和活性氮参与多种病理过程，包括心血管疾病，在研究方面已经引起了广泛的关注。

10.2.13　巯基氧化酶（EC 1.8.3.-）

奶中含有巯基氧化酶（SO），能够将半胱氨酸、谷胱甘肽和蛋白质的巯基氧化成相应的二硫键。它是一种需氧氧化酶，可催化下面的反应：

$$2RSH+O_2 \rightarrow RSSR+H_2O_2$$

它可发生明显的自缔合作用，容易通过色谱法在多孔玻璃上纯化。分子量约 89kDa，最适 pH 值 6.8~7.0，最适温度 35℃。巯基氧化酶的氨基酸构成、活性要求有铁而不要求有 Mo 和 FAD 及酶的催化特性都表明巯基氧化酶与黄嘌呤氧化还原酶和硫醇氧化酶（EC 1.8.3.2）不同。

巯基氧化酶能够氧化还原型核糖核酸酶并修复酶活性，表明它的生理作用可能是在蛋白质生物合成过程中非随机形成蛋白质的二硫键。固化在玻璃珠上的巯基氧化酶具有改善因蛋白质变性暴露出巯基而产生的蒸煮味的潜在作用。

有人认为含硫化合物的产生对切达奶酪风味的形成有非常重要的作用。残留的巯基氧化酶活性可能在酪奶加热时暴露的巯基的再氧化中起着重要作用，这样被保护起来的巯基可在成熟过程中重新形成。

10.2.14　超氧化物歧化酶（EC1.15.1.1）

超氧化物歧化酶（SOD）可通过以下反应清除超氧自由基 $O_2^{\cdot-}$：

$$2O_2^- + 2H^+ \rightarrow H_2O_2 + O_2$$

形成的H_2O_2可被过氧化氢酶、过氧化物酶或其他适宜的还原剂所还原。许多动物和细菌的细胞内都存在SOD，其生物学功能是在厌氧系统中保护组织免受氧自由基的攻击。

从牛红细胞中分离的SOD由于含有铜，所以显现蓝绿色，用EDTA除去铜就会导致酶活性的丧失，添加Cu^{2+}后活性又会恢复。SOD也含有Zn^{2+}，但似乎不在酶的活性位点。SOD由两个完全一样分子量为16kDa的亚基构成，二者间由一个或多个二硫键结合。其氨基酸序列已经被确定。

奶中含有微量的SOD，已经被分离并进行了表征，似乎与牛红细胞中的SOD相同。在模拟系统中SOD能抑制脂质氧化。奶中SOD的水平与XO的水平相近（但稍低），说明SOD分泌到乳中可能是为了抵消XO的促氧化作用。但奶中SOD的水平可能还不足以解释所观察到的奶氧化稳定性的差异。有人考虑是否可以用外源SOD来减缓或抑制奶制品中脂质的氧化。

在乳中SOD在70℃加热30min仍可保持稳定，但温度稍高一点，活性将迅速损失。因此巴氏杀菌温度稍有变化对于热处理奶制品中SOD的存活是至关重要的，可能与奶的氧化酸败稳定性的变化有关。

10.2.15 其他酶类

除了上述的酶类外，从奶中还分离出许多其他内源酶（表10.2），其中部分已进行了表征。尽管其中一些酶在奶中含量相当高，但它们在奶中没有明显的作用，因此不再对其进行讨论。在奶中还发现了另外一些酶，但由于还没分离出来，已知的分子方面及在奶中的生化特性方面的信息非常有限。现将其中一些酶列于表10.3中。

表10.2 从奶中分离且得到部分表征但重要性未知的其他酶类（Farkye，2003）

酶		催化的反应	备注
谷胱甘肽过氧化物酶	EC 1.11.1.9	2 GSH+H_2O⇌GSSH	含有Se
核糖核酸酶	EC 3.1.27.5	RNA的水解	奶中含量丰富；与胰核糖核酸酶相似
α-淀粉酶	EC 3.2.1.1	淀粉	
β-淀粉酶	EC 3.2.1.2	淀粉	
α-甘露糖苷酶	EC 3.2.1.24		含有Zn^{2+}
β-葡（萄）糖苷醛酸苷酶	EC 3.2.1.31		
5′-核苷酸酶	EC 3.1.3.5	5′核苷酸+H_2O⇌核糖核苷+Pi	乳房炎
腺苷三磷酸酶	EC 3.6.1.3	ATP+H_2O⇌ADP+Pi	
醛缩酶	EC 4.1.2.13	果糖1,6-二磷酸⇌甘油醛-3-磷酸和二羟丙酮磷酸	

表 10.3 奶中部分次要酶列表（修改自 Farkye，2003）

酶		催化反应	来源	奶中分布
EC 1.1.1.1	醇脱氢酶	乙醇+NAD^+⇌乙醛+NADH+H^+		
EC 1.1.1.14	L-艾杜糖醇脱氢酶	L-艾杜糖醇+NAD^+⇌ L-山梨糖+NADH	—	脱脂奶
EC 1.1.1.27	乳酸脱氢酶	乳酸+NAD^+⇌ 丙酮酸+NADH+H^+		
EC 1.1.1.37	苹果酸脱氢酶	苹果酸+NAD^+⇌ 草酰乙酸+NADH	乳腺	脱脂奶
EC 1.1.1.40	苹果酸酶	苹果酸+$NADP^+$⇌丙酮酸+CO_2+NADH	乳腺	脱脂奶
EC 1.1.1.42	异柠檬酸脱氢酶	异柠檬酸+$NADP^+$⇌ 2-酮戊二酸+CO_2+NADH	乳腺	脱脂奶
EC 1.1.1.44	磷酸葡糖醛酸脱氢酶（脱羧）	6-磷酸-D-葡糖酸+$NADP^+$⇌D-核糖-5-磷酸+CO_2+NADPH	乳腺	脱脂奶
EC 1.1.1.49	葡糖-6-磷酸脱氢酶	D-葡萄糖-D-葡糖酸+$NADP^+$⇌ D-葡萄糖酸-1,5-内酯-6-磷酸+NADPH	乳腺	脱脂奶
EC 1.4.3.6	胺氧化酶（含 Cu）	$RCH_2NH_2+H_2O+O_2$⇌ $RCHO+NH_3+H_2O_2$	—	脱脂奶
—	多胺氧化酶	精胺→亚精胺→丁二胺	—	脱脂奶
—	岩藻糖基转移酶	催化将岩藻糖从 GDP 1-岩藻糖转给特定的低聚糖和糖蛋白	—	脱脂奶
EC 1.6.99.3	NADH 脱氢酶	NADH+受体 ⇌ NAD^++还原态受体	—	脂肪球膜
EC 1.8.1.4	二氢硫辛酰胺脱氢酶（脱氢酶）	二氢硫辛酰胺+NAD^+⇌硫辛酰胺+NADH	—	脱脂奶/脂肪球膜
EC 2.4.1.22	乳糖合成酶 A 蛋白：UDP 半乳糖：D-葡萄糖、1-半乳糖基转移酶、B 蛋白：α-乳白蛋白	UDP 半乳糖+D-葡萄糖 ⇌ UDP+乳糖	高尔基体	脱脂奶
EC 2.4.1.38	糖蛋白 4-β-半乳糖基转移酶	UDP 半乳糖+*N*-乙酰-D-葡萄糖胺-糖肽⇌UDP+4,β-D-半乳糖-N-乙酰-D-葡萄糖胺糖肽	—	脂肪球膜

（续表）

酶		催化反应	来源	奶中分布
EC 2.4.1.90	N-乙酰氨基乳糖合成酶	UDP 半乳糖+*N*-乙酰-D-葡萄糖胺⇌ UDP N-乙酰乳糖胺	高尔基体	—
EC 2.4.99.6	CMP-N-乙酰-N-乙酰乳糖胺 α-2,3-唾液酸转移酶	CMP-N-唾液酸+β-D-半乳糖 1,4-*N*-乙酰 D-乳糖胺糖蛋白 ⇌ CMP+α-N-唾液酸 1-2,3-β-D-半乳糖-1,4-N-乙酰-D-乳糖胺-糖蛋白	—	脱脂奶
EC 2.5.1.3	磷酸硫胺素焦磷酸化酶	2-甲基-4-氨基-5-羟甲基/嘧啶二磷酸+4-甲基-5-(2-膦酰基氧基乙酯)-噻唑⇌ 焦磷酸盐+硫胺素单磷酸酯	—	脂肪球膜
EC 2.6.1.1	天冬氨酸氨基转移酶	l-天冬氨酸+2-酮戊二酸⇌ 草酰乙酸盐+l-谷氨酸盐	血液	脱脂奶
EC 2.6.1.2	丙氨酸氨基转移酶	l-丙氨酸+2-酮戊二酸⇌ 丙酮酸盐+l-谷氨酸盐	血液	脱脂奶
EC 2.7.5.1	磷酸葡萄糖变位酶			
EC 2.7.7.49	RNA 指导的 DNA 聚合酶	*n* 脱氧核苷三磷酸⇌ *n* 焦磷酸盐+DNA_n	—	脱脂奶
EC 2.8.1.1	硫代硫酸硫转移酶	硫代硫酸盐+氰化物⇌ 亚硫酸盐+硫氰酸盐	—	脱脂奶
EC 3.1.1.8	胆碱脂酶	酰胆碱+H_2O ⇌ 胆碱+羧酸阴离子	血液	脂肪球膜
EC 3.1.3.9	葡萄糖-6-磷酸酶	D-葡萄糖-6-磷酸+H_2O ⇌ D-葡萄糖+无机磷酸盐		脂肪球膜
EC 3.1.4.1	磷酸二酯酶			
EC 3.1.6.1	芳香基硫酸酯酶	硫酸苯酚+H_2O ⇌ 苯酚+硫酸盐	—	—
EC 3.2.1.21	β-葡萄糖苷酶	水解末端非还原性 β-D-葡萄糖残基	溶酶体	脂肪球膜
EC 3.2.1.23	β-半乳糖苷酶	水解 β-D-半乳糖苷的末端非还原性 β-D-半乳糖残基	溶酶体	脂肪球膜
EC 3.2.1.51	α-岩藻糖苷酶	α-L-岩藻糖苷+H_2O ⇌乙醇+L-岩藻糖	溶酶体	—

（续表）

酶		催化反应	来源	奶中分布
EC 3. 4. 11. 1	胞质氨基肽酶（亮氨酸氨基肽酶）	氨基酰肽+H2O ⇌氨基酸+肽	—	脱脂奶
EC 3. 4. 11. 3	胱氨酸氨基肽酶（催产素酶）	胱氨酸肽+H_2O ⇌氨基酸+肽	—	脱脂奶
EC 3. 4. 21. 4	胰蛋白酶	水解肽键，优先水解 Lys-X，Arg-X	—	脱脂奶
EC 3. 6. 1. 1	无机焦磷酸酶	焦磷酸盐+H_2O ⇌2 正磷酸盐	—	脱脂奶/脂肪球膜
EC 3. 6. 1. 1	焦磷酸化酶			
EC 3. 6. 1. 9	核苷酸焦磷酸酶	1 分子二核苷酸+H_2O ⇌2 分子单核苷酸	—	脱脂奶/脂肪球膜
EC 4. 2. 1. 1	碳酸脱水酶	H_2CO_3⇌ CO_2+H_2O	—	脱脂奶
EC 5. 3. 1. 9	葡萄糖-6-磷酸异构酶	D-葡萄糖-6-磷酸 ⇌果糖-6-磷酸	—	脱脂奶
EC 6. 4. 1. 2	乙酰辅酶 A 羧化酶	ATP+乙酰辅酶 A+HCO_3⇌ADP+磷酸+丙二酰辅酶 A	—	脂肪球膜

10.3 乳品加工中的外源酶

10.3.1 引言

自史前起，人们在食品加工中就一直使用粗酶制剂，最经典的例子就是在奶酪制造中应用皱胃酶、在酿酒中应用麦芽，用木瓜叶使肉嫩化。食品加工中添加（外源）酶更受欢迎，因为酶可诱导特异性变化，不像化学和物理方法可能会引起一些非特异性且不期望发生的变化。有些情况下，除了用酶之外，别无他法，如酶凝奶酪的制造；而有些情况下，酶法优先于化学方法，因为酶产生的副反应少，因而可以生产出更优质的产品，如淀粉的水解。

尽管乳品工业中仅有相对少数的酶被大规模使用，但奶酪制造中所用的皱胃酶是酶在工业应用的主要代表之一。

外源酶在乳品加工中的应用可以被分为以下两类：

（1）加工工艺上的应用，用酶来修饰奶成分或提高其微生物学、化学或物理稳定性。

（2）作为分析试剂。虽然从数量上来看，酶在工艺上的应用更为重要，但酶在分析上的许多应用是独一无二的，而且重要性日益增加。

因为奶中的主要成分是蛋白质、脂类和乳糖，因而蛋白酶、脂肪酶和 β-半乳糖苷酶（乳糖酶）是在乳品加工中使用的主要外源酶。除了这些酶之外，目前仅有葡萄糖氧化酶、过氧化氢酶、超氧化物歧化酶和溶菌酶有少量应用。乳过氧化物酶、黄嘌呤氧化酶和巯基氧化酶也用得少，尽管现在用的都是这些酶的内源形式。

10.3.2 蛋白酶

乳品加工中蛋白酶有一种主要（皱胃酶）的酶和几种次要的酶。

10.3.2.1 皱胃酶

奶酪制造中皱胃酶的使用是蛋白酶在食品加工中最主要的应用。皱胃酶的来源及其在乳凝固和奶酪成熟中的作用在第 12 章中讨论，这里不再赘述。

10.3.2.2 加速奶酪成熟

奶酪成熟是一个缓慢、成本高且不完全可控的过程，因此怎样加速奶酪成熟在科研和生产两方面都引起了越来越多的兴趣。人们对各种能加速奶酪成熟的方法进行研究，包括使用更高的成熟温度（特别是通常在 6~8℃ 成熟的切达型奶酪）、外源蛋白酶和肽酶、改良的发酵剂（如热休克和无乳糖发酵剂）、基因工程发酵剂或发酵剂辅料。应用外源性蛋白酶和肽酶的可能性在一段时期内受到了大量关注，但酶在奶酪凝乳中的均匀分布是个难题，将酶微胶囊化成为一种可能的解决办法。外源蛋白酶/肽酶并没用于天然奶酪的商业化生产中，但现在用于生产“酶改性奶酪”，供生产再制奶酪、奶酪醮料和奶酪酱使用。选择性转基因发酵剂和辅助发酵剂似乎更有前景。

10.3.2.3 蛋白酶解物

蛋白质酶解物被用作汤、肉汁以及减肥食品的调味品。通常由大豆蛋白、谷朊蛋白、乳蛋白、肉蛋白或鱼蛋白通过酸水解制备。用碱中和会导致盐含量较高，这对于某些应用来说是可以接受的，但不适合用于减肥食品和食品补充剂。而且，酸水解会导致一些氨基酸完全破坏或部分破坏。部分酶水解对于一些应用来说是一种可行的代替方法，但经常会因生成疏水肽而使水解物带有苦味。苦味可以用活性炭、羧肽酶、氨肽酶、超滤或疏水色谱等方法处理消除，或至少降低至可接受水平。酪蛋白的酶解物苦味更为强烈，但通过正确选择蛋白酶，同时将肽链外切酶（尤其是氨肽酶）与蛋白酶结合使用可以将苦味减至最小。

蛋白酶在乳蛋白质工艺上的一种新颖的、可能极具重要性的应用是生物活性肽的生产（第 11 章）。虽然在此应用中需要经过精选的已知特异性的蛋白酶，但生产的产品具有高附加值。

通过有限的蛋白水解，乳蛋白质的功能特性可能得到改善。通过有限水解，可生产出没有异味，适合用于饮料和其他酸性食品（酪蛋白不能溶于其中）的酸溶性酪蛋白。通过水解可破坏酪蛋白的抗原性，酶解物适合用于对配方牛奶粉过敏婴儿的乳蛋白基食品中。控制蛋白质的水解程度可提高直接酸化奶酪的熔化性，但过度蛋白水解会产生苦味。乳白蛋白（热凝固乳清蛋白）不溶于水且功能特性较差，经部分水解后的产物在 pH 值 6 以上几乎完全可溶；尽管产物有轻微的苦味，但作为食品配料似乎颇具前景。乳清蛋白浓缩物的有限水解使其乳化能力降低，泡沫体积率增加但泡沫稳定性降低，热稳定性提高。

10.3.3　β-半乳糖苷酶

β-半乳糖苷酶（乳糖酶；EC 3. 1. 2. 23）水解乳糖产生葡萄糖和半乳糖，可能是在乳品加工中第二重要的酶。在 20 世纪 70 年代，β-半乳糖苷酶被认为具有很大的潜力但并没成为现实，尽管在工艺和营养方面有一些重要应用。乳糖的性质及 β-半乳糖苷酶的应用见第 2 章。

β-半乳糖苷酶具有转移酶和水解酶活性，在一定条件下可生产几种具有令人关注的营养和理化特性的低聚糖。

10.3.4　脂肪酶

脂肪酶在乳品工艺上的应用主要是在奶酪生产中，尤其是一些硬质意大利品种。这些奶酪的典型“辣”味主要是由生产中传统使用的皱胃酶糊中脂肪酶的作用产生的短链脂肪酸引起的。皱胃酶糊由喂奶后屠宰的犊牛、山羊羔或绵羊羔的胃制备；胃和内容物经陈化后再浸泡。皱胃酶糊中的脂肪酶，也就是前胃酯酶是由舌根的一个腺体分泌的，吮吸可刺激其分泌，分泌的脂肪酶和摄入的奶一起被冲进胃中。有几种动物能分泌前胃酯酶，其生理功能是协助新生幼仔消化脂肪，因为新生幼仔的胰腺功能很有限。前胃酯酶对短链脂肪酸具有高度特异性，尤其是在甘油 sn-3 位置酯化的丁酸，但有报道称特异性种间有些差异。来源于犊牛、山羊羔或绵羊羔的前胃酯酶半纯化制备物已经商业生产，且使用效果良好；这些酶制剂在特异性上存在微小的差异，各有各的特别用处。意大利干酪鉴定家称皱胃酶糊比半纯化的前胃酯酶使用效果更好且更低廉。

据报道米黑根毛霉分泌的脂肪酶在意大利干酪生产中具有令人满意的使用效果。这种酶已被表征并已经商业生产，商品名为“Piccantase”。由筛选的娄地青霉（*Penicillium roqueforti*）和卡门伯特青霉（*P. candidum*）菌株分泌的脂肪酶被认为可能可用于意大利干酪和其他干酪品种的生产中。

蓝纹干酪品种中存在广泛的脂肪分解，其中的脂肪酶主要是由娄地青霉（*P.*

roqueforti）分泌的（第 12 章）。据称用前胃酯酶处理蓝纹干酪凝乳可改善和增强其风味，但这种做法并没被普遍采用。目前已经开发出一些生产快速成熟型蓝纹干酪的技术，这些蓝纹干酪可用于沙拉酱、干酪醮酱等产品。脂肪酶（通常来源于霉菌）用于这些产品的生产过程中，或用于对生产中作为原辅料的脂肪或油进行预水解。

虽然切达干酪在成熟过程中发生的脂肪水解相对少，但据称添加前胃酯酶、胃脂肪酶或某些微生物的脂肪酶可改善其风味，尤其是用巴氏杀菌奶生产的切达干酪，且能加速其成熟。也有人宣称在原料奶中尤其是经超滤浓缩的原料奶中添加山羊幼羔、绵羊羔前胃酯酶或低水平的微生物脂肪酶可改善 Feta 干酪和埃及 Ras 干酪的风味和质地。

用脂肪酶水解的乳脂肪在甜点、糖果、巧克力、酱汁和休闲食品行业有着多种应用，而且用固定化脂肪酶来改良这些应用中脂肪的风味引起了关注。通过酶促作用，使乳脂肪发生酯交换反应以改善产品的流变性质也是可行的。

10.3.5 溶菌酶

如第 10.2.5 节所述，人们已经从几种动物的奶中分离出溶菌酶；人奶和马奶中富含溶菌酶。由于溶菌酶具有抗菌活性，所以人奶与牛乳溶菌酶含量之间的巨大差异可能在婴儿营养中具有重要意义。据称在基于牛奶的婴儿配方食品中添加蛋清溶菌酶对婴儿，特别对早产儿的健康有益，但对此的看法并不一致，目前也没有在商业生产中应用。

许多干酪都添加硝酸盐来抑制可产生异味及后期产气的丁酸梭状芽孢杆菌的生长。但在食品中添加硝酸盐目前并不太受欢迎，因为硝酸盐可能会生成有致癌性的亚硝胺，因此现在许多国家已降低其使用限量或禁止其使用。溶菌酶可以抑制丁酸梭状芽孢杆菌繁殖体的生长，阻止芽孢萌发，可替代硝酸盐控制干酪的后期产气。溶菌酶也能杀灭李斯特菌，有人建议将共固定化溶菌酶用于固定化酶柱的自消毒。

10.3.6 谷氨酰胺转氨酶

谷氨酰胺转氨酶（TGase；EC2. 3. 1. 13；γ-谷氨酰转肽酶；胺-γ-谷氨酰转移酶）催化酰基在肽结合谷氨酰胺残基的 γ-羧基胺基团和不同底物（尤其是赖氨酸）的伯胺基团之间的转移（图 10. 1）。

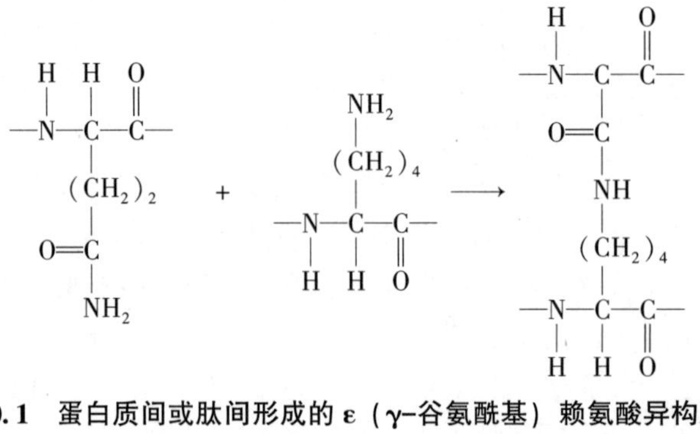

图 10. 1　蛋白质间或肽间形成的 ε（γ-谷氨酰基）赖氨酸异构肽键

因为酪蛋白的开放结构使其成为 TGase 的良好底物，但天然乳清蛋白则不是。在乳品工业中使用 TGase 的益处包括：

（1）TGase 处理对酪蛋白酸钠的乳化能力几乎无影响，并可提高其乳化稳定性。

（2）用 TGase 处理原料奶可提高发酵奶制品坚实度。

（3）奶的皱胃酶凝固性会受负面影响，因为与 κ-酪蛋白接触的可能性降低。

（4）奶的热稳定性大大提高，热凝固时间-pH 值曲线不出现最小值。

10.3.7　过氧化氢酶（EC 1.1.1.6）

过氧化氢是一种非常有效的化学杀菌剂，尽管它可引起乳蛋白理化性质发生改变，造成乳蛋白营养价值的损失（主要是通过氧化蛋氨酸造成），但仍被用作奶的保存剂，尤其是在缺乏冷藏条件的高温地区。处理后多余的 H_2O_2用可溶性外源过氧化氢酶（来自牛肝脏、黑曲霉或溶壁微球菌）还原处理掉。已经有人研究用于此目的的固定化过氧化氢酶，但固定化酶相当不稳定。

如第 10.3.8 节中所讨论的，很多时候在食品中使用葡萄糖氧化酶时，常常会配合使用过氧化氢酶。但葡萄糖氧化酶在乳品加工中的潜在应用主要是在原位（奶中）产生 H_2O_2，此时显然是不能用过氧化氢酶的。

10.3.8　葡萄糖氧化酶（EC 1.1.3.4）

葡萄糖氧化酶（GO）通过下面的反应将葡萄糖氧化生成葡萄糖酸（通过葡萄糖酸-δ-内酯）：

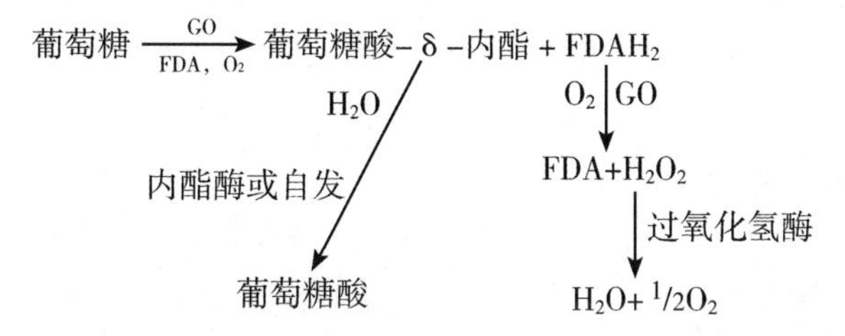

产生的 H_2O_2通常被商品化葡萄糖氧化酶抑制剂（产自点青霉、灰绿青霉或黑曲霉）中以杂质形式存在的或另外添加的过氧化氢酶还原。葡萄糖氧化酶最适 pH 值约为 5.5，对 D-葡萄糖有高度特异性，可在有其他糖存在的情况下用于专门对 D-葡萄糖进行检测。

在食品行业中，葡萄糖氧化酶主要有四种用途：

（1）去除残留的痕量葡萄糖：这个用处对于蛋清在脱水前的处理尤其有用（尽管更为常用的做法是用酵母进行发酵），但这个用处在乳品加工上几乎没什么意义。

（2）去除痕量的氧气：葡萄酒和果汁中存在痕量氧气会导致变色和/或抗坏血酸的氧化。虽然氧气可用化学还原剂清除，但用葡萄糖氧化酶进行酶处理效果可能更好。有人提议将葡萄糖氧化酶用作蛋黄酱、奶油和全脂奶粉等高脂产品的抗氧化剂，但这方面的应用似乎并不广泛，很可能是因为化学抗氧化剂（如果允许使用）成本比较低，充入惰性气体可相对有效地防止罐装奶粉脂质氧化。

（3）原位 H_2O_2的产生：葡萄糖氧化酶产生的 H_2O_2有直接杀菌作用（似乎是葡萄糖氧化酶应用于蛋制品中的一个有益副作用），但如将它作为乳过氧化物酶/H_2O_2/SCN^-体系的成分，其杀菌性能将会得到更为有效的利用。葡萄糖氧化酶要求有葡萄糖才有活性，葡萄糖可以外加或由 β-半乳糖苷酶作用于乳糖产生（已有人将 β-半乳糖苷酶和葡萄糖氧化酶固化在多孔玻璃珠上）。H_2O_2也可由黄嘌呤氧化还原酶作用于添加的次黄嘌呤在原位产生。在此应用中，似乎更有可能用外源 H_2O_2，而不会采用由葡萄糖氧化酶或黄嘌呤氧化酶产生 H_2O_2这种方法。

(4) 原位生产酸：奶制品，尤其是农家干酪和马拉苏里干酪的直接酸化是很普遍的。酸化办法一般是通过加酸或酸原（通常是葡萄糖酸-δ-内酯）或同时添加酸和酸原。葡萄糖酸的原位生产是利用外加的葡萄糖或从β-半乳糖苷酶催化乳糖或蔗糖酶催化蔗糖在原位产生的葡萄糖。有人已经对固定化葡萄糖氧化酶进行研究，但还没在工业生产上用于奶的直接酸化。有人建议利用乳糖脱氢酶催化乳糖生成奶糖酸用于奶制品或其他食品的直接酸化。

10.3.9 超氧化物歧化酶（EC 1.15.1.1）

超氧化物歧化酶（SOD）是奶中的一种内源酶，在第 10.2.10 节中已讨论过。低水平的外源 SOD 加上过氧化氢酶可有效抑制奶制品的脂质氧化，尤其是对易于发生脂质氧化的长期货架期 UHT 奶风味的保存很有效。在工业生产上用 SOD 作为抗氧化剂是否可行显然取决于成本的高低，尤其是与化学方法比较的相对成本 。

10.3.10 葡萄糖异构酶（EC 5.3.1.5）

葡萄糖异构酶可将葡萄糖转化为果糖，广泛用于以葡萄糖为原料生产高果糖糖浆，葡萄糖则通过淀粉酶和葡萄糖淀粉酶水解淀粉得到。葡萄糖异构酶在乳品加工业具有一定的潜力，它与β-半乳糖苷酶共同作用于乳糖可生产半乳糖-葡萄糖-果糖糖浆（比半乳糖-葡萄糖糖浆更甜）。

10.3.11 外源酶在食品分析中的应用

外源酶在食品分析中有多种应用。酶作为分析试剂的主要吸引力之一是利用其特异性可以大大减少样品清理的工作量，同时可对结构相近的分子，如 D-和 L-葡萄糖、D-和 L-乳酸分别进行定量分析。酶法分析非常灵敏，有些可以检测到皮摩尔（百亿分之一摩尔）水平。酶可固定化为酶电极，用来持续监控产品流中底物浓度的变化。酶作为分析试剂的缺点是成本相对较高（尤其是当分析的样品数量少时），稳定性相对较差（由于变性或受抑制），且要用高纯度的酶。

普通食品工业实验室很少用酶来进行分析，但专业性更强的分析实验室和研究性实验室则经常使用。表 10.4 中总结了酶法分析的重要应用（产品信息和方法参见 R-Biopharm AG，www.r-biopharm.com）。所有这些酶法分析都有替代的化学和/或物理方法，尤其是一些色谱分析法，但可能需进行大量的样品清理工作，可能也要求样品待测成分的浓度比较高。

使用荧光素酶定量分析奶中的 ATP，是根据细菌产生的 ATP 来评价奶的卫生质量的快速测定法的原理。这些分析方法已经实现自动化和机械化。

表 10.4 一些可采用酶试验分析的乳中化合物

底物	酶
D-葡萄糖	葡萄糖氧化酶、葡萄糖激酶、已糖激酶
半乳糖	半乳糖脱氢酶

（续表）

底物	酶
果糖	果糖脱氢酶
乳糖	β-半乳糖苷酶，然后分析葡萄糖或半乳糖
乳果糖	β-半乳糖苷酶，然后分析果糖或半乳糖
D-和 L-乳酸	D-和 L-乳酸脱氢酶
柠檬酸	柠檬酸脱氢酶
乙酸	乙酸激酶+丙酮酸激酶+乳酸脱氢酶
乙醇	乙醇脱氢酶
甘油	甘油激酶
脂肪酸	酰基辅酶 A 合成酶+酰基辅酶 A 氧化酶
氨基酸	脱羧酶、脱氨酶
金属离子（抑制剂或激活剂）	胆碱酯酶、荧光素酶、转化酶
ATP	荧光素酶
杀虫剂（抑制剂）	己糖激酶、胆碱酯酶
无机磷酸根	磷酸化酶 a
硝酸盐	硝酸还原酶

10.3.11.1　酶联免疫吸附试验

酶在分析中的间接应用就是作为酶联免疫吸附试验（ELISA）的标记物或标识物。在 ELISA 试验中，酶不与待测物反应，而是生产出一种针对待测物（抗原或半抗原）的抗体，再用一种便于测定的酶进行标记，通常使用的酶是磷酸酶或过氧化物酶。酶活力与系统中抗体的量成正比，而抗体的量又与抗原的量成正比（直接或间接地，取决于使用的排列方式）。

试验可采用竞争法或非竞争法，而每种方法又各有两种模式。

（1）竞争 ELISA

以酶标抗原为基础

将抗体（Ab）吸附到固定相上，如微孔板的微孔中。然后在微孔中加入未知抗原（Ag，待测物）数量的样品和一定数量的酶标抗原（Ag-E）（图 10.2）。Ag 和 Ag-E 竞争与固定数量的 Ab 结合，结合的 Ag-E 的量与样品中存在的 Ag 的量成反比。洗除多余的未结合的抗原（和其他材料）后，加入显色底物，经一定时间恒温培养后测定颜色的强度。颜色深浅与样品中抗原浓度成反比（图 10.2a）。

以酶标抗体为基础

这种模式是将定量的未标记抗原（Ag）结合到微孔板上，然后加入含有抗原的食品样品，接着再加入定量的酶标抗体（Ab-E）（图 10.2b）。固定化抗原与游离抗原竞争与数量有限的 Ab-E 结合。经一定的反应时间后，洗除微孔板中未结合的 Ag（和其他材料），再对与固定化抗原结合的酶活力进行测量。如上所述，酶活力与食品样品中抗原的浓度成反比。

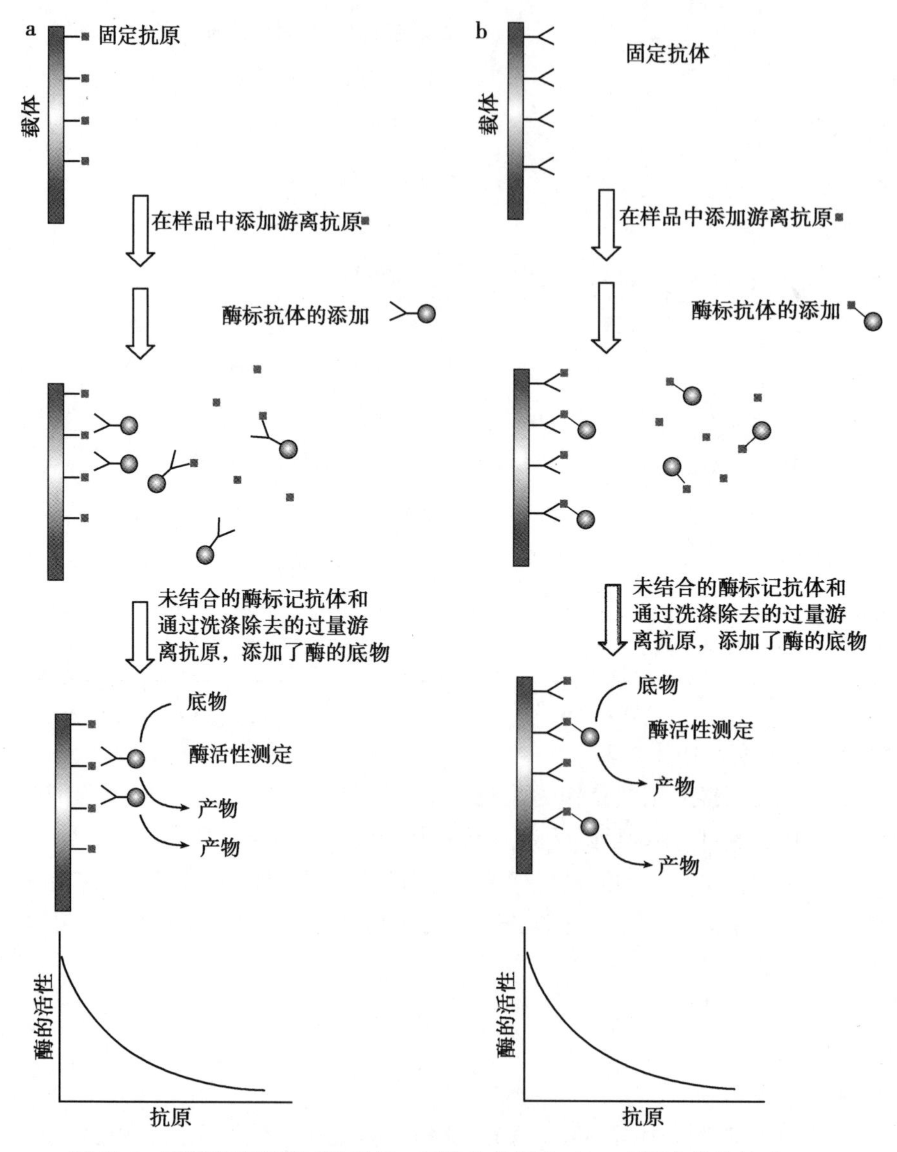

图 10.2 酶联免疫吸附试验图示：固定化抗原法（a）或固定化抗体法（b）

（2）非竞争 ELISA

非竞争 ELISA 中常见的原理是夹心法，要求抗原至少有两个抗体结合位点（抗原表位）。先将未标记的抗体固化在微孔板上，然后加入含有抗原（待测物）的食品样品，与固化的未标记抗体反应（图 10.3）。洗掉未被吸附的材料，然后加入酶标抗体，酶标抗体与跟固化抗体结合的抗原上的第二位点结合。洗掉未被吸附的 Ab-E，测定酶活力，酶活力与抗原浓度成正比。

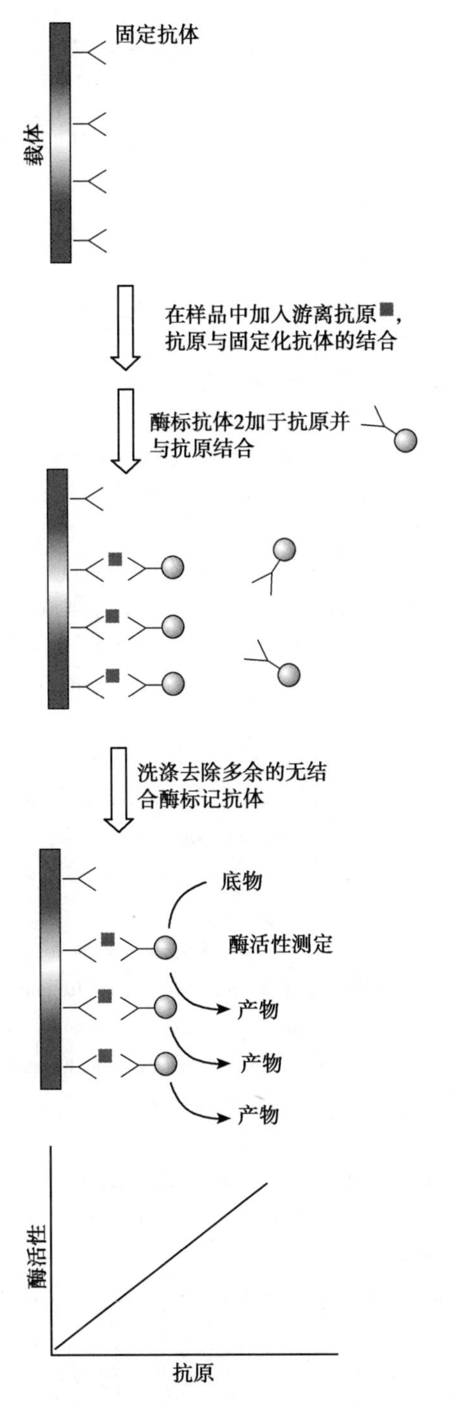

图 10.3　采用夹心法的非竞争性酶联免疫吸附试验图示

乳品分析中采用 ELISA 试验的实例包括：

对奶制品中 β-乳球蛋白变性程度进行定量分析；

对不同动物奶掺假（如用牛奶假冒绵羊奶）进行检测和定量分析；

干酪的鉴定，如绵羊奶干酪；
对奶中细菌酶类（如来自嗜冷菌）的检测与定量分析；
抗生素的定量分析；
ELISA 的潜在应用包括监测蛋白酶解物生成或干酪中的蛋白质水解。

参考文献及推荐阅读文献

奶中内源酶

Abd El - Salam, M. H., & El - Shibiny, S. 2011. A comprehensive review on the composition and properties of buffalo milk. *Dairy Science and Technology*, 91, 663-699.

Anderson, M., & Cawston, T. E. 1975. Reviews in the progress of dairy science. The milk fat globule membrane. *Journal of Dairy Research*, 42, 459-483.

Andrews, A. T., Olivecrona, T., Bengtsson - Olivecrona, G., Fox, P. F., Björck, L., & Farkye, N. Y. 1991. Indigenous enzymes in milk. In P. F. Fox (Ed.), *Food enzymology* (pp. 53 - 129). London, UK: Elsevier Applied Science.

Andrews, A. T., Olivecrona, T., Vilaro, S., Bengtsson - Olivecrona, G., Fox, P. F., Björck, L., et al. 1992. Indigenous enzymes in milk. In P. F. Fox (Ed.), *Advanced dairy chemistry* (Proteins, Vol. 1, pp. 285-367). London, UK: Elsevier Applied Science.

Bastian, E. D., & Brown, R. J. 1996. Plasmin in milk and dairy products, an update. *International Dairy Journal*, 6, 435-457.

Blanc, B. 1982. Les proteines du lait, à activete enzymatique et harmonal. *Le Lait*, 62, 352-395.

Booth, V. H. 1938. The specificity of xanthine oxidase. *Biochemical Journal*, 32, 494-502.

Brockerhoff, H., & Jensen, R. G. 1974. *Lipolytic enzymes*. New York, NY: Academic.

Chandan, R. C., & Shahani, K. M. 1964. Milk lipase: A review. *Journal of Dairy Science*, 47, 471-480.

Corry, A. M. 2004. *Purification of bile salts-stimulated lipase from breast milk and ligand affinity purification of a potential receptor*. M. Sc. Thesis, National University of Ireland, Cork.

Deeth, H. C. 2006. Lipoprotein lipase and lipolysis in milk. *International Dairy Journal*, 16, 555-562.

Deeth, H. C., & Fitz-Gerald, C. H. 1995. Lipolytic enzymes and hydrolytic rancidity in milk and milk products. In P. F. Fox (Ed.), *Advanced dairy chemistry* (Lipids, Vol. 2, pp. 247 - 308). London: Chapman & Hall.

Deeth, H. C., & Fitz - Gerald, C. H. 2006. Lipolytic enzymes and hydrolytic activity. In P. F. Fox & P. L. H. McSweeney (Eds.), *Advanced dairy chemistry* (3rd ed., Vol. 2, pp. 481-555). New York, NY: Kluwer cademic-Plenum.

Dwivedi, B. K. 1973. The role of enzymes in food flavors. Part I. Dairy products. *CRC Critical Reviews in Food Technology*, 3, 457-478.

Enroth, C., Eger, B. T., Okamoto, K., Nishino, T., Nishino, T., & Pai, E. 2000. Crystal structures of bovine xanthine dehydrogenase and xanthine oxidase: Structure-based mechanism of conversion. *Proceedings of the National Academy of Sciences of the United States of America*, 97, 10723-10728.

Everse, J., Everse, K. E., & Grisham, M. B. (Eds.). 1991. *Peroxidases in chemistry and biology* (Vol. I & II). Boca Raton, FL: CRC Press.

Farkye, N. Y. 2003. Indigenous enzymes in milk; other enzymes. In P. F. Fox & P. L. H. McSweeney (Eds.), *Advanced dairy chemistry* (Proteins 3rd ed., Vol. 1, pp. 571 - 603). New York, NY: Kluwer Academic-Plenum.

Flynn, N. K. R. 1999. *Isolation and characterization of bovine milk acid phosphatase.* M. Sc. Thesis, National University of Ireland, Cork.

Fox, P. F. 2003a. Significance of indigenous enzymes in milk and dairy products. In J. R. Whitaker, A. G. J. Voragen, & D. W. S. Wong (Eds.), *Handbook of food enzymology* (pp. 255 - 277). New York, NY: Marcel Dekker.

Fox, P. F., & Kelly, A. L. 2006a. Indigenous enzymes in milk: Overview and historical aspects- Part 1. *International Dairy Journal*, 16, 500-516.

Fox, P. F., & Kelly, A. L. 2006b. Indigenous enzymes in milk: Overview and historical aspects- Part 2. *International Dairy Journal*, 16, 517-532.

Fox, P. F., & Morrissey, P. A. 1981. Indigenous enzymes of bovine milk. In G. G. Birch, N. Blakeborough, & K. J. Parker (Eds.), *Enzymes and food processing* (pp. 213 - 238). London, UK: Applied Science.

Fox, P. F., Olivecrona, T., Vilaro, S., Olivecrona, G., Kelly, A. L., Shakeel - ur - Rheman, et al. 2003. Indigenous enzymes in milk. In P. F. Fox & P. L. H. McSweeney (Eds.), *Advanced dairy chemistry* Proteins (Vol. 1, Part A, 3rd ed., pp. 467 - 603). New York, NY: Kluwer Academic - Plenum.

Fox, P. F., and Tarassuk N. P. 1968. Bovine milk lipase. 1. Isolation from skim milk. *Journal of Dairy Science.*, 51, 826-833.

Gallagher, D. P., Cotter, P. F., & Mulvihill, D.M.1997.Porcine milk proteins: A review. *International Dairy Journal*, 7, 99-118.

Garattini, E., Mendel, R., Romao, M. J., Wright, R., & Terao, M. 2003. Mammalian molybdo - flavoenzymes, an expanding family of proteins: Structure, genetics, regulation, function and pathophysiology. *Biochemical Journal*, 372, 15-32.

Got, R. 1971. Les enzymes des laits. *Annal Nutr l'Aliment*, 25, A291-A311. Groves, M. L. 1971. Minor milk proteins and enzymes. In H. A. McKenzie (Ed.), *Milk proteins, chemistry and molecular biology* (Vol. 1, pp. 367-418). New York, NY: Academic.

Grufferty, M. B., & Fox, P. F. 1988. Milk alkaline proteinase. *Journal of Dairy Research*, 55, 609-630.

Hamosh, M. 1995. Enzymes in human milk. In R. G. Jensen (Ed.), *Handbook of milk composition* (pp. 388-427). San Diego, CA: Academic.

Harrison, R. 2000. Milk xanthine oxidoreductase: Hazard or benefit? *Journal of Nutritional and Environmental Medicine*, 12, 231-238.

Harrison, R. 2002. Structure and function of xanthine oxidoreductase: Where are we now? *Free Radical Biology and Medicine*, 33, 774-797.

Harrison, R. 2004. Physiological roles of xanthine oxidoreductase. *Drug Metabolism Reviews*, 36, 363-375.

Harrison, R. 2006. Milk xanthine oxidase: Properties and physiological roles. *International Dairy Journal*, 16, 546-554.

Hernell, O., & Lonnerdal, B. 1989. Enzymes in human milk. In S. A. Atkinson & B. Lonnerdal (Eds.),

Proteins and non-protein nitrogen in human milk (pp. 67-75). Boca Raton, FL: CRC Press.

Herrington, B. L. 1954. Lipase: A review. *Journal of Dairy Science*, 37, 775-789.

Humbert, G., & Alais, C. 1979. Review of the progress of dairy science. The milk proteinase system. *Journal of Dairy Research*, 46, 559-571.

Hurley, M. J., Larsen, L. B., Kelly, A. L., & McSweeney, P. L. H. 2000. The milk acid proteinase, cathepsin D: A review. *International Dairy Journal*, 10, 673-681.

IDF. 2006. Proceedings of the first IDF symposium on indigenous enzymes in milk. *International Dairy Journal*, 16, 499-715.

Jensen, R. G., & Pitas, R. E. 1976. Milk lipoprotein lipase: A review. *Journal of Dairy Science*, 59, 1203-1214.

Johnson, H. A. 1974. The composition of milk. In B. H. Webb, A. H. Johnson, & J. A. Alford (Eds.), *Fundamentals of dairy chemistry* (2nd ed., pp. 1-57). Westport, CT: AVI Publishing Co.

Kato, A. 2003. Lysozyme. In J. R. Whitaker, A. G. J. Voragen, & D. W. S. Wong (Eds.), *Handbook of food enzymology* (pp. 971-978). New York, NY: Marcel Dekker.

Kelly, A. L., & McSweeney, P. L. H. 2003. Indigenous proteinases in milk. In P. F. Fox & P. L. H. McSweeney (Eds.), *Advanced dairy chemistry* (Proteins 2nd ed., Vol. 1, pp. 495-521). New York, NY: Kluwer Academic-Plenum.

Kitchen, B. J. 1985. Indigenous milk enzymes. In P. F. Fox (Ed.), *Developments in dairy chemistry* (Lactose andminor constituents, Vol. 3, pp. 239-279). London, UK: Elsevier Applied Science.

Kitchen, B. J., Taylor, G. C., & White, I. C. 1970. Milk enzymes—Their distribution and activity. *Journal of Dairy Research*, 37, 279-288.

Linden, G., & Alais, C. 1976. Phosphatase alkaline du lait de vache. II. Structure sous-unitaire, nature metalloproteique et parameters cinetiques. *Biochimica et Biophysica Acta*, 429, 205-213.

Linden, G., & Alais, C. 1978. Alkaline phosphatase in human, cow and sheep milk: Molecular and catalytic properties and metal ion action. *Annales De Biologie Animale, Biochimie, Biophysique*, 18, 749-758.

Lonnerdal, B. 1985. Biochemistry and physiological function of human milk. *American Journal of Clinical Nutrition*, 42, 1299-1317.

Massey, V., & Harris, C. M. 1997. Milk xanthine oxidoreductase: The first one hundred years. *Biochemical Society Transactions*, 25, 750-755.

Moatsou, G. 2010. Indigenous enzymatic activities in caprine and ovine milks. *International Journal of Dairy Technology*, 63, 16-31.

O'Keefe, R. B., & Kinsella, J. E. 1979. Alkaline phosphatase from bovine mammary tissue: Purification and some molecular and catalytic properties. *International Journal of Biochemistry*, 10, 125-134.

O'Mahony, J. A., Fox, P. F., & Kelly, A. L. 2013. Indigenous enzymes in milk. In P. L. H. McSweeney & P. F. Fox (Eds.), *Advanced dairy chemistry* (Proteins 4th ed., Vol. 1A, pp. 337-385). New York, NY: Springer.

Olivecrona, T., & Bengtsson-Olivecrona, G. 1991. Indigenous enzymes in milk, Lipases. In P. F. Fox (Ed.), *Food enzymology* (Vol. 1, pp. 62-78). London, UK: Elsevier Applied Science.

Olivecrona, T., Vilaro, S., & Bengtsson - Olivecrona, G. 1992. Indigenous enzymes in milk, Lipases. In P. F. Fox (Ed.), *Advanced dairy chemistry* (Proteins, Vol. 1, pp. 292-310). London, UK: Elsevier Applied Science.

Olivecrona, T., Vilaro, S., & Olivecrona, G. 2003. Indigenous enzymes in milk, Lipases. In P. F. Fox & P. L. H. McSweeney (Eds.), *Advanced dairy chemistry* (Proteins 3nd ed., Vol. 1, pp. 473-494). New York, NY: Kluwer Academic-Plenum.

Palmquist, D. L. 2006. Milk fat: Origin of fatty acids and influence of nutritional factors thereon. In P. F. Fox & P. L. H. McSweeney (Eds.), *Advanced dairy chemistry* (3rd ed., Vol. 2, pp. 43 - 92, 555). New York, NY: Kluwer Academic-Plenum.

Robert, A. M., & Robert, L. 2014. Xanthine oxido - reductase, free radicals and cardiovascular disease. A critical review. *Pathology and Oncology Research*, 20, 1-10.

Seifu, E., Buys, E. M., & Donkin, E. F. 2005. Significance of the lactoperoxidase system in the dairy industry and its potential applications: A review. *Trends in Food Science and Technology*, 16, 137-154.

Shahani, K. M. 1966. Milk enzymes: Their role and significance. *Journal of Dairy Science*, 49, 907-920.

Shahani, K. M., Harper, W. J., Jensen, R. G., Parry, R. M., Jr., & Zittle, C. A. 1973. Enzymes of bovine milk: A review. *Journal of Dairy Science*, 56, 531-543.

Shahani, K. M., Kwan, A. J., & Friend, B. A. 1980. Role and significance of enzymes in human milk. *American Journal of Clinical Nutrition*, 33, 1861-1868.

Shakeel-ur-Rehman, Fleming, C. M., Farkye, N. Y., & Fox, P. F. 2003. Indigenous phosphatases in milk. In P. F. Fox & P. H. L. McSweeney (Eds.), *Advanced dairy chemistry* (Proteins, Vol. 1, pp. 523-543). New York, NY: Kluwer Academic-Plenum.

Sindhu, J. S., & Arora, S. 2011. Buffalo milk. In J. W. Fuquay, P. F. Fox, & P. L. H. McSweeney (Eds.), *Encyclopedia of dairy sciences* (2nd ed., Vol. 3, pp. 503-511). Oxford, UK: Academic.

Tkadlecova, M., & Hanus, J. 1973. [Enzymes in cows' milk]. *Die Nahrung*, 17, 565-577.

Uniacke-Lowe, T., & Fox, P. F. 2011. Equid milk. In J. W. Fuquay, P. F. Fox, & P. L. H. McSweeney (Eds.), *Encyclopedia of dairy sciences* (2nd ed., Vol. 3, pp. 518-529). Oxford, UK: Academic.

Whitaker, J. R., Voragen, A. G. J., & Wong, D. W. S. 2003. *Handbook of food enzymology*. New York, NY: Marcel Dekker.

Whitney, R. M. L. 1958. Theminor proteins of milk. *Journal of Dairy Science*, 41, 1303-1323.

Yuan, Z. Y., & Jiang, T. J. 2003. Horseradish peroxidase. In J. R. Whitaker, A. G. J. Voragen, & D. W. S. Wong (Eds.), *Handbook of food enzymology* (pp. 403-411). New York, NY: Marcel Dekker.

乳品加工及分析中的外源酶

Brown, R. J. 1993. Dairy products. In T. Nagodawithana & J. Reed (Eds.), Enzymes in food processing (3rd ed., pp. 347-361). San Diego, CA: Academic.

Dekker, P. J. T., & Daamen, C. B. G. 2011. β - D - Galactosidase. In J. W. Fuquay, P. F. Fox, & P. L. H. McSweeney (Eds.), Encyclopedia of dairy sciences (Vol. 2, pp. 276-283). Oxford, UK: Academic.

El - Soda, M., & Awad, S. 2011. Accelerated cheese ripening. In J. W. Fuquay, P. F. Fox, & P. L. H. McSweeney (Eds.), Encyclopedia of dairy sciences (Vol. 1, pp. 795-798). Oxford, UK: Academic.

Fox, P. F. 1991. Food enzymology (Vol. 1 & 2). London, UK: Elsevier Applied Science.

Fox, P. F. 1993. Exogenous enzymes in dairy technology—A review. Journal of Food Biochemistry, 17,

173–199.

Fox, P. F. 1998/99. Acceleration of cheese ripening. Food Biotechnology 2, 133–185.

Fox, P. F. 2003b. Exogenous enzymes in dairy technology. In J. R. Whitaker, A. G. J. Voragen, & D. W. S. Wong (Eds.), Handbook of food enzymology (pp. 279 – 301). New York, NY: Marcel Dekker.

Fox, P. F., & Grufferty, M. B. 1991. Exogenous enzymes in dairy technology. In P. F. Fox (Ed.), Food enzymology (Vol. 1 & 2, pp. 219–269). London, UK: Elsevier Applied Science.

Fox, P. F., & Stepaniak, L. 1993. Enzymes in cheese technology. International Dairy Journal, 3, 509–530.

Guilbault, G. G. 1970. Enzymatic methods of analysis. Oxford, UK: Pergamon Press.

IDF. 1998. The use of enzymes in dairying (Bulletin, Vol. 332, pp. 8 – 53). Brussels: International Dairy Federation.

Jaros, D., & Rohm, H. 2011. Transglutaminase. In J. W. Fuquay, P. F. Fox, & P. L. H. McSweeney (Eds.), Encyclopedia of dairy sciences (Vol. 2, pp. 297–300). Oxford, UK: Academic.

Kilara, A. 2011. Lipases. In J. W. Fuquay, P. F. Fox, & P. L. H. McSweeney (Eds.), Encyclopedia of dairy sciences (Vol. 2, pp. 284–288). Oxford, UK: Academic.

Kilara, A. 1985. Enzyme-modified lipid food ingredients. Process Biochemistry, 20 (2), 35–45.

McSweeney, P. L. H. 2011. Catalase, glucose oxidase, glucose isomerase, and hexose oxidase. In J. W. Fuquay, P. F. Fox, & P. L. H. McSweeney (Eds.), Encyclopedia of dairy sciences (Vol. 2, pp. 301–303). Oxford, UK: Academic.

Morris, B. A., & Clifford, M. N. 1984. Immunoassays in food analysis. London, UK: Elsevier Applied Science.

Mottola, N. A. 1987. Enzymes as analytical reagents: Substrate determinations with soluble and immobilized enzyme preparations. Analyst, 112, 719–727.

Nagodawithana, T., & Reed, J. (Eds.). 1993. Enzymes in food processing (3rd ed.). San Diego, CA: Academic.

Nelson, J. H., Jensen, R. G., & Pitas, R. E. 1977. Pregastric esterase and other oral lipases: A review. Journal of Dairy Science, 60, 327–362.

Nongonierma, A. B., & FitzGerald, R. J. 2011. Proteinases. In J. W. Fuquay, P. F. Fox, & P. L. H. McSweeney (Eds.), Encyclopedia of dairy sciences (Vol. 2, pp. 289–296). Oxford, UK: Academic.

O'Sullivan, M. M., Kelly, A. L., & Fox, P. F. 2001. Effect of transglutaminase on the heat stability of milk. Journal of Dairy Science, 85, 1–7.

Whitaker, J. R. 1991. Enzymes in analytical chemistry. In P. F. Fox (Ed.), Food enzymology (Vol. 2, pp. 287–308). London, UK: Elsevier Applied Science.

Wilkinson, M.G., Doolan, I. A., & Kilcawley, K.N.1911.Enzyme-modified cheese. In J. W. Fuquay, P. F. Fox, & P. L. H. McSweeney (Eds.), Encyclopedia of dairy sciences (Vol.1, pp.799 – 804). Oxford, UK: Academic.

第11章　奶中的生物活性物质

11.1　引言

尽管在许多方面已有大量研究，但生物活性物质的定义仍不明确（Guaadaoui 等，2014）。一般认为，食物中的生物活性物质是能够影响生物学过程或底物，从而对身体功能或身体状况乃至身体健康产生影响的成分（Schrezenmeir 等，2000）。但后来有人又对这个定义加以修改，增加了两个附加条件：

（1）膳食中的组分必须能在实际生理条件下发挥明显的（可度量的）生物学效应，才能被认为具有生物活性；

（2）测得的生物活性必须对健康有利，不得有有毒、有致敏性或致突变性等有害效应（Schrezenmeir 等，2000；Möller 等，2008）。

奶是所有哺乳动物为幼仔提供营养而分泌的一种物质；泌乳是哺乳动物（约 4500 种）区别于其他动物的一个特性。奶能够满足出生时处于不同发育状态（具有物种特异性）、生长速度各异的新生动物的营养和生理需要，因此，不同物种的奶成分各不一样。实际上，奶成分具有物种特异性。奶的营养价值因乳糖、蛋白质、脂类及矿物元素的高低而异。奶中的生物活性物质能发挥除营养方面之外的多种功能，例如免疫调节、激素及相关物质、抗菌剂、酶类（约 60 种）、酶抑制剂及隐藏的肽类（有各种功能）等。奶中以免疫球蛋白（Igs）、抗菌肽、抗菌蛋白、低聚糖以及脂类形式存在的生物活性物质，能够保护新生动物及成年动物免受病原体及疾病之害。Gobbetti 等（2007）将奶活性物质的生物活性分成四大类：

（1）胃肠道的发育、活动和功能；

（2）婴儿发育；

（3）免疫系统发育和功能；

（4）微生物活性，包括抗菌作用及益生作用。

奶中主要的生物活性成分示意如图 11.1 所示。本章将对奶中各种生物活性物质进行讨论。虽然大部分科研工作都是围绕牛奶中的活性成分展开，但自始至终都会提及人奶的生物活性成分及其对婴幼儿生长发育的意义。

对于新生儿，产后 48~72 h 产生的初乳是必需营养物质及能够防止微生物感染的免疫球蛋白的唯一来源。在随后的几个月里，母乳喂养的婴幼儿受益于一些细菌，如肠道双歧杆菌能够减少肠道功能障碍（Zinn，1997）。其他成分同样能够为新生儿提供免疫保护，并有助于新生儿免疫功能的发育；其中主要的两类成分包括细胞因子（新生儿

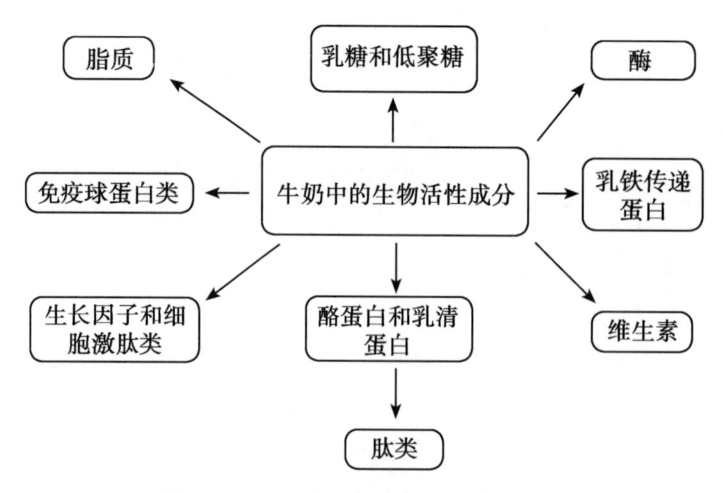

图 11.1　奶中主要的生物活性成分示意

还不能有效合成）和肽类（Politis 和 Chronopoulou，2008）。

乳蛋白单独或联合起来与其他生物活性成分一起，影响新生儿的健康，并可能影响泌哺乳期女性的健康和泌乳能力（Zinn，1997）。与未哺乳女性相比，曾经哺乳的女性罹患乳腺癌的风险显著降低（Freudenheim 等，1994）。有些乳蛋白（如泌乳反馈抑制剂）可影响总泌乳量（Peaker 和 Wilde，1996）。母乳喂养的好处可能远不只是在产后的头几小时，可能在成年后仍有显著影响。有人报道，与配方奶粉喂养的婴儿相比，母乳喂养 6 个月的婴儿成年后健康问题比较少，包括过敏风险降低（Saarinen 和 Kajosaari，1995），呼吸道和胃肠道疾病（Koletzko 等，1989），儿童淋巴瘤（Davies，1988；Schwartzbaum 等，1991），I 型糖尿病（Borch-Johnsen 等，1984）和绝经前和绝经后癌症（Byers 等，1985）。哺乳行为可能影响新生儿的生长速度（Zinn，1997）。据报道，母猪哺育的仔猪生长速度慢于饲喂代乳料的仔猪，有人推测可能是猪乳限制了仔猪对营养物质的利用率，但不清楚生长较慢是否有益于猪的长期健康（Boyd 等，1995）。

11.2　生物活性乳脂

乳脂的主要功能是作为能量来源，但是乳脂的部分成分具有一定的生物功能；必需脂肪酸、亚油酸和亚麻酸以及脂溶性维生素的重要性众所周知。具有生物活性的乳脂包括甘油三酯、脂肪酸、固醇和磷脂。具有抗癌活性的包括共轭亚油酸（CLA）、鞘磷脂、丁酸、醚脂质（缩醛磷脂）、β-胡萝卜素、维生素 A（视黄醇）和维生素 D。Parodi（1999）曾对这方面进行了综述。

11.2.1　中链脂肪酸

中链脂肪酸是含 6~10 个碳的脂肪酸，其理化性质与长链脂肪酸相差很大，如奶中链脂肪酸不需靠结合蛋白进行运输（Marten 等，2006）。在牛奶中，中链脂肪酸占总脂肪酸的 4%~12%（Jensen，2002）。在吸收通过上皮屏障后，中链脂肪酸在体内迅速完全水解（Bach 和 Babayan，1992）。最近的研究集中于中链脂肪酸在减重，特别是减少体脂等的能力方面，中链脂肪酸是否可作为功能性食品的补充剂是许多研究的主题（Marten 等，2006）。

11.2.2　共轭亚油酸

最近，共轭亚油酸［9,11-或 10，12 -十八碳二烯酸（8 顺式、反式异构体）］的重要性一直备受关注。反刍动物乳脂和体脂中含有较多 CLA（占乳脂总脂肪酸的 0.24%～2.8%）。CLA 由 n-6 十八碳二烯酸（LA）在瘤胃中经不完全生物氢化而成（Whigham 等，2000；Bauman 和 Lock，2006；Collomb 等，2006）。通过饲喂富含多不饱和脂肪酸（PUFA）的油脂，可提高奶牛奶中 CLA 的含量（Stanton 等，2003）。CLA 也可在乳腺组织中由反式异油酸形成（Aminot-Gilchrist 和 Anderson，2004）。膳食中的 CLA 具有抗癌、抗肥胖、免疫调节以及控制动脉粥样硬化和糖尿病等保健功效。目前 CLA 的研究重点集中在其在治疗或预防Ⅱ型糖尿病和预防心脏病及其他疾病的潜力方面（Aminot-Gilchrist 和 Anderson，2004）。

11.2.3　极性乳脂

奶含有几种在生物学上有重要作用的极性脂质，包括磷脂和神经鞘磷脂（葡萄糖神经酰胺）。它们主要存在于乳脂球膜中。神经鞘磷脂是一类具有鞘氨醇骨架和一系列脂肪族氨基醇（包括鞘氨醇）的脂质，鞘磷脂参与信号传递和细胞识别。它们通过形成物理和化学性稳定的质膜“脂质双层结构”的外层，保护细胞表面免受有害环境因素的影响（Rombaut 和 Dewettinck，2006）。一般认为，磷脂和鞘磷脂都具有高度的生物活性，具有抗癌、抑菌和降低胆固醇的特性。Rombaut 和 Dewettinck（2006）曾对磷脂和鞘磷脂的营养和技术特性作了综述。

11.2.4　具有重要生物活性的脂肪酸

人奶中含量最丰富的脂肪酸是油酸（C18：1）、棕榈酸（C16：0）、亚油酸（C 18：2，ω-6）和 α-亚麻酸（C18：3，ω-3）。人奶中有些不饱和脂肪酸可能破坏病毒的包膜，保护机体免遭微生物的侵害。而有些不饱和脂肪酸可防止肠内寄生虫，如贾第鞭毛虫（*Giardia lamblia*）的侵害。该寄生虫是一种寄生在小肠的有鞭毛原生动物，能引起贾第鞭毛虫病（Thormar 和 Hilmarsson，2007）。

n-6 和 *n*-3 脂肪酸是膜磷脂的组成成分、二十碳烯酸类的前体、膜受体和调节基因表达的转录因子的配体，在人体代谢中起着至关重要的作用。亚油酸（*n*-6 C18：2）的重要性很久前就已经广为人知，但是 α-亚麻酸（*n*-3 C18：3）的重要性直到 20 世纪 80 年代后期才被确认，并自此被确定为可预防特应性皮炎的膳食关键组分（Horrobin，2000）。亚油酸和亚麻酸不能相互转化，而是分别作为 *n*-6 和 *n*-3 系列长链多不饱和脂肪酸的母体（如 *n*-6 C20：4，花生四烯酸；*n*-3 C20：5，二十碳五烯酸（EPA）和 *n*-3 C22：6，二十二碳六烯酸（DHA）），这些长链多不饱和脂肪酸是细胞膜的组分和其他必需代谢物如前列腺素和前列环素的前体（Cuthbertson，1999；Innis，2007）。现在 DHA 和花生四烯酸被认为对神经正常发育有重要作用（Carlson，2001）。DHA 和 EPA 都对中枢神经系统和视网膜的正常生长发育有重要作用（Uauy 等，1990）。在人类进化过程中，膳食中 *n*-6 与 *n*-3 脂肪酸的比例基本保持在 1：1 的水平，而目前西方膳食中该比例为 15：1～16.7：1。人类通常都会缺乏 *n*-3 脂肪酸，而*n*-6 脂

肪酸则过多，这与心血管疾病、癌症、炎症和自身免疫性疾病的发生有关（Simopoulos，2002）。

丁酸（C4：0）约占牛奶中总脂肪酸的10%，由碳水化合物被瘤胃细菌发酵产生，再通过血液转运至乳腺（Jensen，1999）。据报道（Hamer等，2008），丁酸对肠道特别是结肠黏膜功能有多种作用。Mills等人已对其抗增殖、抗炎及抗凋亡特性作了综述（2009）。食入牛奶后丁酸酯不会到达人的大肠，而是在胃中由脂肪酶水解，在小肠近端吸收并转运到肝脏中（Parodi，1997a）。

11.2.5 神经节苷脂

1942年德国科学家Ernst Klenk首次将从脑的神经节细胞中分离的脂质命名为神经节苷脂。神经节苷脂是由鞘糖脂（神经酰胺+寡糖）的一个或多个残基（如N-乙酰基神经氨酸）与寡糖链连接而成的分子。现在已知的神经节苷脂超过60种，发生中在N-乙酰神经氨酸残基的位置和数量上彼此不同。神经节苷脂是细胞质膜的组成成分，具有调节细胞信号转导的作用，似乎主要集中在脂质筏中。神经节苷脂是非常重要的免疫分子。神经节苷脂上的寡糖伸出细胞膜表面，是细胞识别和细胞通讯的特定决定簇。这些碳水化合物“头”基团也是某些垂体糖蛋白激素和某些细菌蛋白质毒素，如霍乱毒素的特异性受体。神经节苷脂起到特定决定簇的作用，表明它们在组织生长和分化以及癌病发生中发挥重要作用。除了牛奶和人奶之外，水牛奶和山羊奶也含有神经节苷脂（Guo，2012；Park，2012）。

11.2.6 乳脂球膜

乳脂球膜含有许多生物活性糖蛋白和糖脂。奶中许多内源酶都集中在乳脂球膜中。有人已对人类、猕猴、黑猩猩、狗、绵羊、山羊、牛、灰熊、骆驼、马和羊驼乳脂球膜中的糖蛋白进行研究，发现物种内和物种间有很大差异（Keenan和Mather，2006）。灵长类、马、驴、骆驼和狗的乳脂球膜中蛋白高度糖基化。在马奶和人乳脂肪球表面，黏蛋白（高度糖基化蛋白质）形成向外伸展的长丝状结构（0.5~1 μm）（Welsch等，1988）。这些细丝在奶冷藏时脱离脂肪球膜，进入乳清，并在加热时损失。牛奶脂肪球上的细丝比马奶或人乳中的细丝更容易脱落，原因不明。这些细丝有助于脂肪球吸附到肠上皮，可能可改善脂肪消化（Welsch等，1988）。黏蛋白可防止细菌粘附，并有预防乳腺肿瘤的作用（Patton，1999）。黏蛋白、乳凝集素（lactadherin）和嗜乳脂蛋白是人乳脂球膜糖蛋白的主要生物活性成分。据报道，人奶中的黏蛋白能与轮状病毒结合，糖蛋白、乳凝集素也可以不同方式与轮状病毒结合（Yolken等，1992）。乳凝集素特别耐受新生儿胃中的降解，在母乳喂养婴儿胃肠道中非常丰富。研究表明从乳脂球膜中分离的另一种特异性蛋白，脂肪酸结合蛋白对某些乳腺癌细胞系有抑制作用（Spitsberg等，1995）。

已经在牛、人和马乳脂球膜中找到嗜乳脂蛋白，嗜酸菌素（acidophilin）和黄嘌呤氧化还原酶。马奶中这3种蛋白质似乎与人乳脂球膜的相应蛋白质相似，乳凝集素也是这样，与人乳凝集素同源性74%（Barello等，2008）。黄嘌呤氧化还原酶和嗜酸菌素与嗜乳脂蛋白一起参与脂肪球分泌，而有人认为乳凝集素有保护肠道免受轮状病毒侵害的作用（Barello等，2008）。Spitsberg（2005）曾对乳脂球膜的生物活性及相关保健作用进行了综述。

11.2.7　磷脂

奶中三种主要磷脂是鞘磷脂、磷脂酰胆碱（也叫卵磷脂）和磷脂酰乙醇胺（也叫脑磷脂）。这三种磷脂都参与细胞的许多活动，包括生长发育和中枢神经系统的髓鞘形成（Oshida 等，2003 a,b）。有证据表明，鞘磷脂有一些抗癌作用（Parodi，2001），能够抑制大鼠肠道对胆固醇的吸收（Noh 和 Koo，2004）并参与免疫系统的活化和调节（Cinque 等，2003）。

11.3　奶中的生物活性碳水化合物

乳中的生物活性碳水化合物包括单糖（葡萄糖和半乳糖）、二糖（乳糖）和寡糖。

11.3.1　乳糖

乳糖是大多数哺乳动物奶中主要的碳水化合物，但是奶中也含有其他碳水化合物，如半乳糖胺、糖蛋白，尤其是寡糖。乳糖除了作为新生动物的主要能量来源外，在产后头几个月还对骨矿化有影响，因为它可促进肠道对钙的吸收（Schaafsma，2003）。乳糖热处理后可生成乳果糖，乳果糖是一种积压性泻药，也是一种双歧因子。有人将乳果糖加到婴儿配方奶粉中。乳糖也可通过酶促反应产生乳糖低聚糖。

11.3.2　低聚糖

寡糖是含有 3~9 个单糖的聚合物。所有哺乳动物奶中都含有寡糖（第 2 章）。奶中的寡糖是重要的保护因子，可抑制肠致病性大肠杆菌、空肠弯曲杆菌和肺炎链球菌与靶细胞结合（Shah，2000）。据报道岩藻糖基化的寡糖、糖蛋白和糖脂能保护婴幼儿免受产肠毒素性大肠杆菌之害（Newburg 等，1990；Bode，2006）。

人奶（>15 g/L；>130 种寡糖）、大象奶和熊奶中寡糖含量非常高。单孔目和有袋动物的乳汁游离乳糖含量非常低，主要是寡糖。所有物种的初乳寡糖含量都特别丰富（第 2 章）。

寡糖难以被 β-半乳糖苷酶水解，在婴儿胃肠道中难以消化，可作为可溶性纤维促进双歧杆菌的生长。寡糖可通过胞饮作用从下肠道吸收，可被溶酶体酶水解，生成的单糖经代谢供能。寡糖是单孔目、有袋动物和熊等幼仔发育不成熟动物的主要能量来源。不同哺乳期和不同个体的人奶中寡糖，特别是岩藻糖寡糖的含量有显著差异，表明奶对抗肠道病原体的保护作用存在个体差异（Chaturvedi 等，2001）。

糖蛋白和糖脂对大脑发育必不可少，其生物合成需要半乳糖和唾液酸（尤其是唾液酸）（Urashima 等，2009，2011，2014）。人脑中唾液酸（N-乙酰神经氨酸的组分）浓度最高，是突触形成和神经传递所需的神经节苷脂的组成成分。人奶唾液酸含量特别高，位于游离寡糖的末端。其代谢途径和生物学作用大部分仍未知，但据推测，唾液酸可能可使母乳喂养婴儿比人工喂养婴儿具有更好的发育优势（Wang 和 Brand-Miller，2003）。

11.3.3　双歧因子

双歧杆菌是一种革兰氏阳性菌，广泛存在于哺乳动物包括人的胃肠道、阴道和口腔中。许多年前人们就知道，母乳喂养婴儿胃肠炎比人工喂养婴儿少。这显然跟多种因素有关，比如母乳喂养卫生更好、奶成分更合适、母乳中有几种抗菌系统（特别是免疫球蛋白、溶菌酶、乳铁蛋白、维生素结合蛋白和乳过氧化物酶），母乳喂养肠道 pH 值比较低等。

母乳喂养婴儿粪便的平均 pH 值约为 5.1，而人工喂养婴儿粪便平均 pH 值约为 6.4。部分原因在于人奶和牛奶之间的成分有差异，人乳蛋白质和磷酸盐比牛奶低得多，因而缓冲能力较低，但母乳喂养和人工喂养婴儿肠道菌群差异很大。母乳喂养婴儿粪便中的微生物群落主要为两歧双歧杆菌，而人工喂养婴儿的主要为长双歧杆菌，两歧双歧杆菌较少。

双歧杆菌是产酸菌，人乳中的双歧因子能促进其生长。有几种因子可促进双歧杆菌的生长，但主要是含有 N-乙酰葡糖胺的糖类（双歧因子Ⅰ），其在人奶和人初乳以及牛初乳中含量都高，但在牛的常乳、山羊奶或绵羊奶则不存在。人奶还含有几种不能透析的双歧杆菌生长促进因子，这些因子都是糖蛋白，被称为双歧因子Ⅱ。有人已经分离并表征了其中多种糖蛋白（Fox 和 Flynn，1992）。

11.3.4 岩藻糖

L-岩藻糖（6-脱氧-L-半乳糖）是一种单糖，是哺乳动物细胞产生的许多 N-连接和 O-连接的聚糖和糖脂的一个常见组分。岩藻糖的结构与存在于哺乳动物的其他六碳糖有两点不同，即 C6 位没有羟基，L-构型（Becker 和 Lowe，2003）。人乳寡糖是高度岩藻糖基化的，而牛奶中不含岩藻糖基化寡糖或含量极低（Finke 等，2000；Tao 等，2008；Nwosu 等，2012）。Saito 等（1987）曾报道牛初乳存在岩藻糖基化寡糖。牛奶与人奶不同，牛奶富含唾液酸，人奶含量则很少（Tao 等，2008；Nwosu 等，2012）。以前有报道称人奶不含游离岩藻糖（Barfoot 等，1988），但后来又有研究报道说人奶有游离岩藻糖，只不过浓度很低，游离 N-乙酰神经氨酸和 N-乙酰己糖胺含量也很低（Newburg 和 Weiderschain，1997；Wiederschain 和 Newburg，2001）。已有人报道人奶含有 α-L-岩藻糖苷酶，其活性随泌乳天数增加而升高（Newburg 和 Weiderschain，1997）。但是，即使在正常体温下储存 16 h，人奶中的游离岩藻糖含量也仅占结合的有效岩藻糖的约 5%，虽然游离岩藻糖可能对预防新生儿肠道感染有重要作用（Wiederschain 和 Newburg，2001）。

11.4 维生素

维生素是奶中重要的生物活性成分，其含量极少，对正常的生理功能却至关重要，而机体合成不足难以满足这种需要（Combs，2012）。反刍动物既可从饲料获得维生素，也可以吸收一些由消化道微生物合成的维生素。人与之不同，细菌在结肠合成的维生素 K 只有少量被吸收（Nohr，2011）。奶是维生素 A 和维生素 C、硫胺素、生物素（B_7）、核黄素（B_2）、吡哆醇和钴胺素（B_{12}）的重要来源。表 11.1 对牛奶和人奶的主要维生素含量进行比较，包括牛奶中维生素含量占每日推荐摄入量的百分比。与牛奶相比，人奶维生素 A、E 和 C 含量更高，但维生素 K、硫胺素、核黄素和吡哆醇含量较低。奶中的维生素在第 6 章中有详细讨论。

表 11.1　牛和人乳汁中维生素的平均含量，推荐每日摄入量（RDA）和牛乳汁提供的 RDA 的近似值%

维生素	牛的（L^{-1}）	人类（L^{-1}）	生理机能	RDA[a]	1 L 牛奶中 RDA 的百分比
脂溶性维生素					
维生素 A（mg）	0.31	0.6	视色素；上皮细胞分化	1	38
维生素 D_3（μg）	0.2	0.3	钙化瘀化；骨矿化；胰岛素释放	5～10	10
α-生育酚	0.9	3.5	膜抗氧化剂	12	10
维生素 K（mg）	0.6	0.15	凝血，钙代谢	90～120 μg	44
水溶性纤维素					
抗坏血酸维生素 C（mg）	20	38	胶原和肉碱的形成	60～75	25
硫胺（维生素 B_1）（mg）	0.4	0.16	2-酮酸脱羧辅酶	1～1.2	33
核黄素（维生素 B_2，mg）	1.9	0.3	脂肪酸氧化还原反应中的辅酶与 TCA 循环	1.2～1.4	139
烟酸（维生素 B_3，mg）[b]	0.8	2.3	几种脱氢酶的共酶	13～17	53
泛酸（维生素 B_5，mg）	0.36	0.26	脂肪酸代谢中的辅酶	6	70
维生素 B_6（mg）	0.4	0.06	氨基酸代谢中的辅酶	1.2～1.5	39
生物素（μg）	20	7.6	辅酶酶解	30～60	100
叶酸（维生素 B_9，mg）	0.05	0.05	单碳代谢中的辅酶	400 μg[c]	13
维生素 B_{12}（μg）	4	1.0	丙酸、氨基酸和单碳单位代谢中的辅酶	3	167

数据整理自 Schaafma（2003），Combs（2012），Morrissey 和 Hill（2009），以及 Nohr 和 Biesalski（2009）。

a 数值决定于年龄和性别。

b 烟酸（mg 当量/天）；1 mg 烟酸当量=60 mg 色氨酸。

c 计算自正常养分中的叶酸总量。

11.5　生物活性乳蛋白

人们已经发现，酪蛋白和乳清蛋白对生理生化功能越来越重要，并且在人的新陈代谢和健康中发挥至关重要的作用（Korhonen 和 Pihlanto-Leppälä，2004；Gobbetti 等，2007）。在营养方面，酪蛋白的主要功能是作为新生儿氨基酸、钙和磷的来源。但其氨基酸序列含有隐藏肽，经水解释放出来后才具有生物活性。主要乳清蛋白α-乳白蛋白（α-La），β-乳球蛋白（β-Lg）和免疫球蛋白（Igs）具有重要的生物学作用。许多生物活性肽，特别是源自酪蛋白的生物活性肽具有抗氧化作用，能降低胆固醇和血压，其他活性肽具有抗癌、抗炎、免疫调节、抗微生物和伤口愈合等特性，并为牙釉质提供保护。牛奶和人奶中酪蛋白、乳清蛋白和其他生物活性蛋白的浓度见表 11.2。

11.5.1 酪蛋白

酪蛋白约占牛奶蛋白质的 80%（第 4 章），是新生犊牛必需氨基酸、生物活性肽、钙和磷酸盐载体的主要来源。酪蛋白占人奶总蛋白的 20%~30%（Hambræus，1984）。多数动物的酪蛋白有四种类型：α_{s1}-酪蛋白，α_{s2}-酪蛋白，β-酪蛋白和κ-酪蛋白，其中前三种对钙敏感。这四种酪蛋白在牛奶中的比例大概分别为 38%、11%、38% 和 13%。其他动物奶中这四种类型的酪蛋白不一定全都有，酪蛋白的相对含量和绝对含量也不尽相同（Dalgleish，2011）。在人奶中，超过 85%的酪蛋白是 β-酪蛋白（β-CN），α_s-酪蛋白（α-CN）很少（Rasmussen，1995）或没有（Hambræus 和 Lönnerdal，2003）。各种酪蛋白的氨基酸序列在物种间没有很好的保守性（Martin 等，2013）。酪蛋白的生物学功能是能形成大分子酪蛋白胶束，为新生动物转运大量的钙，而极少有发生乳腺病理性钙化的风险。牛奶含有丰富的钙，对儿童骨骼发育、骨强度和骨密度，对预防成人骨质疏松有重要作用。钙还能降低胆固醇的吸收并控制体重和血压。钙可能对结肠癌有预防作用，已有人对此进行研究，因为胆汁酸盐是促进结肠癌发生的一个主要因子，食用牛奶可提供磷酸钙与胆汁酸盐结合，消除其毒性作用（van der Meer 等，1991）。

11.5.2 乳清蛋白

牛奶中的主要乳清蛋白是 β-乳球蛋白（β-Lg）、α-乳白蛋白、免疫球蛋白（Ig）、血清白蛋白、乳铁蛋白和溶菌酶，第 4 章中已有讨论。除了 β-Lg，所有这些蛋白质也存在于人奶中，但这两种奶中乳清蛋白的相对含量相差很大。许多乳清蛋白具有与金属结合、免疫调节、生长因子活性和激素活性等生理特性。牛奶中的主要抗微生物物质是溶菌酶，其次是乳铁蛋白（人奶中以乳铁蛋白为主）（表 11.2）。牛奶中乳铁蛋白和溶菌酶的含量都比较低，主要的抗微生物物质是免疫球蛋白（Malacarne 等，2002）。IgA、IgG、IgM、乳铁蛋白和溶菌酶共同为新生动物提供免疫和非免疫保护，使其免受感染（Baldi 等，2005）。

表 11.2 牛奶和人奶中主要乳蛋白的浓度及其生理功能

蛋白质	牛奶（g/L）	人奶（g/L）	功能
总蛋白质含量	34	9	
酪蛋白总量	26	2.4	离子载体（钙，磷酸，铁，锌和铜）；生物活性肽的前体
α_{s1}-酪蛋白	10.7	0.77	生物活性肽的前体
α_{s2}-酪蛋白	2.8	—	生物活性肽的前体

（续表）

蛋白质	牛奶 （g/L）	人奶 （g/L）	功能
β-酪蛋白	8.6	3.87	生物活性肽的前体
κ-酪蛋白	3.3	0.14	化学机械抛光（CMP）的前体；抗病毒；双歧杆菌
总乳清蛋白	6.3	6.2	
β-乳球蛋白	3.2	—	视黄醇载体；结合脂肪酸；抗氧化剂
α-乳白蛋白	1.2	2.5	乳糖的合成；钙载体；免疫调节；抗癌
血清白蛋白	0.4	0.48	
蛋白胨蛋白胨	1.2	0.8	未被说明
总免疫球蛋白	0.8	0.96	免疫防护
$IgG_{1,2}$	0.65	0.03	免疫防护
IgA	0.14	0.96	免疫防护
IgM	0.05	0.02	免疫防护
乳铁传递蛋白	0.1	1.65	抗微生物；抗氧化；免疫调节；抗癌作用
溶解酵素	126×10^{-6}	0.34	乳铁蛋白和免疫球蛋白的协同作用
过氧化物酶	0.03		杀菌剂，抗菌剂
各种各样的其他蛋白	0.8	1.1	

11.5.2.1　β-乳球蛋白的生物活性

β-Lg 是反刍动物乳汁的主要乳清蛋白，也存在于单胃和有袋动物奶中，但不存在于人、骆驼、兔和啮齿动物奶中（第 4 章）。虽然有人认为 β-Lg 具有几种生物学作用，如促进视黄醇吸收，抑制、修饰或促进酶的活性，但是对 β-Lg 的特定生物学功能，仍然缺乏确切的证据（Sawyer，2003；Creamer 等，2011）。β-Lg 能与视黄醇结合，许多物种的 β-Lg（但不包括马和猪）也能与脂肪酸结合（Pérez 等，1993）。在消化过程中乳脂肪被前十二指肠脂肪酶水解，使游离脂肪酸含量大大增加，它们可能与 β-Lg 结合，取代结合的视黄醇，表明 β-Lg 的更重要功能是脂肪酸代谢，而非视黄醇转运（Pérez 和 Calvo，1995）。牛 β-Lg 非常耐胃内消化，摄入 β-Lg 后可能会引起过敏反应。不同物种的 β-Lg 抗消化能力可能并不一致。据报道，绵羊 β-Lg 远比牛 β-Lg 容易消化（El-Zahar 等，2005）。

11.5.2.2　α-乳白蛋白的生物活性

α-乳白蛋白（α-La）是 UDP-半乳糖基转移酶的修饰剂，并对乳糖生物合成起调节作用（第 2 章）。奶中 α-La 浓度较高，约占牛奶总蛋白的 4%，约占人奶总蛋白的 25%。α-La 是一种独特的乳蛋白，与 c 型溶菌酶同源。它是一种钙金属蛋白，Ca^{2+} 在蛋白的折叠和结构中起关键作用，并且在乳糖合成中具有调节作用（Larson，1979；

Brew, 2003, 2013; Neville, 2009)。从酸凝人乳酪蛋白中分离出的一种高分子量 α-La 可使肿瘤细胞凋亡，天然 α-La 没有这种作用，但与油酸反应后可转化为具有抗肿瘤活性的形式，HAMLET（肿瘤细胞致死性人 α-La），婴儿胃中具备发生这种变化的条件（Svensson 等，2003）。牛 α-La 也可以转化成抗肿瘤物质，BAMLET（肿瘤细胞致死性牛 α-La）。Jøhnke 和 Petersen（2012）曾对 α-La 与油酸的复合物及其细胞毒活性进行了综述。

11.5.2.3 免疫球蛋白

所有反刍动物和马科动物的初乳，免疫球蛋白含量都非常高（反刍动物初乳中占总氮的 10%，常乳中占 3%，Fox 和 Kelly，2003），刚出生动物的小肠能完整吸收蛋白质，母源免疫球蛋白可从母体转移给新生动物。出生几天后，肠道就不能完整地吸收蛋白质。出生后 2~3 天内，新生动物血清 IgG 即可达到与成年动物相近的水平（Widdowson，1984）。人的免疫球蛋白可在子宫内转移，有些食肉动物既可在出生前，也可在出生后将免疫球蛋白传给幼仔。与靠产后提供母源免疫球蛋白的物种相比，提供产前被动免疫的物种的初乳和常乳蛋白含量往往相差不太大。所有有蹄类动物都是典型的靠产后提供母源免疫球蛋白的物种，其初乳含有丰富的免疫球蛋白，初乳和常乳的蛋白含量存在较大差异（Langer，2009）。第 4 章对免疫球蛋白已有详细论述。

11.5.2.4 乳铁蛋白

乳铁蛋白是一种与铁结合的糖蛋白，由分子量约 78kDa 的一条多肽链组成（Conneely，2001）。乳铁蛋白结构与血浆铁离子转运蛋白转铁蛋白相似，但对铁的亲和力更高（高约 300 倍）（Brock，1997）。乳铁蛋白不是奶中特有的，但在初乳中含量特别丰富，此外，在泪液、唾液和黏液等分泌物及嗜中性粒细胞的次级颗粒中也有少量存在。牛乳腺中乳铁蛋白的表达依赖于催乳素（Green 和 Pastewka，1978）。在妊娠早期和子宫复旧期乳铁蛋白浓度非常高，主要在接近乳头的导管上皮细胞中表达（Molenaar 等，1996）。每升人乳和牛奶分别含有 1.65g 和 0.1g 乳铁蛋白（表 11.1）。

Shimazaki 等（1994）从马奶（约 0.6g/L）中纯化出乳铁蛋白，并将其铁结合能力与人乳和牛乳铁蛋白以及牛转铁蛋白进行比较。马乳铁蛋白的铁结合能力与人乳铁蛋白相似，高于牛乳铁蛋白和转铁蛋白。乳铁蛋白具有多种生物学功能，但其在奶中与铁结合的确切作用仍未清楚，乳铁蛋白和转铁蛋白的含量与奶的含铁量并不存在相关性（人奶富含乳铁蛋白，而铁含量很低）（Masson 和 Heremans，1971）。

乳铁蛋白是具有营养和保健特性的生物活性蛋白质（Baldi 等，2005）。乳铁蛋白能与铁形成螯合物（螯合 Fe 不能被微生物利用），也可通过其 N 末端与脂多糖结合而使细菌细胞壁透化，从而抑制细菌的生长。乳铁蛋白可与病毒的包膜蛋白紧密结合，从而抑制病毒感染，也可促进胃肠道有益菌群的建立（Baldi 等，2005）。Ellison 和 Giehl（1991）认为，乳铁蛋白和溶菌酶协同作用，有效地消除革兰氏阴性菌。乳铁蛋白与细菌外膜的寡糖结合，为溶菌酶打开缺口，让它水解肽聚糖基质内部的糖苷键。这个协同过程可使革兰氏阴性细菌如大肠杆菌（Rainhard，1986）和革兰氏阳性细菌如表皮葡萄球菌失活（Leitch 和 Willcox，1999）。牛和人乳铁蛋白的蛋白水解物乳铁蛋白肽具有杀菌活性（参见下文和 Bellamy 等，1992）。据报道，牛和人乳铁蛋白具有抗病毒活性，并有生长促进作用（Lönnerdal，2003，2013）。据报道，人奶中的乳铁蛋白可增加细胞因子如 IL-1、IL-8、肿瘤坏死因子 α、一氧化氮和粒细胞巨噬细胞集落刺激因子的产生和释放，可能对免疫系统具有积极作用（Hernell 和 Lönnerdal，2002）。目前，大多数婴儿配方奶粉都强化了乳铁蛋白（O'Regan 等，2009；Lönnerdal 和 Suzuki，2013）。

11.5.2.5 血清白蛋白

牛血清白蛋白是循环系统中含量最丰富的蛋白质，因为它能够运输各种配体，包括长链脂肪酸、类固醇激素、胆红素和各种金属离子，从而具有多种功能。一般认为它是通过细胞旁途径渗漏或与其他分子一起被摄取而进入奶中（Fox 和 Kelly，2003）。其在奶中的生理学作用并不大，因为与血浆相比，其浓度非常低。

11.5.3 维生素结合蛋白

奶中含有视黄醇（维生素 A）、维生素 D、核黄素（维生素 B_2）、叶酸和氰钴胺素（维生素 B_{12}）的特异性结合蛋白。这些蛋白质可以保护维生素，并将维生素转运到肠中的蛋白质受体，从而提高这些维生素的吸收率。这些蛋白与维生素结合后，使维生素不被肠道细菌利用，因而具有抗菌活性。热处理可使这些蛋白质的活性降低或丧失（Wynn 和 Sheehy，2013）。

11.5.3.1 视黄醇结合蛋白

β-Lg 在一个疏水窝与视黄醇结合，保护其免受氧化（第 4 章）。它可将视黄醇交换给肠中的视黄醇结合蛋白，从而促进视黄醇的吸收。它还可与脂肪酸结合，从而激活脂肪酶，其作用尚不清楚。人和啮齿动物奶中缺乏 β-Lg，这有什么作用尚不清楚。

11.5.3.2 维生素 D 结合蛋白

维生素 D 结合蛋白（DBP）也称为 Gc-球蛋白（组特异性成分），是包括血清白蛋白和甲胎蛋白在内的基因家族的成员，存在于血浆、腹水、脑脊髓液和大多数脊椎动物的多种细胞表面。DBP 是由肝实质细胞大量合成的分子量为 51~58kDa 的多功能血清糖蛋白，以 458 个残基的单体肽形式分泌到循环系统中。其两个结合区域被得到很好的表征——在 35 和 49 残基间有一个维生素 D/脂肪酸结合结构域，在 350 和 403 残基间有一个肌动蛋白结合结构域（Malik 等，2013）。血液中 DBP 的含量远远超过维生素 D 代谢物的正常浓度（Haddad，1995）。DBP 与维生素 D 及其代谢物结合，并将其转运至靶组织。DBP 可与肌动蛋白（G-肌动蛋白）的单体结合，防止肌动蛋白发生聚合，它可能具有显著的抗炎和免疫调节功能（Malik 等，2013）。据分析，多种动物乳汁中 DBP 含量较低，并且初奶中的含量高于常奶。作为在几种慢性疾病如胰腺癌、前列腺癌和膀胱癌的预后中具有重要作用的遗传因子，DBP 的变异体近年来引起了人们的广泛关注（Chun，2012 和 Malik 等，2013）。

11.5.3.3 核黄素结合蛋白

核黄素结合蛋白（RfBP）已经从牛奶中部分纯化，其分子量约为 38kDa（Kanno 等，1991）。RfBP-核黄素复合物具有良好的抗氧化性，类似于蛋清 RfBP 与核黄素的复合物（Toyosaki 和 Mineshita，1988）。奶中的 RfBP 可能来源于血清。

11.5.3.4 叶酸结合蛋白

自 20 世纪 60 年代末人们就知道奶具有叶酸结合特性，Ghitis 等（1969 年）证实这与一种特异性蛋白有关。后来，有人确认奶中的一种含量甚微的乳清蛋白具有特异性叶酸结合特性（Salter 等，1981）。从牛奶和人奶分离出的叶酸结合蛋白（FBP）是一种分子量约 35kDa 的糖蛋白（Salter 等，1981）。其在初乳中的浓度比常乳高（约 5 倍）（Nygren-Babol 等，2004）。FBP 对叶酸的吸收、分布和存留至关重要（Davis 和 Nichol，1988），同时由于 FBP 与叶酸结合，使可被微生物利用的叶酸减少，因而也具有抗菌作用。热处理会降低 FBP 的效用（Gregory，1982；Achanta 等，2007）。人奶中的 FBP 以可溶和微粒两种形式存在。可溶形式有约 22%是糖基化的，可保护蛋白不被消化酶水解。有人认为人奶中的 FBP 可减缓新生儿小肠中叶酸的释放和吸收，使叶酸慢慢释放、吸收，从而提高组织利用效率（Pickering 等，2004）。Parodi（1997b）已经对 FBP 及其在叶酸营养中的作用进行综述，而 Nygren-Babol 和 Jägerstad（2012）则对其生化和生理学特性进行综述。

11.5.3.5 结合咕啉

结合咕啉（以前称为维生素 B_{12}结合蛋白）是由食物摄入刺激唾液腺分泌的，它能保护酸性敏感维生素 B_{12}顺利穿过胃肠道。总共有三种蛋白质参与维生素 B_{12}（钴胺素）的吸收过程。胃内因子（GIF）与食物消化过程中释放的游离 B_{12}结合，并将其转运给肠中的另一种蛋白，运钴胺素蛋白（TC）。B_{12}-TC 复合物和游离 TC 释放入门静脉血。结合咕啉与维生素 B_{12}结合形成可附着于人小肠刷状缘膜的全结合咕啉复合物，结合的维生素 B_{12}在此处被肠细胞吸收（Adkins 和 Lönnerdal，2001）。因此，结合咕啉能促进新生儿对维生素 B_{12}的吸收，并且由于与蛋白质结合的维生素 B_{12}不能被肠道微生物利用，从而具有抗菌作用。加热会降低结合咕啉结合维生素 B_{12}和抑制细菌的效应。

11.5.4 激素结合蛋白

11.5.4.1 皮质类固醇结合蛋白

人常乳和初乳含有两种皮质类固醇结合蛋白（Rosner 等，1976），血中也有类似的蛋白质。乳中这些蛋白质的功能和作用仍未知。

11.5.4.2 甲状腺素结合蛋白

人乳清中含有一种类似于血清甲状腺素结合球蛋白的甲状腺素结合蛋白，其含量约为 0.3 mg/mL（Oberkotter 和 Farber，1984）。奶中这种蛋白质的功能仍未知。

11.5.5 金属结合蛋白

奶中含有多种金属结合蛋白（或其衍生肽），其中有些具有营养功能，有些则是酶，金属是其活性所必需的。从骨骼健康角度来看，奶中最重要的无机元素是钙、磷、镁、钠、钾和锌（Cashman，2006）。Scholtz-Ahrens 和 Schrezenmeir（2006）曾对奶中金属离子对心脏病、糖尿病、中风等疾病危险因素的作用进行了全面的综述。表 11.3 列出了奶中一些主要的金属结合肽。虽然酪蛋白磷酸肽（CPP，11.7.2.4）是奶中的主要金属载体，但乳清蛋白水解物中也有一些金属结合肽，如 α-La、β-Lg 和乳铁蛋白。这些金属结合肽不是磷酸化肽，但是金属离子可以与其他部位结合，这可能受蛋白质构象的影响。α-La-和 β-Lg 的衍生肽对铁的亲和力比其母体蛋白更强（Vegarud 等，2000）。

表 11.3　乳蛋白金属结合肽

蛋白质	酶	磷渣	净电荷	金属结合
酪蛋白磷酸肽				铁，锰，铜，硒，钙，锌
α_{s1}-CN，f43-58	胰岛素	2	-7	钙，铁
α_{s1}-CN，f43-79	胰岛素	7		
α_{s1}-CN，f59-64	胰岛素	4		钙
α_{s1}-CN，f59-79	胰岛素	5	-9	钙，铁
α_{s2}-CN，f1-21/-32	胰岛素	4		
α_{s2}-CN，f46-70	胰岛素	4	-11	
α_{s2}-CN，f55-64	胰岛素	4		
α_{s2}-CN，f66-74	胰岛素	3		钙
β-CN，f1-25/28	胰岛素	4	-9/-8	钙，铁
β-CN，f33-48		1	-6	
乳清蛋白衍生肽				
α-La	胃蛋白酶、胰蛋白酶/糜蛋白酶			铜，钙，锌，铁
β-Lg	嗜热菌蛋白酶			铁
β-Lg	胃蛋白酶、胰蛋白酶/糜蛋白酶			铁
Lf（30kDa）	胃蛋白酶/胰蛋白酶			铁
Lf（40kDa）	胰蛋白酶			铁
Lf（50kDa）	胰蛋白酶			铁

11.6　奶中的微量生物活性蛋白

微量乳蛋白与生长因子对新生犊牛的生长发育以及母体的生理发挥重要作用（Wynn 和 Sheehy，2013）。奶中含有大约 100 种微量蛋白质（表 11.4）。其中许多具有生物活性。血管生成素发挥多种生物效应，特别是在血管系统和免疫系统中。β_2-微球蛋白、骨桥蛋白、蛋白胨 3、乳过氧化物酶（LPO）、溶菌酶和转化生长因子（TGF β1 和 β2）都在免疫系统中发挥重要的生物学作用，而胰岛素样生长因子（IGF 1 和 2）、表皮生长因子（EGF）和 TGFα 在促进胃肠上皮细胞成熟中起重要作用。有几种微量蛋白可与维生素结合，而另一些蛋白质在乳腺和母体生理调节功能（例如，瘦素、泌乳反馈抑制素、甲状旁腺激素相关肽和松弛素）中起作用。许多作者已经对微量蛋白质，包括生长因子（Wynn 和 Sheehy，2013）进行了综述。

表 11.4　牛奶中具有生物活性的微量蛋白质

蛋白质	分子量（Da）	成熟牛奶中的浓度（mg/L）	来源
β_2-微球蛋白	11 636	9.5	单核细胞
骨桥蛋白	60 000	3~10	乳腺
蛋白胨 3	28 000	300	乳腺
叶酸结合蛋白	30 000	6~10	
维生素 D 结合蛋白	52 000	16	血液
维生素 B_{12}结合蛋白	43 000	0.1~0.2	
血管生成素 1	14 577	4~8	乳腺
血管生成素 2	14 522		
激肽原	68 000/17 000		血液
血清铁传递蛋白	77 000		血液
α_1-酸性糖蛋白	40 000	<20	血液
血浆铜蓝蛋白	132 000		乳腺
鞘脂激活蛋白原	66 000	6.0	乳腺
酶（~60）	多种多样	跟踪，追踪	血液，乳腺

修改自 Fox 和 Kelly（2003）。

11.6.1　肝素亲和调节肽

肝素亲和调节肽（HARP）是一种含有 136 个氨基酸的生长因子，分子量约为 18kDa，对抗凝血剂葡萄糖胺聚糖肝素具有高亲和力。人初乳和常乳中含有 HARP，初乳中的含量是常乳的 3 倍（Wynn 和 Sheehy，2013）。HARP 有多种生理功能，包括在体内和体外刺激细胞复制和趋化性并促进血管生成（Papadimitriou 等，2001）。

11.6.2　初乳肽

初乳肽是一种富含脯氨酸的磷酸肽复合物，最早是从绵羊初乳的 IgG_2级分中分离出来，主要包含 β-CN f121-138。它也存在于其他物种的初乳中。初乳肽对阿尔茨海默症有治疗作用，但还不知道初乳肽是如何产生的（Bilikieweiz 和 Gaus，2004；Kurzel 等，2004）。

11.6.3　β_2-微球蛋白

β_2-微球蛋白（β_2-MG）与免疫球蛋白和组织相容性抗原的“恒定区”同源（Groves 和 Greenberg，1982）。奶中的 β_2-MG 可能是通过乳腺内体细胞的蛋白质水解产生的。其分子量为11 636Da，含有 98 个氨基酸残基。最早分离出的 β_2-MG 是一个四聚体，称为 lactollin。β_2-MG 在体液中以游离形式存在，可能帮助 T 淋巴细胞识别抗原，但其在奶中的作用仍未知（Fox 和 Kelly，2003）。

11.6.4　骨桥蛋白

骨桥蛋白（OPN）是一种高度磷酸化的糖蛋白，其分子量为 29 283Da；有 261 个氨基酸残基，其中 27 个是磷酸丝氨酸，1 个是磷酸苏氨酸；有 50 个钙结合位点（Fox 和 Kelly，2003）。它存在于骨骼、许多组织和液体中，包括奶。它具有多种功能，包括骨的矿化和吸收以及生物信号传送。OPN 在奶中的作用仍未清楚，但可能对钙结合或抗感染活性有重要作用（Fox 和 Kelly，2003）。

11.6.5　蛋白胨蛋白胨 3

蛋白胨蛋白胨-3（PP3）是一种热稳定的酸溶性糖基化磷蛋白。与其他蛋白胨蛋白胨不同，PP3 是奶中的固有蛋白，主要存于乳清中。其分子量为 28kDa，但在奶中有 2 种水解片段（18kDa 和 11kDa）。PP3 形成两亲性螺旋，表现为疏水性。它可防止脂蛋白脂肪酶与其底物之间的接触，从而防止自发性脂解的发生。有人认为 PP3 应称为乳磷蛋白（lactophorin）或乳糖基磷蛋白（lactoglycoporin）（Girardet 和 Linden，1996）。奶中 PP3 的生物学功能仍未清楚，但它可能促进双歧杆菌的生长，或者通过其磷酸化 N 末端与钙离子结合（Fox 和 Kelly，2003）。

11.6.6　血管生成素

血管生成素可诱导血管生长（血管生成）。它与 RNA 酶具有序列同源性，且具有 RNA 酶活性，对血管生成有重要作用。牛奶和牛血清中有两种血管生成素（1 和 2），其分子量约为 15kDa。在鸡膜试验中两者都能强烈促进新血管的生长（Fox 和 Kelly，2003）。其在奶中的功能仍未清楚，但有人认为它们可能对乳腺或新生动物肠道具有保护作用（Strydom，1998）。

11.6.7　激肽原

牛奶中有两种激肽原，一种分子量高（>68kDa，626 个氨基酸残基，产于肝脏），一种分子量低（16~17kDa，产于各种组织）。高分子量激肽原可在激肽释放酶的作用下，释放出一种生物活性肽，缓激肽：

$$\text{高分子量激肽原}\xrightarrow{\text{激肽释放酶}}\text{缓激肽（一种九肽）}+\text{赖氨酰舒缓激肽}$$

缓激肽由乳腺分泌到奶中（Fox 和 Kelly，2003）。一般认为，奶中的激肽原与血浆中的激肽原不同。

血浆激肽原是硫醇蛋白酶的抑制剂，并在凝血初始阶段中发挥作用。缓激肽具有多种功能：能影响平滑肌收缩，能引起血管舒张和低血压。奶中激肽原及其衍生物的功能仍不清楚。

11.6.8　糖蛋白

奶中含有几种微量糖蛋白，有一种是 M-1 糖蛋白（分子量约 10kDa）。它的糖是半乳糖、半乳糖胺和 N-乙酰神经氨酸。M-1 糖蛋白能促进双歧杆菌的生长，可能是通过其氨基糖产生刺激作用（Fox 和 Kelly，2003）。

有人发现牛初乳含有另一种糖蛋白，血清类黏蛋白（α-酸性糖蛋白），但牛常乳不含这种糖蛋白。它是载脂蛋白家族的成员，分子量为 40kDa。它对免疫系统有调节作用，在发生炎症、恶性肿瘤和妊娠期间，其在乳汁中浓度增高（Fox 和 Kelly，2003）。

11.6.8.1 鞘脂激活蛋白原

鞘脂激活蛋白原（Prosaposin，PSAP）是一种高度保守的糖蛋白，分子量约66kDa，是鞘脂激活蛋白（saposins）A、B、C和D的前体（各含约80个氨基酸且被糖基化）。鞘脂激活蛋白是特定溶酶体水解酶水解某些神经鞘磷脂所必需的。奶中含鞘脂激活蛋白原，但不含鞘脂激活蛋白。已从人奶（Kondoh等，1991；Hiraiwa等，1993）、牛奶（Patton等，1997）及其他动物（黑猩猩、猕猴、山羊和大鼠）奶中分离出鞘脂激活蛋白原。鞘脂激活蛋白原仅存于乳清中，其在奶中的确切功能尚不清楚。鞘脂激活蛋白原在神经系统的发育、维持和修复中起着广泛的作用，只有一小部分鞘脂激活蛋白C区段是神经营养活性所必需的（Patton等，1997）。人奶含有大量的鞘脂激活蛋白原（5~10mg/L），可能对新生儿肠道有直接影响。特别值得注意的是，它可直接吸收（Patton等，1997）。

11.7 奶内源酶

奶中有许多源自血浆、白细胞（体细胞）或分泌细胞的细胞质和乳脂球膜的内源酶（>60种）（Fox和Kelly，2006）。奶中的酶类主要包括消化酶（蛋白酶、脂肪酶、淀粉酶和磷酸酶）及具有抗氧化和抗微生物特性的酶（溶菌酶、过氧化氢酶、超氧化物歧化酶、乳过氧化物酶、髓过氧化物酶、黄嘌呤氧化还原酶、核糖核酸酶）。这些酶对奶的稳定性和保护哺乳动物免受病原体侵袭都有重要的作用（Korhonen和Pihlanto，2006）。牛奶和人奶中的内源酶已被广泛研究，但对其他动物乳内源酶的研究非常零散。乳内源酶在第10章有详细讨论。

11.7.1 溶菌酶

马奶、驴奶和人奶中的溶菌酶（EC 3.1.2.17）含量非常高，分别比牛奶高超过6 000、6 000和3 000倍（Salimei等，2004；Guo等，2007）。尽管研究很少，但有人认为，虽然营养好和营养差的母乳的成分相差很大，但溶菌酶的含量相差不大。与乳铁蛋白类似，人奶的溶菌酶含量在泌乳两个月后急剧上升。有人认为，溶菌酶和乳铁蛋白在哺乳后期对母乳喂养婴儿的抗感染及乳腺保护起重要作用（Montagne等，1998）。有趣的是，在美容中用马科动物奶的一大吸引人之处就是其溶菌酶含量高，因为据称溶菌酶具有使皮肤变得光滑的效果，并且掺入洗发精中可减少头皮炎症。马科动物奶具有很好的抗菌活性，可能是由于溶菌酶含量高之故。第10章对溶菌酶已有详细讨论。

11.7.2 乳过氧化物酶

乳过氧化物酶（LPO）是一种具有宽谱特异性的过氧化物酶，在牛奶中含量较高，但人奶中含量较低。LPO已经被分离出来并得到很好的表征（第10章）。由于它在H_2O_2和硫氰酸根离子（SCN^-）存在下具有抗菌活性，所以引起人们的很大关注。活性物种是次硫氰酸根离子（$OSCN^-$）或其他更高氧化态物种。奶中通常不含内源H_2O_2，必须外加或在原位生产，如通过葡萄糖氧化酶或黄嘌呤氧化还原酶的作用来生成。通常内源SCN^-含量还不足，必须再补加。工业上对LPO的关注主要集中在：

1. 激活内源酶用于对奶进行冷巴氏杀菌或用于保护乳腺免受乳房炎的侵害；
2. 将分离出的LPO添加到犊牛或仔猪代乳料中以防止肠炎发生，特别是在饲料不许添加抗生素时。

LPO 在中性条件下带正电，可通过离子交换色谱法从乳或乳清中分离出来，这种分离方法已经实现工业化生产。这些方法将 LPO 与乳铁蛋白一起分离出来，乳铁蛋白在中性条件下也带正电。LPO 和乳铁蛋白可以用 CM-Toyopearl 凝胶进行层析或用 Butyl Toyopearl 650M 疏水填料进行疏水相互作用层析来分离（Mulvihill，1992）。

11.8　奶生物活性肽

乳蛋白在胃肠道中易被内源酶或肠道细菌分泌的酶水解（Politist 和 Chronopoulou，2008）。奶制品生产过程中用蛋白水解菌发酵剂对奶进行发酵同样可产生生物活性肽（Michalidou，2008）。目前源自乳蛋白的生物活性肽越来越受关注，特别是这些活性肽可能用作对饮食相关疾病如心血管疾病、糖尿病和肥胖症有保健功能的食品的原辅料更是受到关注（Korhonen，2009）。

所有的主要乳蛋白都包含具有生物活性（当被酶解释放时）的序列（Clare 和 Swaisgood，2000；Gobbetti 等，2002）。生物活性乳肽对机体的生理功能有正面影响，进而最终影响生物体健康的特定蛋白质片段（3~20 个氨基酸残基）（Kitts 和 Weiler，2003；Möller 等，2008）。过去大约 15 年的研究表明，这些活性肽具有抗菌、抗病毒、抗血栓、抗高血压、抗氧化、抗细胞毒素、免疫调节、阿片样、阿片类拮抗、金属结合或平滑肌收缩活性。这些活性肽可能对降低肥胖症和Ⅱ型糖尿病的风险也有重要作用（Erdman 等，2008；Haque 和 Chand，2008；Möller 等，2008）。此外，这些活性肽的过敏原性比其母本蛋白低得多，被认为与其分子量比较低有关（Høst 和 Halken，2004）。表 11.5 对生物活性肽、生物活性肽的前体及其已被报道过的生物活性作用做了个归纳总结。

为了保持其生理活性，生物活性肽在消化道中必须保持完整状态并必须以活性形式从肠道中吸收；但目前很少有证据证明事实就是如此，对生物活性肽许多特性的假设仍有待证明。二肽和三肽可被肠道相对有效吸收，但不清楚四肽以上的肽是否能被吸收并到达靶器官（Shah，2000）。

表 11.5　乳蛋白多肽的生物活性

蛋白质前体	活性肽	生物活性
α-和 β-CNs	脱水吗啡	类鸦片兴奋剂
α-La	α-Lactorphin	类鸦片兴奋剂
β-Lg	β-Lactorphin	类鸦片兴奋剂
Lf	乳铁传递蛋白	类鸦片拮抗剂
κ-CN	萎锈灵	类鸦片拮抗剂
α_{s2}-CN	卡西丁	类鸦片拮抗剂
α-β-CN	细胞分裂素	ACE 抑制剂

（续表）

蛋白质前体	活性肽	生物活性
α-La，β-Lg	乳激酶	ACE 抑制剂
α-CN，β-CN，β-Lg	免疫肽	免疫调节
Lf	乳铁蛋白肽 B	杀菌剂
α_{s1}-CN	杀菌素	杀菌剂
κ-CN，铁传递蛋白	Casoplatelins	抗血栓形成剂
κ-CN	酪蛋白宏肽	抗菌剂，杀菌剂
α-和 β-CN	酪蛋白磷酸肽	矿物结合

改编自 Shah（2000）和 Gobbetti 等（2002）；

CN 酪蛋白，La 乳白蛋白，Lg 乳球蛋白，Lf 乳铁传递蛋白。

表 11.6　乳蛋白加密的多功能生物活性肽（蛋白质前体是牛的，除非另有说明）

培养基	准备	碎片	序列	名称	生物活性
β-酪蛋白	胰岛素	β-CN (f1-25) 4P	RELEELNVPGEIVE S*LS*S*S*EESITR[a]	酪蛋白磷肽	矿物结合、免疫调节、细胞调节
β-酪蛋白	体外/体内的消化	β-CN (f1-28) 4P	RELEELNVPGEIVE S*LS*S*S*EESETRINK[a]	酪蛋白磷肽	胃肠道效应，矿物结合
β-酪蛋白	体外/体内的消化	β-CN (f2-28) 4P	ELEELNVPGEIVE S*LS*S*S*EESETRINK[a]	酪蛋白磷肽	胃肠道效应，矿物结合
β-酪蛋白(人类)	体内	β-CN (f1-18)	RETIESLS* S*S*EESITEYK[a]	酪蛋白磷肽	胃肠道效应，矿物结合
β-酪蛋白(人类)	体内	β-CN (f1-23)	RETIESLS* S*S*EESITEYKQKVEK[a]	酪蛋白磷肽	胃肠道效应，矿物结合
β-酪蛋白(人类)	体内	β-CN (f1-23)	RETIES*LS* S*S*EESITEYKQKVEK[a]	酪蛋白磷肽	胃肠道效应，矿物结合
β-酪蛋白(人类)	体内	β-CN (f41-44)	YPSFQ	β-吗啡素	激动性类鸦片药物
β-酪蛋白(人类)	体内	β-CN (f51-54)	YPFV		类鸦片兴奋剂
β-酪蛋白(人类)	体内	β-CN (f54-59)	VEPIPY		免疫刺激
β-酪蛋白(人类)	体内	β-CN (f60-62)	GFL		免疫刺激
β-酪蛋白(人类)	体内	β-CN (f51-55/57)	YPFVE/PI		类鸦片兴奋剂
β-酪蛋白	空肠，发酵胃蛋白酶，胰蛋白酶	β-CN (f60-70)	YPFPGPIPNSL[a]	β-酪啡肽-11	鸦片类，ACE 抑制，免疫调节

（续表）

培养基	准备	碎片	序列	名称	生物活性
β-酪蛋白	胰岛素	β-CN (f60-66)	YPFPGPF	β-酪啡肽-7	鸦片类，ACE 抑制，免疫调节
β-酪蛋白	胰岛素	β-CN (f60-64)	YPFPG	β-酪啡肽-5	类鸦片兴奋剂
β-酪蛋白	胰岛素	β-CN (f60-63)	YPFP-NH_2	吗啡感受素	类鸦片兴奋剂
β-酪蛋白	胰岛素	β-CN (f63-68)	GPIPNS		免疫调节剂
β-酪蛋白	发酵	β-CN (f74-76)	IPP		ACE 抑制剂
β-酪蛋白	发酵	β-CN (f84-86)	VPP		ACE 抑制剂
β-酪蛋白	发酵+胃蛋白酶+胰蛋白酶	β-CN (f108-113)	EMPFPK		抗高血压剂
β-酪蛋白(人类)	乳酸杆菌 CP 790 蛋白酶	β-CN (f169-174)	KVLPVPQ	抗高血压肽	抗高血压剂
β-酪蛋白(人类)	胃蛋白酶+胰酶	β-CN (f125-129)	HLPLP		ACE 抑制剂
β-酪蛋白(人类)	胃蛋白酶+胰酶	β-CN (f154-160)	WSVPQPK		抗氧化剂
β-酪蛋白(人类)	胃蛋白酶+胰酶	β-CN (f169-173)	VPYPQ		抗氧化剂
β-酪蛋白	胰蛋白酶，发酵	β-CN (f177-183)	AVPYPQR[a]	β-细胞分裂素-7	ACE 抑制剂，免疫调节
β-酪蛋白	胰蛋白酶，合成	β-CN (f191-193)	LLY	免疫活性肽	免疫调节（刺激）
β-酪蛋白(人类)	胰蛋白酶	β-CN (f54-59)	VEPIPY		免疫调节
β-酪蛋白	凝乳酶的合成	β-CN (f193-202)	YQEPVLGPVR	β-细胞分裂素-10	ACE 抑制剂，免疫调节（+/-）
β-酪蛋白		β-CN (f193-209)	YQEPVLGPVRGPFPIIV		免疫调节剂；抗菌剂
β-酪蛋白	发酵+胃蛋白酶+胰蛋白酶	β-CN (f193-198)	YQQPVL	β-免疫级联激肽	ACE 抑制剂
β-酪蛋白		β-CN (f199-204)	GPVRGP		ACE 抑制剂
α_{s1}-酪蛋白	凝乳酶	α_{s1-CN} (f1-23)	RPKHPIKHQGLPQE VLNENLLRP	杀菌素	免疫调节；抗菌剂
α_{s1}-酪蛋白(人类)		α_{s1-CN} (f8-11)	YPER		ACE 抑制剂

（续表）

培养基	准备	碎片	序列	名称	生物活性
α_{s1}-酪蛋白	胰岛素	α_{s1-CN} (f23-24)	FF		抗高血压剂
α_{s1}-酪蛋白	胰岛素	α_{s1-CN} (f23-27)	FFVAP	α_{s1}-细胞分裂素-5	ACE 抑制剂；抗高血压剂
α_{s1}-酪蛋白	胰岛素	α_{s1-CN} (f23-34)	FFVAPFPQVFGK	细胞分裂素	ACE 抑制剂
α_{s1}-酪蛋白	体外和/或体内消化	α_{s1-CN} (f43-58)	DIES* ES* TEDQAMEDIK	酪蛋白磷肽	胃肠效应；矿物结合
α_{s1}-酪蛋白	体外和/或体内消化	α_{s1-CN} (f45-55)	GSESTEDQAME	酪蛋白磷肽	胃肠效应
α_{s1}-酪蛋白	胰岛素和体外和/或体内消化	α_{s1-CN} (f59-79)	QMEAES* IS* S* S* EEIVP NSVEQK	酪蛋白磷肽	钙结合和运输
α_{s1}-酪蛋白	体外和/或体内消化	α_{s1-CN} (f66-74)	SSSEEIVPN	酪蛋白磷肽	胃肠效应
α_{s1}-酪蛋白	胃蛋白酶	α_{s1-CN} (f90-95)	RYLGYL	α_{s1}-内啡肽	兴奋剂，类鸦片药物
α_{s1}-酪蛋白	胃蛋白酶	α_{s1-CN} (f90-96)	RYLGYLE	α_{s1}-内啡肽	兴奋剂，类鸦片药物
α_{s1}-酪蛋白	胃蛋白酶	α_{s1-CN} (f91-95)	YLGYL		兴奋剂，类鸦片药物
α_{s1}-酪蛋白	胰岛素	α_{s1-CN} (f102-109)	KKYKVPQL		抗高血压的（药物）
α_{s1}-酪蛋白	体外和/或体内消化	α_{s1-CN} (f106-119)	VPQLEIVPNSAEER	酪蛋白磷肽	胃肠效应
α_{s1}-酪蛋白（人类）		α_{s1-CN} (f136-143)	YYPQIMQY		ACE 抑制剂
α_{s1}-酪蛋白（人类）		α_{s1-CN} (f143-147)	YVPFP		类鸦片兴奋剂
α_{s1}-酪蛋白（人类）		α_{s1-CN} (f143-149)	YVPFPPF		酪蛋白 D
α_{s1}-酪蛋白	发酵+胃蛋白酶+胰岛素	α_{s1-CN} (f142-147)	LAYFYP		抗高血压剂
α_{s1}-酪蛋白	发酵+胃蛋白酶+胰岛素	α_{s1-CN} (f157-164)	DAYPSGAW		抗高血压剂
α_{s1}-酪蛋白	胃蛋白酶+胰凝乳蛋白酶	α_{s1-CN} (f158-164)	YVPFPPF	酪新素-D	类鸦片拮抗剂
α_{s1}-酪蛋白	胰岛素	α_{s1-CN} (f194-199)	TTMPLW[a]		α-免疫酪蛋白

（续表）

培养基	准备	碎片	序列	名称	生物活性
α_{s2}-酪蛋白	胰岛素	α_{s2-CN}（f1-32）4P	KNTMEHVS"S"S"EE SIIS' QETYKQEKN	酪蛋白磷肽	矿物结合，免疫调节
α_{s2}-酪蛋白	体内/体外消化	α_{s2-CN}（f2-21）	NTMEHVSSSEESIIS QETYK	酪蛋白磷肽	胃肠效应
α_{s2}-酪蛋白	体内/体外消化	α_{s2-CN}（f46-70）	NANEEEYSIGSSSEES AEVATEEVK	酪蛋白磷肽	胃肠效应
α_{s2}-酪蛋白	体内/体外消化	α_{s2-CN}（f55-75）	GSSSEES AEVATEEVKITVDD	酪蛋白磷肽	胃肠效应
α_{s2}-酪蛋白	体内/体外消化	α_{s2-CN}（f126-136）	EQLSTSEENSK	酪蛋白磷肽	胃肠效应
α_{s2}-酪蛋白	体内/体外消化	α_{s2-CN}（f138-149）	TVDMESTEVFTK	酪蛋白磷肽	胃肠效应
α_{s2}-酪蛋白	胃蛋白酶	α_{s2-CN}（f164-179）	LKKISQRYQKFALPQY		抗菌剂
α_{s2}-酪蛋白	合成肽	α_{s2-CN}（f165-203）	LKKISQRYQKFALPQY LKTVYQHQKAMKP WIQPKTKVIPY	卡西丁-1	抗菌剂
α_{s2}-酪蛋白	胰岛素	α_{s2-CN}（f174-179）	FALPQY		强 ACE 抑制剂
α_{s2}-酪蛋白	胰岛素	α_{s2-CN}（f174-181）	FALPQYLK		强 ACE 抑制剂
α_{s2}-酪蛋白	胃蛋白酶	α_{s2-CN}（f183-207）	VYQHQKAMKP WIQPKTKVIPYVRYL		抗菌剂
α_{s2}-酪蛋白		α_{s2-CN}（f189-193）	AMKPW		弱抗高血压剂
α_{s2}-酪蛋白		α_{s2-CN}（f189-197）	AMKPWIQPK		弱抗高血压剂
α_{s2}-酪蛋白		α_{s2-CN}（f190-197）	MKPWIQPK		抗高血压剂
α_{s2}-酪蛋白		α_{s2-CN}（f198-202）	TKVIP		弱抗高血压剂
κ-酪蛋白	胰岛素	κ-CN（f25-34）	YIPIQYVLSR	酪新素-C	类鸦片拮抗剂，ACE 抑制剂，平滑肌收缩
κ-酪蛋白	胃蛋白酶	κ-CN（f33-38）	SRYPSY	酪新素-6	鸦片类药物
κ-酪蛋白（人类）	胃蛋白酶+胰液素	κ-CN（f31-36）	YPNSYP		抗氧化剂
κ-酪蛋白（人类）	胃蛋白酶+胰液素	κ-CN（f53-58）	NPYVPR		抗氧化剂

（续表）

培养基	准备	碎片	序列	名称	生物活性
κ-酪蛋白	胃蛋白酶+胰岛素	κ-CN（f35-41）	YPSYGLN	酪新素-A	类鸦片拮抗剂，ACE抑制剂
κ-酪蛋白	合成肽	κ-CN（f35-41）	YPSYGLN	κ-免疫卡素激肽	免疫调节剂，ACE抑制剂
κ-酪蛋白	胰岛素	κ-CN（f58-61）	YPYY		拮抗剂
κ-酪蛋白	胰岛素	κ-CN（f103-111）	LSFMAIPPK		弱抗血栓剂
κ-酪蛋白	胰岛素	κ-CN（f106-110）	MAIPP	抗胃癌活性肽	抗血栓剂
κ-酪蛋白	胰岛素	κ-CN（f106-116）	MAIPPKKNQDK	抗胃癌活性肽	抗血栓剂
κ-酪蛋白	胰岛素	κ-CN（f106-112）	MAIPPKK	抗胃癌活性肽	抗血栓剂
κ-酪蛋白	凝乳酶	κ-CN（f106-169）	MAIPPKKNQDKTEIPTINTIASGE PTSTPTTEAVESTVATLEDSPEVIE SPPEINTVQVTSTAV	酪蛋白巨肽	营养系统，益生菌，抗菌剂
κ-酪蛋白	发酵	κ-CN（f108-111）	IPP		ACE抑制剂
κ-酪蛋白（人类）		κ-CN（f114-124）	IAIPPKKIQDK		抗血栓剂
κ-酪蛋白	胰岛素	κ-CN（f112-116）	KDQDK	凝血酶抑制肽	抗血栓剂
κ-酪蛋白	胰岛素	κ-CN（f113-116）	NQDK	酪血小板素	抗血栓剂
κ-酪蛋白		κ-CN（f158-164）	EINTVQV		类鸦片结抗剂
γ-酪蛋白	胰岛素	γ-CN（f108-113）	EMPFPK		缓激肽增强活动
γ-酪蛋白	胰岛素	γ-CN（f114-121）	YPVEPFTE		缓激肽增强活动，ACE抑制剂，鸦片类药物
α-乳白蛋白		α-La（f1-5）	EQLTK		杀菌剂
α-乳白蛋白（人类）		α-La（f1-5）	KQFTK		杀菌剂
α-乳白蛋白（人类或牛）		α-La（f50-52）	YGL		ACE抑制剂
α-乳白蛋白	胃蛋白酶	α-La（f50-53）	YGLF-NH_2[a]	α-乳杆菌素	类鸦片拮抗剂，ACE抑制剂
α-乳白蛋白（人类）	胃蛋白酶	α-La（f50-53）	YGLF		类鸦片拮抗剂

（续表）

培养基	准备	碎片	序列	名称	生物活性
α-乳白蛋白(人类)		α-La (f51-53)	GLF		免疫刺激
α-乳白蛋白		α-La（f50-51）(f18-19)		α-免疫乳激酶	免疫刺激
α-乳白蛋白		α-La（f17-31）(f109-114)	GYGGVSLPEWVC* TIFALC* SEK		杀菌剂
α-乳白蛋白(人类)		α-La（f17-31）(f109-114)	GYGGIALPELIC* TMFALC* TEK		杀菌剂
α-乳白蛋白		α-La（f61-68）(f75-80)	C* KDDQNPHISC* DKF		杀菌剂
α-乳白蛋白(人类)		α-La（f61-68）(f75-80)	C* KSSQVPQISC* DKF[a]		杀菌剂
α-乳白蛋白(人类或牛)	胰岛素	α-La (f104-108)	WLAHK	乳激酶	ACE 抑制剂
β-乳白蛋白		β-Lg (f15-20)	VAGTWY		杀菌剂，抗高血压剂
β-乳白蛋白		β-Lg (f40-42)	RVY		抗高血压剂
β-乳白蛋白		β-Lg (f46-48)	LKP		抗高血压剂
β-乳白蛋白	合成肽或胰蛋白酶	β-Lg (f102-105)	YLLF-NH_2[a]	β-乳酚酰胺	类鸦片抑制剂，ACE 抑制剂，平滑肌收缩
β-乳白蛋白		β-Lg (f122-124)	LVR		抗高血压剂
β-乳白蛋白	胰岛素	β-Lg (f142-148)	ALPMHIR	β-乳杆菌素	ACE 抑制剂
β-乳白蛋白	胰岛素	β-Lg (f146-149)	HIRL	β-乳降压素	回肠收缩
乳铁传递蛋白	胃蛋白酶	Lf（f17-41）	FKCRRWQWRMK KLGAPSITCVRRAF	乳铁蛋白肽-B	杀菌剂，免疫调节，益生菌
乳铁传递蛋白	胃蛋白酶	(f39-42)	KRDS	凝血酶抑制肽	抗血栓剂
乳铁传递蛋白	胃蛋白酶	LF（f318-323）	YLGSGY-OCH_3	乳铁传递肽 A	类鸦片拮抗剂
牛血清白蛋白	胰岛素	BSA (f208-216)	ALKAWSVAR	乳白蛋白 A	ACE 抑制剂，平滑肌收缩，动脉松弛
牛血清白蛋白	胃蛋白酶	BSA (f399-404)	YGFQNA	阿片肽	弱类鸦片拮抗剂

S* =磷酸丝氨酸

数据来源于 Clare 和 Swaisgood（2000），Meisel（2004），Silva 和 Malcata（2005），Park2009，Wada 和 Lönnerdal（2004），Raikos 和 Dassios（2014）。

CN 表示酪蛋白；La 表示乳白蛋白；Lg 表示乳球蛋白。

[a]序列同样包括小的生物活性肽。

11.8.1 生物活性肽的生产

从牛乳蛋白生产生物活性肽的方法概要图如图 11.2 所示。水解法是产生生物活性肽最常用的方法（Korhonen 和 Pihlanto，2006）。乳蛋白在胃肠道中易被内源酶或肠道细菌分泌的酶水解（Politist 和 Chronopoulou，2008）。在胃蛋白酶和胰酶（胰蛋白酶，胰凝乳蛋白酶，羧基肽酶和氨基肽酶）等消化酶的作用下，乳蛋白在消化道中释放出生物活性肽（Szwajkowska 等，2011）。有人已报道过用胃蛋白酶和糜蛋白酶可在体外生产出生物活性肽。除了消化酶和蛋白酶（如胰凝乳蛋白酶、胃蛋白酶）之外，有人还用细菌蛋白酶（如来自枯草芽孢杆菌的枯草杆菌蛋白酶）和真菌蛋白酶来生产生物活性肽（Szwajkowska 等，2011）。在奶制品生产过程中用蛋白水解细菌培养物对奶进行发酵，同样也可产生生物活性肽（Michalidou，2008）。

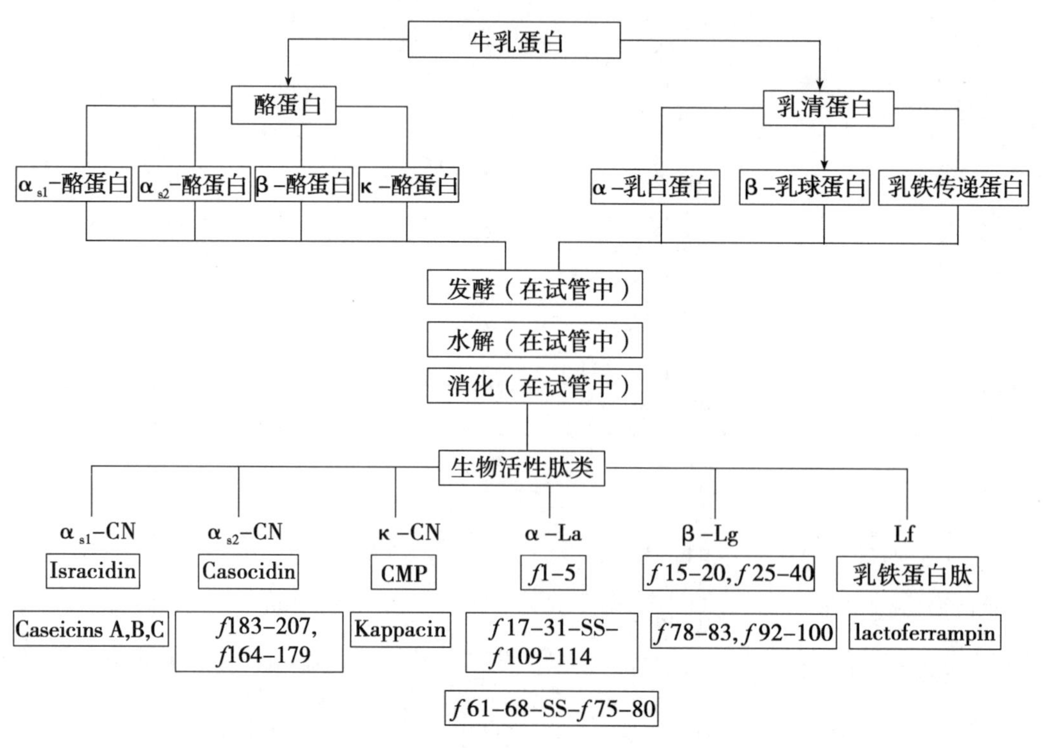

图 11.2 乳清蛋白及其衍生肽示意

11.8.2 生物活性肽的生理功能

乳源肽可能具有多种功能，即可能有两种以上的生物活性（Meisel，2004）。蛋白质在胃中消化过程中释放出生物活性肽，从胃到十二指肠远端，肽的数量和大小逐渐减小，但有人声称已在血浆中检测到几种长肽，包括酪蛋白巨肽（CMP）和 α_{s1}-CN 的抗高血压肽序列（残基 f24-35）（Chabance 等，1998）。酪蛋白巨肽可在胃中完整释放出来且仅被胰酶部分水解（Fosset 等，2002）。有些肽对特定的生理功能有调节作用：有报道说酪蛋白衍生肽（Abd El-Salam 等，1996；Dziuba and Minkiewicz，1996；Brody，2000；Malkoski 等，2001；Baldi 等，2005；Silva and Malcata，2005；Thomä-Worringer 等，2006；Michaelidou，2008）和乳清蛋白衍生肽（Nagaoka 等，1991；Mullally 等，1996；Pellegrini 等，

2001；Hernández-Ledesma 等，2005；Chatterton 等，2006；Yamauchi 等，2006；Hernández-Ledesma 等，2008）具有抗高血压、阿片样、金属结合、抗细菌和免疫调节活性。酪蛋白衍生生物活性肽的主要生理作用如图 11.3 所示。

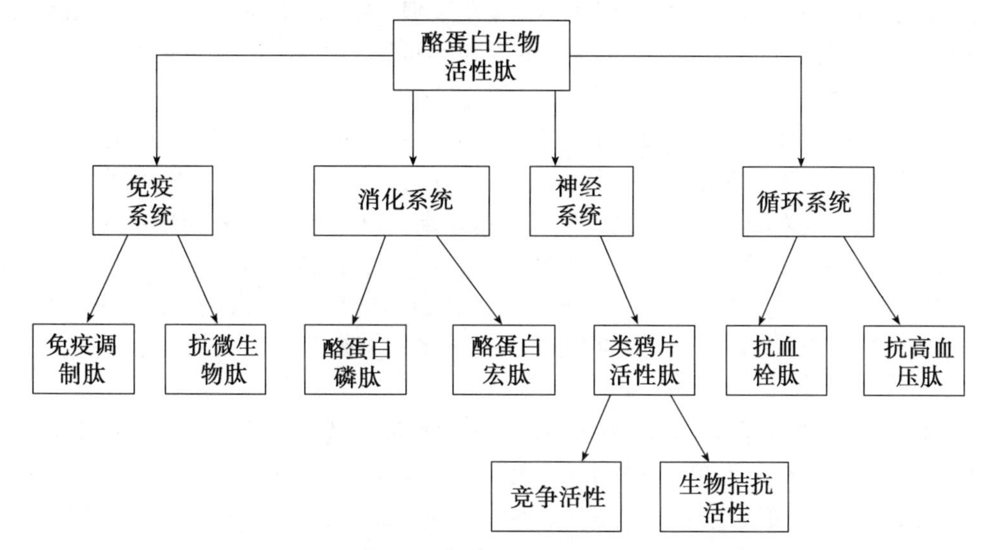

图 11.3　酪蛋白衍生物生物活性肽的主要生理作用示意

已有研究证明源自酪蛋白和乳清蛋白的生物活性肽对心血管、神经、免疫和消化系统都有影响，不过源自乳清蛋白的活性肽少一些。

许多乳蛋白衍生肽的功能具有特异性，而有些则具有多种功能特性，一个肽序列可能有多于两个的生理作用（Gobbetti 等，2002）。大多数 β-酪啡肽（casomorphin）和细胞分裂素均具有免疫刺激和血管紧张素转换酶（ACE）抑制作用，而 α-和 β-乳啡肽（lactorphin）具有阿片样活性和 ACE 抑制活性。在酪蛋白的一级结构中，部分重叠的肽序列具有不同的活性，并且这些片段许多在胃肠道中不进一步水解（Park，2009）。氨基酸序列相同的肽可能具有不同的生物活性功能，而氨基酸序列不同的肽可能具有相同的生物活性功能（Park，2009）。一些乳蛋白衍生活性肽的序列和生物活性如表 11.6 所示。

11.8.2.1　心血管系统

许多乳蛋白衍生肽具有抗血栓形成和抗高血压活性（表 11.6）。

抗血栓肽

凝乳的机制和凝血的机制类似。κ-酪蛋白（κ-CN）中的一些肽序列与人纤维蛋白原的 γ 链相似，源自这两种蛋白质的肽均具有抗血栓特性。κ-CN *f*106-116 是由 κ-CN 在凝乳酶的作用下形成的（糖）巨肽 κ-CN *f*106-169 产生的。牛 κ-CN*f*106-116 十一肽（一种血小板修饰肽或酪蛋白血小板因子（casoplatelin，表 11.5）可抑制用 ADP 处理过的血小板的聚集；其特性类似于人纤维蛋白原 γ 链结构相似的 C 末端十二肽（*f*400-411）（Jollès 等，1978，1986；Maubois 等，1991；Caen 等，1992）。牛 κ-CN *f*106-116 被分解成五肽 KNQDK 时，仍然具有抗血栓活性（Caen 等，1992）。酪蛋白血小板因子［酪蛋白衍生肽（*f*106-116，*f*106-112，*f*113-116，表 11.5）］是被 ADP 激活的血小板聚集和人纤维蛋白原 γ 链与血小板表面特异性受体结合的抑制剂（Jollès 等，1986；Silva 和 Malcata，2005）。用胰蛋白酶水解得到的 κ-CN *f*106-110（casopiastrin）可抑制纤维蛋白原与血小板结合，从而具有抗血栓活性（Jollès 和 Henschen，1982）。另一个胰蛋白酶分解片段 *f*103-111 能抑制血小板聚集，但不抑制纤维蛋白原结合（Jollès 等，1986）。κ-CN *f*106-112 和 κ-CN *f*113-116 对血小板聚集有相似作用，但作用较弱。如果肽序列含有赖氨酸，对血小板聚集的抑制作用就大大提高；κ-CN *f*112-116 有一个赖氨酸残基，所以活性比 κ-CN *f*113-116 高 222 倍（Maubois 等，1991）。有人已从乳铁蛋白水解产物中分离出具有相似性质的肽（Mazoyer 等，1990）。牛 κ-CN *f*103-111 可通过抑制血小板聚集来防止血液凝固，但不影响纤维蛋白原与用 ADP 处理过的血小板结合（Fiat 等，1993）。Chabance 等（1995）报道人 κ-CN *f*114-124 具有抗血栓活性。表 11.7 是牛 κ-CN 衍生肽与人纤维蛋白原 γ 链的 *f*400-411 肽、人乳铁蛋白的 *f*39-42 肽和人纤维蛋白原 α 链的 *f*572-575 肽的 IC50（μM）值对照表。

抗高血压肽

肾素-血管紧张素系统与血压调节和高血压密切相关。肾素作用于血管紧张素并释放无活性的血管紧张素Ⅰ，再在血管紧张素Ⅰ转换酶（ACE，一种肽基二肽酶）作用下转化为有活性的肽激素血管紧张素Ⅱ（Fiat 等，1993；Nakamura 等，1995a，b）。血管紧张素Ⅱ是一种血管收缩剂，可抑制缓激肽（一种血管扩张剂）（图 11.4）。有人已在人 β-CN（Kohmura 等，1989；Bouzerzour 等，2012）、κ-CN（Kohmura 等，1990）和牛 αs1-CNs、β-CNs（Maruyama 和 Suzuki，1982；Meisel 和 Schlimme，1994）的序列内，找到源自酪蛋白的 ACE 抑制剂（称为酪蛋白激肽，Casokinin）。酪蛋白的胰蛋白酶水解物中的一种十二肽 α_{s1}-CN *f*23-34 能抑制 ACE；C 末端序列 α_{s1}-CN *f*194-199 也具有 ACE 抑制活性，并且这两种肽可能都能使缓激肽增高（Maruyama 等，1987；Fiat 等，1993）。人 β-CN*f*39-52 序列，特别是 β-CN *f*43-52 和人 κ-CN *f*63-65 序列的肽在体外也具有非常强的 ACE 抑制活性，而 β-CN f43-52 序列，则在体内显示出很强的活性（Fiat 等，1993）。酪蛋白的几种胰蛋白酶水解物在体外对 ACE 的活性有抑制作用（表 11.6），特别是牛 α_{s1}-CN 的 *f*23-24、*f*23-27、*f*194-199，以及 β-CN 的 *f*177-183、*f*193-202。据报道，α_{s2}-CN 的 *f*189-193、*f*189-197、*f*190-197 和 *f* 198-202 肽对 ACE 的抑制活性比较弱。一些乳清蛋白衍生肽具有 ACE 抑制活性，详细总结见表 11.6。据报道血管紧张素转换酶（ACE）抑制肽也可能具有免疫调节作用；因为 ACE 催化血管紧张素Ⅱ的失活，因此也导致缓激肽失活，所有对 ACE 有抑制作用的肽都有利于提高缓激肽的活性，据报道这也包括刺激巨噬细胞以增强淋巴细胞迁移并增加淋巴因子的分泌（Maruyama 等，1985；Paegelow 和 Werner，1986）。缓激肽的其他生物活性将在后面激肽原部分叙述。

表 11.7　抗凝血（抗血栓）乳源性肽与纤维蛋白原肽的比较

	抑制	
	ADP 诱导的人血小板聚集	ADP 诱导的纤维蛋白原与人血小板的结合
肽类	IC50（μM）	

（续表）

	抑制	
	ADP 诱导的人血小板聚集	ADP 诱导的纤维蛋白原与人血小板的结合
牛 κ-酪蛋白		
f106-116（MAIPPKKNQDK）	60	120
f106-112（MAIPPKK）	>1 600	
f113-116（NQDK）	400	
人纤维蛋白酶原 γ 链		
F400-411（H HLGGAKQAGD）	150	400
人乳铁传递蛋白		
f39-42（K RDS）	350	360
人纤维蛋白酶原 α 链		
F572-575（R GDS）	75	20

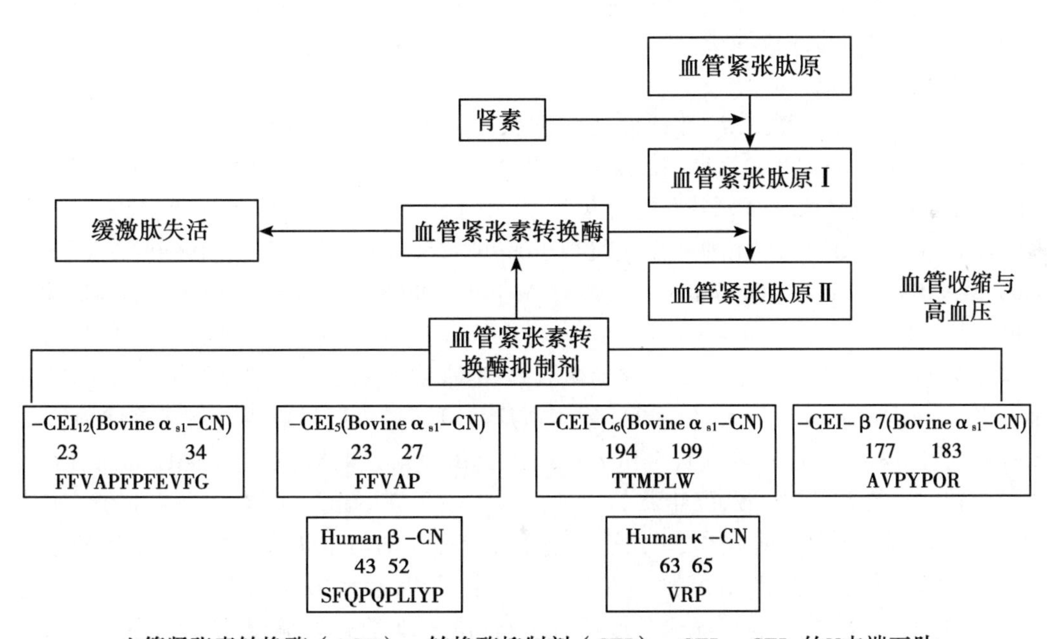

血管紧张素转换酶（ACE）；转换酶抑制剂（CEI）；$CEI_5=CEI_{12}$的N末端五肽。

图 11.4　肾素—血管紧张素系统示意

（修改自 Fiat 等，1993）

11.8.2.2　神经系统

最近的研究表明，睡前喝一杯牛奶能帮助睡眠，喂奶能安定婴儿的情绪这些说法是有科学依据的。奶中的阿片肽具有激动剂活性或拮抗活性（表 11.2）。在药理学中，激动剂是指具有某些激动属性的药物（这些药物与神经元受体结合后能使其完全激活），而拮抗剂是指具有某些拮抗属性的药物（这些药物与神经元受体结合后并不使其激活，或者如果它们取代与受体结合的激动剂，可使受体失活从而起到与激动剂相反的作用）。哺乳动物的内分泌系统、免疫系统和肠道中存在阿片受体（μ-型、δ-型和 κ-型），可与内源或外源配体相互作用。内源性配体包括典型的阿片肽，例如脑磷脂、内啡肽和强啡肽，而外源性配体是具有激动活性（外啡肽或食物激素）或拮抗活性（酪新素 Casoxin）的非典型阿片肽（Shah，2000；Fitzgerald 和 Meisel，2000；Silva 和 Malcata，2005）。内源性和外源性阿片肽的 N 末端是酪氨酸，第三或第四位是苯丙氨酸或酪氨酸，其结构特征使其能与阿片受体很好结合。

有人已从牛和人的 κ-CN 和 α_{s2}-CN 生产出阿片受体拮抗剂（表 11.5）。据报道，人 β-CN*f*41-44 序列具有激动剂的活性。

β-酪啡肽

机体许多组织内都产生内源性阿片肽（内啡肽）。阿片肽存在于许多蛋白质包括乳蛋白的水解产物中，这些阿片肽被称为外啡肽。外啡肽表现出类似于鸦片（吗啡）的药物性质，除了许多其他性质之外，还可诱发呼吸暂停和不规则呼吸，刺激食物摄入并增加胰岛素分泌（Xu，1998）。从奶中发现的第一种也是最有效的阿片肽是 β-酪啡肽（Brantl 等，1979）。已经发现 β-酪啡肽存在于幼龄婴儿的肠内容物和血浆中，但不存在于儿童或成人的肠内容物和血浆中。β-酪啡肽具有多种生理效应，但是它们是否能到达大脑还不清楚。

β-酪啡肽是具有阿片活性的生物活性肽，是特异性的 μ-阿片激动剂和拮抗剂（Clare 和 Swaisgood，2000；Teschemacher，2003）。β-酪啡肽来源于 β-酪蛋白，由 4~11 个氨基酸组成，第一个氨基酸均为 β-酪蛋白的 60 位酪氨酸（Kostyra 等，2004）。在绵羊、水牛和人 β-CN 的相似位置也发现了 β-酪啡肽（Fiat 和 Jollès，1989；Teschemacher 等，1990；Meisel 和 Schlimme，1996；Meisel，1997）。已经在牛奶（Cieślińska 等，2007）、牛奶制品（Jarmolowska 等，1999）、人奶（Jarmolowska 等，2007a，b）和婴儿配方奶粉（Sturner 和 Chang，1988）中检测到 β-酪啡肽。β-酪啡肽在人肠道转运的机制研究很少。但是，Iwan 等人（2008）证实阿片肽可穿过人肠道黏膜转运，具体地说是 μ-阿片受体激动剂人 β-酪啡肽 5 和 7（BCM5，BCM7）和拮抗剂 lactoferroxin A（LCF A）的转运。有人认为，β-酪啡肽的生理作用仅限于胃肠道，可调节胃肠道的整体功能、肠道转运、氨基酸吸收和水的平衡。然而，β-CN 的衍生肽可以通过主动运输穿过新生儿的肠黏膜，从而产生镇静作用（Chang 等，1985；Sturner 和 Chang，1988）。此外，有报道说，β-酪啡肽可渗透通过妊娠期或哺乳期妇女的乳腺组织（Clare 和 Swaisgood，2000）。最广为人知的牛 β-酪啡肽是 β-CN *f*60-63/6 和 β-CN *f*60-70，其活性比吗啡低 300~4 000倍。来自人 β-CN 的相应肽是人 β-CM 4、5、6、7（hβ-CN 51-54/57）。已经鉴定的其他酪啡肽是人 β-CN *f*59-63 和 *f*41-44，α-CN *f*90-95/6 和 α-La 和 β-Lg 的片段（表 11.6）。

β-酪啡肽具有独特的结构特征，使其对内源性阿片受体的结合部位具有很强的亲和力（Brantl 等，1981；Meisel 和 FitzGerald，2000）。β-酪啡肽一旦形成后，由于富含脯氨酸不被蛋白酶水解，可在胃中达到很高的水平（Sun 等，2003）。β-酪啡肽可从胃肠道中吸收，可通过新生儿和幼儿的血脑屏障，因其中枢神经系统尚未发育成熟（Sun 等，1999；Sun 和 Cade，1999；Sun 等，2003）。间接证据表明，牛酪蛋白可在成人胃肠道中生成 β-酪啡肽，但据报道，血液中并没有 β-酪啡肽（Svedberg，1985；Teschemacher，1986）。

在牛 β-CN 的 A2 变体中，第 67 位残基是脯氨酸，但在 A1 变体和 B 变体中则是组氨酸（Groves，1969；Jinsmaa 和 Yoshikawa，1999）（图 11.5）。β-CN 的 A1 和 A2 变体结构有差异，所以在消化酶作用下释放出各不相同的一组生物活性肽。第 67 位氨基酸不一样，消化酶可在 His_{67} 处将肽链切断，形成 BCM-7，却不能在 Pro_{67} 处将肽链切断。有人认为，BCM-7（β-CN 的 *f*60 至 66）（Kamiński 等，2007）可抑制许多具有重要生物活性的肽的释放（图 11.5）。有人已经在新鲜牛奶、人奶以及婴儿配方奶粉（Sun 等，2003；De Noni，2008）和其他奶制品（De Noni 和 Cattaneo，2010）中分离并鉴定出 BCM-7。BCM-7 是最早发现的一种源自食物蛋白质的生物活性肽（Brantl 等，1979），可在胃肠道中水解变成 BCM-5（Meisel 等，1989）。据报道，BCM-7 在人的某些疾病发生中起重要作用，且可能对神经、内分泌和免疫系统中的许多阿片受体有影响（Bell 等，2006）。流行病学证据表明，摄入 BCM-7 与缺血性心脏病（Chin-Dusting 等，2006）、动脉粥样硬化（Tailford 等，2003；Venn 等，2006）、I 型糖尿病（Thorsdottir 等，2000；Elliott 等，1999）、婴儿猝死综合征（Sun 等，2003）、自闭症和精神分裂症（Cade 等，2000）风险增加相关，但是欧洲食品安全局（EFSA，2009）曾报道口服 BCM-7 或相关的肽与非传染性疾病的病因或病程均无因果关系。

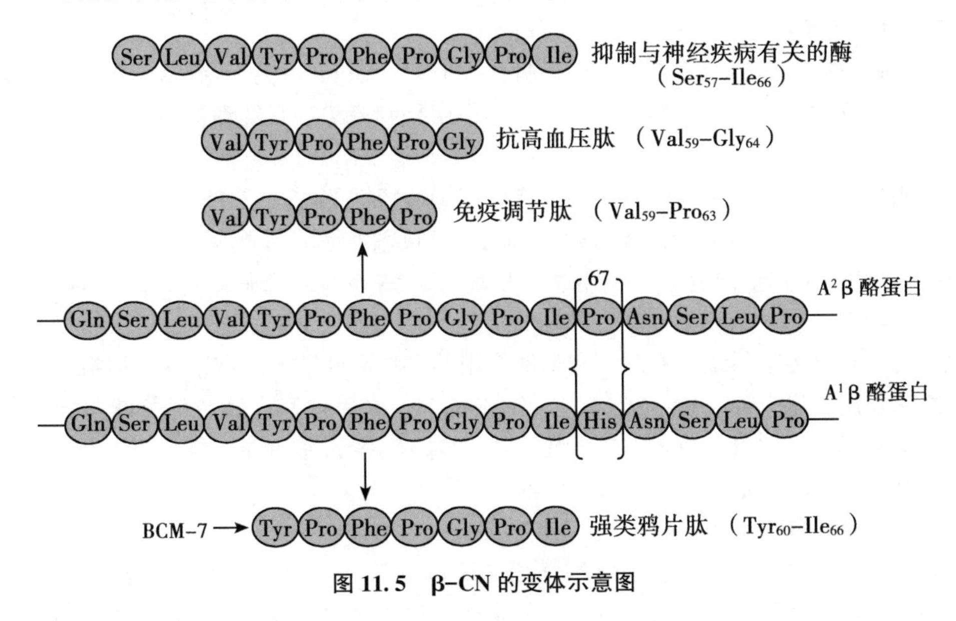

图 11.5　β-CN 的变体示意图

神经肽

甘丙肽

甘丙肽是一种由 29 个氨基酸组成的神经肽，由称为前甘丙肽原（preprogalanin）、含有123个氨基酸的蛋白质水解产生。甘丙肽广泛分布于神经系统、内分泌系统和肠内，并已发现也存于人奶中（Hernάndez-Ledesma 等，2007）。甘丙肽促进周围神经系统和肠道中感觉神经元的生长和修复。人奶中已发现的其他重要的神经肽包括神经肽Y、神经降压素、物质P、生长抑素和血管活性肽。这些神经肽有些可增强免疫应答，而物质P可诱导巨噬细胞产生白细胞介素（IL-12）。新生儿免疫系统中的许多细胞存在这些神经肽的受体（Hendricks 和 Guo，2014）。

促睡眠肽

促睡眠肽（DSIP）是由9个氨基酸组成的神经肽。在各种组织和体液（包括奶）中都有DSIP样肽存在。DSIP可促进特定类型的睡眠，其特征是脑电图的δ节律增强（Graf 等，1984）。新生儿血浆中DSIP水平较低，而人奶的含量比较高，具有诱导睡眠的作用（Graf 等，1984；Graf 和 Kastin，1986）。DSIP非常独特，能自由通过血脑屏障，并且可被肠道吸收而不是被蛋白水解酶降解（Hendricks 和 Guo，2014）。

初乳肽

初乳肽是富含脯氨酸的磷酸肽的混合物，最早是从绵羊初乳的 IgG_2 级分分离出来的，主要成分是β-CN *f*121-138。初乳肽也存在于其他动物的初乳中。它对阿尔茨海默症有益处，但现在还不清楚它是如何产生的（Bilikieweiz 和 Gaus，2004；Kurzel 等，2001，2004）。

抗惊厥（抗癫痫、镇静）肽

酪蛋白的胰蛋白酶水解物中存在一种抗惊厥肽，已被鉴定为 α_{s1}-CN *f* 91-100，被称为α-酪西平（casozepine）。其在体内的作用尚不清楚（Miclo 等，2001）。

11.8.2.3 免疫系统

人体的防御系统错综复杂，直到最近，人们才认识到饮食，特别是生物活性肽所起的作用。在这一方面生物活性肽的两个主要作用是刺激免疫系统和抑制致病菌。

免疫调节

人奶和牛奶在消化过程中释放出具有免疫调节特性的肽（表11.6）。生物活性肽的免疫调节作用与人类淋巴细胞增殖的刺激和巨噬细胞的吞噬活性有关（Clare 等，2003）。一些细胞化学研究表明，生物活性肽可以诱导癌细胞凋亡（López-Expósito 和 Recio，2008）。

酪蛋白是对免疫系统具有刺激和辅助作用的生物活性肽的丰富来源。据报道，通过凝乳酶的作用衍生自 α_{s1}-CN（*f*1-23）的 isracidin，在体内对金黄色葡萄球菌和白色念珠菌有抗菌作用（Shah，2000）。向乳腺内注射 isracidin 具可预防牛、羊感染乳房炎（Hayes 等，2005；Haque 和 Chand，2008）。

抗微生物乳清蛋白衍生肽

乳清蛋白（如免疫球蛋白、乳铁蛋白、乳过氧化物酶和溶菌酶）及其衍生肽的主要生物学特性是其抑菌和杀菌特性。抗菌肽通过破坏细胞膜或线粒体膜来杀死细菌。其作用机制取决于肽对细胞膜表面的结合亲和力（静电相互作用）（Brodgen，2005）。源自乳清蛋白的一些生物活性肽包括α-乳啡肽、β-乳啡肽、albutensin A、serorphin 和 β-lactotensin（表11.6）。有人认为，α-乳啡肽和β-乳啡肽都与吗啡相似，可诱导平滑肌收缩（Shah，2000）。

用胰蛋白酶水解 β-Lg，可释放出生物活性肽。据报道，这些生物活性肽对一些食源性病原菌如金黄色葡萄球菌、一些沙门氏菌属和大肠杆菌具有抗菌活性（Pellegrini 等，2003）。有些 β-Lg 衍生肽（*f*15-20、*f*25-40、*f*78-83 和 *f*92-100，图 11.2 和表 11.6）带负电荷，其抗菌活性只限于革兰氏阳性菌（Pellegrini 等，2001）。据报道，有几种 β-Lg 衍生肽具有抗高血压活性，包括 *f*40-42、*f*122- 124（Hernández-Ledesma 等，2004）以及 *f*15-20 和 *f*46-48（Català-Clariana 等，2010）。

α-乳白蛋白具有免疫调节特性，但没有抗菌活性，而其被胰蛋白酶或胰凝乳蛋白酶水解产生的肽（*f*1-5、*f*17-31、*f*109-114、*f*61-68、*f*75-80；图 11.4 和表 11.6）则既有免疫调节作用，又有抗细菌、抗病毒和抗真菌的作用（Pellegrini 等，1999；Kamau 等，2010）。

乳铁蛋白（Lf）能与铁结合，具有很强的抗菌活性。乳铁蛋白肽（Lfcin）是一种含 25 个氨基酸的多肽，由 Lf 在酸性条件下被胃蛋白酶水解从其 N 末端区释放出来（Haug 等，2007）。Lfcin 的抗微生物活性显著高于 Lf，且更耐热，其活性 pH 值范围也更宽。Lfcin 结合到革兰氏阴性细菌的表面，导致细菌细胞壁释放出脂多糖，使细胞壁受破坏并引起其他形态变化（Bellamy 等，1992；Appelmelk 等，1994；Tomita 等，2001）。Gifford 等（2005）曾报道 Lfcin 能有效治疗某些癌症如白血病和神经母细胞瘤。

Lf 衍生的另一种肽 Lactoferrampin（Lfampin）具有很强的抗真菌和抗菌特性。据报道，其抗念珠菌活性远远大于 Lf，并且对枯草芽孢杆菌、大肠杆菌和绿脓杆菌也具有非常高的抗菌活性（van der Kraan 等，2004，2005）。在体外，Lf 及其衍生肽显示出对许多病原体具有抗菌活性，如产气荚膜梭菌、幽门螺旋杆菌、霍乱弧菌和许多病毒，包括丙型肝炎病毒、庚型肝炎病毒和乙型肝炎病毒、脊髓灰质炎病毒、轮状病毒和单纯疱疹病毒（Pan 等，2007）。

源自酪蛋白的抗菌肽

凝乳酶介导的酪蛋白水解的产物 Caseicidin 是最早鉴定并纯化的一种抗微生物肽。随后在用嗜酸乳杆菌对奶进行发酵过程中，由 α_{s1}-CN 产生的其他抗微生物肽 caseicin A、B 和 C（图 11.4 和表 11.6）也得以鉴定。Caseicin A 和 B 对大肠杆菌 O157：H7 和阪崎肠杆菌具有非常高的抗菌活性（Hayes 等，2005）。在婴儿配方奶粉已发现阪崎肠杆菌（FAO/WHO，2008；Oonaka 等，2010），可导致婴儿发生严重的神经系统并发症，死亡率高达 40%~80%（Korpysa-Dzirba 等，2007）。据报道，caseicin 对一些革兰氏阴性病原菌，如阪崎肠杆菌、荧光假单胞菌以及革兰氏阳性金黄色葡萄球菌（Norberg 等，2011）具有非常高的抗菌活性。α_{s2}-CN（在中性条件下被凝乳酶）水解产生 casocidin（图 11.2 和表 11.6），casocidin 对葡萄球菌属和枯草芽孢杆菌等有抗菌作用（Clare 和 Swaisgood，2000；Silva 和 Malcata，2005）。α_{s2}-CN 的其他衍生肽（*f* 183-207 和 *f*164-179）在低浓度水平即可抑制革兰氏阳性和革兰氏阴性菌的生长（Recio 和 Visser，1999）。

11.8.2.4　生物活性肽和营养

肽可以螯合钙和其他金属离子，形成的产物称为酪蛋白磷酸肽（CPP）。酪蛋白巨肽（CMP）对消化系统也有影响，这将在下面讨论。

酪蛋白磷酸肽

酪蛋白是pH值4.6下的不溶性磷酸化蛋白质，第4章中已有详细讨论。牛奶α_{s1}酪蛋白、α_{s2}酪蛋白、β-酪蛋白和κ-酪蛋白分别含有8~9、10~13、4~5和1~2mol P/mol。α_{s1}-CN、α_{s2}-CN和β-CN能与钙离子（和其他金属离子）强烈结合，导致蛋白出现电中和，发生聚集并形成胶束。人β-酪蛋白含0到5 P，κ-酪蛋白含1 p，母乳不含α_{s}-酪蛋白或含量很少（Uniacke-Lowe等，2010）。有人已发现α_{s1}-酪蛋白，α_{s2}-酪蛋白和β-酪蛋白的胰蛋白酶水解物中有酪蛋白磷酸肽存在（Kitts，1994），而且酪蛋白磷酸肽除非被去磷酸化，否则是不会发生水解的。人们已对β-酪蛋白的1-25残基、α_{s1}-酪蛋白的59-79残基进行广泛研究（综述见Wada和Lönnerdal，2014）。这两种肽可促进钙吸收，被认为是生物可利用铁的来源，但也有人质疑其是否有这方面的效用（Fitzgerald，1998）。酪蛋白磷酸肽的研究基本上是采用牛酪蛋白来开展的，但Ferranti等（2004）发现人奶中含有β-酪蛋白的衍生肽，并得出结论说，人奶中的纤溶酶样活性，对启动酪蛋白磷酸肽的释放发挥了重要作用，但β-酪蛋白的衍生肽的生物作用尚待阐明。

摄入奶后可在胃和十二指肠中发现酪蛋白磷酸肽，α_{s1}-酪蛋白、α_{s2}-酪蛋白或β-酪蛋白在体内和/或体外消化后，也发现有酪蛋白磷酸肽（Kitts，1994）。据报告，酪蛋白磷酸肽除了能与金属结合之外，还具有细胞调节功能（Meisel和Fitzgerald，2003）。大多数酪蛋白磷酸肽的序列是3个磷酸化氨基酸残基后接着两个谷氨酸残基（Meisel，1997）。这些磷酸肽带有高浓度的负电荷，使其不被进一步水解。已有一些研究者对此进行讨论，包括Meisel和Schlimme（1990）、Clare和Swaisgood（2000）以及Fitzgerald（1998）。带负电的磷酸基团是与金属离子，如钙、镁、铁、锌和铜以及微量元素钡、铬、镍、钴和硒结合的部位。锌和铁与酪蛋白磷酸肽结合，可提高机体对这些元素的吸收率（Silva和Malcata，2005）。

有人报道，钙结合磷酸肽具有抗癌活性，因为它能通过牙釉质的再钙化抑制龋齿（Clare和Swaisgood，2000）。有人建议在牙膏添加酪蛋白磷酸肽来预防牙釉质脱钙（Reynolds，1997）。

由纤溶酶水解β-酪蛋白产生的β-酪蛋白f1-28（蛋白际蛋白胨8 fast）除了能与钙结合之外，还可破坏上皮细胞紧密连接的完整性，加速乳腺退化和干奶，目前已被开发成可加速山羊（Shamay等，2002）和牛（Shamay等，2003）干奶的产品。

膳食中的钙具有许多生物活性功能，其中一些前面已经提及，在前10年其在控制体重方面的作用受到人们的关注。趋钙激素、甲状旁腺激素和1,25(OH)$_2$D（骨化三醇）都对低钙饮食有反应，可对人脂肪细胞的脂肪合成和分解起到协同调节作用（Zemel，2004）。有人证明，高钙饮食可增加大鼠粪便脂肪排泄（Jacobsen等，2003）。Zemel（2004，2005）曾对膳食钙及其对控制体重的作用进行综述。

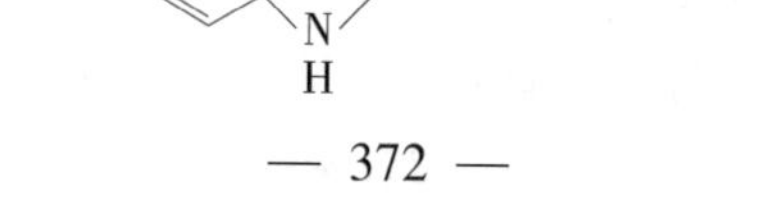

H_3CO $CH_2CH_2NHCOCH_3$

N
H

酪蛋白巨肽

有人认为，整个 κ-酪蛋白对预防幽门螺旋杆菌附着在人胃黏膜上起到重要作用（Strömqvist 等，1995）。高度糖基化的 κ-酪蛋白之所以对胃黏膜有保护作用，很可能是由于其碳水化合物含量高。有人认为，κ-酪蛋白对母乳喂养的婴儿非常重要，因为现在发生幽门螺旋杆菌感染的年龄越来越小（Lönnerdal，2003）。

凝乳酶水解 κ-酪蛋白 Phe_{105}和 Met_{106}之间的肽键，形成两个片段。一个是疏水性 N 末端片段 f1-105，它仍然与酪蛋白胶束结合在一起，称为 para-κ-酪蛋白。另一个是亲水性磷酸化和糖基化的 C 末端片段 f106-169，它被释放到乳清中，被称为酪蛋白巨肽（CMP，第 12 章）。已发现牛奶中的 κ-酪蛋白至少有 6 个基因变体；A 和 B 变体是最常见的。CMP 裂解［通过胞内蛋白酶 GluC（金黄色葡萄球菌蛋白酶 8）水解］形成 kappacin 肽段（CMP 的非糖基化形式），具有杀菌特性（Malkoski 等，2001）。CMP 及其衍生物也具有免疫调节特性（Meisel，1997），可以抑制霍乱毒素的结合（Kawasaki，1992），也可抑制血小板聚集（Boman，1991），抑制流感病毒引起的红细胞凝集（Kawasaki 等，1993）。此外，这些肽可抑制变形链球菌的黏附（Neeser 等，1994；Strub 等，1996；Vacca-Smith 等，1994；Malkoski 等，2001），防止龋齿发展，抑制牙龈卟啉单胞菌和大肠杆菌等革兰氏阴性细菌生长（Brody，2000；Malkoski 等，2001；Rhoades 等，2005；Haque 和 Chand，2008）。

人奶和牛奶 CMP 的生物活性效力是不同的，因为其糖基化程度不一样，人乳肽糖基化程度更高；人 CMP 含约 55%碳水化合物，而牛 CMP 只含约 10%（Fiat 和 Jollès，1989）。在人体研究中，已证明 CMP 可在消化道中形成和吸收，在母乳喂养和人工喂养婴儿的血浆中都检测到 CMP（Chabance 等，1995）。

从生理角度来看，在哺乳动物胃中 CMP 的释放是很重要的。CMP 抑制酸胃分泌及胃泌素的活性，血浆中也有 CMP（Yvon 等，1994；Chabance 等，1995，1998；Fosset 等，2002）。CMP 是犊牛吃奶后一小时内释放的唯一的多肽，而 α_{s1}-酪蛋白 f165-199 和 β-酪蛋白 f193-209 片段则在吃奶后 90min 内释放（Yvon 和 Pelissier，1987）。胃中 CMP 的释放可提高消化效率、促进双歧杆菌生长、调控胃酸分泌（Stan 和 Chernikov，1982），同时防止新生动物对摄入的蛋白质产生过敏，并抑制胃中病原菌的生长（Rhoades 等，2005）。据报道，在 CMP 的许多生理功能中，抗毒素、抗细菌和病毒侵袭和免疫调节功能是最具应用前景的（Brody，2000）。有人建议在婴儿配方奶粉中添加 CMP，以促进肠道益生菌尤其是双歧杆菌和乳酸杆菌的生长，这可能有助于治疗或防治肠道感染（Brück 等，2003）。

11.9　游离氨基酸

牛奶和人奶中游离氨基酸含量分别是 578 和 3 019μmol/L（Rassin 等，1978；Agostini 等，2000）。牛奶和人奶中含量最丰富的游离氨基酸是谷氨酰胺、谷氨酸、甘氨酸、丙氨酸和丝氨酸。人奶中牛磺酸含量也特别高（Rassin 等，1978；Sarwar 等，1998；Carratù 等，2003）。牛磺酸是婴儿的必需代谢物，可能与视网膜感光细胞的结构和功能有关（Agostini 等，2000）。牛奶和人奶的总氨基酸组成实质上很相近，与此相反，游离氨基酸不同物种具有不同的模式特征，可能对不同动物产后早期发育具有重要作用。游离氨基酸比源自蛋白的氨基酸更容易吸收。谷氨酸和谷氨酰胺的含量占母乳总游离氨基酸50%以上，是柠檬酸循环中α-酮戊二酸的一个来源，也可充当大脑中的神经递质（Levy，1998；Agostini 等，2000）。游离氨基酸已在第4章讨论过。

11.10 激素、生长因子和细胞因子

奶中含有许多蛋白质激素，包括几种来自脑垂体前叶（如催乳素和生长激素），下丘脑（如促生长素释放激素和生长激素抑制素）和胃肠道（如血管活性肠肽、促胃液素和P物质）的激素。此外奶中含有许多生长因子和多种生物活性肽，包括胰岛素样生长因子Ⅰ和Ⅱ、胰岛素样生长因子结合蛋白、表皮生长因子（EGF）、胰岛素和转化生长因子-β（TGF-β）、前列腺素 $F_2\alpha$ 及 F_2E 和乳铁蛋白（Campana 和 Baumrucker，1995；Xu 等，2000）。初乳中激素和生长因子的浓度远高于常乳。

牛奶含有源自性腺和肾上腺的类固醇激素的报道最早见于20世纪50年代中期（Jouan 等，2006）。在20世纪70年代末和80年代初，有人认为奶中激素来源于体内循环的内分泌激素，但后来的研究表明，奶中许多生物活性物质来源于乳腺组织，由乳腺组织分泌到奶中，而这些激素又可反过来通过自分泌或旁分泌作用调节乳腺细胞增殖和分化。来源于母体循环系统的激素和生长因子可以通过主动运输转移到奶中或通过乳腺上皮细胞的间隙渗漏进入奶中。

牛奶中许多激素和生长因子的含量显著高于血浆的含量；奶中雌激素、促性腺激素释放激素（GnRH）、生长激素抑制素、甲状旁腺激素相关肽、催乳素、胰岛素和胰岛素样生长因子的含量都大大高于血浆的含量。现有证据表明，这些生物活性物质在新生动物生长、胃肠道和免疫系统的发育和成熟中发挥非常重要的作用，并且在内分泌和代谢功能方面也发挥重要作用（Jouan 等，2006）。表11.8对牛奶和人奶中的激素和生长因子做了归纳总结。

母乳的保护作用可能不仅是由于其营养成分（如蛋白质含量较低），也因为其含有多种称为脂肪细胞因子的生物活性物质，这些物质参与许多重要生理功能的发育过程（Lönnerdal，2003）。这些激素参与食物摄取的调节、能量平衡和葡萄糖动态平衡的调节，并通过下丘脑和外周组织构成的神经内分泌回路发挥作用（Bouret，2009）。母乳含有多种激素，如瘦素、胃饥饿素（ghrelin）、脂联素（adiponectin）和生长因子等，是婴儿配方食品中所不具备的（Savino 等，2009a）。

11.10.1 性激素

奶中的性激素主要有雌激素、孕激素和雄激素（表11.8）。约65%雌二醇17-β和80%雌激素酮（Wolford 和 Argoudelis，1979）存于乳脂中。总的来说，奶中雌激素水平比血液中高（Jouan 等，2006），提示乳腺组织可从血液摄取这些激素。初乳中不含孕酮，但产后15d奶中可检测到孕酮（Darling 等，1974），且稀奶油孕酮含量较脱脂乳高很多，奶中孕酮水平高于血浆（Heap 等，1973）。

雄激素5-α 雄烷-3,17-二酮也已从奶中分离出来（Darling 等，1974），它可能参与乳汁分泌的发育过程，尽管初乳中一般不含这种激素（产后很短时间内的初乳除外）。

表 11.8　牛奶和人奶中的激素和生长因子

肾上腺	性腺	下丘脑	甲状腺和甲状旁腺	脑垂体	胃肠道	生长因子
成熟牛奶						
糖皮质激素（糖皮质激素和金属皮质激素）	5-α 雄（甾）烷-3，17-呋喃二酮	调脂激素-释放激素（LHRH）	甲状旁腺素相关肽（PTHrP）	生长激素（GH）或牛生长激素（bST）	铃蟾肽	胰岛素样生长因子（IGFS）（如胰岛素、胰岛素样生长因子-Ⅰ、胰岛素样生长因子-Ⅱ和松弛素）
	睾酮	促性腺激素释放激素	甲状腺素（T3 和 T4）	催乳素	促胃液素	IGF 结合蛋白
	17-α 雌二醇	生长激素抑制素（SS）			胃泌素释放激素	乳腺生长抑制剂（MDGI）
	17-β 雌二醇（E2）	促甲状腺激素释放激素（TRH）			神经降压素	组织纤溶酶原激活剂（tPA）
	雌激素三醇（E3）	促性腺激素释放激素相关肽（GAP）				转化生长因子（TGF-α 和 TGF-β1,2）
	雌激素酮（E1）					上皮生长因子（EGF）
	雌激素					细胞素
	黄体酮					成纤维细胞生长因子（FGF）
						血小板源生长因子
皮质（甾）醇	黄体酮	促性腺激素释放激素（GnRH）	甲状旁腺激素相关肽（PTHrP）	生长激素	促胃液素	上皮生长因子（EGF）

（续表）

肾上腺	性腺	下丘脑	甲状腺和甲状旁腺	脑垂体	胃肠道	生长因子
	3（α）20（β）孕二醇	生长激素释放因子（GRF）	甲状腺素	催乳激素	肠抑胃肽（GIP）	胰岛素
	雌激素类	生长激素抑制素（SS）	甲状旁腺（激）素	甲状腺刺激激素（TSH）	胃泌素释放肽（GRP）	IGF-I
	避孕药	舒血管肠肽（VIP）	降钙素样		神经降压素	神经生长因子（NGF）
	促甲状腺［激］素释放激素（TRH）	三碘甲状腺氨酸			肽组氨酸蛋氨酸（PHM）	转化生长因子（TGF-α）
		转化三碘甲状腺氨酸			肽 YY（PYY）或肽酪氨酸	其他生长因子
					舒血管肠肽（VIP）	

11.10.2　肾上腺激素

人的常乳和初乳含有两种皮质类固醇结合蛋白（表 11.8），血液中也有类似的蛋白质。奶中这些蛋白质的功能和重要性尚不清楚。皮质醇和皮质酮是母牛血浆的主要糖皮质激素。在泌乳期间，这两种激素在奶中的含量仅为血浆中的约 4%（Tucker 和 Schwalm，1977）。乳腺中存在糖皮质激素受体，提示这些激素可与其他激素联合作用，以维持泌乳（Jouan 等，2006）。牛奶中皮质酮的含量高于皮质醇的含量，而血浆中正好相反，提示乳腺可分泌 19 个碳原子的雄激素。

11.10.3　脑—胃肠激素

11.10.3.1　下丘脑激素

Baram 等（1977）最早在牛奶中检测到促性腺激素释放激素（GnRH），其生物学活性与下丘脑的 GnRH 相似。牛奶中 GnRH 浓度超出血浆中的至少 5 倍。有人发现牛初乳含有促性腺释放激素相关肽（GAP）（Zhang 等，1990），认为其是 GnRH 的前体。有证据表明 GAP 可能是由乳腺合成的（Zhang 等，1990）。

牛奶中促甲状腺素释放激素（TRH）和促黄体激素释放激素（LHRH）的浓度远高于血清中的水平。但是，有证据显示 TRH 基因并不在乳腺表达，目前奶中这两种激素的来源尚不清楚。奶中的 LHRH 具有生物学活性，可被新生动物肠道以活性形式完整吸收，用于刺激垂体促性腺激素的分泌。TRH 激素在牛的常乳和初乳中都有检测到（Amarant 等，1982），也可被新生犊牛肠道吸收。免疫反应性生长激素抑制素是一种对内分泌系统有调节作用的激素，已经发现多种动物奶中存在这种激素。

褪黑素

褪黑素（N-乙酰-5-甲氧色胺）是一种睡眠诱导激素，奶中含有这种激素，其浓度有昼夜节律，晚上最高。褪黑素是一种生物胺（图 11.6），存在于动物和植物中。哺乳动物的褪黑素由松果体产生，参与睡眠、情绪和生殖功能的调节。褪黑素也是一种有效的抗氧化剂。

人、牛和山羊的奶中均含有褪黑素。有些农民在午夜挤奶，生产出富含褪黑素的牛奶，售价很高（Eriksson 等，1998；Valtonen 等，2003）；可参阅 Singh 等（2011）的综述。

11.10.3.2　垂体激素

奶中的垂体激素主要有生长激素、催乳素和前列腺素（PG）。牛生长激素引起人们很大关注，美国 FDA 已批准用于奶牛，有增加奶产量的作用。人们最早是在 20 世纪 80 年代末检测到奶中含有生长激素的，并认为它通过特异受体在乳腺中发挥作用（Jouan 等，2006）。

奶中催乳素很大部分是与脂肪球结合的，其水平有季节性变化。初乳中催乳素水平比常乳高很多，催乳素可能来源于血浆（Jouan 等，2006）。催乳素有几种不同的免疫反应性和生物活性。

已发现牛奶含有前列腺素（E 和 F 系列；PG，PG2，PGα 和 PGFα），虽然来源不明。乳腺可合成 PG2，奶中的巨噬细胞也可合成和分泌前列腺素（Campana 和 Baumrucker，1995）。

11.10.3.3 胃肠激素

在牛奶中发现有蛙皮素（胃泌素释放肽）和神经降压素这两种胃肠激素，其浓度高于血清。饱腹感、血糖水平、肠道酸性和几种胃肠道激素的浓度受蛙皮素的影响。牛乳中促胃液素和蛙皮素的水平在临产前最高，产后一周内显著下降。人奶、奶粉、乳清和猪奶中也发现有蛙皮素（Koldovský，1989）。

11.10.3.4 甲状腺和甲状旁腺激素

奶中含有甲状腺素结合蛋白（~0.3mg/mL），其功能尚未清楚。据报道牛奶中也含有三碘甲状腺素。但牛奶中甲状腺素水平非常低。许多研究已经报道乳中含有甲状旁腺激素相关蛋白（PTHrP）。与许多激素类似，牛奶中的 PTHrP 显著高于血液，但牛奶中的含量随牛品种不同而有很大差别。奶中 PTHrP 水平与乳钙含量成正比，提示该激素在乳腺钙从血液到奶的转运过程中发挥了作用，尽管其确切生理功能尚不明确。PTHrP 相对热稳定，可耐受巴氏灭菌（Rathcliffe 等，1990）。

在人奶中发现有降血钙素（Koldovský，1989），有人认为其可抑制催乳素释放（Jouan 等，2006）。

11.10.4 生长因子

哺乳动物奶中含有许多生长因子、激素和细胞因子，它们都参与细胞增殖和分化，它们之间的界线并不清楚（Pouliot 和 Gauthier，2006）。“生长因子”一词是指一类高效力的激素样多肽，它们通过膜受体的作用，在多种细胞的调节和分化中发挥极其重要的作用。生长因子可以活性形式或以修饰形式（糖基化或磷酸化形式）直接从乳腺组织转移到奶中，也可与其他因子结合形成复合物（Pouliot 和 Gauthier，2006）。多种动物的奶尤其是初乳中含有一些生长因子，包括胰岛素样生长因子（IGF1、IFG2）、转化生长因子（TGFa1、TGFa2、TGFβ）、乳腺源生长因子（MDGF I、MDGF 11）；上皮生长因子（EGF），如 β 细胞素（BTC）、碱性成纤维细胞生长因子（bFGF）、成纤维细胞生长因子（FGF）2、血小板源生长因子（PDGF）和蛙皮素。从含量上看，奶中生长因子相对浓度为 IGF-I>TGF-β2>EGF≈IGF-II>bFGF。初乳中生长因子浓度最高，整个泌乳期逐渐减少，BTC 是例外，初乳和常乳中含量相当。Gauthier 等（2006）对奶中主要的生长因子进行了详细综述。EGF 和 BTC 可刺激表皮细胞、上皮细胞、胚胎细胞增殖，抑制胃酸分泌、促进伤口愈合和骨再吸收。TGF-βs 在胚胎形成、组织修复和免疫调控中有重要作用（Pouliot 和 Gauthier，2006）。IGF-I 和 IGF-II 对细胞增殖普遍有重要作用，但 IGF-I 对葡萄糖吸收和糖元合成也有重要作用。Xu 等（2000）论述了 EGF、IGFs-I 和 IGFs-II、胰岛素和 TGF-β 在促进哺乳新生动物胃肠道组织生长修复方面的作用。PDGF 生长因子参与胚胎发育和多种细胞增殖。FGF 对上皮细胞、内皮细胞和成纤维细胞的增殖和分化很重要，并能促进胶原蛋白合成，参与血管生成和伤口愈合（Pouliot 和 Gauthier，2006）。

这些多肽可能来源于血浆、乳腺或两者兼而有之。但这些促生长活性在初乳和常乳中的生物学作用尚不清楚。就可能产生的生理作用而言，可能可以考虑两个可能的目标，即乳腺或新生动物。总的来说，大部分注意力都集中在后者。尚不清楚奶中的因子是否具有促进细胞增殖的能力：①影响乳腺组织生长；②促进新生动物肠细胞生长；

③以生物活性形式吸收并影响肠或其他靶器官。

牛乳腺分泌物含有许多可刺激体外培养细胞生长的化合物，包括：

1. 胰岛素样生长因子（IGFs），胰岛素家族的一部分包括胰岛素、IGF-Ⅰ、IGF-Ⅱ和松弛素。IGFs 是生长发育和分化的调节因子。IGFs 耐热、耐酸，因此在人消化道中可能具有生物活性。

2. 胰岛素在牛初乳和牛乳浓度远高于血液，临产前分泌物中的含量较产后高（Malven，1977）。

3. 牛奶中含有转化生长因子（TGFα 和 β）。TGF-β 对细胞增殖和分化有重要作用。

11.10.4.1　表皮生长因子

表皮生长因子（EGF）和肝素结合表皮生长因子样生长因子（HB-EGF）是表皮生长因子相关肽家族成员，存在于人奶和多种动物奶中，在牛奶中未检测到（Playford 等，2000）。EGF 生长因子的一个共同特点是，它们是分子比较大的跨膜前体，可被蛋白酶水解释放出可溶性生长因子，也可在近分泌信号传送中作为膜结合型（跨膜）生长因子。所有表皮生长因子的序列非常相似，都含有一个六个半胱氨酸的共有基序（形成三个分子内二硫键）和一个中央区精氨酸残基，对蛋白的取向起到稳定作用（Dunbar 等，1999）。

人乳源 EGF（也称为尿抑胃素 urogastrone）是由唾液腺和成人十二指肠布氏腺（Brunner's glands）分泌的一种含 53 个氨基酸的多肽，存在于人初乳（200 μg/L）和常乳（30~50 μg/L）中（Playford 等，2000）。EGF 在婴儿发育过程中传递重要的调节信号，如调控睁眼、发牙以及肠、肝、胰腺和肺发育的时间（Donovan 和 Odle，1994）。EGFs 热稳定好，耐消化，在新生儿消化道中也有生物活性。在产后早期阶段，母乳中的 EGF 对肠黏膜的发育和成熟至关重要，可能通过与新生儿小肠中的 EGF 受体相互作用而发挥作用（Lonnerdal，2003）。已经证实口服 EGF 可降低早产儿坏死性小肠结肠炎发病率，并减轻病情（Dvorak，2010）。EGF 对成人胃肠创伤的康复有益（Donovan 和 Odle，1994；Dvorak，2010）。

羊水和人奶中含有 HB-EGF。HB-EGF 的浓度是 EGF 的 1/1 000~ 1/10 000，但据报道 HB-EGF 对坏死性小肠结肠炎也有效，但剂量要达到药理剂量水平（Dvorak，2010）。HB-EGF 可保护成年哺乳动物小肠免受损伤（Pillai 等，1998）。β 细胞素（BTC）是肽生长因子表皮生长因子（EGF）家族的一员，已发现人奶中含有 BTC，有人认为它在新生儿消化道生长发育中起重要作用（Dunbar 等，1999）。Playford 等（2000）曾对初乳和乳中的生长因子多肽进行综述，Barnard 等（1995）则对表皮生长因子和表皮生长因子相关肽进行过综述。

11.10.4.2　生长抑制因子

目前人们对乳腺组织增殖的生长抑制因子很感兴趣，因为它们可能对乳腺癌有治疗作用（Nevo 等，2010）。已经从牛乳腺组织和脂肪球膜提纯了一种分子量为 13kDa 的多肽，称为乳腺源生长抑制因子（也称为 FABP-3 或 H-FABP）（Skelwagen 等，1994）。

11.10.4.3 微量生长因子

已发现牛奶中有与酪蛋白胶束结合的组织纤溶酶原激活物（tPA）（Heegaard 等，1994），可能是参与组织修复（重建）的乳腺营养因子。tPA 催化纤溶酶原转化成纤溶酶。纤溶酶原和纤溶酶都存在于牛奶中，一般认为，其主要来源是白细胞。

11.10.5 细胞因子

细胞因子是一大类定义不太明确，在细胞信号传送中有重要作用的小分子蛋白质（≈ 5~20kDa）。细胞因子包括趋化因子、干扰素、白细胞介素、淋巴因子、肿瘤坏死因子，但通常不包括激素或生长因子（尽管有些术语有重叠）。细胞因子与激素不同，激素也是重要的细胞信号传送分子，但血液中激素的浓度要比细胞因子低得多，而且激素往往是由特定类型的细胞产生的。细胞因子对健康很重要，特别是在宿主应答感染、免疫应答、炎症、创伤、脓毒症、癌症和生殖方面有重要作用。

迄今为止在人奶中发现的细胞因子主要为肿瘤坏死因子 α、转化生长因子 β、集落刺激因子和白细胞介素 β、白细胞介素-6、白细胞介素-8、白细胞介素-10，它们都有免疫调节功能，有些有抗炎作用。大多数细胞因子以游离形式存在于奶中，有些细胞因子可由特定细胞释放。

11.10.5.1 集落刺激因子

集落刺激因子是可耐消化、能增强新生儿抗感染能力的细胞因子。集落刺激因子也可通过与造血干细胞表面的受体蛋白结合发挥作用，激活细胞内信号传送通路，引起细胞增殖、分化成特定的血细胞（通常是白细胞）。因此，集落刺激因子在造血过程中对细胞增殖和细胞分化的多个途径起调节作用。目前已知道有 3 种集落刺激因子：

（1）CSF1，巨噬细胞集落刺激因子。

（2）CSF2，粒细胞巨噬细胞集落刺激因子（GM-CSF 或沙莫司亭 sargramostim）。

（3）CSF3，粒细胞集落刺激因子（G-CSF 或非格司亭 Filgrastim）。已发现这三种集落刺激因子均存在于人奶中，产后头两天 G-CSF 含量特别高（Calhoun 等，2000）。

11.10.5.2 促红细胞生成素

促红细胞生成素（EPO）是由肾脏产生的一种糖蛋白激素细胞因子，可控制红细胞生成，存在于人奶中（Grosvenor 等，1993），在牛奶中是否存在尚不明确。

11.10.6 脂肪细胞因子

脂肪细胞因子是由脂肪组织分泌的细胞因子（免疫调节剂），但目前其与激素仍没有明确的界线。脂联素、瘦素、胃饥饿素和抵抗素都存在于奶中，一般认为它们不是细胞因子，因为它们不能直接作用于免疫系统。它们通常被称为脂肪细胞因子，但更准确地说应该归入成员越来越多的脂源性激素。母乳对婴儿具有保护作用可能不仅仅是因为其营养成分的缘故（如蛋白含量低），还因为母乳含有脂肪细胞因子，可参与许多重要生理功能的形成（Lonnerdal，2003）。脂肪细胞因子通过下丘脑和外周组织之间的神经内分泌回路发挥作用，参与调节食物摄入、能量平衡和葡萄糖动态平衡（Bouret，2009）。

11.10.6.1 瘦素

瘦素是一种分子量约 16kDa，含 167 个氨基酸的蛋白质激素，已发现存于人奶中

（Casabiell 等，1997；Houseknecht 等，1997；Smith-Kirwin 等，1998；Ucar 等，2000）。瘦素在调节能量摄入和能量消耗，包括调节食欲和新陈代谢，以及乳腺细胞增殖、分化与凋亡中起着关键作用（Marchbank 和 Playford，2014）。瘦素是一种使食欲减退的激素，可作用于下丘脑受体，通过抵消进食刺激物神经肽 Y 和内源性大麻素的作用，同时刺激 α-促黑素细胞激素的合成，从而起到抑制食欲的作用（Marchbank 和 Playford，2014）。母乳中瘦素的浓度与母体血液瘦素水平（Casabiell 等，1997；Houseknecht 等，1997）、产妇身体质量指数和肥胖程度（Houseknecht 等，1997；Uysal 等，2002）有很的相关性。母乳喂养的婴儿血清瘦素水平高于人工喂养婴儿（Savino 等，2002），母乳喂养婴儿血清中瘦素水平与母体瘦素水平呈正相关（Ucar 等，2000；Ilcol 等，2006；Schuster 等，2011），这表明母乳中的瘦素可能对正常生长发育有重要作用，既有短期影响，也有长期效应（Locke，2002；Agostoni，2005）。母乳中的瘦素可能会影响哺乳早期阶段婴儿的增重，充足的瘦素可一定程度避免婴儿增重过快（Miralles 等，2006）。新近的研究表明，母乳喂养的婴儿在出生后前几个月增重较慢，他们在童年和成年时期发生肥胖症的风险要低于人工喂养的婴儿（Gillman，2010；Taveras 等，2011）。

牛常乳的瘦素含量约为 6.14μg/L，比初乳 13.90μg/L 低 56%，初乳和常乳瘦素水平与脂肪和胆碱磷脂的浓度呈正相关（Pinotti 和 Rosi，2006）。成熟母乳瘦素含量变幅较大，0.11~4.97μg/L，而初乳中的含量为 0.16~7.0μg/L（Ilcol 等，2006）。已经从马奶中分离出类似人的瘦素，含量 3.2~5.4μg/L，与报道的其他哺乳动物奶的含量相近，而且整个泌乳期变化很小（Salimei 等，2002）。

11.10.6.2　胃饥饿素

胃饥饿素（Ghrelin）是一种含有 28 个氨基酸的多肽，主要由胃分泌产生，其主要功能是刺激生长激素（GH）分泌。胃饥饿素也可由乳腺产生并分泌，其在母乳的浓度是高于血浆（Savino 等，2009）。胃饥饿素作用于下丘脑，刺激大鼠和人摄取食物，同时也促进脂肪合成，参与长期体重调节（Cummings，2006）。胃饥饿素通过刺激食欲参与食物摄入的短期调节，通过诱导肥胖参与体重的长期调节。母乳中的胃饥饿素可能是母乳喂养可影响婴儿的进食行为和以后的身体成分的一个重要因素（Savino 等，2009b）。

11.10.6.3　抵抗素

抵抗素（Resistin）是最近发现的一种脂肪细胞因子，最初是在啮齿动物中发现的（Steppan 等，2001）。抵抗素可能与肥胖症和糖尿病有关，可能可引起身体对胰岛素产生抵抗作用，但这个假设仅有体外实验数据支持（Bouret，2009）。也有人推测抵抗素是脂肪形成的反馈调节物和限制脂肪组织形成的信号物质（Stocker 和 Cawthorne，2008）。已发现人奶存在抵抗素，有人已对奶中的抵抗素进行研究（Ilcol 等，2008；Savino 等，2012）。一些研究显示，婴儿血清抵抗素水平和瘦素呈正相关（Ng 等，2004；Marinoni 等，2010；Savino 等，2012）。有人推测两种激素可能在调节胎儿的能量动态平衡和生长方面有重要作用（Ng 等，2004；Marinoni 等，2010）。

11.10.6.4　脂联素

脂联素（Adiponectin）是含量最丰富的脂特异性蛋白质激素，首次由 Martin 等人

(2006) 在人奶中发现。人血清脂联素水平较高，其水平与肥胖程度呈负相关，与胰岛素敏感性呈正相关。在肥胖症和Ⅱ型糖尿病患者血浆脂联素水平降低（Savino 等，2009 b)。目前，研究集中于确定婴儿期接触脂肪细胞因子是否决定以后的体重状况。

11.10.6.5 肥胖抑制素

肥胖抑制素（Obestatin）是新近发现存在于人奶中的一种生物活性物质，是由 23 个氨基酸组成的多肽，来源于胃饥饿素的前体前胃饥饿素原（pre-proghrelin），由胃、小肠和唾液腺产生（Ozbay 等，2008）。有人报道初乳和成熟乳中肥胖抑制素水平是血浆的 2 倍（Aydin 等，2008）。目前尚不清楚肥胖抑制素的具体来源，也不清楚其具体功能是什么；据报道，它可减少食物摄入量和增重，但可促进胃排空，抑制肠道蠕动 (Tang 等，2008)。

11.11 微量生物活性化合物

11.11.1 多胺

多胺是一类脂肪族多阳离子有机小分子，普遍存在于各种生物体内并参与种类繁多的生物过程。多胺的烃链长短各异，有两个以上的伯氨基。腐胺（二胺）、亚精胺（三胺）、精胺（四胺）都与细胞生长和分化有关，在人奶和其他哺乳动物奶中含量都相对较高。多胺参与多种与生长相关的过程，包括肿瘤发生，调控和刺激 DNA、RNA 和蛋白质合成，调节脂膜功能，刺激细胞分化，调节胞内信使物质，加速肠道增殖和生物胺的成熟（Kalač 和 Krausová，2005）。Deloyer 等（2001）对多胺在新生儿消化系统和在维持成年人胃肠道的正常生长和基本特性中的作用进行了综述。多胺摄取不足可能会诱导食源性过敏源的过敏（Kalač 和 Krausová，2005）。多胺在人类细胞生长和增殖的作用使其与多种肿瘤的生长密切相关，在快速分裂的细胞和组织内发现有高水平的多胺存在 (Thomas 和 Thomas，2003)。多胺唯一被提及的益处是可促进术后伤口愈合。除了细胞内从头合成多胺之外，从肠道摄取胞外多胺对体内多胺代谢的调控是非常重要的 (Löser，2000)。表 11.9 列出了人奶和牛奶中多胺的浓度。人奶含有高水平的精胺和亚精胺，腐胺水平较低。人奶中多胺浓度在在产后头两周持续增高，随后下降（Löser，2000)。

牛乳多胺含量低于人奶（表 11.9)，因为牛奶二胺氧化酶和多胺氧化酶水平比人奶高得多，多胺在这些酶的作用下分解较多（Löser，2000)。

表 11.9 产后几天人和牛奶中多胺的浓度（nmol/dL）

	腐胺	亚精胺	精胺
人奶			
第 7 天	33.8	224.4	276.2
第 7 天	129±21	711±109	663±136
第 7 天	24±3.5	220±20	313±16
第 16 天	77	454	376

（续表）

	腐胺	亚精胺	精胺
第 5 天		11.6±3	6.8±1.7
牛奶			
第 30 天		470±280	-400
第 28 天		19.8±0.7	8.4±3
全脂牛奶	100	100-300	100-300

11.11.2　淀粉样蛋白 A

淀粉样蛋白 A3（AA3）是乳腺产生的一种蛋白，其编码的基因跟血清淀粉样蛋白 A 不同（Duggan 等，2008）。有人认为淀粉样蛋白 A3 可防止病原菌在肠道细胞表面附着（Mack 等，2003），可防止婴儿发生坏死性小肠结肠炎（Larson 等，2003）。McDonald 等（2001）发现在牛、绵羊、猪、马的初乳中含有 AA3。牛初乳中的 AA3 浓度很高，但产后约 3 d 开始降低。牛奶中血清淀粉样蛋白 A 的含量可作为乳房炎的指标（Winter 等，2006）。马初乳中 AA3 的含量比常乳低很多，因此可能在保护马驹肠道细胞中发挥重要作用，在肠道关闭对大分子物质的直接吸收之后尤为重要（Duggan 等，2008）。

11.11.3　核苷酸

核苷酸是构成核酸例如 DNA 和 RNA 的基本单元的有机分子。核苷酸的功能是以三磷核苷酸（ATP，GTP，CTP 和 UTP）的形式为细胞提供能量，在细胞代谢中起重要作用。人奶含有大量核苷酸及其代谢产物，是小肠上皮细胞、淋巴细胞等快速分化组织所必需的。核苷酸对免疫系统也很重要。核苷酸可从食物中摄取或用氨基酸前体物在体内从头合成，这两个过程都需要大量能量。人奶中的游离核苷酸可以提供婴儿日需量的 25%（Hendricks 和 Guo，2014）。

11.11.4　钙调蛋白抑制肽

钙调蛋白（CaM）是钙调节蛋白的简称，是在所有真核细胞中表达的一种钙结合信使蛋白。钙调蛋白介导炎症、代谢、短/长时记忆和平滑肌收缩等生物过程。与 CaM 结合的蛋白质不能和钙结合。有人已经从 α_{s1}-酪蛋白（$\alpha_{s1}+\alpha_{s2}$）的胃酶水解物分离出能抑制钙调蛋白依赖性环核苷酸磷酸二酯酶的多肽，并查明为 α_{s2}-酪蛋白 f164-179，α_{s2}-酪蛋白 f183-206 和 α_{s2}-酪蛋白 f183-207。这些多肽对钙调蛋白的亲和力跟一些内源性神经激素和蛋白质与钙调蛋白的亲和力相当（Kizavva 等，1995）。奶中此类多肽的生理学意义尚不明确（Aluko，2010).

11.11.5　分化抗原簇 14（CD14）

CD14 是在成熟单核细胞中表达的一种糖基磷脂酰肌醇锚定膜蛋白，其功能是作为细菌脂多糖（LPS）的辅助受体，触发诱导炎症反应（Filipp 等，2001）。CD14 在革兰氏阴性、革兰氏阳性细菌和分枝杆菌细胞壁成分的识别以及由这些细胞壁成分诱导的细胞活化过程中起着至关重要的作用（Labéta 等，2000）。CD14 是得到最好表征的细菌模式识别受体（这里是 LPS 受体）。CD14 以两种形式存在，一种是膜锚定形式（mCD14），另一种是可溶形式（sCD14）。羊水和人奶中都有 sCD14。据报道胎儿或新生儿胃肠道中 sCD14 水平低与特应性（IgE 过度反应的遗传性体质）或/和湿疹的形成有关（Jones 等，2002）。

母乳中 sCD14 的浓度比血清高 20 倍（Labéta 等，2000）。有人推测人奶中的 sCD14 在细菌在新生儿肠道定植过程中起到前哨作用，从而有助于非特异性免疫机制控制新生儿肠道动态平衡（Labéta 等，2000；Vidal 等，2001；Oriquat 等，2011）。

11.11.6 半胱氨酸蛋白酶抑制剂

已从牛乳蛋白中纯化出一种分子量 12kDa 的半胱氨酸蛋白酶抑制剂（CPI），并确定为牛半胱氨酸蛋白酶抑制剂 C（Matsuoka 等，2002）。CPI 与杀菌活性和防止骨吸收有关，骨吸收是破骨细胞分泌蛋白酶分解骨基质的蛋白质，如胶原蛋白的过程（Drake 等，1996）。

乳铁蛋白和 β-酪蛋白都具有部分半胱氨酸蛋白酶抑制能力（Ohashi 等，2003）。

11.11.7 抗氧化剂和促氧化剂

在乳品加工中脂质氧化可引起严重的问题：异味、毒性作用、多不饱和脂肪酸（营养）的损失。奶中含有一些抗氧化剂尤其是金属结合蛋白、生育酚（维生素 E）、类胡萝卜素、抗坏血酸（维生素 C，含量较低）、热处理蛋白质的巯基、超氧化物歧化酶、谷胱甘肽过氧化物酶、乳铁蛋白和血清转铁蛋白。促氧化剂包括黄嘌呤氧化还原酶、巯基氧化酶、多价金属（铁、铜）、维生素 C 金属复合物、变性的乳过氧化物酶和过氧化氢酶。据报道，源自酪蛋白的一些肽也具有抗氧化活性，如人 β-酪蛋白 f154-160（Hernández-Ledesma 等，2007）。

11.12 加工条件对奶中生物活性物质的影响

乳品加工、储存条件和生理过程都会显著影响食物成分和生物活性。为了确保安全、延长保质期，生奶一般都要经过各种方式进行加工处理，包括热处理和均质化，这些处理过程都会对其理化性质产生很大影响，相应地对上述许多活性物质的生物活性也有影响。加工过程和分离程序对奶中生物活性成分的影响的相关科学知识非常有限。

热处理、离心分离、搅拌（制奶油）、均化都会影响脂肪球膜的营养特性和功能特性，改变其成分，造成磷脂损失，使酪蛋白和乳清蛋白吸附到脂肪球膜表面（Michalski 和 Januel，2006；Michalski，2007；Gallier 等，2010）。均质化可使乳脂球变小（Walstra，2003），但这种结构变化对乳脂肪球膜成分生物活性的影响尚未不清楚。

热处理可影响免疫球蛋白的解折叠和生物活性（Lindstrom 等，1994；Li-Chan 等，1995；Mainer 等，1999）。在 72℃ 加热 15s 会使免疫球蛋白的活性损失 10%~30%，UHT 处理（138℃，4s）和蒸发（evaporation）会使奶中大部分免疫球蛋白失活（Lindstrom 等，1994）。

Elfstrand 等（2002）曾对热处理和冷冻干燥对牛初乳中免疫球蛋白（Ig）、转化生长因子（TGF-β2）、胰岛素样生长因子（IGF-I）和生长激素（GH）浓度的影响进行研究。免疫球蛋白浓度降低了 75%，而 IGF-I 和 TGF-β_2 则不受影响。IgM 对热处理和冷冻干燥最为敏感。在上述处理的基础上再增加一个过滤步骤，IGF-I 和 TGF-β_2浓度降低了 25%（Elfstrand 等，2002）。

标准巴氏杀菌温度（72℃，15s）对乳铁蛋白的结构、抗菌活性影响很小。先对奶进行预热（70℃，3min），再进行 UHT 处理（130℃，2s）使残留铁结合能力损失 3%；但 UHT 处理会使铁饱和乳铁蛋白不能与细菌结合，抑制缺失铁的乳铁蛋白的抑菌活性（apo-乳铁蛋白，Pihlanto 和 Korhonen，2003）。

酪蛋白和乳清蛋白的热稳定性已在第 4 章和第 9 章讨论过。Chatterton 等（2006）曾对热处理对牛奶及牛奶制品中的 β-乳球蛋白和 α-乳清蛋白的影响进行综述。

母乳的储存是一个非常重要的问题，经常会把母乳保存在母乳库，供医院新生儿病房不能正常哺乳的新生儿使用。Lawrence（1999）曾对存储对母乳成分以及其免疫学特性的影响进行研究。他在研究中发现，在 4℃保存 72h 对母乳免疫学特性没什么影响，但冷冻可导致细胞活性丧失，使维生素 B_6 和维生素 C 含量减少。煮沸可破坏脂肪酶活性，降低 IgA 和分泌型 IgA 的效能。

现在，有人建议采用最小化加工来优化和保持奶制品的有益特性，以确保奶中生物活性成分被输送到体内的目标组织发挥作用（Korhonen，2002）。目前已在使用的一些新颖的处理技术包括膜分离、超临界流体萃取、高静水压处理技术等。

作为一种保存奶制品的方式，高静水压处理可保留乳品的感官特性并防止美拉德反应发生，似乎是保留生物活性成分很有前途的技术（Heremans 等，1997）。Naik 等人（2013）曾对该技术进行了综述。

11.13　奶中生物活性物质的工业化生产和应用

目前已经有人利用乳蛋白的生物活性开发生产功能性营养产品。目前已有可供工业化或半工业化生产使用的技术，可从牛奶和牛初乳分离、提取多种生物活性成分。蛋白质可以是完整的蛋白质，也可以是经蛋白水解酶、微生物蛋白水解酶和其他食品加工如热加工或酸化技术等水解产生的肽（O'Regan 等，2009；Mills 等，2011）。源自乳蛋白的产品目前已广泛用于病人、康复期病人、营养不良儿童或节食人群的特殊膳食制剂中。

低盐乳清粉可用于生产接近母乳的婴儿配方食品。婴儿配方食品可补充 α-乳清蛋白作为色氨酸及其代谢产物如 5-羟色胺等的来源。富含 β 酪蛋白、α-乳清蛋白、乳铁蛋白的蛋白分离物已被用作“母乳化”婴儿配方奶粉的原辅料（O'Regan 等，2009）。

已有人将乳清蛋白水解物用于以肽为基础的低过敏原婴儿配方食品中。

据报道，膳食强化乳清蛋白可使胃肠道癌症肿瘤生长减慢，可抑制头部和颈部癌细胞生长（Parodi，1999）。由 Davisco 国际食品公司生产的 Biozate™，是一种乳清蛋白产品，含有 ACE 抑制肽，已被证明可降低收缩压和舒张压，也可增强机体免疫力。

Prolibra™是由富含亮氨酸、生物活性肽和钙的特制乳清蛋白产品，通过为期 12 周的随机临床试验证实可加快人体脂肪的消耗，同时增加肌肉量（Frestedt 等，2008）。日本的酸味奶制品 Calpis©和芬兰的钙强化发酵奶 Evolus 都含有抗高血压肽，具有降低血压的作用。现在工业化大规模生产的生物活性肽也被用作牙膏、口香糖（MI Paste，

Trident Xtra Care）和食品添加剂（Capolac，Recaldent，Ameal peptide）的原辅料。Dziuba，B. 和 Dziuba，M（2014）对目前市场上使用了源自乳蛋白的活性肽产品进行了综述，并详细探讨了产品的分子、生物学、生产工艺技术特性。

最经典的免疫球蛋白制备方法是盐析法，通常是用硫酸铵［$(NH_4)_2SO_4$］。此方法很有效但生产成本太高，目前商业产品常用超滤从牛初乳或从超免疫牛的牛奶来制备。最近开发出的一些分离免疫球蛋白（有时还带有乳铁蛋白）的方法还使用了单克隆抗体、金属螯合或凝胶过滤色谱分离技术（O'Regan 等，2009；Mills 等，2011）。

现在市场上已有可供犊牛和其他新生动物使用的富含免疫球蛋白的产品销售。对于健康足月婴儿母乳喂养是最好的，但早产或出生体重极低婴儿经常不能采用母乳喂养，可用母乳库保存的人奶来喂养。这些婴儿的蛋白和能量需求比较高，人奶可能不能满足需要，因此已开发出特殊的配方奶粉。有人介绍了一种可用于这种配方奶粉的产品，该产品约含 75%蛋白质，其中 50%为免疫球蛋白，主要为 IgG_1 而不是在人奶中占多数的 IgA。这种产品是用牛初乳和免疫牛泌乳早期所产的奶的酸性乳清渗滤制备出来的免疫物质浓缩物。利用奶牛开发出可对抗人类致病菌，如轮状病毒（儿童疾病的重要病原体）的免疫球蛋白产品，在临床医学中被认为是一种很有吸引力的方法。免疫球蛋白可以通过奶或用奶制备的浓缩物的形式添加。酪蛋白水解物可用于早产儿和肠道功能紊乱患儿的特殊配方奶粉中。这些配方奶粉苯基丙氨酸含量较低，也适合苯丙酮尿症患儿食用（O'Regan 等，2009）。

在减肥餐补充剂中使用 CMP（非糖基化），能刺激胆囊收缩素释放，促进胰岛素生成，抑制胃酸分泌和控制食物摄入和消化（Yvon 等，1994）。

阿片肽具有类似于吗啡的药理性质，因此，可能可以用于某些药物或膳食制剂中；阿片肽也可刺激胰岛素分泌，改变餐后胃肠道功能，延长食物在胃肠道的停留时间，防止腹泻（O'Regan 等，2009）。

目前科研中遇到的挑战是要找到可用于大规模低成本生产奶活性成分的方法。含有蛋白质水解产生的活性多肽的食品已获批准可供大众消费，虽然目前市场供应十分有限的（Dziuba 和 Dziuba，2014），但随着消费需求的增加，功能性食品包括保健营养品的产量也会增加。现在已可用克隆技术在非奶源食物蛋白中生产出奶源生物活性肽（Mills 等，2011）。

有人已经开发出用超滤和色谱分离技术从乳清中浓缩生长因子的方法。这些生长因子除可能可用于食品（营养保健品）外，主要还可用于组织培养物中，如用牛胎血清为组织培养提供生长因子。但是牛胎血清供应有限且不可靠，价格昂贵，品质不稳定，源自乳清的生长因子可能可对生物技术行业和制药行业产生巨大影响，可用于生产疫苗、激素、药物、单克隆抗体，也可用于生产组织，尤其是生产用于治疗烧伤、溃疡和撕裂伤的皮肤组织。目前已经开发出多种新的工艺方法，可从奶中提取生长因子用于保健产品中（Pouliot 和 Gauthier，2006）。

有人已介绍了专门用于卫生保健、制药、婴儿食品和消费品等特殊领域的乳蛋白水解产物的几种生产、表征和评价方法（O'Regan 等，2009；Mills 等，2011）。现在已可以在体内或体外从乳蛋白制备一些具有特殊性能的多肽，其中有些可能具有商业开发潜力。蛋白水解物可用低程度水解或深度水解，深度水解的产物用作营养补充剂。最常见的制备方法是先用蛋白酶（如胃蛋白酶或胰蛋白酶）批量或连续水解，再对产生的肽进行分离和浓缩（O'Regan 等，2009）。凝胶渗透、离子交换、疏水相互作用和反相色谱法等分离技术都曾被用来从乳蛋白水解物中分离和纯化生物活性肽。可依次采用几种色谱技术，可再加上一个超滤步骤进行纯化。如酪蛋白磷酸肽的工业化生产方法一般是酶水解加上离子交换色谱法或酸沉降、膜渗滤和阴离子交换色谱法。

酪蛋白中谷氨酰胺含量比较高，谷氨酰胺有助于维持肌肉蛋白量，可用于制备供运动员使用的配方食品（O'Regan 等，2009）。

据报道，以酪蛋白为基础的制剂含有较高水平的转移生长因子-β（TGF-β），对克罗恩氏病患儿很有裨益（Fell 等，2000）。

在乳基制品发酵产生生物活性肽过程中，可采用来自发酵剂和非发酵剂的乳酸菌（Gobbetti 等，2007），这将在第 13 章详细讲述。

11.14　其他奶中的生物活性成分

迄今为止，奶生物活性成分的研究大多数集中于牛奶和人奶方面，对其他动物奶在人类营养的研究非常有限。据报道，牛奶中的生物活性成分大部分也存在于水牛奶中，只不过蛋白质、中链脂肪酸、共轭亚油酸、视黄醇、维生素 E 和神经节甘脂含量更高（Guo，2012）。据报道，由于山羊奶含有特殊的生物活性成分，包括含有较多短链、中链脂肪酸，可在消化、代谢和脂质吸收不良综合症中发挥作用，所以与牛奶相比，山羊奶在食疗和营养方面更具优势，而且还具有过敏性低的优势（Michaelidou，2008；Park，2012）。绵羊奶是优质蛋白、钙和脂质，尤其是瘤胃酸（共轭亚油酸异构体，可能与 CLA 的抗癌和抗动脉粥样硬化功效的的良好来源（Michaelidou，2008；de la Fuente 和 Juarez，2012）。Xu 等（2002）曾对猪奶中的生物活性因子及其在新生仔猪肠道功能和成熟方面可能产生的作用进行了全面综述，这些因子包括免疫球蛋白、乳铁蛋白、溶菌酶、乳过氧化物酶、白细胞生长因子、表皮生长因子、胰岛素样生长因子（IGF Ⅰ，Ⅱ）和转化生长因子（β1，β2）等。有人认为可以用马奶代替母乳为婴儿提供营养。马奶要取代人奶，必须具备许多与人奶相关的生物功能。马奶含有丰富的乳铁蛋白、溶菌酶、n-3 和 n-6 脂肪酸（Uniacke-Lowe 等，2010）表明它可能具有这样的潜力。马奶和驴奶其他备受关注的特点包括多不饱和脂肪酸含量特别高、胆固醇低、乳糖高、蛋白低（Solaroli 等，1993；Salimei 等，2004），而且维生素 A、B、C 含量也比较高。马奶和驴奶脂肪含量低，脂肪酸组成非常特别，使其动脉粥样硬化和血栓形成指数比较低。研究表明，减少膳食脂肪摄入，更重要的是降低饱和脂肪酸与不饱和脂肪酸的比例时，可明显改善人体健康。马科动物奶的乳糖含量高，适口性好，可改善肠道钙吸收，这对儿童骨钙化是非常重要的。从蛋白质和无机盐的水平来看，马奶对肾脏的负荷与人奶相当，进一步表明马奶适合作为婴儿食品。马奶和驴奶可用于提供益生元和益生菌，也可用作有牛乳蛋白过敏和多种食物不耐症婴儿和儿童的替代食物（Iacono 等，1992；Carroccio 等，2000）。生物活性肽胃饥饿素和胰岛素样生长因子 I 的水平对于代谢、体成分、食物摄取起直接作用，据报道，驴奶中其含量分别为 4.5pg/mL 和

11.5ng/mL，与人奶相似（Salimei，2011）。

马奶的补益作用至少部分与其免疫促进作用有关。在体外试验中，溶菌酶、乳铁蛋白和 n-3 脂肪酸一直与人类中性粒细胞的吞噬作用的调节有关（Ellinger 等，2002）。在马奶中这些成分的浓度特别高，摄入冷冻马奶可显著抑制趋化作用和呼吸暴发这两个吞噬过程的重要阶段（Ellinger 等，2002）。这表明马奶可能具有抗炎作用。

11.15 结论

奶是一个非常复杂的体系，除了大的成分之外，还含有许多尚未完全认识的生物活性成分。其中许多活性物质可能是渗漏的细胞成分，但有些可能有重要的作用。上面关于奶中活性成分的讨论许多充其量都是推测性的，这些成分实际上是否能完整到达下消化道并被完整吸收，至今尚未得到证明，虽然其中有些确实比较耐消化，如细胞因子。许多观察到的生理效应只是在体外试验或动物模型中得到证实，尚未在人体试验中得到验证。这些生物活性成分在发酵奶产品和奶酪中的代谢途径尚未充分认识，今后仍需开展大量研究。在乳品加工中如何开发利用和保存奶中的生物活性成分，是乳品工业目前面临的新的技术挑战。

参考文献

Abd El-Salam, M. H., El-Shibinyand, S., & Buchheim, W. 1996. Characteristics and potential uses of the casein macropeptide. *International Dairy Journal*, 6, 327-341.

Achanta, K., Boeneke, C. A., & Aryana, K. J. 2007. Characteristics of reduced fat milks as influenced by the incorporation of folic acid. *Journal of Dairy Science*, 90, 90-98.

Adkins, Y., & Lönnerdal, B. 2001. High affinity binding of the transcobalamin II-cobalamin complex and mRNA expression of haptocorrin by human mammary epithelial cells. *Biochimica et Biophysica Acta*, 1528, 43-48.

Agostini, C., Carratù, B., Boniglia, C., Riva, E., & Sanzini, E. 2000. Free amino acid content in standard infant formulas: Comparison with human milk. *Journal of the American College of Nutrition*, 19, 434-438.

Agostoni, C. 2005. Ghrelin, leptin and the neurometabolic axis of breastfed and formula-fed infants. *Acta Paediatrica*, 94, 523-525.

Aluko, R. E. 2010. Food protein-derived peptides as calmodulin inhibitors. In Y. Mine, E. Li-Chan, & B. Jiang (Eds.), *Bioactive proteins and peptides as functional foods and nutraceuticals* (pp. 55-65). Ames, IA: Wiley-Blackwell.

Amarant, T., Fridkin, M., & Koch, Y. 1982. Luteinizing hormone-heleasing hormone and thyrotropin-releasing hormone in human and bovine milk. *European Journal of Biochemistry*, 127, 647-650.

Aminot-Gilchrist, D. V., & Anderson, H. D. I. 2004. Insulin resistance-associated cardiovascular disease: potential benefits of conjugated linoleic acid. *The American Journal of Clinical Nutrition*, 79, S1159-S1163.

Appelmelk, B. J., An, Y. -Q., Geerst, M., Thijs, B. G., Deboer, H. A., McClaren, D. M., et al. 1994. Lactoferrin is a lipid A-binding protein. *Infection and Immunity*, 62, 2628-2632.

Aydin, S., Ozkan, Y., Erman, F., Gurates, B., Kilic, N., Colak, R., et al. 2008. Presence of obestatin in breast milk: Relationship among obestatin, ghrelin, and leptin in lactating women. *Nutrition*, 24, 689-693.

Bach, A. C., & Babayan, V. K. 1992. Medium-chain triglycerides: An update. *The American Journal of Clinical Nutrition*, 36, 950-962.

Baldi, A., Politis, I., Pecorini, C., Fusi, E., Roubini, C., & Dell' Orto, V. 2005. Biological effects of milk proteins and their peptides with emphasis on those related to the gastrointestinal ecosystem. *Journal of Dairy Research*, 72, 66-72.

Baram, T., Koch, Y., Hazum, E., & Fridkin, M. 1977. Gonadotropin-releasing hormone in milk. *Science*, 198, 300-302.

Barello, C., Perono Garoffo, L., Montorfano, G., Zava, S., Berra, B., Conti, A., et al. 2008. Analysis of major proteins and fat fractions associated with mare's milk fat globules. *Molecular Nutrition & Food Research*, 58, 1448-1456.

Barfoot, R. A., McEnery, G., Ersser, R. S., & Seakins, J. W. 1988. Diarrhoea due to breast milk: Case of fucose intolerance? *Archives of Disease in Childhood*, 63, 311.

Barnard, J. A., Beauchamp, R. D., Russell, W. E., Dubois, R. N., & Coffey, R. J. 1995. Epidermal growth factor-related peptides and their relevance to gastrointestinal pathophysiology. *Gastroenterology*, 108, 564-580.

Bauman, D. E., & Lock, A. L. 2006. Conjugated linoleic acid: Biosynthesis and nutritional significance. In P. F. Fox & P. L. H. McSweeney (Eds.), *Advanced dairy chemistry*, *vol.* 2, *lipids* (3rd ed., pp. 93-136). New York, NY: Springer.

Becker, D. J., & Lowe, J. B. 2003. Fucose: Biosynthesis and biological function in mammals. Review. *Glycobiology*, 13, 41-53.

Bell, S. J., Grochoski, G. T., & Clarke, A. J. 2006. Health implications of milk containingβ-casein with the A2 genetic variant. *Critical Reviews in Food Science and Nutrition*, 46, 93-100.

Carlson, S. E. 2001. Docosahexaenoic acid and arachidonic acid in infant development. *Seminars in Neonatology*, 6, 437-449.

Carratù, B., Boniglia, C., Scalise, F., Ambruzzi, A. M., & Sanzini, E. 2003. Nitrogeneous components of human milk: Non-protein nitrogen, true protein and free amino acids. *Food Chemistry*, 81, 357-362.

Carroccio, A., Cavataio, F., Montalto, G., D'Amico, D., Alabrese, L., & Iacono, G. 2000. Intolerence to hydrolysed cow's milk proteins in infants: Clinical characteristics and dietary treatment. *Clinical and Experimental Allergy*, 30, 1597-1603.

Casabiell, X., Pineiro, V., Tome, M. A., Peino, R., Dieguez, C., & Casanueva, F. F. 1997. Presence of leptin in colostrum and/or breast milk from lactating mothers: A potential role in the regulation of neonatal food intake. *The Journal of Clinical Endocrinology and Metabolism*, 82, 4270-4273.

Cashman, K. D. 2006. Milkminerals (including trace elements) and bone health. *International Dairy Journal*, 16, 1389-1398.

Català-Clariana, S., Benavente, F., Giménez, E., Barbosa, J., & Sanz-Nebot, V. 2010. Identification of bioactive peptides in hypoallergenic infant milk formula by capillary electrophoresis mass spectrometry. *Analytica Chimica Acta*, 683, 119-125.

Chabance, B., Jollès, P., Izquierdo, C., Mazoyer, E., Francoual, C., Drouet, L., et al. 1995. Characterization of an antithrombotic peptide from κ-casein in newborn plasma after milk ingestion.

British Journal of Nutrition, 73, 583-590.

Chabance, B., Marteau, P., Rambaud, J. C., Migliore - Samour, D., Boynard, M., Perrontin, P., et al. 1998. Casein peptide release and passage to the blood in humans during digestion of milk or yoghurt. *Biochimie*, 80, 155-165.

Chang, K. J., Su, Y. F., Brent, D. A., & Chang, J. K. 1985. Isolation of a specificμ-opiate receptor peptide, morphiceptin, from an enzymatic digest of milk proteins. *The Journal of Biological Chemistry*, 260, 9706-9712.

Chatterton, D. E. W., Smithers, G., Roupas, P., & Brodkorb, A. 2006. Review: Bioactivity ofβ-lactoglobulin and α - lactalbumin—Technological implications for processing. *International Dairy Journal*, 16, 1229-1240.

Chaturvedi, P., Warren, C. D., Altaye, M., Morrow, A. L., Ruiz-Palacios, G., Pickering, L. K., et al. 2001. Fucosylated human oligosaccharides vary between individuals and over the course of lactation. *Glycobiology*, 11, 365-372.

Chin-Dusting, J., Shennan, J., Jones, E., Williams, C., Kingwell, B., & Dart, A. 2006. Effect of dietary supplementation with β-casein A1 or A2 on markers of disease development in individuals at high risk of cardiovascular disease. *British Journal of Nutrition*, 95, 136-144.

Chun, R. F. 2012. New perspectives on the vitamin D binding protein. *Cell Biochemistry and Function*, 30, 445-456.

Cieślińska, A., Kamiński, S., Kostyra, E., & Sienkiewicz-Szlapka, E. 2007. Beta-casomorphin 7 in raw and hydrolysed milk derived from cows of alternative beta-casein genotypes. *Milchwissenschaft*, 62, 125-127.

Cinque, B., Di Marzio, L., Centi, C., Di Rocco, C., Riccardi, C., & Grazia Cifone, M. 2003. Sphingolipids and the immune system. *Pharmacological Research*, 47, 421-437.

Clare, D. A., Catignani, G. L., & Swaisgood, H. E. 2003. Biodefense properties of milk: The role of antimicrobial proteins and peptides. *Current Pharmaceutical Design*, 29, 1239-1255.

Clare, D. A., & Swaisgood, H. E. 2000. Bioactive milk peptides: A prospectus. *Journal of Dairy Science*, 83, 1187-1195.

Collomb, M., Schmid, A., Sieber, R., Wechsler, D., & Ryh � en, E. -L. 2006. Conjugated linoleic acids in milk fat: Variation and physiological effects. *International Dairy Journal*, 16, 1347-1361.

Combs, G. F. 2012. *The vitamins: Fundamental aspects in nutrition and health* (4th ed.). Burlington, MA: Elsevier Academic Press.

Conneely, O. 2001. Anti inflammatory activities of lactoferrin. *Journal of the American College of Nutrition*, 20, 389S-395S.

Creamer, L. K., Loveday, S. M., & Sawyer, L. 2011. Milk proteins: β-Lactoglobulin. In H. Roginski, J. W. Fuquay, & P. F. Fox (Eds.), *Encyclopedia of dairy sciences* (2nd ed., pp. 787-794). Oxford, UK: Elsevier.

Cummings, D. E. 2006. Ghrelin and the short- and long-term regulation of appetite and body weight. *Physiology & Behavior*, 89, 71-84.

Cuthbertson, W. F. J. 1999. Evolution of infant nutrition. *British Journal of Nutrition*, 81, 359-371.

Dalgleish, D. G. 2011. On the structural models of bovine casein micelles—Review and possible improvements. *Soft Matter*, 7, 2265-2272.

Darling, J., Laing, A., & Harkness, R. 1974. A survey of the steroids in cow's milk. *Journal of Endocrinology*, 62, 291-297.

Davies, M. 1988. Infant feeding and childhood lymphomas. *Lancet*, 2, 365-368.

Davis, R. E., & Nichol, D. J. 1988. Folic acid. *International Journal of Biochemistry*, 20, 133-139.

De la Fuente, M. A., Juarez, M. 2012. Bioactive components in sheep milk and products. *Proceedings of Dairy Foods Symposium: Bioactive Components in Milk and Dairy Products: Recent International Perspectives and Progresses in Different Dairy Species, Phoenix, AZ* (pp. 459-460).

De Noni, I. 2008. Release ofβ-casomorphins 5 and 7 during simulated gastro-intestinal digestion of β-casein variants and milk-based infant formulas. *Food Chemistry*, 110, 897-903.

De Noni, I., & Cattaneo, S. 2010. Occurrence ofβ-casomorphins 5 and 7 in commercial dairy products and in their digests following *in-vitro* simulated gastro-intestinal digestion. *Food Chemistry*, 119, 560-566.

Deloyer, P., Peulen, O., & Dandrifosse, G. 2001. Dietary polyamines and non-neoplastic growth and disease. *European Journal of Gastroenterology & Hepatology*, 13, 1027-1032.

Donovan, S. M., & Odle, J. 1994. Growth factors in milk as mediators of infant development. *Annual Review of Nutrition*, 14, 147-167.

Drake, F. H., Dodds, R. A., James, I. E., Connor, J. R., Debouck, C., Richardson, S., et al. 1996. Cathepsin K, but not cathepsins B, L, or S, is abundantly expressed in human osteoclasts. *The Journal of Biological Chemistry*, 271, 12511-12516.

Duggan, V. E., Holyoak, G. R., MacAllister, C. G., Cooper, S. R., & Confer, A. W. 2008. Amyloid A in equine colostrum and early milk. *Veterinary Immunology and Immunopathology*, 121, 150-155.

Dunbar, A. J., Priebe, I. K., Belford, D. A., & Goddard, C. 1999. Identification of betacellulin as a major peptide growth factor in milk: Purification, characterization and molecular cloning of bovine betacellulin. *Biochemical Journal*, 344, 713-721.

Dvorak, B. 2010. Milk epidermal growth factor and gut protection. *Journal of Pediatrics*, 156, S31-S35.

Dziuba, B., & Dziuba, M. 2014. Milk proteins - derived bioactive peptides in dairy products: Molecular, biological and methodological aspects. *Acta Scientiarum Polonorum. Technologia Alimentaria*, 13, 5-25.

Dziuba, J., & Minkiewicz, P. 1996. Influence of glycosylation on micelle - stabilizing ability and biological properties of C-terminal fragments of cow's κ-casein. *International Dairy Journal*, 6, 1017-1044.

Elfstrand, L., Lindmark-Månsson, H., Paulsson, M., Nyberg, L., & Åkesson, B. 2002. Immunoglobulins, growth factors and growth hormone in bovine colostrum and the effects of processing. *International Dairy Journal*, 12, 879-887.

Ellinger, S., Linscheid, K. P., Jahnecke, S., Goerlich, R., & Endbergs, H. 2002. The effect of mare's milk consumption on functional elements of phagocytosis of human neutrophils granulocytes from healthy volunteers. *Food and Agricultural Immunology*, 14, 191-200.

Elliott, R. B., Harris, D. P., Hill, J. P., Bibby, N. J., & Wasmuth, H. E. 1999. Type 1 (insulin-dependent) diabetes mellitus and cow milk: Casein variant consumption. *Diabetologia*, 42,

292-296.

Ellison, R. T., & Giehl, T. J. 1991. Killing of gram-negative bacteria by lactoferrin and lysozyme. *Journal of Clinical Investigation*, 88, 1080-1091.

El-Zahar, K., Sitohy, M., Choiset, Y., Métro, F., Haertlé, T., & Chobert, J.-M. 2005. Peptic hydrolysis of ovine β-lactoglobulin and α-lactalbumin. Exceptional susceptibility of native ovine β-lactoglobulin to pepsinolysis. *International Dairy Journal*, 15, 17-27.

Erdman, K., Cheung, B. W. Y., & Schröder, H. 2008. The possible role of food-derived bioactive peptides in reducing the risk of cardiovascular disease. *The Journal of Nutritional Biochemistry*, 19, 643-654.

Eriksson, L., Valtonen, M., Laitinen, J., Paananen, M., & Kaikkonen, M. 1998. Diurnal rhythm of melatonin in bovine milk: Pharmacokinetics of exogenous melatonin in lactating cows and goats. *Acta Veterinaria Scandinavica*, 39, 301-310.

European Food Safety Authority. 2009. Review of the potential health impact ofβ-casomorphins and related peptides. *EFSA Scientific Report*, 231, 1-107.

Fell, J. M., Paintin, M., Arnaud-Battandier, F., Beattie, R. M., Hollis, A., Kitching, P., et al. 2000. Mucosal healing and a fall in mucosal pro-inflammatory cytokine mRNA induced by a specific oral polymeric diet in paediatric Crohn's disease. *Alimentary Pharmacology & Therapeutics*, 14, 281-288.

Ferranti, P., Traisci, M. V., Picariello, G., Nasi, A., Boschi, V., Siervo, M., et al. 2004. Casein proteolysis in human milk: Tracing the pattern of casein breakdown and the formation of potential bioactive peptides. *Journal of Dairy Research*, 71, 74-87.

Fiat, A. M., & Jollès, P. 1989. Caseins of various origins and biologically active casein peptides and oligosaccharides: Structural and physiological aspects. *Molecular and Cellular Biochemistry*, 87, 5-30.

Fiat, A.-M., Migliore-Samour, D., Jollès, P., Drouet, L., Bal Dit Sollier, C., & Caen, J. 1993. Biologically active peptides from milk proteins with emphasis on two examples concerning antithrombotic and immunomodulating activities. *Journal of Dairy Science*, 76, 301-310.

Filipp, D., Alizadeh-Khiavi, K., Richardson, C., Palma, A., Pareded, N., Takeuchi, O., et al. 2001. Soluble CD14 enriched in colostrum and milk induces B cell growth and differentiation. *Proceedings of the National Academy of Sciences of the United States of America*, 98, 603-608.

Finke, B. M., Mank, H. D., & Stahl, B. 2000. Off-line coupling of low-pressure anion-exchange chromatography with MALDI-MS to determine the elution order of human milk oligosaccharides. *Analytical Biochemistry*, 284, 256-265.

Fitzgerald, R. J. 1998. Potential uses of caseinophosphopeptides. *International Dairy Journal*, 8, 451-457.

Fitzgerald, R. J., & Meisel, H. 2000. Opioid peptides encrypted in intact milk protein sequences. *British Journal of Nutrition*, 58, S27-S31.

Food and Agriculture Organization of the United Nations/World Health Organization. 2008. *Enterobacter sakazakii* (*Cronobacter spp.*) *in powdered follow-up formulae* (Microbiological risk assessment series, Vol. 15). Rome: FAO/WHO.

Fosset, S., Fromentin, G., Gietzen, D. W., Dubarry, M., Huneau, J. F., Antoine, J. M., et al. 2002. Peptide fragments released from Phe-caseinomacropeptide in vivo in the rat. *Peptides*, 23,

1773-1781.

Fox, P. F., & Flynn, A. 1992. Biological properties of milk proteins. In P. F. Fox (Ed.), *Advanced dairy chemistry, vol* 1, *proteins* (pp. 255-284). London, UK: Elsevier Applied Science.

Fox, P. F., & Kelly, A. L. 2003. Developments in the chemistry and technology of milk proteins 2. Minor milk proteins. *Food Australia*, 55, 231-234.

Fox, P. F., & Kelly, A. 2006. Indigenous enzymes in milk: Overview and historical aspects-Part 1. *International Dairy Journal*, 16, 500-516.

Frestedt, J. L., Zenk, J. L., Kuskowski, M. A., Ward, L. S., & Bastian, E. D. 2008. A whey-protein supplement increases fat loss and spares lean muscle in obese subjects: A randomized human clinical study. *Nutrition and Metabolism*, 5, 8-14.

Freudenheim, J. L., Marshall, J. R., Graham, S., Laughlin, R., Vena, J. E., Bandera, E., et al. 1994. Exposure to breast milk in infancy and the risk of breast cancer. *Epidemiology*, 5, 324-331.

Gallier, S., Gragson, D., Jimenez-Flores, R., & Everett, D. 2010. Using confocal laser scanning microscopy to probe the milk fat globule membrane and associated proteins. *Journal of Agricultural and Food Chemistry*, 58, 4250-4257.

Gauthier, S. F., Pouliot, Y., & Saint-Sauveur, D. 2006. Immunomodulatory peptides obtained by the enzymatic hydrolysis of whey proteins. *International Dairy Journal*, 16, 1315-1323.

Ghitis, J., Mandelbaum-Shavit, F., & Grossowicz, N. 1969. Binding of folic acid and derivatives in milk. *British Journal of Nutrition*, 31, 243-257.

Gifford, J. L., Hunter, H. N., & Vogel, H. J. 2005. Lactoferricin: A lactoferrin-derived peptide with antimicrobial, antiviral, antitumor and immunological properties. *Cellular and Molecular Life Sciences*, 62, 2588-2598.

Gillman, M. W. 2010. Early infancy—A critical period for development of obesity. *Journal of Developmental Origins of Health and Disease*, 1, 292-299.

Girardet, J. -M., & Linden, G. 1996. PP3 component of bovine milk: A phosphorylated whey glycoprotein. *Journal of Dairy Research*, 63, 333-350.

Gobbetti, M., Minervini, F., & Rizzello, C. G. 2007. Bioactive peptides in dairy products. In Y. H. Hui (Ed.), *Handbook of food products manufacturing* (pp. 489-517). Hoboken, NJ: John Wiley and Sons, Inc.

Gobbetti, M., Stepaniak, L., De Angelis, M., Corsetti, A., & Di Cagno, R. 2002. Latent bioactive peptides in milk proteins: Proteolytic activation and significance in dairy processing. *Critical Reviews in Food Science and Nutrition*, 42, 223-239.

Graf, M. V., Hunter, C. A., & Kastin, A. J. 1984. The presence of delta sleep-inducing peptide-like material in human milk. *The Journal of Clinical Endocrinology and Metabolism*, 59, 127-132.

Graf, M. V., & Kastin, A. J. 1986. Delta Sleep-inducing peptide (CDSIP): An update. *Peptides*, 7, 1165-1187.

Green, M. R., & Pastewka, J. V. 1978. Lactoferrin is a marker for prolactin response in mouse mammary explants. *Endocrinology*, 103, 1510-1513.

Gregory, I. J. F. 1982. Denaturation of the folacin-binding protein in pasteurized milk products. *Journal of Nutrition*, 112, 1329-1338.

Grosvenor, C. E., Picciano, M. F., & Baumrucker, C. R. 1993. Hormones and growth factors in milk. *Endocrine Reviews*, 14, 710-728.

Groves, M. L. 1969. Someminor components of casein and other phosphoproteins in milk. A review. *Journal of Dairy Science*, 52, 1155-1165.

Groves, M. L., & Greenberg, R. 1982. β2-Microglobulin and its relationship to the immune system. *Journal of Dairy Science*, 65, 317-325.

Guaadaoui, A., Benaicha, S., Elmajdoub, N., Bellaoui, M., & Hamal, A. 2014. What is a bioactive compound? A combined definition for a preliminary consensus. *International Journal of Food Sciences and Nutrition Sciences*, 3, 174-179.

Guo, M. 2012. Bioactive components in buffalo milk and products. *Proceedings of: Dairy Foods Symposium: Bioactive Components in Milk and Dairy Products: Recent International Perspectives and Progresses in Different Dairy Species*, *Phoenix*, *AZ* (pp. 459-460).

Guo, H. Y., Pang, K., Zhang, X. Y., Zhao, L., Chen, S. W., Dong, M. L., et al. 2007. Composition, physicochemical properties, nitrogen fraction distribution, and amino acid profile of donkey milk. *Journal of Dairy Science*, 90, 1635-1643.

Haddad, J. G. 1995. Plasma vitamin D-binding protein (Gc-globulin): Multiple tasks. *The Journal of Steroid Biochemistry and Molecular Biology*, 53, 579-582.

Hambræus, L. 1984. Human milk composition. *Nutrition Abstracts and Reviews Series A*, 54, 219-236.

Hambræus, L., & Lönnerdal, B. 2003. Nutritional aspects of milk proteins. In P. F. Fox & P. L. H. McSweeney (Eds.), *Advanced dairy chemistry*, *vol.* 1, *proteins* (3rd ed., pp. 605-645). New York, NY: Kluwer Academic/Plenum Publishers.

Hamer, H. M., Jonkers, D., Venema, K., Vanhoutvin, S., Troost, F. J., & Brummer, R. J. 2008. Review article: The role of butyrate on colonic function. *Alimentary Pharmacology & Therapeutics*, 27, 104-119.

Haque, E., & Chand, R. 2008. Antihypertensive and antimicrobial bioactive peptides from milk proteins. *European Food Research and Technology*, 227, 7-15.

Haug, B. E., Strm, M. B., & Svendsen, J. S. M. 2007. The medicinal chemistry of short lactoferricin-based antibacterial peptides. *Current Medicinal Chemistry*, 14, 1-18.

Hayes, M., Ross, R. P., Fitzgerald, G. F., Hill, C., & Stanton, C. 2005. Casein-derived antimicrobial peptides generated by Lactobacillus acidophilus DPC6026. *Applied and Environmental Microbiology*, 72, 2260-2264.

Heap, R. B., Gwyn, M., Laing, J. A., & Waiters, D. E. 1973. Pregnancy diagnosis in cows; changes in milk progesterone concentration during the oestrous cycle and pregnancy measured by a rapid radioimmunoassay. *Journal of Agricultural Science*, 81, 151-157.

Heegaard, C. W., Rasmussen, L. K., & Andreasen, P. A. 1994. The plasminogen activation system in bovine milk: Differential localization of tissue-type plasminogen activator and urokinase in milk fractions is caused by binding to casein and urokinase receptor. *Biochimica et Biophys Acta*, 1222, 45-55.

Hendricks, G. M., & Guo, M. 2014. Bioactive components in human milk. In M. Guo (Ed.), *Human milk biochemistry and infant formula manufacturing* (pp. 33-54). Cambridge, UK: Woodhead Publishing.

Heremans, K., Van Camp, J., & Huyghebaert, A. 1997. High-pressure effects on proteins. In S. Damodaran & A. Paraf (Eds.), *Food proteins and their applications* (pp. 473-502). New York,

NY: Marcel Dekker, Inc.

Hernández-Ledesma, B., Amigo, L., Ramos, M., & Recio, I. 2004. Release of angiotensin converting enzyme-inhibitory peptides by simulated gastrointestinal digestion of infant formulas. *International Dairy Journal*, 14, 889-898.

Hernández - Ledesma, B., Dávalos, A., Bartolomé, B., & Amigo, L. 2005. Preparation of antioxidant enzymatic hydrolyzates from α-lactalbumin and β-lactoglobulin. Identification of peptides by HPLC-MS/MS. *Journal of Agricultural and Food Chemistry*, 53, 588-593.

Hernández-Ledesma, B., Quirós, A., Amigo, L., & Recio, I. 2007. Identification of bioactive peptides after digestion of human milk and infant formula with pepsin and pancreatin. *International Dairy Journal*, 17, 42-49.

Hernández-Ledesma, B., Recio, I., & Amigo, L. 2008. β-Lactoglobulin as a source of bioactive peptides. *Amino Acids*, 35, 257-265.

Hernell, O., & Lönerdal, B. 2002. Iron status of infants fed low iron formula: No effect of added bovine lactoferrin or nucleotides. *The American Journal of Clinical Nutrition*, 76, 858-864.

Hiraiwa, M., O'Brien, J. S., Kishimoto, Y., Galdzicka, M., Fluharty, A. L., Ginns, E. I., et al. 1993. Isolation, characterization, and proteolysis of human prosaposin, the precursor of saposins (sphingolipid activator proteins). *Archives of Biochemistry and Biophysics*, 304, 110-116.

Horrobin, D. F. 2000. Essential fatty acid metabolism and its modification in atopic eczema. *The American Journal of Clinical Nutrition*, 71, 367S-372S.

Høst, A., & Halken, S. 2004. Hypoallergenic formulas- when, to whom and how long: After more than 15 years we know the right indication. *Allergy*, 59, 45-52.

Houseknecht, K. L., McGuire, M. K., Portocarrero, C. P., McGuire, M. A., & Beerman, K. 1997. Leptin is present in human milk and is related to maternal plasma leptin concentration and adiposity. *Biochemical and Biophysical Research Communications*, 240, 742-747.

Iacono, G., Carroccio, A., Cavataio, F., Montalto, G., Soresi, M., & Balsamo, V. 1992. Use of ass' milk in multiple food allergy. *Journal of Pediatric Gastroenterology and Nutrition*, 14, 177-181.

Ilcol, Y. O., Hizli, Z. B., & Eroz, E. 2008. Resistin is present in human breast milk and it correlates with maternal hormonal status and serum level of C-reactive protein. *Clinical Chemistry and Laboratory Medicine*, 46, 118-124.

Ilcol, Y. O., Hizli, Z. B., & Ozkan, T. 2006. Leptin concentration in breast milk human and its relationship to duration of lactation and hormonal status. *International Breastfeeding Journal*, 17, 1-21.

Innis, S. 2007. Fatty acids and early human development. *Early Human Development*, 83, 761-766.

Iwan, M., Jarmolowska, B., Bielikowicz, K., Kostyra, E., Kostyra, H., & Kaczmarski, M. 2008. Transport of μ-opioid receptor agonists and antagonist peptides across Caco-2 monolayer. *Peptides*, 29, 1041-1047.

Jacobsen, R., Lorenzen, J. K., Toubro, S., Krog-Mikkelsen, I., & Astrup, A. 2003. Effect of short-term high dietary calcium intake on 24-h energy expenditure, fat oxidation, and fecal fat excretion. *International Journal of Obesity*, 29, 292-301.

Jarmolowska, B., Kostyra, E., Krawczuk, S., & Kostyra, H. 1999. β-Casomorphin-7 isolated from Brie cheese. *Journal of the Science of Food and Agriculture*, 79, 1788-1792.

Jarmolowska, B., Sidor, K., Iwan, M., Bielikowicz, K., Kaczmarski, M., Kostyra, E., et al.

2007. Changes of β－casomorphin content in human milk during lactation. *Peptides*, 28, 1982－1986.

Jarmolowska, B., Szlapka-Sienkiewicz, E., Kostyra, E., Kostyra, H., Mierzejewska, D., & Darmochwal-Marcinkiewicz, K. 2007. Opioid activity of human formula for newborns. *Journal of the Science of Food and Agriculture*, 87, 2247-2250.

Jensen, R. G. 1999. Lipids in human milk. *Lipids*, 34, 1243-1271.

Jensen, R. B. 2002. The composition of bovine milk lipids: January 1995 to December 2000. *Journal of Dairy Science*, 85, 295-350.

Jinsmaa, T., & Yoshikawa, M. 1999. Enzymatic release of neocasomorphin andβcasomorphin from bovine β-casein. *Peptides*, 20, 957-962.

Jøhnke, M., Petersen, T. E. 2012. *The alpha-lactalbumin/oleic acid complex and its cytotoxic activity* (pp. 119-144). INTECH, Open Science/Open Minds Publication. Accessed October 21, 2014, from http://cdn.intechopen.com/pdfs-wm/38827.pdf.

Jollès, P., & Henschen, A. 1982. Comparison between the clotting of blood and milk. *Trends in Biochemical Sciences*, 7, 325-328.

Jollès, P., Lévy-Toledano, S., Fiat, A. -M., Soria, C., Gillensen, D., Thomaidis, A., et al. 1986. Analogy between fibrinogen and casein. Effect of an undecapeptide isolated from κ-casein on platelet function. *European Journal of Biochemistry*, 158, 379-382.

Jollès, P., Loucheux-Lefebvre, M. H., & Henschen, A. 1978. Structural relatedness of κ-casein and fibrinogen γ-chain. *Journal of Molecular Evolution*, 11, 271-277.

Jones, C. A., Holloway, J. A., Popplewell, E. J., Diaper, N. D., Holloway, J. W., Vance, G. H., et al. 2002. Reduced soluble CD14 levels in amniotic fluid and breast milk are associated with the subsequent development of atopy, eczema, or both. *Journal of Allergy and Clinical Immunology*, 109, 858-866.

Jouan, P. -N., Pouliot, Y., Gauthier, S. F., & LaForest, J. -P. 2006. Hormones in bovine milk and milk products: A survey. *International Dairy Journal*, 16, 1408-1414.

Kalač, P., & Krausová, P. 2005. A review of dietary polyamines: Formation, implications for growth and health and occurrence in foods. *Food Chemistry*, 90, 219-230.

Kamau, S. M., Cheison, S. C., Chen, W., Liu, X. M., & Lu, R. R. 2010. Alpha-lactalbumin: Its production technologies and bioactive peptides. *Comprehensive Reviews in Food Science and Food Safety*, 9, 197-212.

Kamiński, S., Cieślińska, A., & Kostyra, E. 2007. Polymorphism of bovine beta-casein and its potential effect on human health. *The Journal of General and Applied Microbiology*, 48, 189-198.

Kanno, C., Kanehara, N., Shirafuji, K., Tanji, R., & Imai, T. 1991. Binding form of vitamin B2 in bovine milk: Its concentration, distribution, and binding linkage. *Journal of Nutritional Science and Vitaminology*, 37, 15-27.

Kawasaki, Y., Isoda, H., Shinmoto, N., Tanimoto, M., Dosako, S., Idota, T., et al. 1993. Inhibition by κ-casein glycomacropeptide and lactoferrin of influenza virus hemagglutination. *Bioscience, Biotechnology, and Biochemistry*, 57, 1214-1215.

Kawasaki, Y., Isoda, H., Tanimoto, M., Dosako, S., Idota, T., & Ahiko, K. 1992. Inhibition by lactoferrin and κ-casein glycomacropeptide of binding of Cholera toxin to its receptor. *Bioscience, Biotechnology, and Biochemistry*, 56, 195-198.

Keenan, T. W., & Mather, I. H. 2006. Intracellular origin of milk fat globules and the nature of the milk fat globule membrane. In P. F. Fox & P. L. H. McSweeney (Eds.), *Advanced dairy chemistry*, *vol.* 2, *lipids* (3rd ed., pp. 137-171). New York, NY: Springer.

Kitts, D. D. 1994. Bioactive peptides in food: Identification and potential uses. *Canadian Journal of Physiology and Pharmacology*, 74, 423-434.

Kitts, D. D., & Weiler, K. 2003. Bioactive proteins and peptides from food sources. Applications of bioprocesses used in isolation and recovery. *Current Pharmaceutical Design*, 9, 1309-1323.

Kizavva, K., Naganuma, K., & Murakami, U. 1995. Calmodulin-binding peptides isolated fromα-casein peptone. *Journal of Dairy Research*, 62, 587-592.

Kohmura, M., Nio, N., Kubo, K., Minoshima, Y., Munekata, E., & Ariyoshi, Y. 1989. Inhibition of angiotensin I-converting enzyme by synthetic peptides of human β-casein. *Agricultural and Biological Chemistry*, 53, 2107-2114.

Kohmura, M., Nio, N., & Ariyoshi, Y. 1990. Inhibition of angiotensin - converting enzyme by synthetic peptides of human κ-casein. *Agricultural and Biological Chemistry*, 54, 835-836.

Koldovsky, O. 1989. Search for role of milk-borne biologically active peptides for the suckling. *Journal of Nutrition*, 119, 1543-1551.

Koldovsky, O., &Štrbá, V. 1995. Hormones and growth factors in human milk. In R. G. Jensen (Ed.), *Handbook of milk composition* (pp. 428-436). Oxford, UK: Academic.

Koletzko, S., Sherman, P., Corey, M., Griffiths, A., & Smith, C. 1989. Role of infant feeding practices in development of Crohn's disease in childhood. *Journal of British Medicine*, 298, 1617-1618.

Kondoh, K., Hineno, T., Sano, A., & Kakimoto, Y. 1991. Isolation and characterization of prosaposin from human milk. *Biochemical and Biophysical Research Communications*, 181, 286-292.

Korhonen, H. 2002. Technology options for new nutritional concepts. *International Journal of Dairy Technology*, 55, 79-88.

Korhonen, H. 2009. Milk - derived bioactive peptides: From science to applications. *Journal of Functional Foods*, 1, 177-187.

Korhonen, H., & Pihlanto, A. 2006. Bioactive peptides: Production and functionality. *International Dairy Journal*, 16, 945-960.

Korhonen, H., & Pihlanto - Leppälä, A. 2004. Milk - derived bioactive peptides: Formation and prospects for health promotion. In C. Shortt & J. O'Brien (Eds.), *Handbook of functional dairy products* (pp. 109-124). Boca Raton, FL: CRC Press.

Korpysa-Dzirba, W., Rola, J. G., & Osek, J. 2007. Enterobacter sakazakii-zagrożenie mikrobiologicznew żywności (Enterobacter sakazakii- A microbiological threat in food). In Polish, summary in English. *Medycyna Weterynaryjna*, 63, 1277-1280.

Kostyra, E., Sienkiewicz - Szlapka, E., Jarmolowska, B., Krawczuk, S., & Kostyra, H. 2004. Opioid peptides derived from milk proteins. *Polish Journal Of Food And Nutrition Sciences*, 13, 25-35.

Kurzel, M. L., Janusz, M., Lisowski, J., Fischleigh, R. V., & Georgiades, J. A. 2001. Towards an understanding of biological role of colostrinin peptides. *Journal of Molecular Neuroscience*, 17, 379-389.

Kurzel, M. L., Polanowski, A., Wilusz, T., Sokolowska, A., Pacewicz, M., Bednarz, R., et al. 2004. The alcohol-induced conformational changes in casein micelles: A new challenge for the purification of colostrinin. *The Protein Journal*, 23, 127–133.

Labéta, M. O., Vidal, K., Nores, J. E., Aarias, M., Vita, N., Morgan, B. P., et al. 2000. Innate recognition of bacteria in human milk is mediated by a milk–derived highly expressed pattern recognition receptor, soluble CD14. *The Journal of Experimental Medicine*, 191, 1807–1812.

Langer, P. 2009. Differences in the composition of colostrum and milk in eutherians reflect differences in immunoglobulin transfer. *Journal of Mammalogy*, 90, 332–339.

Larson, B. L. 1979. Biosynthesis and secretion of milk proteins: A review. *Journal of Dairy Research*, 46, 161–174.

Larson, M. A., Wei, S. H., Weber, A., Mack, D. R., & McDonald, T. L. 2003. Human serum amyloid A3 peptide enhances intestinal MUC3 expression and inhibits EPEC adherence. *Biochemical and Biophysical Research Communications*, 300, 531–540.

Lawrence, R. A. 1999. Storage of human milk and the influence of procedures on immunological components of human milk. *Acta Paediatrica*, 88, 14–18.

Leitch, E. C., & Willcox, M. D. 1999. Elucidation of the antistaphylococcal action of lactoferrin and lysozyme. *Journal of Medical Microbiology*, 48, 867–871.

Levy, J. 1998. Immunonutrition: The pediatric experience. *Nutrition*, 14, 641–647.

Li–Chan, E., Kummer, A., Losso, J. N., Kitts, D. D., & Nakai, S. 1995. Stability of bovine immunoglobulins to thermal treatment and processing. *Food Research International*, 28, 9–16.

Lindstrom, P., Paulsson, M., Nylander, T., Elofsson, U., & Lindmark – Måsson, H. 1994. The effect of heat treatment on bovine immunoglobulins. *Milchwissenschaft*, 49, 67–71.

Locke, R. 2002. Preventing obesity: The breast milk–leptin connection. *Acta Paediatrica*, 91, 891–894.

Lönnerdal, B. 2003. Nutritional and physiologic significance of human milk proteins. *The American Journal of Clinical Nutrition*, 77, 1537S–1543S.

Lönnerdal, B. J. 2013. Bioactive proteins in breast milk. *Paediatrics and Child Health*, 49, 1–7.

Lönnerdal, B., & Suzuki, Y. A. 2013. Lactoferrin. In P. L. H. McSweeney & P. F. Fox (Eds.), *Advanced dairy chemistry*, *vol.* 1A (Proteins: Basic aspects, pp. 295–315). New York: Springer.

López–Expósito, I., & Recio, I. 2008. Protective effect of milk peptides: Antibacterial and antitumor properties. *Advances in Experimental Medicine and Biology*, 606, 271–294.

Löser, C. 2000. Polyamines in human and animal milk. *British Journal of Nutrition*, 84, S55–S58.

Mack, D. R., McDonald, T. L., Larson, M. A., Wei, S., & Weber, A. 2003. The conserved TFLK motif of mammary–associated serum amyloid A3 is responsible for up–regulation of intestinal MUC3 mucin expression *in vitro*. *Pediatric Research*, 53, 137–142.

Mainer, G., Dominguez, E., Randrup, M., Sanchez, L., & Calvo, M. 1999. Effect of heat treatment on anti–rotavirus activity of bovine immune milk. *Journal of Dairy Research*, 66, 131–137.

Malacarne, M., Martuzzi, F., Summer, A., & Mariani, P. 2002. Protein and fat composition of mare's milk: Some nutritional remarks with reference to human and cow's milk. *International Dairy Journal*, 12, 869–897.

Malik, S., Fu, L., Juras, D. J., Karmali, M., Wong, B. Y., Gozdzik, A., et al. 2013. Common variants of the vitamin D binding protein gene and adverse health outcomes. *Critical Reviews in Clinical Laboratory Sciences*, 50, 1–22.

Malkoski, M., Dashper, S. G., O'Brien–Simpson, N. M., Talbo, G. H., Macris, M., Cross, K.

J., et al. 2001. Kappacin, a novel antibacterial peptide from bovine milk. *Antimicrobial Agents and Chemotherapy*, 45, 2309-2315.

Malven, P. 1977. Prolactin and other hormones in milk. *Journal of Animal Science*, 45, 609-616.

Marchbank, T., Playford, R. J. 2014. Colostrum: Its health benefits in milk and dairy products as functional foods. In: Kanekanian A (Ed.), (pp. 55-83). London, UK: Wiley-Blackwell.

Marinoni, E., Corona, G., Ciardo, F., & Letizia, C. 2010. Changes in the relationship between leptin, resistin and adiponectin in early neonatal life. *Frontiers in Bioscience*, 2, 52-58.

Marten, B., Pfeuffer, M., & Schrezenmeir, J. 2006. Medium-chain triglycerides. *International Dairy Journal*, 16, 1374-1382.

Martin, P., Cebo, G., & Miranda, G. 2013. Inter-species comparison of milk proteins: Quantitative variability and molecular diversity. In P. L. H. McSweeney & P. F. Fox (Eds.), *Advanced dairy chemistry, vol. IA, proteins basic aspects* (4th ed., pp. 387-429). New York, NY: Springer.

Martin, L. J., Woo, J. G., Geraghty, S. R., Altaye, M., Davidson, B. S., Banach, W., et al. 2006. Adiponectin is present in human milk and is associated with maternal factors. *The American Journal of Clinical Nutrition*, 83, 1106-1111.

Maruyama, S., Mitachi, H., Tanaka, H., Tomizuka, N., & Suzuki, H. 1987. Studies on the active site and antihypertensive activity of angiotensin I-converting enzyme inhibitors derivd from casein. *Agricultural and Biological Chemistry*, 51, 1581-1586.

Maruyama, S., Nakagomi, K., Tomizuka, N., & Suzuki, H. 1985. Angiotensin I-converting enzyme inhibitor derived from an enzymatic hydrolysate of casein. Ⅱ. Isolation of bradykinin-potentiating activity on the uterus and the ileum of rats. *Agricultural and Biological Chem.*, 49, 1405-1409.

Maruyama, S., & Suzuki, H. 1982. A peptide inhibitor of angiotensin I-converting enzyme in the tryptic hydrolysate of casein. *Agricultural and Biological Chemistry*, 46, 1393-1394.

Masson, P. L., & Heremans, J. F. 1971. Lactoferrin in milk from different species. *Comparative Biochemistry and Physiology*, 39*B*, 119-129.

Matsuoka, Y., Serizawa, A., Yoshioka, T., Yamamura, J., Morita, Y., Kawakami, H., et al. 2002. Cystatin C in milk basic protein (MBP) and its inhibitory effect on bone resorption in vitro *Bioscience, Biotechnology, and Biochemistry*, 66, 2531-2536.

Maubois, J. L., Léonil, J., Trouvé, R., & Bouhallab, S. 1991. Les peptides du lait ὰ activité physiologique Ⅲ. Peptides du lait ὰ effect cardiovasculaire: activités antithrombotique et antihypertensive. *Lait*, 71, 249-255.

Mazoyer, E., Levy-Toledano, S., Rendu, F., Hermant, L., Lu, H., Fiat, A. M., et al. 1990. KRDS a new peptide derived from lactotransferrin inhibits platelet aggregation and release reactions. *European Journal of Biochemistry*, 194, 43-49.

McDonald, T. L., Larson, M. A., Mack, D. R., & Weber, A. 2001. Elevated extra hepatic expression and secretion of mammary-associated serum amyloid A 3 (M-SAA3) into colostrum. *Veterinary Immunology and Immunopathology*, 3, 203-211.

Meisel, H. 1997. Biochemical properties of bioactive peptides derived from milk proteins: Potential nutraceuticals for food and pharmacological applications. *Livestock Production Science*, 50, 125-138.

Meisel, H. 2004. Multifunctionlal peptides encrypted in milk proteins. *Biofactors*, 2, 55-61.

Meisel, H., & FitzGerald, R. J. 2000. Opioid peptides encrypted in intact milk protein sequences. *British Journal of Nutrition*, 84, 27-31.

Meisel, H., & FitzGerald, R. J. 2003. Biofunctional peptides from milk proteins: Mineral binding and cytomodulatory effects. *Current Pharmaceutical Design*, 9, 1289-1295.

Meisel, H., Fritser, H., & Schlimme, E. 1989. Biologically active peptides in milk proteins. *Zeitschrift fur Ernharungswissenschaft*, 28, 267-278.

Meisel, H., & Schlimme, E. 1990. Milk proteins: Precursors of bioactive peptides. *Trends in Food Science & Technology*, 1, 41-43.

Meisel, H., & Schlimme, E. 1994. Inhibitors of angiotensin I-converting enzyme derived from bovine casein (casokinins). In V. Brantl & H. Teschemacher (Eds.), *β - Casomorphins and related peptides: Recent developments* (pp. 27-33). Germany: VCH-Weinheim.

Meisel, H., & Schlimme, E. 1996. Bioactive peptides derived from milk proteins: Ingredients for functional foods? *Kieler Milchw Forsch*, 48, 343-357.

Michaelidou, A. M. 2008. Factors influencing nutritional and health profile of milk and milk products. *Small Ruminant Research*, 79, 42-50.

Michalski, M. C. 2007. On the supposed influence of milk homogenization on the risk of CVD, diabetes and allergy. *British Journal of Nutrition*, 97, 598-610.

Michalski, M., & Januel, C. 2006. Does homogenization affect the human health properties of cow's milk? *Trends in Food Science & Technology*, 17, 423-437.

Miclo, L., Perrin, E., Driou, A., Papadopoulos, V., Boujrad, N., Vanderesse, R., Boudier, J. -F., Desor, D., Linden, G., Gaillard, J. - L. 2001. Characterization of α - casozepine, a tryptic peptide from bovine αs1 - casein with benzodiazepine - like activity. *The FASEB Journal*. http: //www. fasebj. org/content/early/2001/08/02/fj. 00-0685fje. full. pdf.

Mills, S., Ross, R. P., Fitzgerald, G., & Stanton, C. 2009. Microbial production of bioactive metabolites. In A. Y. Tamime (Ed.), *Dairy fats and related products* (pp. 257-285). Oxford, UK: Wiley-Blackwell.

Mills, S., Ross, R. P., Hill, C., Fitzgerald, G., & Stanton, C. 2011. Milk intelligence: Mining milk for bioactive substances associated with human health. *International Dairy Journal*, 21, 377-401.

Miralles, O., Sánchez, J., Palou, A., & Picó, C. 2006. A physiological role of breast milk leptin in body weight control in developing infants. *Obesity*, 14, 1371-1377.

Molenaar, A. J., Kuys, Y. M., Davis, S. R., Wilkins, R. J., Mead, P. E., & Tweedie, J. W. 1996. Elevation of lactoferrin gene expression in developing, ductal, resting, and regressing parenchymal epithelium of the ruminant mammary gland. *Journal of Dairy Science*, 79, 1198-1208.

Möller, N. P., Scholz-Ahrens, K. E., Roos, N., & Schrezenmeir, J. 2008. Bioactive peptides and proteins from foods: Indication for health effects. *European Journal of Nutrition*, 47, 171-182.

Montagne, P., Cuillière, M. L., Molé, C., Béné, M. C., & Faure, G. 1998. Microparticle-enhanced nephelometric immunoassay of lysozyme in milk and other human body fluids. *Clinical Chemistry*, 44, 1610-1615.

Morrissey, P. A., & Hill, T. R. 2009. Fat-soluble vitamins and vitamin C in milk and milk products. In P. L. H. McSweeney & P. F. Fox (Eds.), *Advanced dairy chemistry, vol. 3: Lactose, water, salts andminor constituents* (3rd ed., pp. 527-589). New York, NY: Springer.

Mullally, M. M., Meisel, H., & Fitzgerald, R. J. 1996. Synthetic peptides corresponding toα-lactalbumin and β-lactoglobulin sequences with angiotensin-I-converting enzyme inhibitory activity. *Biologi-*

cal Chemistry Hoppe-Seyler, 377, 259-260.

Mulvihill, D. M. 1992. Production, functional properties and utilization of milk protein products. In P. F. Fox (Ed.), *Advanced dairy chemistry*, *vol.* 1, *proteins* (pp. 369-404). London, UK: Elsevier Applied Science.

Nagaoka, S., Kanamaru, Y., & Kuzuya, Y. 1991. Effects of whey protein and casein on the plasma and liver lipids in rats. *Agricultural and Biological Chemistry*, 55, 813-818.

Naik, L., Sharma, R., Rajput, Y. S., & Manju, G. J. 2013. Application of high pressure processing technology for dairy food preservation: Future perspective: A review. *Journal of Animal production Advances*, 3, 232-241.

Nakamura, Y., Yamamoto, N., Sakai, K., Okubo, A., Yamazaki, S., & Takano, T. 1995. Purification and characterization of angiotensin I-converting enzyme inhibitors from sour milk. *Journal of Dairy Science*, 78, 777-783.

Nakamura, Y., Yamamoto, N., Sakai, K., & Takano, T. 1995. Antihypertensive effect of sour milk and peptides isolated from it are inhibitors to angiotensin-converting enzyme. *Journal of Dairy Science*, 78, 1253-1257.

Neeser, J. R., Golliard, M., Woltz, A., Rouvet, M., Dillmann, M. L., & Guggenheim, B. 1994. *In vitro* modulation of oral bacterial adhesion to saliva-coated hydroxyapatite beads by milk casein derivatives. *Oral Microbiology and Immunology*, 9, 193-201.

Neville, M. C. 2009. Introduction: Alpha-lactalbumin, a multifunctional protein that specifies lactose synthesis in the Golgi. *Journal of Mammary Gland Biology and Neoplasia*, 14, 211-212.

Nevo, J., Mai, A., Tuomi, S., Pellinen, T., Pentikänen, O. T., Heikkil?, P., et al. 2010. Mammary-derived growth inhibitor (MDGI) interacts with integrin α-subunits and suppresses integrin activity and invasion. *Oncogene*, 29, 6452-6453.

Newburg, D. S., Pickering, L. K., McCluer, R. H., & Cleary, T. G. 1990. Fucosylated oligosaccharides of human milk protect suckling mice from heat stable enterotoxin of Escherichia coli. *The Journal of Infectious Diseases*, 162, 1075-1080.

Newburg, D. S., & Weiderschain, G. Y. 1997. Human milk glycosidases and the modification of oligosaccharides in human milk. *Pediatric Research*, 41, 86.

Ng, P. C., Lee, C. H., Lam, C. W., Wong, E., Chan, I. H., & Fok, T. F. 2004. Plasma ghrelin and resistin concentrations are suppressed in infants of insulin-dependent diabetic mothers. *The Journal of Clinical Endocrinology and Metabolism*, 89, 5563-5568.

Noh, S. K., & Koo, S. L. 2004. Milk sphingomyelin is more effective than egg sphingomyelin in inhibiting intestinal absorption of cholesterol and fat in rats. *Journal of Nutrition*, 134, 2611-2616.

Nohr, D. 2011. Vitamins: General introduction. In J. Fuquay, P. F. Fox, & P. L. H. McSweeney (Eds.), *Encyclopedia of dairy sciences*, *vol.* 4 (2nd ed., pp. 636-638). Oxford, UK: Elsevier.

Nohr, D., & Biesalski, H. K. 2009. Vitamins in milk and dairy products: B-group vitamins. In P. L. H. McSweeney & P. F. Fox (Eds.), *Advanced dairy chemistry* (Lactose, water, salts andminor constituents 3rd ed., pp. 591-630). New York, NY: Springer.

Norberg, S., O'Connor, P. M., Stanton, C., Ross, R. P., Hill, C., Fitzggerald, G. F., et al. 2011. Altering the composition of caseicins A and B as a means of determining the contribution of specific residues to antimicrobial activity. *Applied and Environmental Microbiology*, 77, 2496-2501.

Nwosu, C. C., Aldredge, D. L., Lee, H., Lerno, L. A., Zivkovic, A. M., German, J. B., et al. 2012. Comparison of the human and bovine milk N-glycome via high-performance microfluidic chip liquid chromatography and tandem mass spectrometry. *Journal of Proteome Research*, 11, 2912-2924.

Nygren-Babol, L., & Jäerstad, M. 2012. Folate-binding protein in milk: A review of biochemistry, physiology, and analytical methods. *Critical Reviews in Food Science and Nutrition*, 52, 410-425.

Nygren-Babol, L., SternesjÖ, Å., & Bjöck, L. 2004. Factors influencing levels of folate-binding protein in bovine milk. *International Dairy Journal*, 14, 761-765.

O'Regan, J., Ennis, M. P., & Mulvihill, D. M. 2009. Milk proteins. In G. O. Philips & P. A. Williams (Eds.), *Handbook of hydrocolloids* (2nd ed., pp. 298-358). Cambridge, UK: Woodhead Publishing Ltd.

Oberkotter, L. V., & Farber, M. 1984. Thyroxine-binding globulin in serum and milk specimens from puerperal lactating women. *Obstetrics & Gynecology*, 64, 244-247.

Ohashi, A., Murata, E., Yamamoto, K., Majima, E., Sano, E., Le, Q. T., et al. 2003. New functions of lactoferrin and beta-casein in mammalian milk as cysteine protease inhibitors. *Biochemical and Biophysical Research Communications*, 306, 98-103.

Oonaka, K., Furuhata, K., Hara, M., & Fukuyama, M. 2010. Powder infant formula contaminated with *Enterobacter Sakazakii*. *Japanese Journal of Infectious Diseases*, 63, 103-107.

Oriquat, G. A., Saleem, T. H., Abdullah, S. T., Soliman, G. T., Yousef, R. S., Adel Hameed, A. M., et al. 2011. Soluble CD14, sialic acid and l-fucose in breast milk and their role in increasing the immunity of breast-fed infants. *American Journal of Biochemistry and Biotechnology*, 7, 21-28.

Oshida, K., Shimizu, T., Takase, M., Tamura, Y., Shimizu, T., & Yamashiro, Y. 2003. Effects of dietary sphingomyelin on central nervous system myelination in developing rats. *Pediatric Research*, 53, 589-593.

Oshida, K., Shimuzu, T., Takase, M., Tamura, Y., Shimizu, T., & Yamashiro, Y. 2003. Effect of dietary sphingomyelin on central nervous system myelination in developing rats. *Pediatric Research*, 53, 580-592.

Ozbay, Y., Aydin, S., Dagli, A. F., Akbulut, M., Dagli, N., Kilic, N., et al. 2008. Obestatin is present in saliva: Alterations in obestatin and ghrelin levels of saliva and serum in ischemic heart disease. *BMB Reports*, 41, 55-61.

Paegelow, I., & Werner, H. 1986. Immunomodulation by some oligopeptides. *Methods and Findings in Experimental and Clinical Pharmacology*, 8, 91.

Pan, Y., Rowney, M., Guo, P., & Hobman, P. 2007. Biological properties of lactoferrin: An overview. *Australian Journal of Dairy Technology*, 62, 31-42.

Papadimitriou, E., Polykratis, A., Courty, J., Koolwijk, P., Heroult, M., & Katsoris, P. 2001. HARP induces angiogenesis in vivo and in vitro: Implication of N or C terminal peptides. *Biochemical and Biophysical Research Communications*, 282, 306-313.

Park, Y. W. 2009. Overview of bioactive components in milk and dairy products. In Y. W. Park (Ed.), *Bioactive components in milk and dairy products* (pp. 3-12). Ames, IA: Wiley-Blackwell.

Park, Y. W. 2012. Bioactive components in goat milk and products. *Proceedings of Dairy Foods Symposium: Bioactive Components in Milk and Dairy Products: Recent International Perspectives And Progresses in Different Dairy Species* (pp. 459-460). Phoenix, AZ.

Parodi, P. W. 1997a. Cows' milk fat components as potential anticarcinogenic agents. *Journal of Nutri-*

tion, 127, 1055-1060.

Parodi, P. W. 1997b. Cow's milk folate binding protein: Its role in folate nutrition. *Australian Journal of Dairy Technology*, 52, 109-118.

Parodi, J. 1999. Conjugated linoleic acid and other anticarcinogenic agents of milk fat. *Journal of Dairy Science*, 82, 1339-1349.

Parodi, P. W. 2001. Cow's milk components with anti-cancer potential. *Australian Journal of Dairy Technology*, 56, 65-73.

Patton, S. 1999. Some practical implications of the milk mucins. *Journal of Dairy Science*, 82, 1115-1117.

Patton, S., Carson, G. S., Hiraiwa, M., O'Brien, J. S., & Sano, A. 1997. Prosaposin, a neurotrophic factor: Presence and properties in milk. *Journal of Dairy Science*, 80, 264-722.

Peaker, M., & Wilde, C. J. 1996. Feedback control of milk secretion from milk. *Journal of Mammary Gland Biology and Neoplasia*, 1, 307-315.

Pellegrini, A., Dettling, C., Thomas, U., & Hunziker, P. 2001. Isolation and characterization of four bactericidal domains in the bovine beta-lactoglobulin. *Biochimica et Biophysica Acta*, 1526, 131-140.

Pellegrini, A., Schumacher, S., & Stephan, R. 2003. In vitro activity of various antimicrobial peptides developed from the bactericidal domains of lysozyme and beta-lactoglobulin with respect to Listeria monocytogenes, Escherichia coli O157. Salmonella spp. and Staphylococcusaureus. *Archiv fuer Lebensmittelhygiene*, 54, 34-36.

Pellegrini, A., Thomas, U., Bramaz, N., Hunziker, P., & Von Fellenberg, R. 1999. Isolation and identification of three bactericidal domains in the bovine alpha-lactalbumin molecule. *Biochimica et Biophysica Acta*, 1426, 439-448.

Pérez, M. D., & Calvo, M. 1995. Interaction of β-lactoglobulin with retinol and fatty acids and its role as a possible biological function for this protein: A review. *Journal of Dairy Science*, 78, 978-988.

Pérez, M. D., Puyol, P., Ena, J. M., & Calvo, M. 1993. Comparison of the ability to bind ligands of β-lactoglobulin and serum albumin from ruminant and non-ruminant species. *Journal of Dairy Research*, 60, 55-63.

Pickering, L., Morrow, A., Ruiz-Palacios, G., & Schanler, R. 2004. *Protecting infants through human milk* (Advances in Experimental Medicine and Biology). New York, NY: Kluwer Academic/Plenum Publishers.

Pihlanto, A., & Korhonen, H. 2003. Bioactive peptides and proteins. In S. Taylor (Ed.), *Advances in food and nutrition research* (Vol. 47, pp. 175-276). San Diego, CA: Elsevier Inc.

Pillai, S. B., Turman, M. A., & Besner, G. E. 1998. Heparin-binding EGF-like growth factor is cytoprotective for intestinal epithelial cells exposed to hypoxia. *Journal of Pediatric Surgery*, 33, 973-978.

Pinotti, L., & Rosi, F. 2006. Leptin in bovine colostrum and milk. *Hormone and Metabolic Research*, 38, 89-93.

Playford, R. J., MacDonald, C. E., & Johnson, W. S. 2000. Colostrum and milk-derived peptide growth factors for the treatment of gastrointestinal disorders. *The American Journal of Clinical Nutrition*, 72, 5-14.

Politis, I., & Chronopoulou, R. 2008. Milk peptides and immune response in the neonate. In Z. Bösze

(Ed.), *Bioactive compounds of milk* (Advances in Experimental Medicine and Biology, pp. 253-270). New York, NY: Springer.

Pouliot, Y., & Gauthier, S. F. 2006. Milk growth factors as health products: Some technological aspects. *International Dairy Journal*, 16, 1415-1429.

Raikos, V., & Dassios, T. 2014. Health-promoting properties of bioactive peptides derived from milk proteins in infant food: A review. *Dairy Science & Technology*, 94, 91-101.

Rainhard, P. 1986. Bacteriostatic activity of bovine milk lactoferrin against mastitic bacteria. *Veterinary Microbiology*, 11, 387-392.

Rasmussen, L. K., Due, H. A., & Petersen, T. E. 1995. Humanαs1-casein: Purification and characterization. *Comparative Biochemistry and Physiology - Part B*, 111, 75-81.

Rassin, D. K., Sturman, J. A., & Gaull, G. E. 1978. Taurine and other free amino acids in milk of man and other mammals. *Early Human Development*, 2, 1-13.

Rathcliffe, W. A., Green, E., Emly, J., Norbury, S., Lindsay, M., Heath, D. A., et al. 1990. Identification and partial characterization of parathyroid hormone-related protein in human and bovine milk. *Journal of Endocrinology*, 127, 167-176.

Recio, I., & Visser, S. 1999. Two ion-exchange methods for the isolation of antibacterial peptides from lactoferrin—In situ enzymatic hydrolysis on an ion-exchange membrane. *Journal of Chromatography*, 831, 191-201.

Reynolds, E. C. 1997. Remineralization of enamel subsurface lesions by casein phosphopeptide-stabilized calcium phosphate solutions. *Journal of Dental Research*, 76, 1587-1595.

Rhoades, J. R., Gibson, G. R., Formentin, K., Beer, M., Greenberg, N., & Rastall, R. A. 2005. Caseinoglycomacropeptide inhibits adhesion of pathogenic *Escherichia coli* strains to human cells in culture. *Journal of Dairy Science*, 88, 3455-3459.

Rombaut, R., & Dewettinck, K. 2006. Properties, analysis and purification of milk polar lipids. *International Dairy Journal*, 11, 1362-1373.

Rosner, W., Beers, P. C., Awan, T., & Khan, M. S. 1976. Identification of corticosteroid-binding globulin in human milk: Measurement with a filter disk assay. *The Journal of Clinical Endocrinology and Metabolism*, 42, 1064-1073.

Saarinen, U. M., & Kajosaari, M. 1995. Breastfeeding as prophylaxis against atopic disease: Prospective follow-up study until 17 years old. *Lancet*, 346, 1065-1069.

Saito, T., Itoh, T., & Adachi, S. 1987. Chemical structure of three neutral trisaccharides isolated in free from bovine colostrum. *Carbohydrate Research*, 165, 43-51.

Salimei, E. 2011. Animals that produce dairy foods: Donkey. In J. W. Fuquay, P. F. Fox, & P. L. H. McSweeney (Eds.), *Encyclopedia of dairy sciences, vol.* 1 (2nd ed., pp. 365-373). Oxford: Elsevier.

Salimei, E., Fantuz, F., Coppola, R., Chiofalo, B., Polidori, P., & Varisco, G. 2004. Composition and characteristics of ass' milk. *Animal Research*, 53, 67-78.

Salimei, E., Varisco, G., & Rosi, F. 2002. Major constituents leptin, and non-protein nitrogen compounds in mares' colostum and milk. *Reproduction Nutrition Development*, 42, 65-72.

Salter, D. N., Scott, K. J., Slade, H., & Andrews, P. 1981. The preparation and properties of folate-binding protein from cow's milk. *Biochemical Journal*, 193, 469-476.

Sarwar, G., Botting, H. G., Davis, T. A., Darling, P., & Pencharz, P. B. 1998. Free amino acids in milk of human subjects, other primates and non-primates. *British Journal of Nutrition*, 79, 129-131.

Savino, F., Costamagna, M., Prino, A., Oggero, R., & Silvestro, L. 2002. Leptin levels in breast-fed and formula-fed infants. *Acta Paediatrica*, 91, 897-902.

Savino, F., Fissore, M. F., Liguori, S. A., & Oggero, R. 2009. Can hormones contained in mothers' mil account for the beneficial effect of breast-feeding on obesity in children? *Clinical Endocrinology*, 71, 757-765.

Savino, F., Liguori, S. A., Fissore, M. F., & Oggero, R. 2009. Breask milk hormones and their protective effect on obesity. *International Journal Pediatric Endocrinology*, 2009, 327505.

Savino, F., Sorrenti, M., Benetti, S., Lupica, M. M., Liguori, S. A., & Oggero, R. 2012. Resistin and leptin in breast milk and infants in early life. *Early Human Development*, 88, 779-782.

Sawyer, L. 2003. Lactoglobulin. In P. F. Fox & P. L. H. McSweeney (Eds.), *Advanced dairy chemistry, vol.* 1, *proteins* (3rd ed., pp. 319-386). New York, NY: Kluwer Academic/Plenum Publishers.

Schaafma, G. 2003. Vitamin: General introduction. In H. Roginski, J. Fuquay, & P. F. Fox (Eds.), *Encyclopedia of dairy sciences* (pp. 2653-2657). Oxford, UK: Elsevier.

Schaafsma, G. 2003. Nutritional significance of lactose and lactose derivatives. In H. Roginski, J. W. Fuquay, & P. F. Fox (Eds.), *Encyclopedia of dairy science* (pp. 1529-1533). London: Academic.

Scholtz-Ahrens, K. E., & Schrezenmeir, J. 2006. Milkminerals and the metabolic syndrome. *International Dairy Journal*, 16, 1399-1407.

Schrezenmeir, J., Korhonen, H., Willaims, M., Gill, H. S., & Shah, N. P. 2000. Forward. *British Journal of Nutrition*, 84, 1-1.

Schuster, S., Hechler, C., Gebauer, C., Kiess, W., & Kratzsch, J. 2011. Leptin in meternal serum and breast milk: Association with infants' body weight gain in longitudinal study over 6 months of months of lactation. *Pediatric Research*, 70, 63-637.

Schwartzbaum, J. A., George, S. L., Pratt, C. B., & Davis, B. 1991. An exploratory study of environmental and medical factors potentially related to childhood cancer. *Medical and Pediatric Oncology*, 19, 115-121.

Shah, N. P. 2000. Effects of milk-derived bioactives: An overview. *British Journal of Nutrition*, 84, S3-S10.

Shamay, A., Mabjeesh, S. J., & Silanikove, N. 2002. Casein-derived phosphopeptides disrupt tight junction integrity, and precipitously dry up milk secretion in goats. *Life Sciences*, 70, 2707-2719.

Shamay, A., Shapiro, F., Leitner, G., & Silanikove, N. 2003. Infusion of casein hydrolyzates into the mammary gland disrupt tight junction integrity and induce involution in cows. *Journal of Dairy Science*, 86, 1250-1258.

Shimazaki, K. I., Oota, K., Nitta, K., & Ke, Y. 1994. Comparative study of the iron-binding strengths of equine, bovine and human lactoferrins. *Journal of Dairy Research*, 61, 563-566.

Silva, S. V., & Malcata, F. X. 2005. Caseins as source of bioactive peptides. *International Dairy Journal*, 15, 1-15.

Simopoulos, A. P. 2002. The importance of the ratio of omega-6/omega-3 essential fatty acids. *Biomedicine & Pharmacotherapy*, 56, 365-379.

Singh, V. P., Sachan, N., & Verma, A. K. 2011. Melatonin milk; a milk of intrinsic health benefit: A review. *International Journal of Dairy Science*, 6, 246–252.

Skelwagen, K., Davis, S. R., Farr, V. C., Politis, I., Guo, R., & Kindstedt, P. S. 1994. Mammary-derived growth inhibitor in bovine milk: Effect of milking frequency and somatotropin administration. *Canadian Journal of Animal Science*, 74, 695–698.

Smith-Kirwin, S. M., O'Connor, D. M., De Johnston, J., Lancey, E. D., Hassink, S. G., & Funange, V. L. 1998. Leptin expression in human mammary epithelial cells and breast milk. *The Journal of Clinical Endocrinology and Metabolism*, 83, 1810–1813.

Solaroli, G., Pagliarini, E., & Peri, C. 1993. Composition and nutritional quality of mare's milk. *Italian Journal of Food Science*, 5, 3–10.

Spitsberg, V. L. 2005. Bovine milk fat globule membrane as a potential neutraceutical. *Journal of Dairy Science*, 88, 2289–2294.

Spitsberg, V. L., Matitashvili, E., & Gorewit, R. C. 1995. Association of fatty acid binding protein and glycoprotein CD36 in the bovine mammary gland. *European Journal of Biochemistry*, 230, 872–878.

Stan, E. Y., & Chernikov, M. P. 1982. Formation of a peptide inhibitor of gastric secretion from rat milk proteins in vivo. *Bulletin of Experimental Biology and Medicine*, 94, 1087–1089.

Stanton, C., Murphy, J., McGrath, E., & Devery, R. 2003. Aninal feeding strategiesforconjugated linoleic acid enrichment of milk. In J. L. Sebedio, W. W. Christie, & R. O. Adlof (Eds.), *Advances in conjugated linoleic acid research* (pp. 123–145). Champaign, IL: AOCS Press.

Steppan, C. M., Bailey, S. T., Bhat, S., Brown, E. J., Banerjee, R. R., Wright, C. M., et al. 2001. The hormone resistin links obesity to diabetes. *Nature*, 40, 307–312.

Stocker, C. J., & Cawthorne, M. A. 2008. The influence of leptin on early life programming of obesity. *Trends in Biotechnology*, 26, 545–551.

Strömqvist, M., Falk, P., Bergström, S., Hansson, L., Lönnerdal, B., Normark, S., et al. 1995. Human milk β-casein and inhibition of *Helicobacter pylori* adhesion to human gastric mucosa. *Journal of Pediatric Gastroenterology and Nutrition*, 21, 288–296.

Strub, J. M., Goumon, Y., Lugardon, K., Capon, C., Lopez, M., Moniatte, M., et al. 1996. Antibacterial activity of glycosylated and phosphorylated chromogranin A-derived peptide 173–194 from bovine adrenal medullary chromaffin granules. *The Journal of Biological Chemistry*, 271, 28533–28540.

Strydom, D. J. 1998. The angiogenins. *Cellular and Molecular Life Sciences*, 54, 811–824.

Sturner, R. A., & Chang, J. K. 1988. Opioid peptide content in infant formulas. *Pediatric Research*, 23, 4–10.

Sun, Z., & Cade, J. R. 1999. A peptide found in schizophrenia and autism causesbehavior changes in rats. *Autism*, 3, 85–95.

Sun, Z., Cade, J. R., Fregly, M., & Privette, R. M. 1999. β-Casomorphin induces Fos-like immunoreactivity in discrete brain regions relevant to schizophrenia and autism. *Autism*, 3, 67–83.

Sun, Z., Zhang, Z., Wang, X., Cade, R., Elmir, Z., & Fregly, M. 2003. Relation ofβ-casomorphin to apnea in sudden infant death syndrome. *Peptides*, 24, 937–943.

Svedberg, J., de Hass, J., Leimenstoll, G., Paul, F., & Teschemacher, H. 1985. Demonstration of beta-casomorphin immunoreactive materials in in vitro digests of bovine milk and in small intestine contents after bovine milk ingestion in adult humans. *Peptides*, 6, 825–839.

Svensson, M., Fast, J., Mossberg, A. –K., Düringer, C., Gustafsson, L., Hallgren, C., et al. 2003. Alpha–lactalbumin unfolding is not sufficient to cause apoptosis, but is required for the conversion to HAMLET (human alpha – lactalbumin made lethal to tumor cells). *Protein Science*, 12, 2794–2804.

Szwajkowska, M., Wolanciuk, A., Barlowska, J., Kroll, J., & Litwinczuk, Z. 2011. Bovine milk proteins as the source of bioactive peptides influencing the consumers' immune system– A review. *Animal Science Papers and Reports*, 29, 269–280.

Tailford, K. A., Berry, C. L., Thomas, A. C., & Campbel, J. H. 2003. A casein variant in cow's milk is atherogenic. *Atherosclerosis*, 170, 13–19.

Tang, S. Q., Jiang, Q. Y., Zhang, Y. L., Zhu, X. T., Shu, G., Gao, P., et al. 2008. Obestatin: Its physiochemical characteristics and physiological functions. *Peptides*, 29, 639–645.

Tao, N., DePeters, E. J., Freeman, S., German, J. B., Grimm, R., & Lebrilla, C. B. 2008. Bovine milk glycome. *Journal of Dairy Science*, 91, 3768–3778.

Taveras, E. M., Rifas–Shiman, S. L., Sherry, B., Oken, E., Haines, J., Kleinman, K., et al. 2011. Crossing growth percentiles in infancy and risk of obesity in childhood. *Archives of Pediatrics and Adolescent Medicine*, 165, 993–998.

Teschemacher, H. 2003. Opioid receptor ligands derived from food proteins. *Current Pharmaceutical Design*, 9, 1331–1344.

Teschemacher, H., Brantl, V., Henschen, A., & Lottspeich, F. 1990. β–Casomorphins, β–casein fragments with opioid activity: Detection and structure. In V. Brantl & H. Teschemacher (Eds.), *β–Casomorphins and related peptides: Recent developments* (pp. 9–14). Weinheim, Germany: Wiley–VCH Verlag GmbH.

Teschemacher, H., Umbach, M., Hamel, U., Praetorius, K., Ahnert–Hilger, G., Brantl, V., et al. 1986. No evidence for the presence of β–casomorphins in human plasma after ingestion of cows´ milk or milk products. *Journal of Dairy Research*, 53, 135–138.

Thomas, T., & Thomas, T. J. 2003. Polyamine metabolism and cancer. *Journal of Cellular and Molecular Medicine*, 7, 113–126.

Thomä–Worringer, C., Søensen, J., & Lόpez–Fandiñ, R. 2006. Health effects and technological features of caseinomacropeptide. *International Dairy Journal*, 16, 1324–1333.

Thormar, H., & Hilmarsson, H. 2007. The role of microbicidal lipids in host defense against pathogens and their potential role as therapeutic agents. *Chemistry and Physics of Lipids*, 150, 1–11.

Thorsdottir, I., Birgisdottir, B. E., Johannsdottir, I. M., & Harris, P. 2000. Different (beta–casein) fractions in Icelandic versus Scandinavian cow's milk may influence diabetogenicity of cow's milk in infancy and explain low incidence of insulin–dependent diabetes mellitus in Iceland. *Pediatrics*, 106, 719–724.

Tomita, M., Wakabayashi, H., Yamauchi, K., Teraguchi, S., & Hayasawa, H. 2001. Bovine lactoferrin and lactoferricin derived from milk: Production and applications. *Biochemistry and Cell Biology*, 80, 109–112.

Toyosaki, T., & Mineshita, T. 1988. Antioxidant effects of protein–bound riboflavin and free riboflavin. *Journal of Food Science*, 53, 1851–1853.

Tucker, H. A., & Schwalm, J. W. 1977. Glucocorticoids in mammary tissue and milk. *Journal of Ani-*

mal Science, 45, 627-634.

Uauy, R., Birch, D., Birch, E., Tyson, J., & Hoffman, D. 1990. Effect of dietary omega-3 fatty acids on retinal function of very-low-birth-weight neonates. *Pediatric Research*, 28, 485-492.

Uçar, B., Kirel, B., Bör, O., Kilic, F. S., Dogruel, N., Tekin, N., et al. 2000. Breast milk leptin concentrations in initial and terminal milk samples: Relationships to maternal and infant plasma leptin concentrations, adiposity, serum glucose, insulin, lipid and lipoprotein levels. *Journal of Pediatric Endocrinology & Metabolism*, 13, 149-156.

Uniacke-Lowe, T., & Fox, P. F. 2012. Equid milk: Chemistry, biochemistry and processing. In B. Simpson (Ed.), *Food chemistry and food processing* (2nd ed., pp. 491-530). Ames, IA: Wiley-Blackwell.

Uniacke-Lowe, T., Huppertz, T., & Fox, P. F. 2010. Equine milk proteins: Chemistry structure and nutritional significance. *International Dairy Journal*, 20, 609-629.

Urashima, T., Asakuma, S., Kitaoka, K., & Messer, M. 2011. Indigenous oligosaccharides in milk. In J. W. Fuquay, P. F. Fox, & P. L. H. McSweeney (Eds.), *Encyclopedia of dairy sciences* (2nd ed., pp. 241-273). Oxford: Academic.

Urashima, T., Kitaoka, K., Asakuma, S., & Messer, M. 2009. Milk oligosaccharides. In P. L. H. McSweeney & P. F. Fox (Eds.), *Advanced dairy chemistry, volume* 3, *lactose, water, salts andminor constituents* (3rd ed., pp. 295-349). New York, NY: Springer.

Urashima, T., Messer, M., & Oftedal, O. T. 2014. Comparative biochemistry and evolution of milk oligosaccharides of monotremes, marsupials, and eutherians. In P. Pontarotti (Ed.), *Evolutionary biology: Genome evolution, speciation, coevolution and origin of life* (pp. 3 - 33). Switzerland: Springer International.

Uysal, F. K., Onal, E. E., Aral, Y. Z., Adam, B., Dilmen, U., & Ardicolu, Y. 2002. Breast milk leptin: Its relationship to maternal and infant adiposity. *Clinical Nutrition*, 21, 157-160.

Vacca-Smith, A. M., Van Wuyckhuyse, B. C., Tabak, L. K., & Bowen, W. H. 1994. The effect of milk and casein proteins on the adherence of *Streptococcus mutans* to saliva-coated hydroxyapatite. *Archives of Oral Biology*, 39, 1063-1069.

Valtonen, M., Kangas, A. - P., Voutilainen, M., & Eriksson, L. 2003. Diurnal rhythm of melatonin in young calves and intake of melatonin in milk. *Animal Science*, 77, 149-154.

Van Der Kraan, M. I. A., Groenink, J., Nazmi, K., Veerman, E. C. I., Bolscher, J. G. M., & Nieuw Anerongen, A. V. 2004. Lactoferrampin: A novel antimicrobial peptide in the N1-domain of bovine lactoferrin. *Peptides*, 25, 177-183.

Van Der Kraan, M. I. A., Nazmi, K., Teeken, A., Groenink, J., Van Thof, W., Veerman, E. C., et al. 2005. Lactoferrampin, an antimicrobial peptide of bovine lactoferrin, exerts its candidacidal activity by a cluster of positively charged residues at the C-terminus in combination with a helix-facilitating N-terminal part. *The Journal of Biological Chemistry*, 386, 137-142.

Van Der Meer, R., Kleibeuker, J. H., & Lapre, J. A. 1991. Calcium phosphate, bile acids and colorectal cancer. *European Journal of Cancer Prevention*, 1, 55-62.

Vegarud, G., Langsrud, T., & Svenning, C. 2000. Mineral-binding milk proteins and peptides: Occurrence, biochemical and technological characteristics. *British Journal of Nutrition*, 84, s91-s98.

Venn, B. J., Skeaff, C. M., Brown, R., Mann, J. I., & Green, T. J. 2006. A comparison of the effects of A1 and A2 beta-casein protein variants on blood cholesterol concentrations in New Zealand adults. *Atherosclerosis*, 188, 175-178.

Vidal, K., Labéta, M. O., Schiffrin, E. J., & Donnet-Hughes, A. 2001. Soluble CD14 in human breast milk and its role in innate immune responses. *Acta Odontologica Scandinavica*, 59, 330-334.

Wada, Y., & Lönnerdal, B. 2014. Bioactive peptides derived from human milk proteins— Mechanism of action. *The Journal of Nutritional Biochemistry*, 25, 503-514.

Walstra, P. 2003. *Physical chemistry of foods*. New York, NY: Marcel Dekker.

Wang, B., & Brand-Miller, J. 2003. The role and potential of sialic acid in human nutrition. *European Journal of Clinical Nutrition*, 57, 1351-1369.

Welsch, U., Buchheim, W., Schumacher, U., Schinko, I., & Patton, S. 1988. Structural, histochemical and biochemical observations on horse milk-fat-globule membranes and casein micelles. *Histochemistry*, 88, 357-365.

Whigham, L. D., Cook, M. E., & Atkinson, R. L. 2000. Conjugated linoleic acid: Implications for human health. *Pharmacological Research*, 42, 503-510.

Widdowson, E. M. 1984. Lactation and feeding patterns in different species. In D. L. M. Freed (Ed.), *Health hazards of milk* (pp. 85-90). London, UK: Baillière Tindall.

Wiederschain, G. Y., & Newburg, D. S. 2001. Glycoconjugate stability in human milk: Glycosidase activities and sugar release. *The Journal of Nutritional Biochemistry*, 12, 559-564.

Winter, P., Miny, M., Fuchs, K., & Baumgartner, W. 2006. The potential of measuring serum amyloid A in individual ewe milk and in farm bulk milk for monitoring udder health on sheep dairy farms. *Research in Veterinary Science*, 81, 321-326.

Wolford, S. T., & Argoudelis, C. J. 1979. Measuring estrogen in cow's milk, human milk and dietary products. *Journal of Dairy Science*, 62, 1458-1463.

Wynn, P. C., & Sheehy, P. A. 2013. Minor proteins, including growth factors. In P. L. H. McSweeney & P. F. Fox (Eds.), *Advanced dairy chemistry*: *Vol. 1A*: *Proteins*: *Basic aspects* (4th ed., pp. 317-335). New York, NY: Springer.

Xu, R. J. 1998. Bioactive peptides in milk and their biological and health implications. *Food Reviews International*, 14, 1-17.

Xu, R. J., Sangild, P. T., Zhang, Y. Q., & Zhang, S. H. 2002. Bioactive components in porcine colostrum and milk and their effects on intestinal development in neonatal pigs. In R. Zabielski, P. C. Gregory, B. Westrom, & E. Salek (Eds.), *Biology of growing animals*, *vol.* 1 (pp. 169- 192). UK: Elsevier.

Xu, R. J., Wang, F., & Zhang, S. H. 2000. Postnatal adaptation of the gastrointestinal tract in neonatal pigs: A possible role of milk - borne growth factors. *Livestock Production Science*, 66, 95 - 107.

Yamauchi, R., Wada, E., Yamada, D., Yoshikawa, M., & Wada, K. 2006. Effect ofβ - lactotensin on acute stress and fear memory. *Peptides*, 27, 3176-3182.

Yolken, R. H., Peterson, J. A., Vonderfecht, S. L., Fouts, E. T., Midthun, K., & Newburg, D. S. 1992. Human milk mucin inhibits rotavirus replication and prevents experimental gastroenteritis. *The Journal of Clinical Investigation*, 90, 1984-1991.

Yvon, M., Beucher, S., Guilloteau, P., Le Huerou-Luron, I., & Corring, T. 1994. Effects of caseinomacropeptide (CMP) on digestion regulation. *Reproduction Nutrition Development*, 34, 527-537.

Yvon, M., & Pelissier, J. P. 1987. Characterization and kinetics of evacuation of peptides resulting from casein hydrolysis in the stomach of the calf. *Journal of Agricultural and Food Chemistry*, 35, 148-156.

Zemel, M. B. 2004. Role of calcium and dairy products in energy partitioning and weight management. *The American Journal of Clinical Nutrition*, 79, 907S-912S.

Zemel, M. B. 2005. The role of dairy foods in weight management. *Journal of the American College of Nutrition*, 24, 537S-546S.

Zhang, T., Iguchi, K., Mochizuki, T., Hoshino, M., Yanaihara, C., & Yanaihara, N. 1990. Gonadotropin-releasing hormone-associated peptide immunoreactivity in bovine colostrum. *Experimental Biology and Medicine*, 194, 270-273.

Zinn, S. 1997. Bioactive components in milk: Introduction. *Livestock Production Science*, 50 101-103.

推荐阅读文献

García-Montoya, I. A., Siqueiros Cendón, T., Arévalo-Gallegos, S., & Rasón-Cruz, Q. 2012. Lactoferrin a multiple bioactive protein: An overview. *Biochimica et Biophysica Acta*, 1820, 226-236.

Guo, M. 2014. *Human milk biochemistry and infant formula manufacturing technology*. Cambridge, UK: Woodhead Publishing.

Korhonen, H. J. 2011. Bioactive milk proteins, peptides and lipids and other functional components derived from milk and bovine colostrum. In M. Saarela (Ed.), *Functional foods* (2nd ed., pp. 471-511). Cambridge, UK: Woodhead Publishing.

Park, Y. W. (Ed.). 2009. *Bioactive components in milk and dairy products*. Ames, IA: Wiley-Blackwell.

Pihlanto, A., & Korhonen, H. 2003. Bioactive peptides and proteins. In S. Taylor (Ed.), *Advances in food and nutritional research* (Vol. 47, pp. 175-276). Boston, MA: Academic.

Shortt, C., & O'Brien, J. 2004. *Handbook of functional dairy products*. Boca Raton, FL: CRC Press.

第 12 章　奶酪的化学和生物化学

12.1　引言

奶酪是一种品种繁多的奶制品，全世界各地都有生产。奶酪制作可追溯到大约8 000年前中东农业革命期间。奶酪的生产和消费量各国各地区之间差别很大，但传统奶酪生产国目前消费量仍在增长，并流传到别的地区。

虽然多数传统奶酪脂肪含量相当高，但奶酪是蛋白质的良好来源，很多时候也是钙和磷的良好来源，并具有抗龋性；奶酪的典型成分见表 12.1。奶酪是典型的便利食品：可以作为主菜、甜点或点心、三明治夹心、食品成分或调味品。

表 12.1　部分奶酪的成分（每 100g）

干酪类型	水（g）	蛋白质（g）	脂肪（g）	胆固醇（mg）	能量（kJ）
布里干酪	48.6	19.3	26.9	100	1 323
卡尔菲利干酪	41.8	23.2	31.3	90	1 554
卡门伯特干酪	50.7	20.9	23.1	75	1 232
切达干酪	36.0	25.5	34.4	100	1 708
柴郡干酪	40.6	24.0	31.4	90	1 571
茅屋干酪	79.1	13.8	3.9	13	413
奶油奶酪	45.5	3.1	47.4	95	1 807
丹麦蓝纹干酪	45.3	20.1	29.6	75	1 437
荷兰奶酪	43.8	26.0	25.4	80	1 382
瑞士奶酪	35.7	28.7	29.7	90	1 587
羊乳酪	56.5	15.6	20.2	70	1 037
低脂奶酪	77.9	6.8	7.1	25	469
高德干酪	40.1	24.0	31.0	100	1 555
格鲁耶尔干酪	35.0	27.2	33.3	100	1 695
马苏里拉干酪	49.8	25.1	21.0	65	1 204
帕尔马干酪	18.4	39.4	32.7	100	1 880

（续表）

干酪类型	水 （g）	蛋白质 （g）	脂肪 （g）	胆固醇 （mg）	能量 （kJ）
意大利乳清干酪	72.1	9.4	11.0	50	599
洛克福羊奶干酪	41.3	19.7	32.9	90	1 552
斯提耳顿干酪	38.6	22.7	35.5	105	1 701

有名称的奶酪可能大约有 2 000种，但是其中大部分生产量非常有限，主要产品类型是切达奶酪、荷兰奶酪、瑞士奶酪和拉伸型奶酪（如马苏里拉奶酪），占奶酪总产量的很大部分。根据凝乳方法的不同，奶酪可分为三大类，即凝乳酶凝固类，占总产量的约 75%；等电点（酸）凝固类以及热与酸组合凝固类，所占比例较小。奶酪和与奶酪相关的产品的多样性如图 12.1 中所示。

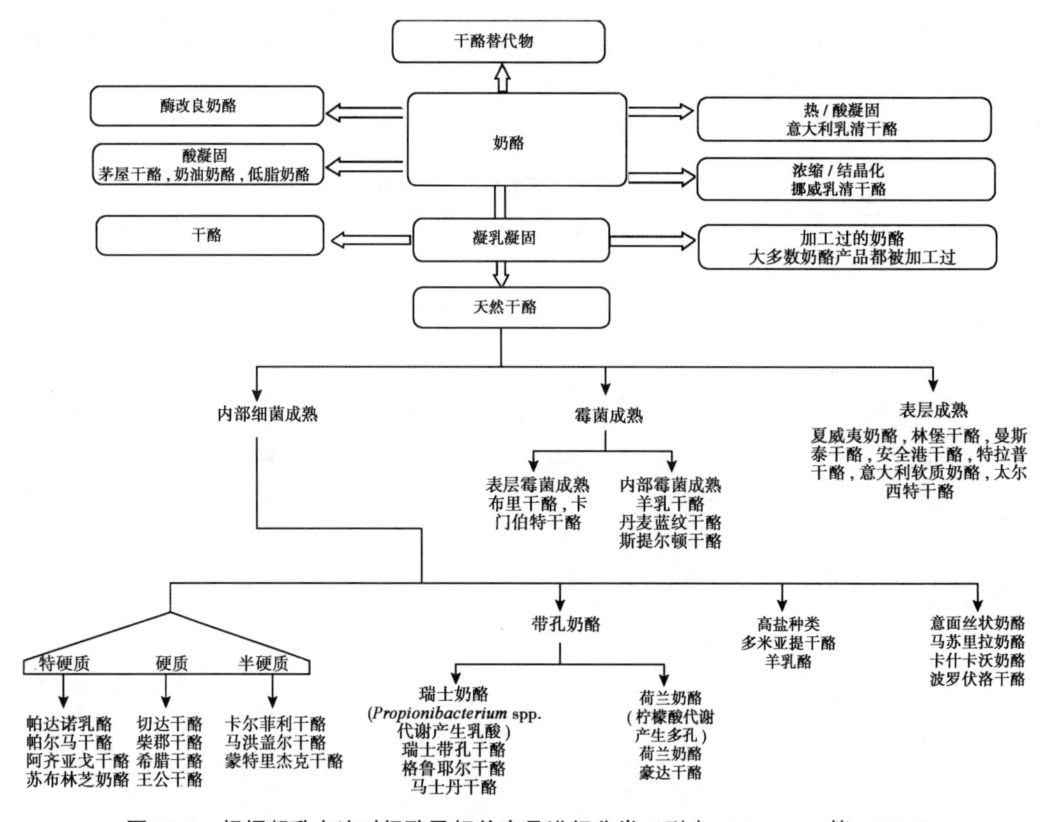

图 12.1　根据凝乳方法对奶酪及相关产品进行分类（引自 McSweeney 等，2004）

奶酪凝乳的生产实际上是一个浓缩过程，在此过程中乳脂肪和酪蛋白浓缩了约 10 倍，而乳清蛋白、乳糖和可溶性盐则随乳清排走。酸凝奶酪和酸/热凝奶酪通常是鲜吃的，但绝大多数凝乳酶凝固型奶酪一般要成熟（发酵成熟）2 周甚至超过 2 年，在这期间，会发生很多微生物的、生化的和物理化学的变化，最终使奶酪具有独特的香气风味和口感。奶酪成熟过程的生物化学非常复杂，已经成为广泛研究的课题。

12.2　酶凝奶酪

为了方便起见，酶凝奶酪的生产可以分为两个阶段：①乳变成凝乳；②凝乳的成熟。

12.2.1　奶酪奶的准备与处理

大多数奶酪品种的奶应经过一次或多次预处理（表 12.2）。而脂肪和酪蛋白的浓度及两者的比例是影响奶酪质量的两个非常重要的参数。虽然奶酪中这两种成分的浓度是由制作工艺决定和控制的，但其比例可通过调整奶酪奶的成分来调节。这通常是通过调整脂肪含量来实现的，一般是将全脂奶和脱脂奶按一定比例相混，以得到成品奶酪想达到的脂肪：酪蛋白比，例如切达奶酪或古达奶酪全脂奶和脱脂奶的混合比例是 1.0∶0.7。值得注意的是，在这个过程中，约 10%的乳脂肪随乳清丢失，而只有约 5%的酪蛋白丢失（这是不可避免的，第 12.2.2 节）。

近年来，随着超滤技术的商业化应用，使得控制酪蛋白的实际浓度成为可能，而不仅仅是控制它与脂肪的比例，从而可以调平奶成分的季节性变化，并使其凝乳特性、奶酪质量更一致，产品得率更高。

奶的 pH 值和钙浓度也有差异，这也对凝乳酶乳凝胶性质有影响。在奶酪奶中添加 $CaCl_2$（0.02%）是一种常用的做法，用酸原葡萄糖酸-δ-内酯调整和标化奶的 pH 值的做法在生产上应用很有限。

表 12.2　奶酪奶的预处理

脂肪：蛋白质比或浓度的标化
添加脱脂奶
脱除部分脂肪
用低浓度倍数的超滤控制酪蛋白水平
添加 $CaCl_2$
调整 pH 值（例如，用葡萄糖酸-δ-内酯）
去除或杀灭杂菌
弱热杀菌（例如，65℃×15s）
巴氏杀菌（例如，72℃×15s）
离心除菌
微孔过滤

尽管生乳仍被广泛用于奶酪制造，例如，帕马森奶酪（意大利）、艾门塔尔奶酪（瑞士）、Gruyere de Comté 和博福特（法国）和许多不那么知名的品种就是用生乳生产的，既有工厂大规模生产，也有农家小规模制作，但大多数切达奶酪和荷兰式奶

酪还是用巴氏杀菌奶制成的（通常是高温短时杀菌法，HTST；≈72℃×≈15s）。巴氏杀菌的主要目的是杀灭病原菌繁殖体，但也可以杀死许多腐败菌和非发酵菌群的细菌（见12.2.7）。然而，许多有益的本源细菌也被巴氏杀菌杀死，一般认为，用巴氏杀菌奶制成的奶酪比用生乳制成的奶酪成熟得更慢，味道也不那么浓烈。这些差异主要是由这些本源菌造成的，但某些内源酶，特别是脂蛋白脂酶的热失活（第10章）也有关系。目前，有些国家要求奶酪奶全部必须经过巴氏杀菌，否则奶酪必须至少成熟60d（相信在这期间致病菌会死光）。目前国际上普遍推荐对奶酪奶进行巴氏杀菌，但这可能会限制奶酪的国际贸易，特别是对南欧许多用生乳制成的有原产地名称保护的传统奶酪。目前有人正在研究，希望能从生乳奶酪中找到重要的本源微生物，作为接种到巴氏杀菌奶中的菌种。虽然巴氏杀菌对确保奶酪安全很重要，但pH值（<≈5.2）、水分活度（a_w，通过添加NaCl来调节）、少量的乳糖残留和低氧化还原电位也是很关键的安全障碍。

工厂在收奶时，可对奶进行弱热杀菌（≈65℃×15s）以减少细菌负荷，尤其是热不稳定的嗜冷菌。由于弱热杀菌不能杀灭所有病原菌，所以在制作奶酪之前还必须进行完全的巴氏杀菌。

酪丁酸梭菌（厌氧产芽孢菌）导致许多硬质成熟奶酪后期产气（由于有H_2和CO_2产生）和有异味（丁酸）；加盐的干奶酪如切达型奶酪是例外。保持良好的卫生习惯可以避免梭状杆菌芽孢对奶酪奶的污染或将污染控制在很低水平（土壤和青贮是梭状芽孢杆菌的主要来源），通常是用硝酸钠（$NaNO_3$）来抑制梭状芽孢杆菌的生长，有时也用溶菌酶、离心除菌或微滤法去除。

12.2.2 奶变成奶酪凝乳

通常奶变成奶酪凝乳有五个步骤或五组步骤：凝乳、酸化、脱水收缩（排出乳清）、成型和加盐（图12.2）。通过这些部分重叠的步骤可控制奶酪的成分，而奶酪的成分又对奶酪成熟和质量有大的影响。

12.2.2.1 奶的酶凝

奶的酶凝涉及用选定的蛋白酶，称皱胃酶，通过有限的蛋白水解对酪蛋白胶束进行修饰，接着再对被凝乳酶修饰过的胶束进行钙诱导凝集：

$$\text{酪蛋白} \xrightarrow{\text{皱胃酶}} \text{副酪蛋白} + \text{巨肽}$$
$$\text{副酪蛋白} \xrightarrow{Ca^{2+},\ >\approx 20℃} \text{凝乳}$$

如果存在脂肪球，则被封闭在凝乳中，但不参与凝胶基质的形成。

如第4章所述，κ-酪蛋白使酪蛋白胶束稳定，它占总酪蛋白的12%~15%，主要分布在酪蛋白胶束表面，使得其疏水性N末端区域与钙敏感性α_{s1}-酪蛋白，α_{s2}-酪蛋白和β-酪蛋白发生疏水反应，而其亲水性C-末端区域突出到周围含水环境中，通过表面负电荷和空间稳定作用使酪蛋白胶束保持稳定。

继1956年κ-酪蛋白被分离出来之后，研究发现，κ-酪蛋白是唯一一种在皱胃酶凝乳过程中被水解的酪蛋白，它的特异性水解位点是苯丙氨酸$_{105}$-甲硫氨酸$_{106}$键（Phe_{105}-

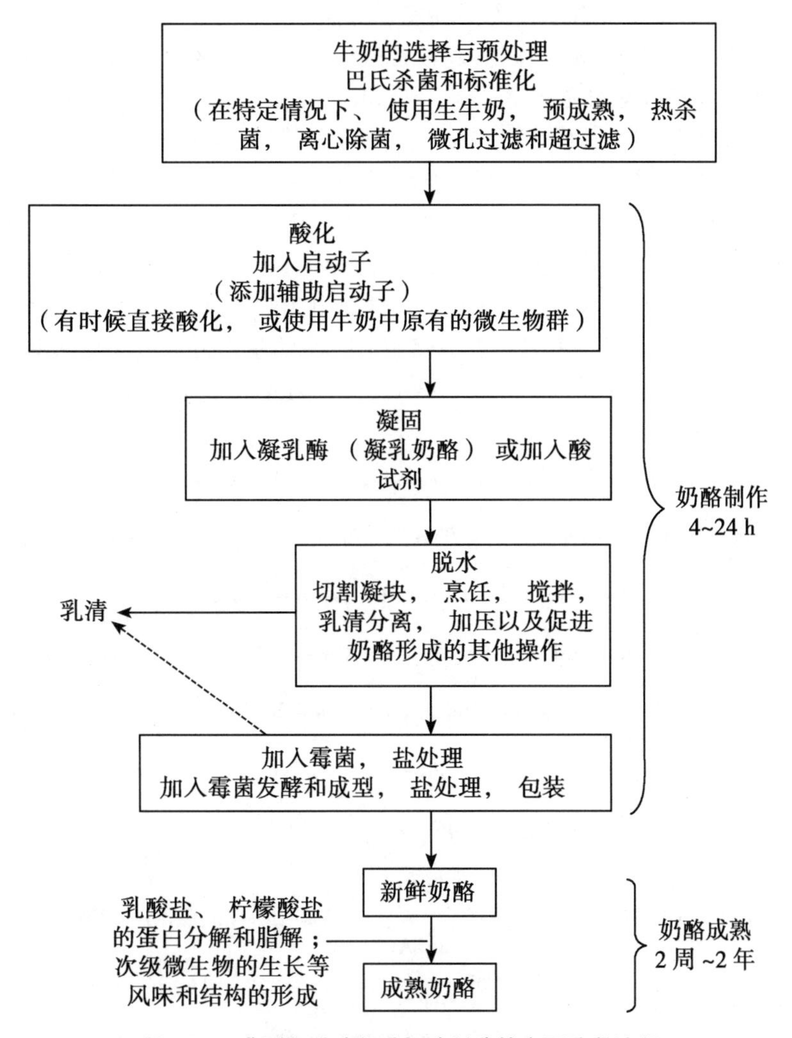

图 12.2　典型凝乳酶凝乳奶酪制造的主要阶段流程

Met_{106})，产生副 κ-酪蛋白（κ-CN f1-105）和巨肽（f106-169；也称为糖巨肽，因为它们含有大部分或全部与 κ-酪蛋白结合的糖基）（图 12.3）。亲水性巨肽扩散到周围的介质中，而副 κ-酪蛋白仍与胶束内芯结合（巨肽占 κ-酪蛋白的约 30%，即酪蛋白总量的 4%~5%；在计算奶酪得率时必须考虑这种不可避免的损失）。酪蛋白胶束表面失去巨肽会使其 ζ 电位从约-20mV 降至-10mV，并失去空间稳定层。κ-酪蛋白的水解被称为凝乳酶凝乳的初始（第一）阶段。

当奶中约 85%的 κ-酪蛋白发生水解时，胶束的胶体稳定性大幅降低，在>≈20℃的温度下发生凝结（奶酪制作中通常使用 30℃的凝固温度），这是皱胃酶凝乳的第二阶段。钙离子对被皱胃酶修饰过的胶束的凝固作用是必不可少的（虽然钙与酪蛋白结合不受皱胃酶凝乳的影响）。

κ-酪蛋白 Phe_{105}-Met_{106} 键对皱胃酶的敏感性要比酪蛋白系统中其他任何键高几个数量级。目前还不完全清楚该特异敏感性产生的原因，但是已经有人用模拟 κ-酪蛋白该键附近序列的合成肽进行研究，已得到重要信息。“Phe” 和 “Met” 残基本身并不是必不可少的，比如，Phe_{105}和 Met_{106}都可以被替换或修饰，而该键的敏感性不会有大的改变——在人类、猪和啮齿动物 κ-酪蛋白中，Met_{106}被 Ile 或 Leu 所代替，板栗疫病菌的蛋白酶（见 12.2.2.2）水解的是 Ser_{104} - Phe_{105} 键而不是 Phe_{105} - Met_{106}。凝乳酶（chymosin）水解的最小的 κ-酪蛋白类似肽是 Ser. Met. Ala. Ile（κ-CN f104-108）；在 C 或者 N 端延长该肽链会增加其对凝乳酶的敏感性（即，k_{cat}/K_m）；κ-CN f98-111 肽与整个 κ-酪蛋白一样都是凝乳酶的有效底物（表 12.3）。Ser_{104}似乎对凝乳酶水解 Phe_{105}-Met_{106}键是必不可少的，疏水性残基 Leu_{103}，Ala_{107}和 Ile_{108}也是很重要的。因此，κ-酪蛋白的 Phe-Met 键是一个凝乳酶敏感键，该键位于 κ-酪蛋白分子的一个外露区域中，这个从残基 98 至 111 位的外露区域以环状结构存在，很容易与酶的活性中心结合。

1
Pyro Glu-Glu-Gln-Asn-Gln-Glu-Gln-Pro-Ile-Arg-Cys-Glu-Lys-Asp-Glu-Arg-Phe-Phe-Ser-Asp-
21
Lys-Ile-Ala-Lys-Tyr-lle-Pro-Ile-Gln-Tyr-Val-Leu-Ser-Arg-Tyr-Pro-Ser-Tyr-Gly-Leu-
41
Asn-Tyr-Tyr-Gln-Gln-Lys-Pro-Val-Ala-Leu-Ile-Asn-Asn-Gln-Phe-Leu-Pro-Tyr-Pro-tyr-
61
Tyr-Ala-Lys-Pro-Ala-Ala-Val-Arg-Ser-Pro-Ala-Gln-Ile-Leu-Gln-Trp-Gln-Val-Leu-Ser-
81
Asn-Thr-Val-Pro-Ala-Lys-Ser-Cys-Gln-Ala-Gln-Pro-Thr-Thr-Met-Ala-Arg-His-Pro-His-
101 105↓106
Pro-His-Leu-Ser-Phe-Met-Ala-Ile-Pro-Pro-Lys-Lys-Asn-Gln-Asp-Lys-Thr-Glu-Ile-Pro-
121 Ile (Variant B)
Thr-Ile-Asn-Thr-Ile-Ala-Ser-Gly-Glu-Pro-*Thr*- Ser-*Thr*-Pro-*Thr*- -Glu-Ala-Val-Glu-
***Thr* (Variant A)**
141 Ala (Variant B)
Ser-*Thr*-Val-Ala-Thr-Leu-Glu- -*SerP* - Pro-Glu-Val-Ile-Glu-Ser-Pro-Pro-Glu-Ile-Asn-
Asp (Variant A)
161 169
Thr-Val-Gln-Val-Thr-Ser-Thr-Ala-Val.OH

图 12.3 κ-酪蛋白的氨基酸序列，揭示出凝乳酶的主要裂解位点（向下箭头）；低聚糖与部分或全部苏氨酸残基（用斜体表示）结合

表 12.3 pH 值 4.7 时凝乳酶水解 κ-酪蛋白肽的动力学参数

（汇编自 Visser 等，1976，1987）

肽	序列	k_{cat}（S^{-1}）	*Km*（mM）	k_{cat}/K_M（S^{-1} mM^{-1}）
S. F. M. A. I.	104~108	0.33	8.50	0.038
S. F. M. A. I. P.	104~109	1.05	9.20	0.114
S. F. M. A. I. P. P.	104~110	1.57	6.80	0.231
S. F. M. A. I. P. P. K.	104~111	0.75	3.20	0.239
L. S. F. M. A. I.	103~108	18.3	0.85	21.6
L. S. F. M. A. I. P.	103~109	38.1	0.69	55.1
L. S. F. M. A. I. P. P.	103~110	43.3	0.41	105.1

（续表）

肽	序列	k_{cat}（S^{-1}）	Km（mM）	k_{cat}/K_M（S^{-1} mM^{-1}）
L. S. F. M. A. I. P. P. K.	103~111	33. 6	0. 43	78. 3
L. S. F. M. A. I. P. P. K. K.	103~112	30. 2	0. 46	65. 3
H. L. S. F. M. A. I.	102~108	16. 0	0. 52	30. 8
P. H. L. S. F. M. A. I.	101~108	33. 5	0. 34	100. 2
H. P. H. P. H. L. S. F. M. A. I. P. P. K.	98~111	66. 2	0. 026	2 509
	98~111[a]	46. 2[a]	0. 029[a]	1 621[a]
K-酪蛋白[b]		2~20	0. 001~0. 005	200~2 000
L. S. F.（NO_2）NleAL. OMe		12. 0	0. 95	12. 7

[a]pH 值 6. 6；

[b]pH 值 4. 6。

12. 2. 2. 2　皱胃酶

传统上用来凝乳生产大多数品种的奶酪的皱胃酶是用盐水（≈15%）从小犊牛、绵羊羔或山羊羔的胃提取制备的。这些皱胃酶中的主要蛋白酶是凝乳酶；小牛皱胃酶的凝乳活性约10%是由胃蛋白酶引起的。随着动物年龄的增长，凝乳酶的分泌减少，胃蛋白酶的分泌增加。

与胃蛋白酶一样，凝乳酶是一个天门冬氨酰（酸）蛋白酶，即它的活性中心有两个必不可少的天门冬氨酰残基，而活性中心则位于球状分子（分子量≈36kDa）的一条缝隙中（图 12. 4）。一般的蛋白水解凝乳酶的最佳 pH 值是 4 左右，而单胃动物的胃蛋白酶的最佳 pH 值是 2 左右。它的一般蛋白质水解活性较低，而凝乳活性比较高，它在 P_1 和 $P_1{}^1$ 的可切键位点对大体积疏水残基具有相对较高的特异性。凝乳酶的生理功能似乎是在新生动物的胃里起凝乳作用，通过延缓乳排入肠道，而不是一般的蛋白水解作用来提高消化率。

由于全世界奶酪产量不断增加，而犊牛胃的供应量不断减少，许多年来，小牛皱胃酶一直供不应求，因此急需寻找一种合适的替代品。很多蛋白酶都能凝乳，但其蛋白水解活性几乎都太高，会导致奶酪得率降低（因为非特异性蛋白水解过多，水解形成的肽随乳清流失），且由于蛋白质水解过度或不恰当导致成熟奶酪的风味和口感有缺陷。在商业上，只有 6 种蛋白酶被用作皱胃酶的替代品：猪、牛和鸡的胃蛋白酶，以及来自米黑根毛霉（*Rhizomucor miehei*）、微小根毛霉（*Rhizomucor pusillus*）和板栗疫病菌的酸性蛋白酶。鸡胃蛋白酶蛋白水解活性十分强，现在已经很少使用。猪胃蛋白酶在几十年前用得成功的也不多，通常与小牛皱胃酶合用，但在 pH 值>6 时，它非常敏感，容易变性，在奶酪制作过程中会大量变性，导致成熟过程中蛋白水解减少；现在猪胃蛋白酶已很少被用作皱胃酶的替代品。牛胃蛋白酶倒是相当有效，商业生产上许多小牛皱胃酶里含有高达 50%的牛胃蛋白酶。最广泛使用的微生物性凝乳酶米黑根毛霉蛋白酶，效果较为满意。而栗疫病菌蛋白酶总的来说最不适合作为商业生产上的微生物凝乳酶替代

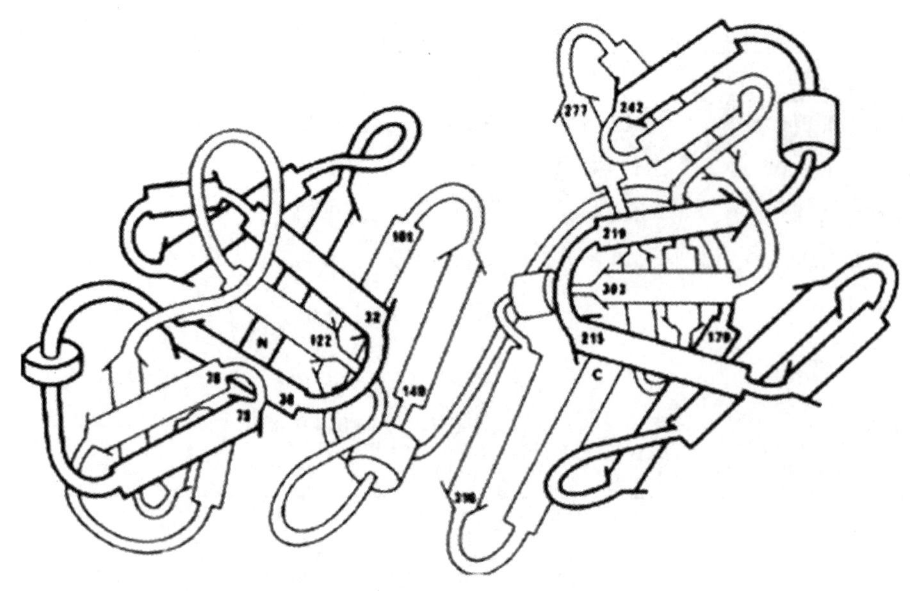

图 12.4　天门冬氨酰蛋白酶三级结构示意图，揭示出有活性中心的缝隙；箭头表示 β 结构，圆柱表示 α-螺旋（引自 Foltmann，1987）

品，只用于高温煮制的奶酪中，在这种情况下，大量凝结物发生变性，例如在制作瑞士型奶酪时。

有人在乳酸克鲁维酵母菌、黑曲霉和大肠杆菌中克隆了犊牛凝乳酶的基因。发酵生产的凝乳酶在各种不同品种的奶酪制作试验中取得了很好的效果，目前在商业上得到广泛应用，但并不是所有国家都允许使用。值得注意的是，这类凝乳酶允许在素食奶酪中使用，并且符合犹太洁食和清真食品要求。目前市场上已有两种这样的凝乳剂销售，Maxiren（荷兰代尔夫特市帝斯曼集团特种食品）和 Chymax（丹麦 Horshølm 市科汉森公司）。最近，骆驼凝乳酶的基因被克隆出来，这种酶现已商业化生产（科汉森的chymax-M）并展示了良好的使用前景。

12.2.2.3　皱胃酶修饰胶束的凝固

当约 85%的 κ-酪蛋白被水解时，胶束开始逐渐凝聚成凝胶网状结构。凝胶化的表现是指黏度快速增大（η）（图 12.5）。在凝乳酶凝乳的早期阶段随着糖巨肽被酶切掉后，奶的黏度会略有下降。在此作用下，酪蛋白胶束因为分子变小了一点加上胶束水化大幅下降有效体积减小了，上述现象表现为奶的黏度轻微降低。如果温度升高，pH 值降低或 Ca^{2+}浓度增加，则 κ-酪蛋白在较低的水解度时，就会开始凝固。

目前还不清楚究竟是哪些反应导致凝固发生。Ca^{2+}在凝固过程中至关重要，但是 Ca 与酪蛋白的键合在凝乳酶凝乳过程中并没有变化。胶体磷酸钙（CCP）也很重要：CCP 浓度减少 20%以上凝固即不发生。也许，凝固是由疏水相互作用导致的，当 κ-酪蛋白水解使其表面电荷和空间稳定行性降低时疏水相互作用成为主要的作用力（凝固物可在尿素中溶解）。离子强度稍高时对凝结有不良影响，这表明静电相互作用对凝结过程也有影响。有人称 pH 值对凝乳酶凝乳的第二阶段没有影响，这个结论有些出乎意料，因为 pH 值降低可以减少胶束电荷，从而促进凝结。凝固反应对温度非常敏感，在

<≈18℃不会发生，高于 18℃温度系数 Q_{10}约为 16。奶在寒冷条件下不凝结的确切原因尚不太清楚，但可能与 β-酪蛋白在低温下（由弱化的疏水相互作用引起）与酪蛋白的解离有关；不完全解离的 β-酪蛋白可形成一个保护层，对被凝乳酶作用过的胶束的凝结起到抑制作用。

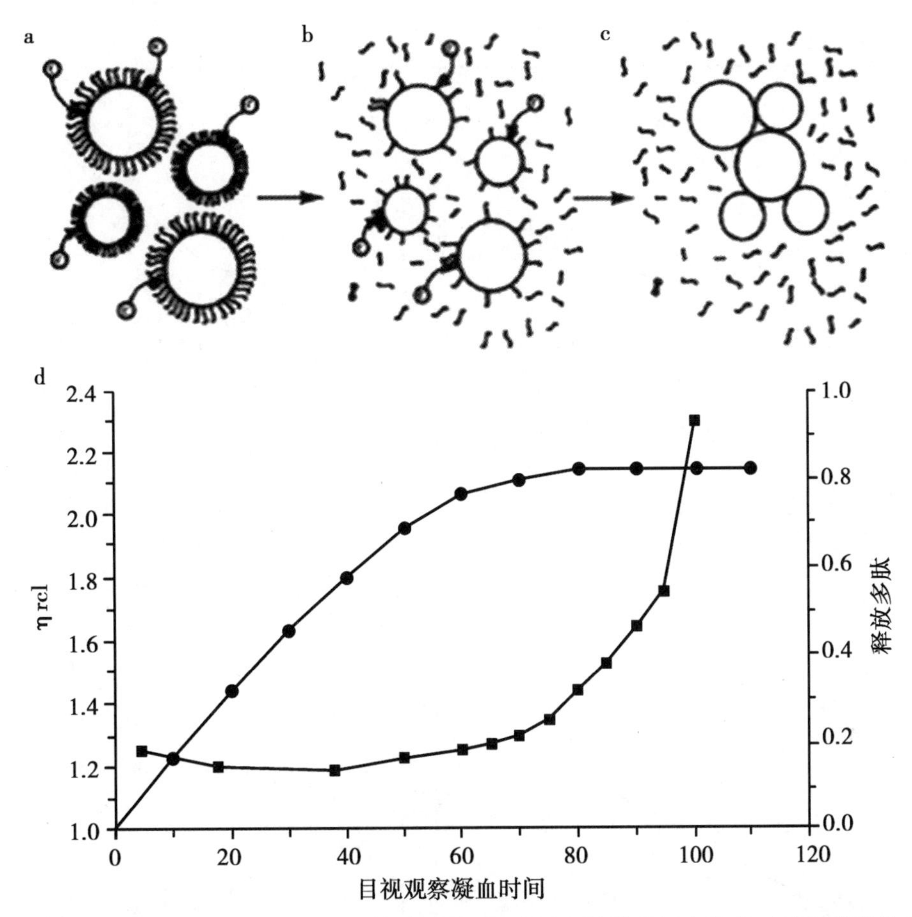

图 12.5　皱胃酶凝乳示意图。（a）有完整的 κ-酪蛋白层的酪蛋白胶束正受凝乳酶的攻击；（b）脱掉部分 κ-酪蛋白的胶束；（c）在凝集过程中高度裸露的胶束；（d）在皱胃酶凝乳过程中，巨肽（实心圆）释放量和相对黏度（实心正方形）的变化。

12.2.2.4　影响皱胃酶凝乳的因素

图 12.6 总结了各种成分因素和环境因素对皱胃酶凝乳的第一和第二阶段，以及整个凝乳过程的影响。

因素	第一阶段	第二阶段	整体影响（见下图）
温度	+	++	a
pH	+++	–	b
钙	–	+++	c

（续表）

因素	第一阶段	第二阶段	整体影响（见下图）
预加热	++	+++++	d
皱胃酶浓度	++++	–	e
蛋白质浓度	+	++++	f

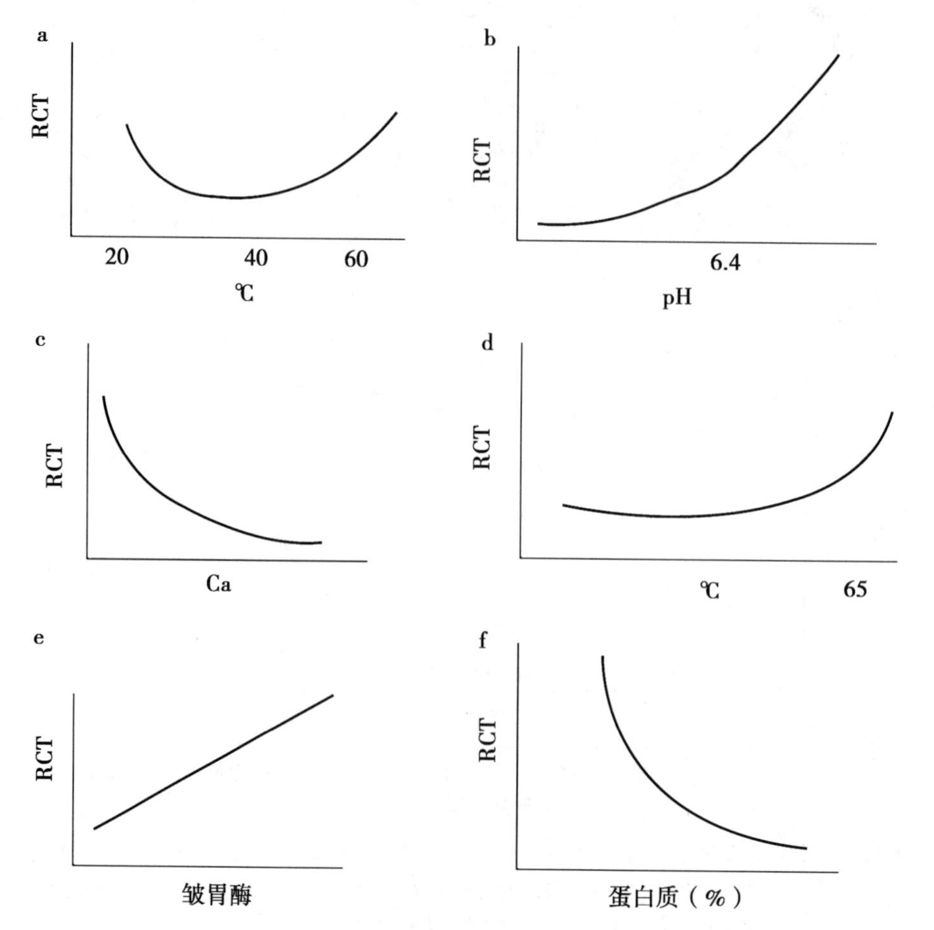

图 12.6　影响皱胃酶凝乳时间（RCT）的主要因素

当温度<20℃时，不发生凝结，主要是第二阶段反应温度系数非常高所致。在较高温度（>55~60℃，取决于 pH 值和酶）下，皱胃酶发生变性。在>≈70℃的温度下（取决于加热时间长短）预加热牛奶，可延长皱胃酶凝结时间或者甚至不凝乳。这是由于热变性 β-乳球蛋白与 κ-酪蛋白通过二硫键（-S-S-）的相互作用的结果；凝固反应的两个阶段，尤其是第二阶段，都受到不利影响。pH 值的影响主要是在皱胃酶凝固的第一阶段（酶反应阶段），因为随着奶 pH 值的降低，接近酶的最佳 pH 值时，会加速反应的进行。pH 值对第二阶段也有轻微的影响，当 pH 值越来越接近于酪蛋白的等电点时，胶束上互相排斥的电荷会减少，从而促进凝固。增加 Ca^{2+}浓度主要影响是在皱胃酶凝固的第二阶段，因为钙对于皱胃酶转化的胶束的凝集是必不可少的。但是，向奶中加入钙会改变可溶性磷酸钙向胶体（酪蛋白结合）磷酸钙转变的平衡，在这个过程中会生产 H^+，使奶的 pH 值略有下降，这些均有利于皱胃酶凝固第一阶段反应。预加热奶主要影响（如巴氏消毒条件）是在皱胃酶凝固的第二阶段，在此阶段热变性的 β-乳球蛋白与胶束表面的 κ-酪蛋白通过-S-S-键发生相互作用，导致对第一阶段和第二阶段反应产生不良影响。提高皱胃酶水平可加速凝固反应，因为反应第一阶段可以更快完成。提高蛋白（酪蛋白）水平也会加速反应，这是由于提高了凝固反应底物的含量之故。

12.2.2.5　皱胃酶凝固时间的测量

目前用于测定皱胃酶的凝乳能力或皱胃酶活性的方法有很多种，大多数是测量实际凝固，即第一和第二两个阶段相加，但有一些是专门监测 κ-酪蛋白水解的。下面对最常用的方法进行介绍。

最简单的方法是，在置于可控温度水浴中（如 30℃）的奶样中加入一定量的皱胃酶的稀释液，测量从添加皱胃酶至发生凝固的时间。如果要测定皱胃酶制剂的凝乳活性，则要用到“参照”奶，例如，低温奶粉用 0.01%的 $CaCl_2$溶液制成复原奶，可能还要调整至一定的 pH 值水平，如 6.5。目前 IDF 已经公布了一种标准方法（IDF 1992），可从法国国家农业研究院获得一种参照奶。如果要检测某种奶的凝固能力，可能要，也可能不用把 pH 值调节至标准值。凝固点可以按如下方法进行测定，将奶样放在烧瓶或试管中，在水浴中旋转（图 12.7），液体奶在旋转的瓶/管内形成一层膜，但在发生凝结时膜中形成了蛋白质絮凝物。有人已介绍了多种使用该原理的装置。

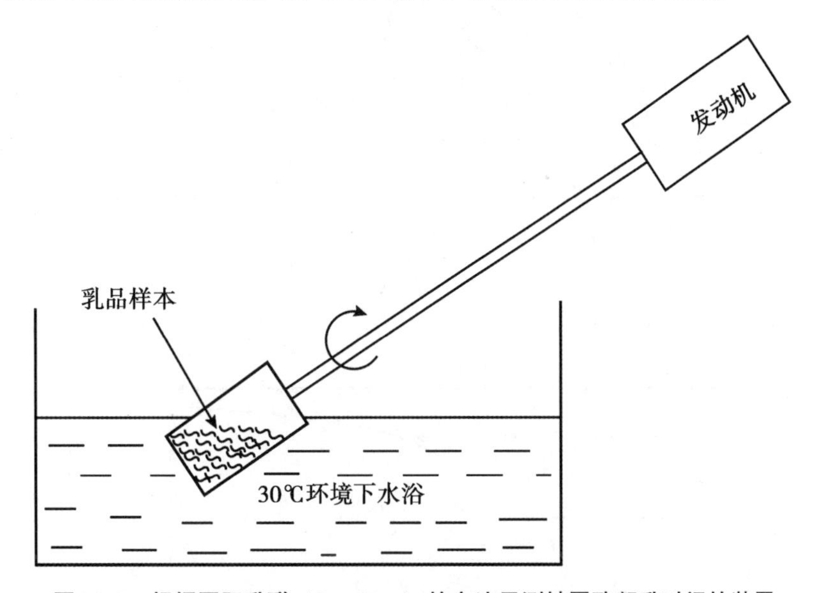

图 12.7　根据国际乳联（Berridge）的方法目测皱胃酶凝乳时间的装置

如图 12.5 所示，发生凝乳时，奶的黏度急剧增加，可用这一特点来确定凝固点。从理论上讲，任何类型的黏度计都可以用，但有人已经研制出几种专用的仪器。丹麦福斯电器集团的 Formograph（如图 12.8a 所示）就是这种类型的仪器，虽然用得并不多。将待测奶样放入小烧杯中，将小烧杯置于一个电热金属板的槽内，加入皱胃酶，在奶中放入一个圆圈形钟摆，将金属板来回移动，从而拉动奶中的圆圈形钟摆。与钟摆连接的臂上装有反光镜，闪光灯发出的光通过反光镜反射到感光纸上并留下标记。当乳是液态时黏度低，对钟摆拉力小所以钟摆几乎不会离开它的正常位置，因而就会在感光纸上留下一条直线。随着奶的凝结，黏度增加，钟摆被拉离原位置，造成感光纸上标记痕迹的分叉。痕迹分叉移动的频率和幅度是凝胶强度（硬度）指标，典型的迹线如图 12. 8b 所示。r 值低表示皱胃酶凝乳时间短，而 a_{30} 和 k_{20} 值高表明奶有良好的凝胶形成特性。流变仪经常用于监测凝固过程中凝胶结构的形成，通常是通过观察 G'（损耗模量）随时间的变化（图 12. 9）来实现。

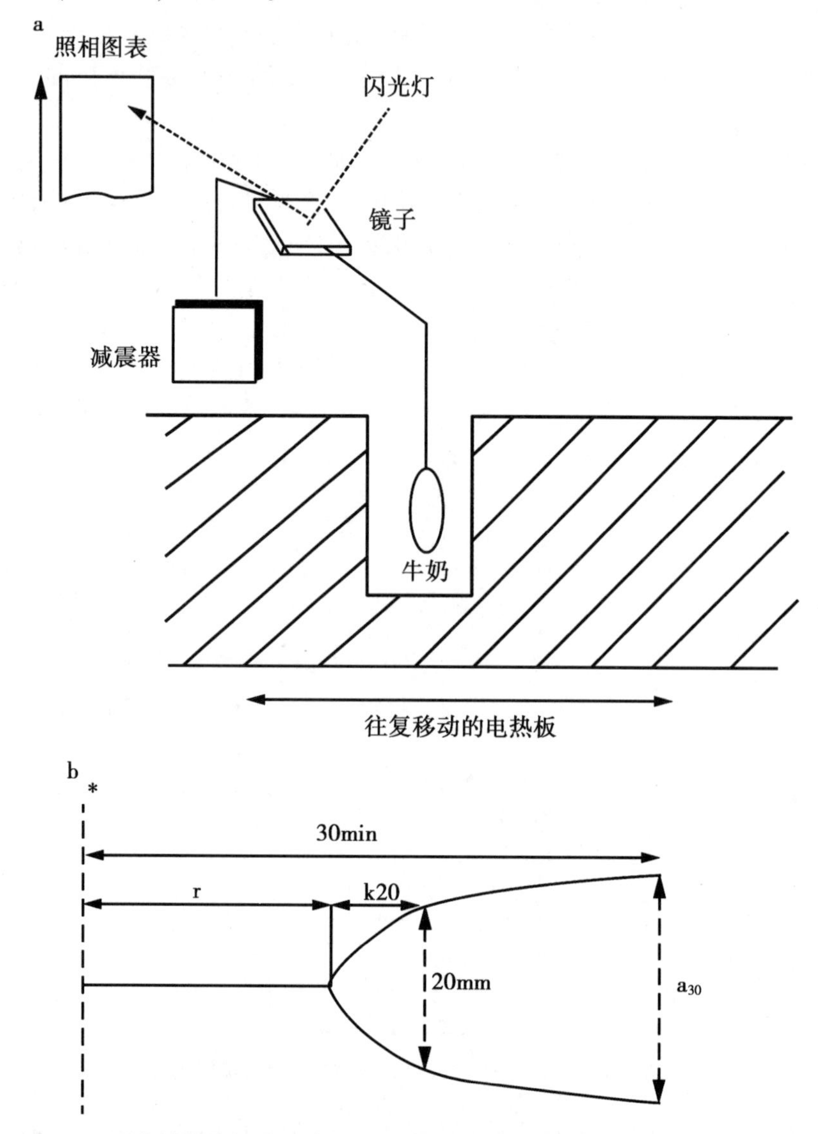

图 12. 8 （a）测定皱胃酶凝乳活性的 Formograph 仪示意图；（b）典型的 Formograph 图。
*-皱胃酶添加点，r 是皱胃酶凝乳时间，k_{20} 是从开始凝固至 Formograph 图上分叉距离为 20mm 所需的时间，a_{30} 是添加皱胃酶 30min 后分叉的程度（大概是制作奶酪时切凝乳块的时间）

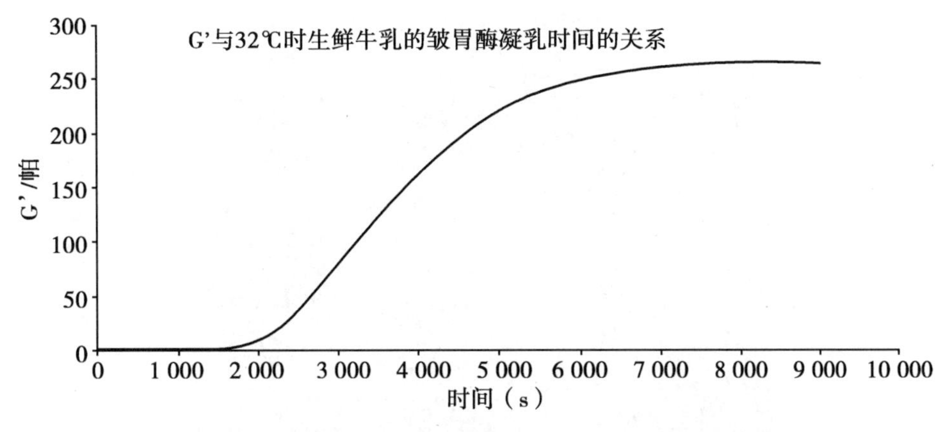

图 12.9　皱胃酶凝乳过程中损耗模量（G′，帕）随时间的变化

有一种制作奶酪时用于确定切割凝乳时间的仪器，热线传感器。图 12.10a 是这种仪器原始分析组件的图示。将奶样放进装有一根粗细一致的金属线的圆柱形容器里，金属线通电产热，当奶是液体时热很容易散掉，随着奶凝固，热量散失变慢，金属线的温度升高，引起导电率升高，图 12.10b 是典型的迹线图。

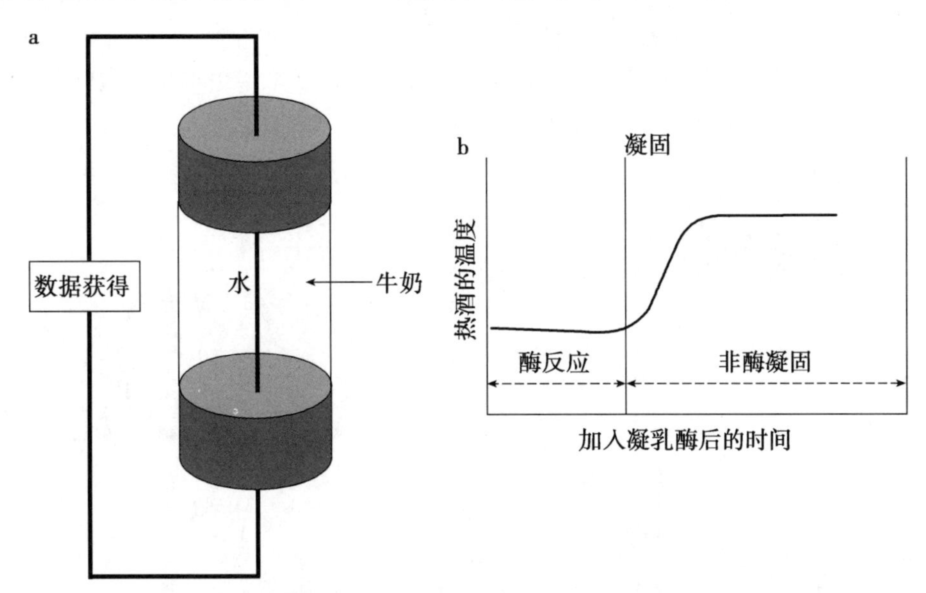

图 12.10　（a）用于客观真实测量皱胃酶凝乳的热线传感器；（b）皱胃酶凝乳过程中热金属线温度的变化

带有不锈钢外壳的金属线探头透过奶酪缸壁插入缸内，金属线探头输出的信号反馈到电脑上，通过电脑控制凝乳切割刀的开关，这样就可自动完成凝乳的切割工作，且保持切割力度一致，这对于奶酪得率最大化是很重要的。用于确定奶酪切割时间的其他方法还有近红外反射法（图 12.11），通过凝结期间光反射特性和超声衰减来测定胶束凝集的程度。

生产上用以上仪器（图 12.11）确定奶酪的切割时间。这种传感器能向奶酪缸发出近红外光，从反射特性的变化测定酪蛋白胶束的凝集程度。

图 12.11　近红外反射传感器的控制单元

皱胃酶作用的初始阶段可以通过测量副-κ-酪蛋白或糖巨肽的形成来完成监测。κ-酪蛋白可通过 SDS-聚丙烯酰胺凝胶电泳（PAGE）来测定，但此法较麻烦费时，也可用离子交换高效液相色谱（HPLC）测定。糖巨肽可溶于三氯乙酸（2%~12%，取决于其碳水化合物含量），可通过凯氏定氮法进行定量测定，或采用更准确的方法通过测定 N-乙酰神经氨酸的浓度或通过反相 HPLC 来测定。

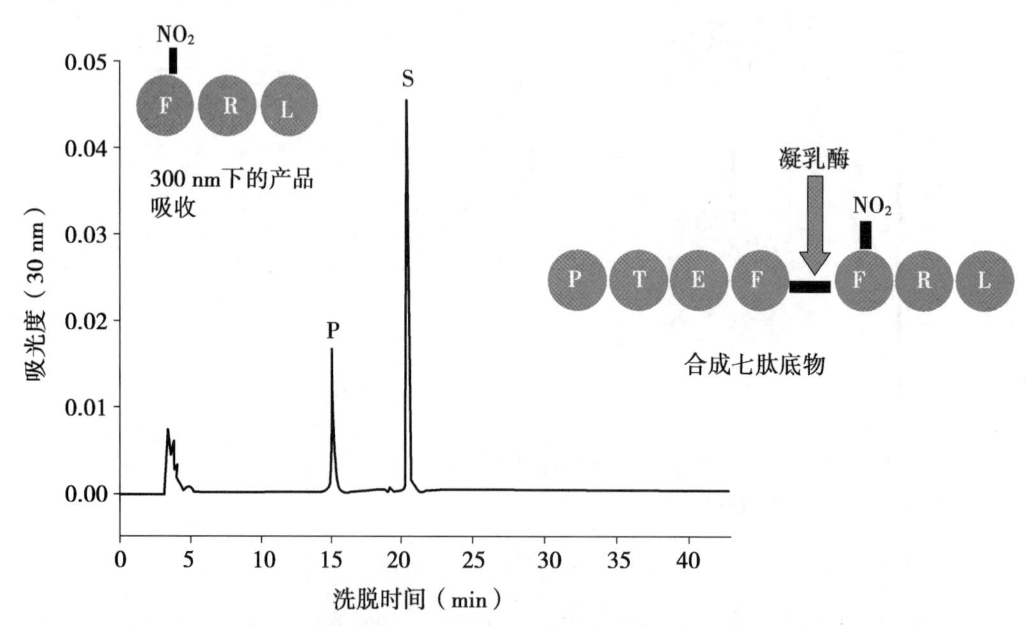

图 12.12　用含有凝乳酶敏感性 Phe-Phe 键的合成七肽底物测定凝乳酶活性方法的原理（Hurley 等，1999）。一个 Phe 残基的苯环上有一个-NO_2基团，在 300 nm 处有强吸收。通过 HPLC 法分离底物（S）和产物（P）肽，产物峰面积与凝乳酶活性相关。

皱胃酶的活性很容易通过发色肽底物或其他肽底物来测定，这样的底物有许多种。

图 12.12 显示了其中一种方法的原理。这种方法也可用于对奶酪中残留的少量皱胃酶进行检测。

12.2.2.6　凝胶强度（凝乳拉力）

在肉眼见到凝固后凝胶网络结构在相当长时间内仍会继续形成（图 12.13），从脱水收缩（因而也对水分含量的控制）和奶酪得率的角度来看，形成的凝胶的强度十分重要，主要受几个因素的影响，其原理总结在图 12.14 中。总的来说，凝胶强度与皱胃酶凝乳时间（RCT）呈反比（即 RCT 快产生的凝胶强度就好），酪蛋白和 Ca^{2+} 浓度高的乳形成的凝胶强度也好。

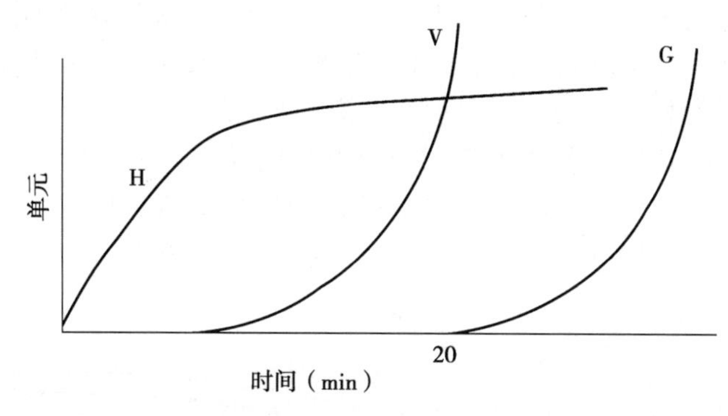

图 12.13　皱胃酶凝结乳中水解和凝胶形成的示意图

H 代表 κ-酪蛋白的水解，V 代表皱胃酶凝结乳（凝乳第二阶段）的黏度变化，G 代表黏弹性模量的变化（凝胶形成）

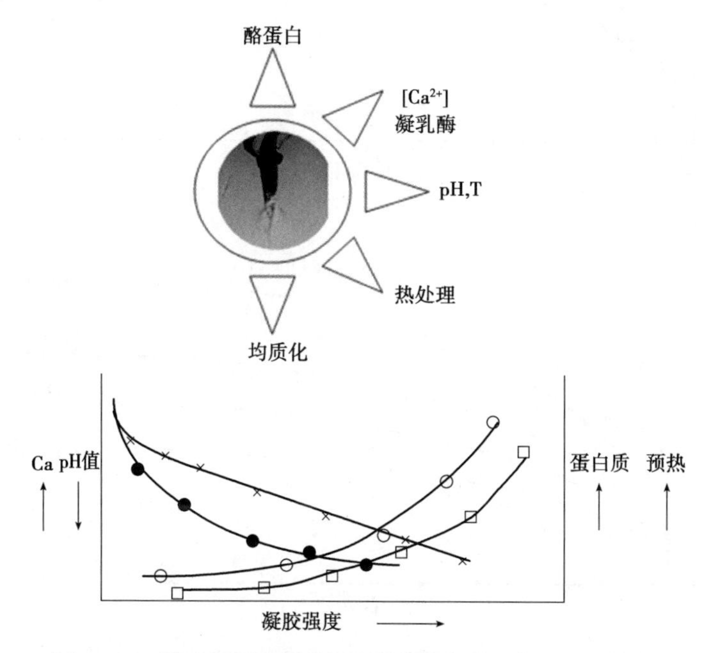

图 12.14　影响皱胃酶凝乳凝胶强度的主要因素（凝乳拉力）

pH 值（实心圆），钙浓度（空心圆），蛋白质浓度（空心方形），预热处理（×）

在 pH 值 6.7~6.0 范围内，降低 pH 值会使凝乳酶的作用加快，并使胶束间电荷减少因而凝集得更好，所以会增加凝乳的强度。预热处理过度（如过度的巴氏杀菌）对于凝胶强度不利，均质化也是这样。

凝乳酶凝乳凝胶的强度有几种黏度计和硬度计（Penetrometers）可检测。如 12.2.2.5 中所述，Formograph 仪可得出凝胶强度测定值，但该测定值不容易换算为流变学参数。硬度计可得出有用的检测值，但是系单点测定值。动态流变仪特别有用，可以对凝胶网状结构的蓄积过程进行研究（图 12.9）。

12.2.2.7 脱水收缩

如不搅动，皱胃酶凝乳凝胶是相当稳定的，但是，当切割或打碎时，则会脱水收缩，最初遵循一级动力学。通过控制脱水收缩的程度，奶酪制作者可以控制奶酪凝乳的水分含量，从而控制熟化的速度、程度和奶酪的稳定性——含水量越高，奶酪熟化越快，但稳定性也越低。通过下面这些方法可促进脱水收缩：

- 把凝乳块切得更细小，如瑞士干酪细切，而法国软质奶酪则粗切；
- 降低 pH 值（图 12.15b）；

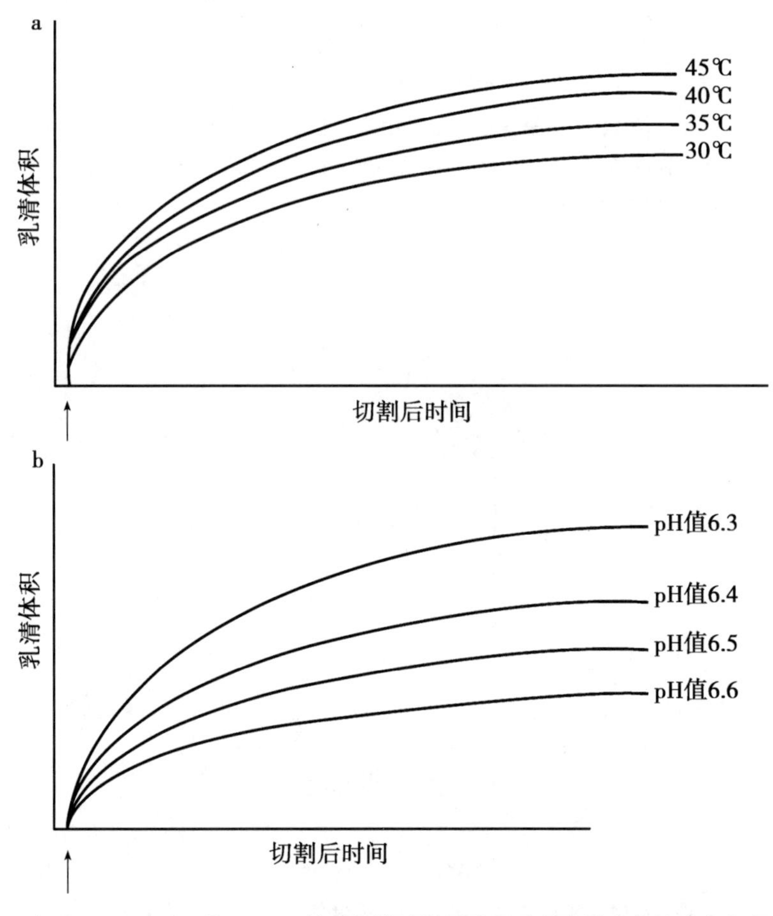

图 12.15　温度（a）和 pH 值（b）对切割/搅碎皱胃酶凝乳凝胶脱水收缩速度和程度的影响

- 增加钙离子的浓度；

- 提高加热温度（法国软质奶酪，约 30℃，古达奶酪，约 36℃，切达奶酪，约 38℃，瑞士干酪或帕尔马干酪，52~55℃）（图 12.15a）；

- 边加热边搅拌凝乳；

- 乳脂肪延缓脱水收缩，而乳蛋白升高到一定程度则会促进脱水收缩；乳蛋白浓度太高时，凝胶太结实而不脱水收缩（如超滤的截留液）。

由高热处理制得的凝胶脱水收缩性很差（假定奶真的凝结了）。脱水收缩性降低对发酵奶产品反而有利，如生产酸奶时就要对奶进行高温加热（如 90℃×10min），但这对制作奶酪则是不利的。

目前对脱水收缩的监测还没有什么好的分析方法。曾采用的原理包括外加标记物（如染料，不能吸附到凝乳颗粒上或扩散到凝乳颗粒中）的稀释，测量凝乳的电导率或水分含量，或通过测量释放的乳清的体积（这可能是最常用的方法，尽管测定值取决于所用的方法）。

12.2.3　酸化

在所有奶酪品种的生产中，产酸是一个很关键的特征，在 5~20h 内 pH 值降低至 5 左右（±0.4，具体取决于品种），降低速率取决于品种（图 12.16）。酸化通常是利用细菌将乳糖发酵成乳酸来实现的，虽然有时候（如制作马苏里拉奶酪时）也会采用酸原，通常是葡萄糖酸-δ-内酯或葡萄糖酸-δ-内酯与酸合用。

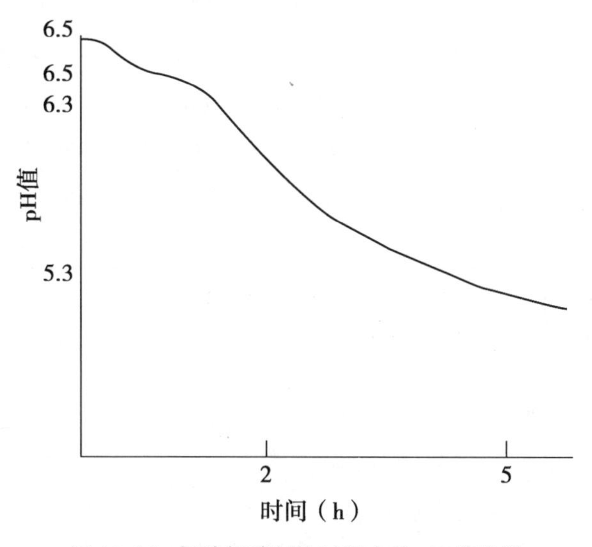

图 12.16　切达奶酪制作过程中的 pH 值曲线

奶酪制作传统上主要是靠奶的固有微生物群落来发酵乳糖，目前还有一些手工制作品种是采用这种方法。但由于固有微生物群落变化不定，酸化速率各异，因而奶酪的质量也不一致；固有微生物群落大部分被巴氏杀菌杀灭。乳清培养物（用旧乳清作为制作奶酪的菌种）可能已经用了很长时间，这个方法目前还用于 Parmigiano-Reggiano 和 Gruyere deComté 等著名奶酪的商品生产。但是在切达和荷兰式奶酪的制作中，经过筛选的“纯”培养物至少已用了80年，并且菌种越来越纯。为了控制噬菌体，新西兰在20世纪30年代就开始使用单一菌培养物。现在经过筛选的抗噬菌体菌株已广泛用于切达干酪生产中。荷兰型和瑞士型奶酪也使用经高度选育的培养物，但选育的方法不一样。

奶酪发酵剂使用的菌种主要有3个菌属。对于加热温度低于约39℃的奶酪，主要是用乳球菌属，通常是乳酸乳球菌乳脂亚种，如切达奶酪、荷兰型奶酪、蓝纹奶酪、表面霉菌和表面涂抹型菌种都属于此类。对加热温度高的品种，用的是嗜热乳杆菌培养物，通常与嗜热链球菌一起使用（例如大多数瑞士型品种和马苏里拉奶酪）。有些奶酪品种，如荷兰型奶酪的发酵剂加入了明串珠菌属，其作用是从柠檬酸生产二乙酸和二氧化碳，而不是明显的产酸。

这里不具体讨论发酵剂的筛选、培养和使用。感兴趣的读者可参阅Cogan和Hill（1993）以及Parente和Cogan（2004）的文献。

奶酪发酵剂的主要作用是使乳酸的生成速率更可靠。图12.17是乳糖代谢的总结。大多数奶酪发酵剂是同型发酵的，即仅生产乳酸，通常是1-异构体，明串珠菌属是异型发酵的。乳酸菌发酵的产物总结于表12.4。

表12.4　发酵剂微生物中乳糖代谢的主要特征（引自Cogan和Hill，1993）

微生物	转运[a]	裂解酶[b]	途径[c]	产物（mol/mol乳糖）
乳球菌属	PTS	pβgal	糖酵解	4L-乳酸
明串珠菌属	?	βgal	PK[c]	2D-乳酸+2乙醇+$2CO_2$
嗜热链球菌	PMF	βgal	糖酵解	2L-乳酸[d]
德氏乳杆菌乳酸亚种	PMF?	βgal	糖酵解	2D-乳酸[d]
德氏乳杆菌保加利亚亚种	PMF?	βgal	糖酵解	2D-乳酸[d]
瑞士乳杆菌	PMF?	βgal	糖酵解	4L-（主要）+d-乳酸

[a]PTS：磷酸转移酶系统；PMF：质子动力。

[b]pβgal：磷酸-β-半乳糖苷酶；βgal：β-半乳糖苷酶。

[c]PK磷酸解酮酶。

[d]这些菌种只能代谢乳糖的葡萄糖。

产酸在奶酪制作中起着几个主要作用：

（1）控制或防止腐败菌和致病菌的生长。

（2）在凝乳过程中影响凝结剂的活性和活性凝结剂在凝乳中的滞留。

（3）使胶体磷酸钙溶解，从而影响奶酪的质地；产酸快会导致奶酪中钙含量低，质地易碎（如柴郡奶酪），反之亦然（如瑞士型奶酪）。

（4）促进脱水收缩，从而影响奶酪的成分。

（5）影响成熟过程中酶的活性，从而影响奶酪质量。

除了产酸之外，初始发酵剂还起到几种作用，特别是降低氧化还原电位（E_h，从奶中约+250mV降到奶酪中约-300mV），最重要的是在奶酪成熟的生物化学中起至关

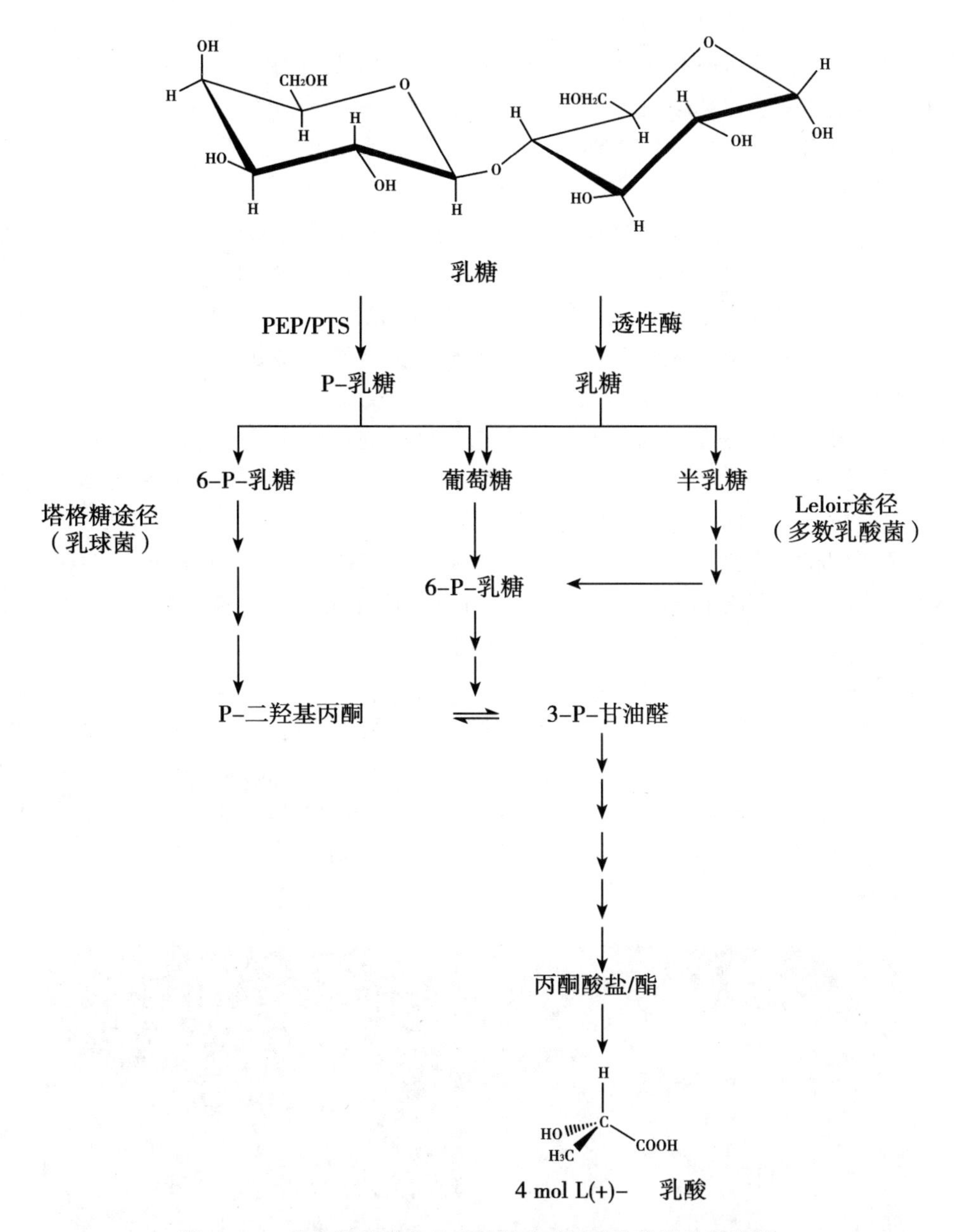

图 12.17　大多数乳酸菌将乳糖发酵成乳酸的代谢途径总结

重要作用。一些菌株可产生可以控制杂菌生长的细菌素。

许多奶酪品种的成熟不是初始发酵剂，而是其他微生物作用的结果，这些微生物称之为二次培养物。例子是瑞士式奶酪中的费氏丙酸杆菌（*Propionibacterium freudenreichii*），蓝纹奶酪中的娄地青霉（*Penicillium roqueforti*），表面霉菌成熟奶酪，如法国软质 Camembert 奶酪和法国布里白奶酪中的 camembert 奶酪青霉（*Penicillium Camemberti*）。Camembert 奶酪青霉是一种非常复杂的革兰氏阳性菌群，包括表面涂抹成熟奶酪中的扩展短杆菌和酵母，荷兰型奶酪中的乳球菌和明串珠菌属的柠檬酸盐阳性

(Cit+) 菌株。这些微生物的具体作用将在12.2.7节讨论。传统上，切达型奶酪中并不使用二次培养物，但目前有人对经筛选培养的细菌培养物很感兴趣，这些细菌通常是嗜温乳杆菌属或乳糖阴性乳球菌属，目的是增强或改善切达奶酪的风味或加速成熟；这些培养物往往被称为“辅助性培养物”。

12.2.4 成型

当达到所需的pH值和含水量时，沥干乳清，将凝乳置于模具中以排出乳清形成凝乳团；高水分凝乳靠自身重量形成凝乳团，但低水分品种则要加压。

奶酪一般是做成传统的形状（通常是扁平圆柱形，但也是香肠、梨状或长方形）和尺寸，大小从约250g（例如法国Camembert软质奶酪）到60~80kg（例如瑞士Emmental干酪，图12.18）不等。奶酪的尺寸不仅仅是一个美观与否的特征，瑞士Emmental干酪必须做得足够大，才能防止二氧化碳的过度逸散，这对孔洞的形成至关重要，而法国Camembert软质奶酪则必须做得相当小，这样就不会出现中心仍未成熟而表面已过度成熟的现象（这种奶酪表面先软化，中心后软化）。

制作意大利拉伸式奶酪，如马苏里拉奶酪、波萝伏洛干酪（Provolone）和哈罗米奶酪（Halloumi）的凝乳块，要在pH值达到5.4时放在热水（70~75℃）中加热，再进行揉搓和拉伸，使奶酪具有特有的纤维状结构。

12.2.5 加盐

所有奶酪都要加盐，或者在排干乳清的凝乳中混入干盐（主要限于起源于英国的品种），在压榨出乳清的奶酪表面上擦干盐（例如Pecorino Romano绵羊奶酪或蓝纹奶酪），或者将压实的奶酪泡在盐水中（大多数品种）。盐的浓度从瑞士干酪中的约0.7%（盐在水相中的浓度约2%）到多米尼亚特奶酪（Domiati）的7%~8%（盐在水相中的浓度约15%）。

图12.18 各种不同品种的奶酪，显示出奶酪大小、形状和外观的多样性

盐在奶酪中起到多种重要作用：

1. 盐是影响未成熟奶酪水分活度的主要因素，对细菌的生长和存活以及奶酪中酶的活性有很大影响，从而影响和控制奶酪成熟的生物化学。

2. 加盐可促进脱水收缩，从而降低奶酪的含水量；每吸收 1kg 盐，约损失 2kg 水。

3. 对风味有正面影响。

4. 奶酪会增加膳食中钠的摄入，高钠有不良的营养后果，例如高血压和骨质疏松。

12.2.6　部分奶酪品种的制作工艺

各种奶酪制作工艺细节上有些不同，但许多步骤都是一样的。图 12.19a ~ d 总结了主要奶酪品种的生产工艺。

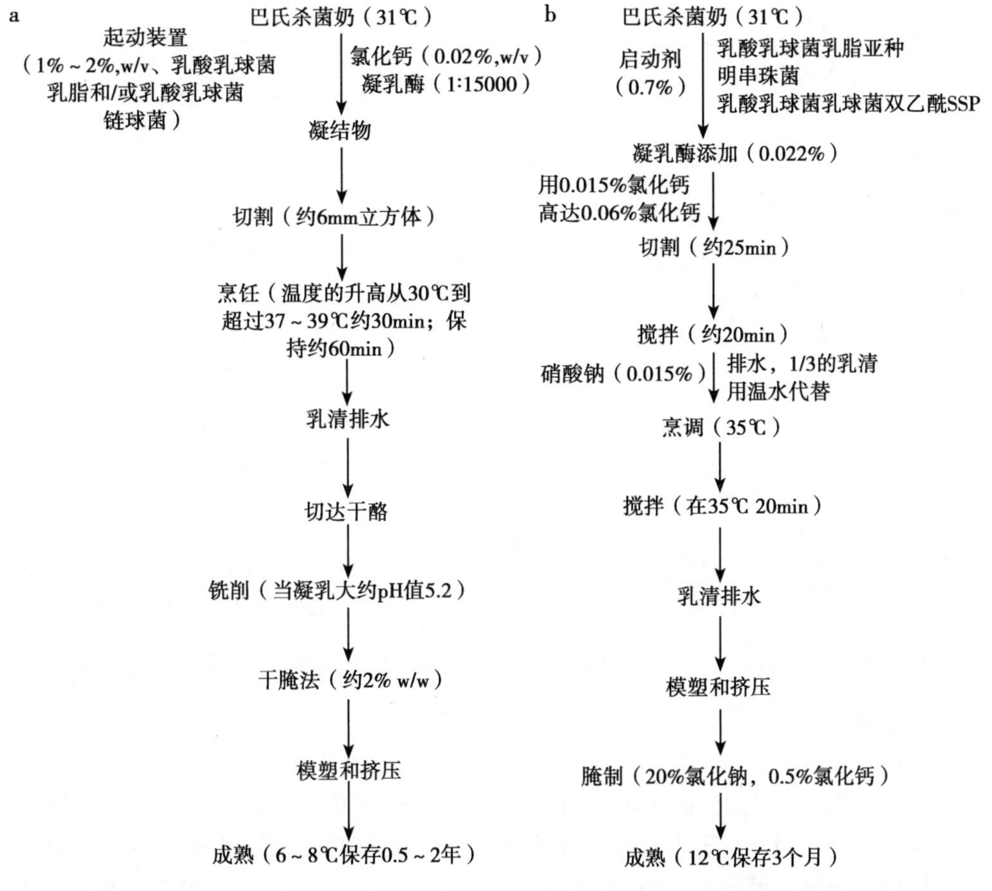

图 12.19　(a) 切达 (b) 古达干酪 (c) 瑞士干酪 (d) 帕马森奶酪的制作工艺

12.2.7　奶酪成熟

虽然酶凝奶酪的凝乳可在制作后马上吃掉（实际上有少量是这样吃的），但酶凝凝乳质地较韧，食之无味。因此，酶凝奶酪几乎总是要经过一段时间成熟的，成熟期从马苏里拉奶酪的约 3 周，到帕尔马干酪和超成熟切达干酪的 2 年以上都有。在此期间，发生了一系列非常复杂的生物、生化和化学反应，通过这些反应产生特征风味化合物，质

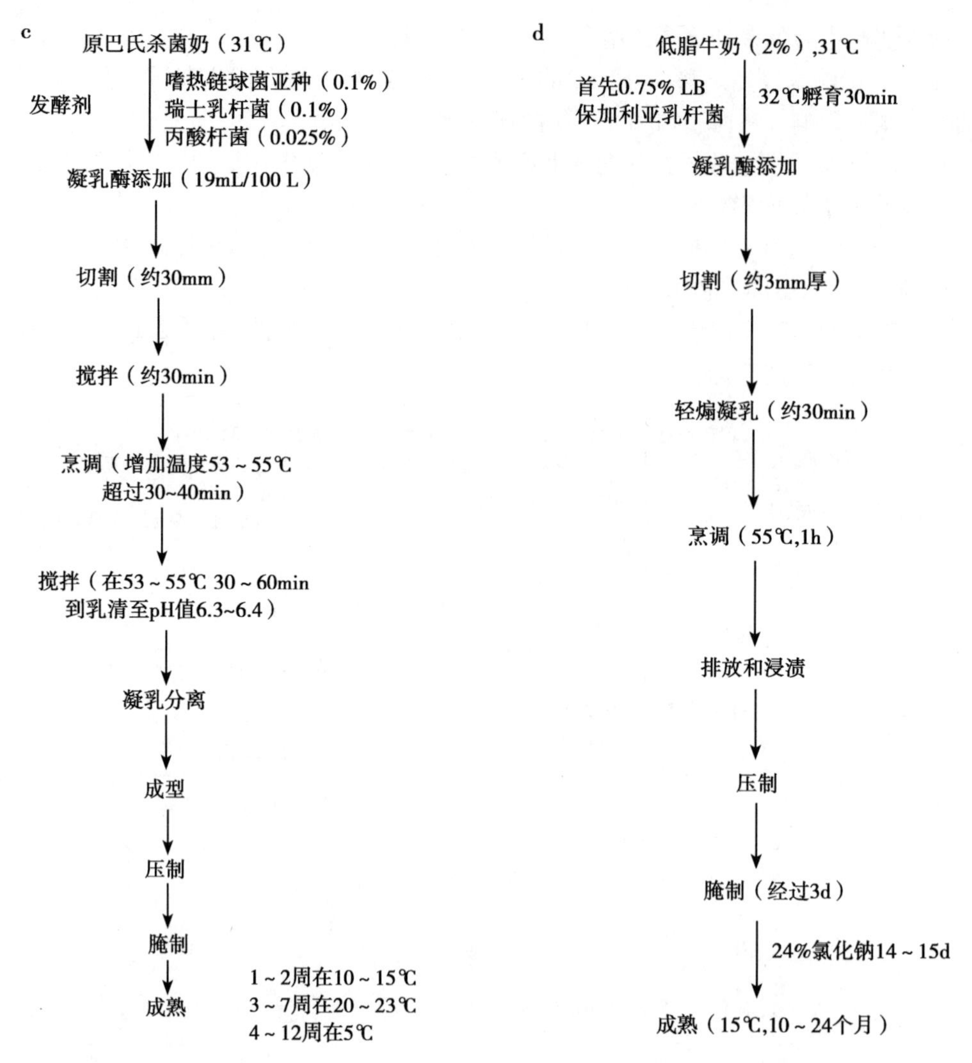

图 12.19 （a）切达（b）古达干酪（c）瑞士干酪（d）帕马森奶酪的制作工艺（续）

地也随之改变。

与这些变化有关的因素有 4 种，在一些奶酪中有 5 种或 6 种：

（1）奶酪奶。如第 10 章所述，奶中含有大约 60 种内源酶，其中许多与脂肪球或酪蛋白胶束结合，因此会进入奶酪的凝乳中；而可溶性酶则大部分从乳清排出。许多内源酶对热相当稳定，可耐受 HTST 巴氏杀菌；其中至少有 3 种酶（纤溶酶、酸性磷酸酶和黄嘌呤氧化酶）在奶酪中起作用，并有助于奶酪成熟；一些内源脂肪酶也可以耐受巴氏杀菌。脂蛋白脂酶大部分被巴氏杀菌灭活，但对用生乳制成的奶酪的成熟也有促进作用。其他内源酶对奶酪成熟的影响尚不清楚。

（2）凝结剂。大多数凝结剂随乳清排走，但有些留在凝乳中。通常加入的凝乳酶约 6% 留在切达干酪和类似品种包括荷兰型奶酪中；存留的凝乳酶量随着排掉乳清时 pH 值的降低而增加。加入的凝乳酶有高达 20% 存留在高水分、低 pH 值的奶酪中，如卡门培尔奶酪。但仅有约3%的微生物凝乳酶替代物存留在凝乳中，而且存留水平与pH值无关。

猪胃蛋白酶在pH值6.7下非常敏感，容易发生变性，但随着pH值降低逐渐趋于稳定。

凝结剂是大部分奶酪产品发生蛋白水解的主要原因，但也有一些例外值得注意，一些高温加热奶酪品种，如Emmemtal、Parmesan和意大利拉伸类奶酪（如马苏里奶酪），凝结剂在凝乳生产过程中发生大量变性。

优质的皱胃酶提取物没有脂肪分解活性，但是一些意大利奶酪品种（例如罗马诺和波萝伏洛干酪）生产时用的是皱胃酶的糊剂。皱胃酶膏含有脂肪酶，称为前胃酯酶（PGE），这对这些奶酪脂肪的分解和特征风味起着重要的作用。有人认为皱胃酶膏不卫生，因此可在生产这种奶酪的皱胃酶提取物中加入半纯化的前胃酯酶（PGE）（第10章）。

（3）发酵剂细菌。在奶酪制作阶段结束时发酵剂的细菌达到最大数量。然后数量开始下降，下降速度依菌株不同而异，通常在一个月内下降两个对数循环。至少一些非活性细胞溶解的速率依菌株不同而异。乳球菌、乳杆菌和链球菌中唯一的胞外酶是与细胞膜结合并从细胞壁向外突出的蛋白酶；所有肽酶、酯酶和磷酸酶都是胞内酶，因此必须细胞溶解释放出胞内的酶才能促进奶酪的成熟。

（4）非发酵剂细菌。在使用封闭式自动化设备的现代化工厂中，用优质巴氏杀菌奶制作出来的奶酪，第一天非发酵剂细菌含量非常少（<50cfu/g），但在2个月左右增加到$10^7 \sim 10^8$cfu/g（增加速度尤其取决于成熟温度和奶酪块冷却的速度）。由于在此期间发酵剂细菌的数量是下降的，所以在成熟过程的后期，非发酵剂细菌在奶酪的菌群中占优势。

制作方法正确的奶酪并不适合细菌生长，因为其pH值低，水相里含有中度至高浓度的盐，厌氧条件（表面除外），缺乏可发酵碳水化合物和可能还含有由发酵剂细菌产生的细菌素。因此，奶酪是一种非常有选择性的环境，其非发酵剂菌群以乳酸菌为主，主要是兼性异型发酵（嗜温）乳杆菌，如干酪乳杆菌和副干酪乳杆菌。

（5）二次培养物和辅助性培养物。如12.2.3所述，许多奶酪品种的特征是有次生微生物生长，这些次生菌具有强代谢活性，在这些奶酪成熟过程中占优势地位，影响其相关特征。

（6）其他外源酶。有少数奶酪品种在制作时在奶中加入外源脂肪酶，例如制作罗马诺或波萝伏洛干酪的前胃酯酶（以皱胃酶糊剂形式）。研究上和商业生产对添加外源性蛋白酶（在凝结剂的基础上）和/或肽酶加速成熟相当感兴趣，可将酶以各种形式添加到奶中或凝乳中，例如：游离、微囊化或减活弱化细胞形式。

有人对上述这些因素的作用（单独作用或各种因素的组合）进行了研究，研究是在奶酪模型系统中进行的，通过排除一种或多种因素，如通过使用酸原代替发酵剂进行酸化，或在无菌环境中制造奶酪来消除非发酵剂乳酸菌。通过这些模型系统得到了奶酪成熟方面非常有用的生物化学数据。

奶酪成熟期间，主要发生3个初级生化反应过程：①残留乳糖和乳酸及柠檬酸的代谢；②脂肪酸的脂解和代谢；③蛋白水解和氨基酸分解代谢（图 12.20）。这些初级反应的产物又发生大量修饰作用和相互作用。这些初级反应已经得到相当好的表征，但是大多数奶酪品种的次级反应变化则还不太清楚。主要的生物化学变化概述如下。

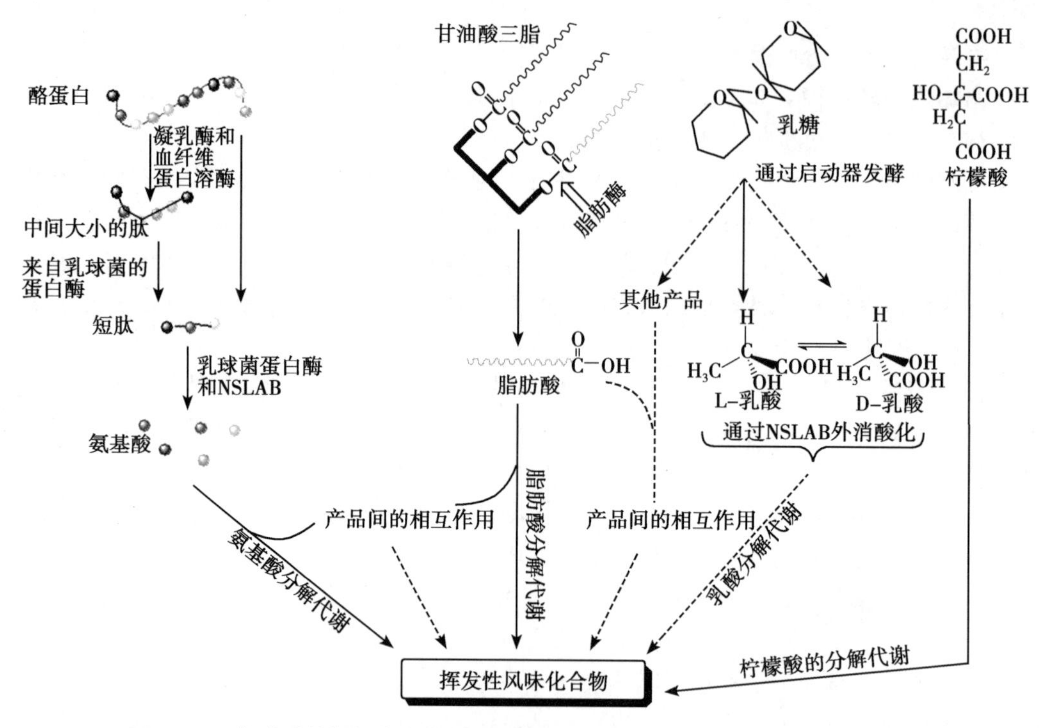

图 12.20　奶酪成熟期间发生的主要生化反应示意图（引自 McSweeney，2004）

12.2.7.1　残留乳糖、乳酸和柠檬酸的代谢

奶酪奶中大部分（约 98%）乳糖以乳糖或乳酸随乳清排出。但鲜奶酪凝乳仍含有 1%~2%的乳糖，通常在短时间内由发酵剂细菌代谢成 L-乳酸。在约 3 个月内大多数品种的 L-乳酸被非发酵剂乳酸菌外消旋成 DL-乳酸，少量被氧化为乙酸，其速率取决于奶酪的含氧量，因此也取决于包装材料的透气性。

在用嗜热链球菌和乳杆菌属作发酵剂制成的奶酪品种中，例如瑞士型奶酪和帕尔马奶酪，乳糖的代谢比用乳球菌作发酵剂的奶酪更复杂。这些奶酪在制作过程中将凝乳煮至 52~55℃，此温度高于发酵剂两种菌种的生长温度；当凝乳冷却时，耐热性较高的链球菌利用乳糖的葡萄糖开始生长，产生 L-乳酸，但它不能利用半乳糖，所以半乳糖就积聚在凝乳中。当凝乳充分冷却时，乳杆菌属也开始生长，如果使用半乳糖阳性菌种/菌株（这是正常的），则可代谢半乳糖，产生 DL-乳酸（图 12.21）。如果使用乳杆菌属的半乳糖阴性菌株，则半乳糖会积聚在凝乳中，可导致成熟期间发生二次发酵，产生不良效果，如果奶酪被加热则可导致美拉德褐变。

瑞士式奶酪在 22℃左右成熟一段时间，以促进丙酸杆菌的生长。丙酸杆菌可利用乳酸作为能源，产生丙酸、乙酸和二氧化碳：

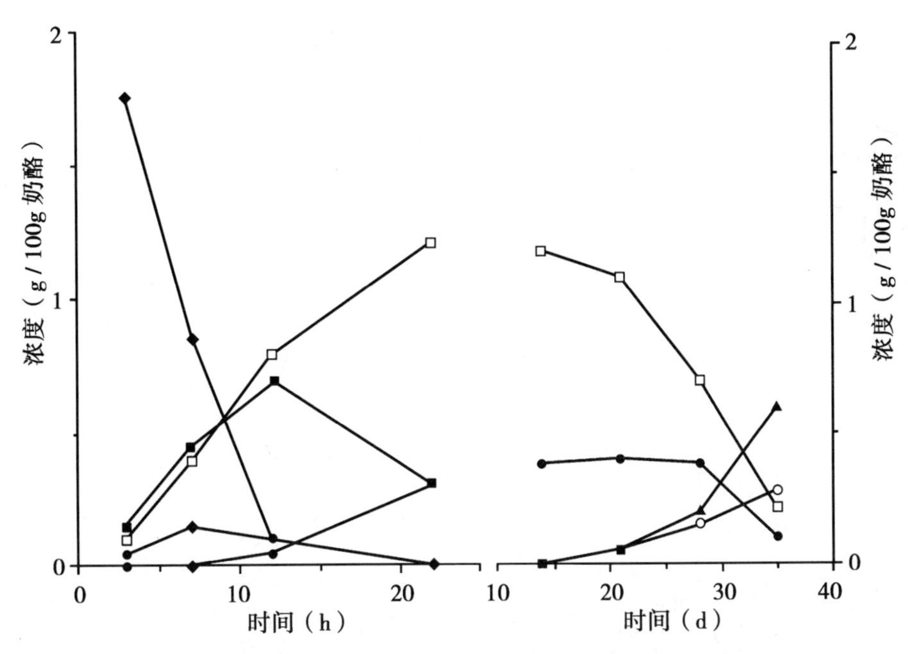

图 12. 21　艾门塔尔（Emmental）奶酪中乳糖、葡萄糖、半乳糖、D-乳酸和 L-乳酸的代谢

$$\underset{\text{乳酸}}{3CH_3CHOHCOOH} \rightarrow \underset{\text{丙酸}}{2CH_3CH_2COOH} + \underset{\text{乙酸}}{CH_3COOH} + CO_2 + H_2O$$

丙酸和乙酸可能对瑞士型奶酪的风味有影响，而二氧化碳则可使奶酪形成特征性的大孔洞。乳酸可被酪丁酸梭菌代谢为丁酸、二氧化碳和氢（图 12. 22）；丁酸可使奶酪产生异味，二氧化碳和氢气则是成熟后期产气的原因。梭状芽孢杆菌可通过采取良好的卫生措施，添加硝酸盐或溶菌酶，离心除菌或微过滤而来控制。梭状芽孢杆菌的主要来源是土壤和青贮饲料。

奶酪在第 14 d 转到暖房内（22～24℃）。实心圆代表 D-乳酸；空心圈代表乙酸；实心正方形代表半乳糖；空心正方形代表 L-乳酸；实心棱形代表葡萄糖；空心棱形代表乳糖；实心三角形代表丙酸。

在表面霉菌成熟的奶酪中，例如卡门培尔奶酪和布里干酪，生长在表面上的沙门柏干酪青霉利用乳酸作为能量来源进行代谢，导致 pH 值升高。乳酸从中心向表面扩散，进而被分解代谢。氨基酸脱氨生成的氨导致 pH 值升高，奶酪表面 pH 值可达到 7. 5 左右，奶酪中心 pH 值约 6. 5。卡门培尔奶酪和布里干酪成熟的特征是质地从表面向中心渐次变软（液化）。软化是由 pH 值升高、蛋白水解和磷酸钙迁移到表面因高 pH 值而沉淀引起的。图 12. 23 对这个过程作了概述。

在表面涂抹成熟的奶酪，如明斯特，林伯格和泰尔西特奶酪，在奶酪表面繁殖生长的首先是酵母菌，它们把乳酸分解代谢掉，引起 pH 值升高，当 pH 值升高到大于 5. 8 时，一个非常复杂的革兰氏阳性细菌菌群就开始繁殖生长，其中包括棒状杆菌属、节杆菌属、短杆菌属、微杆菌属和葡萄球菌属，这些细菌的生长使这些奶酪表面呈红橙色（图 12. 24）。

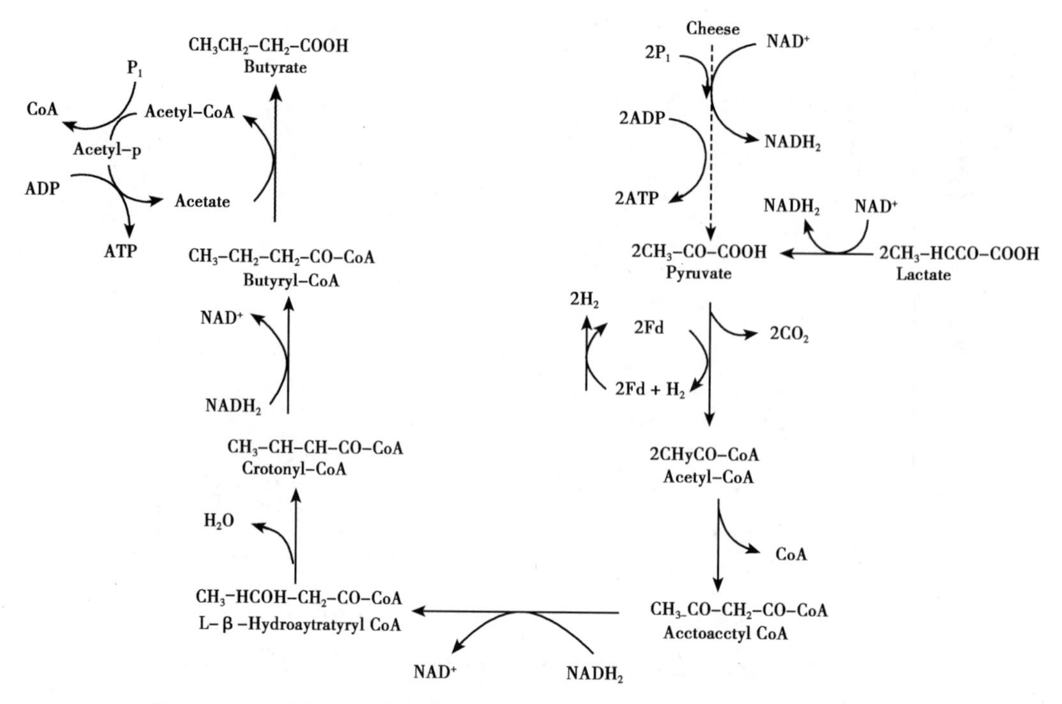

图 12.22　葡萄糖或乳酸被梭状芽孢杆菌代谢产生丁酸、CO_2 和 H_2 的反应

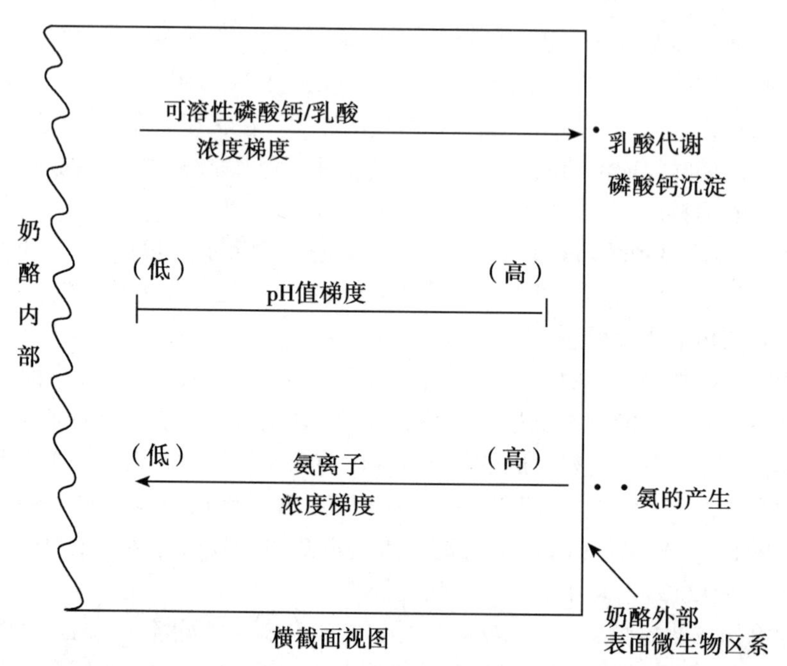

图 12.23　卡姆伯格奶酪（Camembert）成熟过程中钙、磷酸盐、乳酸、pH 值和氨的梯度示意图

12.2.7.2　脂肪酸的分解和代谢

所有奶酪都发生某种程度的脂解作用；分解生成的脂肪酸对奶酪的风味有影响。大

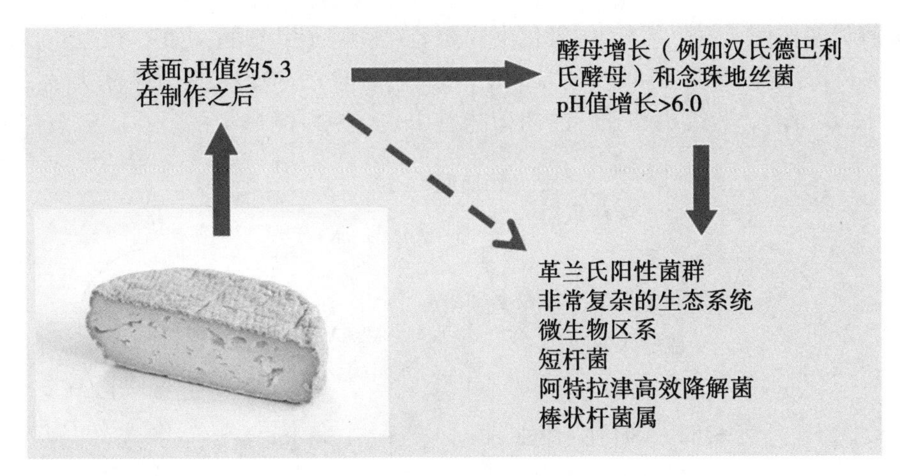

图 12.24　涂抹成熟奶酪成熟期间表面微生物群落发育示意图

多数品种的脂解作用相当有限（见表 12.5），主要由发酵剂和非发酵剂乳酸菌有限的脂解活性引起，也许奶的内源性脂酶也有影响，特别是用生乳制成的奶酪。

有两类奶酪的脂肪发生大量分解，脂肪酸及其降解产物是影响风味的主要因素，如某些意大利奶酪品种（例如，罗马诺和普罗卧干酪）和蓝纹奶酪。这些意大利奶酪制作时用的是含有前胃酯酶（PGE）的皱胃酶糊剂，而不是皱胃酶提取物。前胃酯酶对甘油 *sn*-3 位置上的脂肪酸具有高度特异性，在乳脂中，这些脂肪酸大部分是具有浓烈风味的短链脂肪酸（丁酸到癸酸）。这些短链脂肪酸是造成这些意大利干酪具有独特的辛辣味的主要原因。

表 12.5　部分奶酪品种游离脂肪酸含量（mg/kg）（Woo 和 Lindsay，1984；Woo 等，1984）

品种	FFA（mg/kg）	品种	FFA（mg/kg）
绿色干酪	211	挪威羊奶干酪	1 658
荷兰球形干酪	356	波萝伏洛干酪	2 118
马苏里拉奶酪	363	砖形奶酪	2 150
科尔比氏干酪	550	林堡干酪	4 187
卡门贝尔奶酪	681	山羊奶酪	4 558
波特撒鲁特干酪	700	帕尔马干酪	4 993
蒙特里杰克乳酪	763	罗马诺干酪	6 743
切达干酪	1 028	羊奶干酪	32 453
格鲁耶尔干酪	1 481	蓝纹奶酪（美国）	32 230

蓝纹奶酪在成熟期间脂肪大量分解，释放的脂肪酸可高达 25%。蓝纹奶酪中的主要脂肪酶是由娄地青霉产生的，奶中的内源性脂肪酶和发酵剂及非发酵剂乳酸菌的脂肪酶起的作用较小。游离脂肪酸直接影响蓝纹奶酪的风味，但更为重要的是，它们通过霉

菌的分解代谢作用，发生部分β-氧化生成烷烃-2-酮（甲基酮；如图 12.25），形成一系列 $C_3 \sim C_{17}$ 的类似烷烃-2-酮（对应于 $C_4 \sim C_{18}$ 脂肪酸），但以庚酮和壬酮为主。典型浓度如表 12.6 所示。蓝纹奶酪独特的胡椒味是由烷烃-2-酮产生的。在厌氧条件下，一

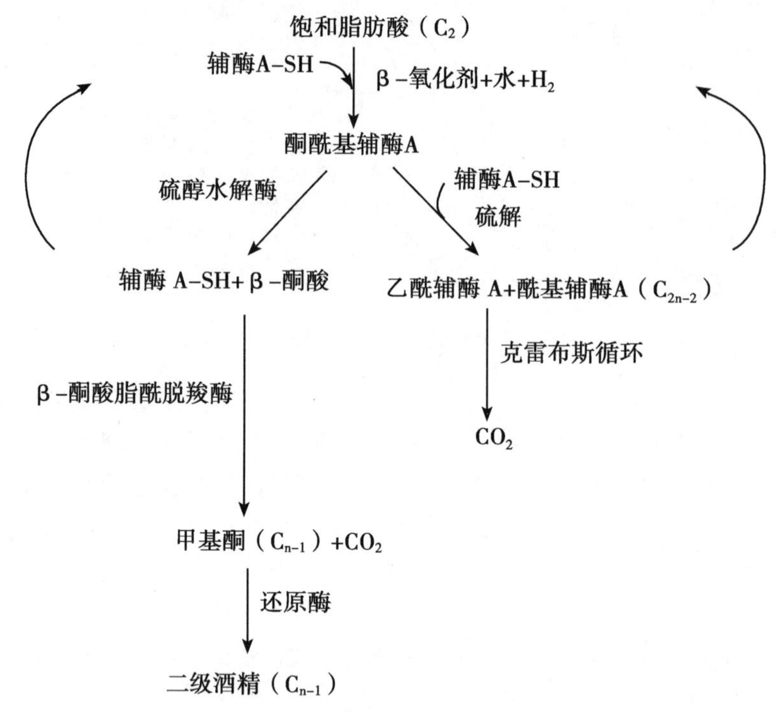

图 12.25 脂肪酸被娄地青霉β-氧化生成甲基酮，再还原成仲醇

些烷烃-2-酮可以还原成相应的烷烃-2-醇（仲醇），可导致出现异味。

表 12.6 蓝纹奶酪中烷烃-2-酮的浓度（引自 Kinsella 和 Hwang，1976）

2-烷烃酮	μg/10g 蓝纹奶酪干样							
	A[a]	B[a]	C[a]	D[b]	E[b]	F[b]	G[c]	H[c]
2-丙酮	65	54	75	210	—	0	60	T
2-戊酮	360	140	410	1 022	367	51	372	285
2-庚酮	800	380	380	1 827	755	243	3 845	3 354
2-壬酮	560	440	1 760	1 816	600	176	3 737	3 505
2-十一烷酮	128	120	590	136	135	56	1 304	1 383
2-十三烷酮	—	—	—	100	120	77	309	945
总计	1 940	1 146	4 296	5 111	1 978	603	9 627	9 372

[a]指成熟的蓝纹奶酪的商业样品；

[b]蓝纹奶酪 D、E 和 F 样品分别成熟 2、3 和 4 个月；

[c]样品 G 和 H 是小批量制作的试验性蓝纹奶酪，分别成熟 2 和 3 个月。

12.2.7.3　蛋白水解和氨基酸的分解代谢

蛋白水解是大多数奶酪品种成熟过程中三个初级生化反应中最复杂，可能也是最重要的反应。在内部细菌成熟的奶酪中，例如切达、荷兰和瑞士型奶酪品种，除了解离与酪蛋白结合的钙之外，蛋白水解可使奶酪在成熟期间质地发生变化，即使质地较韧的新鲜凝乳变成质感润滑、柔顺的成熟奶酪。小肽和游离氨基酸直接影响奶酪的风味，氨基酸被用作一系列形成风味物质的复杂反应的底物，最常见的反应是由氨基转移酶催化的，将氨基酸转化成相应的 α-酮酸（并把辅底物 α-酮戊二酸转化为谷氨酸）。α-酮酸不稳定，通过酶促反应，并通过化学反应降解成大量美味化合物。有时候可能产生太多疏水性肽，可导致出现苦味，有些消费者很不喜欢这种味道；但在浓度适宜，并有其他化合物平衡搭配时，苦味肽可能对奶酪的风味有正面作用。

奶酪中蛋白水解水平从很有限（如马苏里拉奶酪）到中等（如切达干酪和古达奶酪）至大量水解（例如蓝纹奶酪）。蛋白水解产物的范围广泛，从仅略小于母体酪蛋白的非常大的多肽，到氨基酸，而这些氨基酸可能又被代谢为各种各样的美味化合物，包括胺、酸和含硫化合物。

根据所需信息的深度，对奶酪中的蛋白水解可采取许多种技术进行研究。电泳，通常是尿素-PAGE，特别适合于监测蛋白的初级水解，即是酪蛋白的水解和产生的大肽的水解。定量分析水溶性肽和氨基酸的生成量，通常在 pH 值 4.6 的三氯乙酸、乙醇或磷钨酸溶液中测定，或者通过与茚三酮、2-邻苯二甲醛、三硝基苯或荧光胺的反应测定游离氨基的含量，都适用于次级蛋白水解的监测。反相 HPLC 对奶酪小肽谱的指纹识别特别有用，现在已得到广泛应用。高效离子交换色谱或尺寸排阻色谱法也是有效的方法，但应用不太广泛。

所有奶酪品种的蛋白水解都未得到充分表征，但在切达奶酪的研究已有相当大的进展，就目前所知，总的来说其他低温加热的内部细菌成熟奶酪（例如荷兰型奶酪）情形也与此相似。下面将以切达奶酪的蛋白水解为例概述这些类型的奶酪的水解过程。

尿素-PAGE 显示切达干酪中的 α_{-s1}酪蛋白在 3~4 个月内完全水解（图 12.26）。它被凝乳酶水解，水解位点最初是在苯丙氨酸$_{23}$-苯丙氨酸$_{24}$，后来是在亮氨酸$_{101}$-赖氨酸$_{102}$，也有少部分是在苯丙氨酸$_{32}$-甘氨酸$_{33}$、亮氨酸$_{98}$-赖氨酸$_{99}$和亮氨酸$_{109}$-谷氨酸$_{110}$处。虽然 β-酪蛋白在溶液中很容易被凝乳酶水解，但在奶酪水相的离子强度下，β-酪蛋白对凝乳酶具有很强的抗性，但可被纤溶酶慢慢水解（6 个月约 50%），水解位点在赖氨酸$_{28}$-赖氨酸$_{29}$，赖氨酸$_{105}$-组氨酸/谷氨酰胺$_{106}$和赖氨酸$_{107}$-谷氨酸$_{108}$，分别产生 γ^1，γ^2和 γ^3-酪蛋白，以及相应的蛋白胨蛋白胨（PP5，PP8 慢，PP8 快，第 4 章）。

虽然在体外培养条件下，乳球菌发酵剂与细胞壁结合的蛋白酶对 β-酪蛋白的活性相当强（有些菌株的乳球菌与细胞壁结合的蛋白酶对 α_{-s1}酪蛋白的活性也相当强），但在奶酪中，这些蛋白酶似乎主要作用于酪蛋白衍生肽，而这些酪蛋白衍生肽则由凝乳酶作用于 α_{-s1}酪蛋白或纤溶酶作用于 β-酪蛋白生成。

发酵剂细胞在凝乳过程结束时开始死亡（图 12.28）；死细胞可裂解释放胞内的内肽酶（PepO，PepF）、氨基肽酶（包括 PepN，PepA，PepC，PepX）、三肽酶和二肽酶（包括脯氨酸特异性肽酶），这些酶共同作用产生一系列游离氨基酸的（图 12.29）。从

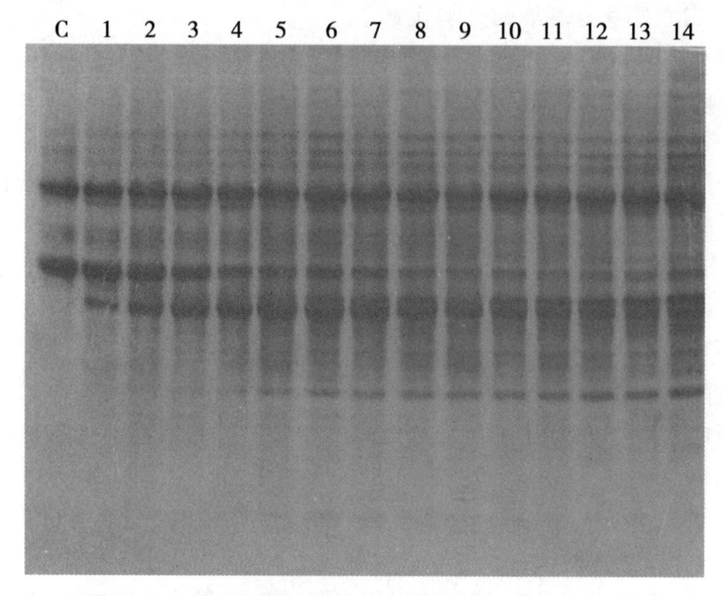

图 12.26 切达乳酪成熟 0，1，2，3，4，6，8，10，12，14，16，18 或 20 周后的尿素—聚丙烯酰胺凝胶电泳图（1~14 泳道）；C 是酪蛋白酸钠（由 S. Mooney 提供）

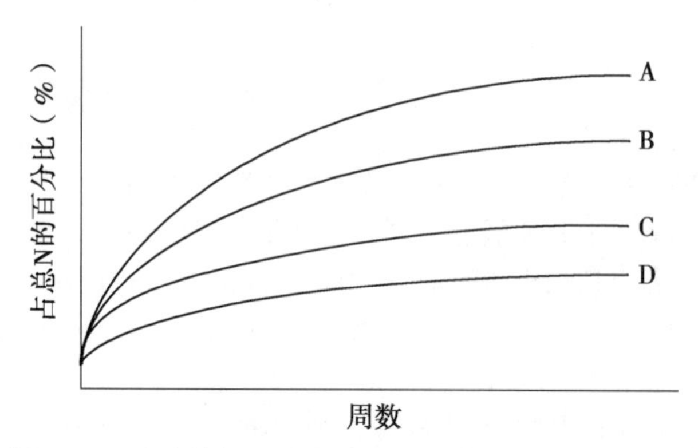

图 12.27 水溶性氮（WSN）的生成量：（A）控制菌群的切达干酪（不含非发酵剂细菌）；（B）化学法控制菌群——酸化（不用发酵剂）奶酪；（C）控制菌群无皱胃酶的奶酪；（D）控制菌群无皱胃酶，无发酵剂的奶酪。

切达干酪的水溶性级分已经分离出大约 150 种肽，并已进行了表征（图 12.30），但是很可能还有许多肽还未被发现。这说明乳球菌蛋白酶和外肽酶都有助于奶酪中的蛋白水解。除了产生氨基酸之外，非发酵剂乳酸菌（主要是嗜温乳杆菌）的蛋白酶和肽酶似乎对切达干酪中的蛋白水解作用很小。

切达干酪中的主要氨基酸如图 12.31 所示。

12.2.8 奶酪的风味

虽然对奶酪风味的研究可追溯到本世纪初，但直到 20 世纪 50 年代后期气液色谱法

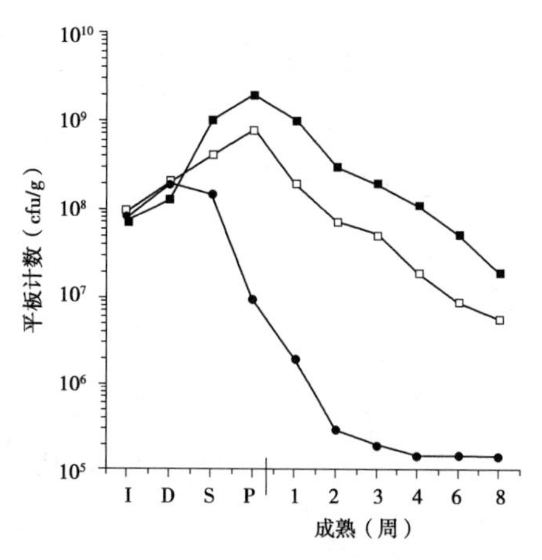

图 12.28　使用不同单一菌株发酵剂制成的奶酪中发酵剂细胞数量的变化

（I，接种菌种；D，排出乳清；S，加盐；P 压榨后）

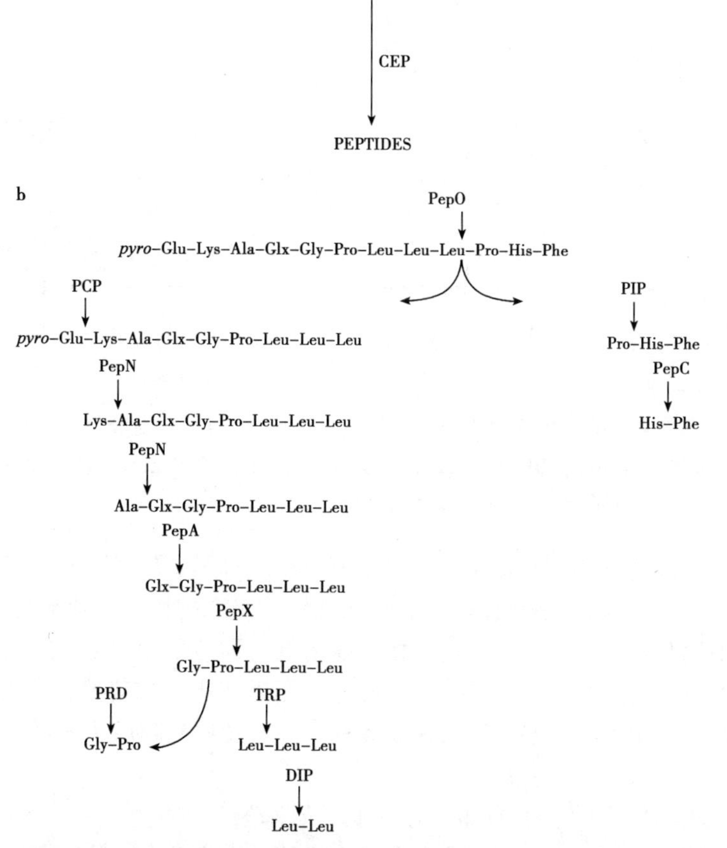

图 12.29　酪蛋白被乳球菌细胞壁蛋白酶（CEP）水解（a），以及一种假想的十二肽被乳球菌的肽酶包括寡肽酶（PepO）、各种氨基肽酶（PCP、PepN、PepA、PepX）、三肽酶（TRP）、脯氨酸酶（PRD）和二肽酶（DIP）联合作用降解（b）的示意图

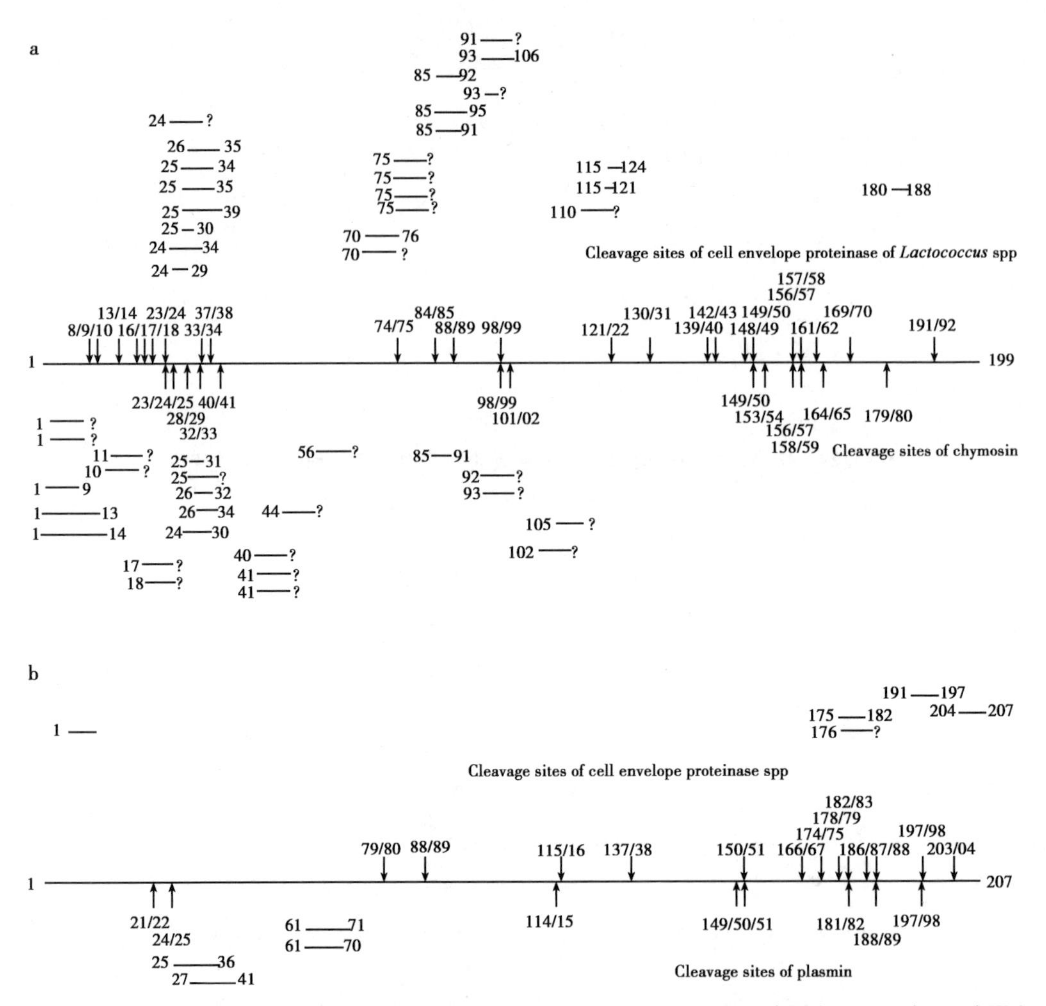

图 12.30 从切达奶酪中分离得到的衍生自 α_{-s1} 酪蛋白（a）、α_{-s2} 酪蛋白（b）或 β-酪蛋白（c）的水不溶性和水溶性肽；DF 表示渗滤。凝乳酶、纤溶酶和乳球菌细胞壁蛋白酶的裂解位点用箭头表示（引自 T. K. Shenh 和 S. Money 未发表资料）

(GC) 的发展，特别是 GC 和质谱法（MS）联用，才有了较大的进展。通过采用 GC-MS 技术，已经鉴定了奶酪中数百种挥发性化合物。奶酪的挥发性成分可以通过取顶部空间的样品来检验得出，但是许多化合物浓度太低，即使采用现代 GC-MS 技术也难以测出。挥发物可以通过溶剂萃取或提取、或者采用近年来更加普遍使用的固相微萃取，即把吸附纤维暴露于干酪顶部空间来捕集挥发物，挥发物在随后用进样器注射到 GC 后释放出来。

奶酪的滋味物质集中在水溶性部分（肽、氨基酸、有机酸、胺、NaCl）中，而香味物质主要在挥发性部分中。起初，人们认为奶酪的风味是由一种化合物或少数化合物决定的，但很快就知道所有的奶酪都含有基本上相同的美味化合物。这也导致成分平衡理论的产生，即奶酪的风味是由各种各样的化合物的浓度和相互平衡决定的。虽然对几种常见的奶酪品种我们已经积累了不少有关风味化合物方面的研究资料，但是仍然不能

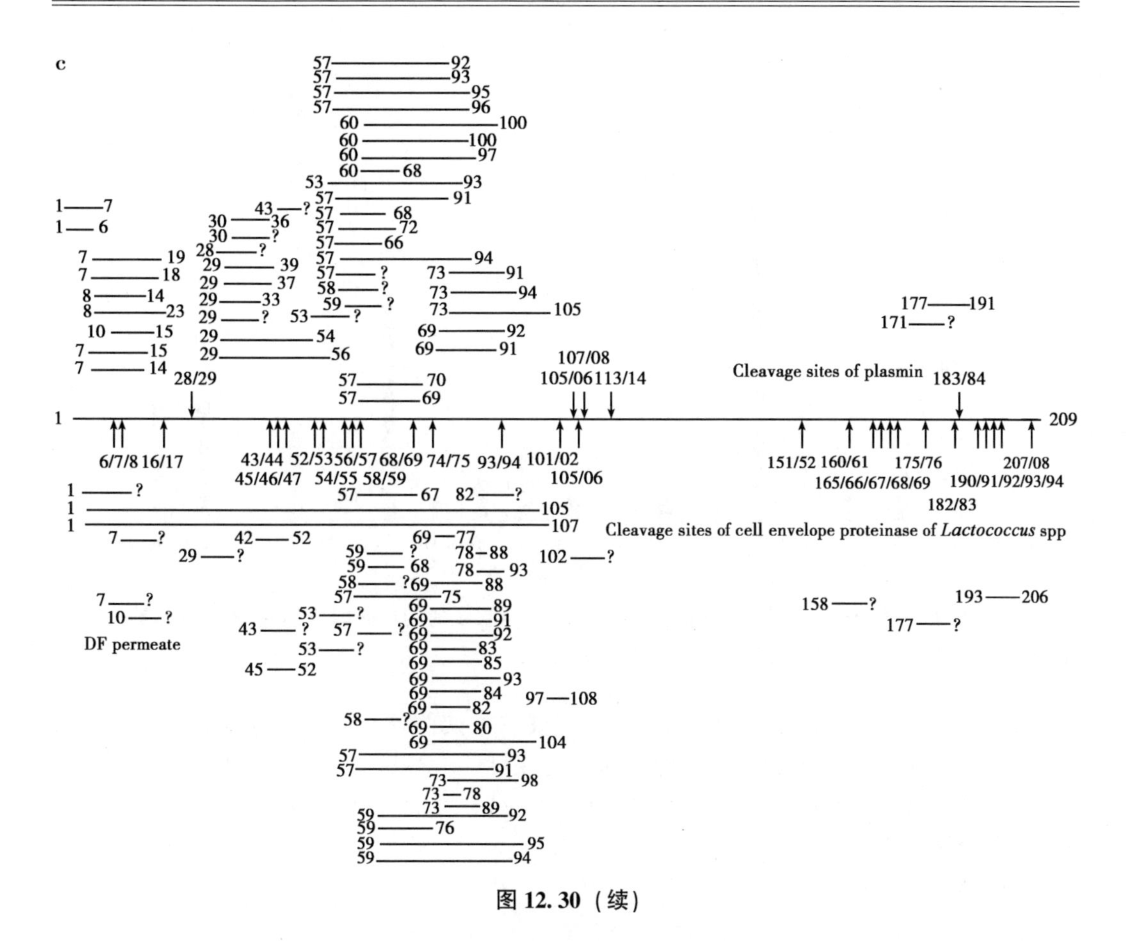

图 12.30（续）

完全解释清楚任一品种的风味物质，可能唯一例外的是蓝纹奶酪，其风味主要是由烷烃-2-酮决定的。

许多奶酪含有相同或相似的化合物，但浓度和比例不同。这些化合物主要有醛、酮、酸、胺、内酯、酯、烃和含硫化合物。在切达干酪中含硫化合物如 H_2S、甲硫醇（CH_3SH）、二甲基硫化物（$H_3C-S-CH_3$）和二甲基二硫化物（$H_3C-S-S-CH_3$）被认为特别重要。

12.2.9　奶酪的加速成熟

由于奶酪，特别是低水分品种的成熟是一个缓慢的过程，在环境可控的条件下储存和库存成本很高。成熟速度也是不可预测的。因此，从经济和工艺上都有必要在保持或改善奶酪风味和质地的同时加快奶酪的成熟。

加速奶酪成熟的主要方法是：

（1）提高成熟温度，特别是切达干酪，现在通常在 6~8℃熟化；其他一些品种成熟温度比较高，例如荷兰型奶酪成熟温度约为 14℃，瑞士型和巴马森系列的奶酪为20~22℃。升温成熟（可能到 14℃）是加速硬质奶酪成熟最简单有效的方法，但也会有风险，因为温度升高也可以加速异味的产生。

（2）使用外源酶，通常是蛋白酶和/或肽酶。由于一些原因，除了酶改性奶酪

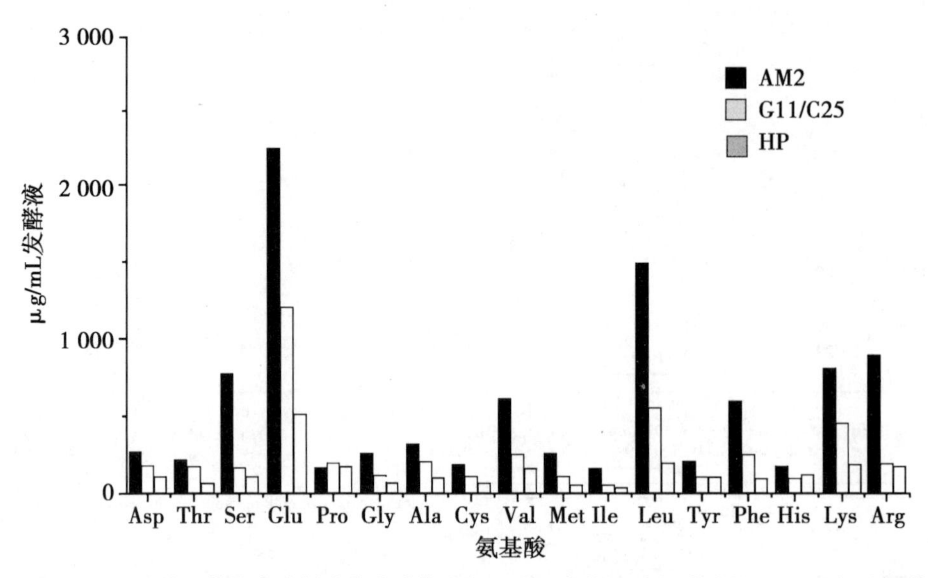

图 12.31 用单一菌株发酵剂乳酸乳球菌乳脂亚种制成的切达奶酪成熟 60 d 后各种氨基酸的浓度。AM_2，G11/C25 或 HP（引自 Wilkinson，1992）

（EMC）之外，这种方法使用效果并不太好。酶改性奶酪通常是高水分制品，用作加工奶酪、涂抹型奶酪，奶酪醮酱或奶酪调味料的配料。

（3）采用减活的乳酸菌，例如冷冻处理（freeze-shocked）、热激（heat-shocked）或乳糖阴性突变体。

（4）采用辅助性发酵剂。

（5）使用快速死亡并释放胞内酶的快速溶解发酵剂。

（6）采用可以大量生产某些酶的转基因发酵剂；但转基因发酵剂由于消费者的抵制和其他问题目前尚未得到商业化应用，而且前景并不乐观。

现在人们在奶酪成熟的生物化学方面已有相当多详尽的资料，这将有助于通过基因工程生产改善奶酪生产特性的发酵剂培养物。Fox 等（1996）、Azarnia 等（2006）以及 El Soda 和 Awad（2011）都曾对加速奶酪的成熟进行了综述。

12.3 酸凝奶酪

在酸化至 pH 值 4.6 时，酪蛋白发生凝结，这是生产酸凝奶酪的原理。酸凝奶酪约占奶酪总消费量的 20%，是一些国家的主要奶酪品种。传统上酸化一般是通过乳球菌发酵剂原位发酵乳糖的方法来实现，但也有采用酸或酸原（葡萄糖酸-δ-内酯）来直接酸化的。酸凝奶酪的主要种类如图 12.32 所示，典型的生产加工工艺如图 12.33 所示。

酸凝奶酪通常是鲜食；主要品种包括 Quarg，Cottage 奶酪和稀奶油奶酪。这些奶酪可以与蔬菜沙拉拌着吃，可用作食品的配料，也可用作目前正快速增长的奶制品，即新鲜软奶酪的基本材料。

采用较高的温度，如 80~90℃，酪蛋白在 pH 值>4.6 的情况下，如 5.2 左右也可凝结。这个原理也用于制作另一个大类奶酪，其中包括 Ricotta（及其变体），Anari 和某

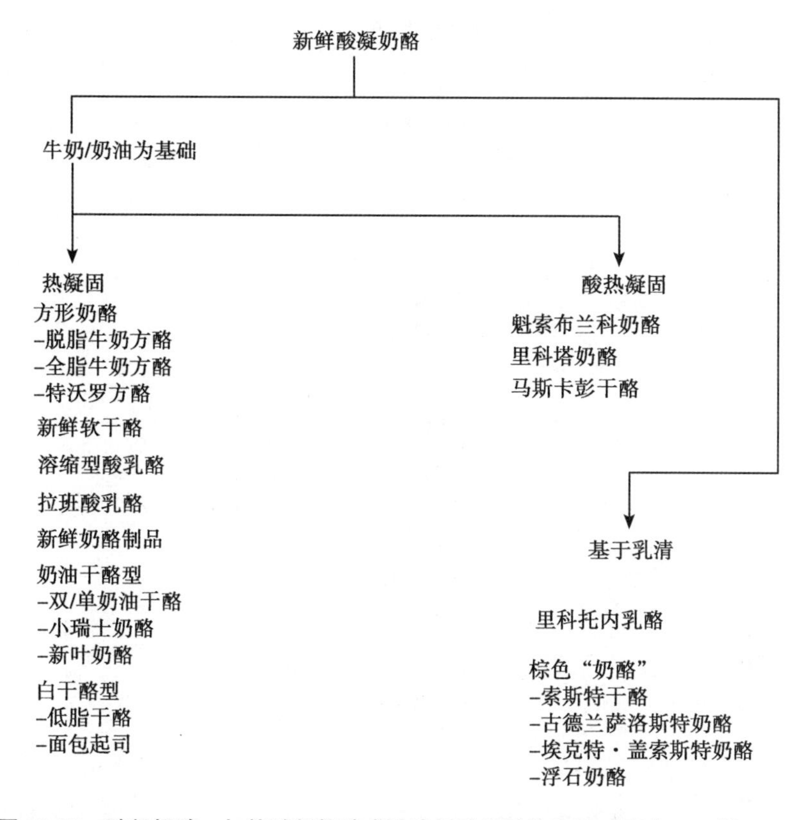

图 12.32　酸凝奶酪、加热酸凝奶酪或乳清奶酪品种的实例（引自 Fox 等，1996）

些类型的 Queso Blanco 奶酪。这些奶酪可能仅由乳清制成，但通常是由乳和乳清的混合物制成，一般用作食品的配料，如用于意大利千层面和意大利馄饨中。

12.4　再制奶酪产品

再制奶酪是将成熟程度各异的同一品种或不同品种的天然奶酪碎块与乳化剂混合，然后在真空条件下加热混合物，同时不断搅拌直到混合物成为均匀的团块为止。混合物中可能会加入其他乳品原料和非奶制品成分。最早对生产再制奶酪的可能性进行研究的是在 1895 年，由于当时没有使用乳化盐，试制没有成功。最早用乳化盐成功生产出再制奶酪产品的是卡夫公司，产品在 1912 年进入欧洲市场，1917 年进入美国市场。此后，再制奶酪的市场不断增长，产品市场范围也不断扩大。

虽然传统消费者可能认为，与天然奶酪相比，再制奶酪是低质产品，但与天然奶酪相比再制奶酪具有许多优点：

（1）可以使用一定量的难以或不能成为商品的奶酪，如变形的奶酪、奶酪修切下来的边角余料或切去局部发霉部分的奶酪。

（2）可以使用不同品种的奶酪和非奶酪成分的混合物，因此可以生产出不同质地、风味、形状和大小的再制奶酪（表 12.7）。

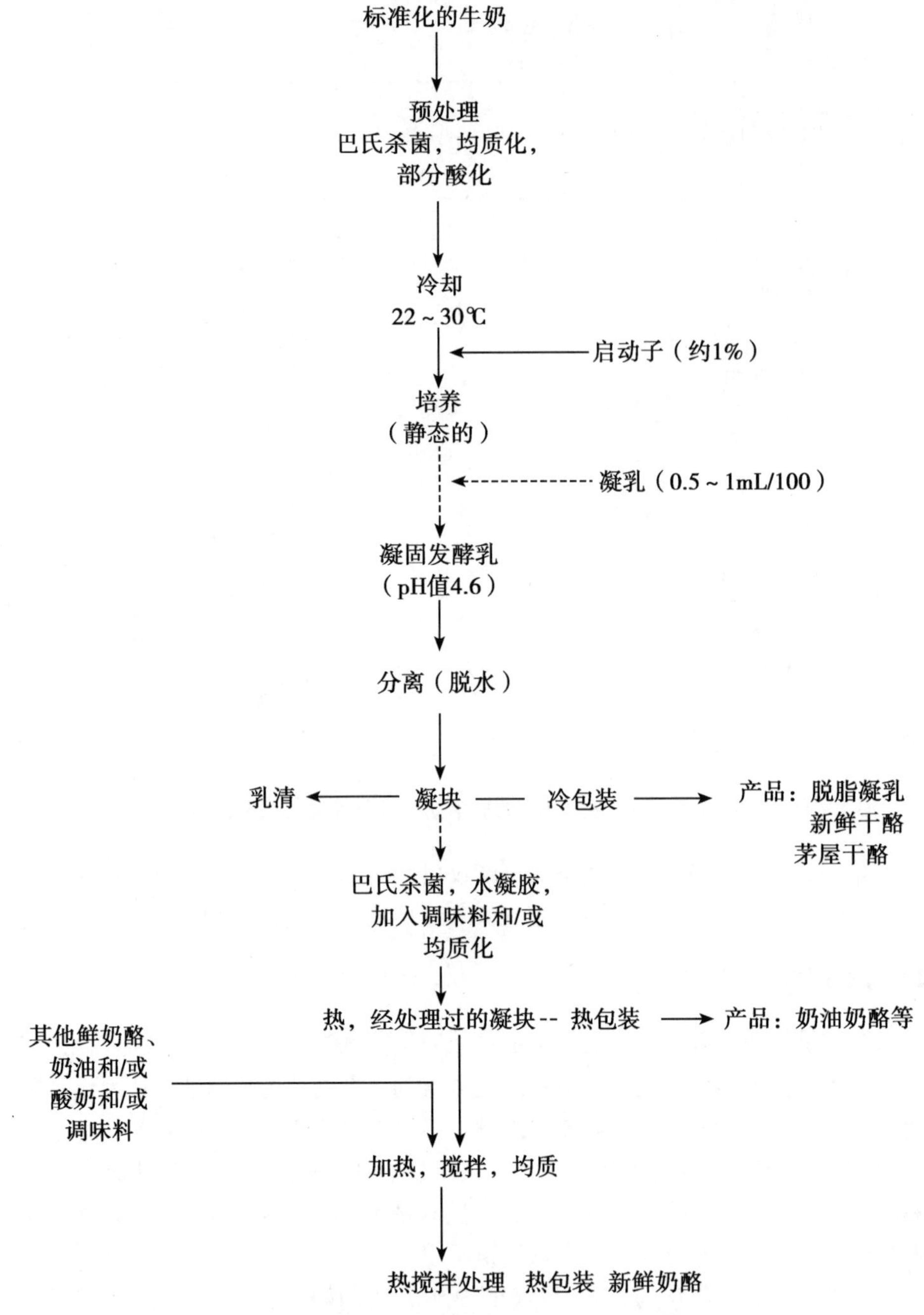

图 12.33 新鲜酸凝奶酪的生产工艺（引自 Fox 等，1996）

（3）在中等温度下具有良好的储存稳定性，从而降低了储存和运输的成本。

（4）再制奶酪在储藏期间比天然奶酪更稳定，从而减少了浪费，在偏远地区和奶酪消费量低的家庭中，这一特性可能尤为重要。

（5）再制奶酪可以制成大小不一、方便使用的包装单位。

（6）再制奶酪适合做三明治，也适合快餐店使用。

（7）再制奶酪对儿童很有吸引力，小孩常常不喜欢天然奶酪的浓烈味道。

现在市场上有许多成分和风味各异的再制奶酪产品可供选择（表12.7）。

表12.7 巴氏杀菌再制奶酪产品的成分规格和允许使用的配料（改自Fox等，1996a）

产品	水分（%，w/w）	脂肪（%，w/w）	干物质中的脂肪（%，w/w）	配料
巴氏杀菌混合奶酪	≤43	—	≥47	奶酪；稀奶油，无水乳脂，脱水稀奶油［成品中来自脱水稀奶油的脂肪不得超过5%（w/w）］；水；盐；食用着色剂，香料和调味剂；防霉剂（山梨酸、山梨酸钾/山梨酸钠和/或丙酸钠/钙），在成品中≤0.2%（w/w）
巴氏杀菌再制奶酪	≤43	—	≥47	配料与巴氏杀菌混合奶酪一致，但可再选用以下配料：乳化盐［磷酸钠，柠檬酸钠；占成品的3%（w/w）］，食用有机酸（例如乳酸，乙酸或柠檬酸）使用量可使成品pH值≥5.3
巴氏杀菌再制奶酪	≤44	≥23	—	配料与巴氏杀菌混合奶酪一致，但可再选用以下食品配料：奶、脱脂奶、酪奶、奶酪、乳清、乳清蛋白——以有水的或脱水的形式
巴氏杀菌再制奶酪	40~60	≥20	—	配料与巴氏杀菌混合奶酪一致，但可再选用以下配料：食用亲水胶体（例如角豆胶、瓜尔胶、黄原胶、明胶、羧甲基纤维素和/或卡拉胶）用量在成品中<0.8%（w/w）；食用甜味剂（例如糖、葡萄糖、玉米糖浆、葡萄糖糖浆、水解乳糖）

* 再制的最低温度和时间规定为65.5℃，30 s。

12.4.1 再制工艺

再制奶酪的典型生产加工工艺如图12.34所示。

选择奶酪的重要标准是种类、风味、成熟度、密实度、质地和pH值。选择哪种类型的奶酪是由所要生产的再制奶酪的类型和成本因素决定。

再制奶酪生产中可用的非奶酪成分种类非常多（图12.35）。

乳化盐的使用对生产具有良好性状的再制奶酪是至关重要的。最常用的乳化盐是正磷酸盐、多磷酸盐和柠檬酸盐，但其他几种盐也有使用（表12.8和表12.9）。乳化盐严格来说并非乳化剂，因为它们没有表面活性。它们在再制奶酪中的重要作用是增强奶酪蛋白质的乳化性能。这是通过与钙螯合，增溶、分散、水化和溶胀蛋白质，调节和稳定pH值来实现的。

所用配料的实际配方和加工参数取决于要生产的再制奶酪的类型；典型参数总结于表12.10。

再制奶酪的一大优点是成品形状灵活多样，方便使用。其质地各异，从坚实可切成片，到松软可以涂抹的都有，有做成适合大型餐饮业使用的大块包装（5~10kg），有适合家庭使用的小块包装（如0.5kg），也有特别适合大型餐饮业和快餐店使用的更小的

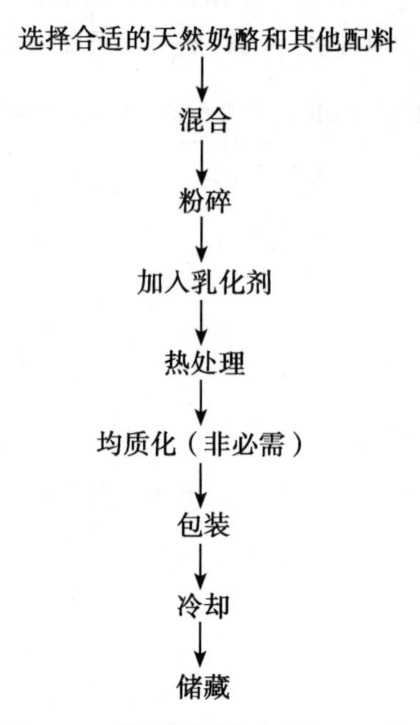

图 12.34　再制奶酪的生产加工工艺

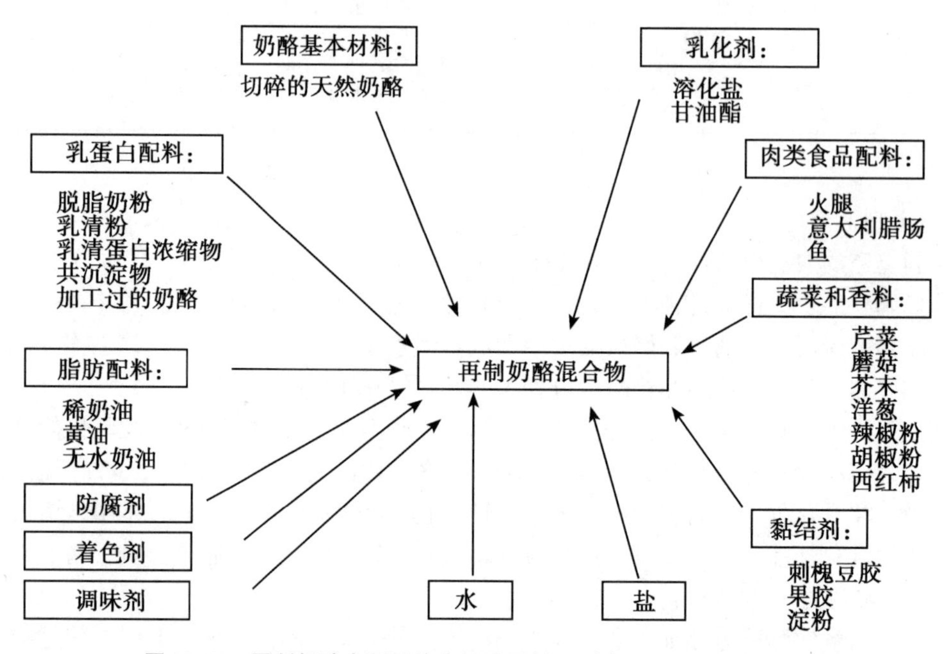

图 12.35　再制奶酪中所用的非奶酪配料（引自 Caric 和 kalab，1987）

单件包装（如 25~50g）或簿片。

表 12.8　再制奶酪产品所用的乳化盐的性质（引自 Caric 和 kalab，1987）

种类	乳化盐种类	分子式	20℃时的溶解度（%）	pH 值（1%溶液）
柠檬酸盐	柠檬酸三钠	$2Na_3C_6H_5O_7 \cdot 1H_2O$	高	6.23~6.26
正磷酸盐	磷酸二氢钠	$NaH_2PO_4 \cdot 2H_2O$	40	4.0~4.2
	磷酸氢二钠	$Na_2HPO_4 \cdot 12H_2O$	18	8.9~9.1
焦磷酸盐	焦磷酸二钠	$Na_2H_2P_2O_7$	10.7	4.0~4.5
	焦磷酸三钠	$Na_3HP_2O_7 \cdot 9H_2O$	32.0	6.7~7.5
	焦磷酸四钠	$Na_4P_2O_7 \cdot 10H_2O$	10~12	10.2~10.4
多聚磷酸盐	三聚磷酸五钠	$Na_5P_3O_{10}$	14~15	9.3~9.5
	四聚磷酸钠	$Na_6P_4O_{13}$	14~15	9.0~9.5
	六偏磷酸钠（Graham 盐）	$Na_{n+2}P_nO_{3n+1}$（$n=10-25$）	非常高	6.0~7.5
磷酸铝	磷酸铝钠	$NaH_{14}Al_3(PO_4)_8 \cdot 4H_2O$	—	8.0

表 12.9　乳化盐与奶酪再制相关的一般性质（引自 Foxet 等，1996a，1996b）

特性	柠檬酸盐	正磷酸盐	焦磷酸盐	多聚磷酸盐	磷酸铝
离子交换（钙螯合）	低	低	中度	高—很高	低
在 pH 值 5.3~5.6 的缓冲作用	高	高	中度	低—很低	—
副酪蛋白酸盐的色散	低	低	高	很高	—
乳化性	低	低	很高	很高	很低（n=3~10）低
抑菌性	零	低	高	高—很高	—

表 12.10　奶酪再制过程中的化学、机械和热参数等调节因子（引自 Caric 和 kalab，1993）

工艺条件	再制奶酪块	再制奶酪片	涂抹式再制奶酪
原材料			
a. 奶酪成熟度	微熟到中度成熟，以微熟为主	以微熟为主	微熟、中度成熟和过度成熟相搭配
b. 水不溶性氮占总氮%	75%~90%	80%~90%	60%~75%
c. 结构	主要是长	长	短到长
乳化盐	增强蛋白质的乳化能力，本身，不乳化，如分子量大的多聚磷酸盐、柠檬酸盐	增强蛋白质的乳化能力，本身不乳化，如磷酸盐/柠檬酸混合物	乳化，如低和中等分子量的多聚磷酸盐

（续表）

工艺条件	再制奶酪块	再制奶酪片	涂抹式再制奶酪
加水量（%）	一次性加入 10%~25%的水	一次性加入 5%~15%的水	分批加入 20%~45%的水
温度（℃）	80~85	78~85	85~98（150℃）
加工时间（min）	4~8	4~6	8~15
pH 值	5.4~5.7	5.6~5.9	5.6~6.0
搅拌速度	慢速	慢速	快速
返工奶酪比例	0~0.2%	0	5%~20%
奶粉或乳清粉用量		0	5%~12%
均质化	没有	没有	有好处
成型时间（min）	5~15	尽可能快	10~30
冷却	室温慢慢冷却（10~12 h）	快速冷却	在冷空气中快速冷却（15~30min）

12.5 奶酪类似物

奶酪类似物是类似奶酪的产品，可能不含奶酪。其中最重要的是马苏里拉（披萨饼）奶酪类似物，是用酶凝酪蛋白、脂肪或油（通常是植物油）和乳化盐制成的。乳化盐的作用基本与在再制奶酪中相似，即用于溶解蛋白质。生产工艺通常与再制奶酪相似，但请注意，这些蛋白质是酶凝酪蛋白粉而不是奶酪的混合物。（图 12.36）

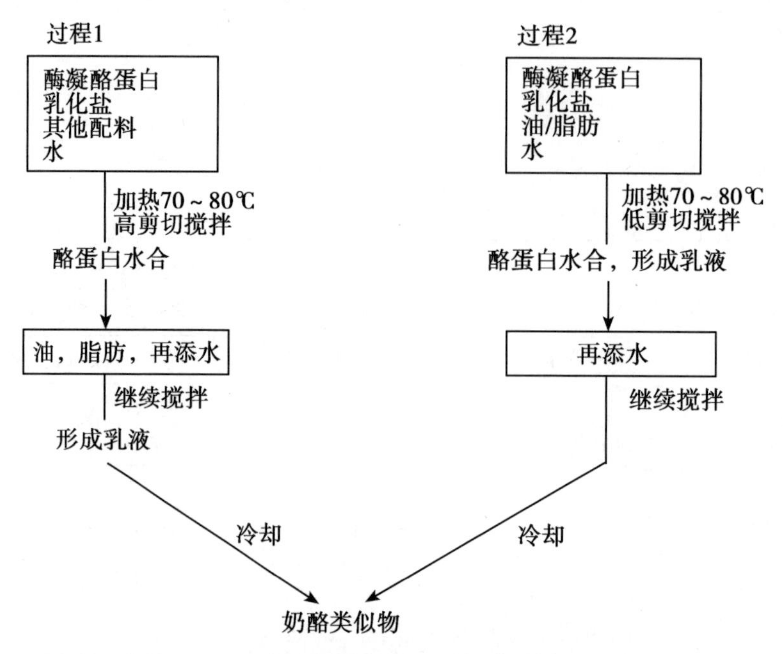

图 12.36 用酶凝酪蛋白生产奶酪类似物的典型工艺

披萨饼所用的奶酪类似物要求具备的主要特征是具有融化性和拉伸性；而风味则由

披萨饼的其他配料，如番茄酱、香肠、胡椒粉、香料、凤尾鱼等来提供。通过添加生化或化学反应产生的奶酪风味物质可能可以生产其他奶酪的类似物。但正如 12.2.8 中所述，天然奶酪的风味和质地是很复杂的，不是轻易能模仿出来的。

参考文献

Azarnia, S., Normand, R., & Lee, B. 2006. Biotechnological methods of accelerate Cheddar cheese ripening. *Critical Reviews in Biotechnology*, 26, 121-143.

Caric, M., & Kalab, M. 1987. Processed cheese products. In P. F. Fox (Ed.), *Cheese: Chemistry, physics and microbiology* (Vol. 2, pp. 339-383). London: Elsevier Applied Science.

Caric, M., & Kalab, M. 1993. Processed cheese products. In, *Cheese: Chemistry, physics and microbiology*, Vol. 2, Major Cheese Groups 2nd Edn., P. F. Fox and Chapman and Hall, London, pp. 467-505.

Cogan, T. M., & Hill, C. 1993. Cheese starter cultures. In P. F. Fox (Ed.), *Cheese: Physics, chemistry and microbiology* (2nd ed., Vol. 1, pp. 193-255). London: Chapman & Hall.

El Soda, M., & Awad, S. 2011. Acceleration of cheese ripening. In J. W. Fuquay, P. F. Fox, & P. L. H. McSweeney (Eds.), *Encyclopedia of dairy sciences* (2nd ed., pp. 795-798). Amsterdam: Academic.

Foltmann, B. 1987. General and molecular aspects of rennets. In P. F. Fox (Ed.), *Cheese: Chemistry, physics and microbiology* (Vol. 1, pp. 33-61). London: Elsevier Applied Science.

Fox, P. F., O′ Connor, T. P., McSweeney, P. L. H., Guinee, T. P. and O'Brien, N. M. 1996a. Cheese: physical, chemical, biochemical and nutritional aspects. *Advances in Food and Nutrition Research* 39 163-328.

Fox, P. F., Wallace, J. M., Morgan, S., Lynch, S., Niland, E. J., &Tobin, J. 1996b. Acceleration of cheese ripening. *Antonie van Leeuwenhoek*, 70, 271-297.

IDF. 1992. *Bovine Rennets. Determination of total milk-clotting activity*, *Provisional Standard* 157. Brussels: International Dairy Federation.

Hurley, M. J., O'Driscoll, B. M., Kelly, A. L. and McSweeney, P. L. H. 1999. Novel assay for the determination of residual coagulant activity in cheese. *International Dairy journal* 9, 553-558.

Kinsella, J. E., & Hwang, D. H. 1976. Enzymes of*Penicillium roqueforti* involved in the biosynthesis of cheese flavour. *CRC Critical Reviews in Food Science and Nutrition*, 8, 191-228.

McSweeney, P. L. H., Ottogalli, G., & Fox, P. F. 2004. Diversity of cheese varieties: An overview. In P. F. Fox, P. L. H. McSweeney, T. M. Cogan, & T. P. Guinee (Eds.), *Cheese: Chemistry, physics and microbiology. Volume 2. Major cheese groups* (3rd ed., pp. 1-22). Amsterdam: Elsevier Applied Science.

McSweeney, P. L. H. 2004. Biochemistry of cheese ripening: Introduction and overview. In *Cheese: Chemistry, physics and microbiology. Volume 1. General Aspects*, 3rd edition, P. F.

Fox, P. L. H. McSweeney, T. M. Cogen and T. P. Guinee (eds), Elsevier Applied Science, Amsterdam pp. 347-360.

Parente, E., & Cogan, T. M. 2004. Starter cultures: General aspects. In P. F. Fox, P. L. H. McSweeney, T. M. Cogan, & T. P. Guinee (Eds.), *Cheese: Physics, chemistry and microbiology* (3rd ed., Vol. 1, pp. 123-147). Amsterdam: Elsevier.

Visser, S., Slangen, C. J., & van Rooijen, P. J. 1987. Peptide substrates for chymosin (rennin). Interaction sites in kappa-casein-related sequences located outside the (103-108) -hexapeptide region that fits into the enzyme's active-site cleft. *Biochemical Journal*, 244, 553-558.

Visser, S., van Rooijen, P. J., Schattenkerk, C., & Kerling, K. E. 1976. Peptide substrates for chymosin (rennin). Kinetic studies with peptides of different chain length including parts of the sequence 101-112 of bovine κ-casein. *Biochimica et Biophysica Acta*, 438, 265-272.

Wilkinson, M. G. 1992. *Studies on the acceleration of Cheddar cheese ripening*. Cork: National University of Ireland.

Woo, A. H., Kollodge, S., & Lindsay, R. C. 1984. Quantification of major free fatty acids in several cheese varieties. *Journal of Dairy Science*, 67, 874-878.

Woo, A. H., & Lindsay, R. C. 1984. Concentrations of major free fatty acids and flavour development in Italian cheese varieties. *Journal of Dairy Science*, 67, 960-968.

推荐阅读文献

Eck, A. (Ed.). 1984. *Le Fromage*. Paris: Diffusion Lavoisier.

Fuquay, J., Fox, P. F., & McSweeney, P. L. H. (Eds.). 2011. *Encyclopedia of dairy sciences, 4 vols.* (2nd ed.). San Diego: Academic.

Fox, P. F. (Ed.). 1993. *Cheese: Chemistry, physics and microbiology* (2nd ed., Vol. 1 and 2). London: Chapman & Hall.

Fox, P. F., Guinee, T. P., Cogan, T. M., & McSweeney, P. L. H. 2000. *Fundamentals of cheese science* (p. 587). Gaithersburg, MD: Aspen Publishers.

Fox, P. F., McSweeney, P. L. H., Cogan, T. M., & Guinee, T. P. 2004a. *Cheese: Chemistry, physics and microbiology. Volume 1. General aspects* (3rd ed., p. 617). Amsterdam: Elsevier Applied Science.

Fox, P. F., McSweeney, P. L. H., Cogan, T. M., & Guinee, T. P. (Eds.). 2004b. *Cheese: Chemistry, physics and microbiology. Volume 2. Major cheese groups* (3rd ed., p. 434). Amsterdam: Elsevier Applied Science.

Frank, J. F., & Marth, E. H. 1988. Fermentations. In N. P. Wong (Ed.), *Fundamentals of dairy chemistry* (3rd ed., pp. 655-738). New York: van Nostrand Reinhold Co.

Kosikowski, F. V. 1982. *Cheese and fermented milk foods* (2nd ed.). Brooktondale, NY: F. V. Kosikowski & Associates.

Law, B. A. (Ed.). 1997. *Advances in the microbiology and biochemistry of cheese and fermented milk*. London: Blackie Academic & Professional.

Berger, W., Klostermeyer, H., Merkenich, K., & Uhlmann, G. 1989. *Die Schmelzkäseherstellung*. Ladenburg: Benckiser-Knapsack GmbH.

Malin, E. L., & Tunick, M. H. (Eds.). 1995. *Chemistry of structure - function relationships in cheese*. New York: Plenum Press.

Robinson, R. K. (Ed.). 1995. *Cheese and fermented milks*. London: Chapman & Hall. Scott, R. (Ed.). 1986. *Cheesemaking practice* (2nd ed.). London: Elsevier Applied Science Publishers.

Tamime, A. Y., & Robinson, R. K. 1985. *Yoghurt science and technology*. Oxford: Pergamon Press Ltd.

Waldburg, M. (Ed.). 1986. *Handbuch der Käse: Käse der Welt von A-Z; Eine Enzyklopädie*. Kempten, Germany: Volkswirtschaftlicher Verlag GmbH.

Zehren, V. L., & Nusbaum, D. D. (Eds.). 1992. *Process cheese*. Madison, WI: Cheese Reporter Publishing Company Inc.

第 13 章　发酵奶制品的化学与生物化学

13.1　引言

奶总是会自然变酸，但在人类历史的某个时间点，工匠们故意让奶变酸或发酵。发酵是保存奶的最古老的方法之一，可以追溯至约一万年前的中东地区。据目前所知，当时那里就已经开始进行有组织的农作物栽培和粮食生产。传统发酵奶产品在世界各地一直是独立发展的。对运输不便、杀菌和冷藏设施不充足的地区，传统发酵奶制品过去是，将来仍是特别重要的。目前，发酵奶的主要作用是延长保质期、改善风味、提高消化率和生产品种多样的乳基产品。

从健康动物乳房中经无菌操作获得的奶基本是无菌的，但在实际生产中，挤奶过程中奶会被各种各样的细菌包括乳酸菌等所污染。在贮藏过程中，这些细菌繁殖的速度取决于温度的高低。乳酸菌可能是手挤奶常温保存时的优势菌群。乳酸菌很适合在奶中生长，在室温下快速繁殖，代谢乳糖生成乳酸，使奶的 pH 值降至酪蛋白的等电点（约 pH 值 4.6），使奶在静态条件下凝固形成发酵乳。传统上，奶的发酵一直是采用内源菌发酵或用已发酵的奶再来发酵新的原奶，这个方法一直到不久之前都在使用。现在发酵奶生产已不再靠这样的发酵过程，而是用专门筛选的乳酸菌培养物来发酵，一些产品除添加乳酸菌外还添加能发酵乳糖产生乳酸的酵母菌。乳酸菌的主要作用是以一定的速率产生乳酸，详细过程见图 12.17。

与奶酪生产不同的是乳清保留在发酵奶产品的凝乳中，因而发酵奶水分含量比较高（>80%）。大多数发酵奶产品 pH 值比较低（≈pH 值 4.0），多数腐败菌和病原微生物难以生长。

13.1.1　发酵奶产品的分类

世界上传统发酵和工业化发酵的奶制品有约 400 个通用名称，但实际上如按照奶的来源（如牛奶、山羊奶、绵羊奶、水牛奶、骆驼奶、牦牛奶和马奶）或按更通用的习惯以发酵的菌群来划分，则种类可能就少得多。发酵奶可按照其代谢产物分为三大类，即乳酸菌发酵、酵母—乳酸菌发酵和霉菌—乳酸菌发酵。乳酸菌发酵奶依据发酵的微生物种类又可进一步分为嗜温菌发酵、嗜热菌发酵、有治疗作用型或益生型发酵产品。图 13.1 为发酵奶分类的示意图，表 13.1 为发酵奶产品按优势微生物及其主要代谢产物进行分类（Robinson 和 Tamime，1990）。表 13.2 列出了世界各地发酵奶的起源、特性和用途。酸奶可能是最主要的发酵奶类型，有多种产品形式，但在世界各地消费量非常不平衡（表 13.3）。其他重要的、广泛生产的发酵奶产品还有酪奶、开菲尔酸奶、酸马奶等。本章将

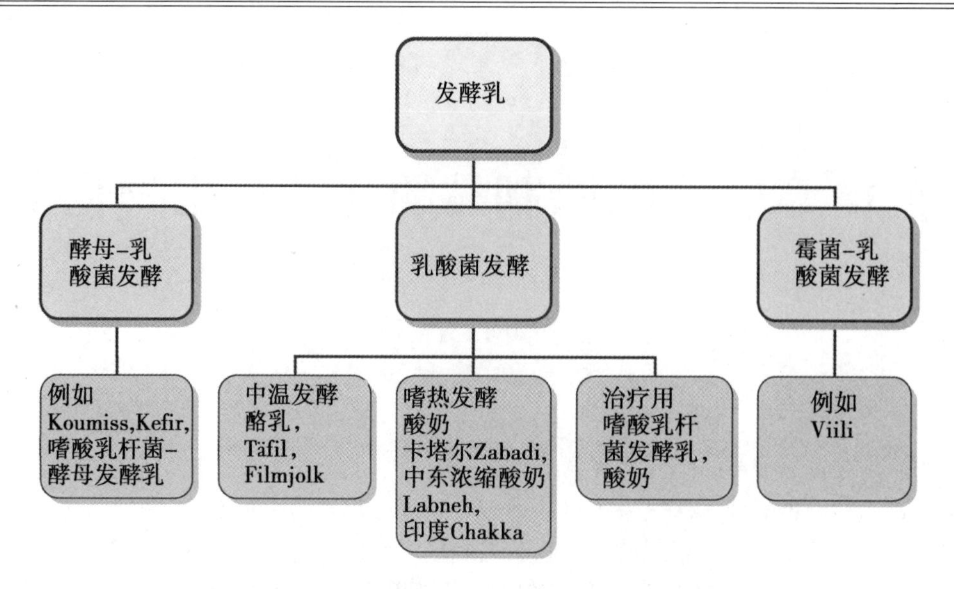

图 13.1 发酵奶的分类（引自 Uniacke-Lowe，2011）

对这四类产品的性质进行讨论。酸性稀奶油的生产也相当广泛，也将作简要讨论。

表 13.1 根据优势菌群及其主要代谢产物对发酵乳进行分类

（Robinson 和 Tamime，1990）

1. 乳酸菌发酵（乳酸）
   （a）嗜温乳酸菌发酵，例如：发酵酪奶、filmyölk、tätmjölk，långofil
   （b）嗜热乳酸菌发酵，例如：酸奶、保加利亚酪奶、卡塔尔 zabadi、达希酸奶
   （c）有治疗作用型，例如：益力多、Vifit（来自斯堪的那维亚）
2. 酵母-乳酸菌发酵（乳酸-乙醇），例如：开菲尔酸奶、酸马奶、嗜酸乳杆菌/酵母发酵奶
3. 霉菌-乳酸菌发酵，例如：Villi（来自斯堪的那维亚）

表 13.2 世界上一些重要发酵奶产品的起源、性质和用途

产品	起源国家或地区	时期（年）	性质和用途
Airan	中亚，保加利亚	公元 1253—1255	保加利亚乳杆菌发酵牛奶，清爽饮料
保加利亚酸奶	保加利亚	公元 500	保加利亚乳杆菌和嗜热链球菌发酵牛奶。非常酸的发酵奶，用作饮料
Chhash	印度	公元前 6000—4000	稀释的 Dahi 酸奶或将 Dahi 酸奶搅拌后剩下的酪奶。用于餐中或餐后食用
Churpi	尼泊尔	—	搅拌发酵奶，剩下的酪奶加热形成凝乳，再部分干燥
发酵稀奶油	美索不达米亚	公元前 1300	自然变酸的稀奶油
Dahi	印度	公元前 6000—4000	凝固酸奶。直接食用或作为生产奶油或酥油的中间物

（续表）

产品	起源国家或地区	时期（年）	性质和用途
Filmjölk	北欧四国	—	用乳酸乳球菌和肠膜明串珠菌发酵的牛奶，有双乙酰的独特味道。早餐或加餐时食用
开菲尔	高加索地区	—	用开菲尔粒发酵的酸奶，有气泡、有酸味和乙醇味
Kishk	埃及/阿拉伯国家	—	来自 Laban Zeer 的干发酵奶，加有煮半熟的面粉。半干状态、富有营养，餐中作为甜点食用
酸马奶	中亚（蒙古国，俄罗斯）	公元前 2000	由乳酸杆菌和酵母发酵的马奶。稍微有气泡、有酸味和乙醇味
Laban Zeer/Khad	埃及	公元前 5000—3000	在陶质容器中发酵的凝固型酸奶
Langfil/Tattemjolk	瑞典	—	用产黏液的乳酸球菌发酵的酸奶
Leben	伊拉克	约公元前 3000	传统发酵奶，乳清部分用细布沥干
Mast	伊朗	—	自然发酵酸奶，质地结实、经煮熟处理
Prostokvasha	苏联	—	嗜温乳酸菌发酵奶产品
Shrikhand	印度	公元前 400	浓缩酸奶，加入糖和香料
Skyr	冰岛	公元 870	皱胃酶和发酵剂部分凝固的绵羊奶。近年来采用膜过滤技术进行浓缩
Taette	挪威	—	黏稠的发酵奶称窖藏奶
Trahana	希腊	—	来自绵羊奶的传统巴尔干发酵奶，添加了面粉；干燥和半固体状
Villi	芬兰	—	高度黏稠的发酵奶；乳酸菌—霉菌
益力多	日本	公元 1935	利用干酪乳杆菌代田变种发酵的高热处理过的奶。用作饮料或保健品
Ymer	丹麦	—	强化蛋白质，用乳酸乳球菌和肠膜明串珠菌发酵的酸奶。去除部分乳清
酸奶	土耳其	公元 800	奶冻样发酵酸奶
酸奶（kisle mliako）	保加利亚	—	保加利亚乳杆菌和嗜热链球菌发酵的牛奶或绵羊奶
Zabadi	埃及/苏丹	公元前 2000	自然发酵酸奶，质地较坚实、有蒸煮味

改编自 Prajapati 和 Nair，2003

表 13.3　世界各国发酵奶的消费

国家	发酵奶［kg/(人·年)］
欧盟	
奥地利	21.8

（续表）

国家	发酵奶［kg/（人·年）］
比利时	10.5
克罗地亚	16.9
塞浦路斯	12.4
捷克	16.3
丹麦	48.2
爱沙尼亚	8.8
芬兰	38.6
法国	29.9
德国	30.5
希腊	6.8
匈牙利	13.9
爱尔兰	11.1
意大利	8.8
卢森堡	7.0
荷兰	45.0
波兰	7.8
葡萄牙	26.6
斯洛伐克	13.8
西班牙	29.1
瑞典	36.4
其他欧洲国家	
英国	10.2
爱尔兰	37.9
挪威	25.5
瑞士	31.4
俄罗斯	30.0
乌克兰	11.7
非洲和亚洲	
中国	1.9
印度	16.1

（续表）

国家	发酵奶［kg/(人·年)］
伊朗	47.3
以色列	28.2
日本	8.5
蒙古国	50.0
南非	3.6
韩国	9.3
美洲	
阿根廷	12.8
加拿大	8.2
智利	4.1
墨西哥	5.3
美国	2.1
大洋洲	
澳大利亚	7.6
新西兰	6.7

数据根据多种资料来源汇编。

13.1.2　发酵奶的治疗作用

发酵奶产品是偶然发展起来的，但因其贮藏性能好，口感佳很快得到人们的青睐。当代人们对发酵奶保健作用的兴趣始自俄罗斯微生物学教授伊拉·梅契尼科夫（1845—1916）提出的发酵奶有益长寿的理论，他认为消费发酵奶的人群更加长寿，因为发酵奶中的乳酸菌可定植于肠道中，抑制有害菌引起的腐败作用，从而抑制了衰老过程。日本科学家代田稔博士（1899—1982）受到梅契尼科夫的长寿理论的启发，分离得到了一株独特的乳酸菌种：干酪乳杆菌代田变种，这个菌株能顺利通过胃的酸性环境，并在肠道中定植，从而抑制有害菌的生长。他的研究使得一种叫益力多的发酵奶产品得以诞生，1935 年首次在市场上推出，现今已在 31 个国家售出。

1953 年，有人引入“益生菌”这个词来定义能够刺激其他微生物生长的微生物。1989 年，有人又对益生菌进行重新定义，增加了对健康有促进作用的内容，即“即通过改善肠道微生物平衡而对宿主有益的活的微生物食品添加剂（Prado 等，2008）。现将益生菌的益生作用归纳列于图 13.2。

有人已经证明，酸奶中有些乳酸杆菌，尤其是双歧杆菌属能够定植于大肠中，降低肠道 pH 值并抑制有害菌的生长。其中一些细菌也能够产生益生物质。含有这样的菌种的酸奶常被称为益生酸奶，在市场上相当成功。许多国家通过立法规定酸奶中活菌的最低含量。

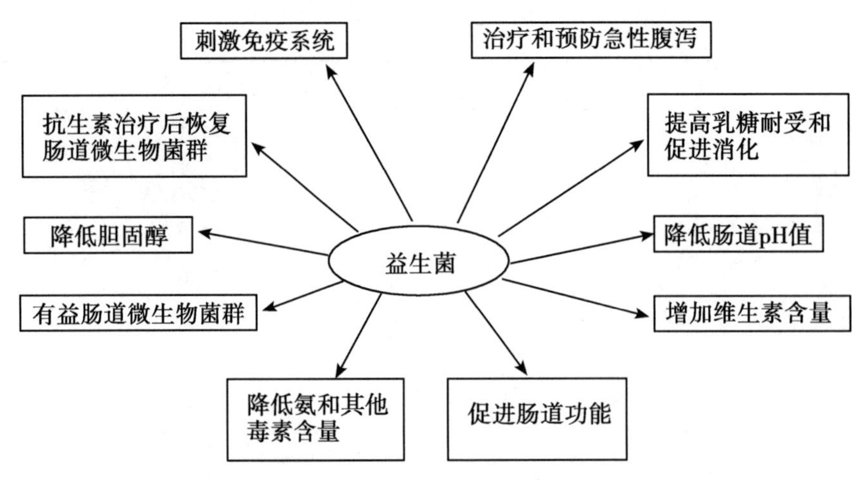

图 13.2 益生菌对人体健康的益处（改编自 Prado 等，2008）

对患有某些疾病的病人，发酵奶比非发酵奶具有明显优势，因为发酵奶 pH 值低，对许多病原微生物的生长有抑制作用，所以不会成为传染病的传播媒介。而且 pH 值低减小了在胃肠道的缓冲作用，据认为可增加钙离子的吸收。

13.2 发酵剂微生物

发酵奶生产中所用的微生物有各种细菌、酵母菌和霉菌，或这些菌类的不同组合。表 13.4 汇总了一些最常见发酵奶产品的主要微生物、其代谢产物和乳糖发酵的类型（Tamime 等，2006）。传统乳酸菌是发酵奶中主要的微生物菌群，包括乳球菌、明串珠菌、片球菌、链球菌、乳酸杆菌等。一些乳酸杆菌、双歧杆菌属和肠球菌属的微生物因为具有保健作用，现在已被用作几种发酵奶的非传统菌种（表 13.4）。在乳酸—乙醇混合发酵中，如在开菲尔、酸马奶中（见下文），除添加乳酸菌外，还添加了酵母菌。发酵奶产品生产中使用的发酵剂的综述，请见 Tamime 等（2006）和 Vedamuthu 等（2013）。

表 13.4 发酵奶生产中使用的一些主要微生物

发酵剂中微生物	代谢产物	乳糖发酵类型	发酵奶产品
Ⅰ. 乳酸菌			
传统发酵菌种			
乳酸乳球菌双乙酰变种	L（+）乳酸；双乙酰和 CO_2	同型发酵[a]	酪奶、酸性稀奶油、ymer、北欧发酵奶
肠膜明串珠菌乳脂亚种	D（-）乳酸；双乙酰，乙醇和 CO_2	异型发酵[b]	酪奶、酸性稀奶油、ymer、北欧发酵奶
乳酸片球菌	DL 乳酸	同型发酵	发酵奶、开菲尔
嗜热链球菌	L（+）乳酸；双乙酰和乙醛	同型发酵	酸奶、脱脂酸牛奶 skyr、浓缩酸奶、酸性稀奶油

（续表）

发酵剂中微生物	代谢产物	乳糖发酵类型	发酵奶产品
德氏乳杆菌	D（-）乳酸；双乙酰和乙醛	同型发酵	酸奶、skyr、酸性稀奶油
非传统发酵菌种（益生菌）			
乳酸杆菌属（嗜酸乳杆菌、格氏乳杆菌、瑞士乳杆菌）	DL 乳酸	同型发酵	酸奶、开菲尔、酪奶、酸性稀奶油
乳酸杆菌属（干酪亚种、罗伊氏乳杆菌、植物乳杆菌、鼠李糖乳杆菌）	DL 乳酸	异型发酵	酸奶、开菲尔
双歧杆菌属（青春双歧杆菌、动物双歧杆菌、两歧双歧杆菌、短双歧杆菌、婴儿双歧杆菌、乳酸双歧杆菌、长双歧杆菌）	L（+）乳酸，乙酸	异型发酵	酸奶、酪奶、酸奶油
肠球菌属（屎肠球菌、粪肠球菌	L（+）乳酸	同型发酵	发酵奶
醋化醋杆菌、*Rasens* 醋杆菌	乙酸，CO_2		开菲尔
Ⅱ. 酵母菌			
假丝酵母菌属、酵母菌属、克鲁维酵母菌属、德巴利酵母菌	乙醇，CO_2，丙酮，戊醇，丙醇		Skyr、开菲尔
Ⅲ. 霉菌			
白地霉	霉		Villi、开菲尔

[a]由糖发酵产生乳酸（改编自 Tamime 等，2008）；

[b]由糖发酵产生乳酸和乙醇。

13.3　酪奶

酪奶原来是用偶然被嗜温乳酸菌酸化的熟化（酸性）稀奶油生产奶油的副产品。现在则是用嗜温乳酸菌培养物发酵熟化的稀奶油生产出类似的产品。发酵酪奶也可用脱脂奶或低脂奶接种嗜温乳酸菌发酵来生产。酪奶主要产于以英语为母语的国家（美国、英国、加拿大和澳大利亚），在这些国家奶油主要由淡稀奶油生产。酪奶主要用作饮料，也用于苏打面包的生产。北欧国家也有基本相似的产品，包括 Tatmjolk、Surmjolk、Filbunke、Skyr、Langfil、Villi（含有地霉属微生物）、Filmjolk 和 Ymer（经浓缩处理含有 3.5%乳脂肪和 5.6%乳蛋白），其中一些产品还多加了一种能够产生胞外多糖的乳酸菌种，胞外多糖增加了产品黏度使其更加黏稠（Tamime 等，2006）。

酪奶独特的风味主要由代谢产物双乙酰产生，双乙酰由柠檬酸经乳酸乳球菌乳酸亚种双乙酰变种发酵产生，这种产品的菌种中加入了这种变种的乳球菌（图 13.3）。

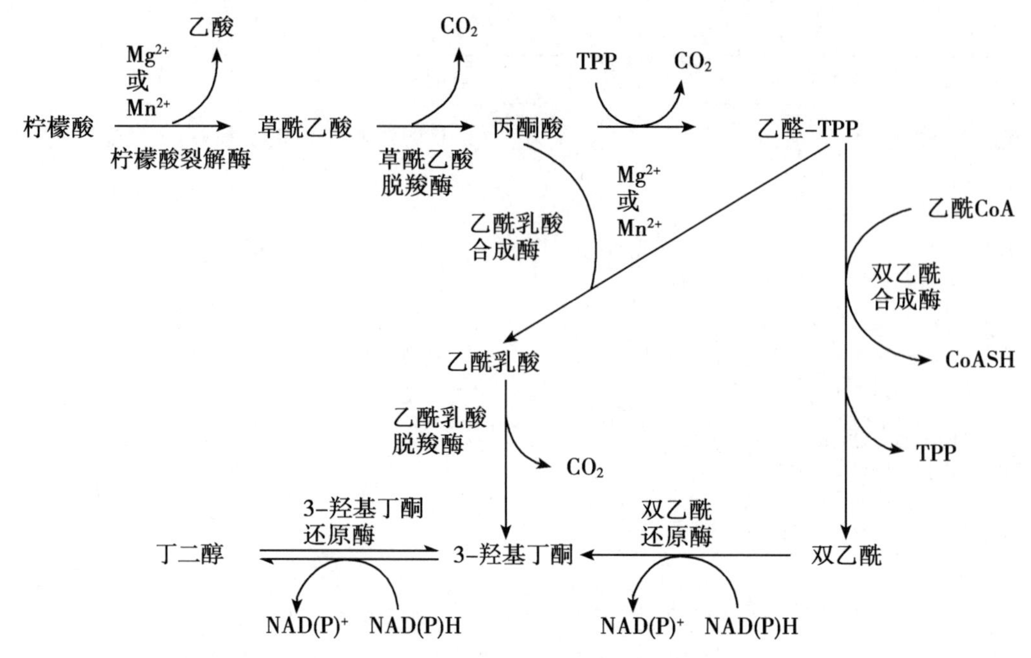

图 13.3　乳酸乳球菌乳酸亚种双乙酰变种或明串珠菌属的柠檬酸代谢（Cogan 和 Hill，1993）

13.4　酸奶

酸奶是最著名的发酵奶产品，在世界各地广泛消费。不同国家的酸奶质地、风味、口感各不相同，有很黏的液态酸奶，也有呈软凝胶状的固态酸奶。酸奶也可以是冷冻的形式作为餐后甜点或饮品。酸奶大致可以分为以下几类：

（1）凝固型，在包装中发酵和冷藏；

（2）搅拌型，在罐中发酵和冷藏，然后再灌装；

（3）饮用型，与搅拌型相似，但在包装前将凝乳打碎；

（4）冷冻型，在罐中发酵，再像冰激凌一样冷冻；

（5）浓缩型，在罐中发酵，再浓缩和冷藏，然后再灌装。也称为脱乳清酸奶或浓缩酸奶。

酸奶发酵基本上属于同型发酵，发酵菌种为嗜热链球菌和德氏乳杆菌。酸奶发酵的技术在这里不作详细讨论，感兴趣的读者可以参考有关文献（Tamime 和 Marshall，1997；Marshall 和 Tamime，1997；Tamime 和 Robinson，1999；Tamime，2006）。酸奶生产流程见图 13.4。生产酸奶的原料奶可以是全脂、部分脱脂或全脱脂奶，取决于产品类型。如果含有脂肪，奶须在 10~20 MPa 均质以防在发酵过程中脂肪析出。生产酸奶时常添加脱脂奶粉以改善其凝胶特性。在静置状态下，酸奶凝胶是相当稳定的，但如果搅动或摇动就会导致凝胶脱水收缩，析出乳清，造成产品外观出现缺陷。通过对奶加热可以减少乳清析出，如 90℃ 10min 或 120℃ 2min，加热引起了乳清蛋白尤其是β-乳球蛋白的变性，使其与酪蛋白胶束之间通过 κ-酪蛋白相互作用。同未加热的或 HTST 巴氏杀菌的奶相比，加热后被乳清蛋白包裹的酪蛋白胶束能形成更细致的凝胶，比较不容易脱水收缩析出乳清。

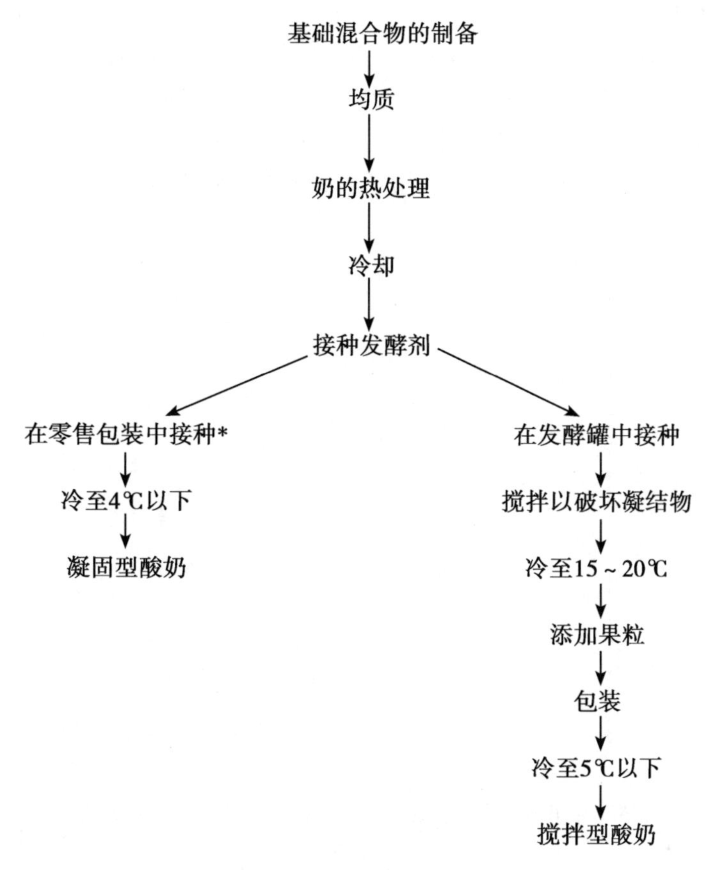

图 13.4　酸奶的生产工艺

*此步骤可以添加蔗糖或水果。引自 Robinson 和 Tamime，1993。

有些国家在生产酸奶时常添加蔗糖，以减轻酸奶的酸味。在酸奶中添加果肉、水果香精或其他调味品如巧克力等，也是很常见的做法，可以在发酵前在奶中添加（凝固型酸奶），也可以在发酵后在酸奶中添加（搅拌型酸奶）。

13.4.1　浓缩发酵奶产品

中东各国都生产浓缩发酵奶产品，其中最著名的是浓缩酸奶（labneh），是通过沥出部分乳清对发酵奶进行浓缩而成。传统做法是将酸奶搅拌后装入细布袋沥去部分乳清。典型的浓缩酸奶含有约 25% 的总固形物，9%～11% 蛋白质，约 10% 脂肪和约 0.85%的灰分（总蛋白含量与新鲜酸奶酪相似）。这种浓缩酸奶有许多名称，如希腊型酸奶（Tamime，2006）。Labneh 型浓缩酸奶的吃法多种多样，可以抹在三明治上吃，也可以做成汤，在土耳其也有用盐水稀释后再食用的（雅利安人）。现在酸奶可以通过超滤进行浓缩，浓缩可在发酵前进行，但最好是在发酵后进行（Tamime，2006）。

13.4.2　新型酸奶

自 20 世纪末以来，市场上出现了许多主要是针对儿童消费群体，基于酸奶的产品：冷冻（冰激凌）酸奶、酸奶粉（可长期保存，目的是再复水时能凝结，但凝胶的质地较差）和基于酸奶的甜点（慕斯）。

13.4.3 酸奶的流变学

发酵奶显示具有触变性的流变学特征，即当剪切速率增加时黏性（抗流动性）下降，而当剪切力减小时，发酵奶显示和原来不一样的曲线即显示一个滞后的曲线（图13.5）。流变特性是发酵奶的主要质量参数，可通过多种方法来调控，如改变奶的总固形物含量，对奶进行热处理和均质化，用亲水胶体如明胶或卡拉胶，或者在发酵的菌种中加入能产胞外多糖的菌种。

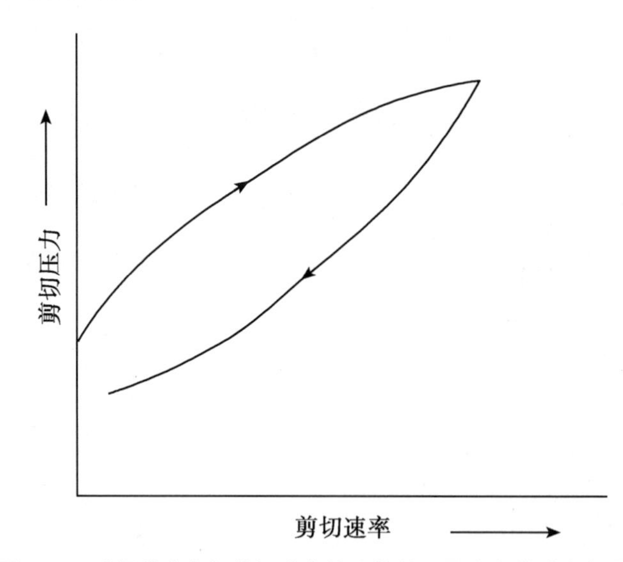

图 13.5 酸奶剪应力与剪切速率的函数关系及流变滞后现象图示

13.4.4 胞外多糖

很多乳酸菌发酵剂菌种能够产生胞外多糖，对酸奶的黏性有很大影响。这类产品包括斯堪的纳维亚半岛的发酵奶产品，如 Taette、Skyr 和 Villi。检测发酵剂中是否含有产胞外多糖菌种的简单方法是，用接菌环去挑发酵奶，看能否挑出长丝状的凝乳，也可以用这种方法去检测单个菌落是否能产生胞外多糖。生成胞外多糖的基因是由质粒编码的，产生的胞外多糖可存于与菌体紧密结合的胶囊中，也可以分散的黏质物形式分泌到介质中。

胞外多糖可以分为同源多聚体和异源多聚体，同源多聚体主要由肠膜明串珠菌产生，而异源多聚体主要由其他乳酸菌产生。同源多聚体只含有一种单糖，如葡聚糖是由α-1，6 糖苷键连接而成的葡萄糖的聚合物。异源多聚体含有几种不同的单糖，最常见的有葡萄糖、半乳糖和鼠李糖，不同菌种产生的多糖，其单糖的比例和的连接键（α 或 β 糖苷键）各不一样。胞外多糖除了用于改善发酵奶的口感、柔滑感之外，也用于改善低脂奶酪的质地，低脂奶酪的质地通常会比较老韧。胞外多糖可与水结合，从而提高奶酪非脂物质的含水量。胞外多糖有个缺点是会出现在乳清中，在对乳清进行进一步加工过程中会造成滤膜堵塞。乳酸菌产生的胞外多糖的相关文献综述见 de Vuyst 等（2001，2011）和 Hassan（2008）。

13.5　开菲尔酸奶

开菲尔酸奶和酸马奶分别含有约 1% 和 6% 的乙醇，是由能发酵乳糖的酵母，通常是马克思克鲁维酵母产生的。乙醇对产品的风味有影响，发酵过程中产生的 CO_2 对产品的风味和质地也有影响。开菲尔源自北高加索山脉，在北欧和东欧最流行。开菲尔主要用牛奶生产，但也有用山羊奶和绵羊奶，或三种奶混合生产的。

生产开菲尔的方法有两种，①用开菲尔菌粒和传代培养的发酵产物；②用发酵剂直接接种（Rattray 和 O′Connell，2011）。两种方法见图 13.6 和图 13.7。

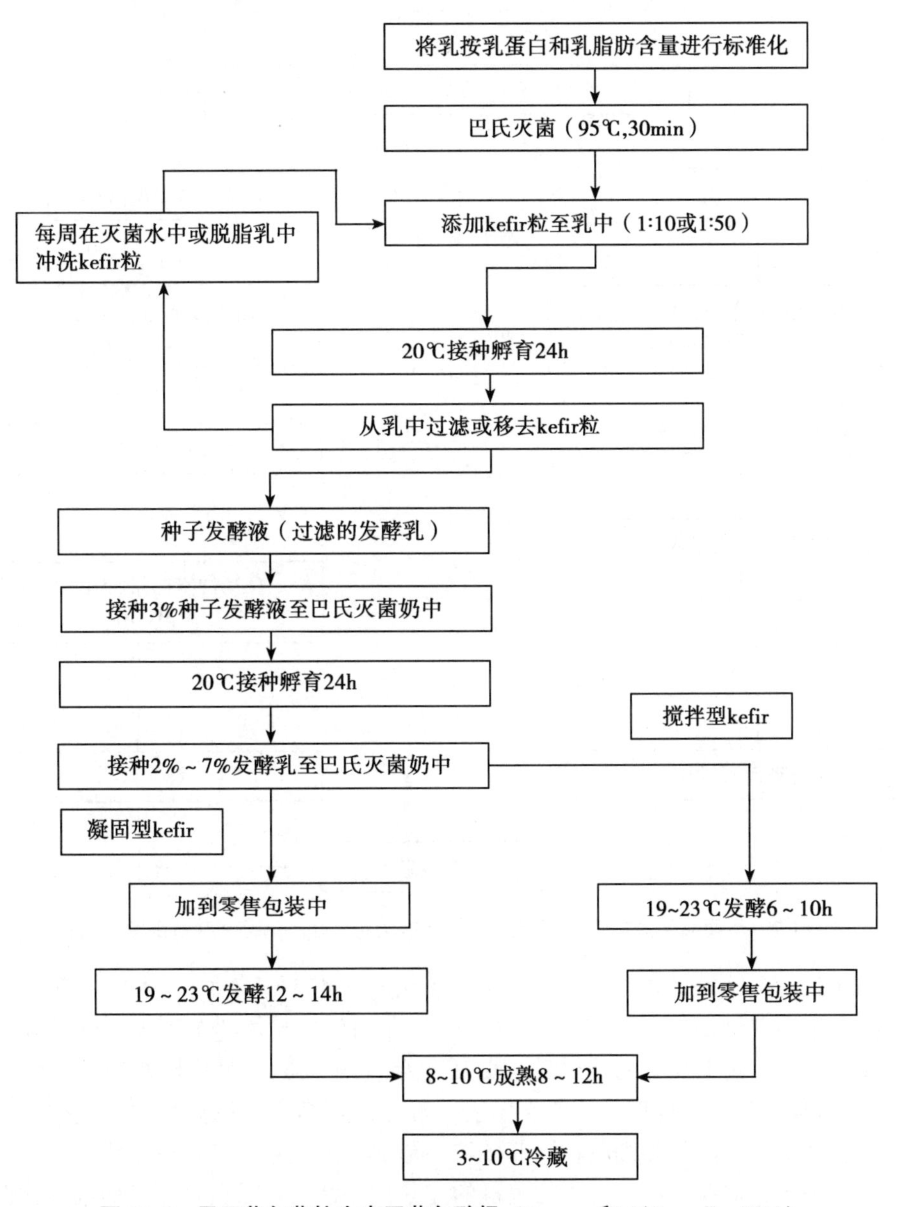

图 13.6　用开菲尔菌粒生产开菲尔酸奶（Rattray 和 O′Connell，2011）

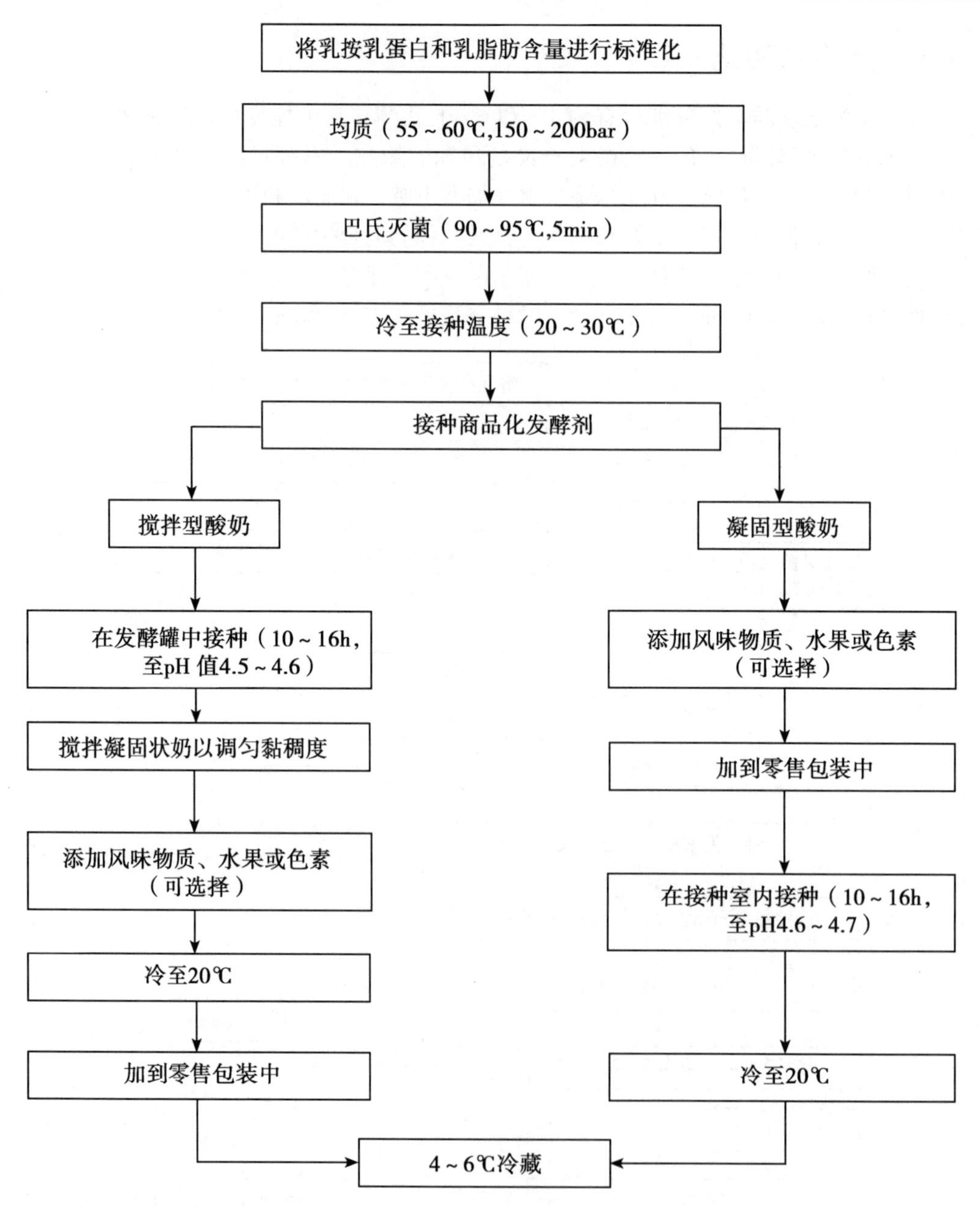

图 13.7　用商品化直投式发酵剂生产开菲尔酸奶（Rattray 和 O′Connell，2011）

传统的发酵剂“开菲尔粒”含有 80%～90%乳酸细菌，10%～15%的发酵乳糖的酵母菌，醋酸细菌（醋酸菌），可能还含有霉菌（白地霉），这些菌种被胞外多糖黏合在一起（图 13.8）。其中常见的几个乳酸菌属包括乳球菌属（尤其是乳酸乳球菌乳酸亚种）、乳杆菌属、嗜热链球菌和明串珠菌属。酵母菌包括马克思克鲁维菌乳酸变种、酿酒酵母和假丝酵母。酵母和细菌在开菲尔粒中形成共生关系，酵母产生维生素、氨基酸和其他生长因子，对维持整个微生物菌群的完整性和活力有重要作用，而细菌代谢的终产物则是酵母的能量来源（Farnworth 和 Mainville，2003）。开菲尔粒的直径可达 2cm，含 10%～16%干物质、约 3%蛋白质和约 6%非蛋白质氮。

图 13.8　开菲尔粒（一种酵母/细菌发酵培养物）的外观

开菲尔发酵剂的制备是先将奶加热至 95℃ 30min，然后在 20℃用开菲尔粒接种，培养约 20h（至乳酸浓度约为 0.8%），再在 10℃成熟约 8h 以利于酵母生长，接着滤出开菲尔粒。剩下的滤液可用于接种下一批奶，接种比例是 1%～3%。接种后进行恒温培养，以生产开菲尔酸奶或生产供大规模生产使用的大批量发酵剂。过滤出的开菲尔粒经洗涤后可以用作下一批奶的发酵剂。目前，发酵剂供应商生产的冷冻干燥发酵剂已得到广泛使用。

开菲尔酸奶呈白色或黄色，有浓烈的酵母香味和酸味，质地黏稠，微有弹性。在波兰典型的开菲尔酸奶的成分是：蛋白质不低于 2.7%、脂肪 1.5%～2%，可滴定酸不低于 0.6%乳酸。据称开菲尔酸奶中的蛋白质比奶中的蛋白质更易消化，大部分乳糖已水解，使其更适合于乳糖不耐受的人群，开菲尔酸奶具有抗肿瘤的作用，开菲尔酸奶中的鞘磷脂可增强身体的免疫机能（Tamime，2006）。

13.6　酸马奶

酸马奶是由马奶发酵而成的一种传统发酵奶，在中亚、俄罗斯、蒙古国、哈萨克斯坦等地广泛生产和消费，主要是因为这种发酵奶具有治疗作用。尤其是俄罗斯人，长期以来倡导用酸马奶来治疗许多疾病。但酸马奶产品的微生物种类不稳定，使得人们难以证实其药疗的理论依据（Tamime 和 robinson，1999）。酸马奶是蒙古国的“国饮”（马奶酒），蒙古人还用酸马奶蒸馏生产一种称为“Arkhi”的高酒精度饮料（Kanbe，1992）。蒙古人均年消费酸马奶约为 50L。

最古老的生产酸马奶的方法是利用天然的乳酸菌和酵母菌分别将奶中的乳糖发酵成乳酸和乙醇。马奶是手工挤出来的，挤奶时马驹就在旁边。传统的酸马奶（用生鲜奶做的）生产时通常是向奶中加入一部分上一天的酸奶（含有细菌和酵母）作菌种。奶装在皮囊中，皮囊是用烟熏过的马的大腿皮制作的，皮囊底部宽上面长而窄，容量为 25～30L。发酵持续 3～8h，主要的微生物菌群有：保加利亚乳杆菌、干酪乳杆菌、乳酸乳杆菌乳酸亚种、脆壁克鲁维酵母和单胞酵母。在生产酸马奶的搅拌和成熟阶段，要不断添加马奶来控制酸度和酒精度。由于整个发酵过程控制比较差，经常会导致产品口感不佳，主要是由于酵母过多或者过度酸化引起的。一般是将皮囊放在阴凉的地方过冬，皮囊里时常有上个季节所产的羊奶。到了春季，再连续 5 天慢慢向皮囊加入马奶以激活皮囊内的发酵剂。在蒙古国的偏远地区，人们现在还沿用传统方法来生产酸马奶，而其他地区随着产品市场需求的增加，都已在更可控的条件下进行生产了。

酸马奶的标准化生产将有助于在还没有消费酸马奶的国家和地区拓展马奶产品市场，增加马奶产品消费，这个问题已引起人们极大的关注。除了对马奶进行巴氏杀菌之外，还要用纯化的乳酸杆菌菌种，如保加利亚乳杆菌和酵母菌。一般认为乳酸酵母是生产乙醇的最好菌种，有时用软骨状酵母（*S. cartilaginosus*）来抑制结核分枝杆菌。其他微生物，如假丝酵母、园酵母、嗜酸乳杆菌和乳酸乳球菌也可用于酸马奶生产中。工业化生产酸马奶的示意图见图 13.9，生产过程分为三个阶段：母发酵剂的制备，大批量发酵剂的制备和酸马奶的生产。马奶接种大批量发酵剂的比例是 30%，发酵剂用量在所有发酵奶生产中可能是最多的。发酵时必须搅拌增氧以利酵母菌生长。乳酸发酵和酵母发酵必须同步进行，这样才能使发酵产物成一定比例，生产出的酸马奶才具有最理想的特性。发酵产物中除了乳酸之外，还有乙醇、CO_2、挥发酸以及其他化合物，这些物质对产品的香气和滋味很重要。发酵过程还使 10% 的乳蛋白被水解。不同的酸马奶产

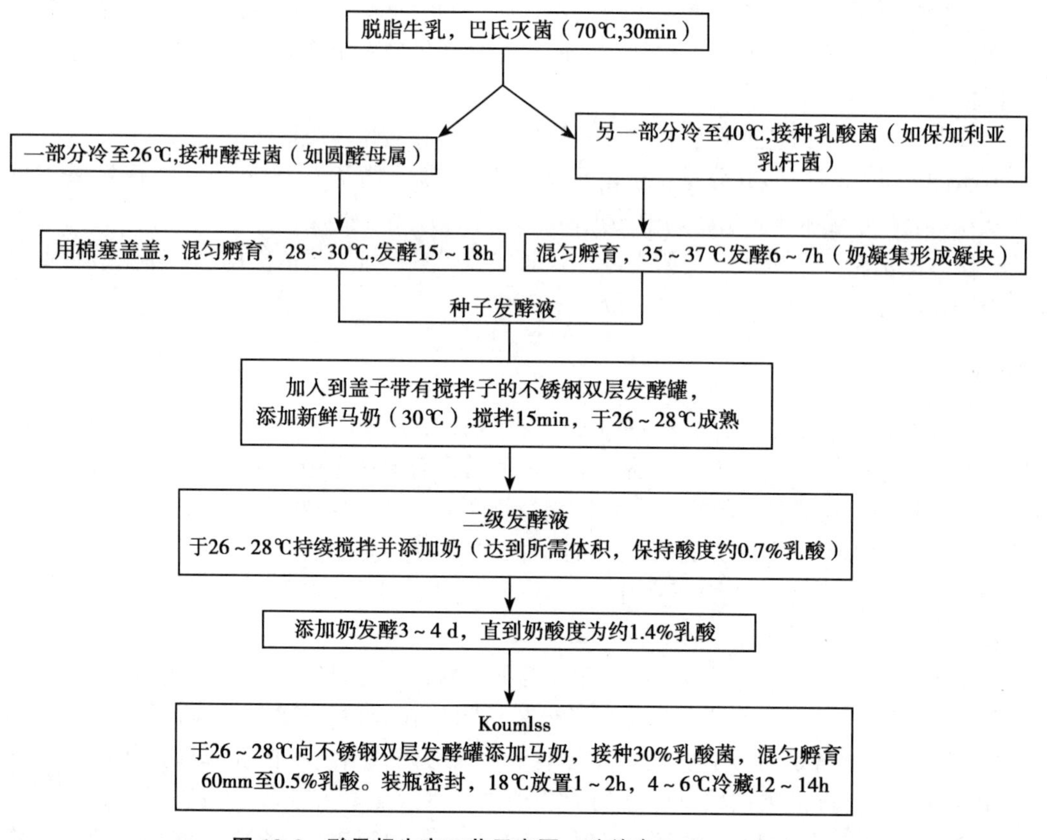

图 13.9　酸马奶生产工艺示意图（改编自 Berlin，1962）

品乳酸和乙醇含量也不尽相同，一般分为 3 类：柔和型、温和型和浓烈型（表 13.5）。酸马奶含 90% 的水、2% ~ 2.5% 的蛋白质（1.2% 的酪蛋白和 0.9% 的乳清蛋白）、4.5%~5.5%的乳糖、1%~1.3%的脂肪和 0.4%~0.7%的灰分。据报道，酸马奶的微生物活菌计数细菌约为 $4.97×10^7$cfu/mL，酵母菌约为 $1.43×10^7$cfu/mL。

表 13.5　酸马奶产品分类

按风味分类	酸度（%）	乙醇（%）
柔和型	0.6~0.8	0.7~1.0
温和型	0.8~1.0	1.1~1.8
浓烈型	1.0~1.2	1.8~2.5

酸马奶中的乳酸可以 L（+）或 D（-）异构体形式存在，取决于所用的乳酸菌种（表 13.6）。L（+）和 D（-）两种乳酸异构体都可以被胃肠道吸收，但在体内转化为葡萄糖或糖原的比例不同。L（+）乳酸可被快速、完全转化为葡萄糖或糖原，而 D（-）乳酸转化较慢，相当一部分从尿中排出。这种不能代谢的乳酸会导致婴儿发生代谢性酸中毒。自从 1973 年以来，商业化生产的发酵奶使用的菌种产生的乳酸多为 L（+）异构体，D（-）异构体的含量极低。

表 13.6　生产酸马奶中一些乳酸菌产生的乳酸的光学异构体

L（+）乳酸（≥95%）	所有乳球菌菌种
	干酪乳杆菌
D（-）乳酸（100%）	保加利亚乳杆菌
	乳酸乳杆菌
	乳脂乳杆菌
外消旋乳酸混合物 L（+）D（-）	瑞士乳杆菌
	嗜酸乳杆菌
	植物乳杆菌
	短乳杆菌

人们认为酸马奶比生马奶在治疗很多疾病中更为有效，因为微生物代谢过程中会产生很多活性肽和抗菌物质（Doreau 和 Martin-Rosset，2002）。现在人们对于酸马奶等发酵奶产品的主要兴趣在于这些产品能明显提高人们的消化机能即具有益生功能（sahlin，1999）。

酸马奶乳糖含量比生马奶低，对有乳糖不耐症的人群有利。88%的蒙古人对乳糖不耐，但他们食用酸马奶并没有不良作用，很可能是酸马奶中由微生物产生的 β-半乳糖苷酶在肠道中降解了乳糖，β-半乳糖苷酶在胃酸环境中不会发生变性。另外，酸马奶被认为比生马奶在疾病治疗中更加有效，因为在微生物代谢中产生了许多生物活性肽和抑菌物质，而且原来奶中溶菌酶和乳铁蛋白的水平也没有降低，这些成分已证明具有杀菌活性。

13.6.1 酸马奶生产的技术进步

目前有人已经开发出可增进风味形成，将货架期延至 14 d 的混合型发酵剂。马奶中热稳定的溶菌酶含量高，在发酵奶生产中可能对一些发酵剂的活性有干扰作用。有报道将马奶加热 90℃3min 让溶菌酶失活，可生产出令人满意的发酵奶。在感官测评中，马奶直接发酵而成的酸奶黏稠度不够，与进行强化的发酵产品相比，其外观、质地和味道的评分低很多。为改善其流变性和感官特性，有人已经对添加酪蛋白酸钠（1.5g/100g）、果胶（0.25g/100g）和苏氨酸（0.08g/100g）的效果进行探索。据报道，强化后的发酵产品即使在 4℃贮存 45 天后仍有良好的微生物学、流变学和感官特性。添加蔗糖和酪蛋白酸钠对产品的流变特性有良好影响，因为这些物质具有强化乳蛋白网状结构的作用 。

13.6.2 其他奶生产的类似酸马奶的产品

有几个地区，如蒙古国、苏联、南部欧洲和北非，也用其他奶来生产类似酸马奶的产品，这些奶包括骆驼奶（双峰骆驼）、驴奶、山羊奶（tarag）、绵羊奶（arak 或 arsa）或水牛奶（katyk）。而驴奶的物理化学和微生物特性，如微生物数量少和溶菌酶含量高，使其成为利用益生乳酸杆菌进行发酵的良好底物。有人用益生菌鼠李糖乳杆菌（AT194、GTI/1、GT1/3）来发酵驴奶，鼠李糖乳杆菌不受奶中高水平溶菌酶的影响，在 4℃和 pH 值 3.7~3.8 保存 15d 后仍可存活。鼠李糖乳杆菌可抑制肠道大多数有害菌的生长，且可作为酸奶产品的天然防腐剂，大大延长产品的保质期。用含有鼠李糖乳杆菌（AT194、CLT2/2）和干酪乳杆菌（LC88）的混合菌种发酵的驴奶贮藏 30d 后仍具有很高的活菌数。据报道，不同的发酵驴奶存在感官差异，单独用鼠李糖乳杆菌发酵会产生煮熟蔬菜味/酸味的气味，而用干酪乳杆菌发酵的驴奶的香味更好、更平衡。

由于马奶产量非常有限，价格昂贵，所以有人已开展研究，希望用牛奶来生产类似酸马奶的产品。但要用牛奶生产类似酸马奶的发酵产品，必须对牛奶的成分进行调整。有人已用全脂牛奶或脱脂牛奶生产出质量相当不错的类似酸马奶产品，其奶中添加了蔗糖，采用混合菌种作为发酵剂，包括嗜酸乳杆菌、德氏乳杆菌保加利亚亚种、马克思克鲁维酵母马克思变种，或马克思克鲁维酵母乳酸变种。类似酸马奶的产品也可以用稀释牛奶添加乳糖来制备，而用牛奶与浓缩的乳清混合发酵效果更好，所用的发酵剂含有乳酸克鲁维酵母（AT CC 56498）、保加利亚乳杆菌和嗜酸乳杆菌。用牛奶生产类似酸马奶产品的发酵剂也可能含有乳酸酵母（具有较高的抗结核分枝杆菌的能力），以保留马奶的“抗结核菌形象”。

13.7 发酵/酸性稀奶油

发酵稀奶油是用复合发酵剂发酵而成的产品，发酵的菌种包括乳酸乳球菌乳酸亚种、乳酸乳球菌乳脂亚种、乳酸乳球菌乳酸亚种双乙酰变种和肠膜明串珠菌乳脂亚种。前两个菌种主要是产生乳酸，而后两个则主要是产生香味物质（双乙酰）。一般乳脂含量为 10%～12%，但最高可达 30%。pH 值约为 4.5，但比酪奶和酸奶的口感酸度要低，因为乳脂肪可使酸味变得更柔顺。发酵稀奶油的生产工艺有两种：一种是稀奶油接种后分装到包装盒内，再在 22～24℃发酵约 20h，直至 pH 值降至 4.5，然后再冷却（凝固型）；另一种是在发酵过程进行搅拌，最后再分装（搅拌型）。凝固型发酵稀奶油非常粘稠，而搅拌型发酵稀奶油要在 10～20MPa 下进行均质。将发酵稀奶油在 85～90℃加热杀菌几秒钟再进行无菌包装，可生产出一种保质期长的搅拌型发酵稀奶油。

发酵稀奶可用在很多菜肴中，例如酱汁、汤、（沙拉的）酱料等，也常用在烤马铃薯上。

参考文献

Berlin，P. J. 1962. *Koumiss*（Bulletin Ⅳ，pp. 4-16）. Brussels：International Dairy Federation.

Cogan，T. M.，& Hill，C. 1993. Cheese started culture. In P. F. Fox（Ed.），*Cheese：Phisics，chemistry and microbiology*（2nd ed.，Vol. 1，pp. 193-255）. London，UK：Chapman and Hall.

De Vuyst，L.，de Vin，F.，Vaningelgem，F.，& degeest，B. 2001. Recent developments in the biosynthesis and applications of heteropolysaccharides from lactic acid bacteria. *International Dairy Journal*，11，687-707.

De Vuyst，L. Weckx，S.，Ravyts，F.，Herman，L.，& Leroy，F. 2011. New insights into the exopolysaccharide production of Streptococcus thermophilus. *International Dairy Journal*，21，586-591.

Doreau，M.，& Martin-Rosset，W. 2002. Dairy animals：Horse. In H. Roginski，J. A. Fuquay，& P. F. Fox（Eds.），*Encyclopedia of dairy sciences*（pp. 630-637）. London，UK：Academic Press.

Farnworth，E. R. & Mainville，I. 2003. Kefir：A fermented milk product. In E. R. Farnworth（Ed.），*Handbook of fermented functional foods*（pp. 77-112）. Boca Raton，FL：CRC Press.

Hassan，A. N. 2008. Possibilities and challenges of exopolysaccharide-producing lactic cultures in dairy foods. *Journal of Dairy Science*，91，1282-1298.

Kanbe，M. 1992. Traditional fermented milk of the world. In Y. Nakazawa & A.. Hosono（Eds.），*Functions of fermented milk：Challenges for the health sciences*（pp. 41－60）. London：Elsevier Applied Science.

Marshall，V. M. E.，& Tamime，A. Y. 1997. Physiology and biochemistry of fermented milks. In B. A. Law（Ed.），*Microbiology and biochemistry of cheese and fermented milk*（2nd ed. pp. 152-192）. London，UK：Blackie Academic and Professional.

Prado，F. C.，Parada，J. L.，Pandey，A.，& Soccol，C. R. 2008. Trends in non－dairy probiotic beverages. *Food Research International*，41，111-123.

Prajapati，J. B.，& Nair，B. M. 2003. The history of fermented foods. In E. R. Farnworth（Ed.），*Handbook of fermented functional foods*（pp. 1-25）. Boca Raton，London：CRC Press.

Rattray，F. P.，& O'Connell，M. J. 2011. Kefir. In J. Fuquay，& P. L. H. McSweeney（Eds.），*Encyclopedia of dairy sciences*（2nd ed.，Vol. 2，pp. 518-524）. Oxford：Academic Press.

Robinson，R. K.，& Tamime，A. Y. 1990. Microbiology of fermented milks. In R. K. Robinson（Ed.），*Dairy microbiology*（2nd ed.，Vol. 2，pp. 291-343）. London，UK：Elsevier Applied Science.

Robinson，R. K.，& Tamime，A. Y. 1993. Manufacture of yoghurt and other fermented milks. In R. K. Robinson（Ed.），*Modern dairy technology*（2nd ed.，Vol. 2，pp. 1－48）. London，UK：

Elsevier Applied Science.

Sahlin, P. 1999. Fermentation as a method of food processing: *Production of organic acids, pH-development and microbial growth in fermenting cereals.* Licentiate thesis. Division of Applied Nutrition and Food Chemistry, Lund University.

Tamime, A. Y., & Marshall, V. M. E. 1997. Microbiology and technology of fermented milks. In B. A. Law (Ed.), *Microbiology and biochemistry of cheese and fermented milk* (2nd ed., pp. 57-152). London, UK: Blackie Academic and Professional.

Tamime, A. Y. 2006. *Fermented milks.* Oxford, UK: Blackwell.

Tamime, A. Y., Skriver, A., & Nilsson, L. -E. 2006. Starter cultures. In A. Y. Tamime (Ed.), *Fermented milks* (pp. 11-52). Oxford, UK: Blackwell.

Uniacke-Lowe, T. 2011. Fermented milks, koumiss. In J. W. Fuquay, P. F. Fox, & P. L. H. McSweeney (Eds.), *Encyclopedia of dairy sciences* (2nd ed., Vol. 2, pp. 512-517). Oxford, UK: Academic Press.

Vedamuthu, E. R. 2013. Starter cultures for yoghurt milks. In R. C. Chandan & A. Kilara (Eds.), *Manufacturing yoghurt and fermented milks* (2nd ed., pp. 115-148). Ames, IA: Jorn Wiley and Sons.

推荐阅读文献

Chandan, R. C., & Kilara, A. 2011, *Manufacturing yoghurt and fermented milks* (2nd ed.). West Sussex: Jorn Wiley and Sons.

Farnworth, E. R. 2008. *Handbook of fermented functional foods* (2nd ed.). Boca Raton, FL: CRC Press.

Fuquay, J. W., Fox, P. F., & McSweeney, P. L. H. 2011. Fermented milks. *Encyclopedia of dairy sciences* (2nd ed., Vol. 2, pp. 470-532). Oxford, UK: Academic Press.

Khurana, H. K., & Kanawjia, S. K. 2007. Recent trends in development of fermented milks. *Current Nitrition and Food Science*, 3, 91-108.

Kurmann, J. A., RaŠiĆ, J. L., & Kroger, M. 1992. *Encyclopedia of fermented fresh milk products: An international inventory of fermented milk, cream, buttermilk, whey, and related products.* New York, NY: Van Nostrand Reinhold.

Nakazawa, Y., & Hosono, A. 1992. *Functions of fermented milk: Challenges for the health sciences.* London: Elsevier Applied Science.

Robinson, R. K. 1991. *Therapeutic properties of fermented milk.* London, UK: Elsevier Applied Science.

Surono, I. S., & Hosono, A. 2002. Fermented milks: Types and standards of identity. In H. Roginski, J. A. Fuquay, & P. F. Fox (Eds.), *Encyclopedia of dairy sciences* (pp. 1018-1069). Oxford, UK: Academic Press.

通用参考文献

Alais, C. 1974. *Science du Lait. Principes des Techniques Laitieres* (3rd ed.). Paris: SEP Editions.

Associates of Rogers 1928. *Fundamentals of dairy science* . American Chemical Society Monograph No. 41. New York: The Chemical Catalog. [1935, New York: Reinhold Publishing; 1955, 2nd ed., New York: Reinhold Publishing].

Cayot, P., & Lorient, D. 1998. *Structure et Technofonctions des Proteins du Lait.* Paris: Lavoisier Technique and Documentation.

Davis, J. G., & MacDonald, F. J. 1955. *Richmond's dairy chemistry* (5th ed.). London: Charles Griffin and Company.

Fleischmann, W. 1870. *Leherbuch der Milchwissenschaft.* Bremen: M. Heinsius. [7 editions up to 1932].

Fox, P. F. (Ed.). 1982-1989. *Developments in dairy chemistry* (Vols. 1-4). London: Elsevier Applied Science Publishers.

Fox, P. F. (Ed.). 1992-1997. *Advanced dairy chemistry* (Vols. 1-3). London: Elsevier Applied Science Publishers and Chapman and Hall.

Fox, P. F., & McSweeney, P. L. H. 1998. *Dairy chemistry and biochemistry.* London: Chapman and Hall.

Fox, P. F., & McSweeney, P. L. H. 2003. *Advanced dairy chemistry* (Vol. 1, *Proteins*, 3rd ed.). New York: Kluwer Academic/Plenum Publishers

Fox, P. F., & McSweeney, P. L. H. 2006. *Advanced dairy chemistry* (Vol. 1, *Lipids*, 3rd ed.). New York: Springer.

Jenness, R., & Patton, S. 1959. *Principles of dairy chemistry* . New York: John Wiley & Sons.

Jensen, R. G. (ed.) 1995. *Handbook of milk composition.* San Diego: Academic Press.

Ling, E. R. 1930. *A textbook of dairy chemistry* . London: Chapman and Hall. (3 further reprints/editions, 1944, 1949, 1956).

McKenzie, H. A. 1970, 1971. *Milk proteins: Chemistry and molecular biology* (Vols. 1 and 2). New York: Academic Press.

McSweeney, P. L. H., & Fox, P. F. 2009. *Advanced dairy chemistry* (Vol. 3, *Lactose, water, salts and minor constituents*, 3rd ed.). New York: Springer.

McSweeney, P. L. H., & Fox, P. F. 2013. *Advanced dairy chemistry* (Vol. 1A, *Proteins, basic aspects*, 4th ed.). New York: Springer.

McSweeney, P. L. H., & O'Mahoney, J. A. (Eds.). 2015. *Advanced dairy chemistry* (Vol. 1 , *Proteins, Part B*). New York: Springer.

Richmond, H. D. 1899. *Dairy chemistry: A practical handbook for dairy chemists and others having con-*

trol of dairies. London: C Griffin and Company. (published in 5 editions, the 5th, revised by Davis and MacDonald in 1955, see above).

Singh, H., Boland, B., & Thompson, A. 2014. *Milk proteins: From expression to food* (2nd ed.). San Diego: Academic Press.

Snyder, H. 1897. *The chemistry of dairying* . Easton, PA: Chemical Publishing Company.

Thompson, A., Boland, B., & Singh, H. 2009. *Milk proteins: From expression to food*. San Diego: Academic Press.

Walstra, P., Geurts, T. J., Noomen, A., Jellema, A., & van Boeckel, M. A. J. S. 1999. *Dairy technology: Principles of milk properties and processes*. Marcel Dekker, New York.

Walstra, P., & Jenness, R. 1984. *Dairy chemistry and physics* . New York: John Wiley & Sons.

Walstra, P., Wouters, J. T. H., & Geurts, T. J. 2005. *Dairy science and technology*. Oxford: CRC/Taylor and Francis.

Webb, B. H., & Johnson, A. H. (Eds.). 1964. *Fundamentals of dairy chemistry*. Westport, CT, USA: AVI.

Webb, B. H., Johnson, A. H., & Alford, J. A. (Eds.). 1974. *Fundamentals of dairy chemistry* (2nd ed.). Westport, CT, USA: AVI.

Wong, N. P., Jenness, R., Keeney, M., & Marth, E. H. (Eds.). 1988. *Fundamentals of dairy chemistry* (3rd ed.). New York: Van Nostrand Reinhold.

饲料 法规 文件

（2014）

农业部畜牧业司
全国饲料工作办公室 编

中国农业科学技术出版社

图书在版编目（CIP）数据

饲料 法规 文件.2014 / 农业部畜牧业司，全国饲料工作办公室编.
—北京：中国农业科学技术出版社，2014.5
ISBN 978-7-5116-1606-7

Ⅰ.①饲… Ⅱ.①农… ②全… Ⅲ.①饲料工业—法规—汇编—中国
②饲料工业—文件—汇编—中国 Ⅳ.①D922.49

中国版本图书馆 CIP 数据核字（2014）第 066617 号

责任编辑 崔改泵
责任校对 贾晓红

出 版 者 中国农业科学技术出版社
北京市中关村南大街 12 号 邮编：100081
电　　话 (010) 82109194（编辑室）(010) 82109702（发行部）
(010) 82109709（读者服务部）
传　　真 (010) 82106650
网　　址 http://www.castp.cn
经 销 者 各地新华书店
印 刷 者 北京富泰印刷有限责任公司
开　　本 787 mm×1 092 mm 1/16
印　　张 29.5
字　　数 718 千字
版　　次 2014 年 5 月第 1 版 2014年10月第2次印刷
定　　价 90.00 元

编辑委员会

前　言

改革开放以来，在畜牧水产养殖业快速发展和国家扶持政策推动下，我国饲料工业异军突起，在国际国内两个市场的竞争中迅速发展壮大。2013 年，全国工业饲料总产量 1.93 亿吨，总体规模位居世界第一位；饲料添加剂和饲料机械等配套产业不仅满足国内需求，而且成为全球市场的重要供应国。饲料工业取得的历史性成就，为发展现代养殖业提供了有力支撑。

饲料工业是市场经济条件下发展壮大的产业，饲料产品质量安全与动物性食品安全息息相关。无论是维护市场秩序，还是保障质量安全，法制都是基础。《饲料和饲料添加剂管理条例》1999 年公布施行以来，各级饲料管理部门依法加强准入把关，着力强化日常监管，严肃查处不法行为，对饲料工业稳定发展和转型提升发挥了重要作用。

随着经济社会全面发展，各方面对食品安全的要求不断提高。特别是《农产品质量安全法》和《食品安全法》相继实施，将国内外食品安全管理的新理念制度化，要求饲料行业管理从立法层面对接和调整。各级饲料管理部门在执法实践中也遇到很多实际问题，尤其是三聚氰胺事件和“瘦肉精”违法案件，暴露出监管方面存在法律漏洞。基于上述背景，在广泛调研和多方征求意见的基础上，2011 年 11 月，国务院公布了修订后的《饲料和饲料添加剂管理条例》，2012 年 5 月 1 日起正式施行。根据新《条例》有关规定，农业部对原有配套规章和规范性文件进行了清理、归并、修订和增补。主要变化体现在 4 个方面：一是明确了地方人民政府、饲料管理部门以及生产经营者的质量安全责任，建立起各负其责的责任机制；二是进一步完善生产和经营环节的质量安全管理制度，解决生产经营者不遵守质量安全规范、不建立全过程质量控制及追溯制度的问题；三是规范饲料的使用，对养殖户自配饲料和使用饲料提出明确要求，解决养殖者不按规定使用饲料、在养殖过程中擅自添加禁用物质的问题；四是完善监督管理措施，加大对违法行为的处罚力度。

当前，我国正处于全面建成小康社会的决定性阶段，畜牧业现代化建设进入攻坚期，饲料工业发展机遇与挑战并存。新时期饲料行业管理的总要求是以全面贯彻实施新的法规制度为抓手，以转变发展方式为主线，以推动企业做大做强为核心，加强监督管理，强化科技支撑，着力构建管理规范、产品优质安全、资源高效利用的现代饲料工业。为方便饲料行业管理者和从业者学习了解饲料法规政策，我司在2006版《饲料　法规　文件》的基础上，对现行有效的法律、法规、规章、规范性文件、技术标准和政策性文件进行了重新编辑整理。由于涉及面广，编辑过程中难免有疏漏之处，敬请广大读者批评指正。

王智才

2014年4月18日

目　录

一、法规及部门规章

饲料和饲料添加剂管理条例

中华人民共和国国务院令2011年第609号

（1999年5月29日中华人民共和国国务院令第266号发布，根据2001年11月29日《国务院关于修改〈饲料和饲料添加剂管理条例〉的决定》修订，2011年10月26日国务院第177次常务会议修订通过，2013年12月7日国务院令第645号修订*）

第一章　总　则

第一条　为了加强对饲料、饲料添加剂的管理，提高饲料、饲料添加剂的质量，保障动物产品质量安全，维护公众健康，制定本条例。

第二条　本条例所称饲料，是指经工业化加工、制作的供动物食用的产品，包括单一饲料、添加剂预混合饲料、浓缩饲料、配合饲料和精料补充料。

本条例所称饲料添加剂，是指在饲料加工、制作、使用过程中添加的少量或者微量物质，包括营养性饲料添加剂和一般饲料添加剂。

饲料原料目录和饲料添加剂品种目录由国务院农业行政主管部门制定并公布。

第三条　国务院农业行政主管部门负责全国饲料、饲料添加剂的监督管理工作。

县级以上地方人民政府负责饲料、饲料添加剂管理的部门（以下简称饲料管理部门），负责本行政区域饲料、饲料添加剂的监督管理工作。

第四条　县级以上地方人民政府统一领导本行政区域饲料、饲料添加剂的监督管理工作，建立健全监督管理机制，保障监督管理工作的开展。

第五条　饲料、饲料添加剂生产企业、经营者应当建立健全质量安全制度，对其生产、经营的饲料、饲料添加剂的质量安全负责。

第六条　任何组织或者个人有权举报在饲料、饲料添加剂生产、经营、使用过程中违反本条例的行为，有权对饲料、饲料添加剂监督管理工作提出意见和建议。

第二章　审定和登记

第七条　国家鼓励研制新饲料、新饲料添加剂。

研制新饲料、新饲料添加剂，应当遵循科学、安全、有效、环保的原则，保证新饲料、新饲料添加剂的质量安全。

---

* 根据2013年12月7日国务院令第645号修订：删去《饲料和饲料添加剂管理条例》第十五条第一款；第二款改为第一款，并将其中的“申请设立其他饲料生产企业”修改为“申请设立饲料、饲料添加剂生产企业”。删去第十六条中的“国务院农业行政主管部门核发的”。

第八条 研制的新饲料、新饲料添加剂投入生产前，研制者或者生产企业应当向国务院农业行政主管部门提出审定申请，并提供该新饲料、新饲料添加剂的样品和下列资料：

（一）名称、主要成分、理化性质、研制方法、生产工艺、质量标准、检测方法、检验报告、稳定性试验报告、环境影响报告和污染防治措施；

（二）国务院农业行政主管部门指定的试验机构出具的该新饲料、新饲料添加剂的饲喂效果、残留消解动态以及毒理学安全性评价报告。

申请新饲料添加剂审定的，还应当说明该新饲料添加剂的添加目的、使用方法，并提供该饲料添加剂残留可能对人体健康造成影响的分析评价报告。

第九条 国务院农业行政主管部门应当自受理申请之日起5个工作日内，将新饲料、新饲料添加剂的样品和申请资料交全国饲料评审委员会，对该新饲料、新饲料添加剂的安全性、有效性及其对环境的影响进行评审。

全国饲料评审委员会由养殖、饲料加工、动物营养、毒理、药理、代谢、卫生、化工合成、生物技术、质量标准、环境保护、食品安全风险评估等方面的专家组成。全国饲料评审委员会对新饲料、新饲料添加剂的评审采取评审会议的形式，评审会议应当有9名以上全国饲料评审委员会专家参加，根据需要也可以邀请1至2名全国饲料评审委员会专家以外的专家参加，参加评审的专家对评审事项具有表决权。评审会议应当形成评审意见和会议纪要，并由参加评审的专家审核签字；有不同意见的，应当注明。参加评审的专家应当依法公平、公正履行职责，对评审资料保密，存在回避事由的，应当主动回避。

全国饲料评审委员会应当自收到新饲料、新饲料添加剂的样品和申请资料之日起9个月内出具评审结果并提交国务院农业行政主管部门；但是，全国饲料评审委员会决定由申请人进行相关试验的，经国务院农业行政主管部门同意，评审时间可以延长3个月。

国务院农业行政主管部门应当自收到评审结果之日起10个工作日内作出是否核发新饲料、新饲料添加剂证书的决定；决定不予核发的，应当书面通知申请人并说明理由。

第十条 国务院农业行政主管部门核发新饲料、新饲料添加剂证书，应当同时按照职责权限公布该新饲料、新饲料添加剂的产品质量标准。

第十一条 新饲料、新饲料添加剂的监测期为5年。新饲料、新饲料添加剂处于监测期的，不受理其他就该新饲料、新饲料添加剂的生产申请和进口登记申请，但超过3年不投入生产的除外。

生产企业应当收集处于监测期的新饲料、新饲料添加剂的质量稳定性及其对动物产品质量安全的影响等信息，并向国务院农业行政主管部门报告；国务院农业行政主管部门应当对新饲料、新饲料添加剂的质量安全状况组织跟踪监测，证实其存在安全问题的，应当撤销新饲料、新饲料添加剂证书并予以公告。

第十二条 向中国出口中国境内尚未使用但出口国已经批准生产和使用的饲料、饲料添加剂的，应当委托中国境内代理机构向国务院农业行政主管部门申请登记，并提供该饲料、饲料添加剂的样品和下列资料：

（一）商标、标签和推广应用情况；

（二）生产地批准生产、使用的证明和生产地以外其他国家、地区的登记资料；

（三）主要成分、理化性质、研制方法、生产工艺、质量标准、检测方法、检验报告、稳定性试验报告、环境影响报告和污染防治措施；

（四）国务院农业行政主管部门指定的试验机构出具的该饲料、饲料添加剂的饲喂效果、残留消解动态以及毒理学安全性评价报告。

申请饲料添加剂进口登记的，还应当说明该饲料添加剂的添加目的、使用方法，并提供该饲料添加剂残留可能对人体健康造成影响的分析评价报告。

国务院农业行政主管部门应当依照本条例第九条规定的新饲料、新饲料添加剂的评审程序组织评审，并决定是否核发饲料、饲料添加剂进口登记证。

首次向中国出口中国境内已经使用且出口国已经批准生产和使用的饲料、饲料添加剂的，应当依照本条第一款、第二款的规定申请登记。国务院农业行政主管部门应当自受理申请之日起10个工作日内对申请资料进行审查；审查合格的，将样品交由指定的机构进行复核检测；复核检测合格的，国务院农业行政主管部门应当在10个工作日内核发饲料、饲料添加剂进口登记证。

饲料、饲料添加剂进口登记证有效期为5年。进口登记证有效期满需要继续向中国出口饲料、饲料添加剂的，应当在有效期届满6个月前申请续展。

禁止进口未取得饲料、饲料添加剂进口登记证的饲料、饲料添加剂。

第十三条 国家对已经取得新饲料、新饲料添加剂证书或者饲料、饲料添加剂进口登记证的、含有新化合物的饲料、饲料添加剂的申请人提交的其自己所取得且未披露的试验数据和其他数据实施保护。

自核发证书之日起6年内，对其他申请人未经已取得新饲料、新饲料添加剂证书或者饲料、饲料添加剂进口登记证的申请人同意，使用前款规定的数据申请新饲料、新饲料添加剂审定或者饲料、饲料添加剂进口登记的，国务院农业行政主管部门不予审定或者登记；但是，其他申请人提交其自己所取得的数据的除外。

除下列情形外，国务院农业行政主管部门不得披露本条第一款规定的数据：

（一）公共利益需要；

（二）已采取措施确保该类信息不会被不正当地进行商业使用。

第三章 生产、经营和使用

第十四条 设立饲料、饲料添加剂生产企业，应当符合饲料工业发展规划和产业政策，并具备下列条件：

（一）有与生产饲料、饲料添加剂相适应的厂房、设备和仓储设施；

（二）有与生产饲料、饲料添加剂相适应的专职技术人员；

（三）有必要的产品质量检验机构、人员、设施和质量管理制度；

（四）有符合国家规定的安全、卫生要求的生产环境；

（五）有符合国家环境保护要求的污染防治措施；

（六）国务院农业行政主管部门制定的饲料、饲料添加剂质量安全管理规范规定的其他条件。

第十五条 申请设立饲料、饲料添加剂生产企业，申请人应当向省、自治区、直辖市人民政府饲料管理部门提出申请。省、自治区、直辖市人民政府饲料管理部门应当自受理申请之日起10个工作日内进行书面审查；审查合格的，组织进行现场审核，并根据审核结果在10个工作日内作出是否核发生产许可证的决定。

申请人凭生产许可证办理工商登记手续。

生产许可证有效期为5年。生产许可证有效期满需要继续生产饲料、饲料添加剂的，应当在有效期届满6个月前申请续展。

第十六条 饲料添加剂、添加剂预混合饲料生产企业取得生产许可证后，由省、自治区、直辖市人民政府饲料管理部门按照国务院农业行政主管部门的规定，核发相应的产品批准文号。

第十七条 饲料、饲料添加剂生产企业应当按照国务院农业行政主管部门的规定和有关标准，对采购的饲料原料、单一饲料、饲料添加剂、药物饲料添加剂、添加剂预混合饲料和用于饲料添加剂生产的原料进行查验或者检验。

饲料生产企业使用限制使用的饲料原料、单一饲料、饲料添加剂、药物饲料添加剂、添加剂预混合饲料生产饲料的，应当遵守国务院农业行政主管部门的限制性规定。禁止使用国务院农业行政主管部门公布的饲料原料目录、饲料添加剂品种目录和药物饲料添加剂品种目录以外的任何物质生产饲料。

饲料、饲料添加剂生产企业应当如实记录采购的饲料原料、单一饲料、饲料添加剂、药物饲料添加剂、添加剂预混合饲料和用于饲料添加剂生产的原料的名称、产地、数量、保质期、许可证明文件编号、质量检验信息、生产企业名称或者供货者名称及其联系方式、进货日期等。记录保存期限不得少于2年。

第十八条 饲料、饲料添加剂生产企业，应当按照产品质量标准以及国务院农业行政主管部门制定的饲料、饲料添加剂质量安全管理规范和饲料添加剂安全使用规范组织生产，对生产过程实施有效控制并实行生产记录和产品留样观察制度。

第十九条 饲料、饲料添加剂生产企业应当对生产的饲料、饲料添加剂进行产品质量检验；检验合格的，应当附具产品质量检验合格证。未经产品质量检验、检验不合格或者未附具产品质量检验合格证的，不得出厂销售。

饲料、饲料添加剂生产企业应当如实记录出厂销售的饲料、饲料添加剂的名称、数量、生产日期、生产批次、质量检验信息、购货者名称及其联系方式、销售日期等。记录保存期限不得少于2年。

第二十条 出厂销售的饲料、饲料添加剂应当包装，包装应当符合国家有关安全、卫生的规定。

饲料生产企业直接销售给养殖者的饲料可以使用罐装车运输。罐装车应当符合国家有关安全、卫生的规定，并随罐装车附具符合本条例第二十一条规定的标签。

易燃或者其他特殊的饲料、饲料添加剂的包装应当有警示标志或者说明，并注明储运注意事项。

第二十一条 饲料、饲料添加剂的包装上应当附具标签。标签应当以中文或者适用符号标明产品名称、原料组成、产品成分分析保证值、净重或者净含量、贮存条件、使用说明、注意事项、生产日期、保质期、生产企业名称以及地址、许可证明文件编号和产品质量标准等。加入药物饲料添加剂的，还应当标明“加入药物饲料添加剂”字样，并标明其通用名称、含量和休药期。乳和乳制品以外的动物源性饲料，还应当标明“本产品不得饲喂反刍动物”字样。

第二十二条 饲料、饲料添加剂经营者应当符合下列条件：

（一）有与经营饲料、饲料添加剂相适应的经营场所和仓储设施；

（二）有具备饲料、饲料添加剂使用、贮存等知识的技术人员；

（三）有必要的产品质量管理和安全管理制度。

第二十三条 饲料、饲料添加剂经营者进货时应当查验产品标签、产品质量检验合格证和相应的许可证明文件。

饲料、饲料添加剂经营者不得对饲料、饲料添加剂进行拆包、分装，不得对饲料、饲料添加剂进行再加工或者添加任何物质。

禁止经营用国务院农业行政主管部门公布的饲料原料目录、饲料添加剂品种目录和药物饲料添加剂品种目录以外的任何物质生产的饲料。

饲料、饲料添加剂经营者应当建立产品购销台账，如实记录购销产品的名称、许可证明文件编号、规格、数量、保质期、生产企业名称或者供货者名称及其联系方式、购销时间等。购销台账保存期限不得少于2年。

第二十四条 向中国出口的饲料、饲料添加剂应当包装，包装应当符合中国有关安全、卫生的规定，并附具符合本条例第二十一条规定的标签。

向中国出口的饲料、饲料添加剂应当符合中国有关检验检疫的要求，由出入境检验检疫机构依法实施检验检疫，并对其包装和标签进行核查。包装和标签不符合要求的，不得入境。

境外企业不得直接在中国销售饲料、饲料添加剂。境外企业在中国销售饲料、饲料添加剂的，应当依法在中国境内设立销售机构或者委托符合条件的中国境内代理机构销售。

第二十五条 养殖者应当按照产品使用说明和注意事项使用饲料。在饲料或者动物饮用水中添加饲料添加剂的，应当符合饲料添加剂使用说明和注意事项的要求，遵守国务院农业行政主管部门制定的饲料添加剂安全使用规范。

养殖者使用自行配制的饲料的，应当遵守国务院农业行政主管部门制定的自行配制饲料使用规范，并不得对外提供自行配制的饲料。

使用限制使用的物质养殖动物的，应当遵守国务院农业行政主管部门的限制性规定。禁止在饲料、动物饮用水中添加国务院农业行政主管部门公布禁用的物质以及对人体具有直接或者潜在危害的其他物质，或者直接使用上述物质养殖动物。禁止在反刍动物饲料中添加乳和乳制品以外的动物源性成分。

第二十六条 国务院农业行政主管部门和县级以上地方人民政府饲料管理部门应当加强饲料、饲料添加剂质量安全知识的宣传，提高养殖者的质量安全意识，指导养殖者安全、合理使用饲料、饲料添加剂。

第二十七条 饲料、饲料添加剂在使用过程中被证实对养殖动物、人体健康或者环境有害的，由国务院农业行政主管部门决定禁用并予以公布。

第二十八条 饲料、饲料添加剂生产企业发现其生产的饲料、饲料添加剂对养殖动物、人体健康有害或者存在其他安全隐患的，应当立即停止生产，通知经营者、使用者，向饲料管理部门报告，主动召回产品，并记录召回和通知情况。召回的产品应当在饲料管理部门监督下予以无害化处理或者销毁。

饲料、饲料添加剂经营者发现其销售的饲料、饲料添加剂具有前款规定情形的，应当立即停止销售，通知生产企业、供货者和使用者，向饲料管理部门报告，并记录通知情况。

养殖者发现其使用的饲料、饲料添加剂具有本条第一款规定情形的，应当立即停止使用，通知供货者，并向饲料管理部门报告。

第二十九条 禁止生产、经营、使用未取得新饲料、新饲料添加剂证书的新饲料、新饲料添加剂以及禁用的饲料、饲料添加剂。

禁止经营、使用无产品标签、无生产许可证、无产品质量标准、无产品质量检验合格证的饲料、饲料添加剂。禁止经营、使用无产品批准文号的饲料添加剂、添加剂预混合饲料。禁止经营、使用未取得饲料、饲料添加剂进口登记证的进口饲料、进口饲料添加剂。

第三十条 禁止对饲料、饲料添加剂作具有预防或者治疗动物疾病作用的说明或者宣传。但是，饲料中添加药物饲料添加剂的，可以对所添加的药物饲料添加剂的作用加以说明。

第三十一条 国务院农业行政主管部门和省、自治区、直辖市人民政府饲料管理部门应当按照职责权限对全国或者本行政区域饲料、饲料添加剂的质量安全状况进行监测，并根据监测情况发布饲料、饲料添加剂质量安全预警信息。

第三十二条 国务院农业行政主管部门和县级以上地方人民政府饲料管理部门，应当根据需要定期或者不定期组织实施饲料、饲料添加剂监督抽查；饲料、饲料添加剂监督抽查检测工作由国务院农业行政主管部门或者省、自治区、直辖市人民政府饲料管理部门指定的具有相应技术条件的机构承担。饲料、饲料添加剂监督抽查不得收费。

国务院农业行政主管部门和省、自治区、直辖市人民政府饲料管理部门应当按照职责权限公布监督抽查结果，并可以公布具有不良记录的饲料、饲料添加剂生产企业、经营者名单。

第三十三条 县级以上地方人民政府饲料管理部门应当建立饲料、饲料添加剂监督管理档案，记录日常监督检查、违法行为查处等情况。

第三十四条 国务院农业行政主管部门和县级以上地方人民政府饲料管理部门在监督检查中可以采取下列措施：

（一）对饲料、饲料添加剂生产、经营、使用场所实施现场检查；

（二）查阅、复制有关合同、票据、账簿和其他相关资料；

（三）查封、扣押有证据证明用于违法生产饲料的饲料原料、单一饲料、饲料添加剂、药物饲料添加剂、添加剂预混合饲料，用于违法生产饲料添加剂的原料，用于违法生产饲料、饲料添加剂的工具、设施，违法生产、经营、使用的饲料、饲料添加剂；

（四）查封违法生产、经营饲料、饲料添加剂的场所。

第四章 法律责任

第三十五条 国务院农业行政主管部门、县级以上地方人民政府饲料管理部门或者其他依照本条例规定行使监督管理权的部门及其工作人员，不履行本条例规定的职责或者滥用职权、玩忽职守、徇私舞弊的，对直接负责的主管人员和其他直接责任人员，依法给予处分；直接负责的主管人员和其他直接责任人员构成犯罪的，依法追究刑事责任。

第三十六条　提供虚假的资料、样品或者采取其他欺骗方式取得许可证明文件的，由发证机关撤销相关许可证明文件，处5万元以上10万元以下罚款，申请人3年内不得就同一事项申请行政许可。以欺骗方式取得许可证明文件给他人造成损失的，依法承担赔偿责任。

第三十七条　假冒、伪造或者买卖许可证明文件的，由国务院农业行政主管部门或者县级以上地方人民政府饲料管理部门按照职责权限收缴或者吊销、撤销相关许可证明文件；构成犯罪的，依法追究刑事责任。

第三十八条　未取得生产许可证生产饲料、饲料添加剂的，由县级以上地方人民政府饲料管理部门责令停止生产，没收违法所得、违法生产的产品和用于违法生产饲料的饲料原料、单一饲料、饲料添加剂、药物饲料添加剂、添加剂预混合饲料以及用于违法生产饲料添加剂的原料，违法生产的产品货值金额不足1万元的，并处1万元以上5万元以下罚款，货值金额1万元以上的，并处货值金额5倍以上10倍以下罚款；情节严重的，没收其生产设备，生产企业的主要负责人和直接负责的主管人员10年内不得从事饲料、饲料添加剂生产、经营活动。

已经取得生产许可证，但不再具备本条例第十四条规定的条件而继续生产饲料、饲料添加剂的，由县级以上地方人民政府饲料管理部门责令停止生产、限期改正，并处1万元以上5万元以下罚款；逾期不改正的，由发证机关吊销生产许可证。

已经取得生产许可证，但未取得产品批准文号而生产饲料添加剂、添加剂预混合饲料的，由县级以上地方人民政府饲料管理部门责令停止生产，没收违法所得、违法生产的产品和用于违法生产饲料的饲料原料、单一饲料、饲料添加剂、药物饲料添加剂以及用于违法生产饲料添加剂的原料，限期补办产品批准文号，并处违法生产的产品货值金额1倍以上3倍以下罚款；情节严重的，由发证机关吊销生产许可证。

第三十九条　饲料、饲料添加剂生产企业有下列行为之一的，由县级以上地方人民政府饲料管理部门责令改正，没收违法所得、违法生产的产品和用于违法生产饲料的饲料原料、单一饲料、饲料添加剂、药物饲料添加剂、添加剂预混合饲料以及用于违法生产饲料添加剂的原料，违法生产的产品货值金额不足1万元的，并处1万元以上5万元以下罚款，货值金额1万元以上的，并处货值金额5倍以上10倍以下罚款；情节严重的，由发证机关吊销、撤销相关许可证明文件，生产企业的主要负责人和直接负责的主管人员10年内不得从事饲料、饲料添加剂生产、经营活动；构成犯罪的，依法追究刑事责任：

（一）使用限制使用的饲料原料、单一饲料、饲料添加剂、药物饲料添加剂、添加剂预混合饲料生产饲料，不遵守国务院农业行政主管部门的限制性规定的；

（二）使用国务院农业行政主管部门公布的饲料原料目录、饲料添加剂品种目录和药物饲料添加剂品种目录以外的物质生产饲料的；

（三）生产未取得新饲料、新饲料添加剂证书的新饲料、新饲料添加剂或者禁用的饲料、饲料添加剂的。

第四十条　饲料、饲料添加剂生产企业有下列行为之一的，由县级以上地方人民政府饲料管理部门责令改正，处1万元以上2万元以下罚款；拒不改正的，没收违法所得、违法生产的产品和用于违法生产饲料的饲料原料、单一饲料、饲料添加剂、药物饲料添加剂、添加剂预混合饲料以及用于违法生产饲料添加剂的原料，并处5万元以上10万元以下罚款；情节严重的，责令停止生产，可以由发证机关吊销、撤销相关许可证明文件：

（一）不按照国务院农业行政主管部门的规定和有关标准对采购的饲料原料、单一饲料、饲料添加剂、药物饲料添加剂、添加剂预混合饲料和用于饲料添加剂生产的原料进行查验或者检验的；

（二）饲料、饲料添加剂生产过程中不遵守国务院农业行政主管部门制定的饲料、饲料添加剂质量安全管理规范和饲料添加剂安全使用规范的；

（三）生产的饲料、饲料添加剂未经产品质量检验的。

第四十一条 饲料、饲料添加剂生产企业不依照本条例规定实行采购、生产、销售记录制度或者产品留样观察制度的，由县级以上地方人民政府饲料管理部门责令改正，处1万元以上2万元以下罚款；拒不改正的，没收违法所得、违法生产的产品和用于违法生产饲料的饲料原料、单一饲料、饲料添加剂、药物饲料添加剂、添加剂预混合饲料以及用于违法生产饲料添加剂的原料，处2万元以上5万元以下罚款，并可以由发证机关吊销、撤销相关许可证明文件。

饲料、饲料添加剂生产企业销售的饲料、饲料添加剂未附具产品质量检验合格证或者包装、标签不符合规定的，由县级以上地方人民政府饲料管理部门责令改正；情节严重的，没收违法所得和违法销售的产品，可以处违法销售的产品货值金额30%以下罚款。

第四十二条 不符合本条例第二十二条规定的条件经营饲料、饲料添加剂的，由县级人民政府饲料管理部门责令限期改正；逾期不改正的，没收违法所得和违法经营的产品，违法经营的产品货值金额不足1万元的，并处2 000元以上2万元以下罚款，货值金额1万元以上的，并处货值金额2倍以上5倍以下罚款；情节严重的，责令停止经营，并通知工商行政管理部门，由工商行政管理部门吊销营业执照。

第四十三条 饲料、饲料添加剂经营者有下列行为之一的，由县级人民政府饲料管理部门责令改正，没收违法所得和违法经营的产品，违法经营的产品货值金额不足1万元的，并处2 000元以上2万元以下罚款，货值金额1万元以上的，并处货值金额2倍以上5倍以下罚款；情节严重的，责令停止经营，并通知工商行政管理部门，由工商行政管理部门吊销营业执照；构成犯罪的，依法追究刑事责任：

（一）对饲料、饲料添加剂进行再加工或者添加物质的；

（二）经营无产品标签、无生产许可证、无产品质量检验合格证的饲料、饲料添加剂的；

（三）经营无产品批准文号的饲料添加剂、添加剂预混合饲料的；

（四）经营用国务院农业行政主管部门公布的饲料原料目录、饲料添加剂品种目录和药物饲料添加剂品种目录以外的物质生产的饲料的；

（五）经营未取得新饲料、新饲料添加剂证书的新饲料、新饲料添加剂或者未取得饲料、饲料添加剂进口登记证的进口饲料、进口饲料添加剂以及禁用的饲料、饲料添加剂的。

第四十四条 饲料、饲料添加剂经营者有下列行为之一的，由县级人民政府饲料管理部门责令改正，没收违法所得和违法经营的产品，并处2 000元以上1万元以下罚款：

（一）对饲料、饲料添加剂进行拆包、分装的；

（二）不依照本条例规定实行产品购销台账制度的；

（三）经营的饲料、饲料添加剂失效、霉变或者超过保质期的。

第四十五条 对本条例第二十八条规定的饲料、饲料添加剂，生产企业不主动召回的，由县级以上地方人民政府饲料管理部门责令召回，并监督生产企业对召回的产品予以无害化处理或者销毁；情节严重的，没收违法所得，并处应召回的产品货值金额1倍以上3倍以下罚款，可以由发证机关吊销、撤销相关许可证明文件；生产企业对召回的产品不予以无害化处理或者销毁的，由县级人民政府饲料管理部门代为销毁，所需费用由生产企业承担。

对本条例第二十八条规定的饲料、饲料添加剂，经营者不停止销售的，由县级以上地方人民政府饲料管理部门责令停止销售；拒不停止销售的，没收违法所得，处1 000元以上5万元以下罚款；情节严重的，责令停止经营，并通知工商行政管理部门，由工商行政管理部门吊销营业执照。

第四十六条 饲料、饲料添加剂生产企业、经营者有下列行为之一的，由县级以上地方人民政府饲料管理部门责令停止生产、经营，没收违法所得和违法生产、经营的产品，违法生产、经营的产品货值金额不足1万元的，并处2 000元以上2万元以下罚款，货值金额1万元以上的，并处货值金额2倍以上5倍以下罚款；构成犯罪的，依法追究刑事责任：

（一）在生产、经营过程中，以非饲料、非饲料添加剂冒充饲料、饲料添加剂或者以此种饲料、饲料添加剂冒充他种饲料、饲料添加剂的；

（二）生产、经营无产品质量标准或者不符合产品质量标准的饲料、饲料添加剂的；

（三）生产、经营的饲料、饲料添加剂与标签标示的内容不一致的。

饲料、饲料添加剂生产企业有前款规定的行为，情节严重的，由发证机关吊销、撤销相关许可证明文件；饲料、饲料添加剂经营者有前款规定的行为，情节严重的，通知工商行政管理部门，由工商行政管理部门吊销营业执照。

第四十七条 养殖者有下列行为之一的，由县级人民政府饲料管理部门没收违法使用的产品和非法添加物质，对单位处1万元以上5万元以下罚款，对个人处5 000元以下罚款；构成犯罪的，依法追究刑事责任：

（一）使用未取得新饲料、新饲料添加剂证书的新饲料、新饲料添加剂或者未取得饲料、饲料添加剂进口登记证的进口饲料、进口饲料添加剂的；

（二）使用无产品标签、无生产许可证、无产品质量标准、无产品质量检验合格证的饲料、饲料添加剂的；

（三）使用无产品批准文号的饲料添加剂、添加剂预混合饲料的；

（四）在饲料或者动物饮用水中添加饲料添加剂，不遵守国务院农业行政主管部门制定的饲料添加剂安全使用规范的；

（五）使用自行配制的饲料，不遵守国务院农业行政主管部门制定的自行配制饲料使用规范的；

（六）使用限制使用的物质养殖动物，不遵守国务院农业行政主管部门的限制性规定的；

（七）在反刍动物饲料中添加乳和乳制品以外的动物源性成分的。

在饲料或者动物饮用水中添加国务院农业行政主管部门公布禁用的物质以及对人体具

有直接或者潜在危害的其他物质，或者直接使用上述物质养殖动物的，由县级以上地方人民政府饲料管理部门责令其对饲喂了违禁物质的动物进行无害化处理，处3万元以上10万元以下罚款；构成犯罪的，依法追究刑事责任。

第四十八条 养殖者对外提供自行配制的饲料的，由县级人民政府饲料管理部门责令改正，处2 000元以上2万元以下罚款。

第五章 附 则

第四十九条 本条例下列用语的含义：

（一）饲料原料，是指来源于动物、植物、微生物或者矿物质，用于加工制作饲料但不属于饲料添加剂的饲用物质；

（二）单一饲料，是指来源于一种动物、植物、微生物或者矿物质，用于饲料产品生产的饲料；

（三）添加剂预混合饲料，是指由两种（类）或者两种（类）以上营养性饲料添加剂为主，与载体或者稀释剂按照一定比例配制的饲料，包括复合预混合饲料、微量元素预混合饲料、维生素预混合饲料；

（四）浓缩饲料，是指主要由蛋白质、矿物质和饲料添加剂按照一定比例配制的饲料；

（五）配合饲料，是指根据养殖动物营养需要，将多种饲料原料和饲料添加剂按照一定比例配制的饲料；

（六）精料补充料，是指为补充草食动物的营养，将多种饲料原料和饲料添加剂按照一定比例配制的饲料；

（七）营养性饲料添加剂，是指为补充饲料营养成分而掺入饲料中的少量或者微量物质，包括饲料级氨基酸、维生素、矿物质微量元素、酶制剂、非蛋白氮等；

（八）一般饲料添加剂，是指为保证或者改善饲料品质、提高饲料利用率而掺入饲料中的少量或者微量物质；

（九）药物饲料添加剂，是指为预防、治疗动物疾病而掺入载体或者稀释剂的兽药的预混合物质；

（十）许可证明文件，是指新饲料、新饲料添加剂证书，饲料、饲料添加剂进口登记证，饲料、饲料添加剂生产许可证，饲料添加剂、添加剂预混合饲料产品批准文号。

第五十条 药物饲料添加剂的管理，依照《兽药管理条例》的规定执行。

第五十一条 本条例自2012年5月1日起施行。

饲料和饲料添加剂生产许可管理办法

中华人民共和国农业部令2012年第3号

（2012年5月2日农业部令2012年第3号发布，2013年12月31日农业部令2013年第5号修订*）

第一章 总 则

第一条 为加强饲料、饲料添加剂生产许可管理，维护饲料、饲料添加剂生产秩序，保障饲料、饲料添加剂质量安全，根据《饲料和饲料添加剂管理条例》，制定本办法。

第二条 在中华人民共和国境内生产饲料、饲料添加剂，应当遵守本办法。

第三条 饲料和饲料添加剂生产许可证由省级人民政府饲料管理部门（以下简称省级饲料管理部门）核发。

省级饲料管理部门可以委托下级饲料管理部门承担单一饲料、浓缩饲料、配合饲料和精料补充料生产许可申请的受理工作。

第四条 农业部设立饲料和饲料添加剂生产许可专家委员会，负责饲料和饲料添加剂生产许可的技术支持工作。

省级饲料管理部门设立饲料和饲料添加剂生产许可证专家审核委员会，负责本行政区域内饲料和饲料添加剂生产许可的技术评审工作。

第五条 任何单位和个人有权举报生产许可过程中的违法行为，农业部和省级饲料管理部门应当依照权限核实、处理。

第二章 生产许可证核发

第六条 设立饲料、饲料添加剂生产企业，应当符合饲料工业发展规划和产业政策，并具备下列条件：

（一）有与生产饲料、饲料添加剂相适应的厂房、设备和仓储设施；

---

* 根据农业部2013年12月31日2013年第5号令修订。将第三条第一款修改为：“饲料和饲料添加剂生产许可证由省级人民政府饲料管理部门（以下简称省级饲料管理部门）核发。”将第四条修改为：“农业部设立饲料和饲料添加剂生产许可专家委员会，负责饲料和饲料添加剂生产许可的技术支持工作。省级饲料管理部门设立饲料和饲料添加剂生产许可证专家审核委员会，负责本行政区域内饲料和饲料添加剂生产许可的技术评审工作。”将第七条第一款修改为：“申请设立饲料、饲料添加剂生产企业，申请人应当向生产地省级饲料管理部门提出申请。省级饲料管理部门应当自受理申请之日起10个工作日内进行书面审查；审查合格的，组织进行现场审核，并根据审核结果在10个工作日内作出是否核发生产许可证的决定。”删除第二、第三款。将第十一条第二款修改为：“生产许可证有效期满需继续生产的，应当在有效期届满6个月前向省级饲料管理部门提出续展申请，并提交相关材料。”

（二）有与生产饲料、饲料添加剂相适应的专职技术人员；

（三）有必要的产品质量检验机构、人员、设施和质量管理制度；

（四）有符合国家规定的安全、卫生要求的生产环境；

（五）有符合国家环境保护要求的污染防治措施；

（六）农业部制定的饲料、饲料添加剂质量安全管理规范规定的其他条件。

第七条 申请设立饲料、饲料添加剂生产企业，申请人应当向生产地省级饲料管理部门提出申请。省级饲料管理部门应当自受理申请之日起10个工作日内进行书面审查；审查合格的，组织进行现场审核，并根据审核结果在10个工作日内作出是否核发生产许可证的决定。

生产许可证式样由农业部统一规定。

第八条 申请人凭生产许可证办理工商登记手续。

第九条 取得饲料添加剂、添加剂预混合饲料生产许可证的企业，应当向省级饲料管理部门申请核发产品批准文号。

第十条 饲料、饲料添加剂生产企业委托其他饲料、饲料添加剂企业生产的，应当具备下列条件，并向各自所在地省级饲料管理部门备案：

（一）委托产品在双方生产许可范围内；委托生产饲料添加剂、添加剂预混合饲料的，双方还应当取得委托产品的产品批准文号；

（二）签订委托合同，依法明确双方在委托产品生产技术、质量控制等方面的权利和义务。

受托方应当按照饲料、饲料添加剂质量安全管理规范和饲料添加剂安全使用规范及产品标准组织生产，委托方应当对生产全过程进行指导和监督。委托方和受托方对委托生产的饲料、饲料添加剂质量安全承担连带责任。

委托生产的产品标签应当同时标明委托企业和受托企业的名称、注册地址、许可证编号；委托生产饲料添加剂、添加剂预混合饲料的，还应当标明受托方取得的生产该产品的批准文号。

第十一条 生产许可证有效期为5年。

生产许可证有效期满需继续生产的，应当在有效期届满6个月前向省级饲料管理部门提出续展申请，并提交相关材料。

第三章 生产许可证变更和补发

第十二条 饲料、饲料添加剂生产企业有下列情形之一的，应当按照企业设立程序重新办理生产许可证：

（一）增加、更换生产线的；

（二）增加单一饲料、饲料添加剂产品品种的；

（三）生产场所迁址的；

（四）农业部规定的其他情形。

第十三条 饲料、饲料添加剂生产企业有下列情形之一的，应当在15日内向企业所在地省级饲料管理部门提出变更申请并提交相关证明，由发证机关依法办理变更手续，变更后的生产许可证证号、有效期不变：

（一）企业名称变更；

（二）企业法定代表人变更；

（三）企业注册地址或注册地址名称变更；

（四）生产地址名称变更。

第十四条 生产许可证遗失或损毁的，应当在15日内向发证机关申请补发，由发证机关补发生产许可证。

第四章 监督管理

第十五条 饲料、饲料添加剂生产企业应当按照许可条件组织生产。生产条件发生变化，可能影响产品质量安全的，企业应当经所在地县级人民政府饲料管理部门报告发证机关。

第十六条 县级以上人民政府饲料管理部门应当加强对饲料、饲料添加剂生产企业的监督检查，依法查处违法行为，并建立饲料、饲料添加剂监督管理档案，记录日常监督检查、违法行为查处等情况。

第十七条 饲料、饲料添加剂生产企业应当在每年2月底前填写备案表，将上一年度的生产经营情况报企业所在地省级饲料管理部门备案。省级饲料管理部门应当在每年4月底前将企业备案情况汇总上报农业部。

第十八条 饲料、饲料添加剂生产企业有下列情形之一的，由发证机关注销生产许可证：

（一）生产许可证依法被撤销、撤回或依法被吊销的；

（二）生产许可证有效期届满未按规定续展的；

（三）企业停产一年以上或依法终止的；

（四）企业申请注销的；

（五）依法应当注销的其他情形。

第五章 罚 则

第十九条 县级以上人民政府饲料管理部门工作人员，不履行本办法规定的职责或者滥用职权、玩忽职守、徇私舞弊的，依法给予处分；构成犯罪的，依法追究刑事责任。

第二十条 申请人隐瞒有关情况或者提供虚假材料申请生产许可的，饲料管理部门不予受理或者不予许可，并给予警告；申请人在1年内不得再次申请生产许可。

第二十一条 以欺骗、贿赂等不正当手段取得生产许可证的，由发证机关撤销生产许可证，申请人在3年内不得再次申请生产许可；以欺骗方式取得生产许可证的，并处5万元以上10万元以下罚款；构成犯罪的，依法移送司法机关追究刑事责任。

第二十二条 饲料、饲料添加剂生产企业有下列情形之一的，依照《饲料和饲料添加剂管理条例》第三十八条处罚：

（一）超出许可范围生产饲料、饲料添加剂的；

（二）生产许可证有效期届满后，未依法续展继续生产饲料、饲料添加剂的。

第二十三条 饲料、饲料添加剂生产企业采购单一饲料、饲料添加剂、药物饲料添加剂、添加剂预混合饲料，未查验相关许可证明文件的，依照《饲料和饲料添加剂管理条例》第四十条处罚。

第二十四条 其他违反本办法的行为，依照《饲料和饲料添加剂管理条例》的有关规定处罚。

第六章 附 则

第二十五条 本办法所称添加剂预混合饲料，包括复合预混合饲料、微量元素预混合饲料、维生素预混合饲料。

复合预混合饲料，是指以矿物质微量元素、维生素、氨基酸中任何两类或两类以上的营养性饲料添加剂为主，与其他饲料添加剂、载体和（或）稀释剂按一定比例配制的均匀混合物，其中营养性饲料添加剂的含量能够满足其适用动物特定生理阶段的基本营养需求，在配合饲料、精料补充料或动物饮用水中的添加量不低于0.1%且不高于10%。

微量元素预混合饲料，是指两种或两种以上矿物质微量元素与载体和（或）稀释剂按一定比例配制的均匀混合物，其中矿物质微量元素含量能够满足其适用动物特定生理阶段的微量元素需求，在配合饲料、精料补充料或动物饮用水中的添加量不低于0.1%且不高于10%。

维生素预混合饲料，是指两种或两种以上维生素与载体和（或）稀释剂按一定比例配制的均匀混合物，其中维生素含量应当满足其适用动物特定生理阶段的维生素需求，在配合饲料、精料补充料或动物饮用水中的添加量不低于0.01%且不高于10%。

第二十六条 本办法自2012年7月1日起施行。农业部1999年12月9日发布的《饲料添加剂和添加剂预混合饲料生产许可证管理办法》、2004年7月14日发布的《动物源性饲料产品安全卫生管理办法》、2006年11月24日发布的《饲料生产企业审查办法》同时废止。

本办法施行前已取得饲料生产企业审查合格证、动物源性饲料产品生产企业安全卫生合格证的饲料生产企业，应当在2014年7月1日前依照本办法规定取得生产许可证。

新饲料和新饲料添加剂管理办法

中华人民共和国农业部令2012年第4号

第一条 为加强新饲料、新饲料添加剂管理，保障养殖动物产品质量安全，根据《饲料和饲料添加剂管理条例》，制定本办法。

第二条 本办法所称新饲料，是指我国境内新研制开发的尚未批准使用的单一饲料。

本办法所称新饲料添加剂，是指我国境内新研制开发的尚未批准使用的饲料添加剂。

第三条 有下列情形之一的，应当向农业部提出申请，参照本办法规定的新饲料、新饲料添加剂审定程序进行评审，评审通过的，由农业部公告作为饲料、饲料添加剂生产和使用，但不发给新饲料、新饲料添加剂证书：

（一）饲料添加剂扩大适用范围的；

（二）饲料添加剂含量规格低于饲料添加剂安全使用规范要求的，但由饲料添加剂与载体或者稀释剂按照一定比例配制的除外；

（三）饲料添加剂生产工艺发生重大变化的；

（四）新饲料、新饲料添加剂自获证之日起超过3年未投入生产，其他企业申请生产的；

（五）农业部规定的其他情形。

第四条 研制新饲料、新饲料添加剂，应当遵循科学、安全、有效、环保的原则，保证新饲料、新饲料添加剂的质量安全。

第五条 农业部负责新饲料、新饲料添加剂审定。

全国饲料评审委员会（以下简称评审委）组织对新饲料、新饲料添加剂的安全性、有效性及其对环境的影响进行评审。

第六条 新饲料、新饲料添加剂投入生产前，研制者或者生产企业（以下简称申请人）应当向农业部提出审定申请，并提交新饲料、新饲料添加剂的申请资料和样品。

第七条 申请资料包括：

（一）新饲料、新饲料添加剂审定申请表；

（二）产品名称及命名依据、产品研制目的；

（三）有效组分、化学结构的鉴定报告及理化性质，或者动物、植物、微生物的分类鉴定报告；微生物产品或发酵制品，还应当提供农业部指定的国家级菌种保藏机构出具的菌株保藏编号；

（四）适用范围、使用方法、在配合饲料或全混合日粮中的推荐用量，必要时提供最高限量值；

（五）生产工艺、制造方法及产品稳定性试验报告；

（六）质量标准草案及其编制说明和产品检测报告；有最高限量要求的，还应提供有效组分在配合饲料、浓缩饲料、精料补充料、添加剂预混合饲料中的检测方法；

（七）农业部指定的试验机构出具的产品有效性评价试验报告、安全性评价试验报告（包括靶动物耐受性评价报告、毒理学安全评价报告、代谢和残留评价报告等）；申请新饲料添加剂审定的，还应当提供该新饲料添加剂在养殖产品中的残留可能对人体健康造成影响的分析评价报告；

（八）标签式样、包装要求、贮存条件、保质期和注意事项；

（九）中试生产总结和“三废”处理报告；

（十）对他人的专利不构成侵权的声明。

第八条 产品样品应当符合以下要求：

（一）来自中试或工业化生产线；

（二）每个产品提供连续3个批次的样品，每个批次4份样品，每份样品不少于检测需要量的5倍；

（三）必要时提供相关的标准品或化学对照品。

第九条 有效性评价试验机构和安全性评价试验机构应当按照农业部制定的技术指导文件或行业公认的技术标准，科学、客观、公正开展试验，不得与研制者、生产企业存在利害关系。

承担试验的专家不得参与该新饲料、新饲料添加剂的评审工作。

第十条 农业部自受理申请之日起5个工作日内，将申请资料和样品交评审委进行评审。

第十一条 新饲料、新饲料添加剂的评审采取评审会议的形式。评审会议应当有9名以上评审委专家参加，根据需要也可以邀请1至2名评审委专家以外的专家参加。参加评审的专家对评审事项具有表决权。

评审会议应当形成评审意见和会议纪要，并由参加评审的专家审核签字；有不同意见的，应当注明。

第十二条 参加评审的专家应当依法履行职责，科学、客观、公正提出评审意见。

评审专家与研制者、生产企业有利害关系的，应当回避。

第十三条 评审会议原则通过的，由评审委将样品交农业部指定的饲料质量检验机构进行质量复核。质量复核机构应当自收到样品之日起3个月内完成质量复核，并将质量复核报告和复核意见报评审委，同时送达申请人。需用特殊方法检测的，质量复核时间可以延长1个月。

质量复核包括标准复核和样品检测，有最高限量要求的，还应当对申报产品有效组分在饲料产品中的检测方法进行验证。

申请人对质量复核结果有异议的，可以在收到质量复核报告后15个工作日内申请复检。

第十四条 评审过程中，农业部可以组织对申请人的试验或生产条件进行现场核查，或者对试验数据进行核查或验证。

第十五条 评审委应当自收到新饲料、新饲料添加剂申请资料和样品之日起9个月内向农业部提交评审结果；但是，评审委决定由申请人进行相关试验的，经农业部同意，评审时间可以延长3个月。

第十六条 农业部自收到评审结果之日起10个工作日内作出是否核发新饲料、新饲料添加剂证书的决定。

决定核发新饲料、新饲料添加剂证书的，由农业部予以公告，同时发布该产品的质量标准。新饲料、新饲料添加剂投入生产后，按照公告中的质量标准进行监测和监督抽查。

决定不予核发的，书面通知申请人并说明理由。

第十七条 新饲料、新饲料添加剂在生产前，生产者应当按照农业部有关规定取得生产许可证。生产新饲料添加剂的，还应当取得相应的产品批准文号。

第十八条 新饲料、新饲料添加剂的监测期为5年，自新饲料、新饲料添加剂证书核发之日起计算。

监测期内不受理其他就该新饲料、新饲料添加剂提出的生产申请和进口登记申请，但该新饲料、新饲料添加剂超过3年未投入生产的除外。

第十九条 新饲料、新饲料添加剂生产企业应当收集处于监测期内的产品质量、靶动物安全和养殖动物产品质量安全等相关信息，并向农业部报告。

农业部对新饲料、新饲料添加剂的质量安全状况组织跟踪监测，必要时进行再评价，证实其存在安全问题的，撤销新饲料、新饲料添加剂证书并予以公告。

第二十条 从事新饲料、新饲料添加剂审定工作的相关单位和人员，应当对申请人提交的需要保密的技术资料保密。

第二十一条 从事新饲料、新饲料添加剂审定工作的相关人员，不履行本办法规定的职责或者滥用职权、玩忽职守、徇私舞弊的，依法给予处分；构成犯罪的，依法追究刑事责任。

第二十二条 申请人隐瞒有关情况或者提供虚假材料申请新饲料、新饲料添加剂审定的，农业部不予受理或者不予许可，并给予警告；申请人在1年内不得再次申请新饲料、新饲料添加剂审定。

以欺骗、贿赂等不正当手段取得新饲料、新饲料添加剂证书的，由农业部撤销新饲料、新饲料添加剂证书，申请人在3年内不得再次申请新饲料、新饲料添加剂审定；以欺骗方式取得新饲料、新饲料添加剂证书的，并处5万元以上10万元以下罚款；构成犯罪的，依法移送司法机关追究刑事责任。

第二十三条 其他违反本办法规定的，依照《饲料和饲料添加剂管理条例》的有关规定进行处罚。

第二十四条 本办法自2012年7月1日起施行。农业部2000年8月17日发布的《新饲料和新饲料添加剂管理办法》同时废止。

饲料添加剂和添加剂预混合饲料产品批准文号管理办法

中华人民共和国农业部令2012年第5号

第一条 为加强饲料添加剂和添加剂预混合饲料产品批准文号管理，根据《饲料和饲料添加剂管理条例》，制定本办法。

第二条 本办法所称饲料添加剂，是指在饲料加工、制作、使用过程中添加的少量或者微量物质，包括营养性饲料添加剂和一般饲料添加剂。

本办法所称添加剂预混合饲料，是指由两种（类）或者两种（类）以上营养性饲料添加剂为主，与载体或者稀释剂按照一定比例配制的饲料，包括复合预混合饲料、微量元素预混合饲料、维生素预混合饲料。

第三条 在中华人民共和国境内生产的饲料添加剂、添加剂预混合饲料产品，在生产前应当取得相应的产品批准文号。

第四条 饲料添加剂、添加剂预混合饲料生产企业为其他饲料、饲料添加剂生产企业生产定制产品的，定制产品可以不办理产品批准文号。

定制产品应当附具符合《饲料和饲料添加剂管理条例》第二十一条规定的标签，并标明“定制产品”字样和定制企业的名称、地址及其生产许可证编号。

定制产品仅限于定制企业自用，生产企业和定制企业不得将定制产品提供给其他饲料、饲料添加剂生产企业、经营者和养殖者。

第五条 饲料添加剂、添加剂预混合饲料生产企业应当向省级人民政府饲料管理部门（以下简称省级饲料管理部门）提出产品批准文号申请，并提交以下资料：

（一）产品批准文号申请表；

（二）生产许可证复印件；

（三）产品配方、产品质量标准和检测方法；

（四）产品标签样式和使用说明；

（五）涵盖产品主成分指标的产品自检报告；

（六）申请饲料添加剂产品批准文号的，还应当提供省级饲料管理部门指定的饲料检验机构出具的产品主成分指标检测方法验证结论，但产品有国家或行业标准的除外；

（七）申请新饲料添加剂产品批准文号的，还应当提供农业部核发的新饲料添加剂证书复印件。

第六条 省级饲料管理部门应当自受理申请之日起10个工作日内对申请资料进行审查，必要时可以进行现场核查。审查合格的，通知企业将产品样品送交指定的饲料质量检验机构进行复核检测，并根据复核检测结果在10个工作日内决定是否核发产品批准文号。

产品复核检测应当涵盖产品质量标准规定的产品主成分指标和卫生指标。

第七条 企业同时申请多个产品批准文号的，提交复核检测的样品应当符合下列要求：

（一）申请饲料添加剂产品批准文号的，每个产品均应当提交样品；

（二）申请添加剂预混合饲料产品批准文号的，同一产品类别中，相同适用动物品种和添加比例的不同产品，只需提交一个产品的样品。

第八条 省级饲料管理部门和饲料质量检验机构的工作人员应当对申请者提供的需要保密的技术资料保密。

第九条 饲料添加剂产品批准文号格式为：

×饲添字（××××）××××××

添加剂预混合饲料产品批准文号格式为：

×饲预字（××××）××××××

×：核发产品批准文号省、自治区、直辖市的简称

（××××）：年份

××××××：前三位表示本辖区企业的固定编号，后三位表示该产品获得的产品批准文号序号。

第十条 饲料添加剂、添加剂预混合饲料产品质量复核检测收费，按照国家有关规定执行。

第十一条 有下列情形之一的，应当重新办理产品批准文号：

（一）产品主成分指标改变的；

（二）产品名称改变的。

第十二条 禁止假冒、伪造、买卖产品批准文号。

第十三条 饲料管理部门工作人员不履行本办法规定的职责或者滥用职权、玩忽职守、徇私舞弊的，依法给予处分；构成犯罪的，依法追究刑事责任。

第十四条 申请人隐瞒有关情况或者提供虚假材料申请产品批准文号的，省级饲料管理部门不予受理或者不予许可，并给予警告；申请人在1年内不得再次申请产品批准文号。

以欺骗、贿赂等不正当手段取得产品批准文号的，由发证机关撤销产品批准文号，申请人在3年内不得再次申请产品批准文号；以欺骗方式取得产品批准文号的，并处5万元以上10万元以下罚款；构成犯罪的，依法移送司法机关追究刑事责任。

第十五条 假冒、伪造、买卖产品批准文号的，依照《饲料和饲料添加剂管理条例》第三十七条、第三十八条处罚。

第十六条 有下列情形之一的，由省级饲料管理部门注销其产品批准文号并予以公告：

（一）企业的生产许可证被吊销、撤销、撤回、注销的；

（二）新饲料添加剂产品证书被撤销的。

第十七条 饲料添加剂、添加剂预混合饲料生产企业违反本办法规定，向定制企业以外的其他饲料、饲料添加剂生产企业、经营者或养殖者销售定制产品的，依照《饲料和饲料添加剂管理条例》第三十八条处罚。

定制企业违反本办法规定，向其他饲料、饲料添加剂生产企业、经营者和养殖者销售定制产品的，依照《饲料和饲料添加剂管理条例》第四十三条处罚。

第十八条 其他违反本办法的行为，依照《饲料和饲料添加剂管理条例》的有关规定处罚。

第十九条 本办法所称添加剂预混合饲料，包括复合预混合饲料、微量元素预混合饲料、维生素预混合饲料。

复合预混合饲料，是指以矿物质微量元素、维生素、氨基酸中任何两类或两类以上的营养性饲料添加剂为主，与其他饲料添加剂、载体和（或）稀释剂按一定比例配制的均匀混合物，其中，营养性饲料添加剂的含量能够满足其适用动物特定生理阶段的基本营养需求，在配合饲料、精料补充料或动物饮用水中的添加量不低于0.1%且不高于10%。

微量元素预混合饲料，是指两种或两种以上矿物质微量元素与载体和（或）稀释剂按一定比例配制的均匀混合物，其中，矿物质微量元素含量能够满足其适用动物特定生理阶段的微量元素需求，在配合饲料、精料补充料或动物饮用水中的添加量不低于0.1%且不高于10%。

维生素预混合饲料，是指两种或两种以上维生素与载体和（或）稀释剂按一定比例配制的均匀混合物，其中维生素含量应当满足其适用动物特定生理阶段的维生素需求，在配合饲料、精料补充料或动物饮用水中的添加量不低于0.01%且不高于10%。

第二十条 本办法自2012年7月1日起施行。农业部1999年12月14日发布的《饲料添加剂和添加剂预混合饲料产品批准文号管理办法》同时废止。

饲料质量安全管理规范

中华人民共和国农业部令2014年第1号

第一章　总　则

第一条　为规范饲料企业生产行为，保障饲料产品质量安全，根据《饲料和饲料添加剂管理条例》，制定本规范。

第二条　本规范适用于添加剂预混合饲料、浓缩饲料、配合饲料和精料补充料生产企业（以下简称企业）。

第三条　企业应当按照本规范的要求组织生产，实现从原料采购到产品销售的全程质量安全控制。

第四条　企业应当及时收集、整理、记录本规范执行情况和生产经营状况，认真履行年度备案和饲料统计义务。

有委托生产行为的，委托方和受托方应当分别向所在地省级人民政府饲料管理部门备案。

第五条　县级以上人民政府饲料管理部门应当制定年度监督检查计划，对企业实施本规范的情况进行监督检查。

第二章　原料采购与管理

第六条　企业应当加强对饲料原料、单一饲料、饲料添加剂、药物饲料添加剂、添加剂预混合饲料和浓缩饲料（以下简称原料）的采购管理，全面评估原料生产企业和经销商（以下简称供应商）的资质和产品质量保障能力，建立供应商评价和再评价制度，编制合格供应商名录，填写并保存供应商评价记录：

（一）供应商评价和再评价制度应当规定供应商评价及再评价流程、评价内容、评价标准、评价记录等内容；

（二）从原料生产企业采购的，供应商评价记录应当包括生产企业名称及生产地址、联系方式、许可证明文件编号（评价单一饲料、饲料添加剂、药物饲料添加剂、添加剂预混合饲料、浓缩饲料生产企业时填写）、原料通用名称及商品名称、评价内容、评价结论、评价日期、评价人等信息；

（三）从原料经销商采购的，供应商评价记录应当包括经销商名称及注册地址、联系方式、营业执照注册号、原料通用名称及商品名称、评价内容、评价结论、评价日期、评价人等信息；

（四）合格供应商名录应当包括供应商的名称、原料通用名称及商品名称、许可证明文件编号（供应商为单一饲料、饲料添加剂、药物饲料添加剂、添加剂预混合饲料、浓缩饲料生产企业时填写）、评价日期等信息。

企业统一采购原料供分支机构使用的，分支机构应当复制、保存前款规定的合格供应商名录和供应商评价记录。

第七条　企业应当建立原料采购验收制度和原料验收标准，逐批对采购的原料进行查验或者检验：

（一）原料采购验收制度应当规定采购验收流程、查验要求、检验要求、原料验收标准、不合格原料处置、查验记录等内容；

（二）原料验收标准应当规定原料的通用名称、主成分指标验收值、卫生指标验收值等内容，卫生指标验收值应当符合有关法律法规和国家、行业标准的规定；

（三）企业采购实施行政许可的国产单一饲料、饲料添加剂、药物饲料添加剂、添加剂预混合饲料、浓缩饲料的，应当逐批查验许可证明文件编号和产品质量检验合格证，填写并保存查验记录；查验记录应当包括原料通用名称、生产企业、生产日期、查验内容、查验结果、查验人等信息；无许可证明文件编号和产品质量检验合格证的，或者经查验许可证明文件编号不实的，不得接收、使用；

（四）企业采购实施登记或者注册管理的进口单一饲料、饲料添加剂、药物饲料添加剂、添加剂预混合饲料、浓缩饲料的，应当逐批查验进口许可证明文件编号，填写并保存查验记录；查验记录应当包括原料通用名称、生产企业、生产日期、查验内容、查验结果、查验人等信息；无进口许可证明文件编号的，或者经查验进口许可证明文件编号不实的，不得接收、使用；

（五）企业采购不需行政许可的原料的，应当依据原料验收标准逐批查验供应商提供的该批原料的质量检验报告；无质量检验报告的，企业应当逐批对原料的主成分指标进行自行检验或者委托检验；不符合原料验收标准的，不得接收、使用；原料质量检验报告、自行检验结果、委托检验报告应当归档保存；

（六）企业应当每3个月至少选择5种原料，自行或者委托有资质的机构对其主要卫生指标进行检测，根据检测结果进行原料安全性评价，保存检测结果和评价报告；委托检测的，应当索取并保存受委托检测机构的计量认证或者实验室认可证书及附表复印件。

第八条　企业应当填写并保存原料进货台账，进货台账应当包括原料通用名称及商品名称、生产企业或者供货者名称、联系方式、产地、数量、生产日期、保质期、查验或者检验信息、进货日期、经办人等信息。

进货台账保存期限不得少于2年。

第九条　企业应当建立原料仓储管理制度，填写并保存出入库记录：

（一）原料仓储管理制度应当规定库位规划、堆放方式、垛位标识、库房盘点、环境要求、虫鼠防范、库房安全、出入库记录等内容；

（二）出入库记录应当包括原料名称、包装规格、生产日期、供应商简称或者代码、入库数量和日期、出库数量和日期、库存数量、保管人等信息。

第十条　企业应当按照“一垛一卡”的原则对原料实施垛位标识卡管理，垛位标识卡应当标明原料名称、供应商简称或者代码、垛位总量、已用数量、检验状态等信息。

第十一条　企业应当对维生素、微生物和酶制剂等热敏物质的贮存温度进行监控，填写并保存温度监控记录。监控记录应当包括设定温度、实际温度、监控时间、记录人等信息。

监控中发现实际温度超出设定温度范围的，应当采取有效措施及时处置。

第十二条 按危险化学品管理的亚硒酸钠等饲料添加剂的贮存间或者贮存柜应当设立清晰的警示标识，采用双人双锁管理。

第十三条 企业应当根据原料种类、库存时间、保质期、气候变化等因素建立长期库存原料质量监控制度，填写并保存监控记录：

（一）质量监控制度应当规定监控方式、监控内容、监控频次、异常情况界定、处置方式、处置权限、监控记录等内容；

（二）监控记录应当包括原料名称、监控内容、异常情况描述、处置方式、处置结果、监控日期、监控人等信息。

第三章　生产过程控制

第十四条 企业应当制定工艺设计文件，设定生产工艺参数。

工艺设计文件应当包括生产工艺流程图、工艺说明和生产设备清单等内容。

生产工艺应当至少设定以下参数：粉碎工艺设定筛片孔径，混合工艺设定混合时间，制粒工艺设定调质温度、蒸汽压力、环模规模格、环模长径比、分级筛筛网孔径，膨化工艺设定调质温度、模板孔径。

第十五条 企业应当根据实际工艺流程，制定以下主要作业岗位操作规程：

（一）小料（指生产过程中，将微量添加的原料预先进行配料或者配料混合后获得的中间产品）配料岗位操作规程，规定小料原料的领取与核实、小料原料的放置与标识、称重电子秤校准与核查、现场清洁卫生、小料原料领取记录、小料配料记录等内容；

（二）小料预混合岗位操作规程，规定载体或者稀释剂领取、投料顺序、预混合时间、预混合产品分装与标识、现场清洁卫生、小料预混合记录等内容；

（三）小料投料与复核岗位操作规程，规定小料投放指令、小料复核、现场清洁卫生、小料投料与复核记录等内容；

（四）大料投料岗位操作规程，规定投料指令、垛位取料、感官检查、现场清洁卫生、大料投料记录等内容；

（五）粉碎岗位操作规程，规定筛片锤片检查与更换、粉碎粒度、粉碎料入仓检查、喂料器和磁选设备清理、粉碎作业记录等内容；

（六）中控岗位操作规程，规定设备开启与关闭原则、微机配料软件启动与配方核对、混合时间设置、配料误差核查、进仓原料核实、中控作业记录等内容；

（七）制粒岗位操作规程，规定设备开启与关闭原则、环模与分级筛网更换、破碎机轧距调节、制粒机润滑、调质参数监视、设备（制粒室、调质器、冷却器）清理、感官检查、现场清洁卫生、制粒作业记录等内容；

（八）膨化岗位操作规程，规定设备开启与关闭原则、调质参数监视、设备（膨化室、调质器、冷却器、干燥器）清理、感官检查、现场清洁卫生、膨化作业记录等内容；

（九）包装岗位操作规程，规定标签与包装袋领取、标签与包装袋核对、感官检查、包重校验、现场清洁卫生、包装作业记录等内容；

（十）生产线清洗操作规程，规定清洗原则、清洗实施与效果评价、清洗料的放置与标识、清洗料使用、生产线清洗记录等内容。

第十六条　企业应当根据实际工艺流程，制定生产记录表单，填写并保存相关记录：

（一）小料原料领取记录，包括小料原料名称、领用数量、领取时间、领取人等信息；

（二）小料配料记录，包括小料名称、理论值、实际称重值、配料数量、作业时间、配料人等信息；

（三）小料预混合记录，包括小料名称、重量、批次、混合时间、作业时间、操作人等信息；

（四）小料投料与复核记录，包括产品名称、接收批数、投料批数、重量复核、剩余批数、作业时间、投料人等信息；

（五）大料投料记录，包括大料名称、投料数量、感官检查、作业时间、投料人等信息；

（六）粉碎作业记录，包括物料名称、粉碎机号、筛片规格、作业时间、操作人等信息；

（七）大料配料记录，包括配方编号、大料名称、配料仓号、理论值、实际值、作业时间、配料人等信息；

（八）中控作业记录，包括产品名称、配方编号、清洗料、理论产量、成品仓号、洗仓情况、作业时间、操作人等信息；

（九）制粒作业记录，包括产品名称、制粒机号、制粒仓号、调质温度、蒸汽压力、环模孔径、环模孔径比、分级筛筛网孔径、感官检查、作业时间、操作人等信息；

（十）膨化作业记录，包括产品名称、调质温度、模板孔径、膨化温度、感官检查、作业时间、操作人等信息；

（十一）包装作业记录，包括产品名称、实际产量、包装规格、包数、感官检查、头尾包数量、作业时间、操作人等信息；

（十二）标签领用记录，包括产品名称、领用数量、班次用量、损毁数量、剩余数量、领取时间、领用人等信息；

（十三）生产线清洗记录，包括班次、清洗料名称、清洗料重量、清洗过程描述、作业时间、清洗人等信息；

（十四）清洗料使用记录，包括清洗料名称、生产班次、清洗料使用情况描述、使用时间、操作人等信息。

第十七条　企业应当采取有效措施防止生产过程中的交叉污染：

（一）按照“无药物的在先、有药物的在后”原则制定生产计划；

（二）生产含有药物饲料添加剂的产品后，生产不含药物饲料添加剂或者改变所用药物饲料添加剂品种的产品的，应当对生产线进行清洗；清洗料回用的，应当明确标识并回置于同品种产品中；

（三）盛放饲料添加剂、药物饲料添加剂、添加剂预混合饲料、含有药物饲料添加剂的产品及其中间产品的器具或者包装物应当明确标识，不得交叉混用；

（四）设备应当定期清理，及时清除残存料、粉尘积垢等残留物。

第十八条 企业应当采取有效措施防止外来污染：

（一）生产车间应当配备防鼠、防鸟等设施，地面平整，无污垢积存；

（二）生产现场的原料、中间产品、返工料、清洗料、不合格品等应当分类存放，清晰标识；

（三）保持生产现场清洁，及时清理杂物；

（四）按照产品说明书规范使用润滑油、清洗剂；

（五）不得使用易碎、易断裂、易生锈的器具作为称量或者盛放用具；

（六）不得在饲料生产过程中进行维修、焊接、气割等作业。

第十九条 企业应当建立配方管理制度，规定配方的设计、审核、批准、更改、传递、使用等内容。

第二十条 企业应当建立产品标签管理制度，规定标签的设计、审核、保管、使用、销毁等内容。

产品标签应当专库（柜）存放，专人管理。

第二十一条 企业应当对生产配方中添加比例小于0.2%的原料进行预混合。

第二十二条 企业应当根据产品混合均匀度要求，确定产品的最佳混合时间，填写并保存最佳混合时间实验记录。实验记录应当包括混合机编号、混合物料名称、混合次数、混合时间、检验结果、最佳混合时间、检验日期、检验人等信息。

企业应当每6个月按照产品类别（添加剂预混合饲料、配合饲料、浓缩饲料、精料补充料）进行至少1次混合均匀度验证，填写并保存混合均匀度验证记录。验证记录应当包括产品名称、混合机编号、混合时间、检验方法、检验结果、验证结论、检验日期、检验人等信息。

混合机发生故障经修复投入生产前，应当按照前款规定进行混合均匀度验证。

第二十三条 企业应当建立生产设备管理制度和档案，制定粉碎机、混合机、制粒机、膨化机、空气压缩机等关键设备操作规程，填写并保存维护保养记录和维修记录：

（一）生产设备管理制度应当规定采购与验收、档案管理、使用操作、维护保养、备品备件管理、维护保养记录、维修记录等内容；

（二）设备操作规程应当规定开机前准备、启动与关闭、操作步骤、关机后整理、日常维护保养等内容；

（三）维护保养记录应当包括设备名称、设备编号、保养项目、保养日期、保养人等信息；

（四）维修记录应当包括设备名称、设备编号、维修部位、故障描述、维修方式及效果、维修日期、维修人等信息；

（五）关键设备应当实行“一机一档”管理，档案包括基本信息表（名称、编号、规格型号、制造厂家、联系方式、安装日期、投入使用日期）、使用说明书、操作规程、维护保养记录、维修记录等内容。

第二十四条 企业应当严格执行国家安全生产相关法律法规。

生产设备、辅助系统应当处于正常工作状态；锅炉、压力容器等特种设备应当通过安全检查；计量秤、地磅、压力表等测量设备应当定期检定或者校验。

第四章　产品质量控制

第二十五条　企业应当建立现场质量巡查制度，填写并保存现场质量巡查记录：

（一）现场质量巡查制度应当规定巡查位点、巡查内容、巡查频次、异常情况界定、处置方式、处置权限、巡查记录等内容；

（二）现场质量巡查记录应当包括巡查位点、巡查内容、异常情况描述、处置方式、处置结果、巡查时间、巡查人等信息。

第二十六条　企业应当建立检验管理制度，规定人员资质与职责、样品抽取与检验、检验结果判定、检验报告编制与审核、产品质量检验合格证签发等内容。

第二十七条　企业应当根据产品质量标准实施出厂检验，填写并保存产品出厂检验记录；检验记录应当包括产品名称或者编号、检验项目、检验方法、计算公式中符号的含义和数值、检验结果、检验日期、检验人等信息。

产品出厂检验记录保存期限不得少于2年。

第二十八条　企业应当每周从其生产的产品中至少抽取5个批次的产品自行检验下列主成分指标：

（一）维生素预混合饲料：两种以上维生素；

（二）微量元素预混合饲料：两种以上微量元素；

（三）复合预混合饲料：两种以上维生素和两种以上微量元素；

（四）浓缩饲料、配合饲料、精料补充料：粗蛋白质、粗灰分、钙、总磷。

主成分指标检验记录保存期限不得少于2年。

第二十九条　企业应当根据仪器设备配置情况，建立分析天平、高温炉、干燥箱、酸度计、分光光度计、高效液相色谱仪、原子吸收分光光度计等主要仪器设备操作规程和档案，填写并保存仪器设备使用记录：

（一）仪器设备操作规程应当规定开机前准备、开机顺序、操作步骤、关机顺序、关机后整理、日常维护、使用记录等内容；

（二）仪器设备使用记录应当包括仪器设备名称、型号或者编号、使用日期、样品名称或者编号、检验项目、开始时间、完毕时间、仪器设备运行前后状态、使用人等信息；

（三）仪器设备应当实行“一机一档”管理，档案包括仪器基本信息表（名称、编号、型号、制造厂家、联系方式、安装日期、投入使用日期）、使用说明书、购置合同、操作规程、使用记录等内容。

第三十条　企业应当建立化学试剂和危险化学品管理制度，规定采购、贮存要求、出入库、使用、处理等内容。

化学试剂、危险化学品以及试验溶液的使用，应当遵循GB/T 601、GB/T 602、GB/T 603以及检验方法标准的要求。

企业应当填写并保存危险化学品出入库记录，记录应当包括危险化学品名称、入库数量和日期、出库数量和日期、保管人等信息。

第三十一条　企业应当每年选择5个检验项目，采取以下一项或者多项措施进行检验能力验证，对验证结果进行评价并编制评价报告：

（一）同具有法定资质的检验机构进行检验比对；

（二）利用购买的标准物质或者高纯度化学试剂进行检验验证；

（三）在实验室内部进行不同人员、不同仪器的检验比对；

（四）对曾经检验过的留存样品进行再检验；

（五）利用检验质量控制图等数理统计手段识别异常数据。

第三十二条　企业应当建立产品留样观察制度，对每批次产品实施留样观察，填写并保存留样观察记录：

（一）留样观察制度应当规定留样数量、留样标识、贮存环境、观察内容、观察频次、异常情况界定、处置方式、处置权限、到期样品处理、留样观察记录等内容；

（二）留样观察记录应当包括产品名称或者编号、生产日期或者批号、保质截止日期、观察内容、异常情况描述、处置方式、处置结果、观察日期、观察人等信息。

留样保存时间应当超过产品保质期 1 个月。

第三十三条　企业应当建立不合格品管理制度，填写并保存不合格品处置记录：

（一）不合格品管理制度应当规定不合格品的界定、标识、贮存、处置方式、处置权限、处置记录等内容；

（二）不合格品处置记录应当包括不合格品的名称、数量、不合格原因、处置方式、处置结果、处置日期、处置人等信息。

第五章　产品贮存与运输

第三十四条　企业应当建立产品仓储管理制度，填写并保存出入库记录：

（一）仓储管理制度应当规定库位规划、堆放方式、垛位标识、库房盘点、环境要求、虫鼠防范、库房安全、出入库记录等内容；

（二）出入库记录应当包括产品名称、规格或者等级、生产日期、入库数量和日期、出库数量和日期、库存数量、保管人等信息；

（三）不同产品的垛位之间应当保持适当距离；

（四）不合格产品和过期产品应当隔离存放并有清晰标识。

第三十五条　企业应当在产品装车前对运输车辆的安全、卫生状况实施检查。

第三十六条　企业使用罐装车运输产品的，应当专车专用，并随车附具产品标签和产品质量检验合格证。

装运不同产品时，应当对罐体进行清理。

第三十七条　企业应当填写并保存产品销售台账。销售台账应当包括产品的名称、数量、生产日期、生产批次、质量检验信息、购货者名称及其联系方式、销售日期等信息。

销售台账保存期限不得少于 2 年。

第六章　产品投诉与召回

第三十八条　企业应当建立客户投诉处理制度，填写并保存客户投诉处理记录：

（一）投诉处理制度应当规定投诉受理、处理方法、处理权限、投诉处理记录等内容；

（二）投诉处理记录应当包括投诉日期、投诉人姓名和地址、产品名称、生产日期、投诉内容、处理结果、处理日期、处理人等信息。

第三十九条 企业应当建立产品召回制度，填写并保存召回记录：

（一）召回制度应当规定召回流程、召回产品的标识和贮存、召回记录等内容；

（二）召回记录应当包括产品名称、召回产品使用者、召回数量、召回日期等信息。

企业应当每年至少进行1次产品召回模拟演练，综合评估演练结果并编制模拟演练总结报告。

第四十条 企业应当在饲料管理部门的监督下对召回产品进行无害化处理或者销毁，填写并保存召回产品处置记录。处置记录应当包括处置产品名称、数量、处置方式、处置日期、处置人、监督人等信息。

第七章 培训、卫生和记录管理

第四十一条 企业应当建立人员培训制度，制定年度培训计划，每年对员工进行至少2次饲料质量安全知识培训，填写并保存培训记录：

（一）人员培训制度应当规定培训范围、培训内容、培训方式、考核方式、效果评价、培训记录等内容；

（二）培训记录应当包括培训对象、内容、师资、日期、地点、考核方式、考核结果等信息。

第四十二条 厂区环境卫生应当符合国家有关规定。

第四十三条 企业应当建立记录管理制度，规定记录表单的编制、格式、编号、审批、印发、修订、填写、存档、保存期限等内容。

除本规范中明确规定保存期限的记录外，其他记录保存期限不得少于1年。

第八章 附 则

第四十四条 本规范自2015年7月1日起施行。

进口饲料和饲料添加剂登记管理办法

中华人民共和国农业部令2014年第2号

第一条 为加强进口饲料、饲料添加剂监督管理，保障动物产品质量安全，根据《饲料和饲料添加剂管理条例》，制定本办法。

第二条 本办法所称饲料，是指经工业化加工、制作的供动物食用的产品，包括单一饲料、添加剂预混合饲料、浓缩饲料、配合饲料和精料补充料。

本办法所称饲料添加剂，是指在饲料加工、制作、使用过程中添加的少量或者微量物质，包括营养性饲料添加剂和一般饲料添加剂。

第三条 境外企业首次向中国出口饲料、饲料添加剂，应当向农业部申请进口登记，取得饲料、饲料添加剂进口登记证；未取得进口登记证的，不得在中国境内销售、使用。

第四条 境外企业申请进口登记，应当委托中国境内代理机构办理。

第五条 申请进口登记的饲料、饲料添加剂，应当符合生产地和中国的相关法律法规、技术规范的要求。

生产地未批准生产、使用或者禁止生产、使用的饲料、饲料添加剂，不予登记。

第六条 申请饲料、饲料添加剂进口登记，应当向农业部提交真实、完整、规范的申请资料（中英文对照，一式两份）和样品。

第七条 申请资料包括：

（一）饲料、饲料添加剂进口登记申请表；

（二）委托书和境内代理机构资质证明：境外企业委托其常驻中国代表机构代理登记的，应当提供委托书原件和《外国企业常驻中国代表机构登记证》复印件；委托境内其他机构代理登记的，应当提供委托书原件和代理机构法人营业执照复印件；

（三）生产地批准生产、使用的证明，生产地以外其他国家、地区的登记资料，产品推广应用情况；

（四）进口饲料的产品名称、组成成分、理化性质、适用范围、使用方法；进口饲料添加剂的产品名称、主要成分、理化性质、产品来源、使用目的、适用范围、使用方法；

（五）生产工艺、质量标准、检测方法和检验报告；

（六）生产地使用的标签、商标和中文标签式样；

（七）微生物产品或者发酵制品，还应当提供权威机构出具的菌株保藏证明。

向中国出口本办法第十三条规定的饲料、饲料添加剂的，还应当提交以下申请资料：

（一）有效组分的化学结构鉴定报告或动物、植物、微生物的分类鉴定报告；

（二）农业部指定的试验机构出具的产品有效性评价试验报告、安全性评价试验报告（包括靶动物耐受性评价报告、毒理学安全评价报告、代谢和残留评价报告等）；申请饲料添加剂进口登记的，还应当提供该饲料添加剂在养殖产品中的残留可能对人体健康造成影响的分析评价报告；

（三）稳定性试验报告、环境影响报告；

（四）在饲料产品中有最高限量要求的，还应当提供最高限量值和有效组分在饲料产品中的检测方法。

第八条 产品样品应当符合以下要求：

（一）每个产品提供3个批次、每个批次2份的样品，每份样品不少于检测需要量的5倍；

（二）必要时提供相关的标准品或者化学对照品。

第九条 农业部自受理申请之日起10个工作日内对申请资料进行审查；审查合格的，通知申请人将样品交由农业部指定的检验机构进行复核检测。

第十条 复核检测包括质量标准复核和样品检测。检测方法有国家标准和行业标准的，优先采用国家标准或者行业标准；没有国家标准和行业标准的，采用申请人提供的检测方法；必要时，检验机构可以根据实际情况对检测方法进行调整。

检验机构应当在3个月内完成复核检测工作，并将复核检测报告报送农业部，同时抄送申请人。

第十一条 境外企业对复核检测结果有异议的，应当自收到复核检测报告之日起15个工作日内申请复检。

第十二条 复核检测合格的，农业部在10个工作日内核发饲料、饲料添加剂进口登记证，并予以公告。

第十三条 申请进口登记的饲料、饲料添加剂有下列情形之一的，由农业部依照新饲料、新饲料添加剂的评审程序组织评审：

（一）向中国出口中国境内尚未使用但生产地已经批准生产和使用的饲料、饲料添加剂的；

（二）饲料添加剂扩大适用范围的；

（三）饲料添加剂含量规格低于饲料添加剂安全使用规范要求的，但由饲料添加剂与载体或者稀释剂按照一定比例配制的除外；

（四）饲料添加剂生产工艺发生重大变化的；

（五）农业部已核发新饲料、新饲料添加剂证书的产品，自获证之日起超过3年未投入生产的；

（六）存在质量安全风险的其他情形。

第十四条 饲料、饲料添加剂进口登记证有效期为5年。

饲料、饲料添加剂进口登记证有效期满需要继续向中国出口饲料、饲料添加剂的，应当在有效期届满6个月前申请续展。

第十五条 申请续展应当提供以下资料：

（一）进口饲料、饲料添加剂续展登记申请表；

（二）进口登记证复印件；

（三）委托书和境内代理机构资质证明；

（四）生产地批准生产、使用的证明；

（五）质量标准、检测方法和检验报告；

（六）生产地使用的标签、商标和中文标签式样。

第十六条 有下列情形之一的，申请续展时还应当提交样品进行复核检测：

（一）根据相关法律法规、技术规范，需要对产品质量安全检测项目进行调整的；

（二）产品检测方法发生改变的；

（三）监督抽查中有不合格记录的。

第十七条 进口登记证有效期内，进口饲料、饲料添加剂的生产场所迁址，或者产品质量标准、生产工艺、适用范围等发生变化的，应当重新申请登记。

第十八条 进口饲料、饲料添加剂在进口登记证有效期内有下列情形之一的，应当申请变更登记：

（一）产品的中文或外文商品名称改变的；

（二）申请企业名称改变的；

（三）生产厂家名称改变的；

（四）生产地址名称改变的。

第十九条 申请变更登记应当提供以下资料：

（一）进口饲料、饲料添加剂变更登记申请表；

（二）委托书和境内代理机构资质证明；

（三）进口登记证原件；

（四）变更说明及相关证明文件。

农业部在受理变更登记申请后10个工作日内作出是否准予变更的决定。

第二十条 从事进口饲料、饲料添加剂登记工作的相关单位和人员，应当对申请人提交的需要保密的技术资料保密。

第二十一条 境外企业应当依法在中国境内设立销售机构或者委托符合条件的中国境内代理机构销售进口饲料、饲料添加剂。

境外企业不得直接在中国境内销售进口饲料、饲料添加剂。

第二十二条 境外企业应当在取得饲料、饲料添加剂进口登记证之日起6个月内，在中国境内设立销售机构或者委托销售代理机构并报农业部备案。

前款规定的销售机构或者销售代理机构发生变更的，应当在1个月内报农业部重新备案。

第二十三条 进口饲料、饲料添加剂应当包装，包装应当符合中国有关安全、卫生的规定，并附具符合规定的中文标签。

第二十四条 进口饲料、饲料添加剂在使用过程中被证实对养殖动物、人体健康或环境有害的，由农业部公告禁用并撤销进口登记证。

饲料、饲料添加剂进口登记证有效期内，生产地禁止使用该饲料、饲料添加剂产品或者撤销其生产、使用许可的，境外企业应当立即向农业部报告，由农业部撤销进口登记证并公告。

第二十五条 境外企业发现其向中国出口的饲料、饲料添加剂对养殖动物、人体健康有害或者存在其他安全隐患的，应当立即通知其在中国境内的销售机构或者销售代理机构，并向农业部报告。

境外企业在中国境内的销售机构或者销售代理机构应当主动召回前款规定的产品，记录召回情况，并向销售地饲料管理部门报告。

召回的产品应当在县级以上地方人民政府饲料管理部门监督下予以无害化处理或者销毁。

第二十六条 农业部和县级以上地方人民政府饲料管理部门，应当根据需要定期或者不定期组织实施进口饲料、饲料添加剂监督抽查；进口饲料、饲料添加剂监督抽查检测工作由农业部或者省、自治区、直辖市人民政府饲料管理部门指定的具有相应技术条件的机构承担。

进口饲料、饲料添加剂监督抽查检测，依据进口登记过程中复核检测确定的质量标准进行。

第二十七条 农业部和省级人民政府饲料管理部门应当及时公布监督抽查结果，并可以公布具有不良记录的境外企业及其销售机构、销售代理机构名单。

第二十八条 从事进口饲料、饲料添加剂登记工作的相关人员，不履行本办法规定的职责或者滥用职权、玩忽职守、徇私舞弊的，依法给予处分；构成犯罪的，依法追究刑事责任。

第二十九条 提供虚假资料、样品或者采取其他欺骗手段申请进口登记的，农业部对该申请不予受理或者不予批准，1 年内不再受理该境外企业和登记代理机构的进口登记申请。

提供虚假资料、样品或者采取其他欺骗方式取得饲料、饲料添加剂进口登记证的，由农业部撤销进口登记证，对登记代理机构处 5 万元以上 10 万元以下罚款，3 年内不再受理该境外企业和登记代理机构的进口登记申请。

第三十条 其他违反本办法的行为，依照《饲料和饲料添加剂管理条例》的有关规定处罚。

第三十一条 本办法自 2014 年 7 月 1 日起施行。农业部 2000 年 8 月 17 日公布、2004 年 7 月 1 日修订的《进口饲料和饲料添加剂登记管理办法》同时废止。

二、规范性文件

饲料原料目录

中华人民共和国农业部公告第1773号

为规范饲料原料生产、经营和使用，提高饲料产品质量，保障养殖动物产品质量安全，根据《饲料和饲料添加剂管理条例》的规定，我部制定了《饲料原料目录》，现予发布，并于2013年1月1日起施行。

第一部分　通　则

一、本目录所称饲料原料，是指来源于动物、植物、微生物或者矿物质，用于加工制作饲料但不属于饲料添加剂的饲用物质（含载体和稀释剂）。饲料生产企业所使用的饲料原料均应属于本目录规定的品种，并符合本目录的要求。

二、本目录之外的物质用作饲料原料的，应当经过科学评价并由农业部公告列入目录后，方可使用。

三、按照本目录生产、经营或使用的饲料原料，应符合《饲料卫生标准》、《饲料标签》等强制性标准的要求。

四、本目录第二部分给出了常用饲料原料加工术语的名称、定义及其形成产品的修饰语，第三部分凡涉及相应术语的，其含义与第二部分的定义一致。

五、本目录第三部分原料列表给出了原料名称，饲料原料标签中标识的产品名称应与列表中的“原料名称”一致；饲料产品标签中“原料组成”所使用的原料名称也应与列表中的“原料名称”一致。“原料名称”栏内方括号列出的为饲料原料的常用别名，可以与括号前的名称等同使用。“原料名称”栏内圆括号列出的为相关原料不同物质形态，应根据产品实际进行选择。

六、本目录第三部分中原料编号采用三级编号格式，第一级表示大类编号；第二级代表相同大类下的不同原料来源；第三级表示相同原料来源下的不同产品。第二级和第三级原则上按首个中文字的拼音顺序进行排列。

七、本目录第三部分中“强制性标识要求”所规定的为质量要求或卫生特征指标，应在原料标签的分析保证值等项目中列出。

八、本目录第四部分所列单一饲料品种，是根据《饲料和饲料添加剂管理条例》及《饲料和饲料添加剂生产许可管理办法》和《进口饲料和饲料添加剂登记管理办法》，应当办理生产许可证和进口登记证的产品。未取得生产许可证或进口登记证的单一饲料产品不得作为饲料原料生产、经营和使用。

九、生产或使用涉及转基因动物、植物、微生物的饲料原料，还应当遵守《农业转基因生物安全管理条例》的有关规定。

十、饲料生产企业使用目录中所列原料，应按照保证饲料和养殖动物质量安全的原则和要求，根据饲喂对象和原料特点合理选择和使用。

十一、除目录中有特殊规定外，植物性饲料原料的植物学纯度通常不得低于95%。

十二、对饲料原料进行瘤胃保护处理的，应在原料标签中标明瘤胃保护方法。

第二部分 饲料原料加工术语

编号	加工工艺	定义	常用名称/修饰语
1	氨化 Ammoniation	将粗饲料用氨或铵盐进行处理，改善其品质，提高其利用率	氨化
2	巴氏消毒 Pasteurisation	将物料加热到一定的温度并保持一定的时间、随后急速冷却的操作，以清除物料中的有害微生物	巴氏灭菌
3	爆裂 Popping	在不加水的条件下，通过加热或烘炒，使谷物熟化、体积膨大、表面出现裂缝	爆裂
4	剥皮/去皮/脱皮 Peeling	完全或部分去除谷物、豆类、种子、果实或蔬菜的种皮、果皮或内壳	剥皮/去皮/脱皮
5	超临界萃取 Supercritical extraction	利用液体在超临界区域兼具气液两性的特点及其对溶质溶解能力随压力、温度改变而在相当宽的范围内变化的特性，实现溶质溶解、分离的工艺。一般采用二氧化碳作为萃取剂	超临界萃取
6	超滤 Ultra-filtration	用孔径为0.002～0.1μm的滤膜过滤液体	超滤
7	除臭 Deodorization	去除物料（如鱼粉等）腥臭味的工序	除臭
8	发酵 Fermentation	应用酵母、霉菌或细菌在受控制的有氧或厌氧条件下，增殖菌体、分解底物或形成特定代谢产物的过程	发酵
9	粉碎 Crushing	通过撞击、剪切、磨削等机械作用，使物料颗粒变小	粉碎
10	分选 Fractionation	通过过筛或气流处理将物料中不同容重、不同粒径的组分分离	分选
11	风选 Aspiration	利用物料之间或物料与杂质之间悬浮速度的差别，用空气（风力）对物料进行分级或去除杂质的过程	风选
12	干燥 Drying	去除物料中的水分或者其他挥发成分	干燥
13	谷物发芽 Malting	使谷物发芽，激活其自身能够使淀粉降解为可发酵碳水化合物、使蛋白质降解为氨基酸和小肽的酶	麦芽
14	过滤 Filtration	通过多孔介质或膜分离固液混合物	过滤
15	烘烤 Roasting/Toasting	物料置于火、热气、电或微波等加热环境中，进行烘焙、干燥，以提高消化率、加深颜色或减少天然抗营养因子	烘烤
16	混合 Mixing	利用机械力、压缩空气或超声波，搅动、拌和物料，使之分布均匀、强化热交换的过程	混合/搅拌

（续表）

编号	加工工艺	定义	常用名称/修饰语
17	挤压膨化 Extrusion/Extruding	物料经螺杆推进、增压、增温处理后挤出模孔，使其骤然降压膨化，制成特定形状的产品	膨化
18	挤压膨胀 Expansion/Expanding	物料经螺杆增压挤出模头，使其适度降压而膨大，制成不规则的形状。通常，挤压膨胀的压力和温度低于挤压膨化	膨胀
19	加热 Heating	通过提高温度，加压或不加压，对物料进行处理的方法	热处理
20	碱化 Basification	向物料中添加碱性物质使物料由酸性变为碱性（提高pH值）的过程	碱化
21	胶凝 Gelling	形成不同凝胶强度的固体凝胶物质的过程（使用或不使用胶凝剂）	凝胶
22	结晶 Crystallization	物质从溶液中形成固态晶体并与液体分离的分离纯化过程	结晶
23	浸泡 Soaking/Steeping	在一定条件下，对物料（通常是对籽粒）进行湿润和软化的过程，以减少蒸煮时间，或有利于去除种皮，或加快水分吸收以促进发芽进程，或降低天然抗营养因子的浓度	浸泡
24	浸提/抽提 Extraction	利用有机溶剂从物料中提取油脂，或利用水和水性溶剂提取糖或水溶性物质的过程	浸提/抽提
25	精炼 Refining	用物理或化学方法将杂质全部或部分去除	精炼
26	冷凝 Condensation	使物质从气体转变成液体的过程	冷凝
27	冷却 Chilling	使物料降低温度至高于冰点的过程	冷却
28	瘤胃保护/过瘤胃 Rumen protection/By-pass rumen	通过加热、加压、汽蒸等物理方法，或者通过使用加工助剂，防止或减缓营养物质在瘤胃内降解的过程	瘤胃保护/过瘤胃
29	碾米 Rice whitening	碾去糙米皮层的工序	碾米
30	碾磨/磨碎/磨制/研磨 Grinding/Milling	通过干法或湿法加工减小固体颗粒粒度的过程	碾磨/磨碎/磨制/研磨
31	浓缩 Concentration	通过去除水分或其他液体成分以提高主体组分浓度的过程	浓缩/浓度
32	抛光 Polishing	在谷物加工过程中，通过滚筒使其粗糙度降低并获得光亮外表的过程	抛光
33	喷雾干燥 Spray drying	将液体物料雾化，并以热气体干燥的过程	喷雾干燥

（续表）

编号	加工工艺	定义	常用名称/修饰语
34	膨化 Puffing	使处于高温、高压状态的物料迅速进入常压，物料中的水分因压力骤降而瞬间蒸发，导致物料组织结构突然膨松成为海绵状的过程	膨化
35	漂白/脱色 Bleaching	去除物料中天然色泽的过程	漂白/脱色
36	汽蒸 Steaming	用蒸汽直接加热物料，提高物料的温度和水分，以改变其理化特性	蒸汽加工
37	切片 Slicing	将物料切成薄片的过程	切片
38	切碎 Chopping/Cutting	使用刀或其他锋利器具切割物料使其粒度减小	切碎
39	氢化 Hydrogenation	在使用催化剂的条件下，使甘油酸酯或游离脂肪酸由不饱和转化为饱和状态，或将还原糖转化为多元醇类似物	加氢
40	清理 Cleaning	用筛选、风选、磁选或其他方法除去物料中所含杂质	清理
41	青贮 Ensiling	将青绿植物切碎，经过压实、排气、密封，在厌氧条件下进行乳酸发酵，以延长储存时间	青贮
42	去糖 Desugaring	用化学或物理方法完全或部分去除糖蜜或其他含糖物质中的单糖和二糖	去糖/除糖
43	热烫 Blanching	通过蒸煮或汽蒸对有机物进行快速热处理，随后浸入冷水冷却的过程。目的是使天然酶变性、组织软化或去除物料原有的味道	热烫
44	熔解 Melting	通过加热使物料由固相变成液相的过程	熔化/熔融
45	揉搓 Rubbing	将秸秆等物料揉搓撕碎的过程	揉搓
46	乳化 Emulsification	将两种互不相溶的液体（如油、水）混合，使之形成胶体悬浮液的过程	乳化
47	筛选 Sieving/Screening	利用物料之间或杂质之间几何尺寸的差别，用过筛的方法将物料分级或去除杂质	过筛/筛选
48	水解 Hydrolysis	在适宜条件下由水参与的、利用酶、酸、碱或高温高压将物料分解为简单小分子的过程	水解
49	脱毒/去毒 Detoxification	用物理、化学和生物方法从物料中去除、或破坏有毒有害物质，或减小其浓度的过程	脱毒/去毒
50	脱胶 Depectinising	从物料中提取胶质的过程，主要指从压榨或浸提油料制取的粗植物油中脱去磷脂等胶体物质的过程	脱胶

（续表）

编号	加工工艺	定义	常用名称/修饰语
51	脱壳/去壳/砻谷 Dehulling/Dehusking	通常指通过物理方法去除豆类、谷物或种子等植物的外壳	脱壳/去壳/砻谷
52	脱盐 Desalination	以离子交换和膜过滤等方法将物料中的钠盐脱除的过程	脱盐
53	脱脂 Deoiling/Defatting/Skimming	指从物料中去除脂类物质的过程	脱脂/除油
54	压片/碾压 Flaking/Rolling	利用成对轧辊之间的挤压作用改变籽粒状饲料原料的形状或尺寸，可预先进行着水或调质处理	压片
55	压榨 Pressing	用机械或液压等外力从固态物料中去除油脂、水分、汁液等液体组分的过程	油饼/果浆/果渣/糖浆
56	烟熏 Smoking	将食物暴露于植物性材料（通常为木材）燃烧产生的烟中，用于调味、烹饪或保存食物的一种工艺	烟熏
57	液化 Liquefying	使固相或气相转变成液相的过程	液化
58	油炸 Frying	物料在油脂中进行蒸煮的过程	油炸
59	预糊化 Pregelatinization	为显著提高其在冷水中的膨胀特性而对淀粉进行改性处理的过程	预糊化
60	造粒 Granulation	对饲料原料进行处理以获得特定粒度和均匀度的过程	颗粒
61	蒸发 Evaporation	通过汽化或蒸馏获得浓缩物质的过程	蒸发
62	蒸谷 Parboiling	在一定温度和压力下，对浸泡过的稻谷用蒸汽加热的过程。是生产蒸谷米水热处理工段的工序之一。目的是提高出米率，改善储藏特性和食用品质	蒸谷
63	蒸馏 Distillation	通过使液体沸腾并将挥发气体收集到一个单独的容器内对液体不同组分进行分离的过程	蒸馏
64	蒸煮/蒸炒/熟化 Cooking	在特定设备中对物料进行特定时间的湿热或加压处理，使淀粉糊化、蛋白变性和灭菌	蒸煮/蒸炒/熟化
65	制粉 Flour milling	粉碎干燥的谷物并使其各部分分离，形成预定质量的粉、麸皮、中粉等一系列工序	粉/麸皮/中粉
66	制粒 Pelleting	将粉状物料经（或不经）调质，挤出压模模孔，制成颗粒的过程	颗粒

第三部分 饲料原料列表

1. 谷物及其加工产品

原料编号	原料名称	特征描述	强制性标识要求
1.1	大麦及其加工产品		
1.1.1	大麦	包括皮大麦（*Hordeum vulgare* L.）和裸大麦（青稞）（*Hordeum vulgare* var. *nudum*）籽实。可经瘤胃保护	
1.1.2	大麦次粉	以大麦为原料经制粉工艺产生的副产品之一，由糊粉层、胚乳及少量细麸组成	淀粉 粗蛋白质 粗纤维
1.1.3	大麦蛋白粉	大麦分离出麸皮和淀粉后以蛋白质为主要成分的副产品	粗蛋白质
1.1.4	大麦粉	大麦经制粉工艺加工形成的以大麦粉为主、含有少量细麦麸和胚的粉状产品	淀粉 粗蛋白质
1.1.5	大麦粉浆粉	大麦经湿法加工提取蛋白、淀粉后的液态副产物经浓缩、干燥形成的产品	粗蛋白质
1.1.6	大麦麸	以大麦为原料碾磨制粉过程中所分离的麦皮层	粗纤维
1.1.7	大麦壳	大麦经脱壳工艺除去的外壳	粗纤维
1.1.8	大麦糖渣	大麦生产淀粉糖的副产品	粗蛋白质 水分
1.1.9	大麦纤维	从大麦籽实中提取的纤维，或者生产大麦淀粉过程中提取的纤维类产物	粗纤维
1.1.10	大麦纤维渣［大麦皮］	大麦淀粉加工的副产品，主要成分为纤维素，含有少部分胚乳	粗纤维
1.1.11	大麦芽	大麦发芽后的产品	粗蛋白质 粗纤维
1.1.12	大麦芽粉	大麦芽经干燥、碾磨获得的产品	粗蛋白质 粗纤维
1.1.13	大麦芽根	发芽大麦或大麦芽清理过程中的副产品，主要由麦芽根、大麦细粉、外皮和碎麦芽组成	粗蛋白质 粗纤维
1.1.14	烘烤大麦	大麦经适度烘烤形成的产品	淀粉 粗蛋白质
1.1.15	喷浆大麦皮	大麦生产淀粉及胚芽的副产品喷上大麦浸泡液干燥后获得的产品	粗蛋白质 粗纤维
1.1.16	膨化大麦	大麦在一定温度和压力条件下经膨化处理获得的产品	淀粉 淀粉糊化度
1.1.17	全大麦粉	不去除任何皮层的完整大麦籽粒经碾磨获得的产品	淀粉 粗蛋白质
1.1.18	压片大麦	去壳大麦经汽蒸、碾压后的产品。其中可含有少部分大麦壳。可经瘤胃保护	淀粉 淀粉糊化度
1.2	稻谷及其加工产品		
1.2.1	稻谷	禾本科草本植物栽培稻（*Oryza sativa* L.）的籽实	

（续表）

原料编号	原料名称	特征描述	强制性标识要求
1.2.2	糙米	稻谷脱去颖壳后的产品，由皮层、胚乳和胚组成	淀粉 粗纤维
1.2.3	糙米粉	糙米经碾磨获得的产品	淀粉 粗蛋白质 粗纤维
1.2.4	大米	稻谷经脱壳并碾去皮层所获得的产品	淀粉 粗蛋白质
1.2.5	大米次粉	由大米加工米粉和淀粉（包含干法和湿法碾磨、过筛）的副产品之一	淀粉 粗蛋白质 粗纤维
1.2.6	大米蛋白粉	生产大米淀粉后以蛋白质为主的副产物。由大米经湿法碾磨、筛分、分离、浓缩和干燥获得	粗蛋白质
1.2.7	大米粉	大米经碾磨获得的产品	淀粉 粗蛋白质
1.2.8	大米酶解蛋白	大米蛋白粉经酶水解、干燥后获得的产品	酸溶蛋白（三氯乙酸可溶蛋白） 粗蛋白质 粗灰分 钙含量
1.2.9	大米抛光次粉	去除米糠的大米在抛光过程中产生的粉状副产品	粗蛋白质 粗纤维
1.2.10	大米糖渣	大米生产淀粉糖的副产品	粗蛋白质 水分
1.2.11	稻壳粉［砻糠粉］	稻谷在砻谷过程中脱去的颖壳经粉碎获得的产品	粗纤维
1.2.12	稻米油［米糠油］	米糠经压榨或浸提制取的油	酸价 过氧化值
1.2.13	米糠	糙米在碾米过程中分离出的皮层，含有少量胚和胚乳	粗脂肪 酸价 粗纤维
1.2.14	米糠饼	米糠经压榨取油后的副产品	粗蛋白质 粗脂肪 粗纤维
1.2.15	米糠粕［脱脂米糠］	米糠或米糠饼经浸提取油后的副产品	粗蛋白质 粗纤维
1.2.16	膨化大米（粉）	大米或碎米在一定温度和压力条件下，经膨化处理获得的产品	淀粉 淀粉糊化度
1.2.17	碎米	稻谷加工过程中产生的破碎米粒（含米粞）	淀粉 粗蛋白质
1.2.18	统糠	稻谷加工过程中自然产生的含有稻壳的米糠，除不可避免的混杂外，不得人为加入稻壳粉	粗脂肪 粗纤维 酸价

（续表）

原料编号	原料名称	特征描述	强制性标识要求
1.2.19	稳定化米糠	通过挤压、膨化、微波等稳定化方式灭酶处理过的米糠	粗脂肪 粗纤维 酸价
1.2.20	压片大米	预糊化大米经压片获得的产品	淀粉 淀粉糊化度
1.2.21	预糊化大米	大米或碎米经湿热、压力等预糊化工艺处理后形成的产品	淀粉 淀粉糊化度
1.2.22	蒸谷米次粉	经蒸谷处理的去壳糙米粗加工的副产品。主要由种皮、糊粉层、胚乳和胚芽组成，并经碳酸钙处理	粗蛋白质 粗纤维 碳酸钙
1.3	高粱及其加工产品		
1.3.1	高粱	高粱［*Sorghum bicolor*（L.）Moench.］籽实	
1.3.2	高粱次粉	以高粱为原料经制粉工艺产生的副产品之一，由糊粉层、胚乳及少量细麸组成	淀粉 粗纤维
1.3.3	高粱粉浆粉	高粱湿法提取蛋白、淀粉后的液态副产物经浓缩、干燥形成的产品	粗蛋白质 水分
1.3.4	高粱糠	加工高粱米时脱下的皮层、胚和少量胚乳的混合物	粗脂肪 粗纤维
1.3.5	高粱米	高粱籽粒经脱皮工艺去除皮层后的产品	淀粉 粗蛋白质
1.3.6	去皮高粱粉	高粱籽粒去除种皮、胚芽后，将胚乳部分研磨成适当细度获得的粉状产品	淀粉 粗蛋白质
1.3.7	全高粱粉	不去除任何皮层的完整高粱籽粒经碾磨获得的产品	淀粉 粗蛋白质
1.4	黑麦及其加工产品		
1.4.1	黑麦	黑麦（*Secale cereale* L.）籽实	
1.4.2	黑麦次粉	以黑麦为原料经制粉工艺形成的副产品之一，由糊粉层、胚乳及少量细麸组成	淀粉 粗纤维
1.4.3	黑麦粉	黑麦经制粉工艺制成的以黑麦粉为主、含有少量细麦麸和胚的粉状产品	淀粉 粗蛋白质
1.4.4	黑麦麸	以黑麦为原料碾磨制粉过程中所分出的麦皮层	淀粉 粗纤维
1.4.5	全黑麦粉	不去除任何皮层的完整黑麦籽粒经碾磨获得的产品	淀粉 粗蛋白质
1.5	酒糟类		
1.5.1	干白酒糟	白酒生产中，以一种或几种谷物或者薯类为原料，以稻壳等为填充辅料，经固态发酵、蒸馏提取白酒后的残渣，再经烘干粉碎的产品	粗蛋白质 粗灰分 粗纤维
1.5.2	干黄酒糟	黄酒生产过程中，原料发酵后过滤获得的滤渣经干燥获得的产品	粗蛋白质 粗脂肪 粗纤维

（续表）

原料编号	原料名称	特征描述	强制性标识要求
1.5.3	____干酒精糟［DDG］ 1. 大麦 2. 大米 3. 玉米 4. 高粱 5. 小麦 6. 黑麦 7. 谷物 8. 薯类	谷物籽实或薯类经酵母发酵、蒸馏除去乙醇后，对剩余的釜溜物过滤获得的滤渣进行浓缩、干燥制成的产品。产品名称应标明具体的谷物来源。根据谷物种类不同，可分为大麦干酒精糟、大米干酒精糟、玉米干酒精糟、高粱干酒精糟、小麦干酒精糟、黑麦干酒精糟。以两种及两种以上谷物籽实获得的产品标称为谷物干酒精糟。可经瘤胃保护	粗蛋白质 粗脂肪 粗纤维 水分
1.5.4	____干酒精糟可溶物［DDS］ 1. 大麦 2. 大米 3. 玉米 4. 高粱 5. 小麦 6. 黑麦 7. 谷物 8. 薯类	谷物籽实或薯类经酵母发酵、蒸馏除去乙醇后，对剩余的釜溜物过滤获得的滤液进行浓缩、干燥制成的产品。产品名称应标明具体的谷物来源。根据谷物种类不同，可分为大麦干酒精糟可溶物、大米干酒精糟可溶物、玉米干酒精糟可溶物、高粱干酒精糟可溶物、小麦干酒精糟可溶物、黑麦干酒精糟可溶物。以两种及两种以上谷物籽实获得的产品标称为谷物干酒精糟可溶物。可经瘤胃保护	粗蛋白质 粗脂肪 水分
1.5.5	干啤酒糟	以大麦为主要原料生产啤酒的过程中，经糖化工艺后过滤获得的残渣，再经干燥获得的产品	粗蛋白质 粗脂肪 粗纤维
1.5.6	含可溶物的____干酒精糟［____干全酒精糟］［DDGS］ 1. 大麦 2. 大米 3. 玉米 4. 高粱 5. 小麦 6. 黑麦 7. 谷物 8. 薯类	谷物籽实或薯类经酵母发酵、蒸馏除去乙醇后，对剩余的全釜溜物（酒糟全液，至少含四分之三固体成分）进行浓缩、干燥制成的产品。产品名称应标明具体的谷物来源。根据谷物种类不同，可分为含可溶物的大麦干酒精糟、含可溶物的大米干酒精糟、含可溶物的玉米干酒精糟、含可溶物的高粱干酒精糟、含可溶物的小麦干酒精糟、含可溶物的黑麦干酒精糟。以两种及两种以上谷物籽实获得的产品标称为含可溶物的干谷物酒精糟。可经瘤胃保护	粗蛋白质 粗脂肪 粗纤维 水分
1.5.7	____湿酒精糟［DWG］ 1. 大麦 2. 大米 3. 玉米 4. 高粱 5. 小麦 6. 黑麦 7. 谷物 8. 薯类	谷物籽实或薯类经酵母发酵、蒸馏除去乙醇后，剩余的釜溜物经过滤后获得的滤渣。产品名称应标明具体的谷物来源。根据谷物种类不同，可分为大麦湿酒精糟、大米湿酒精糟、玉米湿酒精糟、高粱湿酒精糟、小麦湿酒精糟、黑麦湿精酒糟。以两种及两种以上谷物籽实获得的产品标称为谷物湿酒精糟	粗蛋白质 粗脂肪 粗纤维 水分

（续表）

原料编号	原料名称	特征描述	强制性标识要求
1.5.8	____湿酒精糟可溶物［DWS］ 1. 大麦 2. 大米 3. 玉米 4. 高粱 5. 小麦 6. 黑麦 7. 谷物 8. 薯类	谷物籽实或薯类经酵母发酵、蒸馏除去乙醇后，剩余的釜溜物经过滤后获得的滤液。产品名称应标明具体的谷物来源。根据谷物种类不同，可分为大麦湿酒精糟可溶物、大米湿酒精糟可溶物、玉米湿酒精糟可溶物、高粱湿酒精糟可溶物、小麦湿酒精糟可溶物、黑麦湿酒精糟可溶物。以两种及两种以上谷物籽实获得的产品标称为谷物湿酒精糟可溶物	
1.6	荞麦及其加工产品		
1.6.1	荞麦	蓼科一年生草本植物栽培荞麦（*Fagopyrum esculentum* Moench.）的瘦果	
1.6.2	荞麦次粉	以荞麦为原料经制粉工艺形成的副产品之一，由糊粉层、胚乳及少量细麸组成	淀粉 粗纤维
1.6.3	荞麦麸	荞麦经制粉工艺所分离出的麦皮层	淀粉 粗纤维
1.6.4	全荞麦粉	以不去除任何皮层的完整荞麦经碾磨获得的产品	淀粉 粗蛋白质
1.7	筛余物		
1.7.1	____筛余物 1. 大麦 2. 大米 3. 玉米 4. 高粱 5. 小麦 6. 黑麦 7. 荞麦 8. 黍 9. 粟 10. 小黑麦 11. 燕麦	谷物籽实清理过程中筛选出的瘪的或破碎的籽实、种皮和外壳。因谷物种类不同，可分为大麦筛余物、大米筛余物、玉米筛余物、高粱筛余物、小麦筛余物、黑麦筛余物、荞麦筛余物、黍筛余物、粟筛余物、小黑麦筛余物、燕麦筛余物	粗纤维 粗灰分
1.8	黍及其加工产品		
1.8.1	黍［黄米］	禾本科草本植物栽培黍（*Panicum miliaceum* L.）的籽实	
1.8.2	黍米粉	黍米（脱皮或不脱皮）经制粉工艺加工而成的粉状产品	淀粉 粗蛋白质
1.8.3	黍米糠	黍糙米在碾米过程中分离出的皮层，含有少量胚和胚乳	粗脂肪 粗纤维 酸价
1.9	粟及其加工产品		
1.9.1	粟［谷子］	粟［*Setaria italica*（L.）var. *germanica*（Mill.）Schred］的籽实	
1.9.2	小米	粟经脱皮工艺除去皮层后的部分。按粒质不同分为粳性小米和糯性小米	淀粉 粗脂肪

（续表）

原料编号	原料名称	特征描述	强制性标识要求
1.9.3	小米粉	小米经碾磨获得的粉状产品	淀粉 粗蛋白质
1.9.4	小米糠	碾米机碾下的糙小米的皮层	粗脂肪 粗纤维
1.10	小黑麦及其加工产品		
1.10.1	小黑麦	小黑麦（*Triticum* × *Secale cereale*）籽实，小麦与黑麦通过杂交和杂种染色体加倍而形成的新果实	
1.10.2	全小黑麦粉	以完整小黑麦籽实不去除任何皮层经碾磨获得的产品	淀粉 粗蛋白质
1.10.3	小黑麦次粉	以小黑麦为原料经制粉工艺形成的副产品之一。由糊粉层、胚乳及少量细麸组成	淀粉 粗纤维
1.10.4	小黑麦粉	小黑麦经制粉工艺制成的以小黑麦粉为主、含有少量细麦麸和胚的粉状产品	淀粉 粗蛋白质
1.10.5	小黑麦麸	以小黑麦为原料碾磨制粉过程中所分出的麦皮层	淀粉 粗纤维
1.11	小麦及其加工产品		
1.11.1	小麦	小麦（*Triticum aestivum* L.）的籽实。可经瘤胃保护	
1.11.2	发芽小麦［芽麦］	发芽的小麦	粗蛋白质 粗纤维
1.11.3	谷朊粉［活性小麦面筋粉］［小麦蛋白粉］	以小麦或小麦粉为原料，去除淀粉和其他碳水化合物等非蛋白质成分后获得的小麦蛋白产品。由于水合后具有高度粘弹性，又称活性小麦面筋粉	粗蛋白质 吸水率
1.11.4	喷浆小麦麸	将小麦浸泡液喷到小麦麸皮上并经干燥获得的产品	粗蛋白质 粗纤维
1.11.5	膨化小麦	小麦在一定温度和压力条件下，经膨化处理获得的产品	淀粉 粗蛋白质 淀粉糊化度
1.11.6	全小麦粉	不去除任何皮层的完整小麦籽粒经碾磨获得的产品	淀粉 粗蛋白质 面筋量
1.11.7	小麦次粉	以小麦为原料经制粉工艺生产面粉的副产品之一，由糊粉层、胚乳及少量细麸组成	淀粉 粗纤维
1.11.8	小麦粉［面粉］	小麦经制粉工艺制成的以面粉为主、含有少量细麦麸和胚的粉状产品	淀粉 粗蛋白质 面筋量
1.11.9	小麦粉浆粉	小麦提取淀粉、谷朊粉后的液态副产物经浓缩、干燥获得的产品	粗蛋白质 水分
1.11.10	小麦麸［麸皮］	小麦在加工过程中所分出的麦皮层	粗纤维
1.11.11	小麦胚	小麦加工时提取的胚及混有少量麦皮和胚乳的副产品	粗蛋白质 粗脂肪

（续表）

原料编号	原料名称	特征描述	强制性标识要求
1.11.12	小麦胚芽饼	小麦胚经压榨取油后的副产品	粗蛋白质 粗脂肪
1.11.13	小麦胚芽粕	小麦胚经浸提取油后的副产品	粗蛋白质
1.11.14	小麦胚芽油	小麦胚经压榨或浸提制取的油脂。产品须由有资质的食品生产企业提供	酸价 过氧化值
1.11.15	小麦水解蛋白	谷朊粉经部分水解后获得的产品	粗蛋白质
1.11.16	小麦糖渣	小麦生产淀粉糖的副产品	粗蛋白质 水分
1.11.17	小麦纤维	从小麦籽实中提取的纤维，或者生产小麦淀粉过程中提取的纤维类产物	粗纤维
1.11.18	小麦纤维渣［小麦皮］	小麦淀粉加工副产品。主要成分为纤维素，含有少部分胚乳	粗纤维 水分
1.11.19	压片小麦	去壳小麦经汽蒸、碾压后的产品。其中可含有少量小麦壳。可经瘤胃保护	淀粉 粗蛋白质
1.11.20	预糊化小麦	将粉碎或破碎小麦经湿热、压力等预糊化工艺处理后获得的产品	淀粉 粗蛋白质 淀粉糊化度
1.12	燕麦及其加工产品		
1.12.1	燕麦	燕麦（*Avena sativa* L.）的籽实。可经瘤胃保护	
1.12.2	膨化燕麦	碾磨或破碎燕麦在一定温度和压力条件下，经膨化处理获得的产品	淀粉 淀粉糊化度
1.12.3	全燕麦粉	不去除任何皮层的完整燕麦籽粒经碾磨获得的产品	淀粉 粗蛋白质
1.12.4	脱壳燕麦	燕麦的去壳籽实，可经蒸汽处理	淀粉
1.12.5	燕麦次粉	以燕麦为原料经制粉工艺形成的副产品之一，由糊粉层、胚乳及少量细麸组成	淀粉 粗纤维
1.12.6	燕麦粉	燕麦经制粉工艺制成的以燕麦粉为主、含有少量细麦麸和胚的粉状产品	淀粉 粗蛋白质
1.12.7	燕麦麸	以燕麦为原料碾磨制粉过程中所分离出的麦皮层	粗纤维
1.12.8	燕麦壳	燕麦经脱皮工艺后脱下的外壳	粗纤维
1.12.9	燕麦片	燕麦经汽蒸、碾压后的产品。可包括少部分的燕麦壳	淀粉 粗蛋白质
1.13	玉米及其加工产品		
1.13.1	玉米	玉米（*Zea mays* L.）籽实。可经瘤胃保护	
1.13.2	喷浆玉米皮	将玉米浸泡液喷到玉米皮上并经干燥获得的产品	粗蛋白质 粗纤维
1.13.3	膨化玉米	玉米在一定温度和压力条件下，经膨化处理获得的产品	淀粉 淀粉糊化度
1.13.4	去皮玉米	玉米籽实脱去种皮后的产品	淀粉 粗蛋白质

（续表）

原料编号	原料名称	特征描述	强制性标识要求
1.13.5	压片玉米	去皮玉米经汽蒸、碾压后的产品。其中，可含有少部分种皮	淀粉 淀粉糊化度
1.13.6	玉米次粉	生产玉米粉、玉米碴过程中的副产品之一。主要由玉米皮和部分玉米碎粒组成	淀粉 粗纤维
1.13.7	玉米蛋白粉	玉米经脱胚、粉碎、去渣、提取淀粉后的黄浆水，再经脱水制成的富含蛋白质的产品，粗蛋白质含量不低于50%（以干基计）	粗蛋白质
1.13.8	玉米淀粉渣	生产柠檬酸等玉米深加工产品过程中，玉米经粉碎、液化、过滤获得的滤渣，再经干燥获得的产品	淀粉 粗蛋白质 粗脂肪 水分
1.13.9	玉米粉	玉米经除杂、脱胚（或不脱胚）、碾磨获得的粉状产品	淀粉 粗蛋白质
1.13.10	玉米浆干粉	玉米浸泡液经过滤、浓缩、低温喷雾干燥后获得的产品	粗蛋白 二氧化硫
1.13.11	玉米酶解蛋白	玉米蛋白粉经酶水解、干燥后获得的产品	酸溶蛋白（三氯乙酸可溶蛋白） 粗蛋白质 粗灰分 钙含量
1.13.12	玉米胚	玉米籽实加工时所提取的胚及混有少量玉米皮和胚乳的副产品	粗蛋白质 粗脂肪
1.13.13	玉米胚芽饼	玉米胚经压榨取油后的副产品	粗蛋白质 粗脂肪 粗纤维
1.13.14	玉米胚芽粕	玉米胚经浸提取油后的副产品	粗蛋白质 粗纤维
1.13.15	玉米皮	玉米加工过程中分离出来的皮层	粗纤维
1.13.16	玉米糁［玉米碴］	玉米经除杂、脱胚、碾磨和筛分等系列工序加工而成的颗粒状产品	淀粉 粗蛋白质
1.13.17	玉米糖渣	玉米生产淀粉糖的副产品	淀粉 粗蛋白质 粗脂肪 水分
1.13.18	玉米芯粉	玉米的中心穗轴经研磨获得的粉状产品	粗纤维
1.13.19	玉米油［玉米胚芽油］	由玉米胚经压榨或浸提制取的油。产品须由有资质的食品生产企业提供	粗脂肪 酸价 过氧化值

2. 油料籽实及其加工产品

原料编号	原料名称	特征描述	强制性标识要求
2.1	扁桃［杏］及其加工产品		
2.1.1	扁桃［杏］仁饼	扁桃（*Amygdalus Communis* L.）仁或杏（*Armeniaca vulgaris* Lam.）仁经压榨取油后的副产品	粗蛋白质 粗脂肪 粗纤维
2.1.2	扁桃［杏］仁粕	扁桃仁或杏仁饼经浸提取油后的副产品	粗蛋白质 粗纤维
2.1.3	扁桃［杏］仁油	扁桃仁或杏仁经压榨或浸提制取的油脂。产品须由有资质的食品生产企业提供	酸价 过氧化值
2.2	菜籽及其加工产品		
2.2.1	菜籽［油菜籽］	十字花科草本植物栽培油菜（*Brassica napus* L.），包括甘蓝型、白菜型、芥菜型油菜的小颗粒球形种子。可经瘤胃保护	
2.2.2	菜籽饼［菜饼］	菜籽经压榨取油后的副产品。可经瘤胃保护	粗蛋白质 粗脂肪
2.2.3	菜籽蛋白	利用菜籽或菜籽粕生产的蛋白质含量不低于50%（以干基计）的产品	粗蛋白质
2.2.4	菜籽皮	油菜籽经脱皮工艺脱下的种皮	粗脂肪 粗纤维
2.2.5	菜籽粕［菜粕］	油菜籽经预压浸提或直接溶剂浸提取油后获得的副产品，或由菜籽饼浸提取油后获得的副产品。可经瘤胃保护	粗蛋白质 粗纤维
2.2.6	菜籽油［菜油］	菜籽经压榨或浸提制取的油。产品须由有资质的食品生产企业提供	酸价 过氧化值
2.2.7	膨化菜籽	菜籽在一定温度和压力条件下，经膨化处理获得的产品。可经瘤胃保护	粗蛋白质 粗脂肪
2.2.8	双低菜籽	油菜籽中油的脂肪酸中芥酸含量不高于5.0%，饼粕中硫甙含量不高于45.0μmol/g的油菜籽品种。可经瘤胃保护	芥酸 硫甙
2.2.9	双低菜籽粕［双低菜粕］	双低菜籽预压浸提或直接溶剂浸提取油后获得的副产品，或由双低菜籽饼浸提取油后获得的副产品。可经瘤胃保护	粗蛋白 粗纤维 硫甙
2.3	大豆及其加工产品		
2.3.1	大豆	豆科草本植物栽培大豆（*Glycine max*. L. Merr.）的种子	
2.3.2	大豆分离蛋白	以低温大豆粕为原料，利用碱溶酸析原理，将蛋白质和其他可溶性成分萃取出来，再在等电点下析出蛋白质，蛋白质含量不低于90%（以干基计）的产品	粗蛋白质
2.3.3	大豆磷脂油	在大豆原油脱胶过程中分离出的、经真空脱水获得的含油磷脂	丙酮不溶物 粗脂肪 酸价 水分

（续表）

原料编号	原料名称	特征描述	强制性标识要求
2.3.4	大豆酶解蛋白	大豆或大豆加工产品（脱皮豆粕/大豆浓缩蛋白）经酶水解、干燥后获得的产品	酸溶蛋白（三氯乙酸可溶蛋白） 粗蛋白质 粗灰分 钙
2.3.5	大豆浓缩蛋白	低温大豆粕除去其中的非蛋白成分后获得的蛋白质含量不低于65%（以干基计）的产品	粗蛋白质
2.3.6	大豆胚芽粕［大豆胚芽粉］	大豆胚芽脱油后的产品	粗蛋白质 粗纤维
2.3.7	大豆胚芽油	大豆胚芽经压榨或浸提制取的油。产品须由有资质的食品生产企业提供	酸价 过氧化值
2.3.8	大豆皮	大豆经脱皮工艺脱下的种皮	粗蛋白质 粗纤维
2.3.9	大豆筛余物	大豆籽实清理过程中筛选出的瘪的或破碎的籽实、种皮和外壳	粗纤维 粗灰分
2.3.10	大豆糖蜜	醇法大豆浓缩蛋白生产中，萃取液经浓缩获得的总糖不低于55%、粗蛋白质不低于8%的粘稠物（以干基计）	总糖 蔗糖 粗蛋白质 水分
2.3.11	大豆纤维	从大豆中提取的纤维物质	粗纤维
2.3.12	大豆油［豆油］	大豆经压榨或浸提制取的油。产品须由有资质的食品生产企业提供	酸价 过氧化值
2.3.13	豆饼	大豆籽粒经压榨取油后的副产品。可经瘤胃保护	粗蛋白质 粗脂肪
2.3.14	豆粕	大豆经预压浸提或直接溶剂浸提取油后获得的副产品，或由大豆饼浸提取油后获得的副产品。可经瘤胃保护	粗蛋白质 粗纤维
2.3.15	豆渣	大豆经浸泡、碾磨、加工成豆制品或提取蛋白后的副产品	粗蛋白质 粗纤维
2.3.16	烘烤大豆（粉）	烘烤的大豆或将其粉碎后的产品。可经瘤胃保护	
2.3.17	膨化大豆［膨化大豆粉］	全脂大豆经清理、破碎（磨碎）、膨化处理获得的产品	粗蛋白质 粗脂肪
2.3.18	膨化大豆蛋白［大豆组织蛋白］	大豆分离蛋白、大豆浓缩蛋白在一定温度和压力条件下，经膨化处理获得的产品	粗蛋白质
2.3.19	膨化豆粕	豆粕经膨化处理，或大豆胚片经膨胀豆粕制油工艺提油后获得的产品	粗蛋白质 粗纤维
2.4	番茄籽及其加工产品		
2.4.1	番茄籽粕	番茄（*Lycopersicon esculentum* Mill.）籽经压榨或浸提取油后的副产品	粗蛋白质 粗纤维

（续表）

原料编号	原料名称	特征描述	强制性标识要求
2.4.2	番茄籽油	番茄籽经压榨或浸提制取的油。产品须由有资质的食品生产企业提供	酸价 过氧化值
2.5	橄榄及其加工产品		
2.5.1	橄榄饼［油橄榄饼］	木犀科常绿乔木油树的椭圆形或卵形黑果油橄榄（*Olea europaea* L.）果实经压榨取油后的副产品	粗蛋白质 粗脂肪 粗纤维
2.5.2	橄榄粕［油橄榄粕］	油橄榄饼经浸提取油后获得的副产品	粗蛋白质 粗纤维
2.5.3	橄榄油	橄榄经压榨或浸提制取的油。产品须由有资质的食品生产企业提供	酸价 过氧化值
2.6	核桃及其加工产品		
2.6.1	核桃仁饼	脱壳或部分脱壳（含壳率≤30%）的核桃（*Juglans regia* L.）经压榨取油后的副产品	粗蛋白质 粗脂肪 粗纤维
2.6.2	核桃仁粕	核桃仁经预压浸提或直接溶剂浸提取油后获得的副产品，或由核桃仁饼浸提取油后获得的副产品	粗蛋白质 粗纤维
2.6.3	核桃仁油	核桃仁经压榨或浸提制取的油。产品须由有资质的食品生产企业提供	酸价 过氧化值
2.7	红花籽及其加工产品		
2.7.1	红花籽	菊科植物红花（*Carthamus tinctorius* L.）的种子	
2.7.2	红花籽饼	红花籽（仁）经压榨取油后的副产品	粗蛋白质 粗脂肪 粗纤维
2.7.3	红花籽壳	红花籽脱壳取仁后的产品	粗纤维
2.7.4	红花籽粕	红花籽（仁）经浸提取油后的副产品	粗蛋白质 粗纤维
2.7.5	红花籽油	红花籽（仁）经压榨或浸提制取的油。产品须由有资质的食品生产企业提供	酸价 过氧化值
2.8	花椒籽及其加工产品		
2.8.1	花椒籽	芸香科花椒属植物青花椒（*Zanthoxylun schinifolium* Sieb. et Zucc.）或花椒（*Zanthoxylum bungeanum* Maxim. var. *bungeanum*）的干燥成熟果实中的籽	
2.8.2	花椒籽饼［花椒饼］	花椒籽经压榨取油后的副产品	粗蛋白质 粗脂肪 粗纤维
2.8.3	花椒籽粕［花椒粕］	花椒籽经预压浸提或直接溶剂浸提取油后获得的副产品，或由花椒饼浸提取油获得的副产品	粗蛋白质 粗纤维
2.8.4	花椒籽油	花椒籽经压榨或浸提制取的油。产品须由有资质的食品生产企业提供	酸价 过氧化值

（续表）

原料编号	原料名称	特征描述	强制性标识要求
2.9	花生及其加工产品		
2.9.1	花生	豆科草本植物栽培花生（*Arachis hypogaea* L.）荚果的种子，椭圆形，种皮有黑、白、紫红等色	
2.9.2	花生饼［花生仁饼］	脱壳或部分脱壳（含壳率≤30%）的花生经压榨取油后的副产品	粗蛋白质 粗脂肪 粗纤维
2.9.3	花生蛋白	由花生及花生粕生产的蛋白质含量不低于65%（以干基计）的产品	粗蛋白质 粗纤维
2.9.4	花生红衣	花生仁外衣，含有丰富单宁和硫胺	粗纤维
2.9.5	花生壳	花生的外壳	粗纤维
2.9.6	花生粕［花生仁粕］	花生经预压浸提或直接溶剂浸提取油后获得的副产品，或由花生饼浸提取油获得的副产品	粗蛋白质 粗脂肪 粗纤维
2.9.7	花生油	花生（仁）经压榨或浸提制取的油。产品须由有资质的食品生产企业提供	酸价 过氧化值
2.10	可可及其加工产品		
2.10.1	可可饼（粉）	脱壳后的可可（*Theobroma cacao* L.）豆经压榨取油后的副产品，可经粉碎	粗蛋白质 粗脂肪 粗纤维
2.10.2	可可油［可可脂］	可可豆经压榨或浸提制取的油。产品须由有资质的食品生产企业提供	酸价 过氧化值
2.11	葵花籽及其加工产品		
2.11.1	葵花籽［向日葵籽］	菊科草本植物栽培向日葵（*Helianthus annuus* L.）短卵形瘦果的种子。可经瘤胃保护	
2.11.2	葵花头粉［向日葵盘粉］	葵花盘脱除葵花籽后剩余物粉碎烘干的产品	粗纤维 粗灰分
2.11.3	葵花籽壳［向日葵壳］	向日葵籽的外壳	粗纤维
2.11.4	葵花籽仁饼［向日葵籽仁饼］	部分脱壳的向日葵籽经压榨取油后的副产品	粗蛋白质 粗脂肪 粗纤维
2.11.5	葵花籽仁粕［向日葵籽仁粕］	部分脱壳的向日葵籽经预压浸提或直接溶剂浸提取油后获得的副产品。可经瘤胃保护	粗蛋白质 粗纤维
2.11.6	葵花籽油［向日葵籽油］	向日葵籽经压榨或浸提制取的油。产品须由有资质的食品生产企业提供	酸价 过氧化值
2.12	棉籽及其加工产品		
2.12.1	棉籽	锦葵科草木或多年生灌木棉花（*Gossypium* spp.）蒴果的种子。不得用于水产饲料。可经瘤胃保护	
2.12.2	棉仁饼	按脱壳程度，含壳量低的棉籽饼称为棉仁饼	粗蛋白质 粗脂肪 粗纤维

（续表）

原料编号	原料名称	特征描述	强制性标识要求
2.12.3	棉籽饼［棉饼］	棉籽经脱绒、脱壳和压榨取油后的副产品	粗蛋白质 粗脂肪 粗纤维
2.12.4	棉籽蛋白	由棉籽或棉籽粕生产的粗蛋白质含量在50%（以干基计）以上的产品	粗蛋白质 游离棉酚
2.12.5	棉籽壳	棉籽剥壳，以及仁壳分离后以壳为主的产品	粗纤维
2.12.6	棉籽酶解蛋白	棉籽或棉籽蛋白粉经酶水解、干燥后获得的产品	酸溶蛋白（三氯乙酸可溶蛋白） 粗蛋白质 粗灰分 游离棉酚 钙
2.12.7	棉籽粕［棉粕］	棉籽经脱绒、脱壳、仁壳分离后，经预压浸提或直接溶剂浸提取油后获得的副产品，或由棉籽饼浸提取油获得的副产品。可经瘤胃保护	粗蛋白质 粗纤维
2.12.8	棉籽油［棉油］	棉籽经压榨或浸提制取的油。产品须由有资质的食品生产企业提供	酸价 过氧化值
2.12.9	脱酚棉籽蛋白［脱毒棉籽蛋白］	以棉籽为原料，在低温条件下，经软化、轧胚、浸出提油后并将棉酚以游离状态萃取脱除后得到的粗蛋白含量不低于50%、游离棉酚含量不高于400 mg/kg、氨基酸占粗蛋白比例不低于87%的产品	粗蛋白质 粗纤维 游离棉酚 氨基酸占粗蛋白比例
2.13	木棉籽及其加工产品		
2.13.1.	木棉籽饼	木棉（*Bombax malabaricum* DC.）籽经压榨取油后的副产品	粗蛋白质 粗脂肪 粗纤维
2.13.2	木棉籽粕	木棉籽经预压浸提或直接溶剂浸提取油后获得的副产品，或由木棉籽饼浸提取油获得的副产品	粗蛋白质 粗纤维
2.13.3	木棉籽油	木棉籽经压榨或浸提制取的油。产品须由有资质的食品生产企业提供	酸价 过氧化值
2.14	葡萄籽及其加工产品		
2.14.1	葡萄籽粕	葡萄（*Vitis vinifera* L.）籽经浸提取油后的副产品	粗蛋白质 粗纤维
2.14.2	葡萄籽油	葡萄籽经浸提制取的油。产品须由有资质的食品生产企业提供	酸价 过氧化值
2.15	沙棘籽及其加工产品		
2.15.1	沙棘籽饼	沙棘（*Hippophae rhamnoides* L.）籽经压榨取油后的副产品	粗蛋白质 粗脂肪 粗纤维
2.15.2	沙棘籽粕	沙棘籽经浸提或超临界萃取取油后的副产品	粗蛋白质 粗纤维

（续表）

原料编号	原料名称	特征描述	强制性标识要求
2.15.3	沙棘籽油	沙棘籽经压榨或浸提制取的油。产品须由有资质的食品生产企业提供	酸价 过氧化值
2.16	酸枣及其加工产品		
2.16.1	酸枣粕	酸枣［*Ziziphus jujube* Mill. var. *spinosa*（Bunge）Hu ex H. F. Chou］果仁经浸提取油后的副产品	粗蛋白质 粗纤维
2.16.2	酸枣油	酸枣果仁经浸提制取的油。产品须由有资质的食品生产企业提供	酸价 过氧化值
2.17	文冠果加工产品		
2.17.1	文冠果粕	文冠果（*Xanthoceras sorbifolia* Bunge.）种子经压榨取油后的副产品	粗蛋白质 粗纤维
2.17.2	文冠果油	文冠果种子经压榨制取的油。产品须由有资质的食品生产企业提供	酸价 过氧化值
2.18	亚麻籽及其加工产品		
2.18.1	亚麻籽［胡麻籽］	亚麻（*Linum usitatissimum* L.）的种子。可经瘤胃保护	
2.18.2	亚麻饼［亚麻籽饼，亚麻仁饼，胡麻饼］	亚麻籽经压榨取油后的副产品	粗蛋白质 粗脂肪 粗纤维
2.18.3	亚麻粕［亚麻籽粕，亚麻仁粕，胡麻粕］	亚麻籽经浸提取油后的副产品	粗蛋白质 粗纤维
2.18.4	亚麻籽油	亚麻籽经压榨或浸提制取的油。产品须由有资质的食品生产企业提供	酸价 过氧化值
2.19	椰子及其加工产品		
2.19.1	椰子饼	以干燥的椰子（*Cocos nucifera* L.）胚乳（即椰肉）为原料，经压榨取油后的副产品	粗蛋白质 粗脂肪 粗纤维
2.19.2	椰子粕	以干燥的椰子胚乳（即椰肉）为原料，经预榨以及溶剂浸提取油后的副产品	粗蛋白质 粗纤维
2.19.3	椰子油	椰子胚乳（即椰肉）经压榨或浸提制取的油。产品须由有资质的食品生产企业提供	酸价 过氧化值
2.20	棕榈及其加工产品		
2.20.1	棕榈果	棕榈（*Trachycarpus fortunei* Hook.）果穗上的含油未加工脱脂和未分离果核的果（肉）实	粗脂肪 粗蛋白 粗纤维
2.20.2	棕榈饼［棕榈仁饼］	棕榈仁经压榨取油后的副产品	粗蛋白质 粗脂肪 粗纤维
2.20.3	棕涧粕［棕榈仁粕］	棕榈仁经浸提取油后的副产品	粗蛋白质 粗纤维
2.20.4	棕榈仁	油棕榈果实脱壳后的果仁	

（续表）

原料编号	原料名称	特征描述	强制性标识要求
2. 20. 5	棕榈仁油	棕榈仁经压榨或浸提制取的油。产品须由有资质的食品生产企业提供	酸价 过氧化值
2. 20. 6	棕榈油	棕榈果肉经压榨或浸提制取的油。产品须由有资质的食品生产企业提供	酸价 过氧化值
2. 21	月见草籽及其加工产品		
2. 21. 1	月见草籽	月见草（*Oenothera biennis* L.）籽实	
2. 21. 2	月见草籽粕	月见草籽经冷榨、浸提取油后的副产品	粗蛋白质 粗纤维
2. 21. 3	月见草籽油	月见草籽经冷榨、浸提制取的油。产品须由有资质的食品生产企业提供	酸价 过氧化值
2. 22	芝麻及其加工产品		
2. 22. 1	芝麻籽	芝麻（*Sesamum indicum* L.）种子	
2. 22. 2	芝麻饼［油麻饼］	芝麻籽经压榨取油后的副产品	粗蛋白质 粗脂肪 粗纤维
2. 22. 3	芝麻粕	芝麻籽经预压浸提或直接溶剂浸提取油后的副产品，或芝麻籽饼浸提取油后的副产品	粗蛋白质 粗纤维
2. 22. 4	芝麻油	芝麻籽经压榨或浸提制取的油。产品须由有资质的食品生产企业提供	酸价 过氧化值
2. 23	紫苏及其加工产品		
2. 23. 1	紫苏籽	紫苏（*Perilla frutescens* L.）的籽实	
2. 23. 2	紫苏饼［紫苏籽饼］	紫苏籽经压榨取油后的副产品	粗蛋白质 粗脂肪 粗纤维
2. 23. 3	紫苏粕［紫苏籽粕］	紫苏籽或紫苏籽饼经浸提取油后的副产品	粗蛋白质 粗纤维
2. 23. 4	紫苏油	紫苏籽经压榨或浸提制取的油。产品须由有资质的食品生产企业提供	酸价 过氧化值
2. 24	其他		
2. 24. 1	氢化脂肪	植物油脂经氢化反应获得的产品。产品须由有资质的食品生产企业提供	酸价 过氧化值

3. 豆科作物籽实及其加工产品（大豆及其加工产品见第 2 部分）

原料编号	原料名称	特征描述	强制性标识要求
3. 1	扁豆及其加工产品		
3. 1. 1	扁豆	豆科蝶形花亚科扁豆属扁豆（*Lablab purpureus* L.）的籽实	
3. 1. 2	去皮扁豆	扁豆籽实去皮后的产品	粗蛋白质 粗纤维
3. 2	菜豆及其加工产品		
3. 2. 1	菜豆［芸豆］	豆科菜豆属菜豆（*Phaseolus vulgaris* L.）的籽实	

（续表）

原料编号	原料名称	特征描述	强制性标识要求
3.3	蚕豆及其加工产品		
3.3.1	蚕豆	豆科野豌豆属蚕豆（*Vicia faba* L.）的籽实	
3.3.2	蚕豆粉浆蛋白粉	用蚕豆生产淀粉时，从其粉浆中分离出淀粉后经干燥获得的粉状副产品	粗蛋白质
3.3.3	蚕豆皮	蚕豆籽实经去皮工艺脱下的种皮	粗纤维 粗灰分
3.3.4	去皮蚕豆	蚕豆籽实去皮后的产品	粗蛋白质 粗纤维
3.3.5	压片蚕豆	去皮蚕豆经汽蒸、碾压处理获得的产品	粗蛋白质
3.4	瓜尔豆及其加工产品		
3.4.1	瓜尔豆胚芽粕	豆科瓜尔豆属瓜尔豆（*Cyamopsis tetragonoloba* L.）籽实的胚芽经浸提制取瓜尔豆胶后的副产品	粗蛋白质
3.4.2	瓜尔豆粕	瓜尔豆籽实经浸提制取瓜尔豆胶后的副产品	粗蛋白质
3.5	红豆及其加工产品		
3.5.1	红豆［赤豆、红小豆］	豆科豇豆属红豆［*Vigna angulari*（Willd.）Ohwi et H. Ohashi］的籽实	
3.5.2	红豆皮	红豆籽实经脱皮工艺脱下的种皮	粗纤维 粗灰分
3.5.3	红豆渣	红豆经湿法提取淀粉和蛋白后所得的副产品	粗纤维 粗灰分 水分
3.6	角豆及其加工产品		
3.6.1	角豆粉	豆科长角豆属长角豆（*Ceratonia siliqua* L.）的籽实和豆荚一起粉碎后获得的产品	粗蛋白质 粗纤维 总糖
3.7	绿豆及其加工产品		
3.7.1	绿豆	豆科豇豆属绿豆（*Vigna radiata* L.）的籽实	
3.7.2	绿豆粉浆蛋白粉	用绿豆生产淀粉时，从其粉浆中分离出淀粉后经干燥获得的粉状副产品	粗蛋白质
3.7.3	绿豆皮	绿豆籽实经去皮工艺脱下的种皮	粗纤维 粗灰分
3.7.4	绿豆渣	绿豆经湿法提取淀粉和蛋白后所得的副产品	粗纤维 粗灰分 水分
3.8	豌豆及其加工产品		
3.8.1	豌豆	豆科豌豆属豌豆（*Pisum sativum* L.）的籽实。可经瘤胃保护	
3.8.2	去皮豌豆	豌豆籽实去皮后的产品	粗蛋白质 粗纤维
3.8.3	豌豆次粉	豌豆制粉过程中获得的副产品，主要由胚乳和少量豆皮组成	粗蛋白质 粗纤维

（续表）

原料编号	原料名称	特征描述	强制性标识要求
3.8.4	豌豆粉	豌豆经粉碎所得的产品	粗蛋白质 粗纤维
3.8.5	豌豆粉浆蛋白粉	用豌豆生产淀粉时，从其粉浆中分离出淀粉后经干燥获得的粉状副产品	粗蛋白质
3.8.6	豌豆粉浆粉	豌豆经湿法提取淀粉和蛋白后所得的液态副产物，经浓缩、干燥获得的粉状产品。主要由可溶性蛋白和碳水化合物组成	粗蛋白质 水分
3.8.7	豌豆皮	豌豆籽实经去皮工艺脱下的种皮	粗纤维 粗灰分
3.8.8	豌豆纤维	从豌豆中提取的纤维物质	粗纤维
3.8.9	豌豆渣	豌豆经湿法提取淀粉和蛋白后所得的副产品	粗纤维 粗灰分 水分
3.8.10	压片豌豆	去皮豌豆经汽蒸、碾压获得的产品	粗蛋白质
3.9	鹰嘴豆及其加工产品		
3.9.1	鹰嘴豆	豆科鹰嘴豆属鹰嘴豆（*Cicer arietinum* L.）的籽实	
3.10	羽扇豆及其加工产品		
3.10.1	羽扇豆	苦味物质含量低的豆科羽扇豆属多叶羽扇豆（*Lupinus polyphyllus* Lindl.）的籽实	
3.10.2	去皮羽扇豆	羽扇豆籽实经去皮后的产品	粗蛋白质 粗纤维
3.10.3	羽扇豆皮	羽扇豆籽实经去皮工艺脱下的种皮	粗纤维 粗灰分
3.10.4	羽扇豆渣	羽扇豆提取蛋白或寡糖组分后获得的副产品	粗纤维 粗灰分 水分
3.11	其他		
3.11.1	____豆荚	本目录所列豆科植物籽实的豆荚，产品名称应标明原料的来源，如：豌豆荚	粗纤维
3.11.2	____豆荚粉	本目录所列豆科植物籽实的豆荚经粉碎获得的产品，产品名称应标明原料的来源，如：角豆荚粉	粗纤维
3.11.3	烘烤____豆	豆科菜豆属（*Phaseolus* L.）或豇豆属（*Vigna* Savi）植物的籽实经适当烘烤后的产品。产品名称应标明原料的来源，如：烘烤菜豆。可经瘤胃保护	粗蛋白质

4. 块茎、块根及其加工产品

原料编号	原料名称	特征描述	强制性标识要求
4.1	白萝卜及其加工产品		
4.1.1	萝卜干（片、块、粉、颗粒）	萝卜（*Raphanus sativus* L.）经切块、干燥、粉碎工艺获得的不同形态的产品。产品名称应注明产品形态，如：白萝卜干	水分

（续表）

原料编号	原料名称	特征描述	强制性标识要求
4.2	大蒜及其加工产品		
4.2.1	大蒜粉（片）	百合科葱属蒜（*Allium sativum* L.）经粉碎或切片获得的白色至黄色粉末或片状物	
4.2.2	大蒜渣	大蒜取油后的副产品	粗纤维 水分
4.3	甘薯及其加工产品		
4.3.1	甘薯［红薯、白薯、番薯、山芋、地瓜、红苕］干（片、块、粉、颗粒）	旋花科番薯属甘薯（*Ipomoea batatas* L.）植物的块根，经切块、干燥、粉碎工艺获得的不同形态的产品。产品名称应注明产品形态，如甘薯干	水分
4.3.2	甘薯渣	甘薯提取淀粉后的副产品	粗纤维 粗灰分 水分
4.3.3	紫薯干（片、块、粉、颗粒）	旋花科番薯属紫薯［*Ipomoea batatas*（L.）Lam］的块根，经切块、干燥、粉碎工艺获得的不同形态的产品。产品名称应注明产品形态，如：紫薯干	水分
4.4	胡萝卜及其加工产品		
4.4.1	胡萝卜干（片、块、粉、颗粒）	胡萝卜（*Daucus carota* L.）经切块、干燥、粉碎工艺获得的不同形态的产品。产品名称应注明产品形态，如：胡萝卜干	水分
4.4.2	胡萝卜渣	胡萝卜经榨汁或提取胡萝卜素后获得的副产品	粗纤维 粗灰分 水分
4.5	菊苣及其加工产品		
4.5.1	菊苣根干（片、块、粉、颗粒）	菊科菊苣属菊苣（*Cichorium intybus* L.）的块根，经干燥、粉碎工艺获得的不同形态的产品。产品名称应注明产品形态，如菊苣根粉	水分 总糖
4.5.2	菊苣渣	菊苣制取菊糖或香料后的副产品，由浸提或压榨后的菊苣片组成	粗纤维 粗灰分 水分
4.6	菊芋及其加工产品		
4.6.1	菊糖	菊科向日葵属菊芋（*Helianthus tuberosus* L.）的块根中提取的果聚糖。产品须由有资质的食品生产企业提供	菊糖
4.6.2	菊芋渣	菊芋提取菊糖后的副产物	粗纤维 粗灰分 水分
4.7	马铃薯及其加工产品		
4.7.1	马铃薯［土豆、洋芋、山药蛋］干（片、块、粉、颗粒）	马铃薯（*Solanum tuberosum* L.）经切块、切片、干燥、粉碎等工艺获得的不同形态的产品。产品名称应注明产品形态，如：马铃薯干	水分

（续表）

原料编号	原料名称	特征描述	强制性标识要求
4.7.2	马铃薯蛋白粉	马铃薯提取淀粉后经干燥获得的粉状产品。主要成分为蛋白质	粗蛋白质
4.7.3	马铃薯渣	马铃薯经提取淀粉和蛋白后的副产物	粗纤维 粗灰分 水分
4.8	魔芋及其加工产品		
4.8.1	魔芋干（片、块、粉、颗粒）	天南星科魔芋属魔芋（*Amorphophalms konjac*）的块根经切块、切片、干燥、粉碎等工艺获得的不同形态的产品。产品名称应注明产品形态，如魔芋干	水分
4.9	木薯及其加工产品		
4.9.1	木薯干（片、块、粉、颗粒）	木薯（*Manihot esculenta* Crantz.）经切块、切片、干燥、粉碎等工艺获得的不同形态的产品。产品名称应注明产品形态，如木薯干	水分
4.9.2	木薯渣	木薯提取淀粉后的副产物	粗纤维 粗灰分 水分
4.10	藕及其加工产品		
4.10.1	藕［莲藕］干（片、块、粉、颗粒）	莲藕经切块、切片、干燥、粉碎等工艺获得的不同形态的产品。产品名称应注明产品形态，如莲藕干	水分
4.11	甜菜及其加工产品		
4.11.1	甜菜粕［渣］	藜科甜菜属甜菜（*Beta vulgaris* L.）的块根制糖后的副产品，由浸提或压榨后的甜菜片组成	粗纤维 粗灰分 水分
4.11.2	甜菜粕颗粒	以甜菜粕为原料，添加废糖蜜等辅料经制粒形成的产品	粗纤维 粗灰分 水分
4.11.3	甜菜糖蜜	从甜菜中提糖后获得的液体副产品	总糖 粗灰分 水分
	蔗糖	见13.4.7和13.4.8	
4.12	食用瓜类及其加工产品		
4.12.1	____瓜	可食用瓜类或其去除瓜籽后的产品。可鲜用或对其进行干燥加工处理，产品名称应标明使用原料的来源，如南瓜	水分
4.12.2	____瓜籽	可食用瓜类的籽实经干燥等工艺加工获得的产品，产品名称应标明使用原料的来源，如南瓜籽	粗蛋白

5. 其他籽实、果实类产品及其加工产品

原料编号	原料名称	特征描述	强制性标识要求
5.1	辣椒及其加工产品		
5.1.1	辣椒（粉）	辣椒（*Capsicum annuum* L.）经干燥、粉碎后所得的产品	粗蛋白 粗灰分
5.1.2	辣椒渣	辣椒皮提取红色素后的副产品	粗蛋白质 粗灰分
5.1.3	辣椒籽粕	辣椒籽取油后的副产品	粗蛋白质 粗纤维
5.2	水果或坚果及其加工产品		
5.2.1	鳄梨［牛油果］干（片、块、粉）	鳄梨（*Persea americana* Mill.）经切片、切块、干燥、粉碎等工艺获得的不同形态的产品。产品名称应注明产品形态，如鳄梨干	总糖 水分
5.2.2	鳄梨［牛油果］浓缩汁	鳄梨压榨后的汁液经浓缩后获得的产品。产品须由有资质的食品生产企业提供	总糖 水分
5.2.3	____果仁	可食用的坚果仁或水果仁，产品名称应标明使用原料的来源	粗蛋白质 粗脂肪
5.2.4	____果渣	可食用水果榨汁或果品加工过程中获得的副产品，产品名称应标明使用原料的来源，如柑橘渣	粗纤维 粗灰分 水分
5.3	枣及其加工产品		
5.3.1	枣	食用枣（*Ziziphus jujuba* Mill.）	
5.3.2	枣粉	食用枣经干燥、粉碎获得的产品	粗纤维 粗灰分

6. 饲草、粗饲料及其加工产品

原料编号	原料名称	特征描述	强制性标识要求
6.1	干草及其加工产品		
6.1.1	____草颗粒（块）	收割的牧草经自然干燥或烘干脱水、粉碎及制粒或压块后获得的产品。不得含有有毒有害草。产品名称应标明草的品种，如苜蓿草颗粒、苜蓿草块	粗蛋白质 中性洗涤纤维
6.1.2	____干草	收割的牧草经自然干燥或烘干脱水后获得的产品。不得含有有毒有害草。产品名称应标明草的品种，如：苜蓿干草	粗蛋白质 中性洗涤纤维
6.1.3	____干草粉	收割的牧草经自然干燥或烘干脱水、粉碎后获得的产品。不得含有有毒有害草。产品名称应标明草的品种，如苜蓿干草粉	粗蛋白质 中性洗涤纤维
6.1.4	苜蓿渣	苜蓿干草粉用水提取苜蓿多糖等成分后获得的副产品。可经烘干、粉碎或挤压成颗粒状	粗蛋白质 中性洗涤纤维

（续表）

原料编号	原料名称	特征描述	强制性标识要求
6.2	秸秆及其加工产品		
6.2.1	____氨化秸秆	以收获籽实后的玉米秸、麦秸、稻秸为原料，在密闭的条件下按一定比例喷洒液氨、尿素、碳铵等氨源，在适宜的温度下经一定时间的发酵而获得的产品。产品名称应标明作物的品种，如玉米氨化秸秆。如原料为多种秸秆，产品名称直接标注氨化秸秆	粗灰分 中性洗涤纤维 氨源种类
6.2.2	____碱化秸秆	用烧碱（氢氧化钠）或石灰水（氢氧化钙）浸泡或喷洒玉米秸、麦秸、稻秸等粗饲料而获得的产品。产品名称应标明作物的品种，如玉米碱化秸秆。如原料为多种秸秆，产品名称直接标注碱化秸秆	粗灰分 中性洗涤纤维
6.2.3	____秸秆	成熟农作物干的茎叶（穗）。产品名称应标明作物的品种，如玉米秸秆	粗灰分 中性洗涤纤维
6.2.4	____秸秆粉	成熟农作物的茎叶（穗）经自然或人工干燥、粉碎后获得的产品。产品名称应标明作物的品种，如玉米秸秆粉	粗灰分 中性洗涤纤维
6.2.5	____秸秆颗粒（块）	成熟农作物的茎叶（穗）经自然或人工干燥、粉碎、制粒或压块后获得的产品。产品名称应标明作物的品种，如玉米秸秆颗粒、玉米秸秆块	粗灰分 中性洗涤纤维
6.3	青绿饲料		
6.3.1	____青绿粗饲料	指可饲用的植物新鲜茎叶，主要包括天然牧草、栽培牧草、田间杂草、菜叶类、水生植物。产品不得含有有毒有害草。产品名称应标明植物品种，如苜蓿	粗蛋白质 中性洗涤纤维水分
6.4	青贮饲料		
6.4.1	____半干青贮饲料	又称低水分青贮饲料，是将青贮原料经过预干蒸发，使水分降低到40%～50%时进行青贮而获得的产品。有可能使用青贮添加剂。产品名称应标明青贮原料的品种，如玉米半干青贮饲料	粗灰分 中性洗涤纤维 青贮添加剂品种及用量 水分
6.4.2	____黄贮饲料	以收获籽实后的农作物秸秆为原料，通过添加微生物菌剂、酸化剂、酶制剂等添加剂，有可能添加适量水，在密闭缺氧的条件下，通过厌氧乳酸菌的发酵作用而获得的一类粗饲料产品。包括压袋装产品。产品名称应标明农作物的品种，如玉米黄贮饲料	粗灰分 中性洗涤纤维青贮添加剂品种及用量 水分
6.4.3	____青贮饲料	将含水率65%～75%的青绿粗饲料切碎后，在密闭缺氧的条件下，通过厌氧乳酸菌的发酵作用而获得的一类粗饲料产品。产品名称应标明粗饲料的品种，如玉米青贮饲料	粗灰分 中性洗涤纤维 青贮添加剂品种及用量 水分

（续表）

原料编号	原料名称	特征描述	强制性标识要求
6.5	其他粗饲料		
6.5.1	灌木或树木茎叶	指可饲用的3m以下的多年生木本植物的成熟植株及各种树木新鲜或干燥的茎叶。产品名称应标明灌木或树木的品种，如大叶杨茎叶	粗灰分 中性洗涤纤维水分
6.5.2	灌木或树木茎叶粉	指可饲用的3m以下的多年生木本植物的成熟植株及各种树木的茎叶经干燥、粉碎后获得的产品。产品名称应标明灌木与树木的品种，如松针粉	粗灰分 中性洗涤纤维水分
6.5.3	灌木与树木茎叶颗粒（块）	指可饲用的3m以下的多年生木本植物的成熟植株及各种树木的茎叶经干燥、粉碎、制粒后获得的产品。产品名称应标明灌木与树木的品种，如大叶杨茎叶颗粒	粗灰分 中性洗涤纤维水分

7. 其他植物、藻类及其加工产品

原料编号	原料名称	特征描述	强制性标识要求
7.1	甘蔗加工产品		
7.1.1	甘蔗糖蜜	甘蔗（*Saccharum officinarum* L.）经制糖工艺提取糖后获得的黏稠液体或甘蔗糖蜜精炼提取糖后获得的液体副产品	蔗糖 水分
7.1.2	甘蔗渣	甘蔗提取糖后剩余的植物部分，主要由纤维组成	粗纤维 水分
	蔗糖	见13.4.7和13.4.8	
7.2	丝兰及其加工产品		
7.2.1	丝兰粉	丝兰（*Yucca schidigera* Roezl.）干燥、粉碎后得到的粉状产品	吸氨量 水分
7.3	甜叶菊及其加工产品		
7.3.1	甜叶菊渣	甜叶菊［*Stevia rebaudiana*（Bertoni）Hemsl L.］提取甜菊糖后的副产物	粗蛋白质 粗纤维 粗灰分 水分
7.4	万寿菊及其加工产品		
7.4.1	万寿菊渣	万寿菊（*Tagetes erecta* L.）提取叶黄素后的副产品	粗蛋白质 粗纤维 粗灰分 水分
7.5	藻类及其加工产品		
7.5.1	____藻	可食用大型海藻（如海带、巨藻、龙须藻）或食品企业加工食用大型海藻剩余的边角料，可经冷藏、冷冻、干燥、粉碎处理。产品名称应标明海藻品种和产品物理性状，如海带粉	粗蛋白质 粗灰分

（续表）

原料编号	原料名称	特征描述	强制性标识要求
7.5.2	____藻渣	可食用大型海藻经提取活性成分后的副产品，产品名称应标明使用原料的来源，如海带渣	总糖 粗灰分 水分
7.5.3	裂壶藻粉	以裂壶藻（*Schizochytrium* sp.）种为原料，通过发酵、分离、干燥等工艺生产的富含DHA的藻粉	粗脂肪 DHA
7.5.4	螺旋藻粉	螺旋藻（*Spirulina platensis*）干燥、粉碎后的产品	粗蛋白质 粗灰分
7.5.5	拟微绿球藻粉	以拟微绿球藻（*Nannochloropsis* sp.）种为原料，通过培养、浓缩、干燥等工艺生产的富含EPA的藻粉	粗脂肪 EPA
7.5.6	微藻粕	裂壶藻粉、拟微绿球藻粉或小球藻粉浸提脂肪后，经干燥得到的副产品	粗蛋白 粗灰分
7.5.7	小球藻粉	以小球藻（*Chlorella* sp.）种为原料，通过培养、浓缩、干燥等工艺生产的富含EPA和DHA的藻粉	粗脂肪 EPA DHA
7.6	其他可饲用天然植物（仅指所称植物或植物的特定部位经干燥或干燥、粉碎获得的产品）		
7.6.1	八角茴香	木兰科八角属植物八角（*Illicium verum* Hook.）的干燥成熟果实	
7.6.2	白扁豆	豆科扁豆属（*Lablab* Adans.）植物的干燥成熟种子	
7.6.3	百合	百合科百合属植物卷丹（*Lilium lancifolium* Thunb.）、百合（*Lilium brownii* F. E. Brown var. *viridulum* Baker）或细叶百合（*Lilium pumilum* DC.）的干燥肉质鳞叶	
7.6.4	白芍	毛茛科芍药亚科芍药属植物芍药（*Paeonia lactiflora* Pall.）的干燥根	
7.6.5	白术	菊科苍术属植物白术（*Atrctylodes macrocephala* Koidz.）的干燥根茎	
7.6.6	柏子仁	柏科侧柏属植物侧柏［*Platycladus orientalis*（L.）Franco］的干燥成熟种仁	
7.6.7	薄荷	唇形科薄荷属植物薄荷（*Mentha haplocalyx* Briq.）的干燥地上部分	
7.6.8	补骨脂	豆科补骨脂属植物补骨脂（*Psoralea corylifolia* L.）的干燥成熟果实	
7.6.9	苍术	菊科苍术属植物苍术［*Atractylodes lancea*（Thunb.）DC.］或北苍术［*Atractylodes chinensis*（DC.）Koidz］的干燥根茎	
7.6.10	侧柏叶	柏科侧柏属植物侧柏（*Platycladus orientalis*（L.）Franco）的干燥枝梢和叶	
7.6.11	车前草	车前科车前属植物车前（*Plantago asiatica* L.）或平车前（*Plantago depressa* Willd.）的干燥全草	
7.6.12	车前子	车前科车前属植物车前（*Plantago asiatica* L.）或平车前（*Plantago depressa* Willd.）的干燥成熟种子	
7.6.13	赤芍	毛茛科芍药亚科芍药属植物芍药（*Paeonia lactiflora* Pall.）或川赤芍（*Paeonia veitchii* Lynch）的干燥根	

（续表）

原料编号	原料名称	特征描述	强制性标识要求
7.6.14	川芎	伞形科藁本属植物川芎（*Ligusticum chuanxiong* Hort.）的干燥根茎	
7.6.15	刺五加	五加科五加属植物刺五加［*Acanthopanax senticosus*（Rupr. et Maxim.）Harms］的干燥根和根茎或茎	
7.6.16	大蓟	菊科蓟属植物蓟（*Cirsium japonicum* Fisch. ex DC.）的干燥地上部分	
7.6.17	淡豆豉	豆科大豆属植物大豆［*Glycine max*（L.）Merr.］的成熟种子的发酵加工品	
7.6.18	淡竹叶	禾本科淡竹叶属植物淡竹叶（*Lophatherum gracile* Brongn.）的干燥茎叶	
7.6.19	当归	伞形科当归属植物当归［*Angelica sinensis*（Oliv.）Diels］的干燥根	
7.6.20	党参	桔梗科党参属植物党参［*Codonopsis pilosula*（Franch.）Nannf.］、素花党参［*Codonopsis pilosula* Nannf. var. *modesta*（Nannf.）L. T. Shen］或川党参［*Codonopsis tangshen* Oliv.］的干燥根	
7.6.21	地骨皮	茄科枸杞属植物枸杞（*Lycium chinense* Mill.）或宁夏枸杞（*Lycium barbarum* L.）的干燥根皮	
7.6.22	丁香	桃金娘科蒲桃属植物丁香［*Syzygium aromaticum*（L.）Merr. et Perry］的干燥花蕾	
7.6.23	杜仲	杜仲科杜仲属植物杜仲（*Eucommia ulmoides* Oliv.）的干燥树皮	
7.6.24	杜仲叶	杜仲科杜仲属植物杜仲（*Eucommia ulmoides* Oliv.）的干燥叶	
7.6.25	榧子	红豆杉科榧树属植物榧树（*Torreya grandis* Fort.）的干燥成熟种子	
7.6.26	佛手	芸香科柑橘属植物佛手［*Citrus medica* L. var. *sarcodactylis*（Noot.）Swingle］的干燥果实	
7.6.27	茯苓	多孔菌科茯苓属真菌茯苓［*Poria cocos*（Schw.）Wolf］的干燥菌核	
7.6.28	甘草	豆科甘草属植物甘草（*Glycyrrhiza uralensis* Fisch.）、胀果甘草（*Glycyrrhiza inflata* Batal.）或洋甘草（*Glycyrrhiza glabra* L.）的干燥根和根茎	
7.6.29	干姜	姜科姜属植物姜（*Zingiber officinale* Rosc.）的干燥根茎	
7.6.30	高良姜	姜科山姜属植物高良姜（*Alpinia officinarum* Hance）的干燥根茎	
7.6.31	葛根	豆科葛属植物葛［*Pueraria lobata*（Willd.）Ohwi］的干燥根	
7.6.32	枸杞子	茄科枸杞属植物枸杞（*Lycium chinense* Mill.）或宁夏枸杞（*Lycium barbarum* L.）的干燥成熟果实	

（续表）

原料编号	原料名称	特征描述	强制性标识要求
7.6.33	骨碎补	骨碎补科骨碎补属植物骨碎补（*Davallia mariesii* Moore ex Bak.）的干燥根茎	
7.6.34	荷叶	睡莲科莲亚科莲属植物莲（*Nelumbo nucifera* Gaertn.）的干燥叶	
7.6.35	诃子	使君子科诃子属植物诃子（*Terminalia chebula* Retz.）或微毛诃子［*Terminalia chebula* Retz. var. *tomentella* (Kurz) C. B. Clarke］的干燥成熟果实	
7.6.36	黑芝麻	胡麻科胡麻属植物芝麻（*Sesamum indicum* L.）的干燥成熟种子	
7.6.37	红景天	景天科红景天属植物大花红景天（*Rhodiola crenulata* (Hook. F. et Thoms.) H. Ohba）的干燥根和根茎	
7.6.38	厚朴	木兰科木兰属植物厚朴（*Magnolia officinalis* Rehd. et Wils.）或凹叶厚朴［*Magnolia officinalis* subsp. *biloba* (Rehd. et Wils.) Cheng.］的干燥干皮、根皮和枝皮	
7.6.39	厚朴花	木兰科木兰属植物厚朴（*Magnolia officinalis* Rehd. et Wils.）或凹叶厚朴［*Magnolia officinalis* subsp. *biloba* (Rehd. et Wils.) Cheng.］的干燥花蕾	
7.6.40	胡芦巴	豆科植物胡芦巴（*Trigonella foenum-graecum* L.）的干燥成熟种子	
7.6.41	花椒	芸香科花椒属植物青花椒（*Zanthoxylum schinifolium* Sieb. et Zucc.）或花椒（*Zanthoxylum bungeanum* Maxim）的干燥成熟果皮	
7.6.42	槐角［槐实］	豆科槐属植物槐（*Sophora japonica* L.）的干燥成熟果实	
7.6.43	黄精	百合科黄精属植物滇黄精（*Polygonatum kingianum* Coll. et Hemsl.）、黄精（*Polygonatum sibiricum* Delar.）或多花黄精（*Polygonatum cyrtonema* Hua）的干燥根茎	
7.6.44	黄芪	豆科植物蒙古黄芪［*Astragalus membranaceus* (Fisch.) Bge. var. *Mongholicus* (Bge.) Hsiao］或膜荚黄芪［*Astragalus membranaceus* (Fisch.) Bge.］的干燥根	
7.6.45	藿香	唇形科藿香属植物藿香［*Agastache rugosa* (Fisch. et Mey.) O. Ktze］的干燥地上部分	
7.6.46	积雪草	伞形科积雪草属植物积雪草［*Centella asiatica* (L.) Urb.］的干燥全草	
7.6.47	姜黄	姜科姜黄属植物姜黄（*Curcuma longa* L.）的干燥根茎	
7.6.48	绞股蓝	葫芦科绞股蓝属（*Gynostemma* Bl.）植物	
7.6.49	桔梗	桔梗科桔梗属植物桔梗［*Platycodon grandiflorus* (Jacq.) A. DC.］的干燥根	
7.6.50	金荞麦	蓼科荞麦属植物金荞麦［*Fagopyrum dibotrys* (D. Don) Hara］的干燥根茎	

（续表）

原料编号	原料名称	特征描述	强制性标识要求
7.6.51	金银花	忍冬科忍冬属植物忍冬（*Lonicera japonica* Thunb.）的干燥花蕾或带初开的花	
7.6.52	金樱子	蔷薇科蔷薇属植物金樱子（*Rosa laevigata* Michx.）的干燥成熟果实	
7.6.53	韭菜子	百合科葱属植物韭菜（*Allium tuberosum* Rottl. ex Spreng.）的干燥成熟种子	
7.6.54	菊花	菊科菊属植物菊花［*Dendranthema morifolium*（Ramat.）Tzvel.］的干燥头状花序	
7.6.55	橘皮	芸香科柑橘属植物橘（*Citrus Reticulata* Blanco）及其栽培变种的成熟果皮	
7.6.56	决明子	豆科决明属植物决明（*Cassia tora* L.）的干燥成熟种子	
7.6.57	莱菔子	十字花科萝卜属植物萝卜（*Raphanus sativus* L.）的干燥成熟种子	
7.6.58	莲子	睡莲科莲亚科莲属植物莲（*Nelumbo nucifera* Gaertn.）的干燥成熟种子	
7.6.59	芦荟	百合科芦荟属植物库拉索芦荟（*Aloe barbadensis* Miller）叶。也称“老芦荟”	
7.6.60	罗汉果	葫芦科罗汉果属植物罗汉果［*Siraitia grosvenorii*（Swingle）C. Jeffrey ex Lu et Z. Y. Zhang］的干燥果实	
7.6.61	马齿苋	马齿苋科马齿苋属植物马齿苋（*Portulaca oleracea* L.）的干燥地上部分	
7.6.62	麦冬［麦门冬］	百合科沿阶草属植物麦冬［*Ophiopogon japonicus*（L. f）Ker-Gawl.］的干燥块根	
7.6.63	玫瑰花	蔷薇科蔷薇属植物玫瑰（*Rosa rugosa* Thunb.）的干燥花蕾	
7.6.64	木瓜	蔷薇科木瓜属植物皱皮木瓜［*Chaenomeles speciosa*（Sweet）Nakai.］的干燥近成熟果实	
7.6.65	木香	菊科川木香属植物川木香［*Dolomiaea souliei*（Franch.）Shih］的干燥根	
7.6.66	牛蒡子	菊科牛蒡属植物牛蒡（*Arctium lappa* L.）的干燥成熟果实	
7.6.67	女贞子	木犀科女贞属植物女贞（*Ligustrum lucidum* Ait.）的干燥成熟果实	
7.6.68	蒲公英	菊科植物蒲公英（*Taraxacum mongolicum* Hand. Mazz.）、碱地蒲公英（*Taraxacum borealisinense* Kitam.）或同属数种植物的干燥全草	
7.6.69	蒲黄	香蒲科植物水烛香蒲（*Typha angustifolia* L.）、东方香蒲（*Typha orientalis* Presl）或同属植物的干燥花粉	
7.6.70	茜草	茜草科茜草属植物茜草（*Rubia cordifolia* L.）的干燥根及根茎	

（续表）

原料编号	原料名称	特征描述	强制性标识要求
7.6.71	青皮	芸香科柑橘属植物橘（*Citrus reticulata* Blanco）及其栽培变种的干燥幼果或未成熟果实的果皮	
7.6.72	人参	五加科人参属植物人参（*Panax ginseng* C. A. Mey.）的干燥根及根茎	
7.6.73	人参叶	五加科人参属植物人参（*Panax ginseng* C. A. Mey.）的干燥叶	
7.6.74	肉豆蔻	肉豆蔻科肉豆蔻属植物肉豆蔻（*Myristica fragrans* Houtt.）的干燥种仁	
7.6.75	桑白皮	桑科桑属植物桑（*Morus alba* L.）的干燥根皮	
7.6.76	桑椹	桑科桑属植物桑（*Morus alba* L.）的干燥果穗	
7.6.77	桑叶	桑科桑属植物桑（*Morus alba* L.）的干燥叶	
7.6.78	桑枝	桑科桑属植物桑（*Morus alba* L.）的干燥嫩枝	
7.6.79	沙棘	胡颓子科沙棘属植物沙棘（*Hippophae rhamnoides* L.）的干燥成熟果实	
7.6.80	山药	薯蓣科薯蓣属植物薯蓣（*Dioscorea opposita* Thunb.）的干燥根茎	
7.6.81	山楂	蔷薇科山楂属植物山里红（*Crataegus pinnatifida* Bge. var. *major* N. E. Br.）或山楂（*Crataegus pinnatifida* Bge.）的干燥成熟果实	
7.6.82	山茱萸	山茱萸科山茱萸属植物山茱萸（*Cornus officinalis* Sieb. et Zucc.）的干燥成熟果肉	
7.6.83	生姜	姜科姜属植物姜（*Zingiber officinale* Rosc.）的新鲜根茎	
7.6.84	升麻	毛茛科升麻属植物大三叶升麻（*Cimicifuga heracleifolia* Kom.）、兴安升麻（*Cimicifuga dahurica*（Turcz.）Maxim.）或升麻（*Cimicifuga foetida* L.）的干燥根茎	
7.6.85	首乌藤	蓼科何首乌属植物何首乌［*Fallopia multiflora*（Thunb.）Harald.］的干燥藤茎	
7.6.86	酸角	豆科酸豆属植物酸豆（*Tamarindus indica* L.）的果实	
7.6.87	酸枣仁	鼠李科枣属植物酸枣［*Ziziphus jujuba* Mill. var. *spinosa*（Bunge）Hu ex H. F. Chow］的干燥成熟种子	
7.6.88	天冬［天门冬］	百合科天门冬属植物天门冬［*Asparagus cochinchinensis*（Lour.）Merr.］的干燥块根	
7.6.89	土茯苓	百合科菝葜属植物土茯苓（*Smilax glabra* Roxb.）的干燥根茎	
7.6.90	菟丝子	旋花科菟丝子属植物南方菟丝子（*Cuscuta australis* R. Br.）或菟丝子（*Cuscuta chinensis* Lam.）的干燥成熟种子	
7.6.91	五加皮	五加科五加属植物五加（*Acanthopanax gracilistylus* W. W. Smith）的干燥根皮	
7.6.92	乌梅	蔷薇科杏属植物梅（*Armeniaca mume* Sieb.）的干燥近成熟果实	

（续表）

原料编号	原料名称	特征描述	强制性标识要求
7.6.93	五味子	木兰科五味子属植物五味子［*Schisandra chinensis*（Turcz.）Baill.］的干燥成熟果实	
7.6.94	鲜白茅根	禾本科白茅属植物白茅［*Imperata cylindrica*（L.）Beauv.］的新鲜根茎	
7.6.95	香附	莎草科莎草属植物香附子（*Cyperus rotundus* L.）的干燥根茎	
7.6.96	香薷	唇形科石荠苎属植物石香薷（*Mosla chinensis* Maxim.）或江香薷（*Mosla chinensis*‘*Jiangxiangru*’）的干燥地上部分	
7.6.97	小蓟	菊科蓟属植物刺儿菜［*Cirsium setosum*（willd.）MB.］的干燥地上部分	
7.6.98	薤白	百合葱属植物薤白（*Allium macrostemon* Bunge.）或藠头（*Allium chinense* G. Don）的干燥鳞茎	
7.6.99	洋槐花	豆科刺槐属植物刺槐（*Robinia pseudoacacia* L.）的花，可经干燥、粉碎	
7.6.100	杨树花	杨柳科杨属（*Populus* L.）植物的花，可经干燥、粉碎	
7.6.101	野菊花	菊科菊属植物野菊（*Dendranthema indicum* L.）的干燥头状花序	
7.6.102	益母草	唇形科益母草属植物益母草［*Leonurus artemisia*（Lour.）S. Y. Hu］的新鲜或干燥地上部分	
7.6.103	薏苡仁	禾本科薏苡属植物薏苡（*Coix lacryma-jobi* L.）的干燥成熟种仁	
7.6.104	益智［益智仁］	姜科山姜属植物益智（*Alpinia oxyphylla* Miq.）的干燥成熟果实	
7.6.105	银杏叶	银杏科银杏属植物银杏（*Ginkgo biloba* L.）的干燥叶	
7.6.106	鱼腥草	三白草科蕺菜属植物蕺菜（*Houttuynia cordata* Thunb.）的新鲜全草或干燥地上部分	
7.6.107	玉竹	百合科黄精属植物玉竹（*Polygonatum odoratum*（Mill.）Druce）的干燥根茎	
7.6.108	远志	远志科远志属植物远志（*Polygala tenuifolia* Willd.）或西伯利亚远志（*Polygala sibirica* L.）的干燥根	
7.6.109	越橘	杜鹃花科越橘属（*Vaccinium* L.）植物的果实或叶	
7.6.110	泽兰	唇形科地笋属植物硬毛地笋（*Lycopus lucidus* Turcz. var. *hirtus* Regel）的干燥地上部分	
7.6.111	泽泻	泽泻科泽泻属植物东方泽泻［*Alisma orinentale*（Samuel.）Juz.］的干燥块茎	
7.6.112	制何首乌	何首乌［*Fallopia multiflora*（Thunb.）Harald.］的炮制加工品	
7.6.113	枳壳	芸香科柑橘属植物酸橙（*Citrus aurantium* L.）及其栽培变种的干燥未成熟果实	

（续表）

原料编号	原料名称	特征描述	强制性标识要求
7.6.114	知母	百合科知母属植物知母（*Anemarrhena asphodeloides* Bge.）的干燥根茎	
7.6.115	紫苏叶	唇形科紫苏属植物紫苏［*Perilla frutescens*（L.）Britt.］的干燥叶（或带嫩枝）	

8. 乳制品及其副产品

原料编号	原料名称	特征描述	强制性标识要求
8.1	干酪及干酪制品		
8.1.1	奶酪［干酪］	可食用的奶酪，根据使用要求可对其进行脱水干燥、碾磨粉碎等加工处理。产品须由有资质的乳制品生产企业提供	蛋白质 脂肪 水分
8.2	酪蛋白及其加工制品		
8.2.1	酪蛋白 ［干酪素］	以脱脂乳为原料，用酸、盐、凝乳酶等使乳中的酪蛋白凝集，再经脱水、干燥、粉碎获得的产品。该产品蛋白质含量不低于80%。产品须由有资质的乳制品生产企业提供	蛋白质 赖氨酸
8.2.2	水解酪蛋白	将酪蛋白经酶水解、干燥获得的产品。该产品蛋白质含量不低于74%。产品须由有资质的乳制品生产企业提供	蛋白质 赖氨酸
8.3	奶油及其加工制品		
8.3.1	奶油［黄油］	以乳和（或）稀奶油（经发酵或不发酵）为原料，添加或不添加其他原料、食品添加剂和营养强化剂，经加工制成的脂肪含量不低于80%的产品。产品须由有资质的乳制品生产企业提供	脂肪 酸价 过氧化值 水分
8.3.2	稀奶油	从乳中分离出的含脂肪的部分，添加或不添加其他原料、食品添加剂和营养强化剂，经加工制成的脂肪含量在10%~80%的产品。产品须由有资质的乳制品生产企业提供	脂肪 酸价 过氧化值 水分
8.4	乳及乳粉		
8.4.1	____乳	生牛乳或生羊乳，包括全脂乳、脱脂乳、部分脱脂乳。产品名称应标明具体的动物种类和产品类型，如全脂牛乳、脱脂羊乳。产品须由有资质的乳制品生产企业提供。该产品仅限于宠物饲料（食品）使用	蛋白质 脂肪 本产品仅限于宠物饲料（食品）使用
8.4.2	____初乳（粉）	产奶动物（牛或羊）在分娩后前5天内分泌的乳汁或将其加工制成的粉状产品，产品名称应标明具体的动物种类，如牛初乳、羊初乳粉。产品须由有资质的乳制品生产企业提供。该产品仅限于宠物饲料（食品）使用	蛋白质 脂肪 IgG 本产品仅限于宠物饲料（食品）使用

（续表）

原料编号	原料名称	特征描述	强制性标识要求
8.4.3	____乳粉［奶粉］	以生牛乳或羊乳为原料，经加工制成的粉状产品，包括全脂、脱脂、部分脱脂乳粉和调制乳粉。产品名称应标明具体的动物品种来源和产品类型，如全脂牛乳粉、脱脂羊乳粉。产品须由有资质的乳制品生产企业提供	蛋白质 脂肪
8.5	乳清及其加工制品		
8.5.1	乳清粉	以乳清为原料经干燥制成的粉末状产品。产品须由有资质的乳制品生产企业提供	蛋白质 粗灰分 乳糖
8.5.2	分离乳清蛋白	乳清蛋白粉的一种，蛋白质含量不低于90%。产品须由有资质的乳制品生产企业提供	蛋白质 粗灰分
8.5.3	浓缩乳清蛋白	乳清蛋白粉的一种，蛋白质含量不低于34%。产品须由有资质的乳制品生产企业提供	蛋白质 粗灰分 乳糖
8.5.4	乳钙［乳矿物盐］	从乳清液中分离出的高钙含量的产品。钙含量不低于22%。产品须由有资质的乳制品生产企业提供	钙 磷 粗灰分
8.5.5	乳清蛋白粉	以乳清为原料，经分离、浓缩、干燥等工艺制成的蛋白质含量不低于25%的粉末状产品。产品须由有资质的乳制品生产企业提供	蛋白质 粗灰分 乳糖
8.5.6	脱盐乳清粉	以乳清为原料，经脱盐、干燥制成的粉末状产品，乳糖含量不低于61%，粗灰分不高于3%。产品须由有资质的乳制品生产企业提供	蛋白质 粗灰分 乳糖
8.6	乳糖及其加工制品		
8.6.1	乳糖	将乳清蒸发、结晶、干燥后获得的产品，乳糖含量不低于98%。产品须由有资质的乳制品生产企业提供	乳糖

9. 陆生动物产品及其副产品

原料编号	原料名称	特征描述	强制性标识要求
9.1	动物油脂类产品		
9.1.1	____油	分割可食用动物组织过程中获得的含脂肪部分，经熬油提炼获得的油脂。原料应来自单一动物种类，新鲜无变质或经冷藏、冷冻保鲜处理；不得使用发生疫病和含禁用物质的动物组织。本产品不得加入游离脂肪酸和其他非食用动物脂肪。产品中总脂肪酸不低于90%，不皂化物不高于2.5%，不溶杂质不高于1%。名称应标明具体的动物种类，如猪油	粗脂肪 不皂化物 酸价 丙二醛

（续表）

原料编号	原料名称	特征描述	强制性标识要求
9.1.2	____油渣（饼）	屠宰、分割可食用动物组织过程中获得的含脂肪部分，经提炼油脂后获得的固体残渣。原料应来自单一动物种类，新鲜无变质或经冷藏、冷冻保鲜处理；不得使用发生疫病和含禁用物质的动物组织。产品名称应标明具体的动物种类，如猪油渣	粗蛋白质 粗脂肪
9.2	昆虫加工产品		
9.2.1	蚕蛹（粉）	蚕蛹经干燥获得的产品。可将其粉碎	粗蛋白质 粗脂肪 酸价
9.2.2	蚕蛹粕［脱脂蚕蛹（粉）］	蚕蛹（粉）脱脂处理后获得的产品	粗蛋白质 粗脂肪 酸价
9.2.3	蜂花粉	蜜蜂采集被子植物雄蕊花药或裸子植物小孢子囊内的花粉细胞，形成的团粒状物。产品须由有资质的食品生产企业提供	总糖
9.2.4	蜂胶	蜜蜂科昆虫意大利蜂（*Apis mellifera* L.）等的干燥分泌物，可进行适当加工。产品须由有资质的食品生产企业提供	总糖
9.2.5	蜂蜡	蜜蜂科昆虫中华蜜蜂（*Apis cerana* Fabricius）或意大利蜂分泌的蜡，可进行适当加工。产品须由有资质的食品生产企业提供	粗脂肪
9.2.6	蜂蜜	蜜蜂科昆虫中华蜜蜂或意大利蜂所酿的蜜，可进行适当加工。产品须由有资质的食品生产企业提供	总糖
9.2.7	____虫（粉）	昆虫经干燥获得的产品，可对其进行粉碎。此类昆虫在不影响公共健康和动物健康的前提下方可进行上述加工。产品名称应标明具体动物种类，如黄粉虫（粉）	粗蛋白质 粗脂肪 酸价
9.2.8	脱脂____虫粉	对昆虫（粉）采用超临界萃取等方法进行脱脂后获得的产品。此类昆虫在不影响人类和动物健康的前提下方可进行上述加工。产品名称应标明具体动物种类，如脱脂黄粉虫粉	粗蛋白质 粗脂肪
9.3	内脏、蹄、角、爪、羽毛及其加工产品		
9.3.1	肠膜蛋白粉	食用动物的小肠黏膜提取肝素钠后的剩余部分，经除臭、脱盐、水解、干燥、粉碎获得的产品。不得使用发生疫病和含禁用物质的动物组织	粗蛋白质 粗灰分 盐分
9.3.2	动物内脏	新鲜可食用动物的内脏。可以鲜用或对其进行冷藏、冷冻、蒸煮、干燥和烟熏处理。原料应来源于同一动物种类，不得使用发生疫病和含禁用物质的动物组织。产品名称需标注保鲜（加工）方法、具体动物种类和动物内脏名称，可在产品名称中标注物理形态。如鲜猪肝、冻猪肺、熟猪心、烟熏猪大肠、脱水猪肝粒。该产品仅限于宠物饲料（食品）使用	粗蛋白质 水分 本产品仅限于宠物饲料（食品）使用

（续表）

原料编号	原料名称	特征描述	强制性标识要求
9.3.3	动物内脏粉	新鲜或经冷藏、冷冻保鲜的食用动物内脏经高温蒸煮、干燥、粉碎获得的产品。原料应来源于同一动物种类，除不可避免的混杂外，不得含有蹄、角、牙齿、毛发、羽毛及消化道内容物，不得使用发生疫病和含禁用物质的动物组织。产品名称需标明具体动物种类，若能确定原料来源于何种动物内脏，产品名称可标明动物内脏名称，如鸡内脏粉、猪内脏粉、猪肝脏粉	粗蛋白质 粗脂肪 胃蛋白酶消化率
9.3.4	动物器官	新鲜可食用动物的器官，可以鲜用或对其进行冷藏、冷冻、蒸煮、干燥和烟熏处理。原料应来源于同一动物种类，不得使用发生疫病和含禁用物质的动物组织。产品名称需标明具体动物种类，如羊蹄、猪耳。该产品仅限于宠物饲料（食品）使用	本产品仅限于宠物饲料（食品）使用
9.3.5	动物水解物	洁净的可食用动物的肉、内脏和器官经研磨粉碎、水解获得的产品，可以是液态、半固态或经加工制成的固态粉末。原料应来源于同一动物种类，新鲜无变质或经冷藏、冷冻保鲜处理，除不可避免的混杂外，不得含有蹄、角、牙齿、毛发、羽毛及消化道内容物。不得使用发生疫病和含禁用物质的动物组织。产品名称需标明具体动物种类和物理形态，如猪水解液、牛水解膏、鸡水解粉。该产品仅限于宠物饲料（食品）使用	粗蛋白质 pH 值 水分 本产品仅限于宠物饲料（食品）使用
9.3.6	膨化羽毛粉	家禽羽毛经膨化、粉碎后获得的产品。原料不得使用发生疫病和变质家禽羽毛	粗蛋白质 粗灰分 胃蛋白酶消化率
9.3.7	____皮	新鲜可食用动物的皮，可以鲜用或对其进行冷藏、冷冻、蒸煮、干燥和烟熏处理。原料应来源于同一动物种类，不得使用发生疫病和变质的动物皮，不得使用皮革及鞣革副产品。产品名称需标注具体动物种类，如：水牛皮。该产品仅限于宠物饲料（食品）使用	粗蛋白质 水分 本产品仅限于宠物饲料（食品）使用
9.3.8	禽爪皮粉	加工禽爪过程中脱下的类角质外皮经干燥、粉碎获得的产品。原料应来源于同一动物种类，产品名称应标明具体动物种类，如鸡爪皮粉	粗蛋白质 粗脂肪 粗灰分
9.3.9	水解蹄角粉	动物的蹄、角经水解、干燥、粉碎获得的产品。若能确定原料来源为某一特定动物种类和部位，则产品名称应标明该动物种类和部位，如水解猪蹄粉	粗蛋白质 胃蛋白酶消化率
9.3.10	水解畜毛粉	未经提取氨基酸的清洁未变质的家畜毛发经水解、干燥、粉碎获得的产品。本产品胃蛋白酶消化率不低于 75%	粗蛋白质 粗灰分 胃蛋白酶消化率
9.3.11	水解羽毛粉	家禽羽毛经水解后，干燥、粉碎获得的产品。原料不得使用发生疫病和变质的家禽羽毛。本产品胃蛋白酶消化率不低于 75%。产品名称应注明水解的方法（酶解、酸解、碱解、高温高压水解），如酶解羽毛粉	粗蛋白质 粗灰分 胃蛋白酶消化率

（续表）

原料编号	原料名称	特征描述	强制性标识要求
9.4	禽蛋及其加工产品		
9.4.1	蛋粉	食用鲜蛋的蛋液，经巴氏消毒、干燥、脱水获得的产品。产品不含蛋壳或其他非蛋原料	粗蛋白质 粗灰分
9.4.2	蛋黄粉	食用鲜蛋的蛋黄，经巴氏消毒、干燥、脱水获得的产品。产品不含蛋壳或其他非蛋原料	粗蛋白质 粗脂肪
9.4.3	蛋壳粉	禽蛋壳经灭菌、干燥、粉碎获得的产品	粗灰分 钙
9.4.4	蛋清粉	食用鲜蛋的蛋清，经巴氏消毒、干燥、脱水获得的产品。产品不含蛋壳或其他非蛋原料	粗蛋白质
9.5	蚯蚓及其加工产品		
9.5.1	蚯蚓粉	蚯蚓经干燥、粉碎的产品	粗蛋白质 粗灰分
9.6	肉、骨及其加工产品		
9.6.1	____骨	新鲜的食用动物的骨骼。可以鲜用或对其进行冷藏、冷冻、蒸煮、干燥处理。原料应来源于同一动物种类，不得使用发生疫病和变质的动物骨骼。产品名称需标明保鲜（加工）方法和具体动物种类。如：鲜牛骨、冻猪软骨。该产品仅限于宠物饲料（食品）使用	钙 灰分 水分 本产品仅限于宠物饲料（食品）使用
9.6.2	____骨粉（粒）	未变质的食用动物骨骼经灭菌、干燥、粉碎获得的产品。原料应来源于同一动物种类，不得使用发生疫病和变质的动物骨骼。产品名称需标明具体动物种类，如猪骨粉、牛骨粒	粗灰分 钙 总磷
9.6.3	骨胶	可食用动物骨骼经轧碎、脱油、水解获得的蛋白类产品。原料不得使用发生疫病和变质的动物骨骼	凝胶强度 勃氏黏度 粗灰分
9.6.4	____骨髓	新鲜可食用动物骨腔内的软组织。可以鲜用或对其进行冷藏、冷冻、蒸煮、干燥处理。原料应来源于同一动物种类，不得使用发生疫病和变质的动物骨骼。产品名称需标明保鲜（加工）方法和动物种类。如鲜牛骨髓。该产品仅限于宠物饲料（食品）使用	粗蛋白质 粗脂肪 水分 本产品仅限于宠物饲料（食品）使用
9.6.5	明胶	以来源于食用动物的皮、骨、韧带、肌腱中的胶原为原料，经水解获得的可溶性蛋白类产品。原料不得使用发生疫病和变质的动物组织，不得使用皮革及鞣革副产品。产品须由有资质的食品或药品生产企业提供	凝胶强度 勃氏黏度 粗灰分
9.6.6	____肉	食用动物的鲜肉或带骨肉、带皮肉。可以鲜用或对其进行冷藏、冷冻、蒸煮、干燥或烟熏处理。原料应来源于同一动物种类，不得使用发生疫病和含禁用物质的动物组织。产品名称需标明保鲜（加工）方法和动物种类，如鲜羊肉、冻猪肉、熟鸡肉、干牛肉、烟熏鸡肉。该产品仅限于宠物饲料（食品）使用	粗蛋白质 粗脂肪 水分 本产品仅限于宠物饲料（食品）使用

（续表）

原料编号	原料名称	特征描述	强制性标识要求
9.6.7	____肉粉	以分割可食用鲜肉过程中余下的部分为原料，经高温蒸煮、灭菌、脱脂、干燥、粉碎获得的产品。原料应来源于同一动物种类，除不可避免的混杂，不得添加蹄、角、畜毛、羽毛、皮革及消化道内容物；不得额外添加骨粉；不得使用发生疫病和含禁用物质的动物组织。产品中总磷含量不高于3.5%，钙含量不超过磷含量的2.2倍，胃蛋白酶消化率不低于85%。产品名称应标明具体动物种类，如鸡肉粉	粗蛋白质 粗脂肪 总磷 胃蛋白酶消化率 酸价
9.6.8	____肉骨粉	以分割可食用鲜肉过程中余下的部分为原料，经高温蒸煮、灭菌、脱脂、干燥、粉碎获得的产品。原料应来源于同一动物种类，除不可避免的混杂，不得添加蹄、角、畜毛、羽毛、皮革及消化道内容物。不得使用发生疫病和含禁用物质的动物组织。产品中总磷含量不低于3.5%，钙含量不超过磷含量的2.2倍，胃蛋白酶消化率不低于85%。产品名称应标明具体动物种类，如鸡肉骨粉	粗蛋白质 粗脂肪 总磷 胃蛋白酶消化率 酸价
9.6.9	酸化骨粉［骨质磷酸氢钙］	脱胶骨粉经食品级或饲料级磷酸酸化、干燥、粉碎获得的产品	粗灰分 总磷 钙
9.6.10	脱胶骨粉	食用动物骨骼经脱胶、干燥、粉碎获得的产品。原料不得使用发生疫病和变质的动物骨骼	粗灰分 总磷 钙
9.7	血液制品		
9.7.1	喷雾干燥____血浆蛋白粉	以屠宰食用动物得到的新鲜血液分离出的血浆为原料，经灭菌、喷雾干燥获得的产品。原料应来源于同一动物种类，不得使用发生疫病和变质的动物血液。产品名称应标明具体动物来源，如喷雾干燥猪血浆蛋白粉	粗蛋白质 免疫球蛋白（IgG或IgY）
9.7.2	喷雾干燥____血球蛋白粉	以屠宰食用动物得到的新鲜血液分离出的血细胞为原料，经灭菌、喷雾干燥获得的产品。原料应来源于同一动物种类，不得使用发生疫病和变质的动物血液。产品名称应标明具体动物来源，如喷雾干燥猪血球蛋白粉	粗蛋白质
9.7.3	水解____血粉	以屠宰食用动物得到的新鲜血液为原料，经水解、干燥获得的产品。原料应来源于同一动物种类，不得使用发生疫病和变质的动物血液。产品名称应标明具体动物来源，如水解猪血粉	粗蛋白质 胃蛋白酶消化率
9.7.4	水解____血球蛋白粉	以屠宰食用动物得到的新鲜血液分离出的血球为原料，经破膜、灭菌、酶解、浓缩、喷雾干燥等一系列工序获得的产品。原料应来源于同一动物种类，不得使用发生疫病和变质的动物血液。产品名称应标明具体动物来源，如水解猪血球蛋白粉	粗蛋白质 胃蛋白酶消化率

（续表）

原料编号	原料名称	特征描述	强制性标识要求
9.7.5	水解珠蛋白粉	以屠宰食用动物获得的新鲜血液分离出的血球为原料，经破膜、灭菌、酶解、分离等工序得到得珠蛋白，再经浓缩、喷雾干燥获得的产品。粗蛋白质含量不低于90%	粗蛋白质 赖氨酸
9.7.6	____血粉	以屠宰食用动物得到的新鲜血液为原料，经干燥获得的产品。原料应来源于同一动物种类，不得使用发生疫病和变质的动物血液。产品粗蛋白质含量不低于85%。产品名称应标明具体动物来源，如鸡血粉	粗蛋白质
9.7.7	血红素蛋白粉	以屠宰食用动物得到的新鲜血液分离出的血球为原料，经破膜、灭菌、酶解、分离等工序获得血红素，再浓缩、喷雾干燥获得的产品。卟啉铁含量（以铁计）不低于1.2%	粗蛋白质 卟啉铁（血红素铁）

10. 鱼、其他水生生物及其副产品

原料编号	原料名称	特征描述	强制性标识要求
10.1	贝类及其副产品		
10.1.1	____贝	新鲜可食用的贝类，可以鲜用或根据使用要求对其进行冷藏、冷冻、蒸煮、干燥处理。产品名称中应标明贝的种类，如扇贝、牡蛎	
10.1.2	贝壳粉	贝类的壳经过干燥、粉碎获得的产品	粗灰分 钙
10.1.3	干贝粉	食品企业加工食用干贝（扇贝柱）剩余的边角料（不包括壳），经干燥、粉碎获得的产品	粗蛋白质 粗脂肪 组胺
10.2	甲壳类动物及其副产品		
10.2.1	虾	新鲜的虾。可以鲜用或根据使用要求对其进行冷藏、冷冻、蒸煮、干燥处理	
10.2.2	磷虾粉	以磷虾（*Euphausia superba*）为原料，经干燥、粉碎获得的产品	粗蛋白质 粗灰分 盐分 挥发性盐基氮
10.2.3	虾粉	虾经蒸煮、干燥、粉碎获得的产品	粗蛋白质 粗灰分 盐分 挥发性盐基氮
10.2.4	虾膏	以虾为原料，经油脂分离、酶解、浓缩获得的膏状物	粗蛋白质 粗灰分 水分 挥发性盐基氮

（续表）

原料编号	原料名称	特征描述	强制性标识要求
10.2.5	虾壳粉	以食品企业加工虾仁过程中剥离出的虾头、虾壳为原料，经干燥、粉碎获得的产品	粗灰分
10.2.6	虾油	以海洋虾类经蒸煮、压榨、分离获得的毛油为原料，再进行精炼获得的产品	脂肪 酸价 碘价
10.2.7	蟹	新鲜的蟹。可以鲜用或根据使用要求对其进行冷藏、冷冻、蒸煮、干燥处理	
10.2.8	蟹粉	以蟹或蟹的某一部分为原料，经蒸煮、压榨、干燥、粉碎获得的产品。产品中粗蛋白质含量不低于25%	粗蛋白质 粗灰分 挥发性盐基氮
10.2.9	蟹壳粉	以蟹壳为原料，经烘干、粉碎获得的产品	粗灰分
10.3	水生软体动物及其副产品		
10.3.1	乌贼	新鲜的乌贼。可以鲜用或根据使用要求对其进行冷藏、冷冻、蒸煮、干燥处理	
10.3.2	乌贼粉	乌贼经蒸煮、压榨、干燥、粉碎获得的产品	粗蛋白质 粗脂肪 粗灰分 挥发性盐基氮
10.3.3	乌贼膏	以乌贼内脏为原料，经油脂分离、酶解、浓缩获得的膏状物	粗蛋白质 粗脂肪 粗灰分 挥发性盐基氮 水分
10.3.4	乌贼内脏粉	乌贼膏或与载体混合后，经过干燥获得的产品。使用的载体应为饲料法规中许可使用的原料，并在标签中注明载体名称	粗蛋白质 粗灰分 载体名称 挥发性盐基氮
10.3.5	乌贼油	从乌贼内脏中分离出的油脂	粗脂肪 酸价 碘价
10.3.6	鱿鱼	新鲜的鱿鱼。可以鲜用根据使用要求可对其进行冷藏、冷冻、蒸煮或干燥处理	粗脂肪 酸价
10.3.7	鱿鱼粉	鱿鱼经蒸煮、压榨、干燥、粉碎获得的产品	粗蛋白质 粗脂肪 挥发性盐基氮

（续表）

原料编号	原料名称	特征描述	强制性标识要求
10.3.8	鱿鱼膏	以鱿鱼内脏为原料，经油脂分离、酶解、浓缩获得的膏状物	粗蛋白质 粗脂肪 粗灰分 挥发性盐基氮 水分
10.3.9	鱿鱼内脏粉	鱿鱼膏或与载体混合后，经过干燥获得的产品。使用的载体应为饲料法规中许可使用的原料，并在标签中注明载体名称	粗蛋白质 粗灰分 载体名称 挥发性盐基氮
10.3.10	鱿鱼油	从鱿鱼内脏中分离出的油脂	粗脂肪 酸价 碘价
10.4	鱼及其副产品		
10.4.1	鱼	鲜鱼的全部或部分鱼体。可以鲜用或根据使用要求对其进行冷藏、冷冻、蒸煮、干燥处理。不得使用发生疫病和受污染的鱼	粗蛋白质 水分
10.4.2	白鱼粉	鳕鱼、鲽鱼、鳘鱼等白肉鱼种的全鱼或其为原料加工水产品后剩余的鱼体部分（包括鱼骨、鱼内脏、鱼头、鱼尾、鱼皮、鱼眼、鱼鳞和鱼鳍），经蒸煮、压榨、脱脂、干燥、粉碎获得的产品	粗蛋白质 粗脂肪 粗灰分 赖氨酸 组胺 挥发性盐基氮
10.4.3	水解鱼蛋白粉	以全鱼或鱼的某一部分为原料，经浓缩、水解、干燥获得的产品。产品中粗蛋白质含量不低于50%	粗蛋白质 粗脂肪 粗灰分
10.4.4	鱼粉	全鱼或经分割的鱼体经蒸煮、压榨、脱脂、干燥、粉碎获得的产品。在干燥过程中可加入鱼溶浆。不得使用发生疫病和受污染的鱼。该产品原料若来源于淡水鱼，产品名称应标明“淡水鱼粉”	粗蛋白质 粗脂肪 粗灰分 赖氨酸 挥发性盐基氮
10.4.5	鱼膏	以鲜鱼内脏等下杂物为原料，经油脂分离、酶解、浓缩获得的膏状物	粗蛋白质 粗灰分 挥发性盐基氮 水分
10.4.6	鱼骨粉	鱼类的骨骼经粉碎、烘干获得的产品	钙 磷 粗灰分

（续表）

原料编号	原料名称	特征描述	强制性标识要求
10.4.7	鱼排粉	加工鱼类水产品过程中剩余的鱼体部分（包括鱼骨、鱼内脏、鱼头、鱼尾、鱼皮、鱼眼、鱼鳞和鱼鳍）经蒸煮、烘干、粉碎获得的产品	粗蛋白质 粗脂肪 粗灰分 挥发性盐基氮
10.4.8	鱼溶浆	以鱼粉加工过程中得到的压榨液为原料，经脱脂、浓缩或水解后再浓缩获得的膏状产品。产品中水分含量不高于50%	粗蛋白质 粗脂肪 挥发性盐基氮 水分
10.4.9	鱼溶浆粉	鱼溶浆或与载体混合后，经过喷雾干燥或低温干燥获得的产品。使用载体应为饲料法规中许可使用的原料，并在产品标签中标明载体名称	粗蛋白质 盐分 挥发性盐基氮 载体名称
10.4.10	鱼虾粉	以鱼、虾、蟹等水产动物及其加工副产物为原料，经蒸煮、压榨、干燥、粉碎等工序获得的产品。不得使用发生疫病和受污染的鱼	粗蛋白质 粗脂肪 挥发性盐基氮 粗灰分
10.4.11	鱼油	对全鱼或鱼的某一部分经蒸煮、压榨获得的毛油，再进行精炼获得的产品	粗脂肪 酸价 碘价 丙二醛
10.5	其他		
10.5.1	卤虫卵	卤虫及其卵	空壳率 孵化率

11. 矿物质

原料编号	原料名称	特征描述	强制性标识要求
11.1	天然矿物质		
11.1.1	凹凸棒石（粉）	天然水合镁铝硅酸盐矿物，可以是粒状或经粉碎后的粉	镁 水分
	贝壳粉	见10.1.2	
11.1.2	沸石粉	天然斜发沸石或丝光沸石经粉碎获得的产品	钙 吸蓝量 吸氨值 水分
11.1.3	高岭土	以高岭石簇矿为主的含有矿物元素的天然矿物，水合硅铝酸盐含量不低于65%。在配合饲料中用量不得超过2.5%。不得含有石棉	铅 水分

（续表）

原料编号	原料名称	特征描述	强制性标识要求
11.1.4	海泡石	一种水合富镁硅酸盐黏土矿物	水分
11.1.5	滑石粉	天然硅酸镁盐类矿物滑石经精选、净化、粉碎、干燥获得的产品	水分
11.1.6	麦饭石	天然的无机硅铝酸盐	水分
11.1.7	蒙脱石	由颗粒极细的水合铝硅酸盐构成的矿物，一般为块状或土状。蒙脱石是膨润土的功能成分，需要从膨润土中提纯获得	吸蓝量 吸氨值 水分
11.1.8	膨润土［斑脱岩、膨土岩］	以蒙脱石为主要成分的黏土岩—蒙脱石黏土岩	水分
11.1.9	石粉	用机械方法直接粉碎天然含碳酸钙的石灰石、方解石、白垩沉淀、白垩岩等而制得。钙含量不低于35%	钙
11.1.10	蛭石	含有硅酸镁、铝、铁的天然矿物质经加热膨胀形成的产品。不得含有石棉	水分 氟

12. 微生物发酵产品及副产品

原料编号	原料名称	特征描述	强制性标识要求
12.1	饼粕、糟渣发酵产品		
12.1.1	发酵豆粕	以豆粕为主要原料（≥95%），以麸皮、玉米皮等为辅助原料，使用农业部《饲料添加剂品种目录》中批准使用的饲用微生物菌种进行固态发酵，并经干燥制成的蛋白质饲料原料产品	粗蛋白质 酸溶蛋白 水苏糖 水分
12.1.2	发酵____果渣	以果渣为原料，使用农业部《饲料添加剂品种目录》中批准使用的饲用微生物进行固体发酵获得的产品。产品名称应标明具体原料来源，如：发酵苹果渣	粗纤维 粗灰分 水分
12.1.3	发酵棉籽蛋白	以脱壳程度高的棉籽粕或棉籽蛋白为主要原料（≥95%），以麸皮、玉米等为辅助原料，使用农业部《饲料添加剂品种目录》中批准使用的酵母菌和芽孢杆菌进行固态发酵，并经干燥制成的粗蛋白质含量在50%以上的产品	粗蛋白质 酸溶蛋白 游离棉酚 水分
12.1.4	酿酒酵母发酵白酒糟	以鲜白酒糟为基质，经酿酒酵母固体发酵、自溶、干燥、粉碎后得到的产品	粗蛋白 粗纤维 酸溶蛋白 木质素
12.2	单细胞蛋白		
12.2.1	产朊假丝酵母蛋白	以玉米浸泡液、葡萄糖、葡萄糖母液等为培养基，利用产朊假丝酵母液体发酵，经喷雾干燥制成的粉末状产品	粗蛋白质 粗灰分
12.2.2	啤酒酵母粉	啤酒发酵过程中产生的废弃酵母，以啤酒酵母细胞为主要组分，经干燥获得的产品	粗蛋白质 粗灰分

（续表）

原料编号	原料名称	特征描述	强制性标识要求
12.2.3	啤酒酵母泥	啤酒发酵中产生的泥浆状废弃酵母，以啤酒酵母细胞为主且含有少量啤酒	粗蛋白质 粗灰分
12.3	利用特定微生物和特定培养基培养获得的菌体蛋白类产品（微生物细胞经休眠或灭活）		
12.3.1	谷氨酸渣［味精渣］	利用谷氨酸棒杆菌和由蔗糖、糖蜜、淀粉或其水解液等植物源成分及铵盐（或其他矿物质）组成的培养基发酵生产L-谷氨酸后剩余的固体残渣。菌体应灭活。可进行干燥处理	粗蛋白质 粗灰分 铵盐 水分
12.3.2	核苷酸渣	利用谷氨酸棒杆菌和由蔗糖、糖蜜、淀粉或其水解液等植物源成分及铵盐（或其他矿物质）组成的培养基发酵生产5′-肌苷酸二钠、5′-鸟苷酸二钠后剩余的固体残渣。菌体应灭活。可进行干燥处理	粗蛋白质 粗灰分 铵盐 水分
12.3.3	赖氨酸渣	利用谷氨酸棒杆菌和由蔗糖、糖蜜、淀粉或其水解液等植物源成分及铵盐（或其他矿物质）组成的培养基发酵生产L-赖氨酸后剩余的固体副产物。菌体应灭活。可进行干燥处理	粗蛋白质 粗灰分 铵盐 水分
12.4	糟渣类发酵副产物		
12.4.1	____醋糟 1. 糯米 2. 高粱 3. 麦麸 4. 米糠 5. 甘薯 6. 水果 7. 谷物	以所列物质为原料，经米曲霉、黑曲霉、啤酒酵母和醋杆菌发酵酿造提取食醋后所得的固体副产物。产品若来源于以单一原料，产品名称应标明其来源，如糯米醋糟	粗蛋白质 粗纤维 粗灰分 水分
	谷物酒糟类产品	见第1.5	
12.4.2	酱油糟	以大豆、豌豆、蚕豆、豆饼、麦麸及食盐等为原料，经米曲霉、酵母菌及乳酸菌发酵酿制酱油后剩余的残渣经灭菌、干燥后获得的固体副产物	粗蛋白质 粗脂肪 食盐
12.4.3	柠檬酸糟	以含有淀粉的植物性原料发酵生产柠檬酸的过程中，发酵液经过滤剩余的滤渣经脱水干燥获得的固体产品。产品可经粉碎	粗蛋白质 粗灰分
12.4.4	葡萄酒糟（泥）	工业法生产葡萄汁的副产物，由分离发酵葡萄汁后的液体/糊状物组成	粗蛋白质 粗灰分

13. 其他饲料原料

原料编号	原料名称	特征描述	强制性标识要求
13.1	淀粉及其加工产品		
13.1.1	____淀粉	谷物、豆类、块根、块茎等食用植物性原料经淀粉制取工艺（提取、脱水和干燥）获得的产品。产品名称应标明植物性原料的来源，如玉米淀粉。产品须由有资质的食品生产企业提供	淀粉 水分

（续表）

原料编号	原料名称	特征描述	强制性标识要求
13.1.2	糊精	淀粉在酸或酶的作用下进行低度水解反应所获得的小分子的中间产物。产品须由有资质的食品生产企业提供	还原糖 葡萄糖当量 水分
13.2	食品类产品及副产品		
13.2.1	果蔬加工产品及副产品	新鲜水果和蔬菜在食品工业加工过程中获得的干燥或冷冻的产品。该类产品在不影响公共健康和动物健康的前提下方可生产和使用。产品名称应标明相应的水果、蔬菜和调味料种类的具体名称，如番茄皮渣	粗纤维 酸不溶灰分 淀粉 粗脂肪
13.2.2	食品工业产品及副产品	食品工业（方便面和挂面、饼干和糕点、面包、肉制品、巧克力和糖果）生产过程中获得的前食品①和副产品（仅指上述食品在生产过程中因边角、不完整、散落、规格混杂原因而不能成为商品的部分）。可进行干燥处理。该类产品在不影响公共健康和动物健康的前提下方可生产和使用。产品名称应标明具体种类和来源，如火腿肠粉	粗蛋白质 粗脂肪 盐分 货架期 水分
13.3	食用菌及其加工产品		
13.3.1	白灵侧耳（白灵菇）	侧耳科侧耳属食用菌白灵侧耳（*Pleurotus eryngii* var. *tuoliensia*）及其干燥产品	
13.3.2	刺芹侧耳（杏鲍菇）	侧耳科侧耳属食用菌刺芹侧耳（*Pleurotus eryngii*）及其干燥产品	
13.4	糖类		
13.4.1	白糖［蔗糖］	以甘蔗或甜菜为原料经制糖工艺制取的精糖，主要成分为蔗糖。产品须由有资质的食品生产企业提供	总糖
13.4.2	果糖	己酮糖，单糖的一种，是葡萄糖的同分异构体。产品须由有资质的食品生产企业提供	果糖 比旋光度
13.4.3	红糖［蔗糖］	以甘蔗为原料，经榨汁、浓缩获得的带糖蜜的赤色晶体，主要成分为蔗糖。产品须由有资质的食品生产企业提供	总糖
13.4.4	麦芽糖	两个葡萄糖分子以α-1，4-糖苷键连接构成的二糖。为淀粉经β-淀粉酶作用下不完全水解获得的产物。产品须由有资质的食品生产企业提供	
13.4.5	木糖	戊糖，单糖的一种，以玉米芯为原料，在硫酸催化剂存在的条件下经水解、脱色、净化、蒸发、结晶、干燥等工艺加工生产。产品须由有资质的食品生产企业提供	木糖 比旋光度
13.4.6	葡萄糖	己醛糖，单糖的一种，是果糖的同分异构体，可含有一个结晶水。产品须由有资质的食品生产企业提供	葡萄糖 比旋光度
13.4.7	葡萄糖胺（氨基葡萄糖）	壳聚糖和壳质结构的一部分，由甲壳类动物和其他节肢动物的外骨骼经水解制备或由粮食（如玉米或小麦）发酵生产	葡萄糖胺

① 前食品：以人类食品为目的生产的，因制造、包装以及其他缺陷不再用于人类消费，但对人类或动物不构成风险的产品。

（续表）

原料编号	原料名称	特征描述	强制性标识要求
13.4.8	葡萄糖浆	淀粉经水解获得的高纯度、浓缩的营养性糖类的水溶液。产品须由有资质的食品生产企业提供	总糖 水分
13.5	纤维素及其加工产品		
13.5.1	纤维素	天然木材通过机械加工而获得的产品，其主要成分为纤维素	粗纤维 粗灰分 水分

第四部分　单一饲料品种

1.1.3　大麦蛋白粉
1.2.6　大米蛋白粉
1.2.8　大米酶解蛋白
1.5.1　干白酒糟
1.5.2　干黄酒糟
1.5.3　____干酒精糟［DDG］
1.5.4　____干酒精糟可溶物［DDS］
1.5.5　干啤酒糟
1.5.6　含可溶物的干酒精糟［____干全酒精糟］［DDGS］
1.11.3　谷朊粉［活性小麦面筋粉］［小麦蛋白粉］
1.11.15　小麦水解蛋白
1.13.2　喷浆玉米皮
1.13.7　玉米蛋白粉
1.13.10　玉米浆干粉
1.13.11　玉米酶解蛋白
2.2.3　菜籽蛋白
2.2.5　菜籽粕［菜粕］
2.2.9　双低菜籽粕［双低菜粕］
2.3.2　大豆分离蛋白
2.3.4　大豆酶解蛋白
2.3.5　大豆浓缩蛋白
2.3.10　大豆糖蜜
2.3.14　豆粕
2.3.18　膨化大豆蛋白［大豆组织蛋白］
2.3.19　膨化豆粕
2.9.3　花生蛋白
2.9.6　花生粕［花生仁粕］

2.12.4 棉籽蛋白
2.12.6 棉籽酶解蛋白
2.12.7 棉籽粕［棉粕］
2.12.9 脱酚棉籽蛋白［脱毒棉籽蛋白］
3.3.2 蚕豆粉浆蛋白粉
3.7.2 绿豆粉浆蛋白粉
3.8.5 豌豆粉浆蛋白粉
4.7.2 马铃薯蛋白粉
7.5.2 ____藻渣
7.5.3 裂壶藻粉
7.5.4 螺旋藻粉
7.5.5 拟微绿球藻粉
7.5.6 微藻粕
7.5.7 小球藻粉
9.1.1 ____油
9.1.2 ____油渣（饼）
9.3.1 肠膜蛋白粉
9.3.3 动物内脏粉
9.3.5 动物水解物
9.3.6 膨化羽毛粉
9.3.9 水解蹄角粉
9.3.10 水解畜毛粉
9.3.11 水解羽毛粉
9.4.1 蛋粉
9.4.2 蛋黄粉
9.4.3 蛋壳粉
9.4.4 蛋清粉
9.6.2 ____骨粉（粒）
9.6.7 ____肉粉
9.6.8 ____肉骨粉
9.6.9 酸化骨粉［骨质磷酸氢钙］
9.6.10 脱胶骨粉
9.7.1 喷雾干燥____血浆蛋白粉
9.7.2 喷雾干燥____血球蛋白粉
9.7.3 水解____血粉
9.7.4 水解____血球蛋白粉
9.7.5 水解珠蛋白粉
9.7.6 ____血粉
9.7.7 血红素蛋白粉

10.2.2　磷虾粉
10.2.3　虾粉
10.4.2　白鱼粉
10.4.3　水解鱼蛋白粉
10.4.4　鱼粉
10.4.7　鱼排粉
10.4.8　鱼溶浆
10.4.9　鱼溶浆粉
10.4.10　鱼虾粉
10.4.11　鱼油
12.1.1　发酵豆粕
12.1.2　发酵____果渣
12.1.3　发酵棉籽蛋白
12.1.4　酿酒酵母发酵白酒糟
12.2.1　产朊假丝酵母蛋白
12.2.2　啤酒酵母粉
12.3.1　谷氨酸渣
12.3.2　核苷酸渣
12.3.3　赖氨酸渣
12.4.3　柠檬酸糟

中华人民共和国农业部
二〇一二年六月一日

《饲料原料目录》修订公告

中华人民共和国农业部公告第2038号

依据《饲料和饲料添加剂管理条例》，我部组织全国饲料评审委员会对部分饲料企业和行业协会提出的《饲料原料目录》（以下简称“《目录》”）修订建议进行了评审，决定将大豆磷脂油粉等8种饲料原料增补进《目录》，对豆饼等8种原料的名称或特征描述进行修订，将酿酒酵母培养物等3种产品从《饲料添加剂品种目录》转入《目录》。有关事项公告如下。

一、修订内容

1. 增补“大豆磷脂油粉”进入《目录》。在“大豆磷脂油”（编号2.3.3）原料名称中增加“大豆磷脂油粉”。在特征描述中增加“或大豆磷脂油与载体（玉米粉、玉米芯粉、稻壳粉、麸皮）混合、干燥后的产品，粗脂肪≥50%”。强制性标识要求不变。

2. 增补“棕榈脂肪粉”进入《目录》。在“棕榈油”（编号：2.20.6）原料名称中增加“棕榈脂肪粉”。在特征描述中增加“或棕榈油经加热、喷雾、冷却获得的颗粒状粉末。产品不得添加任何载体，粗脂肪≥99.5%”。强制性标识要求不变。

3. 增补“瓜尔豆”进入《目录》。编号：3.4.1。特征描述：豆科瓜尔豆属（*Cyamopsis tetragonoloba* L.）的籽实。无强制性标识要求。

4. 增补“辣椒籽油”进入《目录》。编号：5.1.4。特征描述：辣椒籽经压榨或浸提制取的油。产品须由有资质的食品生产企业提供。强制性标识：酸价、过氧化值。

5. 增补“腐植酸钠”进入《目录》。编号：11.1.11。特征描述：泥炭、褐煤或风化煤粉碎后，与氢氧化钠溶液充分反应得到的上清液经浓缩、干燥得到的产品，或通过制粒等工艺对上述产品进一步精制得到的产品，其中可溶性腐植酸不低于55%，水分不高于12%。强制性标识要求：可溶性腐植酸、水分。

6. 增补“甜菜糖蜜酵母发酵浓缩液”进入《目录》。编号：12.4.5。特征描述：以甜菜糖蜜为原料，经液体发酵生产酵母后的残液再经浓缩得到的产品。强制性标识要求：钾、盐分、甜菜碱、非蛋白氮。

7. 增补“食品酵母粉”进入《目录》。编号：12.2.4。特征描述：食品酵母生产过程中产生的废弃酵母经干燥获得的产品，以酿酒酵母细胞为主要组分。强制性标识要求：粗蛋白质、粗灰分。

8. 增补“酵母水解物”进入《目录》。编号：12.2.5。特征描述：以酿酒酵母（Saccharomyces cerevisiae）为菌种，经液体发酵得到的菌体，再经自溶或外源酶催化水解后，浓缩或干燥获得的产品。酵母可溶物未经提取，粗蛋白含量不低于35%。强制性标识要求：粗蛋白质、粗灰分、水分、甘露聚糖、氨基酸态氮。

9. 修订“豆饼”（编号：2.3.13）原料名称，增加“大豆饼”；特征描述和强制性标识不变。

10. 修订“豆粕”（编号：2.3.14）原料名称，增加“大豆粕”；在特征描述中增加“或大豆胚片经膨胀浸提制油工艺提取油后获得的产品”；强制性标识要求不变。

11. 修订“豆渣”（编号：2.3.15）原料名称，增加“大豆渣”；特征描述和强制性标识不变。

12. 修订“膨化豆粕”（编号：2.3.19）特征描述，去掉“或大豆胚片经膨胀豆粕制油工艺取油”。

13. 修订“棉籽蛋白”（编号：2.12.4）特征描述，去掉“以干基计”。

14. 修订“酸化骨粉［骨质磷酸氢钙］”原料名称、特征描述和强制性标识要求。编号：9.6.9。原料名称：骨源磷酸氢钙。特征描述：食用动物骨粉碎后，经盐酸浸泡所得溶液，用石灰乳中和，再经干燥、粉碎得到的产品，其中磷含量不低于16.5%，氯含量不高于3%。强制性标识要求：粗灰分、总磷、钙、氯。

15. 修订“其他可饲用天然植物”定义。编号：7.6。定义：其他可饲用天然植物（仅指所称植物或植物的特定部位经干燥或粗提或干燥、粉碎获得的产品）。

16. 修订“葡萄糖胺（氨基葡萄糖）”（编号：13.4.7）原料名称和强制性标识要求。将原料名称修订为：葡萄糖胺盐酸盐。特征描述不变。强制性标识要求：葡萄糖胺盐酸盐。

17. 将“酿酒酵母培养物”从《饲料添加剂品种目录》转入《目录》。编号：12.2.6。特征描述：以酿酒酵母为菌种，经固体发酵后，浓缩、干燥获得的产品。强制性标识要求：粗蛋白质、粗灰分、水分、甘露聚糖。

18. 将“酿酒酵母提取物”从《饲料添加剂品种目录》转入《目录》。编号：12.2.7。特征描述：酿酒酵母经液体发酵后得到的菌体，再经自溶或外源酶催化水解，或机械破碎后，分离获得的可溶性组分浓缩或干燥得到的产品。强制性标识要求：粗蛋白质、粗灰分。

19. 将“酿酒酵母细胞壁”从《饲料添加剂品种目录》转入《目录》。编号：12.2.8。特征描述：酿酒酵母经液体发酵后得到的菌体，再经自溶或外源酶催化水解，或机械破碎后，分离获得的细胞壁浓缩、干燥得到的产品。强制性标识要求：甘露聚糖、水分。

二、腐植酸钠、甜菜糖蜜酵母发酵浓缩液、食品酵母粉、酵母水解物、酿酒酵母培养物、酿酒酵母提取物、酿酒酵母细胞壁和葡萄糖胺盐酸盐同时增补到《目录》第四部分“单一饲料品种”中。

三、上述修订意见自本公告发布之日起执行。各级饲料管理部门在办理有关行政审批、监督执法事项时，凡涉及到上述饲料原料品种，均以本公告为准。鉴于有关内容已纳入本公告，《农业部办公厅关于发布〈饲料原料目录〉修订意见的通知》（农办牧［2013］11号）自本公告发布之日起废止。

附件：《饲料原料目录》修订列表

中华人民共和国农业部

二〇一三年十二月十九日

附件：

《饲料原料目录》修订列表

原料编号	原料名称	特征描述	强制性标识要求
2.3	大豆及其加工产品		
2.3.3	大豆磷脂油（大豆磷脂油粉）	在大豆原油脱胶过程中分离出的、经真空脱水获得的含油磷脂；或大豆磷脂油与载体（玉米粉、玉米芯粉、稻壳粉、麸皮）混合、干燥后的产品，粗脂肪≥50%	丙酮不溶物 粗脂肪 酸价 水分
2.3.13	豆饼［大豆饼］	大豆籽粒经压榨取油后的副产品。可经瘤胃保护	粗蛋白质 粗脂肪
2.3.14	豆粕［大豆粕］	大豆经预压浸提或直接溶剂浸提取油后获得的副产品；或由大豆饼浸提取油后获得的副产品；或大豆胚片经膨胀浸提制油工艺提取油后获得的产品。可经瘤胃保护	粗蛋白质 粗纤维
2.3.15	豆渣［大豆渣］	大豆经浸泡、碾磨、加工成豆制品或提取蛋白后的副产品	粗蛋白质 粗纤维
2.3.19	膨化豆粕	豆粕经膨化处理后获得的产品	粗蛋白质 粗纤维
2.12	棉籽及其加工产品		
2.12.4	棉籽蛋白	由棉籽或棉籽粕生产的粗蛋白质含量在50%以上的产品	粗蛋白质 游离棉酚
2.20	棕榈及其加工产品		
2.20.6	棕榈油（棕榈脂肪粉）	棕榈果肉经压榨或浸提制取的油；或棕榈油经加热、喷雾、冷却获得的颗粒状粉末。产品不得添加任何载体，粗脂肪≥99.5%。产品须由有资质的食品生产企业提供。	酸价 过氧化值
3.4	瓜尔豆及其加工产品		
3.4.1	瓜尔豆	豆科瓜尔豆属（*Cyamopsis tetragonoloba* L.）的籽实	
5.1	辣椒及其加工产品		
5.1.4	辣椒籽油	辣椒籽经压榨或浸提制取的油。产品须由有资质的食品生产企业提供	酸价 过氧化值
7.6	其他可饲用天然植物（仅指所称植物或植物的特定部位经干燥或粗提或干燥、粉碎获得的产品）		
9.6	肉、骨及其加工产品		
9.6.9	骨源磷酸氢钙	食用动物骨粉碎后，经盐酸浸泡所得溶液，用石灰乳中和，再经干燥、粉碎得到的产品，其中磷含量不低于16.5%，氯含量不高于3%	粗灰分 总磷 钙 氯
11.1	天然矿物质		
11.1.11	腐植酸钠	泥炭、褐煤或风化煤粉碎后，与氢氧化钠溶液充分反应得到的上清液经浓缩、干燥得到的产品，或通过制粒等工艺对上述产品进一步精制得到的产品，其中可溶性腐植酸不低于55%，水分不高于12%	可溶性腐植酸 水分

（续表）

原料编号	原料名称	特征描述	强制性标识要求
12.2	单细胞蛋白		
12.2.4	食品酵母粉	食品酵母生产过程中产生的废弃酵母经干燥获得的产品，以酿酒酵母细胞为主要组分	粗蛋白质 粗灰分
12.2.5	酵母水解物	以酿酒酵母（*Saccharomyces cerevisiae*）为菌种，经液体发酵得到的菌体，再经自溶或外源酶催化水解后，浓缩或干燥获得的产品。酵母可溶物未经提取，粗蛋白含量不低于35%	粗蛋白质（以干基计） 粗灰分 水分 甘露聚糖 氨基酸态氮
12.2.6	酿酒酵母培养物	以酿酒酵母为菌种，经固体发酵后，浓缩、干燥获得的产品	粗蛋白质 粗灰分 水分 甘露聚糖
12.2.7	酿酒酵母提取物	酿酒酵母经液体发酵后得到的菌体，再经自溶或外源酶催化水解，或机械破碎后，分离获得的可溶性组分浓缩或干燥得到的产品	粗蛋白质 粗灰分
12.2.8	酿酒酵母细胞壁	酿酒酵母经液体发酵后得到的菌体，再经自溶或外源酶催化水解，或机械破碎后，分离获得的细胞壁浓缩、干燥得到的产品	水分 甘露聚糖
12.4	糟渣类发酵副产物		
12.4.5	甜菜糖蜜酵母发酵浓缩液	以甜菜糖蜜为原料，经液体发酵生产酵母后的残液再经浓缩得到的产品	钾 盐分 甜菜碱 非蛋白氮
13.4	糖类		
13.4.7	葡萄糖胺盐酸盐	壳聚糖和壳质结构的一部分，由甲壳类动物和其他节肢动物的外骨骼经水解制备或由粮食（如玉米或小麦）发酵生产	葡萄糖胺盐酸盐

饲料添加剂品种目录（2013）

中华人民共和国农业部公告第2045号

为加强对饲料添加剂的管理，保障饲料和养殖产品质量安全，促进饲料工业持续健康发展，根据《饲料和饲料添加剂管理条例》，现公布《饲料添加剂品种目录（2013）》（以下简称《目录（2013）》），并就有关事宜公告如下。

一、《目录（2013）》是在《饲料添加剂品种目录（2008）》（以下简称《目录（2008）》）的基础上修订的，增加了部分实际生产中需要且公认安全的饲料添加剂品种（或来源）；删除了缩二脲和叶黄素；将麦芽糊精、酿酒酵母培养物、酿酒酵母提取物、酿酒酵母细胞壁4个品种移至《饲料原料目录》；对部分品种的适用范围以及部分饲料添加剂类别名称进行了修订；将20个保护期满的新产品品种正式纳入《附录一》，将《目录（2008）》发布之后获得饲料和饲料添加剂新产品证书的7个产品纳入《附录二》。

二、《目录（2013）》由《附录一》和《附录二》两部分组成。凡生产、经营和使用的营养性饲料添加剂和一般饲料添加剂，均应属于《目录（2013）》中规定的品种。凡《目录（2013）》外的物质拟作为饲料添加剂使用，应按照《新饲料和新饲料添加剂管理办法》的有关规定，申请并获得新产品证书。

三、饲料添加剂的生产企业需办理生产许可证和产品批准文号。其中《附录二》中的饲料添加剂品种仅允许所列申请单位或其授权的单位生产。

四、生产源于转基因动植物、微生物的饲料添加剂，以及含有转基因产品成分的饲料添加剂，应按照《农业转基因生物安全管理条例》的有关规定进行安全评价，获得农业转基因生物安全证书后，再按照《新饲料和新饲料添加剂管理办法》的有关规定进行评审。

五、本公告自2014年2月1日起施行。2008年12月11日公布的《饲料添加剂品种目录（2008）》（农业部公告第1126号）同时废止。

中华人民共和国农业部

二〇一三年十二月三十日

附件:

饲料添加剂品种目录（2013）

附录一

类别	通用名称	适用范围
氨基酸、氨基酸盐及其类似物	L-赖氨酸、液体L-赖氨酸（L-赖氨酸含量不低于50%）、L-赖氨酸盐酸盐、L-赖氨酸硫酸盐及其发酵副产物（产自谷氨酸棒杆菌、乳糖发酵短杆菌，L-赖氨酸含量不低于51%）、DL-蛋氨酸、L-苏氨酸、L-色氨酸、L-精氨酸、L-精氨酸盐酸盐、甘氨酸、L-酪氨酸、L-丙氨酸、天（门）冬氨酸、L-亮氨酸、异亮氨酸、L-脯氨酸、苯丙氨酸、丝氨酸、L-半胱氨酸、L-组氨酸、谷氨酸、谷氨酰胺、缬氨酸、胱氨酸、牛磺酸	养殖动物
	半胱胺盐酸盐	畜禽
	蛋氨酸羟基类似物、蛋氨酸羟基类似物钙盐	猪、鸡、牛和水产养殖动物
	N-羟甲基蛋氨酸钙	反刍动物
	α-环丙氨酸	鸡
维生素及类维生素	维生素A、维生素A乙酸酯、维生素A棕榈酸酯、β-胡萝卜素、盐酸硫胺（维生素B_1）、硝酸硫胺（维生素B_1）、核黄素（维生素B_2）、盐酸吡哆醇（维生素B_6）、氰钴胺（维生素B_{12}）、L-抗坏血酸（维生素C）、L-抗坏血酸钙、L-抗坏血酸钠、L-抗坏血酸-2-磷酸酯、L-抗坏血酸-6-棕榈酸酯、维生素D_2、维生素D_3、天然维生素E、dl-α-生育酚、dl-α-生育酚乙酸酯、亚硫酸氢钠甲萘醌（维生素K_3）、二甲基嘧啶醇亚硫酸甲萘醌、亚硫酸氢烟酰胺甲萘醌、烟酸、烟酰胺、D-泛醇、D-泛酸钙、DL-泛酸钙、叶酸、D-生物素、氯化胆碱、肌醇、L-肉碱、L-肉碱盐酸盐、甜菜碱、甜菜碱盐酸盐	养殖动物
	25-羟基胆钙化醇（25-羟基维生素D_3）	猪、家禽
	L-肉碱酒石酸盐	宠物
矿物元素及其络（螯）合物[1]	氯化钠、硫酸钠、磷酸二氢钠、磷酸氢二钠、磷酸二氢钾、磷酸氢二钾、轻质碳酸钙、氯化钙、磷酸氢钙、磷酸二氢钙、磷酸三钙、乳酸钙、葡萄糖酸钙、硫酸镁、氧化镁、氯化镁、柠檬酸亚铁、富马酸亚铁、乳酸亚铁、硫酸亚铁、氯化亚铁、氯化铁、碳酸亚铁、氯化铜、硫酸铜、碱式氯化铜、氧化锌、氯化锌、碳酸锌、硫酸锌、乙酸锌、碱式氯化锌、氯化锰、氧化锰、硫酸锰、碳酸锰、磷酸氢锰、碘化钾、碘化钠、碘酸钾、碘酸钙、氯化钴、乙酸钴、硫酸钴、亚硒酸钠、钼酸钠、蛋氨酸铜络（螯）合物、蛋氨酸铁络（螯）合物、蛋氨酸锰络（螯）合物、蛋氨酸锌络（螯）合物、赖氨酸铜络（螯）合物、赖氨酸锌络（螯）合物、甘氨酸铜络（螯）合物、甘氨酸铁络（螯）合物、酵母铜、酵母铁、酵母锰、酵母硒、氨基酸铜络合物（氨基酸来源于水解植物蛋白）、氨基酸铁络合物（氨基酸来源于水解植物蛋白）、氨基酸锰络合物（氨基酸来源于水解植物蛋白）、氨基酸锌络合物（氨基酸来源于水解植物蛋白）	养殖动物
	蛋白铜、蛋白铁、蛋白锌、蛋白锰	养殖动物（反刍动物除外）

（续表）

类别	通用名称	适用范围
矿物元素及其络（螯）合物[1]	羟基蛋氨酸类似物络（螯）合锌、羟基蛋氨酸类似物络（螯）合锰、羟基蛋氨酸类似物络（螯）合铜	奶牛、肉牛、家禽和猪
	烟酸铬、酵母铬、蛋氨酸铬、吡啶甲酸铬	猪
	丙酸铬、甘氨酸锌	猪
	丙酸锌	猪、牛和家禽
	硫酸钾、三氧化二铁、氧化铜	反刍动物
	碳酸钴	反刍动物、猫、狗
	稀土（铈和镧）壳糖胺螯合盐	畜禽、鱼和虾
	乳酸锌（α-羟基丙酸锌）	生长育肥猪、家禽
酶制剂[2]	淀粉酶（产自黑曲霉、解淀粉芽孢杆菌、地衣芽孢杆菌、枯草芽孢杆菌、长柄木霉[3]、米曲霉、大麦芽、酸解支链淀粉芽孢杆菌）	青贮玉米、玉米、玉米蛋白粉、豆粕、小麦、次粉、大麦、高粱、燕麦、豌豆、木薯、小米、大米
	α-半乳糖苷酶（产自黑曲霉）	豆粕
	纤维素酶（产自长柄木霉[3]、黑曲霉、孤独腐质霉、绳状青霉）	玉米、大麦、小麦、麦麸、黑麦、高粱
	β-葡聚糖酶（产自黑曲霉、枯草芽孢杆菌、长柄木霉[3]、绳状青霉、解淀粉芽孢杆菌、棘孢曲霉）	小麦、大麦、菜籽粕、小麦副产物、去壳燕麦、黑麦、黑小麦、高粱
	葡萄糖氧化酶（产自特异青霉、黑曲霉）	葡萄糖
	脂肪酶（产自黑曲霉、米曲霉）	动物或植物源性油脂或脂肪
	麦芽糖酶（产自枯草芽孢杆菌）	麦芽糖
	β-甘露聚糖酶（产自迟缓芽孢杆菌、黑曲霉、长柄木霉[3]）	玉米、豆粕、椰子粕
	果胶酶（产自黑曲霉、棘孢曲霉）	玉米、小麦
	植酸酶（产自黑曲霉、米曲霉、长柄木霉[3]、毕赤酵母）	玉米、豆粕等含有植酸的植物籽实及其加工副产品类饲料原料
	蛋白酶（产自黑曲霉、米曲霉、枯草芽孢杆菌、长柄木霉[3]）	植物和动物蛋白
	角蛋白酶（产自地衣芽孢杆菌）	植物和动物蛋白
	木聚糖酶（产自米曲霉、孤独腐质霉、长柄木霉[3]、枯草芽孢杆菌、绳状青霉、黑曲霉、毕赤酵母）	玉米、大麦、黑麦、小麦、高粱、黑小麦、燕麦

（续表）

类别	通用名称	适用范围
微生物	地衣芽孢杆菌、枯草芽孢杆菌、两歧双歧杆菌、粪肠球菌、屎肠球菌、乳酸肠球菌、嗜酸乳杆菌、干酪乳杆菌、德式乳杆菌乳酸亚种（原名：乳酸乳杆菌）、植物乳杆菌、乳酸片球菌、戊糖片球菌、产朊假丝酵母、酿酒酵母、沼泽红假单胞菌、婴儿双歧杆菌、长双歧杆菌、短双歧杆菌、青春双歧杆菌、嗜热链球菌、罗伊氏乳杆菌、动物双歧杆菌、黑曲霉、米曲霉、迟缓芽孢杆菌、短小芽孢杆菌、纤维二糖乳杆菌、发酵乳杆菌、德氏乳杆菌保加利亚亚种（原名：保加利亚乳杆菌）	养殖动物
	产丙酸丙酸杆菌、布氏乳杆菌	青贮饲料、牛饲料
	副干酪乳杆菌	青贮饲料
	凝结芽孢杆菌	肉鸡、生长育肥猪和水产养殖动物
	侧孢短芽孢杆菌（原名：侧孢芽孢杆菌）	肉鸡、肉鸭、猪、虾
非蛋白氮	尿素、碳酸氢铵、硫酸铵、液氨、磷酸二氢铵、磷酸氢二铵、异丁叉二脲、磷酸脲、氯化铵、氨水	反刍动物
抗氧化剂	乙氧基喹啉、丁基羟基茴香醚（BHA）、二丁基羟基甲苯（BHT）、没食子酸丙酯、特丁基对苯二酚（TBHQ）、茶多酚、维生素E、L-抗坏血酸-6-棕榈酸酯	养殖动物
	迷迭香提取物	宠物
防腐剂、防霉剂和酸度调节剂	甲酸、甲酸铵、甲酸钙、乙酸、双乙酸钠、丙酸、丙酸铵、丙酸钠、丙酸钙、丁酸、丁酸钠、乳酸、苯甲酸、苯甲酸钠、山梨酸、山梨酸钠、山梨酸钾、富马酸、柠檬酸、柠檬酸钾、柠檬酸钠、柠檬酸钙、酒石酸、苹果酸、磷酸、氢氧化钠、碳酸氢钠、氯化钾、碳酸钠	养殖动物
	乙酸钙	畜禽
	焦磷酸钠、三聚磷酸钠、六偏磷酸钠、焦亚硫酸钠、焦磷酸一氢三钠	宠物
	二甲酸钾	猪
	氯化铵	反刍动物
	亚硫酸钠	青贮饲料
着色剂	β-胡萝卜素、辣椒红、β-阿朴-8′-胡萝卜素醛、β-阿朴-8′-胡萝卜素酸乙酯、β，β-胡萝卜素-4，4-二酮（斑蝥黄）	家禽
	天然叶黄素（源自万寿菊）	家禽、水产养殖动物
	虾青素、红法夫酵母	水产养殖动物、观赏鱼
	柠檬黄、日落黄、诱惑红、胭脂红、靛蓝、二氧化钛、焦糖色（亚硫酸铵法）、赤藓红	宠物
	苋菜红、亮蓝	宠物和观赏鱼

（续表）

类别	通用名称		适用范围
调味和诱食物质[4]	甜味物质	糖精、糖精钙、新甲基橙皮苷二氢查耳酮	猪
		糖精钠、山梨糖醇	养殖动物
	香味物质	食品用香料[5]、牛至香酚	
	其他	谷氨酸钠、5′-肌苷酸二钠、5′-鸟苷酸二钠、大蒜素	
粘结剂、抗结块剂、稳定剂和乳化剂	α-淀粉、三氧化二铝、可食脂肪酸钙盐、可食用脂肪酸单/双甘油酯、硅酸钙、硅铝酸钠、硫酸钙、硬脂酸钙、甘油脂肪酸酯、聚丙烯酸树脂Ⅱ、山梨醇酐单硬脂酸酯、聚氧乙烯20山梨醇酐单油酸酯、丙二醇、二氧化硅、卵磷脂、海藻酸钠、海藻酸钾、海藻酸铵、琼脂、瓜尔胶、阿拉伯树胶、黄原胶、甘露糖醇、木质素磺酸盐、羧甲基纤维素钠、聚丙烯酸钠、山梨醇酐脂肪酸酯、蔗糖脂肪酸酯、焦磷酸二钠、单硬脂酸甘油酯、聚乙二醇400、磷脂、聚乙二醇甘油蓖麻酸酯		养殖动物
	丙三醇		猪、鸡和鱼
	硬脂酸		猪、牛和家禽
	卡拉胶、决明胶、刺槐豆胶、果胶、微晶纤维素		宠物
多糖和寡糖	低聚木糖（木寡糖）		鸡、猪、水产养殖动物
	低聚壳聚糖		猪、鸡和水产养殖动物
	半乳甘露寡糖		猪、肉鸡、兔和水产养殖动物
	果寡糖、甘露寡糖、低聚半乳糖		养殖动物
	壳寡糖（寡聚β-（1-4）-2-氨基-2-脱氧-D-葡萄糖）（n＝2～10）		猪、鸡、肉鸭、虹鳟鱼
	β-1，3-D-葡聚糖（源自酿酒酵母）		水产养殖动物
	N，O-羧甲基壳聚糖		猪、鸡
其他	天然类固醇萨洒皂角苷（源自丝兰）、天然三萜烯皂角苷（源自可来雅皂角树）、二十二碳六烯酸（DHA）		养殖动物
	糖萜素（源自山茶籽饼）		猪和家禽
	乙酰氧肟酸		反刍动物
	苜蓿提取物（有效成分为苜蓿多糖、苜蓿黄酮、苜蓿皂甙）		仔猪、生长育肥猪、肉鸡
	杜仲叶提取物（有效成分为绿原酸、杜仲多糖、杜仲黄酮）		生长育肥猪、鱼、虾
	淫羊藿提取物（有效成分为淫羊藿苷）		鸡、猪、绵羊、奶牛
	共轭亚油酸		仔猪、蛋鸡
	4，7-二羟基异黄酮（大豆黄酮）		猪、产蛋家禽
	地顶孢霉培养物		猪、鸡
	紫苏籽提取物（有效成分为α-亚油酸、亚麻酸、黄酮）		猪、肉鸡和鱼
	硫酸软骨素		猫、狗

（续表）

类别	通用名称	适用范围
其他	植物甾醇（源于大豆油/菜籽油，有效成分为β-谷甾醇、菜油甾醇、豆甾醇）	家禽、生长育肥猪

注：

1. 所列物质包括无水和结晶水形态；
2. 酶制剂的适用范围为典型底物，仅作为推荐，并不包括所有可用底物；
3. 目录中所列长柄木霉亦可称为长枝木霉或李氏木霉；
4. 以一种或多种调味物质或诱食物质添加载体等复配而成的产品可称为调味剂或诱食剂，其中：以一种或多种甜味物质添加载体等复配而成的产品可称为甜味剂；以一种或多种香味物质添加载体等复配而成的产品可称为香味剂；
5. 食品用香料见《食品安全国家标准 食品添加剂使用卫生标准》（GB 2760）中食品用香料名单

Approved Feed Additives（2013）

Appendix I

Class	Common name of feed additive	Usage
Amino Acids, their salts and analogues	L-Lysine, Liquid L-Lysine (L-Lysine: min. 50%), L-Lysine Monohydrochloride, L-Lysine Sulfate and its by-products from fermentation (Source: *Corynebacterium glutamicum*, *Brevibacterium lactofermentum*, L-Lysine: min. 51 %), DL-Methionine, L-Threonine, L-Tryptophan, L-Arginine, L-Arginine Monohydrochloride, Glycine, L-Tyrosine, L-Alanine, Aspartic Acid, L-Leucine, Isoleucine, L-Proline, Phenylalanine, Serine, L-Cysteine, L-Histidine, Glutamic Acid, Glutamine, Valine, Cystine, Taurine	All species or categories of animals
	Cysteamine Hydrochloride	Livestock, poultry
	Methionine Hydroxy Analogue, Methionine Hydroxy Analogue Calcium	Swine, chicken, cattle or aquaculture animals
	N-Hydroxymethyl Methionine Calcium	Ruminant
	1-Aminocyclopropane-1-Carboxylic Acid	Chicken
Vitamins, provitamins, chemically well defined substances having a similar biological effect to vitamins	Vitamin A, Vitamin A Acetate, Retinol Palmitate, beta-Carotene, Thiamin Hydrochloride (Vitamin B_1), Thiamin Mononitrate (Vitamin B_1), Riboflavin (Vitamin B_2), Pyridoxine Hydrochloride (Vitamin B_6), Cyanocobalamin (Vitamin B_{12}), L-Ascorbic Acid (Vitamin C), Calcium L-Ascorbate, Sodium L-Ascorbate, L-Ascorbyl-2-Phosphate, 6-Palmityl-L-Ascorbic Acid, Vitamin D_2, Vitamin D_3, Nature Vitamin E, dl-alpha-Tocopherol, dl-alpha-Tocopherol Acetate, Menadione Sodium Bisulfite (Vitamin K_3), Menadione Dimethylpyrimidinol Bisulfite, Menadione Nicotinamide Bisulfite, Nicotinic Acid, Niacinamide, D-Pantothenyl Alcohol, D-Calcium Pantothenate, DL-Calcium Pantothenate, Folic Acid, D-Biotin, Choline Chloride, Inositol, L-Carnitine, L-Carnitine Hydrochloride, Betaine, Betaine Hydrochloride	All species or categories of animals
	25-Hydroxyl cholecalciferol (25-Hydroxy Vitamin D_3)	Swine, poultry
	L-Carnitine-L-Tartrate	Pets

（续表）

Class	Common name of feed additive	Usage
Minerals and Their Complexes (or Chelates)[1]	Sodium Chloride, Sodium Sulfate, Monosodium Phosphate, Disodium Phosphate, Monopotassium Phosphate, Dipotassium Phosphate, Calcium Carbonate, Calcium Chloride, Dicalcium Phosphate, Monocalcium Phosphate, Tricalcium Phosphate, Calcium Lactate, Calcium Gluconate, Magnesium Sulfate, Magnesium Oxide, Magnesium Chloride, Ferrous Citrate, Ferrous Fumarate, Ferrous Lactate, Ferrous Sulfate, Ferrous Chloride, Ferric Chloride, Ferrous Carbonate, Copper Chloride, Copper Sulfate, Basic Copper Chloride, Zinc Oxide, Zinc Chloride, Zinc Carbonate, Zinc Sulfate, Zinc Acetate, Basic Zinc Chloride, Manganese Chloride, Manganese Oxide, Manganese Sulfate, Manganese Carbonate, Manganese Phosphate (Dibasic), Potassium Iodide, Sodium Iodide, Potassium Iodate, Calcium Iodate, Cobalt Chloride, Cobalt Acetate, Cobalt Sulfate, Sodium Selenite, Sodium Molybdate, Copper Methionine Complex (or Chelate), Ferric Methionine Complex (or Chelate), Manganese Methionine Complex (or Chelate), Zinc Methionine Complex (or Chelate), Copper Lysine complex (or Chelate), Zinc Lysine Complex (or Chelate), Copper Glycine Complex (or Chelate), Ferrous Glycine Complex (or Chelate), Copper Yeast Complex, Ferrous Yeast Complex, Manganese Yeast Complex, Selenium Yeast Complex, Copper Amino Acid Complex (anion of any amino acid derived from hydrolysed plant protein), Iron Amino Acid Complex (anion of any amino acid derived from hydrolysed plant protein), Manganese Amino Acid Complex (anion of any amino acid derived from hydrolysed plant protein), Zinc Amino Acid Complex (anion of any amino acid derived from hydrolysed plant protein)	All species or categories of animals
	Copper Proteinate, Iron Proteinate, Zinc Proteinate, Manganese Proteinate	All species or categories of animals, not including ruminant
	Zinc Methionine Hydroxy Analogue Complex (or Chelate), Manganese Methionine Hydroxy Analogue Complex (or Chelate), Copper Methionine Hydroxy Analogue Complex (or Chelate)	Dairy cow, beef cattle, poultry or swine
	Chromium Nicotinate, Chromium Yeast Complex, Chromium Methionine Chelate, Chromium Tripicolinate	Swine
	Chromium Propionate, Zinc Glycinate	Swine
	Zinc Propionate	Swine, cattle or poultry
	Potassium Sulfate, Iron Oxide, Copper Oxide	Ruminant
	Cobalt Carbonate	Ruminant, dog or cat
	Lathanum/Cerium Chintosan Chelates	Poultry, livestock, fish or shrimp
	Zinc Lactate (α-Hydroxy Propionic Acid Zinc)	Growing-Finishing swine, poultry

（续表）

Class	Common name of feed additive	Usage
Enzymes[2]	Amylase (Source: *Aspergillus niger*, *Bacillus amyloliquefaciens*, *Bacillus licheniformis*, *Bacillus subtilis*, *Trichoderma longibrachiatum*[3], *Aspergillus oryzae*, Barley malt, *Bacillus acidopullulyticus*)	Corn silage, corn, corn gluten feed, soybean meal, wheat, wheat middlings, barley, grain sorghum, oat, pea, tapioca, millet, rice
	α-Galactosidase (Source: *Aspergillus niger*)	Soybean meal
	Cellulase (Source: *Trichoderma longibrachiatum*[3], *Aspergillus niger*, *Humicola insolens*, *Penicillium funiculosum*)	Corn, barley, wheat, wheat bran, rye, grain sorghum
	β-Glucanase (Source: *Aspergillus niger*, *Bacillus subtilis*, *Trichoderma longibrachiatum*[3], *Penicillium funiculosum*, *Bacillus amyloliquefaciens*, *Aspergillus aculeatus*)	Wheat, barley, canola meal, wheat byproduct, oat groats, rye, triticale, grain sorghum
	Glucose Oxidase (Source: *Penicillium notatum*, *Aspergillus niger*)	Glucose
	Lipase (Source: *Aspergillus niger*, *Aspergillus oryzae*)	Plant and ani-mal sources of fats and oils
	Maltase (Source: *Bacillus subtilis*)	maltose
	β-Mannanase (Source: *Bacillus lentus*, *Aspergillus niger*, *Trichoderma longibrachiatum*[3])	Corn, soybean meal, guar meal
	Pectinase (Source: *Aspergillus niger*, *Aspergillus aculeatus*)	Corn, wheat
	Phytase (Source: *Aspergillus niger*, *Aspergillus oryzae*, *Trichoderma longibrachiatum*[3], *Pichia pastoris*)	Vegetable seeds which contain phytic acids such as Corn and soybean
	Protease (Source: *Aspergillus niger*, *Aspergillus oryzae*, *Bacillus subtilis*, *Trichoderma longibrachiatum*[3])	Plant and ani-mal proteins
	Keratinase (Source: *Bacillus licheniformis*)	Plant and ani-mal proteins
	Xylanase (Source: *Aspergillus oryzae*, *Humicola insolens*, *Trichoderma longibrachiatum*[3], *Bacillus subtilis*, *Penicillium funiculosum*, *Aspergillus niger*, *Pichia pastoris*)	Corn, barley, rye, wheat, grain sorghum, triticale, oats

（续表）

Class	Common name of feed additive	Usage
Live Micro-organisms	*Bacillus licheniformis*, *Bacillus subtilis*, *Bifidobacterium bifidum*, *Enterococcus faecalis*, *Enterococcus faecium*, *Enterococcus lactis*, *Lactobacillus acidophilus*, *Lactobacillus casei*, *Lactobacillus delbrueckii subsp. Lactis* (*also known as Lactobacillus lactis*), *Lactobacillus plantarum*, *Pediococcus acidilactici*, *Pediococcus pentosaceus*, *Candida utilis*, *Saccharomyces cerevisiae*, *Rhodopseudomonas palustris*, *Bifidobacterium infantis*, *Bifidobacterium longum*, *Bifidobacterium breve*, *Bifidobacterium adolescentis*, *Streptococcus thermophilus*, *Lactobacillus reuteri*, *Bifidobacterium animalis*, *Aspergillus niger*, *Aspergillus Oryzae*, *Bacillus lentus*, *Bacillus pumilus*, *Lactobacillus cellobiosus*, *Lactobacillus fermentum*, *Lactobacillus delbrueckii subsp. Bulgaricus* (also know as *Lactobacillus bulgaricus*)	All species or categories of animals
	Propionibacterium acidipropionicis, *Lactobacillus buchneri*	Silage, cattle
	Lactobacillu paracasei	Silage
	Bacillus coagulans	Broiler, growing-finishing swines or aquaculture animals
	Brevibacillus laterosporus (also known as *Bacillus laterosporus*)	Broiler, duck for fattening, swine or shrimp
Non-protein Nitrogen	Urea, Ammonium Bicarbonate, Ammonium Sulfate, Liquid Ammonia, Mono Ammonium Phosphate, Diammonium Phosphate, Isobutylidene Diurea, Urea Phosphate, Ammonium Chloride, Ammonium Hydroxide	Ruminant
Antioxidants	Ethoxyquin, Butylated Hydroxyanisole (BHA), Butylated Hydroxytoluene (BHT), Propyl Gallate, Tertiary Butyl Hydroquinone (TBHQ), Tea Polyphenol, alpha-Tocopherol (Vitamin E), 6-Palmityl-L-Ascorbic Acid	All species or categories of animals
	Rosemary Extract	Pets
Preservatives and Acidity Regulators	Formic Acid, Ammonium Formate, Calcium Formate, Acetic Acid, Sodium Diacetate, Propionic Acid, Ammonium Propionate, Sodium Propionate, Calcium Propionate, Butyric Acid, Sodium Butyrate, Lactic Acid, Benzoic Acid, Sodium Benzoate, Sorbic Acid, Sodium Sorbate, Potassium Sorbate, Fumaric Acid, Citric Acid, Potassium Citrate, Sodium Citrate, Calcium Citrate, Tartaric Acid, Malic Acid, Phosphoric Acid, Sodium Hydroxide, Sodium Bicarbonate, Potassium Chloride, Sodium Carbonate	All species or categories of animals
	Calcium Acetate	Livestock, poultry
	Sodium Pyrophosphate, Sodium Tripolyphosphate, Sodium Hexametaphosphate, Sodium Metabisulphite, Trisodium Monohydrogen Diphosphate	Pets
	Potassium Diformate	Swine
	Ammonium Chloride	Ruminant
	Sodium Sulphite	Silage

（续表）

<table>
<tr><th>Class</th><th colspan="2">Common name of feed additive</th><th>Usage</th></tr>
<tr><td rowspan="5">Coloring Agents</td><td colspan="2">beta-Carotene, Capsanthin, beta-Apo-8′-Carotenal, beta-Apo-8′-Carotenoic Acid Ethyl Ester, beta, beta-Carotene-4, 4-Diketone (Canthaxanthin)</td><td>Poultry</td></tr>
<tr><td colspan="2">Natural Xanthophyll (Marigold Extract)</td><td>Poultry, aquaculture animals</td></tr>
<tr><td colspan="2">Astaxanthin, Xanthophyllomyces dendrorhous (Anamorph Phaffia rhodozyma)</td><td>Aquaculture animals, ornamental fish</td></tr>
<tr><td colspan="2">Tartrazine, Sunset Yellow, Allura Red, Ponceau 4R, Indigotine, Titanium Oxide, Caramel Colour class Ⅳ, Erythrosine</td><td>Pets</td></tr>
<tr><td colspan="2">Amaranth, Brilliant Blue</td><td>Pets, ornamental fish</td></tr>
<tr><td rowspan="4">Flavouring and Appetising Substances</td><td rowspan="2">Sweetening Substances</td><td>Saccharin, Calcium Saccharin, Neohesperidin Dihydrochalcone</td><td>Swine</td></tr>
<tr><td>Sodium Saccharin, Sorbitol</td><td rowspan="3">All species or categories of animals</td></tr>
<tr><td>Flavouring Substances</td><td>Approved Food Flavoring Agents[4], Oregano Carvacrol (Origanum aetheroleum)</td></tr>
<tr><td>Others</td><td>Sodium Glutamate, Disodium 5′-Inosinate, Disodium 5′-Guanylate, Garlicin (Allimin)</td></tr>
<tr><td rowspan="4">Binders, Anticaking, Stabilizing and Emulsifying agents</td><td colspan="2">alpha-Starch, Aluminum Oxide, Calcium Salt of Edible Fatty Acid, Mono-/di-glycerides of Edible Fatty Acids, Calcium Silicate, Sodium Silico Aluminate, Calcium Sulfate, Calcium Stearate, Glycerine Fatty Acid Ester, Polyacrylic Resin II, Sorbitan Monostearate, Polyoxyethylene (20) Sorbitan Mono-oleate, Propylene Glycol, Silicon Dioxide, Lecithin, Sodium Alginate, Potassium Alginate, Ammonium Alginate, Agar-agar, Guar gum, Acacia, Xanthan Gum, Mannitol, Lignin Sulfonate, Sodium Carboxymethylcellulose, Sodium Polyacrylate, Sorbitol Esters of Fatty Acid, Sucrose Esters of Fatty Acid, Sodium Acid Pyrophosphate, Glyceryl Monosterate, Polyethylene Glycol 400, Lecithin, Glyceryl Polyethylenglycol Ricinoleate</td><td>All species or categories of animals</td></tr>
<tr><td colspan="2">Glycerine</td><td>Swine, chicken or fish</td></tr>
<tr><td colspan="2">Stearic Acid</td><td>Swine, cattle or poultry</td></tr>
<tr><td colspan="2">Carrageenan, Cassia Gum, Carob Bean Gum, Pectin, Microcrystallin Cellulose</td><td>Pets</td></tr>
<tr><td rowspan="7">Polysaccharides and Oligosaccharides</td><td colspan="2">Xylo-oligosaccharides</td><td>Chicken, swine or aquaculture animals</td></tr>
<tr><td colspan="2">Low-molecular-weight Chitosan</td><td>Swine, chicken or aquaculture animals</td></tr>
<tr><td colspan="2">Galactomanno-oligosaccharides</td><td>Swine, broiler, rabbit or aquaculture animals</td></tr>
<tr><td colspan="2">Fructo-oligosaccharides, Manno-oligosaccharides, Galacto-oligosaccharides</td><td>All species or categories of animals</td></tr>
<tr><td colspan="2">Chitosan-oligosaccharide (oligo (beta- (1, 4) -2-amino-2-deoxy-D-glucose)) (n = 2 ~ 10)</td><td>Swine, chicken, duck for fattening or rainbow trout</td></tr>
<tr><td colspan="2">β-1, 3-D-glucan (Source: Saccharomyces cerevisiae)</td><td>Aquaculture animals</td></tr>
<tr><td colspan="2">N, O-carboxymethyl chitosan</td><td>Swine, chicken</td></tr>
</table>

（续表）

Class	Common name of feed additive	Usage
Others	YUCCA（Yucca Schidigera Extract），Triterpenic saponins（Quillaja Saponaria Extract），Doco-sahexaenoic Acid（DHA）	All species or categories of animals
	Saccharicterpenin（Originated from Seed Cake of *Camellia* L.）	Swine，poultry
	Acetohydroxamic Acid	Ruminant
	Medicago sativa Extract（Active substance：alfalfa polysaccharide，alfalfa flavonoid，alfalfa saponin）	Piglet，growing-finishing swine，broiler
	Eucommia Ulmoides Extract（Active substance：Chlorogenic acid，Eucommia polysaccharide，Eucommia flavonoids）	Growing-finishing swine，fish or shrimp
	Epimedium Extract（Active substance：Icraiin）	Chicken，swine，sheep or cow
	Conjugated Linoleic Acid	Piglet，laying hen
	4，7-Dihydroxyisoflavone（Daidzein）	Swine，laying poultry
	The culture of *Acremonium terricola*	Swine，chicken
	Extrat of Perilla frutescens seed（Active substance：α-Linoleic Acid，Linolenic acid，Flavonoids）	Swine，broiler or fish
	Chondroitin Sulfate	Cats，dogs
	Phytosterol（Originated from soybean oil or rapeseed oil，Active substance：β-Sitosterol，Campesterol，Stigmasterol）	Poultry，growing-finishing swine

Notes：

1. All substances listed may be in anhydrous or hydrated form.
2. The usage of enzymes provides the typical substrates for guidance only and does not cover all substrates applicable.
3. *Trichoderma longibrachiatum* listed may also be called *T. resei or T. viride.*
4. "Flavouring" or "Appetising Substances" are known as products that combined one or several flavouring substances or appetising substances with carriers. "Flavouring" means one or several sweetening substances combined with carriers，and "Appetising Substances" means one or several flavouring substances combined with carriers.
5. Approved food flavoring agents are in accordance with the list of food flavoring agents in Hygienic Standards for Uses of Food Additives（GB 2760）.

附录二

监测期内的新饲料和新饲料添加剂品种目录

序号	产品名称	申请单位	适用范围	批准时间
1	藤茶黄酮	北京伟嘉人生物技术有限公司	鸡	2008年12月
2	溶菌酶	上海艾魁英生物科技有限公司	仔猪、肉鸡	2008年12月
3	丁酸梭菌	杭州惠嘉丰牧科技有限公司	断奶仔猪、肉仔鸡	2009年07月
4	苏氨酸锌螯合物	江西民和科技有限公司	猪	2009年12月
5	饲用黄曲霉毒素 B_1 分解酶（产自发光假蜜环菌）	广州科仁生物工程有限公司	肉鸡、仔猪	2010年12月
6	褐藻酸寡糖	大连中科格莱克生物科技有限公司	肉鸡、蛋鸡	2011年12月
7	低聚异麦芽糖	保龄宝生物股份有限公司	蛋鸡	2012年07月

饲料添加剂安全使用规范

中华人民共和国农业部公告第1224号

根据《饲料和饲料添加剂管理条例》有关规定，为指导饲料企业和养殖单位科学合理使用饲料添加剂，提高饲料和养殖产品质量安全水平，保护生态环境，促进饲料产业和养殖业持续健康发展，我部制定了《饲料添加剂安全使用规范》(以下简称《规范》)。

一、本次公告的《规范》中，涉及《饲料添加剂品种目录（2008)》中氨基酸、维生素、微量元素和常量元素的部分品种，其余饲料添加剂品种的《规范》正在制定过程中，待制定完成后将陆续公布。

二、《规范》中含量规格一栏仅公布了饲料添加剂产品的主要规格。

三、《规范》中“在配合饲料或全混合日粮中的最高限量”为强制性指标，饲料企业和养殖单位应严格遵照执行。

本公告自发布之日起生效。

特此公告

中华人民共和国农业部

二〇〇九年六月十八日

附件：

饲料添加剂安全使用规范

1. 氨基酸 Amino Acids

通用名称	英文名称	化学式或描述	来源	含量规格，%		适用动物	在配合饲料或全混合日粮中的推荐用量（以氨基酸计），%	在配合饲料或全混合日粮中的最高限量（以氨基酸计），%	其他要求
				以氨基酸盐计	以氨基酸计				
L-赖氨酸盐酸盐	L-Lysinemono-hydrochloride	$NH_2(CH_2)_4CH(NH_2)COOH \cdot HCl$	发酵生产	≥98.5（以干基计）	≥78.0（以干基计）	养殖动物	0～0.5	—	—
L-赖氨酸硫酸盐及其发酵副产物（产自谷氨酸棒杆菌）	L-Lysinesulfate and its by-products from fermentation (Source: *Corynebacterium glutamicum*)	$[NH_2(CH_2)_4CH(NH_2)COOH]_2 \cdot H_2SO_4$	发酵生产	≥65.0（以干基计）	≥51.0（以干基计）	养殖动物	0～0.5	—	—
DL-蛋氨酸	DL-Methionine	$CH_3S(CH_2)_2CH(NH_2)COOH$	化学制备	—	≥98.5	养殖动物	0～0.2	鸡 0.9	—
L-苏氨酸	L-Threonine	$CH_3CH(OH)CH(NH_2)COOH$	发酵生产	—	≥97.5（以干基计）	养殖动物	畜禽 0～0.3 鱼类 0～0.3 虾类 0～0.8	—	—
L-色氨酸	L-Tryptophan	$(C_8H_5NH)CH_2CH(NH_2)COOH$	发酵生产	—	≥98.0	养殖动物	畜禽 0～0.1 鱼类 0～0.1 虾类 0～0.3	—	—
蛋氨酸羟基类似物	Methioninehydroxy analogue	$C_5H_{10}O_3S$	化学制备	—	≥88.0（以蛋氨酸羟基类似物计）	猪、鸡、牛	猪 0～0.11 鸡 0～0.21 牛 0～0.27 （以蛋氨酸羟基类似物计）	鸡 0.9（以蛋氨酸羟基类似物计）	—
蛋氨酸羟基类似物钙盐	Methioninehydroxy analogue calcium	$C_{10}H_{18}O_6S_2Ca$	化学制备	≥95.0（以干基计）	≥84.0（以蛋氨酸羟基类似物计，干基）				—
N-羟甲基蛋氨酸钙	N-Hydroxymethyl-methionine calcium	$(C_6H_{12}NO_3S)_2Ca$	化学制备	≥98.0	≥67.6（以蛋氨酸计）	反刍动物	牛 0～0.14（以蛋氨酸计）	—	—

2. 维生素 Vitamins注1

通用名称	英文名称	化学式或描述	来源	含量规格		适用动物	在配合饲料或全混合日粮中的推荐添加量（以维生素计）	在配合饲料或全混合日粮中的最高限量（以维生素计）	其他要求
				以化合物计	以维生素计				
维生素A乙酸酯	Vitamin Aacetate	$C_{22}H_{32}O_2$	化学制备	—	粉剂 ≥5.0 × 10^5IU/g 油剂 ≥2.5 × 10^6IU/g	养殖动物	猪 1 300～4 000IU/kg 肉鸡 2 700～8 000IU/kg 蛋鸡 1 500～4 000IU/kg 牛 2 000～4 000IU/kg 羊 1 500～2 400IU/kg 鱼类 1 000～4 000IU/kg	仔猪 16 000IU/kg 育肥猪 6 500IU/kg 怀孕母猪 12 000IU/kg 泌乳母猪 7 000IU/kg 犊牛 25 000IU/kg 育肥和泌乳牛 10 000 IU/kg 干奶牛 20 000IU/kg 14 日龄以前的蛋鸡和肉鸡 20 000IU/kg 14 日龄以后的蛋鸡和肉鸡 10 000IU/kg 28 日龄以前的肉用火鸡 20 000IU/kg 28 日龄后的火鸡 10 000 IU/kg	—
维生素A棕榈酸酯	Vitamin Apalmitate	$C_{36}H_{60}O_2$	化学制备	—	粉剂 ≥2.5 × 10^5IU/g 油剂 ≥1.7 × 10^6IU/g				—
β-胡萝卜素	beta-Carotene	$C_{40}H_{56}$	提取、发酵生产或化学制备	≥96.0%	—	养殖动物	奶牛 5～30mg/kg （以β-胡萝卜素计）	—	—
盐酸硫胺（维生素B_1）	Thiaminehydro-chloride（Vitamin B_1）	$C_{12}H_{17}ClN_4OS \cdot HCl$	化学制备	98.5%～101.0%（以干基计）	87.8%～90.0%（以干基计）	养殖动物	猪 1～5mg/kg 家禽 1～5mg/kg 鱼类 5～20mg/kg	—	—
硝酸硫胺（维生素B_1）	Thiaminemononi-trate（Vitamin B_1）	$C_{12}H_{17}N_5O_4S$	化学制备	98.0%～101.0%（以干基计）	90.1%～92.8%（以干基计）				—
核黄素（维生素B_2）	Riboflavin（Vitamin B_2）	$C_{17}H_{20}N_4O_6$	化学制备或发酵生产	—	98.0%～102.0% 96.0%～102.0% ≥80.0% （以干基计）	养殖动物	猪 2～8mg/kg 家禽 2～8mg/kg 鱼类 10～25mg/kg	—	—

（续表）

通用名称	英文名称	化学式或描述	来源	含量规格		适用动物	在配合饲料或全混合日粮中的推荐添加量（以维生素计）	在配合饲料或全混合日粮中的最高限量（以维生素计）	其他要求
				以化合物计	以维生素计				
盐酸吡哆醇（维生素B_6）	Pyridoxinehydrochloride（Vitamin B_6）	$C_8H_{11}NO_3 \cdot HCl$	化学制备	98.0%～101.0%（以干基计）	80.7%～83.1%（以干基计）	养殖动物	猪 1～3mg/kg 家禽 3～5mg/kg 鱼类 3～50mg/kg	—	—
氰钴胺（维生素B_{12}）	Cyanocobalamin（Vitamin B_{12}）	$C_{63}H_{88}CoN_{14}O_{14}P$	发酵生产	—	≥96.0（以干基计）	养殖动物	猪 5～33μg/kg 家禽 3～12μg/kg 鱼类 10～20μg/kg	—	—
L-抗坏血酸（维生素C）	L-Ascorbicacid（Vitamin C）	$C_6H_8O_6$	化学制备或发酵生产	—	99.0%～101.0%	养殖动物	猪 150～300mg/kg 家禽 50～200mg/kg 犊牛 125～500mg/kg 罗非鱼 鲫鱼 鱼苗 300mg/kg 鱼种 200mg/kg 青鱼、虹鳟鱼、蛙类 100～150mg/kg 草鱼、鲤鱼 300～500mg/kg	—	—
L-抗坏血酸钙	Calcium L-ascorbate	$C_{12}H_{14}CaO_{12} \cdot 2H_2O$	化学制备	≥98.0%	≥80.5%				—
L-抗坏血酸钠	Sodium L-ascorbate	$C_6H_7NaO_6$	化学制备或发酵生产	≥98.0%	≥87.1%				—
L-抗坏血酸-2-磷酸酯	L-Ascorbyl-2-polyphosphate	—	化学制备	—	≥35.0%				—
L-抗坏血酸-6-棕榈酸酯	6-Palmityl-L-ascorbic acid	$C_{22}H_{38}O_7$	化学制备	≥95.0%	≥40.3%				—
维生素D_2	Vitamin D_2	$C_{28}H_{44}O$	化学制备	≥97.0%	4.0×10^7IU/g	养殖动物	猪 150～500IU/kg 牛 275～400IU/kg 羊 150～500IU/kg	猪 5 000IU/kg （仔猪代乳料 10 000IU/kg） 家禽 5 000IU/kg 牛 4 000IU/kg （犊牛代乳料 10 000IU/kg） 羊、马 4 000IU/kg 鱼类 3 000IU/kg 其他动物 2 000IU/kg	饲料中维生素D_3不能与维生素D_2同时使用
维生素D_3	Vitamin D_3	$C_{27}H_{44}O$	化学制备或提取	—	油剂 $\geq 1.0 \times 10^6$IU/g 粉剂 $\geq 5.0 \times 10^5$IU/g	养殖动物	猪 150～500IU/kg 鸡 400～2 000IU/kg 鸭 500～800IU/kg 鹅 500～800IU/kg 牛 275～450IU/kg 羊 150～500IU/kg 鱼类 500～2 000IU/kg		

（续表）

通用名称	英文名称	化学式或描述	来源	含量规格		适用动物	在配合饲料或全混合日粮中的推荐添加量（以维生素计）	在配合饲料或全混合日粮中的最高限量（以维生素计）	其他要求
				以化合物计	以维生素计				
DL-α-生育酚乙酸酯（维生素E）	DL-alpha-Tocopherolacetate（Vitamin E）	$C_{31}H_{52}O_3$	化学制备	油剂 ≥92.0% 粉剂 ≥50.0%	油剂 ≥920IU/g 粉剂 ≥500IU/g	养殖动物	猪 10～100IU/kg 鸡 10～30IU/kg 鸭 20～50IU/kg 鹅 20～50IU/kg 牛 15～60IU/kg 羊 10～40IU/kg 鱼类 30～120IU/kg	—	—
亚硫酸氢钠甲萘醌	Menadionesodium bisulfite（MSB）	$C_{11}H_8O_2 \cdot NaHSO_3 \cdot 3H_2O$	化学制备	≥96.0% ≥98.0%	≥50.0% ≥51.0%（以甲萘醌计）	养殖动物	猪 0.5mg/kg 鸡 0.4～0.6mg/kg 鸭 0.5mg/kg 水产动物 2～16mg/kg （以甲萘醌计）	—	—
二甲基嘧啶醇亚硫酸甲萘醌	Menadione dimethyl-pyrimidinol-bisulfite（MPB）	$C_{17}H_{18}N_2O_6S$	化学制备	≥96.0%	≥44.0%（以甲萘醌计）			猪 10mg/kg 鸡 5mg/kg （以甲萘醌计）	—
亚硫酸氢烟酰胺甲萘醌	Menadionenicotinamide bisulfite（MNB）	$C_{17}H_{16}N_2O_6S$	化学制备	≥96.0%	≥43.7%（以甲萘醌计）			—	—
烟酸	Nicotinicacid	$C_6H_5NO_2$	化学制备	—	99.0%～100.5%（以干基计）	养殖动物	仔猪 20～40mg/kg 生长肥育猪 20～30mg/kg 蛋雏鸡 30～40mg/kg 育成蛋鸡 10～15mg/kg 产蛋鸡 20～30mg/kg 肉仔鸡 30～40mg/kg 奶牛 50～60mg/kg（精料补充料） 鱼虾类 20～200mg/kg	—	—
烟酰胺	Niacinamide	$C_6H_6N_2O$	化学制备	—	≥99.0%				—

（续表）

通用名称	英文名称	化学式或描述	来源	含量规格		适用动物	在配合饲料或全混合日粮中的推荐添加量（以维生素计）	在配合饲料或全混合日粮中的最高限量（以维生素计）	其他要求
				以化合物计	以维生素计				
D-泛酸钙	D-Calcium pantothenate	$C_{18}H_{32}CaN_2O_{10}$	化学制备	98.0%～101.0%（以干基计） 90.2%～92.9%（以干基计）		养殖动物	仔猪 10～15mg/kg 生长肥育猪 10～15mg/kg 蛋雏鸡 10～15mg/kg 育成蛋鸡 10～15mg/kg 产蛋鸡 20～25mg/kg 肉仔鸡 20～25mg/kg 鱼类 20～50mg/kg	—	—
DL-泛酸钙	DL-Calcium pantothenate		化学制备	≥99.0%	≥45.5%		仔猪 20～30mg/kg 生长肥育猪 20～30mg/kg 蛋雏鸡 20～30mg/kg 育成蛋鸡 20～30mg/kg 产蛋鸡 40～50mg/kg 肉仔鸡 40～50mg/kg 鱼类 40～100mg/kg	—	—
叶酸	Folicacid	$C_{19}H_{19}N_7O_6$	化学制备	—	95.0%～102.0%（以干基计）	养殖动物	仔猪 0.6～0.7mg/kg 生长肥育猪 0.3～0.6mg/kg 雏鸡 0.6～0.7mg/kg 育成蛋鸡 0.3～0.6mg/kg 产蛋鸡 0.3～0.6mg/kg 肉仔鸡 0.6～0.7mg/kg 鱼类 1.0～2.0mg/kg	—	—
D-生物素	D-Biotin	$C_{10}H_{16}N_2O_3S$	化学制备	—	≥97.5%	养殖动物	猪 0.2～0.5mg/kg 蛋鸡 0.15～0.25mg/kg 肉鸡 0.2～0.3mg/kg 鱼类 0.05～0.15mg/kg	—	—

（续表）

通用名称	英文名称	化学式或描述	来源	含量规格		适用动物	在配合饲料或全混合日粮中的推荐添加量（以维生素计）	在配合饲料或全混合日粮中的最高限量（以维生素计）	其他要求
				以化合物计	以维生素计				
氯化胆碱	Choline chloride	$C_5H_{14}NOCl$	化学制备	水剂 ≥70.0%或 ≥75.0% 粉剂 ≥50.0%或 ≥60.0% （粉剂以干基计）	水剂 ≥52.0%或 ≥55.0% 粉剂 ≥37.0%或 ≥44.0% （粉剂以干基计）	养殖动物	猪 200～1 300mg/kg 鸡 450～1 500mg/kg 鱼类 400～1 200mg/kg	—	用于奶牛时，产品应作保护处理
肌醇	Inositol	$C_6H_{12}O_6$	化学制备	—	≥97.0% （以干基计）	养殖动物	鲤科鱼 250～500mg/kg 鲑鱼、虹鳟 300～400mg/kg 鳗鱼 500mg/kg 虾类 200～300mg/kg	—	—
L-肉碱	L-Carnitine	$C_7H_{15}NO_3$	化学制备或发酵生产	—	97.0%～103.0% （以干基计）	养殖动物	猪 30～50mg/kg （乳猪 300～500mg/kg） 家禽 50～60mg/kg （1周龄内雏鸡 150mg/kg） 鲤鱼 5～10mg/kg 虹鳟 15～120mg/kg 鲑鱼 45～95mg/kg 其他鱼 5～100mg/kg	猪 1 000mg/kg 家禽 200mg/kg 鱼类 2 500mg/kg	—
L-肉碱盐酸盐	L-Carnitinehydro-chloride	$C_7H_{15}NO_3 \times HCl$	化学制备或发酵生产	97.0%～103.0% （以干基计）	79.0%～83.8% （以干基计）				—

注1：由于测定方法存在精密度和准确度的问题，部分维生素类饲料添加剂的含量规格是范围值，若测量误差为正，则检测值可能超过100%，故部分维生素类饲料添加剂含量规格出现超过100%的情况

3. 微量元素 Trace Minerals

微量元素	化合物通用名称	化合物英文名称	化学式或描述	来源	含量规格，%		适用动物	在配合饲料或全混合日粮中的推荐添加量（以元素计），mg/kg	在配合饲料或全混合日粮中的最高限量（以元素计），mg/kg	其他要求
					以化合物计	以元素计				
铁：来自以下化合物	硫酸亚铁	Ferroussulfate	$FeSO_4 \cdot H_2O$ $FeSO_4 \cdot 7H_2O$	化学制备	≥91.0 ≥98.0	≥30.0 ≥19.7	养殖动物	猪 40～100 鸡 35～120 牛 10～50 羊 30～50 鱼类 30～200	仔猪（断奶前）250mg/头·日 家禽 750 牛 750 羊 500 宠物 1 250 其他动物 750	—
	富马酸亚铁	Ferrousfumarate	$FeH_2C_4O_4$	化学制备	≥93.0	≥29.3				—
	柠檬酸亚铁	Ferrouscitrate	$Fe_3(C_6H_5O_7)_2$	化学制备	—	≥16.5				—
	乳酸亚铁	Ferrouslactate	$C_6H_{10}FeO_6 \cdot 3H_2O$	化学制备或发酵生产	≥97.0	≥18.9				—
铜：来自以下化合物	硫酸铜	Copper sulfate	$CuSO_4 \cdot H_2O$ $CuSO_4 \cdot 5H_2O$	化学制备	≥98.5 ≥98.5	≥35.7 ≥25.0	养殖动物	猪 3～6 家禽 0.4～10.0 牛 10 羊 7～10 鱼类 3～6	仔猪（≤30kg）200 生长肥育猪（30～60kg）150 生长肥育猪（≥60kg）35 种猪 35 家禽 35 牛精料补充料 35 羊精料补充料 25 鱼类 25	—
	碱式氯化铜	Basic copper chloride	$Cu_2(OH)_3Cl$	化学制备	≥98.0	≥58.1	猪、鸡	猪 2.6～5.0 鸡 0.3～8.0	仔猪（≤30kg）200 生长肥育猪（30～60kg）150 生长肥育猪（≥60kg）35 种猪 35 鸡 35	—

（续表）

微量元素	化合物通用名称	化合物英文名称	化学式或描述	来源	含量规格，%		适用动物	在配合饲料或全混合日粮中的推荐添加量（以元素计），mg/kg	在配合饲料或全混合日粮中的最高限量（以元素计），mg/kg	其他要求
					以化合物计	以元素计				
锌：来自以下化合物	硫酸锌	Zincsulfate	$ZnSO_4 \cdot H_2O$ $ZnSO4 \cdot 7H_2O$	化学制备	≥94.7 ≥97.3	≥34.5 ≥22.0	养殖动物	猪 40～110 肉鸡 55～120 蛋鸡 40～80 肉鸭 20～60 蛋鸭 30～60 鹅 60 肉牛 30 奶牛 40 鱼类 20～30 虾类 15	代乳料 200 鱼类 200 宠物 250 其他动物 150 农业行业标准《饲料中锌的允许量》（NY 929—2005）自本公告发布之日起废止	
	氧化锌	Zincoxide	ZnO	化学制备	≥95.0	≥76.3		猪 43～120 肉鸡 80～150 肉牛 30 奶牛 40		仔猪断奶后前2周配合饲料中氧化锌形式的锌的添加量不超过2 250 mg/kg
	蛋氨酸锌络（螯）合物	Zincmethionine complex（chelate）	Zn $(C_5H_{10}NO_2S)_2$ $(C_5H_{10}NO_2SZn)HSO_4$	化学制备	≥90.0 —	≥17.2 ≥19.0		猪 42～116 肉鸡 54～120 肉牛 30 奶牛 40		本产品仅指硫酸锌与蛋氨酸反应的产物

（续表）

微量元素	化合物通用名称	化合物英文名称	化学式或描述	来源	含量规格，%		适用动物	在配合饲料或全混合日粮中的推荐添加量（以元素计），mg/kg	在配合饲料或全混合日粮中的最高限量（以元素计），mg/kg	其他要求
					以化合物计	以元素计				
锰：来自以下化合物	硫酸锰	Manganese-sulfate	$MnSO_4 \cdot H_2O$	化学制备	≥98.0	≥31.8	养殖动物	猪 2～20 肉鸡 72～110 蛋鸡 40～85 肉鸭 40～90 蛋鸭 47～60 鹅 66 肉牛 20～40 奶牛 12 鱼类 2.4～13.0	鱼类 100 其他动物 150	—
	氧化锰	Manga-neseoxide	MnO	化学制备	≥99.0	≥76.6		猪 2～20 肉鸡 86～132		—
	氯化锰	Manganese-chloride	$MnCl_2 \cdot 4H_2O$	化学制备	≥98.0	≥27.2		猪 2～20 肉鸡 74～113		—
碘：来自以下化合物	碘化钾	Potassiumi-odide	KI	化学制备	≥98.0 （以干基计）	≥74.9 （以干基计）	养殖动物	猪 0.14 家禽 0.1～1.0 牛 0.25～0.80 羊 0.1～2.0 水产动物 0.6～1.2	蛋鸡 5 奶牛 5 水产动物 20 其他动物 10	—
	碘酸钾	Potassiumi-odate	KIO_3	化学制备	≥99.0	≥58.7				—
	碘酸钙	Calcium iodate	$Ca(IO_3)_2 \cdot H_2O$	化学制备	≥95.0（以 $Ca(IO_3)_2$ 计）	≥61.8				—
钴：来自以下化合物	硫酸钴	Cobalt sul-fate	$CoSO_4$ $CoSO_4 \cdot H_2O$ $CoSO_4 \cdot 7H_2O$	化学制备	≥98.0 ≥96.5 ≥97.5	≥37.2 ≥33.0 ≥20.5	养殖动物	牛、羊 0.1～0.3 鱼类 0～1	2	—
	氯化钴	Cobalt chloride	$CoCl_2 \cdot H_2O$ $CoCl_2 \cdot 6H_2O$	化学制备	≥98.0 ≥96.8	≥39.1 ≥24.0				—
	乙酸钴	Cobalt ace-tate	$Co(CH_3COO)_2$ $Co(CH_3COO)_2 \cdot 4H_2O$	化学制备	≥98.0 ≥98.0	≥32.6 ≥23.1		牛、羊 0.1～0.4 鱼类 0～1.2		—
	碳酸钴	Cobalt car-bonate	$CoCO_3$	化学制备	≥98.0	≥48.5	反刍动物	牛、羊 0.1～0.3		—

（续表）

微量元素	化合物通用名称	化合物英文名称	化学式或描述	来源	含量规格，%		适用动物	在配合饲料或全混合日粮中的推荐添加量（以元素计），mg/kg	在配合饲料或全混合日粮中的最高限量（以元素计），mg/kg	其他要求
					以化合物计	以元素计				
硒：来自以下化合物	亚硒酸钠	Sodiumselenite	Na_2SeO_3	化学制备	≥98.0（以干基计）	≥44.7（以干基计）	养殖动物	畜禽 0.1～0.3 鱼类 0.1～0.3	0.5	使用时应先制成预混剂，且产品标签上应标示最大硒含量
	酵母硒	Seleniumyeast complex	酵母在含无机硒的培养基中发酵培养，将无机态硒转化生成有机硒	发酵生产	—	有机形态硒含量≥0.1				产品需标示最大硒含量和有机硒含量，无机硒含量不得超过总硒的2.0%
铬：来自以下化合物	烟酸铬	Chromiumnicotinate	Cr(吡啶-3-COO)$_3$ [结构式]	化学制备	≥98.0	≥12.0	生长肥育猪	0～0.2	0.2	饲料中铬的最高限量是指有机形态铬的添加限量
	吡啶甲酸铬	Chromiumtripicolinate	Cr(吡啶-COO)$_3$ [结构式]	化学制备	≥98.0	12.2～12.4				

4. 常量元素 Macro Minerals

常量元素	化合物通用名称	化合物英文名称	化学式或描述	来源	含量规格,%		适用动物	在配合饲料或全混合日粮中的推荐添加量,%	在配合饲料或全混合日粮中的最高限量,%	其他要求
					以化合物计	以元素计				
钠：来自以下化合物	氯化钠	Sodium-chloride	NaCl	天然盐 加工制取	≥91.0	Na≥35.7 Cl≥55.2	养殖动物	猪 0.3～0.8 鸡 0.25～0.40 鸭 0.3～0.6 牛、羊 0.5～1.0 （以 NaCl 计）	猪 1.5 家禽 1 牛、羊 2 （以 NaCl 计）	—
	硫酸钠	Sodiumsul-fate	Na_2SO_4	天然盐 加工制取或 化学制备	≥99.0	Na≥32.0 S≥22.3		猪 0.1～0.3 肉鸡 0.1～0.3 鸭 0.1～0.3 牛、羊 0.1～0.4 （以 Na_2SO_4计）	0.5 （以 Na_2SO_4计）	本品有轻度致泻作用，反刍动物应注意维持适当的氮硫比
	磷酸二氢钠	Monosodi-umphos-phate	NaH_2PO_4 $NaH_2PO_4 \cdot H_2O$ $NaH_2PO_4 \cdot 2H_2O$	化学制备	98.0～103.0 （以 NaH_2PO_4 计，干基）	Na≥18.7 P ≥25.3 （以 NaH_2PO_4 计，干基）		猪 0～1.0 家禽 0～1.5 牛 0～1.6 淡水鱼 1.0～2.0 （以 NaH_2PO_4计）	—	在畜禽饲料中较少使用，在鱼类饲料中适量添加还可补充饲料中的磷元素，使用时应考虑磷与钙的适当比例及钠元素的总量
	磷酸氢二钠	Disodi-umphos-phate	Na_2HPO_4 $Na_2HPO_4 \cdot 2H_2O$ $Na_2HPO_4 \cdot 12H_2O$	化学制备	≥98.0 （以 Na_2HPO_4 计，干基）	Na≥31.7 P ≥21.3 （以 Na_2HPO_4 计，干基）		猪 0.5～1.0 家禽 0.6～1.5 牛 0.8～1.6 淡水鱼 1.0～2.0 （以 Na_2HPO_4计）	—	

（续表）

常量元素	化合物通用名称	化合物英文名称	化学式或描述	来源	含量规格，%		适用动物	在配合饲料或全混合日粮中的推荐添加量，%	在配合饲料或全混合日粮中的最高限量，%	其他要求
					以化合物计	以元素计				
钙：来自以下化合物	轻质碳酸钙	Calcium carbonate	$CaCO_3$	化学制备	≥98.0（以干基计）	Ca≥39.2（以干基计）	养殖动物	猪 0.4～1.1 肉禽 0.6～1.0 蛋禽 0.8～4.0 牛 0.2～0.8 羊 0.2～0.7 （以 Ca 元素计）	—	摄取过多钙会导致钙磷比例失调并阻碍其他微量元素的吸收
	氯化钙	Calcium chloride	$CaCl_2$ $CaCl_2 \cdot 2H_2O$	化学制备	≥93.0 99.0～107.0	Ca≥33.5 Cl≥59.5 Ca≥26.9 Cl≥47.8				
	乳酸钙	Calcium lactate	$C_6H_{10}O_6Ca$ $C_6H_{10}O_6Ca \cdot H_2O$ $C_6H_{10}O_6Ca \cdot 3H_2O$ $C_6H_{10}O_6Ca \cdot 5H_2O$	化学制备或发酵生产	≥97.0（以 $C_6H_{10}O_6Ca$ 计，干基）	Ca≥17.7（以 $C_6H_{10}O_6Ca$ 计，干基）				
磷：来自以下化合物	磷酸氢钙	Dicalcium phosphate	$CaHPO_4 \cdot 2H_2O$	化学制备	—	P≥16.5 Ca≥20.0 P≥19.0 Ca≥15.0 P≥21.0 Ca≥14.0	养殖动物	猪 0～0.55 肉禽 0～0.45 蛋禽 0～0.4 牛 0～0.38 羊 0～0.38 淡水鱼 0～0.6 （以 P 元素计）	—	水产饲料中磷的使用应该充分考虑避免水体污染，符合相关标准
	磷酸二氢钙	Monocalcium phosphate	$Ca(H_2PO_4)_2 \cdot H_2O$	化学制备	—	P≥22.0 Ca≥13.0				
	磷酸三钙	Tricalcium phosphate	$Ca_3(PO_4)_2$	化学制备	—	P≥17.6 Ca≥34.0				

（续表）

常量元素	化合物通用名称	化合物英文名称	化学式或描述	来源	含量规格，%		适用动物	在配合饲料或全混合日粮中的推荐添加量，%	在配合饲料或全混合日粮中的最高限量，%	其他要求
					以化合物计	以元素计				
镁：来自以下化合物	氧化镁	Magnesiu-moxide	MgO	化学制备	≥96.5	Mg≥57.9	养殖动物	泌乳牛羊 0～0.5 （以 MgO 计）	泌乳牛羊 1 （以 MgO 计）	—
	氯化镁	Magne-siumchlo-ride	$MgCl_2 \cdot 6H_2O$	化学制备	≥98.0	Mg≥11.6 Cl≥34.3		猪 0～0.04 家禽 0～0.06 牛 0～0.4 羊 0～0.2 淡水鱼 0～0.06 （以 Mg 元素计）	猪 0.3 家禽 0.3 牛 0.5 羊 0.5 （以 Mg 元素计）	镁有致泻作用，大剂量使用会导致腹泻，注意镁和钾的比例
	硫酸镁	Magnesiu-msulfate	$MgSO_4 \cdot H_2O$ $MgSO_4 \cdot 7H_2O$	化学制备或从苦卤中提取	≥99.0 ≥99.0	Mg≥17.2 S≥22.9 Mg≥9.6 S≥12.8				—

附录：

农业部办公厅关于贯彻执行《饲料添加剂安全使用规范》的通知

农办牧［2009］50号

各省、自治区、直辖市饲料工作（工业）办公室：

为指导饲料生产企业和养殖单位科学合理地使用饲料添加剂，提高饲料和养殖产品质量安全水平，保护生态环境，促进饲料工业和养殖业持续健康发展，我部发布了《饲料添加剂安全使用规范》（农业部公告第1224号）。为更好地贯彻执行《饲料添加剂安全使用规范》（以下简称《规范》），现将有关事项通知如下：

一、《规范》中各种饲料添加剂在配合饲料或全混合日粮中的推荐用量指标，是根据不同品种、不同生长阶段的养殖动物对各种饲料添加剂的营养需要量提出的，目的是指导饲料生产企业和养殖单位使用，不作为执法依据。

二、《规范》中各种饲料添加剂在配合饲料或全混合日粮中的最高限量指标，是根据不同饲料添加剂品种对养殖动物和动物性食品安全及对环境的影响提出，超过最高限量可能会对养殖动物、动物性食品或环境造成安全隐患，最高限量指标是执法依据，必须严格执行。

三、《规范》中微量元素品种氧化锌（以元素计），肉鸡在配合饲料或全混合日粮中的推荐用量由80～180毫克调整为80～150毫克/千克。

四、对新申请饲料产品的企业自公告发布之日起执行，各级饲料管理部门依据《规范》自2009年11月1日起开展监督执法工作。

中华人民共和国农业部办公厅

二〇〇九年七月二十九日

饲料药物添加剂使用规范

中华人民共和国农业部公告第168号

为加强兽药的使用管理，进一步规范和指导饲料药物添加剂的合理使用，防止滥用饲料药物添加剂，根据《兽药管理条例》的规定，我部制定了《饲料药物添加剂使用规范》（以下简称《规范》），现就有关问题公告如下：

一、农业部批准的具有预防动物疾病、促进动物生长作用，可在饲料中长时间添加使用的饲料药物添加剂（品种收载于《规范》附录一中），其产品批准文号须用“药添字”。生产含有《规范》附录一所列品种成分的饲料，必须在产品标签中标明所含兽药成分的名称、含量、适用范围、停药期规定及注意事项等。

二、凡农业部批准的用于防治动物疾病，并规定疗程，仅是通过混饲给药的饲料药物添加剂（包括预混剂或散剂，品种收载于《规范》附录二中），其产品批准文号须用“兽药字”，各畜禽养殖场及养殖户须凭兽医处方购买、使用，所有商品饲料中不得添加《规范》附录二中所列的兽药成分。

三、除本《规范》收载品种及农业部今后批准允许添加到饲料中使用的饲料药物添加剂外，任何其他兽药产品一律不得添加到饲料中使用。

四、兽用原料药不得直接加入饲料中使用，必须制成预混剂后方可添加到饲料中。

五、各地兽药管理部门要对照本《规范》于10月底前完成本辖区饲料药物添加剂产品批准文号的清理整顿工作，印有原批准文号的产品标签、包装可使用至2001年12月底。

六、凡从事饲料药物添加剂生产、经营活动的，必须履行有关的兽药报批手续，并接受各级兽药管理部门的管理和质量监督，违者按照兽药管理法规进行处理。

七、本《规范》自2001年7月3日起执行。原我部《关于发布（允许作饲料药物添加剂的兽药品种及使用规定）的通知》（农牧发［1997］8号）和《关于发布“饲料药物添加剂允许使用品种目录”的通知》（农牧发［1994］7号）同时废止。

中华人民共和国农业部

二〇〇一年九月四日

附件1：

饲料药物添加剂使用规范

二硝托胺预混剂

Dinitolmide Premix

［有效成分］二硝托胺

［含量规格］每 1 000g 中含二硝托胺 250g。

［适用动物］鸡

［作用与用途］用于禽球虫病。

［用法与用量］混饲。每 1 000kg 饲料添加本品 500g。

［注意］蛋鸡产蛋期禁用；休药期 3 天。

马杜霉素铵预混剂

Maduramicin Ammonium Premix

［有效成分］马杜霉素铵

［含量规格］每 1 000g 中含马杜霉素 10g。

［适用动物］鸡

［作用与用途］用于鸡球虫病。

［用法与用量］混饲。每 1 000kg 饲料添加本品 500g。

［注意］蛋鸡产蛋期禁用；不得用于其他动物；在无球虫病时，含百万分之六以上马杜霉素铵盐的饲料对生长有明显抑制作用，也不改善饲料报酬；休药期 5 天。

［商品名称］加福、抗球王

尼卡巴嗪预混剂

Nicarbazin Premix

［有效成分］尼卡巴嗪

［含量规格］每 1 000g 中含尼卡巴嗪 200g。

［适用动物］鸡

［作用与用途］用于鸡球虫病。

［用法与用量］混饲。每 1 000kg 饲料添加本品 100 ~ 125g。

［注意］蛋鸡产蛋期禁用；高温季节慎用；休药期 4 天。

［商品名称］杀球宁

尼卡巴嗪、乙氧酰胺苯甲酯预混剂

Nicarbazin and Ethopabate Premix

［有效成分］尼卡巴嗪和乙氧酰胺苯甲酯

［含量规格］每 1 000g 中含尼卡巴嗪 250g 和乙氧酰胺苯甲酯 16g。

［适用动物］鸡

［作用与用途］用于鸡球虫病。

［用法与用量］混饲。每 1 000kg 饲料添加本品 500g。

［注意］蛋鸡产蛋期和种鸡禁用；高温季节慎用；休药期 9 天。

［商品名称］球净

甲基盐霉素预混剂

Narasin Premix

［有效成分］甲基盐霉素

［含量规格］每 1 000g 中含甲基盐霉素 100g。

［适用动物］鸡

［作用与用途］用于鸡球虫病。

［用法与用量］混饲。每 1 000kg 饲料添加本品 600～800g。

［注意］蛋鸡产蛋期禁用；马属动物禁用；禁止与泰妙菌素、竹桃霉素并用；防止与人眼接触；休药期 5 天。

［商品名称］禽安

甲基盐霉素、尼卡巴嗪预混剂

Narasin and Nicarbazin Premix

［有效成分］甲基盐霉素和尼卡巴嗪

［含量规格］每 1 000g 中含甲基盐霉素 80g 和尼卡巴嗪 80g。

［适用动物］鸡

［作用与用途］用于鸡球虫病。

［用法与用量］混饲。每 1 000kg 饲料添加本品 310～560g。

［注意］蛋鸡产蛋期禁用；马属动物忌用；禁止与泰妙菌秦、竹桃霉素并用；高温季节慎用；休药期 5 天。

［商品名称］猛安

拉沙洛西钠预混剂

Lasalocid Sodium Premix

［有效成分］拉沙洛西钠

［含量规格］每 1 000g 中含拉沙洛西 150g 或 450g。

［适用动物］鸡

［作用与用途］用于鸡球虫病。

［用法与用量］混饲。每 1 000kg 饲料添加 75～125g（以有效成分计）。

［注意］马属动物禁用；休药期 3 天。

［商品名称］球安

氢溴酸常山酮预混剂

Halofuginone Hydrobromide Premix

［有效成分］氢溴酸常山酮

［含量规格］每 1 000g 中含氢溴酸常山酮 6g。

［适用动物］鸡

［作用与用途］用于防治鸡球虫病。

［用法与用量］混饲。每 1 000kg 饲料添加本品 500g。

［注意］蛋鸡产蛋期禁用；休药期 5 天。

［商品名称］速丹

盐酸氯苯胍预混剂

Robenidine Hydrochloride Premix

［有效成分］盐酸氯苯胍

［含量规格］每 1 000g 中含盐酸氯苯胍 100g。

［适用动物］鸡、兔

［作用与用途］用于鸡、兔球虫病。

［用法与用量］混饲。每 1 000kg 饲料添加本品，鸡 300～600g，兔 1 000～1 500g。

［注意］蛋鸡产蛋期禁用。休药期鸡 5 天，兔 7 天。

盐酸氨丙啉、乙氧酰胺苯甲酯预混剂

Amprolium Hydrochloride and Ethopabate Premix

［有效成分］盐酸氨丙啉和乙氧酰胺苯甲酯

［含量规格］每 1 000g 中含盐酸氨丙啉 250g 和乙氧酰胺苯甲酯 16g。

［适用动物］家禽

［作用与用途］用于禽球虫病。

［用法与用量］混饲。每 1 000kg 饲料添加本品 500g。

［注意］蛋鸡产蛋期禁用；每 1 000kg 饲料中维生素 B_1 大于 10g 时明显拮抗；休药期 3 天

［商品名称］加强安保乐

盐酸氨丙啉、乙氧酰胺苯甲酯、磺胺喹噁啉预混剂

Amprolium Hydrochloride、Ethopabate and Sulfaquinoxaline Premix

［有效成分］盐酸氨丙啉、乙氧酰胺苯甲酯和磺胺喹噁啉

［含量规格］每 1 000g 中含盐酸氨丙啉 200g、乙氧酰胺苯甲酯 10g 和磺胺喹噁啉 120g。

［适用动物］家禽

［作用与用途］用于禽球虫病。

［用法与用量］混饲。每 1 000kg 饲料添加本品 500g。

［注意］蛋鸡产蛋期禁用；每 1 000kg 中维生素 B_1 大于 10g 时明显拮抗；休药期 7 天。

［商品名称］百球清

氯羟吡啶预混剂

Clopidol Premix

［有效成分］氯羟吡啶

［含量规格］每 1 000g 中含氯羟吡啶 250g。

［适用动物］家禽、兔

［作用与用途］用于禽、兔球虫病。

［用法与用量］混饲。每 1 000kg 饲料添加本品，鸡 500g，兔 800g。

［注意］蛋鸡产蛋期禁用；休药期 5 天。

海南霉素钠预混剂

Hainanmycin Sodium Premix

［有效成分］海南霉素钠

［含量规格］每 1 000g 中含海南霉素 10g。

［适用动物］鸡

［作用与用途］用于鸡球虫病。

［用法与用量］混饲。每 1 000kg 饲料添加本品 500～750g。

［注意］蛋鸡产蛋期禁用；休药期 7 天。

赛杜霉素钠预混剂

Semduramicin Sodium Premix

［有效成分］赛杜霉素钠

［含量规格］每 1 000kg 中含赛杜霉素 50g。

［适用动物］鸡

［作用与用途］用于鸡球虫病。

［用法与用量］混饲。每 1 000kg 饲料添加本品 500g。

［注意］蛋鸡产蛋期禁用；休药期 5 天。

［商品名称］禽旺

地克珠利预混剂

Diclazuril Premix

［有效成分］地克珠利

［含量规格］每 1 000g 中含地克珠利 2g 或 5g。

［适用动物］畜禽

［作用与用途］用于畜禽球虫病。

［用法与用量］混饲。每 1 000kg 饲料添加 1g（以有效成分计）。

［注意］蛋鸡产蛋期禁用。

复方硝基酚钠预混剂

Compound Sodium Nitrophenolate Premix

［有效成分］邻硝基苯酚钠、对硝基苯酚钠、5-硝基愈创木酚钠、磷酸氢钙和硫酸镁

［含量规格］每 1 000g 中含邻硝基苯酚钠 0.6g、对硝基苯酚钠 0.9g、5-硝基愈创木酚钠 0.3g、磷酸氢钙 898.2g 和硫酸镁 100g。

［适用动物］虾、蟹

［作用与用途］主用于虾、蟹等甲壳类动物的促生长。

［用法与用量］混饲。每 1 000kg 饲料添加本品 5～10kg。

［注意］休药期 7 天。

［商品名称］爱多收

氨苯砷酸预混剂

Arsanilic Acid Premix

［有效成分］氨苯砷酸

［含量规格］每 1 000g 中含氨苯砷酸 100g。

［适用动物］猪、鸡

［作用与用途］用于促进猪、鸡生长。

［用法与用量］混饲。每 1 000kg 饲料添加本品 1 000g。

［注意］蛋鸡产蛋期禁用；休药期 5 天

洛克沙胂预混剂

Arsanilic Acid Premix

［有效成分］洛克沙胂

［含量规格］每 1 000g 中含洛克沙胂 50g 或 100g。

［适用动物］猪、鸡

［作用与用途］用于促进猪、鸡生长。

［用法与用量］混饲。每 1 000kg 饲料添加本品 50g（以有效成分计）。

［注意］蛋鸡产蛋期禁用；休药期 5 天。

莫能菌素钠预混剂

Monensin Sodium Premix

［有效成分］莫能菌素钠

［含量规格］每 1 000g 中含莫能菌素 50g 或 100g 或 200g。

［适用动物］牛、鸡

［作用与用途］用于鸡球虫病和肉牛促生长。

［用法与用量］混饲。鸡，每 1 000kg 饲料添加 90 ~ 110g；肉牛，每头每天 200 ~ 360mg。以上均以有效成分计。

［注意］蛋鸡产蛋期禁用；泌乳期的奶牛及马属动物禁用；禁止与泰妙菌素、竹桃霉素并用；搅拌配料时禁止与人的皮肤、眼睛接触；休药期 5 天。

［商品名称］瘤胃素、欲可胖

杆菌肽锌预混剂

Bacitracin Zinc Premix

［有效成分］杆菌肽锌

［含量规格］每 1 000g 中含杆菌肽 100g 或 150g。

［适用动物］牛、猪、禽

［作用与用途］用于促进畜禽生长。

［用法与用量］混饲。每 1 000kg 饲料添加，犊牛 10 ~ 100g（3 月龄以下）、4 ~ 40g（6 月龄以下），猪 4 ~ 40g（4 月龄以下），鸡 4 ~ 40g（16 周龄以下）。以上均以有效成分计。

［注意］休药期 0 天。

黄霉素预混剂

Flavomycin Premix

［有效成分］黄霉素

［含量规格］每 1 000g 中含黄霉素 40g 或 80g。

［适用动物］牛、猪、鸡

［作用与用途］用于促进畜禽生长。

［用法与用量］混饲。每 1 000kg 饲料添加，仔猪 10 ~ 25g，生长、育肥猪 5g，肉鸡 5g，肉牛每头每天 30 ~ 50mg。以上均以有效成分计。

［注意］休药期 0 天。

［商品名称］富乐旺

维吉尼亚霉素预混剂

Virginiamycin Premix

［有效成分］维吉尼亚霉素

［含量规格］每 1 000g 中含维吉尼亚霉素 500g。

［适用动物］猪、鸡

［作用与用途］用于促进畜禽生长。

［用法与用量］混饲。每 1 000kg 饲料添加本品，猪 20 ~ 50g，鸡 10 ~ 40g。

［注意］休药期 1 天。

［商品名称］速大肥

喹乙醇预混剂

Olaquindox Premix

［有效成分］喹乙醇

［含量规格］每 1 000g 中含喹乙醇 50g。

［适用动物］猪

［作用与用途］用于猪促生长。

［用法与用量］混饲。每 1 000kg 饲料添加本品 1 000 ~ 2 000g。

［注意］禁用于禽；禁用于体重超过 35kg 的猪；休药期 35 天。

那西肽预混剂

Nosiheptide Premix

［有效成分］那西肽

［含量规格］每 1 000g 中含那西肽 2. 5g。

［适用动物］鸡

［作用与用途］用于鸡促生长。

［用法与用量］混饲。每 1 000kg 饲料添加本品 1 000g。

［注意］休药期3天

阿美拉霉素预混剂

Avilamycin Premix

［有效成分］阿美拉霉素

［含量规格］每1 000g中含阿美拉霉素100g。

［适用动物］猪、鸡

［作用与用途］用于猪和肉鸡的促生长。

［用法与用量］混饲。每1 000kg饲料添加本品，猪200～400g（4月龄以内），100～200g（4～6月龄），肉鸡50～100g。

［注意］休药期0天。

［商品名称］效美素

盐霉素钠预混剂

Salinomycin Sodium Premix

［有效成分］盐霉素钠

［含量规格］每1 000g中含盐霉素50g或60g或100g或120g或450g或500g。

［适用动物］牛、猪、鸡

［作用与用途］用于鸡球虫病和促进畜禽生长。

［用法与用量］混饲。每1 000kg饲料添加，鸡50～70g；猪25～75g；牛10～30g。以上均以有效成分计。

［注意］蛋鸡产蛋期禁用；马属动物禁用；禁止与泰妙菌素、竹桃霉素并用；休药期5天。

［商品名称］优素精、赛可喜

硫酸粘杆菌素预混剂

Colistin Sulfate Premix

［有效成分］硫酸粘杆菌素

［含量规格］每1 000g中含粘杆菌素20g或40g或100g。

［适用动物］牛、猪、鸡

［作用与用途］用于革兰氏阴性杆菌引起的肠道感染，并有一定的促生长作用。

［用法与用量］混饲。每1 000kg饲料添加，犊牛5～40g，仔猪2～20g，鸡2～20g。以上均以有效成分计。

［注意］蛋鸡产蛋期禁用；休药期7天。

［商品名称］抗敌素

牛至油预混剂

Oregano Oil Premix

［有效成分］5-甲基-2-异丙基苯酚和2-甲基-5-异丙基苯酚

［含量规格］每1 000g中含5-甲基-2-异丙基苯酚和2-甲基-5-异丙基苯酚25g。

［适用动物］猪、鸡

［作用与用途］用于预防及治疗猪、鸡大肠杆菌、沙门氏菌所致的下痢，促进畜禽生长。

［用法与用量］混饲。每 1 000kg 饲料添加本品，用于预防疾病，猪 500 ~ 700g，鸡 450g；用于治疗疾病，猪 1 000 ~ 1 300g，鸡 900g，连用 7 天；用于促生长，猪、鸡 50 ~ 500g。

［商品名称］诺必达

杆菌肽锌、硫酸粘杆菌素预混剂

Bacitracin Zinc and Colistin Sulfate Premix

［有效成分］杆菌肽锌和硫酸粘杆菌素

［含量规格］每 1 000g 中含杆菌肽 50g 和粘杆菌素 10g。

［适用动物］猪、鸡

［作用与用途］用于革兰氏阳性菌和阴性菌感染，并具有一定的促生长作用。

［用法与用量］混饲。每 1 000kg 饲料添加，猪 2 ~ 40g（2 月龄以下）、2 ~ 20g（4 月龄以下），鸡 2 ~ 20g。以上均以有效成分计。

［注意］蛋鸡产蛋期禁用；休药期 7 天。

［商品名称］万能肥素

土霉素钙

Oxytetracycline Calcium

［有效成分］土霉素钙

［含量规格］每 1 000g 中含土霉素 50g 或 100g 或 200g。

［适用动物］猪、鸡

［作用与用途］抗生素类药。对革兰氏阳性菌和阴性菌均有抑制作用，用于促进猪、鸡生长。

［用法与用量］混饲。每 1 000kg 饲料添加，猪 10 ~ 50g（4 月龄以内），鸡 10 ~ 50g（10 周龄以内）。以上均以有效成分计。

［注意］蛋鸡产蛋期禁用；添加于低钙饲料（饲料含钙量 0.18 ~ 0.55%）时，连续用药不超过 5 天。

吉他霉素预混剂

Kitasamycin Premix

［有效成分］吉他霉素

［含量规格］每 1 000g 中含吉他霉素 22g 或 110g 或 550g 或 950g。

［适用动物］猪、鸡

［作用与用途］用于防治慢性呼吸系统疾病，也用于促进畜禽生长。

［用法与用量］混饲。每 1 000kg 饲料添加，用于促生长，猪 5 ~ 55g，鸡 5 ~ 11g；用于防治疾病，猪 80 ~ 330g，鸡 100 ~ 330g，连用 5 ~ 7 天。以上均以有效成分计。

［注意］蛋鸡产蛋期禁用；休药期 7 天。

金霉素（饲料级）预混剂

Chlortetracycline（Feed Grade）Premix

［有效成分］金霉素

［含量规格］每 1 000g 中含金霉素 100g 或 150g。

［适用动物］猪、鸡

［作用与用途］对革兰氏阳性菌和阴性菌均有抑制作用，用于促进猪、鸡生长。

［用法与用量］混饲。每 1 000kg 饲料添加，猪 25 ~ 75g（4 月龄以内），鸡 20 ~ 50g（10 周龄以内）。以上均以有效成分计。

［注意］蛋鸡产蛋期禁用；休药期 7 天。

恩拉霉素预混剂

Enramycin Premix

［有效成分］恩拉霉素

［含量规格］每 1 000g 中含恩拉霉素 40g 或 80g。

［适用动物］猪、鸡

［作用与用途］对革兰氏阳性菌有抑制作用，用于促进猪、鸡生长。

［用法与用量］混饲。每 1 000kg 饲料添加，猪 2.5 ~ 20g，鸡 1 ~ 10g。以上均以有效成分计。

［注意］蛋鸡产蛋期禁用；休药期 7 天。

磺胺喹噁啉、二甲氧苄啶预混剂

Sulfaquinoxaline and Diaveridine Premix

［有效成分］磺胺喹噁啉和二甲氧苄啶

［含量规格］每 1 000g 中含磺胺喹噁啉 200g 和二甲氧苄啶 40g。

［适用动物］鸡

［作用与用途］用于禽球虫病。

［用法与用量］混饲。每 1 000kg 饲料添加本品 500g。

［注意］连续用药不得超过 5 天；蛋鸡产蛋期禁用；休药期 10 天。

越霉素 A 预混剂

Destomycin A Premix

［有效成分］越霉素 A

［含量规格］每 1 000g 中含越霉素 A 20g 或 50g 或 500g。

［适用动物］猪、鸡

［作用与用途］主用于猪蛔虫病、鞭虫病及鸡蛔虫病。

［用法与用量］混饲。每 1 000kg 饲料添加 5 ~ 10g（以有效成分计），连用 8 周。

［注意］蛋鸡产蛋期禁用；休药期，猪 15 天，鸡 3 天。

［商品名称］得利肥素

潮霉素 B 预混剂

Hygromycin B Premix

［有效成分］潮霉素 B

［含量规格］每 1 000g 中含潮霉素 B 17.6g。

［适用动物］猪、鸡

［作用与用途］用于驱除猪蛔虫、鞭虫及鸡蛔虫。

［用法与用量］混饲。每 1 000g 饲料添加，猪 10 ~ 13g，育成猪连用 8 周，母猪产前 8 周至分娩，鸡 8 ~ 12g，连用 8 周。以上均以有效成分计。

［注意］蛋鸡产蛋期禁用；避免与人皮肤、眼睛接触；休药期猪 15 天，鸡 3 天。

［商品名称］效高素

地美硝唑预混剂

Dimetridazole Premix

［有效成分］地美硝唑

［含量规格］每 1 000g 中含地美硝唑 200g。

［适用动物］猪、鸡

［作用与用途］用于猪密螺旋体性痢疾和禽组织滴虫病。

［用法与用量］混饲。每 1 000kg 饲料添加本品，猪 1 000 ~ 2 500g，鸡 400 ~ 2 500g。

［注意］蛋鸡产蛋期禁用；鸡连续用药不得超过 10 天；休药期猪 3 天，鸡 3 天。

磷酸泰乐菌素预混剂

Tylosin Phosphate Premix

［有效成分］磷酸泰乐菌素

［含量规格］每 1 000g 中含泰乐菌素 20g 或 88g 或 100g 或 220g。

［适用动物］猪、鸡

［作用与用途］主用于畜禽细菌及支原体感染。

［用法与用量］混饲。每 1 000kg 饲料添加，猪 10 ~ 100g，鸡 4 ~ 50g。以上均以有效成分计，连用 5 ~ 7 天。

［注意］休药期 5 天。

硫酸安普霉素预混剂

Apramycin Sulfate Premix

［有效成分］硫酸安普霉素

［含量规格］每 1 000g 中含安普霉素 20g 或 30g 或 100g 或 165g。

［适用动物］猪

［作用与用途］用于畜禽肠道革兰氏阴性菌感染。

［用法与用量］混饲。每 1 000kg 饲料添加 80 ~ 100g（以有效成分计），连用 7 天。

［注意］接触本品时，需戴手套及防尘面罩；休药期 21 天。

［商品名称］安百痢

盐酸林可霉素预混剂

Lincomycin Hydrochloride Premix

[有效成分] 盐酸林可霉素

[含量规格] 每1 000g中含林可霉素8.8g或110g。

[适用动物] 猪、禽

[作用与用途] 用于畜禽革兰氏阳性菌感染，也可用于猪密螺旋体、弓形虫感染。

[用法与用量] 混饲。每1 000kg饲料添加，猪44～77g，鸡2.2～4.4g，连用7～21天。以上均以有效成分计。

[注意] 蛋鸡产蛋期禁用；禁止家兔、马或反刍动物接近含有林可霉素的饲料；休药期5天。

[商品名称] 可肥素

赛地卡霉素预混剂

Sedecamycin Premix

[有效成分] 赛地卡霉素

[含量规格] 每1 000g中含赛地卡霉素10g或20g或50g。

[适用动物] 猪

[作用与用途] 主用于治疗猪密螺旋体引起的血痢。

[用法与用量] 混饲。每1 000kg饲料添加75g（以有效成分计），连用15天。

[注意] 休药期1天。

[商品名称] 克泻痢宁

伊维菌素预混剂

Ivermectin Premix

[有效成分] 伊维菌素

[含量规格] 每1 000g中含伊维菌素6g。

[适用动物] 猪

[作用与用途] 对线虫、昆虫和螨均有驱杀活性，主要用于治疗猪的胃肠道线虫病和疥螨病。

[用法与用量] 混饲。每1 000kg饲料添加330g，连用7天。

[注意] 休药期5天。

呋喃苯烯酸钠粉

Nifurstyrenate Sodium Powder

[有效成分] 呋喃苯烯酸钠

[含量规格] 每1 000g中含呋喃苯烯酸钠100g。

[适用动物] 鱼

[作用与用途] 用于鲈目鱼类的类结节菌及鲽目鱼的滑行细菌的感染。

[用法与用量] 混饲。每1kg体重，鲈目鱼类每日用本品0.5g，连用3～10天。

［注意］休药期 2 天。

［商品名称］尼福康

延胡索酸泰妙菌素预混剂

Tiamulin Fumarate Premix

［有效成分］延胡索酸泰妙菌素

［含量规格］每 1 000g 中含泰妙菌素 100g 或 800g。

［适用动物］猪

［作用与用途］用于猪支原体肺炎和嗜血杆菌胸膜性肺炎，也可用于猪密螺旋体引起的痢疾。

［用法与用量］混饲。每 1 000kg 饲料添加 40 ~ 100g（以有效成分计），连用 5 ~ 10 天。

［注意］避免接触眼及皮肤；禁止与莫能菌素、盐霉素等聚醚类抗生素混合使用；休药期 5 天。

［商品名称］枝原净

环丙氨嗪预混剂

Cyromazine Premix

［有效成分］环丙氨嗪

［含量规格］每 1 000g 中含环丙氨嗪 10g。

［适用动物］鸡

［作用与用途］用于控制动物厩舍内蝇幼虫的繁殖。

［用法与用量］混饲。每 1 000kg 饲料添加本品 500g，连用 4 ~6 周。

［注意］避免儿童接触。

［商品名称］蝇得净

氟苯咪唑预混剂

Flubendazole Premix

［有效成分］氟苯咪唑

［含量规格］每 1 000g 中含氟苯咪唑 50g 或 500g。

［适用动物］猪、鸡

［作用与用途］用于驱除畜禽胃肠道线虫及绦虫。

［用法与用量］混饲。每 1 000kg 饲料，猪 30g，连用 5 ~ 10 天；鸡 30g，连用 4 ~ 7 天。以上均以有效成分计。

［注意］休药期 14 天。

［商品名称］弗苯诺

复方磺胺嘧啶预混剂

Compound Sulfadiazine Premix

［有效成分］磺胺嘧啶和甲氧苄啶

［含量规格］每 1 000g 中含磺胺嘧啶 125g 和甲氧苄啶 25g。

［适用动物］猪、鸡

［作用与用途］用于链球菌、葡萄球菌、肺炎球菌、巴氏杆菌、大肠杆菌和李氏杆菌等感染。

［用法与用量］混饲。每 1kg 体重，每日添加本品，猪 0.1～0.2g，连用 5 天；鸡 0.17～0.2g，连用 10 天。

［注意］蛋鸡产蛋期禁用；休药期猪 5 天，鸡 1 天。

［商品名称］立可灵

盐酸林可霉素、硫酸大观霉素预混剂

Lincomycin Hydrochloride and Spectinomycin Sulfate Premix

［有效成分］盐酸林可霉素和硫酸大观霉素

［含量规格］每 1 000g 中含林可霉素 22g 和大观霉素 22g。

［适用动物］猪

［作用与用途］用于防治猪赤痢、沙门氏菌病、大肠杆菌肠炎及支原体肺炎。

［用法与用量］混饲。每 1 000kg 饲料添加本品 1 000g，连用 7～21 天。

［注意］休药期 5 天。

［商品名称］利高霉素

硫酸新霉素预混剂

Neomycin Sulfate Premix

［有效成分］硫酸新霉素

［含量规格］每 1 000g 中含新霉素 154g。

［适用动物］猪、鸡

［作用与用途］用于治疗畜禽的葡萄球菌、痢疾杆菌、大肠杆菌、变形杆菌感染引起的肠炎。

［用法与用量］混饲。每 1 000kg 饲料添加本品，猪、鸡 500～1 000g，连用 3～5 天。

［注意］蛋鸡产蛋期禁用；休药期猪 3 天，鸡 5 天。

［商品名称］新肥素

磷酸替米考星预混剂

Tilmicosin Phosphate Premix

［有效成分］磷酸替米考星

［含量规格］每 1 000g 中含替米考星 200g。

［适用动物］猪

［作用与用途］主用于治疗猪胸膜肺炎放线杆菌、巴氏杆菌及支原体引起的感染。

［用法与用量］混饲。每 1 000kg 饲料添加本品 2 000g，连用 15 天。

［注意］休药期 14 天。

磷酸泰乐菌素、磺胺二甲嘧啶预混剂

Tylosin Phosphate and Sulfamethazine Premix

［有效成分］磷酸泰乐菌素和磺胺二甲嘧啶

［含量规格］每 1 000g 中含泰乐菌素 22g 和磺胺二甲嘧啶 22g、泰乐菌素 88g 和磺胺二甲嘧啶 88g 或泰乐菌素 100g 和磺胺二甲嘧啶 100g。

［适用动物］猪

［作用与用途］用于预防猪痢疾，用于畜禽细菌及支原体感染。

［用法与用量］混饲。每 1 000kg 饲料添加本品 200g（100g 泰乐菌素 + 100g 磺胺二甲嘧啶），连用 5 ~ 7 天。

［注意］休药期 15 天。

［商品名称］泰农强

甲砜霉素散

Thiamphenicol Powder

［有效成分］甲砜霉素

［含量规格］每 1 000g 中含甲砜霉素 50g。

［适用动物］鱼

［作用与用途］用于治疗鱼类由嗜水气单孢菌、肠炎菌等引起的细菌性败血症、肠炎、赤皮病等。

［用法与用量］混饲。每 150kg 鱼加本品 1 000g，连用 3 ~ 4 天，预防量减半。

诺氟沙星、盐酸小檗碱预混剂

Norfloxacin and Berberine Hydrochloride Premix

［有效成分］诺氟沙星和盐酸小檗碱

［含量规格］每 1 000g 中含诺氟沙星 90g 和盐酸小檗碱 20g（鳗用）或诺氟沙星 25g 和盐酸小檗碱 8g（鳖用）。

［适用动物］鳗鱼、鳖

［作用与用途］用于鳗鱼嗜水气单胞菌与柱状杆菌引起的赤鳃病与烂鳃病；用于鳖红脖子病，烂皮病。

［用法与用量］混饲。每 1 000kg 饲料添加本品，鳗鱼 15kg，鳖 15kg，连用 3 天。

维生素 C 磷酸酯镁、盐酸环丙沙星预混剂

Magnesium Ascorbic Acid Phosphate and Ciprofloxacin Hydrochloride Premix

［有效成分］维生素 C 磷酸酯镁和盐酸环丙沙星

［含量规格］每 1 000g 中含维生素 C 磷酸酯镁 100g 和盐酸环丙沙星 10g。

［适用动物］鳖

［作用与用途］用于预防细菌性疾病。

［用法与用量］混饲。每 1 000kg 饲料添加本品 5kg，连用 3 ~ 5 天。

盐酸环丙沙星、盐酸小檗碱预混剂

Ciprofloxacin Hydrochloride and Berberine Hydrochloride Premix

［有效成分］盐酸环丙沙星和盐酸小檗碱

［含量规格］每1 000g中含盐酸环丙沙星100g和盐酸小檗碱40g。

［适用动物］鳗鱼

［作用与用途］用于治疗鳗鱼细菌性疾病。

［用法与用量］混饲。每1 000kg饲料添加本品15kg，连用3～4天。

噁喹酸散

Oxolinic Acid Powder

［有效成分］噁喹酸

［含量规格］每1 000g中含噁喹酸50g或100g。

［适用动物］鱼、虾

［作用与用途］用于治疗鱼、虾的细菌性疾病。

［用法与用量］混饲。每1kg体重，每日添加按有效成分计，

鱼类：鲈鱼目鱼类，类结节病0.01～0.3g，连用5～7天。

鲱鱼目鱼类，疮病0.05～0.1g，连用5～7天。

弧菌病0.05～0.2g，连用3～5天。

香鱼，弧菌病0.05～0.2g，连用3～7天。

鲤鱼目类，肠炎病0.05～0.1g，连用5～7天。

鳗鱼类，赤鳍病0.05～0.2g，连用4～6天；赤点病0.01～0.05g，连用3～5天；溃疡病0.2g，连用5天。

虾类：对虾，弧菌病0.06～0.6g，连用5天。

［注意］休药期香鱼21天，虹鳟鱼21天，鳗鱼25天，鲤鱼21天，其他鱼类16天；鳗鱼使用本品时，食用前25日间，鳗鱼饲育水日交换率平均应在50%以上。

［商品名称］旺速乐

磺胺氯吡嗪钠可溶性粉

Sulfaclozine Sodium Soluble Powder

［有效成分］磺胺氯吡嗪钠

［含量规格］每1 000g中含磺胺氯吡嗪钠300g。

［适用动物］肉鸡、火鸡、兔

［作用与用途］用于鸡、兔球虫病（盲肠球虫）。

［用法与用量］混饲。每1 000kg饲料添加 肉鸡、火鸡600mg连用3天，兔600mg连用15天（以有效成分计）

［注意］休药期 火鸡4天，肉鸡1天，产蛋期禁用。

［商品名称］三字球虫粉

附件2：

饲料药物添加剂附录一

序号	名　称
1	二硝托胺预混剂
2	马杜霉素铵预混剂
3	尼卡巴嗪预混剂
4	尼卡巴嗪、乙氧酰胺苯甲酯预混剂
5	甲基盐霉素、尼卡巴嗪预混剂
6	甲基盐霉素、预混剂
7	拉沙诺西钠预混剂
8	氢溴酸常山酮预混剂
9	盐酸氯苯胍预混剂
10	盐酸氨丙啉、乙氧酰胺苯甲酯预混剂
11	盐酸氨丙啉、乙氧酰胺苯甲酯、磺胺喹噁啉预混剂
12	氯羟吡啶预混剂
13	海南霉素钠预混剂
14	赛杜霉素钠预混剂
15	地克珠利预混剂
16	复方硝基酚钠预混剂
17	氨苯胂酸预混剂
18	洛克沙胂预混剂
19	莫能菌素钠预混剂
20	杆菌肽锌预混剂
21	黄霉素预混剂
22	维吉尼亚霉素预混剂
23	喹乙醇预混剂
24	那西肽预混剂
25	阿美拉霉素预混剂
26	盐霉素钠预混剂
27	硫酸粘杆菌素预混剂
28	牛至油预混剂
29	杆菌肽锌、硫酸粘杆菌素预混剂
30	吉他霉素预混剂
31	土霉素钙预混剂
32	金霉素预混剂
33	恩拉霉素预混剂

附件3:

饲料药物添加剂附录二

序号	名　称
1	磺胺喹噁啉、二甲氧苄啶预混剂
2	越霉素 A 预混剂
3	潮霉素 B 预混剂
4	地美硝唑预混剂
5	磷酸泰乐菌素预混剂
6	硫酸安普霉素预混剂
7	盐酸林可霉素预混剂
8	赛地卡霉素预混剂
9	伊维菌素预混剂
10	呋喃苯烯酸钠粉
11	延胡索酸泰妙菌素预混剂
12	环丙氨嗪预混剂
13	氟苯咪唑预混剂
14	复方磺胺嘧啶预混剂
15	盐酸林可霉素、硫酸大观霉素预混剂
16	硫酸新霉素预混剂
17	磷酸替米考星预混剂
18	磷酸泰乐菌素、磺胺二甲嘧啶预混剂
19	甲砜霉素散
20	诺氟沙星、盐酸小檗碱预混剂
21	维生素 C 磷酸酯镁、盐酸环丙沙星预混剂
22	盐酸环丙沙星、盐酸小檗碱预混剂
23	喹酸散
24	磺胺氯吡嗪钠可溶性粉

《饲料药物添加剂使用规范》公告的补充说明

中华人民共和国农业部公告第220号

针对一些地方反映《饲料药物添加剂使用规范》（2001年农业部第168号公告，以下简称“168号公告”）执行过程中存在的问题，我部进行了认真的研究，现就有关事项公告如下：

一、根据需要，养殖场（户）可凭兽医处方将“168号公告”附录二的产品及今后我部批准的同类产品，预混后添加到特定的饲料中使用或委托具有生产和质量控制能力并经省级饲料管理部门认定的饲料厂代加工生产为含药饲料，但须遵守以下规定：

（一）动物养殖场（户）须与饲料厂签订代加工生产合同一式四份，合同须注明兽药名称、含量、加工数量、双方通讯地址和电话等，合同双方及省兽药和饲料管理部门须各执一份合同文本。

（二）饲料厂必须按照合同内容代加工生产含药饲料，并做好生产记录，接受饲料主管部门的监督管理；含药饲料外包装上必须标明兽药有效成分、含量、饲料厂名称。

（三）动物养殖场（户）应建立用药记录制度，严格按照法定兽药质量标准使用所加工的含药饲料，并接受兽药管理部门的监督管理。

（四）代加工生产的含药饲料仅限动物养殖场（户）自用，任何单位或个人不得销售或倒买倒卖，违者按照《兽药管理条例》、《饲料和饲料添加剂管理条例》的有关规定进行处罚。

二、为从养殖生产环节控制动物性产品中兽药残留，各地要认真贯彻执行“168号公告”，切实加强饲料药物添加剂质量和使用的监督管理工作，加强对委托加工含药饲料生产、使用活动的监管工作，对监管工作中发现的违规行为要及时进行部门间的沟通，并依法严厉查处，同时请各地将工作中发现的问题和建议及时反馈我部。

中华人民共和国农业部

二〇〇二年九月二日

饲料生产企业许可条件
混合型饲料添加剂生产企业许可条件

中华人民共和国农业部公告第 1849 号

《饲料生产企业许可条件》和《混合型饲料添加剂生产企业许可条件》已经 2012 年 10 月 9 日农业部第 10 次常务会议审议通过，现予公布，自 2012 年 12 月 1 日起施行。

附件：1. 饲料生产企业许可条件

2. 混合型饲料添加剂生产企业许可条件

中华人民共和国农业部

二〇一二年十月二十二日

附件 1：

饲料生产企业许可条件

第一章　总　则

第一条　为加强饲料生产许可管理，保障饲料质量安全，根据《饲料和饲料添加剂管理条例》、《饲料和饲料添加剂生产许可管理办法》，制定本条件。

第二条　设立添加剂预混合饲料、浓缩饲料、配合饲料和精料补充料生产企业，应当符合本条件。

第二章　机构与人员

第三条　企业应当设立技术、生产、质量、销售、采购等管理机构。技术、生产、质量机构应当配备专职负责人，并不得互相兼任。

第四条　技术机构负责人应当具备畜牧、兽医、水产等相关专业大专以上学历或中级以上技术职称，熟悉饲料法规、动物营养、产品配方设计等专业知识，并通过现场考核。

第五条　生产机构负责人应当具备畜牧、兽医、水产、食品、机械、化工与制药等相关专业大专以上学历或中级以上技术职称，熟悉饲料法规、饲料加工技术与设备、生产过程控制、生产管理等专业知识，并通过现场考核。

第六条　质量机构负责人应当具备畜牧、兽医、水产、食品、化工与制药、生物科学等相关专业大专以上学历或中级以上技术职称，熟悉饲料法规、原料与产品质量控制、原料与产品检验、产品质量管理等专业知识，并通过现场考核。

第七条　销售和采购机构负责人应当熟悉饲料法规，并通过现场考核。

第八条 企业应当配备2名以上专职饲料检验化验员。饲料检验化验员应当取得农业部职业技能鉴定机构颁发的职业资格证书，并通过现场操作技能考核。

企业的饲料厂中央控制室操作工、饲料加工设备维修工应当取得农业部职业技能鉴定机构颁发的职业资格证书。

第三章 厂区、布局与设施

第九条 企业应当独立设置厂区，厂区周围没有影响饲料产品质量安全的污染源。

厂区应当布局合理，生产区与生活、办公等区域分开。厂区整洁卫生，道路和作业场所应当采用混凝土或沥青硬化，生活、办公等区域有密闭式生活垃圾收集设施。

第十条 生产区应当按照生产工序合理布局，固态添加剂预混合饲料、浓缩饲料、配合饲料、精料补充料有相对独立的、与生产规模相匹配的生产车间、原料库、配料间和成品库。

液态添加剂预混合饲料有与生产规模相匹配的前处理间、配料间、生产车间、灌装间、外包装间、原料库、成品库。

固态添加剂预混合饲料生产区总使用面积不低于500平方米；液态添加剂预混合饲料生产区总使用面积不低于350平方米；浓缩饲料、配合饲料、精料补充料生产区总使用面积不低于1 000平方米。

第十一条 添加剂预混合饲料生产线应当单独设立，生产设备不得与配合饲料、浓缩饲料、精料补充料生产线共用。

同时生产固态和液态添加剂预混合饲料的，生产车间应当分别设立。

同时生产添加剂预混合饲料和混合型饲料添加剂的，生产车间应当分别设立，且生产设备不得共用。

第十二条 生产区建筑物通风和采光良好，自然采光设施应当有防雨功能，人工采光灯具应当有防爆功能。

第十三条 厂区内应当配备必要的消防设施或设备。

第十四条 厂区内应当有完善的排水系统，排水系统入口处有防堵塞装置，出口处有防止动物侵入装置。

第十五条 存在安全风险的设备和设施，应当设置警示标识和防护设施：

（一）配电柜、配电箱有警示标识，生产区电源开关有防爆功能；

（二）高温设备和设施有隔热层和警示标识；

（三）压力容器有安全防护装置；

（四）设备传动装置有防护罩；

（五）投料地坑入口处有完整的栅栏，车间内吊物孔有坚固的盖板或四周有防护栏，所有设备维修平台、操作平台和爬梯有防护栏。

企业应当为生产区作业人员配备劳动保护用品。

第十六条 企业仓储设施应当符合以下条件：

（一）满足原料、成品、包装材料、备品备件贮存要求，并具有防霉、防潮、防鸟、防鼠等功能；

（二）存放维生素、微生物添加剂和酶制剂等热敏物质的贮存间密闭性能良好，并配备空调；

（三）亚硒酸钠等按危险化学品管理的饲料添加剂应当有独立的贮存间或贮存柜；

（四）药物饲料添加剂应当有独立的贮存间；

（五）具有立筒仓的生产企业，立筒仓应当配备通风系统和温度监测装置。

第四章　工艺与设备

第十七条　固态添加剂预混合饲料生产企业应当符合以下条件：

（一）复合预混合饲料和微量元素预混合饲料生产企业的设计生产能力不小于2.5吨/小时，混合机容积不小于0.5立方米；维生素预混合饲料生产企业的设计生产能力不小于1吨/小时，混合机容积不小于0.25立方米；

（二）配备成套加工机组（包括原料提升、混合和自动包装等设备），并具有完整的除尘系统和电控系统；

（三）有两台以上混合机，混合机（含混合机缓冲仓）与物料接触部分使用不锈钢制造，混合机的混合均匀度变异系数不大于5%；

（四）生产线除尘系统使用脉冲式除尘器或性能更好的除尘设备，采用集中除尘和单点除尘相结合的方式，投料口和打包口采用单点除尘方式；

（五）小料配制和复核分别配置电子秤；

（六）粉碎机、空气压缩机采用隔音或消音装置；

（七）反刍动物添加剂预混合饲料生产线与其他含有动物源性成分的添加剂预混合饲料生产线应当分别设立。

第十八条　液态添加剂预混合饲料生产企业应当符合以下条件：

（一）生产线由包括原料前处理、称量、配液、过滤、灌装等工序的成套设备组成；

（二）生产设备、输送管道及管件使用不锈钢或性能更好的材料制造；

（三）有均质工序的，高压均质机的工作压力不小于50兆帕，并具有高压报警装置；

（四）配液罐具有加热保温功能和温度显示装置；

（五）有独立的灌装间。

第十九条　浓缩饲料、配合饲料、精料补充料生产企业应当符合以下条件：

（一）设计生产能力不小于10吨/小时，专业加工幼畜禽饲料、种畜禽饲料、水产育苗料、特种饲料、宠物饲料的企业设计生产能力不小于2.5吨/小时；

（二）配备成套加工机组（包括原料清理、粉碎、提升、配料、混合、自动包装等设备），并具有完整的除尘系统和电控系统；生产颗粒饲料产品的，还应当配备制粒或膨化、冷却、破碎、分级、干燥等后处理设备；

（三）配料、混合工段采用计算机自动化控制系统，配料动态精度不大于3‰，静态精度不大于1‰；

（四）反刍动物饲料的生产线应当单独设立，生产设备不得与其他非反刍动物饲料生产线共用；

（五）混合机的混合均匀度变异系数不大于7%；

（六）粉碎机、空气压缩机、高压风机采用隔音或消音装置，生产车间和作业场所噪音控制符合国家有关规定；

（七）生产线除尘系统使用脉冲式除尘器或性能更好的除尘设备，采用集中除尘和单点除尘相结合的方式，投料口采用单点除尘方式；作业区的粉尘浓度和排放浓度符合国家有关规定；

（八）小料配制和复核分别配置电子秤；

（九）有添加剂预混合工艺的，应当单独配备至少一台混合机，混合机（含混合机缓冲仓）与物料接触部分使用不锈钢制造，混合机的混合均匀度变异系数不大于5%。

第五章　质量检验和质量管理制度

第二十条　企业应当在厂区内独立设置检验化验室，并与生产车间和仓储区域分离。

第二十一条　添加剂预混合饲料生产企业检验化验室应当符合以下条件：

（一）除配备常规检验仪器外，还应当配备下列专用检验仪器：

1. 固态维生素预混合饲料生产企业配备万分之一分析天平、高效液相色谱仪（配备紫外检测器）、恒温干燥箱、样品粉碎机、标准筛；

2. 液态维生素预混合饲料生产企业配备万分之一分析天平、高效液相色谱仪（配备紫外检测器）、酸度计；

3. 微量元素预混合饲料生产企业配备万分之一分析天平、原子吸收分光光度计（配备火焰原子化器和被测项目的元素灯）、恒温干燥箱、样品粉碎机、标准筛；

4. 复合预混合饲料生产企业配备万分之一分析天平、高效液相色谱仪（配备紫外检测器）、原子吸收分光光度计（配备火焰原子化器和被测项目的元素灯）、恒温干燥箱、高温炉、样品粉碎机、标准筛。

（二）检验化验室应当包括天平室、前处理室、仪器室和留样观察室等功能室，使用面积应当满足仪器、设备、设施布局和检验化验工作需要：

1. 天平室有满足分析天平放置要求的天平台；

2. 前处理室有能够满足样品前处理和检验要求的通风柜、实验台、器皿柜、试剂柜、气瓶柜或气瓶固定装置以及避光、空调等设备设施；同时开展高温或明火操作和易燃试剂操作的，应当分别设立独立的操作区和通风柜；

3. 仪器室满足高效液相色谱仪、原子吸收分光光度计等仪器的使用要求，高效液相色谱仪和原子吸收分光光度计应当分室存放；

4. 留样观察室有满足原料和产品贮存要求的样品柜。

第二十二条　浓缩饲料、配合饲料、精料补充料生产企业检验化验室应当符合以下条件：

（一）除配备常规检验仪器外，还应当配备万分之一分析天平、可见光分光光度计、恒温干燥箱、高温炉、定氮装置或定氮仪、粗脂肪提取装置或粗脂肪测定仪、真空泵及抽滤装置或粗纤维测定仪、样品粉碎机、标准筛；

（二）检验化验室应当包括天平室、理化分析室、仪器室和留样观察室等功能室，使用面积应当满足仪器、设备、设施布局和检验化验工作需要：

1. 天平室有满足分析天平放置要求的天平台；

2. 理化分析室有能够满足样品理化分析和检验要求的通风柜、实验台、器皿柜、试剂柜；

3. 仪器室满足分光光度计等仪器的使用要求；

4. 留样观察室有满足原料和产品贮存要求的样品柜。

第二十三条 企业应当按照《饲料质量安全管理规范》的要求制定质量管理制度。

第六章 附 则

第二十四条 本条件自2012年12月1日起施行。

附件2：

混合型饲料添加剂生产企业许可条件

第一章 总 则

第一条 为加强混合型饲料添加剂生产许可管理，保障饲料质量安全，根据《饲料和饲料添加剂管理条例》、《饲料和饲料添加剂生产许可管理办法》，制定本条件。

第二条 本条件所称混合型饲料添加剂，是指由一种或一种以上饲料添加剂与载体或稀释剂按一定比例混合，但不属于添加剂预混合饲料的饲料添加剂产品。

第三条 设立混合型饲料添加剂生产企业，应当符合本条件。

第二章 机构与人员

第四条 企业应当设立技术、生产、质量、销售、采购等管理机构。技术、生产、质量机构应当配备专职负责人，并不得互相兼任。

第五条 技术机构负责人应当具备畜牧、兽医、水产等相关专业大专以上学历或中级以上技术职称，熟悉饲料法规、动物营养、产品配方设计等专业知识，并通过现场考核。

第六条 生产机构负责人应当具备畜牧、兽医、水产、食品、机械、化工与制药等相关专业大专以上学历或中级以上技术职称，熟悉饲料法规、饲料加工技术与设备、生产过程控制、生产管理等专业知识，并通过现场考核。

第七条 质量机构负责人应当具备畜牧、兽医、水产、食品、化工与制药、生物科学等相关专业大专以上学历或中级以上技术职称，熟悉饲料法规、原料与产品质量控制、原料与产品检验、产品质量管理等专业知识，并通过现场考核。

第八条 销售和采购机构负责人应当熟悉饲料法规，并通过现场考核。

第九条 企业应当配备2名以上专职检验化验员。检验化验员应当取得农业部职业技能鉴定机构颁发的饲料检验化验员职业资格证书或与生产产品相关的省级以上医药、化工、食品行业管理部门核发的检验类职业资格证书，并通过现场操作技能考核。

企业加工设备维修工应当取得农业部职业技能鉴定机构颁发的职业资格证书。

第三章 厂区、布局与设施

第十条 企业应当独立设置厂区，厂区周围没有影响产品质量安全的污染源。

厂区应当布局合理，生产区与生活、办公等区域分开。厂区整洁卫生，道路和作业场所应当采用混凝土或沥青硬化，生活、办公等区域有密闭式生活垃圾收集设施。

第十一条 生产区应当按照生产工序合理布局，有相对独立的、与生产规模相匹配的生产车间、原料库、配料间和成品库。

同时生产混合型饲料添加剂和添加剂预混合饲料的，生产车间应当分别设立，且生产设备不得共用。

生产区总使用面积不少于400平方米。

第十二条 生产区建筑物通风和采光良好，自然采光设施应当有防雨功能，人工采光灯具应当有防爆功能。

第十三条 厂区内应当配备必要的消防设施或设备。

第十四条 厂区内应当有完善的排水系统，排水系统入口处有防堵塞装置，出口处有防止动物侵入装置。

第十五条 存在安全风险的设备和设施，应当设置警示标识和防护设施：

（一）配电柜、配电箱有警示标识，生产区电源开关有防爆功能；

（二）设备传动装置有防护罩；

（三）投料地坑入口处有完整的栅栏，车间内吊物孔有坚固的盖板或四周有防护栏，所有设备维修平台、操作平台和爬梯有防护栏。

企业应当为生产区作业人员配备劳动保护用品。

第十六条 企业仓储设施应当符合以下条件：

（一）满足原料、成品、包装材料、备品备件贮存要求，并具有防霉、防潮、防鸟、防鼠等功能；

（二）存放维生素、微生物添加剂和酶制剂等热敏物质的贮存间密闭性能良好，并配备空调；

（三）亚硒酸钠等按危险化学品管理的饲料添加剂应当有独立的贮存间或贮存柜。

第四章 工艺与设备

第十七条 企业的设计生产能力不小于1吨/小时，混合机容积不小于0.25立方米。

第十八条 企业应当配备一台以上混合机，混合机（含混合机缓冲仓）与物料接触部分使用不锈钢制造，混合机的混合均匀度变异系数不大于5%。

产品配方中有添加比例小于0.2%的原料的，应当单独配备一台符合前款规定的混合机，用于原料的预混合。

第十九条 生产线除尘系统使用脉冲式除尘器或性能更好的除尘设备，采用集中除尘和单点除尘相结合的方式，投料口和打包口采用单点除尘方式。

第二十条 原料配制、复核、产品包装分别配备电子秤。

第二十一条 使用粉碎机、空气压缩机的，采用隔音或消音装置。

第二十二条 液态混合型饲料添加剂生产企业应当符合以下条件：

（一）生产线由包括原料前处理、称量、配液、过滤、灌装等工序的成套设备组成；

（二）生产设备、输送管道及管件使用不锈钢或性能更好的材料制造；

（三）有均质工序的，高压均质机的工作压力不小于50兆帕，并具有高压报警装置；

（四）配液罐具有加热保温功能和温度显示装置；

（五）有独立的灌装间。

第五章　质量检验和质量管理制度

第二十三条　企业应当在厂区内独立设置检验化验室，并与生产车间和仓储区域分离。

第二十四条　检验化验室应当符合以下条件：

（一）除配备常规检验仪器外，还应当配备能够满足产品主成分检验需要的专用检验仪器；

（二）检验化验室应当包括天平室、理化分析室或前处理室、仪器室和留样观察室等功能室，使用面积应当满足仪器、设备、设施布局和检验化验工作需要。

1. 天平室有满足分析天平放置要求的天平台；

2. 理化分析室有能够满足样品理化分析和检验要求的通风柜、实验台、器皿柜、试剂柜；前处理室有能够满足样品前处理和检验要求的通风柜、实验台、器皿柜、试剂柜、气瓶柜或气瓶固定装置以及避光、空调等设备设施；同时开展高温或明火操作和易燃试剂操作的，应当分别设立独立的操作区和通风柜；

3. 配备高效液相色谱仪、原子吸收分光光度计、可见紫外分光光度计等仪器的，仪器室的面积和布局应当满足其使用要求。同时配备高效液相色谱仪和原子吸收分光光度计的，应当分室存放；

4. 留样观察室有满足原料和产品贮存要求的样品柜。

第二十五条　企业应当建立原料采购与管理、生产过程控制、产品质量控制、产品贮存与运输、产品召回、人员与卫生、文件与记录等管理制度。

第二十六条　企业应当为其生产的混合型饲料添加剂产品制定企业标准，混合型饲料添加剂产品的主成分指标检测方法应当经省级饲料管理部门指定的饲料检验机构验证。

第六章　附　则

第二十七条　本条件自 2012 年 12 月 1 日起施行。

饲料添加剂生产许可申报材料要求

中华人民共和国农业部公告第1867号

一、许可范围

（一）在中华人民共和国境内生产饲料添加剂的企业（以下简称企业）。

（二）饲料添加剂是指在饲料加工、制作、使用过程中添加的少量或者微量物质，包括营养性饲料添加剂和一般饲料添加剂。饲料添加剂品种见《饲料添加剂品种目录》。分为以下几种：

1. 利用有机制备、无机制备、生物发酵、提取等生产工艺直接生产获得的饲料添加剂产品；

2. 在上述生产工艺中同时得到的两种或两种以上饲料添加剂产品混合物；

3. 对上述饲料添加剂产品进行精制、脱水、包被等工艺处理而获得的饲料添加剂产品。

（三）本要求适用于以下情形：

1. 设立：指企业首次申请生产许可；

2. 续展：指企业生产许可有效期满继续生产；

3. 增加或更换生产线：增加生产线指企业在同一厂区增建已获得许可产品的生产线；更换生产线指企业对已有生产线的关键设备或生产工艺进行重大调整；

4. 增加产品品种：指企业申请增加生产许可范围以外的产品；

5. 迁址：指企业迁移出原生产地址，搬迁至新的生产地址；

6. 变更：指企业名称变更、法定代表人变更、注册地址或注册地址名称变更、生产地址名称变更。

二、申报材料格式要求

（一）企业应当按照《饲料添加剂生产许可申报材料一览表》的要求提供相关材料。

（二）申报材料应当使用A4规格纸、小四号宋体打印，按照《饲料添加剂生产许可申报材料一览表》顺序编制目录、装订成册并标注页码。表格不足时可加续表。申报材料应当清晰、干净、整洁。

（三）申报材料中企业提供的工商营业执照、组织机构代码证、劳动合同、职业资格证书、产品标准、环保证明、微生物菌种来源证明、产品主成分指标检测方法验证结论等证明材料的复印件应当加盖企业公章。

（四）申报材料一式两份（包括纸质文件和电子文档光盘），其中一份报送农业部，省级饲料管理部门留存一份。

（五）申报材料电子文档采用PDF格式，相关证明文件应为原件扫描件，文件名为企业全称。

（六）增加或更换生产线、增加产品品种的，仅提供与申请事项相关的资料。

三、申报材料内容要求

（一）企业承诺书

（二）饲料添加剂生产许可申请书

1. 封面

1.1 生产许可证编号：已获得生产许可证的企业填写原生产许可证编号，新设立的企业不填写。

1.2 企业名称：填写企业工商营业执照上的注册名称，并加盖企业公章。尚未取得工商注册的，按照企业名称预先核准通知书核准的名称填写。

1.3 联系人：填写企业负责办理生产许可的工作人员姓名。

1.4 联系方式：填写企业负责办理生产许可的联系人的手机、固定电话（注明区号）、传真等。

1.5 申请事项：根据企业具体情况分别在选项后面的“□”中打“√”。

1.6 申报日期：填写企业报出材料的日期。

2. 企业基本情况

各栏仅填写与申请事项相关的内容。

2.1 企业名称：填写企业工商营业执照上的注册名称。尚未取得工商注册的，按照企业名称预先核准通知书核准的名称填写。

2.2 生产地址：填写企业生产所在地详细地址，注明省（自治区、直辖市）、市（地）、县（市、区）、乡（镇、街道）、村（社区）、路（街）、号。

2.3 法定代表人、工商营业执照注册号、住所（注册地址）、企业类型、组织机构代码、注册资本：按照企业工商营业执照和组织机构代码证填写。尚未取得工商注册的，按照企业名称预先核准通知书填写。

2.4 固定资产：指厂房、设备和设施等资产总值。

2.5 所属法人机构信息：如企业为非法人单位，应当填写所属法人机构信息。

2.6 主要机构设置及人员组成

机构名称按照企业实际情况填写技术、生产、质量、销售、采购等机构。

人员总数填写与企业签订全日制用工劳动合同的人员数量。

专业技术人员填写企业的技术、生产、质量、销售、采购等机构中取得中专以上学历或初级以上技术职称的人员数量。

2.7 企业简介包括建立时间或变迁来源、隶属关系、所有权性质、生产产品、生产能力、技术水平、工艺装备、质量管理等内容（1 000 字以内）。

3. 产品基本情况

3.1 产品名称：按照《饲料添加剂品种目录》中的名称填写；

在同一生产工艺中同时得到两种或两种以上饲料添加剂产品混合物的，应当逐一列出所得饲料添加剂的名称；

生产液态饲料添加剂的还应当在产品名称前注明“液态”字样。

3.2　生产能力：按照每个产品年生产能力填写并注明单位。

3.3　原料名称：填写使用的原料、辅料和加工助剂等的名称。

采用生物发酵生产工艺的，还应当填写采用的微生物菌种的中文学名和拉丁文学名以及主要培养基、包被材料、载体等原材料名称。

4. 生产设备明细表

4.1　企业应当以生产线为单位，填写与生产工艺流程图一致的原料贮存、预处理、反应、过滤、除杂、净化、浓缩、结晶、干燥、粉碎、过筛、计量、包装、除尘等主要生产设备。

采用生物发酵生产工艺的，还应当填写无菌控制系统、菌种保藏等生产辅助设备设施。

4.2　生产产品：填写本生产线生产的产品。

4.3　设备名称、型号规格、生产厂家、出厂日期：按照设备说明书或设备铭牌填写。

4.4　位号：指按照生产工艺确定的不同工段对设备及其具体安装位置确定的编号。该位号应当与生产工艺流程图、生产装置平立面布置图中的位号以及生产设备上所标明的位号一致。

4.5　材质：填写生产设备的制造材料名称。

4.6　技术性能指标：填写反映生产设备主要特征的技术性能参数。

5. 检验仪器明细表

5.1　填写能够满足产品主成分指标和执行标准中出厂检验规定的项目所需的检验仪器。

采用生物发酵工艺生产饲料添加剂的，还应当填写微生物检验所需的检验仪器。

5.2　仪器名称、型号规格、生产厂家、出厂日期、出厂编号：按照仪器说明书或仪器铭牌填写。

5.3　技术性能指标：填写检验仪器主要技术性能参数。

6. 主要管理技术人员及特有工种人员登记表

填写与企业签订全日制用工劳动合同的人员，包括企业负责人、技术负责人、生产负责人、质量负责人、销售负责人、采购负责人、检验化验员、关键岗位生产工人等，其中检验化验员至少2名。尚未取得工商注册的，填写拟与本企业签订劳动合同的上述人员信息。

（三）工商营业执照

提供本企业的工商营业执照复印件，尚未取得工商注册的企业除外。非法人单位还应当提供所属法人单位的工商营业执照复印件。

（四）组织机构代码证

提供本企业的组织机构代码证复印件，尚未取得工商注册的企业除外。非法人单位还应当提供所属法人单位的组织机构代码证复印件。

（五）企业名称预先核准通知书

尚未取得工商注册的，提供有效期内的企业名称预先核准通知书复印件。

（六）企业组织机构图

提供包括技术、生产、质量、销售、采购等机构的企业组织机构框图。

（七）主要机构负责人和特有工种人员劳动合同

提供技术、生产、质量、销售、采购等机构负责人和检验化验员、关键岗位生产工人等的全日制用工劳动合同复印件。尚未取得工商注册的企业提供劳动合同草案文本。

（八）职业资格证书或鉴定合格证明

提供农业部职业技能鉴定机构颁发的饲料检验化验员职业资格证书复印件或与生产产品相关的省级以上医药、化工、食品行业管理部门核发的检验类职业资格证书复印件。已经参加鉴定且成绩合格，但尚未取得职业资格证书的，提供省级饲料职业技能鉴定机构出具的鉴定合格证明复印件。

（九）厂区平面布局图

按比例绘制厂区平面布局图，并注明生产、检化验、生活、办公等功能区，其中生产区应当标明生产车间、原料库、成品库的基本尺寸。

（十）生产装置工艺流程图、生产装置平立面布置图和工艺说明

按照企业实际生产线数量逐一提供生产装置工艺流程图（管道仪表图）、生产装置平立面布置图和工艺说明；

生产装置工艺流程图和生产装置平立面布置图应当按照国家或行业相关的规范性要求绘制，并标明控制点；

工艺说明应当反映主要生产步骤、目的、原理、实施方式、实施效果等内容。使用同一套生产设备生产不同产品的，还应当提供防止交叉污染措施。

（十一）检验化验室平面布置图

按比例绘制检验化验室平面布置图，图中标明天平室、理化分析室或前处理室、仪器室和留样观察室等功能室以及功能室的基本尺寸和检验仪器的位置。

采用生物发酵工艺生产饲料添加剂的，还应当标明微生物检验室以及检验室的基本尺寸和检验仪器的位置。

（十二）检验仪器购置发票

有检验仪器购置发票的提供发票复印件。无法提供购置发票的，提供检验仪器已列入企业固定资产的证明材料。

（十三）产品标准

执行国家标准或者行业标准的，提供现行国家标准或者行业标准文本复印件。

执行企业标准的，提供有效的企业备案标准文本复印件；尚未取得工商注册的，提供企业标准草案文本。

（十四）产品主成分指标检测方法验证结论

企业应当提供省级饲料管理部门指定的饲料检验机构出具的产品主成分指标检测方法验证结论复印件，但产品有国家或行业标准的除外。

（十五）企业管理制度

提供企业制定的主要管理制度的名称、主要内容等。（1 500 字以内）

（十六）环保证明

提供由企业生产所在地县级以上人民政府环境保护部门出具的、与所申报产品相关的环保证明复印件。

（十七）微生物菌种来源证明

采用生物发酵工艺生产微生物、酶制剂饲料添加剂产品的，应当提供申请许可前12个月内由国家或省部级微生物菌种保藏机构出具的微生物菌种种属证明，种属证明应当包括菌种鉴定的主要实验原理、方法和结论等信息。

采用生物发酵工艺生产其他饲料添加剂产品的，且《饲料添加剂品种目录》对生产该产品使用的微生物菌种有明确规定的，也应当提供前款规定的证明。

采用基因工程菌生产饲料添加剂产品的，应当符合国家相关规定，并提供有关证明材料。

（十八）与生产新饲料添加剂有关的材料

申请生产新饲料添加剂的，提供新饲料添加剂证书复印件；新饲料添加剂证书持有者转让给其他企业生产的，还应当提供转让证明复印件。

（十九）有下列情形之一的，应当提供农业部允许该产品作为饲料添加剂生产和使用的公告：

1. 饲料添加剂含量规格低于饲料添加剂安全使用规范要求的；

2. 饲料添加剂生产工艺发生重大变化的；

3. 新饲料添加剂自获证之日起超过3年未投入生产，其他企业申请生产的。

（二十）企业生产许可证

已经取得生产许可证的企业，提供生产许可证复印件。

（二十一）相关证明材料

申报的产品受国家产业政策限制的，应当提供企业所在地相关管理部门出具的证明材料。

提出变更申请的，提供企业所在地相关管理部门出具的证明材料。

饲料添加剂生产许可申报材料一览表

序号	申报材料项目	设立（已取得工商注册）	设立（未取得工商注册）	续展	增加或更换生产线	增加产品品种	迁址	变更企业名称	变更企业法定代表人	变更企业注册地址或注册地址名称	变更企业生产地址名称
1	企业承诺书	√	√	√	√	√	√				
2	饲料添加剂生产许可申请书	√	√	√	√	√	√				
3	工商营业执照	√		√			√	√	√	√	√
4	组织机构代码证	√		√			√				
5	企业名称预先核准通知书		√					√			
6	企业组织机构图	√	√	√			√				
7	主要机构负责人和特有工种人员劳动合同	√	√	√			√				
8	职业资格证书或鉴定合格证明	√	√	√			√				
9	厂区平面布局图	√	√	√	√	√	√				
10	生产装置工艺流程图、生产装置平立面布置图和工艺说明	√	√	√	√	√	√				
11	检验化验室平面布置图	√	√	√		√	√				
12	检验仪器购置发票	√	√	√		√	√				
13	产品标准	√	√	√		√	√				
14	产品主成分指标检测方法验证结论	√	√	√		√	√				
15	企业管理制度	√	√	√			√				
16	环保证明	√	√	√		√	√				
17	微生物菌种来源证明	√	√	√		√	√				
18	与生产新饲料添加剂有关的材料	√	√	√		√	√				
19	农业部允许该产品作为饲料添加剂生产和使用的公告	√	√	√		√	√				
20	企业生产许可证			√	√	√	√	√	√	√	√
21	相关证明材料	√	√	√		√	√	√	√	√	√

注1：增加或更换生产线、增加产品品种的，仅提供与申请事项相关的材料。

注2：表中序号17、18、19、21，仅适用于与申报事项相关的产品。

企业承诺书

一、申报材料真实性承诺

（一）本企业对《饲料和饲料添加剂管理条例》、《饲料和饲料添加剂生产许可管理办法》及其相关要求已经充分理解。

（二）本企业提供的纸质和电子申报材料均真实、完整、一致。申报材料中如有虚假不实信息，自愿承担一切后果及法律责任。

二、遵纪守法承诺

本企业严格遵守《饲料和饲料添加剂管理条例》及其配套规章和规范性文件的规定，严格遵守国家关于计量、环保、安全生产、劳动保护、消防安全、危险化学品生产使用、实验室管理等相关管理规定。如有违纪违法行为，自愿承担一切后果及法律责任。

法定代表人（负责人）签名

（企业公章）

年　　月　　日

生产许可证编号：

饲料添加剂生产许可申请书

企业名称：＿＿＿＿＿＿＿＿＿＿＿＿（公章）

联 系 人：＿＿＿＿＿＿＿＿＿＿＿＿

联系方式：＿＿＿＿＿＿＿＿＿＿＿＿

申请事项： 设立□ 续展□ 增加或更换生产线□

增加产品品种□ 迁址□

申报日期： 年 月 日

中华人民共和国农业部 制

二〇一二年

表1　企业基本情况

<table>
<tr><td colspan="2">企业名称</td><td colspan="7"></td></tr>
<tr><td colspan="2">生产地址</td><td colspan="7"></td></tr>
<tr><td colspan="2">通讯地址及邮编</td><td colspan="7"></td></tr>
<tr><td colspan="2">法定代表人</td><td colspan="7"></td></tr>
<tr><td colspan="2">工商营业执照注册号</td><td colspan="7"></td></tr>
<tr><td colspan="2">住所（注册地址）</td><td colspan="7"></td></tr>
<tr><td colspan="2">企业类型</td><td colspan="2"></td><td colspan="2">组织机构代码</td><td colspan="3"></td></tr>
<tr><td colspan="2">注册资本（万元）</td><td colspan="2"></td><td colspan="2">固定资产
（万元）</td><td colspan="3"></td></tr>
<tr><td rowspan="7">所属法人机构信息</td><td>名　　称</td><td colspan="7"></td></tr>
<tr><td>住　　所</td><td colspan="7"></td></tr>
<tr><td>工商营业
执照注册号</td><td colspan="2"></td><td colspan="2">法定代表人</td><td colspan="3"></td></tr>
<tr><td>企业类型</td><td colspan="2"></td><td colspan="2">联系人</td><td colspan="3"></td></tr>
<tr><td>联系电话</td><td colspan="2"></td><td colspan="2">传　真</td><td colspan="3"></td></tr>
<tr><td>组织机构代码</td><td colspan="7"></td></tr>
<tr><td colspan="2" rowspan="3">主要机构设置
及人员组成</td><td>机构名称</td><td></td><td></td><td></td><td></td><td></td><td></td></tr>
<tr><td>人　数</td><td></td><td></td><td></td><td></td><td></td><td></td></tr>
<tr><td>人员总数</td><td></td><td colspan="3">其中专业技术人员</td><td colspan="2"></td></tr>
<tr><td colspan="9">企业简介：</td></tr>
</table>

表 2　产品基本情况

序号	产品名称	含量规格	生产能力（吨/年）	原料名称

表 3　生产设备明细表（生产线________）

生产产品：							
序号	设备名称	位号	型号规格	材质	生产厂家	出厂日期（年月）	技术性能指标

表 4 检验仪器明细表

序号	仪器名称	型号规格	生产厂家	出厂日期（年月）	出厂编号	技术性能指标

表 5 主要管理技术人员及特有工种人员登记表

序号	姓名	职称	职务	学历	所学专业	所从事业务工作及从业年限	获证书时间、种类及编号	发证机关

注 1：“证书”指与企业签订了全日制用工劳动合同的管理人员、技术人员的职称证书、最高学历证书以及特有工种人员的职业资格证书。特有工种人员已经参加鉴定且成绩合格，但尚未取得农业部职业技能鉴定机构颁发的职业资格证书的，在“获证书时间、种类及编号”一栏填写考试成绩。

注 2：企业的检验化验员还应当在“获证书时间、种类及编号”一栏中填写身份证号码

饲料和饲料添加剂生产许可证年度备案表
饲料和饲料添加剂委托生产备案表

中华人民共和国农业部公告第 1954 号

根据《饲料和饲料添加剂生产许可管理办法》规定，为规范饲料和饲料添加剂生产企业年度备案及委托生产备案工作，统一备案要求，我部制定了《饲料和饲料添加剂生产许可证年度备案表》和《饲料和饲料添加剂委托生产备案表》，请遵照执行。

特此公告。

附件：1. 饲料和饲料添加剂生产许可证年度备案表

2. 饲料和饲料添加剂委托生产备案表

中华人民共和国农业部

二〇一三年六月五日

附件 1：

饲料和饲料添加剂生产许可证年度备案表

许可证类别			
许可证号			
企业名称	（公章）		
生产地址			
联系人		联系方式	
法定代表人		注册资本（万元）	
企业类型		组织机构代码	
是否进行委托生产		是否进行定制生产	
企业确认	本企业提供的材料真实有效；材料中如有虚假不实信息，自愿承担一切后果及法律责任。 法定代表人（签字）： （公章） 年 月 日		
企业所在地饲料管理部门意见	负责人（签字）： （公章） 年 月 日		
省级饲料管理部门意见	负责人（签字）： （公章） 年 月 日		
备 注			

填报日期： 年 月 日

中华人民共和国农业部 制

附表1 主要管理技术人员及特有工种人员变更登记表

序号	姓名	职务	职称	学历	所学专业	获证书时间、种类及编号	发证机关
新增人员							
离职人员							

注1：“证书”指与企业签订了全日制用工劳动合同的管理人员、技术人员的职称证书、最高学历证书以及特有工种人员的职业资格证书。特有工种人员已经参加鉴定且成绩合格，但尚未取得农业部职业技能鉴定机构颁发的职业资格证书的，在“获证书时间、种类及编号”一栏填写考试成绩。

注2：企业的检验化验员还应当在“获证书时间、种类及编号”一栏中填写身份证号码

附表2 主要生产设备变更登记表

序号	设备名称	变更前型号及技术性能指标	变更后型号及技术性能指标	变更原因

注1：设备名称、型号：按照设备说明书或设备铭牌填写。

注2：技术性能指标：填写反映生产设备主要特征的技术性能参数

附表3　主要检验仪器设备变更登记表

序号	仪器名称	变更前型号及技术性能指标	变更后型号及技术性能指标	变更原因

注1：仪器名称、型号：按照仪器说明书或仪器铭牌填写。

注2：技术性能指标：填写检验仪器主要技术性能参数

备案说明：

一、年度备案工作依据企业获得生产许可的情况、按照“一证一备案”的原则进行。

二、备案表中许可证类别一栏分别填写（1）饲料添加剂生产许可证；（2）混合型饲料添加剂生产许可证；（3）添加剂预混合饲料生产许可证；（4）单一饲料生产许可证；（5）浓缩饲料、配合饲料和精料补充料生产许可证。

三、备案表中企业名称、生产地址按照生产许可证填写；联系人、联系方式填写企业办理年度备案人员的姓名、手机和固定电话（含区号）。

四、企业主要管理技术人员及特有工种人员、主要生产设备或主要检验仪器设备有变更的，还应当分别填写附表1、附表2和附表3并提供证明材料。其中，企业主要管理技术人员及特有工种人员变更的，需提供：（1）新增的技术、生产和质量机构负责人的毕业证书或职称证书复印件；（2）新增的检验化验员、饲料加工设备维修工、中央控制室操作工等关键岗位人员的职业资格证书复印件；已经参加鉴定且成绩合格，但尚未取得职业资格证书的，可提供省级饲料职业技能鉴定机构出具的鉴定合格证明复印件。

五、企业应提供以下备案材料：

（一）企业生产许可证复印件。

（二）企业营业执照复印件，如企业为非法人机构，还需提供所属法人机构营业执照复印件。

（三）饲料和饲料添加剂生产企业季度和年度统计报表复印件。

附件 2：

饲料和饲料添加剂委托生产备案表

委托产品类别	□单一饲料　□配合饲料　□浓缩饲料　□精料补充料 □添加剂预混合饲料　□饲料添加剂　□混合型饲料添加剂			
一、委托企业基本情况				
委托企业名称				
生产许可证编号				
工商营业执照注册号				
注册地址				
生产地址				
通讯地址及邮编				
联系人		联系电话		
二、受托企业基本情况				
受托企业名称				
生产许可证编号				
工商营业执照注册号				
注册地址				
生产地址				
通讯地址及邮编				
联系人		联系电话		
三、委托产品情况				
委托产品名称	委托方 产品标准编号	委托方 产品批准文号	受托方 产品标准编号	受托方 产品批准文号
四、企业签字				
委托企业	法定代表人（签字）：　年　月　日（公章）			
受托企业	法定代表人（签字）：　年　月　日（公章）			
五、饲料管理部门意见				
企业所在地 饲料管理部门意见	负责人（签字）：　年　月　日（公章）			
省级 饲料管理部门意见	负责人（签字）：　年　月　日（公章）			

填报日期：　年　月　日

中华人民共和国农业部　制

备案说明：

一、委托生产备案由委托、受托企业分别向所在地省级饲料管理部门提出。按照委托企业先备案，受托企业后备案的原则进行。

二、当委托生产的产品为配合饲料、浓缩饲料、精料补充料、单一饲料时，不填写备案表中产品批准文号一栏。

三、企业应提供以下备案材料：

（一）委托企业、受托企业营业执照复印件，如企业为非法人机构，还需提供所属法人机构营业执照复印件；

（二）委托企业、受托企业生产许可证复印件；

（三）委托企业、受托企业产品批准文号复印件（仅饲料添加剂、混合型饲料添加剂、添加剂预混合饲料生产企业提供）；

（四）委托加工合同原件；

（五）委托企业、受托企业产品执行标准复印件；

（六）委托产品标签式样；

（七）受托企业备案时，需提供委托企业在所在地省级饲料管理部门的备案表复印件。

禁止在饲料和动物饮用水中使用的药物品种目录

农业部 卫生部 国家药品监督管理局公告第176号

为加强饲料、兽药和人用药品管理，防止在饲料生产、经营、使用和动物饮用水中超范围、超剂量使用兽药和饲料添加剂，杜绝滥用违禁药品的行为，根据《饲料和饲料添加剂管理条例》《兽药管理条例》《药品管理法》的有关规定，现公布《禁止在饲料和动物饮用水中使用的药物品种目录》，并就有关事项公告如下：

一、凡生产、经营和使用的营养性饲料添加剂和一般饲料添加剂，均应属于《允许使用的饲料添加剂品种目录》（农业部第105号公告）中规定的品种及经审批公布的新饲料添加剂，生产饲料添加剂的企业需办理生产许可证和产品批准文号，新饲料添加剂需办理新饲料添加剂证书，经营企业必须按照《饲料和饲料添加剂管理条例》第十六条、第十七条、第十八条的规定从事经营活动，不得经营和使用未经批准生产的饲料添加剂。

二、凡生产含有药物饲料添加剂的饲料产品，必须严格执行《饲料药物添加剂使用规范》（农业部168号公告，以下简称《规范》）的规定，不得添加《规范》附录二中的饲料药物添加剂。凡生产含有《规范》附录一中的饲料药物添加剂的饲料产品，必须执行《饲料标签》标准的规定。

三、凡在饲养过程中使用药物饲料添加剂，需按照《规范》规定执行，不得超范围、超剂量使用药物饲料添加剂。使用药物饲料添加剂必须遵守休药期、配伍禁忌等有关规定。

四、人用药品的生产、销售必须遵守《药品管理法》及相关法规的规定。未办理兽药、饲料添加剂审批手续的人用药品，不得直接用于饲料生产和饲养过程。

五、生产、销售《禁止在饲料和动物饮用水中使用的药物品种目录》所列品种的医药企业或个人，违反《药品管理法》第四十八条规定，向饲料企业和养殖企业（或个人）销售的，由药品监督管理部门按照《药品管理法》第七十四条的规定给予处罚；生产、销售《禁止在饲料和动物饮用水中使用的药物品种目录》所列品种的兽药企业或个人，向饲料企业销售的，由兽药行政管理部门按照《兽药管理条例》第四十二条的规定给予处罚；违反《饲料和饲料添加剂管理条例》第十七条、第十八条、第十九条规定，生产、经营、使用《禁止在饲料和动物饮用水中使用的药物品种目录》所列品种的饲料和饲料添加剂生产企业或个人，由饲料管理部门按照《饲料和饲料添加剂管理条例》第二十五条、第二十八条、第二十九条的规定给予处罚。其他单位和个人生产、经营、使用《禁止在饲料和动物饮用水中使用的药物品种目录》所列品种，用于饲料生产和饲养过程中的，上述有关部门按照谁发现谁查处的原则，依据各自法律法规予以处罚；构成犯罪的，要移送司法机关，依法追究刑事责任。

六、各级饲料、兽药、食品和药品监督管理部门要密切配合，协同行动，加大对饲料生产、经营、使用和动物饮用水中非法使用违禁药物违法行为的打击力度。要加快制定并完善饲料安全标准及检测方法、动物产品有毒有害物质残留标准及检测方法，为行政执法提供技术依据。

七、各级饲料、兽药和药品监督管理部门要进一步加强新闻宣传和科普教育。要将查处饲料和饲养过程中非法使用违禁药物列为宣传工作重点，充分利用各种新闻媒体宣传饲料、兽药和人用药品的管理法规，追踪大案要案，普及饲料、饲养和安全使用兽药知识，努力提高社会各方面对兽药使用管理重要性的认识，为降低药物残留危害，保证动物性食品安全创造良好的外部环境。

中华人民共和国农业部
中华人民共和国卫生部
中华人民共和国国家药品监督管理局
二〇〇二年二月九日

附件：

禁止在饲料和动物饮用水中使用的药物品种目录

一、肾上腺素受体激动剂

1. 盐酸克仑特罗（Clenbuterol Hydrochloride）：中华人民共和国药典（以下简称药典）2000 年二部 P605。β_2肾上腺素受体激动药。

2. 沙丁胺醇（Salbutamol）：药典 2000 年二部 P316。β_2肾上腺素受体激动药。

3. 硫酸沙丁胺醇（Salbutamol Sulfate）：药典 2000 年二部 P870。β_2肾上腺素受体激动药。

4. 莱克多巴胺（Ractopamine）：一种 β 兴奋剂，美国食品和药物管理局（FDA）已批准，中国未批准。

5. 盐酸多巴胺（Dopamine Hydrochloride）：药典 2000 年二部 P591。多巴胺受体激动药。

6. 西马特罗（Cimaterol）：美国氰胺公司开发的产品，一种 β 兴奋剂，FDA 未批准。

7. 硫酸特布他林（Terbutaline Sulfate）：药典 2000 年二部 P890。β_2肾上腺受体激动药。

二、性激素

8. 己烯雌酚（Diethylstibestrol）：药典 2000 年二部 P42。雌激素类药。

9. 雌二醇（Estradiol）：药典 2000 年二部 P1005。雌激素类药。

10. 戊酸雌二醇（Estradiol Valerate）：药典 2000 年二部 P124。雌激素类药。

11. 苯甲酸雌二醇（Estradiol Benzoate）：药典 2000 年二部 P369。雌激素类药。中华人民共和国兽药典（以下简称兽药典）2000 年版一部 P109。雌激素类药。用于发情不明显动物的催情及胎衣滞留、死胎的排除。

12. 氯烯雌醚（Chlorotrianisene）药典 2000 年二部 P919。

13. 炔诺醇（Ethinylestradiol）药典2000年二部P422。

14. 炔诺醚（Quinestrol）药典2000年二部P424。

15. 醋酸氯地孕酮（Chlormadinone acetate）药典2000年二部P1037。

16. 左炔诺孕酮（Levonorgestrel）药典2000年二部P107。

17. 炔诺酮（Norethisterone）药典2000年二部P420。

18. 绒毛膜促性腺激素（绒促性素）（Chorionic Gonadotrophin）：药典2000年二部P534。促性腺激素药。兽药典2000年版一部P146。激素类药。用于性功能障碍、习惯性流产及卵巢囊肿等。

19. 促卵泡生长激素（尿促性素主要含卵泡刺激FSHT和黄体生成素LH）（Menotropins）：药典2000年二部P321。促性腺激素类药。

三、蛋白同化激素

20. 碘化酪蛋白（Iodinated Casein）：蛋白同化激素类，为甲状腺素的前驱物质，具有类似甲状腺素的生理作用。

21. 苯丙酸诺龙及苯丙酸诺龙注射液（Nandrolone phenylpropionate）药典2000年二部P365。

四、精神药品

22. （盐酸）氯丙嗪（Chlorpromazine Hydrochloride）：药典2000年二部P676。抗精神病药。兽药典2000年版一部P177。镇静药。用于强化麻醉以及使动物安静等。

23. 盐酸异丙嗪（Promethazine Hydrochloride）：药典2000年二部P602。抗组胺药。兽药典2000年版一部P164。抗组胺药。用于变态反应性疾病，如荨麻疹、血清病等。

24. 安定（地西泮）（Diazepam）：药典2000年二部P214。抗焦虑药、抗惊厥药。兽药典2000年版一部P61。镇静药、抗惊厥药。

25. 苯巴比妥（Phenobarbital）：药典2000年二部P362。镇静催眠药、抗惊厥药。兽药典2000年版一部P103。巴比妥类药。缓解脑炎、破伤风、士的宁中毒所致的惊厥。

26. 苯巴比妥钠（Phenobarbital Sodium）。兽药典2000年版一部P105。巴比妥类药。缓解脑炎、破伤风、士的宁中毒所致的惊厥。

27. 巴比妥（Barbital）：兽药典2000年版一部P27。中枢抑制和增强解热镇痛。

28. 异戊巴比妥（Amobarbital）：药典2000年二部P252。催眠药、抗惊厥药。

29. 异戊巴比妥钠（Amobarbital Sodium）：兽药典2000年版一部P82。巴比妥类药。用于小动物的镇静、抗惊厥和麻醉。

30. 利血平（Reserpine）：药典2000年二部P304。抗高血压药。

31. 艾司唑仑（Estazolam）。

32. 甲丙氨脂（Meprobamate）。

33. 咪达唑仑（Midazolam）。

34. 硝西泮（Nitrazepam）。

35. 奥沙西泮（Oxazepam）。

36. 匹莫林（Pemoline）。

37. 三唑仑（Triazolam）。

38. 唑吡旦（Zolpidem）。

39. 其他国家管制的精神药品。

五、各种抗生素滤渣

40. 抗生素滤渣：该类物质是抗生素类产品生产过程中产生的工业三废，因含有微量抗生素成分，在饲料和饲养过程中使用后对动物有一定的促生长作用。但对养殖业的危害很大，一是容易引起耐药性，二是由于未做安全性试验，存在各种安全隐患。

禁止在饲料和动物饮水中使用的物质名单

中华人民共和国农业部公告第1519号

为加强饲料及养殖环节质量安全监管，保障饲料及畜产品质量安全，根据《饲料和饲料添加剂管理条例》有关规定，禁止在饲料和动物饮水中使用苯乙醇胺A等物质（见附件）。各级畜牧饲料管理部门要加强日常监管和监督检测，严肃查处在饲料生产、经营、使用和动物饮水中违禁添加苯乙醇胺A等物质的违法行为。

特此公告。

附件：禁止在饲料和动物饮水中使用的物质

中华人民共和国农业部

二〇一〇年十二月二十七日

附件：

禁止在饲料和动物饮水中使用的物质

1. 苯乙醇胺A（Phenylethanolamine A）：β-肾上腺素受体激动剂。
2. 班布特罗（Bambuterol）：β-肾上腺素受体激动剂。
3. 盐酸齐帕特罗（Zilpaterol Hydrochloride）：β-肾上腺素受体激动剂。
4. 盐酸氯丙那林（Clorprenaline Hydrochloride）：药典2010版二部P783。β-肾上腺素受体激动剂。
5. 马布特罗（Mabuterol）：β-肾上腺素受体激动剂。
6. 西布特罗（Cimbuterol）：β-肾上腺素受体激动剂。
7. 溴布特罗（Brombuterol）：β-肾上腺素受体激动剂。
8. 酒石酸阿福特罗（Arformoterol Tartrate）：长效型β-肾上腺素受体激动剂。
9. 富马酸福莫特罗（Formoterol Fumatrate）：长效型β-肾上腺素受体激动剂。
10. 盐酸可乐定（Clonidine Hydrochloride）：药典2010版二部P645。抗高血压药。
11. 盐酸赛庚啶（Cyproheptadine Hydrochloride）：药典2010版二部P803。抗组胺药。

关于发布《食品动物禁用的兽药及其他化合物清单》的通知

中华人民共和国农业部公告第193号

为保证动物源性食品安全，维护人民身体健康，根据《兽药管理条例》的规定，我部制定了《食品动物禁用的兽药及其他化合物清单》（以下简称《禁用清单》），现公告如下：

一、《禁用清单》序号1至18所列品种的原料药及其单方、复方制剂产品立即停止生产，已在兽药国家标准、农业部专业标准及兽药地方标准中收载的品种，废止其质量标准，撤销其产品批准文号；已在我国注册登记的进口兽药，废止其进口兽药质量标准，注销其《进口兽药登记许可证》。

二、截止2002年5月15日，《禁用清单》序号1至18所列品种的原料药及其单方、复方制剂产品停止经营和使用。

三、《禁用清单》序号19至21所列品种的原料药及其单方、复方制剂产品不准以抗应激、提高饲料报酬、促进动物生长为目的在食品动物饲养过程中使用。

食品动物禁用的兽药及其他化合物清单

序号	兽药及其他化合物名称	禁止用途	禁用动物
1	β-兴奋剂类：克仑特罗 Clenbuterol、沙丁胺醇 Salbutamol、西马特罗 Cimaterol 及其盐、酯及制剂	所有用途	所有食品动物
2	性激素类：已烯雌酚 Diethylstilbestrol 及其盐、酯及制剂	所有用途	所有食品动物
3	具有雌激素样作用的物质：玉米赤霉醇 Zeranol、去甲雄三烯醇酮 Trenbolone、醋酸甲孕酮 Mengestrol Acetate 及制剂	所有用途	所有食品动物
4	氯霉素 Chloramphenicol、及其盐、酯（包括：琥珀氯霉素 Chloramphenicol Succinate）及制剂	所有用途	所有食品动物
5	氨苯砜 Dapsone 及制剂	所有用途	所有食品动物
6	硝基呋喃类：呋喃唑酮 Furazolidone、呋喃它酮 Furaltadone、呋喃苯烯酸钠 Nifurstyrenate sodium 及制剂	所有用途	所有食品动物
7	硝基化合物：硝基酚钠 Sodium nitrophenolate、硝呋烯腙 Nitrovin 及制剂	所有用途	所有食品动物
8	催眠、镇静类：安眠酮 Methaqualone 及制剂	所有用途	所有食品动物
9	林丹（丙体六六六）Lindane	杀虫剂	所有食品动物
10	毒杀芬（氯化烯）Camahechlor	杀虫剂、清塘剂	所有食品动物
11	呋喃丹（克百威）Carbofuran	杀虫剂	所有食品动物
12	杀虫脒（克死螨）Chlordimeform	杀虫剂	所有食品动物
13	双甲脒 Amitraz	杀虫剂	水生食品动物
14	酒石酸锑钾 Antimony potassium tartrate	杀虫剂	所有食品动物
15	锥虫胂胺 Tryparsamide	杀虫剂	所有食品动物

（续表）

序号	兽药及其他化合物名称	禁止用途	禁用动物
16	孔雀石绿 Malachite green	抗菌、杀虫剂	所有食品动物
17	五氯酚酸钠 Pentachlorophenol sodium	杀螺剂	所有食品动物
18	各种汞制剂 包括：氯化亚汞（甘汞）Calomel、硝酸亚汞 Mercurous nitrate、醋酸汞 Mercurous acetate、吡啶基醋酸汞 Pyridyl mercurous acetate	杀虫剂	所有食品动物
19	性激素类：甲基睾丸酮 Methyltestosterone、丙酸睾酮 Testosterone Propionate 苯丙酸诺龙 Nandrolone Phenylpropionate、苯甲酸雌二醇 Estradiol Benzoate 及其盐、酯及制剂	促生长	所有食品动物
20	催眠、镇静类：氯丙嗪 Chlorpromazine、地西泮（安定）Diazepam 及其盐、酯及制剂	促生长	所有食品动物
21	硝基咪唑类：甲硝唑 Metronidazole、地美硝唑 Dimetronidazole 及其盐、酯及制剂	促生长	所有食品动物

注：食品动物是指各种供人食用或其产品供人食用的动物

二〇〇二年四月九日

饲料原料和饲料产品中三聚氰胺限量值的规定

中华人民共和国农业部公告第1218号

三聚氰胺是一种化工原料，广泛应用于塑料、涂料、黏合剂、食品包装材料生产。我部已明令禁止在饲料中人为添加三聚氰胺，对非法在饲料中添加三聚氰胺的，依法追究法律责任。三聚氰胺污染源调查显示，三聚氰胺可能通过环境、饲料包装材料等途径进入到饲料中，但含量极低。大量动物验证试验及风险评估表明，饲料中三聚氰胺含量低于2.5mg/kg时，不会通过动物产品残留对食用者健康产生危害。为确保饲料产品质量安全，保证养殖动物及其产品安全，现将饲料原料和饲料产品中三聚氰胺限量值定为2.5mg/kg，高于2.5mg/kg的饲料原料和饲料产品一律不得销售。

上述规定自发布之日起实施。

特此公告

中华人民共和国农业部

二〇〇九年六月八日

关于转发最高人民法院、最高人民检察院办理非法生产销售使用禁止在饲料和动物饮用水中使用的药品等刑事案件具体应用法律若干问题解释的通知

农办牧［2002］52号

各省、自治区、直辖市畜牧（农业、农牧）厅（局、办），饲料工作（工业）办公室，新疆生产建设兵团：

为了严厉打击非法制售和使用禁止在饲料和动物饮用水中使用的药品等犯罪活动，确保饲料业和养殖业的持续健康发展，促进农民增收，保护公民身体健康，2002年8月16日中华人民共和国最高人民法院、最高人民检察院联合发布了《最高人民法院、最高人民检察院关于办理非法生产、销售、使用禁止在饲料和动物饮用水中使用的药品等刑事案件具体应用法律若干问题的解释》（法释［2002］26号），并于2002年8月23日起施行。现将该司法解释转发你们，并请做好以下几项工作。

一、深入学习，广泛宣传。各级畜牧兽医和饲料行政管理部门要认真组织学习该司法解释，及时向当地领导汇报，争取重视和支持，协助有关部门，切实加大执法力度。要充分利用报刊、电视、广播等新闻媒介，及时向社会宣传；要采取多种形式、多种渠道深入饲料生产经营企业和养殖场（户）广为宣传，使该司法解释深入人心、家喻户晓。

二、进一步提高对依法惩治非法生产销售使用盐酸克仑特罗等药品重要性和紧迫性的认识。各级畜牧兽医和饲料行政管理部门要以对党和人民高度负责的态度，发扬连续作战和密切合作的精神，全面动员，周密部署，迅速开展新一轮的查禁“瘦肉精”等违禁药品的行动，坚决铲除非法制售窝点，制止非法使用行为；对于构成犯罪的，要及时移送司法机关处理。

三、各地在查处非法生产、经营和使用盐酸克仑特罗等违禁药品行为过程中有什么问题和建议，请及时与农业部畜牧兽医局（全国饲料工作办公室）或农业部整顿和规范市场经济秩序领导小组办公室联系。联系电话：（010）64192848、64193157；传真：（010）64192869。

中华人民共和国农业部办公厅

二〇〇二年八月二十八日

附件：

中华人民共和国最高人民法院 中华人民共和国最高人民检察院公告

《最高人民法院、最高人民检察院关于办理非法生产、销售、使用禁止在饲料和动物饮用水中使用的药品等刑事案件具体应用法律若干问题的解释》已经最高人民法院审判委员会第1237次会议、最高人民检察院第九届检察委员会第109次会议通过。现予公布，自2002年8月23日起施行。

中华人民共和国最高人民法院
中华人民共和国最高人民检察院
二〇〇二年八月十六日

最高人民法院　最高人民检察院 关于办理非法生产、销售、使用禁止在饲料和动物饮用水中使用的药品等刑事案件具体应用法律若干问题的解释

法释［2002］26号

（最高人民法院审判委员会第1237次会议、最高人民检察院第九届检察委员会第109次会议通过）

为依法惩治非法生产、销售、使用盐酸克仑特罗（Clenbuterol Hydrochloride，俗称“瘦肉精”）等禁止在饲料和动物饮用水中使用的药品等犯罪活动，维护社会主义市场经济秩序，保护公民身体健康，根据刑法有关规定，现就办理这类刑事案件具体应用法律的若干问题解释如下：

第一条　未取得药品生产、经营许可证件和批准文号，非法生产、销售盐酸克仑特罗等禁止在饲料和动物饮用水中使用的药品，扰乱药品市场秩序，情节严重的，依照刑法第二百二十五条第（一）项的规定，以非法经营罪追究刑事责任。

第二条　在生产、销售的饲料中添加盐酸克仑特罗等禁止在饲料和动物饮用水中使用的药品，或者销售明知是添加有该类药品的饲料，情节严重的，依照刑法第二百二十五条第（四）项的规定，以非法经营罪追究刑事责任。

第三条　使用盐酸克仑特罗等禁止在饲料和动物饮用水中使用的药品或者含有该类药品的饲料养殖供人食用的动物，或者销售明知是使用该类药品或者含有该类药品的饲料养殖的供人食用的动物的，依照刑法第一百四十四条的规定，以生产、销售有毒、有害食品罪追究刑事责任。

第四条　明知是使用盐酸克仑特罗等禁止在饲料和动物饮用水中使用的药品或者含有该类药品的饲料养殖的供人食用的动物，而提供屠宰等加工服务，或者销售其制品的，依

照刑法第一百四十四条的规定，以生产、销售有毒、有害食品罪追究刑事责任。

第五条 实施本解释规定的行为，同时触犯刑法规定的两种以上犯罪的，依照处罚较重的规定追究刑事责任。

第六条 禁止在饲料和动物饮用水中使用的药品，依照国家有关部门公告的禁止在饲料和动物饮用水中使用的药物品种目录确定。

（附：农业部、卫生部、国家药品监督管理局公告的《禁止在饲料和动物饮用水中使用的药物品种目录》）

最高人民法院　最高人民检察院
关于办理危害食品安全刑事案件
适用法律若干问题的解释

法释［2013］12号

（2013年4月28日最高人民法院审判委员会第1576次会议、2013年4月28日最高人民检察院第十二届检察委员会第5次会议通过）

为依法惩治危害食品安全犯罪，保障人民群众身体健康、生命安全，根据刑法有关规定，对办理此类刑事案件适用法律的若干问题解释如下：

第一条　生产、销售不符合食品安全标准的食品，具有下列情形之一的，应当认定为刑法第一百四十三条规定的“足以造成严重食物中毒事故或者其他严重食源性疾病”：

（一）含有严重超出标准限量的致病性微生物、农药残留、兽药残留、重金属、污染物质以及其他危害人体健康的物质的；

（二）属于病死、死因不明或者检验检疫不合格的畜、禽、兽、水产动物及其肉类、肉类制品的；

（三）属于国家为防控疾病等特殊需要明令禁止生产、销售的；

（四）婴幼儿食品中生长发育所需营养成分严重不符合食品安全标准的；

（五）其他足以造成严重食物中毒事故或者严重食源性疾病的情形。

第二条　生产、销售不符合食品安全标准的食品，具有下列情形之一的，应当认定为刑法第一百四十三条规定的“对人体健康造成严重危害”：

（一）造成轻伤以上伤害的；

（二）造成轻度残疾或者中度残疾的；

（三）造成器官组织损伤导致一般功能障碍或者严重功能障碍的；

（四）造成10人以上严重食物中毒或者其他严重食源性疾病的；

（五）其他对人体健康造成严重危害的情形。

第三条　生产、销售不符合食品安全标准的食品，具有下列情形之一的，应当认定为刑法第一百四十三条规定的“其他严重情节”：

（一）生产、销售金额20万元以上的；

（二）生产、销售金额10万元以上不满20万元，不符合食品安全标准的食品数量较大或者生产、销售持续时间较长的；

（三）生产、销售金额10万元以上不满20万元，属于婴幼儿食品的；

（四）生产、销售金额10万元以上不满20万元，一年内曾因危害食品安全违法犯罪活动受过行政处罚或者刑事处罚的；

（五）其他情节严重的情形。

第四条 生产、销售不符合食品安全标准的食品，具有下列情形之一的，应当认定为刑法第一百四十三条规定的“后果特别严重”：

（一）致人死亡或者重度残疾的；

（二）造成3人以上重伤、中度残疾或者器官组织损伤导致严重功能障碍的；

（三）造成10人以上轻伤、5人以上轻度残疾或者器官组织损伤导致一般功能障碍的；

（四）造成30人以上严重食物中毒或者其他严重食源性疾病的；

（五）其他特别严重的后果。

第五条 生产、销售有毒、有害食品，具有本解释第二条规定情形之一的，应当认定为刑法第一百四十四条规定的“对人体健康造成严重危害”。

第六条 生产、销售有毒、有害食品，具有下列情形之一的，应当认定为刑法第一百四十四条规定的“其他严重情节”：

（一）生产、销售金额20万元以上不满50万元的；

（二）生产、销售金额10万元以上不满20万元，有毒、有害食品的数量较大或者生产、销售持续时间较长的；

（三）生产、销售金额10万元以上不满20万元，属于婴幼儿食品的；

（四）生产、销售金额10万元以上不满20万元，一年内曾因危害食品安全违法犯罪活动受过行政处罚或者刑事处罚的；

（五）有毒、有害的非食品原料毒害性强或者含量高的；

（六）其他情节严重的情形。

第七条 生产、销售有毒、有害食品，生产、销售金额50万元以上，或者具有本解释第四条规定的情形之一的，应当认定为刑法第一百四十四条规定的“致人死亡或者有其他特别严重情节”。

第八条 在食品加工、销售、运输、贮存等过程中，违反食品安全标准，超限量或者超范围滥用食品添加剂，足以造成严重食物中毒事故或者其他严重食源性疾病的，依照刑法第一百四十三条的规定以生产、销售不符合安全标准的食品罪定罪处罚。

在食用农产品种植、养殖、销售、运输、贮存等过程中，违反食品安全标准，超限量或者超范围滥用添加剂、农药、兽药等，足以造成严重食物中毒事故或者其他严重食源性疾病的，适用前款的规定定罪处罚。

第九条 在食品加工、销售、运输、贮存等过程中，掺入有毒、有害的非食品原料，或者使用有毒、有害的非食品原料加工食品的，依照刑法第一百四十四条的规定以生产、销售有毒、有害食品罪定罪处罚。

在食用农产品种植、养殖、销售、运输、贮存等过程中，使用禁用农药、兽药等禁用物质或者其他有毒、有害物质的，适用前款的规定定罪处罚。

在保健食品或者其他食品中非法添加国家禁用药物等有毒、有害物质的，适用第一款的规定定罪处罚。

第十条 生产、销售不符合食品安全标准的食品添加剂，用于食品的包装材料、容器、洗涤剂、消毒剂，或者用于食品生产经营的工具、设备等，构成犯罪的，依照刑法第一百四十条的规定以生产、销售伪劣产品罪定罪处罚。

第十一条 以提供给他人生产、销售食品为目的，违反国家规定，生产、销售国家禁止用于食品生产、销售的非食品原料，情节严重的，依照刑法第二百二十五条的规定以非法经营罪定罪处罚。

违反国家规定，生产、销售国家禁止生产、销售、使用的农药、兽药，饲料、饲料添加剂，或者饲料原料、饲料添加剂原料，情节严重的，依照前款的规定定罪处罚。

实施前两款行为，同时又构成生产、销售伪劣产品罪，生产、销售伪劣农药、兽药罪等其他犯罪的，依照处罚较重的规定定罪处罚。

第十二条 违反国家规定，私设生猪屠宰厂（场），从事生猪屠宰、销售等经营活动，情节严重的，依照刑法第二百二十五条的规定以非法经营罪定罪处罚。

实施前款行为，同时又构成生产、销售不符合安全标准的食品罪，生产、销售有毒、有害食品罪等其他犯罪的，依照处罚较重的规定定罪处罚。

第十三条 生产、销售不符合食品安全标准的食品，有毒、有害食品，符合刑法第一百四十三条、第一百四十四条规定的，以生产、销售不符合安全标准的食品罪或者生产、销售有毒、有害食品罪定罪处罚。同时构成其他犯罪的，依照处罚较重的规定定罪处罚。

生产、销售不符合食品安全标准的食品，无证据证明足以造成严重食物中毒事故或者其他严重食源性疾病，不构成生产、销售不符合安全标准的食品罪，但是构成生产、销售伪劣产品罪等其他犯罪的，依照该其他犯罪定罪处罚。

第十四条 明知他人生产、销售不符合食品安全标准的食品，有毒、有害食品，具有下列情形之一的，以生产、销售不符合安全标准的食品罪或者生产、销售有毒、有害食品罪的共犯论处：

（一）提供资金、贷款、账号、发票、证明、许可证件的；

（二）提供生产、经营场所或者运输、贮存、保管、邮寄、网络销售渠道等便利条件的；

（三）提供生产技术或者食品原料、食品添加剂、食品相关产品的；

（四）提供广告等宣传的。

第十五条 广告主、广告经营者、广告发布者违反国家规定，利用广告对保健食品或者其他食品作虚假宣传，情节严重的，依照刑法第二百二十二条的规定以虚假广告罪定罪处罚。

第十六条 负有食品安全监督管理职责的国家机关工作人员，滥用职权或者玩忽职守，导致发生重大食品安全事故或者造成其他严重后果，同时构成食品监管渎职罪和徇私舞弊不移交刑事案件罪、商检徇私舞弊罪、动植物检疫徇私舞弊罪、放纵制售伪劣商品犯罪行为罪等其他渎职犯罪的，依照处罚较重的规定定罪处罚。

负有食品安全监督管理职责的国家机关工作人员滥用职权或者玩忽职守，不构成食品监管渎职罪，但构成前款规定的其他渎职犯罪的，依照该其他犯罪定罪处罚。

负有食品安全监督管理职责的国家机关工作人员与他人共谋，利用其职务行为帮助他人实施危害食品安全犯罪行为，同时构成渎职犯罪和危害食品安全犯罪共犯的，依照处罚较重的规定定罪处罚。

第十七条 犯生产、销售不符合安全标准的食品罪，生产、销售有毒、有害食品罪，一般应当依法判处生产、销售金额2倍以上的罚金。

第十八条 对实施本解释规定之犯罪的犯罪分子，应当依照刑法规定的条件严格适用缓刑、免予刑事处罚。根据犯罪事实、情节和悔罪表现，对于符合刑法规定的缓刑适用条件的犯罪分子，可以适用缓刑，但是应当同时宣告禁止令，禁止其在缓刑考验期限内从事食品生产、销售及相关活动。

第十九条 单位实施本解释规定的犯罪的，依照本解释规定的定罪量刑标准处罚。

第二十条 下列物质应当认定为“有毒、有害的非食品原料”：

（一）法律、法规禁止在食品生产经营活动中添加、使用的物质；

（二）国务院有关部门公布的《食品中可能违法添加的非食用物质名单》《保健食品中可能非法添加的物质名单》上的物质；

（三）国务院有关部门公告禁止使用的农药、兽药以及其他有毒、有害物质；

（四）其他危害人体健康的物质。

第二十一条 “足以造成严重食物中毒事故或者其他严重食源性疾病”“有毒、有害非食品原料”难以确定的，司法机关可以根据检验报告并结合专家意见等相关材料进行认定。必要时，人民法院可以依法通知有关专家出庭作出说明。

第二十二条 最高人民法院、最高人民检察院此前发布的司法解释与本解释不一致的，以本解释为准。

农业部办公厅关于饲料和饲料添加剂生产许可证核发范围和标示方法的通知

农办牧〔2012〕42号

各省、自治区、直辖市饲料工作（工业）办公室，全国畜牧兽医总站、中国饲料工业协会：

根据《饲料和饲料添加剂管理条例》、《饲料和饲料添加剂生产许可管理办法》规定，我部制定了饲料和饲料添加剂生产许可证式样和标示方法，请遵照执行。

一、生产许可证核发范围

饲料添加剂和混合型添加剂产品生产企业核发饲料添加剂生产许可证。企业兼产上述两类产品的，各核发1张生产许可证。

添加剂预混合饲料、单一饲料、浓缩饲料、配合饲料和精料补充料生产企业核发饲料生产许可证。企业兼产多个产品的，添加剂预混合饲料、单一饲料各核发1张生产许可证，浓缩饲料、配合饲料和精料补充料核发1张生产许可证。

二、证书内容及标示方法

证书包括企业名称、编号、法定代表人、产品类别、产品品种（产品组分）、注册地址、生产地址、发证机关、有效期、发证时间等内容。企业信息按照企业工商营业执照或企业名称预先核准通知书上的内容标示，其他信息按照以下原则标示。

（一）编号

编号采用汉字、英文字母和阿拉伯数字编码组成。

（1）由农业部核发的生产许可证：

饲料添加剂编号：饲添（××××）T×××××

混合型饲料添加剂编号：饲添（××××）H×××××

添加剂预混合饲料编号：饲预（××××）×××××

（××××）：生产许可证发证年份

×××××：生产许可证序号

（2）由省级饲料管理部门核发的生产许可证：

编号：×饲证（××××）×××××

×：企业所在省（自治区、直辖市）简称

（××××）：生产许可证发证年份

×××××：生产许可证序号（前两位代表地市序号，后三位代表企业序号）

（二）产品类别

根据饲料行业管理法规和企业申报情况，分别标示饲料添加剂、混合型饲料添加剂、添加剂预混合饲料、单一饲料、浓缩饲料、配合饲料、精料补充料等7个产品类别。

（三）产品品种

涉及饲料添加剂和单一饲料产品标示的，按照《饲料添加剂品种目录》《饲料原料目录》或农业部批准饲料添加剂品种、单一饲料品种的公告中确定的名称填写。产品品种标示完成后以符号“＊＊＊”结束。

（1）饲料添加剂

产品之间用分号间隔；在同一工艺中同时得到两种或两种以上饲料添加剂产品的，产品之间用“＋”相连；生产液态饲料添加剂产品的，在产品名称前还需标示“液态”字样。

如：L-赖氨酸；液态维生素A；脂肪酶（产自黑曲霉）＋果胶酶（产自黑曲霉）＋植酸酶（产自黑曲霉）＊＊＊

（2）混合型饲料添加剂

混合型饲料添加剂产品品种使用“产品组分”表示，产品之间用分号分隔；由两种或两种以上饲料添加剂混合而成的产品，使用括号标明范围并在每种饲料添加剂之间用“＋”分隔；生产液态混合型饲料添加剂的，在产品前还需标示“液态”字样。

如：L-赖氨酸；（维生素E＋亚硒酸钠）；液态（枯草芽孢杆菌＋低聚木糖）＊＊＊

（3）添加剂预混合饲料

产品之间用分号间隔；除标示复合预混合饲料、微量元素预混合饲料、维生素预混合饲料外，还应在产品后括号中标示畜禽水产、反刍动物、宠物及特种动物等适用范围；生产液态添加剂预混合饲料产品的，在产品名称前还需要标示“液态”字样。

如：复合预混合饲料（畜禽水产、反刍动物）；微量元素预混合饲料（畜禽水产、反刍动物、宠物及特种动物）；维生素预混合饲料（畜禽水产）；液态维生素预混合饲料（畜禽水产）＊＊＊

（4）单一饲料

产品之间用分号间隔。

如：玉米蛋白粉；猪肉骨粉；发酵豆粕＊＊＊

（5）浓缩饲料、配合饲料、精料补充料

产品之间用分号间隔；除标示浓缩饲料、配合饲料、精料补充料外，还应根据企业申报情况在浓缩饲料、配合饲料产品后括号中标示畜禽、水产、反刍、幼畜禽、种畜禽、水产育苗、宠物、特种动物等适用范围，在精料补充料产品后括号中标示反刍、其他等适用范围。

如：浓缩饲料（畜禽、水产、反刍、幼畜禽、种畜禽、水产育苗、宠物、特种动物）；配合饲料（畜禽、水产、反刍、幼畜禽、种畜禽、水产育苗、宠物、特种动物）；精料补充料（反刍动物、其他）＊＊＊

（四）发证时间

标示证书核发的日期，如企业在证书有效期内申请增加或更换生产线、增加生产产品的类别/品种/系列，变更企业名称、注册地址、注册地址名称、生产地址名称或法定代表人，许可证有效期不变，发证时间更新为新获证书的核发日期。

中华人民共和国农业部办公厅

二〇一二年十一月十九日

农业部办公厅关于饲料添加剂和添加剂预混合饲料生产企业审批下放工作的通知

农办牧［2013］38号

各省、自治区、直辖市畜牧（农牧、农业）厅（局、委、办）：

按照《农业部办公厅关于贯彻落实〈国务院关于取消和下放一批行政审批项目的决定〉的通知》（农办办〔2013〕50号）要求，“设立饲料添加剂、添加剂预混合饲料生产企业审批”项目自2013年11月8日起下放至省级人民政府饲料管理部门。为落实审批下放工作，现将有关事项通知如下。

一、完善制度依法行政

各省、自治区、直辖市畜牧饲料管理部门（以下简称“省级管理部门”）要高度重视审批下放工作，抓紧制定和发布审批制度、审批规范和办事指南，充实生产许可证专家审核委员会，严格按照我部制定的审核标准和要求开展申报材料审查和企业现场审核工作。要严格按照《饲料和饲料添加剂管理条例》规定的审批权限，由省级管理部门负责审核、发放生产许可证。

二、加强审批监督和企业监管

省级管理部门要进一步健全审批监督制约机制，加强对审批运行过程中的监督管理，及时将审批信息录入饲料和饲料添加剂生产许可信息系统并依法公开。县级以上地方人民政府饲料管理部门要落实获证企业监管职责，切实加强对获证企业的后续监督管理，落实企业日常巡查制度，进一步提高监管工作科学化、规范化水平。

三、做好行政许可审核衔接工作

2013年11月8日前我部受理的许可申请，将按程序组织评审；通过评审的，核发生产许可证；未通过的，做出不予许可的决定，材料退回申请人。2013年11月8日后，相关生产许可的受理、材料审查、现场审核及许可证核发工作由省级管理部门负责。企业的申请符合《饲料和饲料添加剂生产许可管理办法》（农业部令〔2012〕第3号）第十一条、十二条规定的，由省级管理部门重新审核后发放生产许可证；符合第十三条规定的，由省级管理部门换发许可证，证书证号、有效期不变。

四、规范许可证书编号

省级管理部门核发的饲料添加剂证书编号为×饲添（××××）T×××××，混合型饲料添加剂证书编号为×饲添（××××）H×××××，添加剂预混合饲料证书编号为×饲预（××××）×××××；其中×为企业所在省（自治区、直辖市）简称，（×

×××）为发证年份，×××××为许可证序号（前两位代表地市，后三位代表企业）。

五、落实证书打印和许可信息管理相关要求

饲料添加剂、添加剂预混合饲料生产许可证式样由我部统一制定。许可证应使用饲料和饲料添加剂生产许可信息系统打印，并加盖发证机关印章。我部将通过饲料和饲料添加剂生产许可信息系统将现有获证企业信息分省导入，由省级管理部门负责信息后续管理和维护工作。

中华人民共和国农业部办公厅

二〇一三年十二月十日

农业部办公厅关于贯彻落实饲料行业管理新规推进饲料行政许可工作的通知

农办牧［2012］46号

各省、自治区、直辖市畜牧（农牧、农业）厅（委、局、办）、饲料工作（工业）办公室，全国畜牧总站、中国饲料工业协会：

《饲料和饲料添加剂管理条例》（以下简称《条例》）经国务院修订，已于2012年5月1日起正式施行。为配合《条例》实施，我部制定发布了《饲料和饲料添加剂生产许可管理办法》等配套规章和规范性文件。为指导各级畜牧饲料管理部门、饲料企业准确理解《条例》及其配套规章的基本原则和主要内容，做好饲料行政许可和行业监督管理工作，现将有关要求通知如下。

一、充分认识《条例》实施的重要意义

饲料是养殖业的物质基础，其数量安全和质量安全直接关系养殖业稳定发展、动物产品质量安全和公众健康。近年来，我国饲料行业在快速发展的过程中，暴露出生产企业小、散、乱现象突出，非法添加“瘦肉精”案件时有发生等问题，迫切需要健全完善饲料管理法律法规体系，严格行业准入，加大监督执法力度，严厉打击违法违规行为，切实保障饲料和饲料添加剂产品质量安全。

二、贯彻落实《条例》的总体要求和目标

深入贯彻落实科学发展观，以《条例》实施为契机，以保障饲料质量安全为目标，将贯彻落实《条例》作为“十二五”饲料工作的核心任务，认清形势、统一思想，夯实基础、严格准入，强化监管、从严执法，努力规范饲料生产、经营和使用行为，构建公平有序的市场环境，促进饲料行业向规模化、标准化、集约化方向发展，全面推进我国由饲料大国向饲料强国转变。

三、加强《条例》贯彻实施工作的组织领导

各级畜牧饲料管理部门要在地方人民政府的统一领导下，坚持制度建设和工作落实两手抓，完善监管工作机制和绩效考核指标体系，把任务和责任分解、细化、落实到部门和岗位。要积极争取支持，在监管机构建设、监测经费争取、执法装备改善等方面创新思路、整合力量、取得突破。要按照《条例》要求，建立健全饲料和饲料添加剂生产许可专家审核委员会和专家审核制度，积极推进畜牧兽医综合执法，明确执法职能，全面提高监管能力。

四、准确把握《条例》贯彻实施的核心和重点

此次《条例》修订，强调了饲料生产企业、经营者的主体责任。各级畜牧饲料管理部门要认真领会《条例》立法主旨，将行业管理工作的核心和重点转到提高门槛、减少数量，转变方式、增加效益，加强监管、保证安全上来，按照《条例》及其配套规章要求，严格饲料和饲料添加剂生产企业准入审核，加强日常监督管理，落实各项监管措施，切实保障饲料产品质量安全。

五、做好生产许可证和产品批准文号换证换号工作

（一）饲料添加剂和添加剂预混合饲料生产许可。2012 年 12 月 1 日前，已经取得饲料添加剂或添加剂预混合饲料生产许可证的企业，可在原证有效期内继续生产；12 月 1 日起，申请设立、续展、增加许可内容、生产场所迁址的企业，按照修订后的《条例》及其配套规章要求进行审核；12 月 1 日前，各省级饲料管理部门已经受理的生产许可申请，可依照原许可规定继续办理；企业因申报材料审查或现场审核未通过导致申请被退回，且再次提交申请日期超过 12 月 1 日的，按照修订后的《条例》及其配套规章要求进行审核。

（二）混合型饲料添加剂生产许可。为进一步加强对饲料添加剂和添加剂预混合饲料产品的管理，修订后的《条例》及其配套规章规定，由一种或一种以上饲料添加剂与载体或稀释剂按一定比例混合，但不属于添加剂预混合饲料的饲料添加剂产品作为混合型饲料添加剂管理；2012 年 12 月 1 日起，申请混合型饲料添加剂生产许可，应当按照修订后的《条例》及其配套规章要求进行审核；审核通过的，由农业部核发相应的生产许可证；企业在取得生产许可证后，还应当向所在地省级饲料管理部门申请并获得相应的产品批准文号。

（三）饲料生产许可。2012 年 12 月 1 日起，申请设立配合饲料、浓缩饲料、精料补充料和单一饲料生产企业，按照修订后的《条例》及其配套规章要求进行审核；12 月 1 日前，已经取得饲料生产企业审查合格证、动物源性饲料产品生产企业安全卫生合格证的饲料生产企业，可凭原审查合格证或安全卫生合格证继续生产至 2014 年 6 月 30 日；逾期未获得饲料生产许可证继续生产的，按照《条例》第三十八条相关规定处理。根据修订后的《条例》及其配套规章规定，不再需要办理生产许可或淘汰禁用的产品，此前获得的相关许可证明文件失效。

（四）饲料添加剂和添加剂预混合饲料产品批准文号许可。2012 年 12 月 1 日起，申请饲料添加剂、添加剂预混合饲料产品批准文号，按照修订后的《条例》及其配套规章要求进行审核；12 月 1 日前，已经取得批准文号的产品，企业可以继续使用该文号；企业的生产许可证有效期届满时，该文号失效；生产许可证有效期届满续展后，企业应当为其产品重新申请产品批准文号。逾期未获得批准文号仍继续生产的，按照《条例》第三十八条相关规定处理。

六、规范饲料原料使用

2013 年 1 月 1 日前，饲料企业使用的饲料原料和饲料添加剂按照修订前的《条例》

相关规定管理；1 月 1 日起，饲料企业使用的饲料原料和饲料添加剂均应当属于《饲料原料目录》、《饲料添加剂品种目录》和《饲料药物添加剂使用规范》所列品种。饲料生产企业使用限制使用的饲料原料、单一饲料、饲料添加剂、药物饲料添加剂、添加剂预混合饲料生产饲料时，还应当遵守《饲料添加剂安全使用规范》、《饲料药物添加剂使用规范》等限制性使用规定。

中华人民共和国农业部办公厅

二〇一二年十一月二十七日

关于进口鱼粉管理的规定

中华人民共和国农业部公告第1935号

为了加强进口鱼粉产品质量安全监管，保障相关贸易顺利开展，根据《饲料和饲料添加剂管理条例》、《进口饲料和饲料添加剂管理办法》、《饲料原料目录》和鱼粉国家标准（GB/T 19164—2003）的有关规定，现公告如下：

一、已登记的高级别进口鱼粉的生产厂家可将登记范围扩展为由低级至高级鱼粉。即登记为一、二级进口鱼粉的，可变更为“三级至一级”或“三级至二级”鱼粉，但不得低于鱼粉国家标准中的三级鱼粉标准。按照《进口饲料和饲料添加剂变更登记材料要求》（农业部公告第611号）的有关规定，申请办理鱼粉级别变更。申请事项为变更产品中文或英文商品名称。

二、按照《饲料原料目录》要求，自2013年1月1日起，所有向中国出口的鱼粉必须在其标签中标示挥发性盐基氮等强制性标识指标。

三、各级饲料管理部门应严格按照生产厂家申报的产品质量标准对进口鱼粉产品进行监管。饲料质检机构将采用鱼粉国家标准中的检测方法对其进行监督抽查检测。

中华人民共和国农业部

二〇一三年五月六日

关于办理饲料和饲料添加剂产品自由销售证明的通知

农办牧［2004］64号

各省、自治区、直辖市饲料工作（工业）办公室、国家饲料质量监督检验中心（北京），农业部饲料质量监督检验测试中心、各省级饲料质检机构：

近年来，我国生产的饲料和饲料添加剂出口大幅增长，一些出口目的国（或地区）要求提供我部出具的自由销售证明。为适应形势的需要和国际通行规则的要求，保证出口饲料和饲料添加剂的产品质量安全，便于饲料产品出口贸易的开展，企业可以自愿申请自由销售证明。现将办理饲料和饲料添加剂自由销售证明有关事项通知如下：

一、饲料和饲料添加剂生产企业向生产所在地省级饲料管理部门提出申请（申请表格式见附件），并提交以下资料：

（一）产品质量检验报告正本。由生产企业所在地省、自治区、直辖市的饲料质检机构出具，要求有产品的判定标准、检测结果以及最终判定结果（结果为不合格不予办理）。申请日期之前半年内的检测报告有效。

（二）已在当地技术监督管理部门备案的产品质量标准复印件。

（三）生产企业的营业执照复印件。

（四）出口目的国（或地区）饲料管理法规及具体要求（中外文各一份）。

（五）饲料添加剂和添加剂预混合饲料生产还需提交生产许可证复印件和产品的批准文号备案表复印件。

二、省级饲料管理部门在收到企业申请后，核实其所提交的资料。同意其申请的，在申请表相关栏目中加盖公章确认。

三、饲料和饲料添加剂生产企业将经省级饲料管理部门确认的资料寄至农业部全国饲料工作办公室。

地址：北京市朝阳区农展馆南里11号

邮政编码：100026

电话：010－64192831

传真：010－64192869

四、农业部全国饲料工作办公室审核同意后，出具自由销售证明，寄发至申请企业。

附件：企业办理自由销售证明申请表

中华人民共和国农业部办公厅

二〇〇四年十二月七日

附件：

企业办理自由销售证明申请表

<table>
<tr><td>产品中文名称：

产品英文名称：</td><td>产品类别：</td></tr>
<tr><td>生产许可证号：</td><td>产品批准文号：</td></tr>
<tr><td>出口国家（地区）：</td><td>需自由销售证明的份数：</td></tr>
<tr><td colspan="2">生产厂家中文名称：

生产厂家英文名称：

生产厂家具体地址：

电话：　　　　　　　　传真：　　　　　　　　联系人：</td></tr>
<tr><td colspan="2">备注：</td></tr>
<tr><td>生产厂家：

（盖章）
年　　月　　日</td><td>省饲料工业办公室备案：

（盖章）
年　　月　　日</td></tr>
</table>

三、文　件

国务院办公厅转发农业部关于促进饲料业持续健康发展若干意见的通知

国办发［2002］42号

各省、自治区、直辖市人民政府，国务院各部委，各直属机构：

农业部《关于促进饲料业持续健康发展的若干意见》已经国务院同意，现转发给你们，请认真贯彻执行。各地区、各有关部门要按照本通知的要求，对饲料生产和质量安全进行一次全面检查，完善制度，强化监督，并将贯彻本通知的情况于2003年6月前报国务院。

中华人民共和国国务院办公厅

二〇〇二年九月五日

关于促进饲料业持续健康发展的若干意见

（农业部二〇〇二年七月三十一日）

经过20多年的改革与发展，我国饲料业已经形成门类比较齐全、功能比较完备的产业体系，成为国民经济中的重要基础产业。但目前在饲料业发展过程中还存在着一些亟待解决的问题。饲料产品结构和生产布局不够合理，饲料原料的质量和生产能力有待提高，饲料业的标准体系、监测体系和安全监管体系不够健全，饲料添加剂质量及使用存在一些安全隐患等。为促进我国饲料业持续健康发展，现提出以下意见：

一、充分认识饲料业持续健康发展的重要意义

（一）发展饲料业是推进农业和农村经济结构战略性调整的重要方面。大力发展饲料业，不仅能够带动饲料作物种植和养殖业的发展，促进农业结构调整和优化，而且还可以促进粮食加工、转化与增值，推进第二、三产业的发展，提高农业的综合效益。同时，通过发展饲料业提升农业产业层次，把畜牧业发展成为一个大产业。

（二）发展饲料业是增加农民收入的重要途径。按照比较效益和市场需求种植饲料作物，可提高种植效益；通过饲料原料的加工转化，可促进饲料资源的增值；通过产业化龙头企业的带动，可获得规模经济效益。

（三）发展饲料业是提高农业竞争力的有力措施。大力发展饲料业，延长产业链条，发挥农副产品加工的后续效益；推动养殖业结构升级换代，提高生产效率，促进养殖业向规模化、集约化和现代化方向发展。同时，培育一批竞争力较强的名牌畜禽和水产品，进一步开拓国际市场。

（四）发展饲料业是提高人民生活水平的重要保障。发展安全优质高效的饲料业，是养殖业持续健康发展的物质基础，是提供卫生安全和营养丰富的动物性食品的基本保障。

二、明确饲料生产和安全监管的目标

（一）建设安全优质高效的饲料生产体系。面向市场，依靠科技，科学利用和综合开发各类饲料资源，积极推进安全优质高效和替代进口饲料产品的生产，加快建设符合我国国情的饲料生产体系，以实现大宗饲料原料和饲料总量供求的基本平衡。

（二）健全和完善饲料安全监管体系。当前和今后一个时期，要抓紧建立与国际接轨的完整的饲料质量标准体系、健全的饲料监测体系和规范的饲料安全监管体系，把我国饲料安全监管工作提高到一个新水平。

三、优化饲料产业结构和布局

（一）调整饲料产业结构。稳定发展配合饲料和单一饲料，加快发展浓缩饲料、精料补充料和饲料添加剂及其预混合饲料，实现饲料品种系列化、结构多样化。努力开发新型饲料资源和饲料品种，压缩一般性饲料品种，加快饲料产品的更新换代，满足不同饲养品种、饲养方式对饲料产品的需求。

（二）优化饲料产业区域布局。要按照统筹规划、因地制宜、优势互补、协调发展的原则，对饲料业布局进行调整。东部沿海地区和大城市郊区，要突出发展高附加值和创汇能力强的饲料加工业、饲料添加剂工业和饲料机械工业；中部地区要大力发展饲料原料和饲料加工业，提高饲料加工深度；西部地区要建设饲料饲草等原料生产基地，加快发展浓缩饲料加工业和饲料添加剂工业，推广配合饲料和精料补充料。

（三）加快饲料原料生产基地建设。抓紧建立优质饲料基地，扩大专用饲料作物种植，提高饲料原料的质量和生产能力。粮食主产区要积极推广间作套种、立体种植技术，稳步推进由粮食、经济作物二元种植业结构向粮食、经济作物和饲料三元种植业结构的转变，增加饲料总产量。有条件的地方要充分利用冬闲田种植牧草，实行草粮轮作，增加冬春季青绿饲料供给。西部地区要通过退耕还林（草）建设饲草生产基地，重点发展优质饲草生产。

四、大力推进饲料业科技进步

（一）加快饲料业科研与开发。以研究开发蛋白质饲料、农副产品饲料生产及高效利用技术为重点，开发非粮食饲料；广泛应用生物、精细化工等技术，加速研制并推广安全、高效、无污染的饲料添加剂，逐步替代允许使用的药物饲料添加剂；大力推动优质环保型饲料、专用饲料和安全饲料科学配方技术的研究开发。积极研究开发大型饲料加工设备及成套技术。加快饲料工业信息化建设步伐。

（二）推进饲料业高新技术产业化。鼓励大中型饲料生产企业建立和完善技术研发中心，提高技术创新能力。鼓励科研单位、大专院校与饲料生产企业开展多种形式的联合与合作，建立一批新型的饲料产学研联合体，加快饲料重大科技成果的开发和转化。深化农业科技体制改革，通过技术服务、技术承包、技术转让或入股等方式，完善科技人员分配机制，促进饲料业高新技术产业化。

（三）加强饲料业技术推广工作。鼓励科研单位、学校、饲料企业和其他中介组织，采取多种形式，开展技术推广和咨询服务。把“绿色证书工程”、“跨世纪青年农民培训计划”等与加强饲料专业人才培养结合起来。开展饲料行业职业技能鉴定与培训，认真执行关键岗位持证上岗制度，提高从业人员素质。地方各级饲料技术推广部门要做好饲料、饲料添加剂新产品和新技术的推广与示范工作。继续加大青贮饲料和氨化秸秆等成熟技术的推广力度，加快农区秸秆养畜过腹还田示范区建设。

五、依法加强饲料质量安全监管

（一）制定完善的饲料标准体系。抓紧研究、制定与国际接轨的饲料工业标准体系。在逐步提升现有的饲料原料和产品质量标准的基础上，加紧修订完善饲料卫生安全强制性标准，尽快制定转基因和动物性饲料检测方法标准。重点扶持一批国家级骨干饲料科研机构，为各类饲料标准体系建设提供技术支持。当前，应优先制定饲料生产和畜禽等饲养过程中使用违禁药品的速测方法标准，以及允许使用的药物饲料添加剂检测方法标准。

（二）加强饲料监测体系建设。以国家级饲料监测中心为龙头，部省级饲料监测中心为骨干，地、县级饲料监测站为基础，进一步加强饲料监测体系建设。加快实施饲料安全工程，改善饲料监测机构的基础设施条件。建立全国饲料安全信息网络，完善饲料业信息采集和发布程序，逐步把饲料监测机构建设成产品质量检测评价中心、市场信息发布中心、技术咨询服务中心和专业人才培训中心，提高饲料监测体系的整体水平。

（三）切实抓好饲料安全监管工作。加强对饲料生产、经营和使用等环节的监测，关口前移，从源头上抓好对饲料业的监管。禁止在饲料和动物饮用水中添加肾上腺素受体激动剂、性激素、蛋白同化激素、精神药品、抗生素滤渣等国家明令禁用的药品，对于允许添加的药品，在使用上要符合有关休药期的规定要求。禁止给反刍动物喂食哺乳类动物性饲料。防止假冒伪劣饲料产品和禁用药品流入市场。

（四）完善饲料管理法规，加大执法力度。抓紧起草有关饲料、饲料添加剂的配套法规和管理办法，完善饲料安全监管制度。全程监控饲料和饲料添加剂生产、经营和使用，切实抓好饲料质量安全监管工作。加强普法宣传，加大执法力度。各有关部门和地方各级人民政府要认真贯彻执行《饲料和饲料添加剂管理条例》，切实履行饲料管理和监督的职责。各级饲料管理部门要制定饲料安全突发事件防范预案，建立有效的预警机制，并会同公安、工商、药监、环保、质检等行政主管部门，坚决查处在饲料生产、经营和使用中添加禁用药品的行为。加强对进口饲料、饲料添加剂的检验检疫，严密监控动物性饲料、转基因饲料产品的质量安全和流向，消除各种隐患，确保饲料产品质量安全。整顿和规范饲料产品市场秩序，对于生产不合格饲料产品和安全隐患多的企业，要停产整改，跟踪监测。对于违法使用禁用药品和发生重大质量安全事故的饲料企业，要取消其生产和经营资格，依法追究有关责任人的法律责任。

六、进一步深化饲料企业改革

（一）完善饲料企业经营机制。按照建立现代企业制度的要求，积极探索新的饲料企业经营机制。在进一步深化国有和国有参股、控股企业改革的同时，鼓励发展非公有制饲料企业。规范公司法人治理结构，加强以财务管理为重点的企业管理，逐步实现规范化、科学化管理。按照“抓大放小”的原则，支持饲料企业开展优势互补，实现资产优化重组，不断提高饲料企业的竞争能力。重点培育和扶持一批起点高、规模大、核心竞争力强的核心饲料企业和企业集团。

（二）提高饲料产业化经营水平。充分发挥饲料企业与农民联系紧密的特点，鼓励饲料企业采取“订单农业”、“公司加农户”等方式，把原料生产、加工、销售等环节联结起来，形成较为稳定的产销关系和利益关系。支持饲料企业、专业大户和经纪人牵头组建农民专业合作经济组织，提高生产经营的组织化程度。各地区和有关部门要将符合条件的饲料企业列为农业产业化龙头重点企业，优先予以扶持。

（三）积极实施“走出去”战略。发挥我国农业比较优势，充分利用“两个市场”和“两种资源”，加快我国饲料业的对外开放步伐。建立和完善饲料业的出口支持服务体系，及时跟踪国际先进的技术信息和市场动态，充分发挥饲料行业协会在市场准入、信息咨询、价格协调、纠纷调解和行业损害调查等方面的作用，开展反倾销和应诉工作的组织与指导，更好地为饲料产品服务，促进饲料业健康发展。

七、加强对饲料工作的领导

（一）切实加强对饲料业发展和饲料安全工作的领导。各级地方人民政府要充分认识发展饲料业的重要性，把发展饲料业作为调整农业结构、增加农民收入和确保食品安全的一项重要工作来抓。各地区、各有关部门要切实解决饲料业发展中存在的突出问题，推动饲料业持续、健康发展。

（二）进一步转变政府职能。饲料行业行政主管部门要搞好饲料业发展规划、分类指导、安全监管和协调服务工作，发挥各级饲料行业协会的桥梁纽带作用，促进行业自律。

（三）稳定完善饲料业发展的相关政策。继续执行国家对饲料行业的现行税收优惠政策。严禁各种乱评比、乱罚款和乱收费。鼓励和支持有条件的饲料企业跨区域收购所需的饲料原料。粮食购销企业要发挥仓储和质量检验等方面的优势，进一步搞好与饲料企业的购销衔接，促进粮食转化增值。

（四）多渠道增加对饲料业的投入。各级地方人民政府要加大对饲料业的资金投入力度，重点用于饲料高新技术开发和推广，以及市场信息体系、监测检验体系、秸秆养畜示范项目和优质饲料基地建设。有关部门要支持饲料企业的设备更新和技术改造。商业银行要对饲料企业生产和经营提供信贷支持。积极引导社会资金投向饲料行业，加快饲料业利用外资步伐。

国务院关于促进畜牧业持续健康发展的意见

国发［2007］4号

各省、自治区、直辖市人民政府，国务院各部委、各直属机构：

畜牧业是现代农业产业体系的重要组成部分。大力发展畜牧业，对促进农业结构优化升级，增加农民收入，改善人们膳食结构，提高国民体质具有重要意义。“十五”以来，我国畜牧业取得了长足发展，综合生产能力显著提高，肉、蛋、奶等主要畜产品产量居世界前列，畜牧业已经成为我国农业农村经济的支柱产业和农民收入的重要来源，进入了一个生产不断发展、质量稳步提高、综合生产能力不断增强的新阶段。但我国畜牧业发展中也存在生产方式落后，产业结构和布局不合理，组织化程度低，市场竞争力不强，支持保障体系不健全，抵御风险能力弱等问题。当前，我国正处在由传统畜牧业向现代畜牧业转变的关键时期，为做大做强畜牧产业，促进我国畜牧业持续健康发展，现提出如下意见：

一、指导思想、基本原则和总体目标

（一）指导思想。以邓小平理论和“三个代表”重要思想为指导，全面落实科学发展观，深入贯彻党的十六届五中、六中全会精神，坚持“多予少取放活”和“工业反哺农业、城市支持农村”的方针，加快畜牧业增长方式转变，大力发展健康养殖，构建现代畜牧业产业体系，提高畜牧业综合生产能力，保障畜产品供给和质量安全，促进农民持续增收，推进社会主义新农村建设。

（二）基本原则。坚持市场导向，充分发挥市场机制在配置资源中的基础性作用；加强宏观调控，保障畜牧业平稳较快发展。坚持协调发展，推进畜牧业产销一体化经营；优化区域布局，构建优势产业带。坚持依靠科技，鼓励科技创新，推广先进适用技术，加快科技成果转化，促进产业升级，提升畜牧业竞争力。坚持环境保护，推行清洁生产，强化草原资源保护，发展生态畜牧业，实现可持续发展。坚持政府扶持，鼓励多元投入，积极引导社会资本投入畜牧业生产，建立多元化投入机制。

（三）总体目标。到“十一五”末，畜牧业生产结构进一步优化，自主创新能力进一步提高，科技实力和综合生产能力进一步增强，畜牧业科技进步贡献率由目前的50%上升到55%以上，畜牧业产值占农业总产值比重由目前的34%上升到38%以上；良种繁育、动物疫病防控、饲草饲料生产、畜产品质量安全、草原生态保护等体系进一步完善；规模化、标准化、产业化程度进一步提高，畜牧业生产初步实现向技术集约型、资源高效利用型、环境友好型转变。

二、加快推进畜牧业增长方式转变

（四）优化畜产品区域布局。要根据区域资源承载能力，明确区域功能定位，充分发挥区域资源优势，加快产业带建设，形成各具特色的优势畜产品产区。大中城市郊区和经济发达地区要利用资金、技术优势，加快发展畜禽种业和畜产品加工业，形成一批具有竞争优势和知名品牌的龙头企业。东部沿海地区和无规定动物疫病区要加强畜产品出口基地建设，发展外向型畜牧业，提高我国畜产品的国际市场竞争力。中部地区要充分利用粮食和劳动力资源丰富的优势，加快现代畜牧业建设，提高综合生产能力。西部地区要稳步发展草原畜牧业，大力发展特色畜牧业。

（五）加大畜牧业结构调整力度。继续稳定生猪、家禽生产，突出发展牛羊等节粮型草食家畜，大力发展奶业，加快发展特种养殖业。生猪、家禽生产要稳定数量，提高质量安全水平；奶类生产要加强良种奶牛基地建设；肉牛肉羊生产要充分利用好地方品种资源，生产优质牛羊肉。

（六）加快推进健康养殖。转变养殖观念，调整养殖模式，创新生产、经营管理制度，发展规模养殖和畜禽养殖小区，抓好畜禽良种、饲料供给、动物防疫、养殖环境等基础工作，改变人畜混居、畜禽混养的落后状况，改善农村居民的生产生活环境。按照市场需求，加快建立一批标准化、规模化生产示范基地。全面推行草畜平衡，实施天然草原禁牧休牧轮牧制度，保护天然草场，建设饲草基地，推广舍饲半舍饲饲养技术，增强草原畜牧业的发展能力。

（七）促进畜牧业科技进步。加快畜牧兽医高新技术的研究和开发，积极利用信息技术、生物技术，培育畜禽新品种。坚持自主创新与技术引进相结合，不断提高畜牧业发展的技术装备水平。加强基层畜牧技术推广体系建设，加快畜牧业科技成果转化，抓好畜禽品种改良、动物疫病诊断及综合防治、饲料配制、草原建设和集约化饲养等技术的推广。强化畜牧业科技教育和培训，提高畜牧业技术人员和农牧民的整体素质。加强国家基地、区域性畜牧科研中心创新能力建设，支持畜牧业科研、教学单位与企业联合，发展畜牧业高新科技企业。

（八）大力发展产业化经营。鼓励畜产品加工企业通过机制创新，建立基地，树立品牌，向规模化、产业化、集团化、国际化方向发展，提高企业的竞争力，进一步增强带动农民增收的能力。建立健全加工企业与畜牧专业合作组织、养殖户之间的利益联结机制，发展订单畜牧业。鼓励企业开发多元化的畜禽产品，发展精深加工，提高产品附加值。进一步调整畜产品出口结构，实现出口产品、出口类型多元化，不断提高我国畜产品在国际市场的占有份额。要创造条件，扶持和发展畜牧专业合作组织与行业协会，维护其合法权益；专业合作组织和行业协会要加强行业管理及行业自律，规范生产经营行为，维护农民利益。

三、建立健全畜牧业发展保障体系

（九）完善畜禽良种繁育体系。实施畜禽良种工程，建设畜禽改良中心和一批畜禽原种场、基因库，提高畜禽自主繁育、良种供应以及种质资源保护和开发能力，建立符合我国生产实际的畜禽良种繁育体系，普及和推广畜禽良种，提高良种覆盖率。积极推进种畜禽生产企业和科研院所相结合，逐步形成以自我开发为主的育种机制。加快种畜禽性能测定站建设，强化种畜禽质量检测，不断提高种畜禽质量。

（十）构建饲草饲料生产体系。大力发展饲料工业，重点扶持一批有发展潜力的大型饲料企业，提高产业集中度。建立饲料标准试验中心和饲料安全评价系统，制订饲料产品和检测方法标准，强化饲料监测，实现全程监控。加大秸秆饲料、棉菜籽饼等非粮食饲料开发力度，支持蛋白质饲料原料和饲料添加剂研发生产。加快牧草种子繁育基地建设，增强优质草种供应能力。在牧区、半农半牧区推广草地改良、人工种草和草田轮作方式，在农区推行粮食作物、经济作物、饲料作物三元种植结构。加快建立现代草产品生产加工示范基地，推动草产品加工业的发展。

（十一）强化动物疫病防控体系。实施动物防疫体系建设规划，强化动物疫病防控，做好畜禽常见病和多发病的防控工作。做到种畜禽无主要疫病，从源头提高畜禽健康水平。加快无规定动物疫病区建设，逐步实行动物疫病防控区域化管理。加强重大动物疫情监测预警预报，提高对突发重大动物疫病应急处置能力。建立和完善畜禽标识及疫病可追溯体系。对高致病性禽流感、口蹄疫等重大动物疫病依法实行强制免疫。加强兽药质量和兽药残留监控，强化动物卫生执法监督。继续推进兽医管理体制改革，健全基层畜牧兽医技术推广机构，稳定畜牧兽医队伍。

四、加大对畜产品生产流通环节的监管力度

（十二）加强畜产品质量安全生产监管。建立健全畜产品质量标准，强化质量管理，完善检测手段，加大对畜产品质量的检测监控力度。建立畜产品质量可追溯体系，强化畜禽养殖档案管理。实行养殖全过程质量监管，规范饲料、饲料添加剂及兽药的使用，大力发展无公害、绿色、有机畜产品生产。

（十三）加强畜禽屠宰加工环节监管。推行屠宰加工企业分级管理制度，开展畜禽屠宰加工企业资质等级认定工作，扶优扶强。全面开展屠宰加工技术人员和肉品品质检验人员技能培训，继续实行屠宰加工技术人员、肉品品质检验人员持证上岗制度和肉品品质强制检验制度。坚决关闭不符合国家法律法规和相关标准要求的屠宰场（点），严厉打击私屠滥宰及制售注水肉、病害肉等不法行为。

（十四）加强畜产品市场监管。建立统一开放竞争有序的畜产品市场，严禁地区封锁，确保畜产品运销畅通。充分发挥农村经纪人衔接产销的作用，促进畜产品合法流通。落实畜产品市场准入和质量责任追究制度，加大对瘦肉精等违禁药品使用的查处力度，保证上市肉类的质量。加强对液态奶和其他畜产品的市场监管，完善液态奶标识制度。

（十五）加大畜产品进出口管理力度。鼓励畜产品加工企业参与国际市场竞争，按照国际标准组织生产和加工，努力扩大畜产品出口；大力推行“公司＋基地＋标准化”出口畜产品生产加工管理模式。实施出入境检验检疫备案制度。加强对大宗畜产品进口的调控与管理，保护农民利益，维护国内生产和市场稳定。严厉打击走私，有效防止境外畜产品非法入境。强化对进口畜产品的检验检疫，完善检验检测标准与手段，防止疫病和有毒有害物质传入。

五、进一步完善扶持畜牧业发展的政策措施

（十六）完善畜牧业基础设施。逐步加大投资力度，加强畜牧业规模化养殖小区水、电、路等公共基础设施建设，推进畜禽健康养殖。继续实施退牧还草工程，加强西南岩溶地区草地治理，保护和建设草原，加快草业发展。探索建立草原生态补偿机制，维护生态安全。

（十七）扩大对畜牧业的财税支持。各级人民政府和各有关部门要增加资金投入，重点支持畜禽良种推广、种质资源保护、优质饲草基地和标准化养殖小区示范等方面建设，提高资金使用效益，进一步改善畜牧业生产条件。在安排农业综合开发、农业科研、农业技术推广及人畜饮水等专项资金时要对畜牧业发展给予大力支持。继续清理畜禽养殖和屠宰加工环节不合理税费，继续实行对饲料产品的优惠税收政策，减轻养殖农户负担，降低生产成本。“十一五”期间引进优良种畜禽、牧草种子，继续免征进口关税和进口环节增值税。调整完善畜产品出口退税政策。

（十八）加大对畜牧业的金融支持。运用贴息等方式，引导和鼓励各类金融机构增加对畜牧业的贷款。鼓励社会资本参与现代畜牧业建设，建立多元化的融资渠道。金融部门要结合畜牧业发展特点，改善服务，提高效率，探索创新信贷担保抵押模式和担保手段，对符合信贷原则和贷款条件的畜牧业生产者与加工企业提供贷款支持。农村信用社要进一步完善农户小额信用贷款和农户联保贷款制度，支持广大农户发展畜禽养殖。要引导、鼓励和支持保险公司大力开发畜牧业保险市场，发展多种形式、多种渠道的畜牧业保险，加快畜牧业政策性保险试点工作，探索建立适合不同地区、不同畜禽品种的政策性保险制度，增强畜牧业抵御市场风险、疫病风险和自然灾害的能力。

（十九）合理安排畜牧业生产用地。坚持最严格的耕地保护制度，鼓励合理利用荒山、荒地、滩涂等发展畜禽养殖。乡（镇）土地利用总体规划应当根据本地实际情况安排畜禽养殖用地。农村集体经济组织、农民、畜牧业合作经济组织按照乡（镇）土地利用总体规划建立的畜禽养殖场、养殖小区用地按农业用地管理。畜禽养殖场、养殖小区用地使用权期限届满，需要恢复为原用途的，由畜禽养殖场、养殖小区土地使用权人负责恢复。在畜禽养殖场、养殖小区用地范围内需要兴建永久性建（构）筑物，涉及农用地转用的，依照《中华人民共和国土地管理法》的规定办理。

六、加强对畜牧业工作的组织领导

（二十）把发展畜牧业摆在重要位置。地方各级人民政府要把扶持畜牧业持续健康发展列入重要议事日程，制定畜牧业发展规划，并纳入当地经济和社会发展规划，认真组织实施。要加强调查研究，及时解决畜牧业发展中遇到的各种矛盾和问题。各级畜牧兽医主管部门要充分发挥其规划、指导、管理、监督、协调、服务的职能作用；其他各有关部门要各司其职，密切配合，通力合作，共同促进畜牧业持续健康发展。

（二十一）依法促进畜牧业发展。各地区、各部门要深入学习宣传和贯彻实施畜牧法、草原法及动物防疫法等法律法规，落实支持畜牧业发展的各项措施。加大普法力度，提高生产经营者的法律意识。加强行政执法体系建设，不断提高依法行政能力和水平。

（二十二）做好信息引导工作。建立健全畜牧信息收集、分析和发布制度，加强对畜牧业生产的预测预警，及时发布市场信息，指导生产者合理安排生产，促进畜产品的均衡上市，防止畜产品价格大起大落。要发挥舆论导向作用，正确引导畜产品健康消费，扩大消费需求。

中华人民共和国国务院

二〇〇七年一月二十六日

饲料工业“十二五”发展规划

农牧发［2011］9号

饲料工业是支撑现代畜牧水产养殖业发展的基础产业，是关系到城乡居民动物性食品供应的民生产业。“十二五”时期是中国特色养殖业现代化加快推进的重要时期，也是建设饲料工业强国的攻坚时期。根据《国民经济和社会发展第十二个五年规划纲要》和《全国农业和农村经济第十二个五年规划（2011—2015年）》要求，制定饲料工业“十二五”发展规划。

第一章　成就与挑战

一、“十一五”时期饲料工业发展成就

“十一五”期间，饲料工业抓住国民经济实力快速增长、强农惠农政策体系不断完善、城乡居民收入水平稳步提高的战略机遇，克服养殖业波动、国际金融危机、质量安全事件等不利因素冲击，始终坚持扩大内需拓市场、规范企业强基础、转变方式促提升、加强监管保安全的发展方向，继续保持稳定发展势头。饲料工业的发展，为保证动物性食品稳定供应提供了坚实的物质基础，为数百万人创造了就业岗位，在推动新农村建设、繁荣农村经济、促进农民增收、带动养殖业生产方式转变等方面做出了巨大贡献。

（一）产量持续较快增长。2010年，工业饲料总产量1.62亿吨、总产值4 936亿元，分别是2005年的1.5倍和1.8倍，年均增长率分别达8.6%和12.5%，世界饲料生产大国地位进一步巩固。其中，配合饲料、浓缩饲料和添加剂预混合饲料产量分别为1.30亿吨、2 648万吨和579万吨，与2005年相比，分别增长67.1%、6.0%和22.7%。

（二）产品质量稳步提升。农业部和各级饲料管理部门以严厉打击违禁添加物为重点，持续开展饲料质量安全专项整治，着力强化监督检测和日常监管，饲料产品质量稳步提高，安全状况不断改善。在监测指标不断增加的情况下，2010年全国饲料产品质量合格率达93.89%，比2005年提高1.5个百分点；饲料中违禁添加物检出率持续下降，商品饲料中连续6年未检出“瘦肉精”。

（三）产业集中度明显提高。饲料行业联合、重组、兼并步伐加快，饲料行业生产经营方式转变呈现新格局。2010年，全国饲料生产企业10 843家，比2005年减少4 675家；年产50万吨以上的饲料企业或企业集团30家，饲料产量占全国总产量的42%，分别比2005年增加13家和17个百分点。一批大型饲料企业向养殖、屠宰、加工等环节延伸产业链，成为养殖业产业化发展的骨干力量。

（四）国产饲料添加剂优势突显。除蛋氨酸仍主要依赖进口外，主要饲料级氨基酸不仅满足国内市场需求，而且成为全球重要的氨基酸供应基地。2010年赖氨酸、苏氨酸和色氨酸产量分别达到64.0万吨、6.5万吨和1 170吨；饲料生产所需的14种维生素全部实

现国产化，2010年总产量62.5万吨，占国际市场份额达50%以上。

（五）技术支撑能力不断增强。饲料机械制造业专业化发展迅速，能够生产数十个系列、200余种产品，不仅满足国内饲料生产需要，而且远销国际市场。饲料科技投入稳步增加，技术创新能力明显增强，配合饲料转化率继续提高，对养殖业技术进步的贡献率达50%以上。全国饲料生产企业62.1万员工中，37.0%具有大专以上学历，比2005年提高11.2个百分点，成为现代养殖技术推广的中坚力量。

（六）监督管理体系日益健全。《饲料生产企业审查办法》、《饲料添加剂安全使用规范》相继发布，《饲料和饲料添加剂管理条例》再次修订，饲料标准化工作稳步推进，以《条例》为核心、配套规章和规范性文件为基础的饲料法规标准体系基本健全。经过应对各种突发事件和保障奥运会、世博会、亚运会等重大活动考验，以国家饲料质检中心为龙头、部省级质检中心为骨干的饲料质检体系能力大幅提升。

二、"十二五"饲料工业发展面临的挑战

"十二五"期间，我国饲料工业发展面临着新的机遇。随着人民生活水平提高，城镇化进程加快，动物性产品需求仍呈刚性增长，饲料工业还有较大市场潜力；随着养殖业生产方式加快转变，尤其是标准化规模养殖加速发展，饲料工业对养殖业的支撑地位将更加突出，产业拓展的空间也更为广阔。与此同时，未来五年饲料工业面临的挑战更加严峻，新的矛盾和问题更加突出，保持全面均衡持续发展的难度越来越大，对饲料工业发展提出了更高的要求。

（一）饲料资源结构性制约突出。我国豆粕生产主要依靠进口大豆，2010年进口大豆5 480万吨，对进口的依存度达75%，鱼粉进口依存度也在70%以上。饲用玉米用量已超过1.1亿吨，占国内玉米年产量的64%，玉米供应日趋紧张。长远来看，随着养殖业和饲料工业持续发展，大宗饲料原料的供求矛盾将进一步加剧，饲料原料价格不断上涨、波动更加频繁是必然趋势。

（二）质量安全形势日趋复杂。饲料安全是动物性食品安全的基础，社会关注度和媒体聚焦度不断加大。非法使用违禁添加物、制售假冒伪劣饲料等问题还没有从根本上解决，生产、流通和使用等环节质量安全隐患依然存在。这些问题是监管薄弱、主体复杂、诚信缺失等各种因素交织作用的结果。

（三）产业整体素质仍然较低。我国饲料行业总体上仍处于转型提升阶段，各方面素质有待提高。从生产环节看，全国饲料生产企业超过1万家，大部分是中小企业，管理水平参差不齐，企业低水平经营、产品科技含量不高、市场无序竞争等问题突出；从经营环节看，全国饲料销售门店数十万家，法律法规意识淡薄，拆包、分装、前店后厂等现象依然存在。从使用环节看，养殖场户数量过亿，养殖者总体素质不高，滥用饲料添加剂和非法添加物的行为时有发生。

（四）科技支撑依然不足。总体来看，饲料科技领域引进技术多，自主创新少，一般性科技成果多，重大突破性成果少。科研与技术推广结合不紧密，成果转化速度慢，水平不高。未来五年，随着现代养殖业加快推进，饲料行业科技在提高资源利用效率、保障产品质量安全、促进节能减排等方面面临艰巨的任务。

（五）政策环境有待优化。近年来，大宗饲料原料价格上涨明显，能源、运输和劳动力等成本也大幅上升，饲料行业盈利水平逐年下滑，不仅影响饲料工业和养殖业发展，还会传导至消费市场，导致动物性食品价格上涨。此外，饲料工业还面临抗风险能力薄弱，技术改造滞后，贷款难、用地难等问题，严重制约行业转型升级。

第二章　指导思想、基本原则与发展目标

一、“十二五”饲料工业发展的指导思想

以邓小平理论和“三个代表”重要思想为指导，深入贯彻落实科学发展观，把握动物性食品需求继续增长、现代养殖业加快发展的机遇，以建设中国特色饲料工业强国为目标，以转变发展方式为主线，进一步推行现代企业制度，强化科技支撑，加强监督管理，着力构建企业管理规范、产品优质安全、资源高效利用的现代饲料工业，为保障动物性产品安全充足供应提供物质基础。

二、“十二五”饲料工业发展的基本原则

（一）坚持开源节流，优化饲料资源配置

始终把资源开发和高效利用作为保障饲料工业持续发展的根本要求。广辟饲料来源、加大非常规饲料资源开发力度、减少生产损耗、提高饲料转化率，充分利用国内国外两种资源、两个市场调整原料供求关系，综合运用期货、金融等手段规避原料市场风险。

（二）坚持科技创新，推进生产方式转变

始终把科技进步作为提高养殖业和饲料工业经济效益和生产效率的重要途径。充分发挥科技第一生产力和人才第一资源作用，增强自主创新能力，加大原创型和实用型技术的开发和推广能力，推动行业发展向主要依靠科技进步、劳动者素质提高、管理创新转变。

（三）坚持安全优先，规范企业生产经营

始终把保障质量安全作为饲料工业发展的首要目标。健全饲料管理法律法规体系，加大饲料质量安全监管力度，完善饲料生产经营诚信体系，推动饲料生产经营规模化、标准化、集约化，建立完善政府监管、企业负责、社会参与的饲料质量安全风险防控机制。

（四）坚持统筹兼顾，促进产业协调发展

始终把饲料添加剂、饲料机械、饲料原料工业作为行业发展的重要支撑。提升饲料添加剂产品国际市场竞争力，加快建设具有国际领先水平的饲料机械工业，建立符合我国资源禀赋的饲料原料供应体系，推动饲料行业全面健康可持续发展。

三、“十二五”饲料工业发展目标

饲料工业“十二五”发展的总体目标是：饲料产量平稳增长，质量安全水平显著提升，饲料资源利用效率稳步提高，饲料企业生产经营更加规范，产业集中度继续提高。通过5年努力，初步实现由饲料工业大国到饲料工业强国的转变。

具体发展目标为：

饲料产量。饲料总产量达到2亿吨。其中，配合饲料产量1.68亿吨，浓缩饲料产量2 600万吨，添加剂预混合饲料产量600万吨，主要饲料添加剂品种全部实现国内生产。

质量安全。安全评价、检验检测和监督执法三位一体的饲料安全保障体系基本建立，饲料产品质量合格率达到95%以上，饲料产品质量安全水平进一步提高。

企业发展。年产50万吨以上的饲料企业集团达到50家，其饲料产量占全国总产量的

比例达到50%以上，饲料企业抗风险能力明显增强。

资源利用。秸秆饲用量增加1 000万吨，饲用秸秆处理利用率达到50%。杂粕、糟渣、食品加工副产品等存量较大的非粮饲料资源优质化处理利用水平明显提高。

节能减排。低氮、低磷等环保型饲料产品研发与推广取得明显进展，饲料产品中矿物质、微量元素和药物饲料添加剂使用更加规范，饲料工业单位产值能耗稳步下降。

第三章 主要任务

一、加强饲料资源开发利用

保障大宗原料供应基本稳定。加强国际国内玉米、大豆等大宗原料生产及供求形势监测分析，及时发布预测预警信息，指导饲料生产企业合理安排饲料原料采购计划。支持饲料生产企业参与东北玉米临时收储。鼓励饲料企业运用期货等金融工具，规避饲料原料价格波动风险。

开发利用能量蛋白资源。开展饲料资源普查，摸清非粮饲料资源家底。支持饼粕、糟渣、玉米酒精糟等粮油食品加工副产物和薯类等饲料原料优质化处理和规范化利用，丰富能量蛋白饲料资源来源。研究推广利用早籼稻、小麦、大麦等饲料原料。加强各类替代资源生物学价值评定，完善饲料基础数据库。

推进优质饲草生产与高效利用。鼓励利用中低产田、冬闲田和不适合粮食生产的土地种植牧草和饲用作物，发展优质饲草加工业。继续推进秸秆养畜，改善秸秆收贮设备设施条件，推广青贮、氨化、微贮等处理技术，培育农作物秸秆商业化处理利用模式，提高秸秆饲用量和饲用效率。鼓励发展全株青贮玉米，推广以优质青贮饲料为基础的优质高效饲养模式。

二、发展优质安全高效饲料产品

开发新型饲料添加剂产品。稳定维生素类饲料添加剂生产能力，推进技术改造，加强污染物减排和治理。着力提升蛋氨酸生产能力，促进其他氨基酸生产技术更新，增强饲用氨基酸国际竞争力，降低氨基酸生产成本。加强酶制剂、微生物制剂、有机微量元素、植物提取物等新型饲料添加剂研发、生产与应用。

推广安全环保型饲料产品。综合运用营养平衡技术和新型饲料添加剂产品，研究开发低氮、低磷、低微量元素排放饲料配方技术，推广环保型饲料产品，促进养殖污染物减排。综合利用微生物制剂、植物提取物等新型安全饲料添加剂产品，减少抗生素等药物饲料添加剂使用。

发展特色饲料产品。针对地方典型品种资源、特色养殖模式和特种动物、特色畜产品、水产品生产，研究推广配套饲料产品，丰富饲料产品种类，拓展饲料工业发展空间。鼓励饲料生产企业与养殖基地对接，发展按需研发、订单生产模式。

三、加快推动发展方式转变

促进饲料企业整合。鼓励饲料企业采取兼并重组、产业联盟等形式进行整合融合，提高行业集中度。支持饲料生产企业向饲料原料生产、畜牧水产养殖、畜产品加工等领域延伸产业链，增强抗风险和可持续发展能力。鼓励有条件的饲料企业到国外投资办厂、兼并收购，拓展发展空间，开拓国际市场。

提高经营管理水平。制定实施饲料生产企业质量安全管理规范，引导企业推行生产全过程质量安全控制，建立产品质量安全追溯体系。加强饲料企业检验检测条件建设，严格执行原料进厂把关、产品出厂检验等质量安全管理制度。加快推进现代企业制度，构建饲料行业诚信体系，增强社会责任意识。

增强持续发展能力。支持饲料生产企业建立技术研发中心，参与国家重大科技项目，提高自主创新能力。支持饲料行业技术改造，采用先进生产设备与工艺，降低加工损耗，提高加工效率。鼓励饲料生产企业推进“厂场对接”销售模式，推广配合饲料散装运输和储存利用，降低包装和销售中间环节费用，走循环经济发展道路。

四、加强饲料质量安全监管

强化基础支撑。修改完善《饲料和饲料添加剂管理条例》配套规章规范和强制性标准，及时更新饲料添加剂品种目录和饲料原料目录。改善基层监督执法条件，加强执法人员培训，提高基层监督执法效能。加强饲料安全评价基地建设，系统开展饲料添加剂、非粮饲料原料和潜在有毒有害物质安全评价。提高饲料质检机构装备水平和人员素质，加强饲料中有毒有害物质确证检测技术、快速检测技术和潜在风险物筛查鉴定技术研究。

严格行政许可。修改饲料和饲料添加剂生产企业准入条件，提高准入门槛。健全饲料行政许可工作机制，加强现场审核和复核，严肃查处申报中弄虚作假行为。严格执行年度备案审查制度，健全日常监督检查制度。加强新饲料和饲料添加剂审定、进口饲料和饲料添加剂产品登记工作，强化获证产品跟踪监管。推进饲料行政许可基础数据信息化管理，实现动态更新和远程查询。

强化监督执法。以违禁添加物为重点，继续组织实施全国饲料质量安全监测计划，逐步增加监测指标，提高监测频次，根据预警监测结果动态调整监测指标。加强饲料生产、经营和使用环节日常监管，严肃查处各种违法违规行为。建立违法违规的饲料生产、经营企业“黑名单”制度，实施重点监管。推进畜牧兽医综合执法，完善跨省信息通报和联动执法工作机制。

第四章　产业布局

“十二五”时期，根据不同区域资源特点、养殖业基础及发展趋势，进一步优化饲料工业布局，促进东部、中部、西部和东北等不同地区饲料工业协调发展。

东部地区：包括山东、江苏、河北、北京、天津、上海、浙江、福建、广东、海南等10省（市）。立足市场、资金、交通和技术优势，重点发展高技术、高档次、高附加值和节能环保的饲料、饲料添加剂产品和饲料机械。江苏、浙江、山东等地进一步巩固化工类添加剂生产能力，提高生产技术水平。

中部地区：包括山西、河南、安徽、湖北、湖南、江西等6省。立足饲料资源丰富、养殖业基础好、劳动力密集等优势，大力发展饲料原料和饲料加工业，促进粮食等饲料资源就地转化增值。着力推进饲料企业整合融合，培育市场占有率高、管理水平先进的大型饲料企业或企业集团。

西部地区：包括陕西、内蒙古、宁夏、甘肃、青海、新疆、西藏、四川、重庆、云南、贵州、广西等12省（区、市）。针对草原生态保护建设加快推进的形势，发展人工种草和饲草加工业，发展与草食动物舍饲、半舍饲养殖配套的配合饲料、浓缩饲料和精料补充料产品，积极推进牧区畜牧业养殖方式转变和南方草山草坡资源合理开发利用。发挥本地区饲料资源优势，大力发展饲料原料生产，进一步提升饲料生产水平。

东北地区：包括黑龙江、吉林、辽宁三省。立足饲料饲草资源丰富和养殖业基础良好的优势，大力发展饲料原料和饲草产业，稳定发展发酵类饲料添加剂产品和浓缩饲料产品，进一步推进秸秆养畜，提高饲料产品普及率，促进粮食就地转化增值。

第五章　重大建设工程

一、饲料安全保障工程

针对饲料质检机构亟待升级、安全评价和预警能力建设滞后、饲料监管基础信息整合共享利用程度低、基层监督执法力量薄弱、饲料生产企业质量安全自控能力弱等突出问题，按照统一协调、突出重点、各有主攻、优势互补的原则，建立安全评价、检验检测、监督执法三位一体和部、省、市、县职能各有侧重的饲料安全保障体系，基本满足饲料管理部门依法履行饲料质量安全职责、保障动物性食品生产源头安全的需要。

饲料效价和安全评价基地建设：依托具备设施和工作基础的事业单位、科研院所和大专院校，建设国家饲料评审中心和涵盖主要食用动物品种的饲料安全评价基地，设施条件、技术手段、人员素质和质量管理体系达到国际先进水平，评价结果与相关国际组织和主要发达国家互认，基本满足我国饲料和饲料添加剂主要品种安全性与有效性评价、潜在有毒有害物质和非粮饲料原料安全风险评价工作需要。

饲料安全检测体系建设：依托中央和部级直属技术机构提升饲料质量安全检测技术研究能力和饲料质量安全基准物质研发能力。依托现有部级饲料质检机构提升建设针对不同类型有毒有害物质的专业检测参考实验室，开展有毒有害物质快速检测技术和高精度确证技术、未知风险物质筛查鉴定技术研发和主要基准物质研制。以完善确证检测与预警监测能力为重点，提升现有部级、省级和重点区域饲料质检机构的质量检测和风险分析预警能力，改善检验检测仪器设备条件，全面满足按照国际国内技术标准开展饲料安全监测的工作需求。支持大中型饲料生产企业加强检测实验室建设，提高装备、人员和管理水平，有条件的地区建立第三方饲料检测机构。为饲料生产和使用大县饲料监督执法机构配备移动监管平台，装载快速检测取证设备，实现现场抽样、取证和主要违禁物质快速筛查。

饲料安全监督信息平台建设：运用现代网络通讯技术，建设饲料和饲料添加剂生产企业管理信息平台，对进口饲料和饲料添加剂注册登记、生产企业行政许可等信息进行集成整合，实现数字化集中管理、适时更新和公开查询；为基层饲料监管人员配备便携式查询终端，实现饲料产品行政许可情况和生产企业合法性现场核实信息化。建设饲料和饲料添加剂质量安全监测信息管理平台，通过数据库实现质量安全监测及查处信息实时报送和快速传递。

二、秸秆养畜示范工程

针对农作物秸秆处理利用率不高、饲喂效率仍有提升空间的现实情况，把发展秸秆养畜与建设现代养殖业、调整畜牧业结构、发展循环农业、促进农民增收结合起来，充分发挥秸秆养畜在农牧结合中的关键节点作用，推动粮食主产区实现牛羊增产、农业增效、农牧民增收、环境友好的可持续发展目标。

秸秆养畜联户示范：选择草食牲畜饲养已经具有一定规模的地区，由地方畜牧技术推广机构或农民专业合作社牵头组织，支持适度规模养殖户建设秸秆处理设施，购置秸秆处理机械，扩大秸秆养畜规模，继续扩大提高秸秆利用量和秸秆处理利用率，巩固草食牲畜自繁自养模式，稳定母畜数量，保护草食牲畜基础生产能力。

规模场秸秆养畜示范：支持规模养殖场自行或订单种植青贮玉米，建设秸秆收集处理设施，购置秸秆处理机械，推广全混合日粮等先进饲喂技术。鼓励示范场扩大秸秆处理能力，为周边中小养殖户提供优质商品青贮饲料，建立形成以秸秆为主要粗饲料资源、采用先进适用养殖技术、粪便回田利用的现代化农牧循环发展基地。

秸秆青黄贮饲料专业化生产示范：支持秸秆资源集中连片、但草食家畜比较分散的地区建立秸秆饲料专业化生产企业，推广统收、统贮、集中供料、分户使用模式，推进秸秆饲料专业化生产和商品化利用，为周边牛羊养殖户提供长期稳定的粗饲料供给。

秸秆成型饲料产业化加工示范：支持秸秆资源富余地区建设大型商品秸秆饲料加工厂，利用物理、化学、生物等技术处理手段，将农作物秸秆加工制作成便于保存、运输的秸秆颗粒饲料、秸秆配合饲料、秸秆生物饲料等产品，调节粗饲料资源区域性、季节性短缺，为农牧区防灾减灾提供饲料储备。

三、蛋白质饲料资源开发利用工程

针对我国大豆、鱼粉主要依靠进口，蛋白饲料原料瓶颈制约日趋严重的状况，对粮油、食品加工副产物等非粮原料进行优质化处理，部分替代鱼粉、豆粕，结合氨基酸平衡技术，缓解我国蛋白饲料原料不足压力，增强持续发展能力。

杂粕优质化利用技术示范：建设采用新工艺压榨棉籽、油菜籽等油料生产脱毒饼粕示范基地和杂粕深加工生产优质浓缩蛋白示范基地。通过示范基地建设，推动国内杂粕资源优质化，提高杂粕在畜禽饲料中的添加比例。

食品工业副产品高效利用技术示范：建设利用动物加工副产品深加工生产优质蛋白的示范基地，利用食品工业糟渣废液经微生物发酵生产优质蛋白的示范基地。选择一批大型饲料生产企业，建设蛋白质饲料资源高效利用示范基地，结合氨基酸平衡技术，开展低豆粕、低鱼粉和低总氮饲料产品生产和示范推广。

苜蓿高效生产加工示范基地：在东北、华北、西北地区分别建设苜蓿高效生产和加工示范基地，利用退耕地、盐碱地等非耕地种植优质苜蓿品种，推广高产栽培和草颗粒、草粉等草产品加工技术，提高苜蓿等优质饲草的生产利用效率，增加饲料蛋白资源供给。

四、饲料科技创新工程

饲料科技转化基地：积极引导科研单位、大专院校、企业紧密结合，建立饲料科技产业联盟。继续加大饲料科技投入，以饲料基础数据库、安全环保饲料添加剂研制、节能减排关键技术研究为投入重点，推动饲料科技创新。将现有技术进行系统集成、组装、转化，促进科技成果的推广应用。

加工技术改造示范基地：选择一批生产规模大、管理水平高的饲料加工厂，采用现代

化加工工艺和信息化管理手段进行技术改造，建立优质高效饲料生产示范基地，推广饲料生产全程精细化管理理念，降低加工过程中的原料损耗、能耗和粉尘污染，提高生产效率。推广饲料散装运输及配套技术。

饲料工业人才培训基地：以大专院校和科研单位为依托，加强饲料行业质量安全、生产技术、经营管理等方面的教育和培训。加强国际合作交流，引进来和走出去相结合，学习借鉴国际先进饲料管理经营和质量安全控制经验。强化职业技能鉴定和从业资格准入，提高饲料行业关键岗位人员整体素质。

第六章　保障措施

一、加强组织领导

各级饲料管理部门要充分认识“十二五”时期加快推进饲料工业强国建设的重要性和艰巨性，按照规划确立的指导思想和基本原则，加强组织领导，落实工作责任，完善工作机制，深入调查研究，细化重点任务，扎实推进各项工作。要切实履行规划指导、政策落实、协调服务职能，与发展改革、财政、税务等部门积极沟通协调，努力争取政策扶持与资金支持，组织实施好饲料工业“十二五”重大建设工程，确保规划目标顺利实现，促进饲料工业又好又快发展。

二、加大政策扶持力度

继续执行饲料产品免征增值税等税收扶持政策。把养殖场散料储运设施设备纳入农机购置补贴范围，推广“厂场对接”低成本产销模式。充分发挥公共财政资金引导作用，支持优质饲料原料、新型饲料添加剂生产基地建设，大力推进秸秆养畜。坚持玉米优先满足饲料工业需要，严格控制以玉米为原料的深加工业发展。增加饲料安全保障体系建设投入，加大对基层饲料安全监管工作的支持力度。加强信贷扶持和金融服务，积极引导社会资本投资饲料工业，支持饲料生产企业兼并重组和推进产业化经营。

三、着力强化科技支撑能力

把饲料基础数据库完善与应用、饲料资源产业化开发与安全高效利用、新型饲料添加剂研发与应用、饲料安全评价、检测技术与质量安全预警等列入“863”计划、科技支撑、公益性行业科技专项等科技计划的重点支持领域，加大国际先进技术引进力度，加快推进核心技术自主创新。支持饲料企业建立企业技术研发中心，承担或参与国家科技项目实施，引导饲料企业增加研发投入，增强技术创新能力。推进饲料基础数据和基本技术共享，培育行业科技成果转化中介组织，鼓励饲料企业与科研院所、大专院校产学研合作，提高科技成果转化率。

四、充分发挥行业协会作用

建立健全各级饲料行业协会，充分发挥行业协会的桥梁作用，加强饲料普法宣传，提升从业人员素质，推进行业自律和诚信体系建设，强化饲料企业社会责任意识；积极开展行业指导，组织实施品牌战略，引导企业整合融合，推动企业做大做强，促进行业和谐发展；组织多领域、多层次的交流与合作，帮助企业拓展国内外市场；维护饲料企业和行业的合法权益，维护公平、公正、公开、有序的市场秩序。

国务院关于发布实施《促进产业结构调整暂行规定》的决定

国发［2005］40号

各省、自治区、直辖市人民政府，国务院各部委、各直属机构：

《促进产业结构调整暂行规定》（以下简称《暂行规定》）已经2005年11月9日国务院第112次常务会议审议通过，现予发布。

制定和实施《暂行规定》，是贯彻落实党的十六届五中全会精神，实现“十一五”规划目标的一项重要举措，对于全面落实科学发展观，加强和改善宏观调控，进一步转变经济增长方式，推进产业结构调整和优化升级，保持国民经济平稳较快发展具有重要意义。各省、自治区、直辖市人民政府要将推进产业结构调整作为当前和今后一段时期改革发展的重要任务，建立责任制，狠抓落实，按照《暂行规定》的要求，结合本地区产业发展实际，制订具体措施，合理引导投资方向，鼓励和支持发展先进生产能力，限制和淘汰落后生产能力，防止盲目投资和低水平重复建设，切实推进产业结构优化升级。各有关部门要加快制定和修订财税、信贷、土地、进出口等相关政策，切实加强与产业政策的协调配合，进一步完善促进产业结构调整的政策体系。各省、自治区、直辖市人民政府和国家发展改革、财政、税务、国土资源、环保、工商、质检、银监、电监、安全监管以及行业主管等有关部门，要建立健全产业结构调整工作的组织协调和监督检查机制，各司其职，密切配合，形成合力，切实增强产业政策的执行效力。在贯彻实施《暂行规定》时，要正确处理政府引导与市场调节之间的关系，充分发挥市场配置资源的基础性作用，正确处理发展与稳定、局部利益与整体利益、眼前利益与长远利益的关系，保持经济平稳较快发展。

中华人民共和国国务院
二〇〇五年十二月二日

促进产业结构调整暂行规定

第一章　总　则

第一条　为全面落实科学发展观，加强和改善宏观调控，引导社会投资，促进产业结构优化升级，根据国家有关法律、行政法规，制定本规定。

第二条　产业结构调整的目标：

推进产业结构优化升级，促进一、二、三产业健康协调发展，逐步形成农业为基础、高新技术产业为先导、基础产业和制造业为支撑、服务业全面发展的产业格局，坚持节约发展、清洁发展、安全发展，实现可持续发展。

第三条 产业结构调整的原则：

坚持市场调节和政府引导相结合。充分发挥市场配置资源的基础性作用，加强国家产业政策的合理引导，实现资源优化配置。

以自主创新提升产业技术水平。把增强自主创新能力作为调整产业结构的中心环节，建立以企业为主体、市场为导向、产学研相结合的技术创新体系，大力提高原始创新能力、集成创新能力和引进消化吸收再创新能力，提升产业整体技术水平。

坚持走新型工业化道路。以信息化带动工业化，以工业化促进信息化，走科技含量高、经济效益好、资源消耗低、环境污染少、安全有保障、人力资源优势得到充分发挥的发展道路，努力推进经济增长方式的根本转变。

促进产业协调健康发展。发展先进制造业，提高服务业比重和水平，加强基础设施建设，优化城乡区域产业结构和布局，优化对外贸易和利用外资结构，维护群众合法权益，努力扩大就业，推进经济社会协调发展。

第二章 产业结构调整的方向和重点

第四条 巩固和加强农业基础地位，加快传统农业向现代农业转变。加快农业科技进步，加强农业设施建设，调整农业生产结构，转变农业增长方式，提高农业综合生产能力。稳定发展粮食生产，加快实施优质粮食产业工程，建设大型商品粮生产基地，确保粮食安全。优化农业生产布局，推进农业产业化经营，加快农业标准化，促进农产品加工转化增值，发展高产、优质、高效、生态、安全农业。大力发展畜牧业，提高规模化、集约化、标准化水平，保护天然草场，建设饲料草场基地。积极发展水产业，保护和合理利用渔业资源，推广绿色渔业养殖方式，发展高效生态养殖业。因地制宜发展原料林、用材林基地，提高木材综合利用率。加强农田水利建设，改造中低产田，搞好土地整理。提高农业机械化水平，健全农业技术推广、农产品市场、农产品质量安全和动植物病虫害防控体系。积极推行节水灌溉，科学使用肥料、农药，促进农业可持续发展。

第五条 加强能源、交通、水利和信息等基础设施建设，增强对经济社会发展的保障能力。

坚持节约优先、立足国内、煤为基础、多元发展，优化能源结构，构筑稳定、经济、清洁的能源供应体系。以大型高效机组为重点优化发展煤电，在生态保护基础上有序开发水电，积极发展核电，加强电网建设，优化电网结构，扩大西电东送规模。建设大型煤炭基地，调整改造中小煤矿，坚决淘汰不具备安全生产条件和浪费破坏资源的小煤矿，加快实施煤矸石、煤层气、矿井水等资源综合利用，鼓励煤电联营。实行油气并举，加大石油、天然气资源勘探和开发利用力度，扩大境外合作开发，加快油气领域基础设施建设。积极扶持和发展新能源和可再生能源产业，鼓励石油替代资源和清洁能源的开发利用，积极推进洁净煤技术产业化，加快发展风能、太阳能、生物质能等。

以扩大网络为重点，形成便捷、通畅、高效、安全的综合交通运输体系。坚持统筹规划、合理布局，实现铁路、公路、水运、民航、管道等运输方式优势互补，相互衔接，发挥组合效率和整体优势。加快发展铁路、城市轨道交通，重点建设客运专线、运煤通道、区域通道和西部地区铁路。完善国道主干线、西部地区公路干线，建设国家高速公路网，大力推进农村公路建设。优先发展城市公共交通。加强集装箱、能源物资、矿石深水码头建设，发展内河航运。扩充大型机场，完善中型机场，增加小型机场，构建布局合理、规模适当、功能完备、协调发展的机场体系。加强管道运输建设。

加强水利建设，优化水资源配置。统筹上下游、地表地下水资源调配、控制地下水开采，积极开展海水淡化。加强防洪抗旱工程建设，以堤防加固和控制性水利枢纽等防洪体系为重点，强化防洪减灾薄弱环节建设，继续加强大江大河干流堤防、行蓄洪区、病险水库除险加固和城市防洪骨干工程建设，建设南水北调工程。加大人畜饮水工程和灌区配套工程建设改造力度。

加强宽带通信网、数字电视网和下一代互联网等信息基础设施建设，推进“三网融合”，健全信息安全保障体系。

第六条　以振兴装备制造业为重点发展先进制造业，发挥其对经济发展的重要支撑作用。

装备制造业要依托重点建设工程，通过自主创新、引进技术、合作开发、联合制造等方式，提高重大技术装备国产化水平，特别是在高效清洁发电和输变电、大型石油化工、先进适用运输装备、高档数控机床、自动化控制、集成电路设备、先进动力装备、节能降耗装备等领域实现突破，提高研发设计、核心元器件配套、加工制造和系统集成的整体水平。

坚持以信息化带动工业化，鼓励运用高技术和先进适用技术改造提升制造业，提高自主知识产权、自主品牌和高端产品比重。根据能源、资源条件和环境容量，着力调整原材料工业的产品结构、企业组织结构和产业布局，提高产品质量和技术含量。支持发展冷轧薄板、冷轧硅钢片、高浓度磷肥、高效低毒低残留农药、乙烯、精细化工、高性能差别化纤维。促进炼油、乙烯、钢铁、水泥、造纸向基地化和大型化发展。加强铁、铜、铝等重要资源的地质勘查，增加资源地质储量，实行合理开采和综合利用。

第七条　加快发展高技术产业，进一步增强高技术产业对经济增长的带动作用。

增强自主创新能力，努力掌握核心技术和关键技术，大力开发对经济社会发展具有重大带动作用的高新技术，支持开发重大产业技术，制定重要技术标准，构建自主创新的技术基础，加快高技术产业从加工装配为主向自主研发制造延伸。按照产业聚集、规模化发展和扩大国际合作的要求，大力发展信息、生物、新材料、新能源、航空航天等产业，培育更多新的经济增长点。优先发展信息产业，大力发展集成电路、软件等核心产业，重点培育数字化音视频、新一代移动通信、高性能计算机及网络设备等信息产业群，加强信息资源开发和共享，推进信息技术的普及和应用。充分发挥我国特有的资源优势和技术优势，重点发展生物农业、生物医药、生物能源和生物化工等生物产业。加快发展民用航空、航天产业，推进民用飞机、航空发动机及机载系统的开发和产业化，进一步发展民用航天技术和卫星技术。积极发展新材料产业，支持开发具有技术特色以及可发挥我国比较优势的光电子材料、高性能结构和新型特种功能材料等产品。

第八条　提高服务业比重，优化服务业结构，促进服务业全面快速发展。坚持市场化、产业化、社会化的方向，加强分类指导和有效监管，进一步创新、完善服务业发展的体制和机制，建立公开、平等、规范的行业准入制度。发展竞争力较强的大型服务企业集团，大城市要把发展服务业放在优先地位，有条件的要逐步形成服务经济为主的产业结构。增加服务品种，提高服务水平，增强就业能力，提升产业素质。大力发展金融、保险、物流、信息和法律服务、会计、知识产权、技术、设计、咨询服务等现代服务业，积极发展文化、旅游、社区服务等需求潜力大的产业，加快教育培训、养老服务、医疗保健等领域的改革和发展。规范和提升商贸、餐饮、住宿等传统服务业，推进连锁经营、特许经营、代理制、多式联运、电子商务等组织形式和服务方式。

第九条 大力发展循环经济，建设资源节约和环境友好型社会，实现经济增长与人口资源环境相协调。坚持开发与节约并重、节约优先的方针，按照减量化、再利用、资源化原则，大力推进节能节水节地节材，加强资源综合利用，全面推行清洁生产，完善再生资源回收利用体系，形成低投入、低消耗、低排放和高效率的节约型增长方式。积极开发推广资源节约、替代和循环利用技术和产品，重点推进钢铁、有色、电力、石化、建筑、煤炭、建材、造纸等行业节能降耗技术改造，发展节能省地型建筑，对消耗高、污染重、危及安全生产、技术落后的工艺和产品实施强制淘汰制度，依法关闭破坏环境和不具备安全生产条件的企业。调整高耗能、高污染产业规模，降低高耗能、高污染产业比重。鼓励生产和使用节约性能好的各类消费品，形成节约资源的消费模式。大力发展环保产业，以控制不合理的资源开发为重点，强化对水资源、土地、森林、草原、海洋等的生态保护。

第十条 优化产业组织结构，调整区域产业布局。提高企业规模经济水平和产业集中度，加快大型企业发展，形成一批拥有自主知识产权、主业突出、核心竞争力强的大公司和企业集团。充分发挥中小企业的作用，推动中小企业与大企业形成分工协作关系，提高生产专业化水平，促进中小企业技术进步和产业升级。充分发挥比较优势，积极推动生产要素合理流动和配置，引导产业集群化发展。西部地区要加强基础设施建设和生态环境保护，健全公共服务，结合本地资源优势发展特色产业，增强自我发展能力。东北地区要加快产业结构调整和国有企业改革改组改造，发展现代农业，着力振兴装备制造业，促进资源枯竭型城市转型。中部地区要抓好粮食主产区建设，发展有比较优势的能源和制造业，加强基础设施建设，加快建立现代市场体系。东部地区要努力提高自主创新能力，加快实现结构优化升级和增长方式转变，提高外向型经济水平，增强国际竞争力和可持续发展能力。从区域发展的总体战略布局出发，根据资源环境承载能力和发展潜力，实行优化开发、重点开发、限制开发和禁止开发等有区别的区域产业布局。

第十一条 实施互利共赢的开放战略，提高对外开放水平，促进国内产业结构升级。加快转变对外贸易增长方式，扩大具有自主知识产权、自主品牌的商品出口，控制高能耗高污染产品的出口，鼓励进口先进技术设备和国内短缺资源。支持有条件的企业“走出去”，在国际市场竞争中发展壮大，带动国内产业发展。提高加工贸易的产业层次，增强国内配套能力。大力发展服务贸易，继续开放服务市场，有序承接国际现代服务业转移。提高利用外资的质量和水平，着重引进先进技术、管理经验和高素质人才，注重引进技术的消化吸收和创新提高。吸引外资能力较强的地区和开发区，要着重提高生产制造层次，并积极向研究开发、现代物流等领域拓展。

第三章　产业结构调整指导目录

第十二条 《产业结构调整指导目录》是引导投资方向，政府管理投资项目，制定和实施财税、信贷、土地、进出口等政策的重要依据。

《产业结构调整指导目录》由发展改革委会同国务院有关部门依据国家有关法律法规制订，经国务院批准后公布。根据实际情况，需要对《产业结构调整指导目录》进行部分调整时，由发展改革委会同国务院有关部门适时修订并公布。

《产业结构调整指导目录》原则上适用于我国境内的各类企业。其中外商投资按照《外商投资产业指导目录》执行。《产业结构调整指导目录》是修订《外商投资产业指导目录》的主要依据之一。《产业结构调整指导目录》淘汰类适用于外商投资企业。《产业结构调整指导目录》和《外商投资产业指导目录》执行中的政策衔接问题由发展改革委会同商务部研究协商。

第十三条 《产业结构调整指导目录》由鼓励、限制和淘汰三类目录组成。不属于鼓励类、限制类和淘汰类，且符合国家有关法律、法规和政策规定的，为允许类。允许类不列入《产业结构调整指导目录》。

第十四条 鼓励类主要是对经济社会发展有重要促进作用，有利于节约资源、保护环境、产业结构优化升级，需要采取政策措施予以鼓励和支持的关键技术、装备及产品。按照以下原则确定鼓励类产业指导目录：

（一）国内具备研究开发、产业化的技术基础，有利于技术创新，形成新的经济增长点；

（二）当前和今后一个时期有较大的市场需求，发展前景广阔，有利于提高短缺商品的供给能力，有利于开拓国内外市场；

（三）有较高技术含量，有利于促进产业技术进步，提高产业竞争力；

（四）符合可持续发展战略要求，有利于安全生产，有利于资源节约和综合利用，有利于新能源和可再生能源开发利用、提高能源效率，有利于保护和改善生态环境；

（五）有利于发挥我国比较优势，特别是中西部地区和东北地区等老工业基地的能源、矿产资源与劳动力资源等优势；

（六）有利于扩大就业，增加就业岗位；

（七）法律、行政法规规定的其他情形。

第十五条 限制类主要是工艺技术落后，不符合行业准入条件和有关规定，不利于产业结构优化升级，需要督促改造和禁止新建的生产能力、工艺技术、装备及产品。按照以下原则确定限制类产业指导目录：

（一）不符合行业准入条件，工艺技术落后，对产业结构没有改善；

（二）不利于安全生产；

（三）不利于资源和能源节约；

（四）不利于环境保护和生态系统的恢复；

（五）低水平重复建设比较严重，生产能力明显过剩；

（六）法律、行政法规规定的其他情形。

第十六条 淘汰类主要是不符合有关法律法规规定，严重浪费资源、污染环境、不具备安全生产条件，需要淘汰的落后工艺技术、装备及产品。按照以下原则确定淘汰类产业指导目录：

（一）危及生产和人身安全，不具备安全生产条件；

（二）严重污染环境或严重破坏生态环境；

（三）产品质量低于国家规定或行业规定的最低标准；

（四）严重浪费资源、能源；

（五）法律、行政法规规定的其他情形。

第十七条 对鼓励类投资项目，按照国家有关投资管理规定进行审批、核准或备案；各金融机构应按照信贷原则提供信贷支持；在投资总额内进口的自用设备，除财政部发布的《国内投资项目不予免税的进口商品目录（2000年修订）》所列商品外，继续免征关税和进口环节增值税，在国家出台不予免税的投资项目目录等新规定后，按新规定执行。对鼓励类产业项目的其他优惠政策，按照国家有关规定执行。

第十八条 对属于限制类的新建项目，禁止投资。投资管理部门不予审批、核准或备案，各金融机构不得发放贷款，土地管理、城市规划和建设、环境保护、质检、消防、海关、工商等部门不得办理有关手续。凡违反规定进行投融资建设的，要追究有关单位和人员的责任。

对属于限制类的现有生产能力，允许企业在一定期限内采取措施改造升级，金融机构按信贷原则继续给予支持。国家有关部门要根据产业结构优化升级的要求，遵循优胜劣汰的原则，实行分类指导。

第十九条 对淘汰类项目，禁止投资。各金融机构应停止各种形式的授信支持，并采取措施收回已发放的贷款；各地区、各部门和有关企业要采取有力措施，按规定限期淘汰。在淘汰期限内国家价格主管部门可提高供电价格。对国家明令淘汰的生产工艺技术、装备和产品，一律不得进口、转移、生产、销售、使用和采用。

对不按期淘汰生产工艺技术、装备和产品的企业，地方各级人民政府及有关部门要依据国家有关法律法规责令其停产或予以关闭，并采取妥善措施安置企业人员、保全金融机构信贷资产安全等；其产品属实行生产许可证管理的，有关部门要依法吊销生产许可证；工商行政管理部门要督促其依法办理变更登记或注销登记；环境保护管理部门要吊销其排污许可证；电力供应企业要依法停止供电。对违反规定者，要依法追究直接责任人和有关领导的责任。

第四章 附 则

第二十条 本规定自发布之日起施行。原国家计委、国家经贸委发布的《当前国家重点鼓励发展的产业、产品和技术目录（2000年修订）》、原国家经贸委发布的《淘汰落后生产能力、工艺和产品的目录（第一批、第二批、第三批）》和《工商投资领域制止重复建设目录（第一批）》同时废止。

第二十一条 对依据《当前国家重点鼓励发展的产业、产品和技术目录（2000年修订）》执行的有关优惠政策，调整为依据《产业结构调整指导目录》鼓励类目录执行。外商投资企业的设立及税收政策等执行国家有关外商投资的法律、行政法规规定。

产业结构调整指导目录（2011年本）（摘录）

中华人民共和国发展与改革委员会令2011年第9号

（2011年3月27日国家发展改革委第9号令公布，根据2013年2月16日国家发展改革委第21号令公布的《国家发展改革委关于修改〈产业结构调整指导目录（2011年本）〉有关条款的决定》修正）

第一类 鼓励类

一、农林业

13. 绿色无公害饲料及添加剂开发

十一、石化化工

14. 改性型、水基型胶粘剂和新型热熔胶，环保型吸水剂、水处理剂，分子筛固汞、无汞等新型高效、环保催化剂和助剂，安全型食品添加剂、饲料添加剂，纳米材料，功能性膜材料，超净高纯试剂、光刻胶、电子气、高性能液晶材料等新型精细化学品的开发与生产

18. 生物高分子材料、填料、试剂、芯片、干扰素、传感器、纤维素酶、碱性蛋白酶、诊断用酶等酶制剂、纤维素生化产品开发与生产

十九、轻工

34. 发酵法工艺生产小品种氨基酸（赖氨酸、谷氨酸除外），

新型酶制剂（糖化酶、淀粉酶除外）、多元醇、功能性发酵制品（功能性糖类、真菌多糖、功能性红曲、发酵法抗氧化和复合功能配料、活性肽、微生态制剂）等生产

第二类 限制类

四、石化化工

4. 新建纯碱、烧碱、30万吨/年以下硫磺制酸、20万吨/年以下硫铁矿制酸、常压法及综合法硝酸、电石（以大型先进工艺设备进行等量替换的除外）、单线产能5万吨/年以下氢氧化钾生产装置

5. 新建三聚磷酸钠、六偏磷酸钠、三氯化磷、五硫化二磷、饲料磷酸氢钙、氯酸钠、少钙焙烧工艺重铬酸钠、电解二氧化锰、普通级碳酸钙、无水硫酸钠（盐业联产及副产除外）、碳酸钡、硫酸钡、氢氧化钡、氯化钡、硝酸钡、碳酸锶、白炭黑（气相法除外）、氯化胆碱生产装置

10. 新建硫酸法钛白粉、铅铬黄、1万吨/年以下氧化铁系颜料、溶剂型涂料（不包括

鼓励类的涂料品种和生产工艺）、含异氰脲酸三缩水甘油酯（TGIC）的粉末涂料生产装置

十、医药

1. 新建、扩建古龙酸和维生素 C 原粉（包括药用、食品用和饲料用、化妆品用）生产装置，新建药品、食品、饲料、化妆品等用途的维生素 B_1、维生素 B_2、维生素 B_{12}（综合利用除外）、维生素 E 原料生产装置

十二、轻工

28. 糖精等化学合成甜味剂生产线

第三类　淘汰类

注：条目后括号内年份为淘汰期限，淘汰期限为 2011 年是指应于 2011 年底前淘汰，其余类推；有淘汰计划的条目，根据计划进行淘汰；未标淘汰期限或淘汰计划的条目为国家产业政策已明令淘汰或立即淘汰。

一、落后生产工艺装备

（四）石化化工

2. 10 万吨/年以下的硫铁矿制酸和硫磺制酸（边远地区除外），平炉氧化法高锰酸钾，隔膜法烧碱（2015 年）生产装置，平炉法和大锅蒸发法硫化碱生产工艺，芒硝法硅酸钠（泡花碱）生产工艺

4. 单线产能 1 万吨/年以下三聚磷酸钠、0.5 万吨/年以下六偏磷酸钠、0.5 万吨/年以下三氯化磷、3 万吨/年以下饲料磷酸氢钙、5 000 吨/年以下工艺技术落后和污染严重的氢氟酸、5 000 吨/年以下湿法氟化铝及敞开式结晶氟盐生产装置

5. 单线产能 0.3 万吨/年以下氰化钠（100% 氰化钠）、1 万吨/年以下氢氧化钾、1.5 万吨/年以下普通级白炭黑、2 万吨/年以下普通级碳酸钙、10 万吨/年以下普通级无水硫酸钠（盐业联产及副产除外）、0.3 万吨/年以下碳酸锂和氢氧化锂、2 万吨/年以下普通级碳酸钡、1.5 万吨/年以下普通级碳酸锶生产装置 糖蜜制酒精除外）

（十二）轻工

27. 3万吨/年以下味精生产装置

28. 2万吨/年及以下柠檬酸生产装置

国家发展改革委关于印发关于促进玉米深加工业健康发展的指导意见的通知

发改工业［2007］2245号

各省、自治区、直辖市及计划单列市、副省级省会城市、新疆生产建设兵团发展改革委、经贸委（经委），国务院有关部门、直属机构：

为加强对玉米深加工业管理，促进玉米深加工业健康发展，我委制定了《关于促进玉米深加工业健康发展的指导意见》，经报请国务院同意，现印发你们，请认真贯彻执行。

玉米是我国三大主要粮食作物之一，不仅可以作为食品和饲料，也是一种重要的、可再生的工业原料，在国家食物安全中占有重要的地位。正确处理好玉米生产、加工与消费的关系，对稳定粮食价格，确保国家食物安全具有重要意义。近年来，玉米加工业的发展，对提高人民的膳食水平、推动农业产业化、稳定并增加玉米生产、促进农民增收发挥了积极的作用，但同时一些地区也出现了玉米加工能力扩张过快、低水平重复建设严重、玉米加工转化利用效率低和污染环境等问题，部分在建项目不符合土地审批、环境评价、信贷政策的要求，对此要予以高度重视。各地区、各有关部门要把指导玉米加工业健康有序发展作为当前加强宏观调控的一项重要任务，抓紧抓好。

附：关于促进玉米深加工业健康发展的指导意见

中华人民共和国国家发展和改革委员会

二〇〇七年九月五日

关于促进玉米深加工业健康发展的指导意见

玉米是我国三大主要粮食作物之一，用途广、产业链长，不仅可以作为食品和饲料，还是一种重要的可再生的工业原料，在国家粮食安全中占有重要的地位。以玉米为原料的加工业包括食品加工业、饲料加工业和深加工业等三个方面，其中玉米深加工业是指以玉米初加工产品为原料或直接以玉米为原料，利用生物酶制剂催化转化技术、微生物发酵技术等现代生物工程技术并辅以物理、化学方法，进一步加工转化的工业。

“十五”以来，我国玉米深加工业也呈现快速增长的态势，对带动农业结构调整、加快产业化经营、调动农民种粮积极性、稳定玉米生产、促进农民增收等具有积极的作用。但是，近年来玉米深加工业在发展过程中也出现了加工能力盲目扩张、重复建设严重的情况，一些主产区上玉米深加工项目的积极性高涨，新建、扩建或拟建项目合计产能增长速度大大超过玉米产量增长幅度，导致了外调原粮数量减少，并影响到饲料加工、禽畜养殖等相关行业的正常发展。如果玉米深加工产业不考虑国内的资源情况而盲目发展，将会产生一系列不利影响。

为防止一哄而上、盲目建设和投资浪费，严格控制玉米深加工过快增长，实现饲料加工业和玉米深加工业的协调发展，保障国家食物安全，特制定《关于促进玉米深加工业健康发展的指导意见》。

一、我国玉米加工业发展现状及面临的形势

（一）发展现状

“十五”期间我国玉米消费量从2000年的1.12亿吨增长到2005年的1.27亿吨，年均增长2.5%。2006年国内玉米消费量（不含出口）为1.34亿吨，比2005年增长5.5%；其中，饲用消费8 400万吨，占国内玉米消费总量的64.2%，比重呈下降趋势；深加工消耗玉米3 589万吨，占消费总量的26.8%，比重呈增长趋势；种用和食用消费相对稳定。特别需要注意的是，近两年来随着化石能源在全球范围内的供应趋紧，以玉米淀粉、乙醇及其衍生产品为代表的玉米深加工业发展迅速，成为农产品加工业中发展最快的行业之一，并表现出如下特点：

一是深加工消耗玉米量快速增长。2006年深加工业消耗玉米数量比2003年的1 650万吨增加了1 839万吨，累计增幅117.5%，年均增幅高达29.6%。

二是企业规模不断提高。玉米加工企业通过新建、兼并和重组等方式，提高了产业集中程度，出现了一批驰名中外的大型和特大型加工企业，拥有玉米综合加工能力亚洲第一、世界第三且在多元醇加工领域拥有核心技术的大型企业。

三是产品结构进一步优化。玉米加工产品逐渐由传统的初级产品淀粉、酒精向精深加工扩展，氨基酸、有机酸、多元醇、淀粉糖和酶制剂等产品所占比重不断扩大，产业链不断延长，资源利用效率不断提高。

四是产业布局向原料产地转移的趋势明显。2006年，东北三省、内蒙古、山东、河北、河南和安徽等8个玉米产区深加工消耗玉米量合计2 965万吨，占全国深加工玉米消耗总量的82.6%。

五是对种植业结构调整和农民增收的带动作用日益增强，玉米种植面积保持稳定增长。以玉米深加工转化为主导的农产品加工业已发展成为玉米主产省区的支柱产业和新的经济增长点，有效缓解了农民卖粮难问题，促进了农民增收。

专栏1　2006年以玉米为原料的深加工主要产品及玉米消耗量

单位：万吨

行业	产品	产量	玉米消耗量
淀粉加工产品	发酵制品	460	1 069
	淀粉糖	500	850
	多元醇	70	120
	变性淀粉	70	120
	其他医药、化工产品等		150
酒精	食用酒精	174	560
	工业酒精	142	448
	燃料乙醇	85	272
合计			3 589

（二）存在问题

玉米加工业存在的问题主要集中深加工领域，主要体现在以下几个方面。

一是玉米深加工产能扩张过快，增长幅度超过玉米产量增长水平。“十五”期间，我国玉米深加工转化消耗玉米数量累计增长94%，年均增长14%；而同期玉米产量仅增长了31%，年均增长率仅为4.2%，远低于工业加工产能扩张的速度。部分主产区玉米深加工项目低水平重复建设现象严重，一些产区已经出现加工能力过快扩张、原料紧张的倾向。

二是企业多为粗放型加工，初级产品多，产品结构不合理，部分小型企业加工转化效率低，资源综合利用率不高。

三是部分企业不搞循环经济，污染比较严重。目前，全国年产3万吨或以下的小型玉米淀粉加工企业占20%左右，很多企业工艺技术水平不高，又不搞循环经济、环保工程，成为新的污染源。

四是专用玉米生产基地不足，贸、工、农一体化的产业化经营格局尚未真正形成，玉米种植标准化水平低，影响玉米深加工企业的效益。

适度发展玉米深加工产业，对调动农民种粮积极性、稳定玉米生产、促进农民增收、推动地方经济发展是有积极的促进作用的。但是，我国人多地少的基本国情，决定了在今后一个相当长的时期内，我国粮食产需紧平衡的态势不会改变。如果玉米深加工产业发展不考虑国内的资源情况而盲目扩张，将会产生一系列负面影响。

一是可能会打破国内玉米供求格局，东北地区调出玉米量将大大减少，使南方主销区的饲料原料从依靠国内供给转为依靠进口，增加国家食物安全风险；二是玉米是最主要的饲料原料，玉米深加工业过度发展会挤占饲料玉米的供应总量，进而影响到肉禽蛋奶等人民生活必需品的正常供应；三是导致市场竞争更加激烈，加工企业将面临更大的风险，不仅影响玉米深加工业的健康发展，而且会造成玉米供求关系变化和价格波动，直接影响农民收入；四是玉米价格上涨将改变与稻谷、小麦、大豆等粮食作物的正常比价，继而影响粮食种植结构的合理化；五是引发国际粮价的波动。如果中国开始大量进口玉米，将改变全球玉米供求格局，国际玉米价格可能出现较大幅度的波动。

（三）面临的形势

1. 国内玉米产量增长缓慢，原料问题将成为玉米加工业发展的瓶颈

“十一五”期间我国粮食消费将继续保持刚性增长，而受耕地减少、水资源短缺等因素制约，粮食生产持续保持较大幅度增产的可能性不大，粮食供求将处于紧平衡状态。从玉米的产需形势看，预计到2010年国内玉米产量为1.5亿吨左右，比2006年增长3.5%；国内玉米需求将超过1.5亿吨，较2006年增长14.3%，产需关系将处于紧平衡的态势。

2. 国际市场供需将持续偏紧，依靠进口补足国内缺口的难度较大

2006年全球玉米产量约为6.9亿吨，预计2010年将增长到8.2亿吨；消费量约7.2亿吨，预计2010年将达到8亿吨左右，在多数年份中玉米产量低于消费量。产销矛盾反映到库存上，将使全球库存持续处于较低水平。2006年全球玉米库存为9 300万吨，为过去20年来的最低水平；预计2010年全球玉米库存为9 471万吨，仍将是历史较低水平。从玉米贸易看，2006年全球玉米贸易量为7 891万吨，预计2010年将增至8 390万吨，趋势上虽然增长，但数量很小。预计未来3年全球玉米供求将处于紧平衡的格局，全球玉米

贸易增长有限，低库存将成为一种常态，我国难以依靠国际市场解决国内深加工原料不足问题。

3. 深加工业与饲料养殖业争粮的矛盾将更加突出

根据当前国内肉蛋奶的消费现状与未来发展趋势，预测2010年养殖业对饲用玉米的需求量将达到1.01亿吨，“十一五”期间预计年均增长4.7%。我国的养殖结构为猪肉占55%，肉禽和蛋禽占38%，反刍类和水产类占7%，因此未来养殖业对饲料的需求增长主要体现在生猪和禽类上。提供均衡营养的饲料一般由60%的能量原料和25%的蛋白类原料构成，玉米是最好的能量原料。从饲料投喂方式看，猪肉和肉禽、蛋禽饲料生产中要添加60%的玉米，才能最佳发挥饲料效力。玉米深加工中的副产品玉米蛋白粉（DDGS）是一种蛋白类原料，它与玉米不具有替代性。

肉蛋奶等养殖产品与人民群众的日常生活息息相关，其供应状况关乎国计民生和社会稳定，应给予优先发展。但是，由于饲料养殖业的产品附加值一般低于玉米深加工业，在原料竞争中往往处于劣势。如何保证饲料养殖业对玉米原料的需求，从而保障国家食物安全，是玉米深加工业发展需要处理好的重大关系。

二、指导思想和基本原则

（一）指导思想

贯彻落实科学发展观，按照全面建设小康社会和走新型工业化道路的要求，以保障国家食物安全和提高资源利用效率为前提，以满足国内市场需求为导向，严格控制玉米深加工盲目过快发展，合理控制深加工玉米用量的增长速度和总量规模，优先保证饲料加工业对玉米的需求，促进玉米深加工业健康发展；推进玉米深加工业结构调整和产业升级，提高行业发展总体水平；优化区域布局，形成重点突出、分工明确、各有侧重的发展格局；推动产业化经营，引导优质专用玉米基地建设，反哺农业生产；发展循环经济，延伸资源加工产业链，提高综合利用水平。

（二）基本原则

一是控制规模，协调发展。严格控制玉米深加工项目盲目投资和低水平重复建设，坚决遏制过快发展的势头，使其发展与国内玉米生产能力相适应。

二是饲料优先，统筹兼顾。在充分保证饲料养殖业、食用和生产用种对玉米需求的基础上，根据剩余可用玉米数量适度发展深加工业，确保饲用、食用和生产用种玉米供应安全。

三是合理布局，优化结构。优化饲料加工业和玉米深加工业布局，在确保东北地区及内蒙古作为商品玉米产区地位不动摇的前提下，积极发展饲料加工业，适度发展深加工业。

四是立足国内，加强引导。玉米加工产业发展应以满足国内市场需求为基本思想，加强对玉米初加工及部分深加工产品出口的必要控制，避免加剧国内玉米资源的短缺局面。同时，鼓励适度进口一定数量的玉米，以满足国内市场需求。

五是循环经济，综合利用。坚持循环经济的理念，加快玉米深加工业的结构调整，坚持上规模上水平，提高资源利用水平和效益，减少污染物排放，降低单位产品能耗、物耗。

三、总体目标

通过政策引导与市场竞争相结合，加快产业结构、产品结构和企业布局的调整，淘汰一批落后生产力，提高自主创新能力，提升行业的技术和装备水平，形成结构优化、布局合理、资源节约、环境友好、技术进步和可持续发展的玉米加工业体系。“十一五”时期主要目标如下。

——保持协调发展。“十一五”时期饲料玉米用量的年增长率保持4.7%左右；控制深加工玉米用量的增长，保持基本稳定。

——用粮规模控制在合理水平。玉米深加工业用粮规模占玉米消费总量的比例控制在26%以内。

——区域布局更加合理。以东北和华北黄淮海玉米主产区为重点，加强玉米生产基地和加工业基地建设。到2010年东北三省及内蒙古玉米输出总量（不含出口）力争不低于1 700万吨，输出总量占当地玉米产量的比重不低于30%。

——产业结构不断优化。企业规模化、集团化进程加快，资源进一步向优势企业集中，骨干企业的国际竞争力明显增强。

——基本建立起安全、优质、高效的玉米深加工技术支撑体系和监管体系，可持续发展能力增强。

——玉米利用效率显著提高，副产物得以综合利用，产业链不断延长。到2010年，深加工单位产品原料利用率达到97%以上，玉米消耗量比目前下降8%以上。

——资源消耗逐步降低，污染物全部达标排放。单位产值能耗降低20%，单位工业增加值用水量降低30%，玉米加工副产品及工业固体废物综合利用率达到95%以上，主要污染物排放总量减少15%。

四、行业准入

根据“十一五”期间我国食品工业、饲料养殖业发展的目标，结合未来4年农业产量增长前景，从行业准入、生产规模、技术水平、资源利用与节约、环保要求、循环经济等方面，对玉米深加工业的发展严格行业准入标准。

（一）建设项目的核准

调整现行玉米深加工项目管理方式，实行项目核准制。所有新建和改扩建玉米深加工项目，必须经国务院投资主管部门核准。

将玉米深加工项目，列入限制类外商投资产业目录。试点期间暂不允许外商投资生物液体燃料乙醇生产项目和兼并、收购、重组国内燃料乙醇生产企业。

基于目前玉米深加工业发展的状况，“十一五”时期对已经备案但尚未开工的拟建项目停止建设；原则上不再核准新建玉米深加工项目；加强对现有企业改扩建项目的审查，严格控制产能盲目扩大，避免低水平项目建设。

（二）产品结构调整方向

“十一五”期间，玉米深加工结构调整的重点是提高淀粉糖、多元醇等国内供给不足产品的供给；稳定以玉米为原料的普通淀粉生产；控制发展味精等国内供需基本平衡和供大于求的产品；限制发展以玉米为原料的柠檬酸、赖氨酸等供大于求、出口导向型产品，以及以玉米为原料的食用酒精和工业酒精。

（三）企业资格

从事玉米深加工的企业必须具备一定的经济实力和抗风险能力，而且诚实守信、社会责任感强。现有净资产不得低于拟建项目所需资本金的2倍，总资产不得低于拟建项目所需总投资的2.5倍，资产负债率不得高于60%，项目资本金比例不得低于项目总投资35%，省级金融机构评定的信用等级须达到AA。

（四）资源节约与环境保护

现有玉米深加工企业要在资源利用、清洁生产、环境保护等方面达到行业国内先进水平。为加快结构调整进行的改扩建项目的原料利用率必须达到97%以上、淀粉得率68%以上，主要行业的能耗、水耗、主要污染物排放量等技术指标按照相关标准执行。

专栏2 新建、扩建玉米深加工项目的能耗、水耗等指标要求

行业	产品	玉米消耗（吨/吨产品）	能源消耗（吨标准煤/吨产品）	水消耗（吨/吨产品）
淀粉	淀粉	≤1.5	≤0.9	≤8
发酵制品	味精	≤2.5	≤2.8	≤100
	柠檬酸	≤1.8	≤2.5	≤40
	乳酸	≤2.1	≤2.5	≤60
	酶制剂	≤3.0	≤2.0	≤10
淀粉糖	葡萄糖	≤1.7	≤0.9	≤14
	麦芽糖	≤1.7	≤0.8	≤14
多元醇	山梨醇	≤1.7	≤1.5	≤25
酒精	酒精	≤3.15	≤0.7	≤40

五、区域布局

（一）饲料加工业布局

改革开放以来，受到经济发展水平影响，我国猪、禽养殖业主要集中在东部沿海和中部粮食主产区。与此相对应，我国饲料加工业也主要分布在这些地区。2005年，东部沿海十省市和中部六省肉类产量和工业饲料产量占全国的比重分别为61.9%和64.3%，东北三省为10.1%和14.4%，西部地区12省区市为28.0%和21.3%。从发展趋势看，随着近几年来东北地区畜牧业发展速度的加快，加上越来越多的东部沿海饲料加工企业到东北等玉米主产区投资办厂，东北等玉米主产区饲料加工业的地位将提高。

“十一五”时期，在稳定东部沿海的同时，稳步提高中部的发展水平，积极发展东北和西部玉米产区的饲料加工业。东部沿海地区和大城市郊区重点发展高附加值、高档次的饲料加工业、添加剂工业和饲料机械工业；东北和中部地区积极发展饲料原料和饲料加工业，加快粮食转化增值；西南山地玉米区、西北灌溉玉米区和青藏高原玉米区要建立玉米饲料生产基地，加快发展玉米饲料加工业。有条件的地方要充分利用边际土地发展青贮玉米。

（二）深加工业布局

“十一五”时期，重点是优化产业布局，调整企业结构，延长产业链，培育产业集群，提高现有企业的竞争力。对于严重缺乏玉米和水资源的地区、重点环境保护地区，不再核准玉米深加工项目。主要行业的布局见专栏3。

专栏3　玉米深加工业区域布局的结构调整方向

行业	区域布局
淀粉	以山东、吉林、河北、辽宁等4省为主，重点是用于造纸、纺织、建筑和化工等行业需要的高附加值的特种变性淀粉，稳定以玉米为原料的普通淀粉生产
淀粉糖	以山东、河北、吉林为主，重点是作为食糖补充的固体淀粉糖，以及用作食品配料的多元醇（糖醇）
发酵制品	以山东、安徽、江苏、浙江等省为主，重点是进口替代的食品和医药行业需要的小品种氨基酸和其他新的发酵制品，不再新建或扩建柠檬酸、味精、赖氨酸、酒精等项目
多元醇	以吉林、安徽现有企业和规模进行试点，不再新建或改扩建其他化工醇项目，并结合国内玉米供需状况稳定发展
燃料乙醇	以黑龙江、吉林、安徽、河南等省现有企业和规模为主，按照国家车用燃料乙醇“十一五”发展规划的要求，不再建设新的以玉米为主要原料的燃料乙醇项目

六、政策措施

针对玉米加工业存在的问题，要采取综合性措施，加强对玉米深加工业的宏观调控，实现饲料加工业和玉米深加工业的协调发展，确保国家食物安全。

（一）加强对新建、扩建项目宏观调控，全面清理在建、拟建项目

各地区、各有关部门要按照国家发展改革委下发的《国家发展改革委关于加强玉米加工项目建设管理的紧急通知》和《国家发展改革委关于清理玉米深加工在建、拟建项目的紧急通知》的文件精神，立即停止备案玉米深加工项目，对在建、拟建项目进行全面清理。对已经备案但尚未开工的拟建项目，停止项目建设；对不符合项目土地审批、环境评价、城市规划、信贷政策等方面规定的项目，要暂停建设，限期整改，并将整改情况报国家发展改革委。

（二）科学规划，加强政策指导

玉米主产区要从保障国家粮食安全的全局利益出发，统筹规划本地区玉米生产、饲料加工业和深加工业的发展，严格控制玉米深加工业产能规模盲目扩张，使之与《食品工业“十一五”发展纲要》和《饲料加工业“十一五”发展规划》相衔接，并由国家发展改革委对各地规划进行必要的指导，以加强对玉米加工业发展的宏观调控。

（三）保持玉米食用消费、饲料和深加工的协调发展

对不同类型玉米加工业，实施区别对待的发展政策。一是鼓励发展玉米食品加工业，开发玉米食品加工新技术、新产品，提高产品科技含量和附加值，提高粮农和企业的经济效益。二是稳步发展饲料加工业，不断开发优质高效的饲料产品，提高饲料的质量安全水平，确保畜牧业发展对玉米饲料的要求。三是适度发展玉米深加工业，鼓励发展高附加值产品，限制发展供给过剩和高耗能、低附加值的产品以及出口导向型产品，严格控制深加工消耗玉米数量。

（四）加快产业结构调整

严格执行《促进产业结构调整暂行规定》和《产业结构调整指导目录》，淘汰低水平、高消耗、污染严重的企业，尤其是没有污水处理设施的小型淀粉和淀粉糖（醇）企业。完善产业组织形式，形成以大型企业为主导、中小企业配套合理的产业组织结构。积极培育大型玉米加工企业，推动结构调整，提高行业发展水平。鼓励和支持具有一定生产规模、市场前景看好、发展潜力大的国内玉米加工企业，通过联合、兼并和重组等形式，

发展若干家大型企业集团，提高产业的集中度和核心竞争力。鼓励和引导玉米加工企业加强科技研发，增强自主创新能力，提高产品质量和档次，提升产业发展的整体水平。

（五）适当调整玉米及加工产品进出口政策

各地区原则上要减少玉米出口，以保证国内供求平衡。建立灵活的玉米进出口数量调节制度，在保证国内玉米生产稳定的条件下，东南沿海玉米主销区在国际市场玉米价格较低时，可适当进口部分玉米，满足国内饲料加工业的需求。研究完善玉米初加工产品和部分深加工产品的出口退税政策。具体产品名录另行规定。

（六）推进行业技术进步

加强科技研发，增强自主创新能力，不断提高产业的整体技术水平，实现产业升级。支持玉米加工业共性关键技术装备研发。重点支持玉米保质干燥、精深加工关键技术、新产品开发和重点装备的研发工作。

氨基酸行业要淘汰传统工艺和产酸低的微生物，确保菌种发酵的综合技术水平达到国际先进水平；废物全部利用生产蛋白饲料或生物发酵肥，减少外排废水中的 COD 值，全部达标排放。

有机酸行业要淘汰钙盐法提取工艺，缩短发酵周期10%，提高产酸率和总收得率，降低电耗和水耗。

淀粉糖行业要采用新型的高效酶制剂、膜和色谱分离技术，开发水、汽和热能的循环利用工艺。

多元醇行业要应用现代生物技术开发国内急需的二元醇新产品，降低吨产品的玉米原料消耗和能源消耗。

酒精行业要淘汰高温蒸煮工艺、稀醪酒精发酵、常压蒸馏等工艺；鼓励采用浓醪发酵、耐高温酵母等新技术，提高玉米综合利用水平。

（七）提高资源综合利用效率

坚持循环经济的理念，对加工过程中产生的副产品尽可能回收，原料利用率达到97%以上。延长加工产业链，提高玉米转化增值空间。降低资源消耗，走资源节约型发展道路。坚持清洁生产，实现污染物达标排放，建设环境友好型的玉米加工产业。

（八）大力开发饲料资源，提高保障能力

实施“青贮玉米饲料生产工程”，扩大“秸秆养畜示范项目”实施范围，建设青贮玉米饲料生产基地，促进秸秆资源的饲料化利用，降低饲料粮消耗。积极开发蛋白质饲料资源，充分利用动物血、肉、骨等动物屠宰下脚料和食品加工副产品，提高农副产品利用效率。

（九）增强扶持力度，鼓励玉米生产

继续实施各项支农惠农政策，稳定发展玉米生产，继续实施玉米良种补贴政策，加大对玉米优良品种种植技术的科研和推广力度，加强以中低产田改造为重点的农业生产能力建设，通过提高单产水平不断提高玉米产量。根据加工业对原料的需求，调整玉米种植结构，发展鲜（糯）玉米、饲用玉米、高油玉米、蜡质玉米、高直链玉米等优质、专用玉米生产基地。

（十）鼓励玉米加工企业“走出去”，开拓国际资源

积极参与世界粮食市场竞争，充分利用全球土地资源，通过融资支持、税收优惠、技

术输出等国家统一制定的支持政策，鼓励玉米加工企业到周边、非洲、拉美等国家和地区建立玉米生产基地，发展玉米加工和畜禽养殖业，延伸国内农业生产能力，减少国内粮食生产的压力。

（十一）发挥中介组织作用，加强行业运行监测分析

充分发挥行业协会和其他中介组织在协助项目审查、信息统计、行业自律、技术咨询、法律规范与标准制定等方面的作用，协助政府及时、准确、全面地把握行业运行和投资情况，为国家宏观调控提供科学依据。

附件：

相关术语注释

1. 玉米加工业：是指以玉米为原料的加工业。按照产品的用途，玉米加工业可分为食品加工、饲料加工和工业加工等 3 个方面；按照加工的程度，可分为初加工（以称为一次加工）和深加工。

2. 玉米深加工业：玉米深加工产业是指以玉米初加工产品为原料或直接以玉米为原料，利用生物酶制剂催化转化技术、微生物发酵技术等现代生物工程技术并辅以物理、化学方法，进一步进行加工转化的工业。玉米深加工产品主要有四类：一是发酵制品，包括氨基酸（味精、饲料用赖氨酸、苯丙氨酸、苏氨酸、精氨酸）、强力鲜味剂（肌苷酸、鸟苷酸）、有机酸（柠檬酸、乳酸、衣康酸等）、酶制剂、酵母（食用、饲用）、功能食品等；二是淀粉糖，包括葡萄糖（浆）、麦芽糖（浆）、糊精、饴糖、高果葡糖浆、啤酒用糖浆、功能性低聚糖（低聚果糖、低聚木糖、低聚异麦芽糖）；三是多元醇，包括山梨糖醇、木糖醇、麦芽糖醇、甘露糖醇、低聚异麦芽糖醇、乙二醇、环氧乙烷、丙二醇等；四是酒精类产品，包括食用酒精、工业酒精、燃料乙醇等。

3. 工业饲料：经过工业化加工制作的、供动物食用的饲料，主要成分及其构成一般是：能量饲料（60%）、蛋白质饲料（20%）和矿物质及饲料添加剂（20%）。

4. 能量饲料：干物质中粗纤维含量在 18% 以下、粗蛋白质含量在 20% 以下、每千克消化能在 10.5 兆焦以上的饲料均属于能量饲料，玉米、小麦、稻谷、糠麸和根茎类植物都是能量饲料，其中玉米每千克总能约 17.1 ~ 18.2 兆焦，消化率可达 92% ~ 97%，被称为“饲料之王”。

5. 蛋白质饲料：干物质中粗纤维含量在 18% 以下、粗蛋白质含量在 20% 以上的饲料，是配合饲料主要成分之一，根据其来源可分为植物性蛋白质饲料、动物性蛋白质饲料和微生物单细胞蛋白质饲料。其中豆粕、棉粕、菜籽粕是主要植物性蛋白质饲料；鱼粉、血粉、肉骨粉是主要的动物性蛋白质饲料；饲料酵母是主要的微生物单细胞蛋白饲料，DDGS 是酒精生产中产生的副产物，含有 27% ~ 28% 的蛋白质，可作蛋白饲料。

6. 淀粉得率：是指经过加工得到的淀粉与原料玉米的百分比。

7. 原料利用率：是指加工得到的淀粉和副产品（玉米皮、玉米胚芽和玉米蛋白粉等）与原料玉米的百分比。

全国饲料工业统计报表制度（摘录）

一、总说明

（一）目的和意义：为及时了解全国饲料工业生产动态及主要产品的市场价格，为各地、各级饲料管理部门制定行业发展规划，指导、引导本行业的生产提供依据，依照《中华人民共和国统计法》的有关规定，特制定本统计报表制度。

（二）统计对象和调查范围：本报表制度涉及饲料、饲料添加剂、饲料机械。调查内容主要包括：饲料工业产品生产情况、饲料工业企业情况、饲料工业产品市场价格、饲料原料价格、企业经营及进出口情况等。调查范围包括各省、自治区、直辖市（以下简称“省级”）所辖行政区域内的各种经济类型的饲料工业体系产品生产单位。

（三）报表类别：本制度包括8套报表：综合年报、单一饲料综合年报、集团企业综合年报、综合季报、基层季报、基层年报、单一饲料基层年报、基层月报。

（四）填报要求

1. 综合年报、单一饲料综合年报、集团企业综合年报、综合季报由省级饲料管理部门组织本辖区所属各级饲料管理部门逐级汇总填报。

2. 基层年报、单一饲料基层年报、基层季报表由饲料工业产品生产单位填报，上报本辖区所属饲料管理部门，由省级饲料管理部门汇总。

3. 基层月报由各省级饲料管理部门推荐的重点跟踪企业填报，上报所属省级饲料管理部门，由省级饲料管理部门将辖区内基层月报统一上报全国畜牧总站、中国饲料工业协会。

4. 各省级饲料管理部门负责本辖区内全部企业基层年报的上报工作。

5. 各省级饲料管理部门在报送综合年报、综合季报表的同时，附上该年度、季度的饲料生产形势文字分析材料。

6. 集团企业综合年报由集团企业总部负责报送。

（五）报送时间

1. 综合年报、单一饲料综合年报、集团企业综合年报。每年1月底由各省级饲料管理部门将上一个年度的综合年报和单一饲料综合年报通过中国饲料工业统计信息系统报送；并负责督促检查本辖区集团企业综合年报表的报送。

2. 综合季报。每季度第一个月10日前，各省级饲料管理部门将上一个季度的综合季报报表通过中国饲料工业统计信息系统报送。

3. 基层季报。每季度第一个月5日前，饲料工业产品生产单位将上一季度基层季报表通过中国饲料工业统计信息系统报送。

4. 基层年报、单一原料基层年报。每年1月15日前，饲料工业产品生产单位将上一年度的基层年报通过中国饲料工业统计信息系统报送。

5. 基层月报。重点跟踪企业于本月最后1天通过中国饲料工业统计信息系统报送。

（六）报表制定

本统计报表制度由农业部全国饲料工作办公室制定并负责解释。

（七）报表制度执行日期

《全国饲料工业统计报表制度》执行时间定于2013年1月1日至2014年12月31日。

二、报表目录

表号	表名	报告期别	填报范围	报送单位	报送日期及方式	页码
饲综11表	综合年报表	年报	饲料、饲料添加剂、饲料机械生产单位	各省级饲料管理部门	年后1月底前	11
饲综13表	单一饲料综合年报表	年报	单一饲料生产单位	各省级饲料管理部门	年后1月底前	17
饲综12表	集团企业综合年报表	年报	饲料、饲料添加剂、单一饲料、饲料机械生产单位	集团企业总部	年后1月底前	21
饲综21表	综合季报表	季报	饲料、饲料添加剂、单一饲料生产单位	各省级饲料管理部门	季后10日前	24
饲基21表	基层季报表	季报	同上	饲料、单一饲料生产单位	季后5日前	26
饲基11表	基层年报表	年报	饲料、饲料添加剂、饲料机械生产单位	饲料、饲料添加剂、饲料机械生产单位	年后1月15日前	28
饲基13表	单一饲料基层年报表	年报	单一饲料生产单位	单一饲料生产单位	年后1月15日前	33
饲基31表	基层月报表	月报	重点跟踪企业	重点跟踪企业（配合、浓缩、预混合饲料生产企业）	当月最后一天	37
饲基32表	基层月报表	月报	重点跟踪企业	重点跟踪企业（饲料添加剂企业）	当月最后一天	41

三、调查表式（略）

四、主要指标解释

（一）综合年报表（饲综11表）

1. 单位名称：指各省、自治区、直辖市（简称“省级”）饲料管理部门名称。

2. 负责人：指各省级饲料管理部门主要负责人，负责饲料统计的监督和审核工作。

3. 统计员：指各省级饲料管理部门中的饲料统计人员，主要职责为监督各企业报送数据、汇总和审核。

4. 单位所在地及行政区划代码：指各省级饲料管理部门所在办公地址。如果邮寄地址与办公地址不一致，在办公地址后使用括号注明邮寄地址及邮政编码。

5. 联系方式：均指可直接联系到统计员的联系方式。

6. 登记注册类型：本制度中的登记注册类型以工商行政管理机关《关于划分企业登记注册类型的规定》作为划分经济类型的依据。包括：国有、集体、私营、联营、股份有限公司、股份有限责任公司、股份合作制企业、港澳台、外商、其他。具体分配方法请见工商行政管理机关颁发的《关于划分企业登记注册类型的规定》。

7. 企业人员：

（1）职工总数：指企业年末在册职工人数之和，由各种学历人员组成，包括博士、硕士、大学本科、大学专科、其他。

（2）特有工种人员：指国家规定必须持证上岗的技术人员。

8. 企业数量（按产品分）：

此项设立目的：分别统计饲料加工（包含精料补充料生产企业）、饲料添加剂、单一饲料、饲料机械等饲料工业体系中不同类型生产企业的数量。“企业数量（按产品分）”之和栏目，应和本报表制度中“登记注册类型”栏目中的企业总数量相等。

在填报过程中，企业同时生产一类以上的饲料及相关产品时，只按企业主要产品类型归类，不可重复计算，不可按许可证号发放数量统计。

（1）饲料加工（包含精料补充料生产企业）企业数量：指生产配合饲料、浓缩饲料、添加剂预混合饲料和精料补充料为主要产品的企业数量。

（2）饲料添加剂：指在饲料加工、制作、使用过程中添加的少量或微量物质的生产企业。

（3）单一饲料：指生产农业部1773号公告中所列单一饲料原料目录的生产企业。

（4）饲料机械：指生产用于饲料加工、粉碎、混合、制粒操作的工业化设备的企业。

9. 本年度行政许可情况：

指《配合、浓缩、精料补充料生产许可证》、《添加剂预混合饲料生产许可证》、《饲料添加剂生产许可证》、《混合型饲料添加剂生产许可证》、《单一饲料生产许可证》的行政许可情况。包括各类行政许可总数量和年度内新发、换发、变更、注销等行政许可动态信息。

本栏目中的“总数量”：指当年度年末仍在有效期的许可证数量。

10. 产品生产情况及主要经济指标：

指配合饲料、浓缩饲料、添加剂预测合饲料、饲料添加剂和饲料机械等企业的生产情况、产能及主要经济指标。

（1）配合饲料：是指根据养殖动物营养需要，将多种饲料原料和饲料添加剂按照一定比例配制的饲料。

（2）浓缩饲料：是指主要由蛋白质、矿物质和饲料添加剂按照一定比例配制的饲料。

（3）添加剂预混合饲料：是指由两种（类）或者两种（类）以上营养性饲料添加剂为主，与载体或者稀释剂按照一定比例配制的饲料，包括复合预混合饲料、微量元素预混合饲料、维生素预混合饲料。

（4）精料补充料：是指为补充草食动物的营养，将多种饲料原料和饲料添加剂按照一定比例配制的饲料。

反刍动物浓缩饲料：是指为补充反刍动物营养的浓缩饲料。

反刍动物添加剂预混合料：是指为补充反刍动物营养的添加剂预混合饲料。

猪饲料：使用对象为猪的饲料。

仔猪饲料：使用对象为小猪出生 7 天至 30 千克体重阶段的商品饲料（或断奶之后的 23～25 天左右采食的饲料。）。

母猪饲料：使用对象为母猪的饲料。

蛋禽饲料：使用对象为产蛋类禽的饲料。

蛋鸭饲料：使用对象为蛋鸭的饲料。

蛋鸡饲料：使用对象为蛋鸡的饲料。

肉禽饲料：使用对象为产肉类禽的饲料。

肉鸭饲料：使用对象为产肉鸭的饲料。

肉鸡饲料：使用对象为产肉鸡的饲料。

水产饲料：使用对象为水产养殖动物的饲料。

海水饲料：使用对象为海水养殖动物的饲料。

淡水饲料：使用对象为淡水养殖动物的饲料。

其他饲料：没有归入以上类别的饲料产品。

（5）生产能力：是指设备在单位时间内最大加工量（按 2 000 小时/年为单班；按 4 000 小时/年为双班），此处填写本省饲料加工产品生产能力之和。

（6）营业收入：是指企业销售产品所取得的收入总额。

（7）总产值：是指以货币表现的企业在一定时期内生产的已出售或可供出售的饲料产品总量。

（8）饲料添加剂：是指在饲料加工、制作、使用过程中添加的少量或者微量物质。包括营养性饲料添加剂、一般饲料添加剂和药物饲料添加剂。

营养性饲料添加剂，是指为补充饲料营养成分而掺入饲料中的少量或者微量物质，包括饲料级氨基酸、维生素、矿物质微量元素、酶制剂、非蛋白氮等。

一般饲料添加剂，是指为保证或者改善饲料品质、提高饲料利用率而掺入饲料中的少量或者微量物质。

药物饲料添加剂，是指为预防、治疗动物疾病而掺入载体或者稀释剂的兽药的预混合物质。

饲料添加剂包括以下类别：一是利用有机制备、无机制备、生物发酵、提取方法直接生产获得的饲料添加剂产品；二是在上述同一生产工艺中同时得到两种或两种以上饲料添加剂产品的混合物，并符合饲料添加剂国家标准和行业标准规定的产品；三是对上述饲料添加剂产品进行精制、脱水、包被、后加工等工艺处理而获得的饲料添加剂产品。

（9）其他（饲料添加剂）：本报表制度中的其他全部是指在某些范围之内，没有归入相应类别的产品全为其他。

（10）混合型饲料添加剂：是指由一种或一种以上饲料添加剂与载体或稀释剂按一定比例混合，但不属于添加剂预混合饲料的饲料添加剂产品。

（11）饲料添加剂Ⅱ型（参见农业部公告 611 号）：本报表制度中保留的饲料添加剂

Ⅱ型，是对现有饲料添加剂Ⅱ型生产企业的过度。

饲料添加剂（Ⅱ类）包括以下类别：一是通过改变饲料添加剂产品浓度而生成的饲料添加剂产品；二是将饲料级氨基酸、酶制剂、微生物添加剂、抗氧化剂、防腐剂、电解质平衡剂、着色剂、调味剂或香料等同一类多品种饲料添加剂混合配制的饲料添加剂产品；三是通过对饲料添加剂产品进行精制、脱水、包被等工艺处理而生成的添加剂产品。

（12）磷酸氢钙：在饲料加工中作为钙、磷的补充剂。此项统计包括磷酸氢钙（磷酸二氢钙）和脱氟磷酸钙（磷酸三钙）。

（13）饲料机械生产情况：是指饲料机械企业的年度生产情况。由饲料机械加工企业填写。

（14）营业收入合计：指本报表中饲料产品（包含精料补充料）、饲料添加剂、混合型饲料添加剂、添加剂Ⅱ型以及饲料机械生产企业等产品的营业收入之和。

（15）工业总产值合计：指本报表中饲料产品（精料补充料）、饲料添加剂、混合型饲料添加剂、添加剂Ⅱ型以及饲料机械生产企业等产品的总产值之和。

11. 大宗饲料原料消费情况：主要包括玉米、小麦、鱼粉、豆粕、棉籽粕、菜籽粕、其他饼粕、磷酸氢钙及其他原料的消费量。由饲料生产企业填写。

饲料原料：是指来源于动物、植物、微生物或者矿物质，用于加工制作饲料但不属于饲料添加剂的饲用物质。

12. 出口产品信息：指饲料（包含精料补充料）、饲料添加剂、单一饲料等产品以及饲料机械设备出口量、出口额、出口到岸区域等。

13. 统计人员签字处：

（1）单位负责人：指各省级饲料管理部门中对饲料统计工作负有直接监督责任的领导者，此处为签字处，签字则表明认可以上数据。在联系电话中注明直拨电话。

（2）统计负责人：指各省级饲料管理部门中指定主要负责饲料统计工作项目人员，此处为签字处，签字则表明对以上数据认可。在联系电话中注明直拨电话。

（3）填表人：指各省级饲料管理部门中负责饲料统计、汇总工作的人员，此统计表的最终填写者，此处为签字处，表示认可以上数据。如填写中由于某种原因造成人员变更，以最后完成此表填写工作的工作人员作为填表人，并注明填表时间。

（二）单一饲料综合年报表（饲综13表）

单一饲料：是指来源于一种动物、植物、微生物或者矿物质，用于饲料产品生产的饲料。见单一饲料品种目录见农业部1773号公告。

（三）集团企业综合年报表（饲综12表）

此报表设置目的：便于统计饲料行业大中型集团企业的完整信息，便于撑屋行业主体企业的发展情况。此报表不存在和基层年报表数据信息重复计算的问题。

本制度所称的集团企业，是指具备下列条件之一者：

（1）有两个和两个以上分公司，年总产量超过50万吨（包括跨省份、跨区域企业）的配合饲料、浓缩饲料、添加剂预混合饲料、精料补充料以及有单一原料生产企业。

（2）有两个和两个以上分公司，年产量超过2 000吨（包括跨省份、跨区域企业）的添加剂和混合型添加剂企业。其中，氨基酸年产5 000吨以上，磷酸盐年产5万吨以上的添加剂企业。低附加值的添加剂如石粉、沸石粉等生产企业不需要填报集团年报。

（3）有两个和两个以上分公司的大型饲料机械生产骨干企业（包括跨省份、跨区域企业）。

（4）相关指标解释参见综合年报（饲综 11 表）和基层年报（饲基 11 表）。

（四）综合季报表（饲综 21 表）

相关指标解释参见综合年报（饲综 11 表）。

（五）基层季报表（饲基 21 表）

相关指标解释参见综合年报（饲综 11 表）。

（六）基层年报表（饲基 11 表）

1. 法人单位代码：填写组织机构代码或工商登记代码。

2. 法人单位名称：填写与单位公章名称完全一致的单位名称。

3. 法定代表人：指根据公司章程或有关文件的规定，代表本单位行使职权的签字人。

4. 单位所在地及行政区划代码：指企业总部所在的行政区划和办公场所、生产场所的详细地址。如果企业通讯地址与注册地址不一致，在办公、生产地址后使用括号注明通讯地址及邮政编码。

5. 联系方式：电话、传真、电子信箱均指企业负责此项统计工作人员的联系方式。如果电话有分机，需注明。

6. 统计人员签字处

（1）统计负责人：指各公司内对饲料统计工作负有直接监督责任的领导者，此处为签字处，表明认可以上数据。请在联系电话中注明直拨电话。同时注明其在公司内部的岗位及职务。

（2）填表人：指各公司内负责饲料统计、汇总工作的人员，此统计表的最终填写者，此处为签字处，表示认可以上数据。如填写中由于某种原因造成人员变更，以最后完成此表填写工作的工作人员作为填表人，并注明填表时间。

（3）审表人：指各公司内对此表中相关数据的真实性进行审核的人员，此处为签字处，表明以上数据已经过审核，签名时应注明审表时间。

相关指标解释参见综合年报（饲综 11 表）。

（七）单一饲料基层年报表（饲基 13 表）

相关指标解释参见单一饲料综合年报（饲综 13 表）。

（八）基层月报表（饲基 31 表）

1. 财务信息：

（1）销售收入：是指饲料工业企业通过销售饲料工业产品所取得的收入总额。

（2）毛利率：毛利与销售收入（或营业收入）的百分比，其中毛利是收入和与收入相对应的营业成本之间的差额，用公式表示：毛利率 = 毛利/营业收入 ×100% = （营业收入 - 营业成本）/营业收入 ×100% 。

2. 原料采购情况：

（1）采购量：指此种原料本月企业采购总量。

（2）采购价：指企业采购此种原料的当月出厂平均价格。

（3）多维：是两种以上维生素与载体或稀释剂按一定比例配制的均匀混合物。

3. 市场信息：

（1）价格：填写此类产品的出厂平均价格。

4. 出口产品信息：相关指标解释参见综合年报（饲综11表）。

（九）基层月报（饲基32表）

相关指标解释参见综合年报（饲综11表）、基层年报（饲基11表）和基层月报（饲基31表）。

关于印发《饲料工业行业检验化验员等三个职业实行就业准入制度实施方案》的通知

农（人劳）［2000］10 号

各省、自治区、直辖市及计划单列市饲料工业办公室，各饲料工业职业技能鉴定站：

根据农业部《关于印发农业行业实行就业准入的职业目录的通知》的要求，农业部人事劳动司、全国饲料工作办公室联合制定了《饲料工业行业饲料检验化验员等三个职业实行就业准入制度实施方案》，现印发给你们，请认真贯彻执行。

中华人民共和国农业部人事劳动司
全国饲料工作办公室
二〇〇〇年四月二十四日

附件：

饲料工业行业饲料检验化验员等三个职业实行就业准入制度实施方案

为贯彻实施《劳动法》、《职业教育法》以及《饲料和饲料添加剂管理条例》的有关规定，提高饲料工业行业从业人员素质，保证产品质量，规范经营行为，维护消费者、劳动者、经营者的合法权益，根据农业部《关于印发农业行业实行就业准入的职业目录的通知》（农人发［2000］4 号）精神，结合全国饲料工业行业的实际情况，现对饲料检验化验员、饲料厂中央控制室操作工、饲料加工设备维修工三个职业实行就业准入制度，提出如下实施意见：

一、实行就业准入制度的目的意义

就业准入是指根据《劳动法》、《职业教育法》的有关规定，对从事技术复杂、通用性广、涉及国家财产、人民生命安全和消费者利益职业（工种）的劳动者，必须经过培训，参加职业技能鉴定并取得《职业资格证书》后，方可受聘上岗的就业制度。实行就业准入制度是在社会主义市场经济条件下政府综合管理全社会劳动力的重要手段，是贯彻落实党中央、国务院“科教兴国”战略方针的重要举措，也是加强人力资源开发、完善和推行国家职业资格证书制度的一项战略措施。实行这项制度，对于提高劳动者整体素质，促进全国统一规范的劳动力市场建设，以及提高产品质量和服务水平，促进经济发展，都具有重要意义。

在国家确定的66 个实行就业准入职业的基础上，根据国家对饲料工业发展的要求，结合饲料工业发展的现状，在全国饲料工业行业中对饲料检验化验员等三个职业实行就业准入，对于进一步规范用人单位和劳动者的行为，促进饲料工业的健康发展，都将起到积极的推动作用。

二、实施对象和目标

（一）实施对象。根据《农业行业实行就业准入职业目录》，在全国饲料工业行业中，对饲料检验化验员、饲料厂中央控制室操作工、饲料加工设备维修工实行就业准入制度。饲料检验化验员是指从事饲料的原料、中间产品及最终产品检验、化验分析的人员。饲料厂中央控制室操作工是指操作中央控制室的主控制台、微机及相关仪器、仪表，对饲料生产过程进行控制和监视的人员。饲料加工设备维修工是指从事饲料加工设备拆装、修理、调试及保养的人员。

（二）实施目标。从2001年3月1日起，新进入上述三个职业的从业人员，就业前必须经过职业培训和职业技能鉴定，取得职业资格证书后方能受聘上岗。对2001年3月1日以前进入上述三个职业的从业人员，可分步按如下规定实施：饲料检验化验员应在2001年6月底之前取得相应的职业资格证书，饲料场中央控制室操作工应在2001年12月之前取得相应职业资格证书，饲料加工设备维修工应在2002年6月底之前取得相应的职业资格证书。对考核鉴定不合格者，用人单位必须在半年之内对其进行培训。经培训，考核鉴定仍不合格者，调离原岗位。

三、组织领导

推行职业资格证书制度和实行就业准入，是一项涉及面广，技术性和政策性强，关系到广大饲料工业行业从业人员切实利益的大事，要切实加强领导。此项工作由农业部人事劳动司牵头，会同全国饲料工作办公室统筹规划、统一协调。具体工作在农业部职业技能鉴定指导中心指导下，由农业部饲料工业职业技能鉴定指导站具体组织实施。各省、自治区、直辖市和计划单列市饲料工业主管部门（以下简称各省级饲料工业主管部门）负责本辖区内职业技能鉴定的组织和管理工作，按照农业部的总体要求，做好推行职业资格证书制度和实行就业准入制度的宣传发动工作；结合本地区的实际情况，制定切实可行的实施方案，并对培训和鉴定工作给予政策和经济上的支持，推动鉴定站具体做好培训和考核鉴定工作。

四、有关要求

（一）各相关职业培训教育机构，要科学合理地制定培训计划，使用农业部职业培训统编教材，按照农业职业标准或职业技能鉴定规范的要求，保质保量地进行培训，切实提高劳动者的职业技能水平。

（二）农业部饲料工业职业技能鉴定指导站要加强对各鉴定站的管理和指导，为鉴定站正常工作服好务；各鉴定站要加强对考务人员培训，严格鉴定程序，按照上级主管部门的统一要求，做好相应职业的考核鉴定工作。

（三）各省级饲料工业主管部门在饲料企业办理登记手续时，必须严格按照《饲料和饲料添加剂管理条例》及有关规定，将实行就业准入制度的执行情况列入企业审核内容。

（四）各省级饲料工业主管部门要主动与当地劳动人事和其他有关部门联系，根据本地的实际情况，建立培训、鉴定、就业相联系并与待遇相挂钩的激励机制。

（五）各省级饲料工业主管部门应配合当地劳动监察部门，加强对就业准入制度的监督检查，完善配套办法，建立行政监察和技术业务监督、日常监督和定期评估相结合的监督检查机制，要依法查处违法行为。

（六）各省级饲料工业主管部门应不定期对本辖区内实行就业准入制度情况进行抽查，并于每年年底将工作进展和抽查情况上报农业部人事劳动司和全国饲料工作办公室。部人事劳动司、全国饲料工作办公室将组织力量对各省、自治区、直辖市及计划单列市实施就业准入制度的情况进行抽查，并将抽查结果进行通报。

农业部关于加强农产品质量安全全程监管的意见

农质发［2014］1号

各省、自治区、直辖市、计划单列市农业（农牧、农村经济）、危机、畜牧兽医、农垦、农产品加工、渔业厅（局、委、办），新疆生产建设兵团农业（水产）局：

近年来，各级农业部门全力推进农产品质量安全监管工作，取得了积极进展和成效，农产品质量安全保持总体平稳、逐步向好的态势。但是由于现阶段农业生产经营仍较分散，农业标准化生产比例低，农产品质量安全监管工作基础薄弱，风险隐患和突发问题时有发生，确保农产品质量和食品安全的任务十分艰巨。在新一轮国务院机构改革和职能调整中，强化了农业部门农产品质量安全监管职责，农产品质量安全监管链条进一步延长，任务更重、责任更大。为贯彻落实中央农村工作会议精神和《国务院关于地方改革完善食品药品监督管理体制的指导意见》（国发〔2013〕18号）、《国务院办公厅关于加强农产品质量安全监管工作的通知》（国办发〔2013〕106号）要求，各级农业部门要把农产品质量安全工作摆在更加突出的位置，坚持严格执法监管和推进标准化生产两手抓、“产”出来和“管”出来两手硬，用最严谨的标准、最严格的监管、最严厉的处罚、最严肃的问责，落实监管职责，强化全程监管，确保不发生重大农产品质量安全事件，切实维护人民群众“舌尖上的安全”。现就有关问题提出如下意见。

一、工作目标

（一）工作目标。通过努力，用3~5年的时间，使农产品质量安全标准化生产和执法监管全面展开，专项治理取得明显成效，违法犯罪行为得到基本遏制，突出问题得到有效解决；用5~8年的时间，使我国农产品质量安全全程监管制度基本健全，农产品质量安全法规标准、检测认证、评估应急等支撑体系更加科学完善，标准化生产全面普及，农产品质量安全监管执法能力全面提高，生产经营者的质量安全管理水平和诚信意识明显增强，优质安全农产品比重大幅提升，农产品质量安全水平稳定可靠。

二、加强产地安全管理

（二）加强产地安全监测普查。探索建立农产品产地环境安全监测评价制度，集中力量对农产品主产区、大中城市郊区、工矿企业周边等重点地区农产品产地环境进行定位监测，全面掌握水、土、气等产地环境因子变化情况。结合全国污染源普查，跟进开展农产品产地环境污染普查，摸清产地污染底数，把好农产品生产环境安全关。

（三）做好产地安全科学区划。结合监测普查，加快推进农产品产地环境质量分级和功能区划，以无公害农产品产地认定为抓手，扎实推进农产品产地安全生产区域划分。根据农产品产地安全状况，科学确定适宜生产的农产品品种，及时调整种植、养殖结构和区域布局。针对农产品产地安全水平，依法依规和有计划、分步骤地划定食用农产品适宜生产区和禁止生产区。对污染较重的农产品产地，要加快探索建立重金属污染区域生态补偿制度。

（四）加强产地污染治理。建立严格的农产品产地安全保护和污染修复制度，制定产地污染防治与保护规划，加强产地污染防控和污染区修复，净化农产品产地环境。会同环保、国土、水利等部门加强农业生产用水和土壤环境治理，切断污染物进入农业生产环节的链条。推广清洁生产等绿色环保技术和方法，启动重金属污染耕地修复和种植结构调整试点，减少和消除产地污染对农产品质量安全危害。

三、严格农业投入品监管

（五）强化生产准入。依法规范农药、兽药、肥料、饲料及饲料添加剂等农业投入品登记注册和审批管理，加强农业投入品安全性评价和使用效能评定，加快推进小品种作物农药的登记备案。强化农业投入品生产许可，严把生产许可准入条件，提升生产企业质量控制水平，严控隐性添加行为，严格实施兽药、饲料和饲料添加剂生产质量安全管理规范。

（六）规范经营行为。全面推行农业投入品经营主体备案许可，强化经营准入管理，整体提升经营主体素质。落实农业投入品经营诚信档案和购销台账，建立健全高毒农药定点经营、实名购买制度，推动兽药良好经营规范的实施。建立和畅通农业投入品经营主渠道，推广农资连锁经营和直销配送，着力构建新型农资经营网络，提高优质放心农业投入品覆盖面。

（七）加强执法监督。完善农业投入品监督管理制度，加快农药、肥料等法律法规的制修订进程。着力构建农业投入品监管信息平台，将农业投入品纳入可追溯的信息化监管范围。建立健全农业投入品监测抽查制度，定期对农业投入品经营门店及生产企业开展督导巡查和产品抽检。严格农业投入品使用管理，采取强有力措施严格控肥、控药、控添加剂，严防农业投入品乱用和滥用，依法落实兽药休药期和农药安全间隔期制度。

（八）深入开展农资打假。在春耕、“三夏”、秋冬种等重要农时季节，集中力量开展种子、农药、肥料、兽药、饲料及饲料添加剂、农机、种子种苗等重要农资专项打假治理，严厉打击制售假冒伪劣农资“黑窝点”，依法取缔违法违规生产经营企业。进一步强化部门联动和信息共享，建立假劣农资联查联办机制，强化大案要案查处曝光力度，震慑违法犯罪行为。深入开展放心农资下乡进村入户活动。

四、规范生产行为

（九）强化生产指导。加强对农产品生产全过程质量安全督导巡查和检验监测，推动农产品生产经营者在购销、使用农业投入品过程中执行进货查验等制度。政府监管部门和农业技术推广服务机构要强化农产品安全生产技术指导和服务，大力推进测土配方施肥和病虫害统防统治，加大高效低毒低残留药物补贴力度，进一步规范兽药、饲料和饲料添加剂的使用。

（十）推行生产档案管理。督促农产品生产企业和农民专业合作社依法建立农产品质量安全生产档案，如实记录病虫害发生、投入品使用、收获（屠宰、捕捞）、检验检测等情况，加大对生产档案的监督检查力度。积极引导和推动家庭农场、生产大户等农产品生产经营主体建立生产档案，鼓励农产品生产经营散户主动参加规模化生产和品牌创建，自觉建立和实施生产档案。

（十一）加快推进农业标准化。以农兽药残留标准制修订为重点，力争三年内构建科学统一并与国际接轨的食用农产品质量安全标准体系。支持地方农业部门配套制定保障农产品质量安全的质量控制规范和技术规程，及时将相关标准规范转化成符合生产实际的简明操作手册和明白纸。大力推进农业标准化生产示范创建，不断扩大蔬菜水果茶叶标准园、畜禽标准化规模养殖场、水产标准化健康养殖场建设规模和整乡镇、整县域标准化示范创建。稳步发展无公害、绿色、有机和地理标志农产品，大力培育优质安全农产品品牌，加强农产品质量认证监管和标志使用管理，充分发挥“三品一标”在产地管理、过程管控等方面的示范带动作用，用品牌引领农产品消费，增强公众信心。

五、推行产地准出和追溯管理

（十二）加强产地准出管理。因地制宜建立农产品产地安全证明制度，加强畜禽产地检疫，督促农产品生产经营者加强生产标准化管理和关键点控制。通过无公害农产品产地认定、“三品一标”产品认证登记、生产自查、委托检验等措施，把好产地准出质量安全关。加强对产地准出工作的指导服务和验证抽检，做好与市场准入的有效衔接，实现农产品合格上市和顺畅流通。

（十三）积极推行质量追溯。加快建立覆盖各层级的农产品质量追溯公共信息平台，制定和完善质量追溯管理制度规范，优先将生猪和获得“三品一标”认证登记的农产品纳入追溯范围，鼓励农产品生产企业、农民专业合作社、家庭农场、种养大户等规模化生产经营主体开展追溯试点，抓紧依托农业产业化龙头企业和农民专业合作社启动创建一批追溯示范基地（企业、合作社）和产品，以点带面，逐步实现农产品生产、收购、贮藏、运输全环节可追溯。

（十四）规范包装标识管理。鼓励农产品分级包装和依法标识标注。指导和督促农产品生产企业、农民专业合作社及从事农产品收购的单位和个人依法对农产品进行包装分级，推行科学的包装方法，按照安全、环保、节约的原则，充分发挥包装在农产品贮藏保鲜、防止污染和品牌创立等方面的示范引领作用。指导农产品生产经营者对包装农产品进行规范化的标识标注，推广先进的标识标注技术，提高农产品包装标识率。

六、加强农产品收贮运环节监管

（十五）加快落实监管责任。按照国务院关于农产品质量和食品安全新的监管职能分工，抓紧对农产品收购、贮藏、保鲜、运输环节监管职责进行梳理，厘清监管边界，消除监管盲区。加快制定农产品收贮运管理办法和制度规范，抓紧建立配套的管控技术标准和规范。探索对农产品收贮运主体和贮运设施设备进行备案登记管理，推动落实农产品从生产到进入市场和加工企业前的收贮运环节的交货查验、档案记录、自查自检和无害化处理等制度，强化农产品收贮运环节的监督检查。

（十六）加强“三剂”和包装材料管理。强化农产品收贮运环节的保鲜剂、防腐剂、添加剂（统称“三剂”）管理，制定专门的管理办法，加快建立“三剂”安全评价和登记管理制度。加大对重点地区、重点产品和重点环节“三剂”监督检查。强化对农产品包装材料安全评估和跟踪抽检。推广先进的防腐保鲜技术、安全的防腐保鲜产品和优质安全的农产品包装材料，大力发展农产品产地贮存保鲜冷链物流。

（十七）强化畜禽屠宰和奶站监管。认真落实畜禽屠宰环节质量安全监管职责，严格生猪定点屠宰管理，督促落实进场检查登记、肉品检验、“瘦肉精”自检等制度。强化巡查抽检和检疫监管，严厉打击私屠滥宰、屠宰病死动物、注水及非法添加有毒有害物质等违法违规行为。严格屠宰检疫，未经检验检疫合格的产品，不得出场销售。加强婴幼儿乳粉原料奶的监督检查。强化生鲜乳生产和收购运输环节监管，督促落实生产、收贮、运输记录和检测记录，严厉打击生鲜乳非法添加。

（十八）切实做好无害化处理。加强病死畜禽水产品和不安全农产品的无害化处理制度建设，严格落实无害化处理政策措施。指导生产经营者配备无害化处理设施设备，落实无害化处理责任。对于病死畜禽水产品、不安全农产品和假劣农业投入品，要严格依照国家有关法律法规做好登记报告、深埋、焚烧、化制等无害化处理工作。

七、强化专项整治和监测评估

（十九）深化突出问题治理。深入开展专项整治，全面排查区域性、行业性、系统性风险隐患和“潜规则”，集中力量解决农兽药残留超标、非法添加有毒有害物质、产地重金属污染、假劣农资等突出问题。严厉打击农产品质量安全领域的违法违规行为，加强农业行政执法与刑事司法的有效衔接，强化部门联动和信息共享，建立健全违法违规案件线索发现和通报、案件协查、联合办案、大要案奖励等机制，坚持重拳出击、露头就打。

（二十）强化检验监测和风险评估。细化各级农业部门在农产品检验监测方面的职能分工，不断扩大例行监测的品种和范围，加强会商分析和结果应用，确保农产品质量安全得到有效控制。强化农产品质量安全监督抽查，突出对生产基地（企业、合作社）及收贮运环节的执法检查和产品抽检，加强检打联动，对监督抽检不合格的农产品，依托农业综合执法机构及时依法查处，做到抽检一个产品、规范一个企业。大力推进农产品质量安全风险评估，将“菜篮子”和大宗粮油作物产品全部纳入评估范围，切实摸清危害因子种类、范围和危害程度，为农产品质量安全科学监管提供技术依据。

（二十一）强化应急处置。完善各级农产品质量安全突发事件应急预案，落实应急处置职责任务，加快地方应急体系建设，提高应急处置能力。制定农产品质量安全舆情信息处置预案，强化预测预警，构建舆情动态监测、分析研判、信息通报和跟踪评价机制，及时化解和妥善处置各类农产品质量安全舆情，严防负面信息扩散蔓延和不实信息恶意炒作。着力提升快速应对突发事件的水平，做到第一时间掌握情况，第一时间采取措施，依法、科学、有效进行处置，最大限度地将各种负面影响降到最低程度，保护消费安全，促进产业健康发展。

八、着力提升执法监管能力

（二十二）加强体系队伍建设。加快完善农产品质量安全监管体系，地县两级农业部门尚未建立专门农产品质量安全监管机构的，要在2014年底前全部建立，依法全面落实农产品质量安全监管责任。依托农业综合执法、动物卫生监督、渔政管理和“三品一标”队伍，强化农产品质量安全执法监督和查处。对乡镇农产品质量安全监管服务机构，要进一步明确职能，充实人员，尽快把工作全面开展起来。按照国务院部署，大力开展农产品质量安全监管示范县（市）创建，探索有效的区域监管模式，树立示范样板，全方位落实监管职责和任务。

（二十三）强化条件保障。把农产品质量安全放在更加突出和重要的位置，坚持产量与质量并重，将农产品质量安全监管纳入农业农村经济发展总体规划，在机构设置、人员配备、经费投入、项目安排等方面加大支持力度。加快实施农产品质检体系建设二期规划，改善基层执法检测条件，提升检测能力和水平。强化农产品质量安全风险评估体系建设，抓紧编制和启动农产品质量安全风险评估能力建设规划，推动建立国家农产品质量安全风险评估机构，提升专业性和区域性风险评估实验室评估能力，在农产品主产区加快认定一批风险评估实验站和观测点，实现全天候动态监控农产品质量安全风险隐患和变化情况。

（二十四）加强属地管理和责任追究。各级农业部门要系统梳理承担的农产品质量安全监管职能，将各项职责细化落实到具体部门和责任单位，采取一级抓一级，层层抓落实，切实落实好各层级属地监管责任。抓紧建立健全考核评价机制，尽快推动将农产品质量安全监管纳入地方政府特别是县乡两级政府绩效考核范围。建立责任追究制度，对农产品质量安全监管中的失职渎职、徇私枉法等问题，依法依纪严肃查处。

（二十五）加大科普宣传引导。依托农业科研院所和大专院校广泛开展农产品质量安全科普培训和职业教育，探索建立和推行农产品生产技术、新型农业投入品对农产品质量安全的影响评价与安全性鉴定制度。加强与新闻宣传部门的统筹联动和媒体的密切沟通，及时宣传农产品质量安全监管工作的推进措施和进展成效。加快健全农产品质量安全专家队伍，充分依托农产品质量安全专家和风险评估技术力量，对敏感、热点问题进行跟踪研究和会商研判，以合适的方式及时回应社会关切。加强农产品质量安全生产指导和健康消费引导，全面普及农产品质量安全知识，增强公众消费信心，营造良好社会氛围。

（二十六）加强科技支撑。强化农产品质量安全学科建设，加大科技投入，将农产品质量安全风险评估、产地污染修复治理、标准化生产、关键点控制、包装标识、检验检测、标准物质等技术研发纳入农业行业科技规划和年度计划，予以重点支持。要通过风险评估，找准农产品生产和收贮运环节的危害影响因子和关键控制点，制定分门别类的农产品质量安全关键控制管理指南。加快农产品质量安全科技成果转化和优质安全生产技术的普及推广。

（二十七）强化服务指导。依托农产品质量安全风险评估实验室、农产品质量安全研究机构等技术力量，鼓励社会力量参与，整合标准检测、认证评估、应急管理等技术资源，建立覆盖全国、服务全程的农产品质量安全技术支撑系统和咨询服务平台，全面开展优质安全农产品生产全程管控技术的培训和示范，构建便捷的优质安全品牌农产品展示、展销、批发、选购和咨询服务体系。

（二十八）推进信息化管理。充分利用“大数据”、“物联网”等现代信息技术，推进农产品质量安全管控全程信息化。强化农业标准信息、监测评估管理、实验室运行、数据统计分析、“三品一标”认证、产品质量追溯、舆情信息监测与风险预警等信息系统的开发应用，逐步实现农产品质量安全监管全程数字化、信息化和便捷化。

当前和今后一个时期，确保农产品质量安全既是农业发展新阶段的重大任务，也是农业部门依法履职的重大责任。各级农业行政主管部门要切实负起责任，勇于担当，加强组织领导，积极与编制、发改、财政、商务、食药等部门加强协调配合，加快建立农产品质量与食品安全监管有机衔接、覆盖全程的监管制度，以高度的政治责任感和求真务实的工作作风，全力抓好农产品质量安全监管工作，不断提升农产品质量安全整体水平，从源头确保农产品生产规范和产品安全优质，满足人民群众对农产品质量和食品安全新的更高要求。

中华人民共和国农业部

二〇一四年一月二十三日

农业部关于深入推进“瘦肉精”专项整治工作的意见

农办牧［2011］12号

各省、自治区、直辖市畜牧（农牧、农业）厅（局、委、办），新疆生产建设兵团畜牧局：

国务院食品安全委员会办公室2011年4月18日印发《“瘦肉精”专项整治方案》（食安办［2011］14号）以来，各地农业（畜牧兽医）管理部门按照整治工作的任务分工、进度安排和工作要求，高度重视、精心组织，健全机制、协调配合，强化监管、严厉打击，取得了阶段性成效。但从全国来看，依然存在重视程度不够、职责分工不明确、监管措施不到位、执法条件不足的现象。为进一步推动“瘦肉精”监管工作，深入开展“瘦肉精”专项整治，现提出如下意见：

一、加强组织领导，全力以赴做好“瘦肉精”专项整治工作

（一）建立责任明确、协调有力的监管工作机制。各地农业（畜牧兽医）管理部门要按照当地政府关于“瘦肉精”专项整治的职责分工，成立工作机构，完善工作制度，落实监管责任，健全协调机制，切实加强专项整治工作的组织领导和综合协调；要依法委托基层农业综合执法机构（或动物卫生监督机构、畜产品安全监管机构）履行“瘦肉精”日常监管和监督执法职能，妥善解决好队伍建设、经费保障等问题，切实提升“瘦肉精”监管能力和水平，为全面加强“瘦肉精”监管工作奠定坚实的基础。要尽快建立县级快速筛查、市级复核检测、省级确证仲裁的畜产品质量安全检测体系，制定实施“瘦肉精”监控计划，扩大规模、充实人员、完善条件，保证检验检测工作的开展；生猪、肉牛、肉羊主产省与外调重点地区要加强产销对接，及时通报信息，协同查办案件，形成齐抓共管、产销联动的工作机制。

二、抓住关键环节，坚决打击使用“瘦肉精”的违法犯罪行为

（二）深入开展养殖环节整治。一要加强对养殖场户的宣传教育和技术指导。将国家有关禁止生产、销售、使用“瘦肉精”的法律法规和相关规定告知每个养殖场户，使之知晓使用“瘦肉精”就是违法犯罪，将被追究法律责任。同时，要加强养殖场户培训，增强质量安全责任意识、风险防范方法和假劣饲料兽药识别能力；二要督促养殖场（小区）完善养殖档案，如实记录商品饲料、饲料添加剂、兽药等投入品来源，并保留相关凭证；三要建立活畜养殖安全承诺制度和出栏保证制度。生猪、肉牛、肉羊养殖场户要承诺不使用“瘦肉精”等违禁物质，保证所销售的活畜不含有“瘦肉精”。四要加强养殖场户的日常监督检查和“瘦肉精”抽检。日常监督检查要将查验养殖记录与抽样快速检测相结合，及时发现养殖环节存在的问题。活畜出栏时要抽取一定数量的尿样进行快速检测。检测结果呈阳性的，禁止活畜移动并对尿样进行确证检测。一经确证含有“瘦肉精”，应当依法对

活畜进行无害化处理（扑杀和无害化处理费用由违法畜主承担），并将当事人移送公安机关立案侦查。

（三）深入开展收购贩运环节整治。一是农业（畜牧兽医）部门要与工商等部门共同加强对收购贩运企业（合作社、经纪人）和活畜交易市场的监督管理，督促建立出栏保证书等证明材料查验制度和收购贩运牲畜交易记录制度（主要载明畜主、耳标号、检疫证号、数量等信息），无产地检疫证明、保证书或来源不明的活畜不得入市交易；二是县级农业（畜牧兽医）部门要全面了解本行政区域内从事活畜收购贩运人员状况，可以通过备案形式对其实行管理，并要求其作出不教唆养殖场户使用“瘦肉精”、不兜售“瘦肉精”、不收购贩运使用“瘦肉精”活畜的承诺。对办理了工商营业执照的收购贩运企业（户），畜牧兽医部门要及时向工商行政管理部门通报监管信息；三是省际动物卫生检查站查验过往运载动物活畜的车辆时，发现出栏保证书、交易记录不齐全的，要通知活畜产地农业（畜牧兽医）部门，督促货主将活畜运回原产地。

（四）深入开展屠宰环节整治。农业（畜牧兽医）部门要配合商务部门（或政府指定的其他部门），督促生猪定点屠宰企业（或场、点）严格执行生猪进场查验制度和“瘦肉精”自检制度；生猪屠宰企业（场）要按规定记录生猪来源、数量、检疫证明、耳标号、畜主（经纪人）、运输车辆等信息，以便发现问题后追溯来源；生猪屠宰企业（场）要对进场生猪批批抽检（以出栏前饲喂群或运输车辆为单位），对宰后生猪抽取一定数量的膀胱尿液进行检测，并做自检记录，自检记录保存2年；动物卫生监督人员要配合商务部门监督屠宰企业（场）开展进场自检和宰后抽检。相关部门组织对宰后生猪抽取一定数量的膀胱尿液进行监督检测。

生猪屠宰企业在生猪进场和宰后快速检测中发现“瘦肉精”阳性，应立即向商务部门和驻场动物卫生监督管理人员报告。屠宰企业要及时将尿样交由有资质的检测机构进行确证检测，并暂缓生猪产品进入市场销售。一经确认含有“瘦肉精”，畜牧兽医部门和商务部门对生猪或生猪产品进行销毁处理，并将案件移送公安机关立案侦查。实行定点屠宰的肉牛、肉羊等活畜参照上述办法办理。

三、创新监管机制，依法履行“瘦肉精”监管职责

（五）建立跨省案件协查机制。凡跨省销售贩运活畜在屠宰检测中确证含有“瘦肉精”的，销地农业（畜牧兽医）部门要在取得确证结果一个工作日内通报产地农业（畜牧兽医）部门，产地农业（畜牧兽医）部门在接到通报一个工作日内对涉嫌使用“瘦肉精”的养殖场户进行监督检查和取样检测，并及时反馈案件处理情况。一经确认养殖场户使用“瘦肉精”，产地农业（畜牧兽医）部门要及时与销地农业（畜牧兽医）部门密切协作，支持公安部门严肃查处相关涉案人员。

（六）建立涉嫌犯罪移送机制。农业（畜牧兽医）部门在活畜养殖、收购贩运和屠宰环节监管中发现使用“瘦肉精”涉嫌犯罪的，根据相关法律法规的规定和行政执法与刑事司法衔接工作的有关要求，应当及时向公安机关通报，并移交案件的全部材料。已经作出行政处罚决定的，应当将行政处罚决定书一并抄送公安机关。农业（畜牧兽医）部门要配合公安机关做好案件调查和技术支持，并及时跟踪案件审查、侦查进展情况。

（七）建立监督举报制度。各级农业（畜牧兽医）部门均要开通专门的“瘦肉精”举报受理电话、传真或电子邮件，并有专人负责举报信息的登记。建立举报受理、处置和反

馈工作程序，有条件的地方可以对提供重大案件线索的举报人给予奖励。农业部或省级农业（畜牧兽医）部门接到“瘦肉精”举报后，要在一个工作日内通报事发地农业（畜牧兽医）部门，事发地农业（畜牧兽医）部门要在核实举报线索后一个工作日内，将举报处置情况反馈省级农业（畜牧兽医）部门和农业部。

（八）建立责任追究制度。在饲料生产、活畜养殖、收购、贩运和屠宰环节发现“瘦肉精”的，对涉案企业和个人依据相关法规的规定，依法做出行政处罚决定；涉嫌犯罪的，移送公安机关立案调查；构成犯罪的，依法追究其刑事责任；对活畜养殖、收购贩运、屠宰环节发生重大“瘦肉精”监管责任事故的县级农业（畜牧兽医）部门，省级农业（畜牧兽医）部门给予通报批评、取消评先资格、调减或取消项目资金等责任追究；对两个以上县（市、区）发生重大“瘦肉精”监管责任事故的省辖市，省级畜牧兽医部门给予通报批评、取消评先资格、调减项目或资金等责任追究；对渎职、失职的监管人员，由所属部门依照相关法规和制度进行责任追究。

（九）建立信息通报发布机制。各级农业（畜牧兽医）部门在日常监管和监督检查中发现非法使用“瘦肉精”，在依法作出处理后，应当向省级农业（畜牧兽医）部门和同级食品安全协调机构报告；涉及跨县的“瘦肉精”违法案件，由事发地所属省辖市农业（畜牧兽医）部门指导处置，并向省级农业（畜牧兽医）部门和同级食品安全协调机构报告；涉及跨省辖市的“瘦肉精”违法案件，由事发地所属省级农业（畜牧兽医）部门指导处置，并向农业部和同级食品安全协调机构报告。

四、建立长效机制，积极探索畜产品质量安全治本之策

（十）着力强化质量安全监管体系建设。畜产品质量安全监管已成为农业（畜牧兽医）系统的一项重要职责和中心任务。各地级农业（畜牧兽医）部门要设立相对独立的质量安全监管机构，负责畜产品质量安全统筹协调和管理；要加强各级畜产品质检机构建设，提高装备水平和检测能力；要加强农业（畜牧兽医）综合执法队伍建设，提高执法办案能力。要尽快健全完善行政管理、检验检测、监督执法三位一体的畜产品质量安全监管体系。

（十一）加快推进畜禽标准化规模养殖。发展标准化规模养殖是保障畜产品有效供给，提升畜产品质量安全水平，抵御疫病风险，促进农民增收，减少环境污染的重要举措。加快推进标准化规模养殖，积极引导养殖户从饲养管理、良种选育、环境控制、营养调控、安全用药、卫生防疫等多方面规范畜禽养殖行为，消除添加使用“瘦肉精”等违禁药物的安全隐患。要积极争取各级财政的支持，吸引社会资金投入，给予政策引导扶持，加强监督检查，使标准化规模养殖场户成为保供给、保安全的主体力量。

（十二）大力培育养殖者协会和农民合作社。充分发挥各类养殖者协会和农民合作社在保障畜产品质量安全方面的作用。积极推广“五统一”（统一供种、统一兽药、饲料等投入品、统一防疫、统一饲养模式、统一销售）等行之有效的运行模式，加大畜产品质量安全宣传和培训力度，使广大养殖户了解使用“瘦肉精”等违禁物质的危害性和严重性，做到令行禁止、守法经营。

中华人民共和国农业部办公厅
二〇一一年十二月二十日

关于禁止生产和销售莱克多巴胺的公告

工业和信息化部等6部门联合公告2011年第41号

根据《国务院关于发布实施〈促进产业结构调整暂行规定的决定〉的决定》（国发〔2005〕40号），依据《产业结构调整指导目录（2011年本）》（发展和改革委员会令2011第9号）的有关规定，自即日起在中华人民共和国境内禁止生产和销售莱克多巴胺。

特此公告。

中华人民共和国工业和信息化部
中华人民共和国农业部
中华人民共和国商务部
中华人民共和国卫生部
中华人民共和国国家工商行政管理总局
中华人民共和国国家质量监督检验检疫总局
二〇一一年十二月五日

关于禁止进出口莱克多巴胺和盐酸莱克多巴胺的公告

商务部 海关总署公告2009年第110号

根据《中华人民共和国对外贸易法》及《中华人民共和国货物进出口管理条例》等法律法规规定，自2009年12月9日起，禁止进出口莱克多巴胺和盐酸莱克多巴胺。

特此公告。

中华人民共和国商务部
中华人民共和国海关总署
二〇〇九年十二月四日

关于印发《“瘦肉精”涉案线索移送与案件督办工作机制》的通知

农质发［2011］10号

各省、自治区、直辖市、计划单列市及新疆生产建设兵团农业（畜牧兽医）、公安、工业和信息化、商务、卫生、工商、质量技术监督、食品药品监管厅（局、委、办），各直属检验检疫局：

为持续深入推进“瘦肉精”监管工作，进一步加强行政执法与刑事司法的衔接，严厉打击“瘦肉精”违法犯罪行为，农业部、公安部、工业和信息化部、商务部、卫生部、国家工商总局、国家质检总局和国家食品药品监管局等8部（局）共同制定了《“瘦肉精”涉案线索移送与案件督办工作机制》，现印发给你们，请遵照执行。

中华人民共和国农业部
中华人民共和国公安部
中华人民共和国工业和信息化部
中华人民共和国商务部
中华人民共和国卫生部
中华人民共和国国家工商行政管理总局
中华人民共和国国家质量监督检验检疫总局
中华人民共和国国家食品药品监督管理局
二〇一一年十二月二十日

“瘦肉精”涉案线索移送与案件督办工作机制

为贯彻落实《中央编办关于进一步加强“瘦肉精”监管工作的意见》精神，持续深入推进“瘦肉精”监管工作，进一步完善行政执法与刑事司法相衔接的工作机制，做好案件的督办工作，加大对“瘦肉精”违法犯罪行为的打击力度，特制定本机制。

一、关于“瘦肉精”涉案线索移送

（一）涉案线索范围

1. 检测发现的线索。在饲料和饲料添加剂生产经营、养殖、收购贩运、屠宰、加工、销售、餐饮和出口等环节，在肉及肉制品、畜产品、饲料产品和尿样中检出“瘦肉精”的。

2. 检查发现的线索。在日常检查和巡查中发现涉嫌生产、销售和使用“瘦肉精”的。

3. 举报发现的线索。各地、各部门接到群众关于“瘦肉精”的举报信息并经初步核实的。

4. 国外通报的线索。国外政府主管部门通报的进口我国肉及肉制品检出“瘦肉精”的。

5. 新闻媒体曝光的线索。新闻媒体曝光涉嫌生产、销售和使用“瘦肉精”的。

（二）移送程序与要求

1. 各承担检测任务的单位和开展检验的生产经营企业，在检测过程中，发现样品含有“瘦肉精”的，应当立即向样品归属地的主管部门报告或通报。

2. 各有关部门接到有关单位检出“瘦肉精”的报告或通报，或在检查中发现有生产、销售、使用“瘦肉精”的情况，或接到群众有关“瘦肉精”的举报并经初步核实，涉嫌犯罪的应立即以书面形式将线索移送公安机关，同时将有关情况通报“瘦肉精”牵头监管部门，并报告当地政府。

3. 公安机关收到线索后应立即进行核查，对涉嫌犯罪的要迅速依法立案侦查；对不构成犯罪的，应当在接到线索之日起2日内移送主管部门处理并通知移送部门，有必要采取紧急措施的，应当先采取紧急措施。

4. 各有关部门移送线索后，应积极配合公安机关开展源头追查，同时在行政职责范围内继续对线索开展调查处理，并随时向公安机关提供对于追查源头有价值的进展情况。

5. 公安机关侦破案件后，要加强对已办结“瘦肉精”案件的分析，应及时将案件侦破情况和有关“瘦肉精”犯罪的特征和范围通报涉案线索提供部门，以便有关部门提高搜集线索的针对性。同时，有关部门要加强对涉案物品的追查，跟进开展相关行政处罚。

（三）线索移送内容

1. 检测发现的线索应提供检验报告、取样时间和地点、问题样品的来源等基本情况。

2. 检查发现的线索应提供检查时间、被检查单位的名称和产品、检查出的问题等情况。

3. 举报的线索应提供举报人及联系方式、举报地点、举报对象、举报内容等情况及核实情况。

4. 国外通报的线索应提供国外通报的内容。

5. 新闻媒体曝光的线索应提供媒体报道的内容。

二、关于“瘦肉精”案件督办

（一）督办案件范围

1. 领导指示、批示的案件。

2. 新闻媒体曝光的案件。

3. 公安机关立案侦查的重大案件。

4. 各地报送的重大案件。

5. 其他需要督办的案件。

（二）督办方式

案件督办可采取发函督办、挂牌督办、现场督办等方式实施，案件涉及多个部门的，也可实施联合督办。

（三）督办程序与要求

1. 接到案件后，有关部门尽快研究并确定是否需要督办。

2. 督办立项后，各有关部门根据案件具体情况立即研究确定督办方案，明确督办负责人、督办方式、督办内容、案件办结时间、信息报送和案件办理要求等，并立即向案发省份的相关部门（承办单位）部署督办事宜。

3. 承办单位对督办案件要高度重视，根据督办单位的部署和要求，采取有效措施，进一步开展严格、快速的调查处理工作。

4. 承办单位要定期报送案件办理情况。各有关部门通过案件动态跟踪、信息收集、上下反馈或检查调研等措施，全面准确掌握督办案件的办理情况。

5. 承办单位在案件办结后10个工作日内提交案件办理情况报告。报告内容包括：案件基本情况；案件调查办理过程；有关证据材料；相应的法律、法规和政策依据、违法性质认定及案件办理结果等。

三、保障措施

一是建立案件会商制度。各有关部门与公安机关应加强案件会商协调。对重大复杂的案件，要召集“瘦肉精”专项整治协调机制各成员单位一起讨论研究，共同开展调查。在调查取证方面，要做好移送证据的转化和衔接工作；在案件定性方面，必要时可征求法院、检察院意见。

二是建立信息通报制度。要充分发挥“瘦肉精”专项整治协调机制的作用，各部门要相互通报“瘦肉精”案件查处等信息，实现信息共享，推动各部门共同查处。督办案件的承办单位要及时向当地政府通报有关情况。

三是建立联合行动制度。各有关部门和公安机关要适时开展“瘦肉精”整治联合行动，认真清查清缴，深挖线索，查清案源，彻查“瘦肉精”生产源头和销售网点。对案情复杂、社会影响较大的案件，应实行联合办案，加大对违法犯罪行为的打击力度。

四是建立奖惩考核制度。各有关部门要加强对承办单位案件办理工作的奖惩考核。对于办理准确、及时的，给予表扬。对违反本机制要求，行政不作为、乱作为，涉嫌包庇或故意瞒报，拖延、推诿的，应给予批评处分或向有关部门提出处理意见；涉嫌犯罪的，移送司法机关依法追究刑事责任。

农业部关于加强农业行政执法与刑事司法衔接工作的实施意见

农政发［2011］2号

各省、自治区、直辖市农业（农牧、农村经济）、畜牧、农机、渔业、农垦、乡镇企业厅（局、委），部机关有关司局、直属有关单位：

近年来，各地农业部门不断加大农业行政执法力度，及时将涉嫌犯罪案件移送司法机关追究刑事责任，有力打击了农业违法行为，取得了明显的制裁效果和威慑作用。但是，在一些地区和部门中有案不移、以罚代刑的问题仍然不同程度地存在。为加强农业行政执法与刑事司法衔接工作，根据国务院《行政执法机关移送涉嫌犯罪案件的规定》，以及最高人民检察院、公安部、监察部等部门的有关要求，现就在农业行政执法中做好涉嫌犯罪案件移送工作提出如下意见：

一、切实提高对衔接工作重要性的认识

（一）加强农业行政执法与刑事司法衔接工作是严厉打击农业违法行为的迫切要求和重要手段，事关依法行政，事关农资市场秩序维护和农产品质量安全，事关农民和消费者合法权益保障。农业部门及时将涉嫌犯罪案件移送公安机关，使违法行为人不仅受到行政责任和民事责任追究，而且还要依法承担刑事责任，有利于最大限度地打击违法行为，遏制违法犯罪活动。当前，农业违法行为特别是制售假劣农资行为呈现专业化、隐蔽化、网络化和区域化特征，农业部门及时将涉嫌犯罪案件移送公安机关，可以借助公安机关强有力的侦查手段和丰富的办案经验，有利于及早抓获违法行为人，彻查制售假劣农资源头，捣毁制假售假网络。各级农业部门要进一步统一思想，提高做好涉嫌犯罪案件移送工作的认识，增强紧迫感和责任感。

二、严格履行法定职责

（二）各级农业部门要严格依法履行职责，对涉嫌生产、销售伪劣种子、农药、兽药、化肥、饲料，生产、销售有毒有害食用农产品，非法经营、伪造、变造、买卖国家机关公文、证件、印章，非法制造、买卖、运输、储存危险物质等犯罪案件，切实做到该移送的移送，不得以罚代刑。

（三）各级农业部门在执法检查时，发现违法行为明显涉嫌犯罪的，应当及时向公安机关通报。公安机关经调查立案后依法提请农业部门作出检验、鉴定、认定等协助的，农业部门应当予以协助。

（四）各级农业部门在查处农业违法案件过程中，发现违法行为涉嫌犯罪的，应当及时向公安机关移送。移送时应当移交案件的全部材料，同时将案件移送书及有关材料目录抄送人民检察院。农业部门在移送案件时已经作出行政处罚决定的，应当将行政处罚决定

书一并抄送公安机关、人民检察院；未作出行政处罚决定的，原则上应当在公安机关决定不予立案或者撤销案件、人民检察院作出不起诉决定、人民法院作出无罪判决或者免予刑事处罚后，再决定是否给予行政处罚。

（五）各级农业部门在查处违法行为过程中，发现国家工作人员涉嫌贪污贿赂、渎职侵权等违纪违法线索的，应当根据案件的性质，及时向监察机关或者人民检察院移送。

（六）农业部门对公安机关不受理本部门移送的案件，或者未在法定期限内作出立案或者不予立案决定的，可以建议人民检察院进行立案监督。对公安机关作出的不予立案决定有异议的，可以向作出决定的公安机关提请复议，也可以建议人民检察院进行立案监督；对公安机关不予立案的复议决定仍有异议的，可以建议人民检察院进行立案监督。对公安机关立案后作出撤销案件的决定有异议的，可以建议人民检察院进行立案监督。

三、完善衔接工作机制

（七）各地农业部门要针对农业行政执法与刑事司法衔接工作的薄弱环节，建立健全衔接工作机制，明确细化移送涉嫌犯罪案件的标准和程序，促进农业部门与公安机关等有关单位的协调配合，形成工作合力。

（八）完善联席会议制度。要充分发挥农业部门农资打假牵头单位作用，定期组织召开联席会议，由有关单位相互通报查处违法犯罪行为以及行政执法与刑事司法衔接工作的有关情况，研究衔接工作中存在的问题，提出加强衔接工作的对策。

（九）健全案件咨询和会商制度。对案情重大、复杂、疑难，性质难以认定的案件，农业部门可以就刑事案件立案追诉标准、证据的固定和保全等问题咨询和会商公安机关、人民检察院，避免因证据不足或定性不准而导致应移送的案件无法移送。

（十）健全信息通报制度。要通过工作简报、情况通报会议、电子政务网络等多种形式实现信息共享，推动农业行政执法与刑事司法衔接工作深入开展。

四、加强对衔接工作的组织领导和监督

（十一）各级农业部门要把加强农业行政执法与刑事司法衔接工作列入重要议事日程，精心组织，严格责任追究，确保农业行政执法与刑事司法衔接工作落到实处。努力争取各级政府和财政部门的支持，积极探索案件查办专项奖励机制，为协作办案提供经费保障。

（十二）各级农业部门要将行政执法与刑事司法衔接工作的有关规定和具体要求纳入培训内容，强化农业执法人员依法移送、依法办案的意识。

（十三）地方各级农业部门要定期向地方人民政府、人民检察院和监察机关报告农业行政执法与刑事司法衔接工作，主动接受监督。要加强对农业行政执法与刑事司法衔接工作的检查和考核，把是否依法移送的情况纳入各级农业部门的综合考核评价体系。各省级农业部门每年底前要将本省农业行政执法与刑事司法衔接工作情况报送我部。

中华人民共和国农业部

二〇一一年三月十一日

关于加强对进口饲用油脂和动物性饲料经营和使用管理的通知

农牧发［1999］14 号

各省、自治区、直辖市及计划单列市畜牧（农业、农牧）厅（局）、饲料工业办公室、外贸委（厅、局）：

自 1996 年以来，欧盟相继发生了震惊世界的“疯牛病”和“二噁英”事件，引起了人们对动物性食品的恐慌。研究表明，含有“二噁英”的饲料产品，特别是饲用油脂是造成畜产品“二噁英”严重超标的直接原因；饲用动物性饲料可能是“疯牛病”传播的主要途径，特别是饲用同类动物性饲料更易传播，如牛饲用反刍动物的肉骨粉等。目前，一些国家相继禁止或限制饲用油脂和动物性饲料的使用范围。为保证我国饲料产品的安全卫生，维护正常的饲料和饲料添加剂的经营秩序，根据《中华人民共和国对外贸易法》和《饲料和饲料添加剂管理条例》规定，特通知如下：

一、凡是在生产国禁止使用的饲用油脂、动物性饲料及其产品不得在我国境内经营和使用。鉴于欧盟已于 1999 年 6 月 4 日禁止肉骨粉、动物下脚料（包括皮肤、脚、蹄、爪、内脏等）、血粉、血浆、血清制品、动物性脂肪，以及用上述原料加工制作的各类饲料在欧盟成员国使用，从即日起，禁止欧盟成员国生产的上述动物性饲料及其产品在我国境内经营和使用（具体税号附后）。欧盟成员国生产的乳清粉、鱼粉及不含动物性饲料成分的饲料产品和饲料添加剂（饲料级氨基酸、维生素、矿物质微量元素、酶制剂、非蛋白氮、抗氧化剂、防霉剂、调味剂、酸化剂、色素类等）不在禁用之列。

二、凡是生产国允许使用的饲用油脂，应提供生产国权威机构检测的安全数据，并在农业部进行登记后，方可销售。在国内使用时应遵循安全、有效和不污染环境的原则。农业部将加强对饲用油脂的质量跟踪监督，一旦检出有毒有害物质，特别是 PCBs 超标的，将吊销其进口登记证，并根据《饲料和饲料添加剂管理条例》进行处罚。

三、凡是在生产国允许使用的动物性饲料及其产品，应提供下列文件，在农业部登记注册后，方可在我国境内经营、使用。

（一）生产国允许该类产品在本国生产、使用的证明；

（二）产品生产国认可的权威检测机构出具的该类产品安全的检测报告，该检测报告必须经生产国政府认可。

在国内使用时，应遵循同类动物不得饲用同类动物性饲料及其产品的原则。各级饲料管理部门要加强对该类产品的监督管理；各级饲料监测机构要加强对该类产品的监测，防止该类产品扩大应用范围。

四、禁止经营和使用有“疯牛病”疫病国家的反刍动物性饲料及其产品；禁止经营和使用有“痒病”疫病国家的羊肉骨粉及其产品。本通知之前已从有“疯牛病”的国家进口的反刍动物性饲料，如牛羊肉骨粉等，以及从有“痒病”的国家进口的羊肉骨粉等，要就地销毁。已从非"疯牛病"和非"痒病"国家进口的反刍动物性饲料及其产品，要立即予以查封，经农业部指定的部级饲料监测中心进行卫生检验，在证明其安全的前提下，遵循同类动物不得饲用同类动物性饲料，特别是反刍动物不得饲用反刍动物性饲料的原则，在省级饲料管理部门的监控下，方可销售、使用。

五、禁止经营和使用的进口饲用油脂、动物性饲料及其产品目录将根据我国禁止发生重大疫情国家动物及其产品的有关规定作相应调整。

六、本通知执行中如有问题，请及时与农业部全国饲料工作办公室联系。

中华人民共和国农业部
中华人民共和国对外贸易经济合作部
一九九九年八月十八日

附件：

禁止经营和使用的源产于欧盟的饲用油脂和动物性饲料税号目录

税则号列	饲用油脂和动物性饲料品种
02.06	饲用牛羊猪马驴骡杂碎
02.07	饲用禽类杂碎
1501.0000	饲用猪脂肪及家禽脂肪
1502.0010	饲用牛羊脂肪
1503.0000	饲用猪油脂肪
1506.0000	其他动物饲用脂肪
1518.0000	动植物饲用脂肪
2301.1010	肉骨粉
2301.1020	油渣
2301.1090	肉渣粉

关于加强疯牛病防治工作的通知

农牧发［2001］3号

各省、自治区、直辖市畜牧（农业、农牧）厅（局、办），各有关单位：

疯牛病即牛海绵状脑病（Bovine Spongiform Encephalopathy，BSE），是成年牛的一种进行性、高致死性、神经性疾病，该病不仅严重威胁畜牧业安全，而且可能引发严重的社会问题。为了防止该病传入我国，现将有关事宜通知如下：

一、严格遵守有关防治疯牛病的规定

为了防止疯牛病传入，自1990年以来，我部下发了《关于严防牛海绵状脑病传入我国的通知》（1990农［检疫］字第8号）、《关于禁止使用反刍动物源性饲料饲喂反刍动物的通知》（农饲综［1992］36号）、《关于重申严防海绵状脑病传入我国的通知》（农检疫发［1996］3号）、《关于严防痒病传入我国的通知》（农检疫发［1996］7号）、《关于严防痒病传入我国的补充通知》（农检疫发［1997］1号）、《关于加强对进口饲用油脂和动物性饲料经营和使用管理的通知》（农牧发［1999］14号）和《关于加强肉骨粉等动物性饲料产品管理的通知》（农牧发［2000］21号）等文件，各地应严格遵守这些文件的规定，禁止违法进口、经营和使用反刍动物及其产品、胚胎和反刍动物源性饲料。

二、加强对疯牛病的监测工作

我部已对疯牛病监测工作做了部署，并指定农业部动物检疫所为全国疯牛病检测中心，各地要在2001年4月底以前对本地区所有进口牛（包括胚胎）及其后代（包括杂交后代）、饲喂过进口反刍动物源性饲料的牛进行一次全面的追踪调查，并将调查情况报我部畜牧兽医局。如发现上述牛表现为焦躁不安、性情改变、共济失调或感觉过敏等神经症状，且经类症鉴别可以排除其他疾病的牛，应立即上报我部畜牧兽医局，并与农业部动物检疫所联系（地址：山东省青岛市南京路369号，邮编：266032，电话/传真：0532-5621552），进行疯牛病检测确诊。各有关单位要对所有进口牛（包括胚胎）及其后代建立完整的健康记录档案，并将疯牛病监测作为一项长期工作抓紧抓好。

三、严格控制对疯牛病的研究工作

疯牛病是一种具有高度风险性的疾病，为了严格控制疯牛病传入我国，我部将对疯牛病的研究工作采取严格的管理措施。我部重申，未经我部批准，严禁国内任何单位和个人从事疯牛病方面的研究（包括病原研究、用病原或病料做动物试验以及引进相关生物性研究材料等）。

四、做好疯牛病的防治宣传工作

做好宣传是疯牛病防治工作的基础。各级兽医行政主管部门和动物防疫监督机构应制定相应的防治疯牛病宣传教育计划，通过多种形式，加强对有关人员进行有计划的培训教育，使更多的人了解和掌握有关疯牛病的危害性和防治知识。对社会公众的宣传工作要牢牢把握社会稳定这个大局，从风险评估、监测工作等方面使人们了解我国无疯牛病的事实，以及防止疯牛病传入的措施。

中华人民共和国农业部

二〇〇一年二月五日

附件：

疯牛病简介

一、病原学

1. 病原体分类

疯牛病，即牛海绵状脑病（BSE），其病原是一种不同寻常的传染因子，该因子与绵羊或山羊痒病的致病因子十分相似。由于 PrP（Prion Protein，Protease resistant Protein，译为“朊粒蛋白”、“朊病毒”）是唯一可检测到的与本病感染有关的大分子，因此用 Prion 来表示这一感染性蛋白。该蛋白是一种正常宿主蛋白的异构体，与原宿主蛋白相比，对蛋白酶具有较强的抵抗力。

2. 对理化作用的抵抗力

温度：可低温或冷冻保存。物理灭活方法为高压灭菌 134～138℃18 分钟（该温度范围不一定能使之完全失活）。

pH 值：在较宽的 pH 值范围内稳定。

消毒剂：用含 2% 有效氯的次氯酸钠或 2mol/L 的氢氧化钠溶液，20℃作用 1 小时以上用于表面消毒，作用过夜用于设备消毒。

存活力：推荐的消毒方法可使滴度降低，但对高滴度的材料，如果病原体处于干燥有机物保护之下或存在于醛类固定的组织之中，则该方法可能不完全有效。宰后组织中的病原因子经过油脂提炼的多种过程后仍能存活。仓鼠痒病因子的感染性在土壤中可维持 3 年，在 360℃的干热条件下仍可存活 1 小时。

二、流行病学

英国流行该病时，发病率一直很低。在感染的牛群中，最大年发病率为 3%。

BSE 为致死性疾病，必要时依照动物福利实行安乐死。

（一）宿主

牛科：家牛、非洲林羚（Nyala）、大羚羊（Kudu）以及瞪羚、白羚、金牛羚、弯月角羚和美欧野牛。

猫科：家猫以及猎豹、美洲山狮、虎猫和虎。

实验条件下可感染牛、猪、绵羊、山羊、鼠、貂、长尾猴和短尾猴。

（二）传播

饲喂含染病肉骨粉（MBM）的饲料可引发 BSE。

医源性 BSE 尚未见报道，但这是一种潜在的传播途径。

感染母牛产的牛犊有母源感染 BSE 的危险，其生物学机制尚不清楚，但这种作用在流行病学上无关紧要。

还没有证据表明 BSE 可水平传播。

新克雅氏病（CJD）的发生提示，食入途径可能会引起人发病。

（三）病原体来源

自然发生的临床感染病例，其病原体主要存在于中枢神经系统（包括眼睛）。实验感染牛的回肠末端可检测到病原活性，这可能与网状淋巴组织有关。

（四）发生情况

最早发生并流行于英国，随后由于英国 BSE 感染牛或肉骨粉的出口，引起其他一些国家 BSE 的发生。

三、诊断

平均潜伏期为 4～5 年。

（一）临床诊断

1. 牛科

亚急性或慢性、进行性失调。

主要的临床症状为神经性表现：不安、恐惧、异常震惊或沉郁；感觉或反应过敏；不自主运动：肌肉抽搐、震颤和痉挛；步态共济失调，包括四肢伸展过度；植物神经机能障碍：反刍减少、心动过缓、心律改变；在痒病中常见的瘙痒也会发生，但通常不是主要症状；体重和体况下降。

2. 野生牛类

与家牛类似，但某些病例发病突然且病程迅速。

3. 猫类

最初的症状常表现为行为上的改变（胆小或沉郁）。

病程进一步发展表现出常见的共济失调。

（二）病变

无大体解剖病变。

大多数病例以海绵状脑组织病变为特征。

（三）鉴别诊断

低镁血症

神经性酮病

李斯特菌引起的脑病或其他脑病

脑灰质软化或脑皮质坏死

颅内肿瘤

（四）实验室诊断

1. 程序

（1）病原分离与鉴定

尚缺乏 BSE 病原的诊断试验。

生物学实验，即用感染牛或其他动物的脑组织通过非胃肠道途径接种小鼠，是目前检测感染性的唯一方法。这一方法很不实用，因为潜伏期至少有 300 天。

（2）血清学试验

由于在 BSE 或其他传染性脑病中检测不到免疫反应，因而无法使用血清学试验。

（3）其他试验

临床感染病牛的脑组织病理学检查，可见特征性的两侧对称的灰质海绵状变化，进一步用免疫组化方法可发现疾病特异性 PrP 的蓄积。

用电镜检测痒病相关纤维蛋白（SAF）类似物，或通过电泳分离和免疫转印，检测新鲜或冷冻脑组织（未经固定）抽提物中疾病特异性 PrP 异构体。

2. 样本

对于初次发病或发病率低的国家最好取整个大脑以及脑干或延髓（根据国家 BSE 发病率）。病牛死后应尽快采样进行组织病理学检查。

对痒病相关纤维蛋白和 PrP 的检测，在病牛死后应尽快取新鲜颈髓或延髓后部（3g）冻存。

四、预防和控制

本病尚无有效疗法，对临诊可疑病牛必须采用注射致死法扑杀以避免脑组织诊断样本的损伤。

五、卫生预防

无 BSE 国家：

对出现神经性症状的疾病进行病理学监测；

对进口反刍动物及其产品进行安全检查；

制定胚胎引进的政策和程序。

有 BSE 的国家：

对确诊的病例进行扑杀和补偿；

对哺乳动物蛋白的回收利用进行控制；

对牛进行有效的身份标记和追踪。

六、医学防护

处理可疑 BSE 动物组织的实验室工作人员，应穿戴相应的防护服并需严格遵守操作规范，以免接触这些对理化处理有着高度抵抗力的病原体。最近新型 CJD 的发生表明 BSE 病原可能对人具有感染性。BSE 不是接触传染性疾病，因此实验室处理基本上是为了避免意外的医源性感染及眼睛或口鼻的接触。

注：本《疯牛病简介》源自世界动物卫生组织（OIE）

关于防止疯牛病的公告

农业部 国家出入境检验检疫局公告第143号

为防止疯牛病传入，保护我国畜牧业安全和人体健康，根据《中华人民共和国进出境动植物检疫法》等有关法律法规的规定，现公告如下：

一、禁止直接或间接从发生疯牛病的国家或地区进口牛、牛胚胎、牛精液、牛肉类产品（包括牛内脏）及其制品、反刍动物源性饲料（包括牛、羊等的肉骨粉、骨粉、肉粉、血粉、血浆粉、干血浆及其他血液制品、脱水蛋白、蹄粉、角粉、油渣、磷酸氢钙、明胶，以及用上述原料加工制作的各类饲料）。

二、禁止从欧盟成员国进口动物源性饲料产品，严格执行农业部、对外贸易经济合作部和国家出入境检验检疫局联合下发的《关于加强肉骨粉等动物性饲料产品管理的通知》（农牧发［2000］21号）。

三、禁止从欧盟成员国进口牛、牛胚胎、牛精液、牛肉类产品（包括牛内脏）及其制品。

四、禁止携带、邮寄上述所列物品进境。

五、凡截获的走私进境的上述物品，一律在就近的出入境检验检疫机构监督下做销毁处理。

六、对途经我国或在我国停留的国际航行船舶、飞机、火车等，如发现来自疯牛病国家或地区的上述物品，一律作封存处理。

七、截至目前发生疯牛病的国家为：英国、爱尔兰、瑞士、法国、比利时、卢森堡、荷兰、德国、葡萄牙、丹麦、意大利、西班牙、列支敦士登。今后，凡有新发生疯牛病的国家，将自动列入上述名录。

八、凡违反上述规定者，由出入境检验检疫机构按《中华人民共和国进出境动植物检疫法》等有关规定处理。

九、各出入境检验检疫机构、各级动物防疫监督机构要分别按《中华人民共和国进出境动植物检疫法》和《中华人民共和国动物防疫法》的有关规定，密切配合，做好检疫、防疫和监督工作。

中华人民共和国农业部

中华人民共和国国家出入境检验检疫局

二〇〇一年一月一日

关于防止疯牛病的公告

农业部　国家出入境检验检疫局公告第144号

为防止疯牛病和痒病传入，我国禁止从疯牛病和痒病疫区国家或地区进口动物性饲料产品，并已从2001年1月1日起禁止从欧盟进口动物性饲料产品。为加强对进口动物性饲料的管理，防止被我国禁止的动物性饲料产品通过第三国转口或混入第三国的饲料进口到我国，现公告如下：

一、进口动物性饲料产品必须按《进口饲料和饲料添加剂登记管理办法》的规定，向农业部申请登记，取得产品登记证。

二、进口单位进口动物性饲料产品，在签定贸易合同前必须凭产品登记证复印件向出入境检验检疫机构申请，取得《中华人民共和国进境动植物检疫许可证》。

三、进口的动物性饲料产品，必须符合中国的检验检疫要求：

（一）必须随附出口国家或地区官方检验检疫机构出具的卫生证书正本；

（二）卫生证书中必须声明动物性饲料产品是用来源于本国动物的原料生产的，不含有第三国的动物性饲料产品并且没有受到第三国动物性饲料产品的污染；

（三）卫生证书中必须注明动物性饲料产品来源的动物种类；

（四）进境的动物性饲料产品必须货证相符；

（五）进境的动物性饲料产品必须经出入境检验检疫机构检疫合格或经处理合格。

四、对在此公告发布前已装运的动物性饲料产品，如出口国家或地区出具的卫生证书中没有注明本公告第三条（二）、（三）款内容的，出口国家或地区检验检疫机构必须补充书面声明，证明该批动物性饲料产品符合本公告第三条（二）、（三）款的要求。

五、对不符合上述要求的，一律做退回或销毁处理。

六、本公告所称动物性饲料产品是指源于动物或产自于动物的产品经工业化加工、制作的供动物食用的饲料。

中华人民共和国农业部
中华人民共和国国家出入境检验检疫局
二〇〇一年三月一日

关于取消因疯牛病对部分产品采取禁止进口措施的公告

农业部 国家质量监督检验检疫总局联合公告第407号

为防止牛海绵状脑病传入，保护我国畜牧业安全和人体健康，农业部和国家质量监督检验检疫总局曾先后发布公告禁止从牛海绵状脑病国家或地区进口有关动物及其产品。根据最新的科学证据和世界动物卫生组织《国际陆生动物卫生法典》的建议，从即日起取消因牛海绵状脑病而对下列产品采取的禁止进口措施：

牛精液、牛胚胎（出口国须证明胚胎符合国际胚胎移植协会的规定）、无蛋白油脂（不含有蛋白成分且不溶性杂质含量不超过0.15%）及其产品、骨制磷酸氢钙（不含蛋白或油脂）、完全由皮革或皮张加工的工业用明胶和胶原、照相用明胶、非反刍动物源性饲料及产品（出口国家或地区禁止使用的除外）。

上述产品必须符合我国有关法律、法规的规定，不符合要求的不得入境。

特此公告

中华人民共和国农业部
中华人民共和国国家质量监督检验检疫总局
二〇〇四年九月二十八日

关于印发《进口饲料添加剂产品属性检测管理办法》的通知

农办牧［2004］45 号

各有关饲料质量检测机构：

根据《海关总署关于明确进口饲料添加剂归类的通知》（署法［2000］374 号）和《关税征管司关于完善进口饲料添加剂归类管理措施的通知》（税管函［2004］114 号）精神，对于进口饲料用蛋氨酸、赖氨酸、赖氨酸盐及其酯、苏氨酸按“制成的饲料添加剂”的税率征收关税和增值税。今后，凡进口上述饲料添加剂必须经农业部指定的饲料检测机构检测，并出具属性证明书。为保证饲料企业享受优惠税收政策，加快海关现场通关速度，我部制订了《进口饲料添加剂产品属性检测管理办法》，现印发给你们，请遵照执行。

附件：

1. 进口饲料添加剂产品属性检测管理办法
2. 农业部指定的饲料检测机构名单
3. 农业部口岸饲料质检机构进口饲料添加剂属性证明书

中华人民共和国农业部办公厅

二〇〇四年八月十三日

附件 1：

进口饲料添加剂产品属性检测管理办法

第一条　为保证进口饲料添加剂产品能够享受国家对饲料行业的现行税收优惠政策，加快海关现场通关速度，特制定本办法。

第二条　为了方便进口企业，农业部在进口饲料添加剂海关就近指定进口饲料添加剂产品属性检测机构。

第三条　承担进口饲料添加剂属性检测的机构必须经过国家或地方计量认证，具有法定检测相应进口饲料添加剂的能力。

第四条　进口饲料添加剂属性检测的样品由海关负责采集。海关在采样并封签后，可通过人送、特快专递或货主代送到农业部指定饲料检测机构，或由饲料检测机构到海关取样等方式传递样品，并附相关资料。样品的具体流转方式由货物进口海关与就近的饲料检测机构协商决定。

饲料检测机构应当检查海关封签是否原始、完整，确认无误后，再进行检测。

第五条　属性检测应当依据国家或农业部有关饲料添加剂质量标准进行，并对标准中的质量指标进行全项检测。

第六条 属性检测从收到样品之日起，5 个工作日内完成。

第七条 属性检测应严格按国家有关规定收取检测费。

第八条 承担进口饲料添加剂属性检测的机构应当将检测结果与进口饲料添加剂登记许可证的标识量对照检查，检测结果合格的，向货主或其代理人出具该批货物的属性证明书。检测结果与进口饲料添加剂登记许可证的标识量差异较大的，在属性证明书备注栏标注，并向农业部全国饲料工作办公室提交说明及检测报告。

第九条 属性检测完毕，饲料检测机构应当先将属性证明书传真海关。

原件可通过人送、特快专递或货主代送等方式交给海关，具体方式与所在地海关协商。

附件 2：

农业部指定的饲料检测机构名单

单位名称	通讯地址	邮编	联系人	电话	传真
国家饲料质量监督检验中心（北京）	北京市中关村南大街 12 号	100081	苏晓鸥	010-68975901	010-68975906
农业部饲料产品质量监督检验测试中心（沈阳）	沈阳市沈河区小南街 281 号	110016	曹　东	024-24153912	024-24153912
农业部饲料产品质量监督检验测试中心（济南）	济南市槐村街 68 号	250022	李祥明	0531-87198033	0531-87198033
农业部饲料产品质量监督检验测试中心（广州）	广州海珠区万寿路 113 号	510230	吴秋豪	020-84412017	020-34291326
广西壮族自治区饲料监测所	广西南宁市友爱北路 51 号	530001	谢梅冬	0771-3944507	0771-3942564
天津市饲料监察所	天津市北辰区宜兴埠北	300402	高木珍	022-26992803	022-26992801
上海市兽药饲料监察所	虹井路 855 弄 30 号	201103	沈富林	021-62689722	021-62695763
农业部饲料产品质量监督检验测试中心（成都）	成都市武侯祠大街 3 号	610041	柏　凡	028-85548413	028-85548413
农业部饲料产品质量监督检验测试中心（南京）	南京市汉口西路 154 号	210024	时　勇	025-86263652	025-86263656
黑龙江省兽药饲料监察所	哈尔滨南岗区黄河路 99 号	150009	姚春翥	0451-82388585	0451-82388315
河南省饲料产品质量监督检验站	郑州市经五路 23 号	450002	班付国	0371-5782559	0371-5977170
浙江省饲料监察所	杭州市凤起东路 29 号	310020	陈慧华	0571-86092461	0571-86957812
福建省兽药饲料监察所	福州市鼓屏路 183 号	350003	黄冬菊	0591-87270979	0591-87822114
湖南省兽药饲料监察所	长沙市河西潇湘南路 18 号省畜牧水产局院内	410006	易　阳	0731-8881313	0731-8881434

（续表）

单位名称	通讯地址	邮编	联系人	电话	传真
新疆维吾尔自治区兽药饲料监察所	乌鲁木齐市克拉玛依东路47号	830063	董志远	0991-4619946	0991-4619946
大连市兽药饲料监察所	大连市沙河口区西南路700号	116021	苗畅海	0411-84642285	0411-84644218
*深圳市饲料监察所	深圳市东门南路3009号金源大厦	518005	戴汝武	0755-82283983	0755-82280284
*青岛市饲料监察所	青岛市福州路28号	266071	王作田	0532-5737747	0532-5734389
*厦门市农产品质量安全检验测试中心	厦门市莲前西路115号	361009	陈　琼	0592-5891729	0592-8264823

*：深圳、厦门饲料质检机构未做计量认证，青岛饲料监察所计量认证的授权范围不能满足要求，在其没有通过相关计量认证前，暂不授权其进行进口饲料添加剂属性检验。

附件3：

中华人民共和国农业部口岸饲料质检机构
进口饲料添加剂属性证明书

编号：

商品名称	（中文）		
	（英文）		
产品名称	（中文）		
	（英文）		
质量规格		使用剂量	
进口登记许可证号		有 效 期	
生产厂家		生 产 国	
到达口岸		报关日期	
发 货 人			
经营单位			
收货单位			
合 同 号			
包装规格、数量、总重			
上述货物业经检验、鉴定，属于饲料添加剂。 签字： 质检机构（章） 年　　月　　日			
备注： 海关编号：			

通讯地址：　　　　　电话：　　　　　传真：

关于做好进口饲料原料检验检疫工作的通知

质检动函［2012］304号

各直属检验检疫局：

2012年6月1日，农业部发布了关于《饲料原料目录》的1773号公告，将于2013年1月1日起施行。公告规定：《饲料原料目录》第三部分中“强制性标识要求”所规定的为质量要求或卫生特征指标，应在原料标签的分析保证值等项目中列出。第四部分所列单一饲料品种是应当办理进口登记证的产品。根据《饲料和饲料添加剂管理条例》、《进出口饲料和饲料添加剂检验检疫监督管理办法》等有关规定，为稳妥做好公告施行期间进口饲料原料检验检疫工作，现就有关事项通知如下：

一、2013年1月1日前启运的进口饲料原料仍按原规定和要求执行。

二、2013年1月1日后启运的进口饲料原料，在申请办理进境动植物检疫许可证和进口报检时，均应按照1773号公告提供《进口饲料和饲料添加剂产品登记证》（复印件）。同时应符合饲料标签强制性国家标准和1773号公告提出的强制性标示要求，请各局严格查验。

三、请各单位做好公告施行期间有关饲料检验检疫政策要求的宣传，及时将上述要求通知相关企业。有关公告施行涉及的其他问题，请通知企业与农业部饲料主管部门联系。

特此通知。

中华人民共和国质检总局动植司
二〇一二年十二月十四日

财政部　国家税务总局关于饲料产品免征增值税问题的通知

财关税［2001］121 号

各省、自治区、直辖市、计划单列市财政厅（局）、国家税务局，新疆生产建设兵团财务局：

根据国务院关于部分饲料产品继续免征增值税的批示，现将免税饲料产品范围及国内环节饲料免征增值税的管理办法明确如下：

一、免税饲料产品范围包括：

（一）单一大宗饲料。指以一种动物、植物、微生物或矿物质为来源的产品或其副产品。其范围仅限于糠麸、酒糟、鱼粉、草饲料、饲料级磷酸氢钙及除豆粕以外的菜子粕、棉子粕、向日葵粕、花生粕等粕类产品。

（二）混合饲料。指由两种以上单一大宗饲料、粮食、粮食副产品及饲料添加剂按照一定比例配置，其中单一大宗饲料、粮食及粮食副产品的参对比例不低于95%的饲料。

（三）配合饲料。指根据不同的饲养对象，饲养对象的不同生长发育阶段的营养需要，将多种饲料原料按饲料配方经工业生产后，形成的能满足饲养动物全部营养需要（除水分外）的饲料。

（四）复合预混料。指能够按照国家有关饲料产品的标准要求量；全面提供动物饲养相应阶段所需微量元素（4 种或以上）、维生素（8 种或以上），由微量元素、维生素、氨基酸和非营养性添加剂中任何两类或两类以上的组分与载体或稀释剂按一定比例配制的均匀混合物。

（五）浓缩饲料。指由蛋白质、复合预混料及矿物质等按一定比例配制的均匀混合物。

二、原有的饲料生产企业及新办的饲料生产企业，应凭省级税务机关认可的饲料质量检测机构出具的饲料产品合格证明，向所在地主管税务机关提出免税申请，经省级国家税务局审核批准后，由企业所在地主管税务机关办理免征增值税手续。饲料生产企业饲料产品需检测品种由省级税务机关根据本地区的具体情况确定。

三、本通知自 2001 年 8 月 1 日起执行。2001 年 8 月 1 日前免税饲料范围及豆粕的征税问题，仍按照《国家税务总局关于修订“饲料”注释及加强饲料征免增值税管理问题的通知》（国税发［1999］39 号）执行。

中华人民共和国财政部
中华人民共和国国家税务总局
二〇〇一年七月十二日

海关总署关于明确进口饲料添加剂归类的通知

署法［2000］374 号

广东分署、各直属海关：

《饲料和饲料添加剂管理条例》（以下简称《条例》）已经国务院颁布实施。为贯彻执行《条例》，同时加强对进口饲料和饲料添加剂产品的进口管理，特作如下规定：

一、自 2000 年 8 月 1 日起，凡进口饲料和饲料添加剂产品的，必须持有农业部签发的《登记许可证》（见附件一），海关凭此证复印件准予办理报关放行手续。

二、根据国务院关税税则委员会办公室通知，对进口饲料添加剂的归类和适用税率作如下规定：

1. 凡进口附件二所列的饲料添加剂，除须向海关提交《登记许可证》复印件外，还须向农业部指定的饲料检测机构（见附件三）申请办理关于该批货物为饲料添加剂的“进口饲料添加剂属性证明书”（见附件四），海关根据归类原则将其归入相应税号并凭此“属性证明书”按“制成的饲料添加剂”的税率征收关税和增值税，否则应按归类税号的原税率征税。

2. 凡进口农业部公布的《允许使用的饲料添加剂品种目录》中的货物，但不属于附件二所列品种的，海关应按其归类税号征收关税和增值税。

3. 各关在货物申报后应按有关规定取样并送农业部指定的检测机构检验，各海关化验中心应协助各现场作好取样、送样工作，送检期间可先按归类税号的原税率征收保证金放行。

4. 本规定自 2000 年 8 月 1 日起执行，已征税款不予退还。但对在此之前进口并已交纳保证金放行的附件二所列的饲料添加剂，如能按本文二、1 项的规定提供相关材料的，可按“制成的饲料添加剂”的税率征收关税和增值税。

以上请研究执行。

附件一：《登记许可证》样本（略）

附件二：进口饲料添加剂目录

附件三：饲料检测机构名单（略）

附件四：《进口饲料添加剂属性证明书》样本（略）

中华人民共和国海关总署

二〇〇〇年七月六日

附件二：

进口饲料添加剂目录

序　号	税　号	商品名称
1	29304000	蛋氨酸
2	29224110	赖氨酸
3	29224190	赖氨酸盐及其酯
4	29224910	苏氨酸

财政部 国家税务总局关于豆粕等粕类产品免征增值税政策的通知

财税［2001］30号

海关总署，各省、自治区、直辖市、计划单列市财政厅（局）、国家税务局：

经国务院批准，现将饲料产品征免增值税问题通知如下：

一、自2000年6月1日起，饲料产品分为征收增值税和免征增值税两类。

二、进口和国内生产的饲料，一律执行同样的征税或免税政策。

三、自2000年6月1日起，豆粕属于征收增值税的饲料产品，进口或国内生产豆粕，均按13%的税率征收增值税，其他粕类属于免税饲料产品，免征增值税，已征收入库的税款做退还处理。

四、为保护纳税人的经济利益，对纳税人2000年6月1日至9月30日期间销售的国内生产的豆粕以及在此期间定货并进口的豆粕凭有效凭证，仍免征增值税，已征收入库的增值税给予退还。

五、自2000年6月1日起，《国家税务总局关于修改（国家税务总局关于修订“饲料”注释及加强饲料征免增值税管理问题的通知）的通知》（国税发［2000］93号）第二条的规定停止执行。

中华人民共和国财政部
中华人民共和国国家税务总局
二〇〇一年八月七日

财政部　国家税务总局关于免征饲料进口环节增值税的通知

财税［2001］82号

海关总署：

经国务院批准，对《进口饲料免征增值税范围》（见附表）所列进口饲料范围免征进口环节增值税。序号1~13的商品，自2001年1月1日起执行；序号14~15的商品，自2001年8月1日起执行。此前进口的饲料，请按本通知规定退补进口环节增值税。

中华人民共和国财政部
中华人民共和国国家税务总局
二〇〇一年八月十四日

附件：

进口饲料免征增值税的商品范围

序号	税则号列	货品名称	法定增值税税率（%）	执行增值税税率（%）
1	23012010	饲料用鱼粉	13	免
2	23012090	其他不适用供人食用的水产品残渣	13	免
3	23021000	玉米糠、麸及其他残渣	13	免
4	23022000	稻米糠、麸及其他残渣	13	免
5	23023000	小麦糠、麸及其他残渣	13	免
6	23024000	其他谷物糠、麸及其他残渣	13	免
7	23033000	酿造及蒸馏过程中的糟粕及残渣	13	免
8	23050000	花生油渣饼	13	免
9	23061000	棉子油渣饼	13	免
10	23062000	亚麻子油渣饼	13	免
11	23063000	葵花子油渣饼	13	免
12	23064000	油菜子油渣饼	13	免
13	23070000	葡萄酒渣、粗酒石	13	免
14	12141000	紫苜蓿粗粉及团粉	13	免
15	12149000	芜菁甘蓝、饲料甜菜等其他植物饲料	13	免

国家税务总局关于修订“饲料”注释及加强饲料征免增值税管理问题的通知

国税发［1999］39号

各省、自治区、直辖市和计划单列市国家税务局：

随着我国饲料工业的发展，饲料的品种和生产特点发生了较大变化，为了支持饲料工业发展，进一步明确和规范饲料的征免增值税范围，加强对饲料免征增值税的管理，现对《增值税部分货物征税范围注释》（国税发［1993］151号）中饲料注释的修订及饲料免征增值税的管理方法明确如下：

一、饲料指用于动物饲养的产品或其加工品。

本货物的范围包括：

1. 单一大宗饲料。指以一种动物、植物、微生物或矿物质为来源的产品或其副产品。其范围仅限于糠麸、酒糟、油饼、骨粉、鱼粉、饲料级磷酸氢钙。

2. 混合饲料。指由两种以上单一大宗饲料、粮食、粮食副产品及饲料添加剂按照一定比例配制，其中单一大宗饲料、粮食及粮食副产品的参对比例不低于95%的饲料。

3. 配合饲料。指根据不同的饲养对象、饲养对象的不同生长发育阶段的营养需要，将多种饲料原料按饲料配方经工业生产后，形成的能满足饲养动物全面营养需要（除水分外）的饲料。

4. 复合预混料。指能够按照国家有关饲料产品的标准要求量，全面提供动物饲养相应阶段所需微量元素（4种或以上）、维生素（8种或以上），由微量元素、维生素、氨基酸和非营养性添加剂中任何两类或两类以上的组分与载体或稀释剂按一定比例配制的均匀混合物。

5. 浓缩饲料。指由蛋白质、复合预混料及矿物质等按一定比例配制的均匀混合物。

用于动物饲养的粮食、饲料添加剂不属于本货物的范围。

二、原有的饲料生产企业及新办的饲料生产企业，应凭省级饲料质量检测机构出具的饲料产品合格证明及饲料工业管理部门审核意见，向所在地主管税务机关提出免税申请，经省级国家税务局审核批准后，由企业所在地主管税务机关办理免征增值税手续。

三、本通知自1999年1月1日起执行。此前，各地执行的饲料免征范围与本通知不一致的，可按饲料的销售对象确定征免，即：凡销售给饲料生产企业、饲养单位及个体养殖户的饲料，免征增值税，销售给其他单位的一律征税。

中华人民共和国国家税务总局

一九九九年三月八日

国家税务总局关于调整饲料生产企业饲料免征增值税审批程序的通知

国税发［2003］114号

各省、自治区、直辖市和计划单列市国家税务局，局内各单位：

根据《国务院关于取消第二批行政审批项目和改变一批行政审批项目管理方式的决定》（国发［2003］5号），我局与财政部联合下发的《关于饲料产品免征增值税问题的通知》（财税［2001］121号）第二条中，“对饲料产品需检测品种由省级税务机关根据本地区的具体情况确定”的规定被列入了取消的行政审批项目，为做好后续管理和衔接工作，进一步提高管理效能，现就调整饲料生产企业饲料免征增值税的审批程序通知如下。

一、饲料生产企业申请免征增值税的饲料除单一大宗饲料、混合饲料以外，配合饲料、复合预混料和浓缩饲料均应由省一级税务机关确定的饲料检测机构进行检测。新办饲料生产企业或原饲料生产企业新开发的饲料产品申请免征增值税应出具检测证明。

二、各省、自治区、直辖市国家税务局可根据本地区情况确定饲料免征增值税的审批权限，但必须在地市一级以上（含地市一级）国家税务局。（此条款已失效或废止）

中华人民共和国国家税务总局

二〇〇三年十月十日

国家税务总局关于取消饲料产品免征增值税审批程序后加强后续管理的通知

国税函［2004］884号

各省、自治区、直辖市和计划单列市国家税务局，局内各单位：

根据《国务院关于第三批取消和调整行政审批项目的决定》（国发〔2004〕16号），《财政部 国家税务总局关于饲料产品免征增值税的通知》（财税〔2001〕121号）第二条有关饲料生产企业向所在地主管税务机关提出申请，经省级国家税务局审核批准后办理免税的规定予以取消。为了加强对免税饲料产品的后续管理，现将有关问题明确如下：

一、符合免税条件的饲料生产企业，取得有计量认证资质的饲料质量检测机构（名单由省级国家税务局确认）出具的饲料产品合格证明后即可按规定享受免征增值税优惠政策，并将饲料产品合格证明报其所在地主管税务机关备案。

二、饲料生产企业应于每月纳税申报期内将免税收入如实向其所在地主管税务机关申报。

三、主管税务机关应加强对饲料免税企业的监督检查，凡不符合免税条件的要及时纠正，依法征税。对采取弄虚作假手段骗取免税资格的，应依照《中华人民共和国税收征收管理法》及有关税收法律、法规的规定予以处罚。

中华人民共和国国家税务总局

二〇〇四年七月七日

财政部　国家税务总局关于矿物质微量元素舔砖免征进口环节增值税的通知

财税［2006］73 号

海关总署：

为支持国内畜牧业的发展并根据《财政部国家税务总局关于豆粕等粕类产品征免增值税政策的通知》（财税［2006］30 号）第二条的有关规定，自 2007 年 1 月 1 日起，对进口的矿物质微量元素舔砖（税号 ex38249090）免征进口环节增值税。

矿物质微量元素舔砖是以四种以上微量元素、非营养性添加剂和载体为原料，经高压浓缩制成的块状预混物，供牛、羊等直接食用。

中华人民共和国财政部
中华人民共和国国家税务总局
二〇〇六年十二月十二日

国家税务总局
关于饲用鱼油产品免征增值税的批复

国税函［2003］1395 号

福建省国家税务局：

你局《关于“饲用鱼油”产品免征增值税问题的请示》（闽国税发［2003］214 号）收悉。经研究，现批复如下：

饲用鱼油是鱼粉生产过程中的副产品，主要用于水产养殖和肉鸡饲养，属于单一大宗饲料。经研究，自 2003 年 1 月 1 日起，对饲用鱼油产品按照现行“单一大宗饲料”的增值税政策规定，免予征收增值税。

特此批复。

中华人民共和国国家税务总局
二〇〇三年十二月二十九日

国家税务总局关于矿物质微量元素舔砖免征增值税的批复

国税函［2005］1127号

内蒙古自治区国家税务局：

你局《关于企业进口饲料国内销售如何免征增值税问题的请示》（内国税流字〔2005〕1号）收悉。经研究，批复如下：

矿物质微量元素舔砖，是以四种以上微量元素、非营养性添加剂和载体为原料，经高压浓缩制成的块状预混物，可供牛、羊等牲畜直接食用，应按照“饲料”免征增值税。

中华人民共和国国家税务总局

二〇〇五年十一月三十日

国家税务总局
关于宠物饲料征收增值税问题的批复

国税函［2002］812号

北京市国家税务局：

你局《关于宠物饲料征收增值税问题的请示》（京国税发［2002］184号）收悉。宠物饲料产品不属于免征增值税的饲料，应按照饲料产品13%的税率征收增值税。

中华人民共和国国家税务总局

二〇〇二年九月十二日

财政部　国家税务总局关于发布享受企业所得税优惠政策的农产品初加工范围（试行）的通知

财税［2008］149号

各省、自治区、直辖市、计划单列市财政厅（局）、国家税务局、地方税务局，新疆生产建设兵团财务局：

根据《中华人民共和国企业所得税法》及其实施条例的规定，为贯彻落实农、林、牧、渔业项目企业所得税优惠政策，现将《享受企业所得税优惠政策的农产品初加工范围（试行）》印发给你们，自2008年1月1日起执行。

各地财政、税务机关对《享受企业所得税优惠政策的农产品初加工范围（试行）》执行中发现的新情况、新问题应及时向国务院财政、税务主管部门反馈，国务院财政、税务主管部门会同有关部门将根据经济社会发展需要，适时对《享受企业所得税优惠政策的农产品初加工范围（试行）》内的项目进行调整和修订。

附件：享受企业所得税优惠政策的农产品初加工范围（试行）（2008年版）

中华人民共和国财政部
中华人民共和国国家税务总局
二〇〇八年十一月二十日

附件：

享受企业所得税优惠政策的农产品初加工范围（试行）
（2008年版）

一、种植业类

（一）粮食初加工

1. 小麦初加工。通过对小麦进行清理、配麦、磨粉、筛理、分级、包装等简单加工处理，制成的小麦面粉及各种专用粉。

2. 稻米初加工。通过对稻谷进行清理、脱壳、碾米（或不碾米）、烘干、分级、包装等简单加工处理，制成的成品粮及其初制品，具体包括大米、蒸谷米。

3. 玉米初加工。通过对玉米籽粒进行清理、浸泡、粉碎、分离、脱水、干燥、分级、包装等简单加工处理，生产的玉米粉、玉米碴、玉米片等；鲜嫩玉米经筛选、脱皮、洗涤、速冻、分级、包装等简单加工处理，生产的鲜食玉米（速冻黏玉米、甜玉米、花色玉米、玉米籽粒）。

4. 薯类初加工。通过对马铃薯、甘薯等薯类进行清洗、去皮、磋磨、切制、干燥、冷冻、分级、包装等简单加工处理，制成薯类初级制品。具体包括：薯粉、薯片、薯条。

5. 食用豆类初加工。通过对大豆、绿豆、红小豆等食用豆类进行清理去杂、浸洗、晾晒、分级、包装等简单加工处理，制成的豆面粉、黄豆芽、绿豆芽。

6. 其他类粮食初加工。通过对燕麦、荞麦、高粱、谷子等杂粮进行清理去杂、脱壳、烘干、磨粉、轧片、冷却、包装等简单加工处理，制成的燕麦米、燕麦粉、燕麦麸皮、燕麦片、荞麦米、荞麦面、小米、小米面、高粱米、高粱面。

（二）林木产品初加工

通过将伐倒的乔木、竹（含活立木、竹）去枝、去梢、去皮、去叶、锯段等简单加工处理，制成的原木、原竹、锯材。

（三）园艺植物初加工

1. 蔬菜初加工

（1）将新鲜蔬菜通过清洗、挑选、切割、预冷、分级、包装等简单加工处理，制成净菜、切割蔬菜。

（2）利用冷藏设施，将新鲜蔬菜通过低温贮藏，以备淡季供应的速冻蔬菜，如速冻茄果类、叶类、豆类、瓜类、葱蒜类、柿子椒、蒜薹。

（3）将植物的根、茎、叶、花、果、种子和食用菌通过干制等简单加工处理，制成的初制干菜，如黄花菜、玉兰片、萝卜干、冬菜、梅干菜、木耳、香菇、平菇。

* 以蔬菜为原料制作的各类蔬菜罐头（罐头是指以金属罐、玻璃瓶、经排气密封的各种食品。下同）及碾磨后的园艺植物（如胡椒粉、花椒粉等）不属于初加工范围。

2. 水果初加工。通过对新鲜水果（含各类山野果）清洗、脱壳、切块（片）、分类、储藏保鲜、速冻、干燥、分级、包装等简单加工处理，制成的各类水果、果干、原浆果汁、果仁、坚果。

3. 花卉及观赏植物初加工。通过对观赏用、绿化及其他各种用途的花卉及植物进行保鲜、储藏、烘干、分级、包装等简单加工处理，制成的各类鲜、干花。

（四）油料植物初加工

通过对菜籽、花生、大豆、葵花籽、蓖麻籽、芝麻、胡麻籽、茶子、桐子、棉籽、红花籽及米糠等粮食的副产品等，进行清理、热炒、磨坯、榨油（搅油、墩油）、浸出等简单加工处理，制成的植物毛油和饼粕等副产品。具体包括菜籽油、花生油、豆油、葵花油、蓖麻籽油、芝麻油、胡麻籽油、茶子油、桐子油、棉籽油、红花油、米糠油以及油料饼粕、豆饼、棉籽饼。

* 精炼植物油不属于初加工范围。

（五）糖料植物初加工

通过对各种糖料植物，如甘蔗、甜菜、甜菊等，进行清洗、切割、压榨等简单加工处理，制成的制糖初级原料产品。

（六）茶叶初加工

通过对茶树上采摘下来的鲜叶和嫩芽进行杀青（萎凋、摇青）、揉捻、发酵、烘干、分级、包装等简单加工处理，制成的初制毛茶。

* 精制茶、边销茶、紧压茶和掺兑各种药物的茶及茶饮料不属于初加工范围。

（七）药用植物初加工

通过对各种药用植物的根、茎、皮、叶、花、果实、种子等，进行挑选、整理、捆扎、清洗、凉晒、切碎、蒸煮、炒制等简单加工处理，制成的片、丝、块、段等中药材。

* 加工的各类中成药不属于初加工范围。

（八）纤维植物初加工

1. 棉花初加工。通过轧花、剥绒等脱绒工序简单加工处理，制成的皮棉、短绒、棉籽。

2. 麻类初加工。通过对各种麻类作物（大麻、黄麻、槿麻、苎麻、苘麻、亚麻、罗布麻、蕉麻、剑麻等）进行脱胶、抽丝等简单加工处理，制成的干（洗）麻、纱条、丝、绳。

3. 蚕茧初加工。通过烘干、杀蛹、缫丝、煮剥、拉丝等简单加工处理，制成的蚕、蛹、生丝、丝棉。

（九）热带、南亚热带作物初加工

通过对热带、南亚热带作物去除杂质、脱水、干燥、分级、包装等简单加工处理，制成的工业初级原料。具体包括：天然橡胶生胶和天然浓缩胶乳、生咖啡豆、胡椒籽、肉桂油、桉油、香茅油、木薯淀粉、木薯干片、坚果。

二、畜牧业类

（一）畜禽类初加工

1. 肉类初加工。通过对畜禽类动物（包括各类牲畜、家禽和人工驯养、繁殖的野生动物以及其他经济动物）宰杀、去头、去蹄、去皮、去内脏、分割、切块或切片、冷藏或冷冻、分级、包装等简单加工处理，制成的分割肉、保鲜肉、冷藏肉、冷冻肉、绞肉、肉块、肉片、肉丁。

2. 蛋类初加工。通过对鲜蛋进行清洗、干燥、分级、包装、冷藏等简单加工处理，制成的各种分级、包装的鲜蛋、冷藏蛋。

3. 奶类初加工。通过对鲜奶进行净化、均质、杀菌或灭菌、灌装等简单加工处理，制成的巴氏杀菌奶、超高温灭菌奶。

4. 皮类初加工。通过对畜禽类动物皮张剥取、浸泡、刮里、晾干或熏干等简单加工处理，制成的生皮、生皮张。

5. 毛类初加工。通过对畜禽类动物毛、绒或羽绒分级、去杂、清洗等简单加工处理，制成的洗净毛、洗净绒或羽绒。

6. 蜂产品初加工。通过去杂、过滤、浓缩、熔化、磨碎、冷冻简单加工处理，制成的蜂蜜、蜂蜡、蜂胶、蜂花粉。

* 肉类罐头、肉类熟制品、蛋类罐头、各类酸奶、奶酪、奶油、王浆粉、各种蜂产品口服液、胶囊不属于初加工范围。

（二）饲料类初加工

1. 植物类饲料初加工。通过碾磨、破碎、压榨、干燥、酿制、发酵等简单加工处理，制成的糠麸、饼粕、糟渣、树叶粉。

2. 动物类饲料初加工。通过破碎、烘干、制粉等简单加工处理，制成的鱼粉、虾粉、骨粉、肉粉、血粉、羽毛粉、乳清粉。

3. 添加剂类初加工。通过粉碎、发酵、干燥等简单加工处理，制成的矿石粉、饲用酵母。

（三）牧草类初加工

通过对牧草、牧草种子、农作物秸秆等，进行收割、打捆、粉碎、压块、成粒、分选、青贮、氨化、微化等简单加工处理，制成的干草、草捆、草粉、草块或草饼、草颗粒、牧草种子以及草皮、秸秆粉（块、粒）。

三、渔业类

（一）水生动物初加工

将水产动物（鱼、虾、蟹、鳖、贝、棘皮类、软体类、腔肠类、两栖类、海兽类动物等）整体或去头、去鳞（皮、壳）、去内脏、去骨（刺）、擂溃或切块、切片，经冰鲜、冷冻、冷藏等保鲜防腐处理、包装等简单加工处理，制成的水产动物初制品。

* 熟制的水产品和各类水产品的罐头以及调味烤制的水产食品不属于初加工范围。

（二）水生植物初加工

将水生植物（海带、裙带菜、紫菜、龙须菜、麒麟菜、江篱、浒苔、羊栖菜、莼菜等）整体或去根、去边梢、切段，经热烫、冷冻、冷藏等保鲜防腐处理、包装等简单加工处理的初制品，以及整体或去根、去边梢、切段、经晾晒、干燥（脱水）、包装、粉碎等简单加工处理的初制品。

* 罐装（包括软罐）产品不属于初加工范围。

国家税务总局关于“公司+农户”经营模式企业所得税优惠问题的通知

国家税务总局公告2010年第2号

现就有关“公司+农户”模式企业所得税优惠问题公告如下：

目前，一些企业采取“公司+农户”经营模式从事牲畜、家禽的饲养，即公司与农户签订委托养殖合同，向农户提供畜禽苗、饲料、兽药及疫苗等（所有权〈产权〉仍属于公司），农户将畜禽养大成为成品后交付公司回收。鉴于采取“公司+农户”经营模式的企业，虽不直接从事畜禽的养殖，但系委托农户饲养，并承担诸如市场、管理、采购、销售等经营职责及绝大部分经营管理风险，公司和农户是劳务外包关系。为此，对此类以“公司+农户”经营模式从事农、林、牧、渔业项目生产的企业，可以按照《中华人民共和国企业所得税法实施条例》第八十六条的有关规定，享受减免企业所得税优惠政策。

本公告自2010年1月1日起施行。

中华人民共和国国家税务总局

二〇一〇年七月九日

国家税务总局关于饲料级磷酸二氢钙产品增值税政策问题的通知

国税函（2007）10号

各省、自治区、直辖市和计划单列市国家税务局：

近接部分地区询问，饲料级磷酸二氢钙产品用于水产品饲养、补充水产品所需的钙、磷等微量元素，与饲料级磷酸氢钙产品的生产用料、工艺等基本相同，是否应按照饲料级磷酸氢钙免税。现将饲料级磷酸二氢钙产品增值税政策通知如下：

一、对饲料级磷酸二氢钙产品可按照现行“单一大宗饲料”的增值税政策规定，免征增值税。

二、纳税人销售饲料级磷酸二氢钙产品，不得开具增值税专用发票；凡开具专用发票的，不得享受免征增值税政策，应照章全额缴纳增值税。

本通知自2007年1月1日起执行。

中华人民共和国国家税务总局

二〇〇七年一月八日

财政部　国家税务总局关于黑大豆出口免征增值税的通知

财税［2008］154 号

各省、自治区、直辖市、计划单列市财政厅（局）、国家税务局，新疆生产建设兵团财务局：

经国务院批准，从 2008 年 12 月 1 日起，对黑大豆（税则号为 1201009200）出口免征增值税。具体执行时间，以“出口货物报关单（出口退税专用）”海关注明的出口日期为准。

特此通知。

中华人民共和国财政部
中华人民共和国国家税务总局
二〇〇八年十二月三十日

国务院关税税则委员会关于实施中国—秘鲁自由贸易协定税率的通知（含秘鲁鱼粉进口）

税委会［2010］4号

海关总署：

经国务院批准，自2010年3月1日起，对原产于秘鲁的6809个税目商品实施中国—秘鲁自由贸易协定税率（详见附件）。

附件：中国—秘鲁自由贸易协定税目税率表（略）

中华人民共和国国务院关税税则委员会

二〇一〇年二月八日

国家税务总局关于
粕类产品征免增值税问题的通知

国税函［2010］75号

各省、自治区、直辖市和计划单列市国家税务局：

近接部分地区反映，各地对粕类产品征免增值税政策存在理解不一致的问题。经研究，现明确如下：

一、豆粕属于征收增值税的饲料产品，除豆粕以外的其他粕类饲料产品，均免征增值税。

二、本通知自2010年1月1日起执行。《国家税务总局关于出口甜菜粕准予退税的批复》（国税函［2002］716号）同时废止。

中华人民共和国国家税务总局

二〇一〇年二月二十日

国家税务总局关于部分饲料产品征免增值税政策问题的批复

国税函［2009］324号

陕西省国家税务局：

你局《关于部分饲料产品征免增值税问题的请示》（陕国税发〔2008〕286号）收悉。经研究，批复如下：

根据《财政部 国家税务总局关于饲料产品免征增值税问题的通知》（财税〔2001〕121号）及相关文件的规定，单一大宗饲料产品仅限于财税〔2001〕121号文件所列举的糠麸等饲料产品。膨化血粉、膨化肉粉、水解羽毛粉不属于现行增值税优惠政策所定义的单一大宗饲料产品，应对其照章征收增值税。混合饲料是指由两种以上单一大宗饲料、粮食、粮食副产品及饲料添加剂按照一定比例配制，其中单一大宗饲料、粮食及粮食副产品的掺兑比例不低于95%的饲料。添加其他成分的膨化血粉、膨化肉粉、水解羽毛粉等饲料产品，不符合现行增值税优惠政策有关混合饲料的定义，应对其照章征收增值税。

中华人民共和国国家税务总局

二〇〇九年六月十五日

国家税务总局关于
精料补充料免征增值税问题的公告

国家税务总局公告2013年第46号

现将精料补充料增值税有关问题公告如下：

精料补充料属于《财政部 国家税务总局关于饲料产品免征增值税问题的通知》（财税〔2001〕121号，以下简称“通知”）文件中“配合饲料”范畴，可按照该通知及相关规定免征增值税。

精料补充料是指为补充草食动物的营养，将多种饲料和饲料添加剂按照一定比例配制的饲料。

本公告自2013年9月1日起执行。此前已发生并处理的事项，不再做调整；未处理的，按本公告规定执行。

中华人民共和国国家税务总局

二〇一三年八月七日

四、相关法律、法规

中华人民共和国产品质量法

中华人民共和国主席令2000年第33号

（1993年2月22日第七届全国人民代表大会常务委员会第三十次会议通过，根据2000年7月8日第九届全国人民代表大会常务委员会第十六次会议《关于修改〈中华人民共和国产品质量法〉的决定》修正，2000年7月8日中华人民共和国主席令第33号公布）

目　　录

第一章　总　则

第一条　为了加强对产品质量的监督管理，提高产品质量水平，明确产品质量责任，保护消费者的合法权益，维护社会经济秩序，制定本法。

第二条　在中华人民共和国境内从事产品生产、销售活动，必须遵守本法。

本法所称产品是指经过加工、制作，用于销售的产品。

建设工程不适用本法规定；但是，建设工程使用的建筑材料、建筑构配件和设备，属于前款规定的产品范围的，适用本法规定。

第三条　生产者、销售者应当建立健全内部产品质量管理制度，严格实施岗位质量规范、质量责任以及相应的考核办法。

第四条　生产者、销售者依照本法规定承担产品质量责任。

第五条　禁止伪造或者冒用认证标志等质量标志；禁止伪造产品的产地，伪造或者冒用他人的厂名、厂址；禁止在生产、销售的产品中掺杂、掺假，以假充真，以次充好。

第六条　国家鼓励推行科学的质量管理方法，采用先进的科学技术，鼓励企业产品质量达到并且超过行业标准、国家标准和国际标准。

对产品质量管理先进和产品质量达到国际先进水平、成绩显著的单位和个人，给予奖励。

第七条 各级人民政府应当把提高产品质量纳入国民经济和社会发展规划，加强对产品质量工作的统筹规划和组织领导，引导、督促生产者、销售者加强产品质量管理，提高产品质量，组织各有关部门依法采取措施，制止产品生产、销售中违反本法规定的行为，保障本法的施行。

第八条 国务院产品质量监督部门主管全国产品质量监督工作。国务院有关部门在各自的职责范围内负责产品质量监督工作。

县级以上地方产品质量监督部门主管本行政区域内的产品质量监督工作。县级以上地方人民政府有关部门在各自的职责范围内负责产品质量监督工作。

法律对产品质量的监督部门另有规定的，依照有关法律的规定执行。

第九条 各级人民政府工作人员和其他国家机关工作人员不得滥用职权、玩忽职守或者徇私舞弊，包庇、放纵本地区、本系统发生的产品生产、销售中违反本法规定的行为，或者阻挠、干预依法对产品生产、销售中违反本法规定的行为进行查处。

各级地方人民政府和其他国家机关有包庇、放纵产品生产、销售中违反本法规定的行为的，依法追究其主要负责人的法律责任。

第十条 任何单位和个人有权对违反本法规定的行为，向产品质量监督部门或者其他有关部门检举。

产品质量监督部门和有关部门应当为检举人保密，并按照省、自治区、直辖市人民政府的规定给予奖励。

第十一条 任何单位和个人不得排斥非本地区或者非本系统企业生产的质量合格产品进入本地区、本系统。

第二章 产品质量的监督

第十二条 产品质量应当检验合格，不得以不合格产品冒充合格产品。

第十三条 可能危及人体健康和人身、财产安全的工业产品，必须符合保障人体健康和人身、财产安全的国家标准、行业标准；未制定国家标准、行业标准的，必须符合保障人体健康和人身、财产安全的要求。

禁止生产、销售不符合保障人体健康和人身、财产安全的标准和要求的工业产品。具体管理办法由国务院规定。

第十四条 国家根据国际通用的质量管理标准，推行企业质量体系认证制度。企业根据自愿原则可以向国务院产品质量监督部门认可的或者国务院产品质量监督部门授权的部门认可的认证机构申请企业质量体系认证。经认证合格的，由认证机构颁发企业质量体系认证证书。

国家参照国际先进的产品标准和技术要求，推行产品质量认证制度。企业根据自愿原则可以向国务院产品质量监督部门认可的或者国务院产品质量监督部门授权的部门认可的认证机构申请产品质量认证。经认证合格的，由认证机构颁发产品质量认证证书，准许企业在产品或者其包装上使用产品质量认证标志。

第十五条 国家对产品质量实行以抽查为主要方式的监督检查制度，对可能危及人体健康和人身、财产安全的产品，影响国计民生的重要工业产品以及消费者、有关组织反映有质量问题的产品进行抽查。抽查的样品应当在市场上或者企业成品仓库内的待销产品中随机抽取。监督抽查工作由国务院产品质量监督部门规划和组织。县级以上地方产品质量监督部门在本行政区域内也可以组织监督抽查。法律对产品质量的监督检查另有规定的，依照有关法律的规定执行。

国家监督抽查的产品，地方不得另行重复抽查；上级监督抽查的产品，下级不得另行重复抽查。

根据监督抽查的需要，可以对产品进行检验。检验抽取样品的数量不得超过检验的合理需要，并不得向被检查人收取检验费用。监督抽查所需检验费用按照国务院规定列支。

生产者、销售者对抽查检验的结果有异议的，可以自收到检验结果之日起 15 日内向实施监督抽查的产品质量监督部门或者其上级产品质量监督部门申请复检，由受理复检的产品质量监督部门作出复检结论。

第十六条 对依法进行的产品质量监督检查，生产者、销售者不得拒绝。

第十七条 依照本法规定进行监督抽查的产品质量不合格的，由实施监督抽查的产品质量监督部门责令其生产者、销售者限期改正。逾期不改正的，由省级以上人民政府产品质量监督部门予以公告；公告后经复查仍不合格的，责令停业，限期整顿；整顿期满后经复查产品质量仍不合格的，吊销营业执照。

监督抽查的产品有严重质量问题的，依照本法第五章的有关规定处罚。

第十八条 县级以上产品质量监督部门根据已经取得的违法嫌疑证据或者举报，对涉嫌违反本法规定的行为进行查处时，可以行使下列职权：

（一）对当事人涉嫌从事违反本法的生产、销售活动的场所实施现场检查；

（二）向当事人的法定代表人、主要负责人和其他有关人员调查、了解与涉嫌从事违反本法的生产、销售活动有关的情况；

（三）查阅、复制当事人有关的合同、发票、帐簿以及其他有关资料；

（四）对有根据认为不符合保障人体健康和人身、财产安全的国家标准、行业标准的产品或者有其他严重质量问题的产品，以及直接用于生产、销售该项产品的原辅材料、包装物、生产工具，予以查封或者扣押。

县级以上工商行政管理部门按照国务院规定的职责范围，对涉嫌违反本法规定的行为进行查处时，可以行使前款规定的职权。

第十九条 产品质量检验机构必须具备相应的检测条件和能力，经省级以上人民政府产品质量监督部门或者其授权的部门考核合格后，方可承担产品质量检验工作。法律、行政法规对产品质量检验机构另有规定的，依照有关法律、行政法规的规定执行。

第二十条 从事产品质量检验、认证的社会中介机构必须依法设立，不得与行政机关和其他国家机关存在隶属关系或者其他利益关系。

第二十一条 产品质量检验机构、认证机构必须依法按照有关标准，客观、公正地出具检验结果或者认证证明。

产品质量认证机构应当依照国家规定对准许使用认证标志的产品进行认证后的跟踪检查；对不符合认证标准而使用认证标志的，要求其改正；情节严重的，取消其使用认证标志的资格。

第二十二条　消费者有权就产品质量问题，向产品的生产者、销售者查询；向产品质量监督部门、工商行政管理部门及有关部门申诉，接受申诉的部门应当负责处理。

第二十三条　保护消费者权益的社会组织可以就消费者反映的产品质量问题建议有关部门负责处理，支持消费者对因产品质量造成的损害向人民法院起诉。

第二十四条　国务院和省、自治区、直辖市人民政府的产品质量监督部门应当定期发布其监督抽查的产品的质量状况公告。

第二十五条　产品质量监督部门或者其他国家机关以及产品质量检验机构不得向社会推荐生产者的产品；不得以对产品进行监制、监销等方式参与产品经营活动。

第三章　生产者、销售者的产品质量责任和义务

第一节　生产者的产品质量责任和义务

第二十六条　生产者应当对其生产的产品质量负责。

产品质量应当符合下列要求：

（一）不存在危及人身、财产安全的不合理的危险，有保障人体健康和人身、财产安全的国家标准、行业标准的，应当符合该标准；

（二）具备产品应当具备的使用性能，但是，对产品存在使用性能的瑕疵作出说明的除外；

（三）符合在产品或者其包装上注明采用的产品标准，符合以产品说明、实物样品等方式表明的质量状况。

第二十七条　产品或者其包装上的标识必须真实，并符合下列要求：

（一）有产品质量检验合格证明；

（二）有中文标明的产品名称、生产厂厂名和厂址；

（三）根据产品的特点和使用要求，需要标明产品规格、等级、所含主要成分的名称和含量的，用中文相应予以标明；需要事先让消费者知晓的，应当在外包装上标明，或者预先向消费者提供有关资料；

（四）限期使用的产品，应当在显著位置清晰地标明生产日期和安全使用期或者失效日期；

（五）使用不当，容易造成产品本身损坏或者可能危及人身、财产安全的产品，应当有警示标志或者中文警示说明。

裸装的食品和其他根据产品的特点难以附加标识的裸装产品，可以不附加产品标识。

第二十八条　易碎、易燃、易爆、有毒、有腐蚀性、有放射性等危险物品以及储运中不能倒置和其他有特殊要求的产品，其包装质量必须符合相应要求，依照国家有关规定作出警示标志或者中文警示说明，标明储运注意事项。

第二十九条　生产者不得生产国家明令淘汰的产品。

第三十条　生产者不得伪造产地，不得伪造或者冒用他人的厂名、厂址。

第三十一条　生产者不得伪造或者冒用认证标志等质量标志。

第三十二条　生产者生产产品，不得掺杂、掺假，不得以假充真、以次充好，不得以

不合格产品冒充合格产品。

第二节　销售者的产品质量责任和义务

第三十三条　销售者应当建立并执行进货检查验收制度，验明产品合格证明和其他标识。

第三十四条　销售者应当采取措施，保持销售产品的质量。

第三十五条　销售者不得销售国家明令淘汰并停止销售的产品和失效、变质的产品。

第三十六条　销售者销售的产品的标识应当符合本法第二十七条的规定。

第三十七条　销售者不得伪造产地，不得伪造或者冒用他人的厂名、厂址。

第三十八条　销售者不得伪造或者冒用认证标志等质量标志。

第三十九条　销售者销售产品，不得掺杂、掺假，不得以假充真、以次充好，不得以不合格产品冒充合格产品。

第四章　损害赔偿

第四十条　售出的产品有下列情形之一的，销售者应当负责修理、更换、退货；给购买产品的消费者造成损失的，销售者应当赔偿损失：

（一）不具备产品应当具备的使用性能而事先未作说明的；

（二）不符合在产品或者其包装上注明采用的产品标准的；

（三）不符合以产品说明、实物样品等方式表明的质量状况的。

销售者依照前款规定负责修理、更换、退货、赔偿损失后，属于生产者的责任或者属于向销售者提供产品的其他销售者（以下简称供货者）的责任的，销售者有权向生产者、供货者追偿。

销售者未按照第一款规定给予修理、更换、退货或者赔偿损失的，由产品质量监督部门或者工商行政管理部门责令改正。

生产者之间，销售者之间，生产者与销售者之间订立的买卖合同、承揽合同有不同约定的，合同当事人按照合同约定执行。

第四十一条　因产品存在缺陷造成人身、缺陷产品以外的其他财产（以下简称他人财产）损害的，生产者应当承担赔偿责任。

生产者能够证明有下列情形之一的，不承担赔偿责任：

（一）未将产品投入流通的；

（二）产品投入流通时，引起损害的缺陷尚不存在的；

（三）将产品投入流通时的科学技术水平尚不能发现缺陷的存在的。

第四十二条　由于销售者的过错使产品存在缺陷，造成人身、他人财产损害的，销售者应当承担赔偿责任。

销售者不能指明缺陷产品的生产者也不能指明缺陷产品的供货者的，销售者应当承担赔偿责任。

第四十三条　因产品存在缺陷造成人身、他人财产损害的，受害人可以向产品的生产者要求赔偿，也可以向产品的销售者要求赔偿。属于产品的生产者的责任，产品的销售者赔偿的，产品的销售者有权向产品的生产者追偿。属于产品的销售者的责任，产品的生产者赔偿的，产品的生产者有权向产品的销售者追偿。

第四十四条 因产品存在缺陷造成受害人人身伤害的，侵害人应当赔偿医疗费、治疗期间的护理费、因误工减少的收入等费用；造成残疾的，还应当支付残疾者生活自助具费、生活补助费、残疾赔偿金以及由其扶养的人所必需的生活费等费用；造成受害人死亡的，并应当支付丧葬费、死亡赔偿金以及由死者生前扶养的人所必需的生活费等费用。

因产品存在缺陷造成受害人财产损失的，侵害人应当恢复原状或者折价赔偿。受害人因此遭受其他重大损失的，侵害人应当赔偿损失。

第四十五条 因产品存在缺陷造成损害要求赔偿的诉讼时效期间为 2 年，自当事人知道或者应当知道其权益受到损害时起计算

因产品存在缺陷造成损害要求赔偿的请求权，在造成损害的缺陷产品交付最初消费者满 10 年丧失；但是，尚未超过明示的安全使用期的除外。

第四十六条 本法所称缺陷，是指产品存在危及人身、他人财产安全的不合理的危险；产品有保障人体健康和人身、财产安全的国家标准、行业标准的，是指不符合该标准。

第四十七条 因产品质量发生民事纠纷时，当事人可以通过协商或者调解解决。当事人不愿通过协商、调解解决或者协商、调解不成的，可以根据当事人各方的协议向仲裁机构申请仲裁；当事人各方没有达成仲裁协议或者仲裁协议无效的，可以直接向人民法院起诉。

第四十八条 仲裁机构或者人民法院可以委托本法第十九条规定的产品质量检验机构，对有关产品质量进行检验。

第五章 罚 则

第四十九条 生产、销售不符合保障人体健康和人身、财产安全的国家标准、行业标准的产品的，责令停止生产、销售，没收违法生产、销售的产品，并处违法生产、销售产品（包括已售出和未售出的产品，下同）货值金额等值以上 3 倍以下的罚款；有违法所得的，并处没收违法所得；情节严重的，吊销营业执照；构成犯罪的，依法追究刑事责任。

第五十条 在产品中掺杂、掺假，以假充真，以次充好，或者以不合格产品冒充合格产品的，责令停止生产、销售，没收违法生产、销售的产品，并处违法生产、销售产品货值金额 50% 以上 3 倍以下的罚款；有违法所得的，并处没收违法所得；情节严重的，吊销营业执照；构成犯罪的，依法追究刑事责任。

第五十一条 生产国家明令淘汰的产品的，销售国家明令淘汰并停止销售的产品的，责令停止生产、销售，没收违法生产、销售的产品，并处违法生产、销售产品货值金额等值以下的罚款；有违法所得的，并处没收违法所得；情节严重的，吊销营业执照。

第五十二条 销售失效、变质的产品的，责令停止销售，没收违法销售的产品，并处违法销售产品货值金额 2 倍以下的罚款；有违法所得的，并处没收违法所得；情节严重的，吊销营业执照；构成犯罪的，依法追究刑事责任。

第五十三条 伪造产品产地的，伪造或者冒用他人厂名、厂址的，伪造或者冒用认证

标志等质量标志的，责令改正，没收违法生产、销售的产品，并处违法生产、销售产品货值金额等值以下的罚款；有违法所得的，并处没收违法所得；情节严重的，吊销营业执照。

第五十四条 产品标识不符合本法第二十七条规定的，责令改正；有包装的产品标识不符合本法第二十七条第（四）项、第（五）项规定，情节严重的，责令停止生产、销售，并处违法生产、销售产品货值金额30%以下的罚款；有违法所得的，并处没收违法所得。

第五十五条 销售者销售本法第四十九条至第五十三条规定禁止销售的产品，有充分证据证明其不知道该产品为禁止销售的产品并如实说明其进货来源的，可以从轻或者减轻处罚。

第五十六条 拒绝接受依法进行的产品质量监督检查的，给予警告，责令改正；拒不改正的，责令停业整顿；情节特别严重的，吊销营业执照。

第五十七条 产品质量检验机构、认证机构伪造检验结果或者出具虚假证明的，责令改正，对单位处5万元以上10万元以下的罚款，对直接负责的主管人员和其他直接责任人员处1万元以上5万元以下的罚款；有违法所得的，并处没收违法所得；情节严重的，取消其检验资格、认证资格；构成犯罪的，依法追究刑事责任。

产品质量检验机构、认证机构出具的检验结果或者证明不实，造成损失的，应当承担相应的赔偿责任；造成重大损失的，撤销其检验资格、认证资格。

产品质量认证机构违反本法第二十一条第二款的规定，对不符合认证标准而使用认证标志的产品，未依法要求其改正或者取消其使用认证标志资格的，对因产品不符合认证标准给消费者造成的损失，与产品的生产者、销售者承担连带责任；情节严重的，撤销其认证资格。

第五十八条 社会团体、社会中介机构对产品质量作出承诺、保证，而该产品又不符合其承诺、保证的质量要求，给消费者造成损失的，与产品的生产者、销售者承担连带责任。

第五十九条 在广告中对产品质量作虚假宣传，欺骗和误导消费者的，依照《中华人民共和国广告法》的规定追究法律责任。

第六十条 对生产者专门用于生产本法第四十九条、第五十一条所列的产品或者以假充真的产品的原辅材料、包装物、生产工具，应当予以没收。

第六十一条 知道或者应当知道属于本法规定禁止生产、销售的产品而为其提供运输、保管、仓储等便利条件的，或者为以假充真的产品提供制假生产技术的，没收全部运输、保管、仓储或者提供制假生产技术的收入，并处违法收入50%以上3倍以下的罚款；构成犯罪的，依法追究刑事责任。

第六十二条 服务业的经营者将本法第四十九条至第五十二条规定禁止销售的产品用于经营性服务的，责令停止使用；对知道或者应当知道所使用的产品属于本法规定禁止销售的产品的，按照违法使用的产品（包括已使用和尚未使用的产品）的货值金额，依照本法对销售者的处罚规定处罚。

第六十三条 隐匿、转移、变卖、损毁被产品质量监督部门或者工商行政管理部门查封、扣押的物品的，处被隐匿、转移、变卖、损毁物品货值金额等值以上3倍以下的罚款；有违法所得的，并处没收违法所得。

第六十四条　违反本法规定，应当承担民事赔偿责任和缴纳罚款、罚金，其财产不足以同时支付时，先承担民事赔偿责任。

第六十五条　各级人民政府工作人员和其他国家机关工作人员有下列情形之一的，依法给予行政处分；构成犯罪的，依法追究刑事责任：

（一）包庇、放纵产品生产、销售中违反本法规定行为的；

（二）向从事违反本法规定的生产、销售活动的当事人通风报信，帮助其逃避查处的；

（三）阻挠、干预产品质量监督部门或者工商行政管理部门依法对产品生产、销售中违反本法规定的行为进行查处，造成严重后果的。

第六十六条　产品质量监督部门在产品质量监督抽查中超过规定的数量索取样品或者向被检查人收取检验费用的，由上级产品质量监督部门或者监察机关责令退还；情节严重的，对直接负责的主管人员和其他直接责任人员依法给予行政处分。

第六十七条　产品质量监督部门或者其他国家机关违反本法第二十五条的规定，向社会推荐生产者的产品或者以监制、监销等方式参与产品经营活动的，由其上级机关或者监察机关责令改正，消除影响，有违法收入的予以没收；情节严重的，对直接负责的主管人员和其他直接责任人员依法给予行政处分。

产品质量检验机构有前款所列违法行为的，由产品质量监督部门责令改正，消除影响，有违法收入的予以没收，可以并处违法收入1倍以下的罚款；情节严重的，撤销其质量检验资格。

第六十八条　产品质量监督部门或者工商行政管理部门的工作人员滥用职权、玩忽职守、徇私舞弊，构成犯罪的，依法追究刑事责任；尚不构成犯罪的，依法给予行政处分。

第六十九条　以暴力、威胁方法阻碍产品质量监督部门或者工商行政管理部门的工作人员依法执行职务的，依法追究刑事责任；拒绝、阻碍未使用暴力、威胁方法的，由公安机关依照治安管理处罚条例的规定处罚。

第七十条　本法规定的吊销营业执照的行政处罚由工商行政管理部门决定，本法第四十九条至第五十七条、第六十条至第六十三条规定的行政处罚由产品质量监督部门或者工商行政管理部门按照国务院规定的职权范围决定。法律、行政法规对行使行政处罚权的机关另有规定的，依照有关法律、行政法规的规定执行。

第七十一条　对依照本法规定没收的产品，依照国家有关规定进行销毁或者采取其他方式处理。

第七十二条　本法第四十九条至第五十四条、第六十二条、第六十三条所规定的货值金额以违法生产、销售产品的标价计算；没有标价的，按照同类产品的市场价格计算。

第六章　附　则

第七十三条　军工产品质量监督管理办法，由国务院、中央军事委员会另行制定。

因核设施、核产品造成损害的赔偿责任，法律、行政法规另有规定的，依照其规定。

第七十四条　本法自1993年9月1日起施行。

中华人民共和国标准化法

中华人民共和国主席令1988年第11号

（1988年12月29日第七届全国人民代表大会常务委员会第5次会议通过，1988年12月29日中华人民共和国主席令第11号发布）

目　录

第一章　总　则

第一条　为了发展社会主义商品经济，促进技术进步，改进产品质量，提高社会经济效益，维护国家和人民的利益，使标准化工作适应社会主义现代化建设和发展对外经济关系的需要。制定本法。

第二条　对下列需要统一的技术要求，应当制定标准：

（一）工业产品的品种、规格、质量、等级或者安全、卫生要求。

（二）工业产品的设计、生产、检验、包装、储存、运输、使用的方法或者生产、储存、运输过程中的安全、卫生要求。

（三）有关环境保护的各项技术要求和检验方法。

（四）建设工程的设计、施工方法和安全要求。

（五）有关工业生产、工程建设和环境保护的技术术语、符号、代号和制图方法。

重要农产品和其他需要制定标准的项目，由国务院规定。

第三条　标准化工作的任务是制定标准、组织实施标准和对标准的实施进行监督。

标准化工作应当纳入国民经济和社会发展计划。

第四条　国家鼓励积极采用国际标准。

第五条　国务院标准化行政主管部门统一管理全国标准化工作。国务院有关行政主管部门分工管理本部门、本行业的标准化工作。

省、自治区、直辖市标准化行政主管部门统一管理本行政区域的标准化工作。省、自治区、直辖市政府有关行政主管部门分工管理本行政区域内本部门、本行业的标准化工作。

市、县标准化行政主管部门和有关行政主管部门，按照省、自治区、直辖市政府规定的各自的职责，管理本行政区域内的标准化工作。

第二章　标准的制定

第六条　对需要在全国范围内统一的技术要求，应当制定国家标准。国家标准由国务院标准化行政主管部门制定。对没有国家标准而又需要在全国某个行业范围内统一的技术要求，可以制定行业标准。行业标准由国务院有关行政主管部门制定，并报国务院标准化行政主管部门备案，在公布国家标准之后，该项行业标准即行废止。对没有国家标准和行政标准而又需要在省、自治区、直辖市范围内统一的工业产品的安全、卫生要求，可以制定地方标准。地方标准由省、自治区、直辖市标准化行政主管部门制定，并报国务院标准化行政主管部门和国务院有关行政主管部门备案，在公布国家标准或者行业标准之后，该项地方标准即行废止。

企业生产的产品没有国家标准和行业标准的，应当制定企业标准，作为组织生产的依据。企业的产品标准须报当地政府标准化行政主管部门和有关行政主管部门备案。已有国家标准或者行业标准的，国家鼓励企业制定严于国家标准或者行业标准的企业标准，在企业内部适用。

法律对标准的制定另有规定的，依照法律的规定执行。

第七条　国家标准、行业标准分为强制性标准和推荐性标准。保障人体健康，人身、财产安全的标准和法律、行政法规规定强制执行的标准是强制性标准，其他标准是推荐性标准。

省、自治区、直辖市标准化行政主管部门制定的工业产品的安全、卫生要求的地方标准，在本行政区域内是强制性标准。

第八条　制定标准应当有利于保障安全和人民的身体健康，保护消费者的利益，保护环境。

第九条　制定标准应当有利于合理利用国家资源，推广科学技术成果，提高经济效益，并符合使用要求，有利于产品的通用互换，做到技术上先进，经济上合理。

第十条　制定标准应当做到有关标准的协调配套。

第十一条　制定标准应当有利于促进对经济技术合作和对外贸易。

第十二条　制定标准应当发挥行业协会、科学研究机构和学术团体的作用。

制定标准的部门应当组织由专家组成的标准化技术委员会，负责标准的草拟，参加标准草案的审查工作。

第十三条　标准实施后，制定标准的部门应当根据科学技术的发展和经济建设的需要适时进行复审，以确认现行标准继续有效或者予以修订、废止。

第三章　标准的实施

第十四条　强制性标准，必须执行。不符合强制性标准的产品，禁止生产、销售和进口。推荐性标准，国家鼓励企业自愿采用。

第十五条 企业对国家标准或者行业标准的产品，可以向国务院标准化行政主管部门或者国务院标准化行政主管部门授权的部门申请产品质量认证。认证合格的，由认证部门授予认证证书，准许在产品或者其包装上使用规定的认证标志。

已经取得认证证书的产品不符合国家标准或者行业标准的，以及产品未经认证或者认证不合格的，不得使用认证标志出厂销售。

第十六条 出口产品的技术要求，依照合同的约定执行。

第十七条 企业研制新产品、改进产品、进行技术改造，应当符合标准化要求。

第十八条 县级以上政府标准化行政主管部门负责对标准的实施进行监督检查。

第十九条 县级以上政府标准化行政主管部门，可以根据需要设置检验机构，或者授权其他单位的检验机构，对产品是否符合标准进行检验。法律、行政法规对检验机构另有规定的，依照法律、行政法规的规定执行。

处理有关产品是否符合标准的争议，以前款规定的检验机构的检验数据为准。

第四章　法律责任

第二十条 生产、销售、进口不符合强制性标准的产品的，由法律、行政法规规定的行政主管部门依法处理，法律、行政法规未作规定的，由工商行政管理部门没收产品和违法所得，并处罚款；造成严重后果构成犯罪的，对直接责任人员依法追究刑事责任。

第二十一条 已经授予认证证书的产品不符合国家标准或者行业标准而使用认证标志出厂销售的，由标准化行政主管部门责令停止销售，并处罚款；情节严重的，由认证部门撤销其认证证书。

第二十二条 产品未经认证或者认证不合格而擅自使用认证标志出厂销售的，由标准化行政主管部门责令停止销售，并处罚款。

第二十三条 当事人对没收产品、没收违法所得和罚款的处罚不服的，可以在接到处罚通知之日起15日内，向作出处罚决定的机关的上一级机关申请复议；对复议决定不服的，可以在接到复议决定之日起15日内，向人民法院起诉。当事人也可以在接到处罚通知之日起15日内，直接向人民法院起诉。当事人逾期不申请复议或者不向人民法院起诉又不履行处罚决定的，由作出处罚决定的机关申请人民法院强制执行。

第二十四条 标准化工作的监督、检验、管理人员违法失职、徇私舞弊的，给予行政处分；构成犯罪的，依法追究刑事责任。

第五章　附　则

第二十五条 本法实施条例由国务院制定。

第二十六条 本法自1989年4月1日起施行。

中华人民共和国计量法

中华人民共和国主席令2013年第8号

（1985年9月6日第六届全国人民代表大会常务委员会第十二次会议通过，2013年12月28日第十二届全国人民代表大会常务委员会第六次会议修定）

目　　录

第一章　总　则

第一条　为了加强计量监督管理，保障国家计量单位制的统一和量值的准确可靠，有利于生产、贸易和科学技术的发展，适应社会主义现代化建设的需要，维护国家、人民的利益，制定本法。

第二条　在中华人民共和国境内，建立计量基准器具、计量标准器具，进行计量检定，制造、修理、销售、使用计量器具，必须遵守本法。

第三条　国家采用国际单位制。

国际单位制计量单位和国家选定的其他计量单位，为国家法定计量单位。国家法定计量单位的名称、符号由国务院公布。

非国家法定计量单位应当废除。废除的办法由国务院制定。

第四条　国务院计量行政部门对全国计量工作实施统一监督管理。

县级以上地方人民政府计量行政部门对本行政区域内的计量工作实施监督管理。

第二章　计量基准器具、计量标准器具和计量检定

第五条　国务院计量行政部门负责建立各种计量基准器具，作为统一全国量值的最高依据。

第六条　县级以上地方人民政府计量行政部门根据本地区的需要，建立社会公用计量标准器具，经上级人民政府计量行政部门主持考核合格后使用。

第七条 国务院有关主管部门和省、自治区、直辖市人民政府有关主管部门，根据本部门的特殊需要，可以建立本部门使用的计量标准器具，其各项最高计量标准器具经同级人民政府计量行政部门主持考核合格后使用。

第八条 企业、事业单位根据需要，可以建立本单位使用的计量标准器具，其各项最高计量标准器具经有关人民政府计量行政部门主持考核合格后使用。

第九条 县级以上人民政府计量行政部门对社会公用计量标准器具，部门和企业、事业单位使用的最高计量标准器具，以及用于贸易结算、安全防护、医疗卫生、环境监测方面的列入强制检定目录的工作计量器具，实行强制检定。未按照规定申请检定或者检定不合格的，不得使用。实行强制检定的工作计量器具目录和管理办法，由国务院制定。

对前款规定以外的其他计量标准器具和工作计量器具，使用单位应当自行定期检定或者送其他计量检定机构检定，县级以上人民政府计量行政部门应当进行监督检查。

第十条 计量检定必须按照国家计量检定系统表进行。国家计量检定系统表由国务院计量行政部门制定。

计量检定必须执行计量检定规程。国家计量检定规程由国务院计量行政部门制定。没有国家计量检定规程的，由国务院有关主管部门和省、自治区、直辖市人民政府计量行政部门分别制定部门计量检定规程和地方计量检定规程。

第十一条 计量检定工作应当按照经济合理的原则，就地就近进行。

第三章 计量器具管理

第十二条 制造、修理计量器具的企业、事业单位，必须具备与所制造、修理的计量器具相适应的设施、人员和检定仪器设备，经县级以上人民政府计量行政部门考核合格，取得《制造计量器具许可证》或者《修理计量器具许可证》。

制造、修理计量器具的企业未取得《制造计量器具许可证》或者《修理计量器具许可证》的，工商行政管理部门不予办理营业执照。

第十三条 制造计量器具的企业、事业单位生产本单位未生产过的计量器具新产品，必须经省级以上人民政府计量行政部门对其样品的计量性能考核合格，方可投入生产。

第十四条 未经省、自治区、直辖市人民政府计量行政部门批准，不得制造、销售和进口国务院规定废除的非法定计量单位的计量器具和国务院禁止使用的其他计量器具。

第十五条 制造、修理计量器具的企业、事业单位必须对制造、修理的计量器具进行检定，保证产品计量性能合格，并对合格产品出具产品合格证。

县级以上人民政府计量行政部门应当对制造、修理的计量器具的质量进行监督检查。

第十六条 进口的计量器具，必须经省级以上人民政府计量行政部门检定合格后，方可销售。

第十七条 使用计量器具不得破坏其准确度，损害国家和消费者的利益。

第十八条 个体工商户可以制造、修理简易的计量器具。

制造、修理计量器具的个体工商户，必须经县级人民政府计量行政部门考核合格，发给《制造计量器具许可证》或者《修理计量器具许可证》后，方可向工商行政管理部门申请营业执照。

个体工商户制造、修理计量器具的范围和管理办法，由国务院计量行政部门制定。

第四章 计量监督

第十九条 县级以上人民政府计量行政部门，根据需要设置计量监督员。计量监督员管理办法，由国务院计量行政部门制定。

第二十条 县级以上人民政府计量行政部门可以根据需要设置计量检定机构，或者授权其他单位的计量检定机构，执行强制检定和其他检定、测试任务。

执行前款规定的检定、测试任务的人员，必须经考核合格。

第二十一条 处理因计量器具准确度所引起的纠纷，以国家计量基准器具或者社会公用计量标准器具检定的数据为准。

第二十二条 为社会提供公证数据的产品质量检验机构，必须经省级以上人民政府计量行政部门对其计量检定、测试的能力和可靠性考核合格。

第五章 法律责任

第二十三条 未取得《制造计量器具许可证》、《修理计量器具许可证》制造或者修理计量器具的，责令停止生产、停止营业，没收违法所得，可以并处罚款。

第二十四条 制造、销售未经考核合格的计量器具新产品的，责令停止制造、销售该种新产品，没收违法所得，可以并处罚款。

第二十五条 制造、修理、销售的计量器具不合格的，没收违法所得，可以并处罚款。

第二十六条 属于强制检定范围的计量器具，未按照规定申请检定或者检定不合格继续使用的，责令停止使用，可以并处罚款。

第二十七条 使用不合格的计量器具或者破坏计量器具准确度，给国家和消费者造成损失的，责令赔偿损失，没收计量器具和违法所得，可以并处罚款。

第二十八条 制造、销售、使用以欺骗消费者为目的的计量器具的，没收计量器具和违法所得，处以罚款；情节严重的，并对个人或者单位直接责任人员依照刑法有关规定追究刑事责任。

第二十九条 违反本法规定，制造、修理、销售的计量器具不合格，造成人身伤亡或者重大财产损失的，依照刑法有关规定，对个人或者单位直接责任人员追究刑事责任。

第三十条 计量监督人员违法失职，情节严重的，依照《刑法》有关规定追究刑事责任；情节轻微的，给予行政处分。

第三十一条 本法规定的行政处罚，由县级以上地方人民政府计量行政部门决定。本法第二十七条规定的行政处罚，也可以由工商行政管理部门决定。

第三十二条 当事人对行政处罚决定不服的，可以在接到处罚通知之日起十五日内向人民法院起诉；对罚款、没收违法所得的行政处罚决定期满不起诉又不履行的，由作出行政处罚决定的机关申请人民法院强制执行。

第六章　附　则

第三十三条　中国人民解放军和国防科技工业系统计量工作的监督管理办法，由国务院、中央军事委员会依据本法另行制定。

第三十四条　国务院计量行政部门根据本法制定实施细则，报国务院批准施行。

第三十五条　本法自 1986 年 7 月 1 日起施行。

中华人民共和国食品安全法

中华人民共和国主席令2009年第9号

（2009年2月28日第十一届全国人民代表大会常务委员会第七次会议通过）

目 录

第一章 总 则

第一条 为保证食品安全，保障公众身体健康和生命安全，制定本法。

第二条 在中华人民共和国境内从事下列活动，应当遵守本法：

（一）食品生产和加工（以下称食品生产），食品流通和餐饮服务（以下称食品经营）；

（二）食品添加剂的生产经营；

（三）用于食品的包装材料、容器、洗涤剂、消毒剂和用于食品生产经营的工具、设备（以下称食品相关产品）的生产经营；

（四）食品生产经营者使用食品添加剂、食品相关产品；

（五）对食品、食品添加剂和食品相关产品的安全管理。

供食用的源于农业的初级产品（以下称食用农产品）的质量安全管理，遵守《中华人民共和国农产品质量安全法》的规定。但是，制定有关食用农产品的质量安全标准、公布食用农产品安全有关信息，应当遵守本法的有关规定。

第三条 食品生产经营者应当依照法律、法规和食品安全标准从事生产经营活动，对社会和公众负责，保证食品安全，接受社会监督，承担社会责任。

第四条 国务院设立食品安全委员会，其工作职责由国务院规定。

国务院卫生行政部门承担食品安全综合协调职责，负责食品安全风险评估、食品安全标准制定、食品安全信息公布、食品检验机构的资质认定条件和检验规范的制定，组织查处食品安全重大事故。

国务院质量监督、工商行政管理和国家食品药品监督管理部门依照本法和国务院规定的职责，分别对食品生产、食品流通、餐饮服务活动实施监督管理。

第五条 县级以上地方人民政府统一负责、领导、组织、协调本行政区域的食品安全监督管理工作，建立健全食品安全全程监督管理的工作机制；统一领导、指挥食品安全突发事件应对工作；完善、落实食品安全监督管理责任制，对食品安全监督管理部门进行评议、考核。

县级以上地方人民政府依照本法和国务院的规定确定本级卫生行政、农业行政、质量监督、工商行政管理、食品药品监督管理部门的食品安全监督管理职责。有关部门在各自职责范围内负责本行政区域的食品安全监督管理工作。

上级人民政府所属部门在下级行政区域设置的机构应当在所在地人民政府的统一组织、协调下，依法做好食品安全监督管理工作。

第六条 县级以上卫生行政、农业行政、质量监督、工商行政管理、食品药品监督管理部门应当加强沟通、密切配合，按照各自职责分工，依法行使职权，承担责任。

第七条 食品行业协会应当加强行业自律，引导食品生产经营者依法生产经营，推动行业诚信建设，宣传、普及食品安全知识。

第八条 国家鼓励社会团体、基层群众性自治组织开展食品安全法律、法规以及食品安全标准和知识的普及工作，倡导健康的饮食方式，增强消费者食品安全意识和自我保护能力。

新闻媒体应当开展食品安全法律、法规以及食品安全标准和知识的公益宣传，并对违反本法的行为进行舆论监督。

第九条 国家鼓励和支持开展与食品安全有关的基础研究和应用研究，鼓励和支持食品生产经营者为提高食品安全水平采用先进技术和先进管理规范。

第十条 任何组织或者个人有权举报食品生产经营中违反本法的行为，有权向有关部门了解食品安全信息，对食品安全监督管理工作提出意见和建议。

第二章 食品安全风险监测和评估

第十一条 国家建立食品安全风险监测制度，对食源性疾病、食品污染以及食品中的有害因素进行监测。

国务院卫生行政部门会同国务院有关部门制定、实施国家食品安全风险监测计划。省、自治区、直辖市人民政府卫生行政部门根据国家食品安全风险监测计划，结合本行政区域的具体情况，组织制定、实施本行政区域的食品安全风险监测方案。

第十二条 国务院农业行政、质量监督、工商行政管理和国家食品药品监督管理等有关部门获知有关食品安全风险信息后，应当立即向国务院卫生行政部门通报。国务院卫生行政部门会同有关部门对信息核实后，应当及时调整食品安全风险监测计划。

第十三条 国家建立食品安全风险评估制度，对食品、食品添加剂中生物性、化学性和物理性危害进行风险评估。

国务院卫生行政部门负责组织食品安全风险评估工作，成立由医学、农业、食品、营养等方面的专家组成的食品安全风险评估专家委员会进行食品安全风险评估。

对农药、肥料、生长调节剂、兽药、饲料和饲料添加剂等的安全性评估，应当有食品安全风险评估专家委员会的专家参加。

食品安全风险评估应当运用科学方法，根据食品安全风险监测信息、科学数据以及其他有关信息进行。

第十四条 国务院卫生行政部门通过食品安全风险监测或者接到举报发现食品可能存在安全隐患的，应当立即组织进行检验和食品安全风险评估。

第十五条 国务院农业行政、质量监督、工商行政管理和国家食品药品监督管理等有关部门应当向国务院卫生行政部门提出食品安全风险评估的建议，并提供有关信息和资料。

国务院卫生行政部门应当及时向国务院有关部门通报食品安全风险评估的结果。

第十六条 食品安全风险评估结果是制定、修订食品安全标准和对食品安全实施监督管理的科学依据。

食品安全风险评估结果得出食品不安全结论的，国务院质量监督、工商行政管理和国家食品药品监督管理部门应当依据各自职责立即采取相应措施，确保该食品停止生产经营，并告知消费者停止食用；需要制定、修订相关食品安全国家标准的，国务院卫生行政部门应当立即制定、修订。

第十七条 国务院卫生行政部门应当会同国务院有关部门，根据食品安全风险评估结果、食品安全监督管理信息，对食品安全状况进行综合分析。对经综合分析表明可能具有较高程度安全风险的食品，国务院卫生行政部门应当及时提出食品安全风险警示，并予以公布。

第三章 食品安全标准

第十八条 制定食品安全标准，应当以保障公众身体健康为宗旨，做到科学合理、安全可靠。

第十九条 食品安全标准是强制执行的标准。除食品安全标准外，不得制定其他的食品强制性标准。

第二十条 食品安全标准应当包括下列内容：

（一）食品、食品相关产品中的致病性微生物、农药残留、兽药残留、重金属、污染物质以及其他危害人体健康物质的限量规定；

（二）食品添加剂的品种、使用范围、用量；

（三）专供婴幼儿和其他特定人群的主辅食品的营养成分要求；

（四）对与食品安全、营养有关的标签、标识、说明书的要求；

（五）食品生产经营过程的卫生要求；

（六）与食品安全有关的质量要求；

（七）食品检验方法与规程；

（八）其他需要制定为食品安全标准的内容。

第二十一条　食品安全国家标准由国务院卫生行政部门负责制定、公布，国务院标准化行政部门提供国家标准编号。

食品中农药残留、兽药残留的限量规定及其检验方法与规程由国务院卫生行政部门、国务院农业行政部门制定。

屠宰畜、禽的检验规程由国务院有关主管部门会同国务院卫生行政部门制定。

有关产品国家标准涉及食品安全国家标准规定内容的，应当与食品安全国家标准相一致。

第二十二条　国务院卫生行政部门应当对现行的食用农产品质量安全标准、食品卫生标准、食品质量标准和有关食品的行业标准中强制执行的标准予以整合，统一公布为食品安全国家标准。

本法规定的食品安全国家标准公布前，食品生产经营者应当按照现行食用农产品质量安全标准、食品卫生标准、食品质量标准和有关食品的行业标准生产经营食品。

第二十三条　食品安全国家标准应当经食品安全国家标准审评委员会审查通过。食品安全国家标准审评委员会由医学、农业、食品、营养等方面的专家以及国务院有关部门的代表组成。

制定食品安全国家标准，应当依据食品安全风险评估结果并充分考虑食用农产品质量安全风险评估结果，参照相关的国际标准和国际食品安全风险评估结果，并广泛听取食品生产经营者和消费者的意见。

第二十四条　没有食品安全国家标准的，可以制定食品安全地方标准。

省、自治区、直辖市人民政府卫生行政部门组织制定食品安全地方标准，应当参照执行本法有关食品安全国家标准制定的规定，并报国务院卫生行政部门备案。

第二十五条　企业生产的食品没有食品安全国家标准或者地方标准的，应当制定企业标准，作为组织生产的依据。国家鼓励食品生产企业制定严于食品安全国家标准或者地方标准的企业标准。企业标准应当报省级卫生行政部门备案，在本企业内部适用。

第二十六条　食品安全标准应当供公众免费查阅。

第四章　食品生产经营

第二十七条　食品生产经营应当符合食品安全标准，并符合下列要求：

（一）具有与生产经营的食品品种、数量相适应的食品原料处理和食品加工、包装、贮存等场所，保持该场所环境整洁，并与有毒、有害场所以及其他污染源保持规定的距离；

（二）具有与生产经营的食品品种、数量相适应的生产经营设备或者设施，有相应的消毒、更衣、盥洗、采光、照明、通风、防腐、防尘、防蝇、防鼠、防虫、洗涤以及处理废水、存放垃圾和废弃物的设备或者设施；

（三）有食品安全专业技术人员、管理人员和保证食品安全的规章制度；

（四）具有合理的设备布局和工艺流程，防止待加工食品与直接入口食品、原料与成品交叉污染，避免食品接触有毒物、不洁物；

（五）餐具、饮具和盛放直接入口食品的容器，使用前应当洗净、消毒，炊具、用具用后应当洗净，保持清洁；

（六）贮存、运输和装卸食品的容器、工具和设备应当安全、无害，保持清洁，防止食品污染，并符合保证食品安全所需的温度等特殊要求，不得将食品与有毒、有害物品一同运输；

（七）直接入口的食品应当有小包装或者使用无毒、清洁的包装材料、餐具；

（八）食品生产经营人员应当保持个人卫生，生产经营食品时，应当将手洗净，穿戴清洁的工作衣、帽；销售无包装的直接入口食品时，应当使用无毒、清洁的售货工具；

（九）用水应当符合国家规定的生活饮用水卫生标准；

（十）使用的洗涤剂、消毒剂应当对人体安全、无害；

（十一）法律、法规规定的其他要求。

第二十八条 禁止生产经营下列食品：

（一）用非食品原料生产的食品或者添加食品添加剂以外的化学物质和其他可能危害人体健康物质的食品，或者用回收食品作为原料生产的食品；

（二）致病性微生物、农药残留、兽药残留、重金属、污染物质以及其他危害人体健康的物质含量超过食品安全标准限量的食品；

（三）营养成分不符合食品安全标准的专供婴幼儿和其他特定人群的主辅食品；

（四）腐败变质、油脂酸败、霉变生虫、污秽不洁、混有异物、掺假掺杂或者感官性状异常的食品；

（五）病死、毒死或者死因不明的禽、畜、兽、水产动物肉类及其制品；

（六）未经动物卫生监督机构检疫或者检疫不合格的肉类，或者未经检验或者检验不合格的肉类制品；

（七）被包装材料、容器、运输工具等污染的食品；

（八）超过保质期的食品；

（九）无标签的预包装食品；

（十）国家为防病等特殊需要明令禁止生产经营的食品；

（十一）其他不符合食品安全标准或者要求的食品。

第二十九条 国家对食品生产经营实行许可制度。从事食品生产、食品流通、餐饮服务，应当依法取得食品生产许可、食品流通许可、餐饮服务许可。

取得食品生产许可的食品生产者在其生产场所销售其生产的食品，不需要取得食品流通的许可；取得餐饮服务许可的餐饮服务提供者在其餐饮服务场所出售其制作加工的食品，不需要取得食品生产和流通的许可；农民个人销售其自产的食用农产品，不需要取得食品流通的许可。

食品生产加工小作坊和食品摊贩从事食品生产经营活动，应当符合本法规定的与其生产经营规模、条件相适应的食品安全要求，保证所生产经营的食品卫生、无毒、无害，有关部门应当对其加强监督管理，具体管理办法由省、自治区、直辖市人民代表大会常务委员会依照本法制定。

第三十条 县级以上地方人民政府鼓励食品生产加工小作坊改进生产条件；鼓励食品摊贩进入集中交易市场、店铺等固定场所经营。

第三十一条 县级以上质量监督、工商行政管理、食品药品监督管理部门应当依照《中华人民共和国行政许可法》的规定，审核申请人提交的本法第二十七条第一项至第四项规定要求的相关资料，必要时对申请人的生产经营场所进行现场核查；对符合规定条件的，决定准予许可；对不符合规定条件的，决定不予许可并书面说明理由。

第三十二条 食品生产经营企业应当建立健全本单位的食品安全管理制度，加强对职工食品安全知识的培训，配备专职或者兼职食品安全管理人员，做好对所生产经营食品的检验工作，依法从事食品生产经营活动。

第三十三条 国家鼓励食品生产经营企业符合良好生产规范要求，实施危害分析与关键控制点体系，提高食品安全管理水平。

对通过良好生产规范、危害分析与关键控制点体系认证的食品生产经营企业，认证机构应当依法实施跟踪调查；对不再符合认证要求的企业，应当依法撤销认证，及时向有关质量监督、工商行政管理、食品药品监督管理部门通报，并向社会公布。认证机构实施跟踪调查不收取任何费用。

第三十四条 食品生产经营者应当建立并执行从业人员健康管理制度。患有痢疾、伤寒、病毒性肝炎等消化道传染病的人员，以及患有活动性肺结核、化脓性或者渗出性皮肤病等有碍食品安全的疾病的人员，不得从事接触直接入口食品的工作。

食品生产经营人员每年应当进行健康检查，取得健康证明后方可参加工作。

第三十五条 食用农产品生产者应当依照食品安全标准和国家有关规定使用农药、肥料、生长调节剂、兽药、饲料和饲料添加剂等农业投入品。食用农产品的生产企业和农民专业合作经济组织应当建立食用农产品生产记录制度。

县级以上农业行政部门应当加强对农业投入品使用的管理和指导，建立健全农业投入品的安全使用制度。

第三十六条 食品生产者采购食品原料、食品添加剂、食品相关产品，应当查验供货者的许可证和产品合格证明文件；对无法提供合格证明文件的食品原料，应当依照食品安全标准进行检验；不得采购或者使用不符合食品安全标准的食品原料、食品添加剂、食品相关产品。

食品生产企业应当建立食品原料、食品添加剂、食品相关产品进货查验记录制度，如实记录食品原料、食品添加剂、食品相关产品的名称、规格、数量、供货者名称及联系方式、进货日期等内容。

食品原料、食品添加剂、食品相关产品进货查验记录应当真实，保存期限不得少于二年。

第三十七条 食品生产企业应当建立食品出厂检验记录制度，查验出厂食品的检验合格证和安全状况，并如实记录食品的名称、规格、数量、生产日期、生产批号、检验合格证号、购货者名称及联系方式、销售日期等内容。

食品出厂检验记录应当真实，保存期限不得少于 2 年。

第三十八条 食品、食品添加剂和食品相关产品的生产者，应当依照食品安全标准对所生产的食品、食品添加剂和食品相关产品进行检验，检验合格后方可出厂或者销售。

第三十九条 食品经营者采购食品，应当查验供货者的许可证和食品合格的证明文件。

食品经营企业应当建立食品进货查验记录制度，如实记录食品的名称、规格、数量、生产批号、保质期、供货者名称及联系方式、进货日期等内容。

食品进货查验记录应当真实，保存期限不得少于2年。

实行统一配送经营方式的食品经营企业，可以由企业总部统一查验供货者的许可证和食品合格的证明文件，进行食品进货查验记录。

第四十条 食品经营者应当按照保证食品安全的要求贮存食品，定期检查库存食品，及时清理变质或者超过保质期的食品。

第四十一条 食品经营者贮存散装食品，应当在贮存位置标明食品的名称、生产日期、保质期、生产者名称及联系方式等内容。

食品经营者销售散装食品，应当在散装食品的容器、外包装上标明食品的名称、生产日期、保质期、生产经营者名称及联系方式等内容。

第四十二条 预包装食品的包装上应当有标签。标签应当标明下列事项：

（一）名称、规格、净含量、生产日期；

（二）成分或者配料表；

（三）生产者的名称、地址、联系方式；

（四）保质期；

（五）产品标准代号；

（六）贮存条件；

（七）所使用的食品添加剂在国家标准中的通用名称；

（八）生产许可证编号；

（九）法律、法规或者食品安全标准规定必须标明的其他事项。

专供婴幼儿和其他特定人群的主辅食品，其标签还应当标明主要营养成分及其含量。

第四十三条 国家对食品添加剂的生产实行许可制度。申请食品添加剂生产许可的条件、程序，按照国家有关工业产品生产许可证管理的规定执行。

第四十四条 申请利用新的食品原料从事食品生产或者从事食品添加剂新品种、食品相关产品新品种生产活动的单位或者个人，应当向国务院卫生行政部门提交相关产品的安全性评估材料。国务院卫生行政部门应当自收到申请之日起60日内组织对相关产品的安全性评估材料进行审查；对符合食品安全要求的，依法决定准予许可并予以公布；对不符合食品安全要求的，决定不予许可并书面说明理由。

第四十五条 食品添加剂应当在技术上确有必要且经过风险评估证明安全可靠，方可列入允许使用的范围。国务院卫生行政部门应当根据技术必要性和食品安全风险评估结果，及时对食品添加剂的品种、使用范围、用量的标准进行修订。

第四十六条 食品生产者应当依照食品安全标准关于食品添加剂的品种、使用范围、用量的规定使用食品添加剂；不得在食品生产中使用食品添加剂以外的化学物质和其他可能危害人体健康的物质。

第四十七条 食品添加剂应当有标签、说明书和包装。标签、说明书应当载明本法第四十二条第一款第一项至第六项、第八项、第九项规定的事项，以及食品添加剂的使用范围、用量、使用方法，并在标签上载明“食品添加剂”字样。

第四十八条 食品和食品添加剂的标签、说明书，不得含有虚假、夸大的内容，不得涉及疾病预防、治疗功能。生产者对标签、说明书上所载明的内容负责。

食品和食品添加剂的标签、说明书应当清楚、明显，容易辨识。

食品和食品添加剂与其标签、说明书所载明的内容不符的，不得上市销售。

第四十九条 食品经营者应当按照食品标签标示的警示标志、警示说明或者注意事项的要求，销售预包装食品。

第五十条 生产经营的食品中不得添加药品，但是可以添加按照传统既是食品又是中药材的物质。按照传统既是食品又是中药材的物质的目录由国务院卫生行政部门制定、公布。

第五十一条 国家对声称具有特定保健功能的食品实行严格监管。有关监督管理部门应当依法履职，承担责任。具体管理办法由国务院规定。

声称具有特定保健功能的食品不得对人体产生急性、亚急性或者慢性危害，其标签、说明书不得涉及疾病预防、治疗功能，内容必须真实，应当载明适宜人群、不适宜人群、功效成分或者标志性成分及其含量等；产品的功能和成分必须与标签、说明书相一致。

第五十二条 集中交易市场的开办者、柜台出租者和展销会举办者，应当审查入场食品经营者的许可证，明确入场食品经营者的食品安全管理责任，定期对入场食品经营者的经营环境和条件进行检查，发现食品经营者有违反本法规定的行为的，应当及时制止并立即报告所在地县级工商行政管理部门或者食品药品监督管理部门。

集中交易市场的开办者、柜台出租者和展销会举办者未履行前款规定义务，本市场发生食品安全事故的，应当承担连带责任。

第五十三条 国家建立食品召回制度。食品生产者发现其生产的食品不符合食品安全标准，应当立即停止生产，召回已经上市销售的食品，通知相关生产经营者和消费者，并记录召回和通知情况。

食品经营者发现其经营的食品不符合食品安全标准，应当立即停止经营，通知相关生产经营者和消费者，并记录停止经营和通知情况。食品生产者认为应当召回的，应当立即召回。

食品生产者应当对召回的食品采取补救、无害化处理、销毁等措施，并将食品召回和处理情况向县级以上质量监督部门报告。

食品生产经营者未依照本条规定召回或者停止经营不符合食品安全标准的食品的，县级以上质量监督、工商行政管理、食品药品监督管理部门可以责令其召回或者停止经营。

第五十四条 食品广告的内容应当真实合法，不得含有虚假、夸大的内容，不得涉及疾病预防、治疗功能。

食品安全监督管理部门或者承担食品检验职责的机构、食品行业协会、消费者协会不得以广告或者其他形式向消费者推荐食品。

第五十五条 社会团体或者其他组织、个人在虚假广告中向消费者推荐食品，使消费者的合法权益受到损害的，与食品生产经营者承担连带责任。

第五十六条 地方各级人民政府鼓励食品规模化生产和连锁经营、配送。

第五章　食品检验

第五十七条 食品检验机构按照国家有关认证认可的规定取得资质认定后，方可从事食品检验活动。但是，法律另有规定的除外。

食品检验机构的资质认定条件和检验规范，由国务院卫生行政部门规定。

本法施行前经国务院有关主管部门批准设立或者经依法认定的食品检验机构，可以依照本法继续从事食品检验活动。

第五十八条 食品检验由食品检验机构指定的检验人独立进行。

检验人应当依照有关法律、法规的规定，并依照食品安全标准和检验规范对食品进行检验，尊重科学，恪守职业道德，保证出具的检验数据和结论客观、公正，不得出具虚假的检验报告。

第五十九条 食品检验实行食品检验机构与检验人负责制。食品检验报告应当加盖食品检验机构公章，并有检验人的签名或者盖章。食品检验机构和检验人对出具的食品检验报告负责。

第六十条 食品安全监督管理部门对食品不得实施免检。

县级以上质量监督、工商行政管理、食品药品监督管理部门应当对食品进行定期或者不定期的抽样检验。进行抽样检验，应当购买抽取的样品，不收取检验费和其他任何费用。

县级以上质量监督、工商行政管理、食品药品监督管理部门在执法工作中需要对食品进行检验的，应当委托符合本法规定的食品检验机构进行，并支付相关费用。对检验结论有异议的，可以依法进行复检。

第六十一条 食品生产经营企业可以自行对所生产的食品进行检验，也可以委托符合本法规定的食品检验机构进行检验。

食品行业协会等组织、消费者需要委托食品检验机构对食品进行检验的，应当委托符合本法规定的食品检验机构进行。

第六章 食品进出口

第六十二条 进口的食品、食品添加剂以及食品相关产品应当符合我国食品安全国家标准。

进口的食品应当经出入境检验检疫机构检验合格后，海关凭出入境检验检疫机构签发的通关证明放行。

第六十三条 进口尚无食品安全国家标准的食品，或者首次进口食品添加剂新品种、食品相关产品新品种，进口商应当向国务院卫生行政部门提出申请并提交相关的安全性评估材料。国务院卫生行政部门依照本法第四十四条的规定作出是否准予许可的决定，并及时制定相应的食品安全国家标准。

第六十四条 境外发生的食品安全事件可能对我国境内造成影响，或者在进口食品中发现严重食品安全问题的，国家出入境检验检疫部门应当及时采取风险预警或者控制措施，并向国务院卫生行政、农业行政、工商行政管理和国家食品药品监督管理部门通报。接到通报的部门应当及时采取相应措施。

第六十五条 向我国境内出口食品的出口商或者代理商应当向国家出入境检验检疫部门备案。向我国境内出口食品的境外食品生产企业应当经国家出入境检验检疫部门注册。

国家出入境检验检疫部门应当定期公布已经备案的出口商、代理商和已经注册的境外食品生产企业名单。

第六十六条 进口的预包装食品应当有中文标签、中文说明书。标签、说明书应当符合本法以及我国其他有关法律、行政法规的规定和食品安全国家标准的要求，载明食品的原产地以及境内代理商的名称、地址、联系方式。预包装食品没有中文标签、中文说明书或者标签、说明书不符合本条规定的，不得进口。

第六十七条 进口商应当建立食品进口和销售记录制度，如实记录食品的名称、规格、数量、生产日期、生产或者进口批号、保质期、出口商和购货者名称及联系方式、交货日期等内容。

食品进口和销售记录应当真实，保存期限不得少于2年。

第六十八条 出口的食品由出入境检验检疫机构进行监督、抽检，海关凭出入境检验检疫机构签发的通关证明放行。

出口食品生产企业和出口食品原料种植、养殖场应当向国家出入境检验检疫部门备案。

第六十九条 国家出入境检验检疫部门应当收集、汇总进出口食品安全信息，并及时通报相关部门、机构和企业。

国家出入境检验检疫部门应当建立进出口食品的进口商、出口商和出口食品生产企业的信誉记录，并予以公布。对有不良记录的进口商、出口商和出口食品生产企业，应当加强对其进出口食品的检验检疫。

第七章　食品安全事故处置

第七十条 国务院组织制定国家食品安全事故应急预案。

县级以上地方人民政府应当根据有关法律、法规的规定和上级人民政府的食品安全事故应急预案以及本地区的实际情况，制定本行政区域的食品安全事故应急预案，并报上一级人民政府备案。

食品生产经营企业应当制定食品安全事故处置方案，定期检查本企业各项食品安全防范措施的落实情况，及时消除食品安全事故隐患。

第七十一条 发生食品安全事故的单位应当立即予以处置，防止事故扩大。事故发生单位和接收病人进行治疗的单位应当及时向事故发生地县级卫生行政部门报告。

农业行政、质量监督、工商行政管理、食品药品监督管理部门在日常监督管理中发现食品安全事故，或者接到有关食品安全事故的举报，应当立即向卫生行政部门通报。

发生重大食品安全事故的，接到报告的县级卫生行政部门应当按照规定向本级人民政府和上级人民政府卫生行政部门报告。县级人民政府和上级人民政府卫生行政部门应当按照规定上报。

任何单位或者个人不得对食品安全事故隐瞒、谎报、缓报，不得毁灭有关证据。

第七十二条 县级以上卫生行政部门接到食品安全事故的报告后，应当立即会同有关农业行政、质量监督、工商行政管理、食品药品监督管理部门进行调查处理，并采取下列措施，防止或者减轻社会危害：

（一）开展应急救援工作，对因食品安全事故导致人身伤害的人员，卫生行政部门应当立即组织救治；

（二）封存可能导致食品安全事故的食品及其原料，并立即进行检验；对确认属于被污染的食品及其原料，责令食品生产经营者依照本法第五十三条的规定予以召回、停止经营并销毁；

（三）封存被污染的食品用工具及用具，并责令进行清洗消毒；

（四）做好信息发布工作，依法对食品安全事故及其处理情况进行发布，并对可能产生的危害加以解释、说明。

发生重大食品安全事故的，县级以上人民政府应当立即成立食品安全事故处置指挥机构，启动应急预案，依照前款规定进行处置。

第七十三条 发生重大食品安全事故，设区的市级以上人民政府卫生行政部门应当立即会同有关部门进行事故责任调查，督促有关部门履行职责，向本级人民政府提出事故责任调查处理报告。

重大食品安全事故涉及两个以上省、自治区、直辖市的，由国务院卫生行政部门依照前款规定组织事故责任调查。

第七十四条 发生食品安全事故，县级以上疾病预防控制机构应当协助卫生行政部门和有关部门对事故现场进行卫生处理，并对与食品安全事故有关的因素开展流行病学调查。

第七十五条 调查食品安全事故，除了查明事故单位的责任，还应当查明负有监督管理和认证职责的监督管理部门、认证机构的工作人员失职、渎职情况。

第八章 监督管理

第七十六条 县级以上地方人民政府组织本级卫生行政、农业行政、质量监督、工商行政管理、食品药品监督管理部门制定本行政区域的食品安全年度监督管理计划，并按照年度计划组织开展工作。

第七十七条 县级以上质量监督、工商行政管理、食品药品监督管理部门履行各自食品安全监督管理职责，有权采取下列措施：

（一）进入生产经营场所实施现场检查；

（二）对生产经营的食品进行抽样检验；

（三）查阅、复制有关合同、票据、账簿以及其他有关资料；

（四）查封、扣押有证据证明不符合食品安全标准的食品，违法使用的食品原料、食品添加剂、食品相关产品，以及用于违法生产经营或者被污染的工具、设备；

（五）查封违法从事食品生产经营活动的场所。

县级以上农业行政部门应当依照《中华人民共和国农产品质量安全法》规定的职责，对食用农产品进行监督管理。

第七十八条 县级以上质量监督、工商行政管理、食品药品监督管理部门对食品生产经营者进行监督检查，应当记录监督检查的情况和处理结果。监督检查记录经监督检查人员和食品生产经营者签字后归档。

第七十九条 县级以上质量监督、工商行政管理、食品药品监督管理部门应当建立食品生产经营者食品安全信用档案，记录许可颁发、日常监督检查结果、违法行为查处等情况；根据食品安全信用档案的记录，对有不良信用记录的食品生产经营者增加监督检查频次。

第八十条 县级以上卫生行政、质量监督、工商行政管理、食品药品监督管理部门接到咨询、投诉、举报，对属于本部门职责的，应当受理，并及时进行答复、核实、处理；对不属于本部门职责的，应当书面通知并移交有权处理的部门处理。有权处理的部门应当及时处理，不得推诿；属于食品安全事故的，依照本法第七章有关规定进行处置。

第八十一条 县级以上卫生行政、质量监督、工商行政管理、食品药品监督管理部门应当按照法定权限和程序履行食品安全监督管理职责；对生产经营者的同一违法行为，不得给予二次以上罚款的行政处罚；涉嫌犯罪的，应当依法向公安机关移送。

第八十二条 国家建立食品安全信息统一公布制度。下列信息由国务院卫生行政部门统一公布：

（一）国家食品安全总体情况；

（二）食品安全风险评估信息和食品安全风险警示信息；

（三）重大食品安全事故及其处理信息；

（四）其他重要的食品安全信息和国务院确定的需要统一公布的信息。

前款第二项、第三项规定的信息，其影响限于特定区域的，也可以由有关省、自治区、直辖市人民政府卫生行政部门公布。县级以上农业行政、质量监督、工商行政管理、食品药品监督管理部门依据各自职责公布食品安全日常监督管理信息。

食品安全监督管理部门公布信息，应当做到准确、及时、客观。

第八十三条 县级以上地方卫生行政、农业行政、质量监督、工商行政管理、食品药品监督管理部门获知本法第八十二条第一款规定的需要统一公布的信息，应当向上级主管部门报告，由上级主管部门立即报告国务院卫生行政部门；必要时，可以直接向国务院卫生行政部门报告。

县级以上卫生行政、农业行政、质量监督、工商行政管理、食品药品监督管理部门应当相互通报获知的食品安全信息。

第九章　法律责任

第八十四条 违反本法规定，未经许可从事食品生产经营活动，或者未经许可生产食品添加剂的，由有关主管部门按照各自职责分工，没收违法所得、违法生产经营的食品、食品添加剂和用于违法生产经营的工具、设备、原料等物品；违法生产经营的食品、食品添加剂货值金额不足1万元的，并处2 000元以上5万元以下罚款；货值金额1万元以上的，并处货值金额五倍以上十倍以下罚款。

第八十五条 违反本法规定，有下列情形之一的，由有关主管部门按照各自职责分工，没收违法所得、违法生产经营的食品和用于违法生产经营的工具、设备、原料等物品；违法生产经营的食品货值金额不足1万元的，并处2 000元以上5万元以下罚款；货值金额1万元以上的，并处货值金额5倍以上10倍以下罚款；情节严重的，吊销许可证：

（一）用非食品原料生产食品或者在食品中添加食品添加剂以外的化学物质和其他可能危害人体健康的物质，或者用回收食品作为原料生产食品；

（二）生产经营致病性微生物、农药残留、兽药残留、重金属、污染物质以及其他危害人体健康的物质含量超过食品安全标准限量的食品；

（三）生产经营营养成分不符合食品安全标准的专供婴幼儿和其他特定人群的主辅食品；

（四）经营腐败变质、油脂酸败、霉变生虫、污秽不洁、混有异物、掺假掺杂或者感官性状异常的食品；

（五）经营病死、毒死或者死因不明的禽、畜、兽、水产动物肉类，或者生产经营病死、毒死或者死因不明的禽、畜、兽、水产动物肉类的制品；

（六）经营未经动物卫生监督机构检疫或者检疫不合格的肉类，或者生产经营未经检验或者检验不合格的肉类制品；

（七）经营超过保质期的食品；

（八）生产经营国家为防病等特殊需要明令禁止生产经营的食品；

（九）利用新的食品原料从事食品生产或者从事食品添加剂新品种、食品相关产品新品种生产，未经过安全性评估；

（十）食品生产经营者在有关主管部门责令其召回或者停止经营不符合食品安全标准的食品后，仍拒不召回或者停止经营的。

第八十六条 违反本法规定，有下列情形之一的，由有关主管部门按照各自职责分工，没收违法所得、违法生产经营的食品和用于违法生产经营的工具、设备、原料等物品；违法生产经营的食品货值金额不足 1 万元的，并处 2 000 元以上 5 万元以下罚款；货值金额 1 万元以上的，并处货值金额 2 倍以上 5 倍以下罚款；情节严重的，责令停产停业，直至吊销许可证：

（一）经营被包装材料、容器、运输工具等污染的食品；

（二）生产经营无标签的预包装食品、食品添加剂或者标签、说明书不符合本法规定的食品、食品添加剂；

（三）食品生产者采购、使用不符合食品安全标准的食品原料、食品添加剂、食品相关产品；

（四）食品生产经营者在食品中添加药品。

第八十七条 违反本法规定，有下列情形之一的，由有关主管部门按照各自职责分工，责令改正，给予警告；拒不改正的，处 2 000 元以上 2 万元以下罚款；情节严重的，责令停产停业，直至吊销许可证：

（一）未对采购的食品原料和生产的食品、食品添加剂、食品相关产品进行检验；

（二）未建立并遵守查验记录制度、出厂检验记录制度；

（三）制定食品安全企业标准未依照本法规定备案；

（四）未按规定要求贮存、销售食品或者清理库存食品；

（五）进货时未查验许可证和相关证明文件；

（六）生产的食品、食品添加剂的标签、说明书涉及疾病预防、治疗功能；

（七）安排患有本法第三十四条所列疾病的人员从事接触直接入口食品的工作。

第八十八条 违反本法规定，事故单位在发生食品安全事故后未进行处置、报告的，由有关主管部门按照各自职责分工，责令改正，给予警告；毁灭有关证据的，责令停产停业，并处2 000元以上10万元以下罚款；造成严重后果的，由原发证部门吊销许可证。

第八十九条 违反本法规定，有下列情形之一的，依照本法第八十五条的规定给予处罚：

（一）进口不符合我国食品安全国家标准的食品；

（二）进口尚无食品安全国家标准的食品，或者首次进口食品添加剂新品种、食品相关产品新品种，未经过安全性评估；

（三）出口商未遵守本法的规定出口食品。

违反本法规定，进口商未建立并遵守食品进口和销售记录制度的，依照本法第八十七条的规定给予处罚。

第九十条 违反本法规定，集中交易市场的开办者、柜台出租者、展销会的举办者允许未取得许可的食品经营者进入市场销售食品，或者未履行检查、报告等义务的，由有关主管部门按照各自职责分工，处2 000元以上5万元以下罚款；造成严重后果的，责令停业，由原发证部门吊销许可证。

第九十一条 违反本法规定，未按照要求进行食品运输的，由有关主管部门按照各自职责分工，责令改正，给予警告；拒不改正的，责令停产停业，并处2 000元以上5万元以下罚款；情节严重的，由原发证部门吊销许可证。

第九十二条 被吊销食品生产、流通或者餐饮服务许可证的单位，其直接负责的主管人员自处罚决定作出之日起五年内不得从事食品生产经营管理工作。

食品生产经营者聘用不得从事食品生产经营管理工作的人员从事管理工作的，由原发证部门吊销许可证。

第九十三条 违反本法规定，食品检验机构、食品检验人员出具虚假检验报告的，由授予其资质的主管部门或者机构撤销该检验机构的检验资格；依法对检验机构直接负责的主管人员和食品检验人员给予撤职或者开除的处分。

违反本法规定，受到刑事处罚或者开除处分的食品检验机构人员，自刑罚执行完毕或者处分决定作出之日起十年内不得从事食品检验工作。食品检验机构聘用不得从事食品检验工作的人员的，由授予其资质的主管部门或者机构撤销该检验机构的检验资格。

第九十四条 违反本法规定，在广告中对食品质量作虚假宣传，欺骗消费者的，依照《中华人民共和国广告法》的规定给予处罚。

违反本法规定，食品安全监督管理部门或者承担食品检验职责的机构、食品行业协会、消费者协会以广告或者其他形式向消费者推荐食品的，由有关主管部门没收违法所得，依法对直接负责的主管人员和其他直接责任人员给予记大过、降级或者撤职的处分。

第九十五条 违反本法规定，县级以上地方人民政府在食品安全监督管理中未履行职责，本行政区域出现重大食品安全事故、造成严重社会影响的，依法对直接负责的主管人员和其他直接责任人员给予记大过、降级、撤职或者开除的处分。

违反本法规定，县级以上卫生行政、农业行政、质量监督、工商行政管理、食品药品监督管理部门或者其他有关行政部门不履行本法规定的职责或者滥用职权、玩忽职守、徇私舞弊的，依法对直接负责的主管人员和其他直接责任人员给予记大过或者降级的处分；造成严重后果的，给予撤职或者开除的处分；其主要负责人应当引咎辞职。

第九十六条 违反本法规定，造成人身、财产或者其他损害的，依法承担赔偿责任。

生产不符合食品安全标准的食品或者销售明知是不符合食品安全标准的食品，消费者除要求赔偿损失外，还可以向生产者或者销售者要求支付价款十倍的赔偿金。

第九十七条 违反本法规定，应当承担民事赔偿责任和缴纳罚款、罚金，其财产不足以同时支付时，先承担民事赔偿责任。

第九十八条 违反本法规定，构成犯罪的，依法追究刑事责任。

第十章 附 则

第九十九条 本法下列用语的含义：

食品，指各种供人食用或者饮用的成品和原料以及按照传统既是食品又是药品的物品，但是不包括以治疗为目的的物品。

食品安全，指食品无毒、无害，符合应当有的营养要求，对人体健康不造成任何急性、亚急性或者慢性危害。

预包装食品，指预先定量包装或者制作在包装材料和容器中的食品。

食品添加剂，指为改善食品品质和色、香、味以及为防腐、保鲜和加工工艺的需要而加入食品中的人工合成或者天然物质。

用于食品的包装材料和容器，指包装、盛放食品或者食品添加剂用的纸、竹、木、金属、搪瓷、陶瓷、塑料、橡胶、天然纤维、化学纤维、玻璃等制品和直接接触食品或者食品添加剂的涂料。

用于食品生产经营的工具、设备，指在食品或者食品添加剂生产、流通、使用过程中直接接触食品或者食品添加剂的机械、管道、传送带、容器、用具、餐具等。

用于食品的洗涤剂、消毒剂，指直接用于洗涤或者消毒食品、餐饮具以及直接接触食品的工具、设备或者食品包装材料和容器的物质。

保质期，指预包装食品在标签指明的贮存条件下保持品质的期限。

食源性疾病，指食品中致病因素进入人体引起的感染性、中毒性等疾病。

食物中毒，指食用了被有毒有害物质污染的食品或者食用了含有毒有害物质的食品后出现的急性、亚急性疾病。

食品安全事故，指食物中毒、食源性疾病、食品污染等源于食品，对人体健康有危害或者可能有危害的事故。

第一百条 食品生产经营者在本法施行前已经取得相应许可证的，该许可证继续有效。

第一百零一条 乳品、转基因食品、生猪屠宰、酒类和食盐的食品安全管理，适用本法；法律、行政法规另有规定的，依照其规定。

第一百零二条 铁路运营中食品安全的管理办法由国务院卫生行政部门会同国务院有关部门依照本法制定。

军队专用食品和自供食品的食品安全管理办法由中央军事委员会依照本法制定。

第一百零三条 国务院根据实际需要，可以对食品安全监督管理体制作出调整。

第一百零四条 本法自 2009 年 6 月 1 日起施行。《中华人民共和国食品卫生法》同时废止。

中华人民共和国农产品质量安全法

中华人民共和国主席令2006年第49号

（2006年4月29日第十届全国人民代表大会常务委员会第21次会议通过，2006年4月29日中华人民共和国主席令第49号公布）

目　录

第一章　总　则

第一条　为保障农产品质量安全，维护公众健康，促进农业和农村经济发展，制定本法。

第二条　本法所称农产品，是指来源于农业的初级产品，即在农业活动中获得的植物、动物、微生物及其产品。

本法所称农产品质量安全，是指农产品质量符合保障人的健康、安全的要求。

第三条　县级以上人民政府农业行政主管部门负责农产品质量安全的监督管理工作；县级以上人民政府有关部门按照职责分工，负责农产品质量安全的有关工作。

第四条　县级以上人民政府应当将农产品质量安全管理工作纳入本级国民经济和社会发展规划，并安排农产品质量安全经费，用于开展农产品质量安全工作。

第五条　县级以上地方人民政府统一领导、协调本行政区域内的农产品质量安全工作，并采取措施，建立健全农产品质量安全服务体系，提高农产品质量安全水平。

第六条　国务院农业行政主管部门应当设立由有关方面专家组成的农产品质量安全风险评估专家委员会，对可能影响农产品质量安全的潜在危害进行风险分析和评估。

国务院农业行政主管部门应当根据农产品质量安全风险评估结果采取相应的管理措施，并将农产品质量安全风险评估结果及时通报国务院有关部门。

第七条　国务院农业行政主管部门和省、自治区、直辖市人民政府农业行政主管部门应当按照职责权限，发布有关农产品质量安全状况信息。

第八条 国家引导、推广农产品标准化生产，鼓励和支持生产优质农产品，禁止生产、销售不符合国家规定的农产品质量安全标准的农产品。

第九条 国家支持农产品质量安全科学技术研究，推行科学的质量安全管理方法，推广先进安全的生产技术。

第十条 各级人民政府及有关部门应当加强农产品质量安全知识的宣传，提高公众的农产品质量安全意识，引导农产品生产者、销售者加强质量安全管理，保障农产品消费安全。

第二章 农产品质量安全标准

第十一条 国家建立健全农产品质量安全标准体系。农产品质量安全标准是强制性的技术规范。

农产品质量安全标准的制定和发布，依照有关法律、行政法规的规定执行。

第十二条 制定农产品质量安全标准应当充分考虑农产品质量安全风险评估结果，并听取农产品生产者、销售者和消费者的意见，保障消费安全。

第十三条 农产品质量安全标准应当根据科学技术发展水平以及农产品质量安全的需要，及时修订。

第十四条 农产品质量安全标准由农业行政主管部门商有关部门组织实施。

第三章 农产品产地

第十五条 县级以上地方人民政府农业行政主管部门按照保障农产品质量安全的要求，根据农产品品种特性和生产区域大气、土壤、水体中有毒有害物质状况等因素，认为不适宜特定农产品生产的，提出禁止生产的区域，报本级人民政府批准后公布。具体办法由国务院农业行政主管部门商国务院环境保护行政主管部门制定。

农产品禁止生产区域的调整，依照前款规定的程序办理。

第十六条 县级以上人民政府应当采取措施，加强农产品基地建设，改善农产品的生产条件。

县级以上人民政府农业行政主管部门应当采取措施，推进保障农产品质量安全的标准化生产综合示范区、示范农场、养殖小区和无规定动植物疫病区的建设。

第十七条 禁止在有毒有害物质超过规定标准的区域生产、捕捞、采集食用农产品和建立农产品生产基地。

第十八条 禁止违反法律、法规的规定向农产品产地排放或者倾倒废水、废气、固体废物或者其他有毒有害物质。

农业生产用水和用作肥料的固体废物，应当符合国家规定的标准。

第十九条 农产品生产者应当合理使用化肥、农药、兽药、农用薄膜等化工产品，防止对农产品产地造成污染。

第四章　农产品生产

第二十条　国务院农业行政主管部门和省、自治区、直辖市人民政府农业行政主管部门应当制定保障农产品质量安全的生产技术要求和操作规程。县级以上人民政府农业行政主管部门应当加强对农产品生产的指导。

第二十一条　对可能影响农产品质量安全的农药、兽药、饲料和饲料添加剂、肥料、兽医器械，依照有关法律、行政法规的规定实行许可制度。

国务院农业行政主管部门和省、自治区、直辖市人民政府农业行政主管部门应当定期对可能危及农产品质量安全的农药、兽药、饲料和饲料添加剂、肥料等农业投入品进行监督抽查，并公布抽查结果。

第二十二条　县级以上人民政府农业行政主管部门应当加强对农业投入品使用的管理和指导，建立健全农业投入品的安全使用制度。

第二十三条　农业科研教育机构和农业技术推广机构应当加强对农产品生产者质量安全知识和技能的培训。

第二十四条　农产品生产企业和农民专业合作经济组织应当建立农产品生产记录，如实记载下列事项：

（一）使用农业投入品的名称、来源、用法、用量和使用、停用的日期；

（二）动物疫病、植物病虫草害的发生和防治情况；

（三）收获、屠宰或者捕捞的日期。

农产品生产记录应当保存 2 年。禁止伪造农产品生产记录。

国家鼓励其他农产品生产者建立农产品生产记录。

第二十五条　农产品生产者应当按照法律、行政法规和国务院农业行政主管部门的规定，合理使用农业投入品，严格执行农业投入品使用安全间隔期或者休药期的规定，防止危及农产品质量安全。

禁止在农产品生产过程中使用国家明令禁止使用的农业投入品。

第二十六条　农产品生产企业和农民专业合作经济组织，应当自行或者委托检测机构对农产品质量安全状况进行检测；经检测不符合农产品质量安全标准的农产品，不得销售。

第二十七条　农民专业合作经济组织和农产品行业协会对其成员应当及时提供生产技术服务，建立农产品质量安全管理制度，健全农产品质量安全控制体系，加强自律管理。

第五章　农产品包装和标识

第二十八条　农产品生产企业、农民专业合作经济组织以及从事农产品收购的单位或者个人销售的农产品，按照规定应当包装或者附加标识的，须经包装或者附加标识后方可销售。包装物或者标识上应当按照规定标明产品的品名、产地、生产者、生产日期、保质期、产品质量等级等内容；使用添加剂的，还应当按照规定标明添加剂的名称。具体办法由国务院农业行政主管部门制定。

第二十九条　农产品在包装、保鲜、贮存、运输中所使用的保鲜剂、防腐剂、添加剂等材料，应当符合国家有关强制性的技术规范。

第三十条　属于农业转基因生物的农产品，应当按照农业转基因生物安全管理的有关规定进行标识。

第三十一条　依法需要实施检疫的动植物及其产品，应当附具检疫合格标志、检疫合格证明。

第三十二条　销售的农产品必须符合农产品质量安全标准，生产者可以申请使用无公害农产品标志。农产品质量符合国家规定的有关优质农产品标准的，生产者可以申请使用相应的农产品质量标志。

禁止冒用前款规定的农产品质量标志。

第六章　监督检查

第三十三条　有下列情形之一的农产品，不得销售：

（一）含有国家禁止使用的农药、兽药或者其他化学物质的；

（二）农药、兽药等化学物质残留或者含有的重金属等有毒有害物质不符合农产品质量安全标准的；

（三）含有的致病性寄生虫、微生物或者生物毒素不符合农产品质量安全标准的；

（四）使用的保鲜剂、防腐剂、添加剂等材料不符合国家有关强制性的技术规范的；

（五）其他不符合农产品质量安全标准的。

第三十四条　国家建立农产品质量安全监测制度。县级以上人民政府农业行政主管部门应当按照保障农产品质量安全的要求，制定并组织实施农产品质量安全监测计划，对生产中或者市场上销售的农产品进行监督抽查。监督抽查结果由国务院农业行政主管部门或者省、自治区、直辖市人民政府农业行政主管部门按照权限予以公布。

监督抽查检测应当委托符合本法第三十五条规定条件的农产品质量安全检测机构进行，不得向被抽查人收取费用，抽取的样品不得超过国务院农业行政主管部门规定的数量。上级农业行政主管部门监督抽查的农产品，下级农业行政主管部门不得另行重复抽查。

第三十五条　农产品质量安全检测应当充分利用现有的符合条件的检测机构。

从事农产品质量安全检测的机构，必须具备相应的检测条件和能力，由省级以上人民政府农业行政主管部门或者其授权的部门考核合格。具体办法由国务院农业行政主管部门制定。

农产品质量安全检测机构应当依法经计量认证合格。

第三十六条　农产品生产者、销售者对监督抽查检测结果有异议的，可以自收到检测结果之日起5日内，向组织实施农产品质量安全监督抽查的农业行政主管部门或者其上级农业行政主管部门申请复检。

采用国务院农业行政主管部门会同有关部门认定的快速检测方法进行农产品质量安全监督抽查检测，被抽查人对检测结果有异议的，可以自收到检测结果时起4小时内申请复检。复检不得采用快速检测方法。

因检测结果错误给当事人造成损害的，依法承担赔偿责任。

第三十七条 农产品批发市场应当设立或者委托农产品质量安全检测机构，对进场销售的农产品质量安全状况进行抽查检测；发现不符合农产品质量安全标准的，应当要求销售者立即停止销售，并向农业行政主管部门报告。

农产品销售企业对其销售的农产品，应当建立健全进货检查验收制度；经查验不符合农产品质量安全标准的，不得销售。

第三十八条 国家鼓励单位和个人对农产品质量安全进行社会监督。任何单位和个人都有权对违反本法的行为进行检举、揭发和控告。有关部门收到相关的检举、揭发和控告后，应当及时处理。

第三十九条 县级以上人民政府农业行政主管部门在农产品质量安全监督检查中，可以对生产、销售的农产品进行现场检查，调查了解农产品质量安全的有关情况，查阅、复制与农产品质量安全有关的记录和其他资料；对经检测不符合农产品质量安全标准的农产品，有权查封、扣押。

第四十条 发生农产品质量安全事故时，有关单位和个人应当采取控制措施，及时向所在地乡级人民政府和县级人民政府农业行政主管部门报告；收到报告的机关应当及时处理并报上一级人民政府和有关部门。发生重大农产品质量安全事故时，农业行政主管部门应当及时通报同级食品药品监督管理部门。

第四十一条 县级以上人民政府农业行政主管部门在农产品质量安全监督管理中，发现有本法第三十三条所列情形之一的农产品，应当按照农产品质量安全责任追究制度的要求，查明责任人，依法予以处理或者提出处理建议。

第四十二条 进口的农产品必须按照国家规定的农产品质量安全标准进行检验；尚未制定有关农产品质量安全标准的，应当依法及时制定，未制定之前，可以参照国家有关部门指定的国外有关标准进行检验。

第七章 法律责任

第四十三条 农产品质量安全监督管理人员不依法履行监督职责，或者滥用职权的，依法给予行政处分。

第四十四条 农产品质量安全检测机构伪造检测结果的，责令改正，没收违法所得，并处 5 万元以上 10 万元以下罚款，对直接负责的主管人员和其他直接责任人员处 1 万元以上 5 万元以下罚款；情节严重的，撤销其检测资格；造成损害的，依法承担赔偿责任。

农产品质量安全检测机构出具检测结果不实，造成损害的，依法承担赔偿责任；造成重大损害的，并撤销其检测资格。

第四十五条 违反法律、法规规定，向农产品产地排放或者倾倒废水、废气、固体废物或者其他有毒有害物质的，依照有关环境保护法律、法规的规定处罚；造成损害的，依法承担赔偿责任。

第四十六条 使用农业投入品违反法律、行政法规和国务院农业行政主管部门的规定的，依照有关法律、行政法规的规定处罚。

第四十七条 农产品生产企业、农民专业合作经济组织未建立或者未按照规定保存农产品生产记录的，或者伪造农产品生产记录的，责令限期改正；逾期不改正的，可以处2 000元以下罚款。

第四十八条 违反本法第二十八条规定，销售的农产品未按照规定进行包装、标识的，责令限期改正；逾期不改正的，可以处2 000元以下罚款。

第四十九条 有本法第三十三条第四项规定情形，使用的保鲜剂、防腐剂、添加剂等材料不符合国家有关强制性的技术规范的，责令停止销售，对被污染的农产品进行无害化处理，对不能进行无害化处理的予以监督销毁；没收违法所得，并处2 000元以上2万元以下罚款。

第五十条 农产品生产企业、农民专业合作经济组织销售的农产品有本法第三十三条第一项至第三项或者第五项所列情形之一的，责令停止销售，追回已经销售的农产品，对违法销售的农产品进行无害化处理或者予以监督销毁；没收违法所得，并处2 000元以上2万元以下罚款。

农产品销售企业销售的农产品有前款所列情形的，依照前款规定处理、处罚。

农产品批发市场中销售的农产品有第一款所列情形的，对违法销售的农产品依照第一款规定处理，对农产品销售者依照第一款规定处罚。

农产品批发市场违反本法第三十七条第一款规定的，责令改正，处2 000元以上2万元以下罚款。

第五十一条 违反本法第三十二条规定，冒用农产品质量标志的，责令改正，没收违法所得，并处2 000元以上2万元以下罚款。

第五十二条 本法第四十四条、第四十七条至第四十九条、第五十条第一款、第四款和第五十一条规定的处理、处罚，由县级以上人民政府农业行政主管部门决定；第五十条第二款、第三款规定的处理、处罚，由工商行政管理部门决定。

法律对行政处罚及处罚机关有其他规定的，从其规定。但是，对同一违法行为不得重复处罚。

第五十三条 违反本法规定，构成犯罪的，依法追究刑事责任。

第五十四条 生产、销售本法第三十三条所列农产品，给消费者造成损害的，依法承担赔偿责任。

农产品批发市场中销售的农产品有前款规定情形的，消费者可以向农产品批发市场要求赔偿；属于生产者、销售者责任的，农产品批发市场有权追偿。消费者也可以直接向农产品生产者、销售者要求赔偿。

第八章 附 则

第五十五条 生猪屠宰的管理按照国家有关规定执行。

第五十六条 本法自2006年11月1日起施行。

农产品质量安全检测机构考核办法

中华人民共和国农业部令2007年第7号

（《农产品质量安全检测机构考核办法》业经2007年10月30日农业部第13次常务会议审议通过）

第一章 总 则

第一条 为加强农产品质量安全检测机构管理，规范农产品质量安全检测机构考核，根据《中华人民共和国农产品质量安全法》等有关法律、行政法规的规定，制定本办法。

第二条 本办法所称考核，是指省级以上人民政府农业行政主管部门按照法律、法规以及相关标准和技术规范的要求，对向社会出具具有证明作用的数据和结果的农产品质量安全检测机构进行条件与能力评审和确认的活动。

第三条 农产品质量安全检测机构经考核和计量认证合格后，方可对外从事农产品、农业投入品和产地环境检测工作。

第四条 农业部负责全国农产品质量安全检测机构考核的监督管理工作。

省、自治区、直辖市人民政府农业行政主管部门（以下简称省级农业行政主管部门）负责本行政区域农产品质量安全检测机构考核的监督管理工作。

第五条 农产品质量安全检测机构建设，应当统筹规划，合理布局。鼓励检测资源共享，推进县级农产品综合性质检测机构建设。

第二章 基本条件与能力要求

第六条 农产品质量安全检测机构应当依法设立，保证客观、公正和独立地从事检测活动，并承担相应的法律责任。

第七条 农产品质量安全检测机构应当具有与其从事的农产品质量安全检测活动相适应的管理和技术人员。

从事农产品质量安全检测的技术人员应当具有相关专业中专以上学历，并经省级以上人民政府农业行政主管部门考核合格。

第八条 农产品质量安全检测机构的技术人员应当不少于5人，其中中级职称以上人员比例不低于40%。

技术负责人和质量负责人应当具有中级以上技术职称，并从事农产品质量安全相关工作5年以上。

第九条 农产品质量安全检测机构应当具有与其从事的农产品质量安全检测活动相适应的检测仪器设备，仪器设备配备率达到98%，在用仪器设备完好率达到100%。

第十条　农产品质量安全检测机构应当具有与检测活动相适应的固定工作场所，并具备保证检测数据准确的环境条件。

从事相关田间试验和饲养实验动物试验检测的，还应当符合检疫、防疫和环保的要求。

从事农业转基因生物及其产品检测的，还应当具备防范对人体、动植物和环境产生危害的条件。

第十一条　农产品质量安全检测机构应当建立质量管理与质量保证体系。

第十二条　农产品质量安全检测机构应当具有相对稳定的工作经费。

第三章　申请与评审

第十三条　申请考核的农产品质量安全检测机构（以下简称申请人），应当向农业部或者省级人民政府农业行政主管部门（以下简称考核机关）提出书面申请。

国务院有关部门依法设立或者授权的农产品质量安全检测机构，经有关部门审核同意后向农业部提出申请。

其他农产品质量安全检测机构，向所在地省级人民政府农业行政主管部门提出申请。

第十四条　申请人应当向考核机关提交下列材料：

（一）申请书；

（二）机构法人资格证书或者其授权的证明文件；

（三）上级或者有关部门批准机构设置的证明文件；

（四）质量体系文件；

（五）计量认证情况；

（六）近两年内的典型性检验报告 2 份；

（七）其他证明材料。

第十五条　考核机关设立或者委托的技术审查机构，负责对申请材料进行初审。

第十六条　考核机关受理申请的，应当及时通知申请人，并将申请材料送技术审查机构；不予受理的，应当及时通知申请人并说明理由。

第十七条　技术审查机构应当自收到申请材料之日起 10 个工作日内完成对申请材料的初审，并向考核机关提交初审报告。

通过初审的，考核机关安排现场评审；未通过初审的，考核机关应当出具初审不合格通知书。

第十八条　现场评审实行评审专家组负责制。专家组由 3 ~ 5 名评审员组成。

评审员应当具有高级以上技术职称、从事农产品质量安全检测或相关工作 5 年以上，并经农业部考核合格。

评审专家组应当在 3 个工作日内完成评审工作，并向考核机关提交现场评审报告。

第十九条　现场评审应当包括以下内容：

（一）质量体系运行情况；

（二）检测仪器设备和设施条件；

（三）检测能力。

第四章　审批与颁证

第二十条　考核机关应当自收到现场评审报告之日起 10 个工作日内，做出申请人是否通过考核的决定。

通过考核的，颁发《中华人民共和国农产品质量安全检测机构考核合格证书》（以下简称《考核合格证书》），准许使用农产品质量安全检测考核标志，并予以公告。

未通过考核的，书面通知申请人并说明理由。

第二十一条　《考核合格证书》应当载明农产品质量安全检测机构名称、检测范围和有效期等内容。

第二十二条　省级农业行政主管部门应当自颁发《考核合格证书》之日起 15 个工作日内向农业部备案。

第五章　延续与变更

第二十三条　《考核合格证书》有效期为 3 年。

证书期满继续从事农产品质量安全检测工作的，应当在有效期满前六个月内提出申请，重新办理《考核合格证书》。

第二十四条　在证书有效期内，农产品质量安全检测机构法定代表人、名称或者地址变更的，应当向原考核机关办理变更手续。

第二十五条　在证书有效期内，农产品质量安全检测机构有下列情形之一的，应当向原考核机关重新申请考核：

（一）检测机构分设或者合并的；

（二）检测仪器设备和设施条件发生重大变化的；

（三）检测项目增加的。

第六章　监督管理

第二十六条　农业部负责对农产品质量安全检测机构进行能力验证和检查。不符合条件的，责令限期改正；逾期不改正的，由考核机关撤销其《考核合格证书》。

第二十七条　对于农产品质量安全检测机构考核工作中的违法行为，任何单位和个人均可以向考核机关举报。考核机关应当对举报内容进行调查核实，并为举报人保密。

第二十八条　考核机关在考核中发现农产品质量安全检测机构有下列行为之一的，应当予以警告；情节严重的，取消考核资格，一年内不再受理其考核申请：

（一）隐瞒有关情况或者弄虚作假的；

（二）采取贿赂等不正当手段的。

第二十九条　农产品质量安全检测机构有下列行为之一的，考核机关应当视情况注销其《考核合格证书》：

（一）所在单位撤销或者法人资格终结的；

（二）检测仪器设备和设施条件发生重大变化，不具备相应检测能力，未按本办法规定重新申请考核的；

（三）擅自扩大农产品质量安全检测项目范围的；

（四）依法可注销检测机构资格的其他情形。

第三十条 农产品质量安全检测机构伪造检测结果或者出具虚假证明的，依照《中华人民共和国农产品质量安全法》第四十四条的规定处罚。

第三十一条 从事考核工作的人员不履行职责或者滥用职权的，依法给予处分。

第七章 附 则

第三十二条 法律、行政法规和农业部规章对农业投入品检测机构考核另有规定的，从其规定。

第三十三条 本办法自2008年1月12日起施行。

中华人民共和国畜牧法

中华人民共和国主席令2005年第45号

（2005年12月29日第十届全国人民代表大会常务委员会第19次会议通过，2005年12月29日中华人民共和国主席令第45号公布）

目　　录

第一章　总　则
第二章　畜禽遗传资源保护
第三章　种畜禽品种选育与生产经营
第四章　畜禽养殖
第五章　畜禽交易与运输
第六章　质量安全保障
第七章　法律责任
第八章　附　则

第一章　总　则

第一条　为了规范畜牧业生产经营行为，保障畜禽产品质量安全，保护和合理利用畜禽遗传资源，维护畜牧业生产经营者的合法权益，促进畜牧业持续健康发展，制定本法。

第二条　在中华人民共和国境内从事畜禽的遗传资源保护利用、繁育、饲养、经营、运输等活动，适用本法。

本法所称畜禽，是指列入依照本法第十一条规定公布的畜禽遗传资源目录的畜禽。

蜂、蚕的资源保护利用和生产经营，适用本法有关规定。

第三条　国家支持畜牧业发展，发挥畜牧业在发展农业、农村经济和增加农民收入中的作用。县级以上人民政府应当采取措施，加强畜牧业基础设施建设，鼓励和扶持发展规模化养殖，推进畜牧产业化经营，提高畜牧业综合生产能力，发展优质、高效、生态、安全的畜牧业。

国家帮助和扶持少数民族地区、贫困地区畜牧业的发展，保护和合理利用草原，改善畜牧业生产条件。

第四条　国家采取措施，培养畜牧兽医专业人才，发展畜牧兽医科学技术研究和推广事业，开展畜牧兽医科学技术知识的教育宣传工作和畜牧兽医信息服务，推进畜牧业科技进步。

第五条　畜牧业生产经营者可以依法自愿成立行业协会，为成员提供信息、技术、营销、培训等服务，加强行业自律，维护成员和行业利益。

第六条 畜牧业生产经营者应当依法履行动物防疫和环境保护义务，接受有关主管部门依法实施的监督检查。

第七条 国务院畜牧兽医行政主管部门负责全国畜牧业的监督管理工作。

县级以上地方人民政府畜牧兽医行政主管部门负责本行政区域内的畜牧业监督管理工作。

县级以上人民政府有关主管部门在各自的职责范围内，负责有关促进畜牧业发展的工作。

第八条 国务院畜牧兽医行政主管部门应当指导畜牧业生产经营者改善畜禽繁育、饲养、运输的条件和环境。

第二章 畜禽遗传资源保护

第九条 国家建立畜禽遗传资源保护制度。各级人民政府应当采取措施，加强畜禽遗传资源保护，畜禽遗传资源保护经费列入财政预算。

畜禽遗传资源保护以国家为主，鼓励和支持有关单位、个人依法发展畜禽遗传资源保护事业。

第十条 国务院畜牧兽医行政主管部门设立由专业人员组成的国家畜禽遗传资源委员会，负责畜禽遗传资源的鉴定、评估和畜禽新品种、配套系的审定，承担畜禽遗传资源保护和利用规划论证及有关畜禽遗传资源保护的咨询工作。

第十一条 国务院畜牧兽医行政主管部门负责组织畜禽遗传资源的调查工作，发布国家畜禽遗传资源状况报告，公布经国务院批准的畜禽遗传资源目录。

第十二条 国务院畜牧兽医行政主管部门根据畜禽遗传资源分布状况，制定全国畜禽遗传资源保护和利用规划，制定并公布国家级畜禽遗传资源保护名录，对原产我国的珍贵、稀有、濒危的畜禽遗传资源实行重点保护。

省级人民政府畜牧兽医行政主管部门根据全国畜禽遗传资源保护和利用规划及本行政区域内畜禽遗传资源状况，制定和公布省级畜禽遗传资源保护名录，并报国务院畜牧兽医行政主管部门备案。

第十三条 国务院畜牧兽医行政主管部门根据全国畜禽遗传资源保护和利用规划及国家级畜禽遗传资源保护名录，省级人民政府畜牧兽医行政主管部门根据省级畜禽遗传资源保护名录，分别建立或者确定畜禽遗传资源保种场、保护区和基因库，承担畜禽遗传资源保护任务。

享受中央和省级财政资金支持的畜禽遗传资源保种场、保护区和基因库，未经国务院畜牧兽医行政主管部门或者省级人民政府畜牧兽医行政主管部门批准，不得擅自处理受保护的畜禽遗传资源。

畜禽遗传资源基因库应当按照国务院畜牧兽医行政主管部门或者省级人民政府畜牧兽医行政主管部门的规定，定期采集和更新畜禽遗传材料。有关单位、个人应当配合畜禽遗传资源基因库采集畜禽遗传材料，并有权获得适当的经济补偿。

畜禽遗传资源保种场、保护区和基因库的管理办法由国务院畜牧兽医行政主管部门制定。

第十四条 新发现的畜禽遗传资源在国家畜禽遗传资源委员会鉴定前，省级人民政府畜牧兽医行政主管部门应当制定保护方案，采取临时保护措施，并报国务院畜牧兽医行政主管部门备案。

第十五条 从境外引进畜禽遗传资源的，应当向省级人民政府畜牧兽医行政主管部门提出申请；受理申请的畜牧兽医行政主管部门经审核，报国务院畜牧兽医行政主管部门经评估论证后批准。经批准的，依照《中华人民共和国进出境动植物检疫法》的规定办理相关手续并实施检疫。

从境外引进的畜禽遗传资源被发现对境内畜禽遗传资源、生态环境有危害或者可能产生危害的，国务院畜牧兽医行政主管部门应当商有关主管部门，采取相应的安全控制措施。

第十六条 向境外输出或者在境内与境外机构、个人合作研究利用列入保护名录的畜禽遗传资源的，应当向省级人民政府畜牧兽医行政主管部门提出申请，同时提出国家共享惠益的方案；受理申请的畜牧兽医行政主管部门经审核，报国务院畜牧兽医行政主管部门批准。

向境外输出畜禽遗传资源的，还应当依照《中华人民共和国进出境动植物检疫法》的规定办理相关手续并实施检疫。

新发现的畜禽遗传资源在国家畜禽遗传资源委员会鉴定前，不得向境外输出，不得与境外机构、个人合作研究利用。

第十七条 畜禽遗传资源的进出境和对外合作研究利用的审批办法由国务院规定。

第三章　种畜禽品种选育与生产经营

第十八条 国家扶持畜禽品种的选育和优良品种的推广使用，支持企业、院校、科研机构和技术推广单位开展联合育种，建立畜禽良种繁育体系。

第十九条 培育的畜禽新品种、配套系和新发现的畜禽遗传资源在推广前，应当通过国家畜禽遗传资源委员会审定或者鉴定，并由国务院畜牧兽医行政主管部门公告。畜禽新品种、配套系的审定办法和畜禽遗传资源的鉴定办法，由国务院畜牧兽医行政主管部门制定。审定或者鉴定所需的试验、检测等费用由申请者承担，收费办法由国务院财政、价格部门会同国务院畜牧兽医行政主管部门制定。

培育新的畜禽品种、配套系进行中间试验，应当经试验所在地省级人民政府畜牧兽医行政主管部门批准。

畜禽新品种、配套系培育者的合法权益受法律保护。

第二十条 转基因畜禽品种的培育、试验、审定和推广，应当符合国家有关农业转基因生物管理的规定。

第二十一条 省级以上畜牧兽医技术推广机构可以组织开展种畜优良个体登记，向社会推荐优良种畜。优良种畜登记规则由国务院畜牧兽医行政主管部门制定。

第二十二条 从事种畜禽生产经营或者生产商品代仔畜、雏禽的单位、个人，应当取得种畜禽生产经营许可证。申请人持种畜禽生产经营许可证依法办理工商登记，取得营业执照后，方可从事生产经营活动。

申请取得种畜禽生产经营许可证，应当具备下列条件：

（一）生产经营的种畜禽必须是通过国家畜禽遗传资源委员会审定或者鉴定的品种、配套系，或者是经批准引进的境外品种、配套系；

（二）有与生产经营规模相适应的畜牧兽医技术人员；

（三）有与生产经营规模相适应的繁育设施设备；

（四）具备法律、行政法规和国务院畜牧兽医行政主管部门规定的种畜禽防疫条件；

（五）有完善的质量管理和育种记录制度；

（六）具备法律、行政法规规定的其他条件。

第二十三条 申请取得生产家畜卵子、冷冻精液、胚胎等遗传材料的生产经营许可证，除应当符合本法第二十二条第二款规定的条件外，还应当具备下列条件：

（一）符合国务院畜牧兽医行政主管部门规定的实验室、保存和运输条件；

（二）符合国务院畜牧兽医行政主管部门规定的种畜数量和质量要求；

（三）体外授精取得的胚胎、使用的卵子来源明确，供体畜符合国家规定的种畜健康标准和质量要求；

（四）符合国务院畜牧兽医行政主管部门规定的其他技术要求。

第二十四条 申请取得生产家畜卵子、冷冻精液、胚胎等遗传材料的生产经营许可证，应当向省级人民政府畜牧兽医行政主管部门提出申请。受理申请的畜牧兽医行政主管部门应当自收到申请之日起30个工作日内完成审核，并报国务院畜牧兽医行政主管部门审批；国务院畜牧兽医行政主管部门应当自收到申请之日起60个工作日内依法决定是否发给生产经营许可证。

其他种畜禽的生产经营许可证由县级以上地方人民政府畜牧兽医行政主管部门审核发放，具体审核发放办法由省级人民政府规定。

种畜禽生产经营许可证样式由国务院畜牧兽医行政主管部门制定，许可证有效期为3年。发放种畜禽生产经营许可证可以收取工本费，具体收费管理办法由国务院财政、价格部门制定。

第二十五条 种畜禽生产经营许可证应当注明生产经营者名称、场（厂）址、生产经营范围及许可证有效期的起止日期等。

禁止任何单位、个人无种畜禽生产经营许可证或者违反种畜禽生产经营许可证的规定生产经营种畜禽。禁止伪造、变造、转让、租借种畜禽生产经营许可证。

第二十六条 农户饲养的种畜禽用于自繁自养和有少量剩余仔畜、雏禽出售的，农户饲养种公畜进行互助配种的，不需要办理种畜禽生产经营许可证。

第二十七条 专门从事家畜人工授精、胚胎移植等繁殖工作的人员，应当取得相应的国家职业资格证书。

第二十八条 发布种畜禽广告的，广告主应当提供种畜禽生产经营许可证和营业执照。广告内容应当符合有关法律、行政法规的规定，并注明种畜禽品种、配套系的审定或者鉴定名称；对主要性状的描述应当符合该品种、配套系的标准。

第二十九条 销售的种畜禽和家畜配种站（点）使用的种公畜，必须符合种用标准。销售种畜禽时，应当附具种畜禽场出具的种畜禽合格证明、动物防疫监督机构出具的检疫合格证明，销售的种畜还应当附具种畜禽场出具的家畜系谱。

生产家畜卵子、冷冻精液、胚胎等遗传材料，应当有完整的采集、销售、移植等记录，记录应当保存2年。

第三十条 销售种畜禽，不得有下列行为：

（一）以其他畜禽品种、配套系冒充所销售的种畜禽品种、配套系；

（二）以低代别种畜禽冒充高代别种畜禽；

（三）以不符合种用标准的畜禽冒充种畜禽；

（四）销售未经批准进口的种畜禽；

（五）销售未附具本法第二十九条规定的种畜禽合格证明、检疫合格证明的种畜禽或者未附具家畜系谱的种畜；

（六）销售未经审定或者鉴定的种畜禽品种、配套系。

第三十一条 申请进口种畜禽的，应当持有种畜禽生产经营许可证。进口种畜禽的批准文件有效期为六个月。

进口的种畜禽应当符合国务院畜牧兽医行政主管部门规定的技术要求。首次进口的种畜禽还应当由国家畜禽遗传资源委员会进行种用性能的评估。

种畜禽的进出口管理除适用前两款的规定外，还适用本法第十五条和第十六条的相关规定。

国家鼓励畜禽养殖者对进口的畜禽进行新品种、配套系的选育；选育的新品种、配套系在推广前，应当经国家畜禽遗传资源委员会审定。

第三十二条 种畜禽场和孵化场（厂）销售商品代仔畜、雏禽的，应当向购买者提供其销售的商品代仔畜、雏禽的主要生产性能指标、免疫情况、饲养技术要求和有关咨询服务，并附具动物防疫监督机构出具的检疫合格证明。

销售种畜禽和商品代仔畜、雏禽，因质量问题给畜禽养殖者造成损失的，应当依法赔偿损失。

第三十三条 县级以上人民政府畜牧兽医行政主管部门负责种畜禽质量安全的监督管理工作。种畜禽质量安全的监督检验应当委托具有法定资质的种畜禽质量检验机构进行；所需检验费用按照国务院规定列支，不得向被检验人收取。

第三十四条 蚕种的资源保护、新品种选育、生产经营和推广适用本法有关规定，具体管理办法由国务院农业行政主管部门制定。

第四章　畜禽养殖

第三十五条 县级以上人民政府畜牧兽医行政主管部门应当根据畜牧业发展规划和市场需求，引导和支持畜牧业结构调整，发展优势畜禽生产，提高畜禽产品市场竞争力。

国家支持草原牧区开展草原围栏、草原水利、草原改良、饲草饲料基地等草原基本建设，优化畜群结构，改良牲畜品种，转变生产方式，发展舍饲圈养、划区轮牧，逐步实现畜草平衡，改善草原生态环境。

第三十六条 国务院和省级人民政府应当在其财政预算内安排支持畜牧业发展的良种补贴、贴息补助等资金，并鼓励有关金融机构通过提供贷款、保险服务等形式，支持畜禽养殖者购买优良畜禽、繁育良种、改善生产设施、扩大养殖规模，提高养殖效益。

第三十七条　国家支持农村集体经济组织、农民和畜牧业合作经济组织建立畜禽养殖场、养殖小区，发展规模化、标准化养殖。乡（镇）土地利用总体规划应当根据本地实际情况安排畜禽养殖用地。农村集体经济组织、农民、畜牧业合作经济组织按照乡（镇）土地利用总体规划建立的畜禽养殖场、养殖小区用地按农业用地管理。畜禽养殖场、养殖小区用地使用权期限届满，需要恢复为原用途的，由畜禽养殖场、养殖小区土地使用权人负责恢复。在畜禽养殖场、养殖小区用地范围内需要兴建永久性建（构）筑物，涉及农用地转用的，依照《中华人民共和国土地管理法》的规定办理。

第三十八条　国家设立的畜牧兽医技术推广机构，应当向农民提供畜禽养殖技术培训、良种推广、疫病防治等服务。县级以上人民政府应当保障国家设立的畜牧兽医技术推广机构从事公益性技术服务的工作经费。

国家鼓励畜禽产品加工企业和其他相关生产经营者为畜禽养殖者提供所需的服务。

第三十九条　畜禽养殖场、养殖小区应当具备下列条件：

（一）有与其饲养规模相适应的生产场所和配套的生产设施；

（二）有为其服务的畜牧兽医技术人员；

（三）具备法律、行政法规和国务院畜牧兽医行政主管部门规定的防疫条件；

（四）有对畜禽粪便、废水和其他固体废弃物进行综合利用的沼气池等设施或者其他无害化处理设施；

（五）具备法律、行政法规规定的其他条件。

养殖场、养殖小区兴办者应当将养殖场、养殖小区的名称、养殖地址、畜禽品种和养殖规模，向养殖场、养殖小区所在地县级人民政府畜牧兽医行政主管部门备案，取得畜禽标识代码。

省级人民政府根据本行政区域畜牧业发展状况制定畜禽养殖场、养殖小区的规模标准和备案程序。

第四十条　禁止在下列区域内建设畜禽养殖场、养殖小区：

（一）生活饮用水的水源保护区，风景名胜区，以及自然保护区的核心区和缓冲区；

（二）城镇居民区、文化教育科学研究区等人口集中区域；

（三）法律、法规规定的其他禁养区域。

第四十一条　畜禽养殖场应当建立养殖档案，载明以下内容：

（一）畜禽的品种、数量、繁殖记录、标识情况、来源和进出场日期；

（二）饲料、饲料添加剂、兽药等投入品的来源、名称、使用对象、时间和用量；

（三）检疫、免疫、消毒情况；

（四）畜禽发病、死亡和无害化处理情况；

（五）国务院畜牧兽医行政主管部门规定的其他内容。

第四十二条　畜禽养殖场应当为其饲养的畜禽提供适当的繁殖条件和生存、生长环境。

第四十三条　从事畜禽养殖，不得有下列行为：

（一）违反法律、行政法规的规定和国家技术规范的强制性要求使用饲料、饲料添加剂、兽药；

（二）使用未经高温处理的餐馆、食堂的泔水饲喂家畜；

（三）在垃圾场或者使用垃圾场中的物质饲养畜禽；

（四）法律、行政法规和国务院畜牧兽医行政主管部门规定的危害人和畜禽健康的其他行为。

第四十四条 从事畜禽养殖，应当依照《中华人民共和国动物防疫法》的规定，做好畜禽疫病的防治工作。

第四十五条 畜禽养殖者应当按照国家关于畜禽标识管理的规定，在应当加施标识的畜禽的指定部位加施标识。畜牧兽医行政主管部门提供标识不得收费，所需费用列入省级人民政府财政预算。

畜禽标识不得重复使用。

第四十六条 畜禽养殖场、养殖小区应当保证畜禽粪便、废水及其他固体废弃物综合利用或者无害化处理设施的正常运转，保证污染物达标排放，防止污染环境。

畜禽养殖场、养殖小区违法排放畜禽粪便、废水及其他固体废弃物，造成环境污染危害的，应当排除危害，依法赔偿损失。

国家支持畜禽养殖场、养殖小区建设畜禽粪便、废水及其他固体废弃物的综合利用设施。

第四十七条 国家鼓励发展养蜂业，维护养蜂生产者的合法权益。

有关部门应当积极宣传和推广蜜蜂授粉农艺措施。

第四十八条 养蜂生产者在生产过程中，不得使用危害蜂产品质量安全的药品和容器，确保蜂产品质量。养蜂器具应当符合国家技术规范的强制性要求。

第四十九条 养蜂生产者在转地放蜂时，当地公安、交通运输、畜牧兽医等有关部门应当为其提供必要的便利。

养蜂生产者在国内转地放蜂，凭国务院畜牧兽医行政主管部门统一格式印制的检疫合格证明运输蜂群，在检疫合格证明有效期内不得重复检疫。

第五章 畜禽交易与运输

第五十条 县级以上人民政府应当促进开放统一、竞争有序的畜禽交易市场建设。

县级以上人民政府畜牧兽医行政主管部门和其他有关主管部门应当组织搜集、整理、发布畜禽产销信息，为生产者提供信息服务。

第五十一条 县级以上地方人民政府根据农产品批发市场发展规划，对在畜禽集散地建立畜禽批发市场给予扶持。

畜禽批发市场选址，应当符合法律、行政法规和国务院畜牧兽医行政主管部门规定的动物防疫条件，并距离种畜禽场和大型畜禽养殖场 3 000 米以外。

第五十二条 进行交易的畜禽必须符合国家技术规范的强制性要求。

国务院畜牧兽医行政主管部门规定应当加施标识而没有标识的畜禽，不得销售和收购。

第五十三条 运输畜禽，必须符合法律、行政法规和国务院畜牧兽医行政主管部门规定的动物防疫条件，采取措施保护畜禽安全，并为运输的畜禽提供必要的空间和饲喂饮水条件。

有关部门对运输中的畜禽进行检查，应当有法律、行政法规的依据。

第六章 质量安全保障

第五十四条 县级以上人民政府应当组织畜牧兽医行政主管部门和其他有关主管部门，依照本法和有关法律、行政法规的规定，加强对畜禽饲养环境、种畜禽质量、饲料和兽药等投入品的使用以及畜禽交易与运输的监督管理。

第五十五条 国务院畜牧兽医行政主管部门应当制定畜禽标识和养殖档案管理办法，采取措施落实畜禽产品质量责任追究制度。

第五十六条 县级以上人民政府畜牧兽医行政主管部门应当制定畜禽质量安全监督检查计划，按计划开展监督抽查工作。

第五十七条 省级以上人民政府畜牧兽医行政主管部门应当组织制定畜禽生产规范，指导畜禽的安全生产。

第七章 法律责任

第五十八条 违反本法第十三条第二款规定，擅自处理受保护的畜禽遗传资源，造成畜禽遗传资源损失的，由省级以上人民政府畜牧兽医行政主管部门处5万元以上50万元以下罚款。

第五十九条 违反本法有关规定，有下列行为之一的，由省级以上人民政府畜牧兽医行政主管部门责令停止违法行为，没收畜禽遗传资源和违法所得，并处1万元以上5万元以下罚款：

（一）未经审核批准，从境外引进畜禽遗传资源的；

（二）未经审核批准，在境内与境外机构、个人合作研究利用列入保护名录的畜禽遗传资源的；

（三）在境内与境外机构、个人合作研究利用未经国家畜禽遗传资源委员会鉴定的新发现的畜禽遗传资源的。

第六十条 未经国务院畜牧兽医行政主管部门批准，向境外输出畜禽遗传资源的，依照《中华人民共和国海关法》的有关规定追究法律责任。海关应当将扣留的畜禽遗传资源移送省级人民政府畜牧兽医行政主管部门处理。

第六十一条 违反本法有关规定，销售、推广未经审定或者鉴定的畜禽品种的，由县级以上人民政府畜牧兽医行政主管部门责令停止违法行为，没收畜禽和违法所得；违法所得在5万元以上的，并处违法所得1倍以上3倍以下罚款；没有违法所得或者违法所得不足5万元的，并处5 000元以上5万元以下罚款。

第六十二条 违反本法有关规定，无种畜禽生产经营许可证或者违反种畜禽生产经营许可证的规定生产经营种畜禽的，转让、租借种畜禽生产经营许可证的，由县级以上人民政府畜牧兽医行政主管部门责令停止违法行为，没收违法所得；违法所得在3万元以上的，并处违法所得1倍以上3倍以下罚款；没有违法所得或者违法所得不足3万元的，并处 3 000 元以上 3 万元以下罚款。违反种畜禽生产经营许可证的规定生产经营种畜禽或者转让、租借种畜禽生产经营许可证，情节严重的，并处吊销种畜禽生产经营许可证。

第六十三条 违反本法第二十八条规定的，依照《中华人民共和国广告法》的有关规定追究法律责任。

第六十四条 违反本法有关规定，使用的种畜禽不符合种用标准的，由县级以上地方人民政府畜牧兽医行政主管部门责令停止违法行为，没收违法所得；违法所得在 5 000 元以上的，并处违法所得一倍以上 2 倍以下罚款；没有违法所得或者违法所得不足 5 000 元的，并处 1 000 元以上 5 000 元以下罚款。

第六十五条 销售种畜禽有本法第三十条第一项至第四项违法行为之一的，由县级以上人民政府畜牧兽医行政主管部门或者工商行政管理部门责令停止销售，没收违法销售的畜禽和违法所得；违法所得在 5 万元以上的，并处违法所得 1 倍以上 5 倍以下罚款；没有违法所得或者违法所得不足 5 万元的，并处 5 000 元以上 5 万元以下罚款；情节严重的，并处吊销种畜禽生产经营许可证或者营业执照。

第六十六条 违反本法第四十一条规定，畜禽养殖场未建立养殖档案的，或者未按照规定保存养殖档案的，由县级以上人民政府畜牧兽医行政主管部门责令限期改正，可以处 1 万元以下罚款。

第六十七条 违反本法第四十三条规定养殖畜禽的，依照有关法律、行政法规的规定处罚。

第六十八条 违反本法有关规定，销售的种畜禽未附具种畜禽合格证明、检疫合格证明、家畜系谱的，销售、收购国务院畜牧兽医行政主管部门规定应当加施标识而没有标识的畜禽的，或者重复使用畜禽标识的，由县级以上地方人民政府畜牧兽医行政主管部门或者工商行政管理部门责令改正，可以处 2 000 元以下罚款。

违反本法有关规定，使用伪造、变造的畜禽标识的，由县级以上人民政府畜牧兽医行政主管部门没收伪造、变造的畜禽标识和违法所得，并处 3 000 元以上 3 万元以下罚款。

第六十九条 销售不符合国家技术规范的强制性要求的畜禽的，由县级以上地方人民政府畜牧兽医行政主管部门或者工商行政管理部门责令停止违法行为，没收违法销售的畜禽和违法所得，并处违法所得 1 倍以上 3 倍以下罚款；情节严重的，由工商行政管理部门并处吊销营业执照。

第七十条 畜牧兽医行政主管部门的工作人员利用职务上的便利，收受他人财物或者谋取其他利益，对不符合法定条件的单位、个人核发许可证或者有关批准文件，不履行监督职责，或者发现违法行为不予查处的，依法给予行政处分。

第七十一条 种畜禽生产经营者被吊销种畜禽生产经营许可证的，由畜牧兽医行政主管部门自吊销许可证之日起 10 日内通知工商行政管理部门。种畜禽生产经营者应当依法到工商行政管理部门办理变更登记或者注销登记。

第七十二条 违反本法规定，构成犯罪的，依法追究刑事责任。

第八章　附　则

第七十三条 本法所称畜禽遗传资源，是指畜禽及其卵子（蛋）、胚胎、精液、基因物质等遗传材料。

本法所称种畜禽，是指经过选育、具有种用价值、适于繁殖后代的畜禽及其卵子(蛋)、胚胎、精液等。

第七十四条 本法自2006年7月1日起施行。

中华人民共和国行政许可法

中华人民共和国主席令2003年第7号

（2003年8月27日第10届全国人民代表大会常务委员会第4次会议通过，2003年8月27日中华人民共和国主席令第7号发布）

目　录

第一章　总　则

第一条　为了规范行政许可的设定和实施，保护公民、法人和其他组织的合法权益，维护公共利益和社会秩序，保障和监督行政机关有效实施行政管理，根据宪法，制定本法。

第二条　本法所称行政许可，是指行政机关根据公民、法人或者其他组织的申请，经依法审查，准予其从事特定活动的行为。

第三条　行政许可的设定和实施，适用本法。

有关行政机关对其他机关或者对其直接管理的事业单位的人事、财务、外事等事项的审批，不适用本法。

第四条　设定和实施行政许可，应当依照法定的权限、范围、条件和程序。

第五条　设定和实施行政许可，应当遵循公开、公平、公正的原则。

有关行政许可的规定应当公布；未经公布的，不得作为实施行政许可的依据。行政许可的实施和结果，除涉及国家秘密、商业秘密或者个人隐私的外，应当公开。

符合法定条件、标准的，申请人有依法取得行政许可的平等权利，行政机关不得歧视。

第六条 实施行政许可，应当遵循便民的原则，提高办事效率，提供优质服务。

第七条 公民、法人或者其他组织对行政机关实施行政许可，享有陈述权、申辩权；有权依法申请行政复议或者提起行政诉讼；其合法权益因行政机关违法实施行政许可受到损害的，有权依法要求赔偿。

第八条 公民、法人或者其他组织依法取得的行政许可受法律保护，行政机关不得擅自改变已经生效的行政许可。

行政许可所依据的法律、法规、规章修改或者废止，或者准予行政许可所依据的客观情况发生重大变化的，为了公共利益的需要，行政机关可以依法变更或者撤回已经生效的行政许可。由此给公民、法人或者其他组织造成财产损失的，行政机关应当依法给予补偿。

第九条 依法取得的行政许可，除法律、法规规定依照法定条件和程序可以转让的外，不得转让。

第十条 县级以上人民政府应当建立健全对行政机关实施行政许可的监督制度，加强对行政机关实施行政许可的监督检查。

行政机关应当对公民、法人或者其他组织从事行政许可事项的活动实施有效监督。

第二章　行政许可的设定

第十一条 设定行政许可，应当遵循经济和社会发展规律，有利于发挥公民、法人或者其他组织的积极性、主动性，维护公共利益和社会秩序，促进经济、社会和生态环境协调发展。

第十二条 下列事项可以设定行政许可：

（一）直接涉及国家安全、公共安全、经济宏观调控、生态环境保护以及直接关系人身健康、生命财产安全等特定活动，需要按照法定条件予以批准的事项；

（二）有限自然资源开发利用、公共资源配置以及直接关系公共利益的特定行业的市场准入等，需要赋予特定权利的事项；

（三）提供公众服务并且直接关系公共利益的职业、行业，需要确定具备特殊信誉、特殊条件或者特殊技能等资格、资质的事项；

（四）直接关系公共安全、人身健康、生命财产安全的重要设备、设施、产品、物品，需要按照技术标准、技术规范，通过检验、检测、检疫等方式进行审定的事项；

（五）企业或者其他组织的设立等，需要确定主体资格的事项；

（六）法律、行政法规规定可以设定行政许可的其他事项。

第十三条 本法第十二条所列事项，通过下列方式能够予以规范的，可以不设行政许可：

（一）公民、法人或者其他组织能够自主决定的；

（二）市场竞争机制能够有效调节的；

（三）行业组织或者中介机构能够自律管理的；

（四）行政机关采用事后监督等其他行政管理方式能够解决的。

第十四条 本法第十二条所列事项，法律可以设定行政许可。尚未制定法律的，行政法规可以设定行政许可。

必要时，国务院可以采用发布决定的方式设定行政许可。实施后，除临时性行政许可事项外，国务院应当及时提请全国人民代表大会及其常务委员会制定法律，或者自行制定行政法规。

第十五条 本法第十二条所列事项，尚未制定法律、行政法规的，地方性法规可以设定行政许可；尚未制定法律、行政法规和地方性法规的，因行政管理的需要，确需立即实施行政许可的，省、自治区、直辖市人民政府规章可以设定临时性的行政许可。临时性的行政许可实施满一年需要继续实施的，应当提请本级人民代表大会及其常务委员会制定地方性法规。

地方性法规和省、自治区、直辖市人民政府规章，不得设定应当由国家统一确定的公民、法人或者其他组织的资格、资质的行政许可；不得设定企业或者其他组织的设立登记及其前置性行政许可。其设定的行政许可，不得限制其他地区的个人或者企业到本地区从事生产经营和提供服务，不得限制其他地区的商品进入本地区市场。

第十六条 行政法规可以在法律设定的行政许可事项范围内，对实施该行政许可作出具体规定。

地方性法规可以在法律、行政法规设定的行政许可事项范围内，对实施该行政许可作出具体规定。

规章可以在上位法设定的行政许可事项范围内，对实施该行政许可作出具体规定。

法规、规章对实施上位法设定的行政许可作出的具体规定，不得增设行政许可；对行政许可条件作出的具体规定，不得增设违反上位法的其他条件。

第十七条 除本法第十四条、第十五条规定的外，其他规范性文件一律不得设定行政许可。

第十八条 设定行政许可，应当规定行政许可的实施机关、条件、程序、期限。

第十九条 起草法律草案、法规草案和省、自治区、直辖市人民政府规章草案，拟设定行政许可的，起草单位应当采取听证会、论证会等形式听取意见，并向制定机关说明设定该行政许可的必要性、对经济和社会可能产生的影响以及听取和采纳意见的情况。

第二十条 行政许可的设定机关应当定期对其设定的行政许可进行评价；对已设定的行政许可，认为通过本法第十三条所列方式能够解决的，应当对设定该行政许可的规定及时予以修改或者废止。

行政许可的实施机关可以对已设定的行政许可的实施情况及存在的必要性适时进行评价，并将意见报告该行政许可的设定机关。

公民、法人或者其他组织可以向行政许可的设定机关和实施机关就行政许可的设定和实施提出意见和建议。

第二十一条 省、自治区、直辖市人民政府对行政法规设定的有关经济事务的行政许可，根据本行政区域经济和社会发展情况，认为通过本法第十三条所列方式能够解决的，报国务院批准后，可以在本行政区域内停止实施该行政许可。

第三章 行政许可的实施机关

第二十二条 行政许可由具有行政许可权的行政机关在其法定职权范围内实施。

第二十三条 法律、法规授权的具有管理公共事务职能的组织，在法定授权范围内，以自己的名义实施行政许可。被授权的组织适用本法有关行政机关的规定。

第二十四条 行政机关在其法定职权范围内，依照法律、法规、规章的规定，可以委托其他行政机关实施行政许可。委托机关应当将受委托行政机关和受委托实施行政许可的内容予以公告。

委托行政机关对受委托行政机关实施行政许可的行为应当负责监督，并对该行为的后果承担法律责任。

受委托行政机关在委托范围内，以委托行政机关名义实施行政许可；不得再委托其他组织或者个人实施行政许可。

第二十五条 经国务院批准，省、自治区、直辖市人民政府根据精简、统一、效能的原则，可以决定一个行政机关行使有关行政机关的行政许可权。

第二十六条 行政许可需要行政机关内设的多个机构办理的，该行政机关应当确定一个机构统一受理行政许可申请，统一送达行政许可决定。

行政许可依法由地方人民政府两个以上部门分别实施的，本级人民政府可以确定一个部门受理行政许可申请并转告有关部门分别提出意见后统一办理，或者组织有关部门联合办理、集中办理。

第二十七条 行政机关实施行政许可，不得向申请人提出购买指定商品、接受有偿服务等不正当要求。

行政机关工作人员办理行政许可，不得索取或者收受申请人的财物，不得谋取其他利益。

第二十八条 对直接关系公共安全、人身健康、生命财产安全的设备、设施、产品、物品的检验、检测、检疫，除法律、行政法规规定由行政机关实施的外，应当逐步由符合法定条件的专业技术组织实施。专业技术组织及其有关人员对所实施的检验、检测、检疫结论承担法律责任。

第四章 行政许可的实施程序

第一节 申请与受理

第二十九条 公民、法人或者其他组织从事特定活动，依法需要取得行政许可的，应当向行政机关提出申请。申请书需要采用格式文本的，行政机关应当向申请人提供行政许可申请书格式文本。申请书格式文本中不得包含与申请行政许可事项没有直接关系的内容。

申请人可以委托代理人提出行政许可申请。但是，依法应当由申请人到行政机关办公场所提出行政许可申请的除外。

行政许可申请可以通过信函、电报、电传、传真、电子数据交换和电子邮件等方式提出。

第三十条 行政机关应当将法律、法规、规章规定的有关行政许可的事项、依据、条件、数量、程序、期限以及需要提交的全部材料的目录和申请书示范文本等在办公场所公示。

申请人要求行政机关对公示内容予以说明、解释的，行政机关应当说明、解释，提供准确、可靠的信息。

第三十一条 申请人申请行政许可，应当如实向行政机关提交有关材料和反映真实情况，并对其申请材料实质内容的真实性负责。行政机关不得要求申请人提交与其申请的行政许可事项无关的技术资料和其他材料。

第三十二条 行政机关对申请人提出的行政许可申请，应当根据下列情况分别作出处理：

（一）申请事项依法不需要取得行政许可的，应当即时告知申请人不受理；

（二）申请事项依法不属于本行政机关职权范围的，应当即时作出不予受理的决定，并告知申请人向有关行政机关申请；

（三）申请材料存在可以当场更正的错误的，应当允许申请人当场更正；

（四）申请材料不齐全或者不符合法定形式的，应当当场或者在5日内一次告知申请人需要补正的全部内容，逾期不告知的，自收到申请材料之日起即为受理；

（五）申请事项属于本行政机关职权范围，申请材料齐全、符合法定形式，或者申请人按照本行政机关的要求提交全部补正申请材料的，应当受理行政许可申请。

行政机关受理或者不予受理行政许可申请，应当出具加盖本行政机关专用印章和注明日期的书面凭证。

第三十三条 行政机关应当建立和完善有关制度，推行电子政务，在行政机关的网站上公布行政许可事项，方便申请人采取数据电文等方式提出行政许可申请；应当与其他行政机关共享有关行政许可信息，提高办事效率。

第二节 审查与决定

第三十四条 行政机关应当对申请人提交的申请材料进行审查。

申请人提交的申请材料齐全、符合法定形式，行政机关能够当场作出决定的，应当当场作出书面的行政许可决定。

根据法定条件和程序，需要对申请材料的实质内容进行核实的，行政机关应当指派两名以上工作人员进行核查。

第三十五条 依法应当先经下级行政机关审查后报上级行政机关决定的行政许可，下级行政机关应当在法定期限内将初步审查意见和全部申请材料直接报送上级行政机关。上级行政机关不得要求申请人重复提供申请材料。

第三十六条 行政机关对行政许可申请进行审查时，发现行政许可事项直接关系他人重大利益的，应当告知该利害关系人。申请人、利害关系人有权进行陈述和申辩。行政机关应当听取申请人、利害关系人的意见。

第三十七条　行政机关对行政许可申请进行审查后，除当场作出行政许可决定的外，应当在法定期限内按照规定程序作出行政许可决定。

第三十八条　申请人的申请符合法定条件、标准的，行政机关应当依法作出准予行政许可的书面决定。

行政机关依法作出不予行政许可的书面决定的，应当说明理由，并告知申请人享有依法申请行政复议或者提起行政诉讼的权利。

第三十九条　行政机关作出准予行政许可的决定，需要颁发行政许可证件的，应当向申请人颁发加盖本行政机关印章的下列行政许可证件：

（一）许可证、执照或者其他许可证书；

（二）资格证、资质证或者其他合格证书；

（三）行政机关的批准文件或者证明文件；

（四）法律、法规规定的其他行政许可证件。

行政机关实施检验、检测、检疫的，可以在检验、检测、检疫合格的设备、设施、产品、物品上加贴标签或者加盖检验、检测、检疫印章。

第四十条　行政机关作出的准予行政许可决定，应当予以公开，公众有权查阅。

第四十一条　法律、行政法规设定的行政许可，其适用范围没有地域限制的，申请人取得的行政许可在全国范围内有效。

第三节　期　限

第四十二条　除可以当场作出行政许可决定的外，行政机关应当自受理行政许可申请之日起 20 日内作出行政许可决定。20 日内不能作出决定的，经本行政机关负责人批准，可以延长 10 日，并应当将延长期限的理由告知申请人。但是，法律、法规另有规定的，依照其规定。

依照本法第二十六条的规定，行政许可采取统一办理或者联合办理、集中办理的，办理的时间不得超过 45 日；45 日内不能办结的，经本级人民政府负责人批准，可以延长 15 日，并应当将延长期限的理由告知申请人。

第四十三条　依法应当先经下级行政机关审查后报上级行政机关决定的行政许可，下级行政机关应当自其受理行政许可申请之日起 20 日内审查完毕。但是，法律、法规另有规定的，依照其规定。

第四十四条　行政机关作出准予行政许可的决定，应当自作出决定之日起 10 日内向申请人颁发、送达行政许可证件，或者加贴标签、加盖检验、检测、检疫印章。

第四十五条　行政机关作出行政许可决定，依法需要听证、招标、拍卖、检验、检测、检疫、鉴定和专家评审的，所需时间不计算在本节规定的期限内。行政机关应当将所需时间书面告知申请人。

第四节　听　证

第四十六条　法律、法规、规章规定实施行政许可应当听证的事项，或者行政机关认为需要听证的其他涉及公共利益的重大行政许可事项，行政机关应当向社会公告，并举行听证。

第四十七条 行政许可直接涉及申请人与他人之间重大利益关系的，行政机关在作出行政许可决定前，应当告知申请人、利害关系人享有要求听证的权利；申请人、利害关系人在被告知听证权利之日起5日内提出听证申请的，行政机关应当在20日内组织听证。

申请人、利害关系人不承担行政机关组织听证的费用。

第四十八条 听证按照下列程序进行：

（一）行政机关应当于举行听证的7日前将举行听证的时间、地点通知申请人、利害关系人，必要时予以公告；

（二）听证应当公开举行；

（三）行政机关应当指定审查该行政许可申请的工作人员以外的人员为听证主持人，申请人、利害关系人认为主持人与该行政许可事项有直接利害关系的，有权申请回避；

（四）举行听证时，审查该行政许可申请的工作人员应当提供审查意见的证据、理由，申请人、利害关系人可以提出证据，并进行申辩和质证；

（五）听证应当制作笔录，听证笔录应当交听证参加人确认无误后签字或者盖章。

行政机关应当根据听证笔录，作出行政许可决定。

第五节 变更与延续

第四十九条 被许可人要求变更行政许可事项的，应当向作出行政许可决定的行政机关提出申请；符合法定条件、标准的，行政机关应当依法办理变更手续。

第五十条 被许可人需要延续依法取得的行政许可的有效期的，应当在该行政许可有效期届满30日前向作出行政许可决定的行政机关提出申请。但是，法律、法规、规章另有规定的，依照其规定。

行政机关应当根据被许可人的申请，在该行政许可有效期届满前作出是否准予延续的决定；逾期未作决定的，视为准予延续。

第六节 特别规定

第五十一条 实施行政许可的程序，本节有规定的，适用本节规定；本节没有规定的，适用本章其他有关规定。

第五十二条 国务院实施行政许可的程序，适用有关法律、行政法规的规定。

第五十三条 实施本法第十二条第二项所列事项的行政许可的，行政机关应当通过招标、拍卖等公平竞争的方式作出决定。但是，法律、行政法规另有规定的，依照其规定。

行政机关通过招标、拍卖等方式作出行政许可决定的具体程序，依照有关法律、行政法规的规定。

行政机关按照招标、拍卖程序确定中标人、买受人后，应当作出准予行政许可的决定，并依法向中标人、买受人颁发行政许可证件。

行政机关违反本条规定，不采用招标、拍卖方式，或者违反招标、拍卖程序，损害申请人合法权益的，申请人可以依法申请行政复议或者提起行政诉讼。

第五十四条 实施本法第十二条第三项所列事项的行政许可，赋予公民特定资格，依法应当举行国家考试的，行政机关根据考试成绩和其他法定条件作出行政许可决定；赋予法人或者其他组织特定的资格、资质的，行政机关根据申请人的专业人员构成、技术条件、经营业绩和管理水平等的考核结果作出行政许可决定。但是，法律、行政法规另有规定的，依照其规定。

公民特定资格的考试依法由行政机关或者行业组织实施，公开举行。行政机关或者行业组织应当事先公布资格考试的报名条件、报考办法、考试科目以及考试大纲。但是，不得组织强制性的资格考试的考前培训，不得指定教材或者其他助考材料。

第五十五条　实施本法第十二条第四项所列事项的行政许可的，应当按照技术标准、技术规范依法进行检验、检测、检疫，行政机关根据检验、检测、检疫的结果作出行政许可决定。

行政机关实施检验、检测、检疫，应当自受理申请之日起5日内指派两名以上工作人员按照技术标准、技术规范进行检验、检测、检疫。不需要对检验、检测、检疫结果作进一步技术分析即可认定设备、设施、产品、物品是否符合技术标准、技术规范的，行政机关应当当场作出行政许可决定。

行政机关根据检验、检测、检疫结果，作出不予行政许可决定的，应当书面说明不予行政许可所依据的技术标准、技术规范。

第五十六条　实施本法第十二条第五项所列事项的行政许可，申请人提交的申请材料齐全、符合法定形式的，行政机关应当当场予以登记。需要对申请材料的实质内容进行核实的，行政机关依照本法第三十四条第三款的规定办理。

第五十七条　有数量限制的行政许可，两个或者两个以上申请人的申请均符合法定条件、标准的，行政机关应当根据受理行政许可申请的先后顺序作出准予行政许可的决定。但是，法律、行政法规另有规定的，依照其规定。

第五章　行政许可的费用

第五十八条　行政机关实施行政许可和对行政许可事项进行监督检查，不得收取任何费用。但是，法律、行政法规另有规定的，依照其规定。

行政机关提供行政许可申请书格式文本，不得收费。

行政机关实施行政许可所需经费应当列入本行政机关的预算，由本级财政予以保障，按照批准的预算予以核拨。

第五十九条　行政机关实施行政许可，依照法律、行政法规收取费用的，应当按照公布的法定项目和标准收费；所收取的费用必须全部上缴国库，任何机关或者个人不得以任何形式截留、挪用、私分或者变相私分。财政部门不得以任何形式向行政机关返还或者变相返还实施行政许可所收取的费用。

第六章　监督检查

第六十条　上级行政机关应当加强对下级行政机关实施行政许可的监督检查，及时纠正行政许可实施中的违法行为。

第六十一条　行政机关应当建立健全监督制度，通过核查反映被许可人从事行政许可事项活动情况的有关材料，履行监督责任。

行政机关依法对被许可人从事行政许可事项的活动进行监督检查时，应当将监督检查的情况和处理结果予以记录，由监督检查人员签字后归档。公众有权查阅行政机关监督检查记录。

行政机关应当创造条件，实现与被许可人、其他有关行政机关的计算机档案系统互联，核查被许可人从事行政许可事项活动情况。

第六十二条 行政机关可以对被许可人生产经营的产品依法进行抽样检查、检验、检测，对其生产经营场所依法进行实地检查。检查时，行政机关可以依法查阅或者要求被许可人报送有关材料；被许可人应当如实提供有关情况和材料。

行政机关根据法律、行政法规的规定，对直接关系公共安全、人身健康、生命财产安全的重要设备、设施进行定期检验。对检验合格的，行政机关应当发给相应的证明文件。

第六十三条 行政机关实施监督检查，不得妨碍被许可人正常的生产经营活动，不得索取或者收受被许可人的财物，不得谋取其他利益。

第六十四条 被许可人在作出行政许可决定的行政机关管辖区域外违法从事行政许可事项活动的，违法行为发生地的行政机关应当依法将被许可人的违法事实、处理结果抄告作出行政许可决定的行政机关。

第六十五条 个人和组织发现违法从事行政许可事项的活动，有权向行政机关举报，行政机关应当及时核实、处理。

第六十六条 被许可人未依法履行开发利用自然资源义务或者未依法履行利用公共资源义务的，行政机关应当责令限期改正；被许可人在规定期限内不改正的，行政机关应当依照有关法律、行政法规的规定予以处理。

第六十七条 取得直接关系公共利益的特定行业的市场准入行政许可的被许可人，应当按照国家规定的服务标准、资费标准和行政机关依法规定的条件，向用户提供安全、方便、稳定和价格合理的服务，并履行普遍服务的义务；未经作出行政许可决定的行政机关批准，不得擅自停业、歇业。

被许可人不履行前款规定的义务的，行政机关应当责令限期改正，或者依法采取有效措施督促其履行义务。

第六十八条 对直接关系公共安全、人身健康、生命财产安全的重要设备、设施，行政机关应当督促设计、建造、安装和使用单位建立相应的自检制度。

行政机关在监督检查时，发现直接关系公共安全、人身健康、生命财产安全的重要设备、设施存在安全隐患的，应当责令停止建造、安装和使用，并责令设计、建造、安装和使用单位立即改正。

第六十九条 有下列情形之一的，作出行政许可决定的行政机关或者其上级行政机关，根据利害关系人的请求或者依据职权，可以撤销行政许可：

（一）行政机关工作人员滥用职权、玩忽职守作出准予行政许可决定的；

（二）超越法定职权作出准予行政许可决定的；

（三）违反法定程序作出准予行政许可决定的；

（四）对不具备申请资格或者不符合法定条件的申请人准予行政许可的；

（五）依法可以撤销行政许可的其他情形。

被许可人以欺骗、贿赂等不正当手段取得行政许可的，应当予以撤销。

依照前两款的规定撤销行政许可，可能对公共利益造成重大损害的，不予撤销。

依照本条第一款的规定撤销行政许可，被许可人的合法权益受到损害的，行政机关应当依法给予赔偿。依照本条第二款的规定撤销行政许可的，被许可人基于行政许可取得的利益不受保护。

第七十条　有下列情形之一的，行政机关应当依法办理有关行政许可的注销手续：

（一）行政许可有效期届满未延续的；

（二）赋予公民特定资格的行政许可，该公民死亡或者丧失行为能力的；

（三）法人或者其他组织依法终止的；

（四）行政许可依法被撤销、撤回，或者行政许可证件依法被吊销的；

（五）因不可抗力导致行政许可事项无法实施的；

（六）法律、法规规定的应当注销行政许可的其他情形。

第七章　法律责任

第七十一条　违反本法第十七条规定设定的行政许可，有关机关应当责令设定该行政许可的机关改正，或者依法予以撤销。

第七十二条　行政机关及其工作人员违反本法的规定，有下列情形之一的，由其上级行政机关或者监察机关责令改正；情节严重的，对直接负责的主管人员和其他直接责任人员依法给予行政处分：

（一）对符合法定条件的行政许可申请不予受理的；

（二）不在办公场所公示依法应当公示的材料的；

（三）在受理、审查、决定行政许可过程中，未向申请人、利害关系人履行法定告知义务的；

（四）申请人提交的申请材料不齐全、不符合法定形式，不一次告知申请人必须补正的全部内容的；

（五）未依法说明不受理行政许可申请或者不予行政许可的理由的；

（六）依法应当举行听证而不举行听证的。

第七十三条　行政机关工作人员办理行政许可、实施监督检查，索取或者收受他人财物或者谋取其他利益，构成犯罪的，依法追究刑事责任；尚不构成犯罪的，依法给予行政处分。

第七十四条　行政机关实施行政许可，有下列情形之一的，由其上级行政机关或者监察机关责令改正，对直接负责的主管人员和其他直接责任人员依法给予行政处分；构成犯罪的，依法追究刑事责任：

（一）对不符合法定条件的申请人准予行政许可或者超越法定职权作出准予行政许可决定的；

（二）对符合法定条件的申请人不予行政许可或者不在法定期限内作出准予行政许可决定的；

（三）依法应当根据招标、拍卖结果或者考试成绩择优作出准予行政许可决定，未经招标、拍卖或者考试，或者不根据招标、拍卖结果或者考试成绩择优作出准予行政许可决定的。

第七十五条 行政机关实施行政许可，擅自收费或者不按照法定项目和标准收费的，由其上级行政机关或者监察机关责令退还非法收取的费用；对直接负责的主管人员和其他直接责任人员依法给予行政处分。

截留、挪用、私分或者变相私分实施行政许可依法收取的费用的，予以追缴；对直接负责的主管人员和其他直接责任人员依法给予行政处分；构成犯罪的，依法追究刑事责任。

第七十六条 行政机关违法实施行政许可，给当事人的合法权益造成损害的，应当依照国家赔偿法的规定给予赔偿。

第七十七条 行政机关不依法履行监督职责或者监督不力，造成严重后果的，由其上级行政机关或者监察机关责令改正，对直接负责的主管人员和其他直接责任人员依法给予行政处分；构成犯罪的，依法追究刑事责任。

第七十八条 行政许可申请人隐瞒有关情况或者提供虚假材料申请行政许可的，行政机关不予受理或者不予行政许可，并给予警告；行政许可申请属于直接关系公共安全、人身健康、生命财产安全事项的，申请人在一年内不得再次申请该行政许可。

第七十九条 被许可人以欺骗、贿赂等不正当手段取得行政许可的，行政机关应当依法给予行政处罚；取得的行政许可属于直接关系公共安全、人身健康、生命财产安全事项的，申请人在3年内不得再次申请该行政许可；构成犯罪的，依法追究刑事责任。

第八十条 被许可人有下列行为之一的，行政机关应当依法给予行政处罚；构成犯罪的，依法追究刑事责任：

（一）涂改、倒卖、出租、出借行政许可证件，或者以其他形式非法转让行政许可的；

（二）超越行政许可范围进行活动的；

（三）向负责监督检查的行政机关隐瞒有关情况、提供虚假材料或者拒绝提供反映其活动情况的真实材料的；

（四）法律、法规、规章规定的其他违法行为。

第八十一条 公民、法人或者其他组织未经行政许可，擅自从事依法应当取得行政许可的活动的，行政机关应当依法采取措施予以制止，并依法给予行政处罚；构成犯罪的，依法追究刑事责任。

第八章　附　则

第八十二条 本法规定的行政机关实施行政许可的期限以工作日计算，不含法定节假日。

第八十三条 本法自2004年7月1日起施行。

本法施行前有关行政许可的规定，制定机关应当依照本法规定予以清理；不符合本法规定的，自本法施行之日起停止执行。

中华人民共和国行政处罚法

中华人民共和国主席令2009年第18号

（《全国人民代表大会常务委员会关于修改部分法律的决定》已由中华人民共和国第十一届全国人民代表大会常务委员会第十次会议于2009年8月27日通过）

目　录

第一章　总　则

第一条　为了规范行政处罚的设定和实施，保障和监督行政机关有效实施行政管理，维护公共利益和社会秩序，保护公民、法人或者其他组织的合法权益，根据宪法，制定本法。

第二条　行政处罚的设定和实施，适用本法。

第三条　公民、法人或者其他组织违反行政管理秩序的行为，应当给予行政处罚的，依照本法由法律、法规或者规章规定，并由行政机关依照本法规定的程序实施。

没有法定依据或者不遵守法定程序的，行政处罚无效。

第四条　行政处罚遵循公正、公开的原则。

设定和实施行政处罚必须以事实为依据，与违法行为的事实、性质、情节以及社会危害程度相当。

对违法行为给予行政处罚的规定必须公布；未经公布的，不得作为行政处罚的依据。

第五条　实施行政处罚，纠正违法行为，应当坚持处罚与教育相结合，教育公民、法人或者其他组织自觉守法。

第六条 公民、法人或者其他组织对行政机关所给予的行政处罚，享有陈述权、申辩权；对行政处罚不服的，有权依法申请行政复议或者提起行政诉讼。

公民、法人或者其他组织因行政机关违法给予行政处罚受到损害的，有权依法提出赔偿要求。

第七条 公民、法人或者其他组织因违法受到行政处罚，其违法行为对他人造成损害的，应当依法承担民事责任。

违法行为构成犯罪的，应当依法追究刑事责任，不得以行政处罚代替刑事处罚。

第二章 行政处罚的种类和设定

第八条 行政处罚的种类：

（一）警告；

（二）罚款；

（三）没收违法所得、没收非法财物；

（四）责令停产停业；

（五）暂扣或者吊销许可证、暂扣或者吊销执照；

（六）行政拘留；

（七）法律、行政法规规定的其他行政处罚。

第九条 法律可以设定各种行政处罚。

限制人身自由的行政处罚，只能由法律设定。

第十条 行政法规可以设定除限制人身自由以外的行政处罚。

法律对违法行为已经作出行政处罚规定，行政法规需要作出具体规定的，必须在法律规定的给予行政处罚的行为、种类和幅度的范围内规定。

第十一条 地方性法规可以设定除限制人身自由、吊销企业营业执照以外的行政处罚。

法律、行政法规对违法行为已经作出行政处罚规定，地方性法规需要作出具体规定的，必须在法律、行政法规规定的给予行政处罚的行为、种类和幅度的范围内规定。

第十二条 国务院部、委员会制定的规章可以在法律、行政法规规定的给予行政处罚的行为、种类和幅度的范围内作出具体规定。

尚未制定法律、行政法规的，前款规定的国务院部、委员会制定的规章对违反行政管理秩序的行为，可以设定警告或者一定数量罚款的行政处罚。罚款的限额由国务院规定。

国务院可以授权具有行政处罚权的直属机构依照本条第一款、第二款的规定，规定行政处罚。

第十三条 省、自治区、直辖市人民政府和省、自治区人民政府所在地的市人民政府以及经国务院批准的较大的市人民政府制定的规章可以在法律、法规规定的给予行政处罚的行为、种类和幅度的范围内作出具体规定。

尚未制定法律、法规的，前款规定的人民政府制定的规章对违反行政管理秩序的行为，可以设定警告或者一定数量罚款的行政处罚。罚款的限额由省、自治区、直辖市人民代表大会常务委员会规定。

第十四条　除本法第九条、第十条、第十一条、第十二条以及第十三条的规定外，其他规范性文件不得设定行政处罚。

第三章　行政处罚的实施机关

第十五条　行政处罚由具有行政处罚权的行政机关在法定职权范围内实施。

第十六条　国务院或者经国务院授权的省、自治区、直辖市人民政府可以决定一个行政机关行使有关行政机关的行政处罚权，但限制人身自由的行政处罚权只能由公安机关行使。

第十七条　法律、法规授权的具有管理公共事务职能的组织可以在法定授权范围内实施行政处罚。

第十八条　行政机关依照法律、法规或者规章的规定，可以在其法定权限内委托符合本法第十九条规定条件的组织实施行政处罚。行政机关不得委托其他组织或者个人实施行政处罚。

委托行政机关对受委托的组织实施行政处罚的行为应当负责监督，并对该行为的后果承担法律责任。

受委托组织在委托范围内，以委托行政机关名义实施行政处罚；不得再委托其他任何组织或者个人实施行政处罚。

第十九条　受委托组织必须符合以下条件：

（一）依法成立的管理公共事务的事业组织；

（二）具有熟悉有关法律、法规、规章和业务的工作人员；

（三）对违法行为需要进行技术检查或者技术鉴定的，应当有条件组织进行相应的技术检查或者技术鉴定。

第四章　行政处罚的管辖和适用

第二十条　行政处罚由违法行为发生地的县级以上地方人民政府具有行政处罚权的行政机关管辖。法律、行政法规另有规定的除外。

第二十一条　对管辖发生争议的，报请共同的上一级行政机关指定管辖。

第二十二条　违法行为构成犯罪的，行政机关必须将案件移送司法机关，依法追究刑事责任。

第二十三条　行政机关实施行政处罚时，应当责令当事人改正或者限期改正违法行为。

第二十四条　对当事人的同一个违法行为，不得给予两次以上罚款的行政处罚。

第二十五条　不满 14 周岁的人有违法行为的，不予行政处罚，责令监护人加以管教；已满 14 周岁不满 18 周岁的人有违法行为的，从轻或者减轻行政处罚。

第二十六条　精神病人在不能辨认或者不能控制自己行为时有违法行为的，不予行政处罚，但应当责令其监护人严加看管和治疗。间歇性精神病人在精神正常时有违法行为的，应当给予行政处罚。

第二十七条　当事人有下列情形之一的，应当依法从轻或者减轻行政处罚：

（一）主动消除或者减轻违法行为危害后果的；

（二）受他人胁迫有违法行为的；

（三）配合行政机关查处违法行为有立功表现的；

（四）其他依法从轻或者减轻行政处罚的。

违法行为轻微并及时纠正，没有造成危害后果的，不予行政处罚。

第二十八条 违法行为构成犯罪，人民法院判处拘役或者有期徒刑时，行政机关已经给予当事人行政拘留的，应当依法折抵相应刑期。

违法行为构成犯罪，人民法院判处罚金时，行政机关已经给予当事人罚款的，应当折抵相应罚金。

第二十九条 违法行为在 2 年内未被发现的，不再给予行政处罚。法律另有规定的除外。

前款规定的期限，从违法行为发生之日起计算；违法行为有连续或者继续状态的，从行为终了之日起计算。

第五章　行政处罚的决定

第三十条 公民、法人或者其他组织违反行政管理秩序的行为，依法应当给予行政处罚的，行政机关必须查明事实；违法事实不清的，不得给予行政处罚。

第三十一条 行政机关在作出行政处罚决定之前，应当告知当事人作出行政处罚决定的事实、理由及依据，并告知当事人依法享有的权利。

第三十二条 当事人有权进行陈述和申辩。行政机关必须充分听取当事人的意见，对当事人提出的事实、理由和证据，应当进行复核；当事人提出的事实、理由或者证据成立的，行政机关应当采纳。

行政机关不得因当事人申辩而加重处罚。

第一节　简易程序

第三十三条 违法事实确凿并有法定依据，对公民处以 50 元以下、对法人或者其他组织处以 1 000 元以下罚款或者警告的行政处罚的，可以当场作出行政处罚决定。当事人应当依照本法第四十六条、第四十七条、第四十八条的规定履行行政处罚决定。

第三十四条 执法人员当场作出行政处罚决定的，应当向当事人出示执法身份证件，填写预定格式、编有号码的行政处罚决定书。行政处罚决定书应当当场交付当事人。

前款规定的行政处罚决定书应当载明当事人的违法行为、行政处罚依据、罚款数额、时间、地点以及行政机关名称，并由执法人员签名或者盖章。

执法人员当场作出的行政处罚决定，必须报所属行政机关备案。

第三十五条 当事人对当场作出的行政处罚决定不服的，可以依法申请行政复议或者提起行政诉讼。

第二节　一般程序

第三十六条 除本法第三十三条规定的可以当场作出的行政处罚外，行政机关发现公民、法人或者其他组织有依法应当给予行政处罚的行为的，必须全面、客观、公正地调查，收集有关证据；必要时，依照法律、法规的规定，可以进行检查。

第三十七条　行政机关在调查或者进行检查时，执法人员不得少于2人，并应当向当事人或者有关人员出示证件。当事人或者有关人员应当如实回答询问，并协助调查或者检查，不得阻挠。询问或者检查应当制作笔录。

行政机关在收集证据时，可以采取抽样取证的方法；在证据可能灭失或者以后难以取得的情况下，经行政机关负责人批准，可以先行登记保存，并应当在7日内及时作出处理决定，在此期间，当事人或者有关人员不得销毁或者转移证据。

执法人员与当事人有直接利害关系的，应当回避。

第三十八条　调查终结，行政机关负责人应当对调查结果进行审查，根据不同情况，分别作出如下决定：

（一）确有应受行政处罚的违法行为的，根据情节轻重及具体情况，作出行政处罚决定；

（二）违法行为轻微，依法可以不予行政处罚的，不予行政处罚；

（三）违法事实不能成立的，不得给予行政处罚；

（四）违法行为已构成犯罪的，移送司法机关。

对情节复杂或者重大违法行为给予较重的行政处罚，行政机关的负责人应当集体讨论决定。

第三十九条　行政机关依照本法第三十八条的规定给予行政处罚，应当制作行政处罚决定书。行政处罚决定书应当载明下列事项：

（一）当事人的姓名或者名称、地址；

（二）违反法律、法规或者规章的事实和证据；

（三）行政处罚的种类和依据；

（四）行政处罚的履行方式和期限；

（五）不服行政处罚决定，申请行政复议或者提起行政诉讼的途径和期限；

（六）作出行政处罚决定的行政机关名称和作出决定的日期。

行政处罚决定书必须盖有作出行政处罚决定的行政机关的印章。

第四十条　行政处罚决定书应当在宣告后当场交付当事人；当事人不在场的，行政机关应当在七日内依照民事诉讼法的有关规定，将行政处罚决定书送达当事人。

第四十一条　行政机关及其执法人员在作出行政处罚决定之前，不依照本法第三十一条、第三十二条的规定向当事人告知给予行政处罚的事实、理由和依据，或者拒绝听取当事人的陈述、申辩，行政处罚决定不能成立；当事人放弃陈述或者申辩权利的除外。

第三节　听证程序

第四十二条　行政机关作出责令停产停业、吊销许可证或者执照、较大数额罚款等行政处罚决定之前，应当告知当事人有要求举行听证的权利；当事人要求听证的，行政机关应当组织听证。当事人不承担行政机关组织听证的费用。听证依照以下程序组织：

（一）当事人要求听证的，应当在行政机关告知后3日内提出；

（二）行政机关应当在听证的7日前，通知当事人举行听证的时间、地点；

（三）除涉及国家秘密、商业秘密或者个人隐私外，听证公开举行；

（四）听证由行政机关指定的非本案调查人员主持；当事人认为主持人与本案有直接利害关系的，有权申请回避；

（五）当事人可以亲自参加听证，也可以委托1～2人代理；

（六）举行听证时，调查人员提出当事人违法的事实、证据和行政处罚建议；当事人进行申辩和质证；

（七）听证应当制作笔录；笔录应当交当事人审核无误后签字或者盖章。

当事人对限制人身自由的行政处罚有异议的，依照治安管理处罚法有关规定执行。

第四十三条 听证结束后，行政机关依照本法第三十八条的规定，作出决定。

第六章 行政处罚的执行

第四十四条 行政处罚决定依法作出后，当事人应当在行政处罚决定的期限内，予以履行。

第四十五条 当事人对行政处罚决定不服申请行政复议或者提起行政诉讼的，行政处罚不停止执行，法律另有规定的除外。

第四十六条 作出罚款决定的行政机关应当与收缴罚款的机构分离。

除依照本法第四十七条、第四十八条的规定当场收缴的罚款外，作出行政处罚决定的行政机关及其执法人员不得自行收缴罚款。

当事人应当自收到行政处罚决定书之日起15日内，到指定的银行缴纳罚款。银行应当收受罚款，并将罚款直接上缴国库。

第四十七条 依照本法第三十三条的规定当场作出行政处罚决定，有下列情形之一的，执法人员可以当场收缴罚款：

（一）依法给予20元以下的罚款的；

（二）不当场收缴事后难以执行的。

第四十八条 在边远、水上、交通不便地区，行政机关及其执法人员依照本法第三十三条、第三十八条的规定作出罚款决定后，当事人向指定的银行缴纳罚款确有困难，经当事人提出，行政机关及其执法人员可以当场收缴罚款。

第四十九条 行政机关及其执法人员当场收缴罚款的，必须向当事人出具省、自治区、直辖市财政部门统一制发的罚款收据；不出具财政部门统一制发的罚款收缴的，当事人有权拒绝缴纳罚款。

第五十条 执法人员当场收缴的罚款，应当自收缴罚款之日起2日内，交至行政机关；在水上当场收缴的罚款，应当自抵岸之日起2日内交至行政机关；行政机关应当在2日内将罚款缴付指定的银行。

第五十一条 当事人逾期不履行行政处罚决定的，作出行政处罚决定的行政机关可以采取下列措施：

（一）到期不缴纳罚款的，每日按罚款数额的3%加处罚款；

（二）根据法律规定，将查封、扣押的财物拍卖或者将冻结的存款划拨抵缴罚款；

（三）申请人民法院强制执行。

第五十二条 当事人确有经济困难，需要延期或者分期缴纳罚款的，经当事人申请和行政机关批准，可以暂缓或者分期缴纳。

第五十三条 除依法应当予以销毁的物品外，依法没收的非法财物必须按照国家规定公开拍卖或者按照国家有关规定处理。

罚款、没收违法所得或者没收非法财物拍卖的款项，必须全部上缴国库，任何行政机关或者个人不得以任何形式截留、私分或者变相私分；财政部门不得以任何形式向作出行政处罚决定的行政机关返还罚款、没收的违法所得或者返还没收非法财物的拍卖款项。

第五十四条 行政机关应当建立健全对行政处罚的监督制度。县级以上人民政府应当加强对行政处罚的监督检查。

公民、法人或者其他组织对行政机关作出的行政处罚，有权申诉或者检举；行政机关应当认真审查，发现行政处罚有错误的，应当主动改正。

第七章　法律责任

第五十五条 行政机关实施行政处罚，有下列情形之一的，由上级行政机关或者有关部门责令改正，可以对直接负责的主管人员和其他直接责任人员依法给予行政处分：

（一）没有法定的行政处罚依据的；

（二）擅自改变行政处罚种类、幅度的；

（三）违反法定的行政处罚程序的；

（四）违反本法第十八条关于委托处罚的规定的。

第五十六条 行政机关对当事人进行处罚不使用罚款、没收财物单据或者使用非法定部门制发的罚款、没收财物单据的，当事人有权拒绝处罚，并有权予以检举。上级行政机关或者有关部门对使用的非法单据予以收缴销毁，对直接负责的主管人员和其他直接责任人员依法给予行政处分。

第五十七条 行政机关违反本法第四十六条的规定自行收缴罚款的，财政部门违反本法第五十三条的规定向行政机关返还罚款或者拍卖款项的，由上级行政机关或者有关部门责令改正，对直接负责的主管人员和其他直接责任人员依法给予行政处分。

第五十八条 行政机关将罚款、没收的违法所得或者财物截留、私分或者变相私分的，由财政部门或者有关部门予以追缴，对直接负责的主管人员和其他直接责任人员依法给予行政处分；情节严重构成犯罪的，依法追究刑事责任。

执法人员利用职务上的便利，索取或者收受他人财物、收缴罚款据为己有，构成犯罪的，依法追究刑事责任；情节轻微不构成犯罪的，依法给予行政处分。

第五十九条 行政机关使用或者损毁扣押的财物，对当事人造成损失的，应当依法予以赔偿，对直接负责的主管人员和其他直接责任人员依法给予行政处分。

第六十条 行政机关违法实行检查措施或者执行措施，给公民人身或者财产造成损害、给法人或者其他组织造成损失的，应当依法予以赔偿，对直接负责的主管人员和其他直接责任人员依法给予行政处分；情节严重构成犯罪的，依法追究刑事责任。

第六十一条 行政机关为牟取本单位私利，对应当依法移交司法机关追究刑事责任的不移交，以行政处罚代替刑罚，由上级行政机关或者有关部门责令纠正；拒不纠正的，对直接负责的主管人员给予行政处分；徇私舞弊、包庇纵容违法行为的，依照刑法有关规定追究刑事责任。

第六十二条 执法人员玩忽职守，对应当予以制止和处罚的违法行为不予制止、处罚，致使公民、法人或者其他组织的合法权益、公共利益和社会秩序遭受损害的，对直接负责的主管人员和其他直接责任人员依法给予行政处分；情节严重构成犯罪的，依法追究刑事责任。

第八章 附 则

第六十三条 本法第四十六条罚款决定与罚款收缴分离的规定，由国务院制定具体实施办法。

第六十四条 本法自 1996 年 10 月 1 日起施行。

本法公布前制定的法规和规章关于行政处罚的规定与本法不符合的，应当自本法公布之日起，依照本法规定予以修订，在 1997 年 12 月 31 日前修订完毕。

中华人民共和国行政复议法

中华人民共和国主席令1999年第16号

（1999年4月29日第九届全国人民代表大会常务委员会第九次会议通过）

第一章　总　则

第一条　为了防止和纠正违法的或者不当的具体行政行为，保护公民、法人和其他组织的合法权益，保障和监督行政机关依法行使职权，根据宪法，制定本法。

第二条　公民、法人或者其他组织认为具体行政行为侵犯其合法权益，向行政机关提出行政复议申请，行政机关受理行政复议申请、作出行政复议决定，适用本法。

第三条　依照本法履行行政复议职责的行政机关是行政复议机关。行政复议机关负责法制工作的机构具体办理行政复议事项，履行下列职责：

（一）受理行政复议申请；

（二）向有关组织和人员调查取证，查阅文件和资料；

（三）审查申请行政复议的具体行政行为是否合法与适当，拟订行政复议决定；

（四）处理或者转送对本法第七条所列有关规定的审查申请；

（五）对行政机关违反本法规定的行为依照规定的权限和程序提出处理建议；

（六）办理因不服行政复议决定提起行政诉讼的应诉事项；

（七）法律、法规规定的其他职责。

第四条　行政复议机关履行行政复议职责，应当遵循合法、公正、公开、及时、便民的原则，坚持有错必纠，保障法律、法规的正确实施。

第五条　公民、法人或者其他组织对行政复议决定不服的，可以依照行政诉讼法的规定向人民法院提起行政诉讼，但是法律规定行政复议决定为最终裁决的除外。

第二章　行政复议范围

第六条　有下列情形之一的，公民、法人或者其他组织可以依照本法申请行政复议：

（一）对行政机关作出的警告、罚款、没收违法所得、没收非法财物、责令停产停业、暂扣或者吊销许可证、暂扣或者吊销执照、行政拘留等行政处罚决定不服的；

（二）对行政机关作出的限制人身自由或者查封、扣押、冻结财产等行政强制措施决定不服的；

（三）对行政机关作出的有关许可证、执照、资质证、资格证等证书变更、中止、撤销的决定不服的；

（四）对行政机关作出的关于确认土地、矿藏、水流、森林、山岭、草原、荒地、滩涂、海域等自然资源的所有权或者使用权的决定不服的；

（五）认为行政机关侵犯合法的经营自主权的；

（六）认为行政机关变更或者废止农业承包合同，侵犯其合法权益的；

（七）认为行政机关违法集资、征收财物、摊派费用或者违法要求履行其他义务的；

（八）认为符合法定条件，申请行政机关颁发许可证、执照、资质证、资格证等证书，或者申请行政机关审批、登记有关事项，行政机关没有依法办理的；

（九）申请行政机关履行保护人身权利、财产权利、受教育权利的法定职责，行政机关没有依法履行的；

（十）申请行政机关依法发放抚恤金、社会保险金或者最低生活保障费，行政机关没有依法发放的；

（十一）认为行政机关的其他具体行政行为侵犯其合法权益的。

第七条 公民、法人或者其他组织认为行政机关的具体行政行为所依据的下列规定不合法，在对具体行政行为申请行政复议时，可以一并向行政复议机关提出对该规定的审查申请：

（一）国务院部门的规定；

（二）县级以上地方各级人民政府及其工作部门的规定；

（三）乡、镇人民政府的规定。

前款所列规定不含国务院部、委员会规章和地方人民政府规章。规章的审查依照法律、行政法规办理。

第八条 不服行政机关作出的行政处分或者其他人事处理决定的，依照有关法律、行政法规的规定提出申诉。

不服行政机关对民事纠纷作出的调解或者其他处理，依法申请仲裁或者向人民法院提起诉讼。

第三章 行政复议申请

第九条 公民、法人或者其他组织认为具体行政行为侵犯其合法权益的，可以自知道该具体行政行为之日起60日内提出行政复议申请；但是法律规定的申请期限超过60日的除外。

因不可抗力或者其他正当理由耽误法定申请期限的，申请期限自障碍消除之日起继续计算。

第十条 依照本法申请行政复议的公民、法人或者其他组织是申请人。

有权申请行政复议的公民死亡的，其近亲属可以申请行政复议。有权申请行政复议的公民为无民事行为能力人或者限制民事行为能力人的，其法定代理人可以代为申请行政复议。有权申请行政复议的法人或者其他组织终止的，承受其权利的法人或者其他组织可以申请行政复议。

同申请行政复议的具体行政行为有利害关系的其他公民、法人或者其他组织，可以作为第三人参加行政复议。

公民、法人或者其他组织对行政机关的具体行政行为不服申请行政复议的，作出具体行政行为的行政机关是被申请人。

申请人、第三人可以委托代理人代为参加行政复议。

第十一条 申请人申请行政复议，可以书面申请，也可以口头申请；口头申请的，行政复议机关应当当场记录申请人的基本情况、行政复议请求、申请行政复议的主要事实、理由和时间。

第十二条 对县级以上地方各级人民政府工作部门的具体行政行为不服的，由申请人选择，可以向该部门的本级人民政府申请行政复议，也可以向上一级主管部门申请行政复议。

对海关、金融、国税、外汇管理等实行垂直领导的行政机关和国家安全机关的具体行政行为不服的，向上一级主管部门申请行政复议。

第十三条 对地方各级人民政府的具体行政行为不服的，向上一级地方人民政府申请行政复议。

对省、自治区人民政府依法设立的派出机关所属的县级地方人民政府的具体行政行为不服的，向该派出机关申请行政复议。

第十四条 对国务院部门或者省、自治区、直辖市人民政府的具体行政行为不服的，向作出该具体行政行为的国务院部门或者省、自治区、直辖市人民政府申请行政复议。对行政复议决定不服的，可以向人民法院提起行政诉讼；也可以向国务院申请裁决，国务院依照本法的规定作出最终裁决。

第十五条 对本法第十二条、第十三条、第十四条规定以外的其他行政机关、组织的具体行政行为不服的，按照下列规定申请行政复议：

（一）对县级以上地方人民政府依法设立的派出机关的具体行政行为不服的，向设立该派出机关的人民政府申请行政复议；

（二）对政府工作部门依法设立的派出机构依照法律、法规或者规章规定，以自己的名义作出的具体行政行为不服的，向设立该派出机构的部门或者该部门的本级地方人民政府申请行政复议；

（三）对法律、法规授权的组织的具体行政行为不服的，分别向直接管理该组织的地方人民政府、地方人民政府工作部门或者国务院部门申请行政复议；

（四）对两个或者两个以上行政机关以共同的名义作出的具体行政行为不服的，向其共同上一级行政机关申请行政复议；

（五）对被撤销的行政机关在撤销前所作出的具体行政行为不服的，向继续行使其职权的行政机关的上一级行政机关申请行政复议。

有前款所列情形之一的，申请人也可以向具体行政行为发生地的县级地方人民政府提出行政复议申请，由接受申请的县级地方人民政府依照本法第十八条的规定办理。

第十六条 公民、法人或者其他组织申请行政复议，行政复议机关已经依法受理的，或者法律、法规规定应当先向行政复议机关申请行政复议、对行政复议决定不服再向人民法院提起行政诉讼的，在法定行政复议期限内不得向人民法院提起行政诉讼。

公民、法人或者其他组织向人民法院提起行政诉讼，人民法院已经依法受理的，不得申请行政复议。

第四章　行政复议受理

第十七条　行政复议机关收到行政复议申请后，应当在五日内进行审查，对不符合本法规定的行政复议申请，决定不予受理，并书面告知申请人；对符合本法规定，但是不属于本机关受理的行政复议申请，应当告知申请人向有关行政复议机关提出。

除前款规定外，行政复议申请自行政复议机关负责法制工作的机构收到之日起即为受理。

第十八条　依照本法第十五条第二款的规定接受行政复议申请的县级地方人民政府，对依照本法第十五条第一款的规定属于其他行政复议机关受理的行政复议申请，应当自接到该行政复议申请之日起 7 日内，转送有关行政复议机关，并告知申请人。接受转送的行政复议机关应当依照本法第十七条的规定办理。

第十九条　法律、法规规定应当先向行政复议机关申请行政复议、对行政复议决定不服再向人民法院提起行政诉讼的，行政复议机关决定不予受理或者受理后超过行政复议期限不作答复的，公民、法人或者其他组织可以自收到不予受理决定书之日起或者行政复议期满之日起 15 日内，依法向人民法院提起行政诉讼。

第二十条　公民、法人或者其他组织依法提出行政复议申请，行政复议机关无正当理由不予受理的，上级行政机关应当责令其受理；必要时，上级行政机关也可以直接受理。

第二十一条　行政复议期间具体行政行为不停止执行；但是，有下列情形之一的，可以停止执行：

（一）被申请人认为需要停止执行的；

（二）行政复议机关认为需要停止执行的；

（三）申请人申请停止执行，行政复议机关认为其要求合理，决定停止执行的；

（四）法律规定停止执行的。

第五章　行政复议决定

第二十二条　行政复议原则上采取书面审查的办法，但是申请人提出要求或者行政复议机关负责法制工作的机构认为有必要时，可以向有关组织和人员调查情况，听取申请人、被申请人和第三人的意见。

第二十三条　行政复议机关负责法制工作的机构应当自行政复议申请受理之日起 7 日内，将行政复议申请书副本或者行政复议申请笔录复印件发送被申请人。被申请人应当自收到申请书副本或者申请笔录复印件之日起 10 日内，提出书面答复，并提交当初作出具体行政行为的证据、依据和其他有关材料。

申请人、第三人可以查阅被申请人提出的书面答复、作出具体行政行为的证据、依据和其他有关材料，除涉及国家秘密、商业秘密或者个人隐私外，行政复议机关不得拒绝。

第二十四条　在行政复议过程中，被申请人不得自行向申请人和其他有关组织或者个人收集证据。

第二十五条　行政复议决定作出前，申请人要求撤回行政复议申请的，经说明理由，可以撤回；撤回行政复议申请的，行政复议终止。

第二十六条 申请人在申请行政复议时，一并提出对本法第七条所列有关规定的审查申请的，行政复议机关对该规定有权处理的，应当在30日内依法处理；无权处理的，应当在7日内按照法定程序转送有权处理的行政机关依法处理，有权处理的行政机关应当在60日内依法处理。处理期间，中止对具体行政行为的审查。

第二十七条 行政复议机关在对被申请人作出的具体行政行为进行审查时，认为其依据不合法，本机关有权处理的，应当在30日内依法处理；无权处理的，应当在7日内按照法定程序转送有权处理的国家机关依法处理。处理期间，中止对具体行政行为的审查。

第二十八条 行政复议机关负责法制工作的机构应当对被申请人作出的具体行政行为进行审查，提出意见，经行政复议机关的负责人同意或者集体讨论通过后，按照下列规定作出行政复议决定：

（一）具体行政行为认定事实清楚，证据确凿，适用依据正确，程序合法，内容适当的，决定维持；

（二）被申请人不履行法定职责的，决定其在一定期限内履行；

（三）具体行政行为有下列情形之一的，决定撤销、变更或者确认该具体行政行为违法；决定撤销或者确认该具体行政行为违法的，可以责令被申请人在一定期限内重新作出具体行政行为：

1. 主要事实不清、证据不足的；
2. 适用依据错误的；
3. 违反法定程序的；
4. 超越或者滥用职权的；
5. 具体行政行为明显不当的。

（四）被申请人不按照本法第二十三条的规定提出书面答复、提交当初作出具体行政行为的证据、依据和其他有关材料的，视为该具体行政行为没有证据、依据，决定撤销该具体行政行为。

行政复议机关责令被申请人重新作出具体行政行为的，被申请人不得以同一的事实和理由作出与原具体行政行为相同或者基本相同的具体行政行为。

第二十九条 申请人在申请行政复议时可以一并提出行政赔偿请求，行政复议机关对符合国家赔偿法的有关规定应当给予赔偿的，在决定撤销、变更具体行政行为或者确认具体行政行为违法时，应当同时决定被申请人依法给予赔偿。

申请人在申请行政复议时没有提出行政赔偿请求的，行政复议机关在依法决定撤销或者变更罚款，撤销违法集资、没收财物、征收财物、摊派费用以及对财产的查封、扣押、冻结等具体行政行为时，应当同时责令被申请人返还财产，解除对财产的查封、扣押、冻结措施，或者赔偿相应的价款。

第三十条 公民、法人或者其他组织认为行政机关的具体行政行为侵犯其已经依法取得的土地、矿藏、水流、森林、山岭、草原、荒地、滩涂、海域等自然资源的所有权或者使用权的，应当先申请行政复议；对行政复议决定不服的，可以依法向人民法院提起行政诉讼。

根据国务院或者省、自治区、直辖市人民政府对行政区划的勘定、调整或者征用土地的决定，省、自治区、直辖市人民政府确认土地、矿藏、水流、森林、山岭、草原、荒地、滩涂、海域等自然资源的所有权或者使用权的行政复议决定为最终裁决。

第三十一条 行政复议机关应当自受理申请之日起60日内作出行政复议决定；但是法律规定的行政复议期限少于60日的除外。情况复杂，不能在规定期限内作出行政复议决定的，经行政复议机关的负责人批准，可以适当延长，并告知申请人和被申请人；但是延长期限最多不超过30日。

行政复议机关作出行政复议决定，应当制作行政复议决定书，并加盖印章。

行政复议决定书一经送达，即发生法律效力。

第三十二条 被申请人应当履行行政复议决定。

被申请人不履行或者无正当理由拖延履行行政复议决定的，行政复议机关或者有关上级行政机关应当责令其限期履行。

第三十三条 申请人逾期不起诉又不履行行政复议决定的，或者不履行最终裁决的行政复议决定的，按照下列规定分别处理：

（一）维持具体行政行为的行政复议决定，由作出具体行政行为的行政机关依法强制执行，或者申请人民法院强制执行；

（二）变更具体行政行为的行政复议决定，由行政复议机关依法强制执行，或者申请人民法院强制执行。

第六章　法律责任

第三十四条 行政复议机关违反本法规定，无正当理由不予受理依法提出的行政复议申请或者不按照规定转送行政复议申请的，或者在法定期限内不作出行政复议决定的，对直接负责的主管人员和其他直接责任人员依法给予警告、记过、记大过的行政处分；经责令受理仍不受理或者不按照规定转送行政复议申请，造成严重后果的，依法给予降级、撤职、开除的行政处分。

第三十五条 行政复议机关工作人员在行政复议活动中，徇私舞弊或者有其他渎职、失职行为的，依法给予警告、记过、记大过的行政处分；情节严重的，依法给予降级、撤职、开除的行政处分；构成犯罪的，依法追究刑事责任。

第三十六条 被申请人违反本法规定，不提出书面答复或者不提交作出具体行政行为的证据、依据和其他有关材料，或者阻挠、变相阻挠公民、法人或者其他组织依法申请行政复议的，对直接负责的主管人员和其他直接责任人员依法给予警告、记过、记大过的行政处分；进行报复陷害的，依法给予降级、撤职、开除的行政处分；构成犯罪的，依法追究刑事责任。

第三十七条 被申请人不履行或者无正当理由拖延履行行政复议决定的，对直接负责的主管人员和其他直接责任人员依法给予警告、记过、记大过的行政处分；经责令履行仍拒不履行的，依法给予降级、撤职、开除的行政处分。

第三十八条 行政复议机关负责法制工作的机构发现有无正当理由不予受理行政复议申请、不按照规定期限作出行政复议决定、徇私舞弊、对申请人打击报复或者不履行行政复议决定等情形的，应当向有关行政机关提出建议，有关行政机关应当依照本法和有关法律、行政法规的规定作出处理。

第七章 附 则

第三十九条 行政复议机关受理行政复议申请，不得向申请人收取任何费用。行政复议活动所需经费，应当列入本机关的行政经费，由本级财政予以保障。

第四十条 行政复议期间的计算和行政复议文书的送达，依照民事诉讼法关于期间、送达的规定执行。

本法关于行政复议期间有关“5 日”、“7 日”的规定是指工作日，不含节假日。

第四十一条 外国人、无国籍人、外国组织在中华人民共和国境内申请行政复议，适用本法。

第四十二条 本法施行前公布的法律有关行政复议的规定与本法的规定不一致的，以本法的规定为准。

第四十三条 本法自 1999 年 10 月 1 日起施行。1990 年 12 月 24 日国务院发布、1994 年 10 月 9 日国务院修订发布的《行政复议条例》同时废止。

中华人民共和国行政强制法

中华人民共和国主席令2011年第49号

（2011年6月30日第十一届全国人民代表大会常务委员会第二十一次会议通过）

第一章　总　则

第一条　为了规范行政强制的设定和实施，保障和监督行政机关依法履行职责，维护公共利益和社会秩序，保护公民、法人和其他组织的合法权益，根据宪法，制定本法。

第二条　本法所称行政强制，包括行政强制措施和行政强制执行。

行政强制措施，是指行政机关在行政管理过程中，为制止违法行为、防止证据损毁、避免危害发生、控制危险扩大等情形，依法对公民的人身自由实施暂时性限制，或者对公民、法人或者其他组织的财物实施暂时性控制的行为。

行政强制执行，是指行政机关或者行政机关申请人民法院，对不履行行政决定的公民、法人或者其他组织，依法强制履行义务的行为。

第三条　行政强制的设定和实施，适用本法。

发生或者即将发生自然灾害、事故灾难、公共卫生事件或者社会安全事件等突发事件，行政机关采取应急措施或者临时措施，依照有关法律、行政法规的规定执行。

行政机关采取金融业审慎监管措施、进出境货物强制性技术监控措施，依照有关法律、行政法规的规定执行。

第四条　行政强制的设定和实施，应当依照法定的权限、范围、条件和程序。

第五条　行政强制的设定和实施，应当适当。采用非强制手段可以达到行政管理目的的，不得设定和实施行政强制。

第六条　实施行政强制，应当坚持教育与强制相结合。

第七条　行政机关及其工作人员不得利用行政强制权为单位或者个人谋取利益。

第八条　公民、法人或者其他组织对行政机关实施行政强制，享有陈述权、申辩权；有权依法申请行政复议或者提起行政诉讼；因行政机关违法实施行政强制受到损害的，有权依法要求赔偿。

公民、法人或者其他组织因人民法院在强制执行中有违法行为或者扩大强制执行范围受到损害的，有权依法要求赔偿。

第二章　行政强制的种类和设定

第九条　行政强制措施的种类：

（一）限制公民人身自由；

（二）查封场所、设施或者财物；
（三）扣押财物；
（四）冻结存款、汇款；
（五）其他行政强制措施。

第十条 行政强制措施由法律设定。

尚未制定法律，且属于国务院行政管理职权事项的，行政法规可以设定除本法第九条第一项、第四项和应当由法律规定的行政强制措施以外的其他行政强制措施。

尚未制定法律、行政法规，且属于地方性事务的，地方性法规可以设定本法第九条第二项、第三项的行政强制措施。

法律、法规以外的其他规范性文件不得设定行政强制措施。

第十一条 法律对行政强制措施的对象、条件、种类作了规定的，行政法规、地方性法规不得作出扩大规定。

法律中未设定行政强制措施的，行政法规、地方性法规不得设定行政强制措施。但是，法律规定特定事项由行政法规规定具体管理措施的，行政法规可以设定除本法第九条第一项、第四项和应当由法律规定的行政强制措施以外的其他行政强制措施。

第十二条 行政强制执行的方式：
（一）加处罚款或者滞纳金；
（二）划拨存款、汇款；
（三）拍卖或者依法处理查封、扣押的场所、设施或者财物；
（四）排除妨碍、恢复原状；
（五）代履行；
（六）其他强制执行方式。

第十三条 行政强制执行由法律设定。

法律没有规定行政机关强制执行的，作出行政决定的行政机关应当申请人民法院强制执行。

第十四条 起草法律草案、法规草案，拟设定行政强制的，起草单位应当采取听证会、论证会等形式听取意见，并向制定机关说明设定该行政强制的必要性、可能产生的影响以及听取和采纳意见的情况。

第十五条 行政强制的设定机关应当定期对其设定的行政强制进行评价，并对不适当的行政强制及时予以修改或者废止。

行政强制的实施机关可以对已设定的行政强制的实施情况及存在的必要性适时进行评价，并将意见报告该行政强制的设定机关。

公民、法人或者其他组织可以向行政强制的设定机关和实施机关就行政强制的设定和实施提出意见和建议。有关机关应当认真研究论证，并以适当方式予以反馈。

第三章 行政强制措施实施程序

第一节 一般规定

第十六条 行政机关履行行政管理职责，依照法律、法规的规定，实施行政强制措施。

违法行为情节显著轻微或者没有明显社会危害的，可以不采取行政强制措施。

第十七条 行政强制措施由法律、法规规定的行政机关在法定职权范围内实施。行政强制措施权不得委托。

依据《中华人民共和国行政处罚法》的规定行使相对集中行政处罚权的行政机关，可以实施法律、法规规定的与行政处罚权有关的行政强制措施。

行政强制措施应当由行政机关具备资格的行政执法人员实施，其他人员不得实施。

第十八条 行政机关实施行政强制措施应当遵守下列规定：

（一）实施前须向行政机关负责人报告并经批准；

（二）由两名以上行政执法人员实施；

（三）出示执法身份证件；

（四）通知当事人到场；

（五）当场告知当事人采取行政强制措施的理由、依据以及当事人依法享有的权利、救济途径；

（六）听取当事人的陈述和申辩；

（七）制作现场笔录；

（八）现场笔录由当事人和行政执法人员签名或者盖章，当事人拒绝的，在笔录中予以注明；

（九）当事人不到场的，邀请见证人到场，由见证人和行政执法人员在现场笔录上签名或者盖章；

（十）法律、法规规定的其他程序。

第十九条 情况紧急，需要当场实施行政强制措施的，行政执法人员应当在 24 小时内向行政机关负责人报告，并补办批准手续。行政机关负责人认为不应当采取行政强制措施的，应当立即解除。

第二十条 依照法律规定实施限制公民人身自由的行政强制措施，除应当履行本法第十八条规定的程序外，还应当遵守下列规定：

（一）当场告知或者实施行政强制措施后立即通知当事人家属实施行政强制措施的行政机关、地点和期限；

（二）在紧急情况下当场实施行政强制措施的，在返回行政机关后，立即向行政机关负责人报告并补办批准手续；

（三）法律规定的其他程序。

实施限制人身自由的行政强制措施不得超过法定期限。实施行政强制措施的目的已经达到或者条件已经消失，应当立即解除。

第二十一条 违法行为涉嫌犯罪应当移送司法机关的，行政机关应当将查封、扣押、冻结的财物一并移送，并书面告知当事人。

第二节　查封、扣押

第二十二条 查封、扣押应当由法律、法规规定的行政机关实施，其他任何行政机关或者组织不得实施。

第二十三条 查封、扣押限于涉案的场所、设施或者财物，不得查封、扣押与违法行为无关的场所、设施或者财物；不得查封、扣押公民个人及其所扶养家属的生活必需品。

当事人的场所、设施或者财物已被其他国家机关依法查封的，不得重复查封。

第二十四条 行政机关决定实施查封、扣押的，应当履行本法第十八条规定的程序，制作并当场交付查封、扣押决定书和清单。

查封、扣押决定书应当载明下列事项：

（一）当事人的姓名或者名称、地址；

（二）查封、扣押的理由、依据和期限；

（三）查封、扣押场所、设施或者财物的名称、数量等；

（四）申请行政复议或者提起行政诉讼的途径和期限；

（五）行政机关的名称、印章和日期。

查封、扣押清单一式二份，由当事人和行政机关分别保存。

第二十五条 查封、扣押的期限不得超过30日；情况复杂的，经行政机关负责人批准，可以延长，但是延长期限不得超过30日。法律、行政法规另有规定的除外。

延长查封、扣押的决定应当及时书面告知当事人，并说明理由。

对物品需要进行检测、检验、检疫或者技术鉴定的，查封、扣押的期间不包括检测、检验、检疫或者技术鉴定的期间。检测、检验、检疫或者技术鉴定的期间应当明确，并书面告知当事人。检测、检验、检疫或者技术鉴定的费用由行政机关承担。

第二十六条 对查封、扣押的场所、设施或者财物，行政机关应当妥善保管，不得使用或者损毁；造成损失的，应当承担赔偿责任。

对查封的场所、设施或者财物，行政机关可以委托第三人保管，第三人不得损毁或者擅自转移、处置。因第三人的原因造成的损失，行政机关先行赔付后，有权向第三人追偿。

因查封、扣押发生的保管费用由行政机关承担。

第二十七条 行政机关采取查封、扣押措施后，应当及时查清事实，在本法第二十五条规定的期限内作出处理决定。对违法事实清楚，依法应当没收的非法财物予以没收；法律、行政法规规定应当销毁的，依法销毁；应当解除查封、扣押的，作出解除查封、扣押的决定。

第二十八条 有下列情形之一的，行政机关应当及时作出解除查封、扣押决定：

（一）当事人没有违法行为；

（二）查封、扣押的场所、设施或者财物与违法行为无关；

（三）行政机关对违法行为已经作出处理决定，不再需要查封、扣押；

（四）查封、扣押期限已经届满；

（五）其他不再需要采取查封、扣押措施的情形。

解除查封、扣押应当立即退还财物；已将鲜活物品或者其他不易保管的财物拍卖或者变卖的，退还拍卖或者变卖所得款项。变卖价格明显低于市场价格，给当事人造成损失的，应当给予补偿。

第三节 冻 结

第二十九条 冻结存款、汇款应当由法律规定的行政机关实施，不得委托给其他行政机关或者组织；其他任何行政机关或者组织不得冻结存款、汇款。

冻结存款、汇款的数额应当与违法行为涉及的金额相当；已被其他国家机关依法冻结的，不得重复冻结。

第三十条 行政机关依照法律规定决定实施冻结存款、汇款的，应当履行本法第十八条第一项、第二项、第三项、第七项规定的程序，并向金融机构交付冻结通知书。

金融机构接到行政机关依法作出的冻结通知书后，应当立即予以冻结，不得拖延，不得在冻结前向当事人泄露信息。

法律规定以外的行政机关或者组织要求冻结当事人存款、汇款的，金融机构应当拒绝。

第三十一条 依照法律规定冻结存款、汇款的，作出决定的行政机关应当在3日内向当事人交付冻结决定书。冻结决定书应当载明下列事项：

（一）当事人的姓名或者名称、地址；

（二）冻结的理由、依据和期限；

（三）冻结的账号和数额；

（四）申请行政复议或者提起行政诉讼的途径和期限；

（五）行政机关的名称、印章和日期。

第三十二条 自冻结存款、汇款之日起30日内，行政机关应当作出处理决定或者作出解除冻结决定；情况复杂的，经行政机关负责人批准，可以延长，但是延长期限不得超过30日。法律另有规定的除外。

延长冻结的决定应当及时书面告知当事人，并说明理由。

第三十三条 有下列情形之一的，行政机关应当及时作出解除冻结决定：

（一）当事人没有违法行为；

（二）冻结的存款、汇款与违法行为无关；

（三）行政机关对违法行为已经作出处理决定，不再需要冻结；

（四）冻结期限已经届满；

（五）其他不再需要采取冻结措施的情形。

行政机关作出解除冻结决定的，应当及时通知金融机构和当事人。金融机构接到通知后，应当立即解除冻结。

行政机关逾期未作出处理决定或者解除冻结决定的，金融机构应当自冻结期满之日起解除冻结。

第四章　行政机关强制执行程序

第一节　一般规定

第三十四条 行政机关依法作出行政决定后，当事人在行政机关决定的期限内不履行义务的，具有行政强制执行权的行政机关依照本章规定强制执行。

第三十五条 行政机关作出强制执行决定前，应当事先催告当事人履行义务。催告应当以书面形式作出，并载明下列事项：

（一）履行义务的期限；

（二）履行义务的方式；

（三）涉及金钱给付的，应当有明确的金额和给付方式；

（四）当事人依法享有的陈述权和申辩权。

第三十六条 当事人收到催告书后有权进行陈述和申辩。行政机关应当充分听取当事人的意见，对当事人提出的事实、理由和证据，应当进行记录、复核。当事人提出的事实、理由或者证据成立的，行政机关应当采纳。

第三十七条 经催告，当事人逾期仍不履行行政决定，且无正当理由的，行政机关可以作出强制执行决定。

强制执行决定应当以书面形式作出，并载明下列事项：

（一）当事人的姓名或者名称、地址；

（二）强制执行的理由和依据；

（三）强制执行的方式和时间；

（四）申请行政复议或者提起行政诉讼的途径和期限；

（五）行政机关的名称、印章和日期。

在催告期间，对有证据证明有转移或者隐匿财物迹象的，行政机关可以作出立即强制执行决定。

第三十八条 催告书、行政强制执行决定书应当直接送达当事人。当事人拒绝接收或者无法直接送达当事人的，应当依照《中华人民共和国民事诉讼法》的有关规定送达。

第三十九条 有下列情形之一的，中止执行：

（一）当事人履行行政决定确有困难或者暂无履行能力的；

（二）第三人对执行标的主张权利，确有理由的；

（三）执行可能造成难以弥补的损失，且中止执行不损害公共利益的；

（四）行政机关认为需要中止执行的其他情形。

中止执行的情形消失后，行政机关应当恢复执行。对没有明显社会危害，当事人确无能力履行，中止执行满3年未恢复执行的，行政机关不再执行。

第四十条 有下列情形之一的，终结执行：

（一）公民死亡，无遗产可供执行，又无义务承受人的；

（二）法人或者其他组织终止，无财产可供执行，又无义务承受人的；

（三）执行标的灭失的；

（四）据以执行的行政决定被撤销的；

（五）行政机关认为需要终结执行的其他情形。

第四十一条 在执行中或者执行完毕后，据以执行的行政决定被撤销、变更，或者执行错误的，应当恢复原状或者退还财物；不能恢复原状或者退还财物的，依法给予赔偿。

第四十二条 实施行政强制执行，行政机关可以在不损害公共利益和他人合法权益的情况下，与当事人达成执行协议。执行协议可以约定分阶段履行；当事人采取补救措施的，可以减免加处的罚款或者滞纳金。

执行协议应当履行。当事人不履行执行协议的，行政机关应当恢复强制执行。

第四十三条 行政机关不得在夜间或者法定节假日实施行政强制执行。但是，情况紧急的除外。

行政机关不得对居民生活采取停止供水、供电、供热、供燃气等方式迫使当事人履行相关行政决定。

第四十四条 对违法的建筑物、构筑物、设施等需要强制拆除的，应当由行政机关予以公告，限期当事人自行拆除。当事人在法定期限内不申请行政复议或者提起行政诉讼，又不拆除的，行政机关可以依法强制拆除。

第二节 金钱给付义务的执行

第四十五条 行政机关依法作出金钱给付义务的行政决定，当事人逾期不履行的，行政机关可以依法加处罚款或者滞纳金。加处罚款或者滞纳金的标准应当告知当事人。

加处罚款或者滞纳金的数额不得超出金钱给付义务的数额。

第四十六条 行政机关依照本法第四十五条规定实施加处罚款或者滞纳金超过 30 日，经催告当事人仍不履行的，具有行政强制执行权的行政机关可以强制执行。

行政机关实施强制执行前，需要采取查封、扣押、冻结措施的，依照本法第三章规定办理。

没有行政强制执行权的行政机关应当申请人民法院强制执行。但是，当事人在法定期限内不申请行政复议或者提起行政诉讼，经催告仍不履行的，在实施行政管理过程中已经采取查封、扣押措施的行政机关，可以将查封、扣押的财物依法拍卖抵缴罚款。

第四十七条 划拨存款、汇款应当由法律规定的行政机关决定，并书面通知金融机构。金融机构接到行政机关依法作出划拨存款、汇款的决定后，应当立即划拨。

法律规定以外的行政机关或者组织要求划拨当事人存款、汇款的，金融机构应当拒绝。

第四十八条 依法拍卖财物，由行政机关委托拍卖机构依照《中华人民共和国拍卖法》的规定办理。

第四十九条 划拨的存款、汇款以及拍卖和依法处理所得的款项应当上缴国库或者划入财政专户。任何行政机关或者个人不得以任何形式截留、私分或者变相私分。

第三节 代履行

第五十条 行政机关依法作出要求当事人履行排除妨碍、恢复原状等义务的行政决定，当事人逾期不履行，经催告仍不履行，其后果已经或者将危害交通安全、造成环境污染或者破坏自然资源的，行政机关可以代履行，或者委托没有利害关系的第三人代履行。

第五十一条 代履行应当遵守下列规定：

（一）代履行前送达决定书，代履行决定书应当载明当事人的姓名或者名称、地址，代履行的理由和依据、方式和时间、标的、费用预算以及代履行人；

（二）代履行 3 日前，催告当事人履行，当事人履行的，停止代履行；

（三）代履行时，作出决定的行政机关应当派员到场监督；

（四）代履行完毕，行政机关到场监督的工作人员、代履行人和当事人或者见证人应当在执行文书上签名或者盖章。

代履行的费用按照成本合理确定，由当事人承担。但是，法律另有规定的除外。

代履行不得采用暴力、胁迫以及其他非法方式。

第五十二条 需要立即清除道路、河道、航道或者公共场所的遗洒物、障碍物或者污染物，当事人不能清除的，行政机关可以决定立即实施代履行；当事人不在场的，行政机关应当在事后立即通知当事人，并依法作出处理。

第五章 申请人民法院强制执行

第五十三条 当事人在法定期限内不申请行政复议或者提起行政诉讼，又不履行行政决定的，没有行政强制执行权的行政机关可以自期限届满之日起3个月内，依照本章规定申请人民法院强制执行。

第五十四条 行政机关申请人民法院强制执行前，应当催告当事人履行义务。催告书送达10日后当事人仍未履行义务的，行政机关可以向所在地有管辖权的人民法院申请强制执行；执行对象是不动产的，向不动产所在地有管辖权的人民法院申请强制执行。

第五十五条 行政机关向人民法院申请强制执行，应当提供下列材料：

（一）强制执行申请书；

（二）行政决定书及作出决定的事实、理由和依据；

（三）当事人的意见及行政机关催告情况；

（四）申请强制执行标的情况；

（五）法律、行政法规规定的其他材料。

强制执行申请书应当由行政机关负责人签名，加盖行政机关的印章，并注明日期。

第五十六条 人民法院接到行政机关强制执行的申请，应当在5日内受理。

行政机关对人民法院不予受理的裁定有异议的，可以在15日内向上一级人民法院申请复议，上一级人民法院应当自收到复议申请之日起15日内作出是否受理的裁定。

第五十七条 人民法院对行政机关强制执行的申请进行书面审查，对符合本法第五十五条规定，且行政决定具备法定执行效力的，除本法第五十八条规定的情形外，人民法院应当自受理之日起7日内作出执行裁定。

第五十八条 人民法院发现有下列情形之一的，在作出裁定前可以听取被执行人和行政机关的意见：

（一）明显缺乏事实根据的；

（二）明显缺乏法律、法规依据的；

（三）其他明显违法并损害被执行人合法权益的。

人民法院应当自受理之日起30日内作出是否执行的裁定。裁定不予执行的，应当说明理由，并在5日内将不予执行的裁定送达行政机关。

行政机关对人民法院不予执行的裁定有异议的，可以自收到裁定之日起15日内向上一级人民法院申请复议，上一级人民法院应当自收到复议申请之日起30日内作出是否执行的裁定。

第五十九条 因情况紧急，为保障公共安全，行政机关可以申请人民法院立即执行。经人民法院院长批准，人民法院应当自作出执行裁定之日起5日内执行。

第六十条 行政机关申请人民法院强制执行，不缴纳申请费。强制执行的费用由被执行人承担。

人民法院以划拨、拍卖方式强制执行的，可以在划拨、拍卖后将强制执行的费用扣除。

依法拍卖财物，由人民法院委托拍卖机构依照《中华人民共和国拍卖法》的规定办理。

划拨的存款、汇款以及拍卖和依法处理所得的款项应当上缴国库或者划入财政专户，不得以任何形式截留、私分或者变相私分。

第六章　法律责任

第六十一条　行政机关实施行政强制，有下列情形之一的，由上级行政机关或者有关部门责令改正，对直接负责的主管人员和其他直接责任人员依法给予处分：

（一）没有法律、法规依据的；

（二）改变行政强制对象、条件、方式的；

（三）违反法定程序实施行政强制的；

（四）违反本法规定，在夜间或者法定节假日实施行政强制执行的；

（五）对居民生活采取停止供水、供电、供热、供燃气等方式迫使当事人履行相关行政决定的；

（六）有其他违法实施行政强制情形的。

第六十二条　违反本法规定，行政机关有下列情形之一的，由上级行政机关或者有关部门责令改正，对直接负责的主管人员和其他直接责任人员依法给予处分：

（一）扩大查封、扣押、冻结范围的；

（二）使用或者损毁查封、扣押场所、设施或者财物的；

（三）在查封、扣押法定期间不作出处理决定或者未依法及时解除查封、扣押的；

（四）在冻结存款、汇款法定期间不作出处理决定或者未依法及时解除冻结的。

第六十三条　行政机关将查封、扣押的财物或者划拨的存款、汇款以及拍卖和依法处理所得的款项，截留、私分或者变相私分的，由财政部门或者有关部门予以追缴；对直接负责的主管人员和其他直接责任人员依法给予记大过、降级、撤职或者开除的处分。

行政机关工作人员利用职务上的便利，将查封、扣押的场所、设施或者财物据为己有的，由上级行政机关或者有关部门责令改正，依法给予记大过、降级、撤职或者开除的处分。

第六十四条　行政机关及其工作人员利用行政强制权为单位或者个人谋取利益的，由上级行政机关或者有关部门责令改正，对直接负责的主管人员和其他直接责任人员依法给予处分。

第六十五条　违反本法规定，金融机构有下列行为之一的，由金融业监督管理机构责令改正，对直接负责的主管人员和其他直接责任人员依法给予处分：

（一）在冻结前向当事人泄露信息的；

（二）对应当立即冻结、划拨的存款、汇款不冻结或者不划拨，致使存款、汇款转移的；

（三）将不应当冻结、划拨的存款、汇款予以冻结或者划拨的；

（四）未及时解除冻结存款、汇款的。

第六十六条　违反本法规定，金融机构将款项划入国库或者财政专户以外的其他账户的，由金融业监督管理机构责令改正，并处以违法划拨款项2倍的罚款；对直接负责的主管人员和其他直接责任人员依法给予处分。

违反本法规定，行政机关、人民法院指令金融机构将款项划入国库或者财政专户以外的其他账户的，对直接负责的主管人员和其他直接责任人员依法给予处分。

第六十七条　人民法院及其工作人员在强制执行中有违法行为或者扩大强制执行范围的，对直接负责的主管人员和其他直接责任人员依法给予处分。

第六十八条　违反本法规定，给公民、法人或者其他组织造成损失的，依法给予赔偿。

违反本法规定，构成犯罪的，依法追究刑事责任。

第七章　附　则

第六十九条　本法中10日以内期限的规定是指工作日，不含法定节假日。

第七十条　法律、行政法规授权的具有管理公共事务职能的组织在法定授权范围内，以自己的名义实施行政强制，适用本法有关行政机关的规定。

第七十一条　本法自2012年1月1日起施行。

中华人民共和国兽药管理条例

中华人民共和国国务院令2004年第404号

第一章　总　则

第一条　为了加强兽药管理，保证兽药质量，防治动物疾病，促进养殖业的发展，维护人体健康，制定本条例。

第二条　在中华人民共和国境内从事兽药的研制、生产、经营、进出口、使用和监督管理，应当遵守本条例。

第三条　国务院兽医行政管理部门负责全国的兽药监督管理工作。

县级以上地方人民政府兽医行政管理部门负责本行政区域内的兽药监督管理工作。

第四条　国家实行兽用处方药和非处方药分类管理制度。兽用处方药和非处方药分类管理的办法和具体实施步骤，由国务院兽医行政管理部门规定。

第五条　国家实行兽药储备制度。

发生重大动物疫情、灾情或者其他突发事件时，国务院兽医行政管理部门可以紧急调用国家储备的兽药；必要时，也可以调用国家储备以外的兽药。

第二章　新兽药研制

第六条　国家鼓励研制新兽药，依法保护研制者的合法权益。

第七条　研制新兽药，应当具有与研制相适应的场所、仪器设备、专业技术人员、安全管理规范和措施。

研制新兽药，应当进行安全性评价。从事兽药安全性评价的单位，应当经国务院兽医行政管理部门认定，并遵守兽药非临床研究质量管理规范和兽药临床试验质量管理规范。

第八条　研制新兽药，应当在临床试验前向省、自治区、直辖市人民政府兽医行政管理部门提出申请，并附具该新兽药实验室阶段安全性评价报告及其他临床前研究资料；省、自治区、直辖市人民政府兽医行政管理部门应当自收到申请之日起60个工作日内将审查结果书面通知申请人。

研制的新兽药属于生物制品的，应当在临床试验前向国务院兽医行政管理部门提出申请，国务院兽医行政管理部门应当自收到申请之日起60个工作日内将审查结果书面通知申请人。

研制新兽药需要使用一类病原微生物的，还应当具备国务院兽医行政管理部门规定的条件，并在实验室阶段前报国务院兽医行政管理部门批准。

第九条　临床试验完成后，新兽药研制者向国务院兽医行政管理部门提出新兽药注册申请时，应当提交该新兽药的样品和下列资料：

（一）名称、主要成分、理化性质；

（二）研制方法、生产工艺、质量标准和检测方法；

（三）药理和毒理试验结果、临床试验报告和稳定性试验报告；

（四）环境影响报告和污染防治措施。

研制的新兽药属于生物制品的，还应当提供菌（毒、虫）种、细胞等有关材料和资料。菌（毒、虫）种、细胞由国务院兽医行政管理部门指定的机构保藏。

研制用于食用动物的新兽药，还应当按照国务院兽医行政管理部门的规定进行兽药残留试验并提供休药期、最高残留限量标准、残留检测方法及其制定依据等资料。

国务院兽医行政管理部门应当自收到申请之日起10个工作日内，将决定受理的新兽药资料送其设立的兽药评审机构进行评审，将新兽药样品送其指定的检验机构复核检验，并自收到评审和复核检验结论之日起60个工作日内完成审查。审查合格的，发给新兽药注册证书，并发布该兽药的质量标准；不合格的，应当书面通知申请人。

第十条 国家对依法获得注册的、含有新化合物的兽药的申请人提交的其自己所取得且未披露的试验数据和其他数据实施保护。

自注册之日起6年内，对其他申请人未经已获得注册兽药的申请人同意，使用前款规定的数据申请兽药注册的，兽药注册机关不予注册；但是，其他申请人提交其自己所取得的数据的除外。

除下列情况外，兽药注册机关不得披露本条第一款规定的数据：

（一）公共利益需要；

（二）已采取措施确保该类信息不会被不正当地进行商业使用。

第三章 兽药生产

第十一条 设立兽药生产企业，应当符合国家兽药行业发展规划和产业政策，并具备下列条件：

（一）与所生产的兽药相适应的兽医学、药学或者相关专业的技术人员；

（二）与所生产的兽药相适应的厂房、设施；

（三）与所生产的兽药相适应的兽药质量管理和质量检验的机构、人员、仪器设备；

（四）符合安全、卫生要求的生产环境；

（五）兽药生产质量管理规范规定的其他生产条件。

符合前款规定条件的，申请人方可向省、自治区、直辖市人民政府兽医行政管理部门提出申请，并附具符合前款规定条件的证明材料；省、自治区、直辖市人民政府兽医行政管理部门应当自收到申请之日起20个工作日内，将审核意见和有关材料报送国务院兽医行政管理部门。

国务院兽医行政管理部门，应当自收到审核意见和有关材料之日起40个工作日内完成审查。经审查合格的，发给兽药生产许可证；不合格的，应当书面通知申请人。申请人凭兽药生产许可证办理工商登记手续。

第十二条 兽药生产许可证应当载明生产范围、生产地点、有效期和法定代表人姓名、住址等事项。

兽药生产许可证有效期为5年。有效期届满，需要继续生产兽药的，应当在许可证有效期届满前6个月到原发证机关申请换发兽药生产许可证。

第十三条 兽药生产企业变更生产范围、生产地点的，应当依照本条例第十一条的规定申请换发兽药生产许可证，申请人凭换发的兽药生产许可证办理工商变更登记手续；变更企业名称、法定代表人的，应当在办理工商变更登记手续后15个工作日内，到原发证机关申请换发兽药生产许可证。

第十四条 兽药生产企业应当按照国务院兽医行政管理部门制定的兽药生产质量管理规范组织生产。

国务院兽医行政管理部门，应当对兽药生产企业是否符合兽药生产质量管理规范的要求进行监督检查，并公布检查结果。

第十五条 兽药生产企业生产兽药，应当取得国务院兽医行政管理部门核发的产品批准文号，产品批准文号的有效期为5年。兽药产品批准文号的核发办法由国务院兽医行政管理部门制定。

第十六条 兽药生产企业应当按照兽药国家标准和国务院兽医行政管理部门批准的生产工艺进行生产。兽药生产企业改变影响兽药质量的生产工艺的，应当报原批准部门审核批准。

兽药生产企业应当建立生产记录，生产记录应当完整、准确。

第十七条 生产兽药所需的原料、辅料，应当符合国家标准或者所生产兽药的质量要求。

直接接触兽药的包装材料和容器应当符合药用要求。

第十八条 兽药出厂前应当经过质量检验，不符合质量标准的不得出厂。

兽药出厂应当附有产品质量合格证。

禁止生产假、劣兽药。

第十九条 兽药生产企业生产的每批兽用生物制品，在出厂前应当由国务院兽医行政管理部门指定的检验机构审查核对，并在必要时进行抽查检验；未经审查核对或者抽查检验不合格的，不得销售。

强制免疫所需兽用生物制品，由国务院兽医行政管理部门指定的企业生产。

第二十条 兽药包装应当按照规定印有或者贴有标签，附具说明书，并在显著位置注明“兽用”字样。

兽药的标签和说明书经国务院兽医行政管理部门批准并公布后，方可使用。

兽药的标签或者说明书，应当以中文注明兽药的通用名称、成分及其含量、规格、生产企业、产品批准文号（进口兽药注册证号）、产品批号、生产日期、有效期、适应症或者功能主治、用法、用量、休药期、禁忌、不良反应、注意事项、运输贮存保管条件及其他应当说明的内容。有商品名称的，还应当注明商品名称。

除前款规定的内容外，兽用处方药的标签或者说明书还应当印有国务院兽医行政管理部门规定的警示内容，其中兽用麻醉药品、精神药品、毒性药品和放射性药品还应当印有国务院兽医行政管理部门规定的特殊标志；兽用非处方药的标签或者说明书还应当印有国务院兽医行政管理部门规定的非处方药标志。

第二十一条 国务院兽医行政管理部门，根据保证动物产品质量安全和人体健康的需要，可以对新兽药设立不超过5年的监测期；在监测期内，不得批准其他企业生产或者进口该新兽药。生产企业应当在监测期内收集该新兽药的疗效、不良反应等资料，并及时报送国务院兽医行政管理部门。

第四章 兽药经营

第二十二条 经营兽药的企业，应当具备下列条件：

（一）与所经营的兽药相适应的兽药技术人员；

（二）与所经营的兽药相适应的营业场所、设备、仓库设施；

（三）与所经营的兽药相适应的质量管理机构或者人员；

（四）兽药经营质量管理规范规定的其他经营条件。

符合前款规定条件的，申请人方可向市、县人民政府兽医行政管理部门提出申请，并附具符合前款规定条件的证明材料；经营兽用生物制品的，应当向省、自治区、直辖市人民政府兽医行政管理部门提出申请，并附具符合前款规定条件的证明材料。

县级以上地方人民政府兽医行政管理部门，应当自收到申请之日起30个工作日内完成审查。审查合格的，发给兽药经营许可证；不合格的，应当书面通知申请人。申请人凭兽药经营许可证办理工商登记手续。

第二十三条 兽药经营许可证应当载明经营范围、经营地点、有效期和法定代表人姓名、住址等事项。

兽药经营许可证有效期为5年。有效期届满，需要继续经营兽药的，应当在许可证有效期届满前6个月到原发证机关申请换发兽药经营许可证。

第二十四条 兽药经营企业变更经营范围、经营地点的，应当依照本条例第二十二条的规定申请换发兽药经营许可证，申请人凭换发的兽药经营许可证办理工商变更登记手续；变更企业名称、法定代表人的，应当在办理工商变更登记手续后15个工作日内，到原发证机关申请换发兽药经营许可证。

第二十五条 兽药经营企业，应当遵守国务院兽医行政管理部门制定的兽药经营质量管理规范。

县级以上地方人民政府兽医行政管理部门，应当对兽药经营企业是否符合兽药经营质量管理规范的要求进行监督检查，并公布检查结果。

第二十六条 兽药经营企业购进兽药，应当将兽药产品与产品标签或者说明书、产品质量合格证核对无误。

第二十七条 兽药经营企业，应当向购买者说明兽药的功能主治、用法、用量和注意事项。销售兽用处方药的，应当遵守兽用处方药管理办法。

兽药经营企业销售兽用中药材的，应当注明产地。

禁止兽药经营企业经营人用药品和假、劣兽药。

第二十八条 兽药经营企业购销兽药，应当建立购销记录。购销记录应当载明兽药的商品名称、通用名称、剂型、规格、批号、有效期、生产厂商、购销单位、购销数量、购销日期和国务院兽医行政管理部门规定的其他事项。

第二十九条 兽药经营企业，应当建立兽药保管制度，采取必要的冷藏、防冻、防潮、防虫、防鼠等措施，保持所经营兽药的质量。

兽药入库、出库，应当执行检查验收制度，并有准确记录。

第三十条 强制免疫所需兽用生物制品的经营，应当符合国务院兽医行政管理部门的规定。

第三十一条 兽药广告的内容应当与兽药说明书内容相一致，在全国重点媒体发布兽药广告的，应当经国务院兽医行政管理部门审查批准，取得兽药广告审查批准文号。在地方媒体发布兽药广告的，应当经省、自治区、直辖市人民政府兽医行政管理部门审查批准，取得兽药广告审查批准文号；未经批准的，不得发布。

第五章 兽药进出口

第三十二条 首次向中国出口的兽药，由出口方驻中国境内的办事机构或者其委托的中国境内代理机构向国务院兽医行政管理部门申请注册，并提交下列资料和物品：

（一）生产企业所在国家（地区）兽药管理部门批准生产、销售的证明文件；

（二）生产企业所在国家（地区）兽药管理部门颁发的符合兽药生产质量管理规范的证明文件；

（三）兽药的制造方法、生产工艺、质量标准、检测方法、药理和毒理试验结果、临床试验报告、稳定性试验报告及其他相关资料；用于食用动物的兽药的休药期、最高残留限量标准、残留检测方法及其制定依据等资料；

（四）兽药的标签和说明书样本；

（五）兽药的样品、对照品、标准品；

（六）环境影响报告和污染防治措施；

（七）涉及兽药安全性的其他资料。

申请向中国出口兽用生物制品的，还应当提供菌（毒、虫）种、细胞等有关材料和资料。

第三十三条 国务院兽医行政管理部门，应当自收到申请之日起10个工作日内组织初步审查。经初步审查合格的，应当将决定受理的兽药资料送其设立的兽药评审机构进行评审，将该兽药样品送其指定的检验机构复核检验，并自收到评审和复核检验结论之日起60个工作日内完成审查。经审查合格的，发给进口兽药注册证书，并发布该兽药的质量标准；不合格的，应当书面通知申请人。

在审查过程中，国务院兽医行政管理部门可以对向中国出口兽药的企业是否符合兽药生产质量管理规范的要求进行考查，并有权要求该企业在国务院兽医行政管理部门指定的机构进行该兽药的安全性和有效性试验。

国内急需兽药、少量科研用兽药或者注册兽药的样品、对照品、标准品的进口，按照国务院兽医行政管理部门的规定办理。

第三十四条 进口兽药注册证书的有效期为5年。有效期届满，需要继续向中国出口兽药的，应当在有效期届满前6个月到原发证机关申请再注册。

第三十五条 境外企业不得在中国直接销售兽药。境外企业在中国销售兽药，应当依法在中国境内设立销售机构或者委托符合条件的中国境内代理机构。

进口在中国已取得进口兽药注册证书的兽用生物制品的，中国境内代理机构应当向国务院兽医行政管理部门申请允许进口兽用生物制品证明文件，凭允许进口兽用生物制品证明文件到口岸所在地人民政府兽医行政管理部门办理进口兽药通关单；进口在中国已取得进口兽药注册证书的其他兽药的，凭进口兽药注册证书到口岸所在地人民政府兽医行政管理部门办理进口兽药通关单。海关凭进口兽药通关单放行。兽药进口管理办法由国务院兽医行政管理部门会同海关总署制定。

兽用生物制品进口后，应当依照本条例第十九条的规定进行审查核对和抽查检验。其他兽药进口后，由当地兽医行政管理部门通知兽药检验机构进行抽查检验。

第三十六条 禁止进口下列兽药：

（一）药效不确定、不良反应大以及可能对养殖业、人体健康造成危害或者存在潜在风险的；

（二）来自疫区可能造成疫病在中国境内传播的兽用生物制品；

（三）经考查生产条件不符合规定的；

（四）国务院兽医行政管理部门禁止生产、经营和使用的。

第三十七条 向中国境外出口兽药，进口方要求提供兽药出口证明文件的，国务院兽医行政管理部门或者企业所在地的省、自治区、直辖市人民政府兽医行政管理部门可以出具出口兽药证明文件。

国内防疫急需的疫苗，国务院兽医行政管理部门可以限制或者禁止出口。

第六章 兽药使用

第三十八条 兽药使用单位，应当遵守国务院兽医行政管理部门制定的兽药安全使用规定，并建立用药记录。

第三十九条 禁止使用假、劣兽药以及国务院兽医行政管理部门规定禁止使用的药品和其他化合物。禁止使用的药品和其他化合物目录由国务院兽医行政管理部门制定公布。

第四十条 有休药期规定的兽药用于食用动物时，饲养者应当向购买者或者屠宰者提供准确、真实的用药记录；购买者或者屠宰者应当确保动物及其产品在用药期、休药期内不被用于食品消费。

第四十一条 国务院兽医行政管理部门，负责制定公布在饲料中允许添加的药物饲料添加剂品种目录。

禁止在饲料和动物饮用水中添加激素类药品和国务院兽医行政管理部门规定的其他禁用药品。

经批准可以在饲料中添加的兽药，应当由兽药生产企业制成药物饲料添加剂后方可添加。禁止将原料药直接添加到饲料及动物饮用水中或者直接饲喂动物。

禁止将人用药品用于动物。

第四十二条 国务院兽医行政管理部门，应当制定并组织实施国家动物及动物产品兽药残留监控计划。

县级以上人民政府兽医行政管理部门，负责组织对动物产品中兽药残留量的检测。兽药残留检测结果，由国务院兽医行政管理部门或者省、自治区、直辖市人民政府兽医行政管理部门按照权限予以公布。

动物产品的生产者、销售者对检测结果有异议的，可以自收到检测结果之日起 7 个工作日内向组织实施兽药残留检测的兽医行政管理部门或者其上级兽医行政管理部门提出申请，由受理申请的兽医行政管理部门指定检验机构进行复检。

兽药残留限量标准和残留检测方法，由国务院兽医行政管理部门制定发布。

第四十三条 禁止销售含有违禁药物或者兽药残留量超过标准的食用动物产品。

第七章 兽药监督管理

第四十四条 县级以上人民政府兽医行政管理部门行使兽药监督管理权。

兽药检验工作由国务院兽医行政管理部门和省、自治区、直辖市人民政府兽医行政管理部门设立的兽药检验机构承担。国务院兽医行政管理部门，可以根据需要认定其他检验机构承担兽药检验工作。

当事人对兽药检验结果有异议的，可以自收到检验结果之日起 7 个工作日内向实施检验的机构或者上级兽医行政管理部门设立的检验机构申请复检。

第四十五条 兽药应当符合兽药国家标准。

国家兽药典委员会拟定的、国务院兽医行政管理部门发布的《中华人民共和国兽药典》和国务院兽医行政管理部门发布的其他兽药质量标准为兽药国家标准。

兽药国家标准的标准品和对照品的标定工作由国务院兽医行政管理部门设立的兽药检验机构负责。

第四十六条 兽医行政管理部门依法进行监督检查时，对有证据证明可能是假、劣兽药的，应当采取查封、扣押的行政强制措施，并自采取行政强制措施之日起 7 个工作日内作出是否立案的决定；需要检验的，应当自检验报告书发出之日起 15 个工作日内作出是否立案的决定；不符合立案条件的，应当解除行政强制措施；需要暂停生产、经营和使用的，由国务院兽医行政管理部门或者省、自治区、直辖市人民政府兽医行政管理部门按照权限作出决定。

未经行政强制措施决定机关或者其上级机关批准，不得擅自转移、使用、销毁、销售被查封或者扣押的兽药及有关材料。

第四十七条 有下列情形之一的，为假兽药：

（一）以非兽药冒充兽药或者以他种兽药冒充此种兽药的；

（二）兽药所含成分的种类、名称与兽药国家标准不符合的。

有下列情形之一的，按照假兽药处理：

（一）国务院兽医行政管理部门规定禁止使用的；

（二）依照本条例规定应当经审查批准而未经审查批准即生产、进口的，或者依照本条例规定应当经抽查检验、审查核对而未经抽查检验、审查核对即销售、进口的；

（三）变质的；

（四）被污染的；

（五）所标明的适应症或者功能主治超出规定范围的。

第四十八条 有下列情形之一的，为劣兽药：

（一）成分含量不符合兽药国家标准或者不标明有效成分的；

（二）不标明或者更改有效期或者超过有效期的；

（三）不标明或者更改产品批号的；

（四）其他不符合兽药国家标准，但不属于假兽药的。

第四十九条 禁止将兽用原料药拆零销售或者销售给兽药生产企业以外的单位和个人。

禁止未经兽医开具处方销售、购买、使用国务院兽医行政管理部门规定实行处方药管理的兽药。

第五十条 国家实行兽药不良反应报告制度。

兽药生产企业、经营企业、兽药使用单位和开具处方的兽医人员发现可能与兽药使用有关的严重不良反应，应当立即向所在地人民政府兽医行政管理部门报告。

第五十一条 兽药生产企业、经营企业停止生产、经营超过6个月或者关闭的，由原发证机关责令其交回兽药生产许可证、兽药经营许可证，并由工商行政管理部门变更或者注销其工商登记。

第五十二条 禁止买卖、出租、出借兽药生产许可证、兽药经营许可证和兽药批准证明文件。

第五十三条 兽药评审检验的收费项目和标准，由国务院财政部门会同国务院价格主管部门制定，并予以公告。

第五十四条 各级兽医行政管理部门、兽药检验机构及其工作人员，不得参与兽药生产、经营活动，不得以其名义推荐或者监制、监销兽药。

第八章 法律责任

第五十五条 兽医行政管理部门及其工作人员利用职务上的便利收取他人财物或者谋取其他利益，对不符合法定条件的单位和个人核发许可证、签署审查同意意见，不履行监督职责，或者发现违法行为不予查处，造成严重后果，构成犯罪的，依法追究刑事责任；尚不构成犯罪的，依法给予行政处分。

第五十六条 违反本条例规定，无兽药生产许可证、兽药经营许可证生产、经营兽药的，或者虽有兽药生产许可证、兽药经营许可证，生产、经营假、劣兽药的，或者兽药经营企业经营人用药品的，责令其停止生产、经营，没收用于违法生产的原料、辅料、包装材料及生产、经营的兽药和违法所得，并处违法生产、经营的兽药（包括已出售的和未出售的兽药，下同）货值金额2倍以上5倍以下罚款，货值金额无法查证核实的，处10万元以上20万元以下罚款；无兽药生产许可证生产兽药，情节严重的，没收其生产设备；生产、经营假、劣兽药，情节严重的，吊销兽药生产许可证、兽药经营许可证；构成犯罪的，依法追究刑事责任；给他人造成损失的，依法承担赔偿责任。生产、经营企业的主要负责人和直接负责的主管人员终身不得从事兽药的生产、经营活动。

擅自生产强制免疫所需兽用生物制品的，按照无兽药生产许可证生产兽药处罚。

第五十七条 违反本条例规定，提供虚假的资料、样品或者采取其他欺骗手段取得兽药生产许可证、兽药经营许可证或者兽药批准证明文件的，吊销兽药生产许可证、兽药经营许可证或者撤销兽药批准证明文件，并处5万元以上10万元以下罚款；给他人造成损失的，依法承担赔偿责任。其主要负责人和直接负责的主管人员终身不得从事兽药的生产、经营和进出口活动。

第五十八条 买卖、出租、出借兽药生产许可证、兽药经营许可证和兽药批准证明文件的，没收违法所得，并处1万元以上10万元以下罚款；情节严重的，吊销兽药生产许可证、兽药经营许可证或者撤销兽药批准证明文件；构成犯罪的，依法追究刑事责任；给他人造成损失的，依法承担赔偿责任。

第五十九条 违反本条例规定，兽药安全性评价单位、临床试验单位、生产和经营企业未按照规定实施兽药研究试验、生产、经营质量管理规范的，给予警告，责令其限期改正；逾期不改正的，责令停止兽药研究试验、生产、经营活动，并处5万元以下罚款；情节严重的，吊销兽药生产许可证、兽药经营许可证；给他人造成损失的，依法承担赔偿责任。

违反本条例规定，研制新兽药不具备规定的条件擅自使用一类病原微生物或者在实验室阶段前未经批准的，责令其停止实验，并处5万元以上10万元以下罚款；构成犯罪的，依法追究刑事责任；给他人造成损失的，依法承担赔偿责任。

第六十条 违反本条例规定，兽药的标签和说明书未经批准的，责令其限期改正；逾期不改正的，按照生产、经营假兽药处罚；有兽药产品批准文号的，撤销兽药产品批准文号；给他人造成损失的，依法承担赔偿责任。

兽药包装上未附有标签和说明书，或者标签和说明书与批准的内容不一致的，责令其限期改正；情节严重的，依照前款规定处罚。

第六十一条 违反本条例规定，境外企业在中国直接销售兽药的，责令其限期改正，没收直接销售的兽药和违法所得，并处5万元以上10万元以下罚款；情节严重的，吊销进口兽药注册证书；给他人造成损失的，依法承担赔偿责任。

第六十二条 违反本条例规定，未按照国家有关兽药安全使用规定使用兽药的、未建立用药记录或者记录不完整真实的，或者使用禁止使用的药品和其他化合物的，或者将人用药品用于动物的，责令其立即改正，并对饲喂了违禁药物及其他化合物的动物及其产品进行无害化处理；对违法单位处1万元以上5万元以下罚款；给他人造成损失的，依法承担赔偿责任。

第六十三条 违反本条例规定，销售尚在用药期、休药期内的动物及其产品用于食品消费的，或者销售含有违禁药物和兽药残留超标的动物产品用于食品消费的，责令其对含有违禁药物和兽药残留超标的动物产品进行无害化处理，没收违法所得，并处3万元以上10万元以下罚款；构成犯罪的，依法追究刑事责任；给他人造成损失的，依法承担赔偿责任。

第六十四条 违反本条例规定，擅自转移、使用、销毁、销售被查封或者扣押的兽药及有关材料的，责令其停止违法行为，给予警告，并处5万元以上10万元以下罚款。

第六十五条 违反本条例规定，兽药生产企业、经营企业、兽药使用单位和开具处方的兽医人员发现可能与兽药使用有关的严重不良反应，不向所在地人民政府兽医行政管理部门报告的，给予警告，并处5 000元以上1万元以下罚款。

生产企业在新兽药监测期内不收集或者不及时报送该新兽药的疗效、不良反应等资料的，责令其限期改正，并处1万元以上5万元以下罚款；情节严重的，撤销该新兽药的产品批准文号。

第六十六条　违反本条例规定，未经兽医开具处方销售、购买、使用兽用处方药的，责令其限期改正，没收违法所得，并处5万元以下罚款；给他人造成损失的，依法承担赔偿责任。

第六十七条　违反本条例规定，兽药生产、经营企业把原料药销售给兽药生产企业以外的单位和个人的，或者兽药经营企业拆零销售原料药的，责令其立即改正，给予警告，没收违法所得，并处2万元以上5万元以下罚款；情节严重的，吊销兽药生产许可证、兽药经营许可证；给他人造成损失的，依法承担赔偿责任。

第六十八条　违反本条例规定，在饲料和动物饮用水中添加激素类药品和国务院兽医行政管理部门规定的其他禁用药品，依照《饲料和饲料添加剂管理条例》的有关规定处罚；直接将原料药添加到饲料及动物饮用水中，或者饲喂动物的，责令其立即改正，并处1万元以上3万元以下罚款；给他人造成损失的，依法承担赔偿责任。

第六十九条　有下列情形之一的，撤销兽药的产品批准文号或者吊销进口兽药注册证书：

（一）抽查检验连续2次不合格的；

（二）药效不确定、不良反应大以及可能对养殖业、人体健康造成危害或者存在潜在风险的；

（三）国务院兽医行政管理部门禁止生产、经营和使用的兽药。

被撤销产品批准文号或者被吊销进口兽药注册证书的兽药，不得继续生产、进口、经营和使用。已经生产、进口的，由所在地兽医行政管理部门监督销毁，所需费用由违法行为人承担；给他人造成损失的，依法承担赔偿责任。

第七十条　本条例规定的行政处罚由县级以上人民政府兽医行政管理部门决定；其中吊销兽药生产许可证、兽药经营许可证、撤销兽药批准证明文件或者责令停止兽药研究试验的，由原发证、批准部门决定。

上级兽医行政管理部门对下级兽医行政管理部门违反本条例的行政行为，应当责令限期改正；逾期不改正的，有权予以改变或者撤销。

第七十一条　本条例规定的货值金额以违法生产、经营兽药的标价计算；没有标价的，按照同类兽药的市场价格计算。

第九章　附　则

第七十二条　本条例下列用语的含义是：

（一）兽药，是指用于预防、治疗、诊断动物疾病或者有目的地调节动物生理机能的物质（含药物饲料添加剂），主要包括：血清制品、疫苗、诊断制品、微生态制品、中药材、中成药、化学药品、抗生素、生化药品、放射性药品及外用杀虫剂、消毒剂等。

（二）兽用处方药，是指凭兽医处方方可购买和使用的兽药。

（三）兽用非处方药，是指由国务院兽医行政管理部门公布的、不需要凭兽医处方就可以自行购买并按照说明书使用的兽药。

（四）兽药生产企业，是指专门生产兽药的企业和兼产兽药的企业，包括从事兽药分装的企业。

（五）兽药经营企业，是指经营兽药的专营企业或者兼营企业。

（六）新兽药，是指未曾在中国境内上市销售的兽用药品。

（七）兽药批准证明文件，是指兽药产品批准文号、进口兽药注册证书、允许进口兽用生物制品证明文件、出口兽药证明文件、新兽药注册证书等文件。

第七十三条 兽用麻醉药品、精神药品、毒性药品和放射性药品等特殊药品，依照国家有关规定管理。

第七十四条 水产养殖中的兽药使用、兽药残留检测和监督管理以及水产养殖过程中违法用药的行政处罚，由县级以上人民政府渔业主管部门及其所属的渔政监督管理机构负责。

第七十五条 本条例自2004年11月1日起施行。

兽用处方药和非处方药管理办法

中华人民共和国农业部令2013年第2号

（《兽用处方药和非处方药管理办法》已于2013年8月1日经农业部第7次常务会议审议通过）

第一条 为加强兽药监督管理，促进兽医临床合理用药，保障动物产品安全，根据《兽药管理条例》，制定本办法。

第二条 国家对兽药实行分类管理，根据兽药的安全性和使用风险程度，将兽药分为兽用处方药和非处方药。

兽用处方药是指凭兽医处方笺方可购买和使用的兽药。

兽用非处方药是指不需要兽医处方笺即可自行购买并按照说明书使用的兽药。

兽用处方药目录由农业部制定并公布。兽用处方药目录以外的兽药为兽用非处方药。

第三条 农业部主管全国兽用处方药和非处方药管理工作。

县级以上地方人民政府兽医行政管理部门负责本行政区域内兽用处方药和非处方药的监督管理，具体工作可以委托所属执法机构承担。

第四条 兽用处方药的标签和说明书应当标注“兽用处方药”字样，兽用非处方药的标签和说明书应当标注“兽用非处方药”字样。

前款字样应当在标签和说明书的右上角以宋体红色标注，背景应当为白色，字体大小根据实际需要设定，但必须醒目、清晰。

第五条 兽药生产企业应当跟踪本企业所生产兽药的安全性和有效性，发现不适合按兽用非处方药管理的，应当及时向农业部报告。

兽药经营者、动物诊疗机构、行业协会或者其他组织和个人发现兽用非处方药有前款规定情形的，应当向当地兽医行政管理部门报告。

第六条 兽药经营者应当在经营场所显著位置悬挂或者张贴“兽用处方药必须凭兽医处方购买”的提示语。

兽药经营者对兽用处方药、兽用非处方药应当分区或分柜摆放。兽用处方药不得采用开架自选方式销售。

第七条 兽用处方药凭兽医处方笺方可买卖，但下列情形除外：

（一）进出口兽用处方药的；

（二）向动物诊疗机构、科研单位、动物疫病预防控制机构和其他兽药生产企业、经营者销售兽用处方药的；

（三）向聘有依照《执业兽医管理办法》规定注册的专职执业兽医的动物饲养场（养殖小区）、动物园、实验动物饲育场等销售兽用处方药的。

第八条 兽医处方笺由依法注册的执业兽医按照其注册的执业范围开具。

第九条 兽医处方笺应当记载下列事项：

（一）畜主姓名或动物饲养场名称；

（二）动物种类、年（日）龄、体重及数量；

（三）诊断结果；

（四）兽药通用名称、规格、数量、用法、用量及休药期；

（五）开具处方日期及开具处方执业兽医注册号和签章。

处方笺一式三联，第一联由开具处方药的动物诊疗机构或执业兽医保存，第二联由兽药经营者保存，第三联由畜主或动物饲养场保存。动物饲养场（养殖小区）、动物园、实验动物饲育场等单位专职执业兽医开具的处方签由专职执业兽医所在单位保存。

处方笺应当保存二年以上。

第十条 兽药经营者应当对兽医处方笺进行查验，单独建立兽用处方药的购销记录，并保存二年以上。

第十一条 兽用处方药应当依照处方笺所载事项使用。

第十二条 乡村兽医应当按照农业部制定、公布的《乡村兽医基本用药目录》使用兽药。

第十三条 兽用麻醉药品、精神药品、毒性药品等特殊药品的生产、销售和使用，还应当遵守国家有关规定。

第十四条 违反本办法第四条规定的，依照《兽药管理条例》第六十条第二款的规定进行处罚。

第十五条 违反本办法规定，未经注册执业兽医开具处方销售、购买、使用兽用处方药的，依照《兽药管理条例》第六十六条的规定进行处罚。

第十六条 违反本办法规定，有下列情形之一的，依照《兽药管理条例》第五十九条第一款的规定进行处罚：

（一）兽药经营者未在经营场所明显位置悬挂或者张贴提示语的；

（二）兽用处方药与兽用非处方药未分区或分柜摆放的；

（三）兽用处方药采用开架自选方式销售的；

（四）兽医处方笺和兽用处方药购销记录未按规定保存的。

第十七条 违反本办法其他规定的，依照《中华人民共和国动物防疫法》、《兽药管理条例》有关规定进行处罚。

第十八条 本办法自 2014 年 3 月 1 日起施行。

水产养殖质量安全管理规定

中华人民共和国农业部令2003年第31号

（2003年7月14日农业部第18次常务会议审议通过）

第一章　总　则

第一条　为提高养殖水产品质量安全水平，保护渔业生态环境，促进水产养殖业的健康发展，根据《中华人民共和国渔业法》等法律、行政法规，制定本规定。

第二条　在中华人民共和国境内从事水产养殖的单位和个人，应当遵守本规定。

第三条　农业部主管全国水产养殖质量安全管理工作。

县级以上地方各级人民政府渔业行政主管部门主管本行政区域内水产养殖质量安全管理工作。

第四条　国家鼓励水产养殖单位和个人发展健康养殖，减少水产养殖病害发生；控制养殖用药，保证养殖水产品质量安全；推广生态养殖，保护养殖环境。

国家鼓励水产养殖单位和个人依照有关规定申请无公害农产品认证。

第二章　养殖用水

第五条　水产养殖用水应当符合农业部《无公害食品海水养殖用水水质》（NY 5052—2001）或《无公害食品淡水养殖用水水质》（NY 5051—2001）等标准，禁止将不符合水质标准的水源用于水产养殖。

第六条　水产养殖单位和个人应当定期监测养殖用水水质。

养殖用水水源受到污染时，应当立即停止使用；确需使用的，应当经过净化处理达到养殖用水水质标准。

养殖水体水质不符合养殖用水水质标准时，应当立即采取措施进行处理。经处理后仍达不到要求的，应当停止养殖活动，并向当地渔业行政主管部门报告，其养殖水产品按本规定第十三条处理。

第七条　养殖场或池塘的进排水系统应当分开。水产养殖废水排放应当达到国家规定的排放标准。

第三章　养殖生产

第八条　县级以上地方各级人民政府渔业行政主管部门应当根据水产养殖规划要求，合理确定用于水产养殖的水域和滩涂，同时根据水域滩涂环境状况划分养殖功能区，合理安排养殖生产布局，科学确定养殖规模、养殖方式。

第九条 使用水域、滩涂从事水产养殖的单位和个人应当按有关规定申领养殖证，并按核准的区域、规模从事养殖生产。

第十条 水产养殖生产应当符合国家有关养殖技术规范操作要求。水产养殖单位和个人应当配置与养殖水体和生产能力相适应的水处理设施和相应的水质、水生生物检测等基础性仪器设备。

水产养殖使用的苗种应当符合国家或地方质量标准。

第十一条 水产养殖专业技术人员应当逐步按国家有关就业准入要求，经过职业技能培训并获得职业资格证书后，方能上岗。

第十二条 水产养殖单位和个人应当填写《水产养殖生产记录》（格式见附件 1），记载养殖种类、苗种来源及生长情况、饲料来源及投喂情况、水质变化等内容。《水产养殖生产记录》应当保存至该批水产品全部销售后 2 年以上。

第十三条 销售的养殖水产品应当符合国家或地方的有关标准。不符合标准的产品应当进行净化处理，净化处理后仍不符合标准的产品禁止销售。

第十四条 水产养殖单位销售自养水产品应当附具《产品标签》（格式见附件 2），注明单位名称、地址，产品种类、规格，出池日期等。

第四章 渔用饲料和水产养殖用药

第十五条 使用渔用饲料应当符合《饲料和饲料添加剂管理条例》和农业部《无公害食品渔用饲料安全限量》（NY 5072—2002）。鼓励使用配合饲料。限制直接投喂冰鲜（冻）饵料，防止残饵污染水质。

禁止使用无产品质量标准、无质量检验合格证、无生产许可证和产品批准文号的饲料、饲料添加剂。禁止使用变质和过期饲料。

第十六条 使用水产养殖用药应当符合《兽药管理条例》和农业部《无公害食品渔药使用准则》（NY 5071—2002）。使用药物的养殖水产品在休药期内不得用于人类食品消费。

禁止使用假、劣兽药及农业部规定禁止使用的药品、其他化合物和生物制剂。原料药不得直接用于水产养殖。

第十七条 水产养殖单位和个人应当按照水产养殖用药使用说明书的要求或在水生生物病害防治员的指导下科学用药。

水生生物病害防治员应当按照有关就业准入的要求，经过职业技能培训并获得职业资格证书后，方能上岗。

第十八条 水产养殖单位和个人应当填写《水产养殖用药记录》（格式见附件 3），记载病害发生情况，主要症状，用药名称、时间、用量等内容。《水产养殖用药记录》应当保存至该批水产品全部销售后 2 年以上。

第十九条 各级渔业行政主管部门和技术推广机构应当加强水产养殖用药安全使用的宣传、培训和技术指导工作。

第二十条 农业部负责制定全国养殖水产品药物残留监控计划，并组织实施。

县级以上地方各级人民政府渔业行政主管部门负责本行政区域内养殖水产品药物残留的监控工作。

第二十一条 水产养殖单位和个人应当接受县级以上人民政府渔业行政主管部门组织的养殖水产品药物残留抽样检测。

第五章 附 则

第二十二条 本规定用语定义：

健康养殖 指通过采用投放无疫病苗种、投喂全价饲料及人为控制养殖环境条件等技术措施，使养殖生物保持最适宜生长和发育的状态，实现减少养殖病害发生、提高产品质量的一种养殖方式。

生态养殖 指根据不同养殖生物间的共生互补原理，利用自然界物质循环系统，在一定的养殖空间和区域内，通过相应的技术和管理措施，使不同生物在同一环境中共同生长，实现保持生态平衡、提高养殖效益的一种养殖方式。

第二十三条 违反本规定的，依照《中华人民共和国渔业法》、《兽药管理条例》和《饲料和饲料添加剂管理条例》等法律法规进行处罚。

第二十四条 本规定由农业部负责解释。

第二十五条 本规定自2003年9月1日起施行。

进出口饲料和饲料添加剂检验检疫监督管理办法

国家质量监督检验检疫总局令2009年第118号

（2009年2月23日国家质量监督检验检疫总局局务会议审议通过）

第一章　总　则

第一条　为规范进出口饲料和饲料添加剂的检验检疫监督管理工作，提高进出口饲料和饲料添加剂安全水平，保护动物和人体健康，根据《中华人民共和国进出境动植物检疫法》及其实施条例、《中华人民共和国进出口商品检验法》及其实施条例、《国务院关于加强食品等产品安全监督管理的特别规定》等有关法律法规规定，制定本办法。

第二条　本办法适用于进口、出口及过境饲料和饲料添加剂（以下简称饲料）的检验检疫和监督管理。

作饲料用途的动植物及其产品按照本办法的规定管理。

药物饲料添加剂不适用本办法。

第三条　国家质量监督检验检疫总局（以下简称国家质检总局）统一管理全国进出口饲料的检验检疫和监督管理工作。

国家质检总局设在各地的出入境检验检疫机构（以下简称检验检疫机构）负责所辖区域进出口饲料的检验检疫和监督管理工作。

第二章　风险管理

第四条　国家质检总局对进出口饲料实施风险管理，包括在风险分析的基础上，对进出口饲料实施的产品风险分级、企业分类、监管体系审查、风险监控、风险警示等措施。

第五条　检验检疫机构按照进出口饲料的产品风险级别，采取不同的检验检疫监管模式并进行动态调整。

第六条　检验检疫机构根据进出口饲料的产品风险级别、企业诚信程度、安全卫生控制能力、监管体系有效性等，对注册登记的境外生产、加工、存放企业（以下简称境外生产企业）和国内出口饲料生产、加工、存放企业（以下简称出口生产企业）实施企业分类管理，采取不同的检验检疫监管模式并进行动态调整。

第七条　国家质检总局按照饲料产品种类分别制定进口饲料的检验检疫要求。对首次向中国出口饲料的国家或者地区进行风险分析，对曾经或者正在向中国出口饲料的国家或者地区进行回顾性审查，重点审查其饲料安全监管体系。根据风险分析或者回顾性审查结果，制定调整并公布允许进口饲料的国家或者地区名单和饲料产品种类。

第八条　国家质检总局对进出口饲料实施风险监控，制定进出口饲料年度风险监控计划，编制年度风险监控报告。直属检验检疫局结合本地实际情况制定具体实施方案并组织实施。

第九条 国家质检总局根据进出口饲料安全形势、检验检疫中发现的问题、国内外相关组织机构通报的问题以及国内外市场发生的饲料安全问题，在风险分析的基础上及时发布风险警示信息。

第三章 进口检验检疫

第一节 注册登记

第十条 国家质检总局对允许进口饲料的国家或者地区的生产企业实施注册登记制度，进口饲料应当来自注册登记的境外生产企业。

第十一条 境外生产企业应当符合输出国家或者地区法律法规和标准的相关要求，并达到与中国有关法律法规和标准的等效要求，经输出国家或者地区主管部门审查合格后向国家质检总局推荐。推荐材料应当包括：

（一）企业信息：企业名称、地址、官方批准编号；

（二）注册产品信息：注册产品名称、主要原料、用途等；

（三）官方证明：证明所推荐的企业已经主管部门批准，其产品允许在输出国家或者地区自由销售。

第十二条 国家质检总局应当对推荐材料进行审查。

审查不合格的，通知输出国家或者地区主管部门补正。

审查合格的，经与输出国家或者地区主管部门协商后，国家质检总局派出专家到输出国家或者地区对其饲料安全监管体系进行审查，并对申请注册登记的企业进行抽查。对抽查不符合要求的企业，不予注册登记，并将原因向输出国家或者地区主管部门通报；对抽查符合要求的及未被抽查的其他推荐企业，予以注册登记，并在国家质检总局官方网站上公布。

第十三条 注册登记的有效期为5年。

需要延期的境外生产企业，由输出国家或者地区主管部门在有效期届满前6个月向国家质检总局提出延期。必要时，国家质检总局可以派出专家到输出国家或者地区对其饲料安全监管体系进行回顾性审查，并对申请延期的境外生产企业进行抽查，对抽查符合要求的及未被抽查的其他申请延期境外生产企业，注册登记有效期延长5年。

第十四条 经注册登记的境外生产企业停产、转产、倒闭或者被输出国家或者地区主管部门吊销生产许可证、营业执照的，国家质检总局注销其注册登记。

第二节 检验检疫

第十五条 进口饲料需要办理进境动植物检疫许可证的，应当按照相关规定办理进境动植物检疫许可证。

第十六条 货主或者其代理人应当在饲料入境前或者入境时向检验检疫机构报检，报检时应当提供原产地证书、贸易合同、信用证、提单、发票等，并根据对产品的不同要求提供进境动植物检疫许可证、输出国家或者地区检验检疫证书、《进口饲料和饲料添加剂产品登记证》（复印件）。

第十七条 检验检疫机构按照以下要求对进口饲料实施检验检疫：

（一）中国法律法规、国家强制性标准和国家质检总局规定的检验检疫要求；

（二）双边协议、议定书、备忘录；

（三）《进境动植物检疫许可证》列明的要求。

第十八条 检验检疫机构按照下列规定对进口饲料实施现场查验：

（一）核对货证：核对单证与货物的名称、数（重）量、包装、生产日期、集装箱号码、输出国家或者地区、生产企业名称和注册登记号等是否相符；

（二）标签检查：标签是否符合饲料标签国家标准；

（三）感官检查：包装、容器是否完好，是否超过保质期，有无腐败变质，有无携带有害生物，有无土壤、动物尸体、动物排泄物等禁止进境物。

第十九条 现场查验有下列情形之一的，检验检疫机构签发《检验检疫处理通知单》，由货主或者其代理人在检验检疫机构的监督下，作退回或者销毁处理：

（一）输出国家或者地区未被列入允许进口的国家或者地区名单的；

（二）来自非注册登记境外生产企业的产品；

（三）来自注册登记境外生产企业的非注册登记产品；

（四）货证不符的；

（五）标签不符合标准且无法更正的；

（六）超过保质期或者腐败变质的；

（七）发现土壤、动物尸体、动物排泄物、检疫性有害生物，无法进行有效的检疫处理的。

第二十条 现场查验发现散包、容器破裂的，由货主或者代理人负责整理完好。包装破损且有传播动植物疫病风险的，应当对所污染的场地、物品、器具进行检疫处理。

第二十一条 检验检疫机构对来自不同类别境外生产企业的产品按照相应的检验检疫监管模式抽取样品，出具《抽/采样凭证》，送实验室进行安全卫生项目的检测。

被抽取样品送实验室检测的货物，应当调运到检验检疫机构指定的待检存放场所等待检测结果。

第二十二条 经检验检疫合格的，检验检疫机构签发《入境货物检验检疫证明》，予以放行。

经检验检疫不合格的，检验检疫机构签发《检验检疫处理通知书》，由货主或者其代理人在检验检疫机构的监督下，作除害、退回或者销毁处理，经除害处理合格的准予进境；需要对外索赔的，由检验检疫机构出具相关证书。检验检疫机构应当将进口饲料检验检疫不合格信息上报国家质检总局。

第二十三条 货主或者其代理人未取得检验检疫机构出具的《入境货物检验检疫证明》前，不得擅自转移、销售、使用进口饲料。

第二十四条 进口饲料分港卸货的，先期卸货港检验检疫机构应当以书面形式将检验检疫结果及处理情况及时通知其他分卸港所在地检验检疫机构；需要对外出证的，由卸毕港检验检疫机构汇总后出具证书。

第三节 监督管理

第二十五条 进口饲料包装上应当有中文标签，标签应当符合中国饲料标签国家标准。

散装的进口饲料，进口企业应当在检验检疫机构指定的场所包装并加施饲料标签后方可入境，直接调运到检验检疫机构指定的生产、加工企业用于饲料生产的，免予加施标签。

国家对进口动物源性饲料的饲用范围有限制的，进入市场销售的动物源性饲料包装上应当注明饲用范围。

第二十六条 检验检疫机构对饲料进口企业（以下简称进口企业）实施备案管理。进口企业应当在首次报检前或者报检时提供营业执照复印件向所在地检验检疫机构备案。

第二十七条 进口企业应当建立经营档案，记录进口饲料的报检号、品名、数/重量、包装、输出国家或者地区、国外出口商、境外生产企业名称及其注册登记号、《入境货物检验检疫证明》、进口饲料流向等信息，记录保存期限不得少于2年。

第二十八条 检验检疫机构对备案进口企业的经营档案进行定期审查，审查不合格的，将其列入不良记录企业名单，对其进口的饲料加严检验检疫。

第二十九条 国外发生的饲料安全事故涉及已经进口的饲料、国内有关部门通报或者用户投诉进口饲料出现安全卫生问题的，检验检疫机构应当开展追溯性调查，并按照国家有关规定进行处理。

进口的饲料存在前款所列情形，可能对动物和人体健康和生命安全造成损害的，饲料进口企业应当主动召回，并向检验检疫机构报告。进口企业不履行召回义务的，检验检疫机构可以责令进口企业召回并将其列入不良记录企业名单。

第四章 出口检验检疫

第一节 注册登记

第三十条 国家质检总局对出口饲料的出口生产企业实施注册登记制度，出口饲料应当来自注册登记的出口生产企业。

第三十一条 申请注册登记的企业应当符合下列条件：

（一）厂房、工艺、设备和设施。

1. 厂址应当避开工业污染源，与养殖场、屠宰场、居民点保持适当距离；

2. 厂房、车间布局合理，生产区与生活区、办公区分开；

3. 工艺设计合理，符合安全卫生要求；

4. 具备与生产能力相适应的厂房、设备及仓储设施；

5. 具备有害生物（啮齿动物、苍蝇、仓储害虫、鸟类等）防控设施。

（二）具有与其所生产产品相适应的质量管理机构和专业技术人员。

（三）具有与安全卫生控制相适应的检测能力。

（四）管理制度。

1. 岗位责任制度;

2. 人员培训制度;

3. 从业人员健康检查制度;

4. 按照危害分析与关键控制点（HACCP）原理建立质量管理体系，在风险分析的基础上开展自检自控;

5. 标准卫生操作规范（SSOP）;

6. 原辅料、包装材料合格供应商评价和验收制度;

7. 饲料标签管理制度和产品追溯制度;

8. 废弃物、废水处理制度;

9. 客户投诉处理制度;

10. 质量安全突发事件应急管理制度。

（五）国家质检总局按照饲料产品种类分别制定的出口检验检疫要求。

第三十二条 出口生产企业应当向所在地直属检验检疫局申请注册登记，并提交下列材料（一式3份）:

（一）《出口饲料生产、加工、存放企业检验检疫注册登记申请表》;

（二）工商营业执照（复印件）;

（三）组织机构代码证（复印件）;

（四）国家饲料主管部门有审查、生产许可、产品批准文号等要求的，须提供获得批准的相关证明文件;

（五）涉及环保的，须提供县级以上环保部门出具的证明文件;

（六）第三十一条（四）规定的管理制度;

（七）生产工艺流程图，并标明必要的工艺参数（涉及商业秘密的除外）;

（八）厂区平面图及彩色照片（包括厂区全貌、厂区大门、主要设备、实验室、原料库、包装场所、成品库、样品保存场所、档案保存场所等）;

（九）申请注册登记的产品及原料清单。

第三十三条 直属检验检疫局应当对申请材料及时进行审查，根据下列情况在5日内作出受理或者不予受理决定，并书面通知申请人:

（一）申请材料存在可以当场更正的错误的，允许申请人当场更正;

（二）申请材料不齐全或者不符合法定形式的，应当当场或者在5日内一次书面告知申请人需要补正的全部内容，逾期不告知的，自收到申请材料之日起即为受理;

（三）申请材料齐全、符合法定形式或者申请人按照要求提交全部补正申请材料的，应当受理申请。

第三十四条 直属检验检疫局应当在受理申请后10日内组成评审组，对申请注册登记的出口生产企业进行现场评审。

第三十五条 评审组应当在现场评审结束后及时向直属检验检疫局提交评审报告。

第三十六条 直属检验检疫局收到评审报告后，应当在10日内分别做出下列决定:

（一）经评审合格的，予以注册登记，颁发《出口饲料生产、加工、存放企业检验检疫注册登记证》（以下简称《注册登记证》），自做出注册登记决定之日起10日内，送达申请人;

（二）经评审不合格的，出具《出口饲料生产、加工、存放企业检验检疫注册登记未获批准通知书》。

第三十七条 《注册登记证》自颁发之日起生效，有效期5年。

属于同一企业、位于不同地点、具有独立生产线和质量管理体系的出口生产企业应当分别申请注册登记。

每一注册登记出口生产企业使用一个注册登记编号。经注册登记的出口生产企业的注册登记编号专厂专用。

第三十八条 出口生产企业变更企业名称、法定代表人、产品品种、生产能力等的，应当在变更后30日内向所在地直属检验检疫局提出书面申请，填写《出口饲料生产、加工、存放企业检验检疫注册登记申请表》，并提交与变更内容相关的资料（一式三份）。

变更企业名称、法定代表人的，由直属检验检疫局审核有关资料后，直接办理变更手续。

变更产品品种或者生产能力的，由直属检验检疫局审核有关资料并组织现场评审，评审合格后，办理变更手续。

企业迁址的，应当重新向直属检验检疫局申请办理注册登记手续。

因停产、转产、倒闭等原因不再从事出口饲料业务的，应当向所在地直属检验检疫局办理注销手续。

第三十九条 获得注册登记的出口生产企业需要延续注册登记有效期的，应当在有效期届满前3个月按照本办法规定提出申请。

第四十条 直属检验检疫局应当在完成注册登记、变更或者注销工作后30日内，将相关信息上报国家质检总局备案。

第四十一条 进口国家或者地区要求提供注册登记的出口生产企业名单的，由直属检验检疫局审查合格后，上报国家质检总局。国家质检总局组织进行抽查评估后，统一向进口国家或者地区主管部门推荐并办理有关手续。

第二节 检验检疫

第四十二条 检验检疫机构按照下列要求对出口饲料实施检验检疫：

（一）输入国家或者地区检验检疫要求；

（二）双边协议、议定书、备忘录；

（三）中国法律法规、强制性标准和国家质检总局规定的检验检疫要求；

（四）贸易合同或者信用证注明的检疫要求。

第四十三条 饲料出口前，货主或者代理人应当向产地检验检疫机构报检，并提供贸易合同、信用证、《注册登记证》（复印件）、出厂合格证明等单证。检验检疫机构对所提供的单证进行审核，符合要求的受理报检。

第四十四条 受理报检后，检验检疫机构按照下列规定实施现场检验检疫：

（一）核对货证：核对单证与货物的名称、数（重）量、生产日期、批号、包装、唛头、出口生产企业名称或者注册登记号等是否相符；

（二）标签检查：标签是否符合要求；

（三）感官检查：包装、容器是否完好，有无腐败变质，有无携带有害生物，有无土壤、动物尸体、动物排泄物等。

第四十五条 检验检疫机构对来自不同类别出口生产企业的产品按照相应的检验检疫监管模式抽取样品，出具《抽/采样凭证》，送实验室进行安全卫生项目的检测。

第四十六条 经检验检疫合格的，检验检疫机构出具《出境货物通关单》或者《出境货物换证凭单》、检验检疫证书等相关证书；检验检疫不合格的，经有效方法处理并重新检验检疫合格的，可以按照规定出具相关单证，予以放行；无有效方法处理或者虽经处理重新检验检疫仍不合格的，不予放行，并出具《出境货物不合格通知单》。

第四十七条 出境口岸检验检疫机构按照出境货物换证查验的相关规定查验，重点检查货证是否相符。查验合格的，凭产地检验检疫机构出具的《出境货物换证凭单》或者电子转单换发《出境货物通关单》。查验不合格的，不予放行。

第四十八条 产地检验检疫机构与出境口岸检验检疫机构应当及时交流信息。

在检验检疫过程中发现安全卫生问题，应当采取相应措施，并及时上报国家质检总局。

第三节　监督管理

第四十九条 取得注册登记的出口饲料生产、加工企业应当遵守下列要求：

（一）有效运行自检自控体系；

（二）按照进口国家或者地区的标准或者合同要求生产出口产品；

（三）遵守我国有关药物和添加剂管理规定，不得存放、使用我国和进口国家或者地区禁止使用的药物和添加物；

（四）出口饲料的包装、装载容器和运输工具应当符合安全卫生要求。标签应当符合进口国家或者地区的有关要求。包装或者标签上应当注明生产企业名称或者注册登记号、产品用途；

（五）建立企业档案，记录生产过程中使用的原辅料名称、数（重）量及其供应商、原料验收、半产品及成品自检自控、入库、出库、出口、有害生物控制、产品召回等情况，记录档案至少保存 2 年；

（六）如实填写《出口饲料监管手册》，记录检验检疫机构监管、抽样、检查、年审情况以及国外官方机构考察等内容。

取得注册登记的饲料存放企业应当建立企业档案，记录存放饲料名称、数/重量、货主、入库、出库、有害生物防控情况，记录档案至少保留 2 年。

第五十条 检验检疫机构对辖区内注册登记的出口生产企业实施日常监督管理，内容包括：

（一）环境卫生；

（二）有害生物防控措施；

（三）有毒有害物质自检自控的有效性；

（四）原辅料或者其供应商变更情况；

（五）包装物、铺垫材料和成品库；

（六）生产设备、用具、运输工具的安全卫生；

（七）批次及标签管理情况；

（八）涉及安全卫生的其他内容；

（九）《出口饲料监管手册》记录情况。

第五十一条 检验检疫机构对注册登记的出口生产企业实施年审，年审合格的在《注册登记证》（副本）上加注年审合格记录。

第五十二条 检验检疫机构对饲料出口企业（以下简称出口企业）实施备案管理。出口企业应当在首次报检前或者报检时提供营业执照复印件向在所在地检验检疫机构备案。

出口与生产为同一企业的，不必办理备案。

第五十三条 出口企业应当建立经营档案并接受检验检疫机构的核查。档案应当记录出口饲料的报检号、品名、数（重）量、包装、进口国家或者地区、国外进口商、供货企业名称及其注册登记号、《出境货物通关单》等信息，档案至少保留2年。

第五十四条 检验检疫机构应当建立注册登记的出口生产企业以及出口企业诚信档案，建立良好记录企业名单和不良记录企业名单。

第五十五条 出口饲料被国内外检验检疫机构检出疫病、有毒有害物质超标或者其他安全卫生质量问题的，检验检疫机构核实有关情况后，实施加严检验检疫监管措施。

第五十六条 注册登记的出口生产企业和备案的出口企业发现其生产、经营的相关产品可能受到污染并影响饲料安全，或者其出口产品在国外涉嫌引发饲料安全事件时，应当在24小时内报告所在地检验检疫机构，同时采取控制措施，防止不合格产品继续出厂。检验检疫机构接到报告后，应当于24小时内逐级上报至国家质检总局。

第五十七条 已注册登记的出口生产企业发生下列情况之一的，由直属检验检疫局撤回其注册登记：

（一）准予注册登记所依据的客观情况发生重大变化，达不到注册登记条件要求的；

（二）注册登记内容发生变更，未办理变更手续的；

（三）年审不合格的。

第五十八条 有下列情形之一的，直属检验检疫局根据利害关系人的请求或者依据职权，可以撤销注册登记：

（一）直属检验检疫局工作人员滥用职权、玩忽职守作出准予注册登记的；

（二）超越法定职权作出准予注册登记的；

（三）违反法定程序作出准予注册登记的；

（四）对不具备申请资格或者不符合法定条件的出口生产企业准予注册登记的；

（五）依法可以撤销注册登记的其他情形。

出口生产企业以欺骗、贿赂等不正当手段取得注册登记的，应当予以撤销。

第五十九条 有下列情形之一的，直属检验检疫局应当依法办理注册登记的注销手续：

（一）注册登记有效期届满未延续的；

（二）出口生产企业依法终止的；

（三）企业因停产、转产、倒闭等原因不再从事出口饲料业务的；

（四）注册登记依法被撤销、撤回或者吊销的；

（五）因不可抗力导致注册登记事项无法实施的；

（六）法律、法规规定的应当注销注册登记的其他情形。

第五章　过境检验检疫

第六十条　运输饲料过境的，承运人或者押运人应当持货运单和输出国家或者地区主管部门出具的证书，向入境口岸检验检疫机构报检，并书面提交过境运输路线。

第六十一条　装载过境饲料的运输工具和包装物、装载容器应当完好，经入境口岸检验检疫机构检查，发现运输工具或者包装物、装载容器有可能造成途中散漏的，承运人或者押运人应当按照口岸检验检疫机构的要求，采取密封措施；无法采取密封措施的，不准过境。

第六十二条　输出国家或者地区未被列入第七条规定的允许进口的国家或者地区名单的，应当获得国家质检总局的批准方可过境。

第六十三条　过境的饲料，由入境口岸检验检疫机构查验单证，核对货证相符，加施封识后放行，并通知出境口岸检验检疫机构，由出境口岸检验检疫机构监督出境。

第六章　法律责任

第六十四条　有下列情形之一的，由检验检疫机构按照《国务院关于加强食品等产品安全监督管理的特别规定》予以处罚：

（一）存放、使用我国或者进口国家或者地区禁止使用的药物、添加剂以及其他原辅料的；

（二）以非注册登记饲料生产、加工企业生产的产品冒充注册登记出口生产企业产品的；

（三）明知有安全隐患，隐瞒不报，拒不履行事故报告义务继续进出口的；

（四）拒不履行产品召回义务的。

第六十五条　有下列情形之一的，由检验检疫机构按照《中华人民共和国进出境动植物检疫法实施条例》处3 000元以上3万元以下罚款：

（一）未经检验检疫机构批准，擅自将进口、过境饲料卸离运输工具或者运递的；

（二）擅自开拆过境饲料的包装，或者擅自开拆、损毁动植物检疫封识或者标志的。

第六十六条　有下列情形之一的，依法追究刑事责任；尚不构成犯罪或者犯罪情节显著轻微依法不需要判处刑罚的，由检验检疫机构按照《中华人民共和国进出境动植物检疫法实施条例》处2万元以上5万元以下的罚款：

（一）引起重大动植物疫情的；

（二）伪造、变造动植物检疫单证、印章、标志、封识的。

第六十七条　有下列情形之一，有违法所得的，由检验检疫机构处以违法所得3倍以下罚款，最高不超过3万元；没有违法所得的，处以1万元以下罚款：

（一）使用伪造、变造的动植物检疫单证、印章、标志、封识的；

（二）使用伪造、变造的输出国家或者地区主管部门检疫证明文件的；

（三）使用伪造、变造的其他相关证明文件的；

（四）拒不接受检验检疫机构监督管理的。

第六十八条 检验检疫机构工作人员滥用职权，故意刁难，徇私舞弊，伪造检验结果，或者玩忽职守，延误检验出证，依法给予行政处分；构成犯罪的，依法追究刑事责任。

第七章 附 则

第六十九条 本办法下列用语的含义是：

饲料：指经种植、养殖、加工、制作的供动物食用的产品及其原料，包括饵料用活动物、饲料用（含饵料用）冰鲜冷冻动物产品及水产品、加工动物蛋白及油脂、宠物食品及咬胶、饲草类、青贮料、饲料粮谷类、糠麸饼粕渣类、加工植物蛋白及植物粉类、配合饲料、添加剂预混合饲料等。

饲料添加剂：指饲料加工、制作、使用过程中添加的少量或者微量物质，包括营养性饲料添加剂、一般饲料添加剂等。

加工动物蛋白及油脂：包括肉粉（畜禽）、肉骨粉（畜禽）、鱼粉、鱼油、鱼膏、虾粉、鱿鱼肝粉、鱿鱼粉、乌贼膏、乌贼粉、鱼精粉、干贝精粉、血粉、血浆粉、血球粉、血细胞粉、血清粉、发酵血粉、动物下脚料粉、羽毛粉、水解羽毛粉、水解毛发蛋白粉、皮革蛋白粉、蹄粉、角粉、鸡杂粉、肠膜蛋白粉、明胶、乳清粉、乳粉、蛋粉、干蚕蛹及其粉、骨粉、骨灰、骨炭、骨制磷酸氢钙、虾壳粉、蛋壳粉、骨胶、动物油渣、动物脂肪、饲料级混合油、干虫及其粉等。

出厂合格证明：指注册登记的出口饲料或者饲料添加剂生产、加工企业出具的，证明其产品经本企业自检自控体系评定为合格的文件。

第七十条 本办法由国家质检总局负责解释。

第七十一条 本办法自2009年9月1日起施行。自施行之日起，进出口饲料有关检验检疫管理的规定与本办法不一致的，以本办法为准。

关于发布进出口饲料和饲料添加剂风险级别及检验检疫监管方式的公告

国家质量监督检验检疫总局2009年第79号

根据《进出口饲料和饲料添加剂检验检疫监督管理办法》（国家质检总局第118号令）的规定，现将进出口饲料和饲料添加剂风险级别及检验检疫监管方式予以公布（见附件）。国家质检总局将根据风险分析结果适时调整风险级别及检验检疫监管方式并公布，允许进口饲料的国家与地区名单和饲料产品种类名录另行公布。

特此公告。

二〇〇九年八月二十七日

附件：

进出口饲料和饲料添加剂风险级别及检验检疫监管方式

类别	种　类	风险级别	进口检验检疫监管方式	出口检验检疫监管方式
动物源性饲料	饵料用活动物	Ⅰ级	进口前须申请并取得《进境动植物检疫许可证》；进口时查验检疫证书并实施检疫；对进口后的隔离、加工场所实施检疫监督	符合进口国家或地区的要求
	饲料用（含饵料用）冰鲜冷冻动物产品	Ⅰ级	进口前须申请并取得《进境动植物检疫许可证》；进口时查验检疫证书并实施检疫；对进口后的加工场所实施检疫监督	符合进口国家或地区的要求
	饲料用（含饵料用）水产品	Ⅱ级	进口前须申请并取得《进境动植物检疫许可证》；进口时查验检疫证书并实施检疫	符合进口国家或地区的要求

（续表）

类别	种　类	风险级别	进口检验检疫监管方式	出口检验检疫监管方式
动物源性饲料	加工动物蛋白及油脂：包括肉粉（畜禽）、肉骨粉（畜禽）、鱼粉、鱼油、鱼膏、虾粉、鱿鱼肝粉、鱿鱼粉、乌贼膏、乌贼粉、鱼精粉、干贝精粉、血粉、血浆粉、血球粉、血细胞粉、血清粉、发酵血粉、动物下脚料粉、羽毛粉、水解羽毛粉、水解毛发蛋白粉、皮革蛋白粉、蹄粉、角粉、鸡杂粉、肠膜蛋白粉、明胶、乳清粉、乳粉、蛋粉、干蚕蛹及其粉、骨粉、骨灰、骨炭、骨制磷酸氢钙、虾壳粉、蛋壳粉、骨胶、动物油渣、动物脂肪、饲料级混合油、干虫及其粉等	Ⅱ级	进口前须申请并取得《进境动植物检疫许可证》；进口时查验检疫证书并实施检疫	符合进口国家或地区的要求
	宠物食品和咬胶	Ⅱ级	进口前须申请并取得《进境动植物检疫许可证》；进口时查验检疫证书并实施检疫	符合进口国家或地区的要求
植物源性饲料	饲料粮谷类	Ⅰ级	进口前须申请并取得《进境动植物检疫许可证》；进口时查验检疫证书并实施检疫；对进口后的加工场所实施检疫监督	符合进口国家或地区的要求
	饲料用草籽	Ⅰ级	进口前须申请并取得《进境动植物检疫许可证》；进口时查验检疫证书并实施检疫；对进口后的加工场所实施检疫监督	符合进口国家或地区的要求
	饲草类	Ⅱ级	进口前须申请并取得《进境动植物检疫许可证》；进口时查验检疫证书并实施检疫	符合进口国家或地区的要求
	麦麸类	Ⅰ级	进口前须申请并取得《进境动植物检疫许可证》；进口时查验检疫证书并实施检疫；对进口后的加工场所实施检疫监督	符合进口国家或地区的要求

（续表）

类别	种　类	风险级别	进口检验检疫监管方式	出口检验检疫监管方式
植物源性饲料	糠麸饼粕渣类（麦麸除外）	Ⅱ级	进口前须申请并取得《进境动植物检疫许可证》；进口时查验检疫证书并实施检疫	符合进口国家或地区的要求
	青贮料	Ⅲ级	进口时查验检疫证书并实施检疫	符合进口国家或地区的要求
	加工植物蛋白及植物粉类	Ⅳ级	进口时实施检疫	符合进口国家或地区的要求
配合饲料		Ⅱ级	进口前须申请并取得《进境动植物检疫许可证》；进口时查验检疫证书并实施检疫	符合进口国家或地区的要求
添加剂预混合饲料	含动物源性成分	Ⅱ级	进口前需要申请并取得《进境动植物检疫许可证》；进口时查验检疫证书并实施检疫	符合进口国家或地区的要求
	不含动物源性成分	Ⅳ级	进口时实施检疫	符合进口国家或地区的要求
饲料添加剂	含动物源性成分	Ⅱ级	进口前需要申请并取得《进境动植物检疫许可证》；进口时查验检疫证书并实施检疫	符合进口国家或地区的要求
	不含动物源性成分	Ⅳ级	进口时实施检疫	符合进口国家或地区的要求

农业转基因生物安全管理条例

中华人民共和国国务院令2001年第304号

第一章 总 则

第一条 为了加强农业转基因生物安全管理，保障人体健康和动植物、微生物安全，保护生态环境，促进农业转基因生物技术研究，制定本条例。

第二条 在中华人民共和国境内从事农业转基因生物的研究、试验、生产、加工、经营和进口、出口活动，必须遵守本条例。

第三条 本条例所称农业转基因生物，是指利用基因工程技术改变基因组构成，用于农业生产或者农产品加工的动植物、微生物及其产品，主要包括：

（一）转基因动植物（含种子、种畜禽、水产苗种）和微生物；

（二）转基因动植物、微生物产品；

（三）转基因农产品的直接加工品；

（四）含有转基因动植物、微生物或者其产品成分的种子、种畜禽、水产苗种、农药、兽药、肥料和添加剂等产品。

本条例所称农业转基因生物安全，是指防范农业转基因生物对人类、动植物、微生物和生态环境构成的危险或者潜在风险。

第四条 国务院农业行政主管部门负责全国农业转基因生物安全的监督管理工作。

县级以上地方各级人民政府农业行政主管部门负责本行政区域内的农业转基因生物安全的监督管理工作.

县级以上各级人民政府卫生行政主管部门依照《中华人民共和国食品卫生法》的有关规定，负责转基因食品卫生安全的监督管理工作。

第五条 国务院建立农业转基因生物安全管理部际联席会议制度。

农业转基因生物安全管理部际联席会议由农业、科技、环境保护、卫生、外经贸、检验检疫等有关部门的负责人组成，负责研究、协调农业转基因生物安全管理工作中的重大问题。

第六条 国家对农业转基因生物安全实行分级管理评价制度。

农业转基因生物按照其对人类、动植物、微生物和生态环境的危险程度，分为Ⅰ、Ⅱ、Ⅲ、Ⅳ四个等级。具体划分标准由国务院农业行政主管部门制定。

第七条 国家建立农业转基因生物安全评价制度。

农业转基因生物安全评价的标准和技术规范，由国务院农业行政主管部门制定。

第八条 国家对农业转基因生物实行标识制度。

实施标识管理的农业转基因生物目录，由国务院农业行政主管部门商国务院有关部门制定、调整并公布。

第二章 研究与试验

第九条 国务院农业行政主管部门应当加强农业转基因生物研究与试验的安全评价管理工作，并设立农业转基因生物安全委员会，负责农业转基因生物的安全评价工作。

农业转基因生物安全委员会由从事农业转基因生物研究、生产、加工、检验检疫以及卫生、环境保护等方面的专家组成。

第十条 国务院农业行政主管部门根据农业转基因生物安全评价工作的需要，可以委托具备检测条件和能力的技术检测机构对农业转基因生物进行检测。

第十一条 从事农业转基因生物研究与试验的单位，应当具备与安全等级相适应的安全设施和措施，确保农业转基因生物研究与试验的安全，并成立农业转基因生物安全小组，负责本单位农业转基因生物研究与试验的安全工作。

第十二条 从事Ⅲ、Ⅳ级农业转基因生物研究的，应当在研究开始前向国务院农业行政主管部门报告。

第十三条 农业转基因生物试验，一般应当经过中间试验、环境释放和生产性试验三个阶段。

中间试验，是指在控制系统内或者控制条件下进行的小规模试验。

环境释放，是指在自然条件下采取相应安全措施所进行的中规模的试验。

生产性试验，是指在生产和应用前进行的较大规模的试验。

第十四条 农业转基因生物在实验室研究结束后，需要转入中间试验的，试验单位应当向国务院农业行政主管部门报告。

第十五条 农业转基因生物试验需要从上一试验阶段转入下一试验阶段的，试验单位应当向国务院农业行政主管部门提出申请；经农业转基因生物安全委员会进行安全评价合格的，由国务院农业行政主管部门批准转入下一试验阶段。

试验单位提出前款申请，应当提供下列材料：

（一）农业转基因生物的安全等级和确定安全等级的依据；

（二）农业转基因生物技术检测机构出具的检测报告；

（三）相应的安全管理、防范措施；

（四）上一试验阶段的试验报告。

第十六条 从事农业转基因生物试验的单位在生产性试验结束后，可以向国务院农业行政主管部门申请领取农业转基因生物安全证书。

试验单位提出前款申请，应当提供下列材料：

（一）农业转基因生物的安全等级和确定安全等级的依据；

（二）农业转基因生物技术检测机构出具的检测报告；

（三）生产性试验的总结报告；

（四）国务院农业行政主管部门规定的其他材料。

国务院农业行政主管部门收到申请后，应当组织农业转基因生物安全委员会进行安全评价；安全评价合格的，方可颁发农业转基因生物安全证书。

第十七条 转基因植物种子、种畜禽、水产苗种，利用农业转基因生物生产的或者含有农业转基因生物成分的种子、种畜禽、水产苗种、农药、兽药、肥料和添加剂等，在依照有关法律、行政法规的规定进行审定、登记或者评价、审批前，应当依照本条例第十六条的规定取得农业转基因生物安全证书。

第十八条 中外合作、合资或者外方独资在中华人民共和国境内从事农业转基因生物研究与试验的，应当经国务院农业行政主管部门批准。

第三章 生产与加工

第十九条 生产转基因植物种子、种畜禽、水产苗种，应当取得国务院农业行政主管部门颁发的种子、种畜禽、水产苗种生产许可证。

生产单位和个人申请转基因植物种子、种畜禽、水产苗种生产许可证，除应当符合有关法律、行政法规规定的条件外，还应当符合下列条件：

（一）取得农业转基因生物安全证书并通过品种审定；

（二）在指定的区域种植或者养殖；

（三）有相应的安全管理、防范措施；

（四）国务院农业行政主管部门规定的其他条件。

第二十条 生产转基因植物种子、种畜禽、水产苗种的单位和个人，应当建立生产档案，载明生产地点、基因及其来源、转基因的方法以及种子、种畜禽、水产苗种流向等内容。

第二十一条 单位和个人从事农业转基因生物生产、加工的，应当由国务院农业行政主管部门或者省、自治区、直辖市人民政府农业行政主管部门批准。具体办法由国务院农业行政主管部门制定。

第二十二条 农民养殖、种植转基因动植物的，由种子、种畜禽、水产苗种销售单位依照本条例第二十一条的规定代办审批手续。审批部门和代办单位不得向农民收取审批、代办费用。

第二十三条 从事农业转基因生物生产、加工的单位和个人，应当按照批准的品种、范围、安全管理要求和相应的技术标准组织生产、加工，并定期向所在地县级人民政府农业行政主管部门提供生产、加工、安全管理情况和产品流向的报告。

第二十四条 农业转基因生物在生产、加工过程中发生基因安全事故时，生产、加工单位和个人应当立即采取安全补救措施，并向所在地县级人民政府农业行政主管部门报告。

第二十五条 从事农业转基因生物运输、贮存的单位和个人，应当采取与农业转基因生物安全等级相适应的安全控制措施，确保农业转基因生物运输、贮存的安全。

第四章 经 营

第二十六条 经营转基因植物种子、种畜禽、水产苗种的单位和个人，应当取得国务院农业行政主管部门颁发的种子、种畜禽、水产苗种经营许可证。

经营单位和个人申请转基因植物种子、种畜禽、水产苗种经营许可证，除应当符合有关法律、行政法规规定的条件外，还应当符合下列条件：

（一）有专门的管理人员和经营档案；

（二）有相应的安全管理、防范措施；

（三）国务院农业行政主管部门规定的其他条件。

第二十七条 经营转基因植物种子、种畜禽、水产苗种的单位和个人，应当建立经营档案，载明种子、种畜禽、水产苗种的来源、贮存、运输和销售去向等内容。

第二十八条 在中华人民共和国境内销售列入农业转基因生物目录的农业转基因生物，应当有明显的标识。

列入农业转基因生物目录的农业转基因生物，由生产、分装单位和个人负责标识；未标识的，不得销售。经营单位和个人在进货时，应当对货物和标识进行核对。经营单位和个人拆开原包装进行销售的，应当重新标识。

第二十九条 农业转基因生物标识应当载明产品中含有转基因成分的主要原料名称；有特殊销售范围要求的，还应当载明销售范围，并在指定范围内销售。

第三十条 农业转基因生物的广告，应当经国务院农业行政主管部门审查批准后，方可刊登、播放、设置和张贴。

第五章　进口与出口

第三十一条 从中华人民共和国境外引进农业转基因生物用于研究、试验的，引进单位应当向国务院农业行政主管部门提出申请；符合下列条件的，国务院农业行政主管部门方可批准：

（一）具有国务院农业行政主管部门规定的申请资格；

（二）引进的农业转基因生物在国（境）外已经进行了相应的研究、试验；

（三）有相应的安全管理、防范措施。

第三十二条 境外公司向中华人民共和国出口转基因植物种子、种畜禽、水产苗种和利用农业转基因生物生产的或者含有农业转基因生物成分的植物种子、种畜禽、水产苗种、农药、兽药、肥料和添加剂的，应当向国务院农业行政主管部门提出申请；符合下列条件的，国务院农业行政主管部门方可批准试验材料入境并依照本条例的规定进行中间试验、环境释放和生产性试验：

（一）输出国家或者地区已经允许作为相应用途并投放市场；

（二）输出国家或者地区经过科学试验证明对人类、动植物、微生物和生态环境无害；

（三）有相应的安全管理、防范措施。

生产性试验结束后，经安全评价合格，并取得农业转基因生物安全证书后，方可依照有关法律、行政法规的规定办理审定、登记或者评价、审批手续。

第三十三条 境外公司向中华人民共和国出口农业转基因生物用作加工原料的，应当向国务院农业行政主管部门提出申请；符合下列条件，并经安全评价合格的，由国务院农业行政主管部门颁发农业转基因生物安全证书：

（一）输出国家或者地区已经允许作为相应用途并投放市场；

（二）输出国家或者地区经过科学试验证明对人类、动植物、微生物和生态环境无害；

（三）经农业转基因生物技术检测机构检测，确认对人类、动植物、微生物和生态环境不存在危险；

（四）有相应的安全管理、防范措施。

第三十四条 从中华人民共和国境外引进农业转基因生物的，或者向中华人民共和国出口农业转基因生物的，引进单位或者境外公司应当凭国务院农业行政主管部门颁发的农业转基因生物安全证书和相关批准文件，向口岸出入境检验检疫机构报检；经检疫合格后，方可向海关申请办理有关手续。

第三十五条 农业转基因生物在中华人民共和国过境转移的，货主应当事先向国家出入境检验检疫部门提出申请；经批准方可过境转移，并遵守中华人民共和国有关法律、行政法规的规定。

第三十六条 国务院农业行政主管部门、国家出入境检验检疫部门应当自收到申请人申请之日起270日内作出批准或者不批准的决定，并通知申请人。

第三十七条 向中华人民共和国境外出口农产品，外方要求提供非转基因农产品证明的，由口岸出入境检验检疫机构根据国务院农业行政主管部门发布的转基因农产品信息，进行检测并出具非转基因农产品证明。

第三十八条 进口农业转基因生物，没有国务院农业行政主管部门颁发的农业转基因生物安全证书和相关批准文件的，或者与证书、批准文件不符的，作退货或者销毁处理。进口农业转基因生物不按照规定标识的，重新标识后方可入境。

第六章 监督检查

第三十九条 农业行政主管部门履行监督检查职责时，有权采取下列措施：

（一）询问被检查的研究、试验、生产、加工、经营或者进口、出口的单位和个人、利害关系人、证明人，并要求其提供与农业转基因生物安全有关的证明材料或者其他资料；

（二）查阅或者复制农业转基因生物研究、试验、生产、加工、经营或者进口、出口的有关档案、账册和资料等；

（三）要求有关单位和个人就有关农业转基因生物安全的问题作出说明；

（四）责令违反农业转基因生物安全管理的单位和个人停止违法行为；

（五）在紧急情况下，对非法研究、试验、生产、加工、经营或者进口、出口的农业转基因生物实施封存或者扣押。

第四十条 农业行政主管部门工作人员在监督检查时，应当出示执法证件。

第四十一条 有关单位和个人对农业行政主管部门的监督检查，应当予以支持、配合，不得拒绝、阻碍监督检查人员依法执行职务。

第四十二条 发现农业转基因生物对人类、动植物和生态环境存在危险时，国务院农业行政主管部门有权宣布禁止生产、加工、经营和进口，收回农业转基因生物安全证书，销毁有关存在危险的农业转基因生物。

第七章　罚　则

第四十三条　违反本条例规定，从事Ⅲ、Ⅳ级农业转基因生物研究或者进行中间试验，未向国务院农业行政主管部门报告的，由国务院农业行政主管部门责令暂停研究或者中间试验，限期改正。

第四十四条　违反本条例规定，未经批准擅自从事环境释放、生产性试验的，已获批准但未按照规定采取安全管理、防范措施的，或者超过批准范围进行试验的，由国务院农业行政主管部门或者省、自治区、直辖市人民政府农业行政主管部门依据职权，责令停止试验，并处1万元以上5万元以下的罚款。

第四十五条　违反本条例规定，在生产性试验结束后，未取得农业转基因生物安全证书，擅自将农业转基因生物投入生产和应用的，由国务院农业行政主管部门责令停止生产和应用，并处2万元以上10万元以下的罚款。

第四十六条　违反本条例第十八条规定，未经国务院农业行政主管部门批准，从事农业转基因生物研究与试验的，由国务院农业行政主管部门责令立即停止研究与试验，限期补办审批手续。

第四十七条　违反本条例规定，未经批准生产、加工农业转基因生物或者未按照批准的品种、范围、安全管理要求和技术标准生产、加工的，由国务院农业行政主管部门或者省、自治区、直辖市人民政府农业行政主管部门依据职权，责令停止生产或者加工，没收违法生产或者加工的产品及违法所得；违法所得10万元以上的，并处违法所得1倍以上5倍以下的罚款；没有违法所得或者违法所得不足10万元的，并处10万元以上20万元以下的罚款。

第四十八条　违反本条例规定，转基因植物种子、种畜禽、水产苗种的生产、经营单位和个人，未按照规定制作、保存生产、经营档案的，由县级以上人民政府农业行政主管部门依据职权，责令改正，处1 000元以上1万元以下的罚款。

第四十九条　违反本条例规定，转基因植物种子、种畜禽、水产苗种的销售单位，不履行审批手续代办义务或者在代办过程中收取代办费用的，由国务院农业行政主管部门责令改正，处2万元以下的罚款。

第五十条　违反本条例规定，未经国务院农业行政主管部门批准，擅自进口农业转基因生物的，由国务院农业行政主管部门责令停止进口，没收已进口的产品和违法所得；违法所得10万元以上的，并处违法所得1倍以上5倍以下的罚款；没有违法所得或者违法所得不足10万元的，并处10万元以上20万元以下的罚款。

第五十一条　违反本条例规定，进口、携带、邮寄农业转基因生物未向口岸出入境检验检疫机构报检的，或者未经国家出入境检验检疫部门批准过境转移农业转基因生物的，由口岸出入境检验检疫机构或者国家出入境检验检疫部门比照进出境动植物检疫法的有关规定。

第五十二条　违反本条例关于农业转基因生物标识管理规定的，由县级以上人民政府农业行政主管部门依据职权，责令限期改正，可以没收非法销售的产品和违法所得，并可以处1万元以上5万元以下的罚款。

第五十三条 假冒、伪造、转让或者买卖农业转基因生物有关证明文书的，由县级以上人民政府农业行政主管部门依据职权，收缴相应的证明文书，并处2万元以上10万元以下的罚款；构成犯罪的，依法追究刑事责任。

第五十四条 违反本条例规定，在研究、试验、生产、加工、贮存、运输、销售或者进口、出口农业转基因生物过程中发生基因安全事故，造成损害的，依法承担赔偿责任。

第五十五条 国务院农业行政主管部门或者省、自治区、直辖市人民政府农业行政主管部门违反本条例规定核发许可证、农业转基因生物安全证书以及其他批准文件的，或者核发许可证、农业转基因生物安全证书以及其他批准文件后不履行监督管理职责的，对直接负责的主管人员和其他直接责任人员依法给予行政处分；构成犯罪的，依法追究刑事责任。

第八章 附 则

第五十六条 本条例自2001年5月23日起施行。

农业转基因生物安全评价管理办法

中华人民共和国农业部令2002年第8号

第一章　总　则

第一条　为了加强农业转基因生物安全评价管理，保障人类健康和动植物、微生物安全，保护生态环境，根据《农业转基因生物安全管理条例》（简称《条例》），制定本办法。

第二条　在中华人民共和国境内从事农业转基因生物的研究、试验、生产、加工、经营和进口、出口活动，依照《条例》规定需要进行安全评价的，应当遵守本办法。

第三条　本办法适用于《条例》规定的农业转基因生物，即利用基因工程技术改变基因组构成，用于农业生产或者农产品加工的植物、动物、微生物及其产品，主要包括：

（一）转基因动植物（含种子、种畜禽、水产苗种）和微生物；

（二）转基因动植物、微生物产品；

（三）转基因农产品的直接加工品；

（四）含有转基因动植物、微生物或者其产品成分的种子、种畜禽、水产苗种、农药、兽药、肥料和添加剂等产品。

第四条　本办法评价的是农业转基因生物对人类、动植物、微生物和生态环境构成的危险或者潜在的风险。安全评价工作按照植物、动物、微生物三个类别，以科学为依据，以个案审查为原则，实行分级分阶段管理。

第五条　根据《条例》第九条的规定设立国家农业转基因生物安全委员会，负责农业转基因生物的安全评价工作。农业转基因生物安全委员会由从事农业转基因生物研究、生产、加工、检验检疫、卫生、环境保护等方面的专家组成，每届任期三年。

农业部设立农业转基因生物安全管理办公室，负责农业转基因生物安全评价管理工作。

第六条　凡从事农业转基因生物研究与试验的单位，应当成立由单位法人代表负责的农业转基因生物安全小组，负责本单位农业转基因生物的安全管理及安全评价申报的审查工作。

第七条　农业部根据农业转基因生物安全评价工作的需要，委托具备检测条件和能力的技术检测机构对农业转基因生物进行检测，为安全评价和管理提供依据。

第八条　转基因植物种子、种畜禽、水产种苗，利用农业转基因生物生产的或者含有农业转基因生物成分的种子、种畜禽、水产种苗、农药、兽药、肥料和添加剂等，在依照有关法律、行政法规的规定进行审定、登记或者评价、审批前，应当依照本办法的规定取得农业转基因生物安全证书。

第二章　安全等级和安全评价

第九条　农业转基因生物安全实行分级评价管理

按照对人类、动植物、微生物和生态环境的危险程度，将农业转基因生物分为以下四个等级：

安全等级Ⅰ：尚不存在危险；

安全等级Ⅱ：具有低度危险；

安全等级Ⅲ：具有中度危险；

安全等级Ⅳ：具有高度危险。

第十条　农业转基因生物安全评价和安全等级的确定按以下步骤进行：

（一）确定受体生物的安全等级；

（二）确定基因操作对受体生物安全等级影响的类型；

（三）确定转基因生物的安全等级；

（四）确定生产、加工活动对转基因生物安全性的影响；

（五）确定转基因产品的安全等级。

第十一条　受体生物安全等级的确定

受体生物分为四个安全等级：

（一）符合下列条件之一的受体生物应当确定为安全等级Ⅰ：

1. 对人类健康和生态环境未曾发生过不利影响；

2. 演化成有害生物的可能性极小；

3. 用于特殊研究的短存活期受体生物，实验结束后在自然环境中存活的可能性极小。

（二）对人类健康和生态环境可能产生低度危险，但是通过采取安全控制措施完全可以避免其危险的受体生物，应当确定为安全等级Ⅱ。

（三）对人类健康和生态环境可能产生中度危险，但是通过采取安全控制措施，基本上可以避免其危险的受体生物，应当确定为安全等级Ⅲ。

（四）对人类健康和生态环境可能产生高度危险，而且在封闭设施之外尚无适当的安全控制措施避免其发生危险的受体生物，应当确定为安全等级Ⅳ。包括：

1. 可能与其他生物发生高频率遗传物质交换的有害生物；

2. 尚无有效技术防止其本身或其产物逃逸、扩散的有害生物；

3. 尚无有效技术保证其逃逸后，在对人类健康和生态环境产生不利影响之前，将其捕获或消灭的有害生物。

第十二条　基因操作对受体生物安全等级影响类型的确定

基因操作对受体生物安全等级的影响分为三种类型，即：增加受体生物的安全性；不影响受体生物的安全性；降低受体生物的安全性。

类型1　增加受体生物安全性的基因操作

包括：去除某个（些）已知具有危险的基因或抑制某个（些）已知具有危险的基因表达的基因操作。

类型2　不影响受体生物安全性的基因操作

包括：

1. 改变受体生物的表型或基因型而对人类健康和生态环境没有影响的基因操作；

2. 改变受体生物的表型或基因型而对人类健康和生态环境没有不利影响的基因操作。

类型3　降低受体生物安全性的基因操作

包括：

1. 改变受体生物的表型或基因型，并可能对人类健康或生态环境产生不利影响的基因操作；

2. 改变受体生物的表型或基因型，但不能确定对人类健康或生态环境影响的基因操作。

第十三条　农业转基因生物安全等级的确定

根据受体生物的安全等级和基因操作对其安全等级的影响类型及影响程度，确定转基因生物的安全等级。

（一）受体生物安全等级为Ⅰ的转基因生物

1. 安全等级为Ⅰ的受体生物，经类型1或类型2的基因操作而得到的转基因生物，其安全等级仍为Ⅰ。

2. 安全等级为Ⅰ的受体生物，经类型3的基因操作而得到的转基因生物，如果安全性降低很小，且不需要采取任何安全控制措施的，则其安全等级仍为Ⅰ；如果安全性有一定程度的降低，但是可以通过适当的安全控制措施完全避免其潜在危险的，则其安全等级为Ⅱ；如果安全性严重降低，但是可以通过严格的安全控制措施避免其潜在危险的，则其安全等级为Ⅲ；如果安全性严重降低，而且无法通过安全控制措施完全避免其危险的，则其安全等级为Ⅳ。

（二）受体生物安全等级为Ⅱ的转基因生物

1. 安全等级为Ⅱ的受体生物，经类型1的基因操作而得到的转基因生物，如果安全性增加到对人类健康和生态环境不再产生不利影响的，则其安全等级为Ⅰ；如果安全性虽有增加，但对人类健康和生态环境仍有低度危险的，则其安全等级仍为Ⅱ。

2. 安全等级为Ⅱ的受体生物，经类型2的基因操作而得到的转基因生物，其安全等级仍为Ⅱ。

3. 安全等级为Ⅱ的受体生物，经类型3的基因操作而得到的转基因生物，根据安全性降低的程度不同，其安全等级可为Ⅱ、Ⅲ或Ⅳ，分级标准与受体生物的分级标准相同。

（三）受体生物安全等级为Ⅲ的转基因生物

1. 安全等级为Ⅲ的受体生物，经类型1的基因操作而得到的转基因生物，根据安全性增加的程度不同，其安全等级可为Ⅰ、Ⅱ或Ⅲ，分级标准与受体生物的分级标准相同。

2. 安全等级为Ⅲ的受体生物，经类型2的基因操作而得到的转基因生物，其安全等级仍为Ⅲ。

3. 安全等级为Ⅲ的受体生物，经类型3的基因操作得到的转基因生物，根据安全性降低的程度不同，其安全等级可为Ⅲ或Ⅳ，分级标准与受体生物的分级标准相同。

（四）受体生物安全等级为Ⅳ的转基因生物

1. 安全等级为Ⅳ的受体生物，经类型1的基因操作而得到的转基因生物，根据安全性增加的程度不同，其安全等级可为Ⅰ、Ⅱ、Ⅲ或Ⅳ，分级标准与受体生物的分级标准相同。

2. 安全等级为Ⅳ的受体生物，经类型2或类型3的基因操作而得到的转基因生物，其安全等级仍为Ⅳ。

第十四条 农业转基因产品安全等级的确定

根据农业转基因生物的安全等级和产品的生产、加工活动对其安全等级的影响类型和影响程度，确定转基因产品的安全等级。

（一）农业转基因产品的生产、加工活动对转基因生物安全等级的影响分为三种类型：

类型1 增加转基因生物的安全性；

类型2 不影响转基因生物的安全性；

类型3 降低转基因生物的安全性。

（二）转基因生物安全等级为Ⅰ的转基因产品

1. 安全等级为Ⅰ的转基因生物，经类型1或类型2的生产、加工活动而形成的转基因产品，其安全等级仍为Ⅰ。

2. 安全等级为Ⅰ的转基因生物，经类型3的生产、加工活动而形成的转基因产品，根据安全性降低的程度不同，其安全等级可为Ⅰ、Ⅱ、Ⅲ或Ⅳ，分级标准与受体生物的分级标准相同。

（三）转基因生物安全等级为Ⅱ的转基因产品

1. 安全等级为Ⅱ的转基因生物，经类型Ⅰ的生产、加工活动而形成的转基因产品，如果安全性增加到对人类健康和生态环境不再产生不利影响的，其安全等级为Ⅰ；如果安全性虽然有增加，但是对人类健康或生态环境仍有低度危险的，其安全等级仍为Ⅱ。

2. 安全等级为Ⅱ的转基因生物，经类型2的生产、加工活动而形成的转基因产品，其安全等级仍为Ⅱ。

3. 安全等级为Ⅱ的转基因生物，经类型3的生产、加工活动而形成的转基因产品，根据安全性降低的程度不同，其安全等级可为Ⅱ、Ⅲ或Ⅳ，分级标准与受体生物的分级标准相同。

（四）转基因生物安全等级为Ⅲ的转基因产品

1. 安全等级为Ⅲ的转基因生物，经类型1的生产、加工活动而形成的转基因产品，根据安全性增加的程度不同，其安全等级可为Ⅰ、Ⅱ或Ⅲ，分级标准与受体生物的分级标准相同。

2. 安全等级为Ⅲ的转基因生物，经类型2的生产、加工活动而形成的转基因产品，其安全等级仍为Ⅲ。

3. 安全等级为Ⅲ的转基因生物，经类型3的生产、加工活动而形成转基因产品，根据安全性降低的程度不同，其安全等级可为Ⅲ或Ⅳ，分级标准与受体生物的分级标准相同。

（五）转基因生物安全等级为Ⅳ的转基因产品

1. 安全等级为Ⅳ的转基因生物，经类型1的生产、加工活动而得到的转基因产品，根据安全性增加的程度不同，其安全等级可为Ⅰ、Ⅱ、Ⅲ或Ⅳ，分级标准与受体生物的分级标准相同。

2. 安全等级为Ⅳ的转基因生物，经类型2或类型3的生产、加工活动而得到的转基因产品，其安全等级仍为Ⅳ。

第三章 申报和审批

第十五条 凡在中华人民共和国境内从事农业转基因生物安全等级为Ⅲ和Ⅳ的研究以及所有安全等级的试验和进口的单位以及生产和加工的单位和个人，应当根据农业转基因生物的类别和安全等级，分阶段向农业转基因生物安全管理办公室报告或者提出申请。

第十六条 农业部每年组织两次农业转基因生物安全评审。第一次受理申请的截止日期为每年的3月31日，第二次受理申请的截止日期为每年的9月30日。农业部自收到申请之日起2个月内，作出受理或者不予受理的答复；在受理截止日期后3个月内作出批复。

第十七条 从事农业转基因生物试验和进口的单位以及从事农业转基因生物生产和加工的单位和个人，在向农业转基因生物安全管理办公室提出安全评价报告或申请前应当完成下列手续：

（一）报告或申请单位和报告或申请人对所从事的转基因生物工作进行安全性评价，并填写报告书或申报书（附录Ⅴ）；

（二）组织本单位转基因生物安全小组对申报材料进行技术审查；

（三）取得开展试验和安全证书使用所在省（市、自治区）农业行政主管部门的审核意见；

（四）提供有关技术资料。

第十八条 在中华人民共和国从事农业转基因生物实验研究与试验的，应当具备下列条件：

（一）在中华人民共和国境内有专门的机构；

（二）有从事农业转基因生物实验研究与试验的专职技术人员；

（三）具备与实验研究和试验相适应的仪器设备和设施条件；

（四）成立农业转基因生物安全管理小组。

第十九条 报告农业转基因生物实验研究和中间试验以及申请环境释放、生产性试验和安全证书的单位应当按照农业部制定的农业转基因植物、动物和微生物安全评价各阶段的报告或申报要求、安全评价的标准和技术规范，办理报告或申请手续（附录Ⅰ、Ⅱ、Ⅲ、Ⅳ、Ⅴ）。

第二十条 从事安全等级为Ⅰ和Ⅱ的农业转基因生物实验研究，由本单位农业转基因生物安全小组批准；从事安全等级为Ⅲ和Ⅳ的农业转基因生物实验研究，应当在研究开始前向农业转基因生物安全管理办公室报告。

研究单位向农业转基因生物安全管理办公室报告时应当提供以下材料；

（一）实验研究报告书（附录Ⅴ）；

（二）农业转基因生物的安全等级和确定安全等级的依据；

（三）相应的实验室安全设施、安全管理和防范措施。

第二十一条 在农业转基因生物（安全等级Ⅰ、Ⅱ、Ⅲ、Ⅳ）实验研究结束后拟转入中间试验的，试验单位应当向农业转基因生物安全管理办公室报告。

试验单位向农业转基因生物安全管理办公室报告时应当提供下列材料：

（一）中间试验报告书（附录Ⅴ）；
（二）实验研究总结报告；
（三）农业转基因生物的安全等级和确定安全等级的依据；
（四）相应的安全研究内容、安全管理和防范措施。

第二十二条 在农业转基因生物中间试验结束后拟转入环境释放的，或者在环境释放结束后拟转入生产性试验的，试验单位应当向农业转基因生物安全管理办公室提出申请，经农业转基因生物安全委员会安全评价合格并由农业部批准后，方可根据农业转基因生物安全审批书的要求进行相应的试验。

试验单位提出前款申请时，应当提供下列材料；
（一）安全评价申报书（附录Ⅴ）；
（二）农业转基因生物的安全等级和确定安全等级的依据；
（三）农业部委托的技术检测机构出具的检测报告；
（四）相应的安全研究内容、安全管理和防范措施；
（五）上一试验阶段的试验总结报告。

第二十三条 在农业转基因生物生产性试验结束后拟申请安全证书的，试验单位应当向农业转基因生物安全管理办公室提出申请，经农业转基因生物安全委员会安全评价合格并由农业部批准后，方可颁发农业转基因生物安全证书。

试验单位提出前款申请时，应当提供下列材料：
（一）安全评价申报书（附录Ⅴ）；
（二）农业转基因生物的安全等级和确定安全等级的依据；
（三）农业部委托的农业转基因生物技术检测机构出具的检测报告；
（四）中间试验、环境释放和生产性试验阶段的试验总结报告；
（五）其他有关材料。

第二十四条 农业转基因生物安全证书应当明确转基因生物名称（编号）、规模、范围、时限及有关责任人、安全控制措施等内容。

从事农业转基因生物生产和加工的单位和个人以及进口的单位，应当按照农业转基因生物安全证书的要求开展工作并履行安全证书规定的相关义务。

第二十五条 从中华人民共和国境外引进农业转基因生物，或者向中华人民共和国出口农业转基因生物的，应当按照《农业转基因生物进口安全管理办法》的规定提供相应的安全评价材料。

第二十六条 申请农业转基因生物安全评价应当按照财政部、国家计委的有关规定交纳审查费和必要的检测费。

第二十七条 农业转基因生物安全评价受理审批机构的工作人员和参与审查的专家，应当为申报者保守技术秘密和商业秘密，与本人及其近亲属有利害关系的应当回避。

第四章 技术检测管理

第二十八条 农业部根据农业转基因生物安全评价及其管理工作的需要，委托具备检测条件和能力的技术检测机构进行检测。

第二十九条 技术检测机构应当具备下列基本条件：

（一）具有公正性和权威性，设有相对独立的机构和专职人员；

（二）具备与检测任务相适应的、符合国家标准（或行业标准）的仪器设备和检测手段；

（三）严格执行检测技术规范，出具的检测数据准确可靠；

（四）有相应的安全控制措施。

第三十条 技术检测机构的职责任务：

（一）为农业转基因生物安全管理和评价提供技术服务；

（二）承担农业部或申请人委托的农业转基因生物定性定量检验、鉴定和复查任务；

（三）出具检测报告，做出科学判断；

（四）研究检测技术与方法，承担或参与评价标准和技术法规的制修订工作；

（五）检测结束后，对用于检测的样品应当安全销毁，不得保留。

（六）为委托人和申请人保守技术秘密和商业秘密。

第五章　监督管理与安全监控

第三十一条 农业部负责农业转基因生物安全的监督管理，指导不同生态类型区域的农业转基因生物安全监控和监测工作，建立全国农业转基因生物安全监管和监测体系。

第三十二条 县级以上地方各级人民政府农业行政主管部门按照《条例》第三十九条和第四十条的规定负责本行政区域内的农业转基因生物安全的监督管理工作。

第三十三条 有关单位和个人应当按照《条例》第四十一条的规定，配合农业行政主管部门做好监督检查工作。

第三十四条 从事农业转基因生物试验与生产的单位，在工作进行期间和工作结束后，应当定期向农业部和农业转基因生物试验与生产应用所在的行政区域内省级农业行政主管部门提交试验总结和生产计划与执行情况总结报告。每年 3 月 31 日以前提交农业转基因生物生产应用的年度生产计划，每年 12 月 31 日以前提交年度实际执行情况总结报告；每年 12 月 31 日以前提交中间试验、环境释放和生产性试验的年度试验总结报告。

第三十五条 从事农业转基因生物试验和生产的单位，应当根据本办法的规定确定安全控制措施和预防事故的紧急措施，做好安全监督记录，以备核查。

安全控制措施包括物理控制、化学控制、生物控制、环境控制和规模控制等（附录Ⅳ）。

第三十六条 安全等级Ⅱ、Ⅲ、Ⅳ的转基因生物，在废弃物处理和排放之前应当采取可靠措施将其销毁、灭活，以防止扩散和污染环境。发现转基因生物扩散、残留或者造成危害的，必须立即采取有效措施加以控制、消除，并向当地农业行政主管部门报告。

第三十七条 农业转基因生物在贮存、转移、运输和销毁、灭活时，应当采取相应的安全管理和防范措施，具备特定的设备或场所，指定专人管理并记录。

第三十八条 发现农业转基因生物对人类、动植物和生态环境存在危险时，农业部有权宣布禁止生产、加工、经营和进口，收回农业转基因生物安全证书，由货主销毁有关存在危险的农业转基因生物。

第六章　罚　则

第三十九条　违反本办法规定，从事安全等级Ⅲ、Ⅳ的农业转基因生物实验研究或者从事农业转基因生物中间试验，未向农业部报告的，按照《条例》第四十三条的规定处理。

第四十条　违反本办法规定，未经批准擅自从事环境释放、生产性试验的，或已获批准但未按照规定采取安全管理防范措施的，或者超过批准范围和期限进行试验的，按照《条例》第四十四条的规定处罚。

第四十一条　违反本办法规定，在生产性试验结束后，未取得农业转基因生物安全证书，擅自将农业转基因生物投入生产和应用的，按照《条例》第四十五条的规定处罚。

第四十二条　假冒、伪造、转让或者买卖农业转基因生物安全证书、审批书以及其他批准文件的，按照《条例》第五十三条的规定处罚。

第四十三条　违反本办法规定核发农业转基因生物安全审批书、安全证书以及其他批准文件的，或者核发后不履行监督管理职责的，按照《条例》第五十五条的规定处罚。

第七章　附　则

第四十四条　本办法所用术语及含义如下：

（一）基因，系控制生物性状的遗传物质的功能和结构单位，主要指具有遗传信息的DNA片段。

（二）基因工程技术，包括利用载体系统的重组DNA技术以及利用物理、化学和生物学等方法把重组DNA分子导入有机体的技术。

（三）基因组，系指特定生物的染色体和染色体外所有遗传物质的总和。

（四）DNA，系脱氧核糖核酸的英文名词缩写，是贮存生物遗传信息的遗传物质。

（五）农业转基因生物，系指利用基因工程技术改变基因组构成，用于农业生产或者农产品加工的动植物、微生物及其产品。

（六）目的基因，系指以修饰受体细胞遗传组成并表达其遗传效应为目的的基因。

（七）受体生物，系指被导入重组DNA分子的生物。

（八）种子，系指农作物和林木的种植材料或者繁殖材料，包括籽粒、果实和根、茎、苗、芽、叶等。

（九）实验研究，系指在实验室控制系统内进行的基因操作和转基因生物研究工作。

（十）中间试验，系指在控制系统内或者控制条件下进行的小规模试验。

（十一）环境释放，系指在自然条件下采取相应安全措施所进行的中规模的试验。

（十二）生产性试验，系指在生产和应用前进行的较大规模的试验。

（十三）控制系统，系指通过物理控制、化学控制和生物控制建立的封闭或半封闭操作体系。

（十四）物理控制措施，系指利用物理方法限制转基因生物及其产物在实验区外的生存及扩散，如设置栅栏，防止转基因生物及其产物从实验区逃逸或被人或动物携带至实验区外等。

（十五）化学控制措施，系指利用化学方法限制转基因生物及其产物的生存、扩散或残留，如生物材料、工具和设施的消毒。

（十六）生物控制措施，系指利用生物措施限制转基因生物及其产物的生存、扩散或残留，以及限制遗传物质由转基因生物向其他生物的转移，如设置有效的隔离区及监控区、清除试验区附近可与转基因生物杂交的物种、阻止转基因生物开花或去除繁殖器官、或采用花期不遇等措施，以防止目的基因向相关生物的转移。

（十七）环境控制措施，系指利用环境条件限制转基因生物及其产物的生存、繁殖、扩散或残留，如控制温度、水分、光周期等。

（十八）规模控制措施，系指尽可能地减少用于试验的转基因生物及其产物的数量或减小试验区的面积，以降低转基因生物及其产物广泛扩散的可能性，在出现预想不到的后果时，能比较彻底地将转基因生物及其产物消除。

第四十五条 本办法由农业部负责解释。

第四十六条 本办法自2002年3月20日起施行。1996年7月10日农业部发布的第7号令《农业生物基因工程安全管理实施办法》同时废止。

附录Ⅰ 转基因植物安全评价（略）

附录Ⅱ 转基因动物安全评价（略）

附录Ⅲ 转基因微生物安全评价（略）

附录Ⅳ 农业转基因生物及其产品安全控制措施（略）

附录Ⅴ 农业转基因生物安全评价申报书式样（略）

农业转基因生物进口安全管理办法

中华人民共和国农业部令2002年第9号

（2002年1月5日农业部令第9号，2004年7月1日农业部令38号修订）

第一章 总 则

第一条 为了加强对农业转基因生物进口的安全管理，根据《农业转基因生物安全管理条例》（简称《条例》）的有关规定，制定本办法。

第二条 本办法适用于在中华人民共和国境内从事农业转基因生物进口活动的安全管理。

第三条 农业部负责农业转基因生物进口的安全管理工作。国家农业转基因生物安全委员会负责农业转基因生物进口的安全评价工作。

第四条 对于进口的农业转基因生物，按照用于研究和试验的、用于生产的以及用作加工原料的三种用途实行管理。

第二章 用于研究和试验的农业转基因生物

第五条 从中华人民共和国境外引进安全等级Ⅰ、Ⅱ的农业转基因生物进行实验研究的，引进单位应当向农业转基因生物安全管理办公室提出申请，并提供下列材料：

（一）农业部规定的申请资格文件；

（二）进口安全管理登记表（见附件）；

（三）引进农业转基因生物在国（境）外已经进行了相应的研究的证明文件；

（四）引进单位在引进过程中拟采取的安全防范措施。

经审查合格后，由农业部颁发农业转基因生物进口批准文件。引进单位应当凭此批准文件依法向有关部门办理相关手续。

第六条 从中华人民共和国境外引进安全等级Ⅲ、Ⅳ的农业转基因生物进行实验研究的和所有安全等级的农业转基因生物进行中间试验的，引进单位应当向农业部提出申请，并提供下列材料：

（一）农业部规定的申请资格文件；

（二）进口安全管理登记表（见附件）；

（三）引进农业转基因生物在国（境）外已经进行了相应研究或试验的证明文件；

（四）引进单位在引进过程中拟采取的安全防范措施；

（五）《农业转基因生物安全评价管理办法》规定的相应阶段所需的材料。

经审查合格后，由农业部颁发农业转基因生物进口批准文件。引进单位应当凭此批准文件依法向有关部门办理相关手续。

第七条 从中华人民共和国境外引进农业转基因生物进行环境释放和生产性试验的，引进单位应当向农业部提出申请，并提供下列材料：

（一）农业部规定的申请资格文件；

（二）进口安全管理登记表（见附件）；

（三）引进农业转基因生物在国（境）外已经进行了相应的研究的证明文件；

（四）引进单位在引进过程中拟采取的安全防范措施；

（五）《农业转基因生物安全评价管理办法》规定的相应阶段所需的材料。

经审查合格后，由农业部颁发农业转基因生物安全审批书。引进单位应当凭此审批书依法向有关部门办理相关手续。

第八条 从中华人民共和国境外引进农业转基因生物用于试验的，引进单位应当从中间试验阶段开始逐阶段向农业部申请。

第三章 用于生产的农业转基因生物

第九条 境外公司向中华人民共和国出口转基因植物种子、种畜禽、水产苗种和利用农业转基因生物生产的或者含有农业转基因生物成分的植物种子、种畜禽、水产苗种、农药、兽药、肥料和添加剂等拟用于生产应用的，应当向农业部提出申请，并提供下列材料：

（一）进口安全管理登记表（见附件）；

（二）输出国家或者地区已经允许作为相应用途并投放市场的证明文件；

（三）输出国家或者地区经过科学试验证明对人类、动植物、微生物和生态环境无害的资料；

（四）境外公司在向中华人民共和国出口过程中拟采取的安全防范措施。

（五）《农业转基因生物安全评价管理办法》规定的相应阶段所需的材料。

第十条 境外公司在提出上述申请时，应当在中间试验开始前申请，经审批同意，试验材料方可入境，并依次经过中间试验、环境释放、生产性试验三个试验阶段以及农业转基因生物安全证书申领阶段。

中间试验阶段的申请，经审查合格后，由农业部颁发农业转基因生物进口批准文件，境外公司凭此批准文件依法向有关部门办理相关手续。环境释放和生产性试验阶段的申请，经安全评价合格后，由农业部颁发农业转基因生物安全审批书，境外公司凭此审批书依法向有关部门办理相关手续。安全证书的申请，经安全评价合格后，由农业部颁发农业转基因生物安全证书，境外公司凭此证书依法向有关部门办理相关手续。

第十一条 引进的农业转基因生物在生产应用前，应取得农业转基因生物安全证书，方可依照有关种子、种畜禽、水产苗种、农药、兽药、肥料和添加剂等法律、行政法规的规定办理相应的审定、登记或者评价、审批手续。

第四章 用作加工原料的农业转基因生物

第十二条 境外公司向中华人民共和国出口农业转基因生物用作加工原料的，应当向农业部申请领取农业转基因生物安全证书。

第十三条 境外公司提出上述申请时，应当提供下列材料：

（一）进口安全管理登记表（见附件）；

（二）安全评价申报书（见《农业转基因生物安全评价管理办法》附录Ⅴ）；

（三）输出国家或者地区已经允许作为相应用途并投放市场的证明文件；

（四）输出国家或者地区经过科学试验证明对人类、动植物、微生物和生态环境无害的资料；

（五）农业部委托的技术检测机构出具的对人类、动植物、微生物和生态环境安全性的检测报告；

（六）境外公司在向中华人民共和国出口过程中拟采取的安全防范措施。

经安全评价合格后，由农业部颁发农业转基因生物安全证书。

第十四条 在申请获得批准后，再次向中华人民共和国提出申请时，符合同一公司、同一农业转基因生物条件的，可简化安全评价申请手续，并提供以下材料：

（一）进口安全管理登记表（见附件）；

（二）农业部首次颁发的农业转基因生物安全证书复印件；

（三）境外公司在向中华人民共和国出口过程中拟采取的安全防范措施。

经审查合格后，由农业部颁发农业转基因生物安全证书。

第十五条 境外公司应当凭农业部颁发的农业转基因生物安全证书，依法向有关部门办理相关手续。

第十六条 进口用作加工原料的农业转基因生物如果具有生命活力，应当建立进口档案，载明其来源、贮存、运输等内容，并采取与农业转基因生物相适应的安全控制措施，确保农业转基因生物不进入环境。

第十七条 向中国出口农业转基因生物直接用作消费品的，依照向中国出口农业转基因生物用作加工原料的审批程序办理。

第五章 一般性规定

第十八条 农业部应当自收到申请人申请之日起270日内做批准或者不批准的决定，并通知申请人。

第十九条 进口农业转基因生物用于生产或用作加工原料的，应当在取得农业部颁发的农业转基因生物安全证书后，方能签订合同。

第二十条 进口农业转基因生物，没有国务院农业行政主管部门颁发的农业转基因生物安全证书和相关批准文件的，或者与证书、批准文件不符的，作退货或者销毁处理。

第二十一条 本办法由农业部负责解释。

第二十二条 本办法自2002年3月20日起施行。

注：附件略。

农业转基因生物标识管理办法

中华人民共和国农业部令2002年第10号

（2004年7月1日农业部令38号修订）

第一条 为了加强对农业转基因生物的标识管理，规范农业转基因生物的销售行为，引导农业转基因生物的生产和消费，保护消费者的知情权，根据《农业转基因生物安全管理条例》（简称《条例》）的有关规定，制定本办法。

第二条 国家对农业转基因生物实行标识制度。实施标识管理的农业转基因生物目录，由国务院农业行政主管部门商国务院有关部门制定、调整和公布。

第三条 在中华人民共和国境内销售列入农业转基因生物标识目录的农业转基因生物，必须遵守本办法。

凡是列入标识管理目录并用于销售的农业转基因生物，应当进行标识；未标识和不按规定标识的，不得进口或销售。

第四条 农业部负责全国农业转基因生物标识的审定和监督管理工作。

县级以上地方人民政府农业行政主管部门负责本行政区域内的农业转基因生物标识的监督管理工作。

国家质检总局负责进口农业转基因生物在口岸的标识检查验证工作。

第五条 列入农业转基因生物标识目录的农业转基因生物，由生产、分装单位和个人负责标识；经营单位和个人拆开原包装进行销售的，应当重新标识。

第六条 标识的标注方法：

（一）转基因动植物（含种子、种畜禽、水产苗种）和微生物，转基因动植物、微生物产品，含有转基因动植物、微生物或者其产品成分的种子、种畜禽、水产苗种、农药、兽药、肥料和添加剂等产品，直接标注“转基因××”。

（二）转基因农产品的直接加工品，标注为“转基因××加工品（制成品）”或者“加工原料为转基因××”。

（三）用农业转基因生物或用含有农业转基因生物成分的产品加工制成的产品，但最终销售产品中已不再含有或检测不出转基因成分的产品，标注为“本产品为转基因××加工制成，但本产品中已不再含有转基因成分”或者标注为“本产品加工原料中有转基因××，但本产品中已不再含有转基因成分”。

第七条 农业转基因生物标识应当醒目，并和产品的包装、标签同时设计和印制。

难以在原有包装、标签上标注农业转基因生物标识的，可采用在原有包装、标签的基础上附加转基因生物标识的办法进行标注，但附加标识应当牢固、持久。

第八条 难以用包装物或标签对农业转基因生物进行标识时，可采用下列方式标注：

（一）难以在每个销售产品上标识的快餐业和零售业中的农业转基因生物，可以在产品展销（示）柜（台）上进行标识，也可以在价签上进行标识或者设立标识板（牌）进行标识。

（二）销售无包装和标签的农业转基因生物时，可以采取设立标识板（牌）的方式进行标识。

（三）装在运输容器内的农业转基因生物不经包装直接销售时，销售现场可以在容器上进行标识，也可以设立标识板（牌）进行标识。

（四）销售无包装和标签的农业转基因生物，难以用标识板（牌）进行标注时，销售者应当以适当的方式声明。

（五）进口无包装和标签的农业转基因生物，难以用标识板（牌）进行标注时，应当在报检（关）单上注明。

第九条 有特殊销售范围要求的农业转基因生物，还应当明确标注销售的范围，可标注为“仅限于××销售（生产、加工、使用)”。

第十条 农业转基因生物标识应当使用规范的中文汉字进行标注。

第十一条 进口的农业转基因生物标识经农业部审查认可后方可使用，同时抄送国家质检总局、外经贸部等部门；国内农业转基因生物标识，经农业转基因生物的生产、分装单位和个人所在地的县级以上地方人民政府农业行政主管部门审查认可后方可使用，并由省级农业行政主管部门统一报农业部备案。

第十二条 负责农业转基因生物标识审查认可工作的农业行政主管部门，应当自收到申请人的申请之日起20天内对申请做出决定，并通知申请人。

第十三条 销售农业转基因生物的经营单位和个人在进货时，应当对货物和标识进行核对。

第十四条 违反本办法规定的，按《条例》第五十二条规定予以处罚。

第十五条 本办法由农业部负责解释。

第十六条 本办法自2002年3月20起施行。

附件：

第一批实施标识管理的农业转基因生物目录

1. 大豆种子、大豆、大豆粉、大豆油、豆粕

2. 玉米种子、玉米、玉米油、玉米粉（含税号为11022000、11031300、11042300的玉米粉）

3. 油菜种子、油菜籽、油菜籽油、油菜籽粕

4. 棉花种子

5. 番茄种子、鲜番茄、番茄酱

五、标准及标准目录

（一）国家强制性标准

饲料标签 GB 10648—2013

前 言

本标准的全部技术内容为强制性。

本标准按照 GB/T 1.1—2009 给出的规则起草。

本标准代替 GB 10648—1999《饲料标签》。

本标准与 GB 10648—1999 相比，主要技术内容差异如下：

——修订完善了标准的适用范围（见第 1 章）。

——增加了饲料、饲料原料、饲料添加剂等术语的定义（见 3.2 ~ 3.15）；修改了药物饲料添加剂的定义（见 3.18）；删除了“保质期”的术语和定义；用“净含量”代替“净重”（见 3.17），并规定了净含量的标示要求（见 5.7）。

——增加了标签中不得标示具有预防或者治疗动物疾病作用的内容的规定（见 4.4）。

——增加了产品名称应采用通用名称的要求，并规定了各类饲料的通用名称的表述方式和标示要求（见 5.2）。

——规定了产品成分分析保证值应符合产品所执行的标准的要求（见 5.3.1）。

——将饲料产品成分分析保证值项目分为“饲料和饲料原料产品成分分析保证值项目”和“饲料添加剂产品成分分析保证值项目”两部分；将饲料添加剂产品分为“矿物质微量元素饲料添加剂、酵制剂饲料添加剂、微生物饲料添加剂、混合型饲料添加剂、其他饲料添加剂”；对饲料和饲料原料产品成分分析保证值项目、饲料添加剂产品成分分析保证值项目进行了修订、补充和完善；增加了饲料原料产品成分分析保证值项目为《饲料原料目录》中强制性标识项目的规定；增加了液态饲料添加剂、液态添加剂预混合饲料不需标示水分的规定；增加了执行企业标准的饲料添加剂和进口饲料添加剂应标明卫生指标的规定（见表 1、表 2）。

——修订、补充和完善了原料组成应标明的内容（见 5.4）。

——增加了饲料添加剂、微量元素预混合饲料和维生素预混合饲料应标明推荐用量及注意事项的规定（见 5.6）。

——规定了进口产品的中文标签标明的生产日期应与原产地标签上标明的生产日期一致（见 5.8.2）。

——保质期增加了一种表示方法，并要求进口产品的中文标签标明的保质期应与原产地标签上标明的保质期一致（见 5.9）。

——将贮存条件及方法单独作为一条列出（见 5.10）。

——用“许可证明文件编号”代替“生产许可证和产品批准文号”（见 5.11）。

——增加了动物源性饲料（见5.13.1）、委托加工产品（见5.13.3）、定制产品（见5.13.4）、进口产品（见5.13.5）和转基因产品（见5.13.6）的特殊标示规定。

——补充规定了标签不得被遮掩，应在不打开包装的情况下，能看到完整的标签内容（见6.2）。

——附录A增加了酶制剂饲料添加剂和微生物饲料添加剂产品成分分析保证值的计量单位。

本标准由全国饲料工业标准化技术委员会（SAC/T 76）归口。

本标准起草单位：中国饲料工业协会、全国饲料工业标准化技术委员会秘书处。

本标准主要起草人：王黎文、沙玉圣、粟胜兰、武玉波、杨清峰、李祥明、严建刚。

本标准所代替标准的历次版本发布情况为：

——GB 10648—1988、GB 10648—1993、GB 10648—1999。

饲料标签

1 范围

本标准规定了饲料、饲料添加剂和饲料原料标签标示的基本原则、基本内容和基本要求。

本标准适用于商品饲料、饲料添加剂和饲料原料（包括进口产品），不包括可饲用原粮、药物饲料添加剂和养殖者自行配制使用的饲料。

2 规范性引用文件

下列文件对于本文件的应用是必不可少的。凡是注日期的引用文件，仅注日期的版本适用于本文件。凡是不注日期的引用文件，其最新版本（包括所有的修改单）适用于本文件。

GB/T 10647 饲料工业术语

GB 13078 饲料卫生标准

3 术语和定义

GB/T 10647中界定的以及下列术语和定义适用于本文件。

3.1 饲料标签 feed label

以文字、符号、数字、图形说明饲料、饲料添加剂和饲料原料内容的一切附签或其他说明物。

3.2 饲料原料 feed material

来源于动物，植物、微生物或者矿物质，用于加工制作饲料但不属于饲料添加剂的饲用物质。

3.3 饲料 feed

经工业化加工、制作的供动物食用的产品，包括单一饲料、添加剂预混合饲料、浓缩饲料、配合饲料和精料补充料。

3.4 单一饲料 single feed

来源于一种动物、植物、微生物或者矿物质，用于饲料产品生产的饲料。

3.5　添加剂预混合饲料　feed additive premix

由两种（类）或者两种（类）以上营养性饲料添加剂为主，与载体或者稀释剂按照一定比例配制的饲料，包括复合预混合饲料、微量元素预混合饲料、维生素预混合饲料。

3.6　复合预混合饲料　premix

以矿物质微量元素、维生素、氨基酸中任何两类或两类以上的营养性饲料添加剂为主，与其他饲料添加剂、载体和（或）稀释剂按一定比例配制的均匀混合物，其中营养性饲料添加剂的含量能够满足其适用动物特定生理阶段的基本营养需求，在配合饲料、精料补充料或动物饮用水中的添加量不低于0.1%且不高于10%。

3.7　维生素预混合饲料　vitamin premix

两种或两种以上维生素与载体和（或）稀释剂按一定比例配制的均匀混合物，其中维生素含量应满足其适用动物特定生理阶段的维生素需求，在配合饲料、精料补充料或动物饮用水中的添加量不低于0.01%且不高于10%。

3.8　微量元素预混合饲料　trace mineral premix

两种或两种以上矿物质微量元素与载体和（或）稀释剂按一定比例配制的均匀混合物，其中矿物质微量元素含量能够满足其适用动物特定生理阶段的微量元素需求，在配合饲料、精料补充料或动物饮用水中的添加量不低于0.1%且不高于10%。

3.9　浓缩饲料　concentrate feed

主要由蛋白质、矿物质和饲料添加剂按照一定比例配制的饲料。

3.10　配合饲料　formula feed; complete feed

根据养殖动物营养需要，将多种饲料原料和饲料添加剂按照一定比例配制的饲料。

3.11　精料补充料　supplementary concentrate

为补充草食动物的营养，将多种饲料原料和饲料添加剂按照一定比例配制的饲料。

3.12　饲料添加剂　feed additive

在饲料加工、制作、使用过程中添加的少量或者微量物质，包括营养性饲料添加剂和一般饲料添加剂。

3.13　混合型饲料添加剂　feed additive blender

由一种或一种以上饲料添加剂与载体或稀释剂按一定比例混合，但不属于添加剂预混合饲料的饲料添加剂产品。

3.14　许可证明文件　official approval document

新饲料、新饲料添加剂证书，饲料、饲料添加剂进口登记证，饲料、饲料添加剂生产许可证以及饲料添加剂、添加剂预混合饲料产品批准文号的统称。

3.15　通用名称　common name

能反映饲料、饲料添加剂和饲料原料的真实属性并符合相关法律法规和标准规定的产品名称。

3.16　产品成分分析保证值　guaranteed analysis of product

在产品保质期内采用规定的分析方法能得到的，符合标准要求的产品成分值。

3.17　净含量　net content

去除包装容器和其他所有包装材料后内装物的量。

3.18 药物饲料添加剂 medical feed additive

为预防、治疗动物疾病而掺入载体或者稀释剂的兽药的预混合物质。

4 基本原则

4.1 标示的内容应符合国家相关法律法规和标准的规定。

4.2 标示的内容应真实、科学、准确。

4.3 标示内容的表述应通俗易懂。不得使用虚假、夸大或容易引起误解的表述，不得以欺骗性表述误导消费者。

4.4 不得标示具有预防或者治疗动物疾病作用的内容。但饲料中添加药物饲料添加剂的，可以对所添加的药物饲料添加剂的作用加以说明。

5 应标示的基本内容

5.1 卫生要求

饲料、饲料添加剂和饲料原料应符合相应卫生要求。饲料和饲料原料应标有“本产品符合饲料卫生标准”字样，以明示产品符合 GB 13078 的规定。

5.2 产品名称

5.2.1 产品名称应采用通用名称。

5.2.2 饲料添加剂应标注“饲料添加剂”字样，其通用名称应与《饲料添加剂品种目录》中的通用名称一致。饲料原料应标注“饲料原料”字样，其通用名称应与《饲料原料目录》中的原料名称一致，新饲料、新饲料添加剂和进口饲料、进口饲料添加剂的通用名称应与农业部相关公告的名称一致。

5.2.3 混合型饲料添加剂的通用名称表述为“混合型饲料添加剂 + 《饲料添加剂品种目录》中规定的产品名称或类别”，如“混合型饲料添加剂 乙氧基喹啉”、“混合型饲料添加剂 抗氧化剂”。如果产品涉及多个类别，应逐一标明；如果产品类别为“其他”，应直接标明产品的通用名称。

5.2.4 饲料（单一饲料除外）的通用名称应以配合饲料、浓缩饲料、精料补充料、复合预混合饲料、微量元素预混合饲料或维生素预混合饲料中的一种表示，并标明饲喂对象。可在通用名称前（或后）标示膨化、颗粒、粉状、块状、液体、浮性等物理状态或加工方法。

5.2.5 在标明通用名称的同时，可标明商品名称，但应放在通用名称之后，字号不得大于通用名称。

5.3 产品成分分析保证值

5.3.1 产品成分分析保证值应符合产品所执行的标准的要求。

5.3.2 饲料和饲料原料产品成分分析保证值项目的标示要求，见表1。

表1 饲料和饲料原料产品成分分析保证值项目的标示要求

序号	产品类别	产品成分分析保证值项目	备注
1	配合饲料	粗蛋白质、粗纤维、粗灰分、钙、总磷、氯化钠、水分、氨基酸	水产配合饲料还应标明粗脂肪，可以不标明氯化钠和钙
2	浓缩饲料	粗蛋白质、粗纤维、粗灰分、钙、总磷、氯化钠、水分、氨基酸	

（续表）

序号	产品类别	产品成分分析保证值项目	备注
3	精料补充料	粗蛋白质、粗纤维、粗灰分、钙、总磷、氯化钠、水分、氨基酸	
4	复合预混合饲料	微量元素、维生素和（或）氨基酸及其他有效成分、水分	
5	微量元素预混合饲料	微量元素、水分	
6	维生素预混合饲料	维生素、水分	
7	饲料原料	《饲料原料目录》规定的强制性标识项目	
序号1、2、3、4、5、6产品成分分析保证值项目中氨基酸、维生素及微量元素的具体种类应与产品所执行的质量标准一致。 液态添加剂预混合饲料不需标示水分。			

5.3.3　饲料添加剂产品成分分析保证值项目的标示要求，见表2。

表2　饲料添加剂产品成分分析保证值项目的标示要求

序号	产品类别	产品成分分析保证值项目	备注
1	矿物质微量元素饲料添加剂	有效成分、水分、粒（细）度	若无粒（细）度要求时，可以不标
2	酶制剂饲料添加剂	有效成分、水分	
3	微生物饲料添加剂	有效成分、水分	
4	混合型饲料添加剂	有效成分、水分	
5	其他饲料添加剂	有效成分、水分	
执行企业标准的饲料添加剂产品和进口饲料添加剂产品，其产品成分分析保证值项目还应标示卫生指标。 液态饲料添加剂不需标示水分。			

5.4　原料组成

5.4.1　配合饲料、浓缩饲料、精料补充料应标明主要饲料原料名称和（或）类别，饲料添加剂名称和（或）类别；添加剂预混合饲料、混合型饲料添加剂应标明饲料添加剂名称、载体和（或）稀释剂名称；饲料添加剂若使用了载体和（或）稀释剂的，应标明载体和（或）稀释剂的名称。

5.4.2　饲料原料名称和类别应与《饲料原料目录》一致；饲料添加剂名称和类别应与《饲料添加剂品种目录》一致。

5.4.3　动物源性蛋白质饲料、植物性油脂、动物性油脂若添加了抗氧化剂，还应标明抗氧化剂的名称。

5.5　产品标准编号

5.5.1　饲料和饲料添加剂产品应标明产品所执行的产品标准编号。

5.5.2　实行进口登记管理的产品，应标明进口产品复核检验报告的编号；不实行进口登记管理的产品可不标示此项。

5.6　使用说明

配合饲料、精料补充料应标明饲喂阶段。浓缩饲料、复合预混合饲料应标明添加比例或推荐配方及注意事项。饲料添加剂、微量元素预混合饲料和维生素预混合饲料应标明推荐用量及注意事项。

5.7 净含量

5.7.1 包装类产品应标明产品包装单位的净含量；罐装车运输的产品应标明运输单位的净含量。

5.7.2 固态产品应使用质量标示；液态产品、半固态或粘性产品可用体积或质量标示。

5.7.3 以质量标示时，净含量不足1kg的，以克（g）作为计量单位；净含量超过1kg（含1kg）的，以千克（kg）作为计量单位。以体积标示时，净含量不足1L的，以毫升（mL或ml）作为计量单位；净含量超过1L（含1L）的，以升（L或l）作为计量单位。

5.8 生产日期

5.8.1 应标明完整的年、月、日。

5.8.2 进口产品中文标签标明的生产日期应与原产地标签上标明的生产日期一致。

5.9 保质期

5.9.1 用“保质期为________天（日）或________月或________年”或“保质期至：________年________月________日”表示。

5.9.2 进口产品中文标签标明的保质期应与原产地标签上标明的保质期一致。

5.10 贮存条件及方法

应标明贮存条件及贮存方法。

5.11 行政许可证明文件编号

实行行政许可管理的饲料和饲料添加剂产品应标明行政许可证明文件编号。

5.12 生产者，经营者的名称和地址

5.12.1 实行行政许可管理的饲料和饲料添加剂产品，应标明与行政许可证明文件一致的生产者名称、注册地址、生产地址及其邮政编码、联系方式；不实行行政许可管理的，应标明与营业执照一致的生产者名称、注册地址、生产地址及其邮政编码、联系方式。

5.12.2 集团公司的分公司或生产基地，除标明上述相关信息外，还应标明集团公司的名称、地址和联系方式。

5.12.3 进口产品应标明与进口产品登记证一致的生产厂家名称，以及与营业执照一致的在中国境内依法登记注册的销售机构或代理机构名称、地址、邮政编码和联系方式等。

5.13 其他

5.13.1 动物源性饲料

5.13.1.1 动物源性饲料应标明源动物名称。

5.13.1.2 乳和乳制品之外的动物源性饲料应标明“本产品不得饲喂反刍动物”字样。

5.13.2 加入药物饲料添加剂的饲料产品

5.13.2.1 应在产品名称下方以醒目字体标明“本产品加入药物饲料添加剂”字样。

5.13.2.2 应标明所添加药物饲料添加剂的通用名称。

5.13.2.3 应标明本产品中药物饲料添加剂的有效成分含量、休药期及注意事项。

5.13.3 委托加工产品

除标明本章规定的基本内容外，还应标明委托企业的名称、注册地址和生产许可证编号。

5.13.4　定制产品

5.13.4.1　应标明“定制产品”字样。

5.13.4.2　除标明本章规定的基本内容外，还应标明定制企业的名称、地址和生产许可证编号。

5.13.4.3　定制产品可不标示产品批准文号。

5.13.5　进口产品

进口产品应用中文标明原产国名或地区名。

5.13.6　转基因产品

转基因产品的标示应符合相关法律法规的要求。

5.13.7　其他内容

可以标明必要的其他内容，如：产品批号、有效期内的质量认证标志等。

6　基本要求

6.1　印制材料应结实耐用；文字、符号、数字、图形清晰醒目，易于辨认。

6.2　不得与包装物分离或被遮掩；应在不打开包装的情况下，能看到完整的标签内容。

6.3　罐装车运输产品的标签随发货单一起传送。

6.4　应使用规范的汉字，可以同时使用有对应关系的汉语拼音及其他文字。

6.5　应采用国家法定计量单位。产品成分分析保证值常用计量单位参见附录A。

6.6　一个标签只能标示一个产品。

附录A
(资料性附录)
产品成分分析保证值常用计量单位

A.1　饲料产品成分分析保证值计量单位

A.1.1　粗蛋白质、粗纤维、粗脂肪、粗灰分、总磷、钙、氯化钠、水分、氨基酸的含量，以百分含量（%）表示。

A.1.2　微量元素的含量，以每千克（升）饲料中含有某元素的质量表示，如：g/kg、mg/kg/、μg/kg，或g/L、mg/L、μg/L。

A.1.3　药物饲料添加剂和维生素含量，以每千克（升）饲料中含药物或维生素的质量，或以表示生物效价的国际单位（IU）表示，如：g/kg、mg/kg、μg/kg、IU/kg，或g/L、mg/L、μg/L、IU/L。

A.2　饲料添加剂产品成分分析保证值计量单位

A.2.1　酶制剂饲料添加剂的含量，以每千克（升）产品中含酶活性单位表示，或以每克（毫升）产品中含酶活性单位表示，如：U/kg、U/L，或U/g、U/mL。

A.2.2　微生物饲料添加剂的含量，以每千克（升）产品中含微生物的菌落数或个数表示，或以每克（毫升）产品中含微生物的菌落数或个数表示，如：CFU/kg、个/kg、CFU/L、个/L，或CFU/g、个/g、CFU/mL、个/mL。

饲料卫生标准 GB 13078—2001

前 言

本标准所有技术内容均为强制性。

本标准是对 GB 13078—1991《饲料卫生标准》的修订和补充。

本标准与 GB 13078—1991 的主要技术内容差异是：

——根据饲料产品的客观需要，增加了铬在饲料、饲料添加剂中的允许量指标。

——补充规定了饲料添加剂及猪、禽添加剂预混合饲料和浓缩饲料，牛、羊精料补充料产品中的砷允许量指标，砷在磷酸盐产品中的允许量由每千克 10mg 修订为 20mg。

——补充规定了铅在鸭配合饲料，牛精料补充料，鸡、猪浓缩饲料，骨粉，肉骨粉，鸡、猪复合预混料中的允许量指标。

——氟在磷酸氢钙产品中的允许量由每千克 2 000mg 修订为 1 800mg；补充规定了氟在骨粉，肉骨粉，鸭配合饲料，牛精料补充料，猪、禽添加剂预混合饲料，产蛋鸡、猪、禽浓缩饲料产品中的允许量指标。

——补充规定了霉菌在豆饼（粕），菜籽饼（粕），鱼粉，肉骨粉，猪、鸡、鸭配合饲料，猪、鸡浓缩饲料，牛精料补充料产品中的允许量指标。

——黄曲霉毒素 B_1 卫生指标中，将肉用仔鸡配合饲料分为前期和后期料两种，其允许量指标分别修订为每千克饲料中 10μg 和 20μg；补充规定了黄曲霉毒素 B_1 在棉籽饼（粕），菜籽饼（粕），豆粕，仔猪、种猪配合饲料及浓缩饲料，雏鸡配合饲料，雏鸡、仔鸡、生长鸡、产蛋鸡浓缩饲料，鸭配合饲料及浓缩饲料，鹌鹑配合饲料及浓缩饲料，牛精料补充料产品中的允许量指标。

——补充规定了各项卫生指标的试验方法。

本标准自实施之日起代替 GB 13078—1991。

本标准由全国饲料工业标准化技术委员会提出并归口。

本标准起草单位：国家饲料质量监督检验中心（武汉）、江西省饲料工业标准化技术委员会、国家饲料质量监督检验中心（北京）、华中农业大学、中国农业科学院畜牧研究所、无锡轻工业大学、中国兽药监察所、上海农业科学院畜牧兽医研究所、西北农业大学兽医系、全国饲料工业标准化技术委员会秘书处等。

本标准起草人如下：

“砷允许量”修订起草人：姚继承、艾地云、杨林。

“铅允许量”修订起草人：徐国茂，伦景良，涂建。

“氟允许量”修订起草人：李丽蓓、张辉、张瑜。

“霉菌允许量”修订起草人：陈必芳、许齐放。
“黄曲霉毒素 B_1 允许量”修订起草人：于炎湖、齐德生、黄炳堂、易俊东、刘耘。
“铬允许量”制定起草人：雷祖玉、秦昉。
本标准由郑喜梅负责汇总。
本标准委托全国饲料工业标准化技术委员会秘书处负责解释。

饲料卫生标准

1 范围

本标准规定了饲料、饲料添加剂产品中有害物质及微生物的允许量及其试验方法。
本标准适用于表 1 中所列各种饲料和饲料添加剂产品。

2 引用标准

下列标准所包含的条文，通过在本标准中引用而构成为本标准的条文。本标准出版时，所示版本均为有效。所有标准都会被修订，使用本标准的各方应探讨使用下列标准最新版本的可能性。

GB/T 8381—1987 饲料中黄曲霉毒素 B_1 的测定方法（neq ISO 6651：1987）
GB/T 13079—1999 饲料中总砷的测定
GB/T 13080—1991 饲料中铅的测定方法
GB/T 13081—1991 饲料中汞的测定方法
GB/T 13082—1991 饲料中镉的测定方法
GB/T 13083—1991 饲料中氟的测定方法
GB/T 13084—1991 饲料中氰化物的测定方法
GB/T 13085—1991 饲料中亚硝酸盐的测定方法
GB/T 13086—1991 饲料中游离棉酚的测定方法
GB/T 13087—1991 饲料中异硫氰酸酯的测定方法
GB/T 13088—1991 饲料中铬的测定方法
GB/T 13089—1991 饲料中恶唑烷硫酮的测定方法
GB/T 13090—1999 饲料中六六六、滴滴涕的测定
GB/T 13091—1991 饲料中沙门氏菌的检验方法
GB/T 13092—1991 饲料中霉菌的检验方法
GB/T 13093—1991 饲料中细菌总数的测定方法
GB/T 17480—1998 饲料中黄曲霉毒素 B_1 的测定 酶联免疫吸附法（eqv AOAC 方法）
HG 2636—1994 饲料级磷酸氢钙

3 要求

饲料、饲料添加剂的卫生指标及试验方法见表。

表　饲料、饲料添加剂卫生指标

序号	卫生指标项目	产品名称	指标	试验方法	备注
1	砷（以总砷计）的允许量（每千克产品中）mg	石粉	≤2.0	GB/T 13079	不包括国家主管部门批准使用的有机砷制剂中的砷含量
		硫酸亚铁、硫酸镁			
		磷酸盐	≤20.0		
		沸石粉、膨润土、麦饭石	≤10.0		
		硫酸铜、硫酸锰、硫酸锌、碘化钾、碘酸钙，氯化钴	≤5.0		
		氧化锌	≤10.0		
		鱼粉、肉粉、肉骨粉	≤10.0		
		家禽、猪配合饲料	≤2.0		
		牛，羊精料补充料	≤10.0		
		猪、家禽浓缩饲料			以在配合饲料中20%的添加量计
		猪、家禽添加剂预混合饲料			以在配合饲料中1%的添加量计
2	铅（以Pb计）的允许量（每千克产品中）mg	生长鸭、产蛋鸭、肉鸭配合饲料 鸡配合饲料、猪配合饲料	≤5	GB/T 13080	
		奶牛、肉牛精料补充料	≤8		
		产蛋鸡、肉用仔鸡浓缩饲料 仔猪、生长肥育猪浓缩饲料	≤13		以在配合饲料中20%的添加量计
		骨粉、肉骨粉、鱼粉、石粉	≤10		
		磷酸盐	≤30		
		产蛋鸡、肉用仔鸡复合预混合饲料、仔猪、生长肥育猪复合预混合饲料	≤40		以在配合饲料中1%的添加量计
3	氟（以F计）的允许量（每千克产品中）mg	鱼粉	≤500	GB/T 13063	高氟饲料用HG 2636—1994中4.4条
		石粉	≤2 000		
		磷酸盐	≤1 800	HG 2636	
		肉用仔鸡、生长鸡配合饲料	≤250	GB/T 13083	
		产蛋鸡配合饲料	≤350		
		猪配合饲料	≤100		
		骨粉、肉骨粉	≤1 800		
		生长鸭、肉鸭配合饲料	≤200		
		产蛋鸭配合饲料	≤250		
		牛（奶牛、肉牛）精料补充料	≤50		
		猪、禽添加剂预混合饲料	≤1 000		以在配合饲料中1%的添加量计
		猪、禽浓缩饲料	按添加比例折算后，与相应猪、禽配合饲料规定值相同		

（续表）

序号	卫生指标项目	产品名称	指标	试验方法	备注
4	霉菌的允许量（每克产品中）霉菌总数 × 10^3 个	玉米	<40	GB/T 13092	限量饲用：40 ~ 100 禁用：>100
		小麦麸、米糠			限量饲用：40 ~ 80 禁用：>80
		豆饼（粕）、棉籽饼（粕）、菜籽饼（粕）	<50		限量饲用：50 ~ 100 禁用：>100
		鱼粉、肉骨粉	<20		限量饲用：20 ~ 50 禁用：>50
		鸭配合饲料	<35		
		猪、鸡配合饲料 猪、鸡浓缩饲料 奶、肉牛精料补充料	<45		
5	黄曲霉毒素 B_1 允许量（每千克产品中）μg	玉米、花生饼（粕）、棉籽饼（粕）、菜籽饼（粕）	≤50	GB/T 17480 或 GB/T 8381	
		豆粕	≤30		
		仔猪配合饲料及浓缩饲料	≤10		
		生长肥育猪、种猪配合饲料及浓缩饲料	≤20		
		肉用仔鸡前期、雏鸡配合饲料及浓缩饲料	≤10		
		肉用仔鸡后期、生长鸡、产蛋鸡配合饲料及浓缩饲料	≤20		
		肉用仔鸭前期、雏鸭配合饲料及浓缩饲料	≤10		
		肉用仔鸭后期、生长鸭、产蛋鸭配合饲料及浓缩饲料	≤15		
		鹌鹑配合饲料及浓缩饲料	≤20		
		奶牛精料补充料	≤10		
		肉牛精料补充料	≤50		
6	铬（以 Cr 计）的允许量（每千克产品中）mg	皮革蛋白粉	≤200	GB/T 13088	
		鸡、猪配合饲料	≤10		
7	汞（以 Hg 计）的允许量（每千克产品中）mg	鱼粉	≤0.5	GB/T 13081	
		石粉 鸡配合饲料，猪配合饲料	≤0.1		

（续表）

序号	卫生指标项目	产品名称	指标	试验方法	备注
8	镉（以 Cd 计）的允许量（每千克产品中）mg	米糠	≤1.0	GB/T 13082	
		鱼粉	≤2.0		
		石粉	≤0.75		
		鸡配合饲料，猪配合饲料	≤0.5		
9	氰化物（以 HCN 计）的允许量（每千克产品中）mg	木薯干	≤100	GB/T 13084	
		胡麻饼、粕	≤350		
		鸡配合饲料，猪配合饲料	≤50		
10	亚硝酸盐（以 $NaNO_2$ 计）的允许量（每千克产品中）mg	鱼粉	≤60	GB/T 13085	
		鸡配合饲料，猪配合饲料	≤15		
11	游离棉酚的允许量（每千克产品中）mg	棉籽饼、粕	≤1 200	GB/T 13086	
		肉用仔鸡、生长鸡配合饲料	≤100		
		产蛋鸡配合饲料	≤20		
		生长肥育猪配合饲料	≤60		
12	异硫氰酸酯（以丙烯基异硫氰酸酯计）的允许量（每千克产品中）mg	菜籽饼、粕	≤4 000	GB/T 13087	
		鸡配合饲料 生长肥育猪配合饲料	≤500		
13	恶唑烷硫酮的允许量（每千克产品中）mg	肉用仔鸡、生长鸡配合饲料	≤1 000	GB/T 13089	
		产蛋鸡配合饲料	≤500		
14	六六六的允许量（每千克产品中）mg	米糠 小麦麸 大豆饼、粕 鱼粉	≤0.05	GB/T 13090	
		肉用仔鸡、生长鸡配合饲料 产蛋鸡配合饲料	≤0.3		
		生长肥育猪配合饲料	≤0.4		
15	滴滴涕的允许量（每千克产品中）mg	米糠 小麦麸 大豆饼、粕 鱼粉	≤0.02	GB/T 13090	
		鸡配合饲料，猪配合饲料	≤0.2		
16	沙门氏杆菌	饲料	不得检出	GB/T 13091	
17	细菌总数的允许量（每克产品中）细菌总数 $\times 10^6$ 个	鱼粉	<2	GB/T 13093	限量饲用：2～5 禁用：>5

注

1 所列允许量均为以干物质含量为 88% 的饲料为基础计算。

2 浓缩饲料、添加剂预混合饲料添加比例与本标准备注不同时，其卫生指标允许量可进行折算。

配合饲料中 T-2 毒素的允许量 GB 21693—2008

前 言

本标准参考了联合国粮食及农业组织 1997 年 64 号食品和营养文件推荐的加拿大食品和饲料中 T-2 毒素的限量标准和我国目前饲料质量状况，确定了我国部分饲料中 T-2 毒素的允许量。

本标准由中华人民共和国农业部提出。

本标准由全国饲料工业标准化技术委员会归口。

本标准由农业部饲料质量监督检验测试中心（沈阳）负责起草。

本标准主要起草人：陈莹莹、曹东、董永亮、刘再胜、张明、吴萍。

本标准首次发布。

配合饲料中 T-2 毒素的允许量

1 范围

本标准规定了配合饲料中 T-2 毒素的允许量。

本标准适用于猪配合饲料、禽配合饲料。

2 规范性引用文件

下列文件中的条款通过本标准的引用而成为本标准的条款。凡是注日期的引用文件.其随后所有的修改单（不包括勘误的内容）或修订版均不适用于本标准。然而，鼓励根据本标准达成协议的各方研究是否可使用这些文件的最新版本。凡是不注日期的引用文件.其最新版本适用于本标准。

GB/T 8381.4—2005 配合饲料中 T-2 毒素的测定 薄层色谱法

3 允许量

T-2 毒素的允许量见表。

表 T-2 毒素允许量

序号	适用范围	允许量/（mg/kg）	检验方法
1	猪配合饲料	≤1	按 GB/T 8381.4—2005 执行
2	禽配合饲料	≤1	

配合饲料中脱氧雪腐镰刀菌烯醇的允许量
GB 13078.3—2007

前 言

本标准由中华人民共和国农业部提出。
本标准由全国饲料工业标准化技术委员会归口。
本标准由农业部饲料质量监督检验测试中心（沈阳）负责起草。
本标准主要起草人：陈莹莹、曹东、董永亮、刘再胜、张明、田晓玲。

引 言

本标准参考了联合国粮食及农业组织1997年64号食品和营养文件中，美国和加拿大的食品和饲料中脱氧雪腐镰刀菌烯醇的限量标准、我国发布的《谷物中脱氧雪腐镰刀菌烯醇的限量标准》以及我国目前饲料质量状况，确定了我国部分饲料中脱氧雪腐镰刀菌烯醇的允许量。

配合饲料中脱氧雪腐镰刀菌烯醇的允许量

1 范围

本标准规定了配合饲料中脱氧雪腐镰刀菌烯醇（呕吐毒素 vomit toxin）的允许量。
本标准适用于猪配合饲料、牛配合饲料、泌乳期动物配合饲料及禽配合饲料。

2 规范性引用文件

下列文件中的条款通过本标准的引用而成为本标准的条款。凡是注日期的引用文件，其随后所有的修改单（不包括勘误的内容）或修订版均不适用于本标准，然而，鼓励根据本标准达成协议的各方研究是否可使用这些文件的最新版本。凡是不注日期的引用文件，其最新版本适用于本标准。

GB/T 8381.6 配合饲料中脱氧雪腐镰刀菌烯醇的测定 薄层色谱法

3 允许量

脱氧雪腐镰刀菌烯醇（呕吐毒素 vomit toxin）的允许量见表。

表　脱氧雪腐镰刀菌烯醇允许量　　（单位为毫克每千克）

序号	适用范围	允许量	检验方法
1	猪配合饲料	≤1	按 GB/T 8381.6 执行
2	犊牛配合饲料	≤1	
3	泌乳期动物配合饲料	≤1	
4	牛配合饲料	≤5	
5	家禽配合饲料	≤5	

饲料中亚硝酸盐允许量
GB 13078.1—2006

前　言

本标准是对 GB 13078—2001《饲料卫生标准》中“亚硝酸盐允许量”的涵盖产品的补充。

本标准所规定的指标主要是根据德国、英国和前苏联的有关标准，并考虑我国的饲料资源情况而制定的。

本标准由中华人民共和国农业部提出。

本标准由全国饲料工业标准化技术委员会归口。

本标准起草单位：华中农业大学。

本标准主要起草人：于炎湖、齐德生、易俊东、黄炳堂。

饲料卫生标准　饲料中亚硝酸盐允许量

1　范围

本标准规定了表 1 中饲料产品和饲料原料中亚硝酸盐的允许量指标和试验方法。

本标准适用于表 1 中所列各种饲料产品和饲料原料。

2　规范性引用文件

下列文件中的条款通过本标准的引用而成为本标准的条款。凡是注日期的引用文件，其随后所有的修改单（不包括勘误的内容）或修订版均不适用于本标准，然而，鼓励根据本标准达成协议的各方研究是否可使用这些文件的最新版本。凡是不注日期的引用文件，其最新版本适用于本标准。

GB/T 13085　饲料中亚硝酸盐的测定　比色法

GB/T 14699.1　饲料　采样

3　要求

饲料中亚硝酸盐允许量的指标见表。

表　饲料中亚硝酸盐允许量

产品名称	每千克产品中亚硝酸盐（以 $NaNO_2$ 计）的允许量/mg	试验方法
鸭配合饲料	≤15	GB/T 13085
鸡、鸭、猪浓缩饲料	≤20	
牛（奶牛、肉牛）精料补充料	≤20	
玉米	≤10	
饼粕类、麦麸、次粉，米糠	≤20	
草粉	≤25	
鱼粉、肉粉、肉骨粉	≤30	

4　试验方法

4.1　饲料采样

按 GB/T 14699.1 执行。

4.2　亚硝酸盐的测定

按 GB/T 13085 执行。

饲料中赭曲霉毒素 A 和玉米赤霉烯酮的允许量
GB 13078.2—2006

前　　言

本标准参考国内外有关标准、文献报道，经调研后制定。

本标准是对 GB 13078—2001《饲料卫生标准》中有害物项目及其允许量的补充。

本标准由全国饲料工业标准化技术委员会提出。

本标准由全国饲料工业标准化技术委员会归口。

本标准由江苏省微生物研究所负责起草。

本标准主要起草人：宓晓黎、李利东、袁建兴、丁贵平、成恒嵩。

饲料卫生标准　饲料中赭曲霉毒素 A 和玉米赤霉烯酮的允许量

1　范围

本标准规定了饲料中玉米赤霉烯酮（ZEN）和赭曲霉毒素 A（OA）的允许量。

本标准适用于配合饲料和玉米。

2　规范性引用文件

下列文件中的条款通过本标准的引用而成为本标准的条款。凡是注日期的引用文件，其随后所有的修改单（不包括勘误的内容）或修订版均不适用于本标准，然而，鼓励根据本标准达成协议的各方研究是否可使用这些文件的最新版本。凡是不注日期的引用文件，其最新版本适用于本标准。

GB/T 19539　饲料中赭曲霉毒素 A 的测定

GB/T 19540　饲料中玉米赤霉烯酮的测定

3　允许量

赭曲霉毒素 A 和玉米赤霉烯酮的允许量见表。

表　赭曲霉毒素 A 和玉米赤霉烯酮允许量

项　目	适用范围	允许量/（μg/kg）
赭曲霉毒素 A	配合饲料，玉米	≤100
玉米赤霉烯酮	配合饲料，玉米	≤500

4　检验方法

饲料中赭曲霉毒素 A 检验方法按 GB/T 19539 的测定方法的规定执行。

饲料中玉米赤霉烯酮检验方法接 GB/T 19540 的测定方法的规定执行。

饲料加工系统粉尘防爆安全规程 GB 19081—2008

前　言

本标准修订并代替 GB 19081—2003《饲料加工系统粉尘防爆安全规程》。

本标准中 4.10、6.2.3、6.3.1、7.2.1、7.2.4、7.3.1、7.3.4、7.3.5、7.4.6、7.5.3、7.5.7、8.2.2、8.2.4、8.4、8.8、8.9.3、8.10、9.3、9.8 为推荐性的，其余为强制性的。

本标准与 GB 19081—2003《饲料加工系统粉尘防爆安全规程》的主要技术变化是：

——增加了粉碎机的喂料系统可设置吸铁及重力沉降机构；

——增加了对磁选设备的要求；

——增加了对烘干机系统的要求；

——对术语的定义、条文内容进行了修改和完善；

——除尘与气力输送系统两章合并，内容作了调整。

本标准由国家安全生产监督管理总局提出。

本标准由全国安全生产标准化技术委员会粉尘防爆分技术委员会（SAC/TC 288/SC 5）归口。

本标准起草单位：河南工业大学、武汉安全环保研究院、国家粮食储备局无锡科研设计院、国家粮食储备局郑州科研设计院、北京国家粮食储备局科研设计院。

本标准主要起草人周乃如、朱凤德、王卫国、王永昌、齐志高、李堑、林西、王志、谷庆红。

本标准所代替标准的历次版本发布情况为：

——GB 19081—2003。

饲料加工系统粉尘防爆安全规程

1　范围

本标准规定了饲料加工系统粉尘防爆安全的基本要求。

本标准适用于饲料加工系统粉尘防爆的设计、施工、运行和管理。

2　规范性引用文件

下列文件中的条款通过本标准的引用而成为本标准的条款。凡是注日期的引用文件，其随后所有的修改单（不包括勘误的内容）或修订版均不适用于本标准，然而，鼓励根据本标准达成协议的各方研究是否可使用这些文件的最新版本。凡是不注日期的引用文件，其最新版本适用于本标准。

GB 15577 粉尘防爆安全规程

GB/T 15604 粉尘防爆术语

GB/T 15605 粉尘爆炸泄压指南

GB 17440 粮食加工、储运系统粉尘防爆安全规程

GB/T 17919 粉尘爆炸危险场所用收尘器防爆导则

GB 50016 建筑设计防火规范

GB 50057 建筑防雷设计规范

GB 50058 爆炸和火灾危险环境电力装置设计规范

3 术语和定义

GB/T 15604 确立的以及下列术语和定义适用于本标准。

3.1 饲料 feed

能提供动物所需营养素，促进动物生长、生产和健康，且在合理使用下安全、有效的可饲物质。

3.2 饲料加工 feed processing

通过特定的加工工艺和设备将饲料原料制成饲料成品或半成品的过程。

3.3 饲料加工系统 feed processing system

由若干饲料加工设备，按工艺要求组成若干加工工段，组合在建（构）筑物内的部分。

3.4 饲料粉尘 feed dust

在空气中依靠自身重量可沉降下来，但也可持续悬浮在空气中一段时间的固体饲料微小颗粒。

3.5 筒仓 silos

储存散粒物料的立式筒形封闭构筑物。

3.6 饲料加工车间 feed processiag workshop

用来将饲料原料加工成饲料产品的车间。

4 一般规定

4.1 企业负责人应清楚所包括的粉尘爆炸危险场所，同时应根据本标准并结合本单位实际情况制定粉尘防爆实施细则和安全检查规范。

4.2 系统作业人员应先接受粉尘防爆安全知识培训。

4.3 应定期检查防火、防爆等相关设施。确保工作状态良好。

4.4 通风除尘、泄爆、防爆设施，未经安全主管部门同意，不得拆除、更改及停止使用。

4.5 系统内应杜绝非生产性明火出现，饲料加工车间内不应存放易燃、易爆物品。

4.6 应在粉碎系统前安装除去物料中的金属杂质及其他杂物的装置。

4.7 在系统作业时需进行检修维护作业时，应采用防爆手工工具。

4.8 防热表面应符合下列规定：

——干燥设备应采用隔热保温层；

——所有设备轴承应防尘密封，润滑状态良好。

4.9 防静电接地应符合 GB 15577 的要求。

4.10 积尘清扫应符合下列规定：

——应建立定期清扫制度，及时清扫饲料加工设备转动、发热等部位的积尘；

——宜采用负压吸尘装置进行清扫作业，不宜采用压缩空气进行清扫作业。

4.1 1 饲料加工系统内的设备停机后及检修前，应先彻底清除设备内部积料和设备外部积尘。

4.12 应根据粉尘防爆实施细则和安全检查规范定期做防爆安全检查。

5 明火作业

5.1 系统运行时，不应实施明火作业。

5.2 应根据具体情况划分防火防爆作业区域，并明确各区域办理明火作业的审批权限。

5.3 实施明火作业前，应经单位安全或消防部门的批准，明火作业现场应有专人监护并配备充足的灭火器材。

5.4 待作业线完全停机并采取可靠的安全措施以后，方可进行焊接或切割。

5.5 防火防爆作业区域的建筑物，明火作业处 10m 半径范围内均应清扫干净，用水淋湿地面并打开所有门窗。

5.6 在与密闭容器相连的管道上作业时应采取以下措施：

——有隔离阀门的应确保阀门严密关闭；

——无隔离阀门的应拆除动火点两侧的管道并封闭管口或用隔离板将管道隔离。

5.7 仓顶部明火作业点 10m 半径范围内的所有仓顶孔、通风除尘口均应加盖并用阻燃材料覆盖。

5.8 料仓明火作业前，应排放仓内剩余物料，清除仓内积尘。

5.9 明火作业后，应随时监测直至作业部件降到室温。

5.10 焊接完毕，应待工件完全冷却后，方可进行涂漆等作业。

6 建（构）筑物

6.1 通则

饲料加工系统建筑防火设计应符合 GB 50016 的相关规定。

6.2 建筑结构

6.2.1 饲料加工车间建筑布局应符合防火间距要求。

6.2.2 每个筒仓应设人孔或清扫口，并应能防止仓内粉尘逸出。

6.2.3 进粮房宜用敞开式或半敞开式。

6.2.4 仓库、饲料加工车间地面、墙壁、屋顶应平整，易于清扫。

6.2.5 饲料加工车间的耐火等级、层数、占地面积、防火间距、泄爆安全疏散通道等应符合 GB 50016 中相关条款。

6.2.6 饲料加工车间及立筒仓工作塔，应设独立的消防楼梯间，楼梯间与车间的连接门，应为防火门。

6.2.7 窗口作为泄爆口时应采用向外开启式。

6.3 总平面防火和消防

6.3.1 当饲料加工车间与原料库、副料库、成品库等建筑群集中布置时，饲料加工车间应设在平面的一边或一角，不宜布置在平面中央。

6.3.2 饲料加工车间和筒仓四周应设环形消防通道，通道宽度不小于4m。

6.3.3 厂区附近设水泵接合器和地上消防栓，室外消防栓间距不超过120m，消防栓数量应符合 GB 50016 的有关规定。

6.3.4 饲料加工车间、筒仓进粮房、筒仓底层、成品库、原料库、副料库等部位应在相应的独立通道内或附近区域设置消防栓。室内外消防用水量应符合 GB 50016 的有关规定。

7 电气设计

7.1 饲料粉尘爆炸危险场所的划分

饲料粉尘爆炸危险场所的划分如表1所示。

表1 饲料车间粉尘爆炸危险场所的划分

粉尘环境	20区	21区	22区	非危险区
密封料仓	√			
原料仓、筒仓	√			
饲料加工车间中的待粉碎仓、配料仓、待制粒仓、粉料成品仓等料仓成品颗粒料仓机内	√			
提升机内部	√			
脉冲除尘器内部	√			
离心式除尘器内部	√			
卸粮坑	√			
粉碎机	√			
风机房		√		
分配器	√			
成品库（包装）			√	
控制室（有墙或弹簧密封门与粉尘爆炸危险区隔离）				√

7.2 一般要求

7.2.1 电气设备及线路宜在无粉尘爆炸危险的区域内设置和敷设；在无法避免的情况下，应符合 GB 50058 有关规定。

7.2.2 饲料加工的生产作业应符合工艺作业要求、保障安全生产的电气联锁。电气联锁应包括：

——生产作业线之间的起动，停车及作业时的电气联锁；

——生产作业线的紧急停车。

7.2.3 布置于粉尘爆炸性危险场所的电气线路及用电设备应装设短路、过负载保护。

7.2.4 控制室宜对所有工艺作业进行控制，并应具有对现场运行设备工况的监控功能。

7.2.5 总控室与各楼层应设有信号联络。

7.3 电气设备

7.3.1　照明灯具应根据危险场所的划分选型，饲料加工车间照明宜采用分区域集中控制。

7.3.2　用于20区、21区的设备、设施检查的移动灯具应采用粉尘防爆型，其防爆型式应与使用场所的环境相适应。

7.3.3　易发生电火花的电气设备应布置在爆炸性粉尘区域以外。

7.3.4　20区、21区内不宜使用移动式电气设备。若必须使用移动式电气设备时，导线应选用双层绝缘的橡套软电缆，其主芯截面不小于2.5mm^2。

7.3.5　配电柜和控制柜宜集中在控制室内，控制室用墙体和弹簧门与生产车间隔开。

7.3.6　在20区、21区和22区安装的电气设备，温度组别见表2。

表2　筒仓、饲料加工车间安装电气设备的温度组别

温度组别	T2

7.3.7　20区、21区、22区的电气设备应按表3选用。

表3　电气设备选用

危险场所	20区	21区	22区
防爆电气标志A型	DIP A20 T_A, T2	DIP A21 T_A，T2	DIP A22 T_A，T2
防爆电气标志B型	DIP A20 T_B，T2	DIP A21 T_B，T2	DIP A22 T_B，T2

7.4　电气线路

7.4.1　电气线路应符合GB 17440规定。

7.4.2　电气线路应在爆炸危险性较小的环境内或远离粉尘释放源的地方敷设。

7.4.3　存在易爆炸粉尘的环境内，低压电力、照明电路用的绝缘导线和电缆的额定电压应符合GB 50058的要求。

7.4.4　爆炸性粉尘环境内的绝缘导线和电缆的选择应符合GB 50058的要求。

7.4.5　粉尘爆炸危险场所内电气线路采用绝缘线时应用钢管配线。

7.4.6　采用电缆架桥方式敷设时，可采用非铠装电缆，且采取必要的防鼠措施。

7.4.7　爆炸性粉尘区域内的电气线路不允许有中间接头。电气管线、电缆桥架穿越墙体及楼板时，孔洞应用非燃性填料严密堵塞。

7.5　防雷与接地

7.5.1　饲料粉尘爆炸危险场所防雷与接地设计应符合GB 50057的相关规定。

7.5.2　饲料加工车间的防雷应按第二类防雷建筑物设防，其他建筑物按第三类设防。

7.5.3　粉尘爆炸危险区域建筑物可采用建筑（构筑）物的结构钢筋组成防雷装置。

7.5.4　20区、21区内的电气设备应采用TN-S接地制式。

7.5.5　设备金属外壳、机架、管道等应可靠接地，连接处有绝缘时应做跨接，形成良好的通路，不得中断。

7.5.6　接地极、引下线、接闪器间由下至上应有可靠和符合规范的焊接，以构成一个良好的电气通路，防止雷电引发粉尘爆炸。

7.5.7　电力系统的工作接地、保护接地与防雷电接地以及自动控制系统接地宜合并设置联合接地，接地电阻值应取其中最小值。

8 工艺设计和设备

8.1 一般规定

8.1.1 工艺设计时应考虑生产车间内各种通道最小宽度为：

——非操作通道 500mm；

——操作通道 800mm；

——主要通道 1 000mm。

8.1.2 在室内不应使用敞开式溜管（槽）和设备。

8.1.3 工艺设备运行时应避免因发生断裂、扭曲、碰撞、摩擦等引起火花。

8.2 斗式提升机

8.2.1 斗式提升机应设置打滑、跑偏等安全保护装置，当发生故障时应能立即自动启动紧急联锁停机装置，停机反应时间不大于1s。

8.2.2 斗式提升机机筒的外壳、机头、机座和连接管应密封、不漏尘，而且密封件应采用阻燃材料制作。畚斗宜用工程塑料制作。

8.2.3 斗式提升机，机筒的外壳、机头、机座等均应可靠接地，连接处有绝缘时应做跨接，形成良好的通路，不得中断。

8.2.4 斗式提升机应设泄爆口，泄爆口位置、泄爆面积应符合 GB/T 15605 的相关规定。机头顶部泄爆口宜引出室外，导管长度不应超过3m。

8.2.5 提升机机头处应有检查口。

8.2.6 提升机驱动轮应覆胶，畚斗带应具有阻燃、防静电性能。

8.2.7 机座处应设清料口，并可用于检查机座、底轮、畚斗和畚斗带。

8.2.8 提升机出口处应设吸风口并接除尘系统。

8.3 溜管、管件、缓冲斗

溜管、管件、缓冲斗的连接应采用装配式，但安装后应密闭。

8.4 缓冲装置

输送物料的溜管，在弯头处宜设缓冲装置。

8.5 螺旋输送机和埋刮板输送机

螺旋输送机和埋刮板输送机不应向外泄漏粉尘。在出料口发生堵塞或刮板链条发生断裂时，应能立即自动停机，断链停机时间不大于1s并报警。

8.6 出仓机

出仓机进料口与料仓连接时，应做好密封防粉尘泄漏处理，在连接法兰处需衬有非金属密封垫片并用螺栓紧固，插板闸门应开启方便。出仓机出料口的联接及软管连接处亦均应密封良好。

8.7 磁选设备

磁选设备应定期检测，确保清除金属杂质的效果。

8.8 粉碎机

粉碎机的喂料系统宜设置吸铁及重力沉降机构。

8.9 配料秤、混合机和缓冲斗

8.9.1 配料秤、混合机和缓冲斗之间应设置连通管相连，保证混合机进料时压力能释放，工作时能封闭气流，卸料时与缓冲斗实现压力平衡。

8.9.2　不小于2t/批的混合机应增设独力防喷灰装置。

8.9.3　配料秤、混合机和缓冲斗之间的闸门宜用密封闸门，配料秤秤斗的软连接，应保持良好状态，不得破损。

8.10　空气压缩机

空气压缩机宜使用螺杆式、滑片式空压机。

8.11　加热装置

8.11.1　使用空气、蒸汽或热传导液体蒸气的热传导装置应安装减压阀。

8.11.2　热传导介质的加热器和泵应设置在独立而无爆炸危险场所的房间或有阻燃（或不可燃）结构的建筑物内。

8.11.3　热交换器的隔热层应由不可燃材料制作，且应有用于清洁和维修的合适手孔。

8.11.4　热交换器应放在合适地点，按一定方式排列阻止易燃粉尘进入感应圈或其他热表面。

8.11.5　热传导系统的加热装置应装有可靠的温度控制装置。

8.12　烘干机

8.12.1　燃油或燃气式烘干机的燃烧室应装有可靠的温度报警装置。

8.12.2　烘干室应装有最低水分报警装置。

8.12.3　烘干机内部积料应定期清理。

9　除尘与气力输送系统

9.1　应以“密闭为主，吸风为辅”的原则，根据工艺要求，配备完善的除尘系统。

9.2　应按吸出粉尘性质相似的原则，合理组合除尘系统。

9.3　饲料加工系统宜采用多个独立除尘系统实施粉尘控制，投料口应设独立除尘系统。

9.4　除尘系统所有产尘点应设吸风罩，吸风罩应尽量接近尘源。

9.5　应合理选择除尘系统设计参数，为防止管道阻塞，管道风速应为14～20m/s。

9.6　除尘系统风管的设计，应尽量缩短水平风管的长度，减少弯头数量，水平管道应采用法兰连接，便于拆装清扫。

9.7　除尘系统每一吸风口风管适当位置，应安装风量调节装置。

9.8　每个筒仓顶部宜设通风排气孔或安装小型仓顶除尘装置。

9.9　气力输送设施应由非燃或阻燃材料制成。

9.10　正压气力输送设备应为密闭型，以防止粉尘外泄。

9.11　除尘与气力输送系统中的脉冲袋式除尘器应符合GB/T 17919的相关规定。

9.12　除尘与负压气力输送系统中的脉冲袋式除尘器滤袋在每次停车后应清理干净。清掉后的粉尘应从灰斗排除干净。

9.13　除尘与气力输送系统中的脉冲袋式除尘器应按设专用泄爆口，泄爆口位置、泄爆面积应符合GB/T 15605的相关规定。

9.14　除尘与负压气力输送系统中的风机应位于最后一个除尘器之后。

9.15　当出现火警时，应迅速关闭除尘、气力输送系统。

9.16　需要停车时，应按由前到后的原则，依次停止风机、关风器、脉冲除尘器等。

（二）标准目录

饲料工业国家标准、行业标准目录

（截至 2013 年年底）

序号	标准编号	标准名称
基础规范标准（15 项）		
1	GB 10648—2013	饲料标签
2	GB 19081—2008	饲料加工系统粉尘防爆安全规程
3	GB/T 10647—2008	饲料工业术语
4	GB/T 16764—2006	配合饲料企业卫生规范
5	GB/T 18695—2012	饲料加工设备术语
6	GB/T 18823—2010	饲料检测结果判定的允许误差
7	GB/T 20192—2006	环模制粒机通用技术规范
8	GB/T 20803—2006	饲料配料系统通用技术规范
9	GB/T 22005—2009	饲料和食品链的可追溯性　体系设计与实施的通用原则和基本要求
10	GB/T 23491—2009	饲料企业生产工艺及设备验收指南
11	GB/T 23184—2008	饲料企业 HACCP 安全管理体系指南
12	GB/T 24352—2009	饲料加工设备图形符号
13	GB/Z 23738—2009	GB/T 22000—2006 在饲料加工企业的应用指南
14	NY/T 932—2005	饲料企业 HACCP 管理通则
15	SBJ 05—1993	饲料厂工程设计规范
安全限量标准（8 项）		
1	GB 13078—2001	饲料卫生标准
2	GB 13078.1—2006	饲料卫生标准　饲料中亚硝酸盐允许量
3	GB 13078.2—2006	饲料卫生标准　饲料中赭曲霉毒素 A 和玉米赤霉烯酮的允许量
4	GB 13078.3—2007	配合饲料中脱氧雪腐镰刀菌烯醇的允许量
5	GB 21693—2008	配合饲料中 T-2 毒素的允许量
6	GB 26418—2010	饲料中硒的允许量
7	GB 26419—2010	饲料中铜的允许量
8	GB 26434—2010	饲料中锡的允许量
检测方法标准（212 项）		
1	GB/T 5917.1—2008	饲料粉碎粒度测定　两层筛筛分法
2	GB/T 5918—2008	饲料产品混合均匀度的测定
3	GB/T 6432—1994	饲料中粗蛋白测定方法
4	GB/T 6433—2006	饲料中粗脂肪的测定
5	GB/T 6434—2006	饲料中粗纤维的含量测定　过滤法
6	GB/T 6435—2006	饲料中水分和其他挥发性物质含量的测定
7	GB/T 6436—2002	饲料中钙的测定
8	GB/T 6437—2002	饲料中总磷的测定　分光光度法
9	GB/T 6438—2007	饲料中粗灰分的测定
10	GB/T 6439—2007	饲料中水溶性氯化物的测定

（续表）

序号	标准编号	标准名称
11	GB/T 8381—2008	饲料中黄曲霉素 B_1 的测定　半定量薄层色谱法
12	GB/T 8381. 2—2005	饲料中志贺氏菌的检测方法
13	GB/T 8381. 3—2005	饲料中林可霉素的测定
14	GB/T 8381. 4—2005	配合饲料中 T-2 毒素的测定　薄层色谱法
15	GB/T 8381. 5—2005	饲料中北里霉素的测定
16	GB/T 8381. 6—2005	配合饲料中脱氧雪腐镰刀菌烯醇的测定　薄层色谱法
17	GB/T 8381. 7—2009	饲料中喹乙醇的测定　高效液相色谱法
18	GB/T 8381. 8—2005	饲料中多氯联苯的测定　气相色谱法
19	GB/T 8381. 9—2005	饲料中氯霉素的测定　气相色谱法
20	GB/T 8381. 10—2005	饲料中磺胺喹噁啉的测定　高效液相色谱法
21	GB/T 8381. 11—2005	饲料中盐酸氨丙啉的测定　高效液相色谱法
22	GB/T 8622—2006	饲料用大豆制品中尿素酶活性的测定
23	GB/T 10649—2008	微量元素预混合饲料混合均匀度的测定
24	GB/T 13079—2006	饲料中总砷的测定
25	GB/T 13080—2004	饲料中铅的测定　原子吸收光谱法
26	GB/T 13080. 2—2005	饲料添加剂蛋氨酸铁（铜、锰、锌）螯合率的测定　凝胶过色谱法
27	GB/T 13081—2006	饲料中汞的测定
28	GB/T 13082—1991	饲料中镉的测定方法
29	GB/T 13083—2002	饲料中氟的测定　离子选择性电极法
30	GB/T 13084—2006	饲料中氰化物的测定
31	GB/T 13085—2005	饲料中亚硝酸盐的测定　比色法
32	GB/T 13086—1991	饲料中游离棉酚的测定方法
33	GB/T 13087—1991	饲料中异硫氰酸酯的测定方法
34	GB/T 13088—2006	饲料中铬的测定
35	GB/T 13089—1991	饲料中唑烷硫酮的测定方法
36	GB/T 13090—2006	饲料中六六六、滴滴涕的测定
37	GB/T 13091—2002	饲料中沙门氏菌的检测方法
38	GB/T 13092—2006	饲料中霉菌总数的测定
39	GB/T 13093—2006	饲料中细菌总数的测定
40	GB/T 13882—2010	饲料中碘的测定　硫氰酸铁—亚硝酸催化动力学法
41	GB/T 13883—2008	饲料中硒的测定
42	GB/T 13884—2003	饲料中钴的测定原子吸收光谱法
43	GB/T 13885—2003	动物饲料中钙、铜、铁、镁、锰、钾、钠和锌含量的测定　原子吸收光谱法
44	GB/T 14698—2002	饲料显微镜检查方法
45	GB/T 14699. 1—2004	饲料采样
46	GB/T 14700—2002	饲料中维生素 B_1 的测定
47	GB/T 14701—2002	饲料中维生素 B_2 的测定
48	GB/T 14702—2002	饲料中维生素 B_6 的测定　高效液相色谱法
49	GB/T 15399—1994	饲料中含硫氨基酸测定方法　离子交换色谱法
50	GB/T 15400—1994	饲料中色氨酸测定方法　分光光度法
51	GB/T 17480—2008	饲料中黄曲霉毒素 B_1 的测定　酶联免疫吸附法

（续表）

序号	标准编号	标准名称
52	GB/T 17481—2008	预混料中氯化胆碱的测定
53	GB/T 17776—1999	饲料中硫的测定　硝酸镁法
54	GB/T 17777—2009	饲料中钼的测定　分光光度法
55	GB/T 17778—2005	预混合饲料中 d-生物素的测定
56	GB/T 17811—2008	动物性蛋白质饲料胃蛋白酶消化率的测定　过滤法
57	GB/T 17812—2008	饲料中维生素 E 的测定　高效液相色谱法
58	GB/T 17813—1999	复合预混料中烟酸、叶酸的测定　高效液相色谱法
59	GB/T 17814—2011	饲料中丁基羟基茴香醚、二丁基羟基甲苯、乙氧喹和没食子酸丙酯的测定
60	GB/T 17815—1999	饲料中丙酸、丙酸盐的测定
61	GB/T 17816—1999	饲料中总抗坏血酸的测定　邻苯二胺荧光法
62	GB/T 17817—2010	饲料中维生素 A 的测定　高效液相色谱法
63	GB/T 17818—2010	饲料中维生素 D_3 的测定　高效液相色谱法
64	GB/T 17819—1999	维生素预混料中维生素 B_{12} 的测定　高效液相色谱法
65	GB/T 18246—2000	饲料中氨基酸的测定
66	GB/T 18397—2001	复合预混合饲料中泛酸的测定　高效液相色谱法
67	GB/T 18633—2002	饲料中钾的测定　火焰光度法
68	GB/T 18634—2009	饲用植酸酶活性的测定　分光光度法
69	GB/T 18868—2002	饲料中水分、粗蛋白质、粗纤维、粗脂肪、赖氨酸、蛋氨酸快速测定　近红外光谱法
70	GB/T 18869—2002	饲料中大肠菌群的测定
71	GB/T 18872—2002	饲料中维生素 K3 的测定　高效液相色谱法
72	GB/T 18969—2003	饲料中有机磷农药残留量的测定　气相色谱法
73	GB/T 19371. 2—2007	饲料中蛋氨酸羟基类似物的测定　高效液相色谱法
74	GB/T 19372—2003	饲料中除虫菊酯类农药残留量测定　气相色谱法
75	GB/T 19373—2003	饲料中氨基甲酸酯类农药残留量测定　气相色谱法
76	GB/T 19423—2003	饲料中尼卡巴嗪的测定　高效液相色谱法
77	GB/T 19539—2004	饲料中赭曲霉毒素 A 的测定
78	GB/T 19540—2004	饲料中玉米赤霉烯酮的测定
79	GB/T 19542—2007	饲料中磺胺类药物的测定　高效液相色谱法
80	GB/T 19684—2005	饲料中金霉素的测定　高效液相色谱法
81	GB/T 20189—2006	饲料中莱克多巴胺的测定　高效液相色谱法
82	GB/T 20190—2006	饲料中牛羊源性成分的定性检测　定性聚合酶链式反应（PCR）法
83	GB/T 20191—2006	饲料中嗜酸乳杆菌的微生物学检验
84	GB/T 20194—2006	饲料中淀粉含量的测定　旋光法
85	GB/T 20195—2006	动物饲料试样的制备
86	GB/T 20196—2006	饲料中盐霉素的测定
87	GB/T 20363—2006	饲料中苯巴比妥的测定
88	GB/T 20805—2006	饲料中酸性洗涤木质素（ADL）的测定
89	GB/T 20806—2006	饲料中中性洗涤纤维（NDF）的测定
90	GB/T 21033—2007	饲料中免疫球蛋白 IgG 的测定　高效液相色谱法
91	GB/T 21036—2007	饲料中盐酸多巴胺的测定　高效液相色谱法

（续表）

序号	标准编号	标准名称
92	GB/T 21037—2007	饲料中三甲氧苄氨嘧啶的测定　高效液相色谱法
93	GB/T 21100—2007	动物源性饲料中骆驼源性成分定性检测方法　PCR 方法
94	GB/T 21101—2007	动物源性饲料中猪源性成分定性检测方法　PCR 方法
95	GB/T 21102—2007	动物源性饲料中兔源性成分定性检测方法　实时荧光 PCR 方法
96	GB/T 21103—2007	动物源性饲料中哺乳动物源性成分定性检测方法　实时荧光 PCR 方法
97	GB/T 21104—2007	动物源性饲料中反刍动物源性成分（牛、羊、鹿）定性检测方法　PCR 方法
98	GB/T 21105—2007	动物源性饲料中狗源性成分定性检测方法　PCR 方法
99	GB/T 21106—2007	动物源性饲料中鹿源性成分定性检测方法　PCR 方法
100	GB/T 21107—2007	动物源性饲料中马、驴源性成分定性检测方法　PCR 方法
101	GB/T 21108—2007	饲料中氯霉素的测定　高效液相色谱串联质谱法
102	GB/T 21514—2008	饲料中脂肪酸含量的测定
103	GB/T 21542—2008	饲料中恩拉霉素的测定　微生物学法
104	GB/T 21995—2008	饲料中硝基咪唑类药物的测定　液相色谱串联质谱法
105	GB/T 22146—2008	饲料中洛克沙胂的测定　高效液相色谱法
106	GB/T 22147—2008	饲料中沙丁胺醇、莱克多巴胺和盐酸克仑特罗的测定　液相色谱质谱联用法
107	GB/T 22259—2008	饲料中土霉素的测定　高效液相色
108	GB/T 22260—2008	饲料中甲基睾丸酮的测定　高效液相色谱串联质谱法
109	GB/T 22261—2008	饲料中维吉尼亚霉素的测定　高效液相色谱法
110	GB/T 22262—2008	饲料中氯羟吡啶的测定　高效液相色谱法
111	GB/T 22545—2008	宠物干粮食品辐照杀菌技术规范
112	GB/T 23182—2008	饲料中兽药及其他化学物检测试验规程
113	GB/T 23187—2008	饲料中叶黄素的测定　高效液相色谱法
114	GB/T 23385—2009	饲料中氨苄青霉素的测定　高效液相色谱法
115	GB/T 23710—2009	饲料中甜菜碱的测定　离子色谱法
116	GB/T 23737—2009	饲料中游离刀豆氨酸的测定　离子交换色谱法
117	GB/T 23741—2009	饲料中 4 种巴比妥类药物的测定
118	GB/T 23742—2009	饲料中盐酸不溶灰分的测定
119	GB/T 23743—2009	饲料中凝固酶阳性葡萄球菌的微生物学检验　Baird-parker 琼脂培养基计数法
120	GB/T 23744—2009	饲料中 36 种农药多残留测定　气相色谱—质谱法
121	GB/T 23873—2009	饲料中马杜霉素铵的测定
122	GB/T 23874—2009	饲料添加剂木聚糖酶活力的测定　分光光度法
123	GB/T 23877—2009	饲料酸化剂中柠檬酸、富马酸和乳酸的测定　高效液相色谱法
124	GB/T 23881—2009	饲用纤维素酶活性的测定　滤纸法
125	GB/T 23882—2009	饲料中 L-抗坏血酸-2-磷酸酯的测定　高效液相色谱法
126	GB/T 23883—2009	饲料中蓖麻碱的测定　高效液相色谱法
127	GB/T 23884—2009	动物源性饲料中生物胺的测定　高效液相色谱法
128	GB/T 24318—2009	杜马斯燃烧法测定饲料原料中总氮含量及粗蛋白质的计算

（续表）

序号	标准编号	标准名称
129	GB/T 26425—2010	饲料中产气荚膜梭菌的检测
130	GB/T 26426—2010	饲料中副溶血性弧菌的检测
131	GB/T 26427—2010	饲料中蜡样芽孢杆菌的检测
132	GB/T 26428—2010	饲用微生物制剂中枯草芽孢杆菌的检测
133	GB/T 27985—2011	饲料中单宁的测定 分光光度法
134	GB/T 28642—2012	饲料中沙门氏菌的快速检测方法 聚合酶链式反应（PCR）法
135	GB/T 28643—2012	饲料中二噁英及二噁英类多氯联苯的测定 同位素稀释—高分辨气相色谱/高分辨质谱法
136	GB/T 28715—2012	饲料添加剂酸性、中性蛋白酶活力的测定 分光光度法
137	GB/T 28716—2012	饲料中玉米赤霉烯酮的测定 免疫亲和柱净化—高效液相色谱法
138	GB/T 28717—2012	饲料中丙二醛的测定 高效液相色谱法
139	GB/T 28718—2012	饲料中T-2毒素的测定 免疫亲和柱净化—高效液相色谱法
140	农业部783号公告—4—2006	饲料中替米考星的测定 高效液相色谱法
141	农业部783号公告—5—2006	饲料中二硝托胺的测定 高效液相色谱法
142	农业部783号公告—6—2006	饲料中碘化酪蛋白的测定 液相色谱质谱联用
143	农业部1063号公告—1—2008	动物尿液中9种糖皮质激素的测定 液相色谱—串联质谱法
144	农业部1063号公告—2—2008	动物尿液中10种蛋白质同化激素的测定 液相色谱—串联质谱法
145	农业部1063号公告—3—2008	动物尿液中11种β-受体激动剂的测定 液相色谱—串联质谱法
146	农业部1063号公告—4—2008	饲料中纳多洛尔的测定 高效液相色谱法
147	农业部1063号公告—5—2008	饲料中9种糖皮质激素的测定 液相色谱—串联质谱法
148	农业部1063号公告—6—2008	饲料中13种β-受体激动剂的测定 液相色谱—串联质谱法
149	农业部1063号公告—7—2008	饲料中8种β-受体激动剂的测定 气相色谱—质谱法
150	农业部1068号公告—1—2008	猪尿中士的宁的测定 气相色谱—质谱法
151	农业部1068号公告—2—2008	饲料中5种糖皮质激素的测定 高效液相色谱法
152	农业部1068号公告—3—2008	饲料中10种蛋白质同化激素的测定 液相色谱—串联质谱法
153	农业部1068号公告—4—2008	饲料中氯米芬的测定 高效液相色谱法
154	农业部1068号公告—5—2008	饲料中阿那曲唑的测定 高效液相色谱法
155	农业部1068号公告—6—2008	饲料中雷洛西芬的测定 高效液相色谱法
156	农业部1068号公告—7—2008	饲料中士的宁的测定 气相色谱—质谱法
157	农业部1486号公告—1—2010	饲料中苯乙醇胺A的测定 高效液相色谱—串联质谱法
158	农业部1486号公告—2—2010	饲料中可乐定和赛庚啶的测定 液相色谱—串联质谱法
159	农业部1486号公告—3—2010	饲料中安普霉素的测定 高效液相色谱法
160	农业部1486号公告—4—2010	饲料中硝基咪唑类药物的测定 液相色谱—质谱法
161	农业部1486号公告—5—2010	饲料中阿维菌素药物的测定 液相色谱—质谱法
162	农业部1486号公告—6—2010	饲料中雷琐酸内酯类药物的测定 气相色谱—质谱法
163	农业部1486号公告—7—2010	饲料中9种磺胺类药物的测定 高效液相色谱法
164	农业部1486号公告—8—2010	饲料中硝基呋喃类药物的测定 高效液相色谱法
165	农业部1486号公告—9—2010	饲料中氯烯雌醚的测定 高效液相色谱法

（续表）

序号	标准编号	标准名称
166	农业部 1486 号公告—10—2010	饲料中三唑仑的测定　气相色谱—质谱法
167	农业部 1629 号公告—1—2011	饲料中 16 种 β-受体激动剂的测定　液相色谱—串联质谱法
168	农业部 1629 号公告—2—2011	饲料中利血平的测定　高效液相色谱法
169	农业部 1730 号公告—1—2012	饲料中 8 种苯并咪唑类药物的测定　液相色谱—串联质谱法和液相色谱法
170	农业部 1862 号公告—1—2012	饲料中巴氯芬的测定　液相色谱—串联质谱法
171	农业部 1862 号公告—2—2012	饲料中唑吡旦的测定　高效液相色谱法/液相色谱—串联质谱法
172	农业部 1862 号公告—3—2012	饲料中万古霉素的测定　液相色谱—串联质谱法
173	农业部 1862 号公告—4—2012	饲料中 5 种聚醚类药物的测定　液相色谱—串联质谱法
174	农业部 1862 号公告—5—2012	饲料中地克珠利的测定　液相色谱—串联质谱法
175	农业部 1862 号公告—6—2012	饲料中噁喹酸的测定　高效液相色谱法
176	NY 438—2001	饲料中盐酸克仑特罗的测定
177	NY/T 724—2003	饲料中拉沙洛西钠的测定　高效液相色谱法
178	NY/T 725—2003	饲料中莫能菌素的测定　高效液相色谱法
179	NY/T 726—2003	饲料中杆菌肽锌的测定　高效液相色谱法
180	NY/T 727—2003	饲料中呋喃唑酮的测定　高效液相色谱法
181	NY/T 910—2004	饲料中盐酸氯苯胍的测定　高效液相色谱法
182	NY/T 911—2004	饲料添加剂 β-葡聚酶活力的测定　分光光度法
183	NY/T 912—2004	饲料添加剂纤维素酶活力的测定　分光光度法
184	NY/T 914—2004	饲料中氢化可的松的测定　高效液相色谱法
185	NY/T 918—2004	饲料中雌二醇的测定　高效液相色谱法
186	NY/T 919—2004	饲料中苯并（a）芘的测定　高效液相色谱法
187	NY/T 933—2005	尿液中盐酸克仑特罗的测定　胶体金免疫层析法
188	NY/T 934—2005	饲料中地西泮的测定　高效液相色谱法
189	NY/T 936—2005	饲料中二甲硝咪唑的测定　高效液相色谱法
190	NY/T 937—2005	饲料中西马特罗的测定　高效液相色谱法
191	NY/T 1030—2006	饲料中沙丁胺醇的测定　气相色谱/质谱法
192	NY/T 1032—2006	饲料中胆固醇的测定　气相色谱法
193	NY/T 1033—2006	饲料中西马特罗的测定　气相色谱/质谱法
194	NY/T 1258—2007	饲料中苏丹红染料的测定　高效液相色谱法
195	NY/T 1345—2007	添加剂预混合饲料中肌醇的测定
196	NY/T 1372—2007	饲料中三聚氰胺的测定
197	NY/T 1448—2007	饲料辐照杀菌技术规范
198	NY/T 1457—2007	饲料中氟哌酸的测定　高效液相色谱法
199	NY/T 1458—2007	饲料中盐酸异丙嗪、盐酸氯丙嗪、地西泮、盐酸硫利达嗪和奋乃静的同步测定　高效液相色谱法和液相色谱质谱联用法
200	NY/T 1459—2007	饲料中酸性洗涤纤维的测定
201	NY/T 1460—2007	饲料中盐酸克仑特罗的测定　酶联免疫吸附法
202	NY/T 1463—2007	饲料中安眠酮的测定　高效液相色谱法
203	NY/T 1448—2007	饲料辐照杀菌技术规范

（续表）

序号	标准编号	标准名称
204	NY/T 1619—2008	饲料中甜菜碱的测定　离子色谱法
205	NY/T 1756—2009	饲料中孔雀石绿的测定
206	NY/T 1757—2009	饲料中苯骈二氮杂革类药物的测定　液相色谱—串联质谱法
207	NY/T 1799—2009	菜籽饼粕及其饲料中噁唑烷硫酮的测定　紫外分光光度法
208	NY/T 1902—2010	饲料中单核细胞增生李斯特氏菌的微生　物学检验
209	NY/T 2071—2011	饲料中黄曲霉毒素、玉米赤霉烯酮和 T-2 毒素的测定　液相色谱—串联质谱法
210	NY/T 2130—2012	饲料中烟酰胺的测定　高效液相色谱法
211	SB/T 10274—1996	饲料显微镜检查图谱
212	LY/T 1176—1995	粉状松针膏饲料添加剂的试验方法
评价方法标准（15 项）		
1	GB/T 21035—2007	饲料安全性评价　喂养致畸试验
2	GB/T 22487—2008	水产饲料安全性评价　急性毒性试验规程
3	GB/T 22488—2008	水产饲料安全性评价　亚急性毒性试验规程
4	GB/T 23179—2008	饲料毒理学评价　亚急性毒性试验
5	GB/T 23186—2009	水产饲料安全性评价　慢性毒性试验规程
6	GB/T 23387—2009	饲草营养品质评定 GI 法
7	GB/T 23388—2009	水产饲料安全性评价　残留和蓄积试验规程
8	GB/T 23389—2009	水产饲料安全性评价　繁殖试验规程
9	GB/T 23390—2009	水产配合饲料环境安全性评价规程
10	GB/T 26437—2010	畜禽饲料有效性与安全性评价　强饲法测定鸡饲料表观代谢能技术规程
11	GB/T 26438—2010	畜禽饲料有效性与安全性评价　全收粪法测定猪饲料表观消化能技术规程
12	NY/T 1023—2006	饲料加工成套设备　质量评价技术规范
13	NY/T 1024—2006	饲料混合机质量评价技术规范
14	NY/T 1031—2006	饲料安全性评价　亚急性毒性试验
15	NY/T 1554—2007	饲料粉碎机质量评价技术规范
饲料原料标准（56 项）		
1	GB/T 17890—2008	饲料用玉米
2	GB/T 19164—2003	鱼粉
3	GB/T 20193—2006	饲料用骨粉及肉骨粉
4	GB/T 20411—2006	饲料用大豆
5	GB/T 20715—2006	犊牛代乳粉
6	GB/T 19541—2004	饲料用大豆粕
7	GB/T 21264—2007	饲料用棉籽粕
8	GB/T 21695—2008	饲料级沸石粉
9	GB/T 23736—2009	饲料用菜籽粕
10	GB/T 25866—2010	玉米干全酒糟（玉米 DDGS）
11	NY/T 115—1989	饲料用高粱
12	NY/T 116—1989	饲料用稻谷
13	NY/T 117—1989	饲料用小麦
14	NY/T 118—1989	饲料用皮大麦

（续表）

序号	标准编号	标准名称
15	NY/T 119—1989	饲料用小麦麸
16	NY/T 120—1989	饲料用木薯干
17	NY/T 121—1989	饲料用甘薯干
18	NY/T 122—1989	饲料用米糠
19	NY/T 123—1989	饲料用米糠饼
20	NY/T 124—1989	饲料用米糠粕
21	NY/T 125—1989	饲料用菜籽饼
22	NY/T 126—2005	饲料用菜籽粕
23	NY/T 127—1989	饲料用向日葵仁粕
24	NY/T 128—1989	饲料用向日葵仁饼
25	NY/T 129—1989	饲料用棉籽饼
26	NY/T 130—1989	饲料用大豆饼
27	NY/T 132—1989	饲料用花生饼
28	NY/T 133—1989	饲料用花生粕
29	NY/T 134—1989	饲料用黑大豆
30	NY/T 135—1989	饲料用大豆
31	NY/T 136—1989	饲料用豌豆
32	NY/T 137—1989	饲料用柞蚕蛹粉
33	NY/T 138—1989	饲料用蚕豆
34	NY/T 139—1989	饲料用木薯叶粉
35	NY/T 140—2001	饲料用苜蓿干草粉
36	NY/T 141—1989	饲料用白三叶草粉
37	NY/T 142—1989	饲料用甘薯叶粉
38	NY/T 143—1989	饲料用蚕豆茎叶粉
39	NY/T 210—1992	饲料用裸大麦
40	NY/T 211—1992	饲料用次粉
41	NY/T 212—1992	饲料用碎米
42	NY/T 213—1992	饲料用粟米（谷子）
43	NY/T 214—1992	饲料用胡麻籽饼
44	NY/T 215—1992	饲料用胡麻籽粕
45	NY/T 216—1992	饲料用亚麻饼
46	NY/T 217—1992	饲料用亚麻粕
47	NY/T 218—1992	饲料用桑蚕蛹
48	NY/T 417—2000	饲料用低硫苷菜籽饼（粕）
49	NY/T 685—2003	饲料用玉米蛋白粉
50	NY/T 913—2004	饲料级　混合油
51	NY/T 915—2004	饲料用水解羽毛粉
52	NY/T 1563—2007	饲料级　乳清粉
53	NY/T 1580—2007	饲料稻
54	NY/T 2218—2012	饲料原料　发酵豆粕
55	SC/T 3504—2006	饲料用鱼油
56	LS/T 3407—1994	饲料用血粉

（续表）

序号	标准编号	标准名称
饲料添加剂标准（113 项）		
1	GB/T 7292—1999	饲料添加剂 维生素 A 乙酸酯微粒
2	GB/T 7293—2006	饲料添加剂 维生素 E 粉
3	GB/T 7294—2006	饲料添加剂 维生素 K_3（亚硫酸氢钠甲萘醌）
4	GB/T 7295— 2008	饲料添加剂 维生素 B_1（盐酸硫胺）
5	GB/T 7296— 2008	饲料添加剂 维生素 B_1（硝酸硫胺）
6	GB/T 7297— 2006	饲料添加剂 维生素 B_2（核黄素）
7	GB/T 7298— 2006	饲料添加剂 维生素 B_6
8	GB/T 7299— 2006	饲料添加剂 D-泛酸钙
9	GB/T 7300— 2006	饲料添加剂 烟酸
10	GB/T 7301— 2002	饲料添加剂 烟酰胺
11	GB/T 7302— 2008	饲料添加剂 叶酸
12	GB/T 7303— 2006	饲料添加剂 维生素 C（L-抗坏血酸）
13	GB/T 8245—87	饲料添加剂 L-赖氨酸盐酸盐
14	GB/T 9454— 2008	饲料添加剂 维生素 E
15	GB/T 9455—2009	饲料添加剂 维生素 AD_3 微粒
16	GB/T 9840— 2006	饲料添加剂 维生素 D_3 微粒
17	GB/T 9841— 2006	饲料添加剂 维生素 B_{12}（氰钴胺）粉剂
18	GB/T 17243—1998	饲料用螺旋藻粉
19	GB/T 17810—2009	饲料级 DL-蛋氨酸
20	GB/T 18632—2010	饲料添加剂 80%核黄素（维生素 B_2）微粒
21	GB/T 18970—2003	饲料添加剂 10%β，β-胡萝卜-4，4-二酮（10%斑蝥黄）
22	GB/T 19370—2003	饲料添加剂 1%β-胡萝卜素
23	GB/T 19371. 1— 2003	饲料添加剂 液态蛋氨酸羟基类似物
24	GB/T 19422—2003	饲料添加剂 L-抗坏血酸-2-磷酸酯
25	GB/T 19424—2003	天然植物饲料添加剂通则
26	GB/T 20802—2006	饲料添加剂 蛋氨酸铜
27	GB/T 21034—2007	饲料添加剂 羟基蛋氨酸钙
28	GB/T 21515—2008	饲料添加剂 天然甜菜碱
29	GB/T 21516—2008	饲料添加剂 10%β-阿朴-8′-胡萝卜素酸乙酯（粉剂）
30	GB/T 21517—2008	饲料添加剂 叶黄素
31	GB/T 21543—2008	饲料添加剂 调味剂通用要求
32	GB/T 21694—2008	饲料添加剂 蛋氨酸锌
33	GB/T 21696—2008	饲料添加剂 碱式氯化铜
34	GB/T 21979—2008	饲料级 L-苏氨酸
35	GB/T 21996—2008	饲料添加剂 甘氨酸铁络合物
36	GB/T 22141—2008	饲料添加剂 复合酸化剂通用要求
37	GB/T 22142—2008	饲料添加剂 有机酸通用要求
38	GB/T 22143—2008	饲料添加剂 无机酸通用要求
39	GB/T 22144—2008	天然矿物质饲料通则
40	GB/T 22145—2008	饲料添加剂 丙酸
41	GB/T 22489—2008	饲料添加剂 蛋氨酸锰
42	GB/T 23875—2009	饲料用喷雾干燥血球粉

（续表）

序号	标准编号	标准名称
43	GB/T 23876—2009	饲料添加剂　L-肉碱盐酸盐
44	GB/T 23878—2009	饲料添加剂　大豆磷脂
45	GB/T 23879—2009	饲料添加剂　肌醇
46	GB/T 23880—2009	饲料添加剂　氯化钠
47	GB/T 22546—2008	饲料添加剂　碱式氯化锌
48	GB/T 22547—2008	饲料添加剂　饲用活性干酵母（酿酒酵母）
49	GB/T 22548—2008	饲料级　磷酸二氢钙
50	GB/T 22549—2008	饲料级　磷酸氢钙
51	GB/T 23180—2008	饲料添加剂　2% d-生物素
52	GB/T 23181—2008	微生物饲料添加剂通用要求
53	GB/T 23386—2009	饲料添加剂　维生素 A 棕榈酸酯粉
54	GB/T 23735—2009	饲料添加剂　乳酸锌
55	GB/T 23745—2009	饲料添加剂　10% 虾青素
56	GB/T 23746—2009	饲料级　糖精钠
57	GB/T 23747—2009	饲料添加剂　低聚木糖
58	GB/T 24832—2009	饲料添加剂　半胱胺盐酸盐 β 环糊精微粒
59	GB/T 25247—2010	饲料添加剂　糖萜素
60	GB/T 25174—2010	饲料添加剂　4′，7-二羟基异黄酮
61	GB/T 26441—2010	饲料添加剂　没食子酸丙酯
62	GB/T 26442—2010	饲料添加剂　亚硫酸氢烟酰胺甲萘醌
63	GB/T 25865—2010	饲料添加剂　硫酸锌
64	GB/T 25735—2010	饲料添加剂　L-色氨酸
65	GB/T 27983—2011	饲料添加剂　富马酸亚铁
66	GB/T 27984—2011	饲料添加剂　丁酸钠
67	NY 399—2000	饲料级　甜菜碱盐酸盐
68	NY 39—1987	饲料级　L-赖氨酸盐酸盐
69	NY/T 722—2003	饲料用酶制剂通则
70	NY/T 723—2003	饲料级　碘酸钾
71	NY/T 916—2004	饲料添加剂　吡啶甲酸铬
72	NY/T 917—2004	饲料级　磷酸脲
73	NY/T 920—2004	饲料级　富马酸
74	NY 930—2005	饲料级　甲酸
75	NY/T 931—2005	饲料用乳酸钙
76	NY/T 1028—2006	饲料添加剂　左旋肉碱
77	NY/T 1246—2006	饲料添加剂　维生素 D_3（胆钙化醇）油
78	NY/T 1421—2007	饲料级　双乙酸钠
79	NY/T 1444—2007	微生物饲料添加剂技术通则
80	NY/T 1447—2007	饲料添加剂　苯甲酸
81	NY/T 1461—2007	饲料微生物添加剂　地衣芽孢杆菌
82	NY/T 1462—2007	饲料添加剂　β-阿朴-8′-胡萝卜素醛（粉剂）
83	NY/T 1497—2007	饲料添加剂　大蒜素（粉剂）
84	NY/T 1498—2008	饲料添加剂　蛋氨酸铁
85	NY/T 2131—2012	饲料添加剂　枯草芽孢杆菌

（续表）

序号	标准编号	标准名称
86	HG 2418—1993	饲料添加剂　碘酸钙
87	HG 2419—1993	饲料用尿素
88	HG 2792—1996	饲料添加剂　氧化锌
89	HG 2860—1997	饲料级　磷酸二氢钾
90	HG 2930—1987	饲料级　丙酸钠
91	HG 2931—1987	饲料级　丙酸钙
92	HG 2932—1999	饲料级　硫酸铜
93	HG 2933—2000	饲料级　硫酸镁
94	HG 2934—2000	饲料级　硫酸锌
95	HG 2935—2000	饲料级　硫酸亚铁
96	HG 2936—1999	饲料级　硫酸锰
97	HG 2937—1999	饲料级　亚硒酸钠
98	HG 2938—2001	饲料级　氯化钴
99	HG 2939—2001	饲料级　碘化钾
100	HG 2940—2000	饲料级　轻质碳酸钙
101	HG/T 2941—2005	饲料级　氯化胆碱
102	HG 3634—1999	饲料级　预糊化淀粉
103	HG 3694—2001	饲料级　乙氧基喹（乙氧基喹啉）
104	HG/T 3774—2005	饲料级　磷酸氢二铵
105	HG/T 3775—2005	饲料级　硫酸钴
106	HG/T 3776—2005	饲料级　磷酸一二钙
107	LY/T 1175—1995	粉状松针膏饲料添加剂
108	LY/T 1282—1998	针叶维生素粉
109	YY 0037—1991	饲料添加剂　维生素预混料通则
110	YY 0040—1991	饲料添加剂　盐酸氯苯胍
111	YY 0041—1991	饲料添加剂　磺胺喹恶啉
112	QB/T 1940—1994	饲料　酵母
113	MT/T 745—1997	饲料添加剂用腐殖酸钠技术条件
其他饲料产品标准（49 项）		
1	GB/T 5915—2008	仔猪、生长肥育猪配合饲料
2	GB/T 5916—2008	产蛋后备鸡、产蛋鸡、肉用仔鸡配合饲料
3	GB/T 16765—1997	颗粒饲料通用技术条件
4	GB/T 20804—2006	奶牛复合微量元素维生素预混合饲料
5	GB/T 20807—2006	绵羊用精饲料
6	GB/T 22544—2008	蛋鸡复合预混合饲料
7	GB/T 23185—2008	宠物食品　狗咬胶
8	GB/T 22919. 1—2008	水产配合饲料　第 1 部分：斑节对虾配合饲料
9	GB/T 22919. 2—2008	水产配合饲料　第 2 部分：军曹鱼配合饲料
10	GB/T 22919. 3—2008	水产配合饲料　第 3 部分：鲈鱼配合饲料
11	GB/T 22919. 4—2008	水产配合饲料　第 4 部分：美国红鱼配合饲料
12	GB/T 22919. 5—2008	水产配合饲料　第 5 部分：南美白对虾配合饲料
13	GB/T 22919. 6—2008	水产配合饲料　第 6 部分：石斑鱼配合饲料
14	GB/T 22919. 7—2008	水产配合饲料　第 7 部分：刺参配合饲料

（续表）

序号	标准编号	标准名称
15	NY/T 903—2004	肉用仔鸡、产蛋鸡浓缩饲料和微量元素预混合饲料
16	NY/T 1029—2006	仔猪、生长肥育猪维生素预混合饲料
17	NY/T 1245—2006	奶牛用精饲料
18	NY/T 1344—2007	山羊用精饲料
19	NY/T 1820—2009	肉种鸭配合饲料
20	SC/T 2053—2006	鲍配合饲料
21	NY/T 2072—2011	乌鳢配合饲料
22	LS/T 3401—1992	后备母猪、妊娠猪、哺乳母猪、种公猪配合饲料
23	LS/T 3402—1992	瘦肉型生长肥育猪配合饲料
24	LS/T 3403—1992	水貂配合饲料
25	LS/T 3404—1992	长毛兔配合饲料
26	LS/T 3405—1992	肉牛精料补充料
27	LS/T 3406—1992	肉用仔鹅精料补充料
28	LS/T 3408—1995	肉兔配合饲料
29	LS/T 3409—1996	奶牛精料补充料
30	LS/T 3410—1996	生长鸭、产蛋鸭、肉用仔鸭配合饲料
31	SC/T 1004—2010	鳗鲡配合饲料
32	SC/T 1024—2002	草鱼配合饲料
33	SC/T 1025—2004	罗非鱼配合饲料
34	SC/T 1026—2002	鲤鱼配合饲料
35	SC/T 1030. 7—1999	虹鳟养殖技术规范　配合颗粒饲料
36	SC/T 1047—2001	中华鳖配合饲料
37	SC/T 1056—2002	蛙类配合饲料
38	SC/T 1066—2003	罗氏沼虾配合饲料
39	SC/T 1072—2006	长吻鮠配合饲料
40	SC/T 1073—2004	青鱼配合饲料
41	SC/T 1074—2004	团头鲂配合饲料
42	SC/T 1076—2004	鲫鱼配合饲料
43	SC/T 1077—2004	渔用配合饲料通用技术要求
44	SC/T 1078—2004	中华绒螯蟹配合饲料
45	SC/T 2002—2002	对虾配合饲料
46	SC/T 2006—2001	牙鲆配合饲料
47	SC/T 2007—2001	真鲷配合饲料
48	SC/T 2012—2002	大黄鱼配合饲料
49	SC/T 2031—2004	大菱鲆配合饲料
相关标准（52 项）		
1	GB 14924. 1—2001	实验动物　配合饲料通用质量标准
2	GB 14924. 2—2001	实验动物　配合饲料卫生标准
3	GB 14924. 3—2001	实验动物　小鼠大鼠配合饲料
4	GB 14924. 4—2001	实验动物　兔配合饲料
5	GB 14924. 5—2001	实验动物　豚鼠配合饲料
6	GB 14924. 6—2001	实验动物　地鼠配合饲料
7	GB 14924. 7—2001	实验动物　犬配合饲料

（续表）

序号	标准编号	标准名称
8	GB 14924. 8—2001	实验动物　猴配合饲料
9	GB/T 14924. 9—2001	实验动物　配合饲料　常规营养成分的测定
10	GB/T 14924. 10—2008	实验动物　配合饲料　氨基酸的测定
11	GB/T 14924. 11—2001	实验动物　配合饲料　维生素的测定
12	GB/T 14924. 12—2001	实验动物　配合饲料　矿物质和微量元素的测定
13	NY/T 471—2001	绿色食品　饲料及饲料添加剂使用准则
14	NY 5032—2006	无公害食品　畜禽饲料和饲料添加剂使用准则
15	NY/T 5033—2001	无公害食品　生猪饲养管理准则
16	NY 5037—2001	无公害食品　肉鸡饲养饲料使用准则
17	NY/T 5038—2001	无公害食品　肉鸡饲养管理准则
18	NY 5042—2001	无公害食品　蛋鸡饲养饲料使用准则
19	NY/T 5043—2001	无公害食品　蛋鸡饲养管理准则
20	NY 5048—2001	无公害食品　奶牛饲养饲料使用准则
21	NY/T 5049—2001	无公害食品　奶牛饲养管理准则
22	NY/T 5127—2000	无公害食品　肉牛饲养饲料使用准则
23	NY/T 5132—2002	无公害食品　肉兔饲养饲料使用准则
24	NY 5701—2002	无公害食品　渔用药物使用准则
25	NY 5702—2002	无公害食品　渔用配合饲料安全限量
26	SN 0143—1992	出口饲料农药残留量检验方法（苜蓿粒中六六六、滴滴涕残留量）
27	SN/T 0798—1999	进出口粮油、饲料检验　检验名词术语
28	SN/T 0799—1999	进出口粮油、饲料检验　检验一般规则
29	SN/T 0800. 1—1999	进出口粮油、饲料检验　抽样和制样方法
30	SN/T 0800. 2—1999	进出口粮食、饲料粗脂肪检验方法
31	SN/T 0800. 3—1999	进出口粮食、饲料粗蛋白检验方法
32	SN/T 0800. 4—1999	进出口粮食、饲料尿素酶活性检验方法
33	SN/T 0800. 5—1999	进出口粮食、饲料淀粉含量检验方法
34	SN/T 0800. 6—1999	进出口粮食、饲料灰分含量检验方法
35	SN/T 0800. 7—1999	进出口粮食、饲料不完善粒检验方法
36	SN/T 0800. 8—1999	进出口粮食、饲料粗纤维含量检验方法
37	SN/T 0800. 9—1999	进出口粮食、饲料单宁质含量检验方法
38	SN/T 0800. 12—1999	进出口粮食、饲料整碎机组成检验方法
39	SN/T 0800. 13—1999	进出口粮食、饲料加工精度检验方法
40	SN/T 0800. 14—1999	进出口粮食、饲料发芽势、发芽率检验方法
41	SN/T 0800. 15—1999	进出口粮食、饲料粒度检验方法
42	SN/T 0800. 16—1999	进出口粮食、饲料粘度检验方法
43	SN/T 0800. 18—1999	进出口粮食、饲料杂质检验方法
44	SN/T 0800. 19—1999	进出口粮食、饲料水分及挥发物检验方法
45	SN/T 0800. 20—2002	进出境饲料检疫规程
46	SN/T 0476—1995	进出口卤虫卵检验方法
47	SN/T 0798—1999	进出口粮油、饲料检验　检验名词术语
48	SN/T 0848—2000	进出口骨肉粉中磷的测定方法
49	SN/T 0861—2000	进出口鱼粉中乙氧三甲喹啉测定方法
50	SN/T 1019—2001	出口宠物饲料检验规程
51	SN/T 1048—2002	进出口粮油、饲料、大麦品种鉴定　蛋白质电泳分析法
52	SN/T 1204—2003	植物及其加工产品中转基因成分实时荧光 PCR 定性检验方法